"十三五"国家重点出版物出版规划项目
国家科技基础性工作专项重点项目
国家社会公益性研究专项
中国农业科学院科技创新工程

中国土壤剖面数据集
·山东卷

主　编　张维理

本卷主编　冀宏杰　刘兆辉　李　涛　张怀志

浙江科学技术出版社·杭州

版权所有　侵权必究

图书在版编目（CIP）数据

中国土壤剖面数据集. 山东卷 / 张维理主编；冀宏杰等本卷主编. -- 杭州：浙江科学技术出版社，2024. 6. -- ISBN 978-7-5739-1280-0

Ⅰ．S152.2

中国国家版本馆CIP数据核字第2024V2Z844号

书　　名	中国土壤剖面数据集·山东卷
主　　编	张维理
本卷主编	冀宏杰　刘兆辉　李　涛　张怀志
出版发行	浙江科学技术出版社
	杭州市拱墅区环城北路177号　邮政编码：310006
	办公室电话：0571-85152719
	销售部电话：0571-85176040
排　　版	杭州万方图书有限公司
印　　刷	浙江新华数码印务有限公司
经　　销	全国各地新华书店
开　　本	787 mm × 1092 mm　1/8　　　　印　张　62.5
字　　数	1102千字
版　　次	2024年6月第1版　　　　印　次　2024年6月第1次印刷
书　　号	ISBN 978-7-5739-1280-0　　　　定　价　450.00元
地图审核号	GS浙（2024）312号

策划组稿	詹　喜　章建林	**责任编辑**	周乔俐　王雪冰	**文字编辑**	汪哲远
责任校对	李亚学	**责任美编**	金　晖	**责任印务**	叶文炀

如发现印、装问题，请与承印厂联系。电话：0571-85155604

《中国土壤剖面数据集》
编委会

主　　任　赵其国

副 主 任　张维理

委　　员　（按姓氏笔画排序）

　　　　　毛达如　　史学正　　刘　旭　　刘先林　　刘更另

　　　　　孙　睿　　孙九林　　孙铁珩　　杨　鹏　　张洪江

　　　　　张维理　　周健民　　赵其国　　陶　澍　　黄鸿翔

　　　　　黄德明　　傅伯杰

《中国土壤剖面数据集·山东卷》
编写人员

主　　编　张维理

本卷主编　冀宏杰　　刘兆辉　　李　涛　　张怀志

本卷编委　（按姓氏笔画排序）

　　　　　于　蕾　　万广华　　刘兆辉　　孙泽强　　李　彦

　　　　　李　涛　　李建伟　　吴　越　　张认连　　张玉凤

　　　　　张怀志　　张维理　　陈佑启　　武淑霞　　岳现录

　　　　　徐爱国　　黄鸿翔　　董　亮　　冀宏杰

土壤大数据整合与数字制图

设　　计　张维理

制　　作　徐爱国　　张认连　　冀宏杰

程序编制　贾　萌　　吴章生　　严　豪

地图编辑　中国地图出版社集团有限公司

内容提要

本数据集以分县主要土壤类型与土壤剖面点分布图、土壤剖面理化性状表的形式，提供了我国各地详尽的土壤资源与质量的科学数据。全集共 25 卷，收录了全国 2200 多个县（市、区）的分县土壤图和 6 万多个土壤剖面的分层理化性状数据。根据各省级行政区土壤剖面数量和地域关联特征，既有一个省（自治区）的单卷，也有多个省（自治区、直辖市、特别行政区）的合订卷。各卷内容包含分县主要土类说明、主要土壤类型与土壤剖面点分布图、中心区气候特征图表，还含有全国和各卷所涉省级行政区的土壤图、土壤有机质含量图与地势图，以便读者在全国、省级和县级不同视角和尺度上，了解土壤资源与质量状况及其空间分布特征，以及土壤类型、土壤肥力与气候条件、地势、地貌之间的相互关联。

山东省位于我国东部沿海、黄河下游，境内中部山地突起，西南、西北低洼平坦，东部缓丘起伏，形成以山地丘陵为骨架、平原盆地交错环列其间的地形大势。山东省地貌复杂，大体可分为中山、低山、丘陵、台地、盆地、山前平原、黄河冲积扇、黄河平原、黄河三角洲等 9 个基本地貌类型。山东省气候属暖温带季风气候类型，降水集中，雨热同季，春秋短暂，冬夏较长。全省年平均气温 11—14℃，年降水量 550—950mm。主要土壤类型有潮土、棕壤、粗骨土、褐土、砂姜黑土、滨海盐土、石质土、新积土、水稻土、草甸盐土、风沙土、红黏土等 12 个土类。本卷收录了山东省 111 个县（市、区）1724 个典型土壤剖面的分层理化性状数据，便于读者了解山东省主要土壤类型的分布特征及剖面特征，可作为农业、林业、环境、气象、国土、水利、经济等领域的科研、管理和技术人员的工具书和参考书，也适合高等院校相关专业研究生参考使用。

序

万物土中生，有土斯有粮。土为万物之本，土壤的重要性是怎么强调都不为过的。现在，土壤相关数据已成为农业、林业、环境、气象、国土、水利等各部门、各行业的基础数据。土壤研究最基础、最重要的表现形式是土壤剖面数据，其反映了不同层次的土壤理化性状。然而，长期以来，我国一直缺乏一套完整的系统性表现全国各区域土壤性状的剖面数据。

中华人民共和国成立以来，我国曾开展了两次全国性土壤普查，其中20世纪70年代末开始的全国第二次土壤普查是迄今为止最完整的。当时全国挖掘了550余万个剖面，各地分县完成了大比例尺土壤图，数据完整且可靠性高；然而，限于种种因素，当时仅完成了全国范围小比例尺土壤类型图和养分图的汇总，未及时完成全国土壤剖面库的整理。这些纸质资料散落于各地，并且年代久远，面临丢失、损毁的风险。这些宝贵数据具有时空尺度的唯一性，一旦出现问题，将对国家和社会各层面造成无法挽回的损失。

自2001年起，在国家社会公益研究专项项目资助下，张维理研究员带领团队，在全国范围开始对分散存留各地的土壤调查资料进行抢救性收集和整理。2006年，科技部启动了国家科技基础性工作专项项目，"我国1∶5万土壤图籍编撰及高精度数字土壤构建"项目被列入首批重点项目并连续获得两期资助。该项目由中国农业科学院农业资源与农业区划研究所牵头，全国近20个科研单位（两期）共同承担任务，极大地加快了土壤数据抢救的进程，为编制本数据集奠定了基础。在参与本数据集编制的土壤科技工作者20年的持续努力下，在2019年度国家出版基金的资助下，在中国农业科学院科技创新工程的持续支持下，本数据集终于得以面世。

本数据集以涵盖全国2200多个县的土壤剖面分层数据为主体，首次同时展示了分县土壤图与典型土壤剖面分布图，描述了影响土壤发生的气候特征、主要土类的性状等，内容丰富，兼具专业性和科普性。全集共25卷，既有一个省、自治区的单卷，也有多个省、自治区、直辖市、特别行政区的合订卷。鉴于其数据的完整性、系统性、科学性，本数据集可成为我国资源环境领域的必备工具书之一。

本数据集至少可以应用于以下几个方面：

第一，直接服务于农业生产，保障粮食安全和食品安全。全国分县的不同土壤类型分层养分数据、土壤质地信息，可为科学施肥、土壤培肥与耕作措施的制定提供决策依据。

第二，为水利、环境、建筑、旅游等行业提供便捷、直观的土壤分层次基础信息。信息后标有剖面点经纬度，便于查询获取。

第三，对于土壤质量演变、耕地地力演变、碳储量、面源污染、气候变化等多学科研究具有土壤科学起始点数据意义。

我国疆域辽阔，编制本数据集需要对各地分县完成的大比例尺土壤图和土壤调查资料进行数字化整合，创建覆盖我国全域的高精度数字土壤，再进行分县土壤剖面表的提取与分县土壤图的缩编。本数据集的总数据处理量达到 TB 级且数据来源多而复杂、专业性强、处理难度大，按常规方法，需数万人历时多年方能处理完成。张维理研究员创造性地将数据科学、人工智能与人机交互设计原理引入土壤学范畴，首创土壤大数据方法，以土壤科学需求设计统领其他各层级设计，以智能化、自动化、人机交互式的数据分析流程替代人工流程，高效、精准地完成了土壤大数据的时空整合和表达，这一巨著才得以面世。作为两期项目的专家组组长，我亲历了整个项目的全过程，对张维理研究员勇于创新、踏实、勤奋、务实、敬业、有担当的优秀品质印象深刻，也深感钦佩！

本数据集的完成前后历时 20 年之久，直接参与数据收集、编撰人数近百人，涉及我国各省（自治区、直辖市）的土壤肥料相关单位。正是他们的付出和努力，才使得本数据集得以面世。衷心希望本数据集能在农业、林业、环境、气象、国土、水利以及肥料工业等领域发挥积极作用，更好地服务于我国经济和社会发展。

中国科学院院士 赵其国

2021 年 12 月

前 言

土壤是农业的基础，是陆地生态系统生命过程的基础，也是维持地球上能量与水的交换、生命元素循环的重要基础。《中国土壤剖面数据集》首次以分县土壤图和土壤剖面理化性状表的形式，提供了我国陆域全覆盖的土壤资源与质量的科学数据，为农业、林业、环境、气象、国土、水利等部门和相关行业精准了解各地土壤资源分布与质量状况，科学利用土壤资源，发展绿色农业、特色农业和节水农业，进行耕地保育、科学施肥、面源污染防治和基本农田保护等提供了科学依据；也为农业科学、环境科学及地学、气象、测绘、水利等多个学科领域的科研工作者研究陆地生态系统生产力演变、地球物质循环、气候与环境变化提供了基础数据。

编入本数据集的分县土壤图和土壤剖面理化性状表主要源于对全国第二次土壤普查（以下简称"二普"）调查资料的收集、整理、提取与汇总。二普是我国现代规模最大的以查清土壤资源和土壤肥力为主要目标的土壤资源综合调查，既完成了我国迄今为止最详尽的土壤分类调查，也首次在全国范围进行了较高密度的土壤采样化验，开启了我国用土壤理化性状量化指标描述土壤资源与质量状况的时代。二普地面调查采样实施于1979—1987年，通过550万个土壤剖面观测和采样，分县完成了1∶5万比例尺土壤图绘制和10万余个土壤剖面的分层采样、化验、记录，其中的土壤质量稳定性要素，如土体构造、质地、母质、成土条件、土壤类型等时效性长，CRT值（土壤特性响应时间，characteristic response time）达上千年，可长久使用；土壤有机质含量，氮、磷、钾含量，酸碱度，耕层厚度等土壤质量变化性要素为了解土壤与环境质量演变提供了重要信息。无论从数量还是质量上看，二普获取的土壤科学数据至今都是我国最详尽、最有价值的土壤资源基础数据，其精度与质量超过许多发达国家的土壤资源基础数据。

20世纪末期以来，全球性人口和经济快速增长导致的人均土地资源与水资源紧缺、环境污染、气候变化、粮食安全危机，使科学界对土壤及其形成过程的关注度不断提高，关注重点也从了解土壤与环境质量现状转变为弄清演变趋势、引致变化的内在机理和驱动因素。土壤圈处于地球大气圈、水圈、生物圈和岩石圈的交会处。土壤层中的生物过程和物质循环过程既活跃，又具有一定的稳定性，能较好地反映地球水圈、土壤圈、大气圈、生物圈及岩石圈五大圈层动态交互作用的结果。只要对近年来国际上关于碳足迹、气候变化的研究进展稍加关注，就可知晓具有时空维度的土壤科学数据对于阐明土壤与环境过程并弄清其驱动因素、预测未来土壤与环境质量变化具有无可替代的作用。本数据集编入的土壤质量数据既是我国在全国范围内首次完成的土壤理化性状的科学记载，也是40多年前对我国土壤质量变化性要素的客观记录，能帮助我们了解改革开放以来经济、农业高速发展以及农用化学品投入量高速增长对土壤与环境质量的影响，对了解我国土壤与环境质量时空演变亦具有起始点土壤科学数据的意义。本数据集编入的起始点数据使我们对全国土壤及相关过程的认识延伸了40多年。历史上的土壤调查结果不能被新的调查结果替代，这一不可替代性使得本数据集将成为我国农业与环境领域最具影响力的工具书和参考书之一。

本数据集既是我国老一辈土壤与农业科研工作者在全国土壤普查工作中取得的成果，也是数据集编制人员长期以来默默耕耘的结晶。二普完成的大比例尺土壤图件和土壤剖面理化性状主要为手绘纸质图件和非正式出版的铅印或油印资料，份数少且由各地自行保存。二普结束后，随着各地机构调整与人员变动，土壤调查资料被损毁或丢失严重，难以发挥作用。在我国多位知名科学家的倡议和推动下，"十一五"期间，"我国1∶5万土壤图籍编撰及高精度数字土壤构建"项目（2006—2017）被列为国家科技基础性工作专项重点项目。其目的是对各地宝贵的土壤科学数据进行抢救性收集、数字化和整合，提升我国科学研究与管理基础数据的条件。为实现这一目标，项目组研究人员首先对各地分散存留的纸质分县土壤调查资料进行了全面的收集、修复和整理。针对国际范围内缺少对异源、异质、异构、异形土壤大数据的提取、整合方法的难题，项目组研究人员积极探索、勇于创新，融合应用土壤学、地理信息系统技术、数据科学、人工智能、人机交互设计方法，创建了土壤大数据方法，以层级化的流程设计实现土壤科学层面的需求设计统领体系架构、数据流程及模块设计，以独立于数据流程的监控设计实现土壤科学家对全流程的掌控和人工干预，以智能化、人机交互式数据流程替代人工流程，优质、高效地完成了对各地异源土壤资料的审核、提取、过滤、分类、整合与表达，完成了覆盖我国全陆域的1∶5万比例尺土壤图绘制与土壤剖面点空间数据库建设工作。为满足各行各业准确了解我国各地土壤资源与质量状况的广泛需求，编者通过对1∶5万比例尺土壤图数据的缩编表达与10万余个土壤剖面理化性状数据的进一步提取，最终完成了本数据集的编制。

本数据集共25卷，收录了全国2200多个县（市、区）的分县土壤图和6万多个土壤剖面的理化性状数据。根据各省级行政区土壤剖面数量的多寡和地域关联特征，既有一个省（自治区）的单卷，也有多个省（自治区、直辖市、特别行政区）的合订卷。为便于读者了解全国及各省级行政区土壤资源与质量的分布特征，特别编制了全国及各省级行政区土壤图、土壤有机质含量图与地势图三个序图，读者可以方便地查询全国及各省级行政区任何地区拥有的主要土壤类型，了解其土壤有机质含量及地势、地貌特征。在各分卷中，分县土壤资源与质量性状由主要土类说明、中心区气候特征图表、分县主要土壤类型与土壤剖面点分布图以及土壤剖面理化性状表共同呈现。

本数据集既可作为工具书、参考书，供农业、林业、环境、气象、国土、水利、经济等领域的管理人员和技术人员使用，也适合高等院校相关专业研究生参考使用。

我国幅员辽阔，从收集、整理全国分县土壤调查资料，到完成覆盖我国全境的 1∶5 万比例尺土壤图籍，再到完成本数据集的编制，来自全国近 20 家研究机构的科研人员组成项目组，辛苦工作了 20 多年。其间，本项工作得到了国家社会公益研究专项项目、国家科技基础性工作专项重点项目的长期、连续资助和在项目实施年限上给予的充分理解，同时得到了中国农业科学院科技创新工程的资助，全国 50 多家国家级及省级土壤、测绘、农业科研与管理机构的大力支持以及我国老一辈土壤科学家自始至终的关心和鼓励。在整个项目实施期间，有 9 位院士和 7 位长期从事土壤科学、农业资源环境研究的专家给予了直接和全程的指导。近 20 年间，项目组研究人员一方面要承担艰难而繁重的科研任务，另一方面要顶着多年没有科研产出的压力，没有他们的坚持和付出，就没有本数据集的面世。在此，谨向所有参加数据集编制的科研人员及对本项工作给予支持的部门和人员一并表示衷心的感谢！

由于本数据集包含的数据量庞大，且不限于土壤学本身，尽管我们在编撰过程中极尽斟酌，仍难免存在不足之处，敬请读者批评指正，以便今后修订完善。

中国农业科学院研究员
2021 年 12 月

目 录

第一编　编制说明与序图

编制说明

编制目的	002
土壤数据基础知识	002
数据集内容	005
土壤数据来源	005
编制方法——土壤大数据方法	006
中国土壤图、中国土壤有机质含量图与中国地势图编制	007
分省土壤图、分省土壤有机质含量图与分省地势图编制	009
县域中心区气候特征图表编制	011
分县主要土壤类型与土壤剖面点分布图编制	012
分县土壤剖面理化性状表编制	012
土壤专题图与土壤剖面数据可靠性检验	017
参编单位	019

序　图

中国土壤图	020
中国土壤有机质含量图	022
中国地势图	024
山东省土壤图	026
山东省土壤有机质含量图	028
山东省地势图	030

第二编　分县土壤图与土壤剖面数据

济　南　市

市辖区 …………………… 034	莱芜区、钢城区 …………… 052
长清区 …………………… 039	平阴县 …………………… 055
章丘区 …………………… 043	商河县 …………………… 058
济阳区 …………………… 047	

青　岛　市

崂山区、李沧区、城阳区 …… 063	胶州市 …………………… 074
黄岛区 …………………… 067	平度市 …………………… 078
即墨区 …………………… 071	莱西市 …………………… 081

淄　博　市

市辖区 …………………… 087	周村区 …………………… 103
淄川区 …………………… 091	桓台县 …………………… 107
博山区 …………………… 094	高青县 …………………… 110
临淄区 …………………… 098	沂源县 …………………… 113

枣　庄　市

市辖区 …………………… 117	山亭区 …………………… 128
峄城区 …………………… 120	滕州市 …………………… 132
台儿庄区 ………………… 125	

东　营　市

河口区 …………………… 135	利津县 …………………… 141
垦利区 …………………… 138	广饶县 …………………… 144

烟　台　市

芝罘区	149	莱州市	165
牟平区	152	招远市	168
蓬莱区	155	栖霞市	171
龙口市	159	海阳市	175
莱阳市	162		

潍　坊　市

市辖区	178	寿光市	200
临朐县	184	安丘市	205
昌乐县	188	高密市	209
青州市	192	昌邑市	213
诸城市	195		

济　宁　市

市辖区	217	汶上县	250
兖州区	224	泗水县	258
微山县	227	梁山县	262
鱼台县	234	曲阜市	268
金乡县	237	邹城市	272
嘉祥县	243		

泰　安　市

市辖区	277	新泰市	289
宁阳县	280	肥城市	296
东平县	284		

威　海　市

市辖区	300	荣成市	306
文登区	303	乳山市	309

日 照 市

五莲县……312	莒县……316

临 沂 市

市辖区……319	费县……340
罗庄区……322	平邑县……344
河东区……325	莒南县……347
沂南县……328	蒙阴县……351
沂水县……331	临沭县……355
兰陵县……336	

德 州 市

市辖区……359	夏津县……377
陵城区……364	武城县……380
宁津县……367	乐陵市……383
临邑县……370	禹城市……386
平原县……373	

聊 城 市

市辖区……389	东阿县……404
茌平区……393	冠县……408
阳谷县……397	高唐县……412
莘县……401	临清市……416

滨 州 市

沾化区……419	无棣县……428
惠民县……422	博兴县……431
阳信县……425	

菏 泽 市

市辖区	435	成武县	448
定陶区	438	巨野县	452
曹县	441	鄄城县	456
单县	444	东明县	461

附　　录

附录 1　山东省县级行政区及分县主要土壤类型与土壤剖面点分布图地域名对照表 …… 466

附录 2　专题图基础地理要素图例 …… 469

附录 3　土壤图土类图例 …… 470

附录 4　中国主要土壤类型简表 …… 472

附录 5　山东省主要土壤类型表 …… 477

附录 6　分省土壤有机质含量图有机质含量分级图例 …… 478

附录 7　山东省典型剖面 0—20cm 土层土壤理化性状中位数与平均数 …… 479

附录 8　山东省主要土地利用类型 0—30cm 土层土壤有机质含量 …… 480

附录 9　山东省耕地、园地、林地和草地中主要土壤类型占比 …… 481

附录 10　《中国土壤剖面数据集》参编单位 …… 482

参考文献 …… 484

中国土壤剖面数据集·山东卷

第一编 | 编制说明与序图

编 制 说 明

编制目的

土壤是农业的基础，也是维持地球碳、氮、硫、磷等重要生命元素正常循环的基础。肥沃的土壤促进了人类文明的诞生和繁荣。科学研究表明，地球上种类繁多、形态各异的土壤是在气候、生物、地形、时间、成土母质五大成土因素共同作用下形成的。北京社稷坛铺设的青、白、红、黑、黄五种不同颜色的土壤（五色土），分别代表我国东、西、南、北、中五大区域的典型土壤。不同类型的土壤性状差别很大。例如，南方红壤呈酸性，易缺乏钾离子、钙离子、镁离子等阳离子，农业生产上要注意调酸和补充富含钾、钙、镁的肥料；而西部土壤有机质含量低，施用有机肥料和秸秆还田对提高地力至关重要。我国人均土地资源紧缺，要实现粮食安全、环境安全和可持续发展，需要精准掌握各地土壤资源与质量状况，做到因土制宜，科学管理。

《中国土壤剖面数据集》是国家自然资源基本资料之一，其首次以分县土壤图和土壤剖面理化性状表的形式，提供了我国各地详尽的土壤资源与质量科学数据，为农业、林业、环境、气象、国土、水利等部门了解各地土壤质量状况，科学利用土壤资源，发展绿色农业、特色农业和节水农业，进行耕地保育、科学施肥、面源污染防治和基本农田保护提供了基础数据，也为农业科学、环境科学及地学、气象、测绘、水利多个学科领域的科研工作者研究陆地生态系统生产力及其演变、地球物质循环、气候与环境变化提供了科学依据。

本数据集编入的土壤质量数据亦是我国在全国范围内首次完成的土壤理化性状的科学记载，对了解我国土壤与环境质量时空演变具有起始点数据的意义。通过这些数据，科研工作者可以追溯我国全国范围土壤与环境相关过程至20世纪80年代，分析和了解导致土壤质量变化的环境和人为因素，并对土壤与环境质量演变趋势进行预报与预警。历史上的土壤调查结果不能被新的调查结果替代，这一不可替代性使得本数据集将成为我国农业与环境领域最具影响力的工具书和参考书之一。

土壤数据基础知识

本数据集收录的土壤数据源于土壤调查。为便于读者了解和应用这些数据，本节对土壤调查的目标、内容与主要方法，土壤数据的时空维度特征，土壤数据的应用领域与时效性做一简要介绍。

（一）土壤调查的目标、内容与主要方法

土壤调查的主要目标是查清一个区域内土壤资源与质量状况及其空间分布特征。19世纪末期至20世纪中后期，各国土壤调查的主要目标是查清土壤类型及分布特征[1-2]。由于不同土壤类型最典型的区别是成土过程中形成的土壤剖面特征，因而在传统的土壤调查中，需要在调查区域内进行多点采样，并在每个采样点对0—1—2m深土体的土壤剖面进行分层采样、观测、理化性状分析，记录剖面各分层土壤理化性状，据此进行土壤

分类、命名，并最终依据多点调查结果完成土壤图的绘制。

20世纪末期以来，全球人口及经济快速增长导致人均土地资源和水资源紧缺、环境污染、气候变化与粮食安全危机，不同行业及学科领域对土壤生产功能和环境功能的关注度不断提高，土壤调查的核心内容也逐步从查清土壤类型分布特征转为土壤功能调查。土壤功能调查的目标是了解土壤生产力、土壤环境质量和土壤健康质量等。例如，为了耕地保育和科学施肥，需要进行土壤有效养分含量状况、土壤障碍因素调查；为了了解环境质量，需要进行土壤污染状况、土壤环境容量调查；为了发展节水农业，需要进行土壤保水性状调查；为了控制水污染，需要进行流域农田土壤氮、磷流失特征与风险调查。土壤功能调查的内容主要为可量化的，或含义单一且明确、易于被其他学科和行业认知的土壤功能性指标，如土壤有机碳含量、土壤重金属含量、土壤质地类型、耕层厚度等。在土壤功能调查中，也需要在调查区进行多点采样，并根据调查目标的不同，选择适宜的采样深度。例如，当调查目标是了解土壤有效养分供应量或农田土壤污染物含量时，通常仅对耕层土壤进行采样；当调查目标是了解土壤保水性能、土壤水土流失与养分流失性状时，则需要对较深的土壤剖面进行分层采样和观测。

较早的土壤调查主要通过地面多点采样来了解一个区域土壤资源与质量性状的空间分布特征。近年来，随着遥感技术、地理信息系统（GIS）技术、模拟技术与大数据技术的发展，土壤质量相关数据（如数字高程、土地覆盖、植被数据等）产生量急剧增长，这使得在大区域尺度内通过多类型相关信息精确地捕捉和表达土壤质量性状以及相关过程成为可能。在国际上，地面采样调查与辅助信息结合的方法——数字土壤制图方法（digital soil mapping）已成为土壤调查的重要方法[3]。该方法能利用采样设计、辅助信息、推理模型与地统计检验，大幅度减少地面采样和土壤理化性状测试分析的工作量。与传统方法相比，采用数字土壤制图方法进行土壤调查，可缩短调查周期，降低调查成本，提高用土壤专题地图表征土壤资源与质量性状空间分布特征的可靠性和精度，从而提高土壤调查的效率与质量。

（二）土壤数据的时空维度特征

在现代社会，农业、环境等领域的专业工作者要了解最新的土壤调查结果，更需要掌握未来土壤质量变化趋势，以便根据变化趋势、自然与人为要素对土壤质量的影响，制定具有针对性的政策与技术措施，实现高产、稳产和环境安全。要精确进行土壤与环境质量预测和预警，就需要对重要的土壤质量性状进行周期性的采样、调查、记录，构建具有时空维度的土壤质量数据。这意味着历史上完成的土壤调查不能被新的调查所替代，所以其结果十分宝贵。

土壤数据最重要的特征之一是时空维度特征。通过历史上的土壤调查结果记录，构建具有时间序列的土壤质量科学数据，能将土壤质量现状与土壤质量演变过程相关联，并以此对土壤质量演变趋势和导致其变化的因素进行分析、预测。而土壤数据标有空间坐标，便于科研工作者将土壤调查结果与其他类别的要素和过程，如与气候、地形、土地利用情况有关的变化信息，以及随施肥投入农田的碳、氮、硫、磷数据等相关联，从而进一步提高分析的精度和预测、预报的可靠性。

土壤圈处于地球大气圈、水圈、生物圈和岩石圈的交会处。土壤层中的生物过程和物质循环过程既活跃，又具有一定的稳定性，能较好地反映地球水圈、土壤圈、大气圈、生物圈及岩石圈五大圈层动态交互作用的结果。具有时空维度的土壤科学数据对于阐明土壤与环境过程并弄清其驱动因素、预测未来土壤与环境质量变化具有不可替代的作用。

近年来，具有地理坐标的土壤剖面点数据受到科学界的广泛关注。剖面数据记载了土体构造、剖面分层土壤理化性状，是了解成土过程的基础，也是构建推理模型，量化表征区域尺度土壤过程、流域水土流失与氮磷流失特征、碳氮循环与环境质量演变的基础。在过去的半个世纪中，尽管完成了大量的土壤剖面调查，但由于在较早的土壤调查中尚未使用全球定位系统（GPS）设备，各国在构建地理坐标的土壤剖面点数据库上差别较大。目前，美国完成了约2万个有地理位点标识的土壤剖面数据[4]，澳大利亚已完成约16万个有地理坐标的土壤剖面数据[5]，欧盟各成员国共享使用的土壤剖面数据库含4000个剖面的分层土壤理化性状数据[6]。本数据集则汇集了我国总计6万多个有地理坐标的土壤剖面数据。

（三）土壤数据的应用领域与时效性

表1汇总了本数据集编入的土壤理化性状及其主要影响因素与过程、时间变化特征、所关联的土壤质量性状和应用领域。

表1　土壤理化性状及其主要影响因素与过程、时间变化特征、所关联的土壤质量性状和应用领域

土壤理化性状	主要影响因素与过程	时间变化特征	所关联的土壤质量性状	应用领域
土壤类型	成土过程	变化慢	土壤肥力与环境质量	农业、水利、环境、建筑、肥料工业等
剖面深度（指剖面各土层厚度的总和）	成土过程	变化慢	土壤肥力、土壤环境容量、土壤保水和保肥性能、土壤持水性能	农业、环境等
土体构造（指土壤剖面各发生层有规律的组合，是土壤剖面最重要的特征）	成土过程	变化慢	土壤肥力、土壤环境容量、土壤保水和保肥性能、土壤持水性能、土壤透水性能	农业、水利、环境等
母质	成土因素	变化慢	土壤肥力、土壤矿物组成、矿质养分含量、土壤质地	农业、水利、环境、肥料工业等
质地	成土过程、母质	变化慢	土壤肥力、土壤环境容量、土壤持水性能、土壤耕性、土壤有机碳与养分含量、土壤重金属吸附性能等	农业、水利、环境、建筑等
颜色	土壤氧化还原、淋溶等成土过程，土壤有机质累积过程	变化较慢	土壤肥力、土壤有机碳与养分含量	农业
土壤结构	成土过程、耕作措施	耕层：变化快；深层：变化慢	土壤水分、通气与养分供应状况，土壤持水性能、土壤透水性能、土壤阳离子交换量、土壤孔隙度、土壤松紧度、土壤耕性等多个土壤肥力相关性状	农业
有机质含量	成土过程、质地、土地利用、施肥、轮作等	变化较慢	与多项土壤肥力与环境指标密切相关，是土壤肥力最重要的指标	农业、环境、肥料工业等
全氮含量	成土过程、土地利用、施肥、轮作等	变化较慢	土壤肥力、土壤供氮性能	农业、环境等
全磷含量	成土过程、母质等	变化较慢	土壤肥力、土壤供磷性能	农业、环境等
全钾含量	成土过程、母质等	变化较慢	土壤肥力、土壤供钾性能	农业、环境等
pH	成土过程、酸雨、土壤调理剂施用等	变化快	土壤肥力、土壤养分有效性、土壤结构及重金属吸附性能	农业、环境、肥料工业等
碱解氮含量	土地利用、施肥等	变化快	土壤供氮性能、土壤氮素流失特征	农业、环境、肥料工业等
有效磷含量	土地利用、施肥等	变化快	土壤供磷性能、土壤磷素流失特征	农业、环境、肥料工业等
速效钾含量	土地利用、施肥等	变化快	土壤供钾性能、土壤钾素流失特征	农业、环境、肥料工业等
阳离子交换量	成土过程、黏粒、有机质含量、盐分含量	变化较慢	土壤供肥和保肥性能、土壤重金属吸附性能	农业、环境等

在表1中，主要影响因素与过程指对某项理化性状起主要作用的过程和因素。例如，土壤类型、土壤剖面深度、土体构造、母质、土壤质地类型主要由成土过程或成土条件决定；土壤有机质含量和土壤全氮含量则受成土过程、施肥及轮作等农业技术措施的共同影响；在耕地土壤上，施肥等农业技术措施对土壤碱解氮、有效磷、速效钾等土壤有效养分含量的影响很大。

土壤理化性状的现势性主要取决于其影响因素与过程的时间尺度。自然条件下，成土过程通常需要数万年。受成土过程影响的土壤类型、土层厚度、土体构造、土壤质地类型、母质等土壤理化性状变化很慢，CRT值（土壤特性响应时间，characteristic response time）达上千年，可称为土壤稳定性要素或慢变化性状，其相关数据时效性很长，可长久使用。而农田土壤有效养分含量、酸碱度、耕层厚度等土壤质量性状受施肥和耕作等农业措施影响大，变化较快。例如，农田土壤有效磷、速效钾养分含量，在大量施用磷、钾肥条件下，10余年后可成倍提升。这些土壤理化性状亦可称为土壤变化性要素或快变化性状。

不同土壤理化性状的应用范围既取决于其现势性、时空维度特征，又取决于其所关联的土壤质量性状。土壤剖面深度、土体构造、质地、有机质含量等与土壤持水、保肥、通气和透水性能密切相关，可供农业、水利、环境、金融等行业用于农田稳产、高产性能，农田排灌设施规划与灌溉定额编制，农田水土流失风险分级，流域农田蓄水容量与降雨后流失水量分级，农田水、旱灾害风险分级，农田环境容量测算等各方面的地力评价。土壤有效养分含量、pH与土壤需肥性状和调酸性状密切相关，可供农业、肥料生产和销售部门用于科学施肥和土壤改良。土体构造和质地、土壤结构、土壤有效养分含量还影响流域农田土壤养分流失特征，农业和环境部门在进行农业面源污染防控时，可利用这些土壤性状与其他要素共同编制流域污染源解析与控制类型区分布图，以便对农业面源污染采取分类型、分区段的源头控制措施。土壤有机质含量变化也是了解气候变化和碳减排措施效果的基础，对于环境管控和环境外交具有重要意义。

数据集内容

本数据集全集共25卷，收录了我国2200多个县（市、区）的分县土壤图和6万多个土壤剖面的理化性状数据。根据各省级行政区土壤剖面数量的多寡和地域关联特征，既有一个省（自治区）的单卷，也有多个省（自治区、直辖市、特别行政区）的合订卷。

为便于读者了解各地土壤资源与质量分布概况及其主要特征，编者为各分卷编制了省级行政区的土壤图、土壤有机质含量图与地势图三图。读者可通过分省三图查询各省级行政区任何地区拥有的主要土壤类型，了解其土壤有机质含量及其地势、地貌特征。此外，编者还编制了全国土壤图、土壤有机质含量图与地势图三图附于各分卷，供读者比较和了解各省级行政区土壤资源及质量特征同全国其他地区的区别和关联。

各分卷的第二部分为分县土壤图与土壤剖面数据。在每个省级行政区内，各分县按四部分展示土壤及其相关信息，即分县主要土类说明、本区域中心区气候特征、主要土壤类型与土壤剖面点分布图以及土壤剖面理化性状表。在本卷目录中，分县按民政部于2022年3月发布的《2021年中华人民共和国行政区划代码》中的地级、县级行政区顺序排序。各分卷目录中仅收录了县域内有土壤剖面数据的县级行政区，无土壤剖面数据的县级行政区未纳入分卷目录中，并在附录1中对其进行了标注。

土壤数据来源

编入数据集的分县土壤图与土壤剖面理化性状数据主要源于全国第二次土壤普查（以下简称"二普"）。二普是我国现代规模最大的、以查清土壤类型和土壤肥力为主要目标的土壤资源综合调查。二普之前，我国土壤调查以观测性调查和定性评价为主，很少有采样化验。在总结之前国内外土壤调查经验的基础上，二普不仅完成了我国迄今为止最为详尽的土壤分类调查，也首次在全国范围进行了高密度土壤采样化验，开启了我国用土壤理化性状量化指标描述土壤资源与质量状况的时代。

二普地面采样调查实施于1979—1987年，调查区域基本覆盖我国全陆域。二普不仅地面采样密度高，科学性和系统性也比较突出。全国百余名长期从事土壤研究的科研工作者共同制定了全国土壤分类系统和统一的土壤调查技术规程[7]。在地面调查中，各地以1:1万比例尺地形图作为工作底图，以乡为调查单元进行野外采样作业，全国共挖取土壤观察剖面550余万个，记录了1—2m深土体各发生层形态和特征，并根据土壤分类标准对土壤进行了分类和命名。对边远区、高寒区和无人区应用遥感解译方法，填补了之前土壤调查及成图中上述地区土壤数据的空白。在大量剖面土体观测和采样调查的基础上，完成了全国绝大部分分县1:5万比例尺土壤图的绘制，牧区和边疆地区完成了1∶20万—1∶10万比例尺土壤图的绘制。二普还完成了10余万个典型剖面的分层采样，化验分析了剖面分层质地，有机质含量，大量、中量和微量元素含量，pH，阳离子交换量，土壤矿物组成等多项土壤理化性状，编制了分县土壤志。二普通过野外实地调查、采样和测试获取的土壤科学数据，至今仍是我国最详尽、最有实用价值的土壤资源基础数据，其精度与质量超过许多发达国家的土壤资源基础数据[8]。

如图1所示，收录于本数据集的土壤质量数据是对我国40多年前土壤质量状况的客观记录，亦是我国在全国范围内首次完成的土壤理化性状的科学记载，其中的土壤稳定性要素现势性较长，可在今后若干年间长期使用；而土壤变化性要素对了解我国土壤与环境过程的作用亦不可替代。这些数据使我们用现代科学手段研究各地土壤及相关过程的历史可上溯至20世纪80年代。

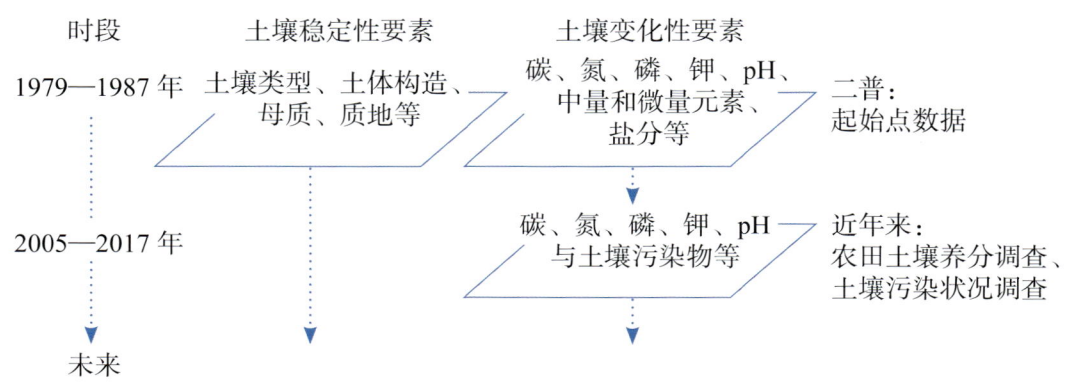

图1　全国性土壤调查所覆盖的时段

受历史条件限制，二普完成的大比例尺土壤图和土壤剖面理化性状主要为手绘纸质图件、非正式出版的铅印或油印资料，份数少且由各地自行保存。二普结束后，随着各地机构调整与人员变动，土壤调查资料被损毁或丢失严重。2000年以来，编者开始对各地分散存留的纸质分县土壤调查资料进行系统性收集、修复与整理，通过对宝贵的土壤科学数据的提取、整合和表达，我国科学研究与管理基础数据的水平得到了提升。本数据集收录的分县土壤图和剖面数据主要源于对全国分县土壤图、分县土种志和分省土种志的整理、提取、汇总与表达（表2）。

表2　数据集主要土壤资料与数据来源

资料类型	资料名称及数量
土壤图（纸质）	1∶5万分县土壤图，总计约1600个县
	1∶100万—1∶50万省级土壤图，总计570个县
土壤剖面资料（纸质）	分县土种志：约2200册，计约2200个县；分省土种志：28册
土壤有机质含量图（纸质）	全国、分省土壤有机质含量图
农区土壤耕层采样数据（电子）	2005—2017年在全国农区采集的、含GPS坐标定位的1000万个采样点耕层有机质含量数据

为编制全国与分省土壤有机质含量分布图，本数据集还使用了我国于二普期间完成的全国、分省土壤有机质含量图纸质图件和于2005—2017年在全国采集的1000万个具有GPS坐标定位的采样点耕层有机质含量数据[9]。

编制方法——土壤大数据方法

我国幅员辽阔，不同地区土壤的土壤类型及其质量状况和分布特征差别较大，各地土壤调查技术条件和水平差别也较大，因此各地分县完成的图件和剖面资料在形式和内容上有较大差异。在用异源土壤数据生成新数据时，新数据的科学性既取决于各异源数据本身的科学性和可靠性，也取决于数据整合采用方法的科学性和可靠性。例如，对分县剖面资料进行整合时，对国标上未出现过的土壤类型名进行归并需要有土壤分类学上的依据；用新的土壤调查数据对原有土壤有机质含量图进行更新，也需要有进行合并表达的科学依据。编制本数据集需要对海量异源数据进行提取、分析、整合、缩编与表达，数据分析流程复杂。同时，在数据分析过程中，土壤专业问题，非标准化数据问题，计算机硬、软件平台系统问题和数据分析员、程序员疏漏问题等可能引致多类别数据分析错误。若既要准确无误地完成各项数据分析技术任务，又要在繁复的数据分析流程中有效贯彻科学原则、实现数据分析科学目标，这就需要一套科学的方法体系。为此，本数据集编者通过研究异源非标准土壤数据特征，融合应用土壤学、数据科学、人工智能、人机交互设计方法与地理信息系统技术，创建了土壤大数据方法[10-11]。

土壤大数据方法是专门供土壤科研工作者使用的一种设计方法，是对经典土壤学研究方法的补充，主要适用于对海量异源土壤数据信息的提取、筛选、分析与表达。通过土壤大数据方法的使用，科研工作者能够分析、认识和阐明土壤性状及相关过程和规律。土壤大数据方法的主要设计规则为以层级化的流程设计实现土壤科学层面的需求设计统领体系架构设计，界定各分段流程目标和关联，部署低层级分段流程、模型和功能模块；以独立于数据流程的监控设计实现土壤科学家对全流程的掌控和人工干预。土壤大数据方法的设计内容包括数据科学分析目标与科学基础界定，数据流程体系架构，流程及软件工具设计，数据流程监控设计。设计中，所有节点均采用双命名制命名，即对流程中各节点数据同时进行土壤科学内涵命名和函数代码命名。应用以上设计方法编制设计文档，能在庞杂的异源、异质、异形、异构大数据分析中，实现以科学目标引领数据分析流程，以自动化、人工智能、人机交互式的数据流程替代人工流程，提高大数据分析效率。

在本数据集编制过程中，编者需要完成图件与资料数字化、矢量化，元数据构建，信息提取、过滤、分类、赋码，土壤空间数据逻辑结构、存储结构归一化，统计检验，数据整合，缩编表达、输出等多项数据分析任务，分段流程达1500余个，需要存储的重要节点数据超过2000个，数据量超过20TB。采用土壤大数据方法，编者自主设计和完成了6个土壤大数据分析工具软件包，其中包含157个功能模块（表3），设计文档的科学和工程目标实现率超过99%，为准确、高效完成数据集编制提供了保障，也为土壤学研究提供了新的方法。

表3　系列化土壤大数据分析软件包及其主要功能与模块数

软件包	主要功能	模块数/个
IMAT2.0（intelligent mapping tools）智能化制图工具	异源土壤空间数据的要素提取、过滤、分类、赋码、坐标转换，空间库要素与字段的编辑，图幅与图层的编辑，土壤要素空间库外挂属性表编辑与管理等	35
IMAT-big（intelligent mapping tools for big data）智能化大数据制图工具	超大土壤及相关要素空间数据的要素筛选、图层拆分、数据整合、节点监控、逻辑结构重组等分析	37
IMAP（intelligent map presentation）智能化地图表达工具	土壤大数据地图制图表达与输出	30
ISPA（intelligent soil profile data analysis）智能化土壤剖面数据分析	异源土壤剖面数据的信息提取、过滤、赋码、坐标匹配、检验、整合与统计等	22
ISPP（intelligent soil profile presentation）智能化土壤剖面表达	土壤剖面图表及辅助信息的表达	12
IMAT-SOM（intelligent mapping tools-SOM）土壤有机质图制图工具	异源土壤有机质数据整合与表达	21

中国土壤图、中国土壤有机质含量图与中国地势图编制

编制全国三图的目的是便于读者在全国视角和尺度上了解我国各地区土壤资源与质量状况空间分布特征，土壤类型和土壤肥力与地势、地貌之间的相互关联。其中，土壤图用于展示土壤资源分布状况及与成土过程相关的土壤质量状况；土壤有机质含量图用于直观反映土壤肥力情况；地势图便于读者了解不同类型和肥力水平土壤的地势、地貌特征。全国三图的制图比例尺为1:1300万。

全国三图中采用的境界、城市等基础地理信息要素源于中国地图出版社出版的《第一次全国地理国情普查地图集》[12]和《中国地图集》[13]。全国三图中，境界、水系、居民地、地级以上城市等基础地理信息要素的图示与图例表达见附录2。

（一）中国土壤图

由于制图比例尺小，中国土壤图是在二普完成的1:400万比例尺全国土壤图的基础上进行矢量化和缩编表达获得的。在缩编表达过程中，土壤类型仅保留了我国土壤分类系统中的第三层级——土类。

在土壤图中，土类颜色主要根据不同土类在其成土因素、发育程度下形成的典型颜色进行设计（附录3）。红色系供土壤富铝化程度高的土壤选用，如红壤、砖红壤、赤红壤等；黄色系、棕色系供干旱区发育程度低的土壤选用，如黄绵土、灰漠土、灰棕漠土等。受灌水、耕作和地下水影响大的土壤采用绿色系，如水稻土、灌淤土、潮土、草甸土等，表示土壤肥力较高，绿色植物生长茂盛；黑土、黑钙土、栗钙土、棕壤、褐土、黄棕壤、紫色土等分别选用深棕色系、褐色系、紫色系；盐土、碱土、沼泽土等植物生长有障碍的土类采用暗色系，如暗紫色系、灰褐色系、青灰色系等，表示土壤生产力低下，植物生长较差。这一颜色设计与国标相关规定一致[14]。

在图例中，按照我国主要土壤类型从南到北、从东向西的地带性分布规律对土类进行排序，附录4所列中国主要土壤类型的排序也按此规则编排。

（二）中国土壤有机质含量图

土壤有机质含量是指土壤中各种含碳有机物质的总和。土壤有机质主要包括土壤腐殖质、半分解的动植物残体、与土壤黏粒和细粉粒紧密结合的有机物质、土壤微生物体所含的有机物质等。以动植物残体形式进入土壤的有机物质成为土壤生物的食物，供养土壤生物的生命活动；在土壤生物，特别是土壤微生物作用下生成的土壤腐殖质，能够促进土壤团聚体形成，提高土壤保水、保肥、供水、供肥性能，提高土壤肥力，并大幅度提高耕地土壤高产、稳产性能。因此，土壤有机质含量是最重要的土壤质量指标之一。土壤有机质碳量是大气总碳量的2倍，是地球植被总碳量的3倍，参与地球陆域碳循环总碳量中80%的碳以土壤有机质碳的形式存在。研究显示，土壤有机质含量实质上是土壤有机碳投入和分解之间动态平衡的表现，影响这一平衡的主要因素为气候、土壤质地与土地利用方式，施肥和耕作等农业技术措施对其影响则相对较小。当影响平衡的主要因素未发生变化时，土壤有机质含量也比较稳定[15]。

中国土壤有机质含量图由各分省土壤有机质含量图（0—30cm土层）合并编制生成。制图用源数据和编制方法在分省土壤有机质含量图编制说明中加以叙述。

为展示全国范围的土壤有机质含量空间分布特征，编者在中国土壤有机质含量图的图示和图例表达中采用了有机质含量范围的非等距划分分级方式，将我国土壤有机质含量分为7个等级（表4），各分级所占我国陆域面积的比例也列于表中。其中，占我国陆域面积29%的"很低"和"低"两个分级的土壤（有机质含量小于10g/kg）主要分布于西北干旱地区，而"较高""高""很高"三个分级的土壤（有机质含量大于25g/kg）主要分布于东北、西南地区，这些地区森林覆盖率较高，雨量充沛，温度适宜，有利于土壤有机质的累积。

表4　中国土壤有机质含量（0—30cm土层）分级

分级	分级释义	有机质含量/（g/kg）	换算系数	有机碳含量/（g/kg）	占陆域面积/%
1	很低	≤5	1.724	≤2.9	5
2	低	5—10（含）	1.724	2.9—5.8（含）	24
3	较低	10—15（含）	1.724	5.8—8.7（含）	18
4	中	15—25（含）	1.724	8.7—14.5（含）	19
5	较高	25—35（含）	1.724	14.5—20.3（含）	9
6	高	35—45（含）	1.724	20.3—26.1（含）	16
7	很高	>45	1.724	>26.1	6

（三）中国地势图

地势图是表示制图区域地貌特征的专题地图，强调表现地面的高低起伏、倾斜程度及其区域对比关系，以及与地形密切相关的河流、湖泊等水系要素分布特征，显示出制图区域山河分布的脉络体系、结构形式、各种地貌类型的形态特征。地势是影响土壤类型的重要因素，地势图也是编制土壤图、气候图、植被图等的基础。

中国地势图的地貌晕渲图采用 SRTM3 DEM（shuttle radar topography mission, digital elevation model, 2003）数据，考虑我国地势呈三级阶梯状分布的特点，按 0—50—100—200—500—800—1000—1200—1500—2000—2500—3000—3500—5000m 及以上设计高度表，以深绿色—黄绿色—棕色—紫色色调的象征色表示海拔由低向高过渡。其他矢量数据来源于中国地图出版社编制的 1∶400 万《中国地形图》[16]。河流参照中国地图出版社编制的《中国河流、水运资料图》进行选取、表达，三级及以上河流全部选取，二级及以上河流标注名称，低级别河流适当选取以反映区域水系特点；成图面积 4mm² 以上湖泊和水库全部表示，但仅标注大型湖泊名称，小面积湖泊适当选取以反映区域特点，如青藏高原湖泊群分布；山脉、山峰参照中国地图出版社编制的《中国山脉资料图》选取，三级及以上山脉全部选取、表达，二级山脉主峰及知名山峰标注名称和高程，我国主要高原、平原、盆地和沙漠均选取、表达；自然地理要素分级参考中国地图出版社采用的地图编制分级系统；根据版面载负量情况选取省会、部分地级市和少量县级居民点（主要位于西部地区），居民地主要用于定位参照。

分省土壤图、分省土壤有机质含量图与分省地势图编制

编制分省土壤图、分省土壤有机质含量图与分省地势图三图的主要目的是使读者了解各省级行政区内不同地区土壤类型、土壤肥力与地貌的主要分布特征及其相互关联。其中，土壤图用于展示土壤资源分布状况及与成土过程相关的土壤质量状况；土壤有机质含量图用于直观反映土壤肥力情况；地势图便于读者了解不同类型和肥力水平土壤的地势、地貌特征。为便于比较，每个省级行政区的分省三图采用的比例尺相同，制图则采用幅面固定、各省级行政区制图比例尺自适应方法。

分省三图中采用的境界、城市等基础地理信息要素源于中国地图出版社出版的《第一次全国地理国情普查地图集》[12]和《中国地图集》[13]。分省三图中，境界、水系、居民地、地级以上城市等基础地理信息要素的图示与图例表达见附录2。

（一）分省土壤图

为编制数据集用分省土壤图，编者对二普完成的纸质分省土壤图（原图比例尺主要为 1∶50 万）进行了地理校正、空间要素提取、图层与分级码标准化、土壤学专业校正、属性表制作、挂接和专题图缩编表达。在缩编表达过程中，制图比例尺一般在 1∶200 万—1∶100 万之间。由于制图比例尺较小，土壤类型仅保留了我国土壤分类系统中的第三层级——土类。各土类颜色与中国土壤图中采用的土类颜色相同（附录3）。在分省土壤图中，按照我国主要土壤类型从南到北、自东向西的分布规律对图例中的土壤类型进行排序。附录4所列中国主要土壤类型的排序也按此规则编排。附录5列出了山东省主要土壤类型及其占省级行政区域面积百分比。

（二）分省土壤有机质含量图

1. 数据源说明

本数据集中，土壤剖面理化性状表给出了有确切时间和空间坐标的剖面信息。分省土壤有机质含量图的主要作用是便于读者直观了解各省级行政区最重要的土壤肥力指标——土壤有机质含量的空间分布特征。

二普中，受当时技术条件限制，全国仅完成了比例尺为1：400万的纸质土壤有机质含量分布图的绘制，19个省、自治区、直辖市完成了比例尺为1：250万—1：50万的纸质分省土壤有机质含量分布图的绘制。直接采用小比例尺纸质图矢量化生成的土壤有机质含量等级划线图作为分省土壤有机质含量图，存在有机质含量分级的级差大、信息均化、图斑大、制图精度不够等问题，难以精细表现一个省级行政区域内土壤有机质含量的空间分布特征。

2005—2017年，我国在农区进行了测土施肥，农田耕层采样点达到1000万个。这批数据的主要优点是采样密度大且有空间坐标，通过对这批数据进行空间插值分析，可较精细地展示各地农田土壤有机质含量分布特征；其缺点是采样点主要集中于占陆域面积不到20%的农田，仅采用这批数据难以绘制覆盖全域的土壤有机质含量分布图。考虑到土壤，尤其是林地、草地土壤的有机质含量变化较慢，在制图中采用了混合时段数据合并表达的方式。对无测土数据的林地、草地等，仍然采用从小比例尺土壤有机质含量等级划线图中提取的数据；对有测土数据的农田，则采用2005—2017年间耕层采样数据，对原有数据进行了更新。通过对两源数据的提取、土层转换、合并、插值，最终生成各省级行政区土壤有机质含量分布图（土层厚度0—30cm），这样既可较精细展示出各省级行政区土壤有机质含量的空间分布特征，也能保证所做专题图有很强的现势性。

三个数据源制图表达结果比较显示，采用异源数据合并表达的方式制图，各分省图展示的有机质含量空间分布特征与二普小比例尺图相近，但制图精度有较大改进，一个省级行政区域内土壤有机质含量的空间分布特征更为清晰（表5）。

表5　三个数据源制图表达结果比较

数据源	土壤有机质含量图制图表达效果	
	优点	存在问题
采用二普完成的手绘图	小比例尺手绘图中，土壤有机质含量地带性分布特征十分明显；基本无数据空区	局部地区图斑大，制图精度不够
采用新的测土数据插值生成	有数据的区域制图精度高	占陆域面积约80%的林地、草地和一些县域无新的测土数据，难以通过采样点插值生成覆盖全域的有机质含量图
异源数据合并表达	基本无数据空区；制图精度有较大改进；小比例尺图中土壤有机质含量的地带性分布特征被保留	用混合时段数据表达全陆域土壤有机质含量分布状况，其中林地、草地数据主要源于20世纪80年代采样数据，农田数据更新至2017年

表6汇总了分省土壤有机质含量图的主要制图信息。制图采用异源数据合并表达的方式，生成的分省土壤有机质含量图所代表的时间段为1979—2017年，图中核算土壤有机质含量的土层厚度为0—30cm。

表6　分省土壤有机质含量图制图信息

制图数据	异源数据合并表达
采样时间	草地、林地及其他非农田土壤采样时间段为1979—1987年，农田土壤采样时间段为2005—2017年
土层厚度	0—30cm（对采样深度不足0—30cm的耕层采样数据，用剖面数据进行了土层厚度转换，统一转换为0—30cm）
制图方法	普通克利金插值（ordinary Kriging）
网格尺寸	200m

2. 制图表达说明

我国地域辽阔，各地土壤有机质含量差异极大。西北部地区降水量少，土壤粗砂粒含量高，风沙土、漠土大量分布，占我国陆域总面积的12.6%，其0—30cm土层内有机质平均含量不到10g/kg；东北部地区雨量充沛，气候、植被有利于土壤有机碳累积，其0—30cm土层有机质平均含量在40g/kg以上。另外，一些省级行政区的土壤有机质含量变化范围很宽，如内蒙古土壤有机质含量主要为4—70g/kg；而北京、山东等地土壤有机质含量变化范围很窄，为7—17g/kg。

为使各省级行政区域内土壤有机质含量空间分布特征均能得到充分展示，编者在分省土壤有机质含量图的图示和图例表达中对有机质含量范围进行等距划分分级，根据各省级行政区土壤有机质含量分布特征，将有机质含量分为7—14个等级。各分级的颜色设计及其RGB与CMYK色码见附录6。

（三）分省地势图

根据各省级行政区的成图比例尺和地形特点，选取合适精度的数字高程模型（DEM）栅格数据，确定设色原则和色层表进行分层设色，编制彩色晕渲的分省地势图。图中的河流水系及山峰、山脉等地理要素基于中国地图出版社研制的多尺度中国地图数据库选取，按各省级行政区地图设定的投影参数和比例尺投影转换后进行数据融合处理，再进行图形化编辑和地图整饰，最后输出成图。各省级行政区的彩色地貌晕渲图，按0—50—200—500—1000—1500—2000—3000—4000—5000—6000m及以上设计统一的高度表，但对一些低海拔平原地区，如天津、山东、上海等省、直辖市，则增添了20m等高距。确定统一的设色原则，建立色层表，以深绿色—黄绿色—棕色—紫色色调的象征色过渡方式表示海拔由低向高过渡，低海拔地区以绿色为主，中海拔地区以棕色为主，高海拔地区的高寒地带则用冷色调紫色。地势图中的其他地理要素，地级市及以上级别居民地全部选取，县级居民地根据图面载负量情况酌情选取；河流按等级选取以反映地域水系结构特点，主要河流加注名称；成图面积4mm²以上的湖泊和水库全部选取，大型湖泊、水库加注名称，适当选取小面积湖泊以反映区域分布特点；山脉按等级选取，仅标注主要山脉主峰和知名山峰。

县域中心区气候特征图表编制

气候是五大成土因素之一，也是土壤质量的重要影响因素。为便于读者了解各地土壤资源与质量状况及其与气候特征的关联，编者编制了各县域中心区（位于各县域中心点、代表面积约为400km²的区域）气候特征值表、月平均气温与月平均降水量分布图。各县域中心区气候特征值是通过对160个中国地面国际交换站的气象年值、月值以及日值数据的计算和空间分析获得的。气象数据的相关用语也采用中国地面国际交换站所用的表达方式。鉴于各地气候特征值需要依据多年气象观测数据分析和提取，而二普采样时段为1979—1987年，因此采用了1971—2000年共计30年的年值、月值和日值气象数据，气象数据时段覆盖二普采样时段。

在分县气候特征值编制过程中，先从相应的各数据源中提取出各站点年值、月值以及日值数据，再按照表7所示计算方法，计算160个站点的各项气候特征值并对其分别进行插值计算，获得覆盖我国全域、网格尺寸约为20km的网格化气候特征年值与月值数据，最后再与县域中心点图层叠加，提取出各县中心区气候特征值。各县所处气候带则是通过县域中心点图层与中国气候区划图叠加后提取获得的[17]。

表7 县域中心区气候特征值的计算方法与数据来源

县域中心区气候特征	计算方法	气象数据来源
年平均气温 /℃	30年的年值平均	中国地面国际交换站气候标准值年值数据集（160个站点，1971—2000年）
年平均最高气温 /℃		
年平均最低气温 /℃		
年降水量 /mm		
年平均相对湿度 /%		
年日照时数 /h		
月平均气温 /℃	30年的月值平均	中国地面国际交换站气候标准值月值数据集（160个站点，1971—2000年）
月平均降水量 /mm		
≥10℃的积温 /℃	一年中日平均气温≥10℃的温度值加和	中国地面国际交换站气候资料日值数据集（160个站点，1971—2000年）
干燥度	修正的谢良尼诺夫公式：$$干燥度 = 0.16 \times \frac{全年 \geq 10℃的积温}{全年 \geq 10℃期间的降水量}$$	
气候带	提取	1:3200万中国气候区划图

分县主要土壤类型与土壤剖面点分布图编制

编制分县主要土壤类型与土壤剖面点分布图的主要目的是使读者在一个较小的图幅上也能大致了解一个县域内主要土壤类型概况。编者通过对全国1∶5万土壤图的缩编表达，为有土壤剖面数据的县级行政区编制了分县主要土壤类型图。受地图幅面限制，在分县土壤图中，仅保留了我国土壤分类系统中的第三层级——土类，通过缩编滤掉了亚类、土属、土种信息。

各分县主要土壤类型与土壤剖面点分布图的制图采用幅面固定、制图比例尺自适应的方法，制图比例尺一般为1∶35万—1∶20万，自适应制图由编制者自行设计的软件模块自动完成。

在分县主要土壤类型与土壤剖面点分布图中，各土类颜色与中国土壤图中采用的土类颜色相同（附录3）。图中各土类在图例中的排序则按各土类占本县县域面积比例从大到小的顺序排列，便于读者了解本县内主要土壤类型的分布。

在分县主要土壤类型与土壤剖面点分布图中，为便于读者查找，剖面点按照其在图面的位置，先左后右、先上后下顺序编码，编码过程也由ISPP软件包（表3）中的模块自动完成。

分县主要土壤类型与土壤剖面点分布图中的基础地理底图来源于国家基础地理信息中心提供的1∶25万DLG（公众版）数据（使用许可协议编号：非2011-1011），基础地理信息要素的图示与图例表达主要参照相关国标（详见附录2）。为保证本数据集中主要土壤类型与土壤剖面点分布图的内容和土壤剖面数据表对应，分县主要土壤类型与土壤剖面点分布图中的市级界线、县级界线均采用二普时的普查界线，并以此作为分县主要土壤类型与土壤剖面点分布图的分幅标准。为兼顾地名位置定位准确性和图书实用性，地图中乡镇级及以上居民地分别根据新版《中华人民共和国行政区划简册》和各省级行政区地图册进行了更新，现势性截至2021年12月。为更好地表现全书的系统性与协调性，在地图下方加注说明县级行政区划变更情况，部分市辖区图幅的图名根据图上县级居民点进行了更新。

二普后，随着城市化的加快，城市周边土地利用情况变化很大，居民地面积大幅增加，导致一些分县土壤图中的土壤面积占县域面积比例和分县主要土类说明中的一些土类面积占县域面积比例较二普时均有下降。在一些大城市周边县（市、区），土地利用情况的变化使各类土壤总面积不到县域面积的60%。

二普时，分县完成了1∶5万比例尺土壤图编绘后，还通过省级汇总和缩编制图，完成了1∶50万比例尺省级土壤图。在省级汇总中，对一些分县土壤图中原有土壤类型名进行了修订。例如，浙江在进行省级汇总时，将分县土壤图中原命名为侵蚀型红壤亚类的大部分土属划归粗骨土类；安徽、湖北等省在省级汇总时将黏盘黄棕壤亚类改为黄褐土类。在对二普调查成果的数字整合中，编者仅收集到约1600个县的大比例尺土壤图（表2）。对大比例尺图数据缺失的县，则以省级土壤图裁切方式进行了补全。这种补全虽有利于完成覆盖我国全域的高、中精度土壤图，但也引起了在一个省级行政区里源于分县和分省的两类土壤图中土壤分类命名不统一的问题，编者在尽量保持调查资料原始记载的前提下，对这类问题进行了力所能及的修订。

分县土壤剖面理化性状表编制

分县土壤剖面理化性状表是本数据集的主体内容。前文已对各项土壤理化性状应用范围以及从分县纸质土种志中进行信息提取、表达和制作的方法做了说明，本节仅对土壤理化性状测试方法、剖面点坐标匹配方法与土壤剖面分类名的修订加以说明。

（一）土壤理化性状测定方法

本数据集所列土壤理化性状的测定方法见表8。其中，土壤有机质含量，土壤氮、磷、钾全量与有效态含量，pH，土壤阳离子交换量的测定方法以及土壤分类方法均为国标方法。剖面理化性状表中的土壤全氮、全磷、全钾、碱解氮、有效磷、速效钾含量均以N、P、K纯养分量计。

在二普中，我国大多数地区土壤质地分级采用了卡庆斯基制，仅极少数地区采用了国际制。其中，卡庆斯基制采用了简制，将土壤质地分为 3 组 9 种类型；国际制将土壤质地分为 12 种类型（表 9）。由于两种分级制中的质地分级名并无重复，因此在分县土壤剖面理化性状表中未对两种分级制的分级名进行合并。

表 8　土壤理化性状的测定方法

土壤理化性状	测定方法
有机质	湿灰化或干灰化消化后，重铬酸钾滴定法测定（丘林法）
全氮	凯氏定氮法测定
全磷	酸溶或碱熔消化后，钼锑抗比色法测定
全钾	碱熔或酸溶消化后，火焰光度法或四苯硼钠比浊法测定
pH	水浸提法，水土比为 5∶1 或 2∶1
碱解氮	扩散吸收法（康惠法）测定
有效磷	中性及石灰性土壤：Olsen 法测定；酸性土壤：Bray 法测定
速效钾	醋酸铵浸提后，火焰光度法或四苯硼钠比浊法测定
阳离子交换量	醋酸铵法测定

表 9　卡庆斯基制与国际制土壤质地分级名

等级序号	卡庆斯基制[1] 土壤质地分级名	等级序号	国际制[2] 土壤质地分级名
1	松砂土	1	砂土
2	紧砂土	2	壤质砂土
		3	砂质壤土
3	砂壤土	4	壤土
4	轻壤土	5	粉砂质壤土
		6	砂质黏壤土
5	中壤土	7	黏壤土
6	重壤土	8	粉砂质黏壤土
7	轻黏土	9	砂质黏土
		10	壤质黏土
8	中黏土	11	粉砂质黏土
9	重黏土	12	黏土

注：1）卡庆斯基制指按卡庆斯基粒径分级的质地分类。该分类制有简制和详制两种。简制有 3 组 9 种质地，其主要特点是将土粒分为物理性黏粒和物理性砂粒两级；按物理性黏粒或物理性砂粒的数量进行质地分类，而不是按照砂粒、粉粒、黏粒三个粒级的质量比分组。详制是在简制的基础上，把 9 种质地进一步细分为 39 种质地类别，把含量最多和次多的粒组作为冠词，顺序放在简制名称前面，主要用于土壤基层分类及大比例尺制图。卡庆斯基还提出根据石砾含量而定的附加分类，也可作为质地分类的冠词，主要应用于山地土壤的质地分类。

2）国际制土壤质地分类在第二届国际土壤学会上通过，根据砂粒（粒径 0.02—2mm）、粉粒（粒径 0.002—0.02mm）、黏粒（粒径小于 0.002mm）三粒组含量的比例，通过国际制土壤质地分类三角图，以黏粒含量为主要标准，小于 15% 者为砂土质地组和壤土质地组，15%—25% 者为黏壤组，黏粒含量大于 25% 者为黏土组，划定 12 种质地类别。

（二）土壤剖面点的坐标匹配

含地理坐标的剖面数据可直观展示该土壤剖面点所代表土壤的土层厚度、土体构造及理化性状等特征，也是构建推理模型，进行土壤及其理化性状数字制图的基础。

二普完成的分县土种志中虽无典型剖面地理坐标记载，却有关于剖面采样地点、景观和土壤剖面分类命名的详细记录，如乡镇名、村名、高程和土类、亚类、土属、土种名等。从 1∶5 万土壤类型图与 1∶5 万基础地理信息数据库中也能提取出上述信息。在1∶5万比例尺空间数据库中，空间对象分辨率可达到100m×100m精度，折合为1hm²。在全国性土壤调查中，对于选择、确定典型剖面采样点点位，通常要求其所代表的土壤类型在面积上能代表采样点周围100亩（1亩≈666.7m²）以上的土壤，通过这种匹配方法获得的点位对实际采样点点位有较高的代表性。

为了使分县土种志中记载的剖面数据获得坐标，编者构建了多要素土壤剖面点坐标匹配模型，无空间坐标的土壤剖面从1∶5万土壤类型图和基础地理信息数据库中获得空间坐标。坐标匹配模型工作机制如图2所示。首先，从分县土种志中提取出A源数据，即每个剖面隶属的土类、亚类、土属、土种名及剖面采样点地名、采样点高程等多要素信息；然后，用分县1∶5万土壤图与多要素基础地理信息数据库叠加，生成含土类、亚类、土属、土种名和村名、乡镇名、高程等要素信息的空间数据，即B源数据；最后，利用多要素匹配模型，逐县对A、B两源数据进行匹配。当A源数据中某剖面点土类、亚类、土属、土种名和采样点地名、高程与B源数据中某土壤要素空间对象的四个土壤分类名、地名、高程等多要素信息一致时，该剖面点获得B源数据中土壤要素空间对象中心点坐标。若一个县域内，某剖面点与B源数据中多个空间对象存在配对关系，则取其中面积最大的空间对象的中心点坐标。

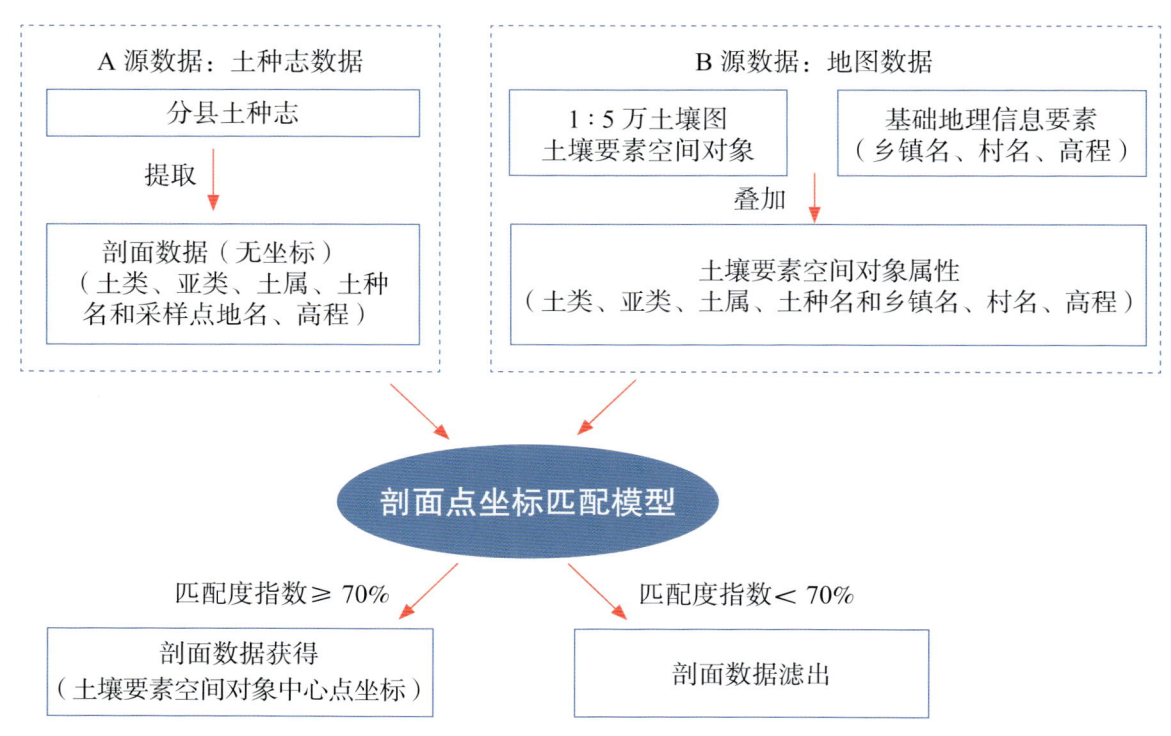

图2　土壤剖面坐标匹配模型工作机制图

为衡量每个土壤剖面坐标匹配的质量，在匹配模型中植入了匹配度评价模型，分析和提取每个土壤剖面点坐标匹配中多要素信息的吻合度。匹配度指数较高，代表两源数据中的土类、亚类、土属、土种名和地名、高程等多要素信息一致性高；匹配度指数较低，代表A、B两源多要素信息存在一些不一致性；匹配度指数小于70%的剖面数据会被滤出，该剖面也会从分县土壤剖面理化性状表中删除（表10）。利用坐标匹配模型，从分县土种志中提取出的10万余个剖面数据中，有6万多个获得了地理坐标并被收录于本数据集的分县土壤剖面理化性状表中，有约3万个由于匹配度指数较低被滤出。

表10　坐标匹配的匹配度指数及释义

匹配度指数 / %	释义
90—100	匹配度高：A（分县土种志）、B（地图）两源数据中乡镇名、村名和三个以上土壤分类名（土类、亚类、土属、土种）、高程均一致
80—90	匹配度较高：A、B两源数据中乡镇名、村名和两个土壤分类名（土类、亚类）、高程一致
70—80	具有一定匹配度：A、B两源数据中乡镇名、村名、土类名、高程一致
＜70	匹配度较低：A、B两源数据中地名和土类名不能全匹配

为检验通过匹配模型获得地理坐标的剖面对当地土壤类型是否具有代表性，编者自2008年以来，在河北、

山东、黑龙江、宁夏、海南等地挖取了300余个校验剖面，进行了比对研究。比对研究结果显示，校验剖面与二普完成的剖面记载在土壤类型、土体构造、母质、质地等土壤质量慢变化性状上都有很好的一致性。

（三）土壤剖面分类名的修订

分县土壤剖面理化性状表列出了每个土壤剖面的分类名。土壤分类名是对某一类土壤资源的抽象概括和表达，表述了各类土壤的主要成土过程以及各类土壤综合性的典型特征。如黑土是指在温带半湿润地区草甸草原植被条件下形成的具有深厚均匀腐殖质层的土壤，呈黑色，富含有机质和各种养分；褐土是指在暖温带半湿润地区形成的具有弱腐殖质表层和黏化层的土壤，盐基饱和度较高，呈棕褐色。土壤分类名既具有典型性，又具有综合性，是土壤最基本的属性。

二普中，我国基于全国第一次土壤普查经验制定了六等级土壤分类系统，这也是目前的国标系统。该系统中的六等级分别为土纲、亚纲、土类、亚类、土属和土种，从高级到低级，不同层级之间为隶属关系。其中，土纲用于界定水、温等主要的土壤成土条件，亚纲用来进一步区分土纲内成土条件与过程的差异，土类反映成土条件引致的最典型土壤特征，亚类反映土类内成土条件引致剖面特征的进一步分异，土属反映母质等成土条件引致亚类剖面的分异，土种反映同一土属中土壤的分异或当地群众对该土壤的命名。

在对各地土壤调查数据进行全国汇总时，编者发现，从全国2200多个分县土壤剖面资料中提取出的土壤分类名与我国在1998—2009年发布的三版《中国土壤分类与代码》国标差异较大[18-20]。国标发布的土类、亚类、土属、土种名数量分别为60个、229个、663个和3246个，而从2200多个分县土壤图件与剖面资料中提取出的土类、亚类、土属、土种名数量分别为312个、1520个、12150个和43200个。对国标上从未出现的土壤类型名进行审核和归并需要有土壤分类学上的依据。通过对俄罗斯、美国、加拿大、澳大利亚、德国、英国等各国土壤分类研究及发展状况的研究，编者总结了我国和其他世界各国过去半个世纪中在土壤分类方面的经验，确定了土壤剖面分类名的修订原则[1]。

研究显示，我国国标分类系统中的第三层级——土类（附录4），能很好地反映我国主要土壤类型形态上的典型特征。通过土类及其隶属的12大土纲可清晰展现出我国60个土类受温度、海拔、降雨、土壤发育度、地下水盐运动、耕种垦殖等主要成土条件影响而形成的地带性分布特征。另外，土类本身属于高层级分类，数目有限，命名符合汉语语言特征，易于专业及非专业人员掌握。通过土类名，读者能够辨识各种土壤类型，了解其成土过程、土壤质量与肥力特征。因此，在土壤剖面分类名的修订中，应重视维护土类名的稳定性。根据这一原则，在对分县资料中土壤分类名的编审中，编者将国标发布的60个土类名进行了归并，对亚类及以下的中、低级分类名称则在尽量保留现场获取的一手土壤调查信息的前提下进行适度归并与整合。

为便于读者了解我国目前采用的土壤分类名与国际土壤学会推荐的土壤分类名（world reference base for soil resources，WRB）[21]之间的关联，附录4中还给出了由史学正研究员通过剖面比对建立的WRB土组名与我国60个土类名的关联及WRB土组名对我国土类名的最大可参比性[22]。

（四）剖面土层代码

在形成过程中，由于物质迁移和转化，土壤会分化成一系列组成、性质和形态各不相同的层次，称为发生层或土层。土壤剖面各土层的顺序和变化情况，反映了土壤形成过程及土壤性质。

目前各国尚无统一的土层命名。1967年国际土壤学会提出将土壤剖面划分成O层（有机层）、A层（腐殖质层）、E层（淋溶层）、B层（淀积层）、C层（母质层）和R层（基岩）等6个主要土层。全国土壤普查办公室编制出版的《中国土种志》（6卷）[23-28]、《中国土壤》[29]则将自然土壤剖面划分成O层（凋落物有机质层）、A层（表层）、B层（淀积层）、C层（母质层）、D层（岩石碎屑层）和R层（坚硬岩石层）等6个主要土层；将旱地农田土壤划分成A（耕层）、C_1（心土层）和C_2（底土层）等几个主要土层；将水田土壤划分成Aa（耕作层）、Ap（犁底层）、P（渗育层）、W（潴育层）和G（潜育层）等5个主要土层。

由于分县土种志中，土层代码和释义与以上文献给出的土层码不尽相同，因此在数据集编制中，编者主要保留了2200多个分县土种志中实际采用的土层代码和释义（表11）。为便于读者参考，编者在附录4中列出了引自《中国土壤》部分土类典型剖面的土体构造及其关联的土层代码[29]。

表 11 土壤剖面土层代码和释义[1]

代码		释义
自然土壤与旱地土壤	Ao	位于土表的枯枝落叶层
	A	自然土壤指表土层，耕地土壤指耕作层
	B	心土层，受成土作用形成的淋溶淀积层
	C	底土层，受成土作用少的母质层，较紧实，通常不受耕作、施肥影响
	D	未风化的母岩层，岩石碎屑层
水田土壤	A	耕作层，亦称淹育层和作物栽培层
	P	犁底层，位于耕作层下，经机械耕作和黏粒淀积，结构较为紧实
	W[2]	潴育层，位于犁底层下，水田在干湿交替作用下，铁、锰淋溶淀积形成斑纹层，使水稻土有较好的通透性，渗水而不漏水，渍水而不滞水
	G	潜育层，存在于水稻土、沼泽土和泥炭土中。土体长期积水，通透性不良，在还原状态下形成青灰色土层又叫青泥层，作物受还原性物质危害。若在其他土层出现，可用 g 表示，如 Pg、Wg
	E	漂洗层，侧渗作用下黏粒、有机质被淋洗，铁质溶脱，形成灰白色或白色漂洗层

注：1) 表中土层代码和释义主要根据全国各分县土种志中实际采用代码和释义进行综合与汇总。土体构造中，两个字母并列表示过渡层土壤，例如 AB 层、BC 层等。

2) 一些地区将潴育层细分为 W_1（渗育层）和 W_2（淀积层）两层。渗育层指有明显水化铁层，多见黄色锈斑；淀积层指明显有铁锰淀斑或铁锰结核的土层。

（五）其他

分县土壤剖面理化性状表中，空格代表本项无数据。

若土壤剖面的土层码为数字，则表示调查中未对该剖面的各分层进行土层代码赋码。对这类剖面，编者按从地表至底土顺序赋土层序号 1、2、3……。土层序号不具有土壤发生学上的含义，仅表达每一土层的顺序。

分县土壤剖面理化性状表中土层厚度的上、下边界表示该土层采样范围。例如：土层厚度为 0—17cm，表示土层采自剖面 0—17cm 部位；土层厚度为 50—100cm 表示采自剖面 50—100cm 部位。一些剖面底土的土层厚度仅有上界而无下界。例如：85—，表示该土层采自剖面 85cm 至更深部位。

个别剖面上、下土层的上、下边界相互不衔接，例如：两个土层厚度分别为 0—10cm、30—35cm，表示该剖面的采样为不连贯采样，每个土层只选取了该土层的代表性层段。

一些剖面分层样本上、下土层的上、下边界相互不衔接，例如：按从地表至底土顺序，6 个土层采样范围分别为 0—13cm、13—18cm、18—40cm、18—32cm、32—100cm、50—100cm，其中第三个土层 18—40cm 为额外增加的采样层。在土壤调查中，当调查者认为需要对某些区域或土类的特定土层进行单独采样和分析时，往往会出现这一情形。为了最大限度保持第一手调查资料的完整性，编者将这类土层也编入了分县土壤剖面理化性状表中。

本卷收录的山东省典型土壤剖面共计 1724 个。通过对剖面数据的土层厚度转换，附录 7 给出了这些典型剖面 0—20cm 土层土壤理化性状中位数与平均数。二普剖面采样为典型土类采样，而非网格化采样。0—20cm 土层土壤理化性状中位数与平均数不代表本省土壤理化性状平均状况。但二普是我国最早的大样本量调查，附录 7 所示的 0—20cm 土层土壤理化性状中位数与平均数对了解山东省 20 世纪 80 年代土壤肥力性状具有一定参考价值。

附录 8 列出了山东省耕地、园地、林地、草地和湿地 0—30cm 土层土壤有机质含量的平均值。该值由山东省土壤有机质含量图和自然资源部土地科学数据中心编制的 2019 年 1∶100 万比例尺全国土地利用缩编图通过叠加、计算生成。其中，耕地包括水田、水浇地、旱地三种土地利用类型；园地包括果园、茶园和其他园地三种土地利用类型；林地包括有林地、灌木林地和其他林地三种土地利用类型；草地包括天然牧草地、人工牧草地和其他草地三种土地利用类型；湿地包括沼泽地、沿海滩涂和内陆滩涂三种土地利用类型。鉴于山东省土壤有机质含量图源于大样本量地面采样，土壤有机质含量亦为变化较慢的土壤质量性状[15]，附录8对了解山东省耕地、园地、林地、草地和湿地的土壤有机质含量状况及演变具有较高的参考价值。为便于读者了解山东省耕地、园地、林地和草地四种土地利用类型中受成土过程影响而形成的各主要土壤类型及其在各土地利用类型中的占比情况，附录9给出了主要土壤类型在这四种土地利用类型中的占比。

土壤专题图与土壤剖面数据可靠性检验

该检验目的是对数据集中的土壤专题图和土壤剖面数据能否真实反映土壤资源与土壤理化性状及其空间分布特征给出科学、客观的评价。另外，数据集中的土壤专题图和土壤剖面数据主要源于1979—1987年的二普和2005—2017年在全国测土配方施肥项目中的土壤养分调查，因此，该检验也是对我国两次全国性土壤调查所获成果的质量评估。

对土壤专题图及含地理坐标的剖面数据的检验涉及地图制图学、测绘科学、土壤学、地统计学等多学科内容，而对于不同的学科，数据检验的目标和内容也不同。对于地图制图，精度检验十分重要；而在土壤学范畴，可靠性检验更为重要。精度检验方面，本数据集剖面坐标是通过1∶5万比例尺地图数据匹配获得，匹配用地图精度直接影响剖面数据坐标精度。可靠性检验方面，土壤专题图和土壤剖面数据均属于土壤学范畴，还需要从土壤学角度给出科学评价。借助目前仍在发展中的地统计方法，编者最终给出了合理的可靠性检验方法。为便于读者理解，本节将重点说明两点：一是地图精度与土壤专题图制图的关联；二是土壤专题图和剖面数据的地统计检验结果。

在地图制图中，地图精度用于衡量某一地物点或地物轮廓点的平面位置和高程位置偏离其真实位置的平均误差。这里的地物点或地物轮廓点可以是测量控制点、水准点、道路交叉点、境界线方向变化点、山脚点、山顶等。地图精度与地图投影、比例尺、制作方法和工艺有关。地图比例尺不同，误差控制要求也不同。一般来说，地图比例尺越大，误差越小，精度越高。换言之，地图精度或比例尺主要反映对地图中基础地理信息要素，如测量控制点、河流、道路、等高线、境界的误差控制要求。

在土壤专题图制图中，需要用基础地理信息要素标识土壤要素空间位置。在较早的土壤调查中，没有GPS设备，通常用纸质地形图为底图标识采样点位置。地面土壤采样调查完成后，根据底图标记的采样点位置和实测获得的土壤要素值，由经验丰富的土壤科学家依据土壤及相关要素的空间分布、空间相关性和空间依赖性规律进行人工综合判图，在底图上手工完成土壤专题图的勾绘和制图。我国的二普与欧美各国在20世纪80年代之前进行的全国性土壤调查基本均采用这一方法进行土壤专题图编绘。二普为大样本量土壤调查，采样密度高，采用1∶1万大比例尺地形图为工作底图，全国共挖取土壤观察剖面550余万个，采集0—20cm土壤表层样本200余万个，通过综合判图和人工勾绘，最终完成分县1∶5万比例尺土壤图和各类土壤养分含量图的编制。土壤专题图比例尺不代表地图中对土壤要素的误差控制要求，客观上，地面采样中应用大比例尺的工作底图，采样密度高，土壤采样点均衡分布于调查区域中，以此为依据编制的土壤专题图能精细地表达调查区域内土壤要素的空间变化特征。采样密度低的土壤调查结果则不适合编制大比例尺土壤专题图。

近年来，随着GPS和GIS技术的发展，地统计方法已较多用于反映和研究土壤要素的空间变化规律。地统计方法不仅提供了利用含地理坐标的土壤采样点数据制作土壤专题图的地统计模型，还提供了对模拟结果进行不确定性检验的方法。地统计检验的主要目的是了解模拟结果对真实情况反演的客观性和可靠性，而不是评价地图中土壤要素的精度或误差控制。检验结果既受地面采样原则、采样量的影响，也受所选模型类型、建模过程中是否引入协变量等因素的影响。

由于二普完成的土壤图和养分含量图中没有采样点标注，难以对其进行地统计检验。为此，编者同时对我国在全国测土配方施肥项目中完成的有GPS定位坐标的农田耕层土壤有机质含量数据进行了地统计分析和检验。与二普相似，全国测土配方施肥项目也按网格化均匀分布原则进行大样本量、高密度土壤采样，全国总计完成1000万个农田土壤耕层样本的采集。

检验方法为：首先，在我国东、南、西、北、中不同地域选取7个代表性片区，每片区包含地域相连、域内无大面积剖面点缺失的多个行政县，且含土壤剖面点500个以上。其次，提取7个片区源于二普剖面0—20cm土层和源于2005—2017年0—20cm农田耕层采样的土壤有机质含量数据。二普剖面数据的采样特征为在优先选取典型土壤类型的前提下,尽量均衡分布;样本量较小,全国有6万多个具有匹配坐标的剖面。2005—2017年农田养分调查数据为网格化均衡分布的大样本量,全国完成了1000万个有GPS定位坐标的耕层样本。最后,用普通克利金插值(ordinary Kriging)方法进行地统计分析和检验。在每片区剖面点和耕层采样点的数据中分别随机选取80%作为训练样本集,20%作为验证样本集,同时进行建模;将验证样本预测值与实测值进行线性回归,计算R^2(决定系数)和RMSE(均方根误差),以此评价两组数据表达土壤要素空间分布特征的可靠性和误差。选择土壤有机质含量作为检验指标的原因为该指标是最重要的土壤质量性状之一,且可量化表达,便于进行地统计检验。

二普剖面数据的检验结果显示,在7个代表性片区,剖面点数据表达的有机质含量分布状况可靠性均达极显著水平(表12)。这表明,尽管二普典型剖面数据为非网格化采样,含地理坐标样本量较少,需采用匹配坐标替代原点坐标,但在一个由多县组成的片区内,当剖面样本量达到一定数量后,即使未引入可极大改进R^2的地形、土地利用类型等辅助变量,用普通克利金插值仍然能比较真实、可靠地反演土壤要素空间分布特征。2005—2017年耕层采样点数据的检验结果显示,与二普剖面点数据相比,大部片区的有机质含量分布数据R^2更大(达到中等相关至强相关),RMSE更小,可靠性和预测精度明显更优,这说明就表征土壤要素空间分布特征而言,网格化均衡分布的大样本量采样得到的数据可靠性和精度相对较高。这为二普大比例尺土壤专题图数据(土壤图和土壤pH、有机质、氮、磷、钾养分含量图)的地统计检验特征提供了佐证。二普大比例尺土壤专题图数据均源于网格化均衡分布的大样本量地面调查,其可靠性和精度应优于二普剖面点数据。

两组数据地统计检验结果还显示,尽管相隔近30年,两时段调查的土壤有机质含量也有一定变化,但各片区土壤有机质含量的空间分布规律总体相近。图3展示了东北片区两组数据通过普通克利金插值获得的土壤有机质含量分布图。可以看出,尽管二普土壤剖面样本数(546)远少于农田耕层土壤样本数(45182),20%校验集所获R^2较低,预测值与实测值偏差较大,但两组数据展示的土壤有机质含量空间分布格局相近,均为东北角最高,西南角最低。另外,该片区2005—2017年的农田耕层有机质含量均值为36.41g/kg,低于1979—1987年的二普采样结果(40.53g/kg),这一结果与东北地区所做长期定位试验结论一致。这表明,本数据集剖面数据可为了解土壤质量时空演变规律提供可靠的数据支持[9]。

表12 二普典型土壤剖面数据和2005—2017年耕层采样点数据的地统计检验结果

编号	片区名	县数	面积/km²	二普剖面土壤有机质含量[1]			耕层土壤有机质含量[2]		
				样本量	R^2[3]	RMSE[3]	样本量	R^2[3]	RMSE[3]
1	东北片区	19	72353	546	0.329**	14.77	45182	0.689**	6.32
2	冀鲁豫片区	64	50071	881	0.363**	5.65	256341	0.429**	3.47
3	江浙片区	53	63003	1312	0.334**	8.83	51759	0.666**	4.05
4	湖北片区	10	21044	515	0.286**	20.21	60545	0.281**	11.09
5	四川片区	39	98052	1283	0.380**	9.20	206682	0.344**	7.08
6	粤闽赣片区	27	58745	801	0.223**	13.33	51759	0.285**	6.42
7	陕甘片区	47	109010	990	0.296**	7.20	256341	0.558**	2.48

注:1)数据源于二普土壤剖面(1979—1987年采样,0—20cm土层)数据库,土壤有机质含量单位为g/kg。
2)数据源于2005—2017年农田耕层(0—20cm)土壤养分调查数据库,土壤有机质含量单位为g/kg。
3)20%验证样本所获预测值与实测值的线性回归R^2(决定系数,其中**表示1%水平显著)和RMSE(均方根误差)。

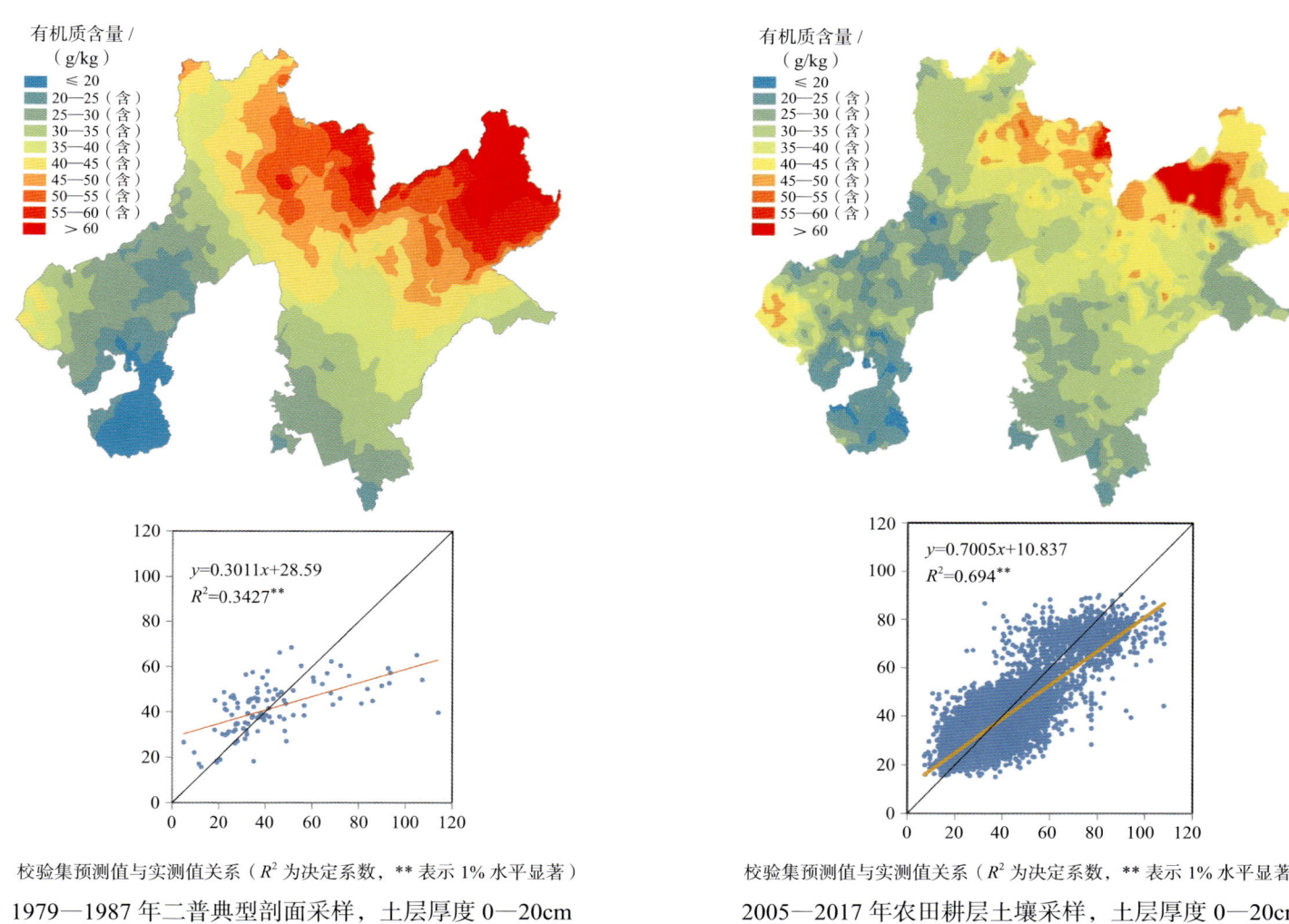

图3　东北片区土壤有机质含量分布图及地统计检验结果

参编单位

《中国土壤剖面数据集》的编制工作始于1998年。其编制过程主要分为以下两个阶段：

第一阶段为全国1∶5万土壤图编制和中国剖面数据库构建阶段。20世纪末，随着现代科学研究与管理对土壤时空信息的迫切需要和大数据技术的发展，利用土壤调查结果构建我国土壤资源与质量时空数据库日益显现出可行性和必要性。1998年，我国土壤科技工作者开始对二普分县土壤图件和资料进行系统收集和整理，这项工作曾得到国家社会公益性研究专项的资助。"十一五"期间，"我国1∶5万土壤图籍编撰及高精度数字土壤构建"被列为国家科技基础性工作专项重点项目。在全国各地农业、国土、档案等多家单位的大力配合和各地土壤科技工作者的支持下，项目组汇聚全国土壤科学、农业、测绘与环境领域多家专业科研院所的科研力量，深入31个省、自治区、直辖市以及数百个县的原始图件与资料存放部门，完成了2200多个县的分县大比例尺纸质土壤图与土种志的收集。同时，项目组还收集了31个省、自治区、直辖市的分省土壤图、土壤有机质含量图等多类别土壤专题图和分省土壤调查资料，并在此基础上，项目组研究人员通过融合多学科方法创建土壤大数据方法，以方法创新带动异源非标准海量土壤信息的时空整合与表达，至2017年，完成了我国1∶5万土壤图的整合表达和中国土壤剖面数据库的构建，为编制《中国土壤剖面数据集》奠定了科学基础、方法基础和数据基础。

第二阶段为《中国土壤剖面数据集》编制阶段。为满足我国农业、林业、环境、气象、国土、水利等各部门对公众版土壤资源与质量信息的迫切需求，项目组于2017年启动了数据集编制工作。在数据集编制过程中，项目组一方面利用土壤大数据方法进行数据的审核、土壤专题图的缩编与剖面数据表的表达等多项工作，另一方面组织了各省级土壤专业科研院所参与各分卷内容的审核和修订工作。数据集的编制还得到了中国农业科学院科技创新工程的资助。

本数据集的最终面世离不开多家科研单位在过去20多年时间里的共同付出。这些单位包括国家科技基础性工作专项重点项目"我国1∶5万土壤图籍编撰及高精度数字土壤构建""我国1∶5万土壤图籍编撰及高精度数字土壤构建二期工程"主持与参加单位、参加数据集各分卷审核和修订工作的土壤专业科研单位以及参与分县大比例尺纸质土壤图与土种志收集的各地相关管理与科研部门（附录10）。

（张维理、徐爱国、张认连、冀宏杰）

序图

中国土壤图
1:13 000 000

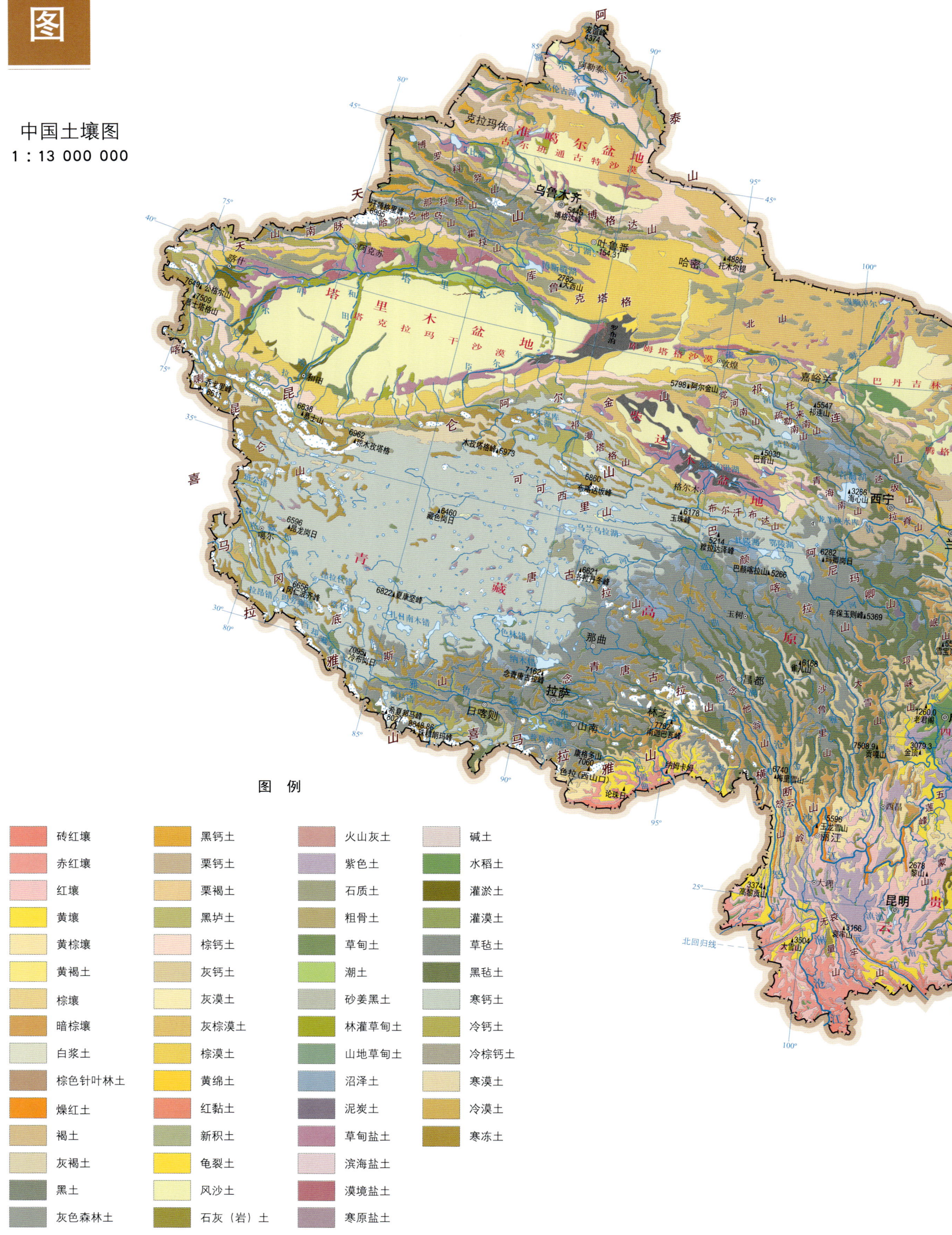

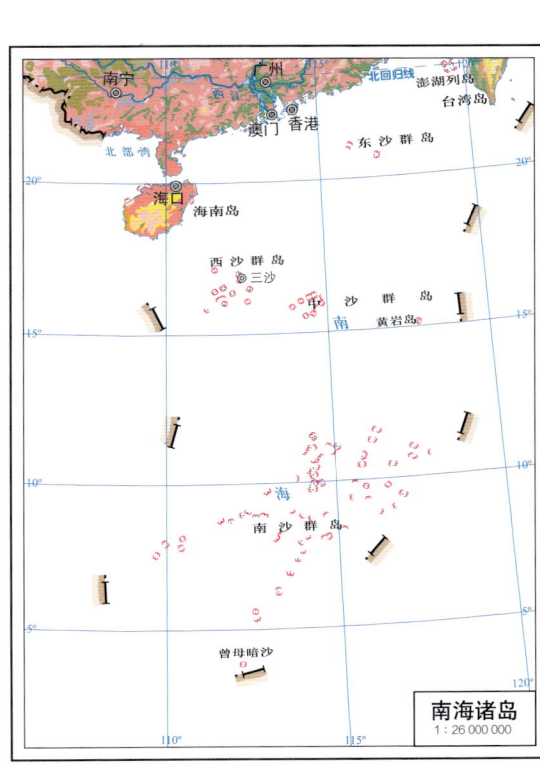

南海诸岛
1:26 000 000

中国土壤有机质含量图
1 : 13 000 000

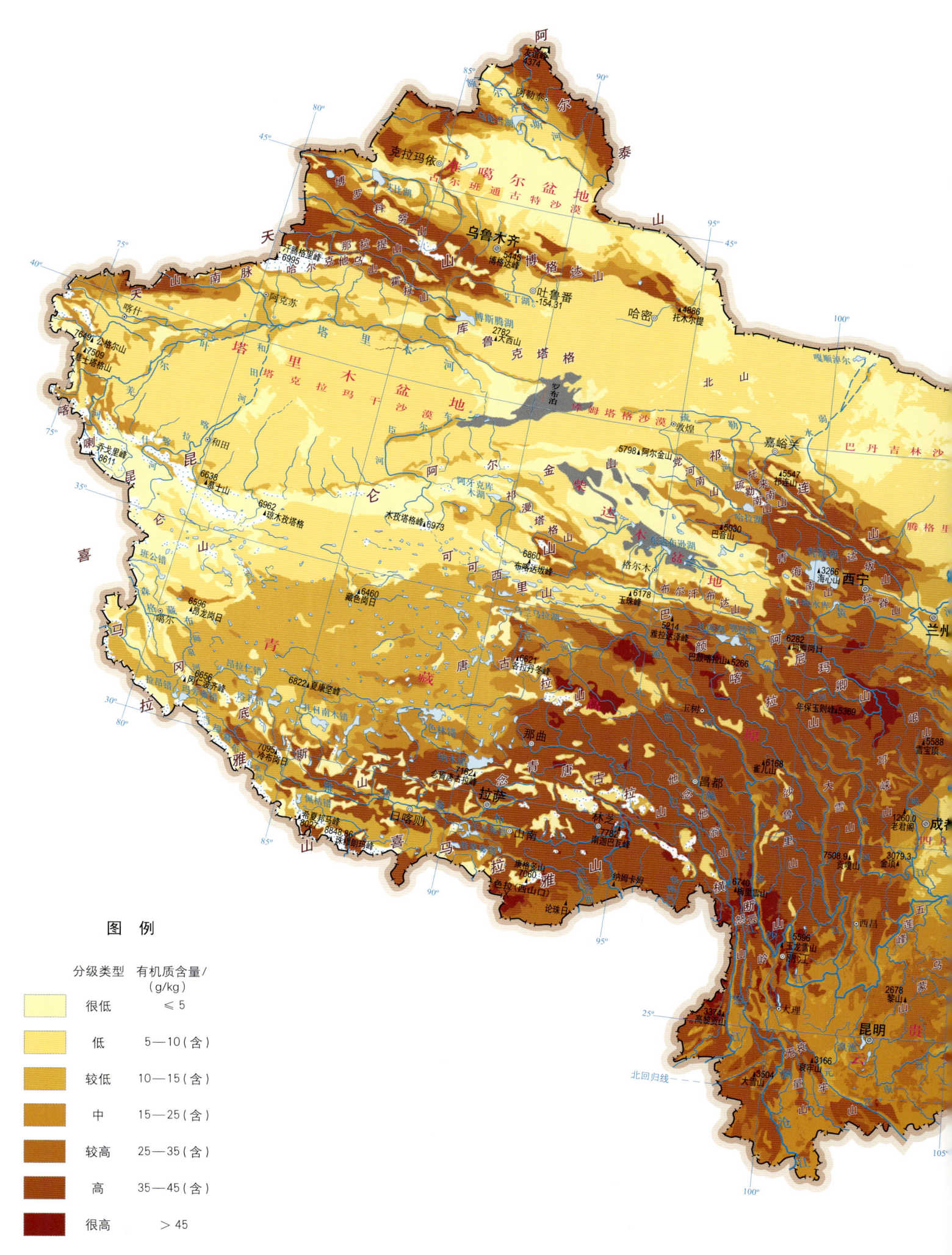

图 例

分级类型	有机质含量/(g/kg)
很低	≤ 5
低	5—10（含）
较低	10—15（含）
中	15—25（含）
较高	25—35（含）
高	35—45（含）
很高	> 45

注：土层厚度为0—30cm。

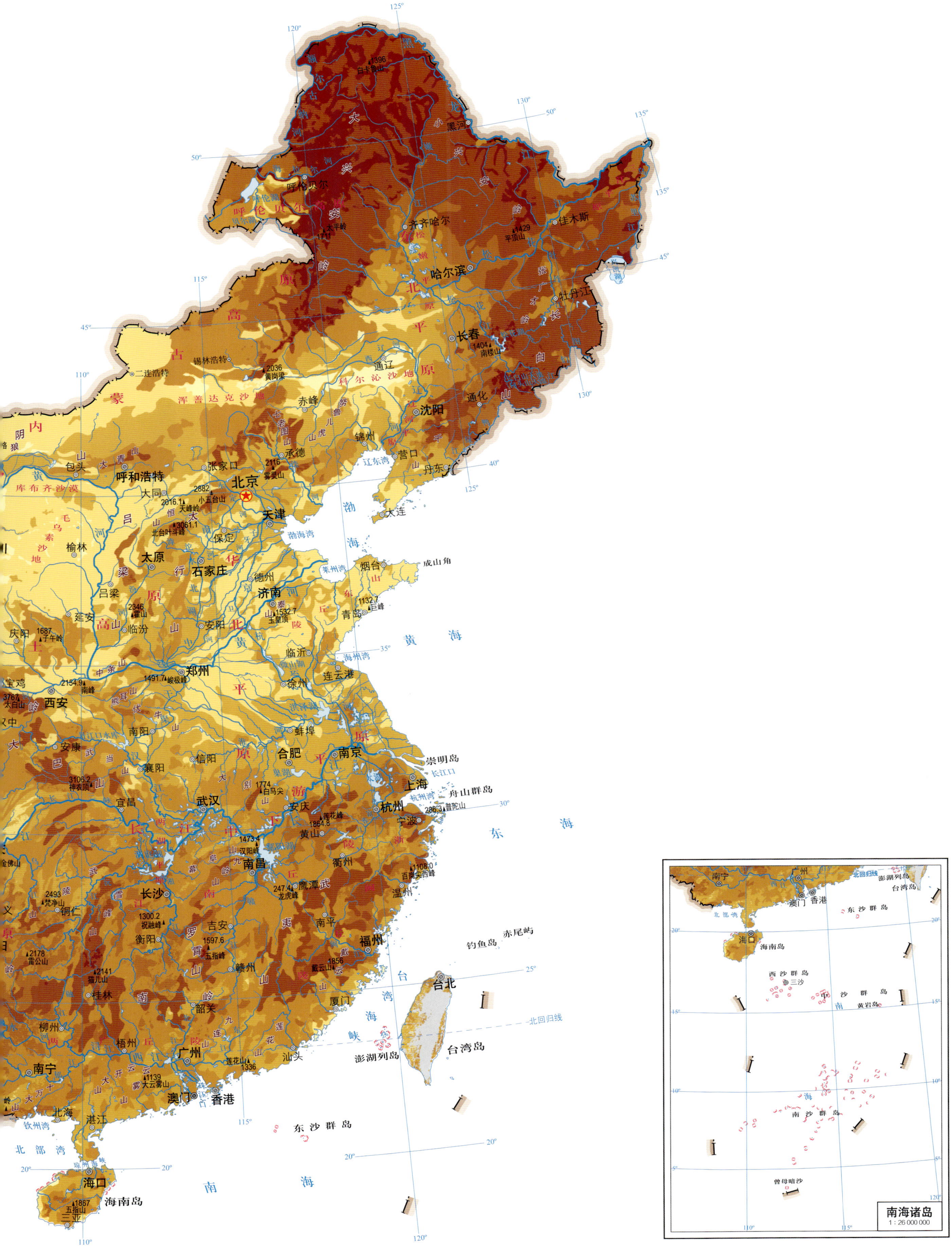

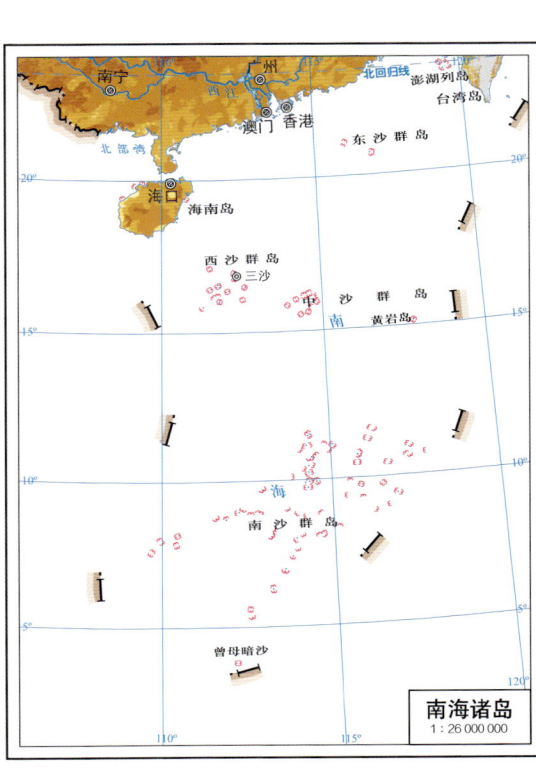

南海诸岛
1:26 000 000

第一编 编制说明与序图

中国地势图

1 : 13 000 000

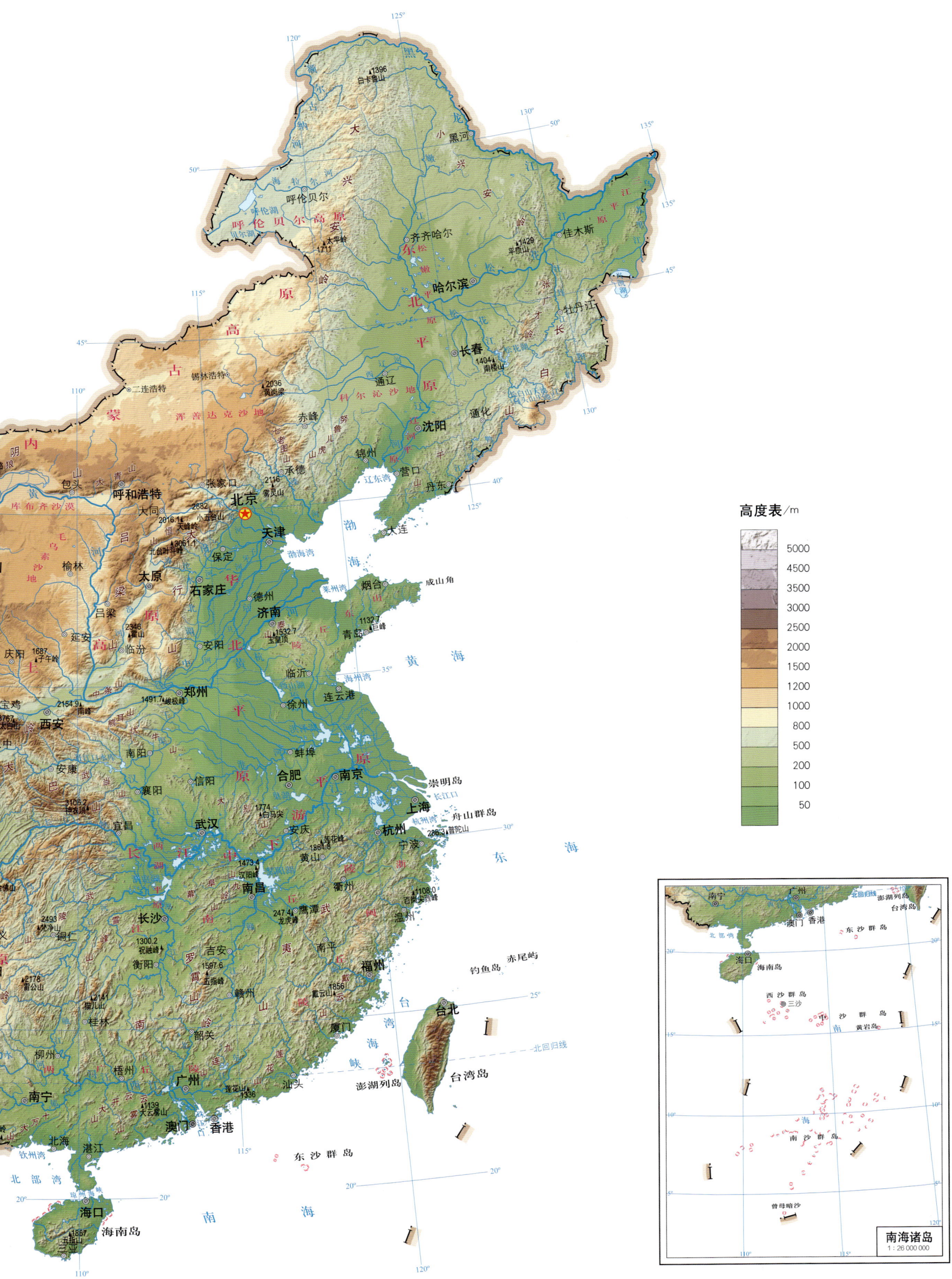

山东省土壤图
1 : 1 600 000

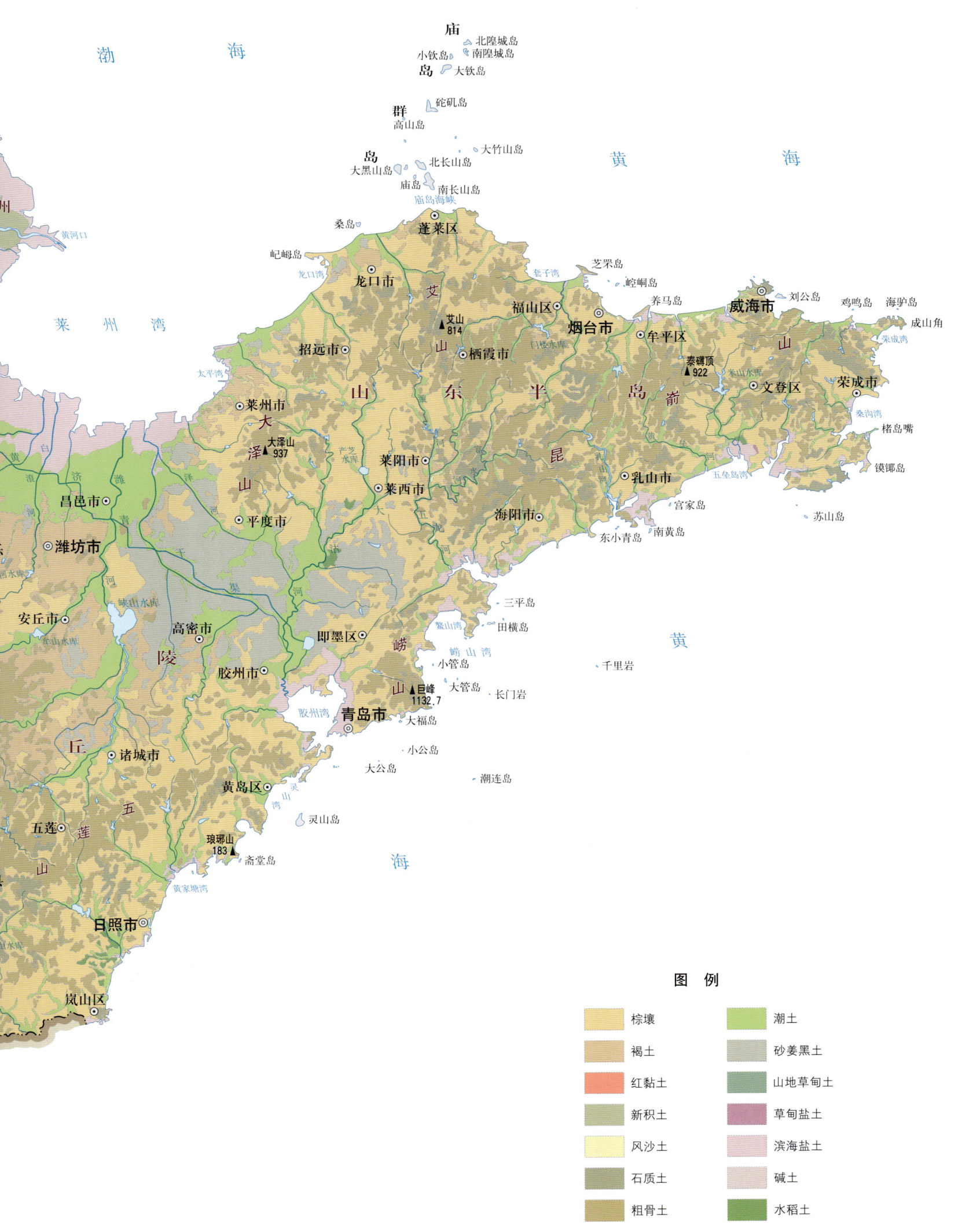

山东省土壤有机质含量图
1∶1 600 000

注：土层厚度为0—30cm。

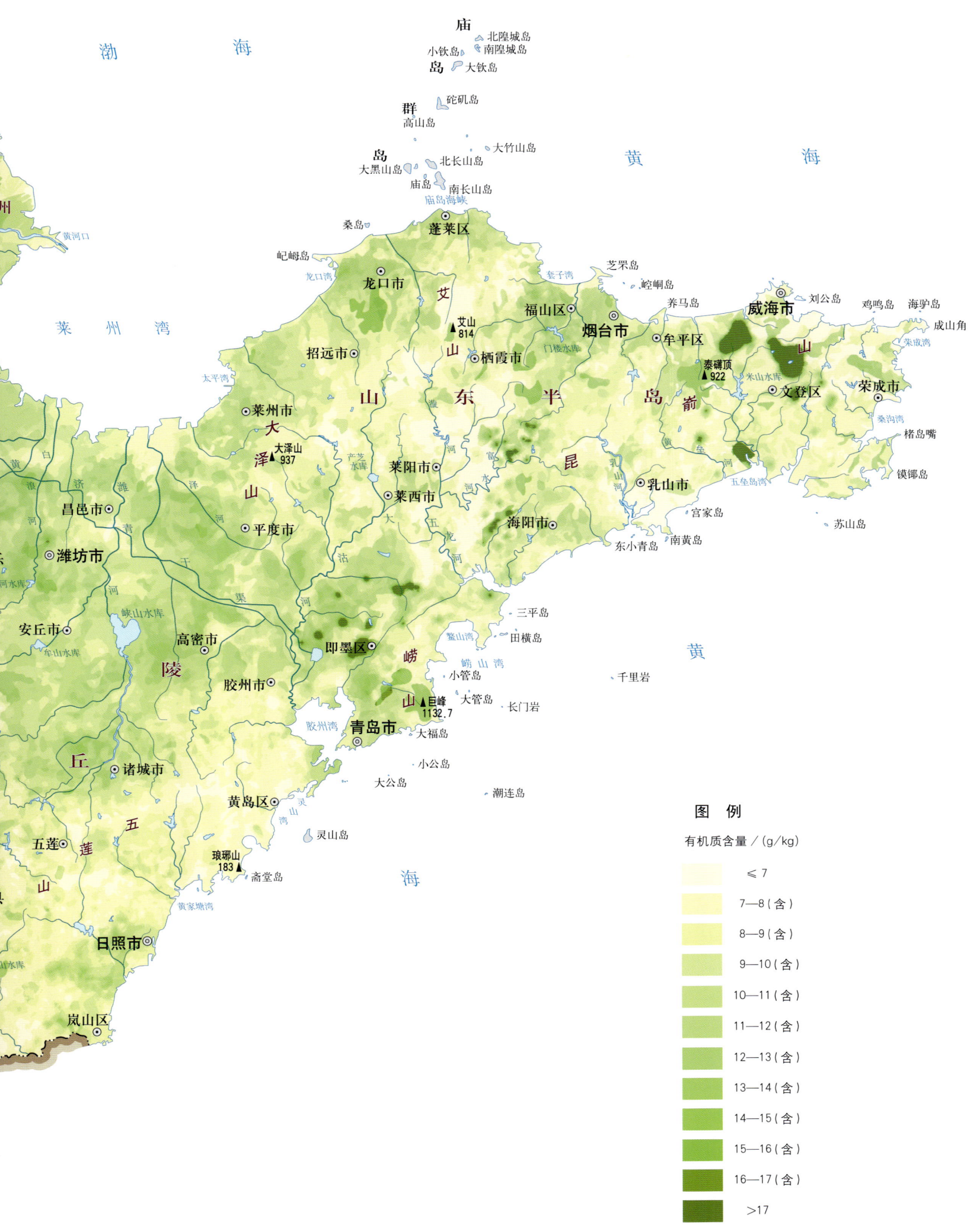

山东省地势图

1 : 1 600 000

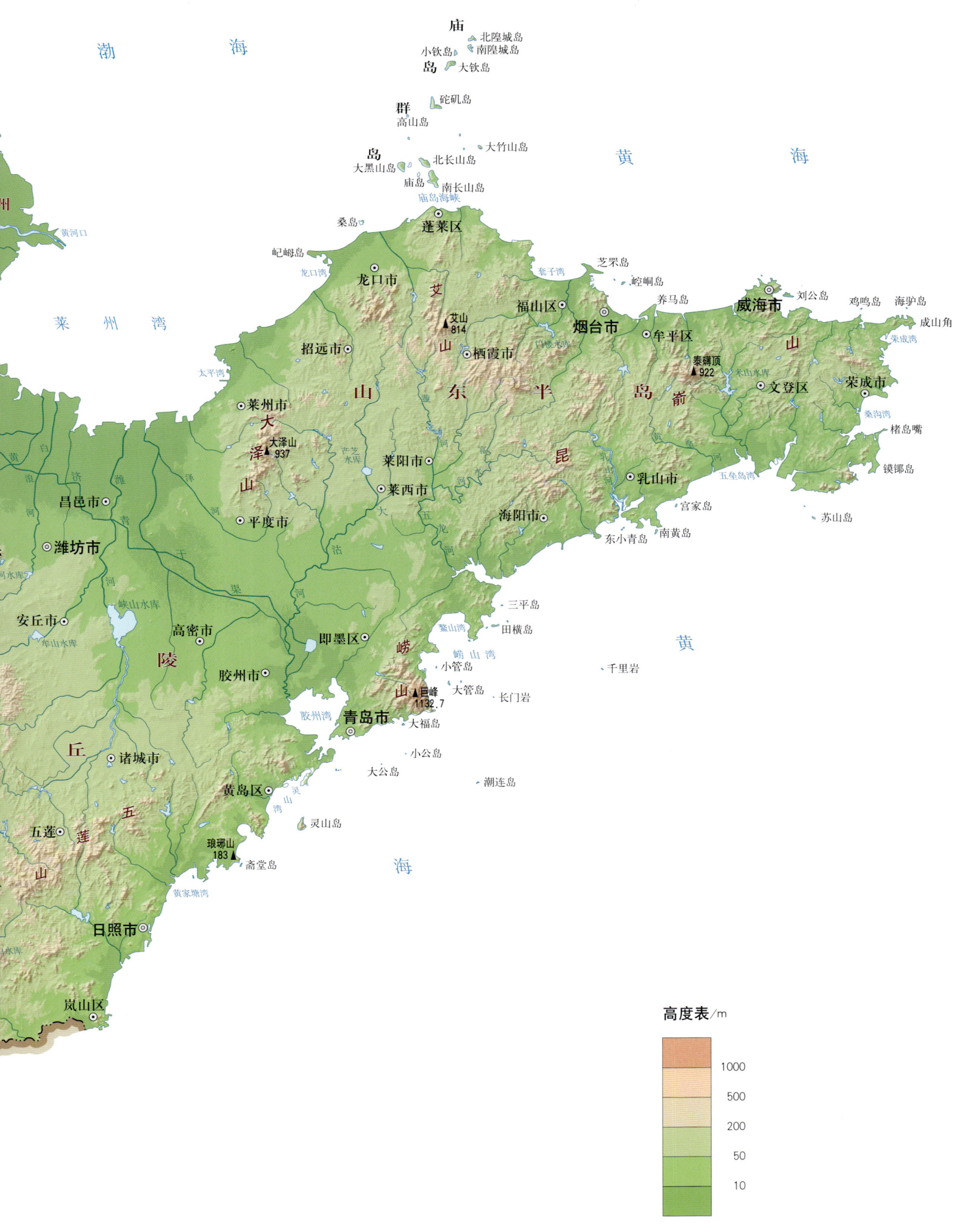

中国土壤剖面数据集·山东卷

第二编 | 分县土壤图与土壤剖面数据

济 南 市

市 辖 区

主要土类说明

　　褐土是济南市主要土壤类型，占本市地域面积的61%。成土母质多为石灰岩风化形成的坡积物和洪积物。褐土剖面通体多呈褐色或浅褐色，除褐土性土外，其他褐土亚类发育完全、层次明显，有耕作层、沉积层和钙积层三个层段。在剖面中有假菌丝体、胶膜及黏粒下移现象，多数心腰部位偏黏，有的地方在心腰部位出现砾石、砂姜，一般通体有石灰反应，pH一般为7.0—8.0，呈中性至微碱性。土层深厚，一般生产性能较好，但因所处地形部位较高，地下水埋藏深，易缺水。由于所处地形部位不同，以及水、热条件与人为耕种条件不同，加之各种物质的重新再分配，褐土也具有一定的差异性。本市褐土分为褐土性土、褐土、潮褐土等亚类。

　　潮土是济南市第二大土壤类型，占本市地域面积的23%，主要分布在郊区北部交接洼地、碟形洼地、河漫滩和冲积平地上，是发育在小清河、黄河冲积物母质上并受潜水作用影响形成的一类土壤。成土物质颗粒粗细不同，剖面中质地层次排列不一，腰土层有明显的锈纹、锈斑和铁锰结核，土体构型复杂，土壤呈中性至微碱性，pH一般为7.0—8.0。根据潜水作用程度、有无盐化情况，以及人为作用和所处微地貌的不同，本市潮土分为潮土、褐潮土、盐化潮土等亚类。

　　棕壤是济南市第三大土壤类型，占本市地域面积的5%。成土母质以花岗岩或片麻岩风化残积物、坡积物或洪积物为主，具有明显的淋溶和黏化作用。土壤多呈棕色，呈微酸性至中性，剖面构型为A–B–C。土壤表层质地为砂壤土或轻壤土，淀积层质地为中壤土或重壤土，黏粒胶膜明显，也常见铁锰胶膜或铁子和铁管。

　　小于本市地域面积3%的土壤类型有新积土、粗骨土、风沙土、砂姜黑土和水稻土等。

本区域中心区气候特征

本区域中心区气候特征值
Regional climate characteristics in central area of the region

气候带：暖温带亚湿润气候 Climate region: Warm temperate subhumid climate	
年平均气温 /℃ Annual average temperature /℃	14.4
年平均最高气温 /℃ Annual average maximum temperature /℃	19.4
年平均最低气温 /℃ Annual average minimum temperature /℃	10.1
年降水量 /mm Annual precipitation /mm	667
≥10℃的积温 /℃ Daily temperature accumulated in a year (≥10℃) /℃	5188
年日照时数 /h Annual sunshine /h	2542
年平均相对湿度 /% Annual average relative humidity /%	59
干燥度 Dryness	1.28

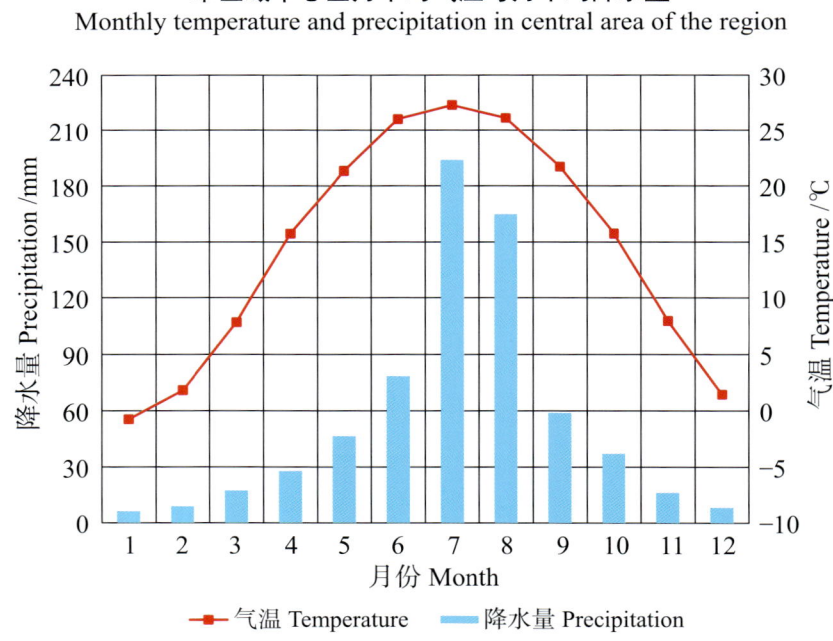

本区域中心区月平均气温与月平均降水量
Monthly temperature and precipitation in central area of the region

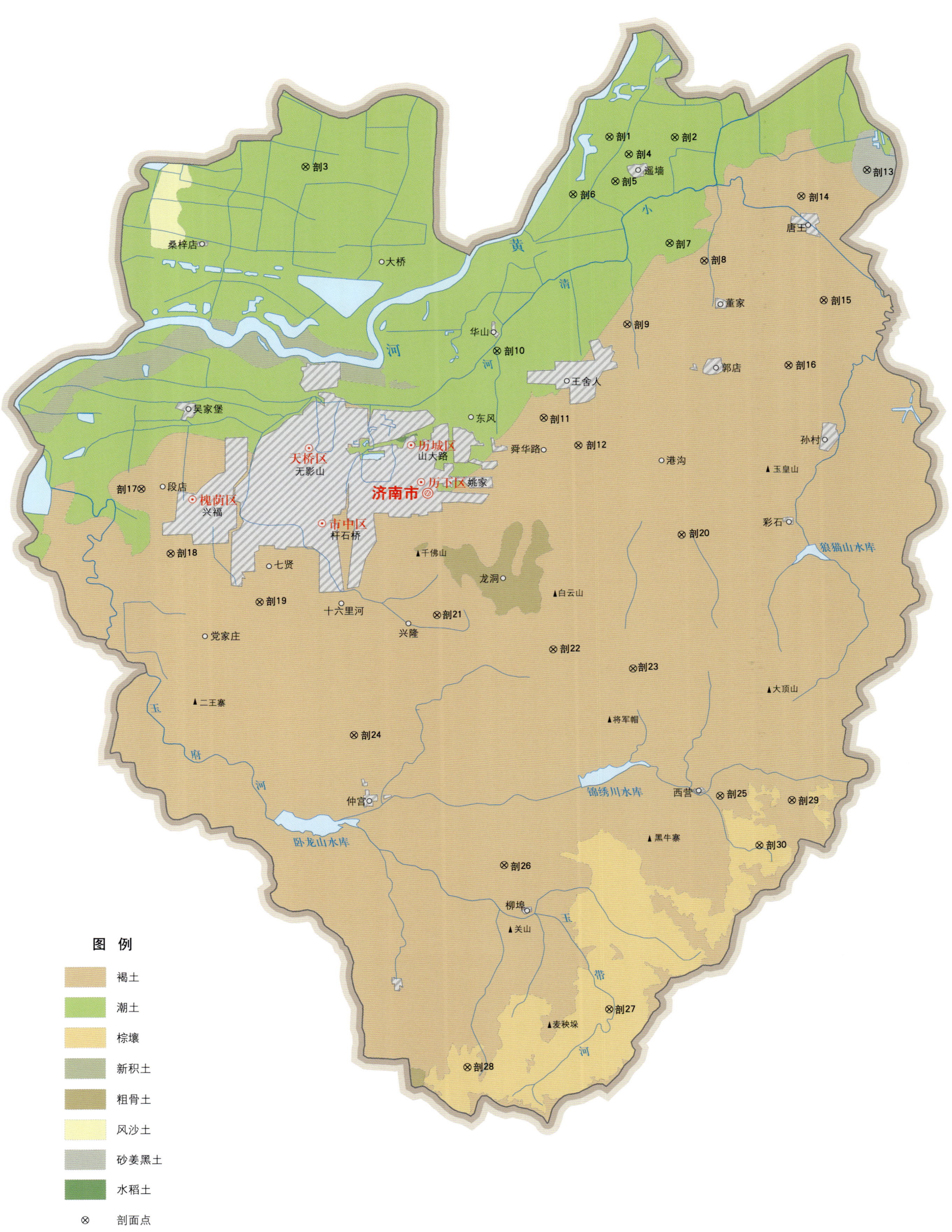

济南市土壤剖面理化性状表

剖面号 Soil profile	土纲 Soil order	土类 Soil great group	亚类 Soil subgroup	土属 Soil genus	土种 Soil species	土层码 Layer code	土层厚度 Depth/cm	颜色 Soil color	质地 Soil texture	土壤结构 Soil structure	pH	有机质 OM/(g/kg)	全氮 TN/(g/kg)	全磷 TP/(g/kg)	碱解氮 AN/(mg/kg)	有效磷 AP/(mg/kg)	速效钾 AK/(mg/kg)	阳离子交换量CEC/(cmol/kg)	土壤母质 Parent material	剖面点坐标 Profile coordinate	匹配指数 Matching index/%
剖1	半水成土	潮土	盐化潮土	盐化潮土	轻壤均质盐化潮土	1	0—18	暗灰色	轻壤土	粒状	8.1	10.7	0.80	1.80		10.0		7.8	河流冲积物	E 117°09′51.2″ N 36°50′28.8″	97
						2	18—34	灰色	轻壤土	粒状	7.4	8.4	0.70	1.53		7.0		16.8			
						3	34—45	浅褐色	轻壤土	片状	7.4	1.9	0.19	1.40		4.2					
						4	45—150	浅褐色	轻壤土	块状	7.4	4.6	0.42	1.49		4.0					
剖2	半水成土	潮土	潮土	潮土	砂壤均质潮土	1	0—20	灰白色	砂壤土	粒状	8.3	10.8	0.75	1.74	52	17.0	82		河流冲积物	E 117°12′18.2″ N 36°50′28.1″	72
						2	20—45	灰白色	砂壤土	粒状		7.6	0.59	1.90	41	3.0	49				
						3	45—90	浅黄色	中壤土	块状		8.2									
						4	90—150	浅褐色	砂壤土	粒状		4.1									
剖3	半水成土	潮土	盐化潮土	盐化潮土	轻壤厚黏心盐化潮土	1	0—20	浅褐色	轻壤土	粒状	8.2	6.0	0.62	1.26		2.0	62	7.1	河流冲积物	E 116°58′27.8″ N 36°49′31.9″	94
						2	20—45	浅褐色	砂壤土	块状	8.2	3.4	0.20	0.71		3.0	41				
						3	45—85	浅褐色	砂壤土	粒状	8.3	3.3				1.0					
						4	85—150	浅褐色	轻壤土	粒状	8.0										
剖4	半水成土	潮土	褐潮土	褐潮土	轻壤厚砂心潮土	1	0—20	深褐色	轻壤土	粒状	8.2	17.4	0.88	0.09		27.0	127	9.5	河流冲积物	E 117°10′34.7″ N 36°49′56.8″	78
						2	20—60	浅褐色	砂壤土	粒状	7.9	3.1	0.32	0.73		3.0	103				
						3	60—100	浅黄色	砂壤土	粉粒状	8.4	3.0	0.30	0.68		3.0	87				
剖5	半水成土	潮土	褐潮土	褐潮土	中壤均质褐潮土	1	0—25	浅褐色	中壤土	粒状									河流冲积物	E 117°10′04.8″ N 36°49′06.6″	79
						2	25—55	红褐色	中壤土	块状		11.1	0.97	0.69		5.0	63	21.1			
						3	55—95	黄色	中壤土	块状		5.9	0.57			4.0		15.8			
						4	95—150	黄色	中壤土	粒状											
剖6	半水成土	潮土	盐化潮土	盐化潮土	轻壤厚黏腰盐化潮土	1	0—35	褐褐色	轻壤土	粒状	8.2	9.6	0.85	1.17		24.0	83	9.0	河流冲积物	E 117°08′29.6″ N 36°48′42.1″	84
						2	35—55	红褐色	砂壤土	粒状		4.9	0.42	0.57		7.0	55	7.5			
剖7	半水成土	潮土	潮土	潮土	轻壤均质潮土	1	0—20	褐色	中壤土	块状	7.5	10.8	0.87	1.85		6.0		13.0	河流冲积物	E 117°12′06.8″ N 36°47′11.0″	74
						2	20—40	棕褐色	重壤土	片状	7.5	8.3	0.71	1.45		7.0		13.0			
						3	40—110	浅褐色	中壤土	粒状	7.5	6.5	0.48	1.27		5.0					
						4	110—150	浅褐色	粉砂土	粒状											
剖8	半淋溶土	褐土	潮褐土	洪冲积潮褐土	中壤厚黏心洪冲积潮褐土	1	0—20	灰褐色	中壤土	粒状	7.7	12.5	1.01	0.80	81	42.0	104	13.2	洪积物、冲积物	E 117°13′25.0″ N 36°46′38.3″	96
						2	20—65	棕褐色	重壤土	块状	8.0	7.2	0.65	0.40	67	6.0	64	14.1			
						3	65—100	褐色	重壤土	块状	7.4	4.2	0.44	0.50	36	11.0	69				
剖9	半淋溶土	褐土	潮褐土	洪冲积潮褐土	轻壤厚黏心洪冲积潮褐土	1	0—20	浅褐色	轻壤土	粒状	8.3	13.1	0.80	1.55		15.0	59		冲积物	E 117°10′32.5″ N 36°44′39.5″	91
						2	20—45	褐色	中壤土	块状		10.5	0.63	1.24		4.0	49				
						3	45—150	深褐色	重壤土	粒状		7.7	0.59	0.68		2.0	47				
剖10	半水成土	潮土	潮土	潮土	中壤厚砂心轻度盐化潮土	1	0—20	灰褐色	中壤土	粒状		8.0	0.61	0.57		4.0	159		河流冲积物	E 117°05′39.8″ N 36°43′49.8″	86
						2	20—55	灰黄色	砂壤土	块状		0.5	0.36			3.0	120				
						3	55—110	灰黄色	砂壤土	粒状		0.4				2.0					
剖11	半淋溶土	褐土	盐化潮土	盐化潮土	中壤均质洪冲积潮褐土	1	0—20	浅褐色	中壤土	粒状	6.6	12.4	0.78	0.60		9.0	72	20.0	洪积物、冲积物	E 117°07′25.3″ N 36°41′46.0″	93
						2	20—40	棕褐色	重壤土	块状	7.5	8.2	0.70	0.60		4.0	42	17.8			
						3	40—	褐色	重壤土	块状	7.5	4.2	0.25	0.50		2.0	47	13.0			
剖12	半淋溶土	褐土	潮褐土	洪积潮褐土	轻壤厚砂心洪冲积褐潮土	1	0—20	褐色	轻壤土	粒状	7.4	11.1	0.93	0.80	84	19.0	78	11.9	洪积物、冲积物	E 117°08′42.7″ N 36°40′54.1″	89
						2	20—150	褐褐色	中壤土	粒状	7.9	4.0	0.44	0.90		16.0	58	10.0			
剖13	半水成土	砂姜黑土	砂姜黑土	岗坡砂姜黑土岗	轻壤厚黑土岗坡砂姜黑土	1	0—25	灰褐色	轻壤土	粒状	8.2	11.5	0.78	1.37	68	26.0	78	15.5	河流冲积物	E 117°19′30.5″ N 36°49′27.9″	88
						2	25—40	灰褐色	重壤土	块状		12.4	0.78	1.00		2.0		25.7			
						3	40—60														

续表 Continued

剖面号 Soil profile	土纲 Soil order	土类 Soil great group	亚类 Soil subgroup	土属 Soil genus	土种 Soil species	土层码 Layer code	土层厚度 Depth/cm	颜色 Soil color	质地 Soil texture	土壤结构 Soil structure	pH	有机质 OM/(g/kg)	全氮 TN/(g/kg)	全磷 TP/(g/kg)	碱解氮 AN/(mg/kg)	有效磷 AP/(mg/kg)	速效钾 AK/(mg/kg)	阳离子交换量 CEC/(cmol/kg)	土壤母质 Parent material	剖面点坐标 Profile coordinate	匹配指数 Matching index/%
剖14	半淋溶土	褐土	褐土	冲积褐土	轻壤均质冲积褐土	1	0~20	褐色	轻壤土	褐状	7.5	8.6	0.58	1.21	4			14.2	冲积物	E 117°17′02.5″ N 36°48′39.0″	75
						2	20~58	暗褐色	中壤土	小块状	7.5	5.3	0.38	0.97	4			13.2			
						3	58~80	黄褐色	轻偏中壤土	小块状	8.0	2.6	0.30	0.78	3						
						4	80~150	栗色	中壤土	块状	8.0	4.1									
剖15	半淋溶土	褐土	褐土	洪积褐土	轻壤厚黏腰冲积褐土	1	0~20	黄褐色	轻壤土	粒状	7.0	8.1	0.53	0.96	49	3.0	111		洪积物、冲积物	E 117°17′53.8″ N 36°45′24.2″	84
						2	20~45	浅褐色	轻壤土	碎块状		5.0	0.43	0.76	54	1.0	62				
						3	45~100	红褐色	重壤土	块状		2.6	0.30	0.85	30	2.0	50				
						4	100~150	褐色	轻壤土	块状		1.0									
剖16	半淋溶土	褐土	褐土	洪积褐土	轻壤厚黏腰洪积褐土	1	0~20	浅褐色		粒状	7.2	17.6	1.20	0.60		24.0	92	16.2	洪积物	E 117°16′35.0″ N 36°43′23.2″	88
						2	20~35	褐色	中壤土	柱状	7.3	10.2	0.54	0.50		4.0	49	15.3			
						3	35~77	浅褐色	重壤土	柱状	7.4	4.7	0.56	0.30		3.0	35				
						4	77~150	褐色	轻壤土	块状											
剖17	半淋溶土	潮褐土	洪冲积潮褐土	中壤均质冲积潮褐土		1	0~25	浅褐色	中壤土	粒状	7.0	9.9	0.68	1.08	43	3.0	107		洪积物、冲积物	E 117°16′21.9″ N 36°39′31.6″	70
						2	25~58	褐色	中壤土	棱块状		7.3	0.31	0.98	43	1.0	73				
						3	58~130	浅褐色	重壤土	块状		4.4				2.0					
						4	130~150	褐色	中壤土	块状		4.4				2.0					
剖18	半淋溶土	褐土	洪积褐土	中壤厚黏心洪积褐土		1	0~25	褐色	轻壤土	粒状	7.8	13.4	1.05	0.60		6.0	75	21.1	洪积物	E 116°52′28.5″ N 36°37′31.0″	81
						2	25~58	褐色	重壤土	块状	7.8	11.5	0.70	0.40		3.0	58	21.4			
						3	58~130	黄褐色	重壤土	柱状		7.6	0.95	0.40		4.0	32				
剖19	半淋溶土	褐土	洪冲积褐土	中壤厚黏心洪冲积褐土		1	0~30	褐色	中壤土	粒状	6.5	8.7	0.56	0.92		3.0			洪积物	E 116°53′48.5″ N 36°36′01.4″	73
						2	30~95	棕褐色	中壤土	块状	7.0	5.4	0.39	0.69		2.0					
						3	95~140	暗褐色	中壤土	块状	7.0	3.4	0.30	1.02		7.0					
剖20	半淋溶土	褐土	坡积褐土	轻壤均质坡积冲积褐土		1	0~20	褐色	中壤土	粒状	7.5	10.8	0.73			4.0	103	15.3	坡积物、洪积物	E 117°12′34.9″ N 36°38′06.7″	97
						2	20~75	浅褐色	中壤土	粒状	7.5	6.4	0.55			2.0	73				
						3	75~150	褐色	中壤土	块状	7.5	4.0									
剖21	半淋溶土	褐土性土	钙质岩类褐土性土			1	0~25	褐色	石渣土		7.0	14.0	0.95	0.21	63				钙质岩类	E 117°03′26.6″ N 36°35′37.7″	99
						2	25~														
剖22	半淋溶土	褐土性土	钙质岩类褐土性土			1	0~28	暗褐色	轻壤土	小块状、粒状	7.6	8.6	0.62	1.71		2.0			钙质岩类	E 117°07′47.2″ N 36°34′33.8″	89
						2	28~56	黄褐色	中壤土	块状	7.5	4.9	0.38	1.11		3.0					
						3	56~93	褐色	中壤土	小块状	7.5	4.2	0.33	0.92							
						4	93~150	浅褐色	中壤土	黏状	7.1	3.5	0.33	0.42							
剖23	半淋溶土	褐土	坡积洪积褐土	轻壤均质坡洪积褐土		1	0~20	暗褐色	中壤土	粒状	7.0	9.0	0.69	0.60		59.0			坡积物、洪积物	E 117°10′46.2″ N 36°33′57.6″	73
						2	20~70	褐色	中壤土	块状		8.0	0.60			34.0					
剖24	半淋溶土	褐土	洪积褐土	中壤均质洪积褐土		1	0~20	深褐色	中壤土	粒状		9.0	0.92		72	7.0	15	7.0	洪积物	E 117°00′20.8″ N 36°31′53.1″	94
						2	70~105	褐色	中壤土	块状			0.62	1.10		3.0	15				
						3	105~150	暗褐色	重壤土	块状						5.0					
剖25	半淋溶土	淋溶褐土	坡积淋溶褐土	中壤均质坡积淋溶褐土		1	0~25	浅褐色	中壤土	粒状	6.5	14.0		1.01		3.0	132	14.1	坡积物、洪积物	E 117°14′01.4″ N 36°29′58.7″	96
						2	25~75	暗褐色	中壤土	粒状	6.5	10.5		1.00		5.0	108				
						3	75~150	浅褐色	中壤土	粒状	6.5	2.7									
剖26	半淋溶土	褐土性土	钙质岩类褐土性土			1	0~15	暗褐色	中壤土	粒状	7.5	13.2	1.32	1.16		16.0			钙质岩类	E 117°05′57.5″ N 36°27′50.5″	72
						2	15~45	褐色	中壤土	粒状	7.0	9.5	0.83	0.91		5.0					
剖27	淋溶土	棕壤	洪积棕壤	中壤均质洪积棕壤		1	0~20	暗棕色	中壤土	粒状	6.5	12.1	0.86	2.09		2.0			洪积物	E 117°09′52.6″ N 36°23′23.3″	70
						2	20~110	棕色	中壤土	粒状	6.5	4.6	0.46			2.0					
剖28	淋溶土	棕壤	棕壤性土	酸性岩类棕壤性土	粗砂中层酸性棕壤性土	1	0~20	深棕色	粗砂土	粒状	6.0	6.6	0.71	2.09		2.0			酸性岩类	E 117°04′35.3″ N 36°21′37.7″	76
						2	20~25	棕色	壤土	粒状	6.0	4.4	0.57								

续表 Continued

剖面号 Soil profile	土纲 Soil order	土类 Soil great group	亚类 Soil subgroup	土属 Soil genus	土种 Soil species	土层码 Layer code	土层厚度 Depth/cm	颜色 Soil color	质地 Soil texture	土壤结构 Soil structure	pH	有机质 OM/(g/kg)	全氮 TN/(g/kg)	全磷 TP/(g/kg)	碱解氮 AN/(mg/kg)	有效磷 AP/(mg/kg)	速效钾 AK/(mg/kg)	阳离子交换量CEC/(cmol/kg)	土壤母质 Parent material	剖面点坐标 Profile coordinate	匹配指数 Matching index/%
剖29	半淋溶土	褐土	淋溶褐土	洪冲积淋溶褐土	中壤均质洪冲积淋溶褐土	1	0—30	灰褐色	中壤土		7.2	11.2	0.62	1.05		5.0			洪积物、冲积物	E 117°16′42.0″ N 36°29′50.2″	95
						2	30—65	灰褐色	中壤土		7.0	9.5	0.53	0.47		2.0					
						3	65—85	褐色	中壤土		7.0	7.1	0.92	0.45		4.0					
						4	85—140	灰褐色	重壤土		7.0	6.6	0.67			3.0					
剖30	淋溶土	棕壤	棕壤	坡洪积棕壤	中壤厚黏心坡洪积棕壤	1	0—20	浅褐色	中壤土	粒状	6.0	8.3	0.73	0.81	51	4.0	173		坡积物、洪积物	E 117°15′29.2″ N 36°28′26.3″	88
						2	20—40	棕褐色	中壤土	块状	5.5	6.3	0.67			6.0	155	12.6			
						3	40—150	黄棕色	中壤土	梭块状	5.5					3.0					

长 清 区

主要土类说明

褐土是长清区主要土壤类型，占本区地域面积的61%。本区褐土是发育在富含石灰的碳酸岩母质上的地带性土壤，分布于低山丘陵区和中部山麓平原。本区褐土分为褐土、褐土性土、潮褐土等亚类。褐土亚类面积最大，发育在坡积物、洪积物和冲积物母质上。土壤熟化程度较高，耕层厚度为15—25cm，壤土，疏松，耕层下有稍紧实的犁底层，心土层和底土层较黏重，沿植物根系和土壤裂隙有假菌丝状的碳酸盐和胶膜淀积。全剖面有石灰反应，pH为7.5左右。一般土层深厚，排水良好，耕性较好，土性温，肥劲稳，适种作物范围较广。褐土性土亚类分布于本区低山、丘陵的荒岭坡和部分岭坡梯田上。剖面发育不完全，无心土层，表土层或50cm下即为钙质岩硬石底。土层浅薄且含有大量砾石，植被覆盖度低，水土流失严重，肥力不高，是一种低产土壤。潮褐土亚类分布在济平公路以西的交接洼地上，土壤潜水位较高，潜水参与成土过程。除具有褐土的特征外，在土体中下部，氧化还原交替作用进行，产生锈色斑纹。这类土壤肥力较高，适种性较广，表层质地为中壤土，肥劲平缓，产量较高，但易受涝灾威胁，需疏通排水系统。

棕壤是长清区第二大土壤类型，占本区地域面积的24%，分布于东南部与泰山山体相连的酸性片麻岩和花岗岩山丘地区，地形部位较高，年降水量明显大于褐土地区，淋溶作用较褐土明显。本区棕壤分为棕壤性土和棕壤等亚类。棕壤性土亚类面积最大，分布在棕壤带内山地丘陵中上部荒坡岭和岭坡梯田上，是一种薄层粗骨性土壤。成土母质为片麻岩和其他酸性岩类风化物，侵蚀严重，土层浅薄，厚度一般小于30cm，土体中含有大量粗砂和砾石，剖面发育差，表土以下即为酸性的基岩酥石棚。棕壤亚类主要分布在沟谷梯田上，成土母质为坡积物、洪积物，一般淋溶作用较强，富铁过程明显，通体呈棕色至棕褐色，发育层次分明。表层由于耕作、施肥和淋溶作用，质地稍轻。心土层由于铁、锰和黏粒的移聚，多呈棕色或暗棕色，质地较黏重，土壤呈微酸性。

潮土是长清区第三大土壤类型，占本区地域面积的10%，分布于归德、孝里、文昌等地。本区潮土发育于黄河沉积物上，因其分布区是滞洪区，黄河泛滥影响着土体构型的变化，一个剖面出现几个耕层的复剖面较多，全剖面均有强石灰反应，pH为7.5—8.0，土壤呈微碱性。根据其潜水作用强弱程度，本区潮土分为潮土和湿潮土等亚类。潮土亚类分布在沿河岗地和缓平坡地上，在土体的中下部，有明显的锈纹、锈斑，石灰反应强，冲积层次明显。湿潮土亚类面积较小，分布在本区交接洼地上，是在较长期或季节性积水和较高潜水条件下，附加沼泽化或脱沼泽化成土过程而形成的一种潮土，土壤低湿黏重，水肥气热不协调，雨季易涝，旱时龟裂，作物产量低而不稳。

小于本区地域面积3%的土壤类型有风沙土等。

本区域中心区气候特征

本区域中心区气候特征值
Regional climate characteristics in central area of the region

气候带：暖温带亚湿润气候 Climate region: Warm temperate subhumid climate	
年平均气温 /℃ Annual average temperature /℃	14.5
年平均最高气温 /℃ Annual average maximum temperature /℃	19.5
年平均最低气温 /℃ Annual average minimum temperature /℃	10.1
年降水量 /mm Annual precipitation /mm	661
≥10℃的积温 /℃ Daily temperature accumulated in a year（≥10℃）/℃	5224
年日照时数 /h Annual sunshine /h	2523
年平均相对湿度 /% Annual average relative humidity /%	60
干燥度 Dryness	1.30

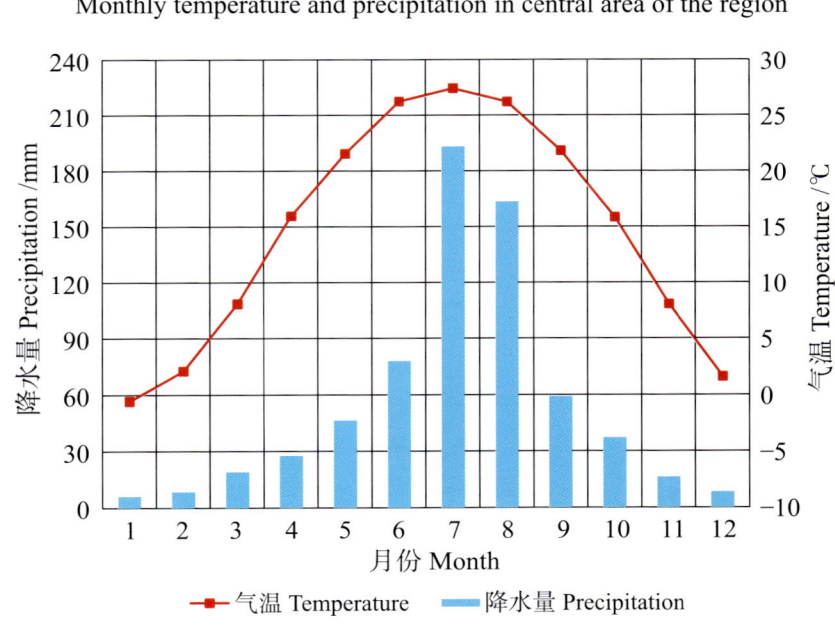

本区域中心区月平均气温与月平均降水量
Monthly temperature and precipitation in central area of the region

长清县主要土壤类型与土壤剖面点分布图

1∶230 000

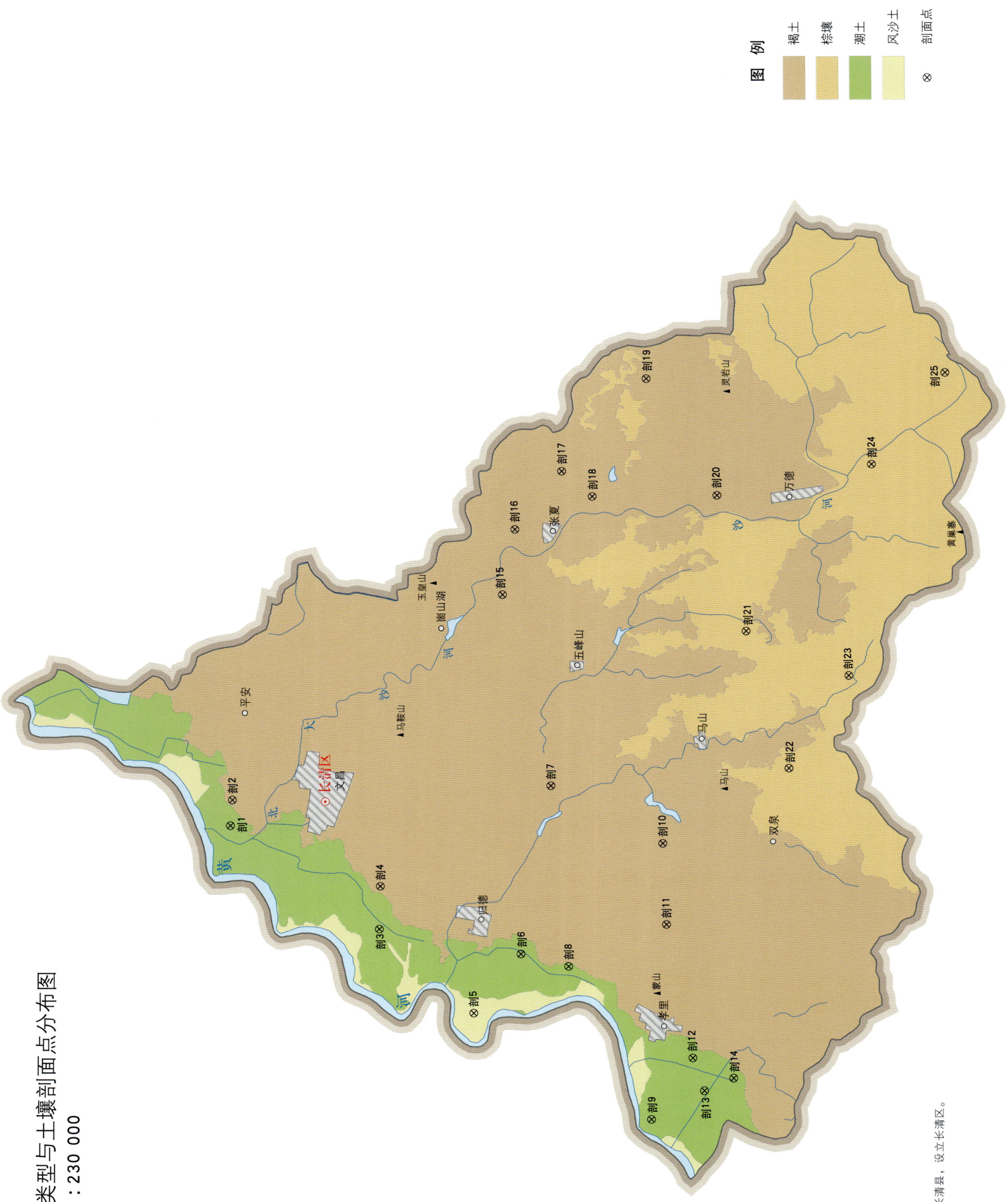

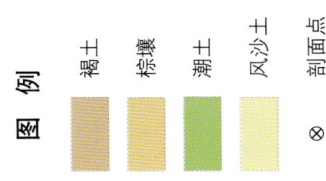

图 例
褐土　棕壤　潮土　风沙土　⊗ 剖面点

注：国务院2001年批准，撤销长清县，设立长清区。

长清区土壤剖面理化性状表

剖面号 Soil profile	土纲 Soil order	土类 Soil great group	亚类 Soil subgroup	土属 Soil genus	土种 Soil species	土层码 Layer code	土层厚度 Depth/cm	颜色 Soil color	质地 Soil texture	土壤结构 Soil structure	pH	有机质 OM/(g/kg)	全氮 TN/(g/kg)	全磷 TP/(g/kg)	碱解氮 AN/(mg/kg)	有效磷 AP/(mg/kg)	速效钾 AK/(mg/kg)	阳离子交换量CEC/(cmol/kg)	土壤母质 Parent material	剖面点坐标 Profile coordinate	匹配指数 Matching index/%
剖1	半水成土	潮土	潮土		轻壤均质潮土	1	0~20	褐色	轻壤土	粒状		8.9	0.80	1.07		3.0			河流冲积物	E 116°43′08.6″ N 36°36′00.3″	80
						2	20~60	暗褐色	轻壤土	粒状		5.9	0.53	0.89		1.0					
						3	60~150	褐色	轻壤土	粒状		3.1	0.28	1.08		1.0					
剖2	半淋溶土	褐土	潮褐土	洪冲积潮褐土	中壤均质洪冲积冲积潮褐土	1	0~25	黄褐色	中壤土	粒状		10.4	0.82	3.40		4.0			洪积物、冲积物	E 116°44′03.5″ N 36°35′57.5″	97
						2	25~50	褐色	中壤土	粒状		5.8	0.62	0.79		1.0					
						3	50~90	灰褐色	中壤土	粒状		6.3	0.54	0.77		1.0					
						4	90~150	黄褐色	中壤土	粒状											
剖3	半水成土	潮土	潮土		轻壤表薄黏心潮土	1	0~45	浅褐色	轻壤土	粒状		7.3	0.47	1.37		5.0			河流冲积物	E 116°39′27.4″ N 36°31′49.1″	100
						2	45~68	棕褐色	黏土	片状		6.3	0.50	1.12		2.0					
						3	68~150	浅黄色	砂壤土	粒状		1.6	0.18	1.37		2.0					
剖4	半淋溶土	褐土	潮褐土	洪冲积潮褐土	中壤表厚黏心洪冲积潮褐土	1	0~25	灰褐色	中壤土	粒状		10.7	0.84	0.77		4.0			洪积物、冲积物	E 116°41′00.2″ N 36°31′47.6″	71
						2	25~50	褐色	中壤土	粒状		7.5	0.59	0.67		1.0					
						3	50~110	棕褐色	重壤土	粒状		7.2	0.58	0.54		9.0					
剖5	初育土	风沙土				1	0~100	浅黄色	松砂土	粒状	7.5	1.7	0.18	0.75		1.0			河流冲积物	E 116°36′26.3″ N 36°29′09.6″	88
剖6	半水成土	潮土	潮土		重壤表厚砂心潮土	1	0~44	棕褐色	重壤土	小块状		8.1	0.70	1.12		6.0			河流冲积物	E 116°38′34.9″ N 36°27′50.5″	84
						2	44~70	浅黄色	砂壤土	粒状		2.5	0.26	1.12		1.0					
						3	70~120	灰褐色	黏土	片状		4.8	0.39	1.03		3.0					
剖7	半淋溶土	褐土	褐土	洪冲积褐土	中壤表厚黏腰洪冲积褐土	1	0~25	灰褐色	中壤土	粒状		7.8	0.63			3.0			洪积物、冲积物	E 116°44′35.9″ N 36°27′01.8″	90
						2	25~60	黄褐色	中壤土	粒状		6.9	0.61			2.0					
						3	60~150	褐色	重壤土	粒状											
剖8	半水成土	潮土	湿潮土	冲积湿潮土	中壤表厚砂腰冲积湿潮土	1	0~20	灰褐色	中壤土	小块状		8.5	0.72			18.0			河流冲积物	E 116°38′08.4″ N 36°26′30.5″	80
						2	20~60	褐色	砂壤土	块状		7.6	0.62			9.0					
						3	60~150	褐色	中壤土	块状											
剖9	半水成土	潮土	潮土		砂壤均质潮土	1	0~30	浅褐色	砂壤土	粒状		6.9	0.63	1.15		4.0			河流冲积物	E 116°32′43.4″ N 36°24′09.6″	72
						2	30~150	浅黄色	砂壤土	粒状		3.2	0.44	1.13		1.0					
剖10	半淋溶土	褐土	褐土	坡洪积褐土	中壤表中层坡积洪冲积褐土	1	0~15	灰褐色	中壤土	小块状		6.3	0.81			2.0			坡积物、洪积物	E 116°42′34.1″ N 36°23′53.1″	70
						2	15~40	黄褐色	中壤土	块状		8.0	0.81			1.0					
						3	40~58	褐色	重壤土	块状		6.0	0.64			1.0					
剖11	半水成土	褐土	湿潮土	洪冲积褐土	中壤均质洪积褐土	1	0~25	暗褐色	中壤土	粒状		11.3	0.71	1.53		17.0		11.2	洪积物	E 116°39′40.3″ N 36°23′46.5″	73
						2	25~150	褐色	中壤土	粒状		7.2	0.44	1.67		12.0		10.5			
剖12	半水成土	潮土	湿潮土	冲积湿潮土	重壤表厚砂腰冲积湿潮土	1	0~20	褐色	重壤土	粒状		8.9	0.83			13.0			河流冲积物	E 116°34′53.4″ N 36°23′00.6″	83
						2	20~85	黄褐色	重壤土	粒状		9.5	0.74			9.0					
						3	85~150		重壤土	块状											
剖13	半水成土	潮土	潮土	黏质潮土	蒙银小红土	1	0~25	褐色	粉黏土	粒状	7.9	8.8	0.64	0.71	47	4.0	127		河流冲积物	E 116°33′44.7″ N 36°22′40.8″	89
						2	25~50	灰褐色	黏土	小块状	7.9	4.9	0.54	0.59	38	3.0	112				
						3	50~100	棕褐色	黏土	块状	7.8	3.9	0.34	0.45	31	1.0	112				
剖14	半水成土	潮土	湿潮土	冲积湿潮土	中壤表厚黏心冲积湿潮土	1	0~25		中壤土	粒状		9.1	0.68			8.0			河流冲积物	E 116°34′11.3″ N 36°21′51.8″	73
						2	25~45	褐色	重壤土	小块状		8.2				3.0					
						3	45~75	灰褐色	重壤土	块状		8.2	0.62			2.0					
						4	75~105	棕褐色	重壤土	块状											
						5	105~150	黄褐色	砂壤土	粒状											

续表 Continued

剖面号 Soil profile	土纲 Soil order	土类 Soil great group	亚类 Soil subgroup	土属 Soil genus	土种 Soil species	土层码 Layer code	土层厚度 Depth/cm	颜色 Soil color	质地 Soil texture	土壤结构 Soil structure	pH	有机质 OM/(g/kg)	全氮 TN/(g/kg)	全磷 TP/(g/kg)	碱解氮 AN/(mg/kg)	有效磷 AP/(mg/kg)	速效钾 AK/(mg/kg)	阳离子交换量CEC/(cmol/kg)	土壤母质 Parent material	剖面点坐标 Profile coordinate	匹配指数 Matching index/%
剖15	半淋溶土	褐土	褐土	洪积褐土	中壤表厚砾石心洪积褐土	1	0—15	黄褐色	中壤土	粒状									洪积物	E 116°51′26.6″ N 36°28′23.5″	90
						2	15—35	棕褐色	中壤土	粒状											
						3	35—65	黄褐色		块状											
						4	65—150	棕褐色	中壤土	小块状											
剖16	半淋溶土	褐土	褐土性土	钙质岩类褐土性土		1	0—20	红褐色	壤土	粒状		11.6	0.80	0.55		3.0			钙质岩类	E 116°53′45.8″ N 36°28′02.9″	84
						2	20—55		壤土			10.8	0.72	0.47		3.0					
剖17	半淋溶土	褐土	褐土性土	钙质岩类褐土性土		1	0—12	灰褐色	石渣土	粒状		28.6	1.62	0.98		4.0			钙质岩类	E 116°55′50.5″ N 36°26′44.1″	77
剖18	半淋溶土	褐土	褐土	洪积褐土	重壤均质洪积褐土	1	0—45	棕褐色	重壤土	小块状		5.4	0.53	0.46		1.0			洪积物	E 116°54′56.0″ N 36°25′52.8″	77
						2	45—150	红褐色	重壤土	块状		4.1	0.45	0.34		1.0					
剖19	半淋溶土	褐土	褐土	洪积褐土	中壤表厚砂心洪积褐土	1	0—25	黄褐色	中壤土	粒状		7.4	0.60			2.0			洪积物	E 116°59′09.2″ N 36°24′21.6″	70
						2	25—60	灰褐色	砂壤土	粒状		4.6	0.34			1.0					
						3	60—150	暗褐色	中壤土	粒状		5.7	0.43								
剖20	半淋溶土	褐土	褐土	洪积褐土	黏底黄钙土	Ap	0—26		黏壤土	粒状	7.8	10.4	0.69	0.74	66	2.0	95			E 116°54′58.8″ N 36°22′22.7″	100
						A₂	26—55		黏壤土		7.6	7.7	0.40	0.49	31	1.0	42				
						B	55—105		壤质黏土		7.6	5.2	0.51	0.81	34	4.0	83				
剖21	淋溶土	棕壤	棕壤性土	酸性岩类棕壤性土		1	0—16	灰棕色	粗砂土	粒状		10.4	0.70	0.53		5.0			酸性岩类	E 116°50′09.4″ N 36°21′33.8″	98
						2	16—35	黄棕色	粗砂土	粒状		8.5	0.50	0.43		2.0					
剖22	淋溶土	棕壤	棕壤性土	酸性岩类棕壤性土		1	0—15	灰棕色	砂土	粒状		12.3	0.68	1.18		4.0			酸性岩类	E 116°45′15.3″ N 36°20′21.1″	79
剖23	淋溶土	棕壤	棕壤	洪积棕壤	中壤表厚黏腰洪积棕壤	1	0—20	暗褐色	中壤土	粒状		9.6	0.96			1.0		18.9	洪积物	E 116°48′35.0″ N 36°18′40.7″	92
						2	20—55	暗棕色	重壤土	粒状		3.4	0.79			5.0		18.9			
						3	55—105	鲜棕色	重壤土	块状		2.1	0.80			4.0					
						4	105—150	黄棕色	中壤土	粒状											
剖24	淋溶土	棕壤	棕壤	洪积棕壤		1	0—25	灰棕色	中壤土	小块状		9.4	0.64	1.29		6.0			洪积物	E 116°56′06.1″ N 36°18′02.6″	85
						2	25—70	褐色	中壤土	块状		6.2	0.48	1.29		4.0					
						3	70—150	棕褐色	重壤土	粒状		2.5	0.21	0.83		3.0					
剖25	淋溶土	棕壤	棕壤	洪积棕壤	中壤均质洪积棕壤	1	0—25	灰棕色	中壤土	粒状		9.4	0.82			4.0			洪积物	E 116°59′21.6″ N 36°15′58.9″	90
						2	25—60	黄棕色	粗砂土	粒状		13.3									
						3	60—80	棕色	轻壤土	粒状		1.2	0.09			5.0					
						4	80—150		轻壤土												

章 丘 区

主要土类说明

褐土是章丘区主要土壤类型，占本区地域面积的70%，集中分布于刁镇、绣惠、宁家埠街道以南的山前冲积平地和丘陵山区，分布范围广泛。本区褐土分为褐土、褐土性土、潮褐土、淋溶褐土等亚类。其中，褐土亚类占本土类面积的60%以上，其土体深厚，熟化程度高，表层质地适中，保肥保水，呈中性至微碱性，但有些土种在60cm以上的部位出现黏土层或砾石层、砂姜层，影响作物根系下扎。褐土性土亚类主要发育在石灰性母岩上，分布在各山丘中上部梯田和荒岭坡上，土层薄，发育不完全，没有心土层，砾石多，有石灰反应，土壤呈中性至微碱性。潮褐土亚类比较肥沃，耕层质地较好，中下部偏黏，有利于保肥保水，较抗旱，土壤呈中性至微碱性，宜种多种作物，但因潜水位高，排水不畅。此外，有些土体的厚黏心出现部位高，水、肥、气、热状况不协调。淋溶褐土亚类土体深厚，质地适中，上松下实，保肥保水，通透性能较好，多呈中性，但养分含量偏低。

潮土是章丘区第二大土壤类型，占本区地域面积的26%，集中分布在白云湖以北地区，由于河流多次泛滥、改道，形成微度起伏地形，致使水文条件存在差异。本区潮土分为潮土、盐化潮土、湿潮土和褐潮土等亚类。潮土亚类面积最大，分布在地势平坦处，表层质地较适中，耕性和通透性较好，适种性好，潜水作用明显减退，盐碱化威胁小，但养分含量低，保肥保水性能较差。盐化潮土亚类分布在高官寨、白云湖、刁镇的低洼地区，地下水位高，矿化度也高，其表层质地多为砂壤土和轻壤土，耕性和通透性好，但因地势较低洼，潜水位高，地表有不同程度的返盐现象，影响作物的出苗和全苗。湿潮土亚类主要分布在黄河大堤外侧的黄河街道和高官寨街道一带，其耕层质地尚好，但因地势低洼，潜水位高，一般为0.5—1.0m，地表易积水，土壤结构不良，通透性差，不易耕作。褐潮土亚类面积最小，主要分布在较高部位，表层质地较适中，耕性和通透性较好，适种性好，潜水作用明显减退，盐碱化威胁小，但养分含量低，保肥保水性能较差。

小于本区地域面积3%的土壤类型有棕壤和水稻土等。

本区域中心区气候特征

本区域中心区气候特征值
Regional climate characteristics in central area of the region

气候带：暖温带亚湿润气候 Climate region: Warm temperate subhumid climate	
年平均气温 /℃ Annual average temperature /℃	14.1
年平均最高气温 /℃ Annual average maximum temperature /℃	19.3
年平均最低气温 /℃ Annual average minimum temperature /℃	9.6
年降水量 /mm Annual precipitation /mm	652
≥10℃的积温 /℃ Daily temperature accumulated in a year（≥10℃）/℃	5089
年日照时数 /h Annual sunshine /h	2547
年平均相对湿度 /% Annual average relative humidity /%	60
干燥度 Dryness	1.28

本区域中心区月平均气温与月平均降水量
Monthly temperature and precipitation in central area of the region

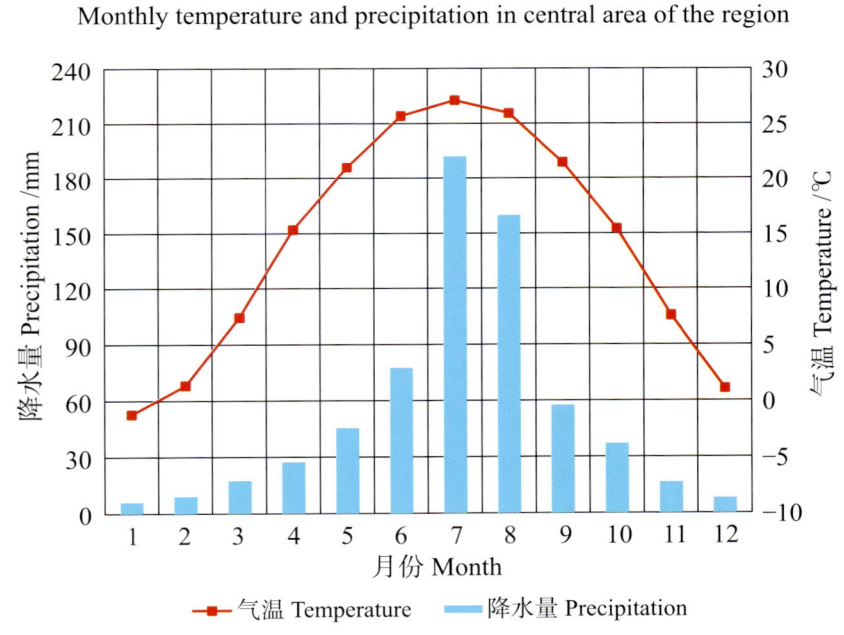

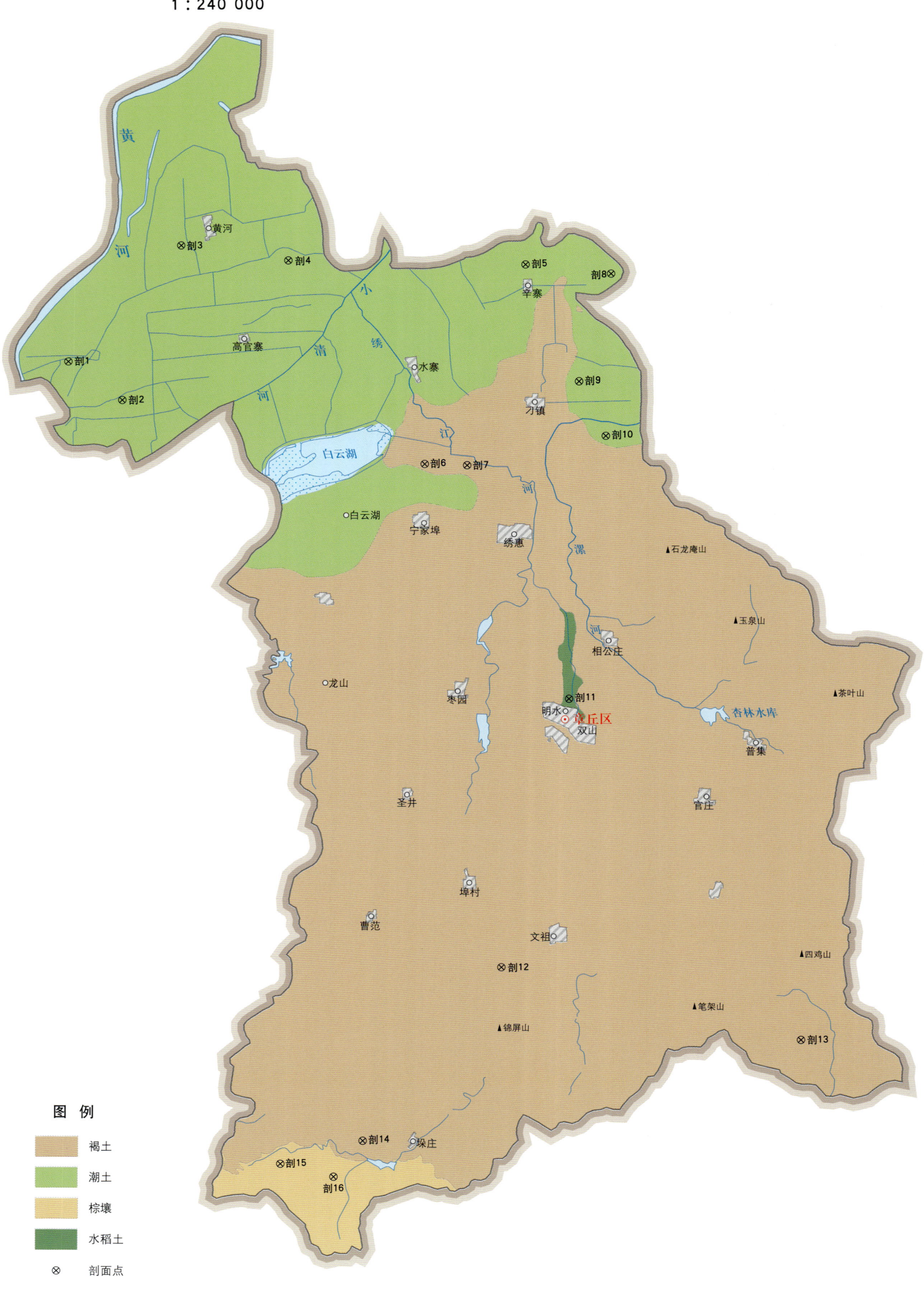

章丘区土壤剖面理化性状表

剖面号 Soil profile	土纲 Soil order	土类 Soil great group	亚类 Soil subgroup	土属 Soil genus	土种 Soil species	土层码 Layer code	土层厚度 Depth/cm	颜色 Soil color	质地 Soil texture	土壤结构 Soil structure	pH	有机质 OM/(g/kg)	全氮 TN/(g/kg)	全磷 TP/(g/kg)	全钾 TK/(g/kg)	碱解氮 AN/(mg/kg)	有效磷 AP/(mg/kg)	速效钾 AK/(mg/kg)	阳离子交换量CEC/(cmol/kg)	土壤母质 Parent material	剖面点坐标 Profile coordinate	匹配指数 Matching index/%
剖1	半水成土	潮土	湿潮土	冲积湿潮土	厚黏心夜潮土	1	0—20	褐色	中壤土	粒状	7.9	6.7	0.58	0.61		34	4.0	98	12.6	河流冲积物	E 117°12′30.6″ N 36°54′18.0″	100
						2	20—40	浅褐色	黏土	块状	7.7	6.7	0.68	0.52		27	5.0	79	44.5			
剖2	半水成土	潮土	潮土	潮土	白土	1	0—80	浅褐色		小粒状		2.9	0.13	0.51			3.0			黄河冲积物	E 117°14′33.4″ N 36°53′05.6″	98
						2	80—115	黄褐色	砂壤土	粒状		3.6	0.21	0.62			5.0					
						3	115—					4.4	0.39	0.50								
剖3	半水成土	潮土	盐化潮土	盐化潮土	白土	1	0—20	黄褐色	砂壤土	粒状	8.5	7.5	0.56	0.59		24	5.0	83	13.0	河流冲积物	E 117°16′49.4″ N 36°57′57.2″	96
						2	20—55	黄褐色	砂壤土	粒状	8.5	5.1	0.46	0.54		25	4.0	58	20.5			
						3	55—150		砂壤土	片状	8.3	3.1	0.39	0.55		22	5.0	53	28.0			
剖4	半水成土	潮土	潮土	潮土	白土	1	0—30				8.9	2.5	0.29	0.57		24	4.0	70	7.4	河流冲积物	E 117°20′54.2″ N 36°57′28.1″	88
						2	30—60				8.5	0.7	0.16	0.49		15	5.0	46	19.4			
						3	60—115				8.7	2.2	0.29	0.61		7	4.0	38	微量			
						4	115—140				8.5	1.0	0.20	0.50		11	5.0	69	16.0			
						5	140—150				8.6					8		61	6.8			
剖5	半水成土	潮土	盐化潮土	盐化潮土	白土	1	0—20				8.4	8.9	0.60	0.65			5.0			河流冲积物	E 117°29′55.7″ N 36°57′17.6″	75
						2	20—45					6.2	0.48	0.64			4.0					
						3	45—90					3.0	0.23	0.62			3.0					
						4	90—120					6.2	0.53	0.56			4.0					
						5	120—150					4.7	0.41	0.56			4.0					
剖6	半淋溶土	褐土	潮褐土	洪积冲潮褐土	厚黏腰黄壤土	1	0—20	浅褐色	轻壤土	粒状	7.8	11.0	0.72	0.59	22.8	53	5.0	55		洪积物、冲积物	E 117°26′02.8″ N 36°51′03.2″	100
						2	20—65	黄褐色	中壤土	块状	7.9	6.5	0.50	0.56	21.8	32	2.0	38				
						3	65—100	暗褐色	重壤土		7.8	5.4	0.39	0.40	21.7	25	3.0	58				
剖7	半淋溶土	褐土	褐土	冲积褐土	轻壤土	1	0—25	褐色	轻壤土	粒状	8.1	14.9	0.71	0.65	22.2	68	8.0	63		冲积物	E 117°27′38.6″ N 36°51′00.5″	75
						2	25—80	浅褐色	中壤土	粒状	8.2	9.1	0.35	0.62	26.7	36	7.0	70				
						3	80—	棕褐色	中壤土	碎块状	8.1	8.7	0.25	0.49	27.5	33	1.0	45				
剖8	半水成土	潮土	盐化潮土	氯化物盐化潮土	轻油盐夹黏合土	1	0—5		黏土		8.2	7.4	0.46	0.65	26.2	33	1.2	143	14.6			70
						2	5—14		黏土		7.6	9.6	0.67	0.61		32	微量	184			E 117°33′10.4″ N 36°56′59.4″	
						3	14—33		黏土		7.6	6.2	0.45	0.65		34	微量	178				
						4	33—54		黏土		7.4	5.7	0.54	0.54		24	微量	150				
						5	54—63		粉质黏壤土		7.9	8.2	0.51	0.50		12	3.0	163				
						6	63—95		粉质黏壤土		8.4	4.4	0.44	0.51		15	微量	162				
						7	95—120		黏土		8.4	5.2	4.20	0.51		21	微量	192				
剖9	半水成土	褐土	褐潮土	褐潮土	两合土	1	0—20	浅黄色	轻壤土	粒状	7.7	7.3	0.52	0.61		39	13.0	52	14.6	冲积物	E 117°31′55.6″ N 36°53′36.6″	71
						2	20—61	浅褐色	轻壤土	粒状	7.1	5.7	0.32	0.44		30	8.0	45	15.5			
						3	61—150	浅黄色	中壤土	粒状	7.7	5.0	0.29	0.45		22	7.0	35	14.5			
剖10	半水成土	潮土	盐化潮土	氯化物盐化潮土	重油盐夹黏两合土	1	0—5		黏土		7.8	7.9	0.46	0.58	26.7	47	3.0	152	14.6		E 117°32′55.4″ N 36°51′54.4″	81
						2	5—20		黏土		8.0	7.3	0.55	0.60	26.8	41	2.4	87	12.3			
						3	20—31		黏土		8.4	6.5	0.52	0.60	26.8	33	1.0	83	9.2			
						4	31—51		砂壤土		8.4	5.4	0.23	0.55	22.0	24	1.0	132	9.0			
						5	51—75		砂壤土		8.4	2.6	0.20	0.50	22.7	25	1.0	136				
						6	75—90		黏土		8.5	6.9	0.55	0.52	18.3	39	1.4	228	20.6			
						7	90—105		黏土		8.5	7.2	0.41	0.42	25.1	29	2.0	143	20.6			

续表 Continued

剖面号 Soil profile	土纲 Soil order	土类 Soil great group	亚类 Soil subgroup	土属 Soil genus	土种 Soil species	土层码 Layer code	土层厚度 Depth/cm	颜色 Soil color	质地 Soil texture	土壤结构 Soil structure	pH	有机质 OM/(g/kg)	全氮 TN/(g/kg)	全磷 TP/(g/kg)	全钾 TK/(g/kg)	碱解氮 AN/(mg/kg)	有效磷 AP/(mg/kg)	速效钾 AK/(mg/kg)	阳离子交换量CEC/(cmol/kg)	土壤母质 Parent material	剖面点坐标 Profile coordinate	匹配指数 Matching index/%
剖11	人为土	水稻土	水稻土	冲积水稻土	厚黏心水稻土	1	0—15	灰褐色	中壤土	粒状	7.0	20.6		0.41			11.0			冲积物	E 117°31′28.3″ N 36°43′39.2″	71
						2	15—30	深褐色	中壤土	粒状	7.0	16.2		0.46			2.0					
						3	30—60	灰褐色	重壤土	块状	7.0	18.3	1.14	0.46			2.0					
						4	60—90	暗褐色	重壤土	块状	7.0	11.7	0.86	0.37			3.0					
剖12	半淋溶土	褐土	褐土	洪积褐土	黏心砂黄钙土	Ap	0—15		砂质黏壤土		7.7	16.2	0.75	0.46	25.0	75	6.0	241			E 117°28′52.3″ N 36°35′11.8″	86
						AB	15—42		黏壤土		7.6	7.5	0.51	0.36	26.3	51	2.0	74				
						B₁	42—62		壤质黏土		7.7	7.2	0.45	0.29	27.5	51	3.0	111				
						B₂	62—94		壤质黏土		7.5	6.2	0.46	0.27	27.9	47	1.0	119				
						B₃	94—150		壤质黏土		7.5	2.5	0.25	0.40	25.5	29	6.0	103				
剖13	半淋溶土	褐土	淋溶褐土	坡积淋溶褐土	中壤土	1	0—20	灰褐色	中壤土	粒状	7.9	14.6	1.00	0.49			4.0		15.7	坡积物、洪积物	E 117°40′12.4″ N 36°32′53.2″	90
						2	20—55	褐色	中壤土	块状	7.8	19.8	1.31	0.54			5.0					
						3	55—150	棕褐色	中壤土	块状	7.7	7.6	0.53	0.36			2.0					
剖14	半淋溶土	褐土	褐土性土	钙质岩类褐土性土	中层硬石底黄壤土	1	0—20	浅褐色	中壤土	粒状	7.8	11.2	0.71	0.57			2.0			石灰岩	E 117°23′36.4″ N 36°29′47.5″	71
						2	20—45	褐色	中壤土	粒状	7.7	10.3	0.73	0.60			1.0					
剖15	淋溶土	棕壤	棕壤性土	酸性岩类棕壤性土	极薄层石渣土	1	0—10	棕褐色	砾质砂壤土		5.3									花岗片麻岩	E 117°20′29.7″ N 36°29′03.9″	93
						2	10—															
剖16	淋溶土	棕壤	棕壤	坡洪积棕壤	厚黏心红黏土	1	0—20	棕色	中壤土	粒状	5.5	8.3	0.85	0.24		57	3.0	71	22.5	坡积物、洪积物	E 117°22′30.5″ N 36°28′39.8″	92
						2	20—60	红褐色	重壤土	棱柱状	5.5	4.3	0.31	0.23		29	10.0	54	19.5			
						3	60—200	黄棕色		柱状	5.6	1.6	0.21	0.21			11.0		14.7			

济 阳 区

主要土类说明

潮土是济阳区主要土壤类型，占本区地域面积的96%。潮土见于近代河流冲积平原或低平阶地，地下水位浅，潜水参与成土过程。在潮土成土过程中，底土氧化还原作用交替，形成锈色斑纹和小型铁子。本区潮土发育在黄河冲积母质上。潮土经过人类的垦殖，在耕作、施肥、灌溉、排水等措施的作用下，加速了土壤熟化，提高了土壤肥力，使耕层疏松多孔，形成团粒状或块状结构，从而改善了土壤水、肥、气、热条件，成为农业土壤。本区潮土的机械组成以粉砂粒为主；土壤呈中性至微碱性，pH为7.0—8.5；土壤含有一定数量的可溶性盐，一般非盐碱地也含有0.1%以下的盐分，因此，即使土壤盐分没有补给来源，在蒸发条件下，土体盐分向表层聚积，也可能危害作物生长。根据受潜水作用影响的程度和盐化情况，本区潮土分为潮土、盐化潮土、湿潮土等亚类。

小于本区地域面积3%的土壤类型还有风沙土和草甸盐土等。

本区域中心区气候特征

本区域中心区气候特征值
Regional climate characteristics in central area of the region

气候带：暖温带亚湿润气候 Climate region: Warm temperate subhumid climate	
年平均气温 /℃ Annual average temperature /℃	14.0
年平均最高气温 /℃ Annual average maximum temperature /℃	19.2
年平均最低气温 /℃ Annual average minimum temperature /℃	9.5
年降水量 /mm Annual precipitation /mm	631
≥10℃的积温 /℃ Daily temperature accumulated in a year (≥10℃) /℃	5057
年日照时数 /h Annual sunshine /h	2555
年平均相对湿度 /% Annual average relative humidity /%	60
干燥度 Dryness	1.32

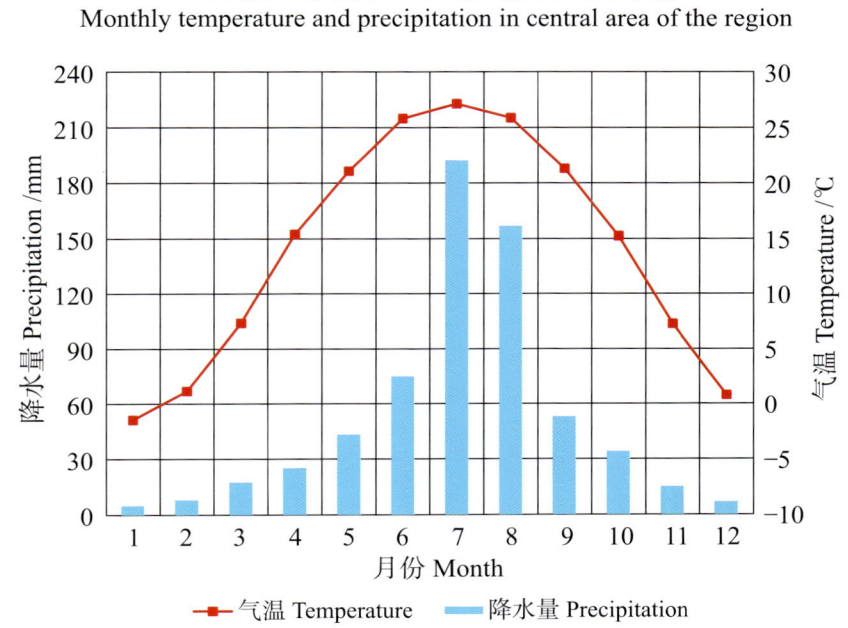

本区域中心区月平均气温与月平均降水量
Monthly temperature and precipitation in central area of the region

济阳县主要土壤类型与土壤剖面点分布图
1∶230 000

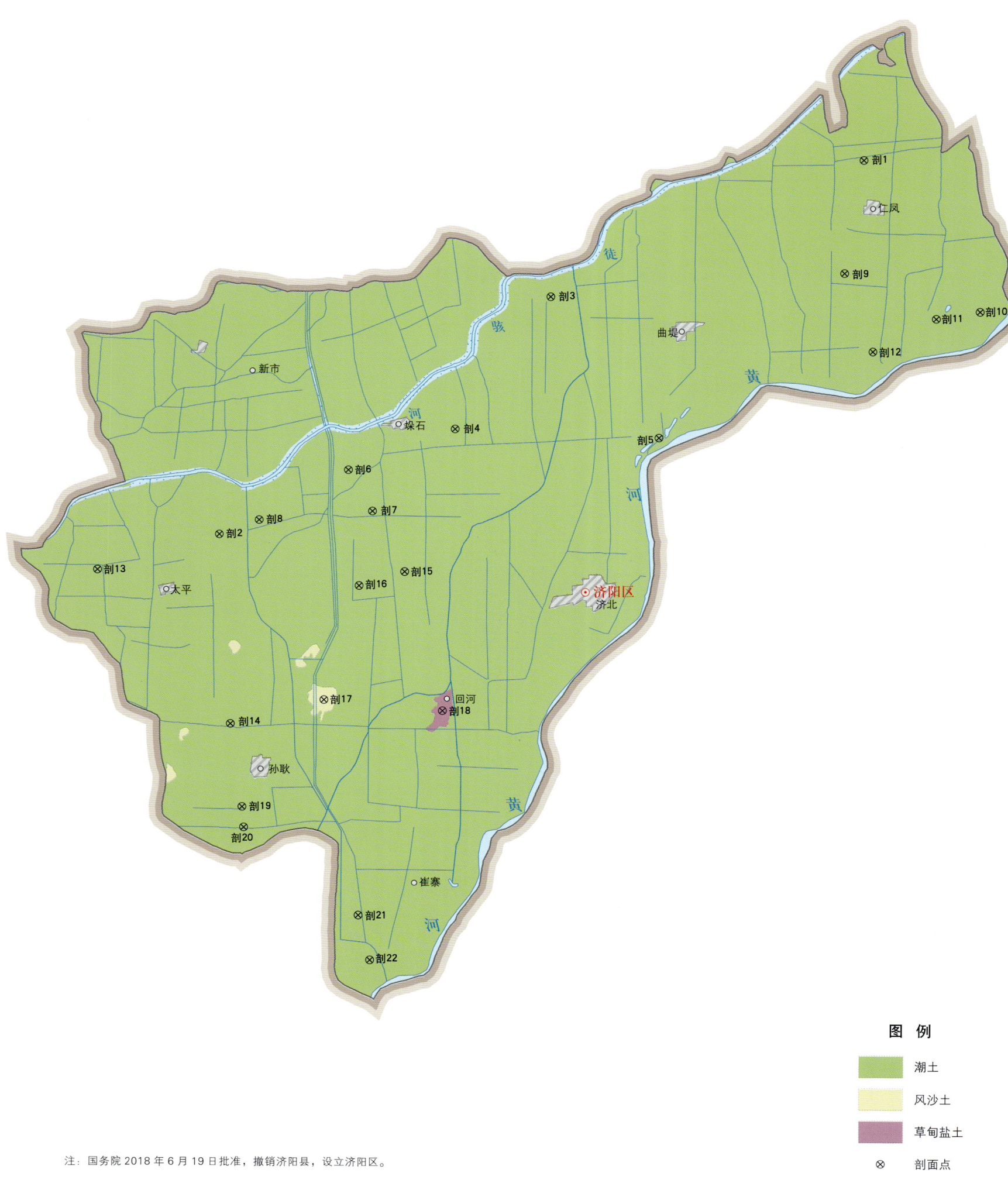

注：国务院 2018 年 6 月 19 日批准，撤销济阳县，设立济阳区。

济阳区土壤剖面理化性状表

剖面号 Soil profile	土纲 Soil order	土类 Soil great group	亚类 Soil subgroup	土属 Soil genus	土种 Soil species	土层码 Layer code	土层厚度 Depth/cm	颜色 color	质地 Soil texture	土壤结构 Soil structure	有机质 OM/(g/kg)	全氮 TN/(g/kg)	全磷 TP/(g/kg)	有效磷 AP/(mg/kg)	速效钾 AK/(mg/kg)	阳离子交换量 CEC/(cmol/kg)	剖面点坐标 Profile coordinate	匹配指数 Matching index/%
剖1	半水成土	潮土	盐化潮土	砂质盐化潮土	黏隔型轻碱白土	1	0~25	浅褐色	轻壤土	粒状							E 117°21′54.0″ N 37°11′05.3″	85
						2	25~55	红褐色	黏土	大块状								
						3	55~120	褐色	轻壤土	屑粒状								
						4	120~150	黄褐色	砂壤土	屑粒状								
剖2	半水成土	潮土	潮土	壤质潮土	蒙金型白土	1	0~20	浅褐色	轻壤土	屑粒状							E 116°59′12.8″ N 37°00′18.5″	79
						2	20~28	褐色	中壤土	小块状								
						3	28~55	褐色	重壤土	块状								
						4	55~105	褐色	重壤土	碎块状								
						5	105~150	褐色	中壤土	碎粒状								
剖3	半水成土	潮土	潮土	壤质潮土	黏隔型两合土	1	0~20	浅褐色	中壤土	团粒状	10.5	0.70	1.17	6.0	95	16.8	E 117°10′51.9″ N 37°07′10.5″	97
						2	20~40				8.5	0.65	0.80	2.0	62	16.6		
						3	40~100				7.3	0.72	0.50	1.0	39	9.9		
剖4	半水成土	潮土	盐化潮土	壤质盐化潮土	漏砂型轻碱白土	1	0~20	灰褐色	轻壤土	屑粒状	6.2	0.36	1.20	4.0	212	9.5	E 117°07′29.2″ N 37°03′22.0″	71
						2	20~30				4.5	0.42	1.26	4.0	164	6.8		
						3	30~60				4.5	0.42	1.26	4.0	164	6.8		
						4	60~150				2.0	0.20		2.0	84			
剖5	半水成土	潮土	湿潮土	壤质湿潮土	湿漏型两合土	1	0~25	灰褐色	中壤土	块状	9.2	0.48	1.10	4.0	110	15.0	E 117°14′38.5″ N 37°03′05.0″	82
						2	25~60	浅灰棕色	紧砂土	单粒状	6.7	0.57	6.70	3.0	130	9.9		
						3	60~75	棕色	黏土	大块状	5.6	0.09		3.0	83			
剖6	半水成土	潮土	潮土	砂质潮土	厚黏腰砂壤质	1	0~21	暗蓝灰色	砂壤土	屑粒状	7.3	0.54	1.12	3.0	142	13.8	E 117°04′35.0″ N 37°00′58.8″	90
						2	21~26	浅黄褐色	砂壤土	单粒状	7.0	0.42	0.90	2.0	137	8.3		
						3	26~60	黄褐色	紧砂土	单粒状	6.6	0.39	1.05	2.0		6.3		
						4	60~130	黄白色	黏土	块状	3.3	0.17		2.0				
						5	130~150	红褐色	黏土	大块状								
剖7	半水成土	潮土	潮土	壤质潮土	漏砂型轻碱白土	1	0~20	浅褐色	轻壤土	屑粒状	8.7	0.44	1.20	3.0	105	8.0	E 117°03′44.5″ N 37°02′10.6″	92
						2	20~27	浅褐色	中壤土	小块状	3.3	0.25	1.10	2.0	56	7.8		
						3	27~67	褐色	紧砂土	块状	3.3	0.25	1.10	3.0	67	6.7		
						4	67~127	黄褐色	黏土	无明显结构	5.3	0.43	1.18	3.0	90			
						5	127~150	浅黄褐色	轻壤土	粒状								
剖8	半水成土	潮土	潮土	砂质盐化潮土	蒙银型白土	1	0~20	浅棕色		屑粒状	2.9	0.18	1.01	2.0	96		E 117°00′36.9″ N 37°00′43.8″	93
						2	20~40				2.2	0.24	1.01	2.0	74			
						3	40~60				2.0	0.13		1.0	52			
剖9	半水成土	潮土	盐化潮土	黏质潮土	漏砂型轻碱白砂土	1	0~20		重壤土	小块状	9.7	0.76	1.30	7.0	150	17.1	E 117°21′11.5″ N 37°07′48.7″	94
						2	20~70	灰棕色	轻壤土	块状	7.8	0.67	1.00	3.0	160	14.7		
						3	70~100	棕色	重壤土	粒状	6.3	0.67		2.0	163	8.5		
剖10	半水成土	潮土	潮土	黏质潮土	黏隔型红土	1	0~25	棕色	轻壤土	小块状							E 117°25′56.6″ N 37°06′40.7″	97
剖11	半水成土	潮土	湿潮土	壤质湿潮土	湿黏隔型白土	1	0~25	灰棕色	轻壤土	小块状							E 117°24′24.1″ N 37°06′29.2″	77
						2	25~70	棕色	重壤土	块状								
						3	70~150	棕灰色	砂壤土	粒状								

续表 Continued

剖面号 Soil profile	土纲 Soil order	土类 Soil great group	亚类 Soil subgroup	土属 Soil genus	土种 Soil species	土层码 Layer code	土层厚度 Depth/cm	颜色 Soil color	质地 Soil texture	土壤结构 Soil structure	有机质 OM/(g/kg)	全氮 TN/(g/kg)	全磷 TP/(g/kg)	有效磷 AP/(mg/kg)	速效钾 AK/(mg/kg)	阳离子交换量CEC/(cmol/kg)	剖面点坐标 Profile coordinate	匹配指数 Matching index/%
剖12	半水成土	潮土	潮土	黏质潮土	漏砂型红土	1	0~20	红褐色	重壤土	团粒状							E 117°22′10.0″ N 37°05′33.4″	90
						2	20~110	浅褐色	紧砂土	无明显结构								
						3	110~150	褐色	黏土	块状								
剖13	半水成土	潮土	盐化潮土	砂质盐化潮土	蒙银型重碱白	1	0~20	暗褐色	轻壤土	屑粒状	9.6	0.60	1.43	5.0	215	8.8	E 116°54′56.3″ N 36°59′17.4″	73
						2	20~45				5.4	0.39	1.21	4.0	93	8.7		
						3	45~100				4.9	0.69	1.35	4.0	76	8.8		
剖14	半水成土	潮土	盐化潮土	砂质盐化潮土	易碱型中碱两合土	1	0~20	褐色	中壤土	团粒状	7.5	0.65	1.34	3.0	140	11.3	E 116°59′36.2″ N 36°54′48.6″	100
						2	20~42	浅褐色	中壤土	块状	5.9	0.50	1.26	2.0	72	9.7		
						3	42~72	褐色	中壤土	团粒状	5.9	0.50	1.26	2.0	72	9.7		
						4	72~84	浅褐色	轻壤土	屑粒状	5.0	0.48	1.27	2.0	60	9.2		
						5	84~95	浅褐色	轻壤土	屑粒状	5.0	0.48	1.27	2.0	60	9.2		
						6	95~150	红棕色	黏土	大块状								
剖15	半水成土	潮土	潮土	砂质潮土	漏砂型白砂土	1	0~20	浅灰色	砂壤土	屑粒状	6.0	0.42	1.20	3.0	94	7.1	E 117°05′42.7″ N 36°59′13.2″	77
						2	20~45				3.7	0.31	1.00	3.0	105	6.5		
						3	45~120				2.4	0.24	1.00	3.0	74	4.5		
						4	120~150				3.8	0.47		2.0	165			
剖16	半水成土	潮土	潮土	砂质潮土	蒙银型白砂土	1	0~21	黄褐色	砂壤土	屑粒状							E 117°04′06.6″ N 36°58′49.4″	82
						2	21~29	灰黄色	砂壤土	粒状								
						3	29~45	浅灰色	紧砂土	单粒状								
						4	45~60	浅灰色	紧砂土	薄层状								
						5	60~105		紧砂土	单粒状								
						6	105~150		轻壤土	小块状								
剖17	初育土	风沙土	固定风沙土	冲积固定风沙土	冲积固定风沙土	1	0~35	浅黄棕色	紧砂土	单粒状	2.4	0.23	1.10	2.0	93	4.3	E 117°02′52.8″ N 36°55′30.4″	88
						2	35~80	浅黄棕色	紧砂土	单粒状	1.8	0.17	0.80	2.0	90	3.6		
						3	80~125	浅灰色	紧砂土	单粒状	1.5	0.28		1.0	80			
						4	125~150	浅灰色	紧砂土	单粒状	2.2	0.15						
剖18	盐碱土	草甸盐土	草甸盐土	壤质潮盐土	厚砂底轻壤油	1	0~20	灰黄色	中壤土	碎块状	7.7	0.48	1.43	2.0	94	9.9	E 117°04′01.6″ N 36°55′11.3″	79
						2	20~70	褐色	砂壤土	块状	5.9	0.36	1.31	1.0	81	9.1		
						3	70~118	浅黄褐色	轻壤土	无明显结构	3.9	0.25		1.0	55			
						4	118~150	浅褐色	轻壤土	单粒状	2.7	0.19		1.0	39			
						5	150~				6.5	0.39	1.35	1.0	85	9.4		
剖19	半水成土	潮土	潮土	砂质潮土	漏砂型砂土	1	0~20	浅灰色	中壤土	单粒状							E 117°00′00.4″ N 36°52′23.8″	83
						2	20~28	灰白色	轻壤土	块状								
						3	28~62	浅灰色	中壤土	碎块状								
						4	62~150	褐色	轻壤土	无明显结构								
剖20	半水成土	潮土	盐化潮土	砂质盐化潮土	易碱型轻碱白土	1	0~20	褐色	重壤土	屑粒状	5.6	0.48	1.41	3.0	186	10.0	E 117°00′04.2″ N 36°51′47.9″	82
						2	20~30	褐色	黏土	块状	5.1	0.54	1.12	3.0	210	3.8		
						3	30~70	黄褐色	轻壤土	粒状	5.0	0.52	1.12	2.0	195	3.8		
						4	70~90	褐色	轻壤土	块状	4.6	0.41		1.0	90			
						5	90~105				3.9	0.42						
剖21	半水成土	潮土	潮土	壤质潮土	黏壤型白土	1	0~20	褐色	轻壤土	屑粒状							E 117°04′04.5″ N 36°49′14.7″	96
						2	20~40	棕褐色	轻壤土	块状								
						3	40~65	浅褐色	轻壤土	粒状								
						4	65~90	浅褐色	轻壤土	粒状								
						5	90~120	灰褐色	轻壤土	粒状								
						6	120~150	浅黄色	紧砂土	单粒状								

续表 Continued

剖面号 Soil profile	土纲 Soil order	土类 Soil great group	亚类 Soil subgroup	土属 Soil genus	土种 Soil species	土层码 Layer code	土层厚度 Depth/cm	颜色 Soil color	质地 Soil texture	土壤结构 Soil structure	有机质 OM/(g/kg)	全氮 TN/(g/kg)	全磷 TP/(g/kg)	有效磷 AP/(mg/kg)	速效钾 AK/(mg/kg)	阳离子交换量CEC/(cmol/kg)	剖面点坐标 Profile coordinate	匹配指数 Matching index/%
剖22	半水成土	潮土	盐化潮土	黏质盐化潮土	漏砂型轻碱红土	1	0—20	红褐色	重壤土	团粒状							E 117°04′28.7″ N 36°47′55.9″	89
						2	20—28	灰白色	轻壤土	粒状								
						3	28—48	灰白色	砂壤土	粒状								
						4	48—78	灰白色	紧砂土	粒状								
						5	78—150	暗灰色	紧砂土	粒状								

莱芜区、钢城区

主要土类说明

　　褐土是莱芜区、钢城区主要土壤类型，占本区域地域面积的 49%。褐土分布在亚湿润半干旱地区，垂直带谱中出现于棕壤之下。成土母质多为钙质岩类或非石灰质砂页岩残积物、坡积物和洪积物。土壤呈中性至微碱性，剖面呈褐色或棕褐色。典型的褐土剖面一般由耕作层、淀积黏化层和钙积层三个基本层段组成，有石灰反应，具明显或不太明显的假菌丝体，底土中常出现砂姜。

　　棕壤是莱芜区、钢城区第二大土壤类型，占本区域地域面积的 43%。棕壤发生于暖温带湿润落叶阔叶林下。棕壤处于硅铝风化阶段，具有黏化特征，呈棕色。土体内见黏粒淀积，盐基充分淋失，见少量游离铁。成土母质主要有坡积物和洪积物两种，土体发育完全，土层较厚，心土有明显淋溶淀积黏化层，有铁锰结核，土壤结构面具棕色铁锰胶膜，通体无石灰反应，呈微酸性至中性，pH 为 6.5 左右。

　　粗骨土是莱芜区、钢城区第三大土壤类型，占本区域地域面积的 5%。粗骨土属于 A–C 型，甚至（A）–C 型土壤。A 层发育不明显，与母质土层性状相似，略显有机质累积。有时母质层富含砾石，甚少出现剖面分异与发育特征。

　　小于本区域地域面积 3% 的土壤类型有潮土等。

本区域中心区气候特征

本区域中心区气候特征值
Regional climate characteristics in central area of the region

气候带：暖温带亚湿润气候 Climate region: Warm temperate subhumid climate	
年平均气温 /℃ Annual average temperature /℃	13.8
年平均最高气温 /℃ Annual average maximum temperature /℃	19.2
年平均最低气温 /℃ Annual average minimum temperature /℃	9.1
年降水量 /mm Annual precipitation /mm	672
≥10℃的积温 /℃ Daily temperature accumulated in a year (≥10℃) /℃	5025
年日照时数 /h Annual sunshine /h	2523
年平均相对湿度 /% Annual average relative humidity /%	64
干燥度 Dryness	1.23

本区域中心区月平均气温与月平均降水量
Monthly temperature and precipitation in central area of the region

莱芜区、钢城区主要土壤类型与土壤剖面点分布图
1∶260 000

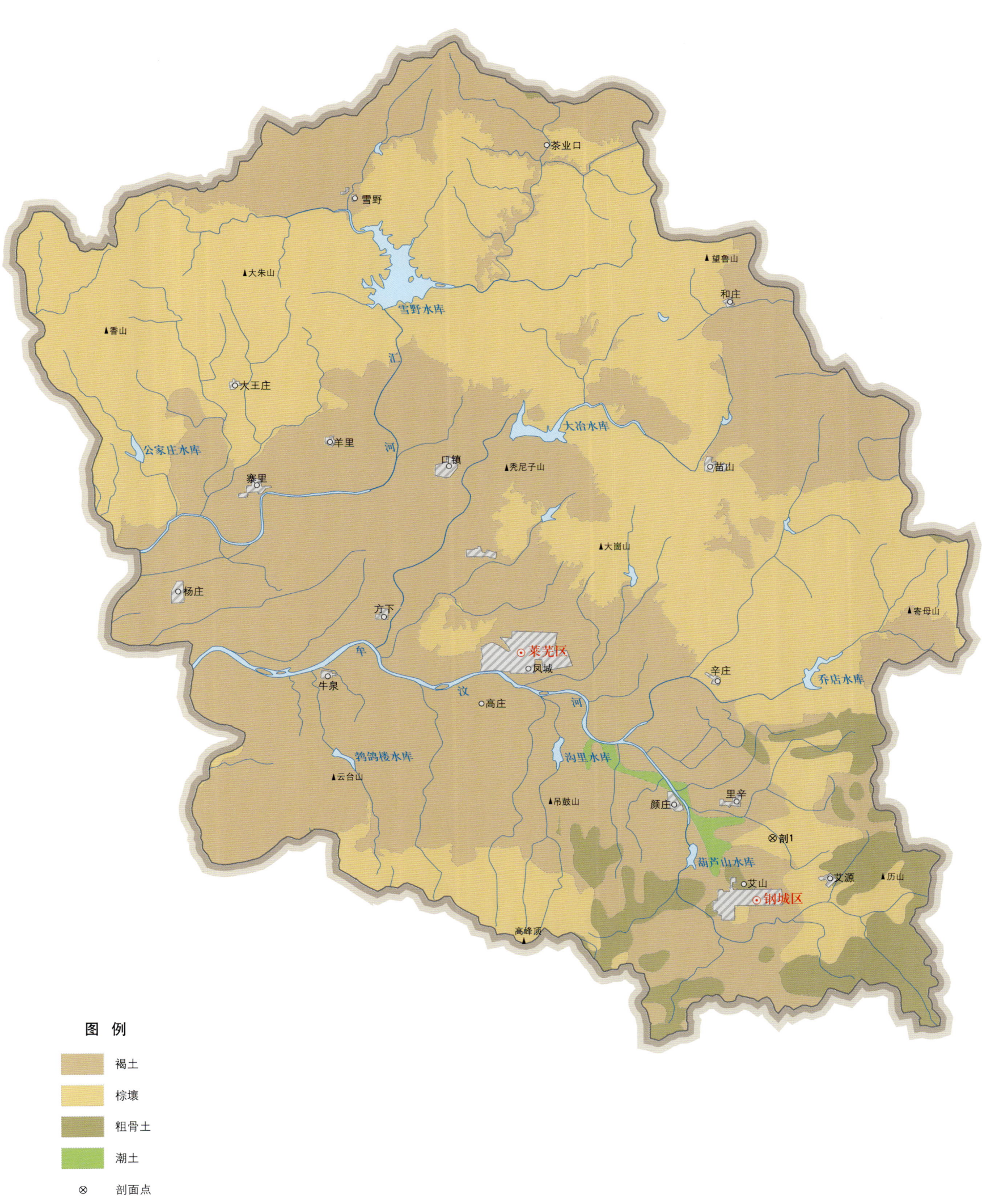

莱芜区、钢城区土壤剖面理化性状表

剖面号 Soil profile	土纲 Soil order	土类 Soil great group	亚类 Soil subgroup	土属 Soil genus	土种 Soil species	土层码 Layer code	土层厚度 Depth/cm	质地 Soil texture	pH	有机质 OM/(g/kg)	全氮 TN/(g/kg)	全磷 TP/(g/kg)	全钾 TK/(g/kg)	碱解氮 AN/(mg/kg)	有效磷 AP/(mg/kg)	速效钾 AK/(mg/kg)	阳离子交换量 CEC/(cmol/kg)	剖面点坐标 Profile coordinate	匹配指数 Matching index/%
剖1	淋溶土	棕壤	潮棕壤	洪冲积潮棕壤	僵底板棕泊土	Ap	0—25	黏壤土	6.7	11.0	0.64	0.46	26.6	68	8.5	80	16.2	E 117°49′58.9″ N 36°06′11.5″	96
						A₂	25—70	黏壤土	6.2	6.9	0.44	0.45	26.4	43	4.8	75	15.7		
						B₁	70—110	壤质黏土	6.2	5.6	0.38	0.43	26.3	27	5.2	75	24.9		
						B₂	110—150	壤质黏土	6.4	3.3	0.30	0.55	26.0	22	8.6	105	15.2		

平 阴 县

主要土类说明

　　褐土是平阴县主要土壤类型，占本县地域面积的83%。成土母质为残积物、坡积物、洪积物和冲积物。土壤剖面通体呈褐色或棕色，一般由耕作层、淀积黏化层和钙积层三个层段组成。剖面中分布有假菌丝体，因黏粒由表层向下移动，一般心土层偏黏，并且有胶膜淀积，部分土壤底部有少量的石灰结核和铁锰结核，通常有石灰反应，土壤多呈中性或微碱性。土壤养分水平一般，物理性状较适宜，有机质含量较高，一般为17.4g/kg，全氮含量偏低，速效钾较丰富，pH为7.3。耕层质地多为轻壤土或中壤土，下部多是均质重壤土或中壤土。土壤容重为1.47g/cm³，通透性良好，总孔隙度为50.59%，毛管孔隙度为40.14%，通气孔隙度为10.45%，田间持水量为22.49%。本县褐土分为褐土性土、褐土、潮褐土等亚类。

　　潮土是平阴县第二大土壤类型，占本县地域面积的12%，主要分布在安城、榆山和东阿等地。潮土主要受黄河冲积物的影响。黄河夹带大量泥沙，因河流水文情况的变动，土壤质地变化多样。本县年降水量分布不均，多集中于夏季，每到降水量大的年份，洪水大，水流急，河水泛滥时，可形成质地较细的土质；在降水量少、流量小、水流慢的年份，形成的土质较粗。因多次沉积，不仅在平面分布上有冲积物粗细的差异，而且在同一剖面中，也有不同粗细层次的排列，但潮土各发生土层的色泽均一。由于降水分配不均，土壤干湿交替，地下水发生季节性升降，土壤剖面中产生氧化还原的交替过程，形成各种色泽的锈纹、锈斑或细小铁锰结核、石灰结核等。土壤pH为7.0—8.5，呈中性或微碱性。质地变化复杂，多为砂壤土至中壤土，通常越近河床或近河流上游，质地越粗，反之越细。有机质含量低，土壤容重较适宜，通透性较好。本县潮土分为褐潮土、潮土和盐化潮土等亚类。

　　小于本县地域面积3%的土壤类型有砂姜黑土和粗骨土等。

本区域中心区气候特征

本区域中心区气候特征值
Regional climate characteristics in central area of the region

气候带：暖温带亚湿润气候 Climate region: Warm temperate subhumid climate	
年平均气温 /℃ Annual average temperature /℃	14.2
年平均最高气温 /℃ Annual average maximum temperature /℃	19.5
年平均最低气温 /℃ Annual average minimum temperature /℃	9.6
年降水量 /mm Annual precipitation /mm	639
≥10℃的积温 /℃ Daily temperature accumulated in a year（≥10℃）/℃	5196
年日照时数 /h Annual sunshine /h	2483
年平均相对湿度 /% Annual average relative humidity /%	63
干燥度 Dryness	1.32

本区域中心区月平均气温与月平均降水量
Monthly temperature and precipitation in central area of the region

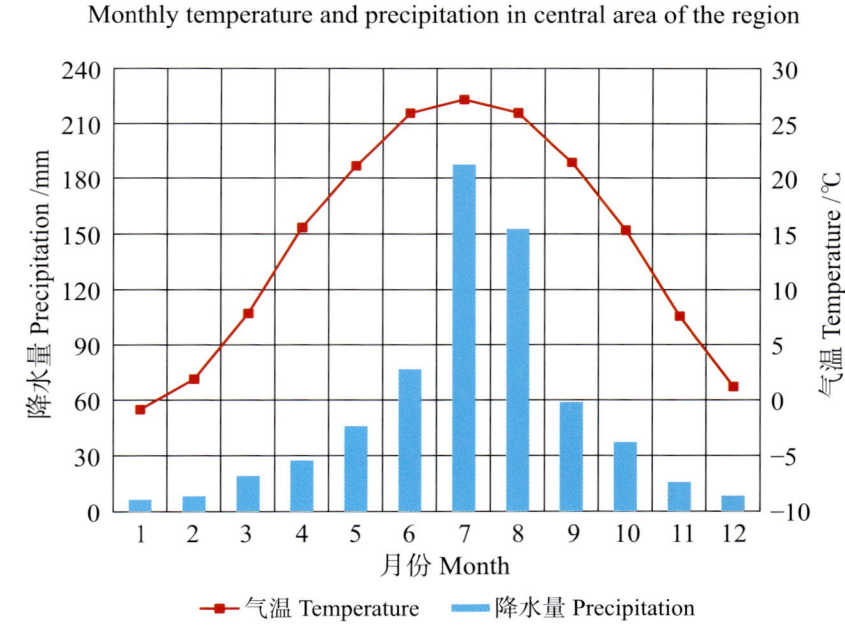

平阴县主要土壤类型与土壤剖面点分布图
1∶160 000

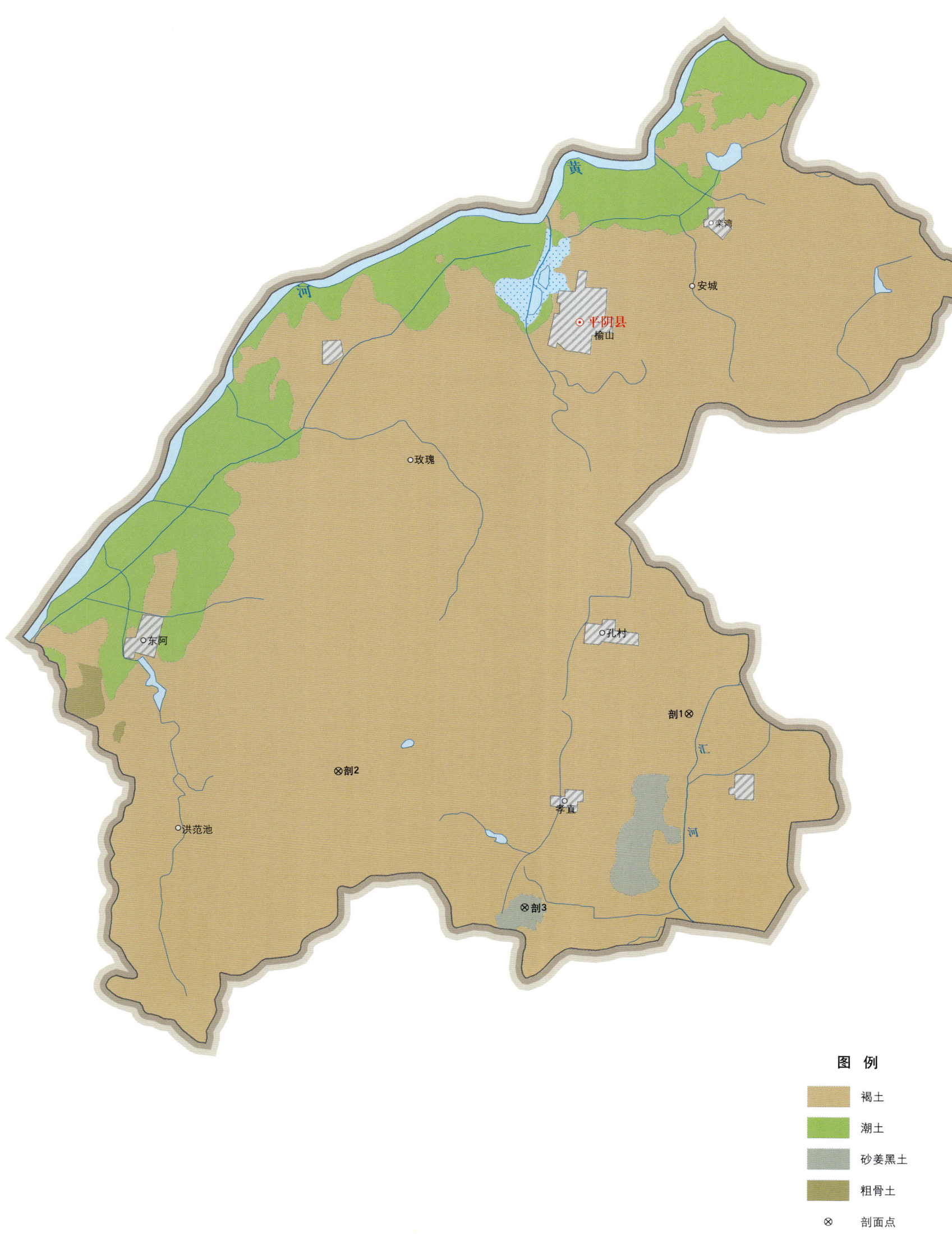

图 例
- 褐土
- 潮土
- 砂姜黑土
- 粗骨土
- ⊗ 剖面点

平阴县土壤剖面理化性状表

剖面号 Soil profile	土纲 Soil order	土类 Soil great group	亚类 Soil subgroup	土属 Soil genus	土种 Soil species	土层码 Layer code	土层厚度 Depth/cm	质地 Soil texture	pH	有机质 OM/(g/kg)	全氮 TN/(g/kg)	全磷 TP/(g/kg)	全钾 TK/(g/kg)	碱解氮 AN/(mg/kg)	有效磷 AP/(mg/kg)	速效钾 AK/(mg/kg)	阳离子交换量CEC/(cmol/kg)	剖面点坐标 Profile coordinate	匹配指数 Matching index/%
剖1	半淋溶土	褐土	潮褐土	潮褐土	黏底黄泥土	Ap	0—20	黏壤土	7.6	8.9	0.57	0.42	20.1	65	2.0	135	12.4	E 116°29′48.6″ N 36°08′47.5″	85
						A₂	20—65	黏壤土	7.5	8.9	0.53	0.33	19.7	43	1.0	67	13.2		
						B₁	65—115	壤质黏土	7.9	6.1	0.51	0.30	22.1	37	2.0	88	17.8		
剖2	半淋溶土	褐土	褐土性土	灰顶褐土性土	砂坡黄土	Ap	0—20	砂质黏壤土	7.5	9.8	0.63	0.71		43	2.0	52	9.2	E 116°21′00.1″ N 36°07′31.8″	97
						B	20—50	砂质黏壤土	7.4	6.9	0.57	0.73		32	1.0	64	7.5		
剖3	半水成土	砂姜黑土	石灰性砂姜黑土	覆盖石灰性砂姜黑土	黏盖黄石灰性鸭屎土	1	0—25	壤质黏土	8.0	9.3	0.53	0.41	28.6	85	2.0	72		E 116°25′42.7″ N 36°04′40.9″	88
						2	25—40	壤质黏土	8.1	7.3	0.50	0.28	29.7	37	1.1	87			
						3	40—65	黏土	8.0	9.2	0.51	0.19	23.7	27	0.1	103			
						4	65—80	壤质黏土	7.7	6.2	0.44	0.25	24.6	22	0.1	94			
						5	80—100	壤质黏土	7.9	5.1	0.34	0.27	26.5	23	1.0	87			

商 河 县

主要土类说明

潮土是商河县主要土壤类型，占本县地域面积的 95%，广泛分布在本县各地。潮土是发育在黄河冲积物上，受潜水作用形成的一类土壤。成土物质颗粒粗细不仅在平面分布上有分选差异，在剖面中也有不同质地层次的排列。潜水位的不断升降，引起土壤水分的变化，使土体内经常处于干湿交替和氧化还原交叠的状态，从而促进了铁、锰在土体内的淋溶淀积。因此，在土壤剖面中下部土层中有明显的锈纹、锈斑或细小的铁锰结核。碳酸钙淋溶淀积形成小砂姜或假菌丝体等。土壤呈中性或微碱性。多年来，经过耕作，提高了土壤肥力和熟化程度，活土层增厚，结构改善，从而改变了土壤水、肥、气、热条件，成为农业土壤。根据受潜水作用影响的程度及盐化程度的不同，本县潮土分为褐土化潮土、潮土、盐化潮土、湿潮土等亚类。

小于本县地域面积 3% 的土壤类型有草甸盐土和风沙土等。

本区域中心区气候特征

本区域中心区气候特征值
Regional climate characteristics in central area of the region

气候带：暖温带亚湿润气候 Climate region: Warm temperate subhumid climate	
年平均气温 /℃ Annual average temperature /℃	13.4
年平均最高气温 /℃ Annual average maximum temperature /℃	19.0
年平均最低气温 /℃ Annual average minimum temperature /℃	8.7
年降水量 /mm Annual precipitation /mm	603
≥10℃的积温 /℃ Daily temperature accumulated in a year（≥10℃）/℃	4904
年日照时数 /h Annual sunshine /h	2562
年平均相对湿度 /% Annual average relative humidity /%	62
干燥度 Dryness	1.33

本区域中心区月平均气温与月平均降水量
Monthly temperature and precipitation in central area of the region

商河县主要土壤类型与土壤剖面点分布图
1:180 000

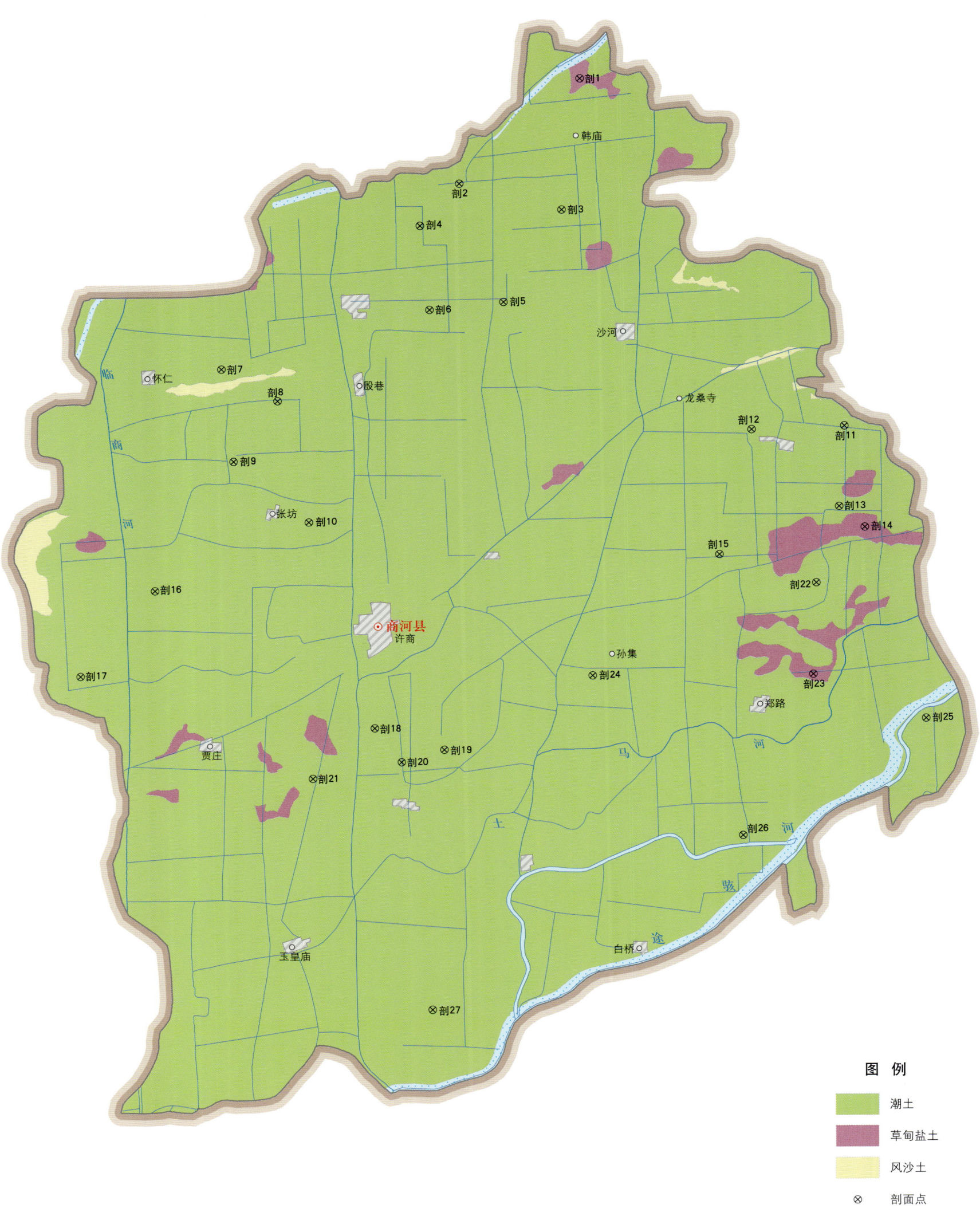

图 例
- 潮土
- 草甸盐土
- 风沙土
- ⊗ 剖面点

商河县土壤剖面理化性状表

剖面号 Soil profile	土纲 Soil order	土类 Soil great group	亚类 Soil subgroup	土属 Soil genus	土种 Soil species	土层码 Layer code	土层厚度 Depth/cm	颜色 Soil color	质地 Soil texture	土壤结构 Soil structure	有机质 OM/(g/kg)	全氮 TN/(g/kg)	全磷 TP/(g/kg)	有效磷 AP/(mg/kg)	速效钾 AK/(mg/kg)	阳离子交换量CEC/(cmol/kg)	剖面点坐标 Profile coordinate	匹配指数 Matching index/%
剖1	盐碱土	草甸盐土	草甸盐土	壤质白潮盐土	轻壤白潮盐土厚砂腰白土	1	0—32	浅褐色	轻壤土	单粒状	6.4	0.35	1.19	4.0	215	5.6	E 117°14′42.7″ N 37°31′14.2″	82
						2	32—48	浅黄色	砂壤土	单粒状	3.9	0.22	1.24	1.6	134	5.5		
						3	48—150				3.4	0.27		0.6	100			
剖2	半水成土	潮土	湿潮土	壤质冲积黑湿潮土	轻壤冲积黑均质壤腰湿潮土	1	0—20				6.9	0.54	1.26	5.5	220	11.8	E 117°11′18.6″ N 37°28′48.2″	100
						2	20—40				5.7	0.42	1.25	2.5	130	8.4		
						3	40—60				3.0	0.41	1.08	1.2	170	8.2		
						4	60—100				1.8	0.30		0.4	153			
剖3	半水成土	潮土	潮土	壤质潮土	轻壤厚黏腰壤白土	1	0—19	浅黄色	轻壤土	粒状	8.2	0.37	0.85	1.6	65	41.8	E 117°14′12.2″ N 37°28′12.0″	75
						2	19—27	浅黄色	轻壤土	块状	6.6	0.49	0.46	2.7	117			
						3	27—60	棕褐色	中壤土	粒状	6.6	0.49	0.46	2.7	117			
						4	60—105	棕褐色	黏土	单粒状	3.6	0.50						
						5	105—117	棕褐色	重壤土	块状								
						6	117—150	棕褐色	黏土	块状								
剖4	半水成土	潮土	盐化潮土	壤质盐化潮土	轻壤重盐化均质潮土	1	0—20				6.0	0.37	1.26	6.5	164	10.2	E 117°10′12.4″ N 37°27′50.0″	76
						2	20—40				5.1	0.24	1.19	3.7	145	9.1		
						3	40—60				4.8	0.29	0.73	1.4	136	6.7		
						4	60—100				2.7	0.28		1.2	133			
剖5	半水成土	潮土	潮土	壤质潮土	轻壤均质砂白土	1	0—20	黑褐色	轻壤土	粒状	8.2	0.50	1.51	7.5	129	6.6	E 117°12′33.4″ N 37°26′04.0″	78
						2	20—40	黑褐色	砂壤土	粒状	7.0	0.35	1.44	5.3	197	6.0		
						3	28—70	黑褐色	砂壤土	粒状	6.3	0.28	0.97	5.0	107	4.0		
						4	70—150	浅黄色	紧砂土	单粒状	4.2	0.22		3.0	100			
剖6	半水成土	潮土	褐潮土	壤质褐潮土	轻壤质厚黏腰白褐潮土	1	0—17	浅黄色	轻壤土	团粒状	10.8	0.70	1.10	11.4	285	13.9	E 117°10′28.6″ N 37°25′53.0″	72
						2	17—23	浅黄色	轻壤土	片状	6.5	0.47	0.68	5.3	217	10.6		
						3	23—51	浅黄色	轻壤土	团粒状	6.5	0.47	0.68	5.3	217	10.6		
						4	51—95	浅黄色	轻壤土	单粒状	4.5	0.46		2.9	150			
						5	95—150	浅黄色	砂壤土	单粒状								
剖7	半水成土	潮土	褐潮土	砂质褐潮土	砂壤质厚黏腰白砂褐潮土	1	0—22	灰色	砂壤土	粒状	8.3	0.66	1.21	4.7	210	14.9	E 117°04′36.3″ N 37°24′30.4″	71
						2	22—28	浅黄色	中壤土	块状	6.8	0.61	0.99	2.8	190	14.1		
						3	28—63	灰黄色	重壤土	块状	6.8	0.61	0.99	2.8	190	14.1		
						4	63—88	红褐色	黏土		6.2	0.40		2.5	182			
						5	88—116	灰色	重壤土	单粒状								
						6	116—150											
剖8	半水成土	潮土	褐潮土	砂质褐潮土	砂壤质均质砂白砂褐潮土	1	0—20	暗褐色	轻壤土	粒状	8.2	0.49	1.35	12.8	151	5.6	E 117°06′11.5″ N 37°23′46.3″	84
						2	20—40	暗褐色	轻壤土	块状	5.9	0.29	1.28	6.8	198	7.5		
						3	40—60	浅黄色	轻壤土	粒状	4.2	0.15	0.59	3.9	110	7.4		
						4	60—100	浅黄色	砂壤土	粒状	2.6	0.10		2.1		8.0		
剖9	半水成土	潮土	潮土	壤质潮土	轻壤厚砂腰白土	1	0—20		轻壤土	粒状	9.1	0.49	1.31	7.3	130	7.5	E 117°04′57.0″ N 37°22′23.2″	89
						2	20—27	暗黄色	轻壤土	块状	6.6	0.22	1.01	3.2	73	7.2		
						3	27—53	浅黄色	轻壤土	粒状	6.6	0.22	1.01	3.2	73	7.2		
						4	53—90	浅黄色	砂壤土	粒状	2.4	0.14		1.6	60			
						5	90—150	暗黄色	紧砂土									

续表 Continued

剖面号 Soil profile	土纲 Soil order	土类 Soil great group	亚类 Soil subgroup	土属 Soil genus	土种 Soil species	土层码 Layer code	土层厚度 Depth/cm	颜色 Soil color	质地 Soil texture	土壤结构 Soil structure	有机质 OM/(g/kg)	全氮 TN/(g/kg)	全磷 TP/(g/kg)	有效磷 AP/(mg/kg)	速效钾 AK/(mg/kg)	阳离子交换量CEC/(cmol/kg)	剖面点坐标 Profile coordinate	匹配指数 Matching index/%
剖10	半水成土	潮土	湿潮土	壤质冲积潮湿土	轻壤冲积黑黏腰潮土	1	0—18	棕黄色	轻壤土	粒状	8.9	0.49	1.03	4.5	150	11.3	E 117°07′04.1″ N 37°20′58.6″	96
						2	18—25	棕黄色	轻壤土	片状	7.9	0.34	0.86	4.0	175	7.5		
						3	25—50	红棕色	中壤土	粒状	7.6	0.62		3.6	145	6.8		
						4	50—92	棕褐色	重壤土	粒状	7.6	0.23		2.2	185			
						5	92—127	灰黄土	紧砂土	单粒状								
						6	127—137	灰黄色	紧砂土	单粒状								
剖11	半水成土	潮土	湿潮土	砂质冲积潮土	砂壤冲积黑厚底白砂土	1	0—34	灰黄色	砂壤土	单粒状	8.2	0.61	1.35	1.7	170	10.4	E 117°22′09.8″ N 37°23′10.3″	71
						2	34—76	浅棕色	中壤土	片状	6.9	0.61	1.15	2.3	150	8.8		
						3	76—150	浅黄色	紧砂土	单粒状	3.1	0.30		0.7	120			
剖12	半水成土	潮土	潮土	砂质潮土	砂壤均质砂白砂土	1	0—20				7.2	0.30	1.05	1.8	166	4.3	E 117°19′33.1″ N 37°23′05.8″	83
						2	20—40				6.4	0.43	0.97	5.8	150	4.4		
						3	40—60				3.5	0.32	0.96	0.4	185	3.2		
						4	60—100				2.7	0.18			120			
剖13	半水成土	潮土	盐化潮土	砂质盐化潮土	砂壤质轻盐化厚砂腰白砂土	1	0—28	灰黄色	砂壤土	粒状	6.2	0.30	1.15	4.9	126	6.2	E 117°22′00.5″ N 37°21′18.6″	86
						2	28—96	浅黄色	砂壤土	片状	4.4	0.22	1.13	1.6	135	5.8		
						3	96—116	浅褐色	重壤土	块状								
						4	116—150	棕黄色	砂壤土	单粒状								
剖14	盐碱土	草甸盐土	草甸盐土	砂质白潮盐土	砂壤白潮盐均质白砂土	1	0—20	灰黄色	砂壤土	粒状	8.5	0.64	1.12	4.2	160	9.0	E 117°22′43.7″ N 37°20′49.7″	97
						2	20—40	暗灰色	砂壤土	片状	7.3	0.59	0.96	3.4	160	7.9		
						3	40—60	黄灰色	砂壤土	粒状	4.6	0.32	0.94	2.6	100	5.9		
						4	60—100	浅黄色	紧砂土	单粒状	4.0	0.27			80			
剖15	半水成土	潮土	盐化潮土	砂质盐化潮土	砂壤质中盐化均质砂白砂土	1	0—20	浅灰色	砂壤土	粒状	9.1	0.50	1.36	7.4	150	9.2	E 117°18′38.1″ N 37°20′12.1″	75
						2	20—30	浅灰色	砂壤土	片状	5.5	0.31	1.23	3.8	170	7.3		
						3	30—51	黄灰色	中壤土	粒状	4.5	0.31	1.24	2.9	83	5.1		
						4	51—150	浅黄色	紧砂土	单粒状	3.1	0.11		2.1	40			
剖16	半水成土	潮土	褐潮土	壤质冲积褐潮土	轻壤质厚砂腰白褐潮土	1	0—19	浅灰色	轻壤土	粒状	8.4	0.76	1.41	6.8	211	11.2	E 117°02′43.9″ N 37°19′23.5″	84
						2	19—26	浅灰色	轻壤土	片状	8.4	0.76	1.41	6.8	211	11.2		
						3	26—47	红褐色	中壤土	粒状	7.2	0.66	1.42	3.6	195	9.4		
						4	47—68	灰黄色	中壤土	粒状	2.6	0.34	1.26	3.4	183	8.2		
						5	68—115	浅黄色	紧砂土	单粒状	1.6	0.22		2.8	181			
						6	115—150	褐红色	黏土	块状								
剖17	半水成土	潮土	潮土	砂质潮土	砂壤厚黏腰化白砂土	1	0—15	棕黄色	砂壤土	团blob状	8.8	0.55	1.24	4.7	200	4.5	E 117°00′38.3″ N 37°17′25.1″	87
						2	15—23	棕黄色	砂壤土	单粒状	8.8	0.55	1.24	4.7	200	4.5		
						3	23—61	浅黄色	轻壤土	块状	6.8	0.43	0.99	2.8	190	4.5		
						4	61—150	褐黄色	黏土	块状	6.1	0.40		2.5	182			
剖18	半水成土	潮土	盐化潮土	壤质盐化潮土	轻壤轻黏腰厚白砂土	1	0—20	浅灰色	轻壤土	粒状	8.3	0.42	1.31	4.4	245	9.3	E 117°08′55.0″ N 37°16′12.4″	75
						2	20—29	浅灰色	轻壤土	块状	6.2	0.46	1.21	4.2	230	6.9		
						3	29—65	浅黄色	黏土	块状	3.8	0.31		1.7	180			
						4	65—110	褐黄色										
						5	110—150											
剖19	半水成土	潮土	湿潮土	壤质冲积潮湿土	轻壤冲积黑厚砂腰白砂土	1	0—22	浅黄色	轻壤土	粒状	7.9	0.43	1.33	5.0	167	10.8	E 117°10′52.6″ N 37°15′42.0″	99
						2	22—42	浅黄色	轻壤土	片状	5.0	0.35	1.16	4.7	157	6.7		
						3	42—150	黄色	紧砂土	单粒状	3.0	0.28	1.01	3.9	151	3.4		

续表 Continued

剖面号 Soil profile	土纲 Soil order	土类 Soil great group	亚类 Soil subgroup	土属 Soil genus	土种 Soil species	土层码 Layer code	土层厚度 Depth/cm	颜色 Soil color	质地 Soil texture	土壤结构 Soil structure	有机质 OM/(g/kg)	全氮 TN/(g/kg)	全磷 TP/(g/kg)	有效磷 AP/(mg/kg)	速效钾 AK/(mg/kg)	阳离子交换量CEC/(cmol/kg)	剖面点坐标 Profile coordinate	匹配指数 Matching index/%
剖20	半水成土	潮土	湿潮土	砂质冲积黑潮土	砂壤冲积黑均质砂白砂土	1	0—20				4.6	0.23	1.32	5.1	185	6.8	E 117°09′40.3″ N 37°15′24.8″	71
						2	20—40				2.4	0.23	1.29	3.7	168	6.3		
						3	40—60				2.3	0.19	1.01	2.2	150	6.4		
						4	60—100				2.3	0.19		1.4	123			
剖21	半水成土	潮土	盐化潮土	壤质盐化潮土	轻壤中盐化厚砂底白土	1	0—24	棕黄色	轻壤土	粒状	6.8	0.49	1.34	5.2	138	7.5	E 117°07′10.4″ N 37°15′02.3″	82
						2	24—35	棕黄色	轻壤土	片状	5.4	0.39	1.32	5.0	117	7.3		
						3	35—81	红棕色	中壤土	粒状	5.2	0.35	1.00	4.7	102	6.0		
						4	81—120	棕褐色	紧砂土	单粒状	2.1	0.17		3.6	83			
						5	120—135	棕褐色	重壤土	单粒状								
						6	135—150	灰白色	砂壤土	粒状								
剖22	半水成土	潮土	盐化潮土	壤质盐化潮土	轻壤轻盐化厚砂腰白土	2	16—22	褐色	轻壤土	片状	8.6	0.54	1.23	5.7	250	13.0	E 117°21′21.7″ N 37°19′31.9″	94
						3	22—66	褐色	中壤土	粒状	7.6	0.53	0.87	3.8	220	12.4		
						4	66—91	浅黄色	砂壤土	粒状	2.6	0.12		1.6	120			
						5	91—150	黄色	紧砂土	单粒状								
剖23	盐碱土	草甸盐土	草甸盐土	壤质白潮盐土	轻壤白潮盐化厚砂底白土	1	0—29	红棕色	轻壤土	片状	7.1	0.39	1.08	4.5	150	8.0	E 117°21′16.2″ N 37°17′24.7″	93
						2	29—55	浅棕色	轻壤土	单粒状	3.1	0.30	1.05	3.2	110	5.2		
						3	55—105	黄棕色	紧砂土	单粒状	2.6	0.24		3.6	85			
						4	105—150	灰白色	轻壤土	单粒状	2.1	0.16		2.6	85			
剖24	半水成土	潮土	潮土	壤质潮土	轻壤均质潮白土	1	0—15	灰白色	中壤土	粒状	8.8	0.42	1.34	5.5	175	13.3	E 117°15′03.5″ N 37°17′24.3″	88
						2	15—24	浅灰色	轻壤土	片状	4.8	0.49	1.13	2.7	103	11.9		
						3	24—48	浅灰色	中壤土	粒状	4.8	0.49	1.13	2.7	103	11.9		
						4	48—95	棕褐色	重壤土	粒状	4.8	0.49	1.13	2.7	103	11.9		
						5	95—150	浅褐色	黏土	粒状	3.2	0.26	1.15	2.4	65	9.9		
剖25	半水成土	潮土	潮土	壤质潮土	中壤均质黏潮土	1	0—21	褐色	中壤土	粒状	11.2	0.70	1.30	4.1	168	15.5	E 117°24′26.2″ N 37°16′22.7″	96
						2	21—30	棕色	重壤土	片状	9.2	0.54	0.96	2.3	161	18.1		
						3	30—50	棕色	重壤土	粒状	5.8	0.54	0.74	2.9	148	11.6		
						4	50—109	褐色	黏土	片状	3.2	0.49		1.0	146			
						5	109—150	红褐色	重壤土	块状								
剖26	半水成土	潮土	褐潮土	壤质褐潮土	轻壤质厚黏腰白褐潮土	1	0—20	棕色	轻壤土	粒状	9.4	0.46	1.43	7.7	173	7.8	E 117°19′16.3″ N 37°13′39.7″	80
						2	20—25	棕色	中壤土	粒状	9.4	0.46	1.43	7.7	173	7.8		
						3	25—51	黄棕色	中壤土	片状	6.6	0.38	1.35	3.8	170	7.4		
						4	51—70	褐色	中壤土	粒状	6.1	0.35		3.8	137			
						5	70—120	褐色	重壤土	片状	4.5	0.16		0.7	127			
						6	120—150	褐色	黏土	块状								
剖27	半水成土	潮土	潮土	壤质潮土	中壤厚黏心两合土	1	0—20	浅黄色	中壤土	粒状	10.6	0.54	1.42	7.3	285	13.8	E 117°10′31.0″ N 37°09′41.0″	82
						2	20—24	浅黄色	中壤土	片状	8.7	0.59	1.15	6.4	215	10.3		
						3	24—35	灰黄色	中壤土	粒状	8.7	0.59	1.15	6.4	215	10.3		
						4	35—80	棕黄色	重壤土	粒状	5.4	0.50	1.26	5.6	200	12.4		
						5	80—138	浅黄色	砂壤土			0.22		2.9	98	5.3		
						6	138—150	浅黄色										

青 岛 市

崂山区、李沧区、城阳区

主要土类说明

棕壤是崂山区、李沧区、城阳区主要土壤类型，占本区域地域面积的68%。本区域棕壤分为棕壤性土、棕壤和潮棕壤等亚类。棕壤性土亚类面积最大，主要分布在北宅、棘洪滩等地。土壤发育年轻，无心土层，直接发育在母岩风化残积物上，土体较薄，砾石较多，水分极缺，易受干旱。棕壤亚类分布在山麓和岭根一带，成土母质为洪积物，土体发育完全，淋溶淀积层较厚，一般大于1m，剖面中下部有较多的铁锰结核，通体无石灰反应，pH为6.3—6.8。潮棕壤亚类主要分布在本市中部丘陵向平原过渡的地带，地下水参与成土过程，具有明显的潮化作用，由于地下水的上下活动，剖面上有色泽鲜明的锈纹、锈斑，成土母质为洪积物、冲积物，土层深厚，大于60cm，最厚的大于1m，质地适中。

潮土是崂山区、李沧区、城阳区第二大土壤类型，占本区域地域面积的9%。本区域潮土呈明显带状分布，由于"紧砂慢淤"的作用，加上河流的多次改道，形成了潮土砂淤相间的层次。潮土成土时间较短，一般土壤有机质含量较低。潮土地下水位在3—5m，随着地下水的升降，剖面中氧化还原作用交替发生，影响物质溶解、移动和沉积，形成各种颜色的斑纹和细小的铁锰结核。土壤呈微酸性至中性。

滨海盐土是崂山区、李沧区、城阳区第三大土壤类型，占本区域地域面积的9%。滨海盐土发育在盐渍海相沉积物上。地下水位在0.8—2.0m，因经常受潮水影响，潜流滞缓，矿化度较高，多在30g/L以上。

砂姜黑土占崂山区、李沧区、城阳区地域面积的5%。砂姜黑土在潜育化过程中，通过生物积累和干湿交替过程，形成了黑土层和砂姜层。又经过人为活动，进入了以脱潜育化为特点的旱耕熟化阶段，砂姜黑土的形态相应变化，土壤水、肥、气、热条件得到改善，有机质矿化分解加速，养分有效性增加，剖面逐渐分化出耕作层、犁底层、埋藏黑土层。

小于本区域地域面积3%的土壤类型有粗骨土和石质土等。

本区域中心区气候特征

本区域中心区气候特征值
Regional climate characteristics in central area of the region

气候带：暖温带亚湿润气候 Climate region: Warm temperate subhumid climate	
年平均气温 /℃ Annual average temperature /℃	12.4
年平均最高气温 /℃ Annual average maximum temperature /℃	17.2
年平均最低气温 /℃ Annual average minimum temperature /℃	8.5
年降水量 /mm Annual precipitation /mm	715
≥10℃的积温 /℃ Daily temperature accumulated in a year (≥10℃) /℃	4567
年日照时数 /h Annual sunshine /h	2512
年平均相对湿度 /% Annual average relative humidity /%	72
干燥度 Dryness	1.07

本区域中心区月平均气温与月平均降水量
Monthly temperature and precipitation in central area of the region

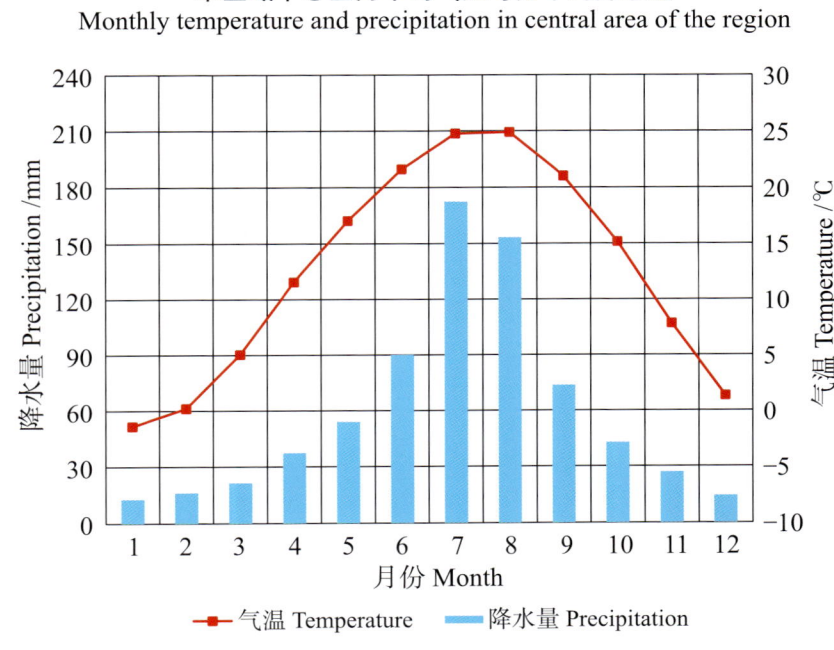

崂山区、李沧区、城阳区主要土壤类型与土壤剖面点分布图
1∶250 000

图 例
- 棕壤
- 潮土
- 滨海盐土
- 砂姜黑土
- 粗骨土
- 石质土
- ⊗ 剖面点

崂山区、李沧区、城阳区土壤剖面理化性状表

剖面号 Soil profile	土纲 Soil order	土类 Soil great group	亚类 Soil subgroup	土属 Soil genus	土种 Soil species	土层码 Layer code	土层厚度 Depth/cm	颜色 Soil color	质地 Soil texture	土壤结构 Soil structure	pH	有机质 OM/(g/kg)	全氮 TN/(g/kg)	全磷 TP/(g/kg)	碱解氮 AN/(mg/kg)	有效磷 AP/(mg/kg)	速效钾 AK/(mg/kg)	阳离子交换量 CEC/(cmol/kg)	土壤母质 Parent material	剖面点坐标 Profile coordinate	匹配指数 Matching index/%
剖1	半水成土	砂姜黑土	砂姜潮黑土	黑土裸露砂姜黑土	黑黏土	1	0—24	灰棕色	中壤土	块状	7.4	13.0	0.22	0.66	48	3.0	124	19.5	湖相沉积物	E 120°13′49.8″ N 36°20′06.4″	82
						2	24—52	黑棕色	重壤土	碎块状	7.4	10.5	0.65	0.47	34	0.4	120	21.9			
						3	52—98	浅棕色	黏土	棱块状	8.0	1.7	0.84	0.59	74	0.2	74				
剖2	盐碱土	滨海土	滨海潮滩盐土	滨海潮盐土	黏质潮土	R	98—	紫色											海相沉积物	E 120°16′16.8″ N 36°20′16.1″	91
						1	0—20	浅棕色	重壤土	粒状	7.8	11.4	0.60	1.30	37	12.6	784	15.9			
						2	20—58	浅棕色	重壤土		7.5	6.6	0.57	1.01	9	8.9	980	19.0			
剖3	半水成土	砂姜黑土	砂姜潮黑土	黄土薄层覆盖砂姜黑土	黑土	1	0—20	棕色	中壤土	粒状									冲积物	E 120°18′33.8″ N 36°20′06.0″	86
						2	20—30	棕色	中壤土	碎块状											
						3	30—70	黑色	中壤土	棱块状											
						4	70—150	棕色	黏土	棱柱状											
剖4	半水成土	潮土	盐化潮土	滨海盐化潮土	黏质盐化土	1	0—15	灰棕色	中壤土	块状	7.1	18.5	1.15	0.69	61	4.0	434	17.1	冲积物	E 120°12′09.4″ N 36°18′45.3″	98
						2	15—55	灰棕色	重壤土	块状	7.1	5.0	0.45	0.68	18	10.0	434	18.1			
						3	55—90	棕色	黏土	块状	7.1	8.2	0.36	0.62	29	6.0	384				
剖5	半水成土	砂姜黑土	砂姜潮黑土	黄土厚层覆盖砂姜黑土	黄黑土	1	0—20	灰棕色	中壤土	粒状	7.4	13.2	0.84	1.10	72	19.0	64	17.3	冲积物	E 120°13′20.7″ N 36°18′29.0″	70
						2	20—45	灰棕色	中壤土	碎块状	7.3	9.3	0.68	0.82	69	7.0	58	15.7			
						3	45—75	灰棕色	中壤土	块状	7.4	9.1	0.68	0.62	61	1.0	86				
						4	75—130	黄棕色	黏土	棱柱状	7.6	2.9	0.24	0.49	28	0.5	61				
						5	130—				7.5	2.2	0.31	0.49	14	0.5	72				
剖6	半水成土	潮土	潮土	河潮土	均质河砂土	1	0—20	浅棕色	砂壤土	单粒状	6.4	5.5	0.37	0.66	33	25.0	41	5.4	河流冲积物	E 120°10′50.7″ N 36°16′47.6″	97
						2	20—65	浅棕色	砂壤土	单粒状	7.2	2.5	0.16	0.39	18	5.0	85	4.4			
						3	65—90	浅棕色	砂壤土	单粒状	7.2	2.8	0.19	0.31	18	3.0	34				
						4	90—150	浅棕色	中壤土	单粒状	7.2	1.8	0.11	0.32	12	4.0	45				
剖7	半水成土	潮土	盐化潮土	滨海盐化潮土	薄层壤质	1	0—20	褐棕色	轻壤土	粒状	7.0	7.1	0.56	0.69	65	15.0	87	13.3	冲积物	E 120°13′01.8″ N 36°16′35.0″	77
						2	20—40	褐棕色	轻壤土	片状	6.8	5.7	0.43	0.69	37	4.0	96	16.9			
						3	40—90	褐棕色	中壤土	片状	7.1	6.3	0.56	0.70	42	8.0	316				
						4	90—150	棕色	轻壤土	片状	7.6	4.9	0.48	0.74	23	10.0	400				
剖8	淋溶土	棕壤	棕壤性土	基性岩类棕壤性土	漏砂盐化土	1	0—20	棕色	壤土	粒状	6.0	8.9		0.87	31	14.7	70	5.2	基性岩类	E 120°12′56.0″ N 36°15′06.8″	78
						C	20—														
剖9	半水成土	潮土	盐化潮土	滨海盐化潮土	漏砂盐化土	1	0—22	黄棕色	砂壤土	单粒状	6.6	4.3	0.28	0.30	28	2.0	55	14.4	冲积物、沉积物	E 120°07′16.0″ N 36°15′06.1″	85
						2	22—33	黄棕色	砂壤土	单粒状	6.6	1.1	0.15	0.29	66	2.0	38	6.7			
						3	33—55	棕色	轻壤土	片状	7.1	4.4	0.35	0.47	25	1.0	74				
						4	55—150	黄棕色	轻壤土	粒状	7.0	3.2	0.28	0.44	22	4.0	60				
剖10	盐碱土	滨海盐土	滨海潮滩盐土	滨海潮盐土	砂质盐土	1	0—20	灰棕色	轻壤土	粒状	7.6	3.7	0.24	0.97	16	5.0	154	16.9	海相沉积物	E 120°11′09.5″ N 36°14′47.4″	92
						2	20—40	黄棕色	砂壤土	单粒状	7.6	1.2	0.15	0.83	11	6.0	200	3.8			
						3	40—150	黄棕色	砂壤土	单粒状								3.8			
剖11	淋溶土	棕壤	棕壤性土	基性岩类残棕壤性土	中层壤心盐土	1	0—15	棕色	壤土	粒状	6.8	0.8	0.51	0.69	37	2.4	6	9.5	安山岩类残积物	E 120°14′27.1″ N 36°12′41.0″	94
						2	15—35	深棕色	壤土	块状	6.8	7.3	0.51	0.30	41	1.4	65	12.6			
						C	35—														
剖12	半水成土	潮土	盐化潮土	滨海盐化潮土	壤质黏心盐化土	1	0—15	黄棕色	轻壤土	粒状	6.6	9.6	0.50	0.53	57	2.8	128	11.4	冲积物、沉积物	E 120°17′50.8″ N 36°19′52.2″	81
						2	15—30	黄棕色	轻壤土	块状		5.4	0.68	0.44	31	2.0	160	12.8			
						3	30—50	黄棕色	中壤土	棱块状		5.6	0.47	0.54	26	1.8	372	16.0			
						4	50—150	黄棕色	重壤土	棱块状		4.7	0.28	0.54	24	1.3	534				

续表 Continued

剖面号 Soil profile	土纲 Soil order	土类 Soil great group	亚类 Soil subgroup	土属 Soil genus	土种 Soil species	土层码 Layer code	土层厚度 Depth/cm	颜色 Soil color	质地 Soil texture	土壤结构 Soil structure	pH	有机质 OM/(g/kg)	全氮 TN/(g/kg)	全磷 TP/(g/kg)	碱解氮 AN/(mg/kg)	有效磷 AP/(mg/kg)	速效钾 AK/(mg/kg)	阳离子交换量CEC/(cmol/kg)	土壤母质 Parent material	剖面点坐标 Profile coordinate	匹配指数 Matching index/%
剖13	淋溶土	棕壤	潮棕壤	洪冲积潮棕壤	薄心黄土	1	0—20	浅棕色	轻壤土	团粒状	6.0	9.5	0.81	0.53	148	4.3	48	10.0	洪积物、冲积物	E 120°24′16.8″ N 36°17′58.4″	100
						2	20—50	灰棕色	中壤土	块状	6.4	5.1	0.44	0.30	45	1.2	65	12.0			
						3	50—100	灰棕色	重壤土	柱状	7.2	4.4	0.38	0.27	56	微量	92				
						4	100—150	黄棕色	黏土	柱状	7.2	1.7	0.25	0.57	13	2.0	87				
剖14	半水成土	潮土	潮土	滨海潮土	砂壤均质潮土	1	0—20	黄棕色	砂壤土	碎块状	6.6	0.6	0.40	0.62	33	3.0	68	10.7	河流冲积物	E 120°20′32.0″ N 36°17′37.5″	92
						2	20—56	黄棕色	砂壤土	碎块状	7.0	4.9	0.30	0.68	34	0.8	47	14.6			
						3	56—108	暗棕色	砂壤土	单粒状	7.0	0.9	0.16	0.48	8	2.0	39				
						4	108—	暗棕色	砂壤土	单粒状											
剖15	淋溶土	棕壤	潮棕壤	洪冲积潮棕壤	厚腰黄土	1	0—30	棕色	轻壤土	粒状	6.6	7.1	0.47	0.58	45	20.9	47	8.1	洪积物、冲积物	E 120°23′47.4″ N 36°16′32.5″	95
						2	30—65	暗棕色	中壤土	碎块状	7.0	5.0	0.41	0.76	22	14.0	62	10.0			
						3	65—150	黄棕色	重壤土	块状	7.0	6.1									
剖16	半水成土	潮土	潮土	河潮土	均质河潮土	1	0—30	棕色	轻壤土	团粒状	6.3	9.7	0.71	0.60	124	7.0	60	9.7	河流冲积物	E 120°24′34.4″ N 36°15′47.2″	94
						2	30—100	灰棕色	轻壤土	柱状	6.7	2.8	0.46	0.35	28	4.0	49	6.9			
						3	100—150	暗棕色	轻壤土	单粒状	7.3	3.9	0.31	0.35	36	12.0	59				
剖17	淋溶土	棕壤	潮棕壤	洪冲积潮棕壤	厚心黄土	1	0—25	棕色	轻壤土	粒状	6.9	10.8	0.62	0.80	54	32.0	75	12.4	洪积物、冲积物	E 120°22′18.5″ N 36°15′26.3″	83
						2	25—50	棕灰色	中壤土	碎块状	6.7	5.4	0.55	0.46	37	0.4	130	19.7			
						3	50—105	黄棕色	重壤土	棱柱状	6.9	6.1				0.2					
剖18	半水成土	潮土	潮土	滨海潮土	漏砂潮土	1	0—23	棕色	砂壤土	粒状	9.5	6.5	0.40	0.34	10	24.0	31	3.8	河流冲积物	E 120°39′27.6″ N 36°15′10.1″	86
						2	23—100	暗黄色	松砂土	单粒状	7.3	0.5	0.07	0.07	24	2.0	23	3.3			
剖19	半水成土	潮土	潮土	河潮土	砂腰河潮土	1	0—20	棕色	轻壤土	粒状	7.4	8.7	0.68	0.68	65	13.0	86	7.9	河流冲积物	E 120°31′14.9″ N 36°14′22.9″	78
						2	20—75	暗黄色	松砂土	单粒状	6.4	3.7	0.25	0.82	10	12.0	75	9.0			
						3	75—	灰黄色	紧砂土	单粒状											
剖20	淋溶土	棕壤	棕壤性	酸性岩类棕壤性土	薄层石渣土	1	0—12	黑棕色	中壤土	粒状	6.2	7.4	0.49	0.41	44	2.1	25	4.9	花岗岩风化残积物	E 120°36′43.4″ N 36°13′32.8″	91
						2	12—26	黄棕色	中壤土	粒状	6.2	11.5	0.63	0.45	50	2.2	51	5.0			
						R	26—														
剖21	淋溶土	棕壤	棕壤性	坡洪积林地棕壤	林地壤质土	1	0—7	黑色	中壤土	团粒状	6.3	50.0	2.60	0.75	19	4.0	122	13.3	花岗岩残坡积物	E 120°36′40.0″ N 36°11′37.2″	95
						2	7—48	黄灰色	中壤土	粒状	6.3	34.6	1.70	0.48		3.0	40	9.0			
						3	48—				6.3	26.7				2.0	27				
剖22	淋溶土	棕壤	棕壤性	酸性岩类棕壤性土	中层粗砂土	1	0—20	暗黄色	轻壤土	粒状		5.3	0.37	0.50	23	6.7	57		酸性岩类	E 120°31′22.8″ N 36°11′18.3″	100
						2	20—40	暗黄色	粗砂土	棱块状		3.8	0.38	0.35	27	2.6	43				
						R	40—														
剖23	淋溶土	棕壤	棕壤性	酸性岩类棕壤性土	极薄石渣土	1	0—12	棕色	轻壤土	单粒状	6.1	5.3	0.63	0.29	47	0.4	46	7.8	花岗岩风化残积物	E 120°35′57.3″ N 36°10′06.2″	90
						R	12—														
剖24	淋溶土	棕壤	棕壤性	酸性岩类棕壤性土	薄层粗砂土	1	0—20	黄棕色	轻砂土	粒状	6.4	7.9	0.48	0.61	42	6.1	68	7.4	花岗岩积物	E 120°27′12.2″ N 36°08′40.9″	80
						C	20—														
剖25	半水成土	潮土	潮土	河潮土	漏砂土	1	0—20	棕色	砂壤土	单粒状	6.5	7.3	0.50	0.51	37	12.0	74	7.1	河流冲积物	E 120°28′19.7″ N 36°08′22.5″	77
						2	20—35	浅棕色	松砂土	单粒状	6.3	3.9	0.31	0.49	13	5.0	50	4.0			
						3	35—150	黄棕色	松砂土	粒状	6.5	5.9	0.35	0.19	2	1.0	98	3.3			
剖26	盐碱土	滨海盐土	滨海潮滩盐土	滨海潮滩盐土	滩地盐土	1	0—10	灰棕色	砂壤土	粒状	6.5	3.8	0.25	0.10	11	1.0	56	2.9	海相沉积物	E 120°35′06.8″ N 36°07′07.0″	73
						2	10—35	浅棕色	砂壤土	单粒状	6.6										
						3	35—50														

黄 岛 区

主要土类说明

棕壤是黄岛区主要土壤类型，占本区地域面积的80%。成土母质多为酸性岩风化物、坡积物、洪积物和冲积物。由于地处黄海之滨，胶州湾畔，气候温暖湿润，较大地影响了棕壤形成和发育。土壤剖面通体以棕色为主，有明显的淋溶沉积作用，有较黏重的心土层，结构面多覆被铁锰胶膜。本区棕壤分为棕壤性土、棕壤、潮棕壤等亚类。各亚类一般分布规律是由高处往低处依次分布。土体随地形的起伏由高到低逐渐增厚，棕壤性土亚类厚度不超过60cm，潮棕壤亚类的土体厚度在150cm以上，棕壤亚类的土体厚度介于两者之间。棕壤亚类面积最大，发育在丘陵中下部的坡地上。地下水埋深在5m以下，成土母质主要是坡积物和洪积物。土体发育完全，土层较厚，心土层有黏化层，并有铁锰结核，通体无石灰反应。土壤呈微酸性至中性，pH为6.7—6.9。其土体厚度因地形和母质不同而异。发育在丘陵下部坡麓梯田上的棕壤亚类，土体厚度大于岭坡梯田上的棕壤。棕壤性土亚类分布在全区山岭中上部、岭顶荒地或坡麓梯田上，由于其母岩为难风化的花岗岩，所处地形部位坡度较陡，故水土流失比较严重，土层薄，可溶性养分和物理性黏粒极易随水流失，使土体长期处于幼年发育阶段，土性不良。潮棕壤亚类发育在洪积扇沿，分布在辛安街道沿河两岸及河流入海处的低平地上。土体发育较完全，土层较深厚，地下水埋深3—4m。由于地下水参与，成土过程有明显的附加潮化成土作用，剖面下部有细小的锈色斑纹，全剖面以壤土为主，下层质地较重，耕性好，保水保肥性能好，是棕壤土类中生产性能最好的一种土壤，适宜种植多种农作物，多属高产稳产田。

潮土是黄岛区第二大土壤类型，占本区地域面积的15%。潮土是发育在河流冲积物上，受潜水作用和耕作影响形成的一类土壤。质地有明显的分选特点，在同一处常有不同厚度的砂黏间层。由于干湿交替，地下水参与成土过程，土体中下部有明显的锈色斑纹。土壤呈中性或微酸性，pH为7.0左右。本区潮土分为潮土和盐化潮土等亚类。潮土亚类主要分布在离河较近的沿河平地上，其共同特点是地势平坦，土层深厚，表土质地绝大部分为均质砂壤土，熟化程度较高，适耕性强，适种性广，供肥性好，地下水比较丰富，水位一般在3—5m，是发展机耕灌溉的主要地区。盐化潮土亚类主要分布在河流下游、海拔在10m以下的滨海低地一带。地下水埋深1—2m，潜水矿化度为4.5g/L，表层多为砂壤土，盐分以氯化物为主，含盐量为0.4%左右，春季地表有返盐现象，农作物有不同程度的缺苗现象。

小于本区地域面积3%的土壤类型有粗骨土、滨海盐土和褐土等。

本区域中心区气候特征

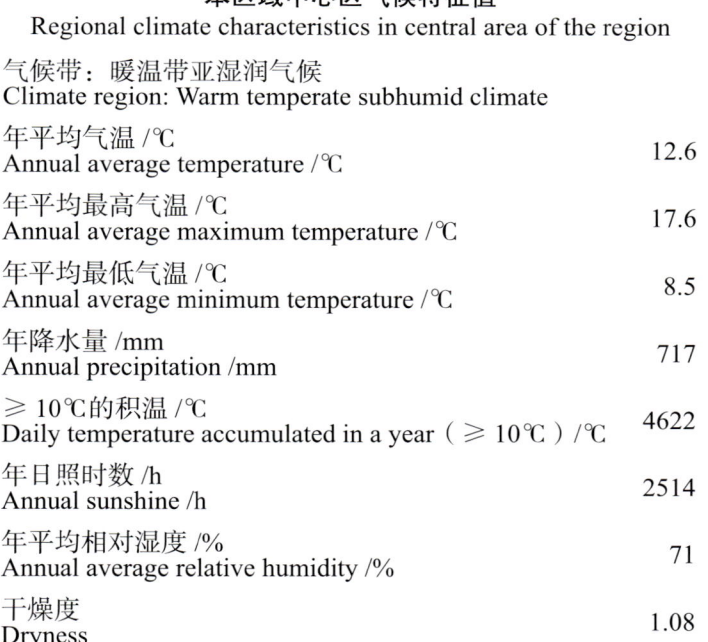

本区域中心区气候特征值
Regional climate characteristics in central area of the region

气候带：暖温带亚湿润气候 Climate region: Warm temperate subhumid climate	
年平均气温 /℃ Annual average temperature /℃	12.6
年平均最高气温 /℃ Annual average maximum temperature /℃	17.6
年平均最低气温 /℃ Annual average minimum temperature /℃	8.5
年降水量 /mm Annual precipitation /mm	717
≥10℃的积温 /℃ Daily temperature accumulated in a year (≥10℃) /℃	4622
年日照时数 /h Annual sunshine /h	2514
年平均相对湿度 /% Annual average relative humidity /%	71
干燥度 Dryness	1.08

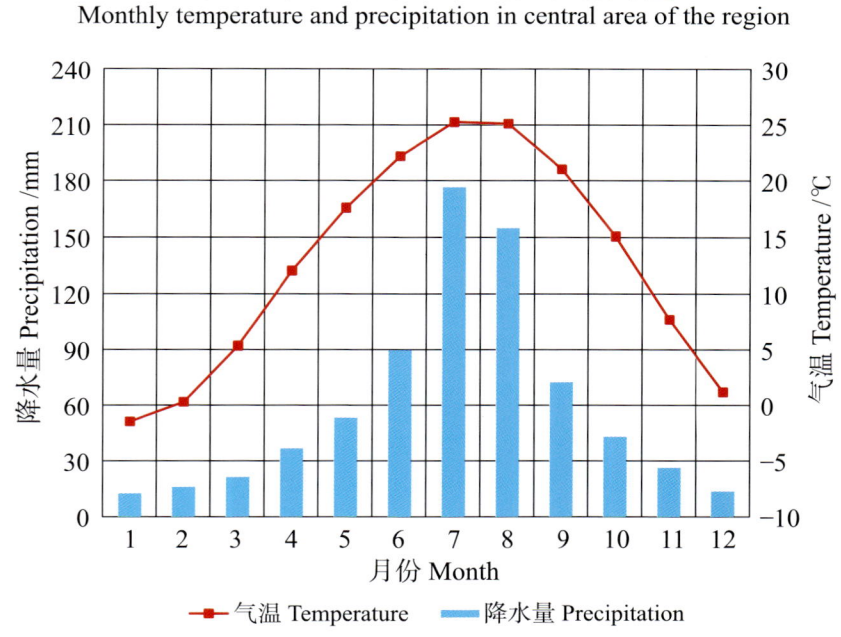

本区域中心区月平均气温与月平均降水量
Monthly temperature and precipitation in central area of the region

黄岛区主要土壤类型与土壤剖面点分布图
1:300 000

注：国务院 2012 年 9 月批准，撤销胶南市和黄岛区，设立新的黄岛区。

黄岛区土壤剖面理化性状表

剖面号 Soil profile	土纲 Soil order	土类 Soil great group	亚类 Soil subgroup	土属 Soil genus	土种 Soil species	土层码 Layer code	土层厚度 Depth/cm	颜色 Soil color	质地 Soil texture	土壤结构 Soil structure	pH	有机质 OM/(g/kg)	全氮 TN/(g/kg)	全磷 TP/(g/kg)	碱解氮 AN/(mg/kg)	有效磷 AP/(mg/kg)	速效钾 AK/(mg/kg)	阳离子交换量 CEC/(cmol/kg)	土壤母质 Parent material	剖面点坐标 Profile coordinate	匹配指数 Matching index/%
剖1	淋溶土	棕壤	棕壤性土	基性岩类棕壤性土		1	0—20	灰棕色	壤土	细碎块状	7.0	7.2	0.63	0.51	89	16.0	86	9.4	安山岩残积物	E 119°49′43.4″ N 36°02′33.0″	76
剖2	半淋溶土	褐土	淋溶褐土	洪冲积淋溶褐土	砂壤表厚壤腰洪冲积淋溶褐土	1	0—20	棕褐色	轻壤土	粒状	7.6	8.2	0.61	1.33	42	6.0	70	13.0	洪积物、冲积物	E 119°44′20.8″ N 35°59′23.3″	80
						2	20—37	棕褐色	中壤土	块状	7.7	5.0	0.43	1.20	22	4.0	67	13.0			
						3	37—70	棕褐色	重壤土	棱柱状	7.7	3.0	0.28	1.07	14	8.0	97	13.0			
						4	70—	棕褐色	重壤土	棱柱状											
剖3	半水成土	潮土	盐化潮土		砂壤表土均质滨海盐化潮土	1	0—20	浅黄色	砂壤土	粒状	6.5	6.8	0.46	0.59	42	12.0	53	6.1	河流冲积物、海相沉积物	E 120°10′27.3″ N 36°03′36.8″	74
						2	20—60	浅黄色	紧砂土	粒状	6.6	6.5	0.39	0.51	18	4.0	33	6.0			
						3	60—150	浅黄色	紧砂土	粒状		4.3	0.31	0.40	17	3.0	35				
剖4	淋溶土	棕壤	潮棕壤	洪冲积潮棕壤	砂壤表土薄心潮黏棕壤	1	0—25	灰褐色	砂壤土	粒状	6.9	8.9	0.74	1.14	35	4.0	44	10.0	洪积物、冲积物	E 120°07′14.9″ N 36°01′21.7″	77
						2	25—50	浅黄色	壤土	粒状	7.0	2.4	0.20	0.71	52	3.0	48	7.9			
						3	50—150	灰黄色	中壤土	块状	6.9	5.6	0.34	0.26	33	6.7	12				
剖5	半水成土	潮土	盐化潮土			1	0—20	浅黄色	砂壤土	粒状	8.0	5.1	0.39	0.59	22	9.0	48		河流冲积物	E 120°09′37.6″ N 36°01′03.2″	96
						2	20—150				8.0	2.0	0.14	0.41	16	1.0	48				
剖6	半水成土	潮土	潮土	河潮土		1	0—20	暗棕色	壤土	粒状	6.7	7.3	0.46	0.98	33	5.0	44	6.3	冲积物	E 120°08′49.2″ N 36°00′50.4″	94
						2	20—100	黑棕色	轻壤土	粒状	6.9	2.6	0.18	0.93	15	1.0	39	7.6			
						3	100—150	黑棕色	轻壤土	粒状	6.6	4.6	0.30	1.10	28	5.0	60				
剖7	半水成土	潮土	潮土	河潮土		1	0—13	灰黄色	砂壤土	粒状	6.6	6.7	0.52	1.10	42	13.0	64	7.0	河流冲积物	E 120°07′10.9″ N 36°00′48.6″	99
						2	13—30		砂壤土	块状	6.8	4.2	0.29	0.91	26	2.0	63	6.9			
						3	30—150														
剖8	淋溶土	棕壤	潮棕壤	洪冲积潮棕壤	砂壤表土均质潮棕壤	1	0—25	黄棕色	砂壤土	碎块状	6.9	7.8	0.50	0.33	40	6.0	67	11.8	洪积物、冲积物	E 120°08′08.7″ N 36°00′37.7″	96
						2	25—150	黑黑色	重壤土	块状	7.0	6.0	0.47	0.13	22	微量	59	15.9			
剖9	淋溶土	棕壤	棕壤	洪积棕壤	壤质表土薄心棕壤	1	0—18	浅棕色	轻壤土	粒状	6.7	6.6	0.48	1.10	54	3.0	56	7.9	洪积物	E 120°08′03.3″ N 35°59′52.7″	80
						2	18—40	灰棕色	轻壤土	块状	6.9	5.3	0.43	0.45	33	1.0	44	8.1			
						3	40—150		重壤土	块状	6.6	1.6	0.10	0.32	11	3.0	81				
剖10	淋溶土	棕壤	棕壤	坡洪积棕壤	砂壤表土厚砂心棕壤	1	0—25	灰棕色	砂壤土	碎块状	6.7	7.1	0.47	0.45	72	3.0	59	6.5	坡积物、洪积物	E 120°05′55.7″ N 35°59′39.2″	78
						2	25—150	黄棕色	重壤土	块状	6.7	3.7	0.22	0.46	26	2.0	64	8.8			
剖11	淋溶土	棕壤	棕壤性土	酸性岩类棕壤性土	壤质表土薄体石硼棕壤性土	1	0—25	黄棕色	壤土	块质	6.6	7.8	0.59	0.68	48	4.0	59		酸性岩类	E 120°03′15.7″ N 35°59′02.1″	96
						2	25—														
剖12	淋溶土	棕壤	棕壤性土	酸性岩类棕壤性土		1	0—15				6.4	5.1	0.35	0.13	25	1.0	71	5.8	酸性岩	E 120°03′55.8″ N 35°58′56.6″	100
剖13	半水成土	潮土	盐化潮土	洪积盐化潮土	砂壤表土厚砂腰滨海盐硬石底棕壤性土	1	0—22	灰棕色	砂壤土	粒状	7.3	4.6	0.36	0.79	37	4.0	37	7.1	洪积物	E 120°12′51.4″ N 35°59′20.5″	89
						2	22—37	黄棕色	紧砂土	碎状	7.1	2.9	0.18	0.25	15	1.0	34	5.2			
						3	37—67	黄棕色	轻壤土	碎状		4.0	0.29	0.32	19	3.0	42				
						4	67—170														
剖14	淋溶土	棕壤	棕壤	坡积棕壤	壤质表土厚壤棕壤	1	0—25	浅棕色	壤土	粒状	6.5	7.2	0.47	0.60	41	13.0	60	6.4	中细粒花岗岩	E 120°13′07.0″ N 35°58′47.3″	97
						2	25—45	黄棕色	壤土	粒状	6.5	0.3	0.28	0.20	26	1.0	50	6.4			
						3	45—														
剖15	淋溶土	棕壤	棕壤	坡积棕壤	砂壤表土中层棕壤	1	0—23	浅棕色	砂壤土	粒状	6.5	7.9	0.51	0.21	43	6.0	61	10.4	坡积物、洪积物	E 120°13′42.8″ N 35°57′36.1″	87
						2	23—43	黄棕色	重壤土	块状		4.8	0.34	1.67	28	1.0	21	14.9			
						3	43—150	浅棕色	轻砂土	粒状											
剖16	淋溶土	棕壤	棕壤性土	酸性岩类棕壤性土		1	0—19	浅棕色	粗砂土	碎块状	6.8	3.5	0.27	0.51	24	2.0	52	5.6	中粗粒花岗岩	E 119°47′35.0″ N 35°54′32.5″	74
						2	19—														

续表 Continued

剖面号 Soil profile	土纲 Soil order	土类 Soil great group	亚类 Soil subgroup	土属 Soil genus	土种 Soil species	土层码 Layer code	土层厚度 Depth/cm	颜色 Soil color	质地 Soil texture	土壤结构 Soil structure	pH	有机质 OM/(g/kg)	全氮 TN/(g/kg)	全磷 TP/(g/kg)	碱解氮 AN/(mg/kg)	有效磷 AP/(mg/kg)	速效钾 AK/(mg/kg)	阳离子交换量 CEC/(cmol/kg)	土壤母质 Parent material	剖面点坐标 Profile coordinate	匹配指数 Matching index/%
剖17	淋溶土	棕壤	潮棕壤	洪积潮棕壤	轻壤表土厚黏心潮棕壤	1	0~21	灰棕色	轻壤土	碎块状	6.5	8.2	0.58	0.78	60	16.0	88	7.7	洪积物、冲积物	E 119°54′34.6″ N 35°52′48.5″	81
						2	21~90	灰棕色	重壤土	棱柱状	6.7	5.9	0.39	0.57	36	11.0	34	7.7			
						3	90~150	暗棕色	重壤土	棱柱状	6.7	8.8	0.45	0.42	38	10.0	29	7.7			
剖18	淋溶土	棕壤	潮棕壤	洪冲积潮棕壤	轻壤表土厚黏腰潮棕壤	1	0~20	浅棕色	轻壤土	碎块状	6.3	7.2	0.53	0.90	50	4.0	38	7.7	洪积物、冲积物	E 119°56′38.3″ N 35°52′49.7″	81
						2	20~55	暗棕色	重壤土	棱柱状	6.7	6.8	0.46	0.35	41	2.0	40	7.7			
						3	55~85	暗棕色	重壤土	棱柱状	6.6	2.7	0.22	0.22	23	1.0	48	7.7			
						4	85—														
剖19	淋溶土	棕壤	棕壤	洪积棕壤	轻壤表土厚黏心棕壤	1	0~20	灰棕色	轻壤土	细碎块状	6.9	9.1	0.61	0.66	55	13.0	126	11.2	洪积物	E 119°53′21.4″ N 35°50′16.5″	73
						2	20~95	黄棕色	重壤土	棱状	7.0	1.2	0.13	0.35	1	3.0	93	11.2			
						3	95—														
剖20	半水成土	潮土	潮土	滨海潮土	砂壤表土均质滨海潮土	1	0~35	褐棕色	砂壤土	细碎块状	7.1	8.3	0.57	0.57	71	10.0	61	6.4	冲积物	E 120°01′09.6″ N 35°50′28.3″	78
						2	35~70	黄棕色	轻壤土	块状	7.2	3.4	0.28	0.28	20	2.0	53	6.4			
						3	70~95	黄棕色	轻壤土	棱柱状	7.1	3.3	0.27	0.20	32	2.0	24	6.4			
剖21	淋溶土	棕壤	潮棕壤	洪冲积潮棕壤	轻壤表土厚黏心棕壤	1	0~30	灰棕色	中壤土	碎块状	6.9	7.7	0.55	0.60	60	4.0	30	8.1	洪积物、冲积物	E 119°53′38.4″ N 35°47′01.7″	70
						2	30~60	棕色	中壤土	碎块状	6.9	3.6	0.36	0.50	27	2.0	23	8.1			
						3	60~150	黄棕色	中壤土	碎块状	6.8	4.5	0.41	0.50	34	3.0	30	8.1			
剖22	半水成土	潮土	潮土	河潮土	砂壤表土均质河潮土	1	0~20	灰棕色	砂壤土	碎块状	6.7	7.1	0.53	1.08	39	21.0	60		洪积物	E 119°41′53.9″ N 35°46′07.0″	78
						2	20~45	黄棕色	砂壤土	棱状	7.0	6.0	0.47	0.67	53	4.0	46				
						3	45—														
剖23	半水成土	潮土	潮土	河潮土	砂壤表土厚黏腰酥石硼潮性土	1	0~20	黑棕色	砂壤土	粒状	6.8	9.5	0.64	0.74	54	15.0	63	9.6	冲积物	E 119°37′25.6″ N 35°44′06.8″	90
						2	20~40	灰棕色	中壤土	块状	6.9	5.6	0.44	0.73	35	9.0	48				
						3	40~70	黄棕色	中壤土	块状	6.9	4.8	0.39	0.92	27	3.0	56				
						4	70~150	黄棕色	重壤土	棱柱状	6.8	4.6	0.37	1.37	16	8.0	101				
剖24	淋溶土	棕壤	棕壤性土	酸性岩类棕壤性土	粗骨表土中层棕壤性土	1	0~20	灰棕色	粗砂土	碎块状	6.2	5.6	0.39	0.65	35	5.0	42	7.2	冲积物	E 119°47′48.5″ N 35°45′16.6″	79
						2	20~40	暗棕色	粗砂土	粒状	6.2	4.6	0.30	0.43	27	3.0	31				
						3	40—														
剖25	淋溶土	棕壤	棕壤	洪积棕壤	轻壤表土薄棕壤	1	0~21	灰棕色	轻壤土	碎块状	6.7	8.2	0.53	0.60	54	9.0	106	13.4	洪积物	E 119°48′16.6″ N 35°42′35.3″	97
						2	21~39	黄棕色	中壤土	块状	7.0	4.7	0.43	0.26	26	1.0	100	13.4			
						3	39~150	暗棕色	中壤土	屑粒状	6.9	2.6	0.24	0.23	14	1.0	93	13.4			
剖26	半水成土	潮土	盐化潮土	滨海盐化潮土	砂壤表土均质滨海盐化潮土	1	0~20	灰棕色	轻壤土	屑粒状	7.1	5.0	0.34	0.80	39	10.0	49	6.5	洪积物	E 119°44′28.2″ N 35°40′43.9″	98
						2	25~65	黄棕色	砂壤土	屑粒状	7.4	1.9	0.17	0.68	13	5.0	40	6.5			
						3	65~90	暗棕色	砂壤土	棱柱状	7.4	1.5	0.15	0.60	13	6.0	50	6.5			
剖27	淋溶土	棕壤	棕壤	洪积棕壤	轻壤表土中层棕壤	1	0~15	灰棕色	轻壤土	碎块状	6.8	6.1	0.43	0.30	36	3.0	61		洪积物	E 119°42′48.5″ N 35°40′29.6″	85
						2	15~45	黄棕色	轻壤土	棱柱状	6.8	3.8	0.30	0.24	28	2.0	60				
						3	45~60	黄棕色	重壤土	块状	6.8	1.1	0.13	0.20	11	2.0	80				
						4	60—														
剖28	半水成土	潮土	潮土	河潮土	轻壤表土均质河潮土	1	0~20	浅棕色	轻壤土	细碎块状	6.5	9.0	0.58	0.80	54	3.0	49	7.6	冲积物	E 119°35′33.0″ N 35°37′04.1″	98
						2	20~34	浅棕色	轻壤土	块状	7.0	5.4	0.40	0.60	38	3.0	31	7.6			
						3	34~107	浅棕色	轻壤土	块状	6.9	2.7	0.23	0.50	37	2.0	35	7.6			
剖29	盐碱土	滨海盐土	滨海潮滩盐土	滨海潮盐土	砂质均质滨海潮盐土	1	0~5	暗棕色	砂壤土	细碎块状	7.1	7.9	0.54	0.60	80	7.0	90		海相沉积物	E 119°52′41.2″ N 35°39′42.8″	97
						2	5~25	暗棕色	砂壤土	细碎块状	7.1	6.3	0.43	0.60	37	6.0	40				
						3	25~60	灰棕色	砂壤土	细碎块状	7.0	1.8	0.12	0.57	13	6.0	41				
						4	60~150	灰棕色	砂壤土	细碎块状	7.2	0.8	0.06	0.46	5	4.0	58				

即 墨 区

主要土类说明

棕壤是即墨区主要土壤类型，占本区地域面积的59%，主要分布在低山、丘陵和涝洼区残丘地带。全剖面以棕色或棕褐色为主，心土层有明显的淋溶和淀积作用，表土因耕作施肥，多为灰棕色或浅灰棕色，与心土分界明显。心土层呈鲜棕色或棕褐色，黏重，结构面上多被覆有红色或褐色的铁锰胶膜，其下段有时出现铁子、铁管，少数形成铁盘。由于淋溶作用较强烈，可溶性盐类（碳酸盐等）被淋溶，通体无石灰反应，呈微酸性至中性，pH为6.4—7.2。根据附加的成土过程不同，本区棕壤分为棕壤、棕壤性土、潮棕壤等亚类。

砂姜黑土是即墨区第二大土壤类型，占本区地域面积的27%，集中分布在西北涝洼区的桃源河、流浩河、五沽河、龙华河流域。成土母质为第四纪冲积物。本区砂姜黑土没有碱化和盐化现象，只有砂姜黑土一个亚类。耕作层一般无石灰反应，心土层以下石灰反应逐渐明显。土体上部是后期覆盖物，厚度在30—50cm，覆盖层以下是黑土层。覆盖层及黑土层多无石灰反应，部分有弱石灰反应。土壤呈中性至微碱性。

潮土是即墨区第三大土壤类型，占本区地域面积的9%，主要分布在河流两岸及河流入海的滨海地带。潮土是河流冲积物或海相沉积物受潜水作用发育而成的土类，成土母质颗粒粗细分选差异大，不仅土壤剖面有不同质地的层次排列，在同一水平面上也因河流流速的变化而有分选差异。潮土的各个层次质地色泽均一，中下部土层中有明显的锈色斑纹或细小的铁锰结核，pH为6.1—7.7。本区潮土土壤有机质含量为8.2g/kg，水解氮为57mg/kg，均低于本区平均值，因此对潮土的改良应以增加土壤有机质含量为主，提高土壤养分含量，培肥地力。本区潮土分为潮土和盐化潮土等亚类。

小于本区地域面积3%的土壤类型有滨海盐土和水稻土等。

本区域中心区气候特征

本区域中心区气候特征值
Regional climate characteristics in central area of the region

气候带：暖温带亚湿润气候 Climate region: Warm temperate subhumid climate	
年平均气温 /℃ Annual average temperature /℃	12.4
年平均最高气温 /℃ Annual average maximum temperature /℃	17.1
年平均最低气温 /℃ Annual average minimum temperature /℃	8.4
年降水量 /mm Annual precipitation /mm	701
≥10℃的积温 /℃ Daily temperature accumulated in a year (≥10℃) /℃	4534
年日照时数 /h Annual sunshine /h	2518
年平均相对湿度 /% Annual average relative humidity /%	71
干燥度 Dryness	1.08

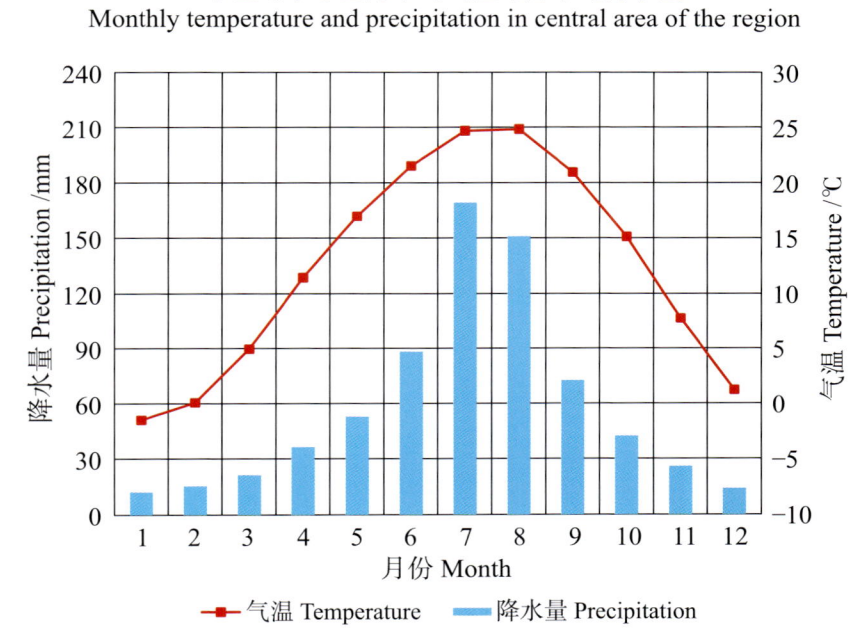

本区域中心区月平均气温与月平均降水量
Monthly temperature and precipitation in central area of the region

即墨市主要土壤类型与土壤剖面点分布图

1∶280 000

图例
- 棕壤
- 砂姜黑土
- 潮土
- 滨海盐土
- 水稻土
- ⊗ 剖面点

注：国务院2017年批准，撤销即墨市，设立即墨区。

即墨区土壤剖面理化性状表

剖面号 Soil profile	土纲 Soil order	土类 Soil great group	亚类 Soil subgroup	土属 Soil genus	土种 Soil species	土层码 Layer code	土层厚度 Depth/cm	质地 Soil texture	pH	有机质 OM/(g/kg)	全氮 TN/(g/kg)	全磷 TP/(g/kg)	全钾 TK/(g/kg)	碱解氮 AN/(mg/kg)	有效磷 AP/(mg/kg)	速效钾 AK/(mg/kg)	阳离子交换量 CEC/(cmol/kg)	剖面点坐标 Profile coordinate	匹配指数 Matching index/%
剖1	半水成土	潮土	潮土	河潮土	蒙淤冲淤土	1	0—27	砂质黏壤土	7.1	11.4	0.70	0.46	19.8	49	4.0	77	19.7	E 120°10′50.3″ N 36°33′20.0″	91
						2	27—70	壤质黏土	7.0	12.1	0.66	0.36	18.8	36	2.0	87	28.0		
						3	70—150	壤质黏土	7.0	6.7	0.40			18	2.0	82			
剖2	淋溶土	棕壤	棕壤	暗泥棕壤	僵心砂暗壤土	Ap	0—20	砂壤土	7.0	10.0	0.65	0.71	15.0	66	6.0	75	14.3	E 120°42′28.3″ N 36°36′15.0″	92
						AB	20—40	砂壤土	7.1	6.6	0.43	0.48	16.8	39	2.0	25	10.7		
						B₁	40—65	黏壤土	7.1	8.7	0.50	0.36	17.2	45	2.0	35	16.3		
						B₂	65—120	壤质黏土	7.2	7.5	0.43			38	2.0	65			

胶 州 市

主要土类说明

棕壤是胶州市主要土壤类型，占本市地域面积的 53%，广泛分布于本市中心城区以南及西南部的广大丘陵地区，中心城区西北部和胶东街道亦有零星分布。成土母质多来自基性岩类及非石灰质砂页岩类坡积物、洪积物和冲积物。土壤通体以棕色为主。本市棕壤分为棕壤性土、棕壤和潮棕壤等亚类。除棕壤性土亚类外，其余上部土层中的黏粒均有向下淋溶淀积的作用，可溶性盐类特别是碳酸盐被淋洗，有较黏重的心土层。土壤通体无石灰反应。由于本市年降水量不多，淋溶作用不强烈，及其母岩绝大多数系非酸性岩类，故其 pH 相对偏高，一般为 6.8 左右，有别于其他地区的棕壤。土体厚度随地形的起伏而不一，海拔由高到低渐趋加厚，最薄的棕壤性土亚类的土体厚度不超过 60cm，多在 30cm 以上，而分布在沟谷地上的潮棕壤亚类多深达 150cm，甚至更深，土体厚薄不一，便形成了本土类众多土种出现生产性能上较大差异的现状。

砂姜黑土是胶州市第二大土壤类型，占本市地域面积的 23%，广泛分布于胶济铁路以北的大片微斜平地和浅平洼地上。成土母质为浅湖沼相沉积物。本市砂姜黑土只有砂姜黑土一个亚类，多在 60cm 以上出现黑土层，60—100cm 见砂姜层，表层均被厚度小于 20cm 的黄土覆盖。本市砂姜黑土所处地势低洼，土壤紧密，粒间孔隙小，保肥保水性能好，如遇大雨易积涝成灾；其黏结性、湿胀性很大，湿时泥泞，干时坚硬，耕作困难。在连续干旱的情况下，砂姜黑土易产生龟裂，裂缝纵横，致使作物根系受到伤害而导致减产。耕层较薄，多不超过 20cm，心土层质地黏重坚硬，呈棱块状结构，不仅影响水分的上下运行，还影响作物根系下扎。该土壤的水分含量较高，空气较少，地温上升慢，土性发冷，故发老苗而不发小苗。通气性差，有机质分解慢，养分易积累，矿质养分含量较高，水分不易流失。

潮土是胶州市第三大土壤类型，占本市地域面积的 17%，主要分布在胶莱河、洋河、龙山河等河流的两岸。潮土是决口产生的河流沉积物受潜水作用和耕作活动影响，直接发育形成的一类土壤。成土母质颗粒的粗细不仅在平面分布上有分选的差异，剖面中也往往有不同质地层次排列，中下部土层中有明显的锈纹、锈斑或细小的铁锰结核。土壤呈中性至微碱性，pH 在 7.1 左右。

小于本市地域面积 3% 的土壤类型有滨海盐土和水稻土等。

本区域中心区气候特征

本区域中心区气候特征值
Regional climate characteristics in central area of the region

气候带：暖温带亚湿润气候 Climate region: Warm temperate subhumid climate	
年平均气温 /℃ Annual average temperature /℃	12.6
年平均最高气温 /℃ Annual average maximum temperature /℃	17.9
年平均最低气温 /℃ Annual average minimum temperature /℃	8.2
年降水量 /mm Annual precipitation /mm	681
≥ 10℃的积温 /℃ Daily temperature accumulated in a year（≥ 10℃）/℃	4614
年日照时数 /h Annual sunshine /h	2525
年平均相对湿度 /% Annual average relative humidity /%	70
干燥度 Dryness	1.13

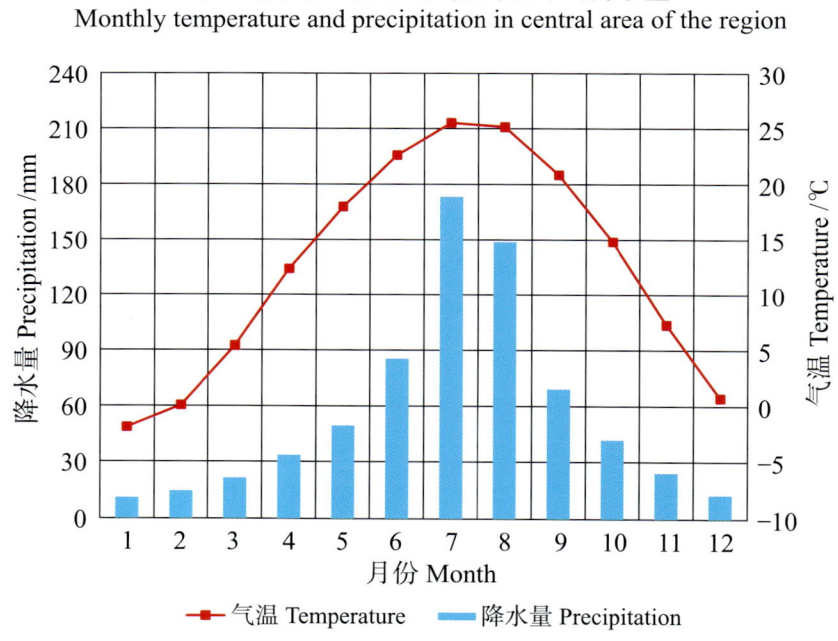

本区域中心区月平均气温与月平均降水量
Monthly temperature and precipitation in central area of the region

胶州市主要土壤类型与土壤剖面点分布图
1∶230 000

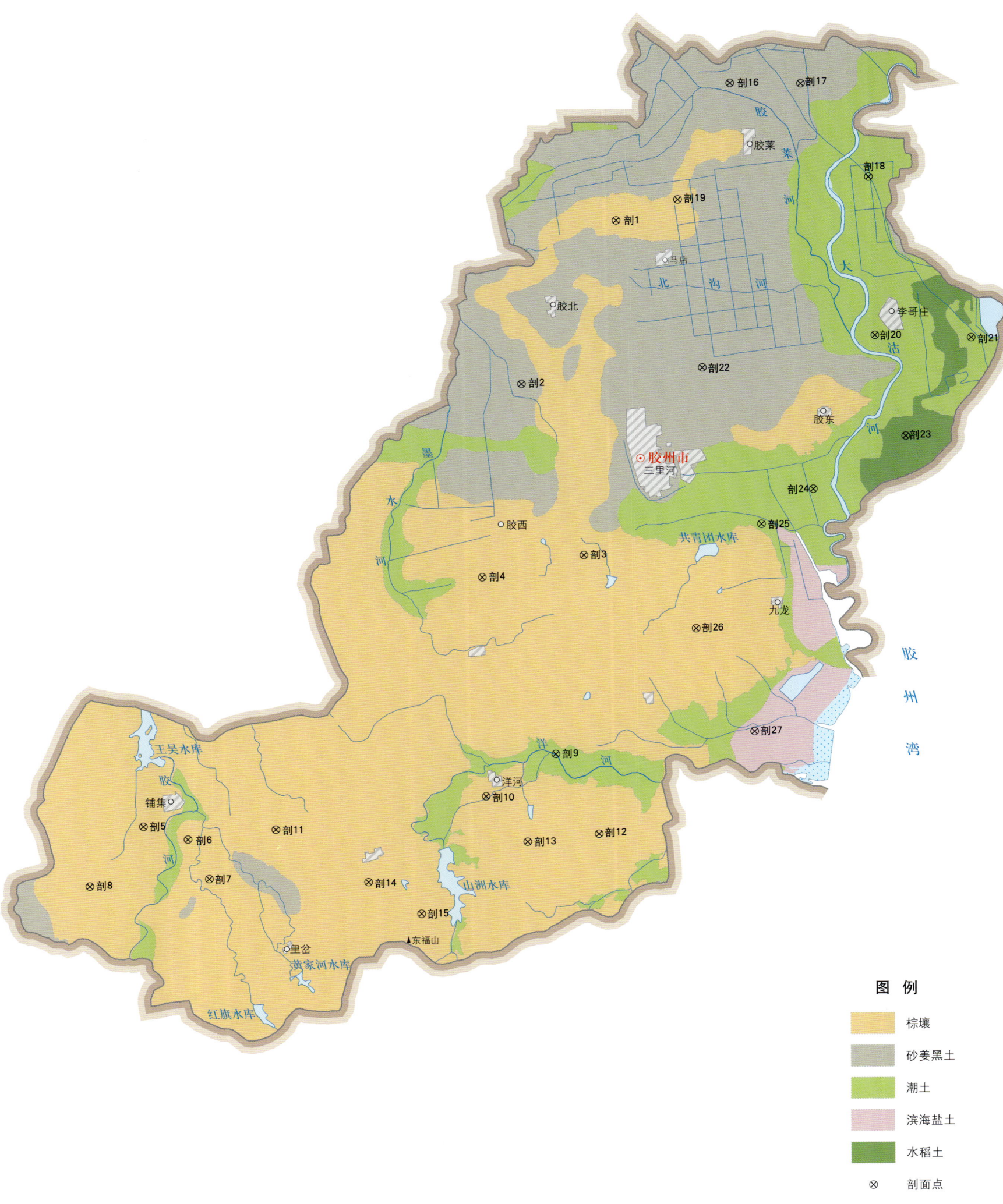

胶州市土壤剖面理化性状表

剖面号 Soil profile	土纲 Soil order	土类 Soil great group	亚类 Soil subgroup	土属 Soil genus	土种 Soil species	土层码 Layer code	土层厚度 Depth/cm	颜色 Soil color	质地 Soil texture	土壤结构 Soil structure	pH	有机质 OM/(g/kg)	全氮 TN/(g/kg)	全磷 TP/(g/kg)	碱解氮 AN/(mg/kg)	有效磷 AP/(mg/kg)	速效钾 AK/(mg/kg)	土壤母质 Parent material	剖面点坐标 Profile coordinate	匹配指数 Matching index/%
剖1	淋溶土	棕壤	棕壤	洪冲积棕壤	轻壤表厚黏心洪冲积棕壤	1	0—25	棕色	轻壤土	粒状	7.3	7.7	0.56	0.48	60	5.0	63	洪积物、冲积物	E 119°59′08.2″ N 36°24′21.4″	94
						2	25—50	棕色	重壤土	块状		5.8	0.42	0.32	42	1.5	94			
						3	50—105	浅棕色	黏土	块状										
剖2	半水成土	砂姜黑土	砂姜黑土	黑土裸露砂姜黑土		1	0—25	浅棕色	中壤土	碎块状	7.1	11.0	0.75	0.55	66	2.0	100		E 119°55′39.7″ N 36°19′41.5″	85
						2	25—65	灰黑色	黏土	棱块状		6.2	0.46	0.36	39	0.2	60			
						3	65—100	黄棕色												
						4	100—													
剖3	淋溶土	棕壤	棕壤	洪冲积棕壤	砂壤表厚黏心洪冲积棕壤	1	0—25	棕色	砂壤土	粒状		5.7	0.30	0.40	36	2.5	272	洪积物、冲积物	E 119°57′39.7″ N 36°14′39.2″	83
						2	25—65	棕褐色	重壤土	块状		3.0	0.27	0.31	21	0.6	72			
						R	65—													
剖4	淋溶土	棕壤	棕壤	坡洪积棕壤	轻壤表中层坡洪积棕壤	1	0—20	浅棕色	轻壤土	碎块状		5.0	0.41		35	5.0	53	坡积物、洪积物	E 119°54′05.8″ N 36°14′06.4″	87
						2	20—40	浅棕色	中壤土	碎块状		4.1	0.34		32	1.4	71			
						R	40—													
剖5	淋溶土	棕壤	潮棕壤	冲积潮棕壤	中壤表厚黏心洪冲积棕壤	1	0—25	深棕色	中壤土	粒状		11.4	0.78	0.54	55	2.0	84	坡积物、洪积物	E 119°42′01.4″ N 36°07′09.2″	75
						2	25—70	棕褐色	黏土	块状		16.7	0.95	0.50	62	1.0	158			
						3	70—150	棕褐色	重壤土	块状										
剖6	淋溶土	棕壤	潮棕壤	冲积潮棕壤	砂壤表均质冲积潮棕壤	1	0—27	棕色	砂壤土	粒状		5.4	0.49	0.48	43	11.0	32	冲积物	E 119°43′33.9″ N 36°06′44.3″	72
						2	27—37	棕色	紫砂土	粒状		2.2	0.23	0.23	18	4.0	32			
						3	37—100	棕褐色	中壤土	块状		2.7	0.24	0.49	23	9.0	48			
						4	100—150	棕褐色	重壤土	块状										
剖7	淋溶土	棕壤	棕壤	洪冲积棕壤	轻壤表厚黏心洪冲积棕壤	1	0—15	深棕色	轻壤土	粒状		6.5	0.49	0.42	47	3.0	56	冲积物	E 119°44′15.8″ N 36°05′34.1″	96
						2	15—70	鲜棕色	中壤土	柱状		3.5	0.29	0.48	31	6.0	62			
						3	70—150	鲜棕色	中壤土	碎块状										
剖8	淋溶土	棕壤	棕壤	洪冲积棕壤	轻壤表厚黏腰坡洪积棕壤	1	0—25	棕色	轻壤土	粒状		7.4	0.51	0.38	47	4.8	69	坡积物、洪积物	E 119°40′06.0″ N 36°05′27.3″	83
						2	25—95	灰棕色	重壤土	块状		5.8	0.42	0.27	35	1.0	98			
						3	95—150	灰棕色	重壤土	棱块状										
剖9	半水成土	潮土	潮土	河潮土	轻壤表厚黏心河潮土	1	0—20	浅棕色	轻壤土	碎块状		7.5	0.58	0.51	53	10.0	93	河流冲积物	E 119°56′27.6″ N 36°08′53.2″	89
						2	20—60	棕色	重壤土	碎块状		5.4	0.43	0.39	37	3.0	68			
						3	60—150	黄褐色	重壤土	棱块状		3.5	0.30	0.26	22		96			
剖10	淋溶土	棕壤	棕壤	洪冲积棕壤	轻壤表厚黏心洪冲积棕壤	1	0—20	棕色	轻壤土	粒状		7.0	0.47	0.83	52	5.0	61	洪积物、冲积物	E 119°53′59.3″ N 36°07′43.0″	98
						2	20—60	灰棕色	中壤土	柱状		4.2	0.35	0.50	38	3.0	67			
						3	60—150	黄棕色	重壤土	块状										
剖11	淋溶土	棕壤	棕壤性	基性岩类棕壤性土	壤质表中层基性岩酥石底薄层棕壤性土	1	0—20	棕色	壤土	粒状		7.8	0.68		87	8.0	37	基性岩类	E 119°46′37.9″ N 36°05′56.9″	72
						2	20—40	棕褐色	轻壤土	粒状		9.5	0.59		111	0.8	38			
						C	40—													
剖12	淋溶土	棕壤	棕壤性	基性岩类棕壤性土	石渣表薄层基性岩石底棕壤性土	1	0—20	浅棕色	石渣土	粒状		8.9	0.67		61	4.0	90	基性岩类	E 119°57′52.6″ N 36°06′31.2″	97
						2	20—													
剖13	淋溶土	棕壤	棕壤性	砂页岩类棕壤性土		1	0—25	浅棕色	壤土	粒状		5.6	0.39		43	7.0	46	砂页岩	E 119°55′22.9″ N 36°06′21.4″	86
						C	25—													
剖14	淋溶土	棕壤	潮棕壤	洪冲积潮棕壤	轻壤表厚冲积洪冲积棕壤	1	0—22	棕色	轻壤土	粒状		7.1	0.63	0.53	132	6.0	44	洪积物、冲积物	E 119°49′48.0″ N 36°05′19.7″	75
						2	22—85	棕褐色	重壤土	块状		9.4	0.51	0.24	48	1.0	112			
						3	85—150	棕褐色	黏土	棱块状										

续表 Continued

剖面号 Soil profile	土纲 Soil order	土类 Soil great group	亚类 Soil subgroup	土属 Soil genus	土种 Soil species	土层码 Layer code	土层厚度 Depth/cm	颜色 Soil color	质地 Soil texture	土壤结构 Soil structure	pH	有机质 OM/(g/kg)	全氮 TN/(g/kg)	全磷 TP/(g/kg)	碱解氮 AN/(mg/kg)	有效磷 AP/(mg/kg)	速效钾 AK/(mg/kg)	土壤母质 Parent material	剖面点坐标 Profile coordinate	匹配指数 Matching index/%
剖15	淋溶土	棕壤	棕壤性土	基性岩类棕壤性土		1	0–22	棕色	壤土	粒状	7.1	7.2	0.55		43	2.0	73	基性岩类	E 119°51′36.8″ N 36°04′20.8″	88
						2	22–													
剖16	半水成土	砂姜黑土	砂姜黑土	黑土裸露砂姜黑土	轻壤表厚黏心黑土裸露砂姜黑土	1	0–25	浅棕色	轻壤土	粒状	7.1	6.0	0.44	0.13	40	1.0	40		E 120°03′15.1″ N 36°28′15.7″	71
						2	25–40	灰黑色	轻壤土	碎块状	7.1	6.5	0.37	0.70	37		72			
						3	40–110	暗褐色	重壤土	棱柱状	7.1	6.0	0.38	0.11	35		66			
						4	110–150													
剖17	半水成土	砂姜黑土	砂姜黑土	黑土裸露砂姜黑土	中壤表厚黏心黑土裸露砂姜黑土	1	0–23	黄棕色	中壤土	小碎块状	7.5	11.4	0.77	0.71	57	3.0	154		E 120°05′43.4″ N 36°28′11.3″	81
						2	23–61	灰棕色	重壤土	块状	7.6	8.1	0.62	0.65	37	0.4	86			
						3	61–109	暗褐色	重壤土	棱块状	7.6	9.0	0.58	0.33	32		82			
						4	109–150													
剖18	半水成土	潮土	潮土	河潮土	中壤表厚均质河潮土	1	0–30	暗棕色	中壤土	碎块状		10.1	7.30	0.57	65	6.0	56	河流冲积物	E 120°07′59.6″ N 36°25′24.5″	85
						2	30–60	棕褐色	重壤土	碎块状		8.6	0.61	0.51	57	3.0	62			
						3	60–150	暗褐色	黏土	棱块状		4.3	0.30	0.32	30	1.0	39			
剖19	淋溶土	棕壤	潮棕壤	洪冲积潮棕壤	轻壤表厚黏腰洪冲积潮棕壤	1	0–20	浅棕色	轻壤土	粒状		6.6	0.48	0.40	47	5.0	77	洪积物、冲积物	E 120°01′18.5″ N 36°24′55.0″	81
						2	20–65	棕色	轻壤土	粒状		4.4	0.41	0.35	47	2.5	39			
						3	65–150	棕褐色	重壤土	块状										
剖20	半水成土	潮土	潮土	河潮土		1	0–20	浅棕色	轻壤土	粒状		6.9	0.51	0.50	55	7.0	56	河流冲积物	E 120°08′03.1″ N 36°20′47.7″	90
						2	20–60	棕褐色	轻壤土	块状		4.0	0.33	0.38	30	4.0	51			
						3	60–150	黄棕色	轻壤土	块状		4.5	0.30	0.37	27	4.0	71			
剖21	半水成土	潮土	盐化潮土	滨海盐化潮土	轻壤表厚黏心均质滨海盐化潮土	1	0–23	灰棕色	中壤土	碎块状		10.6	0.78	0.58	75	4.0	110	河流冲积物	E 120°11′24.6″ N 36°20′38.1″	77
						2	23–150	棕褐色	重壤土	棱块状	7.3	9.2	0.74	0.63	68	2.0	88			
剖22	半水成土	砂姜黑土	砂姜黑土	黑土裸露砂姜黑土	中壤土果露砂姜黑土	1	0–20	暗棕色	中壤土	碎块状		8.2	0.64	0.36	57	30.0	60	河流冲积物	E 120°01′59.2″ N 36°20′01.0″	94
						2	20–95													
						3	95–150													
剖23	人为土	水稻土	幼年水稻土	冲积幼年水稻土	中壤表厚黏心冲积幼年水稻土	1	0–17	灰蓝色	中壤土	碎块状	7.3	14.2	0.99	0.83	85	4.0	160	冲积物	E 120°09′00.7″ N 36°17′49.6″	96
						2	17–27	灰黄色	中壤土	块状	7.1	8.1	0.69	0.63	56	3.0	172			
						3	27–150	暗黄色	盐土	粒状	7.1	9.4	0.68	0.63	54	2.0	240			
剖24	半水成土	潮土	盐化潮土	滨海盐化潮土	轻壤表厚均质滨海盐化潮土	1	0–20	灰棕色	轻壤土	碎块状		8.5	0.62	0.68	50	9.0	215	河流冲积物	E 120°05′44.2″ N 36°16′21.7″	73
						2	60–150	浅棕色	中壤土	碎块状		6.0	0.50	0.53	36	5.0	174			
剖25	半水成土	潮土	盐化潮土	滨海盐化潮土	轻壤表薄盐心滨海盐化潮土	1	0–20	浅棕色	中壤土	碎块状		7.6	0.66	0.45	48	1.0	60	河流冲积物	E 120°03′53.1″ N 36°15′23.5″	70
						2	20–40	黄色	中壤土	碎块状		6.2	0.55	0.40	33	1.0	90			
						3	40–80	棕色	松砂土	单粒状										
剖26	淋溶土	棕壤	棕壤性土	砾岩类棕壤性土		1	0–24	暗棕色	壤土	粒状	7.4	5.1	0.39		36	3.7	37	砾岩	E 120°01′29.3″ N 36°12′25.2″	73
						C	24–													
剖27	盐碱土	滨海盐土	滨海潮滩盐土	滨海潮滩盐土	中壤表均质滨海盐土	1	0–10	暗棕色	中壤土	片状	7.4	7.4	0.65	0.51	32	6.0	192	海相沉积物	E 120°03′24.5″ N 36°09′21.6″	87
						2	10–30	灰棕色	中壤土	块状	7.4	4.5	0.44	0.46	20	2.0	152			
						3	30–50	浅棕色	轻壤土	片状	7.6	3.1	0.35	3.40	16	2.0	158			
						4	50–150	暗棕色	中壤土	片状										

平 度 市

主要土类说明

砂姜黑土是平度市主要土壤类型，占本市地域面积的36%，多集中分布于潍石公路以南和青沙公路以西的浅平洼地上，是本市分布最广、面积最大的古老耕作土壤。本市只有一个砂姜黑土亚类。砂姜黑土的剖面特征有一个显著特点，即有两种不同性质的土壤层次：一是黏重紧实的黑土层，二是砂姜层。砂姜黑土土质较黏重，物理性状不良，易旱易涝，活土层薄，缺磷严重，产量低而不稳。本市砂姜黑土地区的地下水大部分为"良水型"的潜水，一般矿化度不超过1g/L，土壤一般无盐渍化现象。但局部地区的洼地中心，受特殊条件的影响，潜水矿化度在5—10g/L，属中矿化水，土壤产生次生盐渍化现象，地表出现盐斑，农作物生长受到抑制。

棕壤是平度市第二大主要土壤类型，占本市地域面积的35%，广泛分布于东北山区和西部一些小的缓丘埠岭上。根据发育部位、成土作用和剖面形态特征的不同，本市棕壤分为棕壤性土、棕壤和潮棕壤等亚类。棕壤亚类面积最大，多分布于北山丘中下部的近山阶地、沟谷梯田和山前倾斜平原上，成土母质为洪积物。棕壤亚类土层厚度一般大于1m，土体中含有少量粗砂和砾石，下部出现黏化层和铁锰胶膜、结核，通体无石灰反应，土壤呈微酸性至酸性。棕壤亚类土壤熟化度高，多有耕作层和犁底层。棕壤性土亚类集中分布于北部、东北部低山丘陵的中上部，母岩为酸性岩中的花岗岩、花岗片麻岩，土层厚度一般仅有15—30cm，厚者在40—60cm。矿质养分较少，多无心土层，表层以下为半风化母岩，是山地丘陵最瘠薄的土壤。潮棕壤亚类分布于山麓平原低平处，潜水位2—3m，潜水参与了成土过程，剖面下部有锈色斑纹，有明显的附加潮土成土作用。该亚类土层深厚，土壤水分状况较好，表层质地为砂壤土至轻壤土，耕性良好，适耕期长，土体中水、肥、气、热状况较协调，土壤生产性能在棕壤土类中居首位。

潮土是平度市第三大土壤类型，占本市地域面积的25%，广泛分布于本市各大河流沿岸、河滩高地和古河道上，部分浅平洼地亦有分布。成土母质为河流沉积物。本市潮土分为潮土、湿潮土和盐化潮土等亚类。

小于本市地域面积3%的土壤类型有褐土和草甸盐土等。

本区域中心区气候特征

本区域中心区气候特征值
Regional climate characteristics in central area of the region

气候带：暖温带亚湿润气候 Climate region: Warm temperate subhumid climate	
年平均气温 /℃ Annual average temperature /℃	12.3
年平均最高气温 /℃ Annual average maximum temperature /℃	17.9
年平均最低气温 /℃ Annual average minimum temperature /℃	7.7
年降水量 /mm Annual precipitation /mm	625
≥10℃的积温 /℃ Daily temperature accumulated in a year (≥10℃) /℃	4528
年日照时数 /h Annual sunshine /h	2544
年平均相对湿度 /% Annual average relative humidity /%	69
干燥度 Dryness	1.19

本区域中心区月平均气温与月平均降水量
Monthly temperature and precipitation in central area of the region

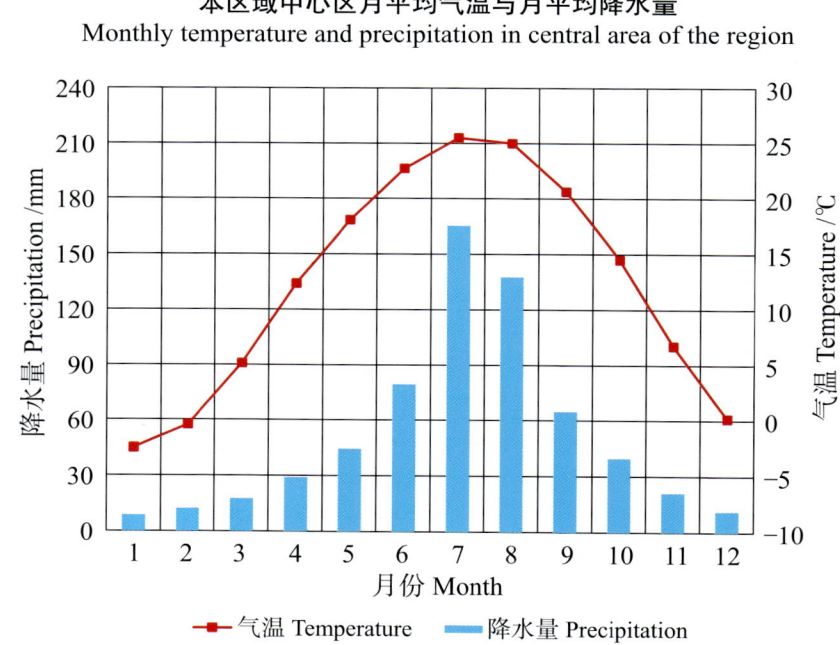

平度市主要土壤类型与土壤剖面点分布图
1∶280 000

图 例
砂姜黑土　棕壤　潮土　褐土　草甸盐土　剖面点 ⊗

平度市土壤剖面理化性状表

剖面号 Soil profile	土纲 Soil order	土类 Soil great group	亚类 Soil subgroup	土属 Soil genus	土种 Soil species	土层码 Layer code	土层厚度 Depth/cm	质地 Soil texture	pH	有机质 OM/(g/kg)	全氮 TN/(g/kg)	全磷 TP/(g/kg)	全钾 TK/(g/kg)	碱解氮 AN/(mg/kg)	有效磷 AP/(mg/kg)	速效钾 AK/(mg/kg)	阳离子交换量CEC/(cmol/kg)	剖面点坐标 Profile coordinate	匹配指数 Matching index/%
剖1	半水成土	砂姜黑土	砂姜黑土	砂姜黑土	砂姜底黏鸭屎土	1	0—21	壤质黏土	7.4	12.0	0.80	0.37	20.5	60	3.4	91	21.9	E 119°35′09.4″ N 36°48′10.9″	88
						2	21—50	砂质黏土	6.7	7.7	0.70	0.20	21.1	35	2.5	77	20.2		
						3	50—60	砂质黏壤土	7.9	4.8	0.36	0.21	20.3	20	2.2	60	12.5		
						4	60—87	砂质黏壤土	8.4	3.8	0.29	0.18	19.4	16	2.4	46	9.9		
						5	87—117	砂质黏壤土	8.4	2.3	0.20	0.19	20.5	32	微量	45	8.8		
						6	117—	砂质黏壤土	8.1	1.3	0.15	0.16	21.0	17	微量	53	10.0		
剖2	半水成土	潮土	湿潮土	冲积湿潮土	蒙金涝洼土	1	0—24	砂质黏壤土	8.0	11.4	0.69	0.17	11.6	51	2.0	90		E 119°58′36.2″ N 36°42′30.0″	79
						2	24—60	黏壤土	8.0	10.2	0.65	0.03	13.3	49	1.0	87			
						3	60—130	壤质黏土	7.9	9.9	0.60	0.03	13.5	36	1.0	95			
剖3	半水成土	潮土	潮土	河潮土	夹砂砾壤冲淤土	1	0—20	砂质黏壤土	7.2	5.5	0.38	0.10	17.6	38	5.0	40	7.9	E 120°06′34.1″ N 36°50′36.1″	92
						2	20—45	砂质黏土	7.2	4.2	0.28	0.09	17.3	28	3.0	25	6.9		
						3	45—65	砂质黏土	7.2	2.2	0.18	0.11	18.6	19	3.0	20	5.6		
						4	65—100	砂土	7.2	1.8	0.14			15	4.0	20			
						5	100—150	砂壤土	7.2	1.7	0.13			13	4.0	30			
剖4	半水成土	潮土	潮土	河潮土	蒙淤壤冲淤土	1	0—20	黏质黏土	7.9	10.5	0.74	0.20	16.3	60	14.0	110	15.0	E 120°12′09.9″ N 36°40′09.2″	92
						2	20—55	壤质黏土	7.8	7.8	0.60	0.21	15.3	46	7.0	96	14.1		
						3	55—75	壤质黏土	7.8	4.5	0.38	0.16	16.3	33	2.0	90	10.1		
						4	75—120	壤质黏土	7.7	3.5	0.26			28	2.0	80			

莱 西 市

主要土类说明

棕壤是莱西市主要土壤类型，占本市地域面积的 61%，主要分布在北部丘陵地区及山前倾斜平地。土体发育较完整，剖面有明显鲜棕色或棕褐色的心土层，淋溶淀积作用强烈，富铝化过程明显，黏粒的形成与聚积活跃。耕作层以下，土壤呈棱块状或棱柱状结构，结构面多覆被铁锰胶膜，土体内有明显的锈色斑纹或铁锰结核。土壤呈微酸性。根据成土过程和剖面形态上的差异，本市棕壤分为棕壤、棕壤性土、潮棕壤、白浆化棕壤等亚类。棕壤亚类面积最大，主要发育在丘陵中上部及倾斜平地上，成土母质主要是酸性母岩风化物。由于所处地形部位较高，坡度较大，有不同程度的水土流失。因淋溶作用强，黏粒向下层移动和淀积，致使耕作层以下质地黏重紧实，土壤通气透水性不良。棕壤性土亚类主要分布在北部低山、丘陵区的中上部及基岩裸露的荒坡岭或岭坡梯田上，土体发育不完全，无明显的心土层，土壤结构较差，土层浅薄，并含有大量的粗砂和砾石，土壤表层以下为半风化母岩。潮棕壤亚类主要发育在岭地下端及倾斜平地处，地势比较缓平，土体发育完整，土层深厚，地下水较丰富，水质良好。土壤质地适中，保肥、保水性强，耕层养分含量较丰富，多为高产、稳产田。白浆化棕壤亚类耕作层以下出现白浆层，其厚度一般为 10—40cm，常出现 0.5—1.5mm 的大孔隙。剖面层次分明，土壤质地上松下紧，白浆层以下有一个黏重、紧实而又难以透水的层次。该亚类土壤生产性能较差，土壤养分含量低。

砂姜黑土是莱西市第二大土壤类型，占本市地域面积的 22%，主要分布在南部洼区的夏格庄、姜山等地。成土母质为湖相沉积物。地下水位较高，春季多在 2—3m，夏季可上升到 1m 之内，有时接近地表或有短期积水现象。土体内有不同厚度的砂姜层。耕作层以下，是在沼泽化条件下形成的黑土层，厚度一般为 30—50cm。黑土层以下分布不同数量的砂姜粒或不同厚度的砂姜层。土壤质地黏重，结构较差，适耕期短，通气透水性不良。本市砂姜黑土只有砂姜黑土一个亚类。

潮土是莱西市第三大土壤类型，占本市地域面积的 11%。本市潮土是由河流多次泛滥的沉积物形成的，主要分布在大沽河、小沽河及洙河沿岸。根据其特性，本市潮土仅有一个潮土亚类。由于多次受河流冲积的影响，该土类土壤不仅在平面分布上有沉积物粗细的不同，同一个剖面中也有不同质地的排列层次。地下水位较浅，加之降水分布不均，易使地下水发生季节性升降。土壤剖面中氧化还原过程变化频繁，并在土壤剖面中形成各种颜色的锈纹、锈斑和铁锰结核。土壤呈微酸性至中性。一般规律是靠河床越近，土壤质地砂性越大，漏水、漏肥严重；离河床越远，土壤质地越细，保水、保肥性越强。

小于本市地域面积 3% 的土壤类型有水稻土和褐土等。

本区域中心区气候特征

本区域中心区气候特征值
Regional climate characteristics in central area of the region

气候带：暖温带亚湿润气候 Climate region: Warm temperate subhumid climate	
年平均气温 /℃ Annual average temperature /℃	12.0
年平均最高气温 /℃ Annual average maximum temperature /℃	17.0
年平均最低气温 /℃ Annual average minimum temperature /℃	7.9
年降水量 /mm Annual precipitation /mm	633
≥10℃的积温 /℃ Daily temperature accumulated in a year (≥10℃) /℃	4437
年日照时数 /h Annual sunshine /h	2552
年平均相对湿度 /% Annual average relative humidity /%	69
干燥度 Dryness	1.15

本区域中心区月平均气温与月平均降水量
Monthly temperature and precipitation in central area of the region

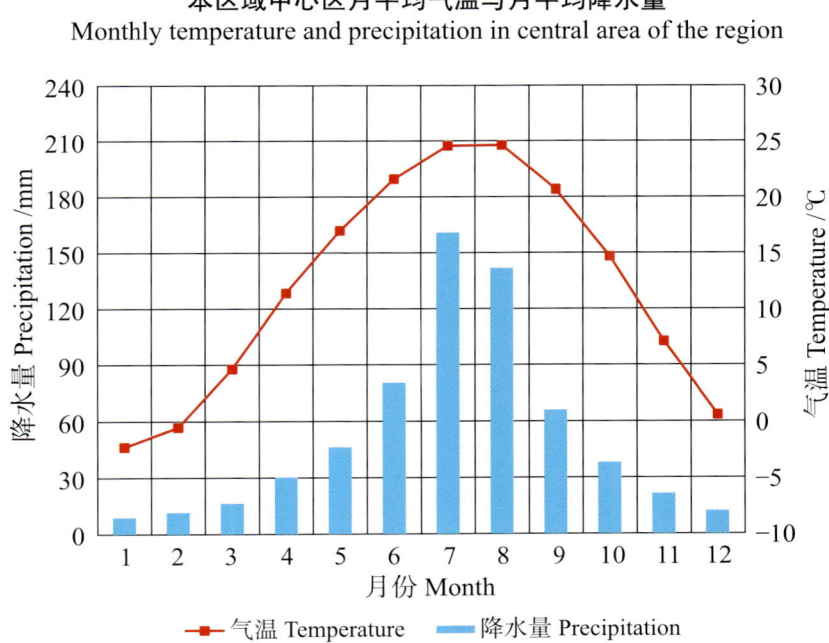

莱西市主要土壤类型与土壤剖面点分布图
1:210 000

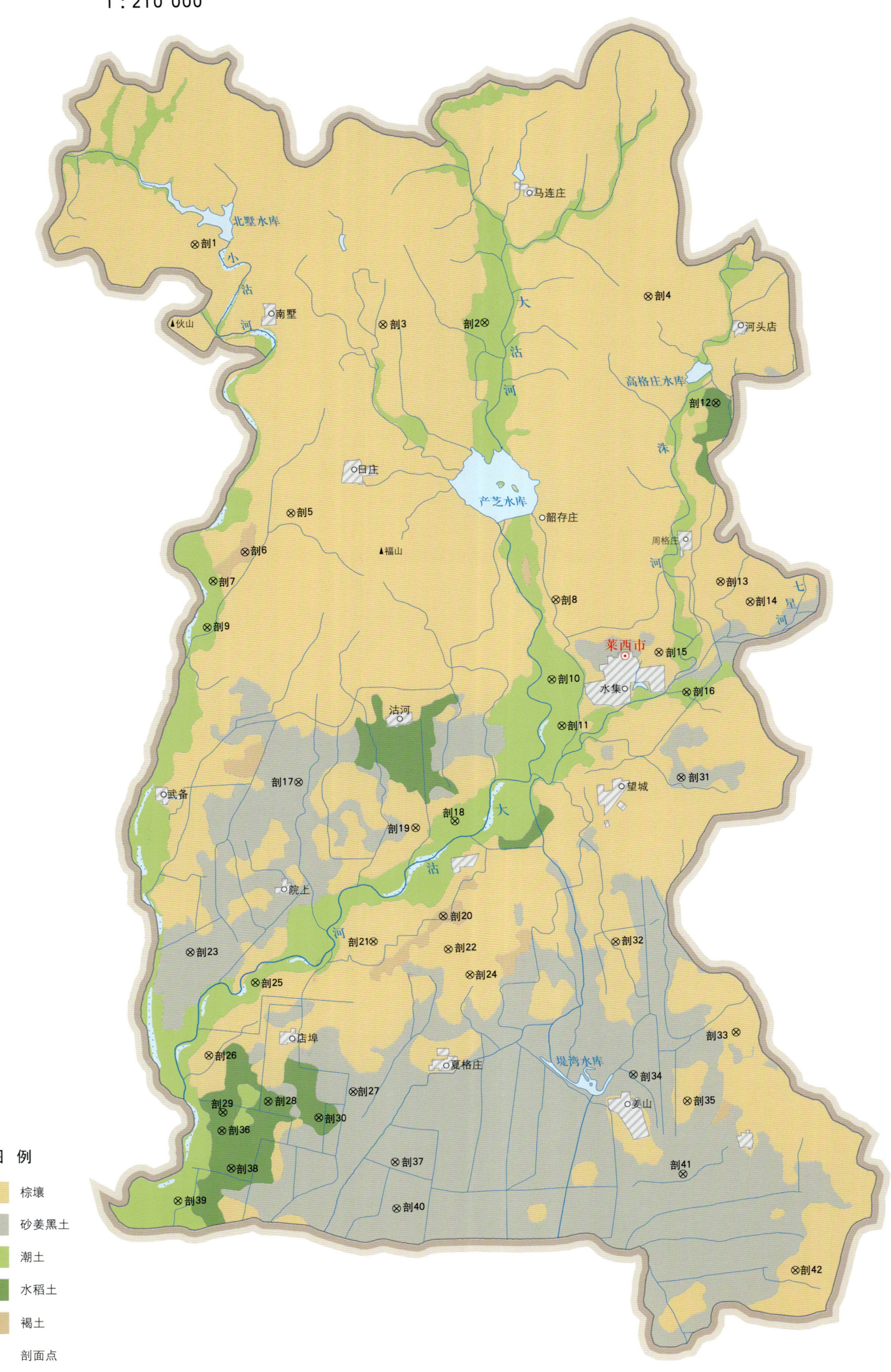

莱西市土壤剖面理化性状表

剖面号 Soil profile	土纲 Soil order	土类 Soil great group	亚类 Soil subgroup	土属 Soil genus	土种 Soil species	土层码 Layer code	土层厚度 Depth/cm	颜色 Soil color	质地 Soil texture	土壤结构 Soil structure	pH	有机质 OM/(g/kg)	全氮 TN/(g/kg)	全磷 TP/(g/kg)	碱解氮 AN/(mg/kg)	有效磷 AP/(mg/kg)	速效钾 AK/(mg/kg)	阳离子交换量CEC/(cmol/kg)	土壤母质 Parent material	剖面点坐标 Profile coordinate	匹配指数 Matching index/%
剖1	淋溶土	棕壤	棕壤	洪冲积棕壤	轻壤表土厚黏腰棕壤	1	0—23				7.4	4.5	0.39	0.26	35	0.9	70	9.6	洪积物、冲积物	E 120°16′52.3″ N 37°02′58.6″	97
						2	23—54				7.4	3.6	0.30	0.10	27	0.9	43	9.6			
						3	54—70					3.7	0.32		30	1.1	99	15.9			
剖2	半水成土	潮土	潮土	河潮土	轻壤表土均质河潮土	1	0—15	浅褐色	轻壤土	屑粒状	5.6								河流冲积物	E 120°26′10.0″ N 37°01′05.2″	88
						2	15—48	棕褐色	轻壤土	碎块状	5.7										
						3	48—65	灰褐色	中壤土	块状	5.9										
						4	65—150	灰褐色	中壤土	块状	5.5										
剖3	淋溶土	棕壤	棕壤	洪积棕壤	轻壤表土厚黏腰棕壤	1	0—20	浅褐色	轻壤土	屑粒状	6.0	6.4	0.36		22	1.0	53		洪积物、冲积物	E 120°22′55.6″ N 37°00′59.0″	92
						2	20—32	暗褐色	中壤土	碎块状	6.4	5.4	0.30		22	1.8	38				
						3	32—60	黄褐色	重壤土	棱块状	6.3	4.9	0.31			18.0	84				
						4	60—105	灰棕色	重壤土	块状	6.5										
						5	105—150	红棕色	重壤土	块状	6.4										
剖4	淋溶土	棕壤	白浆化棕壤	洪积白浆化棕壤	轻壤表土厚白浆心白浆化棕壤	1	0—30	灰白色	轻壤土	屑粒状	6.5	5.1	0.29	0.28	37	0.1	45		洪积物、冲积物	E 120°31′22.4″ N 37°01′51.2″	82
						2	30—65	黄褐色	中壤土	碎块状	6.8	3.2	0.22		26		61				
						3	65—150	灰棕色	重壤土	棱块状	6.5										
剖5	淋溶土	棕壤	潮棕壤	洪积潮棕壤	轻壤表土厚黏心潮棕壤	1	0—18	浅褐色	轻壤土	屑粒状	6.0	6.4							洪积物、冲积物	E 120°20′07.4″ N 36°55′58.4″	72
						2	18—28	黄褐色	中壤土	碎块状	6.1	7.5	0.44	0.70	35	1.3					
						3	28—130	灰褐色	重壤土	块状	6.2	3.8	0.24	0.63	25	0.8	49				
						4	130—150	棕柱状	重壤土	棱柱状	6.5	3.5	0.24	0.62	15		40				
剖6	半淋溶土	褐土	淋溶褐土	洪冲积淋溶褐土	中壤表土厚黏心淋溶褐土	1	0—25		砂壤土	单粒状	7.0		0.37		32		84		河流冲积物	E 120°18′41.2″ N 36°54′55.9″	76
						2	25—52			粒状			0.56		57	1.6	67				
						3	52—75						0.40				136				
剖7	半水成土	潮土	潮土	河潮土	砂壤表土厚黏心河潮土	1	0—25	黄褐色	松砂土	碎块状	7.1					0.9	61		河流冲积物	E 120°17′41.7″ N 36°54′09.1″	76
						2	25—40	浅褐色	中壤土	单粒状	6.5										
						3	40—150	灰褐色	重壤土	屑粒状	6.5	8.6									
剖8	淋溶土	棕壤	棕壤	洪冲积棕壤	轻壤表土厚黏腰棕壤	1	0—25	浅黄色	中壤土	碎块状	5.2	4.7	0.30	0.86	40	1.0	68	12.3	洪积物、冲积物	E 120°28′37.2″ N 36°53′51.8″	77
						2	25—60	棕黄色	砂壤土	单粒状	5.2	4.4	0.33	0.52	30	2.0	65	11.2			
						3	60—110	黄褐色	砂壤土	单粒状	5.8							9.0			
						4	110—150	浅黄色	松砂土		5.6										
剖9	半水成土	潮土	潮土	河潮土	轻壤表土厚黏心潮土	1	0—15	浅褐色	中壤土	屑粒状	6.7	9.4	0.52	0.87	57	3.9	44		河流冲积物	E 120°17′32.4″ N 36°52′56.2″	89
						2	15—32	灰褐色	中壤土	碎块状	6.7	4.4	0.29	1.02	45	0.6	68				
						3	32—150	暗褐色	重壤土		7.3										
剖10	半水成土	潮土	潮土	河潮土	轻壤表土厚黏心河潮土	1	0—20			屑粒状	6.7	7.3	0.42	0.71	36	2.6	54		河流冲积物	E 120°28′32.9″ N 36°51′46.1″	96
						2	20—60			碎块状	6.7	4.7	0.30	0.86	40	1.0	68				
						3	60—85			棱块状	6.8	4.4	0.33	0.52	30	2.0	65				
剖11	半水成土	潮土	潮土	河潮土	轻壤表土厚黏心河潮土	1	0—22				6.9	12.6	0.65	0.69	37	4.0	80	15.9	河流冲积物	E 120°28′53.8″ N 36°50′32.6″	79
						2	22—45				6.8	10.4	0.54	0.50	40	0.4	100	28.8			
						3	45—70				7.0	13.4	0.56	0.78	28	0.4	195	28.8			
剖12	人为土	水稻土	幼年水稻土	冲积幼年水稻土	中壤表土厚黏心幼年水稻土	1	0—20												冲积物	E 120°33′36.0″ N 36°59′06.7″	78
						2	20—50														
						3	50—86														

续表 Continued

剖面号 Soil profile	土纲 Soil order	土类 Soil great group	亚类 Soil subgroup	土属 Soil genus	土种 Soil species	土层码 Layer code	土层厚度 Depth/cm	颜色 Soil color	质地 Soil texture	土壤结构 Soil structure	pH	有机质 OM/(g/kg)	全氮 TN/(g/kg)	全磷 TP/(g/kg)	碱解氮 AN/(mg/kg)	有效磷 AP/(mg/kg)	速效钾 AK/(mg/kg)	阳离子交换量CEC/(cmol/kg)	土壤母质 Parent material	剖面点坐标 Profile coordinate	匹配指数 Matching index/%
剖13	淋溶土	棕壤	棕壤	洪冲积棕壤	轻壤表土厚砾石腰棕壤	1	0~20	灰棕色	轻壤土	屑粒状	5.5								洪积物、冲积物	E 120° 33' 51.6" N 36° 54' 25.7"	71
						2	20~35	灰褐色	轻壤土	粒状	5.5										
						3	35~60	灰黄色	中壤土	碎块状	6.0										
						4	60~70	棕黄色													
						5	70~150	浅褐色	重壤土	块状	6.0										
剖14	淋溶土	棕壤	棕壤	洪冲积棕壤	轻壤表土厚黏心棕壤	1	0~21				6.5	7.6	0.53	0.56	44	3.6	61	10.6	洪积物、冲积物	E 120° 34' 48.8" N 36° 53' 54.9"	99
						2	21~40				6.4	6.6	0.46	0.48	43	1.3	65	9.8			
						3	40~70				6.5	5.6	0.39	0.35	27	0.6	88	15.6			
剖15	淋溶土	棕壤	潮棕壤	洪冲积潮棕壤	轻壤表土厚黏心潮棕壤	1	0~20				6.6	8.3	0.57	0.63	47	4.2	55	9.7	洪积物、冲积物	E 120° 31' 56.2" N 36° 52' 32.4"	83
						2	20~41				6.7	6.3	0.39	0.48	40	1.2	63	11.0			
						3	41~70				6.5	7.1	0.43	0.58	45	0.7	81	11.8			
剖16	半水成土	潮土	潮土	河潮土	轻壤表土厚砂心河潮土	1	0~18	浅褐色	轻壤土	屑粒状	7.1	7.8	0.46		70	3.3	85		河流冲积物	E 120° 32' 51.4" N 36° 51' 30.6"	89
						2	18~28	褐色	轻偏砂壤土	碎块状	6.8	7.1	0.37		50	0.9	75				
						3	28~40	黄褐色	紧砂土	块状	7.1	3.3	0.24		31	2.6	70				
						4	40~150	浅黄色	松砂土	块状	7.0										
剖17	半水成土	砂姜黑土	砂姜黑土	黑土壤露砂姜黑土	中壤表土厚砂姜腰露腰姜黑土	1	0~25	浅褐色	中壤土	屑粒状	7.5									E 120° 20' 33.6" N 36° 48' 54.5"	99
						2	25~45	灰黑色	重壤土	块状	7.7										
						3	45~60	黄黄色	重壤土	块状	7.6										
						4	60~150	浅黄色	重壤土	棱块状	7.5										
剖18	半水成土	潮土	潮土	河潮土	轻壤表土均质河潮土	1	0~23	浅褐色	中壤土	块状	7.7								河流冲积物	E 120° 25' 34.0" N 36° 47' 59.3"	98
						2	23~55	黄褐色	中壤土	块状	7.7										
						3	55~85	灰褐色	中壤土	块状	7.2										
						4	85~150	浅褐色	轻壤土	屑粒状	7.3										
剖19	淋溶土	棕壤	棕壤	洪冲积棕壤	轻壤表土厚砾石腰棕壤	1	0~25	浅黄色	中壤土	粒状	7.7								洪积物、冲积物	E 120° 24' 19.1" N 36° 47' 47.3"	85
						2	25~35	黄褐色	中壤土	碎块状	7.8										
						3	35~60	黑灰色	重壤土	块状	7.0										
						4	60~100	灰褐色	重壤土	块状	7.0										
						5	100~150	灰黄色	重壤土	块状											
剖20	半淋溶土	褐土	褐土	洪冲积褐土	轻壤表土厚腰褐土	1	0~22	浅黄色	中壤土	屑粒状	5.7	7.1	0.43	0.49	24	2.5	81	8.0	洪积物、冲积物	E 120° 25' 15.7" N 36° 45' 28.8"	89
						2	22~66	黄黄色	重壤土	碎块状	7.8	5.2	0.24	0.39	14	0.1	83	8.0			
						3	66~106	暗褐色	重壤土	小块状	7.0	6.0	0.39		14	0.2	91	7.6			
						4	106~150	黑褐色	重壤土	块状	7.0										
剖21	淋溶土	棕壤	潮棕壤	洪冲积潮棕壤	轻壤表土厚黏腰潮棕壤	1	0~22	浅黄色	中壤土	屑粒状	5.7	7.1	0.43	0.49	33	3.4	54		洪积物、冲积物	E 120° 23' 03.5" N 36° 44' 45.1"	76
						2	22~51	黄黑色	重壤土	碎块状	5.7	4.6	0.37	0.39	33	12.0	46				
						3	51~87	黑黑色	重壤土	块状	5.8	6.9	0.44	0.56	55	1.3	68				
剖22	淋溶土	棕壤	棕壤	洪冲积棕壤	轻壤表土厚砾石心棕壤	1	0~16	浅黄色	中壤土	屑粒状	6.0								洪积物、冲积物	E 120° 25' 27.1" N 36° 44' 35.5"	83
						2	16~30	灰棕色	重壤土	碎块状	6.3										
						3	30~52	浅褐色	重壤土	棱柱状	6.2										
						4	52~78	黄黄色	重壤土	块状	6.0										
剖23	半水成土	砂姜黑土	砂姜黑土	覆盖砂姜黑土	轻壤表土厚黑土心砂姜黑土	1	0~20	浅褐色	中壤土	屑粒状	6.5									E 120° 17' 15.4" N 36° 44' 20.8"	74
						2	20~40	黑黑色	重壤土	块状	6.4										
						3	40~63	黑色	重壤土	块状	6.8										
						4	63~115	黄黄色	重壤土	棱块状	7.0										
						5	115~150	灰黄色	重壤土	块状	7.2										

续表 Continued

剖面号 Soil profile	土纲 Soil order	土类 Soil great group	亚类 Soil subgroup	土属 Soil genus	土种 Soil species	土层码 Layer code	土层厚度 Depth/cm	颜色 Soil color	质地 Soil texture	土壤结构 Soil structure	pH	有机质 OM/(g/kg)	全氮 TN/(g/kg)	全磷 TP/(g/kg)	碱解氮 AN/(mg/kg)	有效磷 AP/(mg/kg)	速效钾 AK/(mg/kg)	阳离子交换量CEC/(cmol/kg)	土壤母质 Parent material	剖面点坐标 Profile coordinate	匹配指数 Matching index/%
剖24	淋溶土	棕壤	棕壤	洪冲积棕壤	轻壤表土厚黏心棕壤	1	0—20	黄褐色	轻壤土	碎粒状									洪积物、冲积物	E 120°26′08.9″ N 36°43′55.6″	71
						2	20—37	浅褐色	中壤土	块状											
						3	37—79	灰褐色	重壤土												
						4	79—125	暗褐色		棱粒状											
剖25	半水成土	潮土	潮土	河潮土	砂壤表土均质河潮土	1	0—22				6.0	4.7	0.36	0.58	28	5.2	56		河流冲积物	E 120°19′20.3″ N 36°43′35.2″	72
						2	22—49				6.2	3.7	0.35	0.39	46	4.3	43				
						3	49—60				6.2	2.3	0.19	0.37	37	3.3	35				
剖26	淋溶土	棕壤	潮棕壤	洪积潮棕壤	轻壤表土均质潮棕壤	1	0—20	黄褐色	轻壤土	屑粒状	6.7	4.5	0.39	0.61	45	1.8	48		洪积物、冲积物	E 120°17′55.7″ N 36°41′37.8″	90
						2	20—50	浅褐色	轻壤土	粒状	7.2	3.3	0.29	0.81	30	0.9	36				
						3	50—110	浅褐色	轻壤土	碎块状	7.3	4.1	0.24	0.44	24	3.1	38				
剖27	半水成土	砂姜黑土	砂姜黑土	黑土裸露砂姜黑土	中壤表土黑土裸露砂姜黑土	1	0—22	黑褐色	重壤土	碎块状	6.0									E 120°22′32.5″ N 36°40′46.8″	88
						2	22—32	灰褐色	中壤土	块状	7.0										
						3	32—65	青灰色	黏土	棱粒状	7.2										
						4	65—120	灰褐色	重壤土	棱粒状	7.4										
剖28	人为土	水稻土	幼年水稻土	冲积幼年水稻土	中壤表土裸露幼心砂姜水稻土	1	0—25	青灰色	中壤土	屑粒状	6.8								冲积物	E 120°19′50.8″ N 36°40′28.7″	83
						2	25—55	黄褐色	重壤土	块状	7.0										
						3	55—80		重壤土	块状	6.8										
						4	80—110		重壤土	棱粒状	7.2										
剖29	人为土	水稻土	幼年水稻土	冲积幼年水稻土	重壤表土厚腰幼年水稻土	1	0—18	黄褐色	中壤土	屑粒状	7.0								冲积物	E 120°18′25.3″ N 36°40′09.3″	86
						2	18—37	褐色	中壤土	棱块状	7.5										
						3	37—92	灰褐色	中壤土	棱块状	7.5										
						4	92—150	黑色	黏土	屑粒状	7.7										
剖30	人为土	水稻土	幼年水稻土	冲积幼年水稻土	中壤表土厚心幼年水稻土	1	0—15	灰褐色	中壤土	屑粒状	6.8								冲积物	E 120°21′28.1″ N 36°40′05.2″	99
						2	15—25	棕褐色	重壤土	块状	7.2										
						3	25—55	灰褐色	重壤土	块状	7.7										
						4	55—81	黄褐色	重壤土	棱块状	7.6										
						5	81—110	浅黄色		块状	7.7										
剖31	半水成土	砂姜黑土	砂姜黑土	黑土裸露砂姜黑土	中壤表土厚砂姜砂姜黑土	1	0—21	灰褐色	轻壤土	碎粒状	7.6	12.2	0.68	0.63	57	1.7	87	20.5		E 120°32′44.1″ N 36°49′15.4″	83
						2	21—42	黑色	砾石中壤土	块状	7.7	11.8	0.63	0.57	46	1.4	103	17.0			
						3	42—61	灰褐色	中壤土	棱块状	7.7	10.3	0.57	0.45	36	1.9	93	22.5			
剖32	淋溶土	棕壤	棕壤	洪积棕壤	轻壤表土中层棕壤	1	0—18	灰褐色			7.3	7.4	0.45	0.63	41	5.9	63	8.9		E 120°30′45.9″ N 36°44′53.9″	96
						2	18—41	浅褐色	轻壤土	屑粒状	7.2	5.6	0.40	0.53	38	1.3	53	10.2			
						3	41—57	黄褐色	中壤土	碎块状	7.3	6.1	0.45	0.71	57	5.2	73	10.4			
剖33	淋溶土	棕壤	棕壤	洪冲积棕壤	重壤表土厚黏心棕壤	1	0—15	黄褐色	中质中壤土		5.5								洪积物、冲积物	E 120°34′39.5″ N 36°42′34.5″	75
						2	15—30	黄褐色	重壤土	块状	5.8										
						3	30—50	灰褐色	重壤土	棱块状	6.0										
						4	50—														
剖34	半水成土	砂姜黑土	砂姜黑土	黑土裸露砂姜黑土	轻壤表土砂心砂姜黑土	1	0—20	灰黄色	重壤土	碎块状	8.0								洪积物、冲积物	E 120°31′25.3″ N 36°41′24.0″	93
						2	20—58	黑色	重壤土	块状	8.0										
						3	58—72	灰褐色	重壤土	棱块状	8.2										
						4	72—150	黄黄色	轻壤土	粒状	8.2										
剖35	淋溶土	棕壤	棕壤	洪冲积棕壤	轻壤表土薄层棕壤	1	0—18	黄褐色	轻壤土	屑粒状	5.5	6.2	0.45		50	2.6	62		洪积物、冲积物	E 120°33′09.7″ N 36°40′45.1″	86
						2	18—30	黄褐色		屑粒状		4.7	0.34		31	0.9	46				

续表 Continued

剖面号 Soil profile	土纲 Soil order	土类 Soil great group	亚类 Soil subgroup	土属 Soil genus	土种 Soil species	土层码 Layer code	土层厚度 Depth/cm	颜色 Soil color	质地 Soil texture	土壤结构 Soil structure	pH	有机质 OM/(g/kg)	全氮 TN/(g/kg)	全磷 TP/(g/kg)	碱解氮 AN/(mg/kg)	有效磷 AP/(mg/kg)	速效钾 AK/(mg/kg)	阳离子交换量CEC/(cmol/kg)	土壤母质 Parent material	剖面点坐标 Profile coordinate	匹配指数 Matching index/%
剖36	人为土	水稻土	幼年水稻土	冲积幼年水稻土	轻壤表土均质幼年水稻土	1	0—17	浅灰色	轻壤土	屑粒状	6.0	12.0	0.54	0.66	75	2.1	75		冲积物	E 120°18′24.2″ N 36°39′40.1″	80
						2	17—27	浅褐色	轻壤土	碎块状	6.8	8.5	0.43	0.55	48	1.6	65				
						3	27—45	棕褐色	轻壤土	小块状	6.6	5.1	0.33	0.51	32	0.7	79				
						4	45—140	浅栗色	轻壤土	块状	7.4										
剖37	半水成土	砂姜黑土	砂姜黑土	黑土稞露砂姜黑土	重壤表土厚砂姜心砂姜黑土	1	0—19				8.0	12.3	0.78	0.84	60	2.7	117			E 120°23′55.7″ N 36°38′58.0″	94
						2	19—50				8.0	10.8	0.62	0.64	41	0.9	115				
						3	50—65				8.0	5.6	0.31	0.54	19	0.9	79				
剖38	人为土	水稻土	幼年水稻土	冲积幼年水稻土	中壤表土厚年水稻土	1	0—18				7.0	13.9	0.85	0.47	72	13.0	90		冲积物	E 120°18′43.6″ N 36°38′41.6″	94
						2	18—37				7.5	11.6	0.75	0.46	71	6.0	101				
						3	37—72				7.5	9.4	0.68	0.57	69	1.9	129				
剖39	半水成土	潮土	潮土	河潮土	轻壤表土均质河潮土	1	0—21				6.6	7.1	0.51	0.55	48	4.4	64		河流冲积物	E 120°17′04.1″ N 36°37′48.4″	93
						2	21—52				6.6	5.4	0.36	0.62	40	2.1	66				
						3	52—68				6.3	5.1	0.38	0.53	35	2.4	65				
剖40	半水成土	砂姜黑土	砂姜黑土	黑土稞露砂姜黑土	中壤表土黑土稞露砂姜黑土	1	0—18				7.0	11.7	0.65	0.60	74	4.7	107			E 120°24′00.5″ N 36°37′45.2″	84
						2	18—40				7.3	10.4	0.64	0.51	64	3.4	97				
						3	40—61				7.0	14.1	0.72	0.48	67	1.0	101				
剖41	半水成土	砂姜黑土	砂姜黑土	覆盖砂姜黑土	中壤表土厚砂姜腰砂姜黑土	1	0—20				6.9	11.8	0.77	0.82	64	3.8	88			E 120°33′04.7″ N 36°38′50.3″	96
						2	20—38				7.3	10.1	0.69	0.71	51	3.1	79				
						3	38—70				7.2	9.3	0.63	0.75	60	1.4	109				
剖42	淋溶土	棕壤	潮棕壤	洪冲积潮棕壤	中壤表土厚心潮黏壤	1	0—23				6.8	10.2	0.61	0.64	85	2.9	78		洪积物、冲积物	E 120°36′42.8″ N 36°36′24.1″	79
						2	23—48				6.9	10.8	0.59	0.50	40	2.0	104				
						3	48—77				6.9	10.4	0.56	0.52	57	1.5	100				

淄 博 市

市 辖 区

主要土类说明

褐土是淄博市主要土壤类型，占本市地域面积的63%。根据成土条件和发育程度的差异，本市褐土分为褐土性土、褐土和潮褐土等亚类。其中，褐土亚类面积最大，集中分布于傅家、南定、沣水、四宝山和马尚等地。成土母质主要是黄土状洪积物、冲积物。褐土性土亚类分布在南定、沣水、中埠、湖田、四宝山等地的低丘荒坡或梯田上，一般海拔为100—200m。成土母质为内长玢岩和钙质岩类残积物、坡积物。潮褐土亚类分布于褐土和砂姜黑土的过渡地带，主要分布于傅家、南定、四宝山、中埠、马尚等地。在成土过程中，由于受地下潜水的影响，潮褐土亚类在底土层形成铁锰结核和锈纹、锈斑。

砂姜黑土是淄博市第二大土壤类型，占本市地域面积的21%，主要分布在房镇、四宝山等地的浅平洼地。本市砂姜黑土只有砂姜黑土一个亚类。成土母质是第四系更新流湖相沉积的黑色砂质黏土，在长期的成土过程中，由于气候和水文地质的变迁逐渐出现脱水趋势，由沼泽化开始生长耐湿性草本植物，而进行草甸化过程，又因受到潜水水位的下降影响，出现了潜育性状，进而形成现代的褐土化过程。土壤中的氧化还原作用交替进行，在上层形成生物残存的深土层，碳酸钙下淋受到下部潜水的顶托，累积为砂姜层。

本区域中心区气候特征

本区域中心区气候特征值
Regional climate characteristics in central area of the region

气候带：暖温带亚湿润气候 Climate region: Warm temperate subhumid climate	
年平均气温 /℃ Annual average temperature /℃	13.2
年平均最高气温 /℃ Annual average maximum temperature /℃	18.9
年平均最低气温 /℃ Annual average minimum temperature /℃	8.4
年降水量 /mm Annual precipitation /mm	622
≥10℃的积温 /℃ Daily temperature accumulated in a year (≥10℃) /℃	4824
年日照时数 /h Annual sunshine /h	2545
年平均相对湿度 /% Annual average relative humidity /%	65
干燥度 Dryness	1.26

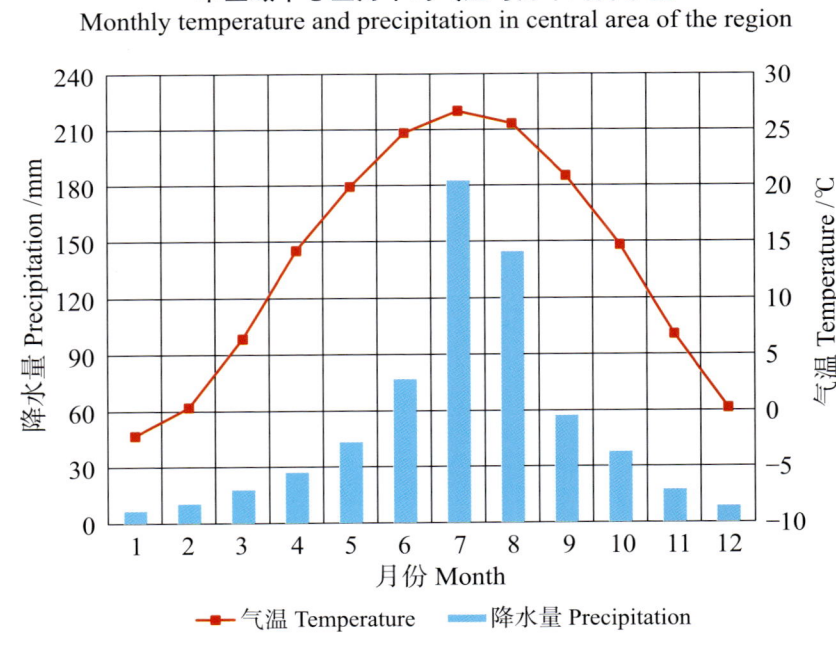

本区域中心区月平均气温与月平均降水量
Monthly temperature and precipitation in central area of the region

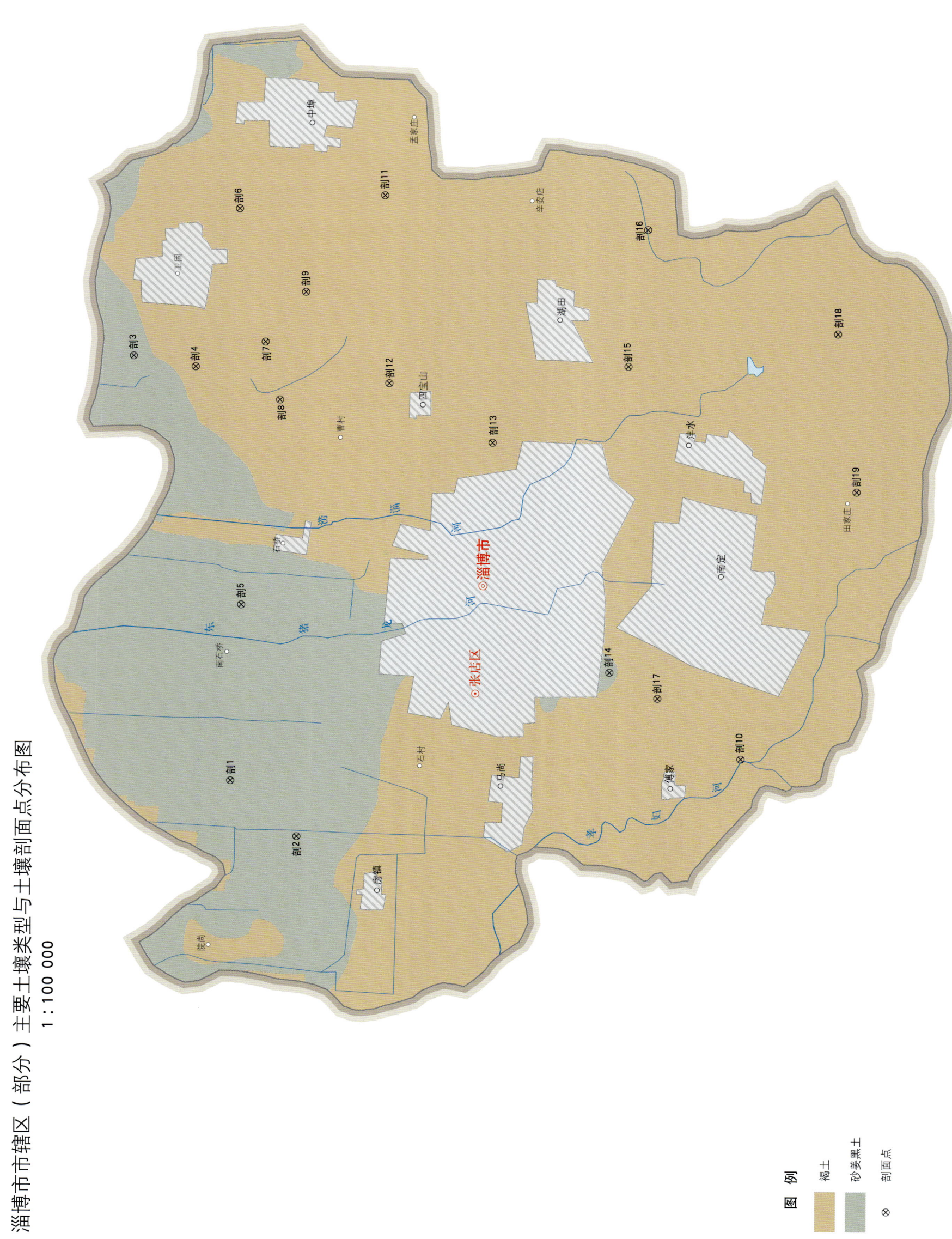

淄博市市辖区（部分）主要土壤类型与土壤剖面点分布图
1∶100 000

图 例
褐土
砂姜黑土
剖面点

淄博市土壤剖面理化性状表

剖面号 Soil profile	土纲 Soil order	土类 Soil great group	亚类 Soil subgroup	土属 Soil genus	土种 Soil species	土层码 Layer code	土层厚度 Depth/cm	颜色 Soil color	质地 Soil texture	土壤结构 Soil structure	有机质 OM/(g/kg)	全氮 TN/(g/kg)	全磷 TP/(g/kg)	碱解氮 AN/(mg/kg)	有效磷 AP/(mg/kg)	速效钾 AK/(mg/kg)	阳离子交换量CEC/(cmol/kg)	土壤母质 Parent material	剖面点坐标 Profile coordinate	匹配指数 Matching index/%
剖1	半水成土	砂姜黑土	砂姜黑土	黄土中层砂姜黑土	重壤黏黑土心	1	0—24	黄褐色	重壤土	粒状	11.2	0.64	0.60	43	9.0	88	19.6	黄土	E 117°59′35.5″ N 36°51′44.3″	80
					中层黄土砂姜黑土	2	24—76	黑褐色	黏土	棱块状	9.9	0.58	0.36	26	4.0	99	24.3			
						3	76—115	灰黄色	黏土	棱块状	4.8	0.25	0.34	17	1.0	69	16.3			
						4	115—150	灰黄色	重壤土	小块状	3.5	0.21	0.35	8	1.0	33	12.4			
剖2	半水成土	砂姜黑土	砂姜黑土	黄土中层砂姜黑土	重壤厚黄土砂姜黑土	1	0—24	灰褐色	重壤土		12.8	0.85	0.50	25	3.0	156	25.1	黄土	E 117°58′38.3″ N 36°50′52.4″	77
					中层黄土砂姜黑土	2	24—37	暗褐色	黏土	块状	10.4	0.78	0.42	70	微量	157	25.6			
						3	37—53	棕褐色	黏土	柱状	11.2	0.82	0.32	34	微量	170	31.7			
						4	53—104	黑色	黏土	柱状	8.1	0.60	0.34	42	微量	188	34.1			
						5	104—150	灰白色	重壤土		3.6	0.36	0.38	12	微量	70	16.3			
剖3	半水成土	砂姜黑土	砂姜黑土	黄土薄层砂姜黑土	重壤薄黑土心	1	0—28	黄褐色	重壤土	粒状	17.0	0.81	0.60	42	6.0	110	23.6		E 118°06′45.5″ N 36°52′57.0″	81
					薄层黄土砂姜黑土	2	28—98	黑色	黏土	块状	6.4	0.68	0.45	24	微量	107	18.7			
						3	98—150	灰黄色	重壤土		3.8	0.36	0.41	18	1.0	58	18.1			
剖4	半淋溶土	褐土	潮褐土	冲积潮褐土	中壤厚黏心冲积潮褐土	1	0—25	黄褐色	中壤土	粒状	11.6	0.93	0.69	53	4.0	94	16.1	冲积物	E 118°06′33.9″ N 36°52′08.4″	94
						2	25—75	褐色	重壤土	粒状	5.8	0.77	0.55	25	1.0	79	30.1			
						3	75—150	深褐色	重壤土	块状	9.5	0.54	0.42	23	0.8	81	21.3			
剖5	半水成土	砂姜黑土	砂姜黑土	黑土裸露砂姜黑土	重壤厚砂姜黑腰	1	0—26	黑褐色	重壤土	粒块状									E 118°02′33.0″ N 36°51′34.6″	96
					黑土裸露砂姜黑土	2	26—48	灰黑色	重壤土	粒块状										
						3	48—75	灰白色	重壤土	块状										
						4	75—140		重壤土	块状	10.9	0.82	0.51		5.0	85	13.7			
剖6	半淋溶土	褐土	褐土	洪冲积褐土	中壤均质洪积褐土	1	0—20	褐色	中壤土	粒块状		0.52	0.30	91	1.2	47	14.6	洪积物	E 118°09′13.1″ N 36°51′31.9″	81
						2	20—55	黄褐色	中壤土	块状	10.9	0.35	0.29	21	1.2	77	14.7			
						3	55—100	深褐色	中壤土	块状										
						4	100—150	深褐色	中壤土	块状										
剖7	半淋溶土	褐土	褐土	洪冲积褐土	轻壤厚黏腰洪积褐土	1	0—23	黄褐色	轻壤土	粒块状	12.6	1.22	0.29	43	3.0	128	17.9	洪积物	E 118°06′58.3″ N 36°51′13.0″	85
						2	23—65	暗褐色	重壤土	棱块状	2.1	0.26	0.57	19		82	11.4			
						3	65—103	浅褐色	中壤土	块状	1.0	0.13	0.11	54	2.0	40	14.8			
						4	103—150	黄褐色	轻壤土	块状										
剖8	半淋溶土	褐土	褐土	洪冲积褐土	轻壤厚砂腰洪冲积褐土	1	0—23	浅褐色	轻壤土	小块状	15.1	0.75	0.64	40	4.0	95	13.7	洪积物	E 118°05′59.6″ N 36°51′02.2″	86
						2	23—80	深褐色	中壤土	柱状	5.8	0.33	0.44	15	1.0	45	29.8			
						3	80—150	黄褐色	中壤土	块状	4.9	0.67	0.43	16	2.0	98	14.5			
剖9	半淋溶土	褐土	褐土性土	基性岩类褐土性土	轻壤厚砂冲积褐土	1	0—30	棕褐色	粗砂土	粒状	7.8	0.77	0.55	39	11.0	64	13.1	基性岩类	E 118°07′48.4″ N 36°50′40.6″	83
						2	30—		粗砂土											
剖10	半淋溶土	褐土	褐土	冲冲积褐土	轻壤均质冲积褐土	1	0—20	灰褐色	轻壤土	粒块状	2.8	0.32	0.42	17	3.0	54	14.5	冲积物	E 117°59′53.2″ N 36°45′02.0″	90
						2	20—65	黄褐色	中壤土	粒状	2.7	0.28	0.34	31	7.0	64	14.8			
						3	65—150	红褐色	中壤土	块状										
剖11	半淋溶土	褐土	褐土	洪冲积褐土	轻壤均质洪积褐土	1	0—18	灰黄色	轻壤土	块状								洪积物	E 118°09′24.5″ N 36°49′37.2″	83
						2	18—50		中壤土	粒状										
						3	50—150		轻壤土	粒状										
剖12	半淋溶土	褐土	褐土	洪冲积褐土	轻壤中层洪冲积褐土	1	0—24	灰黄色	轻壤土	粒状								洪积物	E 118°06′15.1″ N 36°49′35.9″	78
						2	24—50													
						3	50—													

续表 Continued

剖面号 Soil profile	土纲 Soil order	土类 Soil great group	亚类 Soil subgroup	土属 Soil genus	土种 Soil species	土层码 Layer code	土层厚度 Depth/cm	颜色 Soil color	质地 Soil texture	土壤结构 Soil structure	有机质 OM/(g/kg)	全氮 TN/(g/kg)	全磷 TP/(g/kg)	碱解氮 AN/(mg/kg)	有效磷 AP/(mg/kg)	速效钾 AK/(mg/kg)	阳离子交换量CEC/(cmol/kg)	土壤母质 Parent material	剖面点坐标 Profile coordinate	匹配指数 Matching index/%
剖13	半淋溶土	褐土	褐土	洪积褐土	中壤厚砾石心洪积褐土	1	0—21	黄褐色	中壤土	粒状	15.5	0.80		58	7.0			洪积物	E 118°05′14.3″ N 36°48′15.1″	80
						2	21—100	浅红色	中壤土	粒块状										
						3	100—150		重壤土											
剖14	半水成土	砂姜黑土	砂姜黑土	黑土粒露砂姜黑土	重壤厚黑土心黑土粒露砂姜黑土	1	0—24	黑色	黏土	粒状										74
						2	24—50	黑色	黏土	柱状										
						3	50—100			块状										
						4	100—150	灰白色												
剖15	半淋溶土	褐土	褐土	冲积褐土	中壤均质冲积褐土	1	0—24	灰褐色	中壤土	粒状	27.0	0.40	0.93	51	5.0			冲积物	E 118°01′21.5″ N 36°46′44.8″	98
						2	24—83	黄褐色	中壤土	粒块状	6.5	0.54	0.41	29	1.0	94				
						3	83—150		中壤土	块状										
剖16	半淋溶土	褐土	褐土性土	钙质岩类褐土性土		1	0—36	黄褐色	壤土	小块状	5.0	0.47	0.40	30	1.0	98		钙质岩类	E 118°06′29.0″ N 36°46′27.4″	88
						2	36—													
剖17	半淋溶土	褐土	潮褐土	冲积潮褐土	中壤厚黏腰冲积潮褐土	1	0—20	褐色	中壤土	粒状	16.1	0.98	0.57	159	3.0	101	24.7	冲积物	E 118°08′46.6″ N 36°46′10.5″	76
						2	20—30	浅褐色	中壤土	块状	13.9	0.81	0.46	57	5.0	79	23.2			
						3	30—70	黑褐色	重壤土	柱状	9.5	0.53	0.42	28	2.0	180	28.1			
						4	70—120	褐色	重壤土	柱状										
						5	120—150	黄褐色	中壤土											
剖18	半淋溶土	褐土	褐土	冲积褐土	中壤厚黏腰冲积褐土	1	0—25	灰褐色	中壤土	粒状	13.9	0.76	0.65	74	2.0	75	35.4	冲积物	E 118°00′55.1″ N 36°46′07.1″	89
						2	25—60	褐色	重壤土	块状	5.5	0.46	0.24	17	1.0	75	16.4			
						3	60—150	浅褐色	重壤土	柱状	2.4	0.40	0.38	21	1.0	91	22.8			
剖19	半淋溶土	褐土	褐土	洪冲积褐土	中壤厚黏心洪冲积褐土	1	0—25	黄褐色	中壤土	粒块状	13.2	0.68	0.39	28	4.0	109	16.8	洪积物	E 118°06′59.4″ N 36°43′41.9″	74
						2	25—65	褐色	重壤土	块状	7.6	0.39	0.26	54	1.0	116	16.4		E 118°04′21.0″ N 36°43′28.6″	
						3	65—150	黄褐色	轻壤土	块状	5.2	0.31	0.35	23	2.0	156	21.1			

淄 川 区

主要土类说明

褐土是淄川区主要土壤类型，占本区地域面积的 97%。本区气候特点是夏季高温多雨，冬季寒冷少雪，一年四季干湿分明，全年降水分配不均，形成了春旱夏涝、晚秋又旱的气候特点。本区褐土分为褐土、褐土性土、淋溶褐土、潮褐土等亚类。其中，褐土亚类面积最大，约占本区地域面积的一半，主要分布在石灰岩山丘中下部的坡麓梯田、河谷阶地和洪积扇上，成土母质主要为坡积物、洪积物、冲积物、黄土，土层深厚，呈中性至微碱性，石灰反应强弱不等，剖面下部较上部强，一般黏化层都在心土层以下，发育较明显。表土层多为轻壤土或中壤土，土体构型多属于全剖面均质或厚重壤腰，上松下紧，有利于保肥、保水。土壤养分属中等水平，物理性状良好，宜耕期长，多为半水浇地，土体较为干旱，有水土流失现象，主要种植小麦、玉米，一年两作。褐土性土亚类约占本区地域面积的 40%，分布于石灰岩、中性岩及杂色砂页岩区的低山、丘陵的中上部，成土母质为由石灰岩、中性岩及杂色砂页岩风化残积物、坡积物。表层多为壤土，少数为石渣土或马牙砂土，剖面发育不完全，无心土层，表土以下即为半风化母岩。土层浅薄，并含有大量砾石和砂粒。土体构型多属薄层硬石底或中层硬石底，植被稀疏，多生长杂草或种植高粱、玉米、花生，一年一作，水土流失严重，土体干旱，产量低而不稳。淋溶褐土亚类主要分布于石灰岩低山丘陵外围的剥蚀缓坡上，成土母质为石灰岩，土层内无砾石。其与褐土亚类的主要区别在于 1m 土层内无钙积层，无假菌丝体，底土层亦可发现铁锰胶膜与铁子，全剖面无石灰反应。表层因含有机质，颜色并不显红色，而底部仍保留有成土母质的红棕色，各层过渡较明显，颗粒聚积，胶膜发达。该土土层深厚，表土质地适中，上松下实，保肥、保水能力强，透水性差，一般种植小麦、玉米，一年两作。潮褐土亚类主要分布于两丘之间的洼地或洪积扇中下部，地形较缓，成土母质为洪积、冲积产生的沉淀物，地势低洼，地下水位一般在 3—5m。现因发展井灌，水位可达 5m 以下。地下水季节性升降频繁，促进了铁的还原移动和氧化积累，在剖面中下部形成了锈纹、锈斑及细小圆形铁锰结核，石灰结核一般在锈纹、锈斑和铁锰结核的下部，因底土层长期被地下水浸泡，形成了灰白色腐泥状的土层。表土多为中壤土，少为轻壤土，土体构型多属厚重壤腰，少数为均质或厚重壤心，上松下紧，有利于保肥、保水。土壤养分属中等水平，物理性状较好，表土质地适中，耕性较好，水源较丰富，排灌条件良好，主要种植小麦、玉米，一年两作。

小于本区地域面积 3% 的土壤类型有粗骨土等。

本区域中心区气候特征

本区域中心区气候特征值
Regional climate characteristics in central area of the region

气候带：暖温带亚湿润气候 Climate region: Warm temperate subhumid climate	
年平均气温 /℃ Annual average temperature /℃	13.3
年平均最高气温 /℃ Annual average maximum temperature /℃	19.0
年平均最低气温 /℃ Annual average minimum temperature /℃	8.5
年降水量 /mm Annual precipitation /mm	635
≥10℃的积温 /℃ Daily temperature accumulated in a year（≥10℃）/℃	4864
年日照时数 /h Annual sunshine /h	2540
年平均相对湿度 /% Annual average relative humidity /%	64
干燥度 Dryness	1.25

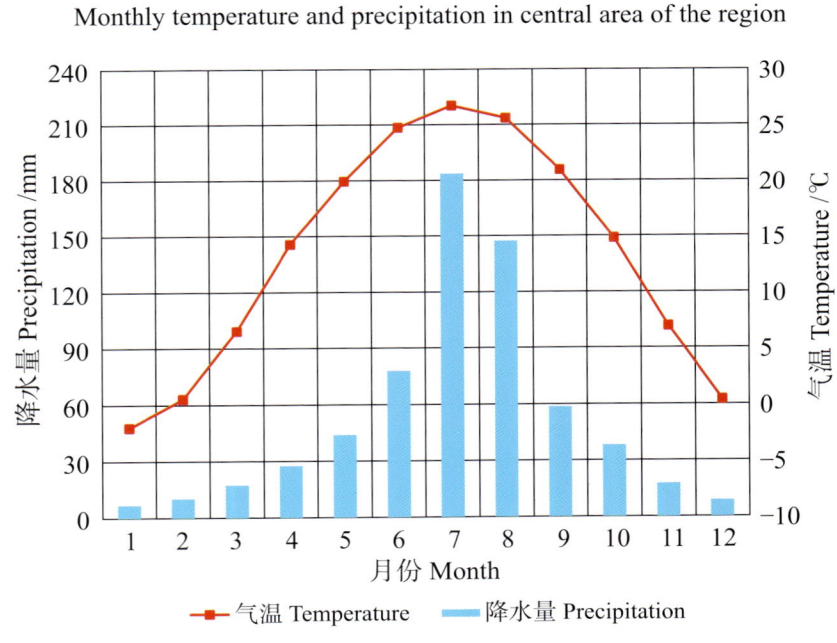

本区域中心区月平均气温与月平均降水量
Monthly temperature and precipitation in central area of the region

淄川区主要土壤类型与土壤剖面点分布图
1∶190 000

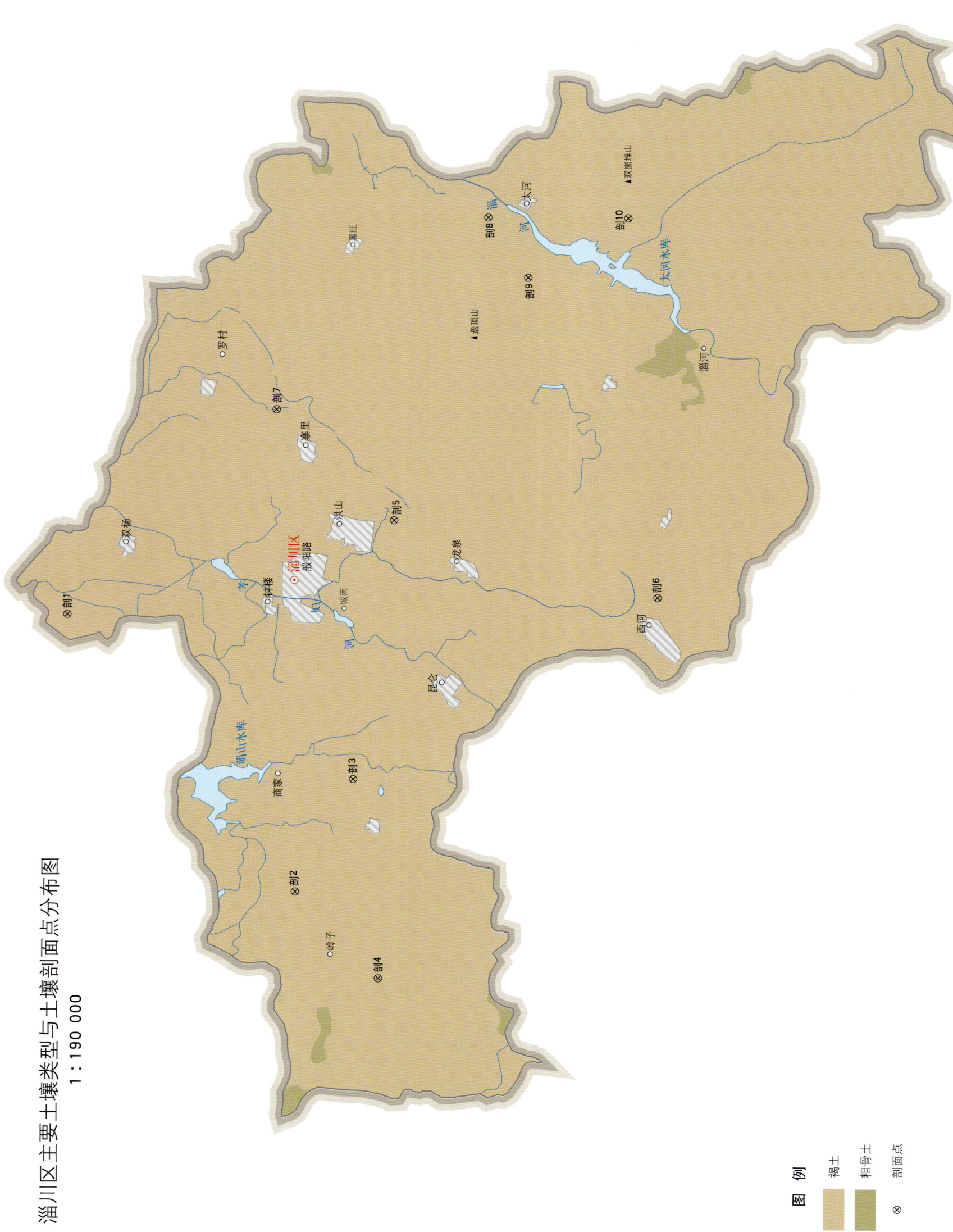

淄川区土壤剖面理化性状表

剖面号 Soil profile	土纲 Soil order	土类 Soil great group	亚类 Soil subgroup	土属 Soil genus	土种 Soil species	土层码 Layer code	土层厚度 Depth/cm	颜色 Soil color	质地 Soil texture	土壤结构 Soil structure	pH	有机质 OM/(g/kg)	全氮 TN/(g/kg)	全磷 TP/(g/kg)	碱解氮 AN/(mg/kg)	有效磷 AP/(mg/kg)	速效钾 AK/(mg/kg)	阳离子交换量CEC/(cmol/kg)	土壤母质 Parent material	剖面点坐标 Profile coordinate	匹配指数 Matching index/%
剖1	半淋溶土	褐土	褐土	洪积褐土	轻壤均质洪积褐土	1	0—23	黄褐色	轻壤土	粒状	7.6	12.1	0.46	0.13	31	1.0	100	11.0	洪积物	E 117°56′50.3″ N 36°44′30.4″	74
						2	23—37	浅褐色	轻壤土	小块状	7.6	11.2	0.46	0.34	31	1.0	76	10.6			
						3	37—100	褐色	中壤土	块状	7.7	7.9	0.28	0.37	73	4.0	78	11.4			
						4	100—150	暗褐色	中壤土	块状	7.5	5.3	0.32	0.34	31	1.0	80	29.3			
剖2	半淋溶土	褐土	褐土性土	砂页岩褐土性土		1	0—18	黄褐色	砂壤土	粒状	7.5	5.5	0.41	0.33	19	1.0	58	12.6	砂页岩	E 117°48′11.2″ N 36°39′02.9″	83
						2	18—50	浅褐色	中壤土	粒状	7.5	5.5	0.61	0.95	18	1.0	44	15.0			
剖3	半淋溶土	褐土	潮褐土	洪积潮褐土	中壤质厚腰洪积潮褐土	1	0—18	暗褐色	中壤土	团粒状	7.6	21.0	0.71	0.46	41	8.0	112	18.8	洪积物	E 117°51′40.7″ N 36°37′37.6″	88
						2	18—44	暗褐色	中壤土	团粒状	7.6	20.6	0.65	0.42	42	1.0	116	15.8			
						3	44—82	暗褐色	中壤土	块状	7.4	16.7	0.52	0.33	33	微量	92	17.7			
						4	82—103	暗褐色	重壤土	棱块状	7.5	9.4	0.43	0.30	30	微量	112	21.6			
						5	103—105	灰褐色	中壤土	棱块状	7.8	5.4	0.33	0.34	13	1.0	90	19.7			
剖4	半淋溶土	褐土	褐土性土	钙质岩类褐土性土		1	0—16	暗褐色	中壤土	粒状	7.6	26.2	1.24	0.40	37		91	13.6	钙质岩类	E 117°45′29.9″ N 36°37′02.8″	71
						2	16—60	暗褐色	重壤土	块状	7.6	23.0	1.55	0.40	67		142	13.9			
剖5	半淋溶土	褐土	褐土	洪积褐土	轻壤质厚腰洪积褐土	1	0—27	褐色	重壤土	团粒状	7.4	17.9	1.07	0.85	43	11.0	108	24.8	洪积物	E 117°59′40.3″ N 36°36′35.2″	100
						2	27—65	褐色	重壤土	块状	7.4	9.6	0.70	0.57	30	3.0	100	22.7			
						3	65—100	黑褐色	中壤土	棱块状	7.4	8.4	0.64	3.30	26		100	23.0			
						4	100—150	浅黑色	轻黏土	棱块状	7.4	9.6	0.63	0.45	19		100	28.7			
剖6	半淋溶土	褐土	淋溶褐土	洪积淋溶褐土	中壤厚腰洪积淋溶褐土	1	0—24	暗褐色	重壤土	块状	7.8	12.6	0.74	0.40	43	3.0	136	15.8	洪积物	E 117°57′11.8″ N 36°30′13.6″	78
						2	24—33	棕色	重壤土	块状	7.6	2.8	0.33	0.11	17	1.0	158	16.8			
						3	33—91	棕色	重壤土	棱块状	7.5	2.2	0.28	0.16	13	3.0	160	20.1			
						4	91—150	红棕色	中壤土	块状	7.3	7.7	0.24	0.28	19	8.0	188	21.2			
剖7	半淋溶土	褐土	褐土	洪积褐土	中壤均质洪积褐土	1	0—23	浅褐色	中壤土	粒状	7.5	26.2	1.07	1.18	65	1.0	124	18.5	洪积物	E 118°03′07.5″ N 36°39′23.7″	92
						2	23—55	浅褐色	中壤土	小块状	7.6	21.1	0.86	0.92	49	2.0	72	18.5			
						3	55—85	浅褐色	中壤土	棱块状	7.4	12.8	0.60	0.74	53	4.0	68	17.2			
						4	85—120	浅褐色	中壤土	棱块状	7.5	5.7	0.41	0.68	37	5.0	76	17.8			
						5	120—150	暗褐色	重壤土	棱块状	7.6	6.8	0.44		28	7.0	88	22.6			
剖8	半淋溶土	褐土	褐土	黄土质褐土	中壤均质黄土质褐土	1	0—23	黄褐色	中壤土	粒状	7.7	9.3	0.84	0.60	33	14.0	134	15.7	黄土	E 118°07′59.6″ N 36°34′13.5″	74
						2	23—47	黄褐色	中壤土	碎块状	7.3	8.4	0.88	0.68	46	10.0	112	15.4			
						3	47—63	褐色	砂壤土	棱块状	7.8	7.2	0.63	0.84	43	15.0	128	18.9			
						4	63—100	褐色	砂壤土	棱块状	7.8	4.5	0.51	0.76	34	3.0	168	17.3			
						5	100—150	褐色	砂壤土	块状	7.9	4.0	0.29	0.65	11	30.0	164	13.1			
剖9	半淋溶土	褐土	褐土性土	中性岩类中层岩褐土性土	马牙砂中层石棚中性岩质褐土性土	1	0—20	棕色	砂壤土	砂粒状	7.9	7.0	0.58	1.50	31	5.0	64	16.8	中性岩类	E 118°07′07.3″ N 36°33′16.6″	97
						2	20—80	棕色	砂粘土	砂粒状	7.7	5.4	0.42	1.55	23		52	16.0			
						3	80—150	棕色	中壤土	砂粒状	7.8	4.0	0.30	1.37	11		36	19.9			
剖10	半淋溶土	褐土	褐土性土	钙质岩类褐土性土		1	0—12	棕色	中壤土	粒状	7.8	24.0	1.51	0.75	96	5.0	75	19.9	钙质岩类	E 118°08′55.1″ N 36°30′50.6″	100
						2	12—25	灰色	中壤土	粒状	7.9	19.7	1.20	0.24	49	6.0	47	15.4			

博 山 区

主要土类说明

褐土是博山区主要土壤类型，占本区地域面积的 74%。褐土剖面通体呈褐色，层次发育明显，一般由耕层、黏化层和石灰淀积层组成，剖面中有假菌丝体，黏粒向下移动，有胶膜积聚。心土层较黏重，底土常有石灰结核，土体有石灰反应，下部较上部强，土壤呈中性至微碱性。本区褐土分为褐土性土、淋溶褐土、褐土等亚类。褐土性土亚类在本土类中面积最大，被当地群众称为"山皮地""石渣土"，分布于山的中上部的岭坡上，一般海拔为 400—700m，由酸性岩类、钙质岩类、非石灰性砂页岩类残积物和坡积物形成，土体发育不完全，土层薄，能力差，碎石多，土体干旱，水土流失严重。褐土亚类集中分布在中部、北部淄河、孝妇河沿河阶地或坡麓阶地，表土质地多为中壤土，少数为轻壤土，土体构型多为厚黏心或厚黏腰、上松下实，呈蒙金型，剖面通体有石灰反应，土层较深厚，矿质养分丰实，物理性状良好，目前以种植小麦、玉米为主，一年两作，是本区粮食集中产地。淋溶褐土亚类主要分布在孝妇河河谷阶地及石马、源泉冲积扇的中下部，土层深厚，表土为中壤土，土体构型呈蒙金型，保水保肥、供水供肥性能好，养分丰实，物理性状良好，有水浇的条件，目前多种植小麦、玉米，一年两作。

棕壤是博山区第二大土壤类型，占本区地域面积的 22%。棕壤发生于暖温带落叶阔叶林，但大部分已经垦殖，以旱作为主。该土壤处于硅铝风化阶段，具有黏化特征，呈棕色，土体见黏粒淀积，盐基充分淋失，pH 为 6.0—7.0，见少量游离铁。

小于本区地域面积 3% 的土壤类型有粗骨土等。

本区域中心区气候特征

本区域中心区气候特征值
Regional climate characteristics in central area of the region

气候带：暖温带亚湿润气候 Climate region: Warm temperate subhumid climate	
年平均气温 /℃ Annual average temperature /℃	13.6
年平均最高气温 /℃ Annual average maximum temperature /℃	19.1
年平均最低气温 /℃ Annual average minimum temperature /℃	8.9
年降水量 /mm Annual precipitation /mm	662
≥10℃的积温 /℃ Daily temperature accumulated in a year (≥10℃) /℃	4966
年日照时数 /h Annual sunshine /h	2531
年平均相对湿度 /% Annual average relative humidity /%	64
干燥度 Dryness	1.23

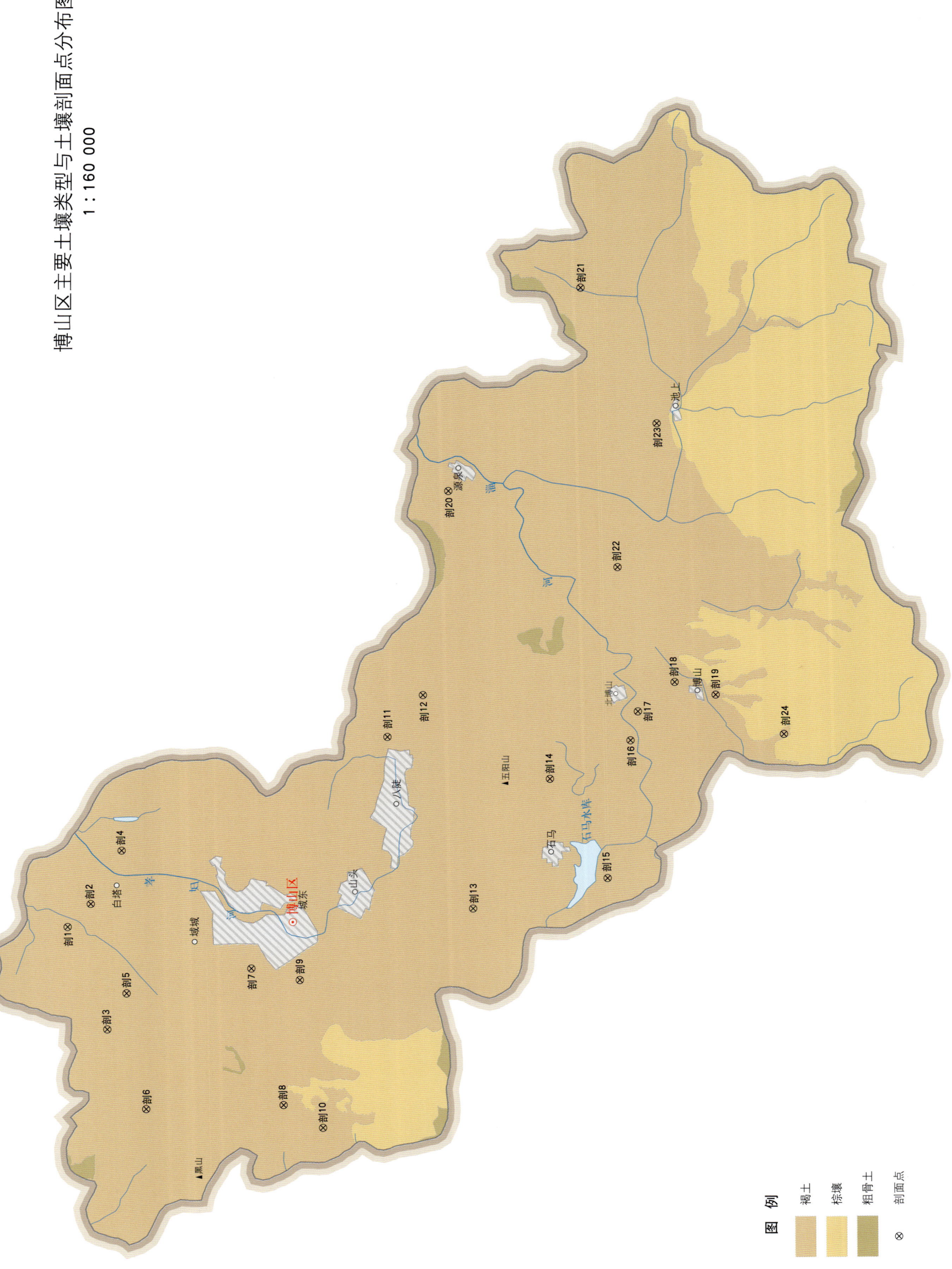

博山区土壤剖面理化性状表

剖面号 Soil profile	土纲 Soil order	土类 Soil great group	亚类 Soil subgroup	土属 Soil genus	土种 Soil species	土层码 Layer code	土层厚度 Depth/cm	颜色 Soil color	质地 Soil texture	土壤结构 Soil structure	pH	有机质 OM/(g/kg)	全氮 TN/(g/kg)	全磷 TP/(g/kg)	全钾 TK/(g/kg)	碱解氮 AN/(mg/kg)	有效磷 AP/(mg/kg)	速效钾 AK/(mg/kg)	阳离子交换量CEC/(cmol/kg)	土壤母质 Parent material	剖面点坐标 Profile coordinate	匹配指数 Matching index/%
剖1	半淋溶土	褐土	褐土	洪冲积褐土	中壤全剖面均质洪冲积褐土	1	0—27	褐色	中壤土	粒状										洪积物、冲积物	E 117°51′14.0″ N 36°34′17.4″	98
						2	27—50	褐色	中壤土	粒状												
						3	50—140	褐色	中壤土	粒状												
剖2	半淋溶土	褐土	褐土性土	砂页岩类褐土性土	中层壤质褐土性土	1	0—25	黄褐色	壤土	粒状										砂页岩	E 117°51′50.4″ N 36°33′48.2″	97
						2	25—85	黄褐色	轻壤土	粒状												
剖3	半淋溶土	褐土	褐土	钙质岩类褐地褐土	薄层壤质钙质岩林地褐土	1	0—30	黑褐色	壤土	粒状										钙质岩类	E 117°48′32.4″ N 36°33′29.5″	76
						2	30—35	浅褐色														
						3	35—															
剖4	半淋溶土	褐土	淋溶褐土	洪积淋溶褐土		1	0—40		中壤土	粒状		12.0	0.89	0.44		41	4.0	110	23.0	洪积物、冲积物	E 117°53′15.0″ N 36°33′09.0″	97
						2	40—80		中壤土	粒状		3.4	0.37	0.34		16	2.0	135	22.7			
剖5	半淋溶土	褐土	褐土	洪积褐土	中壤质厚黏腰洪积褐土	1	0—20	黑褐色	中壤土	粒状		16.6	0.55	0.39		27	4.0	100	9.5	洪积物	E 117°49′28.2″ N 36°33′05.1″	100
						2	20—40	灰褐色	重壤土	块状		34.5	1.02	0.53		50	8.0	110	20.9			
						3	40—85	黄褐色	重壤土	块状												
						4	85—150	黄褐色	壤土	粒状												
剖6	半淋溶土	褐土	褐土性土	钙质岩类褐土性土	中层质质石灰岩褐土性土	1	0—40	黑褐色	重壤土	块状		25.3	1.13			47	33.0			钙质岩类	E 117°46′26.1″ N 36°32′42.6″	97
						2	40—80															
						3	80—															
剖7	半淋溶土	褐土	淋溶褐土	硅泥淋溶褐土	黏心砂征泥土	Ap	0—20		砂质壤土	粒状	7.0	8.9	0.83	0.37	13.1	94	10.9	73	10.5		E 117°50′04.1″ N 36°30′29.1″	77
						B₁	20—40		壤质黏壤土	块状	7.1	4.9	0.45	0.27	14.1	56	3.6	63	19.0			
						B₂	40—95		壤质黏土	块状	7.0	4.1	0.23	0.29	15.5	35	2.4	73	18.8			
剖8	半淋溶土	褐土	褐土性土	钙质岩类褐土性土	极薄层石皮灰岩褐土性土	1	0—20	黑褐色		粒状										钙质岩类	E 117°46′29.2″ N 36°29′51.3″	77
						2	20—52	红褐色		粒状												
						3	52—															
剖9	半淋溶土	褐土	褐土	洪积褐土	中壤质厚黏心洪积褐土	1	0—27	浅褐色	中壤土	粒状		24.7				66	2.0	135			E 117°49′44.9″ N 36°29′29.0″	71
						2	27—50	红褐色	重壤土	块状												
						3	50—80	红褐色	重壤土	块状												
						4	80—															
剖10	半淋溶土	褐土	褐土	坡洪积褐土	中壤质厚黏腰坡积洪积褐土	1	0—30	褐色	砾质中壤土	粒状		34.3	1.00				36.0			坡积物、洪积物	E 117°45′52.5″ N 36°29′02.3″	98
						2	30—40	褐色	砾质中壤土	粒状												
						3	40—90	黄褐色	砾质重壤土	块状												
						4	90—150	褐色	轻壤土	粒状												
剖11	半淋溶土	褐土	褐土性土	酸性岩类褐地褐土	马牙砂中层酸石硼中性岩褐土	1	0—10	褐色	砂壤土	粒状		39.3	1.70	0.55		116	4.0	88	13.2	酸性岩类	E 117°56′09.3″ N 36°27′36.2″	74
						2	10—30	黄褐色	壤土	块状												
						3	30—38	黄褐色	砂壤土	粒状												
						4	38—48	黑灰色	轻壤土	无明显结构												
剖12	半淋溶土	褐土	淋溶褐土	洪积淋溶褐土	中壤厚黏腰洪积淋溶褐土	1	0—25	灰褐色	中壤土	粒状										洪积物	E 117°57′14.8″ N 36°26′51.4″	80
						2	25—90	浅褐色	黏质中壤土	粒状												
						3	90—150	红褐色	轻壤土	块状												
剖13	半淋溶土	褐土	褐土性土	钙质岩类褐土性土	薄层石渣石灰岩褐土性土	1	0—10	黄褐色	中壤土	粒状		14.5	0.82	0.57		14	5.0	160		钙质岩类	E 117°51′34.4″ N 36°25′52.0″	90
						2	10—25	褐色	砾质中壤土	块状												
						3	25—27	红褐色	中壤土	块状												
						4	27—															

续表 Continued

剖面号 Soil profile	土纲 Soil order	土类 Soil great group	亚类 Soil subgroup	土属 Soil genus	土种 Soil species	土层码 Layer code	土层厚度 Depth/cm	颜色 Soil color	质地 Soil texture	土壤结构 Soil structure	pH	有机质 OM/(g/kg)	全氮 TN/(g/kg)	全磷 TP/(g/kg)	全钾 TK/(g/kg)	碱解氮 AN/(mg/kg)	有效磷 AP/(mg/kg)	速效钾 AK/(mg/kg)	阳离子交换量CEC/(cmol/kg)	土壤母质 Parent material	剖面点坐标 Profile coordinate	匹配指数 Matching index/%
剖14	半淋溶土	褐土	淋溶褐土	洪积淋溶褐土	中壤质厚黏腰洪积淋溶褐土	1	0—25	灰褐色	中壤土	粒状										洪积物、冲积物	E 117°55′00.1″ N 36°24′14.4″	90
						2	25—90	暗灰色	中壤土	块状												
						3	90—155	褐色	重壤土	块状												
剖15	半淋溶土	褐土	淋溶褐土	洪积淋溶褐土	中壤质厚黏心洪积淋溶褐土	1	0—20	黄褐色	中壤土	粒状		12.8	0.85				5.0			洪积物	E 117°52′20.3″ N 36°23′04.2″	82
						2	20—35	黄褐色	中壤土	粒状												
						3	35—65	黄褐色	重壤土	块状												
						4	65—200	灰褐色	重壤土	柱状												
剖16	半淋溶土	褐土	褐土	洪积褐土	中壤质厚黏心洪冲积淋溶褐土	1	0—30	黄褐色	中壤土	粒状		12.9	1.00	0.58		132	3.0	118	21.8	洪积物、冲积物	E 117°55′58.8″ N 36°22′33.7″	95
						2	30—85	褐色	重壤土	块状		7.9	0.56	0.43		64		163	22.3			
						3	85—130	灰褐色	重壤土	块状												
剖17	半淋溶土	褐土	褐土	洪冲积褐土	中壤质厚黏腰洪冲积淋溶褐土	1	0—20	灰黑色	中壤土	粒状		24.5	1.11	0.66		57	3.0	110	17.9	洪积物、冲积物	E 117°56′44.4″ N 36°22′24.0″	73
						2	20—60	红褐色	重壤土	块状												
						3	60—110	黄褐色	重壤土	柱状												
剖18	半淋溶土	褐土	褐土	洪积褐土	轻壤全剖面均质洪积褐土	1	0—25	灰褐色	轻壤土	粒状										洪积物	E 117°57′30.4″ N 36°21′37.9″	72
						2	25—50	灰褐色	轻壤土	粒状												
						3	50—90	黄褐色	中壤土	块状												
剖19	半淋溶土	褐土	褐土	洪积褐土	轻壤全剖面均质洪积褐土	1	0—25	黄褐色	中壤土	粒状		26.0	1.14	0.60		47	2.0	107	17.9	洪积物	E 117°57′09.2″ N 36°20′46.9″	82
						2	25—70		中壤土	块状		22.2	0.99	0.56		47	1.0	96	14.3			
剖20	半淋溶土	褐土	褐土	洪积褐土	中壤全剖面均质洪积褐土	1	0—20	黄褐色	中壤土	粒状		11.8	0.81			63	4.0			洪积物	E 118°02′38.0″ N 36°26′16.8″	89
						2	20—70	浅黄色	中壤土	块状												
						3	70—110	黄褐色	中壤土	粒状												
						4	110—200	黄褐色	重壤土	块状												
剖21	半淋溶土	褐土	淋溶褐土	洪积淋溶褐土	中壤全剖面均质洪积淋溶褐土	1	0—21	黄褐色	轻壤土	粒状		9.2	0.48	0.47		32	6.0	108		洪积物	E 118°07′58.1″ N 36°23′29.4″	77
						2	21—50	褐色	中壤土	块状												
						3	50—120	棕褐色	中壤土	块状												
						4	120—200	棕褐色	重壤土	块状												
剖22	半淋溶土	褐土	褐土	坡洪积褐土	中壤质中层坡积洪积褐土	1	0—15	棕褐色	砂壤土	粒状		10.7					5.0	115		坡积物、洪积物	E 118°00′34.6″ N 36°22′47.3″	79
						2	15—37	棕褐色	中壤土	块状												
						3	37—55															
						4	55—															
剖23	半淋溶土	褐土	褐土性	钙质岩类褐土性土	中层石渣石灰岩褐土性土	1	0—20	褐色	石渣土	粒状		16.3					2.0			钙质岩类	E 118°04′21.4″ N 36°21′56.5″	98
						2	20—50	褐色	粒状													
						3	50—															
剖24	半淋溶土	褐土	褐土	坡洪积褐土		1	0—35	黄褐色	中壤土	粒状		10.4				76	14.0	113		坡积物、洪积物	E 117°56′05.6″ N 36°19′22.4″	82
						2	35—150	红褐色	中壤土	粒状												

临 淄 区

主要土类说明

褐土是临淄区主要土壤类型，占本区地域面积的61%，广泛分布于南部低山丘陵和中部平原地区。褐土剖面通体呈褐色，层次发育明显，一般由耕层、黏化层和石灰淀积层组成。剖面中有假黏丝体，黏粒向下移动，有胶膜积聚。心土层较黏重，底土中常有石灰结核。通常有石灰反应，上部弱，下部较强，土壤呈中性至微碱性。本区褐土主要分为褐土、褐土性土、淋溶褐土、潮褐土等亚类。其中，褐土亚类面积最大，被当地群众称为"黄土""两合土""白炭土""红土"，主要分布在临淄区南部、胶济铁路两侧及淄河两岸，成土母质主要由洪积物和冲积物组成。褐土亚类所处地形部位比淋溶褐土亚类低，但比潮褐土亚类高。褐土亚类表土多为中壤土，少数为轻壤土、砂壤土或重壤土，土体构型多为厚黏心或厚黏腰，剖面通体有石灰反应，有假菌丝体，pH为7.5—8.0。褐土亚类绝大部分表土质地适中，土体深厚，物理性状较好。耕层总孔隙度为55%左右，一般通气孔隙度为15%以上，毛管孔隙度为30%—38%，保水、保肥性能好，是临淄区的高产农田，小麦、玉米一年两作。褐土性土亚类分布在长岭山东坡和大北山北麓的岭坡梯田上，一般海拔为150—250m，成土母质为石灰质母岩残积物、坡积物。土体发育不完全，土层薄，肥力低，砾石多，水土流失严重是其主要特点。淋溶褐土亚类主要分布在金山镇南部和西部、金岭镇西北部近山阶地上，因淋溶作用较强，1m土层内无石灰反应，无假菌丝体，剖面中部有黏粒聚积，胶膜明显。本区淋溶褐土亚类土层深厚，表土为中壤土，心土质地较重，阳离子交换量较高，保水、保肥能力强。目前土地一般种植小麦、玉米，一年两作。潮褐土亚类被当地群众称为"黄土""金黄土""黑黄土"，主要分布在胶济铁路以北微斜平地上，呈带状分布。该类土壤表层全为中壤土，质地适中，耕性良好，无障碍层次。心土层有黏化现象，底层有锈纹、锈斑，间或有少量铁锰结核。地势平坦，土体深厚，保水、保肥性良好，适种多种作物，灌溉条件好，为本区旱涝保收的高产稳产农田。

砂姜黑土是临淄区第二大土壤类型，占本区地域面积的35%。本区砂姜黑土只有砂姜黑土一个亚类，主要分布在北部浅平洼地上，剖面的主要特点：表层一般覆盖灰黄色重壤土，厚薄不等，下为灰黑色黏重的黑土层，底土由灰黄杂色并含有砂姜的土层组成。砂姜含量一般为4%—10%，通体有强石灰反应。土壤有机质、全氮含量略高于褐土，但速效养分偏低，尤其缺乏磷元素，物理性状较差。

小于本区地域面积3%的土类有粗骨土等。

本区域中心区气候特征

本区域中心区气候特征值
Regional climate characteristics in central area of the region

气候带：暖温带亚湿润气候 Climate region: Warm temperate subhumid climate	
年平均气温 /℃ Annual average temperature /℃	12.9
年平均最高气温 /℃ Annual average maximum temperature /℃	18.8
年平均最低气温 /℃ Annual average minimum temperature /℃	8.0
年降水量 /mm Annual precipitation /mm	607
≥10℃的积温 /℃ Daily temperature accumulated in a year（≥10℃）/℃	4738
年日照时数 /h Annual sunshine /h	2548
年平均相对湿度 /% Annual average relative humidity /%	65
干燥度 Dryness	1.27

本区域中心区月平均气温与月平均降水量
Monthly temperature and precipitation in central area of the region

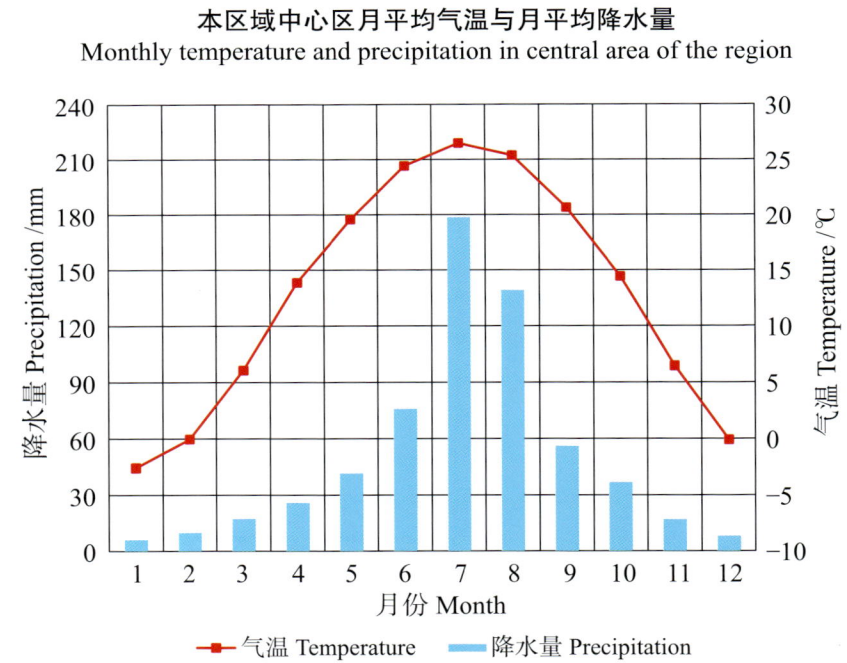

临淄区主要土壤类型与土壤剖面点分布图
1∶150 000

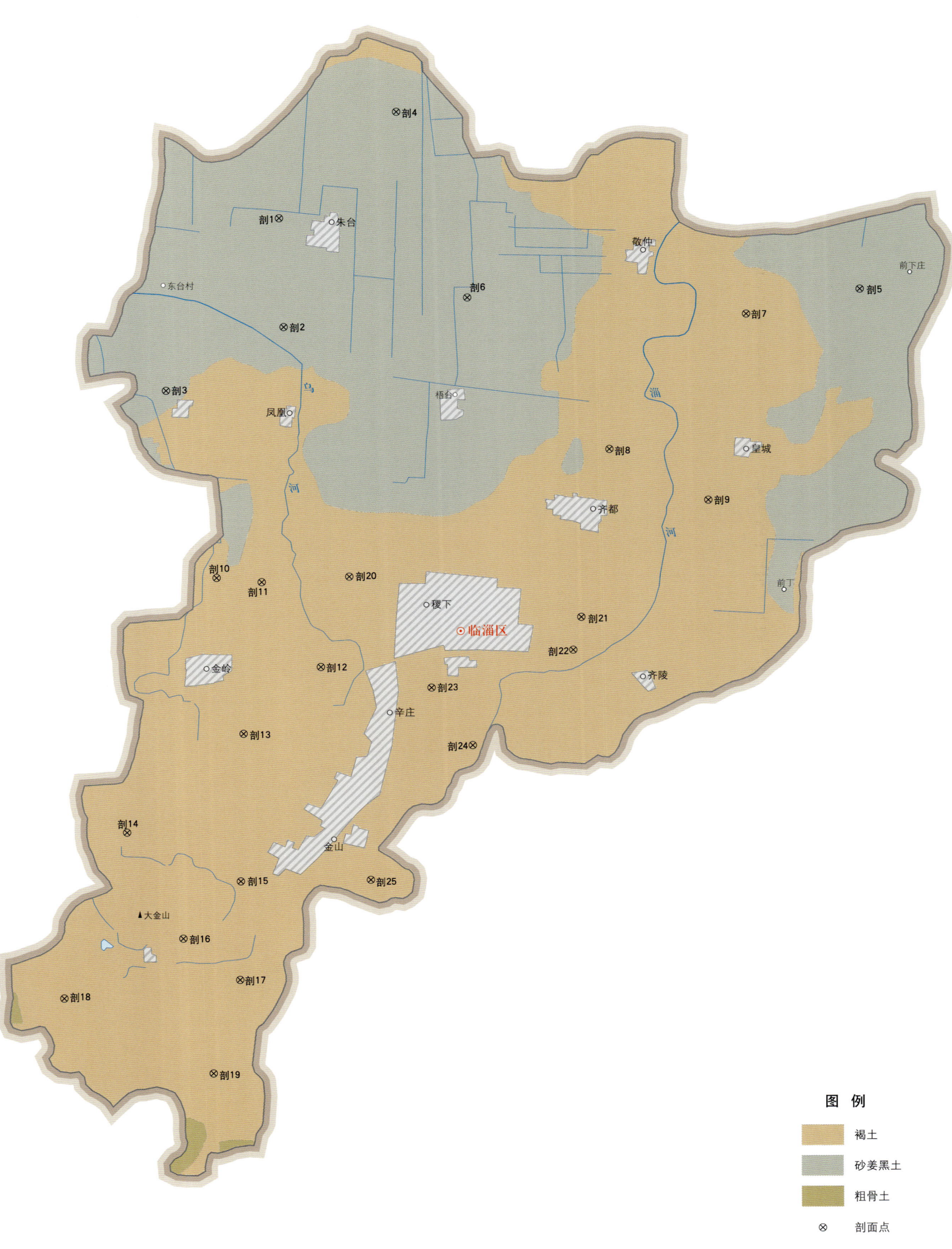

临淄区土壤剖面理化性状表

剖面号 Soil profile	土纲 Soil order	土类 Soil great group	亚类 Soil subgroup	土属 Soil genus	土种 Soil species	土层码 Layer code	土层厚度 Depth/cm	颜色 Soil color	质地 Soil texture	土壤结构 Soil structure	pH	有机质 OM/(g/kg)	全氮 TN/(g/kg)	全磷 TP/(g/kg)	全钾 TK/(g/kg)	碱解氮 AN/(mg/kg)	有效磷 AP/(mg/kg)	速效钾 AK/(mg/kg)	阳离子交换量 CEC/(cmol/kg)	土壤母质 Parent material	剖面点坐标 Profile coordinate	匹配指数 Matching index/%
剖1	半水成土	砂姜黑土	砂姜黑土	洼底砂姜黑土	重壤厚黑土心洼底砂姜黑土	1	0—20	灰黄色	中壤土	粒状	7.7	11.8	0.66	0.63		31	14.0	15	14.9		E 118° 13′ 31.2″ N 36° 56′ 59.5″	83
						2	20—35	灰褐色	黏土	块状	7.8	9.5	0.55	0.55		32	2.0	10	14.7			
						3	35—80	灰白色	黏土	块状												
						4	80—120	黄白色	黏土	块状												
						5	120—200	浅黄色	黏土	无明显结构												
剖2	半水成土	砂姜黑土	砂姜黑土	洼底砂姜黑土	中壤厚黑土心洼坡砂姜黑土	1	0—35	黄褐色	中壤土	粒状	7.4	12.1	0.74	0.49		44	3.0	19	20.4		E 118° 13′ 36.1″ N 36° 54′ 50.0″	92
						2	35—100	黄褐色	重壤土	柱状	7.8	10.5	0.49	0.36		27	1.0	18	21.0			
						3	100—150	黑褐色	黏土	块状	7.6	3.1	0.24	0.13		9	1.0	17				
剖3	半水成土	砂姜黑土	砂姜黑土	洼坡砂姜黑土	中壤厚黑土腰洼坡砂姜黑土	1	0—25	黄褐色	中壤土	粒状	7.5	12.9	0.74	0.62		41	5.0	14	18.7		E 118° 10′ 45.8″ N 36° 53′ 36.3″	100
						2	25—70	灰褐色	重壤土	块状	7.5	8.1	0.60	0.47		12	4.0	14	24.8			
						3	70—120	黑褐色	重壤土	块状												
						4	120—160	灰褐色	重壤土	粒状												
剖4	半水成土	砂姜黑土	砂姜黑土	洼坡砂姜黑土	中壤厚砂姜腰洼坡砂姜黑土	1	0—17	灰褐色	中壤土	粒状		11.4				60	4.0	14			E 118° 16′ 21.7″ N 36° 59′ 04.9″	94
						2	17—63	褐黄色	中壤土	碎块状												
						3	63—90	褐黄色	轻黏土	块状												
						4	90—150	灰褐色	重壤土	粒状												
剖5	半水成土	砂姜黑土	砂姜黑土	洼底砂姜黑土	重壤黑土心洼坡砂姜黑土	1	0—20	黑褐色	重壤土	团块状	7.7	11.0	0.67	0.40		43	3.0	19	22.0		E 118° 27′ 27.1″ N 36° 55′ 26.4″	95
						2	20—28	灰青色	重壤土	棱柱状												
						3	28—62	灰灰色	重壤土	棱柱状												
						4	62—140	黄灰色	黏土	团块状												
						5	140—200	黄褐色	重壤土	块状												
剖6	半水成土	砂姜黑土	砂姜黑土	洼底砂姜黑土	重壤黑土棵器洼底砂姜黑土	1	0—21	浅灰色	重壤土	碎粒状	7.7	11.6	0.71	0.60		29	4.0	11			E 118° 18′ 01.4″ N 36° 55′ 22.4″	75
						2	21—52	黑灰色	中壤土	碎块状	7.7	10.3	0.53	0.50		34	4.0	11				
						3	52—108	灰青色	重壤土	碎块状、粒状												
						4	108—160	黄褐色	重壤土													
剖7	半淋溶土	褐土	潮褐土	冲积潮褐土	中壤全剖面均质冲积潮褐土	1	0—23	黄褐色	中壤土	小团块状		10.3	0.80			33	5.0		15.0	冲积物	E 118° 24′ 42.8″ N 36° 54′ 58.7″	97
						2	23—49	暗褐色	中壤土	块状												
						3	49—139	浅褐黄色	中壤土	块状												
						4	139—175	浅褐黄色	中壤土	团柱状												
剖8	半淋溶土	褐土	潮褐土	人工堆积潮褐土	中壤全剖面均质人工堆积潮褐土	1	0—50	黄褐色	中壤土	团柱状	7.7	11.1	0.66	1.80		32	6.0	24		人工堆积物	E 118° 21′ 23.5″ N 36° 52′ 19.6″	72
						2	50—130	黄褐色	中壤土	小块状	7.8	7.0	0.42	3.20		26	4.2	25				
						3	130—190	黄褐色	中壤土	小块状	7.6	7.4	0.38	2.30		13	7.0	11				
						4	190—220	黄褐色	轻壤土	小块状	7.7	8.7	0.42	1.04		23	3.0	97				
剖9	半淋溶土	褐土	褐土	冲积褐土	轻壤质厚黏腰冲积褐土	1	0—50	褐黄色	重壤土	团块状		8.4	0.53	0.42		39	3.0	35	1.3	冲积物	E 118° 23′ 44.9″ N 36° 51′ 16.9″	78
						2	50—110	暗褐色	中壤土	棱柱状												
						3	110—150	浅黄色	中壤土	团块状												
剖10	半淋溶土	褐土	潮褐土	冲积潮褐土	中黏质厚壤腰冲积潮褐土	1	0—20	浅黄色	中壤土	块状		8.9				46	5.0			冲积物	E 118° 11′ 55.4″ N 36° 49′ 52.7″	76
						2	20—30	棕黄色	中壤土	块块状												
						3	30—112	暗褐色	重壤土	棱柱状												
						4	112—135	褐黄色	中壤土	块状												
						5	135—160	棕黄色	中壤土	块状												

续表 Continued

剖面号 Soil profile	土纲 Soil order	土类 Soil great group	亚类 Soil subgroup	土属 Soil genus	土种 Soil species	土层码 Layer code	土层厚度 Depth/cm	颜色 Soil color	质地 Soil texture	土壤结构 Soil structure	pH	有机质 OM/(g/kg)	全氮 TN/(g/kg)	全磷 TP/(g/kg)	全钾 TK/(g/kg)	碱解氮 AN/(mg/kg)	有效磷 AP/(mg/kg)	速效钾 AK/(mg/kg)	阳离子交换量 CEC/(cmol/kg)	土壤母质 Parent material	剖面点坐标 Profile coordinate	匹配指数 Matching index/%
剖11	半淋溶土	褐土	褐土	冲积褐土	重质厚厚黏心冲积褐土	1	0–25	浅黄色	重壤土	粒状		13.4	0.83	0.34		44	5.0	39	18.0	冲积物	E 118°13′00.5″ N 36°49′46.9″	93
						2	25–110	暗褐色	轻黏土	棱柱状												
						3	110–160	灰黄色	重壤土	块状												
						4	160–200	黄色	中壤土	块状												
剖12	半淋溶土	褐土	褐土	冲积褐土	中壤质厚黏心冲积褐土	1	0–22	褐黄色	中壤土	小块状		9.5	0.60	0.50		54	5.0	35	13.9	冲积物	E 118°14′24.1″ N 36°48′04.6″	81
						2	22–50	黄褐色	中壤土	小块状		5.9	0.38	0.36		23	5.0	13	16.0			
						3	50–138	棕褐色	重黏土	棱柱状												
						4	138–160	褐黄色	中壤土	小块状												
剖13	半淋溶土	褐土	褐土	洪冲积褐土	中壤质厚黏心洪冲积褐土	1	0–20	红褐色	中壤土	团块状		12.8	0.79	0.37		50	3.0	39	17.7	洪积物、冲积物	E 118°12′31.6″ N 36°46′46.2″	80
						2	20–30	浅褐色	中壤土	块状												
						3	30–140	暗棕褐色	轻黏土	柱状												
						4	140–150	棕红色	轻黏土	块状												
剖14	半淋溶土	褐土	淋溶褐土			1	0–22	浅褐色	中壤土	块状	7.0	13.0	0.67	0.43			3.0	45	20.5		E 118°09′41.9″ N 36°44′51.2″	95
						2	22–63	褐色	重壤土	柱状	7.3	13.0	0.67	0.43			3.0	45	20.5			
						3	63–102	黑褐色	重壤土	碎棱块状	7.3	13.0	0.67	0.43			3.0	45	20.5			
						4	102–200	暗褐色	重壤土	棱柱状	7.3	13.0	0.67	0.43								
剖15	半淋溶土	褐土	褐土	洪积褐土	中壤质厚黏腰洪积褐土	1	0–25	黄褐色	中壤土	团块状		8.0	0.72	0.63		37	1.0	16	16.3	洪积物	E 118°12′24.8″ N 36°43′50.5″	94
						2	25–60	浅褐色	中壤土	块状												
						3	60–150	暗褐色	重壤土	块状												
剖16	半淋溶土	褐土	褐土	洪冲积褐土	中壤质厚黏腰洪冲积褐土	1	0–28	黄褐色	中壤土	块状		12.5	0.67	0.46		38	4.0	56	18.4	洪积物、冲积物	E 118°11′00.8″ N 36°42′43.5″	90
						2	28–75	暗褐色	中壤土	棱块状												
						3	75–119	暗褐色	中壤土	棱柱状												
						4	119–155	暗褐色	重壤土	块状												
剖17	半淋溶土	褐土	褐土	红黏质褐土	轻壤质全剖面均质洪冲积褐土	1	0–20	黄褐色	重壤土	一块状	7.2	11.1	0.70	0.40		44	4.0		21.0		E 118°12′21.6″ N 36°41′53.9″	83
						2	20–50	暗褐色	重壤土	棱块状												
						3	50–90	棕红色	黏土	棱块状												
						4	90–150	红褐色	黏土	棱柱状												
剖18	半淋溶土	褐土	褐土	石灰岩褐土性	薄层石渣褐土	1	0–20	浅褐色	砂壤土	小团块状		15.4	0.78	1.10		40	9.0	140		石灰岩	E 118°08′08.3″ N 36°41′35.6″	78
						2	20–53	灰棕色	壤土	小块状												
						3	28–	褐色		粒状												
剖19	半淋溶土	褐土	褐土	洪冲积褐土	中壤质厚黏心冲积褐土	1	0–26	褐黄色	轻壤土	小团块状		9.8	0.60	0.60		31	9.0	50	16.9	洪积物、冲积物	E 118°11′41.5″ N 36°40′05.0″	84
						2	26–54	黄褐色	中壤土	小块状												
						3	54–150	浅黄色	中壤土	粒状												
剖20	半淋溶土	褐土	潮褐土	冲积潮褐土	中壤质厚黏心冲积潮褐土	1	0–20	灰棕色	中壤土	小团块状		12.2	0.67			30	5.0			冲积物	E 118°15′06.5″ N 36°49′52.0″	91
						2	20–53	棕褐色	重壤土	小棱块状												
						3	53–88	黄褐色	轻壤土	棱柱状												
						4	88–200	黄褐色	中壤土	团粒状												
剖21	半淋溶土	褐土	褐土	冲积褐土	中壤全剖面均质冲积褐土	1	0–27	暗褐色	中壤土	团块状	7.8	7.3	0.44	0.48		22	3.0	9	8.3	冲积物	E 118°20′39.8″ N 36°48′59.9″	82
						2	27–71	褐色	中壤土	团块状												
						3	71–200	黄褐色	砂壤土	小团块状												
剖22	半淋溶土	褐土	褐土	冲积褐土	砂壤质厚砂心冲积潮土	1	0–25	黄褐色	砂壤土	碎块状	7.5									冲积物	E 118°20′27.6″ N 36°48′20.8″	91
						2	25–36	棕褐色	砂壤土	小块状												
						3	36–50	黄褐色	紧砂土	碎块状												
						4	50–97	黄色	松砂土	粒状												
						5	97–135	白色	白砂土	粒状												
						6	135–200			粒状												

续表 Continued

剖面号 Soil profile	土纲 Soil order	土类 Soil great group	亚类 Soil subgroup	土属 Soil genus	土种 Soil species	土层码 Layer code	土层厚度 Depth/cm	颜色 Soil color	质地 Soil texture	土壤结构 Soil structure	pH	有机质 OM/(g/kg)	全氮 TN/(g/kg)	全磷 TP/(g/kg)	全钾 TK/(g/kg)	碱解氮 AN/(mg/kg)	有效磷 AP/(mg/kg)	速效钾 AK/(mg/kg)	阳离子交换量CEC/(cmol/kg)	土壤母质 Parent material	剖面点坐标 Profile coordinate	匹配指数 Matching index/%
剖23	半淋溶土	褐土	褐土	冲积褐土	中壤质厚黏腰冲积褐土	1	0—27	褐黄色	中壤土	粒状	7.9	12.1	0.81	0.56		50	4.0	29	10.1	冲积物	E 118°17′02.9″ N 36°47′37.9″	94
						2	27—62	黄褐色	中壤土	团块状												
						3	62—120	棕褐色	重壤土	棱块状												
						4	120—150	黄褐色	中壤土	小块状												
剖24	半淋溶土	褐土	褐土	黄土质褐土	立黄土	Ap	0—22		黏壤土		7.9	10.7	0.80	0.55	18.3	76	4.7	159	18.2		E 118°18′01.2″ N 36°46′28.7″	90
						AB	22—38		黏壤土		7.9	8.9	0.66	0.49	18.0	29	3.7	122	18.3			
						B₁	38—74		黏壤土		7.8	3.0	0.42	0.40	17.0	44	2.9	86	15.3			
						B₂	74—97		黏壤土		7.8	3.2	0.43	0.40	18.7	30	3.3	83	14.0			
						BC	97—120		黏壤土		7.7	2.6	0.35	0.38	18.8	28	3.6	74	12.2			
剖25	半淋溶土	褐土	褐土	洪冲积褐土	中壤全剖面均质洪冲积褐土	1	0—25	黄褐色	中壤土	团粒状	7.5	12.9	0.78	0.57		57	10.0	61	15.3	洪积物、冲积物	E 118°15′31.7″ N 36°43′49.8″	93
						2	25—115	浅褐色	中壤土	小块状	7.5	7.1	0.47	0.46		21	2.0	43	18.4			
						3	115—150	暗褐色	中壤土	块状												

周 村 区

主要土类说明

褐土是周村区主要土壤类型，占本区地域面积的85%，主要分布在南部低丘和中部平原，地势较高，排水条件良好，地下水位较深。成土母质多为黄土状洪积物、冲积物，山丘上部为钙质岩类风化物。土体发育层段明显，剖面通体呈褐色，通常由耕作层、淀积黏化层和钙积层三个基本层段组成。土体上部一般有假菌丝体，心土层常有黏粒、胶膜的淀积，底土层一般有石灰结核。通常有石灰反应，上部弱，下部强，土壤呈中性至微碱性。根据不同的成土条件、发育程度及其属性的差别，本区褐土分为褐土性土、褐土、潮褐土等亚类。其中褐土亚类面积最大，其次是潮褐土亚类，褐土性土亚类面积最小。

砂姜黑土是周村区第二大土壤类型，占本区地域面积的7%，主要分布在本区的浅平洼地上。砂姜黑土是褐土地带的隐域性土壤，成土母质是第四系湖相沉积的黑色砂质黏土。本区砂姜黑土只有砂姜黑土一个亚类。在长期的成土过程中，由于大气和水文地质的变化，逐渐出现脱水趋势，由沼泽化开始生长草本植物，而进入草甸化过程。又因地下潜水下降的影响，出现潜育性状态，进而形成近代的褐土化过程。砂姜黑土有明显的三个特征：上层黄土覆盖层厚度一般不超过60cm，有明显的腐泥状黑土层，下部为潜育性砂姜层。砂姜黑土亚类的剖面发育层段明显，通体有石灰反应，一般耕层土壤有机质含量为15.1g/kg，全氮含量为0.77g/kg，养分含量均高于褐土，物理性状较差。

本区域中心区气候特征

本区域中心区气候特征值
Regional climate characteristics in central area of the region

气候带：暖温带亚湿润气候 Climate region: Warm temperate subhumid climate	
年平均气温 /℃ Annual average temperature /℃	13.3
年平均最高气温 /℃ Annual average maximum temperature /℃	19.0
年平均最低气温 /℃ Annual average minimum temperature /℃	8.6
年降水量 /mm Annual precipitation /mm	625
≥10℃的积温 /℃ Daily temperature accumulated in a year (≥10℃) /℃	4868
年日照时数 /h Annual sunshine /h	2547
年平均相对湿度 /% Annual average relative humidity /%	64
干燥度 Dryness	1.27

本区域中心区月平均气温与月平均降水量
Monthly temperature and precipitation in central area of the region

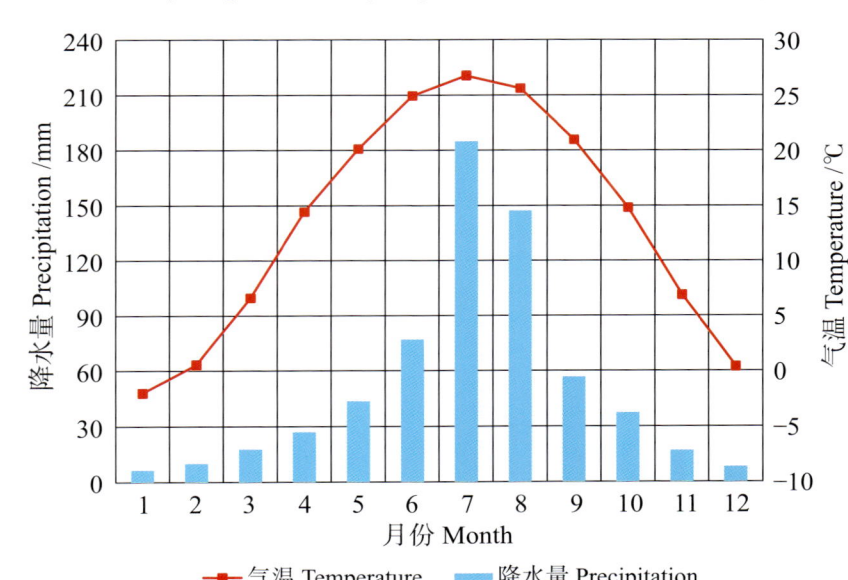

周村区主要土壤类型与土壤剖面点分布图
1:120 000

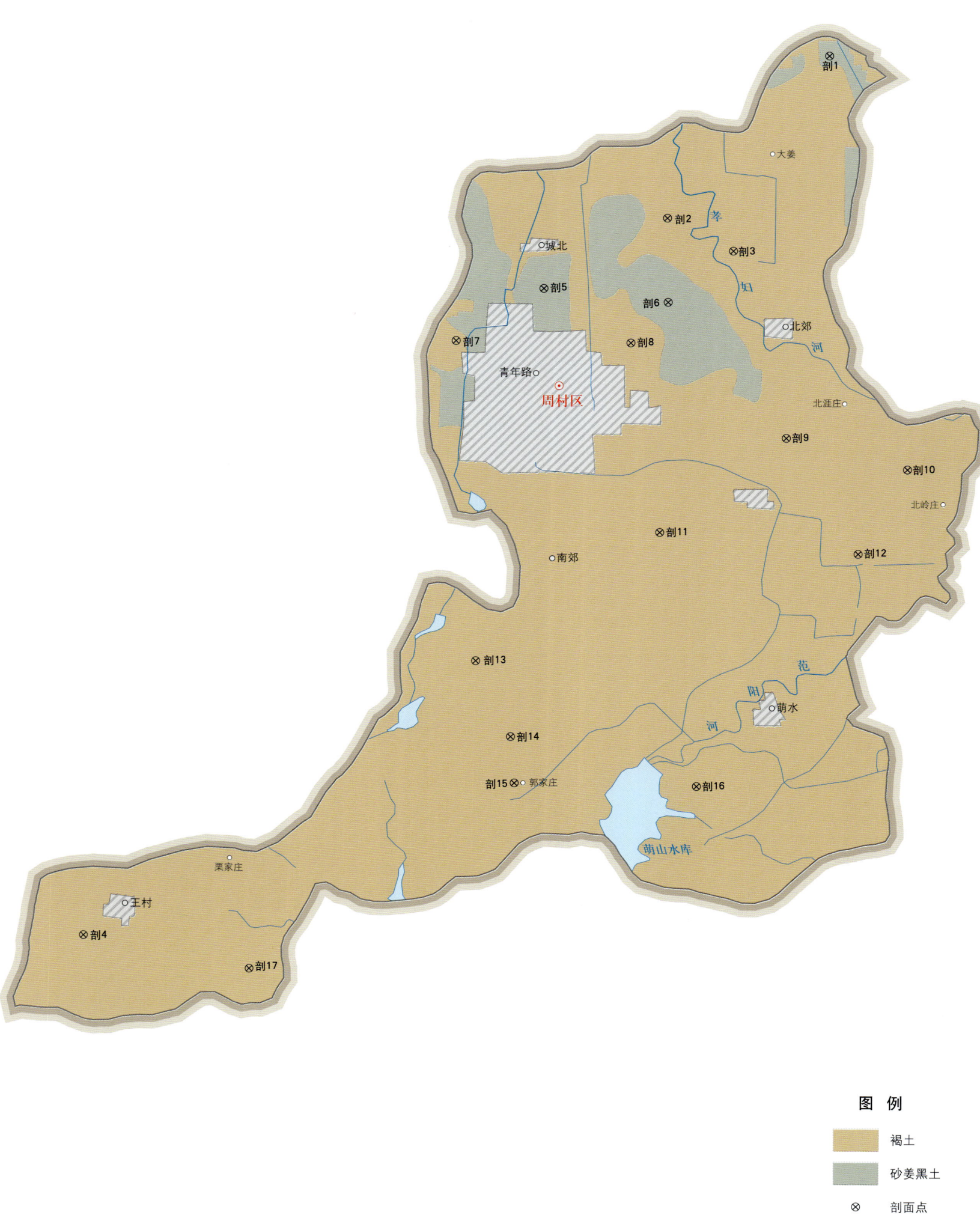

周村区土壤剖面理化性状表

剖面号 Soil profile	土纲 Soil order	土类 Soil great group	亚类 Soil subgroup	土属 Soil genus	土种 Soil species	土层码 Layer code	土层厚度 Depth/cm	颜色 Soil color	质地 Soil texture	土壤结构 Soil structure	pH	有机质 OM/(g/kg)	全氮 TN/(g/kg)	全磷 TP/(g/kg)	碱解氮 AN/(mg/kg)	有效磷 AP/(mg/kg)	速效钾 AK/(mg/kg)	阳离子交换量CEC/(cmol/kg)	土壤母质 Parent material	剖面点坐标 Profile coordinate	匹配指数 Matching index/%
剖1	半水成土	砂姜黑土	砂姜黑土	洼坡砂姜黑土	重壤厚黑土腰	1	0-18	灰黄色	中壤土	粒状	7.2	10.7	0.61	1.08	58	17.0	95	18.5		E 117°55′52.3″ N 36°53′15.9″	91
						2	18-55	黄褐色	中壤土	块状	7.3	6.3	0.47	0.68	42	3.0	78	21.9			
						3	55-90	黑褐色	重壤土	棱块状	7.5	5.2	0.33	0.06				22.6			
						4	90-150	灰白色	重壤土	粒状	7.7	7.1	0.19	0.07				16.0			
剖2	半淋溶土	褐土	褐土	冲积褐土	中壤质厚黏腰冲积褐土	1	0-27	粒黄色	中壤土	粒状	7.1	15.7	0.72	1.08	46	12.0	86	13.9	冲积物	E 117°52′57.0″ N 36°50′55.0″	89
						2	27-77	黄褐色	轻壤土	粒块状											
						3	77-105	深褐色	重壤土	块状											
						4	105-150	暗褐色	黏壤土	棱块状											
剖3	半淋溶土	褐土	褐土	冲积褐土	轻壤全剖面均质冲积褐土	1	0-20	浅黄色	中壤土	粒状									冲积物	E 117°54′06.8″ N 36°50′25.2″	70
						2	20-34	浅黄色	中壤土	粒块状											
						3	34-52	黄褐色	中壤土	块状											
						4	52-150	黄褐色	黏壤土	粒状											
剖4	半淋溶土	褐土	褐土	洪冲积褐土	中壤质厚腰咯石层洪冲积褐土	1	0-20	褐黄色	中壤土	小块状	7.7	17.1	0.84		50	3.0	93	15.9	洪积物、冲积物	E 117°42′27.5″ N 36°40′25.3″	76
						2	20-40	褐红色	中壤土	块状											
						3	40-50	褐红色	黏壤土	粒块状											
						4	50—														
剖5	半水成土	砂姜黑土	砂姜黑土	洼坡砂姜黑土	中壤质厚黑土心洼坡砂姜黑土	1	0-23	黄褐色	中壤土	粒状	7.0	11.7	0.73	1.08	46	4.0	102	23.2		E 117°50′44.3″ N 36°49′54.1″	73
						2	23-43	黑褐色	重壤土	块状	7.2	8.5	0.68	0.63	31	1.0	95	28.1			
						3	43-79	黑褐色	黏土	柱状	7.1	2.7	0.77	0.61				37.9			
						4	79-150	灰白色	黏土	块状	7.9	2.0	0.20	0.60				13.0			
剖6	半水成土	砂姜黑土	砂姜黑土	洼坡砂姜黑土	重壤厚黑土心洼坡砂姜黑土	1	0-18	黄褐色	重壤土	粒状	7.5	10.0	0.55	0.81	50	3.0	89	17.5		E 117°52′56.5″ N 36°49′40.8″	80
						2	18-44	深褐色	轻壤土	粒块状	7.6	7.1	0.36	0.59	27	1.0	102	14.5			
						3	44-88	褐黄色	黏土	块状	7.0	8.7	0.35	0.51				18.3			
						4	88-150	灰褐色	黏土	棱柱状	7.5	4.1	0.20	0.65				17.7			
剖7	半淋溶土	褐土	褐土	冲积褐土	重壤质厚黏腰冲积褐土	1	0-25	黄褐色	重壤土	块状	8.4	18.9	0.89	1.36	62	11.0	110	25.0	冲积物	E 117°49′10.0″ N 36°49′08.6″	88
						2	25-50	灰褐色	重壤土	块状											
						3	50-152	黑色	黏土	块状											
剖8	半淋溶土	潮褐土	冲积潮褐土	中壤质厚腰冲积潮褐土		1	0-30	黑黄色	中壤土	团粒状	7.1	15.0	0.88	0.84	70	5.0	96	18.5	冲积物	E 117°52′16.3″ N 36°49′04.8″	92
						2	30-85	黑黄色	黏壤土	块状	7.1	8.4	0.72	0.64	40	1.0	62	21.2			
						3	85-140	黑褐色	黏壤土	块状	7.1	4.4	0.77	0.48				23.2			
						4	140-150	灰白色	中壤土	块状	7.8	2.0	0.24	0.63				13.9			
剖9	半淋溶土	褐土	洪冲积潮褐土	中壤质厚黏腰洪冲积褐土		1	0-22	浅褐色	中壤土	小块状	6.7	12.8	0.59	0.71	46	6.0	98	22.8	洪积物、冲积物	E 117°55′00.8″ N 36°47′39.8″	85
						2	22-50	黑褐色	重壤土	块状	6.8	10.4	0.52	0.55	47	2.0	78	16.9			
						3	50-120	黑褐色	重壤土	块状	6.9	14.8	0.68	0.05				26.9			
						4	120-150	灰褐色	重壤土	块状	6.8	7.5	0.32	0.05				26.7			
剖10	半淋溶土	褐土	洪冲积褐土	轻壤质厚黏腰洪冲积褐土		1	0-19	浅黄色	轻壤土	粒状	7.1	11.0	0.72	0.83	68	21.0	92	21.2	洪积物、冲积物	E 117°57′09.4″ N 36°47′11.0″	96
						2	29-90	黄褐色	重壤土	块状	6.9	6.0	0.53	0.70	46	1.0	97	24.0			
						3	90-150	黄褐色	重壤土	块状											
剖11	半淋溶土	褐土	洪冲积褐土	中壤全剖面均质洪冲积褐土		1	0-17	黄褐色	中壤土	粒状									洪积物、冲积物	E 117°52′44.8″ N 36°46′17.8″	77
						2	17-60	褐黄色	中壤土	块粒状											
						3	60-150	褐黄色	中壤土	粒状											

续表 Continued

剖面号 Soil profile	土纲 Soil order	土类 Soil great group	亚类 Soil subgroup	土属 Soil genus	土种 Soil species	土层码 Layer code	土层厚度 Depth/cm	颜色 Soil color	质地 Soil texture	土壤结构 Soil structure	pH	有机质 OM/(g/kg)	全氮 TN/(g/kg)	全磷 TP/(g/kg)	碱解氮 AN/(mg/kg)	有效磷 AP/(mg/kg)	速效钾 AK/(mg/kg)	阳离子交换量CEC/(cmol/kg)	土壤母质 Parent material	剖面点坐标 Profile coordinate	匹配指数 Matching index/%
剖12	半淋溶土	褐土	褐土	洪积褐土	中壤质厚黏腰洪冲积褐土	1	0—20	褐黄色	中壤土	粒块状	7.0	10.1	0.66	0.68	56	6.0	114	13.9	洪积物、冲积物	E 117°56′16.1″ N 36°45′56.9″	87
						2	20—50	褐黄色	中壤土	小块状	6.9	7.0	0.45	0.38	23	1.0	65	16.4			
						3	50—80	褐黄色	重壤土	块状											
						4	80—150	褐色	重壤土	粒状											
剖13	半淋溶土	褐土	褐土性土	石灰质褐土性土	薄层石渣褐土	1	0—30	黄色	壤土	块状									石灰岩	E 117°49′27.3″ N 36°44′25.9″	81
						2	30—70	暗黄色	壤土	块状											
						3	70—														
剖14	半淋溶土	褐土	褐土	洪冲积褐土	中壤质厚黏心洪积褐土	1	0—20	褐黄色	中壤土	粒状	7.1	6.7	0.67	0.73	48	2.0	95	11.8	洪积物	E 117°50′03.8″ N 36°43′18.8″	94
						2	20—60	黄褐色	重壤土	块状	7.0	2.8	0.38	0.73	5	2.0	70	20.0			
						3	60—80	黄褐色	重壤土	块状											
剖15	半淋溶土	褐土	褐土	洪冲积褐土	轻壤全剖面均质洪冲积褐土	1	0—20	浅黄色	中壤土	粒状	7.0	11.4	0.41	1.01	5	15.0	78	14.9	洪积物、冲积物	E 117°50′07.3″ N 36°42′37.7″	100
						2	20—34	浅黄色	中壤土	粒状	7.0	4.4	0.39	0.61				8.2			
						3	34—52	黄色	中壤土	粒状块状											
						4	52—150	黄色	中壤土	块状											
剖16	半淋溶土	褐土	褐土	洪积褐土	轻壤质中层洪积褐土	1	0—15	褐黄色	轻壤土	粒状	6.9	8.3	0.57	0.70	59	1.0	72	16.9	洪积物	E 117°53′21.3″ N 36°42′33.3″	97
						2	15—60	红褐色	轻壤土	小块状	6.9	3.9	0.38	0.66	20	1.0	76	18.3			
						3	60—														
剖17	半淋溶土	褐土	褐土	洪积褐土	轻壤全剖面均质洪积褐土	1	0—20	褐色	轻壤土	粒块状	7.7	11.1	0.65	0.86	57	5.0	94	16.3	洪积物	E 117°45′23.7″ N 36°39′54.9″	84
						2	20—40	黄褐色	中壤土		7.0	9.9	0.52	0.75	31	3.0	84	13.7			
						3	40—150	黄褐色	中壤土												

桓 台 县

主要土类说明

褐土是桓台县主要土壤类型，占本县地域面积的50%，分布在全县中、南部缓岗和微斜平地，由石灰性母质发育形成。本县褐土分为潮褐土、褐土等亚类。其中潮褐土亚类面积最大，广泛分布在全县褐土地带中较低的微斜平地。地下水埋深2—3m，个别地区可达7—8m，心土层黏化现象明显，并有少量假菌丝体，在成土过程中由于受地下水的影响，在底土层形成铁锰结核、锈纹、锈斑，土层深厚。潮褐土亚类表层多为中壤土，少数为轻壤土和重壤土，多数质地适中，厚黏心（20—40cm）、厚黏腰（60—100cm）与均质各占一半。褐土亚类由石灰性母质发育而成，心土层淀积明显，有大量假菌丝体，分布在田庄镇东南部和唐山镇。所处地形部位比潮褐土亚类高。褐土亚类因耕种历史悠久，表层土壤熟化度高，其特点是耕层、黏化层、钙积层三个基本层段较其他亚类明显，表层质地适中，土层深厚，土体构型较好，全为均壤质，是本县较好的农业土壤之一。

砂姜黑土是桓台县的第二大土壤类型，占本县地域面积的26%。砂姜黑土是在低洼、排水不良的环境条件下，经过长期的排水和耕作，使土壤发生脱沼泽过程而形成的一种暗黑色的耕作土壤。本县只有砂姜黑土一个亚类，主要分布在浅平洼地的局部低洼地区。砂姜黑土的剖面特征：表层一般为后期覆盖或长期耕作熟化呈褐色的壤土、重壤土或轻黏土，厚薄不等，下为灰黑色的黏重坚硬的黑土层，底土为灰黄杂色并含有砂姜的土层。本县砂姜黑土的黑土层颜色淡，黏性差，且砂姜部位靠下，垦殖历史悠久，土壤熟化尚好。

潮土是桓台县第三大土壤类型，占本县地域面积的21%，主要分布在本县北部小清河两岸和锦秋湖、麻大湖、青沙湖内的浅平洼地及背河槽状洼地上。剖面层次明显，各层的质地和颜色较均一，中下部土层有明显的锈纹、锈斑，或有细小的铁锰结核和石灰结核，土壤有强石灰反应，呈中性至微碱性，pH为7.3—8.2。本县潮土分为湿潮土、盐化潮土和潮土等亚类。其中，湿潮土亚类面积最大，主要分布在锦秋湖、麻大湖区内的洼地上。土壤剖面上部土层色泽较暗，土质较黏重，底土可出现灰色或蓝灰色的潜育层，物理性状较差，土壤潮湿、冷凉、黏重、板结，胀缩性强，雨季易涝，旱时龟裂，作物生长不良，耕作比较困难。湖底中心地区地势低洼，长期积水，不能垦种。随着地下水位下降，多已被垦为农田。潮土亚类主要分布在本县北部的小清河两岸，成土母质为河流沉积物，系山前冲积和黄泛冲积的交接地带。本亚类土体深厚，表层质地适中，耕性好，物理性状良好，养分含量中等，保肥保水，供肥性能强。盐化潮土亚类分布在锦秋、麻大两湖的边缘交接地带，即沿荆夏公路两侧，表层质地以轻壤土为主，少部分为中壤土。

本区域中心区气候特征

本区域中心区气候特征值
Regional climate characteristics in central area of the region

气候带：暖温带亚湿润气候 Climate region: Warm temperate subhumid climate	
年平均气温 /℃ Annual average temperature /℃	13.0
年平均最高气温 /℃ Annual average maximum temperature /℃	18.8
年平均最低气温 /℃ Annual average minimum temperature /℃	8.2
年降水量 /mm Annual precipitation /mm	610
≥10℃的积温 /℃ Daily temperature accumulated in a year（≥10℃）/℃	4777
年日照时数 /h Annual sunshine /h	2550
年平均相对湿度 /% Annual average relative humidity /%	65
干燥度 Dryness	1.27

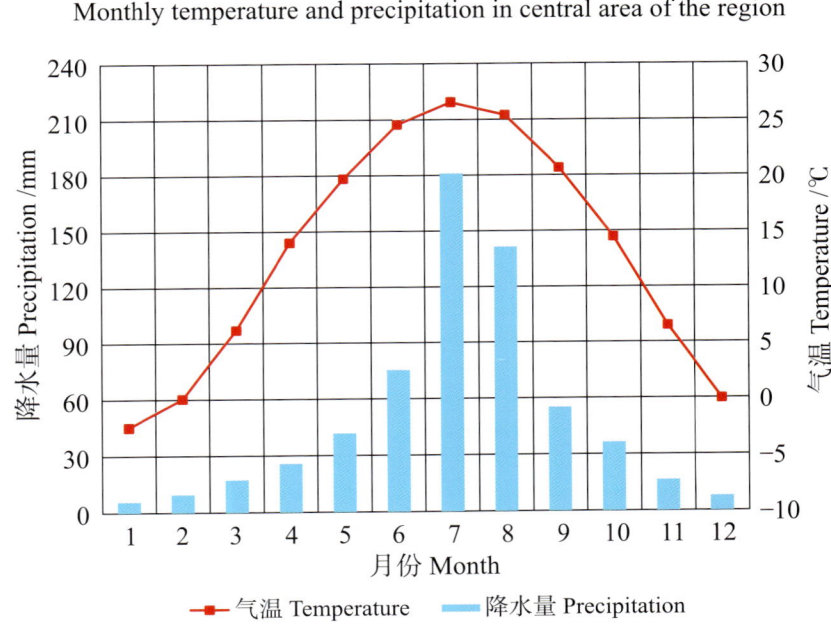

本区域中心区月平均气温与月平均降水量
Monthly temperature and precipitation in central area of the region

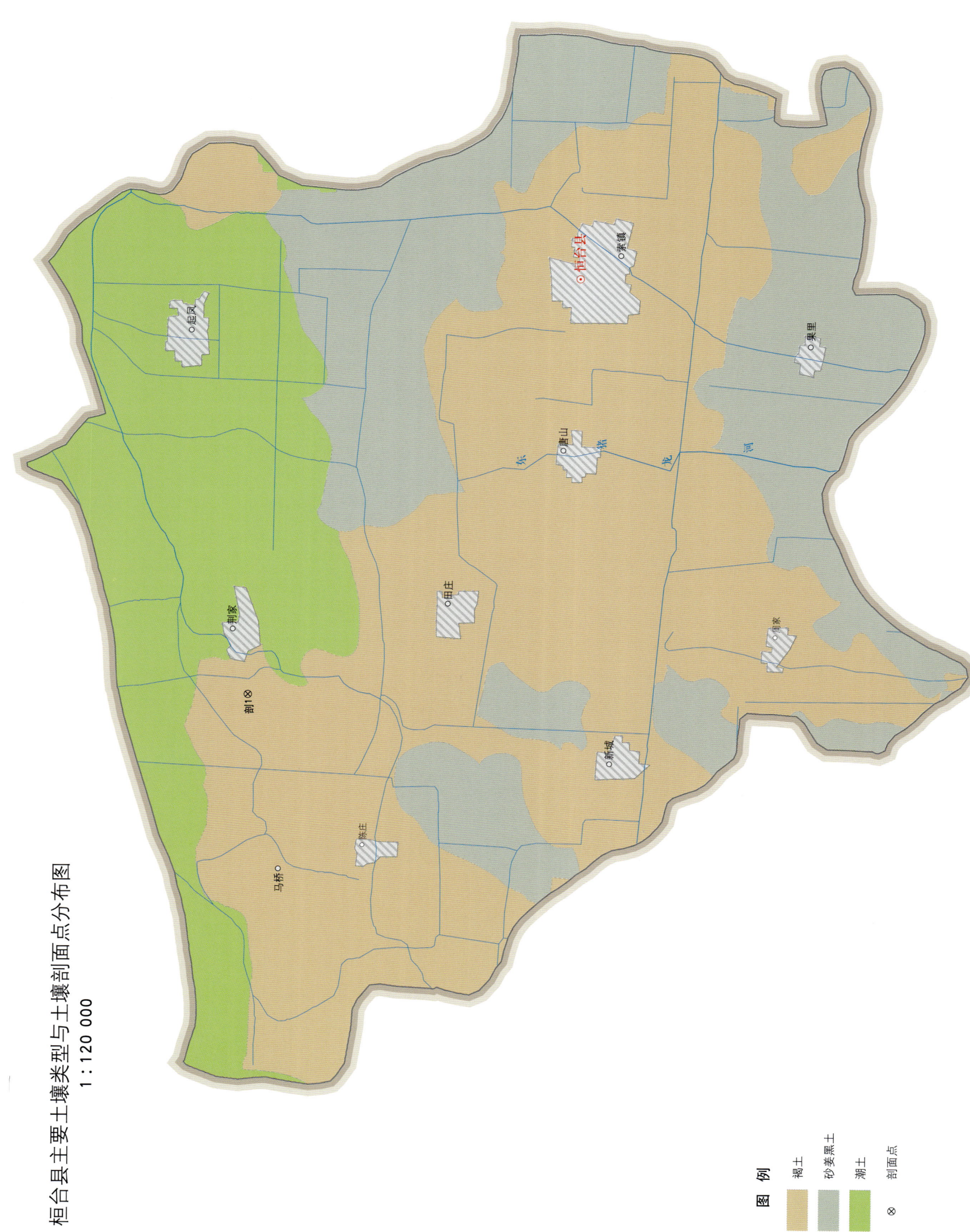

桓台县主要土壤类型与土壤剖面点分布图
1∶120 000

桓台县土壤剖面理化性状表

剖面号 Soil profile	土纲 Soil order	土类 Soil great group	亚类 Soil subgroup	土属 Soil genus	土种 Soil species	土层码 Layer code	土层厚度 Depth/cm	质地 Soil texture	pH	有机质 OM/(g/kg)	全氮 TN/(g/kg)	全磷 TP/(g/kg)	全钾 TK/(g/kg)	碱解氮 AN/(mg/kg)	有效磷 AP/(mg/kg)	速效钾 AK/(mg/kg)	阳离子交换量CEC/(cmol/kg)	剖面点坐标 Profile coordinate	匹配指数 Matching index/%
剖1	半淋溶土	褐土	潮褐土	潮褐土	黏黄泥土	Ap	0—18	壤质黏土	7.6	18.4	0.96	0.57	19.7	49	4.1	146	22.0	E 117°57′45.4″ N 37°02′56.4″	92
						AB	18—27	壤质黏土	7.5	16.1	0.74	0.52	20.4	43	3.2	143	25.4		
						B₁	27—85	壤质黏土	7.5	15.9	0.72	0.52	18.7	34	3.0	128	22.8		
						B₂	85—150	壤质黏土	7.8	9.5	0.42	0.52	21.3	24	7.3	169	16.9		

高 青 县

主要土类说明

潮土是高青县主要土壤类型，占本县地域面积的 95%。潮土土类剖面层次明显，各层的质地和色泽均一，中下部土层有明显的锈纹、锈斑，或有细小的铁锰结核和石灰结核，有强石灰反应，呈中性至微碱性，pH 为 7.2—8.4。本县潮土分为潮土、盐化潮土和湿潮土等亚类。其中，潮土亚类面积最大，分布在本县各个乡镇，分为砂质潮土、壤质潮土和黏质潮土等土属。砂质潮土供氮、供磷能力强，土壤中有效养分含量低，土壤容重较大，总孔隙度较小，但通透性很好，理化性状变幅较大，土体构型比较简单，保水保肥性较差，抗旱能力不强，但容易耕作。壤质潮土广泛分布在各个乡镇和各种地貌类型，土体深厚，表层质地适中，耕性好，通透性也较好，土壤一般较湿润，水、气、热状况较协调，保水保肥、供肥性能强。黏质潮土的各种物理性状、养分含量、养分之间的协调情况等比较好，耕层土壤物理性状好于其他土属，土壤养分中有机质、全氮、碱解氮含量高于其他土属，除全磷外，养分储备充足。但土壤通透性差，某些地块作物根系下扎受阻，雨季易涝渍，磷素含量太低，氮磷比例失调，质地黏重，易耕期很短。盐化潮土亚类是在一定的气象、水文、地质、地形、农作等条件综合作用下形成的，分布在本县各个乡镇，少数处在不同地貌类型的交接地带。该亚类分为砂质盐化潮土和壤质盐化潮土等土属。砂质盐化潮土主要分布在青城、黑里寨和田镇等地的黄河大堤南侧，在强烈的蒸发作用下，潜水通过地表蒸发，水去盐留，地表积盐而成。砂质盐化潮土的物理性状较非盐化各土属差，其突出特点是容重大，毛管作用强烈，养分少，碳氮比失调，速效磷含量低。土体中盐分含量较高，是影响植物正常生长的主要障碍因素。壤质盐化潮土分布在全县各个乡镇，地貌类型多为微斜平地、小缓岗或浅平洼地的边沿。地面高程不等，潜水矿化度大都为 5g/L 左右，地下水埋深为 1—4m，但大部分在 2.5m 左右，因强烈的蒸发作用，地表积盐。此土属范围内，地貌类型复杂，潜水矿化度较高，潜水位较靠上，故极易导致土壤盐化。近几年来通过一系列改碱措施，部分地块已开始脱盐，向潮土方向发展。壤质盐化潮土的理化性状较非盐化土属差，但比砂质盐化潮土土属好。其特点是土壤容重大，毛管孔隙小，毛管作用强烈，养分含量低，且各土种间变幅很大，养分比例失调，严重缺磷，土体中的盐分含量较高，这都是影响植物正常生长的障碍因素，但主要的影响因素是盐害。湿潮土亚类分布在本县大芦湖地区的低洼地上，是本县面积最小的潮土亚类。湿潮土亚类上部土层色泽较暗，且黏重，下部土层有的出现灰色或蓝灰色的潜育层，物理性状较差，土壤潮湿、冷凉、黏重、板结、胀缩性强，雨季漫水。

小于本县地域面积 3% 的土壤类型有草甸盐土、新积土等。

本区域中心区气候特征

本区域中心区气候特征值
Regional climate characteristics in central area of the region

气候带：暖温带亚湿润气候 Climate region: Warm temperate subhumid climate	
年平均气温 /℃ Annual average temperature /℃	13.1
年平均最高气温 /℃ Annual average maximum temperature /℃	18.8
年平均最低气温 /℃ Annual average minimum temperature /℃	8.2
年降水量 /mm Annual precipitation /mm	603
≥ 10℃的积温 /℃ Daily temperature accumulated in a year（≥ 10℃）/℃	4801
年日照时数 /h Annual sunshine /h	2556
年平均相对湿度 /% Annual average relative humidity /%	64
干燥度 Dryness	1.29

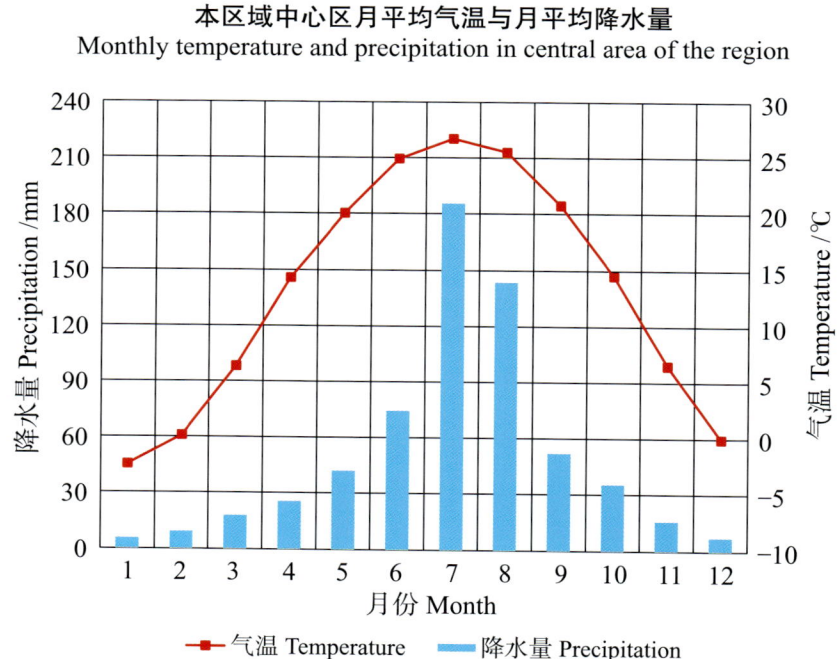

本区域中心区月平均气温与月平均降水量
Monthly temperature and precipitation in central area of the region

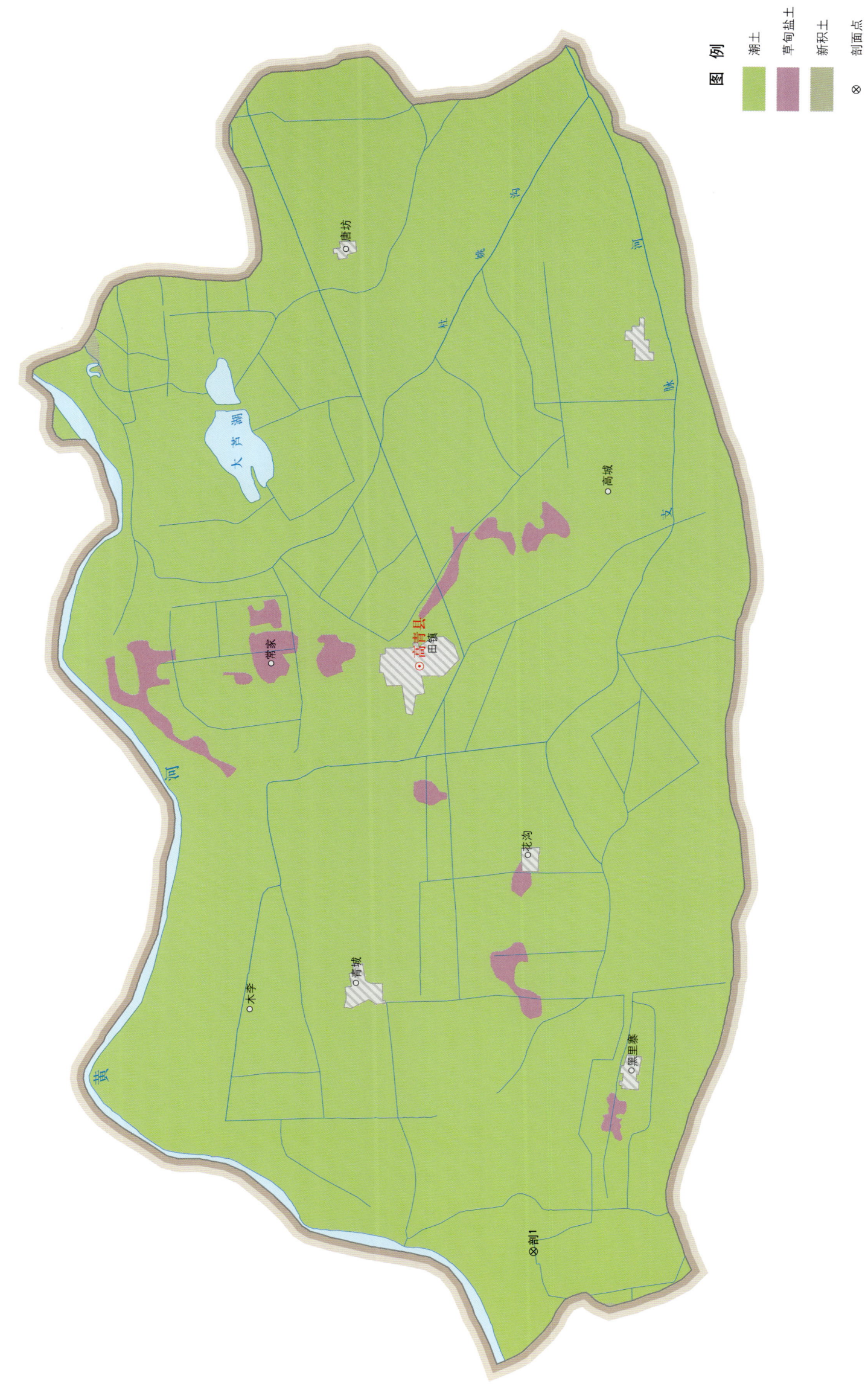

高青县土壤剖面理化性状表

剖面号 Soil profile	土纲 Soil order	土类 Soil great group	亚类 Soil subgroup	土属 Soil genus	土种 Soil species	土层码 Layer code	土层厚度 Depth/cm	质地 Soil texture	pH	有机质 OM/(g/kg)	全氮 TN/(g/kg)	全磷 TP/(g/kg)	全钾 TK/(g/kg)	碱解氮 AN/(mg/kg)	有效磷 AP/(mg/kg)	速效钾 AK/(mg/kg)	阳离子交换量 CEC/(cmol/kg)	剖面点坐标 Profile coordinate	匹配指数 Matching index/%
剖1	半水成土	潮土	盐化潮土	氯化物盐化潮土	轻油盐轻白土	1	0—5	壤土	7.7	6.4	0.44	0.71	17.1	46	4.2	87	6.0	E 117°35′02.8″ N 37°07′57.4″	95
						2	5—20	壤土	7.7	6.4	0.44	0.71	17.1	46	4.2	87	6.0		
						3	20—40	壤土	7.8	4.1	0.35	0.58	16.6	32	2.5	42			
						4	40—60	壤土	7.8	2.9	0.31	0.53	18.6	29	1.9	47	6.0		
						5	60—90			2.4	0.37		17.0		4.2	41	5.9		
						6	90—150												

沂 源 县

主要土类说明

褐土是沂源县主要土壤类型，占本县地域面积的54%，主要分布在中部沿沂河两岸的青石山区。本县褐土主要分为褐土性土、褐土、潮褐土等亚类。其中，褐土性土亚类面积最大，分布在钙质岩组成的低山丘陵中上部和顶部，多为荒山，少部分为林地和耕地。成土母质为岩石残积物、坡积物，土层厚度小于60cm，一般为15—30cm，土层以下为基岩。土壤多有石灰反应，呈中性至微碱性。一般表土含有大量砾石块或砾石片。褐土亚类分布在青石山中下部，水平梯田较多，表层质地为轻壤、中壤，有机质含量较高，蓄水保水能力强。成土母质主要是钙质岩坡积物和洪积物，剖面通体游离石灰含量较高，大部分有假菌丝和石灰结核，呈微碱性，通体以褐色为主，淋溶作用较棕壤弱，黏化较差。潮褐土亚类主要由钙质岩风化洪积物、冲积物发育而成，同时也含有某些酸性岩风化洪积物和冲积物。潮褐土亚类分布在本县青石山最下部的沿河高阶地上，地势平缓，地下水埋深一般为5m左右，水源丰富，灌溉条件好，土体下部有明显的锈纹、锈斑，各层次均有不同程度的石灰反应，pH为7.0以上。

棕壤是沂源县第二大土壤类型，占本县地域面积的43%，主要分布在大张庄、悦庄、张家坡三镇。母质为花岗岩、片麻岩等酸性岩风化物，其次是基性岩风化物。剖面通体无石灰反应，土壤呈酸性至微酸性，pH为5.5—6.8。棕壤具有明显的淋溶和淀积作用，剖面呈鲜棕色或棕褐色，有较黏重的心土层，并有铁锰胶膜、铁子等新生体。土壤呈块状或棱块状结构。本县在垂直分布带上由上而下出现的亚类是棕壤性土、棕壤、潮棕壤等。棕壤性土亚类面积最大，主要分布在本县西南部、中部和北部地带，砂石山的中上部和顶部的荒山岭坡、岭坡梯田及坡麓梯田。土层薄，厚度一般为15—30cm，剖面发育不完全，无心土层。质地粗糙，多砾石，多孔隙，疏松，不抗旱，不保肥保水，养分含量低。土层以下为半风化母岩（酥石），有少数林地和荒草坡有一层5—10cm的草根层，其下部为半风化母岩。通体无石灰反应，pH为5.5—6.5。棕壤亚类主要分布在大张庄、鲁村、南麻和悦庄等地的山前平地。土层深厚，呈酸性至微酸性，pH在6.5左右，土壤颜色以棕色为主，通体无石灰反应，有明显的淋溶和淀积作用，剖面具有明显的黏重心土层，表土层为轻壤土或中壤土，心土层和底土层呈块状或棱块状结构，并覆被铁锰胶膜和铁子。潮棕壤亚类分布在鲁村、悦庄等地的山前倾斜平地，地势平坦，灌溉条件好，一般地下水位小于1m，土体下部有一个明显或较明显的氧化还原层。心土层发育明显或较明显，土层深厚，均超过1.5m，表土层为砂壤土或轻壤土，心土层以下为中壤土、重壤土或轻黏土，无石灰反应，pH为6.5左右，心土层以下有锈纹、锈斑。

小于本县地域面积3%的土壤类型有潮土和粗骨土等。

本区域中心区气候特征

本区域中心区气候特征值
Regional climate characteristics in central area of the region

气候带：暖温带亚湿润气候 Climate region: Warm temperate subhumid climate	
年平均气温 /℃ Annual average temperature /℃	13.4
年平均最高气温 /℃ Annual average maximum temperature /℃	19.0
年平均最低气温 /℃ Annual average minimum temperature /℃	8.7
年降水量 /mm Annual precipitation /mm	691
≥10℃的积温 /℃ Daily temperature accumulated in a year (≥10℃) /℃	4927
年日照时数 /h Annual sunshine /h	2520
年平均相对湿度 /% Annual average relative humidity /%	67
干燥度 Dryness	1.18

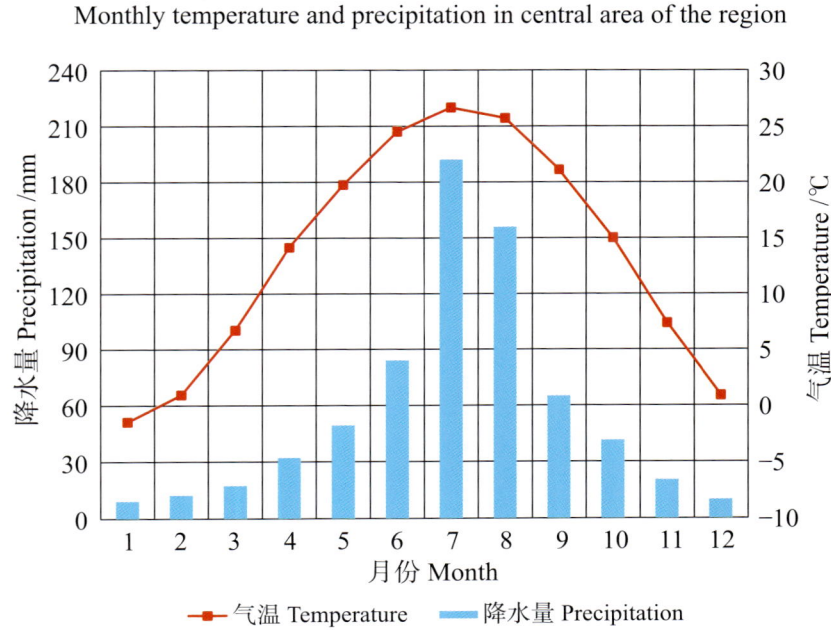

本区域中心区月平均气温与月平均降水量
Monthly temperature and precipitation in central area of the region

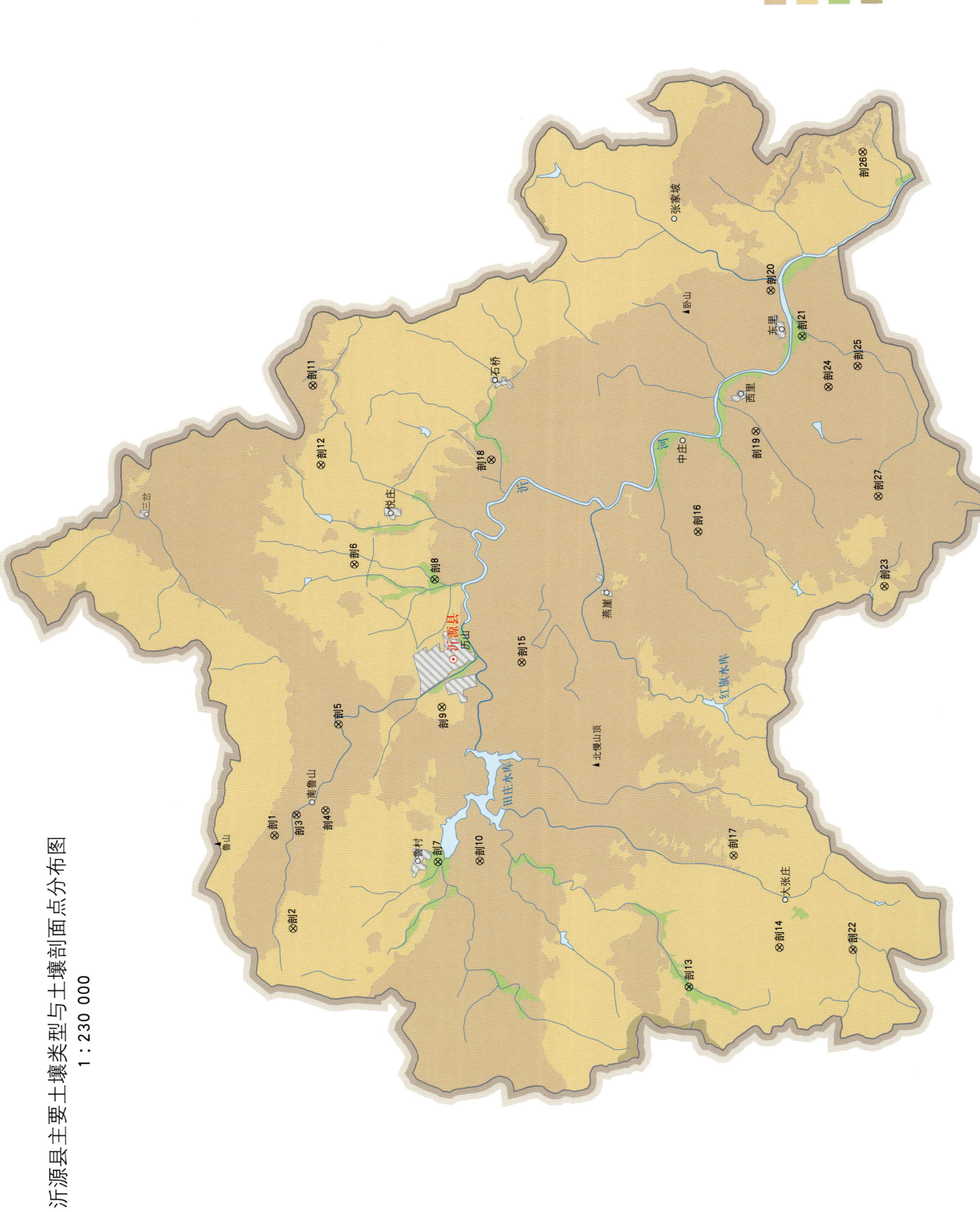

沂源县主要土壤类型与土壤剖面点分布图
1∶230 000

沂源县土壤剖面理化性状表

剖面号 Soil profile	土纲 Soil order	土类 Soil great group	亚类 Soil subgroup	土属 Soil genus	土种 Soil species	土层码 Layer code	土层厚度 Depth/cm	颜色 Soil color	质地 Soil texture	土壤结构 Soil structure	pH	有机质 OM/(g/kg)	全氮 TN/(g/kg)	全磷 TP/(g/kg)	碱解氮 AN/(mg/kg)	有效磷 AP/(mg/kg)	速效钾 AK/(mg/kg)	土壤母质 Parent material	剖面点坐标 Profile coordinate	匹配指数 Matching index/%
剖1	半淋溶土	褐土	褐土性	钙质岩类褐土性土		1	0—25	浅棕色	石渣土	碎块状	8.0							钙质岩类	E 118°03′31.4″ N 36°16′05.4″	96
剖2	淋溶土	棕壤	棕壤性	酸性岩类棕壤性土		1	0—43	浅棕色	粗砂土	粒状	6.0							酸性岩类	E 118°00′04.6″ N 36°15′35.8″	93
						2	25—													
剖3	半淋溶土	褐土	褐土	钙质岩类坡积洪积褐土	轻壤表均坡积洪积钙质褐土	1	0—23	浅褐色	轻壤土	碎块状	8.0	6.0	0.50	0.77	14	4.2	149	石灰岩风化坡积物、洪积物	E 118°04′16.7″ N 36°15′27.0″	71
						2	23—78	暗棕色	中壤土	块状	8.0	6.5	0.52	0.77	9	2.8	118			
						3	78—150	暗棕色	重壤土	块状	7.0	8.3	0.66	0.85	11	2.2	129			
剖4	半淋溶土	褐土	褐土性	砂页岩褐土性土	中层砂页岩酥石硼石皮土	1	0—35	浅褐色		碎块状	7.0							砂页岩	E 118°04′25.3″ N 36°14′36.6″	92
						2	35—													
剖5	半淋溶土	褐土	褐土	钙质岩洪积褐土	轻壤表均质钙质岩洪积褐土	1	0—21	黄褐色	轻壤土	团粒状	8.0	11.8	0.78	1.08	68	2.0	108	钙质岩类洪积物、冲积物	E 118°07′36.1″ N 36°14′11.4″	85
						2	21—50	浅褐色	中壤土	碎块状	8.0	5.0	0.35	1.00	34	1.0	81			
						3	50—150	浅褐色	中壤土	块状	8.0	4.5	0.29	0.91	30	1.0	57			
剖6	淋溶土	棕壤	棕壤	酸性岩洪积棕壤	轻壤表均质酸性岩洪积棕壤	1	0—21	黄褐色	轻壤土	粒状	6.0	10.0	0.68	0.78	54	3.0	106	酸性岩风化积物、冲积物	E 118°13′27.5″ N 36°13′37.9″	81
						2	21—113	褐红色	中壤土	块状	6.0	4.5	0.38	0.60	44	1.3	125			
						3	113—150	红棕色	黏土	核块状	6.0	1.8	0.18	0.57	19	3.1	73			
剖7	半水成土	潮土	潮土	壤质石灰性河潮土	轻壤表均质石灰性河潮土	1	0—25	黄褐色	轻壤土	团粒状	8.0	7.2	0.52	0.84	78	6.0	52	河流冲积物	E 118°02′27.3″ N 36°11′23.1″	86
						2	25—55	黄褐色	轻壤土	粒状	8.0	5.0	0.41	0.81	68	3.0	45			
						3	55—115	黄褐色	轻壤土	碎块状	7.5	4.7	0.40	1.02	59	4.0	71			
						4	115—150	黄褐色	轻壤土	块状	7.5	5.1	0.44	1.11	61	7.4	93			
剖8	半水成土	潮土	潮土	壤质河潮土	轻壤表均质河潮土	1	0—20	暗褐色	石渣土	粒状	6.5	2.9	0.23	0.57	25	3.0	45	河流冲积物	E 118°12′50.8″ N 36°11′19.3″	90
						2	20—58	浅褐色	砂壤土	碎块状	7.0	8.5	0.58	0.86	32	5.0	48			
						3	58—150	黄褐色	中壤土	碎块状	7.0	4.1	0.26	1.27	63	8.0	75			
剖9	淋溶土	棕壤	棕壤	酸性岩洪积棕壤	轻壤表均质酸性岩洪积棕壤	1	0—21	黄褐色	轻壤土	块状	6.0	11.2	0.82	0.81	69	6.6	113	花岗片麻岩风化洪积物、冲积物	E 118°08′09.2″ N 36°11′11.4″	71
						2	21—66	黄棕色	重壤土	块状	6.5	6.1	0.51	0.62	58	1.7	97			
						3	66—78	黄棕色	重壤土	棱柱状	6.5	2.7	0.29	0.77	21	1.4	103			
						R	78—150	黄棕色	轻壤土	块状	6.5	3.8	0.31	0.66	23	2.3	142			
剖10	淋溶土	棕壤	淋溶褐土	钙质岩红黏质土淋溶土	轻壤表均质钙质岩淋溶土	1	0—26	棕褐色	轻壤土	粒状	7.0	9.8	0.72	0.93	67	7.0	154	钙质岩类红色黏土	E 118°02′28.3″ N 36°10′10.7″	89
						2	26—48	褐色	轻壤土	块状	7.0	7.7	0.56		56	2.0	110			
剖11	半淋溶土	褐土	褐土性	钙质岩类褐土性土		1	0—12	棕褐色	石渣土	碎块状								钙质岩类	E 118°20′02.6″ N 36°14′43.2″	88
						2	12—													
剖12	淋溶土	棕壤	棕壤性	酸性岩类棕壤性土		1	0—13	灰棕色	粗砂土	粒状	6.5							酸性岩风化积物、冲残积物	E 118°17′07.1″ N 36°14′32.6″	95
						R	13—													
剖13	半水成土	潮土	潮土	砂质河潮土	砂壤表厚砂质河潮土	1	0—17	棕色	砂壤土	碎块状	7.0	6.8	0.55	0.95	33	14.1	193	河流冲积物	E 117°57′46.8″ N 36°04′11.3″	93
						2	17—38	暗棕色	中壤土	块状	7.0	3.6	0.37	0.69	20	4.6	170			
						3	38—74	灰棕色	砂壤土	块状	7.0	3.3	0.31	1.08	27	2.4	67			
						4	74—150	黄棕色	松砂土	单粒状	6.5									
剖14	淋溶土	棕壤	棕壤性	酸性岩类棕壤性土		1	0—26	褐色	壤土	碎块状	8.0							花岗岩	E 117°59′09.2″ N 36°01′33.2″	90
						2	26—													
剖15	半淋溶土	褐土	褐土性	钙质岩类褐土性土	壤质中层硬石底钙质岩类褐土性土	1	0—20	黄褐色	壤土	粒状	8.0							钙质岩类	E 118°09′44.6″ N 36°08′51.5″	83
						2	20—57	棕色		碎块状										
						3	57—													

续表 Continued

剖面号 Soil profile	土纲 Soil order	土类 Soil great group	亚类 Soil subgroup	土属 Soil genus	土种 Soil species	土层码 Layer code	土层厚度 Depth/cm	颜色 Soil color	质地 Soil texture	土壤结构 Soil structure	pH	有机质 OM/(g/kg)	全氮 TN/(g/kg)	全磷 TP/(g/kg)	碱解氮 AN/(mg/kg)	有效磷 AP/(mg/kg)	速效钾 AK/(mg/kg)	土壤母质 Parent material	剖面点坐标 Profile coordinate	匹配指数 Matching index/%
剖16	半淋溶土	褐土	褐土性	钙质岩类洪积土性	轻壤质均质酸性岩坡洪积棕壤	1	0—23	棕色	少砾质砂壤土	碎块状	7.5							钙质岩类	E 118°14′25.4″ N 36°03′41.0″	78
						2	23—													
剖17	淋溶土	棕壤	棕壤	酸性岩坡洪积棕壤	轻壤质均质酸性岩坡洪积棕壤	1	0—25	黄褐色	中壤土	粒状	6.5	8.3	0.63	0.50	59	5.3	104	花岗片麻岩风化坡积物、洪积物	E 118°02′32.6″ N 36°02′50.3″	79
						2	25—50	棕褐色	中壤土	碎块状	6.5	5.1	0.45	0.33	44	3.2	95			
						3	50—150	棕色	重壤土	棱块状	6.5	3.0	0.30	0.34	40	2.4	107			
剖18	半淋溶土	褐土	淋溶褐土	钙质岩坡洪积淋溶褐土	轻壤表中层钙质岩坡洪积淋溶褐土	1	0—21	褐棕色	轻壤土	团粒状	7.0	10.2	0.79	0.99	66	3.1	200	钙质岩类坡积物、洪积物	E 118°17′11.0″ N 36°09′37.1″	70
						2	21—57	黄棕色	中壤土	碎块状	7.0	6.5	0.59	0.61	53	0.6	159			
						3	57—													
剖19	半淋溶土	褐土	淋溶褐土	钙质岩坡洪积淋溶褐土	轻壤表均质钙质岩坡洪积淋溶褐土	1	0—23	棕褐色	轻壤土	碎块状	7.0	6.9	0.51	0.99	44	15.0	185	钙质岩类坡积物、洪积物	E 118°18′02.0″ N 36°01′57.0″	77
						2	23—70	红棕色	中壤土	块状	7.0	3.0	0.39	0.53	24	12.0	187			
						3	70—150	棕色	中壤土	块状	7.0	3.9	0.32	0.62	18	14.0	172			
剖20	半淋溶土	褐土	潮褐土	钙质岩冲积潮褐土	轻壤质坡积钙质岩潮褐土	1	0—21	浅红棕色	轻壤土	团粒状	8.0	13.7	0.99	1.50	71	7.3	199	钙质岩类风化坡积物、冲积物	E 118°23′09.4″ N 36°01′25.4″	94
						2	21—58	红棕色	轻壤土	块状	8.0	7.3	0.67	1.62	37	4.2	183			
						3	58—108	红棕色	中壤土	块状	8.0	9.1	0.75	1.43	48	1.3	199			
						4	108—150	红棕色	重壤土	块状	8.0	5.1	0.51	0.66	34	1.9	122			
剖21	半水成土	潮土	潮土	砂质石灰性河潮土		1	0—40	暗褐色	砂壤土	碎块状	7.0							河流冲积物	E 118°21′28.0″ N 36°00′33.1″	93
						2	40—													
剖22	淋溶土	棕壤	棕壤	酸性岩坡洪积棕壤	砂壤质均质酸性岩坡洪积棕壤	1	0—18	黄褐色	少砾质砂壤土	粒状	5.0	4.3	0.32	0.47	38	3.0	68	花岗岩风化坡积物、洪积物	E 117°59′02.8″ N 35°59′25.6″	97
						2	18—52	黄棕色	轻壤土	粒状	6.0	4.4	0.33	0.70	31	3.0	55			
						3	52—150	黄棕色	中壤土	块状	6.5	1.6	0.21	0.82	19	5.0	77			
剖23	淋溶土	棕壤	棕壤	基性岩坡洪积棕壤		1	0—20	浅红棕色	轻壤土	碎块状	5.5							基性岩类	E 118°12′17.8″ N 35°58′19.9″	100
						2	20—60	浅黄色	轻壤土	碎块状	6.0									
剖24	半淋溶土	褐土	淋溶褐土	钙质岩坡洪积淋溶褐土	中壤表中层钙质岩坡洪积淋溶褐土	1	0—24	浅棕色	中壤土	碎块状	7.0	7.6	0.83	0.87	54	5.5	154	钙质岩类坡积物、洪积物	E 118°19′35.6″ N 35°59′49.1″	97
						2	24—104	暗棕色	中壤土	碎块状	7.0	3.5	0.36	0.81	19	11.8	144			
						3	104—150	浅棕色	中壤土	碎块状	7.0	1.9	0.29	0.67	18	14.5	130			
剖25	淋溶土	褐土	褐土	钙质岩坡洪积褐土	轻壤质坡积钙质岩褐土	1	0—21	黄棕色	轻壤土	粒状	8.0	9.9	0.65	0.94	48	4.0	127	钙质岩类坡积物、洪积物	E 118°20′20.0″ N 35°58′57.7″	94
						2	21—58	棕褐色	中壤土	块状	8.0	6.5	0.51	0.90	42	3.0	90			
						3	58—													
剖26	半淋溶土	棕壤	棕壤性	基性岩类棕壤性土	壤土中层酸石屑基性岩类棕壤性土	1	0—23	浅棕色	壤土	粒状	6.5	14.3	0.73	0.93	58	6.1	77	基性岩类	E 118°28′06.8″ N 35°58′39.8″	70
						2	23—52	浅棕色	轻壤土	块状	7.0	8.1	0.57	0.64	34	1.5	66			
						3	52—													
剖27	半淋溶土	褐土	淋溶褐土	砂页岩坡积淋溶褐土	轻壤坡积砂页岩坡洪积淋溶褐土	1	0—20	浅棕色	轻壤土	粒状	7.0	10.8	0.56	0.42	32	1.1	50	砂页岩坡积物、洪积物	E 118°15′34.9″ N 35°58′27.1″	88
						2	20—41	浅红棕色	中壤土	块状	7.0									
						3	41—87	浅红棕色	中壤土	块状	7.0	7.7		0.13	78	1.9	55			
						4	87—150	红棕色	中壤土	棱块状	7.0									

枣庄市

市辖区

主要土类说明

褐土是枣庄市主要土壤类型，占本市地域面积的52%，主要分布在陶庄、邹坞、临城、常庄等地。成土母质是石灰岩和其他富含钙质的岩类风化物，在半湿润、半干旱的气候条件下，经过黏化作用、钙化作用、较弱的生物积累作用和旱耕熟化作用发育而成。因石灰岩风化物与片麻岩风化物相间并存，不同类型的褐土与棕壤呈交错分布。

棕壤是枣庄市第二大土壤类型，占本市地域面积的27%。棕壤发生于落叶阔叶林植被条件下，成土母质以花岗岩、片麻岩风化物为主，经过黏化作用、淋溶作用和较强的生物积累作用，以及人为的旱耕熟化作用发育而成。旱耕熟化的耕作层以下为呈明显鲜棕色或棕褐色且较黏重的心土层，厚度较褐土类厚，结构面多覆被铁锰胶膜，心土层下段有时有铁子、铁管存在。土壤呈微酸性至酸性。

砂姜黑土是枣庄市第三大土壤类型，占本市地域面积的12%。土体包括黑土层和砂姜层两个基本层段。砂姜层一般出现在地表以下70cm左右，局部地段耕层内也有少量的砂姜出现。黑土层的出现部位有两种情况：一是黄土覆盖20—50cm及以下出现黑土层，二是黑土直接出露地表。

潮土占枣庄市地域面积的5%。地下水位较高，土层深厚，沉积层理常较明显。潮土的形成受到沉积母质、地下水及人为耕作的显著影响。潮土的地下潜水位一般为3m左右，随着地下水位升降，土体中产生氧化还原交替发生的潮化过程，影响土壤中物质的溶解、积累和淀积，并在土壤中形成锈纹、锈斑或细小的铁锰结核。

小于本市地域面积3%的土壤类型有粗骨土等。

本区域中心区气候特征

本区域中心区气候特征值
Regional climate characteristics in central area of the region

气候带：暖温带亚湿润气候 Climate region: Warm temperate subhumid climate	
年平均气温 /℃ Annual average temperature /℃	14.1
年平均最高气温 /℃ Annual average maximum temperature /℃	19.4
年平均最低气温 /℃ Annual average minimum temperature /℃	9.5
年降水量 /mm Annual precipitation /mm	801
≥10℃的积温 /℃ Daily temperature accumulated in a year（≥10℃）/℃	5179
年日照时数 /h Annual sunshine /h	2331
年平均相对湿度 /% Annual average relative humidity /%	70
干燥度 Dryness	1.05

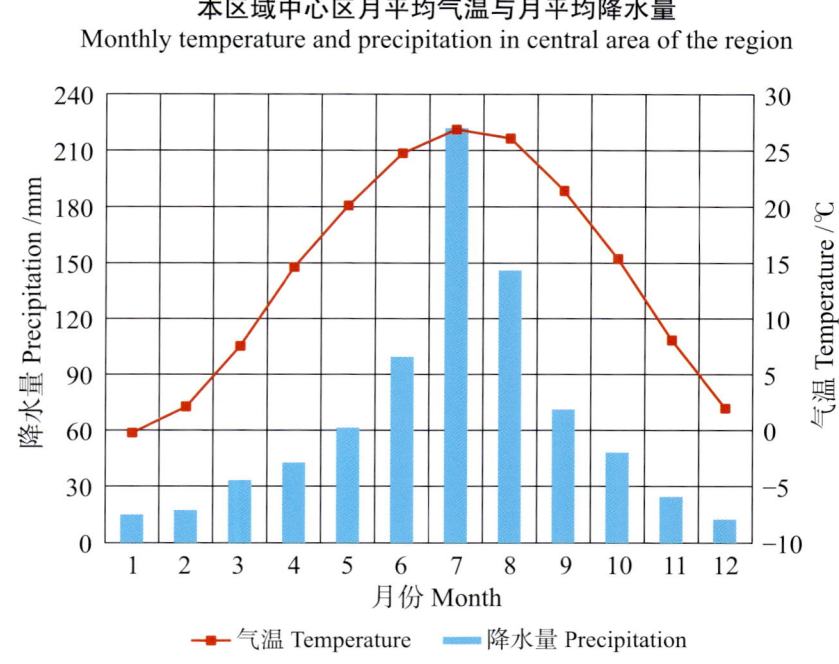

本区域中心区月平均气温与月平均降水量
Monthly temperature and precipitation in central area of the region

枣庄市市辖区（部分）主要土壤类型与土壤剖面点分布图
1∶140 000

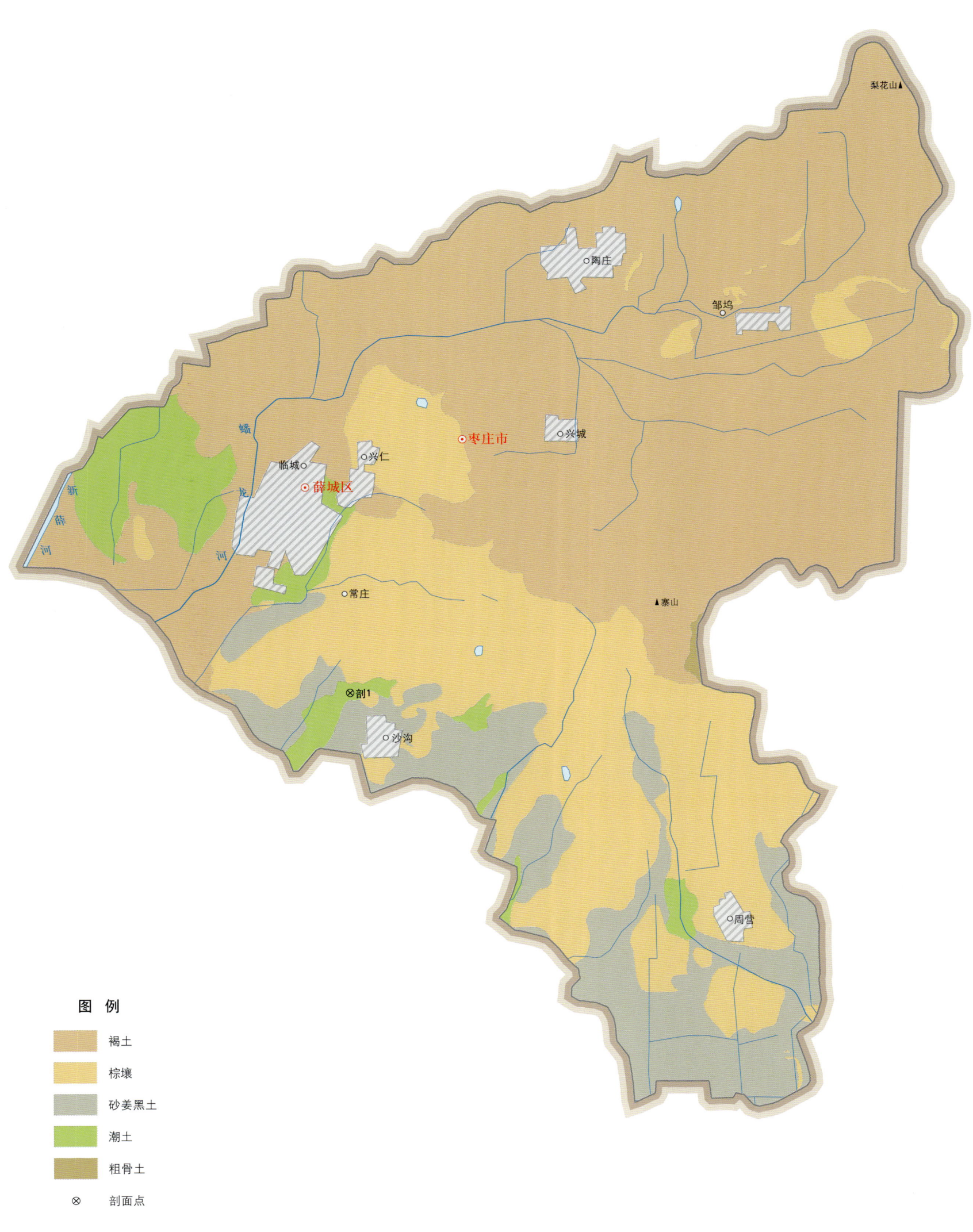

枣庄市土壤剖面理化性状表

剖面号 Soil profile	土纲 Soil order	土类 Soil great group	亚类 Soil subgroup	土属 Soil genus	土种 Soil species	土层码 Layer code	土层厚度 Depth/cm	质地 Soil texture	pH	有机质 OM/(g/kg)	全氮 TN/(g/kg)	全磷 TP/(g/kg)	碱解氮 AN/(mg/kg)	有效磷 AP/(mg/kg)	速效钾 AK/(mg/kg)	阳离子交换量CEC/(cmol/kg)	剖面点坐标 Profile coordinate	匹配指数 Matching index/%
剖1	半水成土	潮土	潮土	河潮土	聚金冲淤土	1	0—22	砂质黏壤土	7.9	10.7	0.54	0.47	57	6.0	73	9.9	E 117°16′15.2″ N 34°44′43.8″	73
						2	22—40	砂质黏壤土	7.8	4.5	0.27	0.52	28	1.5	66	9.0		
						3	40—65	砂壤土	7.8	2.4	0.21	0.47	24	3.3	45	9.3		
						4	65—85	壤质黏土	7.5	7.8	0.47	0.41	43	1.8	144	16.5		
						5	85—110	壤质黏土	7.5	8.1	0.62	0.43	53	0.8	200	17.0		

峄 城 区

主要土类说明

褐土是峄城区主要土壤类型，占本区地域面积的67%。本区褐土分为淋溶褐土、褐土性土、褐土、潮褐土等亚类。其中，淋溶褐土亚类面积最大，大部分乡镇街道均有分布。土体 1m 以下才有石灰反应，黏粒下移明显，耕层质地多适中。土体深厚，厚度大于 1m 的土体占本亚类的 82.4% 以上。土体构型良好，上松下实，保水保肥，物理性状较好，土壤养分较高。褐土性土亚类剖面发育不完全，无心土层，土层以下为半风化母岩。土体浅薄，厚度多小于 30cm，少数深达 65cm，多与裸岩成复区，含有砾石、粗砂，保肥保水性差，肥力低，水土流失严重，易干旱。潮褐土亚类分布在古邵、榴园、峨山、底阁和吴林等地。土壤剖面除有黏化层、钙积层外，还有锈纹、锈斑或潜育砂姜层。多有石灰反应，pH 为 7.0 左右。心土层或底土层湿时呈黑色，干时呈暗棕色。该亚类土体深厚，土壤较肥沃，适种作物广泛。

砂姜黑土是峄城区第二大土壤类型，占本区地域面积的 26%，主要分布在运河以北古邵的南部，底阁、吴林的低洼地。砂姜黑土腐泥状的黑土层出现在 60cm 以上，1.5m 以上出现砂姜盘或大小不同形状的散布的砂姜，如面砂姜、岗砂姜和砂姜盘。耕层质地多为重壤土和黏土，呈碎块状结构。底土呈块状或柱状结构，土壤呈中性，有石灰反应。耕层质地结构不良，导致通透性不好，耕性差，易板结。砂姜层出现部位高时，严重影响水分、养分运动和根系下扎。本区砂姜黑土只有砂姜黑土一个亚类。

棕壤是峄城区第三大土壤类型，占本区地域面积的 5%，主要分布在峨山、阴平和榴园。本区棕壤分为棕壤性土、棕壤等亚类。其中，棕壤性土亚类面积最大，剖面发育不完全，无心土层，基底为半风化母岩。土体浅薄，厚度一般小于 30cm，含有大量粗砂和砾石，pH 在 6.5 左右。棕壤亚类剖面具有部位高而厚的黏化层，耕层质地为中壤土、轻壤土和砂壤土，含有粗砂，通体无石灰反应，pH 在 6.5 左右。

本区域中心区气候特征

本区域中心区气候特征值
Regional climate characteristics in central area of the region

气候带：暖温带亚湿润气候 Climate region: Warm temperate subhumid climate	
年平均气温 /℃ Annual average temperature /℃	14.1
年平均最高气温 /℃ Annual average maximum temperature /℃	19.4
年平均最低气温 /℃ Annual average minimum temperature /℃	9.5
年降水量 /mm Annual precipitation /mm	801
≥10℃的积温 /℃ Daily temperature accumulated in a year (≥10℃) /℃	5179
年日照时数 /h Annual sunshine /h	2331
年平均相对湿度 /% Annual average relative humidity /%	70
干燥度 Dryness	1.05

本区域中心区月平均气温与月平均降水量
Monthly temperature and precipitation in central area of the region

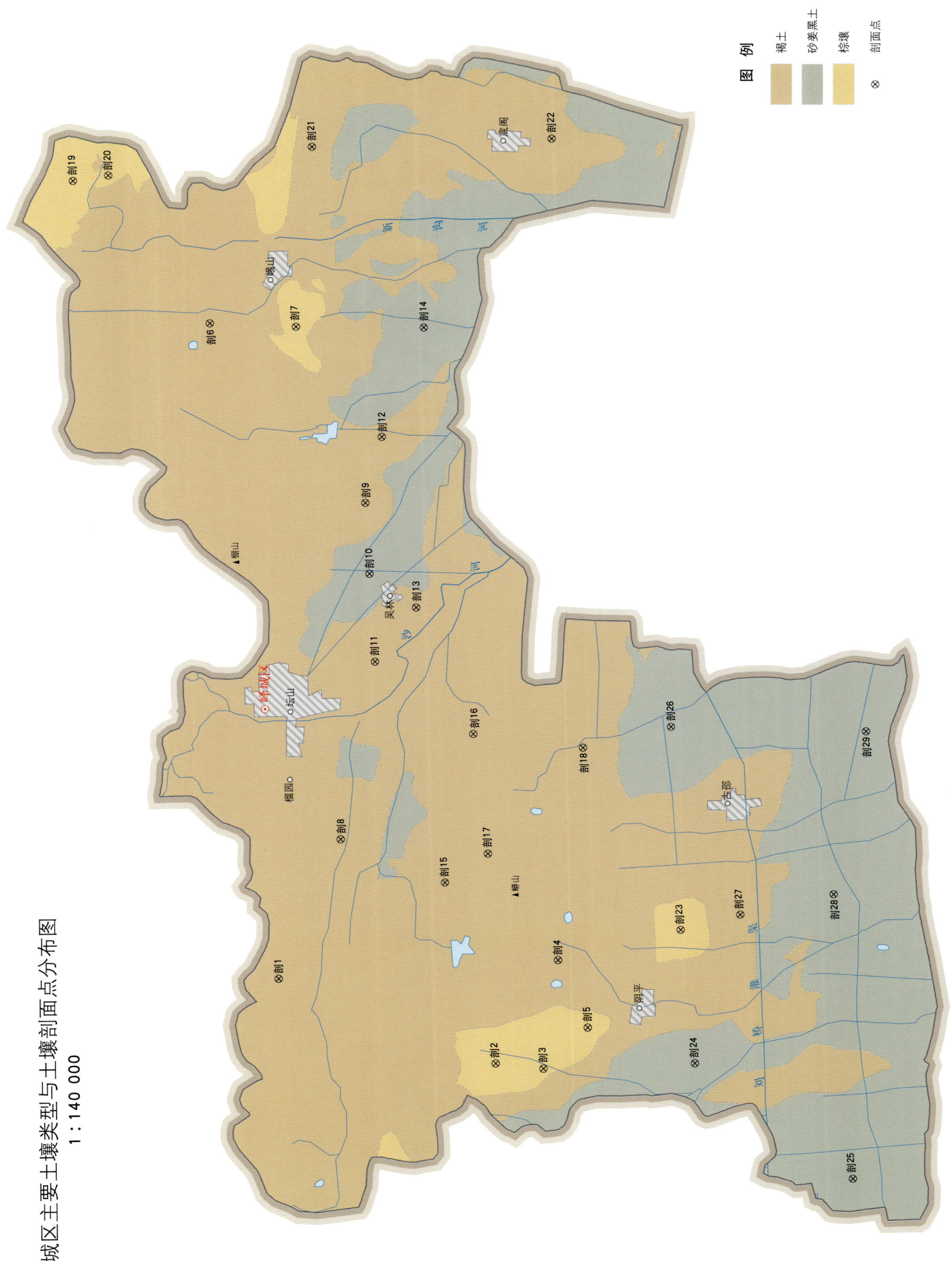

峄城区土壤剖面理化性状表

剖面号 Soil profile	土纲 Soil order	土类 Soil great group	亚类 Soil subgroup	土属 Soil genus	土种 Soil species	土层码 Layer code	土层厚度 Depth/cm	颜色 Soil color	质地 Soil texture	土壤结构 Soil structure	pH	有机质 OM (g/kg)	全氮 TN (g/kg)	全磷 TP (g/kg)	全钾 TK (g/kg)	碱解氮 AN (mg/kg)	有效磷 AP (mg/kg)	速效钾 AK (mg/kg)	阳离子交换量 CEC (cmol/kg)	土壤母质 Parent material	剖面点坐标 Profile coordinate	匹配指数 Matching index/%
剖1	半淋溶土	褐土	淋溶褐土	坡洪积淋溶褐土		1	0~18	棕黄色	中壤土	粒状		7.0	0.50				1.5			坡积物、洪积物	E 117°28′47.6″ N 34°46′13.3″	99
						2	18~60	暗褐色	粗砂土	块状		4.9	0.44				微量					
剖2	淋溶土	棕壤	棕壤性土	坡洪积棕壤性土		1	0~20	棕黄色	黏土	粒状		6.7	0.41				2.4			坡积物、洪积物	E 117°26′51.3″ N 34°42′19.8″	72
						2	20~35	棕红色	黏土	块状		6.0	0.44				1.6					
剖3	淋溶土	棕壤	棕壤	洪积棕壤	薄砂心粗砂壤土洪积棕壤	1	0~20	棕黄色	中壤土	粒状											洪积物	E 117°26′43.5″ N 34°41′28.0″	95
						2	20~40	棕褐色	重壤土	块状													
						3	40~80	棕褐色	重壤土	块状													
						4	80~120	棕黄色	中壤土	块状													
剖4	半淋溶土	褐土	褐土	坡积褐土	厚黏心少砾石中壤坡洪积褐土	1	0~17	红棕色	中壤土	粒状		7.3	0.44	0.20			3.6			钙质岩	E 117°29′08.0″ N 34°41′10.8″	89
						2	17~59	棕红色	重壤土	块状		4.3	0.37	0.15			0.5					
						3	59~90	棕红色	重壤土	块状		4.4	0.34	0.17			2.3					
						4	90~105	棕黄色	砂壤土	块状		4.5	0.36	0.18			1.4					
剖5	淋溶土	棕壤	棕壤	洪积棕壤	薄砂心粗砂壤土洪积棕壤	1	0~20	褐色	轻壤土	粒状		8.8	0.48	0.40			2.6			洪积物	E 117°27′37.0″ N 34°40′39.8″	82
						2	20~45	浅棕色	重壤土	粒状		3.8	0.26	0.45			3.2					
						3	45~75	浅棕色	粗砂土	粒状		2.8	0.32	0.57			4.8					
						4	75~105	棕黄色	砂壤土	粒状		3.3	0.25	0.32			13.0					
剖6	半淋溶土	褐土	淋溶褐土	灰质淋溶褐土	卧牛石土	Ap	0~18		壤质黏土		6.8	12.4	0.93	0.34	18.9	77	3.7	130	20.3		E 117°43′33.3″ N 34°47′20.8″	97
						B	18~65		黏土		6.8	5.7	0.53	0.32	19.7	43	0.8	149	27.8			
剖7	淋溶土	棕壤	棕壤性土	坡积棕壤性土		1	0~17	棕黄色	石渣土	粒状		5.5	0.39				2.3			坡积物、洪积物	E 117°43′27.1″ N 34°45′47.5″	71
						2	17~32	棕黄色	石渣土	粒状		4.4	0.22				2.2					
剖8	半淋溶土	褐土	淋溶褐土	洪冲积淋溶褐土	均质重黏洪积淋溶褐土	1	0~20	灰褐色	重壤土	块状		14.4	0.91	0.37			3.7			洪积物、冲积物	E 117°31′54.8″ N 34°45′04.7″	88
						2	20~50	棕褐色	黏土	块状		14.4	0.83	0.31			1.6					
						3	50~108	暗褐色	黏质黏土	块状		9.2	0.56	0.23			1.4					
						4	108~150	黄褐色	黏土	块状		8.2	0.34	0.95			1.4					
剖9	半淋溶土	褐土	潮褐土	潮褐土	黏黄金土	Ap	0~20	暗棕	壤质黏土	粒状	6.8	14.8	0.97	0.38		70	3.5	141	29.2		E 117°39′28.7″ N 34°44′34.2″	88
						AB	20~35	棕色	黏质黏土	块状	6.6	10.6	0.76	0.33		60	0.7	97	25.9			
						B₁	35~90	浅黑色	黏质黏土	块状	6.8	6.8	0.38	0.32		40	3.5	129	24.6			
						B₂	90~110	棕黄色	壤质黏土	块状	6.8	5.6	0.33	0.40		35	1.1	112	29.7			
剖10	砂姜黑土	砂姜黑土	砂姜黑土	深黑土姜黑	重壤深黑土砂土	1	0~18		重壤土	粒状		12.2	0.83	0.35			14.3			洪积物、冲积物	E 117°37′53.0″ N 34°44′30.5″	77
						2	18~37	棕色	黏土	块状		9.5	0.62	0.25			4.7					
						3	37~57	浅黑色	黏质黏土	块状		9.9	0.54	0.37			0.5					
						4	57~150	棕黄色	黏土	粒状		3.6	0.28	0.24								
剖11	半淋溶土	褐土	褐土	洪积潮褐土	均质洪积褐土	1	0~20	褐色	重壤土	块状										洪积物、冲积物	E 117°35′54.6″ N 34°44′25.4″	80
						2	20~65	棕色	黏土	块状												
						3	65~150	棕黄相间	黏土	块状												
剖12	半水成土	潮土	潮土	洪冲积潮褐土	均质重壤洪积潮褐土	1	0~20	黄褐色	黏土	块状		18.8	1.00	0.40			7.8			洪积物、冲积物	E 117°40′57.7″ N 34°44′15.7″	100
						2	20~85	黑色	重壤土	块状		10.3	0.68	0.23			2.0					
						3	85~130	灰黄色	中壤土	粒状												
						4	130~150	棕黄色	重壤土	块状												
剖13	半淋溶土	褐土	淋溶褐土	洪冲积淋溶褐土	厚黏心中壤洪冲积淋溶褐土	1	0~26	棕黄色	中壤土	粒状										洪积物、冲积物	E 117°37′07.4″ N 34°43′40.5″	74
						2	26~40	棕色	重壤土	碎块状		5.8	0.49	0.23			1.9					
						3	40~150	棕黄色	黏土	块状												

续表 Continued

剖面号 Soil profile	土纲 Soil order	土类 Soil great group	亚类 Soil subgroup	土属 Soil genus	土种 Soil species	土层码 Layer code	土层厚度 Depth/cm	颜色 Soil color	质地 Soil texture	土壤结构 Soil structure	pH	有机质 OM/(g/kg)	全氮 TN/(g/kg)	全磷 TP/(g/kg)	全钾 TK/(g/kg)	碱解氮 AN/(mg/kg)	有效磷 AP/(mg/kg)	速效钾 AK/(mg/kg)	阳离子交换量CEC/(cmol/kg)	土壤母质 Parent material	剖面点坐标 Profile coordinate	匹配指数 Matching index/%
剖14	半水成土	砂姜黑土	砂姜黑土	深黑土砂姜黑土	黏土深黑土砂姜黑土	1	0~18	浅黑色	黏土	碎块状		15.3	1.02	0.20			3.7				E 117°43′24.3″ N 34°43′29.3″	74
						2	18~35	黄黑色	黏土	块状		14.5	0.91	0.33			0.3					
						3	35~72	黑色	黏土	块状		15.9		0.30								
						4	72~100	灰黄色	重壤土	块状		14.1	0.36	0.24								
剖15	半淋溶土	褐土	淋溶褐土	洪积淋溶褐土	均质重壤洪积淋溶褐土	1	0~20	灰黄色	重壤土	粒状		12.1	0.81	0.36			5.6			洪积物	E 117°30′54.7″ N 34°43′12.4″	89
						2	20~85	灰褐色	黏壤土	块状		8.8	0.72	0.30			2.0					
						3	85~150	黄褐色	黏土	块状		6.0	0.44	0.25			2.0					
剖16	半淋溶土	褐土	淋溶褐土	洪积淋溶褐土	厚黏心重壤洪积淋溶褐土	1	0~25	褐色	中壤土	粒状											洪积物	E 117°34′15.2″ N 34°42′40.0″	71
						2	25~65	褐色	重壤土	块状												
						3	65~150	暗褐色	黏土													
剖17	半淋溶土	褐土	褐土性	钙质岩类褐土性土		1	0~20			块状											钙质岩类残积物、坡积物	E 117°31′33.4″ N 34°42′25.5″	82
剖18	半淋溶土	褐土	淋溶褐土	洪积淋溶褐土	厚黏心中壤洪积淋溶褐土	1	0~25	灰白色	中壤土	粒状		9.8	0.60	0.30			3.0			洪积物	E 117°33′54.8″ N 34°40′41.6″	72
						2	25~50		重壤土	块状		3.3	0.29	0.22			3.6					
						3	50~113	棕褐色	黏土	块状		3.0	0.26	0.15			2.3					
						4	113~130	褐棕色	黏土	块状		1.0	0.17	0.95			0.3					
						5	130~145	灰黄色	黏土			2.6	0.52	0.09			4.3					
剖19	淋溶土	棕壤	棕壤性	坡洪积棕壤性土		1	0~20	褐色	石渣土												坡积物	E 117°46′47.6″ N 34°49′47.6″	81
剖20	淋溶土	棕壤	棕壤	洪积棕壤	厚黏心多砾石轻壤土洪积棕壤	1	0~25	棕褐色	轻壤土	粒状		7.0	0.44	0.15			3.5			洪积物	E 117°46′54.5″ N 34°49′09.5″	96
						2	25~65	棕褐色	重壤土	块状		4.2	0.34	0.16			0.8					
						3	65~90	黄棕色	重壤土	块状		3.1	0.32	0.18			1.9					
						4	90~150	棕红色	重壤土	块状		4.4	0.45	0.14			1.3					
剖21	半淋溶土	褐土	潮褐土	洪积潮褐土	中层中壤土洪积冲积潮褐土	1	0~22	灰黄色	中壤土	粒状		10.2	0.42	0.21			2.3			洪积物	E 117°47′30.3″ N 34°45′28.7″	84
						2	22~45	暗灰色	中壤土	块状		6.6	0.26	0.12			0.5					
						3	45~54	红灰色	黏土	块状		8.4	0.35	0.15			0.5					
						4	54~	紫色														
剖22	淋溶土	棕壤	棕壤	洪冲积棕壤	厚黏心中壤洪冲积棕壤	1	0~25	褐黄色	中壤土	粒状		10.2	0.47	0.50			11.5			洪积物、冲积物	E 117°47′38.1″ N 34°41′09.4″	71
						2	25~60	棕褐色	重壤土	块状		10.8	0.50	0.56			23.4					
						3	60~100	浅褐色	黏土	块状		9.7	0.44	0.43			10.0					
						4	100~150	褐色	黏土	块状		9.2	0.49	0.33			13.3					
剖23	淋溶土	棕壤	棕壤	洪积棕壤	厚黏心中壤洪积棕壤	1	0~18	浅黄色	中壤土	粒状		4.8	0.33	0.14			2.8			洪积物	E 117°29′46.3″ N 34°38′57.8″	97
						2	18~24	黄白色	黏土	小块状		2.6	0.21	0.11			0.8					
						3	24~98	红褐色	黏土	块状		2.6	0.27	0.10			微量					
剖24	半水成土	砂姜黑土	砂姜黑土	浅黑土砂姜黑土	重壤浅黑土砂姜黑土	1	0~17	黄色	重壤土	块状		13.8	0.99	0.30			4.5			洪积物	E 117°26′47.8″ N 34°38′44.2″	90
						2	17~60	黑色	黏土	块状		9.8	0.58	0.20			1.3					
						3	60~105	灰黄色	黏土	块状		7.9	0.37	0.27			1.0					
剖25	半水成土	砂姜黑土	砂姜黑土	表黏土砂姜黑土	表黑黏土砂姜黑土	1	0~16	黑色	黏土	碎块状		13.1	0.89	0.48			7.6			湖相沉积物	E 117°24′10.2″ N 34°35′54.6″	96
						2	20~40	黑色	黏土	块状		15.7	0.72	0.31			0.8					
						3	40~63	灰黑色	黏土	块状		8.9	0.55	0.28			0.8					
						4	63~90	灰白色	黏土	块状		3.2	0.36	0.21			1.9					
						5	90~140	黄色	黏土	粒状		2.7	0.30	0.27			1.2					
剖26	半水成土	砂姜黑土	砂姜黑土	浅黑土砂姜黑土	黏土浅黑土砂姜黑土	1	0~16	褐黄色	黏土	粒状											湖相沉积物	E 117°34′21.7″ N 34°39′06.1″	86
						2	16~33	黑色	黏土	块状												
						3	33~75	浅灰色	黏土	块状												
						4	75~110	黄色	黏土	块状												

续表 Continued

剖面号 Soil profile	土纲 Soil order	亚类 Soil subgroup	土属 Soil genus	土种 Soil species	土层码 Layer code	土层厚度 Depth/cm	颜色 Soil color	质地 Soil texture	土壤结构 Soil structure	pH	有机质 OM/(g/kg)	全氮 TN/(g/kg)	全磷 TP/(g/kg)	全钾 TK/(g/kg)	碱解氮 AN/(mg/kg)	有效磷 AP/(mg/kg)	速效钾 AK/(mg/kg)	阳离子交换量CEC/(cmol/kg)	土壤母质 Parent material	剖面点坐标 Profile coordinate	匹配指数 Matching index/%
剖27	半淋溶土	潮褐土	洪冲积潮褐土	厚砂姜腰膛重壤洪冲积潮褐土	1	0—16	黄棕色	重壤土	粒状		11.3	0.78	0.38			5.7			洪积物,冲积物	E 117°30′05.8″ N 34°37′53.4″	93
					2	16—28	灰棕色	重壤土	块状		8.7	0.80	0.25			2.0					
					3	28—85	棕褐色	重壤土	粒状		8.9	0.63	0.18			1.6					
					4	85—															
剖28	半水成土	砂姜黑土	浅黑土砂姜黑土	黏土浅黑土砂姜黑土	1	0—14	黄黑色	黏土	粒状		9.4	0.88	0.23			2.0			湖相沉积物	E 117°30′31.7″ N 34°36′11.9″	98
					2	14—26	黄黑色	黏土	块状		8.9	0.55	0.21			1.4					
					3	26—70	灰黑色	黏土	块状		7.8	0.29	0.21			1.5					
					4	70—90	灰黄色	黏土	块状		3.6		0.24			1.2					
剖29	半水成土	砂姜黑土	表黑土砂姜黑土	表黑黏土浅砂姜黑土	1	0—17	黑色	黏土	碎块状		10.1	0.69	0.15			1.9				E 117°34′12.0″ N 34°35′35.2″	97
					2	17—38	黑色	黏土	块状		4.5	0.33	0.26			1.6					
					3	38—97	灰黄色	黏土	块状		12.9	0.96	0.39			1.5					

台 儿 庄 区

主要土类说明

褐土是台儿庄区主要土壤类型，占本区地域面积的50%，各乡镇均有分布。本区褐土类的形成特点：以钙质岩母质为主发育而成，由于淋溶较强烈，中层以上土体的土壤钙质淋溶较深，黏粒淀积形成黏化层。本区只有少数潮褐土有石灰反应，或有砂姜层。褐土黏化层明显，pH在7.0左右。耕层有机质含量为12.8g/kg，全氮含量为0.89g/kg，全磷含量为0.43g/kg。本区褐土除位于低丘陵坡的土壤外，土体深厚，土壤比较肥沃，理化性状较好，适应作物广泛。改良应重点整平土地，增施有机质肥料和磷肥，加深耕层，发展水利，培肥地力，达到旱涝保收，可发展粮、棉、油等农产品生产。依据土体发育、石灰反应、地下水位影响的特征，本区褐土分为褐土性土、淋溶褐土和潮褐土等亚类。

砂姜黑土是台儿庄区第二大土壤类型，占本区地域面积的41%，主要分布在交接洼地上，各乡镇均有分布。本区砂姜黑土的特点：在1.5m土体内有黑土层和砂姜层，通体质地黏重，结构不良，砂姜层以上，部分有石灰反应，pH在7.0以上，无盐化、碱化现象。本区砂姜黑土只有砂姜黑土一个亚类。

小于本区地域面积3%的土壤类型有潮土、水稻土和棕壤等。

本区域中心区气候特征

本区域中心区气候特征值
Regional climate characteristics in central area of the region

气候带：暖温带亚湿润气候 Climate region: Warm temperate subhumid climate	
年平均气温 /℃ Annual average temperature /℃	14.2
年平均最高气温 /℃ Annual average maximum temperature /℃	19.4
年平均最低气温 /℃ Annual average minimum temperature /℃	9.7
年降水量 /mm Annual precipitation /mm	827
≥10℃的积温 /℃ Daily temperature accumulated in a year (≥10℃) /℃	5208
年日照时数 /h Annual sunshine /h	2305
年平均相对湿度 /% Annual average relative humidity /%	70
干燥度 Dryness	1.02

本区域中心区月平均气温与月平均降水量
Monthly temperature and precipitation in central area of the region

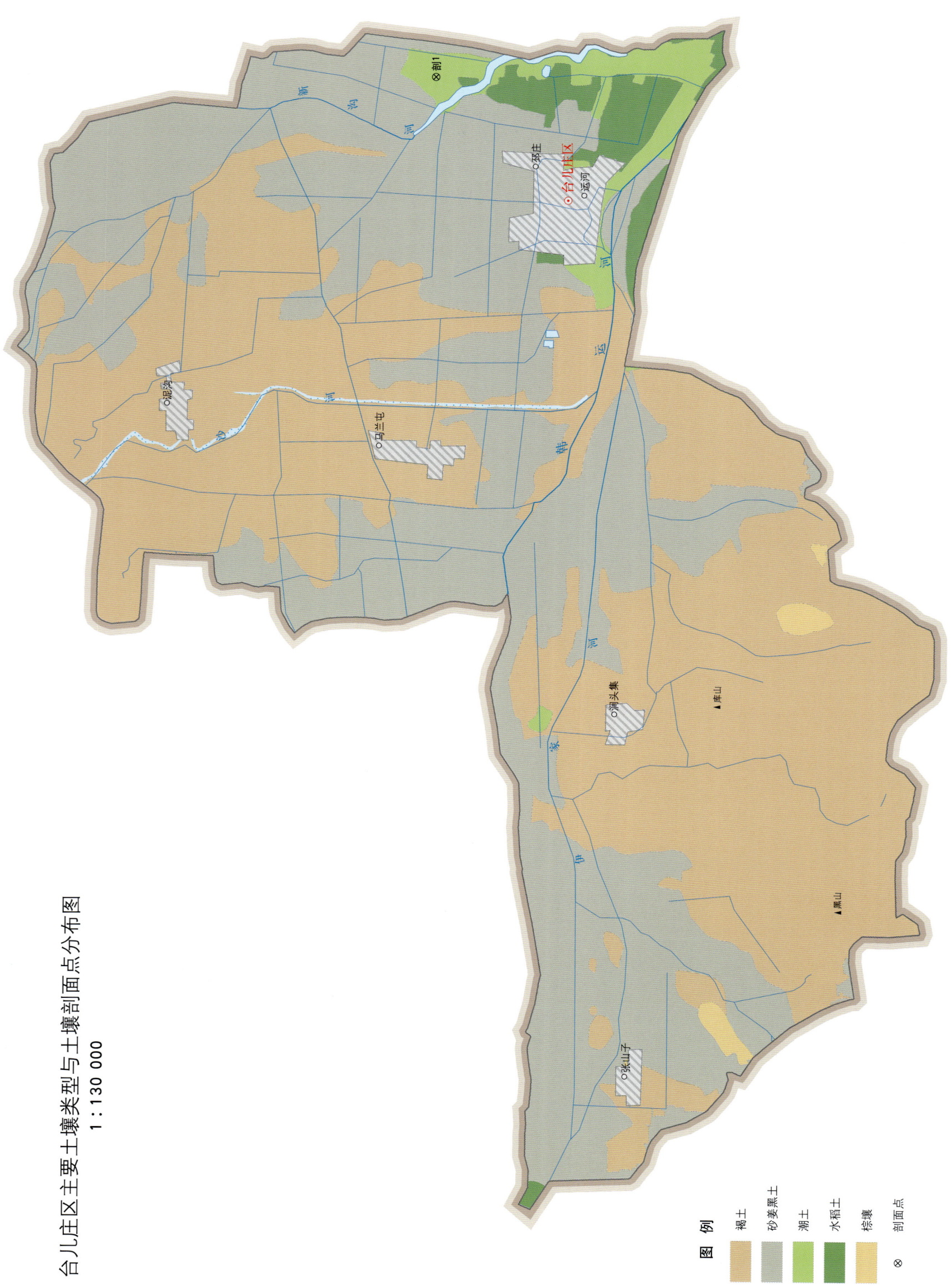

台儿庄区主要土壤类型与土壤剖面点分布图
1∶130 000

台儿庄区土壤剖面理化性状表

剖面号 Soil profile	土纲 Soil order	土类 Soil great group	亚类 Soil subgroup	土属 Soil genus	土种 Soil species	土层码 Layer code	土层厚度 Depth/cm	质地 Soil texture	pH	有机质 OM/(g/kg)	全氮 TN/(g/kg)	全磷 TP/(g/kg)	有效磷 AP/(mg/kg)	速效钾 AK/(mg/kg)	阳离子交换量CEC/(cmol/kg)	剖面点坐标 Profile coordinate	匹配指数 Matching index/%
剖1	半水成土	潮土	潮土	河潮土	黏冲淤土	1	0–20	壤质黏土	7.6	11.5	0.75	0.40	7.8	120	20.5	E 117°46′43.8″ N 34°36′01.6″	81
						2	20–52	壤质黏土	7.5	10.7	0.52	0.45	1.2	110	18.6		
						3	52–105	壤质黏土	7.4	9.8	0.62	0.35	0.6	108	18.5		

山 亭 区

主要土类说明

棕壤是山亭区主要土壤类型，占本区地域面积的52%，主要分布在店子、冯卯、水泉、桑村、徐庄、城头、北庄等地的丘陵地、平缓阶地和山坡地上。本区棕壤分为棕壤性土、棕壤、潮棕壤等亚类。其中，棕壤性土亚类面积最大，约占本区棕壤土类面积的70%。成土母质为酸性岩和非石灰质页岩。土壤剖面发育不完全，无心土层，表层以下是半风化母岩。棕壤性土亚类质地粗，土层薄，肥力低，水土流失严重，干旱威胁大。由于该亚类所处地形部位高，坡度大，水土流失严重。棕壤亚类在本区为已耕种的棕壤，被当地群众称为"黄土""黄黏土"等，主要分布在店子、冯卯、桑村、城头、北庄等地的山丘中下部和山前倾斜平地上，成土母质为坡积物、洪积物。通体以棕色或棕褐色为主，有明显的淋溶和淀积作用，具有明显的鲜棕色或黄棕色且较黏重的心土层，土层厚度较褐土厚。心土结构呈柱状或扁柱状结构，垂直裂隙明显，呈棱块状结构。结构面多覆被铁锰胶膜，呈黄棕色或红褐色。心土层下段有时有铁子、铁管存在。棕壤亚类是本区较好的耕作土壤之一。潮棕壤亚类主要分布在店子、冯卯的沿河洼地上和山前平地的低洼处，因地势平缓，地下水埋深为3—4m，剖面下部有铁子和锈纹、锈斑，有明显的附加潮土成土作用。由于土层深厚，土壤水分状况良好，浅层地下水水质好，土壤生产性能在棕壤土类中居首位。

褐土是山亭区第二大土壤类型，占本区地域面积的40%，主要分布在本区中部和南部低山丘陵区。本区褐土分为褐土性土、淋溶褐土、褐土、潮褐土等亚类。其中，褐土性土亚类占本土类面积超过60%，分布在石灰岩低山岭坡的上部，剖面发育不完全，无心土层，表层以下为半风化的母岩，粗骨薄层是其特点。土层厚度一般为20—40cm，土中夹有大小不一、数量不等的砾石。土壤瘠薄，保水、保肥能力差，水土流失严重，干旱威胁大。淋溶褐土亚类主要分布在徐庄、城头、桑村、北庄、西集等地的近山阶地和沟谷梯田上，是本区较好的耕作土壤，发育于坡积物、洪积物、冲积物上，土层深厚，剖面发育完整，心土层有黏粒淀积，中下部出现明显的胶膜和铁、锰淀积，土壤呈中性至微碱性，呈棱柱状结构。褐土亚类分布在水泉、冯卯、城头等地的山前倾斜平地上，由石灰性母岩风化洪积物、冲积物发育形成，土层深厚，剖面发育完全，通体以褐色为主，1m土体内有不同程度的石灰反应，土体中部以下有假菌丝体及黏粒胶膜，土壤呈中性至微碱性，表层质地为中壤土。潮褐土亚类分布在城头镇西部，面积最小。土体上部是钙质岩风化洪积物、冲积物，通体有不同程度的石灰反应，土壤呈中性至微碱性。地下水埋深为2—3m，下部受潜水作用的影响，底层有新生体，包括钙锰结核和锈纹、锈斑。

小于本区地域面积3%的土壤类型有潮土、粗骨土、砂姜黑土和红黏土等。

本区域中心区气候特征

本区域中心区气候特征值
Regional climate characteristics in central area of the region

气候带：暖温带亚湿润气候 Climate region: Warm temperate subhumid climate	
年平均气温 /℃ Annual average temperature /℃	13.8
年平均最高气温 /℃ Annual average maximum temperature /℃	19.4
年平均最低气温 /℃ Annual average minimum temperature /℃	9.0
年降水量 /mm Annual precipitation /mm	742
≥10℃的积温 /℃ Daily temperature accumulated in a year (≥10℃) /℃	5090
年日照时数 /h Annual sunshine /h	2406
年平均相对湿度 /% Annual average relative humidity /%	69
干燥度 Dryness	1.12

本区域中心区月平均气温与月平均降水量
Monthly temperature and precipitation in central area of the region

山亭区主要土壤类型与土壤剖面点分布图
1:200 000

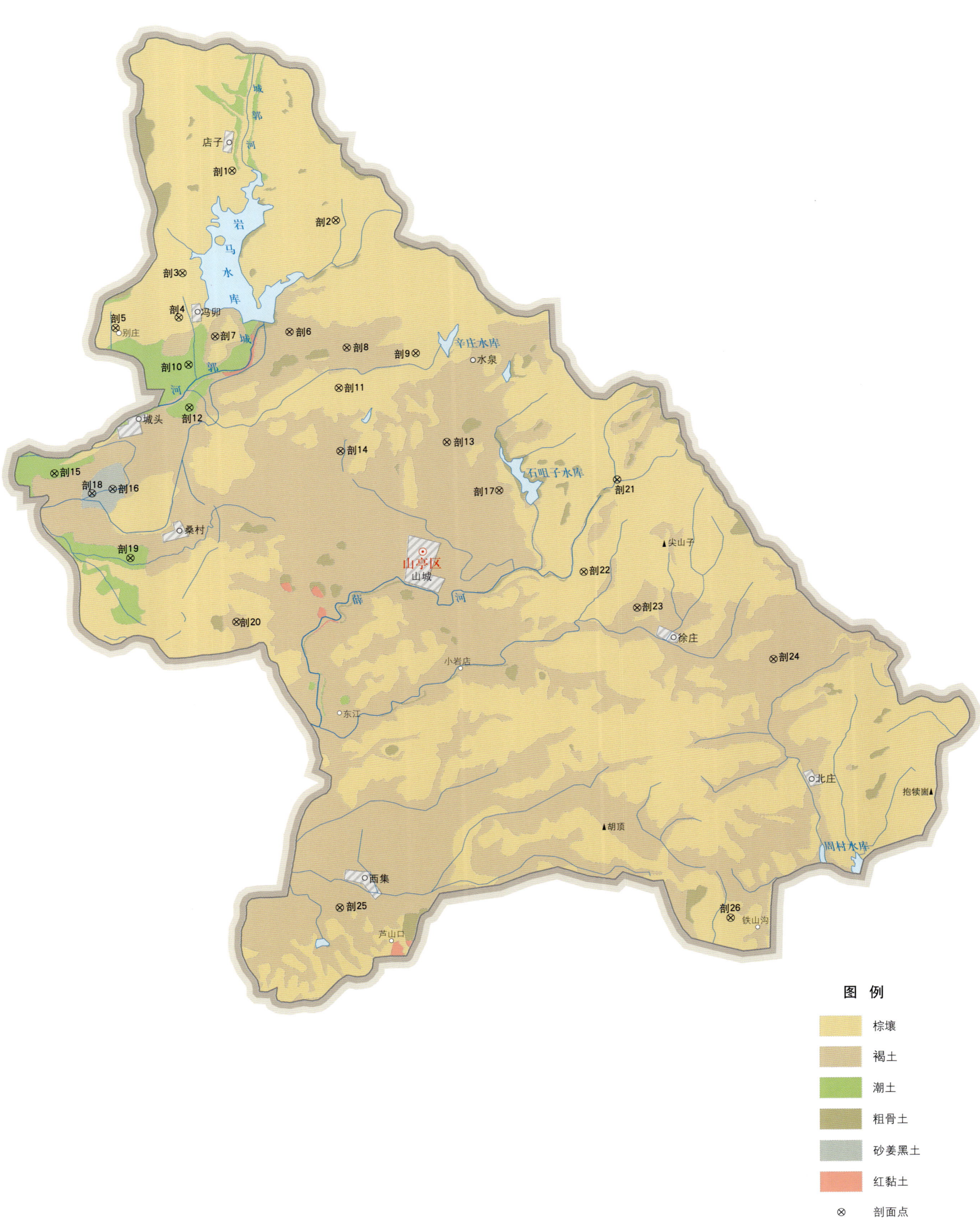

山亭区土壤剖面理化性状表

剖面号 Soil profile	土纲 Soil order	土类 Soil great group	亚类 Soil subgroup	土属 Soil genus	土种 Soil species	土层码 Layer code	土层厚度 Depth/cm	颜色 Soil color	质地 Soil texture	土壤结构 Soil structure	pH	有机质 OM/(g/kg)	全氮 TN/(g/kg)	全磷 TP/(g/kg)	全钾 TK/(g/kg)	碱解氮 AN/(mg/kg)	有效磷 AP/(mg/kg)	速效钾 AK/(mg/kg)	阳离子交换量CEC/(cmol/kg)	土壤母质 Parent material	剖面点坐标 Profile coordinate	匹配指数 Matching index/%
剖1	淋溶土	棕壤	潮棕壤	洪冲积棕潮壤	中壤厚黏腰洪冲积潮棕壤	1	0—25	棕色	中壤土	粒状	6.9	8.5	0.55			50	13.1	40		洪积物、冲积物	E 117°21′18.5″ N 35°15′46.4″	94
						2	25—100	黄棕色	中壤土	粒状	6.9	6.5	0.35				11.5	40				
						3	100—120	棕色	黏土	棱块状	6.4	6.7	0.45									
剖2	淋溶土	棕壤	棕壤	坡洪积棕壤	均质中壤坡洪积棕壤	1	0—20	黄棕色	中壤土	粒状	5.9	6.2	0.56			36	5.2	54	9.8	坡积物、洪积物	E 117°24′32.7″ N 35°14′28.1″	84
						2	20—100	黄棕色	中壤土	块状	5.8	5.2	0.31			26	3.5	40				
剖3	淋溶土	棕壤	棕壤性	酸性岩类棕壤性土		1	0—20	黄棕色	粗砂土	粒状	6.0	5.7	0.43	1.37		24	2.5	58	5.7	花岗岩	E 117°19′45.7″ N 35°13′05.7″	73
						2	20—	棕色		粗粒状	6.0											
剖4	淋溶土	棕壤	棕壤	洪冲积棕壤	均质轻壤洪积棕壤	1	0—21	浅棕色	轻壤土	粒状	6.5	11.4		0.92			2.0	53		洪积物	E 117°19′38.9″ N 35°11′55.8″	77
						2	21—45	黄棕色	轻壤土	粒状	6.9	6.9	0.49	0.78			1.0	54	9.7			
剖5	淋溶土	棕壤	潮棕壤	洪冲积潮棕壤	均质轻壤洪冲积潮棕壤	1	0—25	黄棕色	轻壤土	粒状	6.0	6.6				84	10.8	65	3.5	洪积物、冲积物	E 117°17′40.2″ N 35°11′39.3″	77
						2	25—45	棕色	轻壤土	块状	6.0											
						3	45—100		重壤土		5.9											
剖6	半淋溶土	褐土	褐土	洪积褐土	均质中壤洪积褐土	1	0—20	暗褐色	中壤土	粒状	6.0	9.4	0.73			60	3.5	101		洪积物	E 117°23′06.0″ N 35°11′32.3″	78
						2	20—110	褐色	重壤土	柱状	6.2	6.5	0.60			51	4.1	60				
剖7	半淋溶土	褐土	褐土性	钙质岩类褐土性土	钙质岩硬石底薄层石渣土	1	0—30	灰色	石渣土	块状	7.0	11.5	0.75			56	3.1	80		洪积物	E 117°20′46.9″ N 35°11′25.6″	89
剖8	淋溶土	棕壤	棕壤	洪积棕壤	中壤厚黏心洪积棕壤	1	0—20	黄褐色	中壤土	粒状	7.2	9.3	0.73			55	5.0	63		洪积物	E 117°24′53.3″ N 35°11′07.1″	77
						2	20—55	棕褐色	重壤土	柱状	6.5	6.3	0.61			50	3.0	48				
						3	55—105		重壤土		6.5											
剖9	淋溶土	棕壤	棕壤	坡洪积棕壤	均质重壤坡洪积棕壤	1	0—20	黄褐色	重壤土	粒状	5.9	11.1	0.60			74	9.9	82	9.7	坡积物、洪积物	E 117°27′02.4″ N 35°10′57.9″	73
						2	20—100	黄棕色	重壤土	块状	6.0											
						3	100—150	黄棕色	重壤土	块状	6.0											
剖10	半水成土	潮土	潮土	河潮土	均质轻壤河潮土	1	0—20	灰棕色	轻壤土	粒状	6.9	8.0	0.54			46	6.0	56	13.0	河流冲沉积物	E 117°19′56.8″ N 35°10′41.3″	87
						2	20—76		轻壤土	粒状	7.0											
						3	76—150	灰棕色	轻壤土	块状	6.5											
剖11	淋溶土	棕壤	棕壤性	酸性岩类棕壤性土		1	0—25	棕色	砾质中壤土	块状	5.8	8.0	0.74	0.93		63	6.5	65	12.6	酸性岩	E 117°24′38.2″ N 35°10′03.4″	94
剖12	半水成土	潮土	潮土	河潮土	轻壤厚黏心河潮土	1	0—20	黄褐色	中壤土	粒状	6.6	10.5	0.68			42	4.8	56		河流冲沉积物	E 117°19′58.4″ N 35°09′33.5″	84
						2	20—55	棕褐色	中壤土	柱状	6.5											
剖13	半淋溶土	褐土	褐土性	钙质岩类褐土性土	钙质岩硬石底中层黄钙土	1	0—18	黄褐色	重壤土	块状	6.5	9.5	0.65			48	3.0	66		钙质岩类	E 117°27′28.00.1″ N 35°08′37.7″	95
						2	18—47	红褐色	重壤土	粒状	6.7											
剖14	半淋溶土	褐土	褐土	洪积褐土	黏心黄钙土	Ap	0—20		黏土壤	粒状	8.0	9.0	0.54	0.52	16.9	37	2.5	70	15.1	钙质岩风化洪积物、冲积物	E 117°24′41.0″ N 35°07′50.7″	77
						AB	20—35	褐色	黏壤土	块状	7.8	7.9	0.60	0.55	16.4	33	2.2	76	15.5			
						B_1	35—77	褐色	壤质黏土	块状	7.8	6.2	0.39	0.41	17.2	23	1.8	87	16.6			
						B_2	77—122	棕褐色	黏质黏土	块状	7.8	5.2	0.32	0.48	17.9	46	2.5	80	15.5			
						BC	122—162	黄褐色	壤质黏土	块状	7.9	4.9	0.44	0.45	17.8	48	4.2	75	15.7			
						C	162—180	红褐色	壤质黏土	块状	7.8	4.1		0.48	17.1	48	6.5	78	15.4			
剖15	半水成土	潮土	潮土	含钙河潮土	均质轻壤钙质河潮土	1	0—25	棕褐色	轻壤土	粒状	6.8	9.9	0.68			58	20.4	68	10.7	钙质岩风化洪积物、冲积物	E 117°15′45.9″ N 35°07′50.7″	87
						2	25—80	褐色	中壤土	块状	7.0											
						3	80—114	褐色	中壤土	块状	6.7											
						4	114—160	褐色	重壤土	块状	7.0	11.0	0.86			1	41.0	86	19.0			
剖16	半水成土	砂姜黑土	砂姜黑土	洪底黑堆土裸器	重壤黑土裸器洪底砂姜黑土	1	0—20	黑色	中壤土	粒状	7.0									洪积物	E 117°17′34.8″ N 35°07′26.0″	72
						2	20—90	黑色	重壤土	块状	7.0											
						3	90—120	黄棕色	重壤土	块状	7.2											

续表 Continued

剖面号 Soil profile	土纲 Soil order	土类 Soil great group	亚类 Soil subgroup	土属 Soil genus	土种 Soil species	土层码 Layer code	土层厚度 Depth/cm	颜色 Soil color	质地 Soil texture	土壤结构 Soil structure	pH	有机质 OM/(g/kg)	全氮 TN/(g/kg)	全磷 TP/(g/kg)	全钾 TK/(g/kg)	碱解氮 AN/(mg/kg)	有效磷 AP/(mg/kg)	速效钾 AK/(mg/kg)	阳离子交换量 CEC/(cmol/kg)	土壤母质 Parent material	剖面点坐标 Profile coordinate	匹配指数 Matching index/%
剖17	半淋溶土	褐土	褐土性土	钙质岩类褐土性土	钙质岩硬石底薄层砾质褐土	1	0—20	棕色	砾质中壤土	粒状	6.8	7.0	0.70			45	2.6	75		钙质岩类	E 117°29′37.5″ N 35°07′21.1″	71
						2	20—45	棕褐色	砾质中壤土	块状	7.0											
剖18	半水成土	砂姜黑土	砂姜黑土	洼坡黄土	中壤厚黑土心岗坡砂姜黑土	1	0—16	褐色	中壤土	粒状	6.8	9.4	0.81			37	1.0	36		洪积物、冲积物	E 117°16′56.3″ N 35°07′19.2″	80
						2	16—80	暗褐褐色	黏土	块状	7.0											
						3	80—130	黑褐色	黏土		7.0											
						4	130—150	黄白色			7.2											
剖19	半水成土	潮土	湿潮土	冲积粉潮土	中壤厚黏心冲积黑潮土	1	0—24	黄棕色	中壤土	粒状	7.0									河流冲积物	E 117°18′07.6″ N 35°05′37.0″	71
						2	24—48	灰褐色	中壤土	块状	6.9											
						3	48—150	栗色	重壤土	柱状	6.8											
剖20	半淋溶土	褐土	淋溶褐土	洪积淋溶褐土	中壤厚黏心洪积淋溶褐土	1	0—20	黄褐色	中壤土	碎块状	6.7	11.0	0.86			52	5.6	69		洪积物	E 117°21′25.7″ N 35°03′55.1″	75
						2	20—150	红褐色	重壤土	块状	6.7											
剖21	淋溶土	棕壤	棕壤	坡积棕壤	厚黏心中壤质坡洪积棕壤	1	0—24	棕褐色	中壤土	粒状	6.5	9.6	0.68			44	4.2	56	16.1	坡积物、洪积物	E 117°33′18.4″ N 35°07′37.2″	91
						2	24—40	暗褐色	中壤土	块状	6.3											
						3	40—150	棕褐色	中壤土	块状	6.4											
剖22	淋溶土	棕壤	棕壤	洪积棕壤	中壤厚黏心洪积棕壤	1	0—20	灰黄色	中壤土	块状	6.5	7.6	0.67	0.57		35	1.4	41	14.1	洪积物	E 117°32′15.5″ N 35°05′11.4″	98
						2	20—105	棕褐色	重壤土	块状	6.0											
						3	105—125	黄褐色	黏土	块状	6.0											
剖23	半淋溶土	褐土	淋溶褐土	洪积淋溶褐土	中壤厚黏心洪积淋溶褐土	1	0—20	黄褐色	中壤土	块状	6.5	13.1	0.91			43	4.7	61		洪积物、冲积物	E 117°33′54.9″ N 35°04′13.7″	93
						2	20—150	暗褐色	黏土	块状	6.5	7.6	6.31			41	4.0	56				
剖24	半淋溶土	褐土	褐土性土	砂页岩类褐土性土	砂页岩薄层石渣石榴土	1	0—28	灰褐色	石渣土	块状	7.0	10.5	0.78			40	3.0	63		砂页岩	E 117°38′08.9″ N 35°02′51.0″	97
剖25	半淋溶土	褐土	淋溶褐土	坡积淋溶棕褐土	中壤厚黏心洪积淋溶褐土	1	0—15	红褐色	重壤土	粒状	7.1	11.1	0.87				3.5	42		坡积物、洪积物	E 117°24′36.7″ N 34°56′22.9″	74
						2	15—75	红褐色	重壤土	柱状	7.0											
						3	75—150	灰白色	重壤土	柱状	8.0											
剖26	淋溶土	棕壤	棕壤性土	砂页岩类棕壤性土		1	0—15	灰白色	多砾质粗砂土	粒状	6.5	6.5	0.44			30	1.0	7		砂页岩	E 117°36′46.2″ N 34°56′01.9″	91
						2	15—30		粗砂土	粒状												

滕 州 市

主要土类说明

潮土是滕州市主要土壤类型，占本市地域面积的 40%，广泛分布于城河、郭河、十字河、北沙河、北界河的中下游，除官桥、木石和羊庄外，其余乡镇街道都有分布。潮土主要发生于近代河流冲积平原或低平阶地，地下水位较高，土壤干湿交替引起氧化还原交替发生，在剖面中形成锈纹、锈斑或细小铁锰结核。土壤质地较轻，pH 为 7.0—8.5，氮、磷活化率高。本市潮土分为潮土、湿潮土等亚类，其中潮土亚类的面积占本土类的 70% 以上，表层质地多为轻壤土、中壤土，土体构型复杂。湿潮土亚类主要分布于级索、西岗、滨湖、姜屯、鲍沟、界河、东郭等地的沿湖洼地和封闭性洼地，土质较黏重，颜色深暗，心土层和底土层有时可出现灰蓝色的潜育层。

褐土是滕州市第二大土壤类型，占本市地域面积的 39%，主要分布在东部石灰岩低山丘陵区，中西部缓岗、低洼片周围也有零星分布。本市褐土分为淋溶褐土、褐土性土、褐土、潮褐土等亚类。其中，淋溶褐土亚类的面积最大，占本土类面积的 40% 以上，主要分布在地处青石山区的羊庄、官桥、柴胡店、木石、张汪等地，所处的地形部位较高，地下水位较低，底土层有石灰结核，中下部出现铁锰淀积和胶膜，土壤呈中性至微碱性，呈棱柱状结构。褐土性土亚类占本土类面积的 30% 以上，分布在石灰岩低山岭坡。耕层多砾石，剖面发育不完全，无心土层，表层以下为半风化的母岩。土壤贫瘠，蓄水保肥力差。褐土亚类处于淋溶褐土亚类之下、潮褐土亚类之上，本市褐土亚类剖面呈褐色，1m 土体内有程度不同的石灰反应，有的尚有新生体，多为假菌丝体，土壤呈中性至微碱性。潮褐土亚类分布在柴胡店、张汪、木石、南沙河等地，处在褐土带的低平地区。

棕壤是滕州市第三大土壤类型，占本市地域面积的 10%，分布在龙阳、界河、东郭、木石等地，由酸性岩母质发育而成。本市棕壤分为棕壤性土和棕壤等亚类。其中，棕壤性土亚类主要分布在龙阳等乡镇低山丘陵的中上部，剖面发育不完全，无心土层，表层以下是半风化的母岩。棕壤亚类分布在界河、龙阳、东郭等乡镇山丘中下部和山前倾斜平地，剖面呈棕色或棕褐色，有黏化层。心土层呈柱状或扁柱状结构，垂直裂隙明显。结构面多覆被红褐色或褐色铁锰胶膜。土壤剖面通体无石灰反应，呈微酸性至酸性。

砂姜黑土占本市地域面积的 8%，分布在西岗、级索、张汪、鲍沟、东沙河、官桥、柴胡店、南沙河等洼地的低平地带。本市砂姜黑土只有砂姜黑土一个亚类，表层为壤土覆盖或黑土裸露，60cm 以内有灰黑色黏重的黑土层，1.5m 深的土体内有砂姜。该土类物理性状低劣，灌排条件较差。

小于本市地域面积 3% 的土壤类型有水稻土等。

本区域中心区气候特征

本区域中心区气候特征值
Regional climate characteristics in central area of the region

气候带：暖温带亚湿润气候 Climate region: Warm temperate subhumid climate	
年平均气温 /℃ Annual average temperature /℃	13.9
年平均最高气温 /℃ Annual average maximum temperature /℃	19.5
年平均最低气温 /℃ Annual average minimum temperature /℃	9.1
年降水量 /mm Annual precipitation /mm	743
≥ 10℃的积温 /℃ Daily temperature accumulated in a year (≥ 10℃) /℃	5125
年日照时数 /h Annual sunshine /h	2383
年平均相对湿度 /% Annual average relative humidity /%	69
干燥度 Dryness	1.12

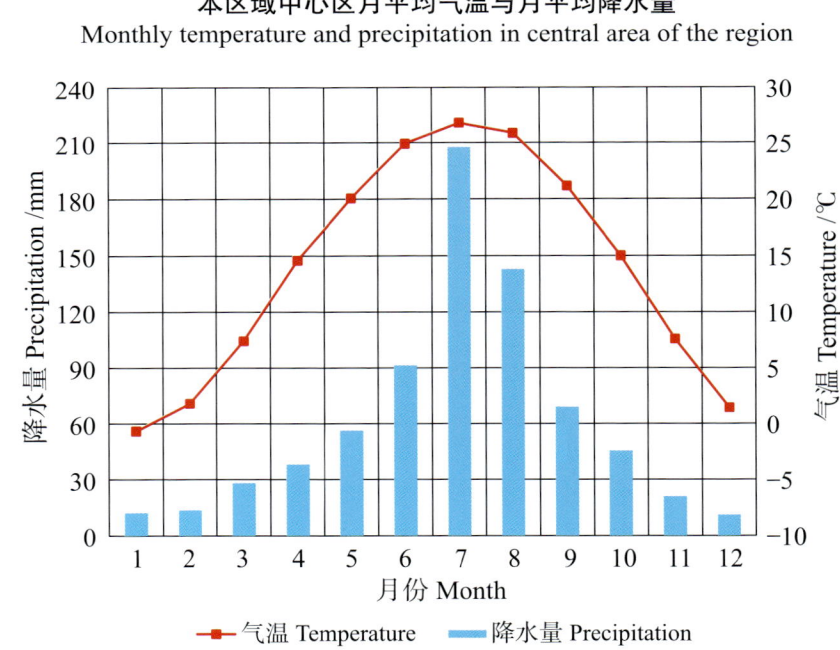

本区域中心区月平均气温与月平均降水量
Monthly temperature and precipitation in central area of the region

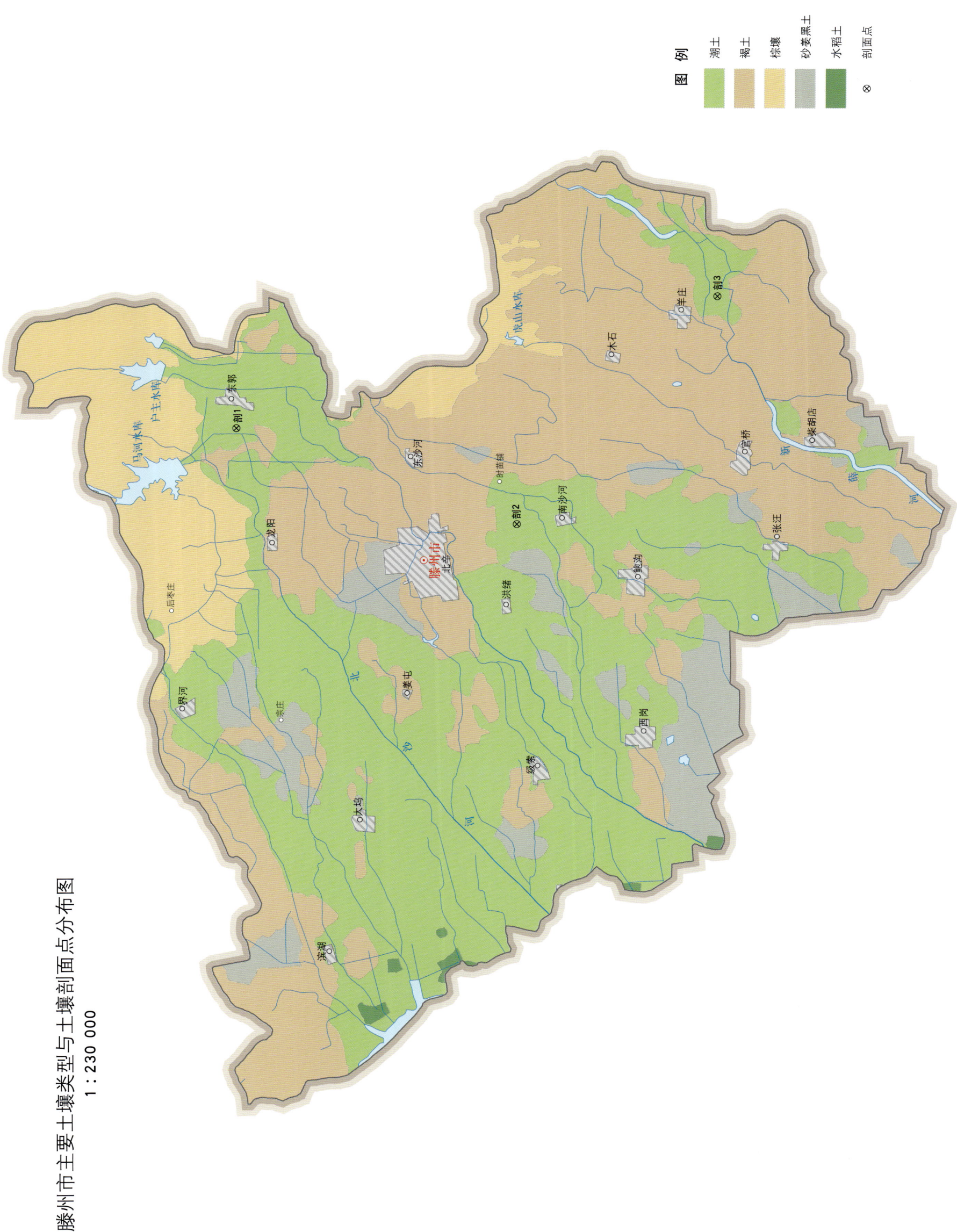

滕州市主要土壤类型与土壤剖面点分布图
1:230 000

滕州市土壤剖面理化性状表

剖面号 Soil profile	土纲 Soil order	土类 Soil great group	亚类 Soil subgroup	土属 Soil genus	土种 Soil species	土层码 Layer code	土层厚度 Depth/cm	质地 Soil texture	pH	有机质 OM/(g/kg)	全氮 TN/(g/kg)	全磷 TP/(g/kg)	全钾 TK/(g/kg)	碱解氮 AN/(mg/kg)	有效磷 AP/(mg/kg)	速效钾 AK/(mg/kg)	阳离子交换量CEC/(cmol/kg)	剖面点坐标 Profile coordinate	匹配指数 Matching index/%
剖1	半水成土	潮土	潮土	河潮土	冲淤土	1	0—25	砂质黏壤土	8.1	11.8	0.75	0.21		72	3.1	79	13.6	E 117°14′10.9″ N 35°11′02.1″	74
						2	25—55	黏壤土	7.9	6.0	0.38	0.34		41	1.6	65	12.9		
						3	55—70	砂质黏壤土	7.8	3.3	0.18	0.73		24	2.5	52	9.9		
						4	70—105	砂质黏壤土	7.8	3.3	0.21	0.63		24	2.5	58			
剖2	半水成土	潮土	潮土	河潮土	冲淤土	1	0—20	砂质黏壤土	6.6	13.8	0.82	0.52		66	14.2	118	14.0	E 117°10′29.9″ N 35°02′26.9″	87
						2	20—58	砂质黏壤土	6.9	8.6	0.54	0.59		37	13.7	112	13.9		
						3	58—90	砂质黏壤土	6.8	6.9	0.47	0.22		44	17.3	113			
						4	90—100	砂质黏壤土	6.6	6.4	0.40	0.24	19.5	44	18.5	105			
剖3	半水成土	潮土	潮土	河潮土	蒙金冲淤土	1	0—20	砂质黏壤土	7.0	11.0	0.68	0.50	19.5	72	9.2	72	11.2	E 117°19′12.2″ N 34°56′17.5″	72
						2	20—57	砂质黏壤土	6.8	6.4	0.36	0.41	17.6	36	3.7	68	9.3		
						3	57—103	壤质黏土	6.8	6.6	0.37	0.53	18.9	38	2.6	92	19.5		

东 营 市

河 口 区

主要土类说明

滨海盐土是河口区主要土壤类型，占本区地域面积的 71%，分布于沿海一带。成土母质为滨海沉积物，全土体含有以氯化物为主的可溶盐，具 A–C 剖面构型。滨海盐土的土壤和地下水的盐分组成与海水基本一致，氯盐占绝对优势，其次为硫酸盐和重碳酸盐；盐分中以钠、钾离子为主，钙、镁次之。土壤含盐量为 20—50g/kg，地下水矿化度为 10—30g/L，土壤积盐强度随距海由近至远而逐渐减弱。土壤 pH 为 7.5—8.5。

潮土是河口区第二大土壤类型，占本区地域面积的 16%。潮土见于近代河流冲积平原或低平阶地，地下水位高，潜水参与成土过程。在潮土成土过程中，底土氧化还原交替作用，形成锈色斑纹和小型铁子。在长期耕作条件下，潮土表层有机质含量为 10—15g/kg。

新积土是河口区第三大土壤类型，占本区地域面积的 10%。新积土是由新近冲积、洪积、坡积、塌积或人工堆垫形成的土壤。该土壤成土期短，母质特性明显，具 A–C 或（A）–C 剖面构型。

本区域中心区气候特征

本区域中心区气候特征值
Regional climate characteristics in central area of the region

气候带：暖温带亚湿润气候 Climate region: Warm temperate subhumid climate	
年平均气温 /℃ Annual average temperature /℃	12.1
年平均最高气温 /℃ Annual average maximum temperature /℃	18.0
年平均最低气温 /℃ Annual average minimum temperature /℃	7.2
年降水量 /mm Annual precipitation /mm	575
≥10℃的积温 /℃ Daily temperature accumulated in a year (≥10℃) /℃	4494
年日照时数 /h Annual sunshine /h	2576
年平均相对湿度 /% Annual average relative humidity /%	66
干燥度 Dryness	1.26

本区域中心区月平均气温与月平均降水量
Monthly temperature and precipitation in central area of the region

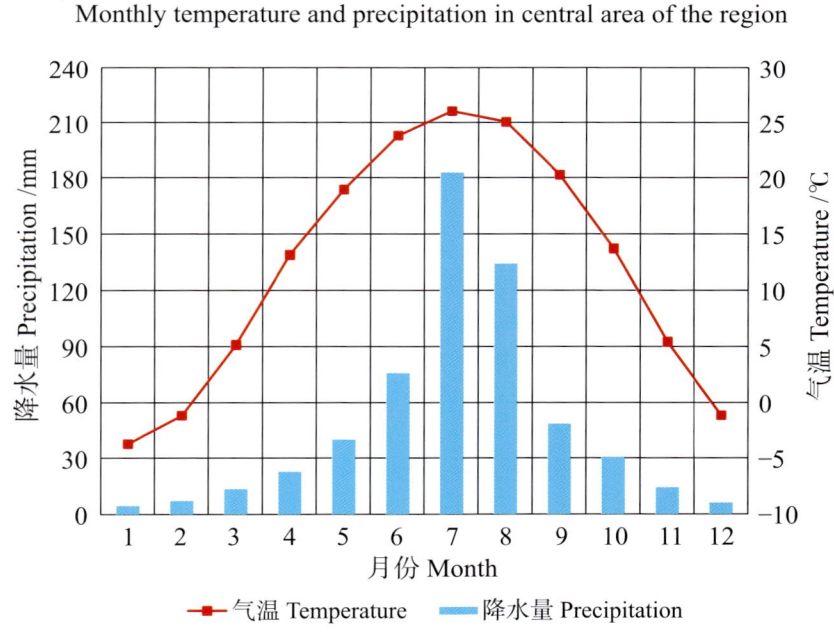

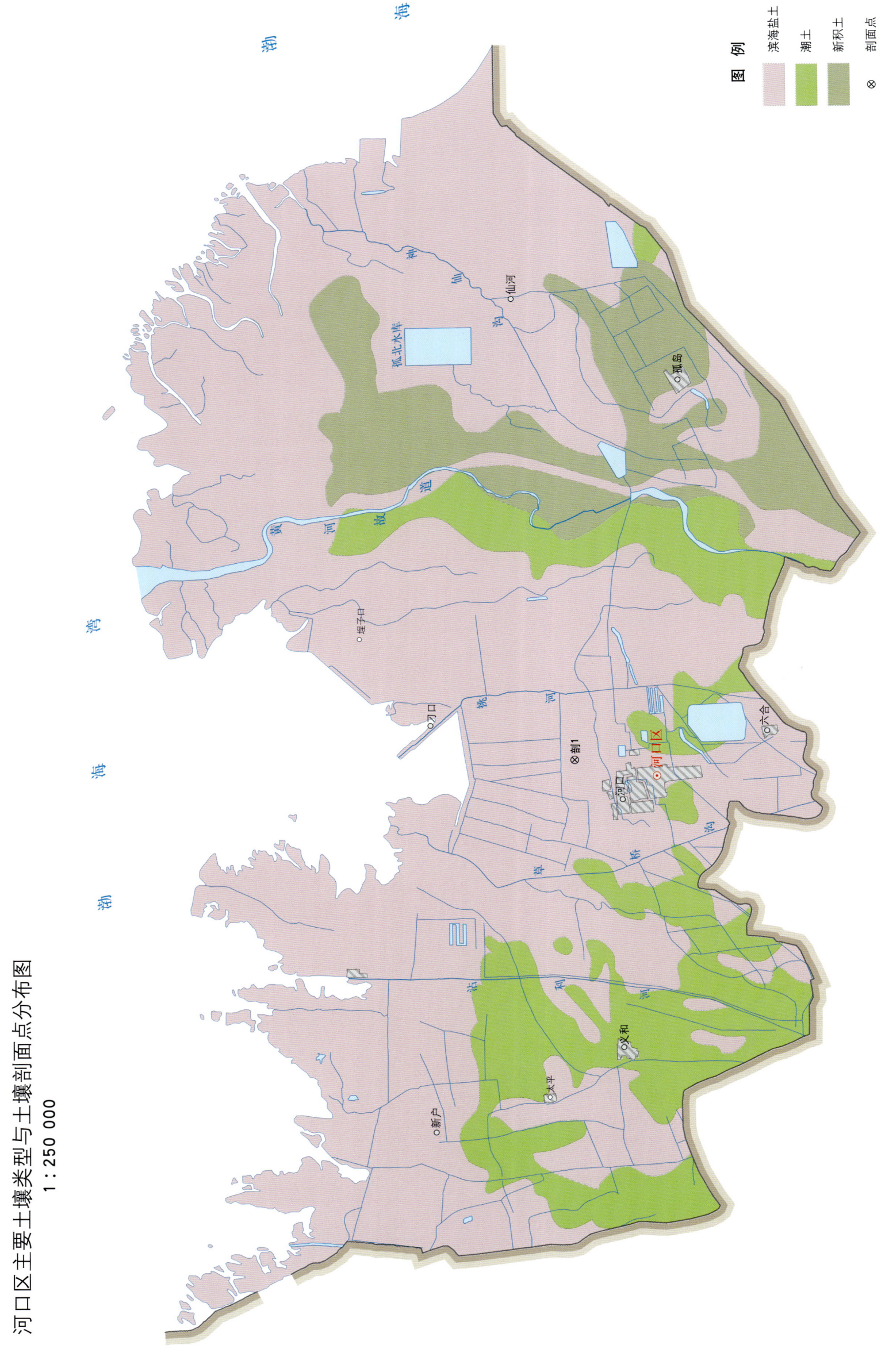

河口区主要土壤类型与土壤剖面点分布图
1∶250 000

河口区土壤剖面理化性状表

剖面号 Soil profile	土纲 Soil order	土类 Soil great group	亚类 Soil subgroup	土属 Soil genus	土种 Soil species	土层码 Layer code	土层厚度 Depth/cm	pH	有机质 OM/(g/kg)	全氮 TN/(g/kg)	全磷 TP/(g/kg)	全钾 TK/(g/kg)	碱解氮 AN/(mg/kg)	有效磷 AP/(mg/kg)	速效钾 AK/(mg/kg)	剖面点坐标 Profile coordinate	匹配指数 Matching index/%
剖1	盐碱土	滨海盐土	滨海沼泽盐土	滨海沼泽盐土	黑盐土	1	0—2	8.4	29.4	1.60	0.71	18.9	121	5.2	285	E 118°32′46.3″ N 37°55′03.4″	87
						2	2—20	8.4	19.3	1.10	0.69	19.4	76	2.3	195		
						3	20—60	8.4	6.5	0.43	0.59	18.0	30	1.3	103		
						4	60—90	8.2	7.7	0.50	0.57	19.0	35	3.6	195		
						5	90—150	8.2	2.4	0.17	0.57	16.2	14	2.7	62		

垦 利 区

主要土类说明

滨海盐土是垦利区主要土壤类型，占本区地域面积的 37%，主要分布于沿海一带。本区一部分盐土直接发育在原生盐渍化母质上，本身含有大量盐分；一部分则是由于地势低平、海水的顶托、黄河水及渠道水的测渗，在地形排水不畅的情况下，盐分积聚于地下水中，当干旱季节，水分蒸发而盐分残留于地表或近地表土层中而形成的。盐分组成以氯化钠、氯化钾占绝对优势。该土壤呈 Az–Cz 土体构型，土壤含盐量大于 10g/kg，地下水矿化度为 10—30g/L，本区滨海盐土只有滨海盐土一个亚类。

潮土是垦利区第二大土壤类型，占本区地域面积的 29%。潮土发育在河流沉积物上，地下水位浅，潜水参与成土过程，底土氧化还原交替作用，形成锈色斑纹和小型铁子。同一剖面中有不同的层次排列，潮土发生层的质地和色泽均一，中下部有明显的铁锈斑纹，全剖面有石灰反应，pH 为 6.5—7.5。本区潮土分为潮土和盐化潮土等亚类。

新积土是垦利区第三大土壤类型，占本区地域面积的 29%，是由新近冲积、洪积、坡积及塌积或人工堆垫形成的土壤。成土期短，母质特性明显，属 A–C 型或（A）–C 型土，土体无发育特征，表层无腐殖质积累。土壤的养分来源主要是黄河泥沙中所携带的养分，土壤碱解氮、有效磷和速效钾等养分含量高，且土体上下层差异不大。土壤富含钙质，通体有强石灰反应，pH 为 7.5—8.3。

小于本区地域面积 3% 的土壤类型有水稻土等。

本区域中心区气候特征

本区域中心区气候特征值
Regional climate characteristics in central area of the region

气候带：暖温带亚湿润气候 Climate region: Warm temperate subhumid climate	
年平均气温 /℃ Annual average temperature /℃	12.1
年平均最高气温 /℃ Annual average maximum temperature /℃	18.0
年平均最低气温 /℃ Annual average minimum temperature /℃	7.2
年降水量 /mm Annual precipitation /mm	577
≥10℃的积温 /℃ Daily temperature accumulated in a year (≥10℃) /℃	4486
年日照时数 /h Annual sunshine /h	2568
年平均相对湿度 /% Annual average relative humidity /%	67
干燥度 Dryness	1.25

本区域中心区月平均气温与月平均降水量
Monthly temperature and precipitation in central area of the region

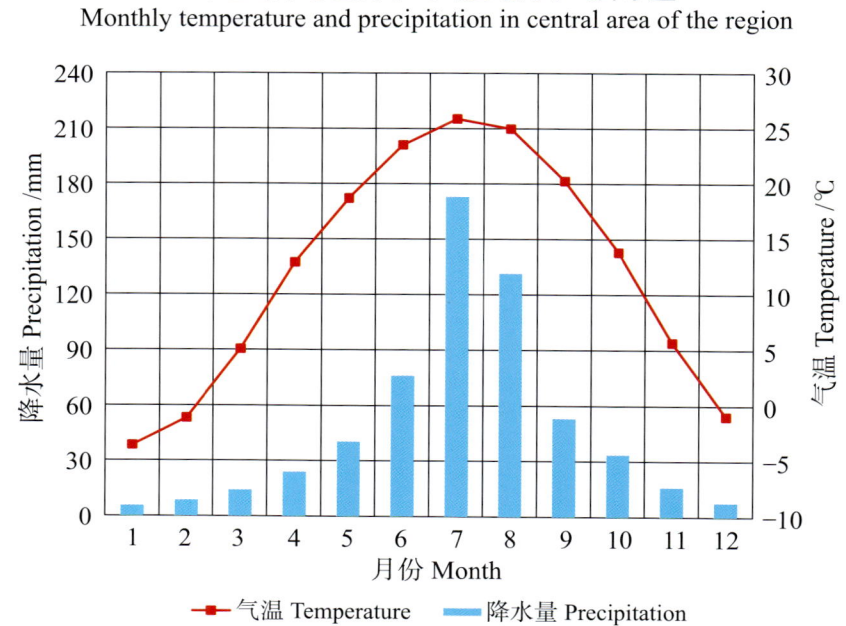

垦利县主要土壤类型与土壤剖面点分布图
1∶280 000

图例
- 滨海盐土
- 潮土
- 新积土
- 水稻土
- ⊗ 剖面点

注：国务院2016年7月批准，撤销垦利县，设立垦利区。

第二编　分县土壤图与土壤剖面数据 | 139

垦利区土壤剖面理化性状表

剖面号 Soil profile	土纲 Soil order	土类 Soil great group	亚类 Soil subgroup	土属 Soil genus	土种 Soil species	土层码 Layer code	土层厚度 Depth/cm	质地 Soil texture	pH	有机质 OM/(g/kg)	全氮 TN/(g/kg)	全磷 TP/(g/kg)	全钾 TK/(g/kg)	碱解氮 AN/(mg/kg)	有效磷 AP/(mg/kg)	速效钾 AK/(mg/kg)	阳离子交换量 CEC/(cmol/kg)	剖面点坐标 Profile coordinate	匹配指数 Matching index/%
剖1	初育土	新积土	冲积土	三角洲冲积土	新淤黏土	1	0–14	黏土	8.2	12.7	0.88	0.61	20.0	66	12.3	402	14.8	E 118°47′25.4″ N 37°47′07.8″	86
						2	14–40	粉质黏土	8.2	7.2	0.61	0.56	19.8	46	6.0	211	15.4		
						3	40–70	黏土	8.1	8.9	0.69	0.59	22.0	54	7.9	278	17.2		
						4	70–130	黏土	8.1	9.7	0.68	0.84	20.0	45	6.9	224	16.2		
						5	130–170	黏壤土	8.1	5.7	0.31	0.60	18.0	29	2.8	90	8.2		
						6	170–210	壤土	8.0	3.4	0.27	0.60	16.5	36	3.0	117	8.5		
剖2	初育土	新积土	冲积土	三角洲冲积土	新淤砂土	1	0–13	砂壤土	8.1	4.6	0.26	0.55	16.6	57	0.4	93	7.7	E 118°57′27.4″ N 37°46′38.6″	72
						2	13–40	砂壤土	8.1	4.8	0.26	0.58	16.9	53	1.3	68	7.0		
						3	40–48	壤土	8.2	4.9	0.26	0.63	17.6	27	0.5	77	8.7		
						4	48–80	砂壤土	7.9	2.0	0.14	0.67	16.0	53	0.2	56	6.6		
						5	80–150	砂壤土	7.9	3.7	0.24	0.56	17.3	29	1.8	75	8.5		
						6	150–180	砂壤土	8.0	2.2	0.14	0.55	16.8	30	0.9	56	7.0		

利 津 县

主要土类说明

潮土是利津县主要土壤类型,占本县地域面积的71%,成土母质为河流沉积物,地下水位浅,潜水参与成土过程。成土母质颗粒的粗细不仅在平面分布上有分选差异,同一剖面中也可能有不同质地层次排列。潮土各发生层次的质地和色泽均一。底土氧化还原交替作用,中下部土层中有明显的锈纹、锈斑,或有细小的铁锰结核,或有石灰结核。全剖面有石灰反应,土层呈中性至微碱性,pH 为 7.0—8.5,底土颜色较灰暗。由于受地下高矿化度潜水影响,土壤均有不同程度的盐化现象。根据盐化情况,本县潮土分为潮土和盐化潮土等亚类。

滨海盐土是利津县第二大土壤类型,占本县地域面积的23%,主要分布于本县西北部,多处于浅平洼地,为过去黄河决口的远河清水存积地和近海滩涂地。表层质地以轻壤土和中壤土居多,构型多为厚砂心和均质砂、均质壤,其毛管性能强烈,盐分易达地表。成土母质为滨海沉积物,全土体含有以氯化物为主的可溶盐,呈 Az–Cz 土体构型。滨海盐土的土壤和地下水的盐分组成与海水基本一致,氯盐占绝对优势,因而多为氯化钠盐土,其次为硫酸盐和重碳酸盐;盐分中以钠、钾离子为主,钙、镁次之。土壤含盐量为 20—50g/kg,地下水矿化度在 10g/L 以上,越向内陆,则氯离子和钾、钠离子的优势越弱,被硫酸根离子和钙、镁离子所代替。pH 为 7.2—8.3。

小于本县地域面积3%的土壤类型有新积土和水稻土等。

本区域中心区气候特征

本区域中心区气候特征值
Regional climate characteristics in central area of the region

气候带:暖温带亚湿润气候 Climate region: Warm temperate subhumid climate	
年平均气温 /℃ Annual average temperature /℃	12.2
年平均最高气温 /℃ Annual average maximum temperature /℃	18.2
年平均最低气温 /℃ Annual average minimum temperature /℃	7.3
年降水量 /mm Annual precipitation /mm	575
≥10℃的积温 /℃ Daily temperature accumulated in a year (≥10℃) /℃	4527
年日照时数 /h Annual sunshine /h	2572
年平均相对湿度 /% Annual average relative humidity /%	66
干燥度 Dryness	1.27

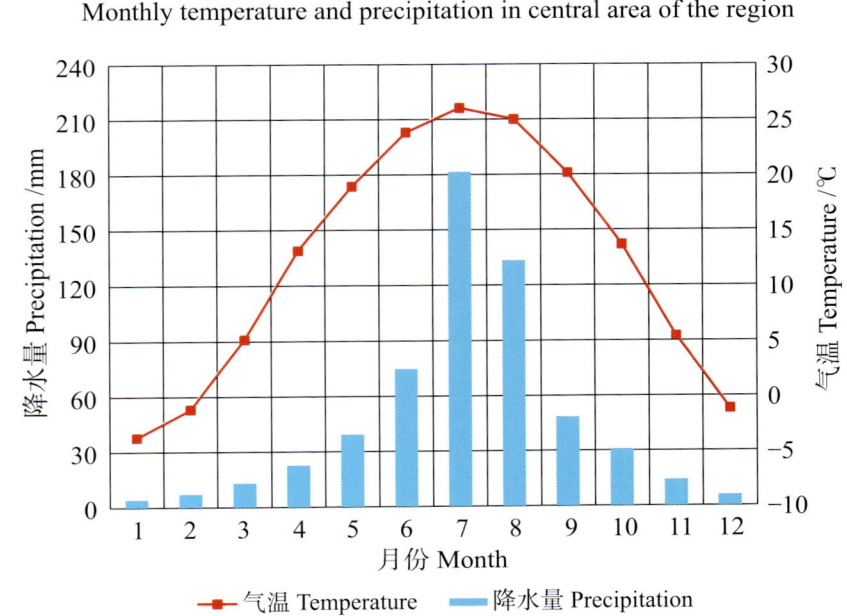

本区域中心区月平均气温与月平均降水量
Monthly temperature and precipitation in central area of the region

利津县主要土壤类型与土壤剖面点分布图
1∶240 000

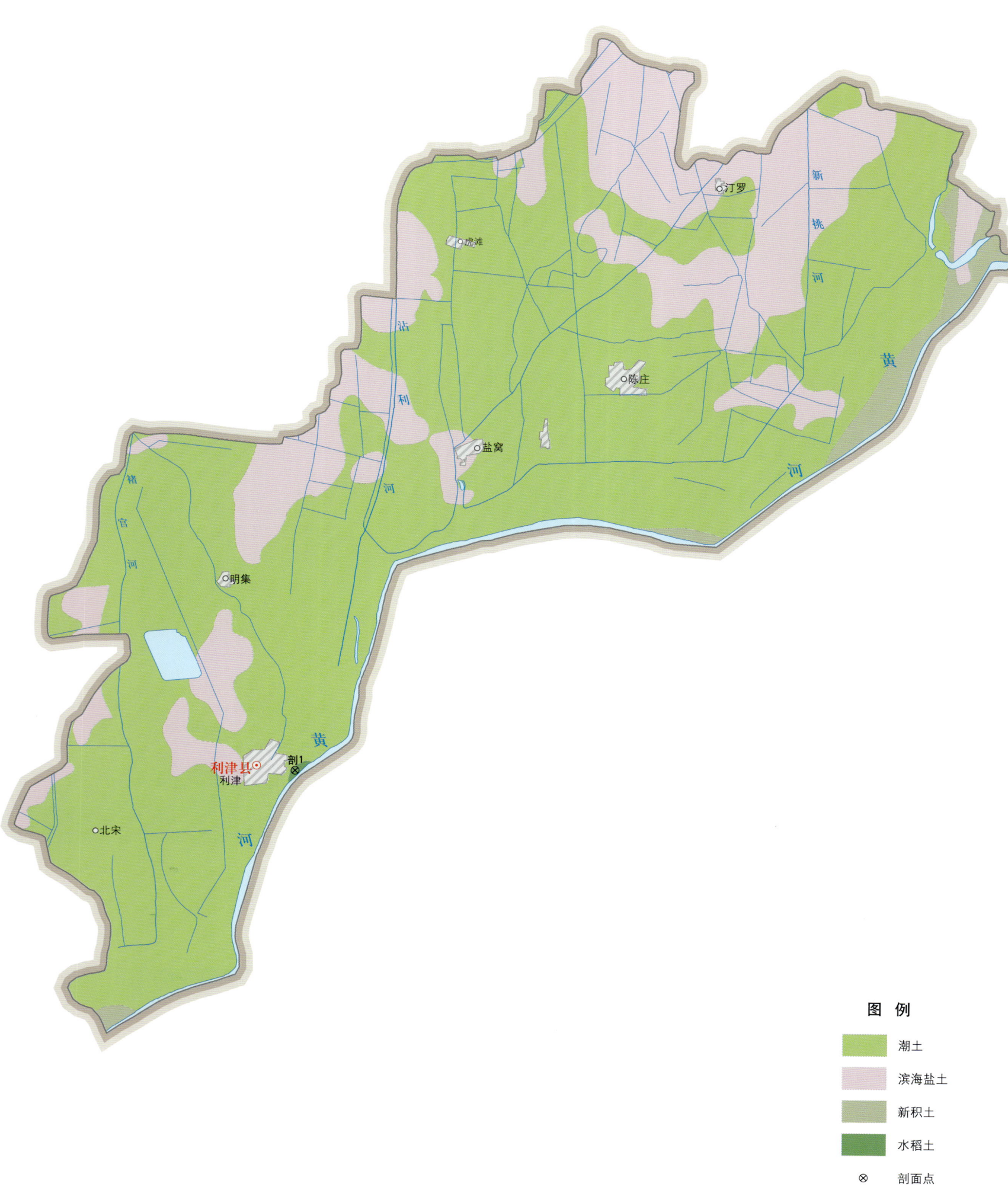

利津县土壤剖面理化性状表

剖面号 Soil profile	土纲 Soil order	土类 Soil great group	亚类 Soil subgroup	土属 Soil genus	土种 Soil species	土层码 Layer code	土层厚度 Depth/cm	质地 Soil texture	pH	有机质 OM/(g/kg)	全氮 TN/(g/kg)	全磷 TP/(g/kg)	全钾 TK/(g/kg)	碱解氮 AN/(mg/kg)	有效磷 AP/(mg/kg)	速效钾 AK/(mg/kg)	剖面点坐标 Profile coordinate	匹配指数 Matching index/%
剖1	人为土	水稻土	淹育水稻土	盐化潮土性淹育水稻土	夹砂盐化幼年水稻土	1	0—19	壤土	8.1	6.9	0.39	0.62	17.6	33	6.8	72	E 118°16′07.0″ N 37°29′36.1″	93
						2	19—45	黏壤土	8.0	5.1	0.31	0.68	18.8	29	0.5	100		
						3	45—68	砂壤土	7.8	2.7	0.16	0.53	16.8	20	0.5	48		
						4	68—120	壤质砂土	7.9	1.4	0.09	0.55	16.0	17	0.9	45		
						5	120—200	壤质砂土	7.9	1.1	0.12	0.65	16.0	14	1.1	54		

广饶县

主要土类说明

潮土是广饶县主要土壤类型，占本县地域面积的53%，主要分布在本县北部和小清河两岸的花官、陈官、大码头等地。在小清河以北，成土母质为黄河近代淤积物；在小清河以南，成土母质主要是淄河冲积物。地下水埋深多为1.8—2.6m，矿化度多为4.87—6.16g/L，盐渍化较重。潮土是受潜水作用的影响而形成的一类土壤。剖面中有锈纹、锈斑或细小的铁锰结核，呈中性至微碱性，土壤层次明显，全剖面有石灰反应。表层质地有差异，东辛公路以西为轻壤土与中壤土，东辛公路以东以中壤土与重壤土为主，局部地面为黏土。表层有机质含量为10—15g/kg。本县潮土分为褐潮土、潮土、盐化潮土和湿潮土等亚类。

褐土是广饶县第二大土壤类型，占本县地域面积的30%，分布在本县南部海拔8m以上的缓岗、河阶地及微斜平地中。从乐安街道斜向东南至大王镇，此线以南多为褐土。成土母质为洪积物、冲积物或黄土状物质，其含石灰质，剖面中均有不同程度的淋溶与沉积。地下水埋深为4—10m，有的深达14m。土层深厚，表层多为中壤土，河阶地有部分轻壤土，微斜平地多为重壤土。心土比表土黏重，呈褐色或棕褐色，有碳酸盐的沉积物，底土层有少量的假菌丝体及胶膜铁锰结核，有的底土层没有假菌丝体而出现锈纹、锈斑。整个土体呈中性至微碱性，有的有少量砂姜。本县褐土分为褐土、潮褐土等亚类。其中，褐土亚类主要分布在地形部位较高处。潮褐土亚类主要分布在微斜平地的下端及洼地边缘地带，常位于褐土与洼底砂姜黑土之间。

滨海盐土是广饶县第三大土壤类型，占本县地域面积的13%，主要分布在小清河以北各乡镇，小清河以南的大码头镇等也有零星分布。越靠近海滩，盐化程度越重，并逐渐变成大面积的盐荒地。地下水埋深为1—2.5m，矿化度在10g/L以上。成土母质为滨海沉积物，全土体含有以氯化物为主的可溶盐，呈Az-Cz土体构型。滨海盐土的土壤和地下水的盐分组成与海水基本一致，氯盐占绝对优势，盐分以钠、钾离子为主。表层质地多为轻壤土和中壤土，剖面多为均质，毛管作用强烈，地下水埋深为1—2.5m，矿化度多在10g/L以上，高的在100g/L以上，盐荒地多在30g/L以上，地表返盐重，0—5cm全盐含量为1.5%—4%，个别的高达5.5%。本县滨海盐土只有滨海盐土一个亚类。

砂姜黑土占广饶县地域面积的3%，主要分布在李鹊、大王等地的洼地。表层多为后期覆盖的黄褐色重壤土，其厚度为18—40cm，有的地方黑土层裸露，但由于长期耕作已熟化，颜色变浅。表层之下为灰黑色的重壤质或轻黏质的黑土层，黏重坚硬，结构为块状或粒状。黑土层以下（一般为70cm左右）有石砂姜或块砂姜，全剖面石灰反应为中到强。地下水埋深为3.3—6.9m，砂姜层有锈纹、锈斑。本县砂姜黑土只有砂姜黑土一个亚类。

本区域中心区气候特征

本区域中心区气候特征值
Regional climate characteristics in central area of the region

气候带：暖温带亚湿润气候 Climate region: Warm temperate subhumid climate	
年平均气温 /℃ Annual average temperature /℃	12.5
年平均最高气温 /℃ Annual average maximum temperature /℃	18.6
年平均最低气温 /℃ Annual average minimum temperature /℃	7.5
年降水量 /mm Annual precipitation /mm	585
≥10℃的积温 /℃ Daily temperature accumulated in a year (≥10℃) /℃	4615
年日照时数 /h Annual sunshine /h	2550
年平均相对湿度 /% Annual average relative humidity /%	66
干燥度 Dryness	1.27

本区域中心区月平均气温与月平均降水量
Monthly temperature and precipitation in central area of the region

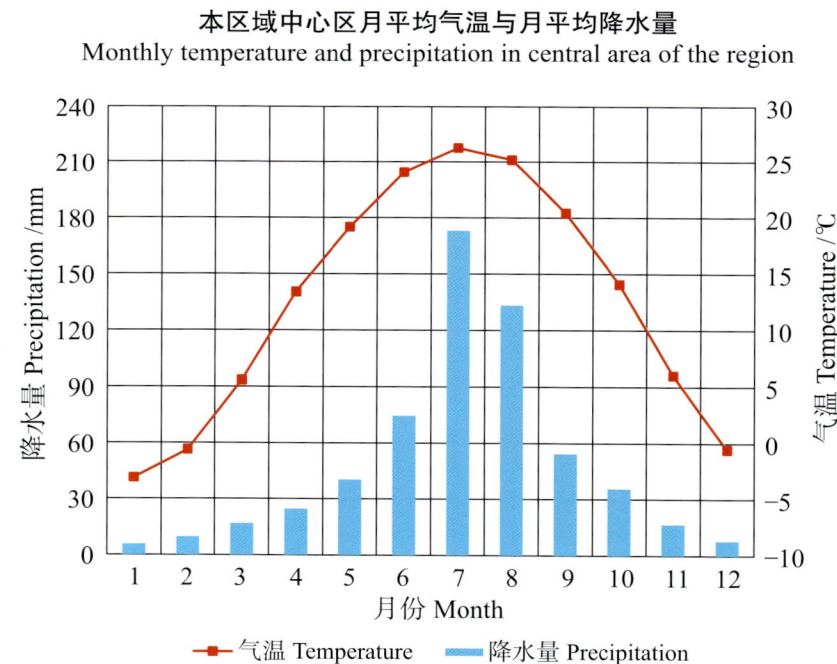

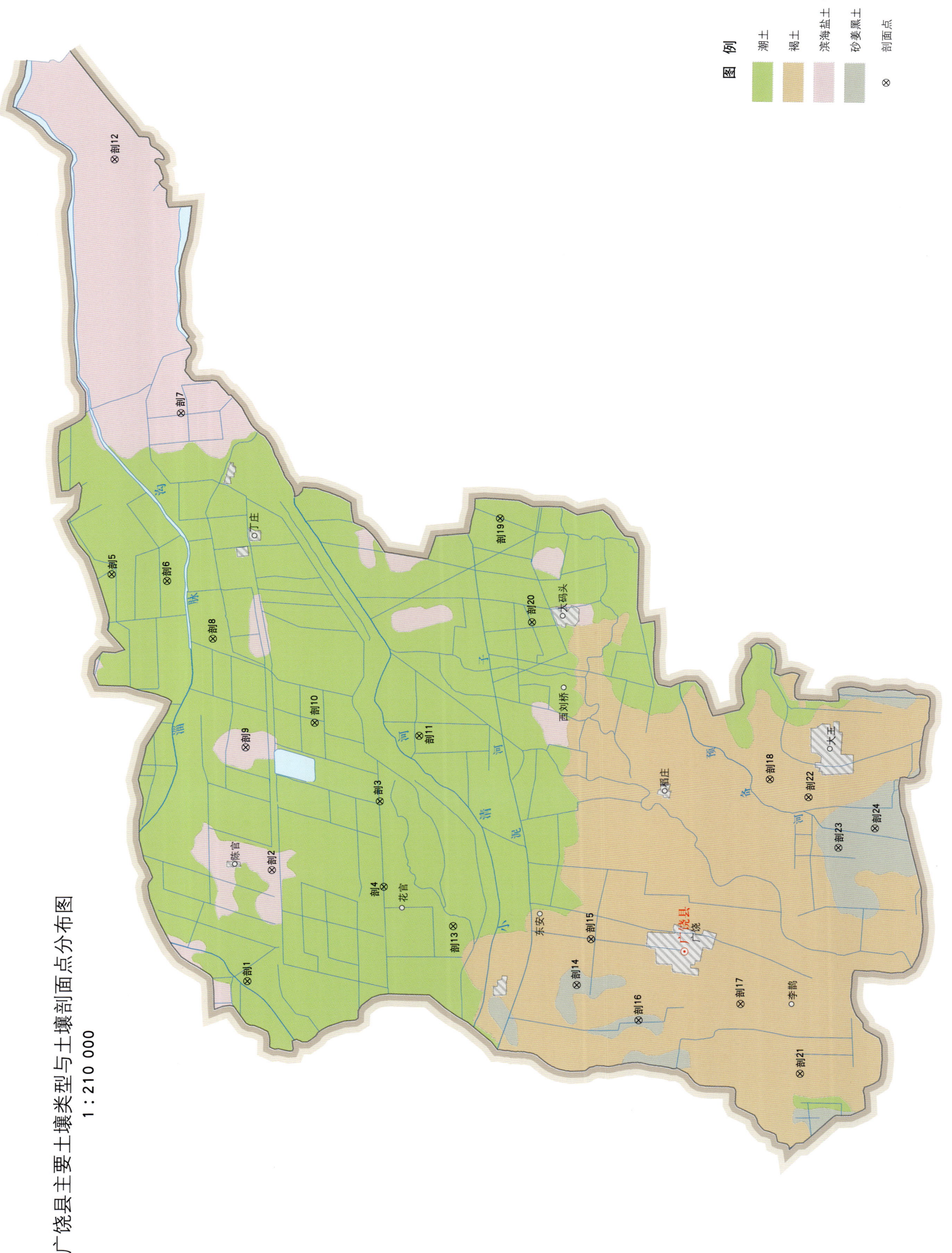

广饶县土壤剖面理化性状表

剖面号 Soil profile	土纲 Soil order	土类 Soil great group	亚类 Soil subgroup	土属 Soil genus	土种 Soil species	土层码 Layer code	土层厚度 Depth/cm	颜色 Soil color	质地 Soil texture	土壤结构 Soil structure	pH	有机质 OM/(g/kg)	全氮 TN/(g/kg)	全磷 TP/(g/kg)	全钾 TK/(g/kg)	碱解氮 AN/(mg/kg)	有效磷 AP/(mg/kg)	速效钾 AK/(mg/kg)	阳离子交换量 CEC/(cmol/kg)	土壤母质 Parent material	剖面点坐标 Profile coordinate	匹配指数 Matching index/%
剖1	半水成土	潮土	潮土	滨海潮土	重壤厚黏心滨海潮土	1	0—20	灰褐色	轻黏土	块状	7.7	10.5	0.86	0.58					17.8	河流冲积物	E 118°22′57.0″ N 37°15′10.4″	98
						2	20—60	灰褐色	轻黏土	块状	7.2											
						3	60—100	棕黄色	重黏土	大块状	7.2											
						4	100—150	黑褐色	轻壤土	块状	8.0											
剖2	盐碱土	滨海盐土	滨海潮滩盐土	滨海潮滩盐土	重盐化轻壤质均质底滨海盐土	1	0—20	棕黄色	砂壤土		7.9	5.1	0.19	0.55					5.3	海相沉积物	E 118°26′51.0″ N 37°14′28.0″	80
						2	20—40	浅黄色	轻黏土	小块状	7.9	1.2	0.11	0.58								
						3	40—60	黄白色	轻壤土	块状	7.4											
						4	60—100	黄白色	中壤土	块状	7.5											
						5	100—150	黄白色	中黏土	块状	7.4											
剖3	半水成土	潮土	潮土	滨海潮土	黏质均质滨海潮土	1	0—18	红棕色	中黏土	块状	7.7	12.0	0.87	0.75						河流冲积物	E 118°29′15.7″ N 37°11′28.0″	96
						2	18—33	红棕色	重黏土	块状	7.0	9.4	0.84	0.65								
						3	33—48	灰白色	重黏土	块状	7.5											
						4	48—68	黄灰色	轻黏土	块状	7.5											
剖4	半水成土	潮土	盐化潮土	滨海盐化潮土	中盐化中壤质厚黏底滨海盐化潮土	1	0—20	黄黄色	中壤土	块状	7.3	7.7	0.84	0.61						河流冲积物	E 118°26′12.1″ N 37°11′22.6″	81
						2	20—80	棕黄色	中壤土	块状	7.0											
						3	80—100		重黏土	大块状	7.5											
						4	100—150		重黏土		7.5											
剖5	半水成土	潮土	潮土	黏质潮土	两合土	1	0—14	黄褐色	黏壤土	团块结构	8.2	12.2	0.85	0.95	19.5	74	5.9	180	15.8	河流冲积物	E 118°37′26.6″ N 37°18′48.7″	78
						2	14—25	红棕色	黏壤土	块状	8.2	12.3	0.64	0.66	17.8	70	1.7	138	11.1			
						3	25—70	棕红色	重黏土	块状	8.0	6.5	0.37	0.62	17.2	36	0.9	94	7.5			
						4	70—95	浅灰色	砂壤土	粒状	8.1	4.1	0.32	0.53	17.2	30	0.5	68	10.8			
						5	95—120	黄灰色	黏壤土	大块状	8.1	6.9	0.44	0.60	18.0	33	0.9	97	12.2			
剖6	半水成土	潮土	滨海潮滩盐土	滨海潮滩盐土	中盐化重壤质厚黏底滨海盐化潮土	1	0—18	黄褐色	轻黏土	团块结构	7.5	10.4	0.99	0.60						河流冲积物	E 118°37′11.3″ N 37°17′16.8″	88
						2	18—50	红棕色	重黏土	块状	7.3	7.5	0.59	0.43								
						3	50—121	浅灰色	砂壤土	粒状	7.5											
						4	121—150				7.7											
剖7	半水成土	潮土	滨海潮滩盐土	滨海潮滩盐土	轻度盐化壤质砂腰滨海盐化潮土	1	0—25	红棕色	中壤土	块状	7.7	8.1	0.59	0.73					10.7	海相沉积物	E 118°43′07.7″ N 37°16′51.1″	94
						2	25—95	浅灰色	壤土	块状	7.7	5.5	0.54	0.69								
						3	95—150		黏壤土	无明显结构	7.7											
剖8	半水成土	潮土	盐化潮土	滨海盐化潮土	轻度盐化轻壤质黏底滨海盐化潮土	1	0—20	灰黄色	中壤土	小块状	7.9	5.0	0.44	0.46						河流冲积物	E 118°35′06.7″ N 37°16′02.3″	95
						2	20—95	浅黄色	中黏土	块状	7.9											
						3	95—115	暗棕褐色	中黏土	棱块状	7.1											
						4	115—150	灰黄色	重黏土		7.1											
剖9	盐碱土	滨海盐土	滨海潮滩盐土	滨海潮滩盐土	重盐化轻壤心滨海盐土	1	0—20	黄白色	砂壤土	粒状	7.6	5.2	0.49	0.64					6.4	海相沉积物	E 118°31′14.2″ N 37°15′09.4″	90
						2																
剖10	半水成土	潮土	盐化潮土	滨海盐化潮土	重盐化厚黏心滨海盐化潮土	1	0—18	浅黄色	砂壤土	粒状	7.7	4.2	0.29	0.63					5.7	河流冲积物	E 118°32′04.7″ N 37°13′14.4″	83
						2	18—85	浅黄色	松砂土	粒状	7.5	10.4	0.22	0.65								
						3	85—150	浅黄色			7.0											
剖11	半水成土	潮土	潮土	滨海潮土	中壤均质滨潮土	1	0—20	棕黄色	轻壤土	团块状	7.6	7.6	0.60	0.69					10.3	河流冲积物	E 118°31′34.3″ N 37°10′21.4″	96
						2	20—150	浅黄色	轻壤土	小块状	7.0	3.8	0.27	0.65								

续表 Continued

剖面号 Soil profile	土纲 Soil order	土类 Soil great group	亚类 Soil subgroup	土属 Soil genus	土种 Soil species	土层码 Layer code	主层厚度 Depth/cm	颜色 Soil color	质地 Soil texture	土壤结构 Soil structure	pH	有机质 OM/(g/kg)	全氮 TN/(g/kg)	全磷 TP/(g/kg)	全钾 TK/(g/kg)	碱解氮 AN/(mg/kg)	有效磷 AP/(mg/kg)	速效钾 AK/(mg/kg)	阳离子交换量CEC/(cmol/kg)	土壤母质 Parent material	剖面点坐标 Profile coordinate	匹配指数 Matching index/%
剖12	盐碱土	滨海盐土	滨海潮滩盐土	滨海滩地盐土	重盐质砂壤质厚砂心滨海滩地盐土	1	0-20	灰黄色	砂土	无明显结构	7.5	4.0	0.44	0.58		15	5.0	154	9.3	海相沉积物	E 118°52′09.1″ N 37°18′37.1″	74
						2	20-40	浅黄色	砂壤土													
						3	40-60	浅灰色	粗砂土													
						4	60-120	灰黄色	砂壤土													
						5	120-150	黄白色	轻壤土													
剖13	潮土	潮土	黏质潮土	小红土		1	0-20		粉质黏土		8.1	11.5	0.71	0.74	23.9		13.1	243	18.9		E 118°24′46.4″ N 37°09′28.5″	79
						2	20-32		壤质黏土		8.4	10.7	0.63	0.56	17.1		4.8	177	15.8			
						3	32-42		黏土		8.2	10.2	0.58	0.65	17.4		3.0	187	13.4			
						4	42-80		壤质黏土		8.2	7.9	0.59	0.63	18.3		11.7	251	18.6			
						5	80-100				8.0	6.7	0.46	0.74	19.2		11.4	247	12.5			
剖14	半水成土	砂姜黑土	砂姜黑土	洼底砂姜黑土	黏质厚砂心姜腰洼底砂姜黑土	1	0-18	黄褐色	轻壤土	块状	7.5	7.5	0.55	0.39					20.0		E 118°22′40.3″ N 37°06′04.8″	88
						2	18-68	黑褐色	轻黏土	块状	7.5	6.3	0.54	0.30								
						3	68-150	灰白色	轻黏土		7.5											
剖15	半水成土	褐土	潮褐土	冲积潮褐土	中壤质厚黏心冲积潮褐土	1	0-18	棕黄色	重黏土	块状	7.5	9.2	0.65	0.48					20.8	冲积物	E 118°24′15.8″ N 37°05′40.2″	85
						2	18-38	棕黄色	重黏土	块状	7.5	6.0	0.50	0.29								
						3	38-100	棕黄色	重黏土	块状	7.5											
						4	100-150	灰棕黄色			7.5											
剖16	半淋溶土	褐土	褐土	洼坡砂姜黑土	重壤质厚砂心洼坡砂姜黑土	1	0-20	褐黄色		粒状	7.5	9.0	0.55	0.50					12.8		E 118°21′24.5″ N 37°04′22.8″	72
						2	20-90	褐黄色	砂壤土	粒状	7.7	7.6	0.62	0.58					5.3			
						3	90-120	褐黄色	砂壤土	粒状	7.5	5.2	0.35	0.55								
						4	120-150	灰黄色	松砂土		7.5											
剖17	半淋溶土	褐土	褐土	冲积褐土	轻壤质厚黏心冲积褐土	1	0-20	浅黄色	轻壤土	团块状	7.3	6.7	0.70	0.56					10.4	冲积物	E 118°21′56.0″ N 37°01′34.1″	86
						2	20-38	浅黄色	轻壤土	棱柱状	7.5											
						3	38-150			棱柱状	7.5											
剖18	半水成土	潮土	湿潮土	湖积黑潮土	重壤质均质冲积黑潮土	1	0-40	黑褐色	砂壤土	粒状	7.9	12.6	1.66	0.52		32	3.8		11.4	河流冲积物	E 118°29′53.2″ N 37°00′41.0″	87
						2	40-150	灰黄色	黏壤土		7.7	7.6	0.37			22	2.0		11.7			
剖19	半淋溶土	潮土	盐化潮土	氯化物均化潮土		1	0-20	褐黄色	黏壤土	块状	7.7	5.3	0.31			17	2.6		9.8		E 118°39′15.9″ N 37°08′04.1″	91
						2	20-30	褐黄色	砂壤土	块状	7.7	3.7	0.22			15	1.2		6.3			
						3	30-50	棕黄色	砂壤土	柱状	7.7	2.9	0.20						5.6			
						4	50-70	灰黄色	黏壤土	块状	7.9											
						5	70-100															
剖20	半水成土	褐土	褐土	冲积褐土	重壤厚砂心湖积潮褐土	1	0-18	棕褐色	块壤土	块状	7.5	8.5	0.59	0.56					10.9	冲积物	E 118°19′27.1″ N 36°59′56.4″	70
						2	18-120	黄棕色	重壤土	块状	7.3	6.4	0.57	0.55								
						3	120-150	浅黄色	中壤土	块状	7.5											
剖21	半淋溶土	褐土	冲积潮褐土	重壤厚砂心冲积潮褐土		1	0-17	褐黄色	重壤土	块状	7.5	9.2	0.63	0.42					17.0	冲积物	E 118°35′34.2″ N 37°07′12.9″	89
						2	17-27	棕黄色	中壤土	柱状	7.2	8.4	0.61	0.48								
						3	27-92	灰黄色	中壤土	块状	7.2											
						4	92-150	黄褐色	中壤土	块状	7.9											
剖22	半水成土	砂姜黑土	砂姜黑土	洼坡砂姜黑土	重壤厚砂心姜腰洼坡砂姜黑土	1	0-25	黑褐色	轻壤土	块状	7.5	9.0	0.55	0.50					10.9	冲积物	E 118°27′27.1″ N 36°59′56.4″	100
						2	25-70	灰白色	轻壤土	块状	7.1	5.9	0.60	0.39								
						3	70-105	灰白色	轻壤土	块状	7.2											
剖23						4	105-150	灰黄褐色	轻壤土	块状	7.2										E 118°27′24.1″ N 36°58′48.7″	87

续表 Continued

剖面号 Soil profile	土纲 Soil order	土类 Soil great group	亚类 Soil subgroup	土属 Soil genus	土种 Soil species	土层码 Layer code	土层厚度 Depth/cm	颜色 Soil color	质地 Soil texture	土壤结构 Soil structure	pH	有机质 OM/(g/kg)	全氮 TN/(g/kg)	全磷 TP/(g/kg)	全钾 TK/(g/kg)	碱解氮 AN/(mg/kg)	有效磷 AP/(mg/kg)	速效钾 AK/(mg/kg)	阳离子交换量 CEC/(cmol/kg)	土壤母质 Parent material	剖面点坐标 Profile coordinate	匹配指数 Matching index/%
剖24	半水成土	砂姜黑土	砂姜黑土	洼底砂姜黑土	重壤厚砂心	1	0—20	黄褐色	轻黏土	块状	7.3	10.0	0.73	0.53							E 118°28′04.9″ N 36°57′48.0″	77
						2	20—50	黑褐色	重壤土	块状	6.8	8.4	0.55	0.29								
				洼底砂姜黑土	3	50—120	灰褐色	重壤土	块状	7.8											
						4	120—150	褐灰色		块状	7.8											

烟 台 市

芝 罘 区

主要土类说明

棕壤是芝罘区主要土壤类型,占本区地域面积的49%。棕壤发生于湿润暖温带落叶阔叶林下,但大部分已被垦殖,以旱作为主。该土壤处于硅铝风化阶段,具有黏化特征,呈棕色。土体见黏粒淀积,盐基充分淋失,pH为6.0—7.0,见少量游离铁。

粗骨土是芝罘区第二大土壤类型,占本区地域面积的23%。粗骨土属于A–C型,甚至(A)–C型土壤。A层发育不明显,与母质土层性状相似,略显有机质累积。有时母质层富含砾石,甚少出现剖面分异与发育特征。

潮土是芝罘区第三大土壤类型,占本区地域面积的7%。潮土见于近代河流冲积平原或低平阶地,地下水位高,潜水参与成土过程。在潮土成土过程中,底土氧化还原交替作用,形成锈色斑纹和小型铁子。在长期耕作条件下,表层有机质含量为10—15g/kg。

小于本区地域面积3%的土壤类型有滨海盐土等。

本区域中心区气候特征

本区域中心区气候特征值
Regional climate characteristics in central area of the region

气候带:暖温带亚湿润气候 Climate region: Warm temperate subhumid climate	
年平均气温 /℃ Annual average temperature /℃	11.6
年平均最高气温 /℃ Annual average maximum temperature /℃	15.4
年平均最低气温 /℃ Annual average minimum temperature /℃	8.4
年降水量 /mm Annual precipitation /mm	625
≥10℃的积温 /℃ Daily temperature accumulated in a year (≥10℃) /℃	4249
年日照时数 /h Annual sunshine /h	2584
年平均相对湿度 /% Annual average relative humidity /%	70
干燥度 Dryness	1.10

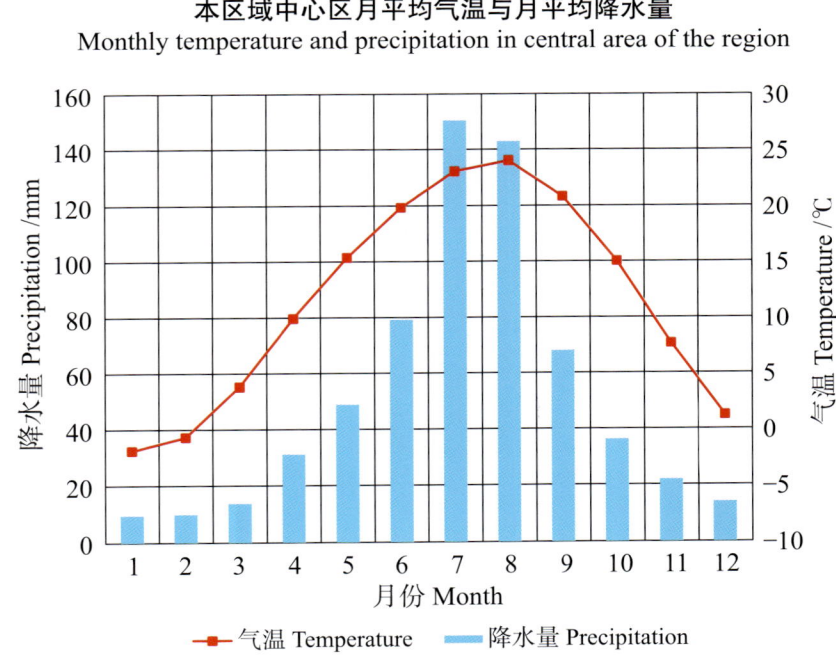

本区域中心区月平均气温与月平均降水量
Monthly temperature and precipitation in central area of the region

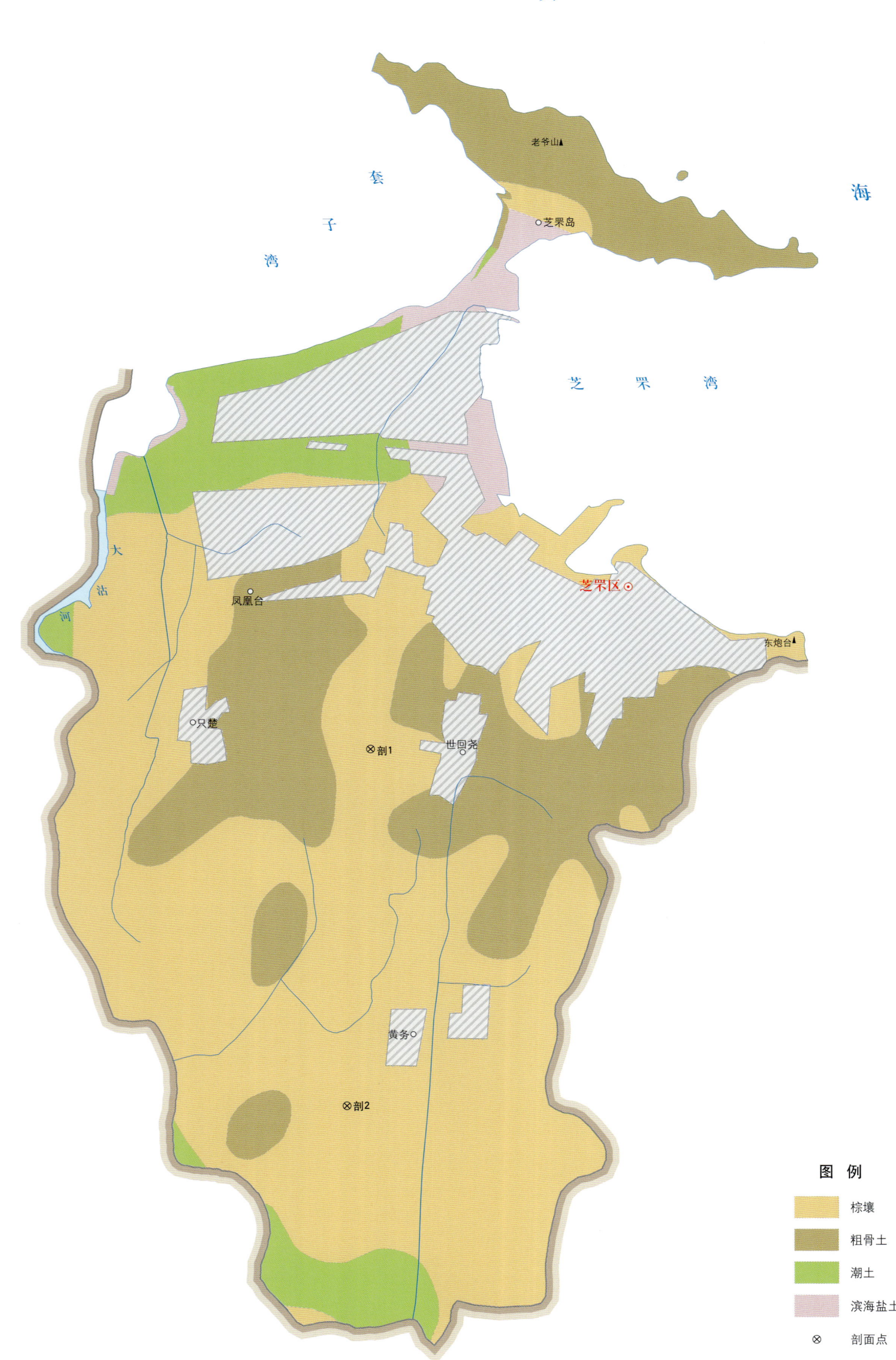

芝罘区土壤剖面理化性状表

剖面号 Soil profile	土纲 Soil order	土类 Soil great group	亚类 Soil subgroup	土属 Soil genus	土种 Soil species	土层码 Layer code	土层厚度 Depth/cm	质地 Soil texture	pH	有机质 OM/(g/kg)	全氮 TN/(g/kg)	全磷 TP/(g/kg)	碱解氮 AN/(mg/kg)	有效磷 AP/(mg/kg)	速效钾 AK/(mg/kg)	阳离子交换量 CEC/(cmol/kg)	剖面点坐标 Profile coordinate	匹配指数 Matching index/%
剖1	淋溶土	棕壤	棕壤	麻砂棕壤	板棕壤土	Ap	0—24	黏壤土	6.7	9.6	0.66	0.73	53	13.1	83		E 121°20′30.7″ N 37°30′54.6″	95
						B₁	24—62	砂质黏壤土	6.4	8.8	0.58	0.61	45	4.3	77			
						B₂	62—100	砂质黏壤土	6.3	9.0	0.57	0.67	50	6.7	80			
						B₃	100—135	砂质黏壤土	6.3	3.3	0.21	0.58	16	6.7	84			
剖2	淋溶土	棕壤	潮棕壤	洪冲积潮棕壤	僵底棕泊土	Ap	0—20	砂质黏壤土	6.9	10.4	0.61	0.36	52	21.8	75	9.0	E 121°20′17.2″ N 37°27′20.2″	74
						A₁	20—35	砂质黏壤土	6.5	8.8	0.53	0.37	41	17.8	78	9.9		
						A₂	35—56	砂质黏壤土	6.5	5.2	0.37	0.37	29	12.0	87	8.8		
						B₁	56—112	壤质黏土	6.7	4.3	0.35	0.53	22	12.1	140	9.7		
						B₂	112—150	壤质黏土	6.9	4.3	0.32	0.45	22	16.9	168	10.4		

牟平区

主要土类说明

粗骨土是牟平区主要土壤类型,占本区地域面积的46%。粗骨土属于A-C型,甚至(A)-C型土壤。A层发育不明显,与母质土层性状相似,略显有机质累积。有时母质层富含砾石,很少出现剖面分异与发育特征。

棕壤是牟平区第二大土壤类型,占本区地域面积的33%。棕壤通体呈棕色、褐色,剖面一般分淋溶层、淀积层和底土层。表土层通过耕作、施肥后,颜色较暗,质地较轻,一般为轻壤土,部分为砂壤土或中壤土。犁底层一般较薄,颜色较浅,与耕作层有明显的界线,较上下土层都更为紧实。淀积黏化层为黏粒聚积层,由于铁锰氧化物的聚积而呈红棕色至棕褐色,质地黏重,厚度不等,一般为60—100cm,厚者在2m以上,呈棱柱状或块状结构,结构面多覆被红褐色至褐色的铁锰胶膜。底土层保持着成土母质的形态,有的为母岩或半风化母岩。土体中下部都有铁锰结核,有的有铁管。本区棕壤分为棕壤性土、棕壤和潮棕壤等亚类。

潮土是牟平区第三大土壤类型,占本区地域面积的10%。潮土是发育在河流沉积物及海积物上,受潜水作用形成的一类土壤。成土物质分选性好,剖面层次分明,同一层次的质地和色泽均匀。在毛管支持水和饱和水层交替存在的土层中,氧化还原过程亦交替进行,深刻地影响了土壤中铁锰等物质的溶解、移动和淀积,并在土壤剖面相应的层次中形成多种色泽的锈纹、锈斑、细小的铁锰结核等新生体。因母质的来源及耕作历史不同,本土类土壤反应略有差异。河流的沉积物最初与棕壤的母质相同,经河水搬运和复盐基作用,多呈中性。海积物一般耕作历史较短,多呈中性至微碱性。本区潮土分为潮土、湿潮土和盐化潮土等亚类。

石质土占牟平区地域面积的8%。石质土土壤表层岩石裸露,风化层浅薄,厚度一般小于10cm,风化度低,富含砾石,多碎屑岩粒;风化层以下为坚硬岩层。该土壤广泛分布于侵蚀严重、岩石裸露的石质山地、侵蚀残丘,以及丘顶、山脊、山坡等坡度陡峻的地形部位。

小于本区地域面积3%的土壤类型有滨海盐土和风沙土等。

本区域中心区气候特征

本区域中心区气候特征值
Regional climate characteristics in central area of the region

气候带:暖温带亚湿润气候 Climate region: Warm temperate subhumid climate	
年平均气温/℃ Annual average temperature /℃	11.7
年平均最高气温/℃ Annual average maximum temperature /℃	15.4
年平均最低气温/℃ Annual average minimum temperature /℃	8.6
年降水量/mm Annual precipitation /mm	641
≥10℃的积温/℃ Daily temperature accumulated in a year (≥10℃) /℃	4295
年日照时数/h Annual sunshine /h	2558
年平均相对湿度/% Annual average relative humidity /%	71
干燥度 Dryness	1.09

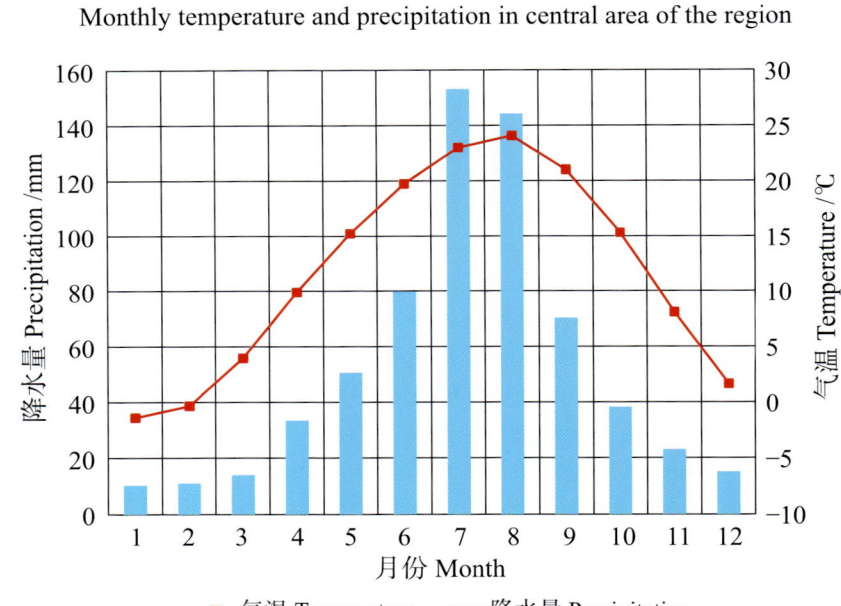

本区域中心区月平均气温与月平均降水量
Monthly temperature and precipitation in central area of the region

牟平区主要土壤类型与土壤剖面点分布图
1:260 000

图 例
粗骨土　棕壤　潮土　石质土　滨海盐土　风沙土　剖面点

第二编　分县土壤图与土壤剖面数据 | 153

牟平区土壤剖面理化性状表

剖面号 Soil profile	土纲 Soil order	土类 Soil great group	亚类 Soil subgroup	土属 Soil genus	土种 Soil species	土层码 Layer code	土层厚度 Depth/cm	质地 Soil texture	pH	有机质 OM/(g/kg)	全氮 TN/(g/kg)	全磷 TP/(g/kg)	全钾 TK/(g/kg)	碱解氮 AN/(mg/kg)	有效磷 AP/(mg/kg)	速效钾 AK/(mg/kg)	阳离子交换量CEC/(cmol/kg)	剖面点坐标 Profile coordinate	匹配指数 Matching index/%
剖1	淋溶土	棕壤	棕壤	硅质潮棕壤	砂壤土	A	0—29	砂壤土	7.0	6.3	0.38	0.14		29	2.1	55	7.5	E 121°40′33.2″ N 37°26′52.1″	73
						B	29—68	砂壤土	7.1	1.7	0.13	0.12		15	1.6	48	8.6		
						BC	68—83	壤质砂土	7.0	0.9	0.07	0.10		5	5.6	35	5.4		
						C_1	83—136	砂土	6.9	0.9	0.05	0.15		5	5.7	29	4.3		
						C_2	136—	壤质砂土	7.0	0.8	0.06	0.13		4	6.6	36	5.5		
剖2			潮棕壤	洪冲积潮棕壤	僵心棕泊土	Ap	0—20	砂质黏壤土	5.2	12.2	0.62	0.35	22.1	74	15.2	97	11.2	E 121°34′20.3″ N 37°24′09.7″	97
						AB	20—35	砂质黏壤土	5.5	10.1	0.53	0.29	21.0	62	8.0	71	19.1		
						B_1	35—69	壤质黏土	6.2	6.8	0.42	0.24	19.2	48	1.9	111	20.9		
						B_2	69—80	壤质黏土	6.4	4.8	0.30	0.22	17.6	27	3.1	109	18.3		
						B_3	80—112	壤质黏土	6.4	5.3	0.35	0.26	19.9	24	3.7	117	21.8		
						BC	112—	壤质黏土	6.5	5.0	0.19	0.32	19.6	23	4.3	78	25.4		
剖3	淋溶土	棕壤	棕壤	麻砂棕壤	僵心砂棕壤土	Ap	0—12	砂壤土	6.2	11.6	0.67	0.23	21.1	124	7.0	77	9.0	E 121°29′17.9″ N 37°14′31.8″	99
						A	12—25	砂壤土	6.6	4.7	0.33	0.16	21.6	55	2.0	52	6.9		
						AB	25—39	砂质黏壤土	6.9	5.6	0.37	0.20	20.1	66	1.0	66	9.7		
						B_1	39—76	壤质黏土	6.9	3.3	0.25	0.12	17.1	31	0.1	110	18.0		
						B_2	76—110	壤质黏土	7.0	2.9	0.20	0.14	16.7	28	0.2	115	30.4		
剖4	半水成土	潮土	潮土	河潮土	砂质冲淤土	A_{11}	0—20	砂壤土	6.3	8.7	0.49	0.10	21.0	38	2.3	48	9.5	E 121°11′34.1″ N 37°09′22.3″	99
						C	20—47	砂壤土	7.0	4.9	0.32	0.10	26.0	27	1.7	37	9.3		
						Cu_1	47—87	砂壤土	7.0	5.8	0.31	0.10	25.0	24	1.4	42	11.9		
						Cu_2	87—104	砂壤土	7.0	3.5	0.23	0.08	26.1	18	1.6	35	7.7		
						Cu_3	104—119	砂壤土	7.0	3.0	0.20	0.07	24.0	17	0.3	32	7.4		

蓬 莱 区

主要土类说明

棕壤是蓬莱区主要土壤类型，占本区地域面积的55%。棕壤通体以棕色、棕褐色为主，有明显的淋溶层（耕作层）、淀积层和母质层。表层受耕作影响，呈浅棕色，质地偏轻。淀积层质地黏重，通透性差，厚度不等，呈棱柱状或块状结构，结构面上有铁锰胶膜，呈红棕色、棕褐色。底土层保持着成土母质的形态，土体中部一般有铁锰结核，由于淋溶作用强烈，可溶性盐类被淋洗，通体无石灰反应，土壤呈微酸性至酸性，pH在6.0左右。本区棕壤分为棕壤性土、棕壤、潮棕壤等亚类。

粗骨土是蓬莱区第二大土壤类型，占本区地域面积的27%。粗骨土属于A–C型，甚至（A）–C型土壤。A层发育不明显，母质层多砾石，甚少出现剖面分异与发育特征。

褐土是蓬莱区第三大土壤类型，占本区地域面积的6%，主要集中分布在北沟镇和登州街道。褐土通体以褐色或棕褐色为主，土层通常由耕作层、淀积黏化层和钙积层三个基本层段组成。钙积层常呈假菌丝体状，有强烈的石灰反应，pH为7.0—8.0。根据不同的母质、成土时间及淋溶程度，本区褐土分为褐土性土、淋溶褐土和褐土等亚类。

石质土占蓬莱区地域面积的5%，多分布于山地丘陵的陡峭部位，表层岩石裸露，风化层浅薄，多砾石或碎屑岩粒，属A–R型土。

潮土占蓬莱区地域面积的5%，主要分布在河滩地和滨海缓平地上。成土母质为河流沉积物，长期受潜水作用，成土母质颗粒的粗细不仅在水平分布上有分选差异，同一剖面中也可能有不同的质地层次排列。剖面中下部土层有明显的锈色斑纹或较小的铁锰结核，土壤呈中性至碱性，pH为7.0—8.5。根据地理位置、潜水作用的程度和盐化情况，本区潮土分为潮土、盐化潮土和湿潮土等亚类。

本区域中心区气候特征

本区域中心区气候特征值
Regional climate characteristics in central area of the region

气候带：暖温带亚湿润气候 Climate region: Warm temperate subhumid climate	
年平均气温 /℃ Annual average temperature /℃	11.6
年平均最高气温 /℃ Annual average maximum temperature /℃	16.0
年平均最低气温 /℃ Annual average minimum temperature /℃	8.0
年降水量 /mm Annual precipitation /mm	607
≥10℃的积温 /℃ Daily temperature accumulated in a year (≥10℃) /℃	4273
年日照时数 /h Annual sunshine /h	2595
年平均相对湿度 /% Annual average relative humidity /%	69
干燥度 Dryness	1.13

本区域中心区月平均气温与月平均降水量
Monthly temperature and precipitation in central area of the region

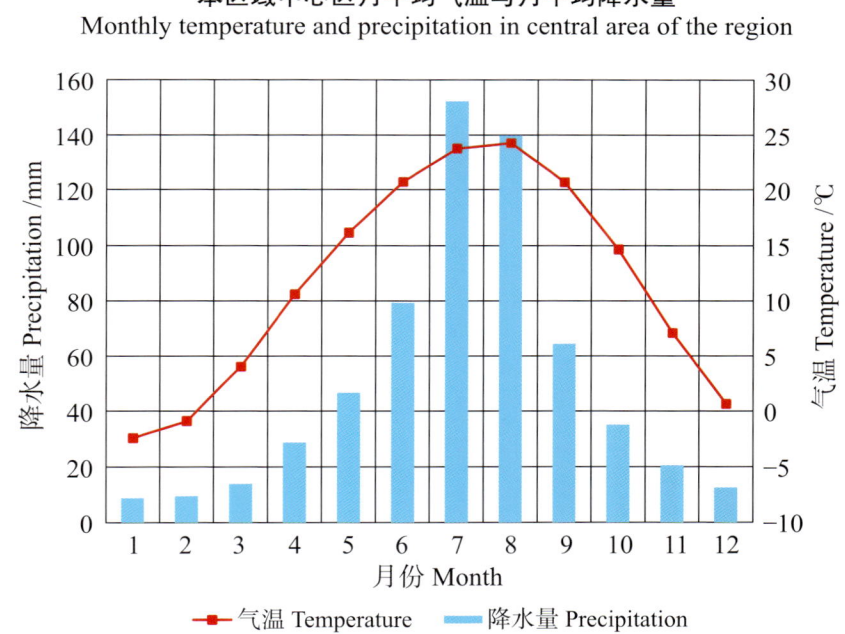

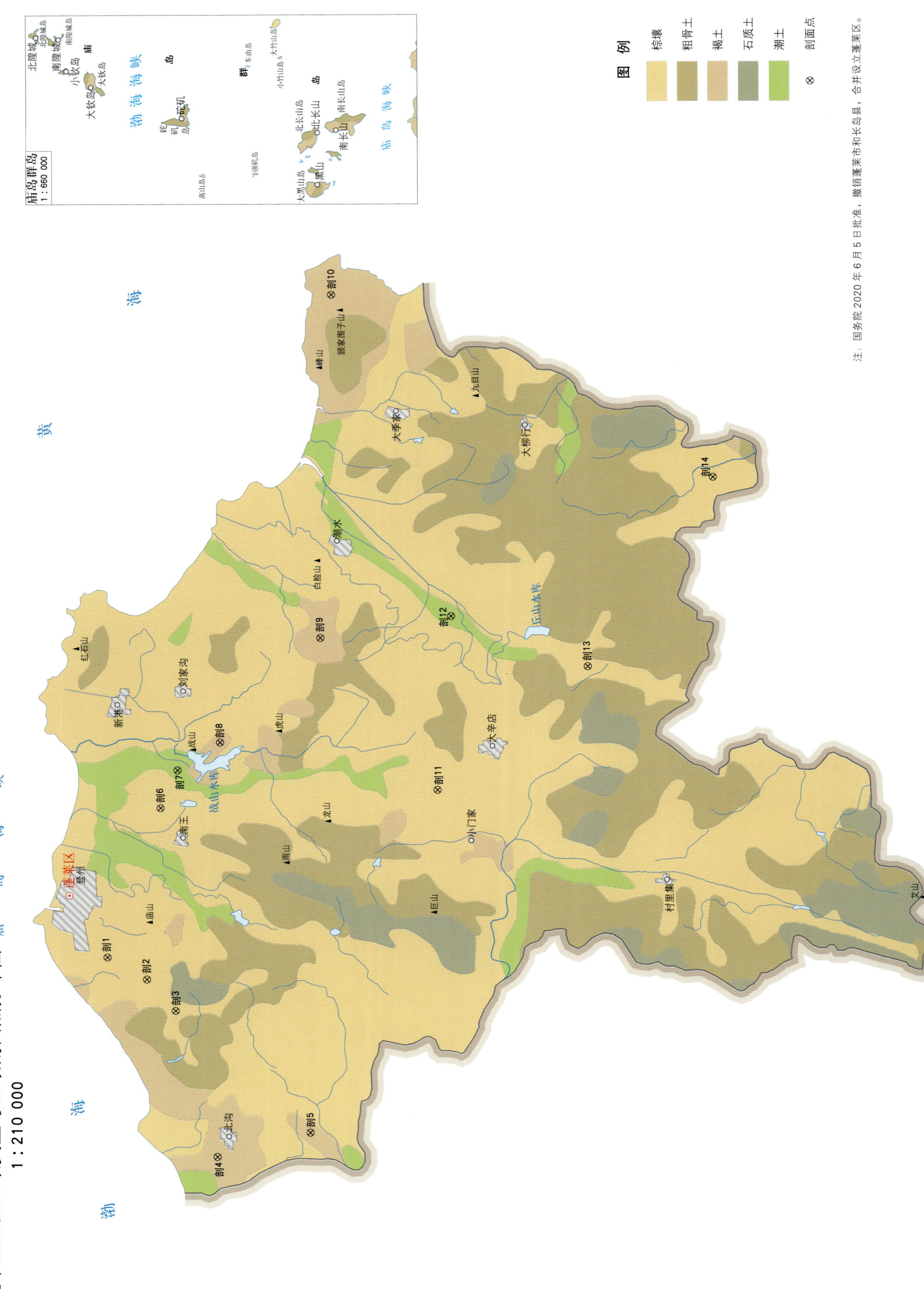

蓬莱区土壤剖面理化性状表

剖面号 Soil profile	土纲 Soil order	土类 Soil great group	亚类 Soil subgroup	土属 Soil genus	土种 Soil species	土层码 Layer code	土层厚度 Depth/cm	颜色 Soil color	质地 Soil texture	土壤结构 Soil structure	pH	有机质 OM/(g/kg)	全氮 TN/(g/kg)	全磷 TP/(g/kg)	全钾 TK/(g/kg)	碱解氮 AN/(mg/kg)	有效磷 AP/(mg/kg)	速效钾 AK/(mg/kg)	阳离子交换量CEC/(cmol/kg)	土壤母质 Parent material	剖面点坐标 Profile coordinate	匹配指数 Matching index/%
剖1	淋溶土	棕壤	棕壤性土	坡洪积粗棕壤性土	壤质中层石底坡洪积棕壤性土	1	0—15	棕色	石渣土	粒状	6.4	6.6	0.47	0.44		38	4.0	59	6.6	坡积物、洪积物	E 120° 43′ 08.2″ N 37° 47′ 50.5″	89
						2	15—35	黄褐色	砂壤土	屑粒状												
						3	35—58															
剖2	淋溶土	棕壤	棕壤性土	暗泥棕壤性土	暗坡壤土	4	58—															87
						Ap	0—17		砂质黏壤土		6.9	13.3	0.73	0.58	17.7	64	11.2	71	18.3		E 120° 42′ 22.8″ N 37° 46′ 43.9″	
						B₁	17—41		壤质黏土		6.6	13.0	0.58	0.30	18.4	43	2.4	93	22.6			
						B₂	41—56		壤质黏土		6.8	7.4	0.54	0.38	18.9	36	1.6	91	22.0			
剖3	淋溶土	棕壤	棕壤	暗泥棕壤	僵心暗壤土	Ap	0—18		壤质土		6.3	12.6		0.80	14.8				18.5		E 120° 41′ 16.2″ N 37° 45′ 54.0″	83
						AB	18—25		壤质黏土		6.5	8.2	0.58	0.62	15.5	43	2.4	81	18.2			
						B₁	25—60		壤质黏土		6.9	6.6	0.54	0.44	17.0	36	1.6		22.4			
						B₂	60—90		壤质黏土		6.9	5.6	0.38	0.55	14.5	25	1.8		24.7			
						BC	90—100															
						C	100—110															
剖4	半淋溶土	褐土	淋溶褐土	洪冲积淋溶褐土	轻壤表通体均壤洪冲积物淋溶褐土	1	0—20	浅褐色	中壤土	屑粒状	6.8	11.8	0.78	0.60		61	12.0	129	15.6	洪积物、冲积物	E 120° 36′ 04.3″ N 37° 44′ 37.6″	94
						2	20—38	黄褐色	轻壤土	片状	7.0	8.0	0.56	0.58		43	2.0	91	14.7			
						3	38—90	暗褐色	轻壤土	屑粒状	7.5	7.0	0.48	0.52		30	1.0	86	13.3			
						4	90—150	暗褐色	轻壤土	碎块状												
剖5	半淋溶土	褐土	褐土	残坡积褐土	轻壤土中层土体残坡积褐土	1	0—20	黄褐色	中壤土	粒状	8.0	10.0	0.64	1.09	14.8	49	2.0	78	11.5	残积物、坡积物	E 120° 37′ 02.0″ N 37° 42′ 03.6″	72
						2	20—36	黄褐色	轻壤土	块状	8.0	6.6	0.49	0.83	15.5	34	1.0	71	12.3			
						R	36—															
剖6	淋溶土	棕壤	棕壤	残坡积棕壤	中壤土中层土体残坡积棕壤	1	0—17	浅灰色	轻壤土	屑粒状	6.1	8.2	0.57	0.55	17.0	55	5.0	75	10.4	残积物、坡积物	E 120° 48′ 36.4″ N 37° 46′ 28.6″	100
						2	17—46	棕黄色	重壤土	碎块状	6.0	6.8	0.45	0.44	14.5	46	1.0	65	10.6			
						3	46—															
剖7	半水成土	潮土	潮土	石灰冲积石灰河潮土	轻壤土通体均壤冲积河性石灰河潮土	1	0—16	浅灰色	轻壤土	屑粒状	7.3	7.5	0.52	0.99		51	13.0	43	9.9	洪积物、冲积物	E 120° 49′ 59.2″ N 37° 46′ 01.6″	81
						2	16—38	黄褐色	轻壤土	屑粒状	7.5	4.4	0.35	0.81		35	2.0	50	9.2			
						3	38—55	浅褐色	中壤土	碎块状	7.8	4.2	0.32	0.65		38	1.0	46	4.0			
						4	55—86	浅红棕色	中偏重壤土	块状												
						5	86—															
剖8	半淋溶土	褐土	褐土	洪冲积褐土	轻壤土中层土体洪冲积褐土	1	0—20	黄褐色	轻壤土	屑粒状	7.3	10.6	0.75	1.20		66	58.0	178	15.2	洪积物、冲积物	E 120° 51′ 01.8″ N 37° 44′ 52.1″	85
						2	20—30	黄褐色	中壤土	片状	7.7	5.2	0.36	0.93		35	6.0	103	13.9			
						3	30—55	灰褐色	中壤土	碎块状	7.6	4.8	0.35	0.92		23	15.0	111	15.5			
						4	55—100															
						5	100—150															
剖9	半淋溶土	褐土	褐土	洪冲积黄质褐土	轻壤土通体均壤洪冲积黄褐土	1	0—14	浅红棕色	中壤土	块状	7.7	9.5	0.61	0.75		56	12.0	74	11.3	洪积物、冲积物	E 120° 54′ 52.4″ N 37° 42′ 08.3″	100
						2	14—21	浅黄色	中壤土	片状	7.3	7.5	0.47	0.69		45	9.0	69	11.8			
						3	21—69	棕色	中壤土	碎块状	7.8	4.6	0.43	1.02		44	3.0	68	9.2			
						4	69—110	红褐色	重壤土	碎块状												
						5	110—150	黄褐色	重壤土	碎块状												
剖10	半淋溶土	褐土	褐土性土	钙质岩类褐土性土	石渣中层石底酸性岩类棕壤性土	1	0—6	灰棕色	石渣土	粒状	7.9	10.5	0.69	0.71		52	2.0	77	8.9	石灰岩	E 121° 07′ 15.9″ N 37° 42′ 01.9″	86
						2	6—	灰棕色	石渣土													
剖11	淋溶土	棕壤	棕壤性土	酸性岩类棕壤性土		1	0—18	暗棕色	石渣土	粒状	6.1	0.6	0.41	0.82		37	8.0	62	8.1	花岗岩残积物	E 120° 49′ 30.5″ N 37° 38′ 47.1″	70
						2	18—37															
						3	37—															

续表 Continued

剖面号 Soil profile	土纲 Soil order	土类 Soil great group	亚类 Soil subgroup	土属 Soil genus	土种 Soil species	土层码 Layer code	土层厚度 Depth/cm	颜色 Soil color	质地 Soil texture	土壤结构 Soil structure	pH	有机质 OM/(g/kg)	全氮 TN/(g/kg)	全磷 TP/(g/kg)	全钾 TK/(g/kg)	碱解氮 AN/(mg/kg)	有效磷 AP/(mg/kg)	速效钾 AK/(mg/kg)	阳离子交换量CEC/(cmol/kg)	土壤母质 Parent material	剖面点坐标 Profile coordinate	匹配指数 Matching index/%
剖12	半水成土	潮土	潮土	洪冲积潮河潮土	砂壤土通体均砂洪冲积河潮土	1	0—18	棕黄色	砂壤土	粒状	6.9	8.3	0.56	0.96		48	12.0	50	8.3	洪积物、冲积物	E 120°55′46.2″ N 37°38′31.2″	81
						2	18—36	棕黄色	砂壤土	粒状	6.9	5.6	0.37	0.94		35	6.0	40	5.4			
						3	36—64	棕红色	砂壤土		6.9	4.4	0.32	0.76		34	2.0	35	4.1			
						4	64—105	暗棕色	砂壤土	片状												
						5	105—															
剖13	淋溶土	棕壤	潮棕壤	洪冲积潮棕壤	轻壤表通体均壤洪冲积潮棕壤	1	0—20	浅黄色	轻壤土	屑粒状	6.1	9.0	0.62	0.81		62	12.0	74	10.4	洪积物、冲积物	E 120°54′04.1″ N 37°34′41.5″	94
						2	20—34	灰黄色	中壤土	碎块状	6.1	6.2	0.42	0.95		37	5.0	65	7.9			
						3	34—90	棕褐色	中壤土	碎块状	6.0	2.4	0.34	0.70		24	2.0	57	6.3			
						4	90—150	棕褐色	轻壤土	碎块状												
剖14	淋溶土	棕壤	棕壤	洪冲积棕壤	轻壤土厚黏心洪冲积棕壤	1	0—30	黄褐色	轻壤土	粒状	6.1	8.9	0.62	0.65		57	11.0	75	10.1	洪积物、冲积物	E 121°00′57.9″ N 37°31′19.2″	100
						2	30—37	黄褐色	中壤土	片状	6.2	5.9	0.43	0.37		37	1.0	72	11.6			
						3	37—70	褐色	中壤土	碎块状	6.2	2.3	0.30	0.35		16	1.0	72	14.1			
						4	70—140	灰褐色	重壤土	棱块状												

龙 口 市

主要土类说明

棕壤是龙口市主要土壤类型，占本市地域面积的 48%。该土以旱作为主，处于硅铝风化阶段，具有黏化特征，盐基充分淋失，pH 为 6.0—7.0，见少量游离铁。

粗骨土是龙口市第二大土壤类型，占本市地域面积的 17%。粗骨土属于 A–C 型，甚至（A）–C 型。A 层发育不明显，母质层多砾石，剖面分异与发育特征不显著。

潮土是龙口市第三大土壤类型，占本市地域面积的 16%。潮土主要见于冲积平原或低平阶地，潜水参与成土过程，底土具有锈色斑纹和小型铁子，剖面为 A_{11}-A_{12}-Cu 或 A_{11}-C-Cu 构型。

褐土占龙口市地域面积的 8%，具黏化与钙质淋移淀积特征，属于 A–B–Bk–C 剖面构型，盐基饱和，pH 为 7.0—7.5。

石质土占龙口市地域面积的 5%，多分布于山地丘陵的陡峭部位，表层岩石裸露，风化层浅薄，多砾石或碎屑岩粒，属于 A–R 型土。

砂姜黑土占龙口市地域面积的 4%。成土母质为河湖沉积物，底土中见砂姜聚积，上层见面砂姜，底层可见砂姜瘤与砂姜盘。土壤质地相对黏重。

本区域中心区气候特征

本区域中心区气候特征值
Regional climate characteristics in central area of the region

气候带：暖温带亚湿润气候 Climate region: Warm temperate subhumid climate	
年平均气温 /℃ Annual average temperature /℃	11.6
年平均最高气温 /℃ Annual average maximum temperature /℃	16.2
年平均最低气温 /℃ Annual average minimum temperature /℃	7.9
年降水量 /mm Annual precipitation /mm	615
≥ 10℃的积温 /℃ Daily temperature accumulated in a year（≥ 10℃）/℃	4281
年日照时数 /h Annual sunshine /h	2588
年平均相对湿度 /% Annual average relative humidity /%	69
干燥度 Dryness	1.15

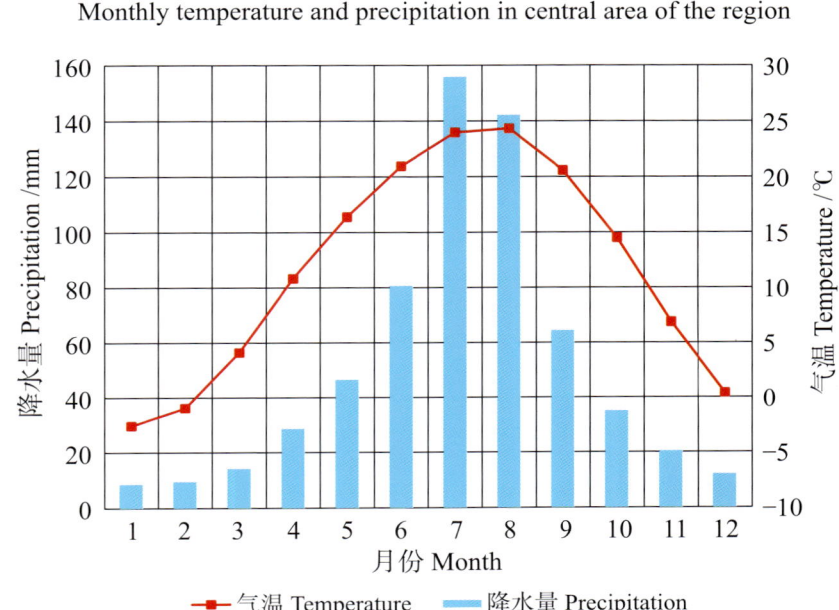

本区域中心区月平均气温与月平均降水量
Monthly temperature and precipitation in central area of the region

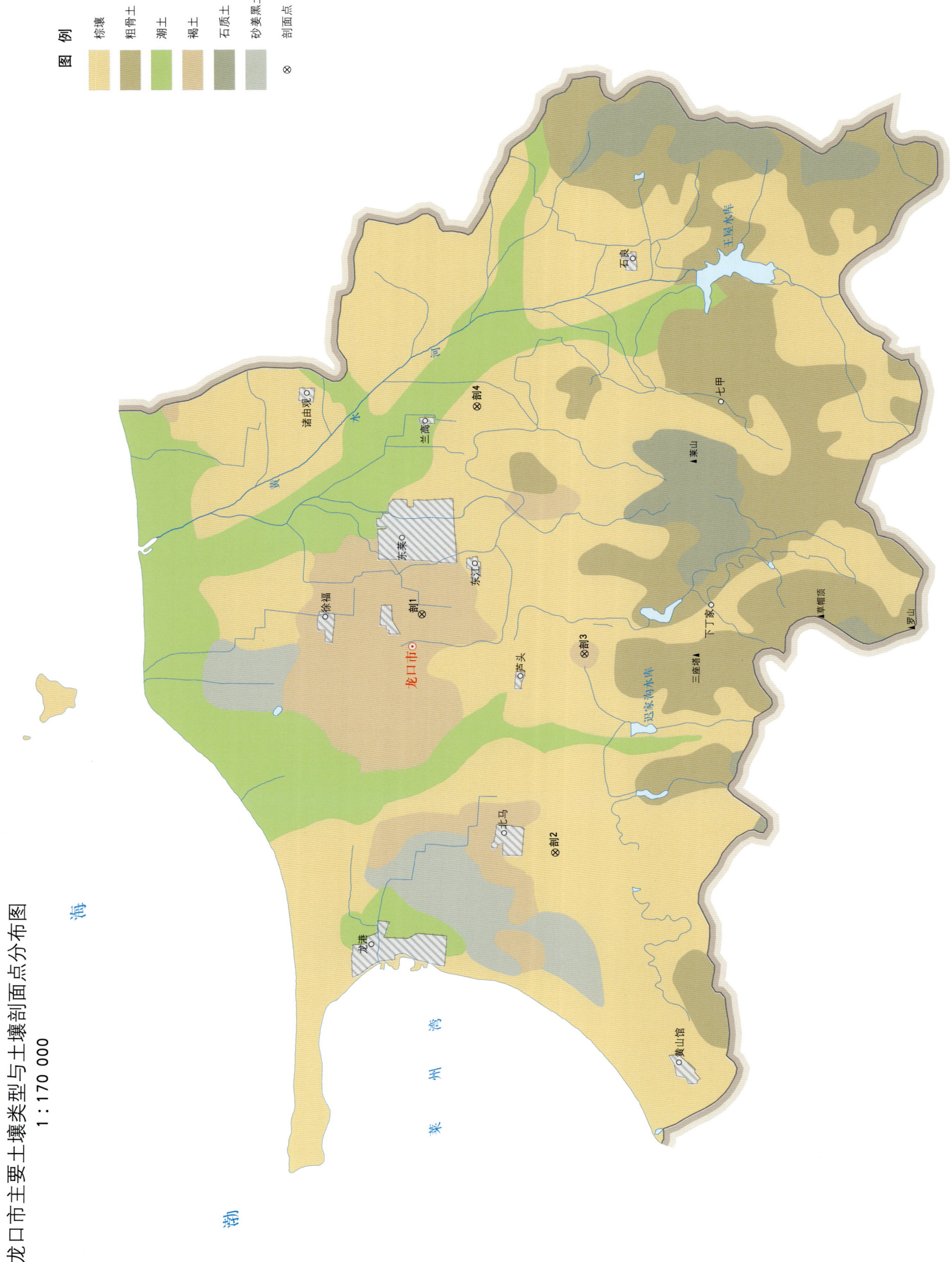

龙口市主要土壤类型与土壤剖面点分布图
1∶170 000

龙口市土壤剖面理化性状表

剖面号 Soil profile	土纲 Soil order	土类 Soil great group	亚类 Soil subgroup	土属 Soil genus	土种 Soil species	土层码 Layer code	土层厚度 Depth/cm	颜色 Soil color	质地 Soil texture	土壤结构 Soil structure	pH	有机质 OM/(g/kg)	全氮 TN/(g/kg)	全磷 TP/(g/kg)	全钾 TK/(g/kg)	碱解氮 AN/(mg/kg)	有效磷 AP/(mg/kg)	速效钾 AK/(mg/kg)	阳离子交换量CEC/(cmol/kg)	剖面点坐标 Profile coordinate	匹配指数 Matching index/%
剖1	半淋溶土	褐土	潮褐土	潮褐土	砂黄金土	Ap	0—20		砂质黏壤土		7.7	7.1	0.71	0.42		50	15.4	47	14.5	E 120°29′11.3″ N 37°38′44.0″	88
						B₁	20—55		砂质黏壤土		7.7	5.2	0.52	0.40		36	8.9	55	13.5		
						B₂	55—100		砂质黏壤土		7.6	4.6	0.46	0.44		27	8.1	51	12.4		
						BC	100—135		砂质黏壤土		7.7	1.8	0.18	0.12		10	1.8	45	12.5		
						C	135—				7.6	1.3	0.10	0.10		6	1.7	44	14.5		
剖2	淋溶土	棕壤	潮棕壤	洪冲积潮棕壤	夹砂砾棕泊土	Ap	0—20	浊棕色	砂质黏壤土	块状	6.6	8.0	0.54	0.33		73	8.7	83		E 120°22′31.1″ N 37°35′39.3″	73
						2	20—53	浊黄橙色	壤质砂土	单粒状	6.8	4.3	0.32	0.20		28	2.6	32			
						B	53—100	棕色	黏壤土	块状	6.7	5.2	0.34	0.23		26	1.2	67			
剖3	半淋溶土	褐土	淋溶褐土	黄土质淋溶褐土	立金黄土	Ap	0—20		黏壤土		6.3	7.5	0.48	0.15	24.6	38	18.6	100	14.2	E 120°28′11.3″ N 37°35′08.2″	95
						B₁	20—60		壤质黏土		7.1	2.7	0.25	0.19	25.0	18	38.8	263	14.5		
						B₂	60—95		壤质黏土		7.0	2.5	0.23	0.18	25.4	16	29.7	271	14.2		
						B₃	95—170		黏壤土		7.0	2.4	0.21	0.16	24.8	26	12.3	247	18.6		
						C₁	170—250		黏壤土		7.8	2.3	0.23	0.17	23.2	14	8.7	113	13.4		
						C₂	250—		黏壤土		7.7	2.4	0.25	0.18	22.9	17	11.8	98	13.2		
剖4	淋溶土	棕壤	潮棕壤	洪冲积潮棕壤	僵心砂棕泊土	Ap	0—21		砂壤土		5.9	11.6	0.66	0.42	19.8	76	4.0	50	15.2	E 120°35′08.6″ N 37°37′38.7″	88
						AB	21—28		黏壤土		6.4	7.5	0.50	0.35	19.9	61	1.9	60	16.9		
						B₁	28—42		黏壤土		6.6	7.6	0.46	0.33	19.9	47	1.0	80	20.6		
						B₂	42—95		黏壤土		6.8	4.6	0.33	0.31	20.4	34	4.0	90	18.8		
						BC	95—100		砂壤土		7.0	3.1	0.23	0.37	22.2	24	6.0	80	18.7		

莱 阳 市

主要土类说明

棕壤是莱阳市主要土壤类型，占本市地域面积的 73%。成土母质多为酸性岩类、基性岩类、非石灰性砂页岩及砾岩残积物、坡积物、洪积物、冲积物。棕壤土体淋溶作用较强，层次发育分明，剖面通常有淋溶层（耕地为耕作层）、淀积层、母质层，通体呈棕色至棕褐色，无石灰反应，呈微酸性，pH 为 5.5—6.7。表土层受丘陵地形及淋溶、耕作施肥影响，质地偏轻，呈灰棕色。淀积层为黏粒聚积层，质地黏重，呈红棕色至黄棕色，呈块状、棱柱状结构，结构面上有铁锰胶膜覆被。棕壤的淀积层通透性差，由于出现的部位高低、厚度不等，常对生产产生直接影响。底土层则保持成土母质的形态，土体中常有铁锰结核、铁管存在。棕壤土体厚度随地形起伏而不一，随海拔从高至低渐趋加厚，山地丘陵多在 30cm 左右，沟谷及山前倾斜平原则厚达 100cm。因土体厚度、质地的不同，便形成了该土类较多的土种及生产性能上的差异。根据成土母质和剖面形态的差异，本市棕壤主要分为棕壤性土、棕壤、潮棕壤等亚类。

褐土是莱阳市第二大土壤类型，占本市地域面积的 13%。本市褐土发育在富钙质母岩或该类母岩残积物及洪积物、冲积物上，土体内富含钙质，呈中性至微碱性。本市褐土与棕壤呈复区分布。根据其基底母岩、母质类型、剖面特点的不同，本市褐土分为褐土性土、褐土和潮褐土等亚类。在山丘区因土层浅薄，多发育为褐土性土亚类；在平原区，因受钙质洪积冲积母质影响，或通体有石灰反应，或某一层段有石灰反应，而发育为褐土和潮褐土亚类。

潮土是莱阳市第三大土壤类型，占本市地域面积的 9%，是直接发育在河流冲积物及海滩河流沉积物上，长期受潜水影响的一类土壤。沉积层次分明，底土氧化还原作用交替进行，土体中下部有明显的锈色斑纹，呈中性至微碱性。本市潮土分为潮土和盐化潮土等亚类。

小于本市地域面积 3% 的土壤类型有砂姜黑土、滨海盐土和风沙土等。

本区域中心区气候特征

本区域中心区气候特征值
Regional climate characteristics in central area of the region

气候带：暖温带亚湿润气候 Climate region: Warm temperate subhumid climate	
年平均气温 /℃ Annual average temperature /℃	12.0
年平均最高气温 /℃ Annual average maximum temperature /℃	16.8
年平均最低气温 /℃ Annual average minimum temperature /℃	8.1
年降水量 /mm Annual precipitation /mm	641
≥10℃的积温 /℃ Daily temperature accumulated in a year（≥10℃）/℃	4428
年日照时数 /h Annual sunshine /h	2551
年平均相对湿度 /% Annual average relative humidity /%	70
干燥度 Dryness	1.13

莱阳市主要土壤类型与土壤剖面点分布图
1:220 000

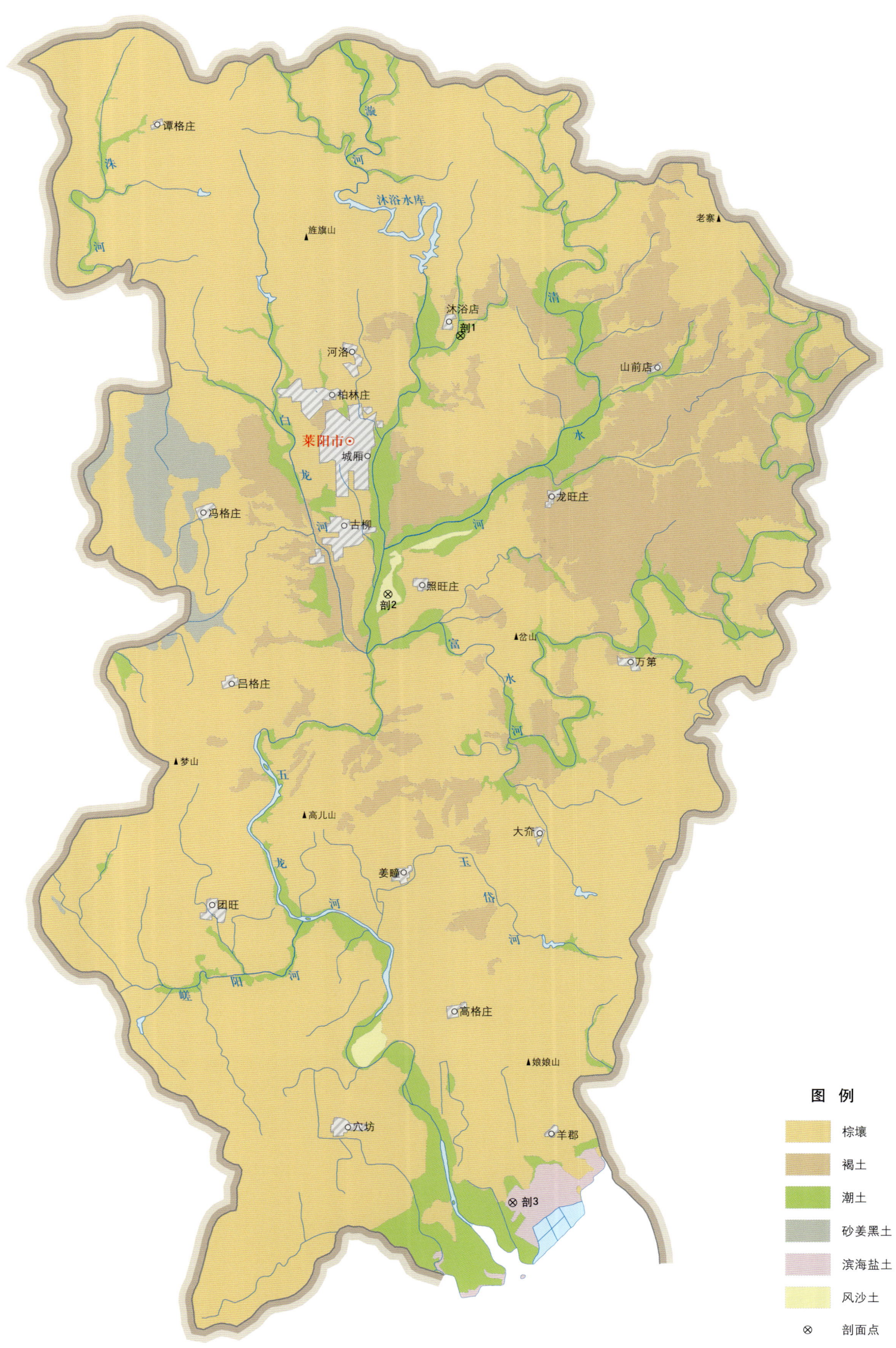

图例
- 棕壤
- 褐土
- 潮土
- 砂姜黑土
- 滨海盐土
- 风沙土
- ⊗ 剖面点

莱阳市土壤剖面理化性状表

剖面号 Soil profile	土纲 Soil order	土类 Soil great group	亚类 Soil subgroup	土属 Soil genus	土种 Soil species	土层码 Layer code	土层厚度 Depth/cm	颜色 Soil color	质地 Soil texture	土壤结构 Soil structure	pH	有机质 OM/(g/kg)	全氮 TN/(g/kg)	全磷 TP/(g/kg)	碱解氮 AN/(mg/kg)	有效磷 AP/(mg/kg)	速效钾 AK/(mg/kg)	阳离子交换量 CEC/(cmol/kg)	剖面点坐标 Profile coordinate	匹配指数 Matching index/%
剖1	半水成土	潮土	潮土	河潮土	砂冲淤土	1	0—17		砂壤土		7.8	7.2	0.41	0.45	41	11.0	60	10.1	E 120°45′35.7″ N 37°01′39.4″	86
						2	17—49		砂壤土		8.0	4.7	0.25	0.38	31	6.5	49	10.2		
						3	49—73		砂壤土		8.2	5.5	0.28	0.43	28	4.5	69	12.0		
						4	73—102		砂壤土		8.3	5.8	0.33	0.43	37	2.8	78	15.8		
						5	102—		砂土		8.4	1.2	0.06	0.28	12	1.9	29	4.8		
剖2	初育土	风沙土	草甸风沙土	冲积半固定草甸风沙土	泡沙土	1	0—30	浅黄色	砂土	单粒状	6.2	1.8	0.16	0.22	48	1.8	11	3.6	E 120°43′28.4″ N 36°54′35.2″	84
						2	30—67	黄色	砂土	单粒状	6.1	1.6	0.11	0.22	32	1.9	6	2.5		
						3	67—105	黄色	砂土	单粒状	6.0	0.9	0.08	0.28	27	3.4	5	2.7		
						4	105—137	黄色	砂土	单粒状	6.5	0.8	0.07	0.22	22	3.5	7	2.7		
						5	137—158	黄色	砂土	单粒状	6.4	0.6	0.06	0.23	17	2.5	5	3.2		
						6	158—218		砂土		6.2	0.3	0.05	0.25	11	1.7	4	2.6		
剖3	盐碱土	滨海盐土	滨海盐土	滨海盐土	砂卤盐土	1	0—35		砂土		8.6	2.3	0.07	0.10	7	3.1	260		E 120°48′07.3″ N 36°38′11.6″	70
						2	35—65		砂土		8.6	1.9	0.06	0.11	8	3.3	315			
						3	65—111		砂土		8.6	2.6	0.07	0.10	4	3.6	380			
						4	111—158		砂土		8.6	3.2	0.08	0.10	8	2.0	350			

莱 州 市

主要土类说明

棕壤是莱州市主要土壤类型，占本市地域面积的35%。棕壤是在温暖湿润的气候条件下形成的地带性土壤，淋溶作用较强，富铁过程明显，层次发育分明，通体呈棕色至棕褐色。剖面一般分淋溶层（在耕地上为耕作层）、黏化淀积层和母质层。表土层经过耕作、施肥和淋溶作用，颜色呈浅棕色，质地偏轻。淀积层为黏粒聚积层，由于铁锰氧化物的侵染，呈红棕色至棕褐色，质地黏重，厚度不等，呈棱柱状或块状结构，结构面上有铁锰胶膜。底土层保持着成土母质的形态，土体中部有铁锰结核，土壤呈微酸性，pH在6.0左右。本市棕壤分为棕壤性土、棕壤、潮棕壤等亚类。

潮土是莱州市第二大土壤类型，占本市地域面积的22%，主要分布在滨海冲积平原和山丘区的河谷两岸。本市潮土所处的地形部位较低，潜水位高，中下部土体有明显的锈色斑纹，剖面层次清晰，水平分选明显，同一发生层次的质地和色泽较为均一。土壤呈中性或微碱性。本市潮土分为潮土和盐化潮土等亚类。

褐土是莱州市第三大土壤类型，占本市地域面积的15%。本市褐土与棕壤呈复区存在，在过渡性的生物气候条件下，对褐土的发育有明显的影响，如剖面形态典型性较差，石灰反应弱等。褐土土体常有钙积层为其主要特征，土壤呈中性，pH为7.0左右。本市褐土主要分为潮褐土、褐土、淋溶褐土等亚类。

粗骨土占莱州市地域面积的14%。粗骨土属于A–C型，甚至（A）–C型土壤。A层发育不明显，母质层多砾石，甚少出现剖面分异与发育特征。

滨海盐土占莱州市地域面积的8%。本市滨海盐土是在海浸和高矿化度的潜水作用下形成的。地下水埋深为1m左右，矿化度为1.6—246.8g/L，作物缺苗率在五成以上，分布在近海地带，大部分不能用于农、林、牧，只适用于晒盐。本市滨海盐土只有滨海盐土一个亚类。全土体含有以氯化物为主的可溶盐，呈Az–Cz土体构型。

砂姜黑土占莱州市地域面积的4%，分布在沙河、土山、三山岛、金城、朱桥、虎头崖等地，土体中下部有一层砂姜层，上覆一层黑色黏重的黑土层，表层为灰褐色至褐色的后期覆盖物，或为黑土层裸露后经耕作褪色而成的耕作层。本市砂姜黑土只有砂姜黑土一个亚类。

小于本市地域面积3%的土壤类型有石质土等。

本区域中心区气候特征

本区域中心区气候特征值
Regional climate characteristics in central area of the region

气候带：暖温带亚湿润气候 Climate region: Warm temperate subhumid climate	
年平均气温 /℃ Annual average temperature /℃	11.9
年平均最高气温 /℃ Annual average maximum temperature /℃	17.3
年平均最低气温 /℃ Annual average minimum temperature /℃	7.4
年降水量 /mm Annual precipitation /mm	600
≥10℃的积温 /℃ Daily temperature accumulated in a year（≥10℃）/℃	4400
年日照时数 /h Annual sunshine /h	2566
年平均相对湿度 /% Annual average relative humidity /%	68
干燥度 Dryness	1.20

本区域中心区月平均气温与月平均降水量
Monthly temperature and precipitation in central area of the region

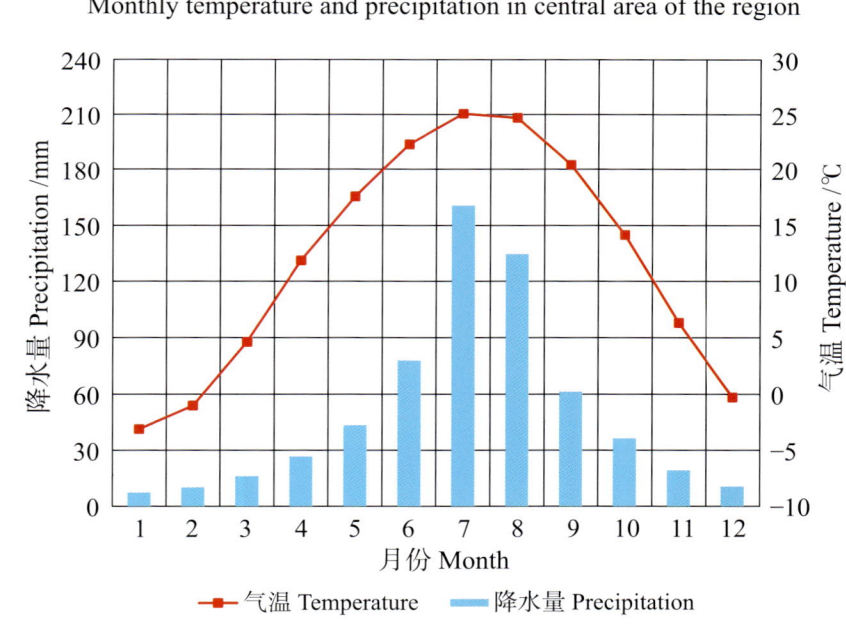

莱州市主要土壤类型与土壤剖面点分布图
1∶240 000

图 例
棕壤　潮土　褐土　粗骨土　滨海盐土　砂姜黑土　石质土　剖面点

莱州市土壤剖面理化性状表

剖面号 Soil profile	土纲 Soil order	土类 Soil great group	亚类 Soil subgroup	土属 Soil genus	土种 Soil species	土层码 Layer code	土层厚度 Depth/cm	质地 Soil texture	pH	有机质 OM/(g/kg)	全氮 TN/(g/kg)	全磷 TP/(g/kg)	全钾 TK/(g/kg)	碱解氮 AN/(mg/kg)	有效磷 AP/(mg/kg)	速效钾 AK/(mg/kg)	阳离子交换量 CEC/(cmol/kg)	剖面点坐标 Profile coordinate	匹配指数 Matching index/%
剖1	半淋溶土	褐土	潮褐土	潮褐土	黏心砂黄金土	Ap	0—24	砂质黏壤土	7.0	10.6	0.71	0.32		47	11.3	89	14.6	E 119°56′31.3″ N 37°12′42.4″	96
						B₁	24—36	黏壤土	7.6	8.4	0.39	0.11		36	1.5	92	20.3		
						B₂	36—83	砂质黏土	7.7	6.5	0.32	0.11		28	1.5	87	18.9		
						BC	83—128	砂质黏壤土	7.7	2.1	0.15	0.18		12	2.5	70	12.8		
						C	128—163	砂壤土	7.7	1.5	0.09	0.14		11	2.5	56	10.8		
剖2	半水成土	砂姜黑土	砂姜黑土	砂姜黑土	砂底鸭屎土	1	0—24	砂质黏壤土	7.6	8.5	0.54	0.13	23.2	42	4.4	52	27.1	E 119°43′35.0″ N 37°00′37.4″	85
						2	24—62	壤质黏土	7.6	7.8	0.45	0.06	21.7	20	1.0	60	24.4		
						3	62—102		7.7	3.1	0.18	0.04	20.0	12	0.9	40			
						4	102—122		7.6	1.0	0.07	0.02	20.1	9	0.7	21			
						5	122—		7.7	0.7	0.07	0.02	24.0	9	1.6	44	19.5		

招 远 市

主要土类说明

棕壤是招远市主要土壤类型，占本市地域面积的55%。棕壤发生于湿润暖温带落叶阔叶林下，但大部分已被垦殖，以旱作为主。该土壤处于硅铝风化阶段，具有黏化特征，呈棕色。土体见黏粒淀积，盐基充分淋失，pH 为 6.0—7.0，见少量游离铁。

粗骨土是招远市第二大土壤类型，占本市地域面积的30%。粗骨土属于 A–C 型，甚至（A）–C 型土壤。A 层发育不明显，与母质土层性状相似，略显有机质累积。有时母质层富含砾石，甚少出现剖面分异与发育特征。

潮土是招远市第三大土壤类型，占本市地域面积的10%。潮土见于近代河流冲积平原或低平阶地，地下水位高，潜水参与成土过程。在潮土成土过程中，底土氧化还原交替作用，形成锈色斑纹和小型铁子。在长期耕作条件下，表层有机质含量为 10—15g/kg。

小于本市地域面积3%的土壤类型有石质土、褐土和砂姜黑土等。

本区域中心区气候特征

本区域中心区气候特征值
Regional climate characteristics in central area of the region

气候带：暖温带亚湿润气候 Climate region: Warm temperate subhumid climate	
年平均气温 /℃ Annual average temperature /℃	11.8
年平均最高气温 /℃ Annual average maximum temperature /℃	16.8
年平均最低气温 /℃ Annual average minimum temperature /℃	7.7
年降水量 /mm Annual precipitation /mm	609
≥ 10℃的积温 /℃ Daily temperature accumulated in a year（≥ 10℃）/℃	4351
年日照时数 /h Annual sunshine /h	2567
年平均相对湿度 /% Annual average relative humidity /%	69
干燥度 Dryness	1.16

本区域中心区月平均气温与月平均降水量
Monthly temperature and precipitation in central area of the region

招远市主要土壤类型与土壤剖面点分布图
1∶190 000

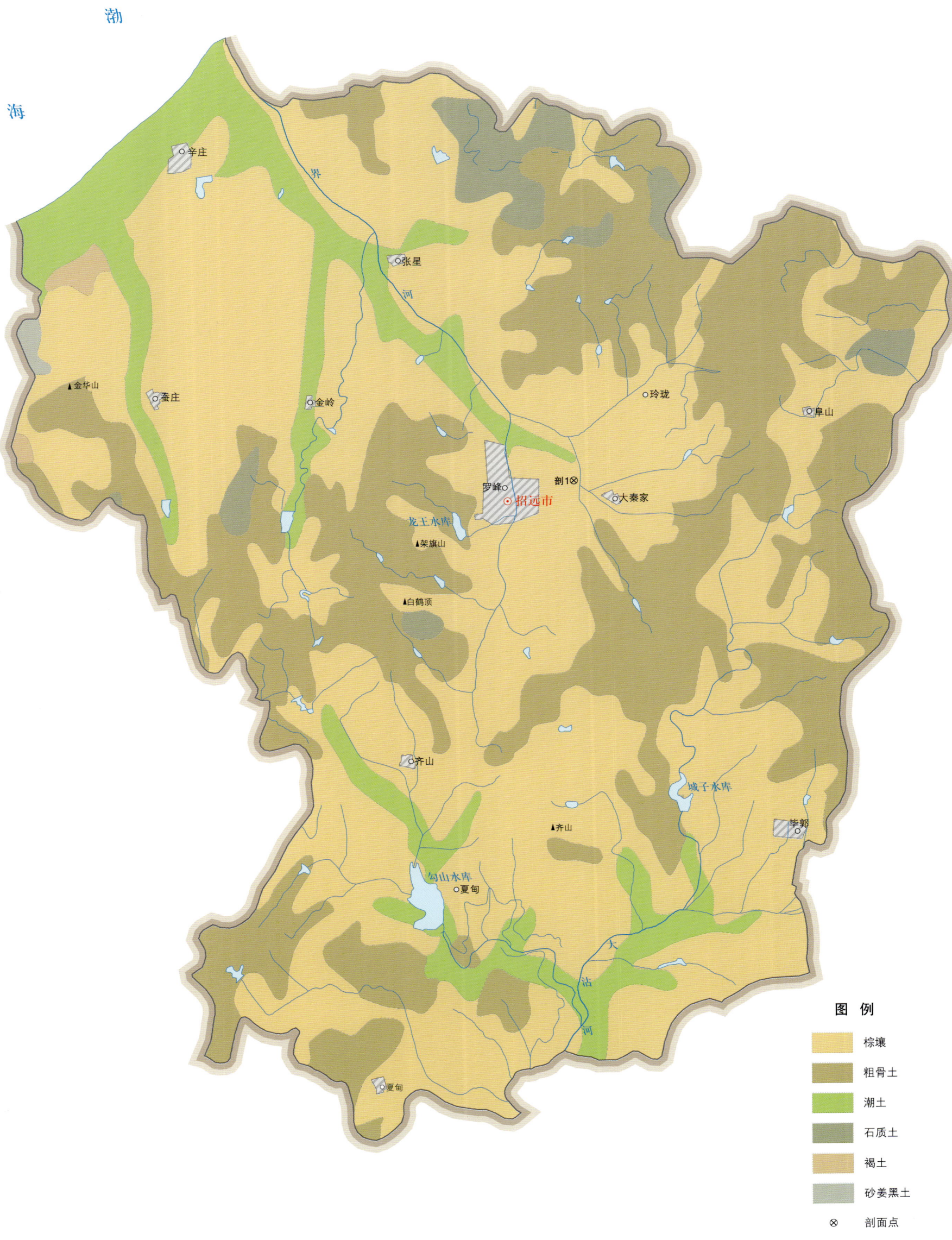

招远市土壤剖面理化性状表

剖面号 Soil profile	土纲 Soil order	土类 Soil great group	亚类 Soil subgroup	土属 Soil genus	土种 Soil species	土层码 Layer code	土层厚度 Depth/cm	颜色 Soil color	质地 Soil texture	土壤结构 Soil structure	有机质 OM/(g/kg)	全氮 TN/(g/kg)	全磷 TP/(g/kg)	碱解氮 AN/(mg/kg)	有效磷 AP/(mg/kg)	速效钾 AK/(mg/kg)	剖面点坐标 Profile coordinate	匹配指数 Matching index/%
剖1	淋溶土	棕壤	潮棕壤	洪冲积潮棕壤	壤质浅位黏质洪积潮棕壤	1	0—33	浅黄色	轻壤土	屑粒状	1.0	0.07	0.07	87	11.1	52	E 120°26′03.2″ N 37°22′05.7″	89
						2	33—66	棕黄色	重壤土	碎块状	0.8	0.05	0.04	45	1.2	86		
						3	66—150	深棕灰色	重壤土	核状								

栖 霞 市

主要土类说明

棕壤是栖霞市主要土壤类型，占本市地域面积的 86%。成土母质多为酸性岩类、基性岩类、非石灰性砂页岩及砾岩残积物、坡积物、洪积物、冲积物。本市棕壤分为棕壤性土、棕壤、白浆化棕壤、潮棕壤等亚类。棕壤性土亚类分布于本市山地、丘陵中上部的石质山岭、荒坡岭、岭坡梯田、岭地等地貌单元上。土体发育不完整，无心土层，底部为基岩或半风化的母岩。土体厚度一般为 30cm 左右，大于 50cm 的较少。土壤质地多为石渣土，部分为壤土。该亚类土壤侵蚀严重，养分含量较低。棕壤亚类发育在山丘下部岭坡梯田、岭地及沟谷梯田、沿河阶地、倾斜平地上缘，成土母质为洪积物、冲积物，土体比较深厚，自然肥力较高，适种小麦、玉米、地瓜等多种作物，是本市主要的耕作土壤类型。剖面通常有淋溶层（耕地为耕作层）、淀积层和母质层，通体无石灰反应。表层因受耕作施肥影响，土壤呈棕褐色，质地偏轻。淀积层为黏粒聚积层，由于铁锰氧化物的存在，土壤呈红棕色至黄棕色，质地黏重，厚度不等，呈块状或棱柱状结构，结构面上有铁锰胶膜。底土层则保持着成土母质的形态。土体中部一般有铁锰结核，个别土体下部有铁管。土壤呈微酸性，pH 为 5.0—6.7。白浆化棕壤亚类耕层下有灰白色的白浆层，白浆层下有黏化层或石底。降雨后，水易侧渗，使可溶性物质排出土体，所以养分含量低，生产性能差，易涝易旱。潮棕壤亚类是发育在洪积扇中下部的一种土壤类型，在本市主要分布在本市倾斜平地、微斜平地和山间泊地等地貌单元上，以官道、观里、桃村、蛇窝泊等地面积较大，其他乡镇街道有零星分布。该亚类土壤土体发育完整，有明显的淋溶淀积作用，地下水埋深为 2—5m。由于地下水参与成土过程，故土体中下部有锈色斑纹，呈浅灰色，土体深厚，均大于 100cm，且地面大多较平整。土体构造良好，通体均质及中位夹黏的面积可达 85% 左右，浅位夹黏和夹砾石层的面积占 15% 左右。本市潮棕壤亚类适种性广，是稳产高产的土壤类型。

潮土是栖霞市第二大土壤类型，占本市地域面积的 10%，主要分布在本市五大河系及其支流的两岸。质地有明显的分选性，以河道为中心向两侧对称分布。远河道地段质地细，近河道地段质地较粗，河床相更粗，甚至卵石遍布。在成土过程中因受多次不同流速和流量的影响，导致沉积的粗细不同，因此土体剖面沉积层次明显，母质的分选性良好，同一层次质地、色泽均匀。土体下部常有锈色斑纹。因母质来源多为酸性岩风化物，所以土壤呈微酸性，pH 为 5.5—6.5。本市潮土只有潮土一个亚类。

小于本市地域面积 3% 的土壤类型有褐土等。

本区域中心区气候特征

本区域中心区气候特征值
Regional climate characteristics in central area of the region

气候带：暖温带亚湿润气候 Climate region: Warm temperate subhumid climate	
年平均气温 /℃ Annual average temperature /℃	11.8
年平均最高气温 /℃ Annual average maximum temperature /℃	16.2
年平均最低气温 /℃ Annual average minimum temperature /℃	8.1
年降水量 /mm Annual precipitation /mm	619
≥10℃的积温 /℃ Daily temperature accumulated in a year（≥10℃）/℃	4332
年日照时数 /h Annual sunshine /h	2576
年平均相对湿度 /% Annual average relative humidity /%	69
干燥度 Dryness	1.14

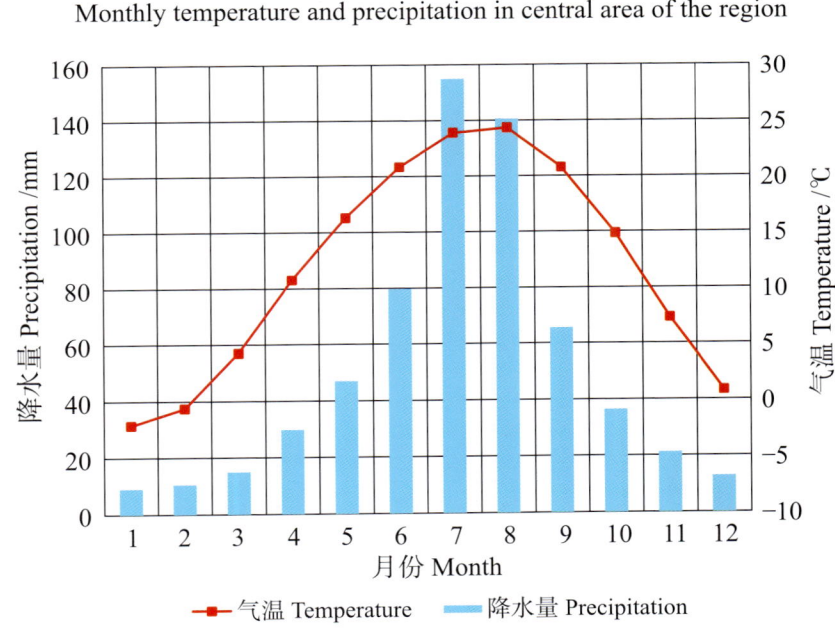

本区域中心区月平均气温与月平均降水量
Monthly temperature and precipitation in central area of the region

栖霞县主要土壤类型与土壤剖面点分布图
1∶230 000

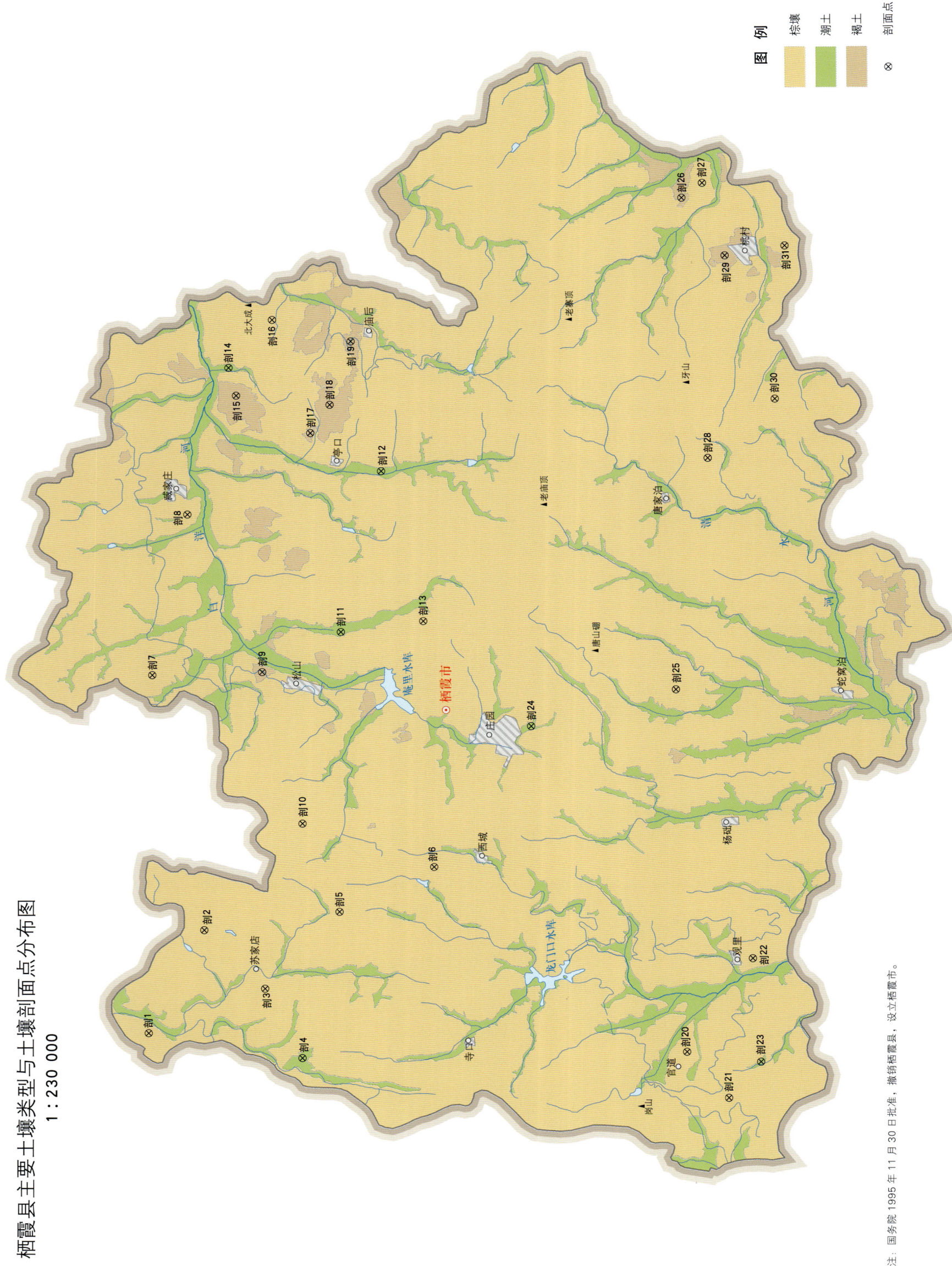

注：国务院 1995 年 11 月 30 日批准，撤销栖霞县，设立栖霞市。

栖霞市土壤剖面理化性状表

剖面号	土纲	土类	亚类	土属	土种	土层码	土层厚度/cm	颜色	质地	土壤结构	pH	有机质 OM/(g/kg)	全氮 TN/(g/kg)	全磷 TP/(g/kg)	碱解氮 AN/(mg/kg)	有效磷 AP/(mg/kg)	速效钾 AK/(mg/kg)	阳离子交换量 CEC/(cmol/kg)	土壤母质	剖面点坐标	匹配指数/%
剖1	淋溶土	棕壤	棕壤性土	酸性岩类棕壤性土	极薄层石底酸性岩棕壤质土	1	0—26	黄褐色	多砾质壤土	屑粒状	6.7	5.3	0.34	0.60	37	5.2	45	4.8	酸性岩类	E 120°37′54.4″ N 37°28′37.2″	82
						2	26—			小碎块状											
剖2	淋溶土	棕壤	棕壤性土	酸性岩类棕壤性土	极薄层石底酸性岩石渣土	1	0—25	灰白色	石渣土		6.8	5.6	0.30	0.82	31	1.5	37	6.0	酸性岩类	E 120°41′55.4″ N 37°27′02.1″	82
						2	25—														
剖3	淋溶土	棕壤	棕壤	麻砂棕壤	僵底板棕壤土	Ap	0—21		黏壤土		6.7	12.2	0.72	0.77	72	13.5	79	11.6		E 120°39′43.5″ N 37°25′10.8″	71
						A₁	21—30		黏壤土		6.8	7.0	0.47	0.48	46	2.1	66	12.8			
						A₂	30—60		黏壤土		6.7	6.3	0.45	0.48	44	1.6	71	16.9			
						B	60—150		壤质黏土		6.9	6.1	0.35	0.41	28	1.5	155	15.7			
剖4	半水成土	潮土	潮土	河潮土	洪积砾石心砂壤表河潮土	1	0—20	浅黄色	多砾质砂壤土	屑粒状	6.0	7.4	0.45	1.28	55	11.6	43	5.3	河流冲积物	E 120°37′05.9″ N 37°24′00.3″	85
						2	20—41	浅黄色	多砾质砂壤土	屑粒状	6.2	7.7	0.37	1.06	48	11.0	54	5.8			
						3	41—65														
						4	65—105														
剖5	淋溶土	棕壤	棕壤性土	基性岩类棕壤性土	极薄层硬石底基性岩棕壤土	1	0—10	褐色	少砾质砂壤土	团粒状	6.0	18.2	0.91	0.40	79	4.8	92	7.1	基性岩类	E 120°42′45.7″ N 37°23′00.6″	73
						R	10—	青黑色													
剖6	淋溶土	棕壤	白浆化棕壤	侧渗白浆化棕壤	中层砂壤表侧渗白浆化棕壤	1	0—20	黄棕色	多砾质砂壤土	单粒状	6.0	7.7	0.38	0.31	50	6.1	42	6.3		E 120°44′35.2″ N 37°20′12.5″	80
						2	20—30	灰白色	多砾质砂壤土	单粒状	6.4	4.6	0.30	0.31	37	1.7	28	6.3			
						3	30—40	灰黄色	轻砾质砂壤土	单粒状	6.6	0.3	0.18	0.25	35	1.7	36	10.9			
						4	40—	褐色													
剖7	淋溶土	棕壤	棕壤性土	麻砂棕壤性土	砂坡壤土	Ap	0—25		砂壤土		6.1	6.8	0.38	0.53	45	4.4	33	6.9		E 120°51′46.3″ N 37°28′45.9″	77
						B	25—52	浅褐色	砂壤土		6.2	6.0	0.32	0.40	38	1.3	34	8.3			
剖8	淋溶土	棕壤	潮棕壤	洪冲积棕壤	洪积砾石心砂壤轻壤表潮棕壤	1	0—21	浅黄色	中砾质轻壤土	屑粒状	6.4	10.3	0.53	0.60	70	3.5	77	8.9	洪积物、冲积物	E 120°58′01.5″ N 37°27′48.7″	70
						2	21—33	浅黄色	中砾质轻壤土		6.8	4.7	0.32	0.41	37	1.5	49	8.1			
						3	33—72	浅黄色	少砾质轻壤土		6.6	3.8	0.29	0.39	29	2.0	60	9.4			
						4	72—120	褐色	少砾质轻壤土		6.5	3.7	0.31	0.44	25	2.2	84	7.9			
剖9	半水成土	褐土	褐土性土	石灰性砾岩褐土性土	薄层石底砾岩褐土质土	1	0—20	紫灰色	轻壤土	屑粒状	7.1	3.6	0.29	0.53	26	1.8	45	5.6	石灰性砾岩	E 120°51′58.7″ N 37°25′28.9″	99
剖10	淋溶土	棕壤	棕壤性土	基性岩类棕壤性土	薄层石底基性岩棕壤石渣土	1	0—21	棕色	多砾质砂壤土	屑粒状	6.0	8.9	0.51	1.42	63	4.0	66	9.1	基性岩类	E 120°46′09.5″ N 37°24′10.4″	94
						2	21—	青色													
剖11	半水成土	潮土	潮土	河潮土	洪冲积硬石腰砂壤表潮河潮土	1	0—25	棕黄色	多砾质砂壤土	屑粒状	6.4	6.9	0.41	0.81	46	3.6	38	5.5	河流冲积物	E 120°53′35.4″ N 37°23′09.2″	97
						2	25—45	黄黄色	多砾质砂壤土	屑粒状	6.1	5.5	0.34	0.77	42	17.2	22	4.8			
						3	45—80	浅黄色	砂粒土		6.0										
						4	80—110	浅黄色													
剖12	半水成土	潮土	潮土	洪冲积潮棕壤	洪积砾石腰轻壤表潮河潮土	1	0—15	红棕色	多砾质砂壤土	碎块状	6.6	8.3	0.47	0.97	37	15.3	58	9.1	河流冲积物	E 120°59′49.2″ N 37°22′02.3″	94
						2	15—40	红棕色	少砾质轻壤土	碎块状	7.0	7.9	0.37	1.29	40	1.6	40	8.4			
						3	40—70	灰白色	轻壤土	粒状	6.8	2.4	0.15	0.86	20	1.2		4.0			
						4	70—145	灰白色													
剖13	淋溶土	棕壤	棕壤性土	基性岩类棕壤性土	中层硬石底基性岩棕壤质土	1	0—20	浅黄色	多砾质砂壤土	屑粒状	6.5	7.4	0.36	0.66	43	1.0	36	6.4	基性岩类	E 120°54′04.7″ N 37°20′42.0″	76
						2	20—36	棕黄色	中砾质壤土		6.5										
						3	36—	黄黄色													
剖14	淋溶土	潮土	潮土	河潮土	洪冲积紫砂壤表河潮土	1	0—31	黄棕色	多砾质砂壤土	屑粒状	6.6	1.8	0.10	0.56	10	0.7	15	3.4	河流冲积物	E 121°03′42.8″ N 37°26′39.6″	74
						2	31—52	黄紫色	多砾质紫砂土	屑粒状	6.6	1.4	0.07	0.96	8	1.8	18	4.5			
						3	52—74	黄棕色	多砾质松砂土	单粒状	6.3										
						4	74—110														
剖15	半淋溶土	褐土	褐土性土	钙质岩类褐土性土	薄层石底钙质岩类砂壤土	1	0—27	黄褐色	壤土	粒状	7.4	10.9	0.65	0.73	60	5.7	126	15.3	钙质岩类	E 121°02′38.0″ N 37°26′24.8″	93

续表 Continued

剖面号 Soil profile	土纲 Soil order	土类 Soil great group	亚类 Soil subgroup	土属 Soil genus	土种 Soil species	土层码 Layer code	土层厚度 Depth/cm	颜色 Soil color	质地 Soil texture	土壤结构 Soil structure	pH	有机质 OM/(g/kg)	全氮 TN/(g/kg)	全磷 TP/(g/kg)	碱解氮 AN/(mg/kg)	有效磷 AP/(mg/kg)	速效钾 AK/(mg/kg)	阴离子交换量CEC/(cmol/kg)	土壤母质 Parent material	剖面点坐标 Profile coordinate	匹配指数 Matching index/%
剖16	淋溶土	棕壤	棕壤性土	坡洪积棕壤性土	中层硬质页底坡洪积物质棕壤性土	1 R	0—37 37—	黄棕色	多砾质壤土	屑粒状	6.5	9.0	0.56	1.01	47	16.8	76	8.3	坡积物、洪积物	E 121°05′35.9″ N 37°25′22.7″	71
剖17	淋溶土	褐土	褐土性土	石灰性砂岩质褐土性土	薄层硬质砂底石灰性砂岩页岩土	1 2 R	0—13 13—28 28—	暗灰色 浅灰色	少砾质土 中砾质土	片状 片状	7.3 7.7	6.0 3.3	0.47 0.36	0.55 0.42	28 18	1.0 0.3	38 20	6.6 10.2	石灰性砂岩页岩	E 121°01′14.2″ N 37°24′10.4″	75
剖18	半淋溶土	褐土	褐土性土	钙质岩类褐土性土	薄层硬质石底钙质岩类石渣土	1	0—29	黄棕色	石渣土	粒状	7.6	9.3	0.55	0.69	48	7.0	101	10.6	钙质岩类	E 121°02′20.4″ N 37°23′36.9″	82
剖19	半淋溶土	褐土	褐土	洪冲积褐土	洪积冲积均质轻壤质褐土	1 2 3 4	0—20 20—45 45—73 73—104	棕褐色 棕褐色 红棕色 红棕色	多砾质轻壤土 多砾质中壤土 轻砾质土 多砾质重壤土	屑粒状 屑粒状 屑粒状 屑粒状	6.5 6.5 6.7 7.0	6.8 6.7 4.0 —	0.39 0.42 0.28 —	1.20 1.27 0.89 —	42 42 19 —	28.0 30.3 4.9 —	124 59 56 —	9.4 9.7 8.8 —	洪积物、冲积物	E 121°04′48.8″ N 37°23′01.1″	83
剖20	淋溶土	棕壤	潮棕壤	洪冲积潮棕壤	洪积均质潮心轻壤土	1 2 3 4 5	0—20 20—32 32—68 68—87 87—110	黄棕色 黄棕色 黄棕色 黄棕色 黄棕色	多砾质轻壤土 少砾质中壤土 少砾质重壤土 少砾质重壤土 少砾质重壤土	屑粒状 屑粒状 屑粒状 块状 块状	5.9 5.9 6.0 6.0 6.0	10.8 7.5 6.2 — —	0.68 0.51 0.40 — —	0.81 0.53 0.47 — —	87 47 42 — —	14.2 4.5 1.3 — —	50 56 105 — —	10.9 10.4 15.2 — —	洪积物、冲积物	E 121°02′43.3″ N 37°12′31.1″	75
剖21	淋溶土	棕壤	棕壤	麻砂棕壤	砂质棕壤土	Ap AB B₁	0—25 25—35 35—85	黄棕色	砂壤土 砂壤土	屑粒状 屑粒状	5.9 6.1 6.4	4.9 3.1 3.2	0.27 0.17 0.17	0.41 0.31 0.30	35 20 22	17.3 3.4 1.7	23 20 21	3.0 2.8 2.7	洪积物、冲积物	E 120°36′00.4″ N 37°11′13.4″	85
剖22	淋溶土	棕壤	潮棕壤	洪冲积潮棕壤	洪积均质轻壤表潮棕壤	1 2 3	0—25 25—50 50—95	棕褐色 黄褐色 浅黄色	多砾质轻壤土 多砾质中壤土 多砾质中壤土	屑粒状 屑粒状 屑粒状	6.7 6.8 6.7	9.1 8.9 7.7	0.54 0.51 0.40	0.93 0.82 0.57	54 50 41	37.0 20.3 4.6	67 60 60	8.9 6.0 13.6	洪积物、冲积物	E 120°41′21.6″ N 37°10′37.3″	87
剖23	半水成土	潮土	潮土	河潮土	洪积冲积心轻壤质河潮土	1 2 3 4	0—22 22—34 34—98 95—113	黄棕色 黄褐色 黄褐色 浅黄色	多砾质轻壤土 中砾质中壤土 多砾质中壤土 壤土	屑粒状 屑粒状 屑粒状 碎块状	6.5 6.6 6.8 6.1	8.8 8.7 8.5 0.7	0.54 0.47 0.50 0.04	0.75 0.62 0.76 0.23	61 58 50 6	5.7 4.9 5.8 1.2	57 68 63 18	8.5 8.6 8.5 1.2	河流冲积物	E 120°37′25.0″ N 37°10′17.8″	93
剖24	半水成土	潮土	潮土	河潮土	洪积冲积均质河潮土	1 2 3	0—28 28—49 49—70	棕褐色 黄褐色 浅黄色	多砾质轻壤土 轻壤土 多砾质土	屑粒状 屑粒状 屑粒状	6.5 6.6 7.3	7.5 4.7 0.7	0.42 0.30 0.49	0.59 0.51 —	43 32 —	6.8 3.2 —	89 57 —	10.8 7.8 —	河流冲积物	E 120°50′06.7″ N 37°17′24.3″	84
剖25	淋溶土	棕壤	棕壤性土	酸性岩类棕壤性土	中层酸石心底酸性棕壤性土	1 2 3	0—24 24—46 46—	黄棕色 棕褐色 棕褐色	壤土 多砾质土 多砾质土	屑粒状 屑粒状 碎块状	7.1	6.1	0.37	—	28	—	48	6.6	酸性岩类	E 120°51′38.2″ N 37°13′06.2″	79
剖26	半淋溶土	褐土	褐土性土	石渣褐土类褐土性土	薄层酸石牙砂土	1 2	0—28 26—	紫色	轻砾质壤土	屑粒状 碎块状	7.1	7.9	0.45	1.18	47	2.6	38	8.2	石灰性砂页岩	E 121°10′31.6″ N 37°13′11.3″	100
剖27	淋溶土	棕壤	潮棕壤	洪冲积褐棕壤	洪积冲积心厚黏心轻壤表褐河潮土	1 2 3	0—28 28—49 49—70 70—110	黄褐色 暗棕色 黑褐色	中砾质轻壤土 中砾质中壤土 中砾质重壤土	屑粒状 屑粒状 小块状 块状	6.5 6.7 6.8 6.8	7.9 5.3 8.4	0.58 0.32 0.49 0.33	0.56 0.39 0.40 —	45 36 41 —	2.6 0.7 0.8 —	38 33 54 —	10.4 12.8 —	洪积物、冲积物	E 121°11′06.7″ N 37°12′34.9″	73
剖28	淋溶土	棕壤	棕壤性土	酸性岩类棕壤性土	薄层酸页底酸性岩类粗砂土	1 2	0—26 26—	黑褐色 浅黄色	轻砾质壤土	屑粒状 碎块状	5.9	4.8	0.44	0.56	55	6.0	29	3.2	酸性岩类	E 121°00′32.8″ N 37°12′16.9″	90
剖29	半淋溶土	褐土	褐土	洪积冲积褐土	洪积冲积厚黏心轻壤表褐土	1 2 3	0—20 20—60 60—110	黄褐色 暗黄色 红棕色	多砾质轻壤土 多砾质重壤土 多砾质重壤土	屑粒状 屑粒状 柱状	7.7 7.6 7.4	9.8 11.0 6.9	0.58 0.63 0.48	0.56 0.37 0.42	45 54 38	1.6 0.4 0.7	66 102 98	7.4 13.0 10.2	洪积物、冲积物	E 121°08′20.3″ N 37°11′52.5″	92
剖30	淋溶土	棕壤	棕壤性土	酸性岩类棕壤性土	薄层酸页底酸性岩石渣土	1 2	0—20 20—	红棕色	石渣土	屑粒状	6.5	4.8	0.33	0.89	38	28.7	19	3.3	酸性岩类	E 121°02′52.2″ N 37°10′18.8″	77
剖31	淋溶土	棕壤	棕壤性土	砾岩棕壤性土	薄层酸页石底砾性岩棕壤土	1 R	0—29 29—	黄色	多砾质壤土	屑粒状	6.0	6.1	0.40	—	32	3.6	56	—	砾岩	E 121°08′45.1″ N 37°10′05.0″	97

海 阳 市

主要土类说明

粗骨土是海阳市主要土壤类型，占本市地域面积的 39%。粗骨土属于 A–C 型，甚至（A）–C 型土壤。A 层发育不明显，母质层多砾石，剖面分异与发育特征不显著。

棕壤是海阳市第二大土壤类型，占本市地域面积的 36%。棕壤是在暖温带亚湿润气候条件下形成的地带性土壤。淋溶作用较强，黏化作用明显，层次发育分明，通体呈棕褐色。剖面一般分为淋溶层（在耕地上为耕作层）、淀积层和母质层。表层因受耕作影响呈浅棕色，质地偏轻。淀积层为黏粒聚积层，由于铁锰氧化物的存在，呈浅棕色至棕褐色，质地黏重，厚度不同，结构呈棱柱状或块状，结构面上有铁锰胶膜。底土层保持着成土母质的形态，土体中部一般有铁锰结核，下部有铁管，通体无石灰反应，土壤呈微酸性至中性，pH 为 5.5—7.0，以旱作为主。本市棕壤分为棕壤性土、棕壤、潮棕壤等亚类。

潮土是海阳市第三大土壤类型，占本市地域面积的 11%，主要分布在沿河滩地和滨海滩地上，直接发育在河流沉积物及海相沉积物上。土壤母质分选性好，剖面层次分明，同一层次的质地和色泽均匀。因长期受地下潜水的影响，土体中下部有明显的锈色斑纹。土壤呈微酸性至微碱性，pH 为 6.5—7.6。本市潮土分为潮土、盐化潮土等亚类。

石质土占海阳市地域面积的 8%，多分布于山地丘陵的陡峭部位，表层岩石裸露，风化层浅薄，多砾石或碎屑岩粒，属 A–R 型土。

滨海盐土占海阳市地域面积的 4%，成土母质是海相沉积物。其地理位置在盐化潮土以南的近海处，地表盐斑明显，主要分布在行村、辛安、龙山等地的滨海滩地上，全土体含有以氯化物为主的可溶盐，呈 Az–Cz 土体构型。

小于本市地域面积 3% 的土壤类型有褐土等。

本区域中心区气候特征

本区域中心区气候特征值
Regional climate characteristics in central area of the region

气候带：暖温带亚湿润气候 Climate region: Warm temperate subhumid climate	
年平均气温 /℃ Annual average temperature /℃	12.0
年平均最高气温 /℃ Annual average maximum temperature /℃	16.2
年平均最低气温 /℃ Annual average minimum temperature /℃	8.5
年降水量 /mm Annual precipitation /mm	654
≥10℃的积温 /℃ Daily temperature accumulated in a year（≥10℃）/℃	4392
年日照时数 /h Annual sunshine /h	2546
年平均相对湿度 /% Annual average relative humidity /%	71
干燥度 Dryness	1.10

本区域中心区月平均气温与月平均降水量
Monthly temperature and precipitation in central area of the region

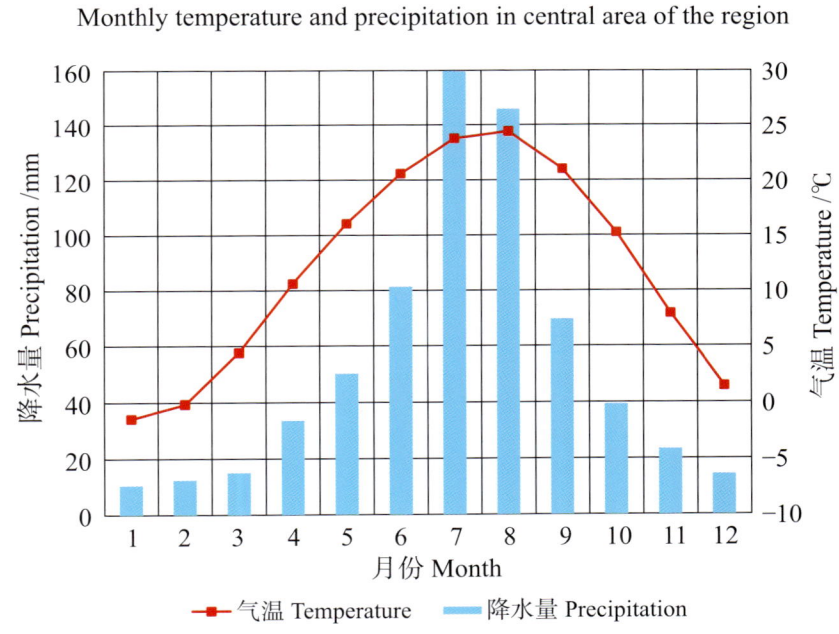

海阳县主要土壤类型与土壤剖面点分布图
1∶250 000

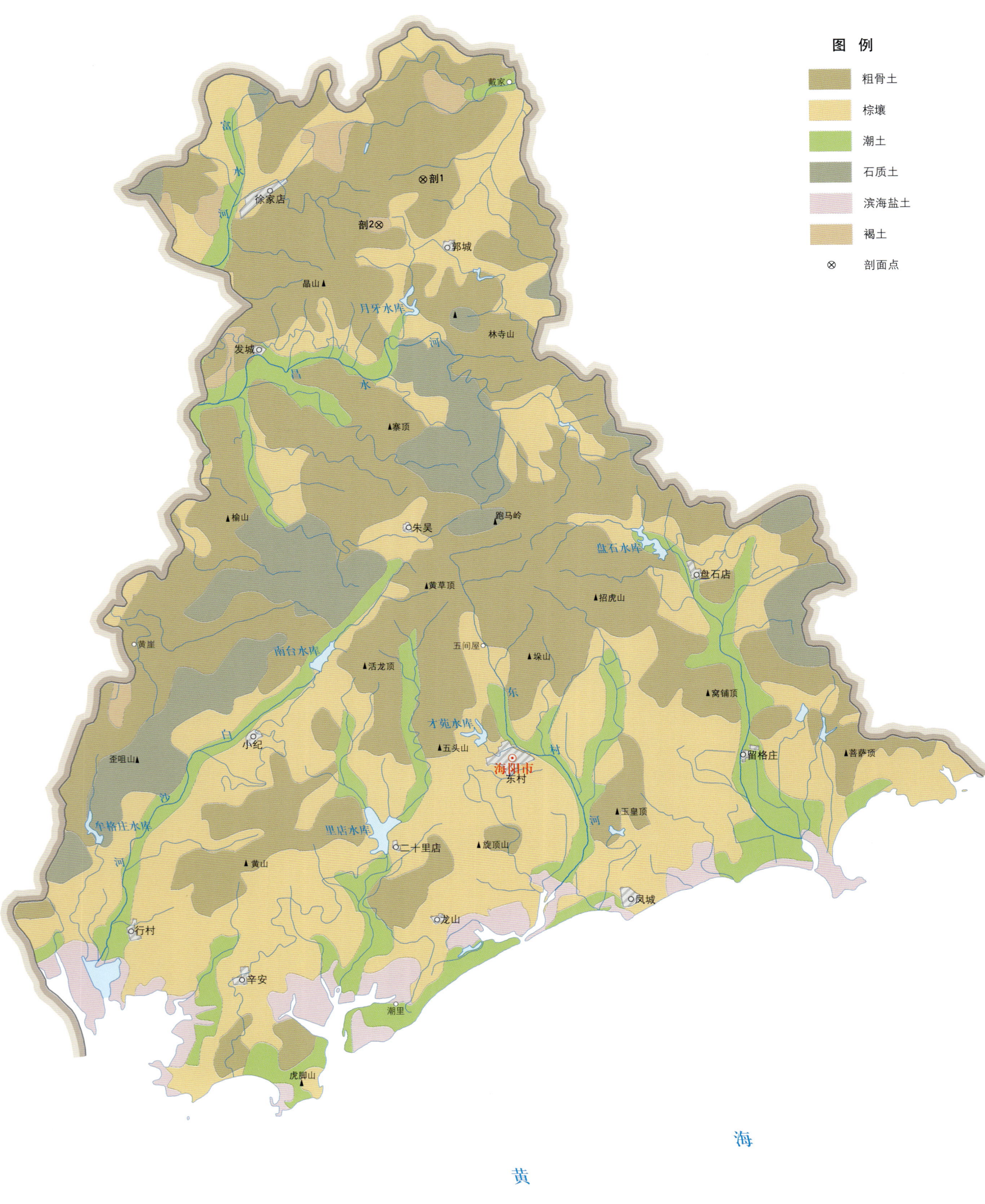

注：国务院 1996 年 4 月 29 日批准，撤销海阳县，设立海阳市。

海阳市土壤剖面理化性状表

剖面号 Soil profile	土纲 Soil order	土类 Soil great group	亚类 Soil subgroup	土属 Soil genus	土种 Soil species	土层码 Layer code	土层厚度 Depth/cm	质地 Soil texture	pH	有机质 OM/(g/kg)	全氮 TN/(g/kg)	全磷 TP/(g/kg)	全钾 TK/(g/kg)	碱解氮 AN/(mg/kg)	有效磷 AP/(mg/kg)	速效钾 AK/(mg/kg)	阳离子交换量CEC/(cmol/kg)	土壤母质 Parent material	剖面点坐标 Profile coordinate	匹配指数 Matching index/%
剖1	初育土	粗骨土	钙质粗骨土	砂页岩类钙质粗骨土	石砾麻页土	A	0—18	砂壤土	7.8	6.1	0.51	0.21		24	0.9	45	13.1	砂页岩类	E 121°05′47.9″ N 37°05′33.2″	85
						AC	18—42	砂壤土	7.8	6.8	0.52	0.21		24	3.8	50	13.4			
剖2	半淋溶土	褐土	淋溶褐土	灰质淋溶褐土	黏心砂灰质金黄土	Ap	0—25	砂质黏壤土	7.5	8.2	0.58	0.64	18.7	37	1.6	52	14.5		E 121°04′04.0″ N 37°04′02.2″	87
						B₁	25—53	壤质黏土	7.1	4.2	0.30	0.17	20.9	22	1.0	72	21.2			
						B₂	53—73	壤质黏土	7.1	3.4	0.22	0.21	22.0	21	2.1	72	21.0			
						B₃	73—92	壤质黏土	7.1	3.4	0.26	0.33	21.3	16	2.2	75	22.4			

潍 坊 市

市 辖 区

主要土类说明

褐土是潍坊市主要土壤类型，占本市地域面积的47%。本市褐土分为潮褐土、淋溶褐土、褐土和褐土性土等亚类。其中，潮褐土亚类面积最大，主要分布在洪冲积扇缘，所处地势较平缓，地下水埋深为3—5m。心土层黏化淀积现象明显，常有假菌丝体出现。底土受潜水影响，氧化还原特征明显，有铁锰结核和锈色斑纹。土层深厚，属地下水补给型农业土壤。该亚类土壤土体深厚，经长期的改良熟化，土壤理化性状日趋良好，是本市高产土壤的主体。淋溶褐土亚类多被当地群众称为"岭黄土"，多环绕褐土性土分布，所处地势较高，排水条件好，土层深厚。本市淋溶褐土亚类淋溶作用较强烈，土体1m以下无石灰反应，剖面中下部有胶膜或铁锰结核出现，表土层色泽深暗而疏松，心土层淀积黏化现象明显。各种养分在心土层有一定积累。褐土亚类多由黄土母质发育而成，主要分布在低丘坡麓及黄土缓丘上，所处地势比潮褐土亚类高，土壤发育一般不受潜水影响。褐土性土亚类分布在褐土带内低丘上，是一种土层浅薄、无心土层的砾石壤土，土体厚度为30cm左右，深者为0.5m以上，砾石含量小于30%。

潮土是潍坊市第二大土壤类型，占本市地域面积的30%。潮土是发育在河流沉积物上，受潜水影响形成的一类土壤。其剖面层次明显，质地分选清晰。中下部土层有锈色斑纹或细小的铁锰结核。本市潮土有较强的石灰反应，pH为7.0—7.9，有机质含量较高，养分贮藏较丰富。

滨海盐土是潍坊市第三大土壤类型，占本市地域面积的16%，盐分组成主要是氯化物，有较高的潜水矿化度，抑制作物生长，成土母质为海相沉积物。滨海盐土呈带状分布，分布于滨海低平地、沿海洼地及滩涂地带。

小于本市地域面积3%的土壤类型有砂姜黑土和棕壤等。

本区域中心区气候特征

本区域中心区气候特征值
Regional climate characteristics in central area of the region

气候带：暖温带亚湿润气候 Climate region: Warm temperate subhumid climate	
年平均气温 /℃ Annual average temperature /℃	12.5
年平均最高气温 /℃ Annual average maximum temperature /℃	18.7
年平均最低气温 /℃ Annual average minimum temperature /℃	7.4
年降水量 /mm Annual precipitation /mm	589
≥10℃的积温 /℃ Daily temperature accumulated in a year（≥10℃）/℃	4603
年日照时数 /h Annual sunshine /h	2540
年平均相对湿度 /% Annual average relative humidity /%	67
干燥度 Dryness	1.27

本区域中心区月平均气温与月平均降水量
Monthly temperature and precipitation in central area of the region

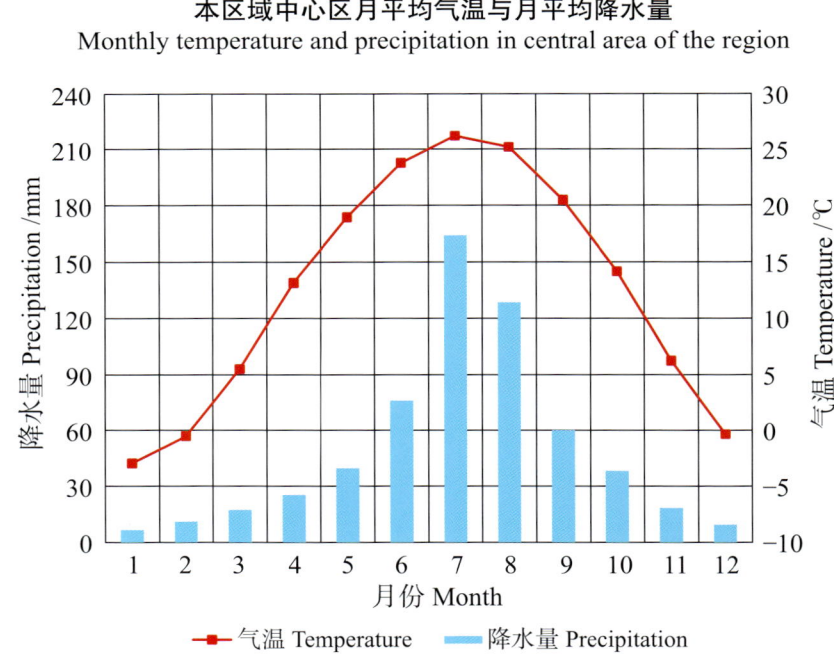

潍坊市市辖区主要土壤类型与土壤剖面点分布图
1:250 000

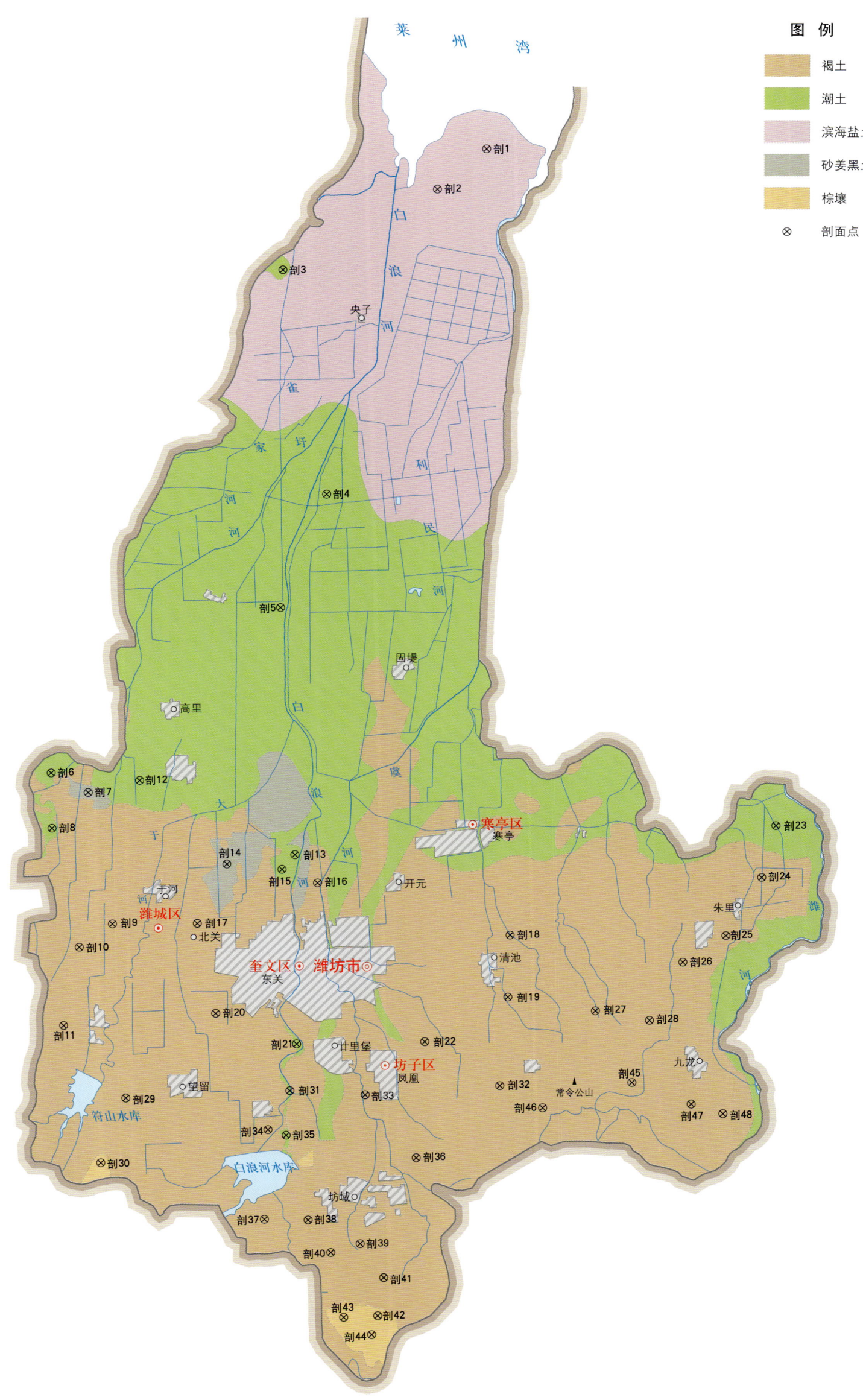

第二编　分县土壤图与土壤剖面数据

潍坊市土壤剖面理化性状表

剖面号 Soil profile	土纲 Soil order	土类 Soil great group	亚类 Soil subgroup	土属 Soil genus	土种 Soil species	土层码 Layer code	土层厚度 Depth/cm	颜色 Soil color	质地 Soil texture	土壤结构 Soil structure	pH	有机质 OM/(g/kg)	全氮 TN/(g/kg)	全磷 TP/(g/kg)	碱解氮 AN/(mg/kg)	有效磷 AP/(mg/kg)	速效钾 AK/(mg/kg)	阳离子交换量CEC/(cmol/kg)	土壤母质 Parent material	剖面点坐标 Profile coordinate	匹配指数 Matching index/%
剖1	盐碱土	滨海盐土	滨海潮滩盐土	滨海潮盐土	重盐渍砂壤表均质滨海潮盐土	1	0—16	浅褐色	轻壤土	粒状	7.7	6.5	0.46	1.11	40	1.5			海相沉积物	E 119°13′58.1″ N 37°07′31.2″	96
						2	16—30	褐色	轻壤土	块状	8.2	3.8	0.25	1.09		1.9					
						3	30—65	灰褐色	砂壤土	碎块状	8.4	1.9	0.09	1.26		1.5					
						4	65—150	黄褐色	紧砂土												
剖2	盐碱土	滨海盐土	滨海潮滩盐土	滨海潮盐土	重盐渍砂壤表均质滨海潮盐土	1	0—20	黄褐色	砂壤土	散粒状	7.7	6.6	0.36	1.34	38	3.6	280		海相沉积物	E 119°12′06.4″ N 37°06′19.5″	72
						2	20—47	暗褐色	砂壤土	碎块状	8.3	5.1	0.28	1.28		4.1	274				
						3	47—150	黄褐色	紧砂土		7.5	2.2	0.11	1.24		3.8	170				
剖3	半水成土	潮土	盐化潮土	滨海盐化潮土	中盐渍中壤表厚黏心均质滨海潮盐化土	1	0—18				7.8	10.2	0.75	1.31		4.5	212		河流冲积物	E 119°06′19.4″ N 37°03′57.7″	89
						2	18—54				7.9	9.4	0.54	1.02		1.5	140				
						3	54—100					1.1	0.07			1.3	44				
剖4	半水成土	潮土	盐化潮土	滨海盐化潮土	轻盐化重壤表均质滨海盐化潮土	1	0—26	灰黑色	重壤土	碎块状	7.3	14.2	9.70	1.27		4.6	218		河流冲积物	E 119°07′45.5″ N 36°57′05.4″	71
						2	26—52	暗褐色	重壤土	棱柱状	7.8	9.0	5.30	0.82		1.2	162				
						3	52—82	深褐色	轻黏土	棱柱状	7.0	8.3	6.00	1.11		0.7	212				
						4	82—136	褐色	重壤土	块状	7.9	5.7	3.60	0.93		2.5	210				
剖5	半水成土	潮土	湿潮土	冲积黑潮土	中壤麦厚黏心冲积黑潮土	1	0—20	灰黑色	重壤土	粒状	7.9	8.2	0.54	0.82	62	4.6	118		河流冲积物	E 119°05′57.3″ N 36°53′40.1″	72
						2	20—50	暗褐色	重壤土	块状	7.7	8.6	0.50	0.71		3.5	113				
						3	50—106	暗褐色	重壤土	块状	7.8	8.1	0.46	0.77		1.5	108				
						4	136—150									7.3	76				
剖6	半水成土	潮土	湿潮土	褐土	轻壤麦均质褐潮土	1	0—22	褐色	轻壤土	碎块状	7.5	3.3	0.28	1.02		1.6	55		河流冲积物	E 118°57′20.4″ N 36°48′48.2″	85
						2	22—90	褐色	轻壤土	块状	7.3	3.3	0.14	0.63		1.9	64				
						3	90—130	深褐色	中壤土	块状	7.5	3.9	0.25	0.53		1.8	47				
						4	130—150			块状	7.5			0.55							
剖7	半水成土	砂姜黑土	砂姜黑土	薄层黄黏覆盖砂黄姜黑土	中壤麦厚黏心腰黄黏覆盖砂姜黑土	1	0—20		中壤土	粒状	7.5	8.5	0.65	0.90		7.4	93		河流冲积物	E 118°58′41.9″ N 36°48′10.4″	79
						2	20—70	黄白相间	重壤土	块状	7.5	3.5	0.61	0.48		1.6	97				
						3	70—150	灰黄色	中壤土	碎块状	7.6										
剖8	半水成土	潮土	褐土	冲积黑潮土	砂壤麦均质埠土褐土	1	0—20	棕褐色	重壤土	棱柱状	7.8								河流冲积物	E 118°57′19.6″ N 36°47′06.9″	73
						2	20—70	灰褐色	重壤土	棱柱状	7.5										
						3	70—90	灰黄色	中壤土	碎块状	7.8										
						4	90—150														
剖9	半淋溶土	褐土	褐土	土埠土褐土	砂壤麦埠土褐土	1	0—21	浅褐色	砂壤土	散粒状	7.2	3.3	0.40	0.58		4.6	91		河流冲积物	E 118°59′28.7″ N 36°44′09.6″	81
						2	21—150	黄褐色	砂壤土	碎块状	6.7	3.3	0.16	0.34		3.6	68				
剖10	半淋溶土	褐土	褐土	土埠土褐土	壤质表均质埠土褐土	1	0—20	黄褐色	中壤土	粉粒状	7.8	4.4	0.30	0.38	42	4.0	53		河流冲积物	E 118°58′14.3″ N 36°43′28.3″	99
						2	20—150	黄褐色	中壤土	粒状	7.5	1.2	0.10	0.20		6.4	37				
剖11	半淋溶土	褐土	褐土性	钙质岩类褐土性土	中壤表厚黏心冲积黑潮土	1	0—22	灰黑色	中壤土	碎块状	7.4								钙质岩类	E 118°57′35.2″ N 36°41′05.3″	73
剖12	半水成土	潮土	湿潮土	冲积黑潮土	中壤表厚黏心冲积黑潮土	1	0—20	黄褐色	砂壤土	团粒状	7.3	10.3	0.62	0.86		2.8	98		河流冲积物	E 119°00′36.0″ N 36°48′30.6″	96
						2	20—45	暗黑色	中壤土	块状	7.5	6.8	0.47	0.83		1.7	95				
						3	45—100	灰黑色	重壤土	块状	7.5	7.0	0.37	0.55		2.1	112				
						4	100—150	灰白相间	中壤土	块状	7.4										
剖13	半水成土	潮土	褐潮土	褐潮土	砂壤表均质褐潮土	1	0—16	黄褐色	砂壤土	块状	7.1	6.8	0.44	1.00		2.2	67		河流冲积物	E 119°06′15.7″ N 36°46′07.4″	92
						2	16—64	深褐褐色	砂壤土	块状	7.4	7.6	0.36	0.36		1.3	46				
						3	64—98	深黄褐色	轻壤土	块状	7.4	4.4	0.28	0.95		1.4	101				
						4	98—150	浅褐色	轻壤土	块状	7.3	2.5	0.18	0.79		1.9	63				

续表 Continued

剖面号 Soil profile	土纲 Soil order	土类 Soil great group	亚类 Soil subgroup	土属 Soil genus	土种 Soil species	土层码 Layer code	土层厚度 Depth/cm	颜色 Soil color	质地 Soil texture	土壤结构 Soil structure	pH	有机质 OM/(g/kg)	全氮 TN/(g/kg)	全磷 TP/(g/kg)	碱解氮 AN/(mg/kg)	有效磷 AP/(mg/kg)	速效钾 AK/(mg/kg)	阳离子交换量CEC/(cmol/kg)	土壤母质 Parent material	剖面点坐标 Profile coordinate	匹配指数 Matching index/%
剖14	半水成土	砂姜黑土	砂姜黑土	薄层黄土覆盖砂姜黑土	中壤表厚砂姜腰黄土覆盖砂姜黑土	1	0~19	浅褐色	中壤土	碎块状	7.5	11.3	0.77	0.66		2.1	93			E 119°03′44.9″ N 36°45′53.5″	89
						2	19~82	灰黄色	中壤土	块状	7.5	5.5	0.29	0.43		1.8	75				
						3	82~150	灰白黄色	轻壤土		7.7	2.3	0.15	0.40		1.5	64				
剖15	半水成土	潮土	褐潮土	褐潮土	轻壤表均壤褐潮土	1	0~20	褐色	中壤土	粒状	7.3	10.2	0.61	1.21		2.2	8		河流冲积物	E 119°05′46.5″ N 36°45′41.4″	78
						2	20~60	褐色	轻壤土	粒状	7.4	7.3	0.45	0.93		2.2	66				
						3	60~125	灰褐色	中壤土	块状	7.3		微量								
						4	125~150	灰褐色	轻壤土	块状	7.4										
剖16	半淋溶土	褐土	潮褐土	洪冲积潮褐土	中壤表厚壤洪积冲积褐土	1	0~20	灰褐色	中壤土	团粒状	7.4	11.7	0.73	1.08		3.6	99		洪积物、冲积物	E 119°07′04.6″ N 36°45′15.0″	95
						2	20~50	灰褐色	中壤土	粒状	7.4	8.3	0.50	0.94		2.1	73				
						3	50~130	灰褐色	中壤土	块状	7.3	10.1		0.77		2.7	81				
						4	130~150	灰褐色	轻壤土	块状	7.5	4.6	0.24	0.57		2.3	72				
剖17	半淋溶土	褐土	潮褐土	洪冲积潮褐土		1	0~22	深褐色	中壤土	碎块状	7.3	12.1	0.65	1.11		6.3	99		洪积物、冲积物	E 119°02′36.0″ N 36°44′06.4″	94
						2	22~40	灰褐色	中壤土	板状	7.5	7.2	0.43	0.58			101				
						3	40~90	灰褐色	中壤土	棱块状		6.3	0.38	0.49			93				
						4	90~150	灰色	轻壤土	块状		6.9	0.42	0.61		3.0	97				
剖18	半淋溶土	褐土	潮褐土	洪冲积潮褐土	砂壤表厚壤心洪积冲积褐土	1	0~20	黄褐色	中壤土	碎块状	7.3	6.7	0.57	0.37		4.5	66		洪积物、冲积物	E 119°07′07.1″ N 36°43′29.6″	92
						2	20~38	褐色	轻壤土	块状	7.2	7.4	0.42	0.37		2.7	84				
						3	38~88	灰白色	中壤土	块状	7.4	1.9	0.27	0.41		2.7	96				
						4	88~150	黄白相间	轻壤土	块状	7.5										
剖19	半淋溶土	褐土	潮褐土	洪冲积潮褐土	轻壤表均壤洪积冲积褐土	1	0~21	棕色	轻壤土	碎块状	7.3	14.0	0.78	0.49	71	24.0	85		洪积物、冲积物	E 119°13′58.7″ N 36°41′35.2″	85
						2	21~55	棕褐色	中壤土	块状	7.4	5.6	0.41	0.41		1.5	67				
						3	55~103	棕褐色	中壤土	块状	7.4					1.2	109				
						4	103~150	黄白相间	中壤土	块状	7.5										
剖20	半淋溶土	褐土	褐土	红黏质褐土	轻壤表均质红黏质褐土	1	0~15	浅棕褐色	轻壤土	碎块状	7.0	6.0	0.38	1.10	56	3.0	113		河流冲积物	E 119°03′11.8″ N 36°41′20.0″	77
						2	15~66	棕褐色	中壤土	块状	7.2	2.7	0.18	0.98		2.9	68				
						3	66~103	棕褐色	中壤土	粒状	7.2	2.8	0.18	1.09		2.2	79				
剖21	半淋溶土	潮土	潮土	河潮土	砂壤表均质砂质石灰性河潮土	1	0~20	黄褐色	砂壤土	块状	7.4	9.2	0.63	1.13	47	2.7	90		洪积物、冲积物	E 119°06′08.6″ N 36°40′20.6″	71
						2	20~70	黄褐色	砂壤土	粒状	7.4	7.0	0.43	0.17		2.3	73				
						3	70~120	黄褐色	砂壤土	粒状	7.4	4.1	0.32			2.9	62				
						4	120~150	黄白相间	砂壤土	粒状	7.5										
剖22	半淋溶土	褐土	潮褐土	黄土质褐土	砂壤表均质黄土质褐土	1	0~20	浅黄褐色	砂壤土	块状	7.5	7.0	0.50	0.59		7.1	108		黄土	E 119°10′51.7″ N 36°40′18.4″	72
						2	20~60	浅黄褐色	砂壤土	粒状	7.5	2.1	0.23	0.31		2.8	56	13.2			
						3	60~100	浅黄褐色	砂壤土	碎块状	7.5							14.2			
						4	100~150	浅黄褐色	砂壤土	碎块状	7.5										
剖23	半淋溶土	潮土	潮土	河潮土	轻壤表均质河潮土	1	0~20	黄色	轻壤土	块状	7.3	9.7	0.60	0.75		5.3	65		河流冲积物	E 119°24′00.7″ N 36°46′36.2″	71
						2	20~75	黄色	中壤土	块状	6.9	4.1	0.28	0.54		3.0	45				
						3	75~150	黄色	中壤土	块状	6.9	3.9	0.27			6.2	49				
剖24	半淋溶土	褐土	淋溶褐土	洪冲淋溶褐土	轻壤表均质洪冲积淋溶褐土	1	0~20	暗褐色	轻壤土	碎块状		8.7	0.58	0.67	50	4.5	68		洪积物、冲积物	E 119°23′26.2″ N 36°45′02.0″	75
						2	20~80	红褐色	中壤土	块状		7.0	0.47	0.55		2.9	98				
						3	80~105	红褐色	中壤土	块状		4.8	0.28	1.13		4.3	91				
剖25	半淋溶土	褐土	潮褐土	洪冲积潮褐土		1	0~20	黑褐色	轻壤土	碎块状		11.8	0.42	0.61		5.0	75		洪积物、冲积物	E 119°22′26.2″ N 36°43′16.9″	99
						2	20~80	黑褐色	轻壤土	块状		8.0	0.31	0.32		1.7	82				
						3	80~105	黄褐色	中壤土	块状		2.7	0.16	0.34		2.0	60				
							105~150	黄褐色	轻壤土	碎块状		2.2	0.15	0.38		1.8	66				
剖26	半淋溶土	褐土	褐土性	砂页岩褐土性土		1	0~52	褐色	轻壤土	散碎状	6.9	6.9	0.46	1.13		6.4	129		砂页岩	E 119°20′26.9″ N 36°42′30.2″	94
						2	52~														

续表 Continued

剖面号 Soil profile	土纲 Soil order	土类 Soil great group	亚类 Soil subgroup	土属 Soil genus	土种 Soil species	土层码 Layer code	土层厚度 Depth/cm	颜色 Soil color	质地 Soil texture	土壤结构 Soil structure	pH	有机质 OM/(g/kg)	全氮 TN/(g/kg)	全磷 TP/(g/kg)	碱解氮 AN/(mg/kg)	有效磷 AP/(mg/kg)	速效钾 AK/(mg/kg)	阳离子交换量CEC/(cmol/kg)	土壤母质 Parent material	剖面点坐标 Profile coordinate	匹配指数 Matching index/%
剖27	半淋溶土	褐土	淋溶褐土	洪积淋溶褐土	轻壤表均质洪积淋溶褐土	1	0~20	黄褐色	轻壤土	粒状	6.8								洪积物	E 119°17′10.9″ N 36°41′05.1″	73
						2	20~50	棕褐色	中壤土	粒状	6.4										
						3	50~110	灰褐色	中壤土	块状	6.2										
剖28	半淋溶土	褐土	褐土性土	基性岩类褐土性土		1	0~10	褐色	轻壤土	碎块状	6.8	8.4	0.51	0.70	51	4.3	94		基性岩类	E 119°19′09.5″ N 36°40′45.1″	74
						2	10—														
剖29	半淋溶土	褐土	褐土性土	基性岩类褐土性土		1	0~20	褐色	中壤土	碎粒状									基性岩类	E 118°59′48.4″ N 36°38′51.1″	93
						2	20—														
剖30	淋溶土	棕壤	棕壤性土	酸性岩类棕壤性土		1	0~18	浅褐色	砂壤土	碎粒状	6.9	11.5	0.75		71	7.5	67		酸性岩类	E 118°58′49.6″ N 36°36′56.3″	84
						2	18~75	棕褐色	砂壤土	粒状	6.8	6.6	0.50		46	1.3	33				
						3	75—	红褐相间	粗砂土	块状	6.8	1.1	0.12		12	0.9	17				
剖31	半水成土	潮土	潮土	石灰性河潮土	轻壤表均质石灰性河潮土	1	0~22	浅褐色	轻壤土	散碎状	7.2	4.2	0.33	8.80		3.4	50		河流冲积物	E 119°05′51.2″ N 36°38′56.0″	82
						2	22~93	浅褐色	轻壤土	碎屑状	7.2	8.7	0.53	1.25		4.2	72				
						3	93~142	褐色	中壤土	碎屑状	7.5	4.4	0.29	0.91		4.0	51				
						4	142~150	深褐色	中壤土	碎粒状		5.7	0.36	0.84		3.9	73				
剖32	半淋溶土	褐土	淋溶褐土	洪积淋溶褐土	轻壤表均质洪积淋溶褐土	1	0~21	褐色	轻壤土	粒状	7.6	11.8	0.74	0.83	65	8.2	117	20.1	洪积物、冲积物	E 119°13′35.0″ N 36°38′54.6″	71
						2	21~47	黄褐色	中壤土	粒状	7.5	7.7	0.63	0.74	41	1.1	85	18.5			
						3	47~96	黄褐色	中壤土	块状	7.4	7.2			12			16.8			
						4	96~150	灰黄相间	轻壤土	块状	7.5										
剖33	半淋溶土	褐土	褐土性土	洪积褐土性土	轻壤表薄洪积褐土性土	1	0~20	黄褐色	轻壤土	棱柱状	7.4	11.2	0.70	1.04		17.8	92		洪积物、冲积物	E 119°08′37.3″ N 36°38′44.9″	84
						2	20~70	黄褐色	中壤土	棱柱状	7.5	3.4	0.27	0.53		2.0	52				
						3	70~150	褐色	中壤土	块状	7.4	2.4	0.26	0.43		2.3	54				
剖34	半淋溶土	褐土	褐土性土	土垆土褐土	砂壤表均质砂壤土垆土褐土	1	0~18	浅黄褐色	砂壤土	粒状	7.5	6.0	0.45	0.48	42	8.1	69	8.2	洪积物、冲积物	E 119°05′00.8″ N 36°37′47.3″	97
						2	18~150	浅黄褐色	中壤土	块状	7.5	1.5	0.18	0.45		2.5	50	9.4			
剖35	半水成土	潮土	潮土	石灰性河潮土	轻壤表厚黏腰石灰性河潮土	1	0~20	灰褐色	轻壤土	团块状	7.7	9.0	0.60	1.08		2.3	101		河流冲积物	E 119°05′40.7″ N 36°37′36.4″	74
						2	20~44	灰褐色	中壤土	块状	7.7	3.1	0.23	0.83		1.5	46				
						3	44~72	浅灰黄褐色	重壤土	棱块状	7.8	6.9	0.48	1.01		1.5	98				
						4	72~150	灰黄色	重壤土	棱块状	7.8	6.6	0.45	0.83		1.5	133				
剖36	半淋溶土	褐土	淋溶褐土	坡洪积淋溶褐土	轻壤表中层坡洪积淋溶褐土	1	0~25	黄褐色	轻壤土	粒状	6.4	9.2	0.57	0.73	52	2.8	91		坡积物、洪积物	E 119°10′26.4″ N 36°37′49.3″	98
						2	25~55	褐色	中壤土	散碎状	6.2	9.3	0.56	0.60		2.4	85				
剖37	半淋溶土	褐土	褐土性土	基性岩类褐土性土	壤质表薄基性岩石硼基性岩类褐土性土	1	0~17	褐色	轻壤土	碎块状	7.4	9.7	0.63	0.53		3.7	78		基性岩类	E 119°04′47.5″ N 36°35′05.3″	80
						2	17~22	深褐色	中壤土	碎块状	7.1	6.1	0.44	0.38		2.5	103				
						3	22—														
剖38	半淋溶土	褐土	淋溶褐土	洪积淋溶褐土	轻壤表厚黏心洪积淋溶褐土	1	0~20	黄褐色	砂壤土	散碎块状	7.3	5.6	0.43	0.33		2.4	121		洪积物、冲积物	E 119°06′23.8″ N 36°35′01.7″	71
						2	20~40	深褐色	中壤土	碎块状	7.1	3.9	0.32	0.34		4.4	115				
						3	40~90	黄褐色	重壤土	粒状	7.1	7.0	0.56	0.52	61	3.1	97	9.6			
						4	90~150	浅黄褐色	砂壤土	块状	7.2	3.6	0.29	4.10				10.4			
剖39	半淋溶土	褐土	淋溶褐土	洪积淋溶褐土		1	0~20	黄褐色	轻壤土	粒块状	7.1	4.5	0.27						洪积物、洪积物	E 119°08′17.4″ N 36°34′16.3″	99
						2	20~80	黄褐色	中壤土	块状	7.0	8.0	0.50	1.70	55	5.6	104				
						3	80~150	黄褐色	轻壤土石渣土	块状	7.3	9.3	0.59	1.54		2.2	82				
剖40	半淋溶土	褐土	褐土性土	基性岩类褐土性土		1	0~15	黄褐色	轻壤土	块状	7.0	12.8	0.72	0.53		2.6	82		基性岩类	E 119°07′12.4″ N 36°34′01.6″	98
						2	15~30	褐色	中壤土	散碎块状											
						3	30—														
剖41	半淋溶土	褐土	褐土性土	钙质岩类褐土性土		1	0~22	褐色	轻壤土	块状	7.1	9.3	0.53	0.49		1.9	89		钙质岩类	E 119°09′06.9″ N 36°33′13.3″	95
						2	22~57														
						3	57—														

续表 Continued

剖面号 Soil profile	土纲 Soil order	土类 Soil great group	亚类 Soil subgroup	土属 Soil genus	土种 Soil species	土层码 Layer code	土层厚度 Depth/cm	颜色 Soil color	质地 Soil texture	土壤结构 Soil structure	pH	有机质 OM/(g/kg)	全氮 TN/(g/kg)	全磷 TP/(g/kg)	碱解氮 AN/(mg/kg)	有效磷 AP/(mg/kg)	速效钾 AK/(mg/kg)	阳离子交换量 CEC/(cmol/kg)	土壤母质 Parent material	剖面点坐标 Profile coordinate	匹配指数 Matching index/%
剖42	淋溶土	棕壤	棕壤	洪积棕壤	轻壤表均厚黏心洪积棕壤	1	0—20	黄褐色	轻壤土	碎块状		8.7	0.46	0.22		2.0	86		洪积物	E 119°08′51.7″ N 36°32′04.6″	80
						2	20—50	棕褐色	中壤土	块状		7.6	0.47	0.14		0.9	82				
						3	50—100	棕褐色	中壤土	块状		4.2	0.34	0.09		0.9	71				
						4	100—150	褐色	中壤土	粒状											
剖43	淋溶土	棕壤	棕壤	坡积棕壤	轻壤表均质质坡洪积棕壤	1	0—20	黄棕色	轻壤土	粒状	6.2								坡积物、洪积物	E 119°07′36.4″ N 36°32′03.5″	93
						2	20—90	黑棕色	中壤土	块状	6.2										
						3	90—130	黄褐色	中壤土	块状	6.4										
剖44	淋溶土	棕壤	棕壤性土	酸性岩类棕壤性土		1	0—20	棕色	砂壤土	粒状		6.5	0.35	0.15		2.6	66		酸性岩岩类	E 119°08′37.1″ N 36°31′30.6″	79
						2	20—55	棕褐色	轻壤土			6.3	0.40	0.14		1.6	68				
						3	55—														
剖45	半淋溶土	褐土	褐土性土	基性岩类褐土性土		1	0—20	褐色	少砾质壤土	碎块状		8.7	0.44	0.23		2.1	144		基性岩类	E 119°18′26.6″ N 36°38′53.2″	85
						2	20—	灰黑色	壤土	碎块状		5.3	0.25	0.33		2.9	79				
剖46	半淋溶土	褐土	潮褐土	洪冲积潮褐土	中壤表均质质冲积潮褐土	1	0—20	褐色	中壤土	块状	7.3	12.4	0.73	1.20		5.0	98		洪积物、冲积物	E 119°15′08.2″ N 36°38′12.4″	98
						2	20—70	暗褐色	中壤土	块状	7.5	9.4	0.62	0.88		3.0	82				
						3	70—150	灰黄色	轻壤土	块状		2.4	0.16	0.12		2.9	72				
剖47	半淋溶土	褐土	褐土	红黏质褐土	轻壤表均质红黏质褐土	1	0—16	棕色	轻壤土	粒状		6.0	0.38	1.10		3.0	113			E 119°20′35.9″ N 36°38′11.0″	73
						2	16—66	棕褐色	轻壤土	粒状		2.7	0.18	0.98		2.9	68				
						3	66—103	棕褐色	轻壤土	粒状		2.8	0.18	1.09		2.2	79				
						4	103—150	棕褐色	紧砂土	粒状		1.7	0.09	0.98		2.5	61				
剖48	半淋溶土	褐土	褐土	洪积褐土	轻壤表均质洪冲积褐土	1	0—16	黄褐色	轻壤土	块状	7.1	8.1	0.56	1.17		6.1	82		洪积物、冲积物	E 119°21′45.4″ N 36°37′52.1″	96
						2	16—54	褐色	轻壤土	块状		3.9	0.26	0.72		6.0	68				
						3	54—95	褐色	中壤土	块状	7.1	5.7	0.36	0.62		5.0	81				
						4	95—150	浅褐色	轻壤土	块状	7.3	5.0	0.33	0.70		5.7	64				

临 朐 县

主要土类说明

褐土是临朐县主要土壤类型，占本县地域面积的 49%，主要分布于本县西部及北部低山丘陵区及冶源灌区。褐土剖面通体呈褐色或棕褐色，土体层理较明显，通常由耕作层、淀积黏化层和钙积层三个基本层段组成。由于残积黏化和淋溶淀积作用，黏粒在心土层或土体中下部积聚，形成不同程度的黏化层。在棱块状结构面上有明显和较明显的暗光胶膜和菌丝体，剖面中下部分布数量不等的石灰结核，称为钙积层。通体有石灰反应，土体上部弱、下部强，呈中性至微碱性，pH 一般在 7.5 左右。褐土分布广，面积大，质地多为壤土，耕性适中，生产潜力较高。本县褐土分为褐土性土、淋溶褐土、褐土、潮褐土等亚类。

棕壤是临朐县第二大土壤类型，占本县地域面积的 49%，广泛分布于本县南部砂山丘陵和东部山丘中上部。棕壤土通体以棕色或棕褐色为主，有明显的淋溶和淀积作用，均无石灰反应，pH 为 6.0—6.5。剖面形态特征是具有明显的鲜棕色或棕褐色且较黏重的心土层，一般大于 1m，厚者在 2m 以上，质地为中壤偏重或为重壤土，呈棱柱状或扁柱状结构，垂直裂隙明显，结构面多覆被铁锰胶膜，下部有时有铁子等存在。沂山林场等现代次生林下的棕壤覆有较厚的凋落物和腐殖质层。本县棕壤分为棕壤性土、棕壤和潮棕壤等亚类。

小于本县地域面积 3% 的土壤类型有潮土和砂姜黑土等。

本区域中心区气候特征

本区域中心区气候特征值
Regional climate characteristics in central area of the region

气候带：暖温带亚湿润气候 Climate region: Warm temperate subhumid climate	
年平均气温 /℃ Annual average temperature /℃	13.1
年平均最高气温 /℃ Annual average maximum temperature /℃	18.9
年平均最低气温 /℃ Annual average minimum temperature /℃	8.2
年降水量 /mm Annual precipitation /mm	644
≥10℃的积温 /℃ Daily temperature accumulated in a year (≥10℃) /℃	4780
年日照时数 /h Annual sunshine /h	2533
年平均相对湿度 /% Annual average relative humidity /%	66
干燥度 Dryness	1.22

本区域中心区月平均气温与月平均降水量
Monthly temperature and precipitation in central area of the region

临朐县主要土壤类型与土壤剖面点分布图
1∶230 000

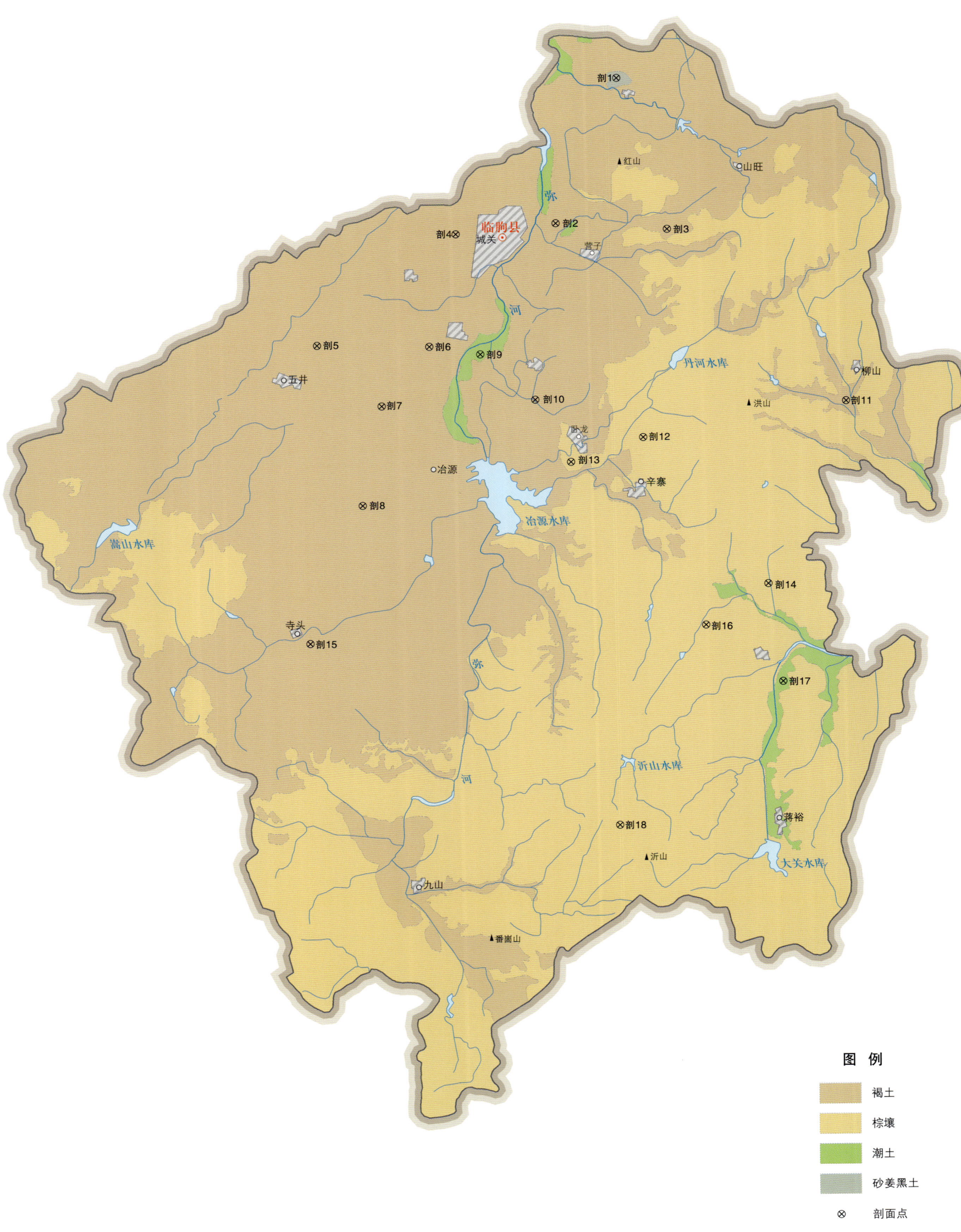

临朐县土壤剖面理化性状表

剖面号 Soil profile	土纲 Soil order	土类 Soil great group	亚类 Soil subgroup	土属 Soil genus	土种 Soil species	土层码 Layer code	土层厚度 Depth/cm	颜色 Soil color	质地 Soil texture	土壤结构 Soil structure	pH	有机质 OM/(g/kg)	全氮 TN/(g/kg)	全磷 TP/(g/kg)	碱解氮 AN/(mg/kg)	有效磷 AP/(mg/kg)	速效钾 AK/(mg/kg)	土壤母质 Parent material	剖面点坐标 Profile coordinate	匹配指数 Matching index/%
剖1	半水成土	砂姜黑土	砂姜黑土	石灰性黄土厚层覆盖砂姜黑土	中壤表厚心厚层覆盖砂姜黑土	1	0–18	黄褐色	中壤土	粒状	7.3	11.2	0.69	1.09	46	4.0	125		E 118°36′30.2″ N 36°35′51.9″	80
						2	18–40	暗褐色	中壤土	粒状	7.3	6.7	0.49	0.66	48	0.4	133			
						3	40–100	灰黑色	重壤土	块状	7.5	9.2	0.61	0.87	23	0.3	139			
						4	100–150	灰白色	中壤土	块状	7.6	4.1	0.22	0.68	10	0.1	100			
剖2	半淋溶土	褐土	褐土	洪积褐土		1	0–30	棕色	中壤土	粒状	7.0	11.7	0.75	1.08	57	3.5	142	洪积物	E 118°34′09.6″ N 36°31′26.1″	83
						2	30–80	棕色	中壤土	粒状	7.2	7.2	0.48	0.68	41	0.8	139			
						3	80–150	棕色	重壤土	棱柱状	7.3	11.4	0.61	0.84	56	1.6	212			
剖3	半淋溶土	褐土	褐土性	基性岩类褐土性土		1	0–25	褐色	壤土	粒状	7.2	6.6	0.49	0.96	26	5.0	91	基性岩类	E 118°38′16.4″ N 36°31′11.6″	71
剖4	半淋溶土	褐土	淋溶褐土	洪积淋溶褐土	轻壤土表均质洪积淋溶褐土	1	0–30	浅褐色	轻壤土	团粒状	7.2	8.7	0.57	0.78	46	0.7	85	洪积物	E 118°30′26.6″ N 36°31′08.9″	93
						2	30–35	灰褐色	轻壤土	片状	7.2	7.0	0.50	0.85	49	3.5	88			
						3	35–70	浅褐色	轻壤土	块状	7.2	6.0	0.44	0.54	34	1.7	108			
						4	70–150	褐色	中壤土	粒状	7.0	11.4	0.73	1.09	60	8.4	199			
剖5	半淋溶土	褐土	淋溶褐土	洪积淋溶褐土	中壤土表厚心洪积淋溶褐土	1	0–20	浅褐色	中壤土	粒状	7.1	10.7	0.73	0.97	56	2.6	179	洪积物	E 118°25′14.5″ N 36°27′47.2″	84
						2	20–40	深褐色	中壤土	柱状	7.3	7.8	0.53		37	1.6	165			
						3	40–150	褐色	中壤土	块状	6.9	11.8	0.77	0.80	52	7.6	131			
剖6	半淋溶土	褐土	淋溶褐土	洪积淋溶褐土		1	0–21	褐色	轻壤土	团粒状	7.3	11.0	0.82	0.75	65	2.0	118	洪积物	E 118°29′24.0″ N 36°27′41.8″	95
						2	21–31	棕褐色	轻壤土	片状	7.2	6.3	0.45	0.52	37	1.0	44			
						3	31–54	棕色	轻壤土	块状	7.2	6.7	0.50	0.56	43	1.5	87			
						4	54–150	棕色	重壤土	粒状	7.5	13.4	0.86	0.87	67	3.0	136			
剖7	半淋溶土	褐土	褐土	洪积褐土		1	0–20	棕褐色	中壤土	片状	7.4	7.9	0.56	0.72	32	0.7	125	洪积物	E 118°27′35.6″ N 36°25′53.8″	89
						2	20–50	棕色	中壤土		7.5	5.6	0.38	0.64	32	0.3	133			
						3	50–70	棕色	中壤土	块状	7.5	4.1	0.31		21	0.7				
						4	70–90	暗红棕色	中壤土	块状	7.6	4.1	0.10	0.65	9	0.4	44			
						5	90–150													
剖8	半淋溶土	褐土	褐土性	基性岩类褐土性土		1	0–17	黄褐色	壤土	粒状	6.9	11.8	0.78	0.70	52	3.0	163	基性岩类	E 118°26′49.6″ N 36°22′50.5″	75
						2	17–40	褐色	中壤土	块状	6.7	9.2	0.74	0.94	69	1.1	204			
剖9	半淋溶土	潮土	潮土	石灰性河潮土	中壤土表均质石灰性河潮土	1	0–20	浅棕褐色	轻壤土	粒状	7.6	14.0	0.80	1.54	68	20.8	119	河流冲积物	E 118°31′17.1″ N 36°27′25.9″	86
						2	20–75	褐色	轻壤土	粒状	7.7	7.3	0.48	1.30	35	4.6	69			
						3	75–90	浅黄褐色	轻壤土		7.8	3.7	0.28	0.49	33	3.4				
						4	90–150	黄褐色	中壤土	粒状	7.2	13.4								
剖10	半淋溶土	褐土	潮褐土	洪冲积潮褐土	中壤土表厚洪积冲积潮褐土	1	0–20	棕色	中壤土	片状	7.4	8.5	0.53	1.78	32	9.0	150	洪积物、冲积物	E 118°33′16.7″ N 36°26′00.6″	91
						2	20–27	棕色	中壤土	片状	7.4	8.0	0.55	1.82	43	2.0	161			
						3	27–70	浅黄褐色	中壤土	棱柱状	7.5	4.3	0.29	1.47	16	14.0				
						4	70–150	黄褐色	中壤土	块状	7.1	3.6	0.23	0.88	19	18.0	91			
剖11	半淋溶土	褐土	潮褐土	洪冲积潮褐土	轻壤土表厚洪积冲积潮褐土	1	0–23	褐色	轻壤土	团粒状	7.2	11.1	0.77	0.90	83	6.0	88	洪积物、冲积物	E 118°44′47.1″ N 36°25′47.5″	77
						2	23–33	褐色	轻壤土	片状	7.2	8.2	0.58	0.88	38	1.0	118			
						3	33–62	浅黄褐色	中壤土	棱柱状	7.3	7.6	0.53		37	1.0	139			
						4	62–100	深褐色	中壤土	柱状	7.0	7.4	0.42		29	2.0				
						5	100–138	灰褐色	中壤土	块状	7.0									
						6	138–150	灰褐色	中壤土	块状										
剖12	淋溶土	棕壤	棕壤	洪积棕壤	中壤土表厚腰洪积棕壤	1	0–25	暗棕色	中壤土	块状	6.8	9.3	0.54	0.75	46	0.6	149	洪积物	E 118°37′14.9″ N 36°24′47.5″	88
						2	25–65	暗棕色	中壤土	块状	6.9	4.7	0.35	0.56	37	0.8	132			
						3	65–150	暗棕色	重壤土	块状	6.7	6.3	0.42		42	1.2				

续表 Continued

剖面号 Soil profile	土纲 Soil order	土类 Soil great group	亚类 Soil subgroup	土属 Soil genus	土种 Soil species	土层码 Layer code	土层厚度 Depth/cm	颜色 Soil color	质地 Soil texture	土壤结构 Soil structure	pH	有机质 OM/(g/kg)	全氮 TN/(g/kg)	全磷 TP/(g/kg)	碱解氮 AN/(mg/kg)	有效磷 AP/(mg/kg)	速效钾 AK/(mg/kg)	土壤母质 Parent material	剖面点坐标 Profile coordinate	匹配指数 Matching index/%
剖13	淋溶土	棕壤	棕壤性土	基性岩类棕壤性土		1	0—25	黄棕色	壤土	粒状	6.5	8.0	0.55	0.95	46	1.8	153	基性岩类	E 118°34′33.7″ N 36°21′04.3″	70
						2	25—45	红棕色	壤土	块状	6.7	7.8	0.56		47	0.8	137			
剖14	淋溶土	棕壤	潮棕壤	洪冲积棕壤	中壤土表均壤质洪冲积潮棕壤	1	0—20	棕色	中壤土	团粒状	6.2	8.1	0.57	0.92	40	3.6	107	洪积物、冲积物	E 118°41′46.0″ N 36°20′11.7″	92
						2	20—45	浅棕色	中壤土	块状	6.8	6.0	0.40	1.00	28	2.6	122			
						3	45—150	黄棕色	中壤土	块状	6.7	5.6	0.34		32	1.9	181			
剖15	半淋溶土	褐土	褐土	洪积褐土	中壤土表均壤质洪积褐土	1	0—20	红棕色	中壤土	团粒状	7.4	0.7	0.59	1.06	51	7.0	122	洪积物	E 118°24′47.6″ N 36°18′37.9″	96
						2	20—90	深褐色	中壤土	块状	7.4	7.3	0.46		26	4.0	121			
						3	90—150	浅褐色	中壤土	块状	7.4	5.5	0.35		31	7.0	113			
剖16	淋溶土	棕壤	棕壤	洪积棕壤	轻壤土表均壤质洪积棕壤	1	0—21	棕色	轻壤土	粒状	6.5	9.0	0.56	0.70	47	4.0	91	洪积物	E 118°39′26.4″ N 36°18′58.1″	71
						2	21—70	浅棕色	轻壤土	粒状	6.9	5.3	0.42	0.59	32	1.0	78			
						3	70—100	浅棕色	中壤土	块状	6.9	4.9	0.35		26	4.0	106			
						4	100—150	暗棕色	中壤土	柱状	6.8	5.2	0.32		34	9.0	174			
剖17	半水成土	潮土	潮土	河潮土	紧砂土表均砂壤河潮土	1	0—20	褐色	紧砂土	粒状	6.3	3.5	0.19	0.52	16	1.0	41	河流冲积物	E 118°42′14.7″ N 36°17′10.4″	99
						2	20—60	暗褐色	砂壤土	粒状	6.3	7.7	0.41	0.64	34	1.0	52			
						3	60—100	浅黄棕色	砂壤土	块状	6.3	4.2	0.37	0.57	29	0.9	59			
						4	100—150	浅黄棕色	中壤土	块状	6.4	6.3	0.39	0.63	35	0.7	59			
剖18	淋溶土	棕壤	棕壤性土	酸性岩类棕壤性土		1	0—9	棕色	砂土	粒状	6.4	2.7	0.21	0.74	15	1.0	16	酸性岩类	E 118°36′05.4″ N 36°12′50.3″	80

昌 乐 县

主要土类说明

  褐土是昌乐县主要土壤类型，占本县地域面积的 56%，广泛分布于本县中北部低山和山前倾斜平原地区。褐土剖面通体呈褐色或棕褐色，土体层理较明显，通常由耕作层、淀积黏化层和钙积层三个基本层段组成。由于残积黏化和淋溶淀积作用，黏粒在心土层或土体中下部积聚，形成不同程度的黏化层。在棱块状结构面上有明显或较明显的暗光胶膜和菌丝体，剖面中下部分布数量不等的石灰结核，称为钙积层。通体有石灰反应，土体上部弱、下部强，呈中性至微碱性，pH 一般在 7.5 左右。褐土分布广，面积大，质地多为壤土，耕性适中，生产潜力较高。

  棕壤是昌乐县第二大土壤类型，占本县地域面积的 36%。棕壤发生于湿润暖温带落叶阔叶林下，但大部分已经被垦殖，以旱作为主。棕壤处于硅铝风化阶段，具有黏化特征，土体见黏粒淀积，盐基充分淋失，pH 为 6.0—7.0，见少量游离铁。土壤呈棕色，具 O–A–Bt–C 剖面构型。

  潮土是昌乐县第三大土壤类型，占本县地域面积的 5%，主要分布在本县南部、多条河流冲积的河谷平原区，质地在水平地带上不仅具有明显的差异，而且在 1.5m 深的土体中，质地也有显著差别，表现出明显的层理性。该区地势平坦，局部呈碟形，地下水位浅，底土层出现明显的锈纹、锈斑和较弱的灰白色潜育层。从剖面特征判断，局部低洼处在历史上曾有过湖积沼泽化过程，形成深黑色腐泥状黏土，后期又被质地偏轻的母质多次覆盖，形成了黏心或黏腰、黏底的土体构型。

本区域中心区气候特征

本区域中心区气候特征值
Regional climate characteristics in central area of the region

气候带：暖温带亚湿润气候 Climate region: Warm temperate subhumid climate	
年平均气温 /℃ Annual average temperature /℃	12.9
年平均最高气温 /℃ Annual average maximum temperature /℃	18.8
年平均最低气温 /℃ Annual average minimum temperature /℃	7.9
年降水量 /mm Annual precipitation /mm	623
≥10℃的积温 /℃ Daily temperature accumulated in a year（≥10℃）/℃	4710
年日照时数 /h Annual sunshine /h	2531
年平均相对湿度 /% Annual average relative humidity /%	67
干燥度 Dryness	1.24

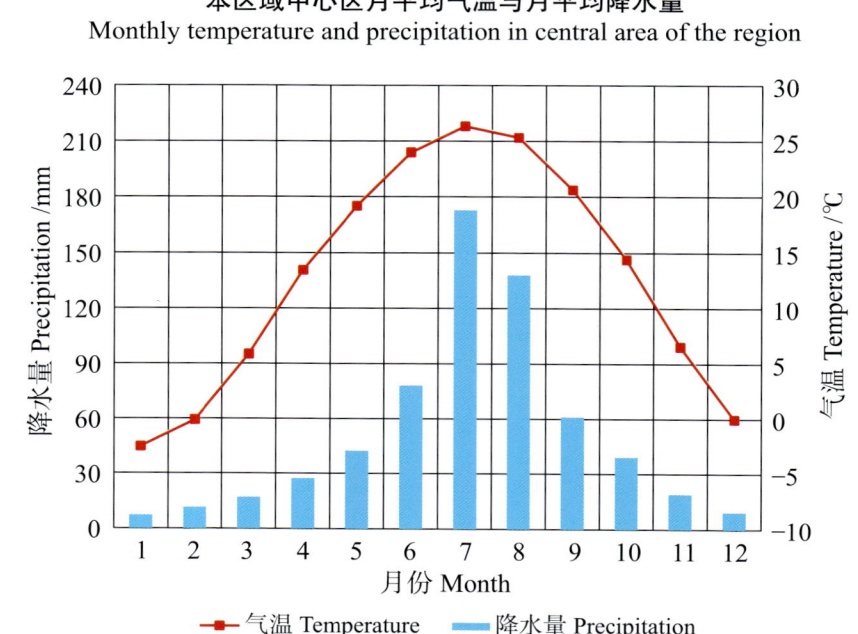

本区域中心区月平均气温与月平均降水量
Monthly temperature and precipitation in central area of the region

昌乐县主要土壤类型与土壤剖面点分布图
1:190 000

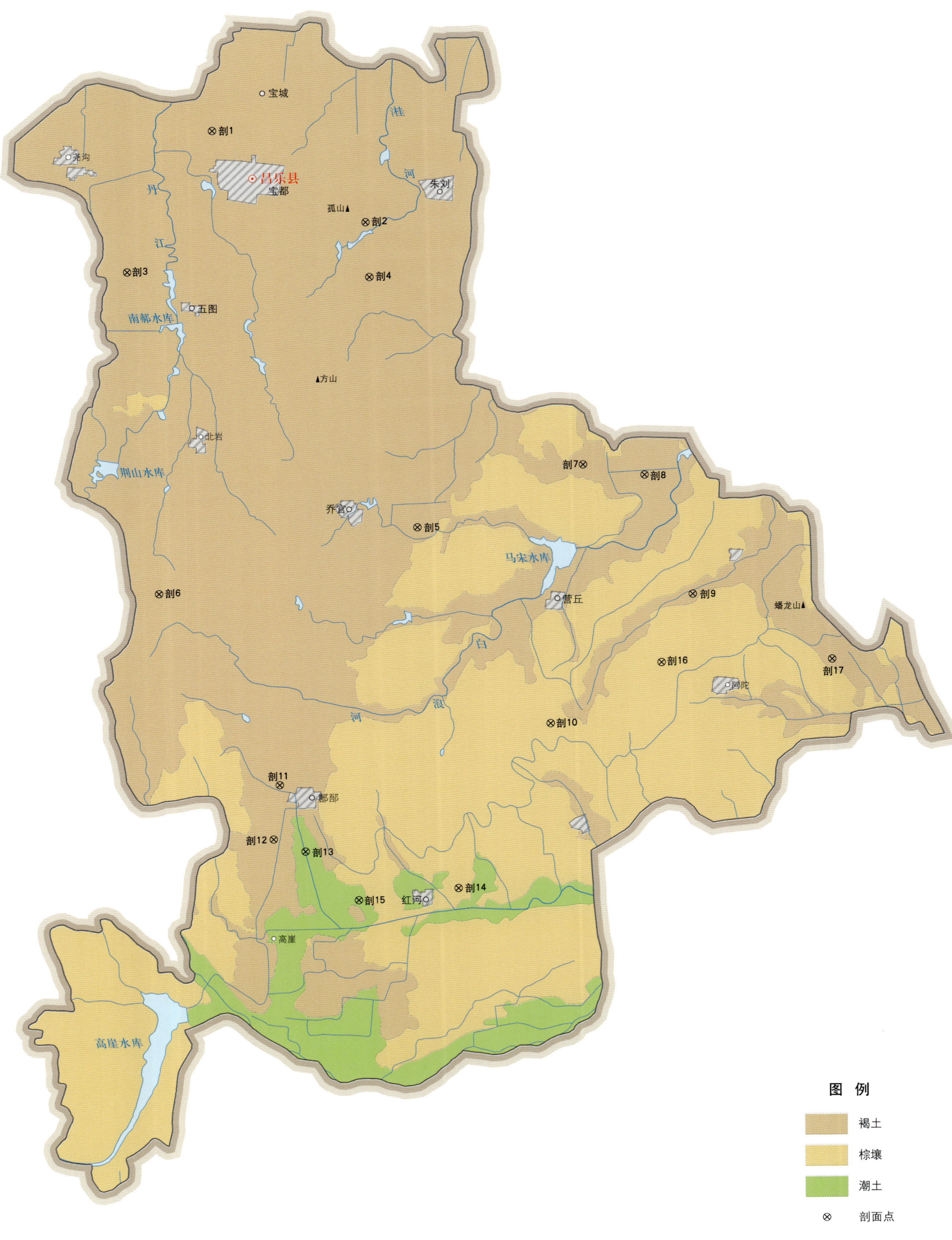

昌乐县土壤剖面理化性状表

剖面号 Soil profile	土纲 Soil order	土类 Soil great group	亚类 Soil subgroup	土属 Soil genus	土种 Soil species	土层码 Layer code	土层厚度 Depth/cm	颜色 Soil color	质地 Soil texture	土壤结构 Soil structure	pH	有机质 OM/(g/kg)	全氮 TN/(g/kg)	全磷 TP/(g/kg)	全钾 TK/(g/kg)	碱解氮 AN/(mg/kg)	有效磷 AP/(mg/kg)	速效钾 AK/(mg/kg)	阳离子交换量CEC/(cmol/kg)	土壤母质 Parent material	剖面点坐标 Profile coordinate	匹配指数 Matching index/%
剖1	半淋溶土	褐土	潮褐土	洪冲积潮褐土	轻壤表均壤质洪冲积潮褐土	1	0—30	黄棕色	轻壤土	团粒状	7.4	11.0	0.70	0.99		61	2.6	108	19.7	洪积物、冲积物	E 118°49′05.5″ N 36°43′28.3″	99
						2	30—100	黄褐色	轻壤土	块状	7.5	5.7	0.44	0.78		42	2.5	119	17.0			
						3	100—150	浅黄色	中壤土	块状	7.6											
剖2	半淋溶土	褐土	褐土	洪积褐土	轻壤表均壤质洪积褐土	1	0—20	黄褐色	中壤土	粒状	7.5	9.2	0.62	0.70		41	3.2	132	18.2	洪积物	E 118°53′39.3″ N 36°41′07.3″	71
						2	20—60	黄褐色	中壤土	块状	7.8	4.0	0.28	0.52		20	2.1	106	15.0			
						3	60—150	浅黄色	轻壤土	块状	7.8	3.7	0.28	0.47		16			14.0			
剖3	半淋溶土	褐土	褐土	黄土质褐土	砂壤表均砂质黄土质褐土	1	0—20	浅黄色	砂壤土	粉粒状	7.8	6.7	0.30	0.49		27	3.3	82	15.9	黄土	E 118°46′27.6″ N 36°40′00.3″	95
						2	20—50	棕黄色	中壤土	粉粒状	7.9	2.3	0.19	0.32		25	2.4	79	15.4			
						3	50—150	黄褐色	轻壤土	粒状	7.9	2.1	0.16	0.36		15						
剖4	半淋溶土	褐土	褐土性	钙质岩类褐土性	多砾质壤中层硬石底钙质岩类褐土性	2	20—35	浅黄褐色	多砾质轻壤土	碎块状	7.2	21.4	0.88		15.1	62	6.1	111	13.9	钙质岩类	E 118°53′44.4″ N 36°39′45.9″	99
						3	35—		多砾质轻壤土	块状	7.2	7.9	0.58		14.9	43	2.2	89				
剖5	半淋溶土	褐土	潮褐土	潮褐土	黏心砂质潮泥土	Ap	0—27	褐色	砂质黏壤土		7.6	8.7	0.58	0.19	14.5	44	2.5	77	15.5		E 118°55′01.2″ N 36°33′30.2″	80
						B_1	27—55		壤质黏土		7.9	3.9	0.25	0.11		30	0.9	81	15.5			
						B_2	55—103		壤质黏土		8.0	3.6	0.26	0.08		19	0.8	61	12.7			
剖6	半淋溶土	褐土	褐土性	基性岩类褐土性		1	0—15	褐色	中壤土	块状	7.0	10.0	0.69	1.46	16.9	53	15.3	138	26.0	玄武岩风化物	E 118°47′13.6″ N 36°31′58.8″	74
						2	15—45	褐黄色	中壤土	块状	7.0	7.0	0.48			38	1.5		27.0			
剖7	半淋溶土	褐土	淋溶褐土	暗泥质淋溶褐土	黏心暗泥土	Ap	0—24		黏土	块状	6.7	12.7	0.86	0.53	19.4	55	11.8	69	23.6		E 119°00′01.7″ N 36°34′58.6″	93
						AB	24—39		黏土	块状	7.0	8.2	0.64	0.48	18.4	43	2.7	72	21.2			
						B_1	39—80		壤质黏土		7.1	7.9	0.56	0.61	18.8	36	1.5	119	27.7			
						B_2	80—112		黏质壤土		7.1	4.8	0.37	0.60	18.8	32	1.9	96	27.9			
						BC	112—130		壤质黏土		7.2	5.3	0.40	0.77		23	1.9	96	29.2			
						C	130—															
剖8	半淋溶土	褐土	潮褐土	洪冲积潮褐土	中壤表厚黏腰洪积冲积潮褐土	1	0—20	黄褐色	中壤土	团块状	7.6	11.8	0.73	0.95		47	2.9	104	16.1	洪积物、冲积物	E 119°01′52.1″ N 36°34′41.2″	96
						2	20—60	褐色	中壤土	块状	7.7	9.3	0.59	0.95		49	1.6	103	20.1			
						3	60—100	暗褐色	重壤土	棱块状	7.8	12.4	0.62			36	1.0	122				
						4	100—150	暗褐色	重壤土	棱块状	7.8											
剖9	半淋溶土	褐土	潮褐土	洪冲积潮褐土	中壤表均砂质洪冲积潮褐土	1	0—20	黄褐色	中壤土	粒状	7.2	15.6	0.95	1.48		71	8.4	179	25.0	洪积物、冲积物	E 119°03′14.0″ N 36°31′40.8″	92
						2	20—35	黑褐色	中壤土	块状	7.4	12.8	0.72	1.19		45	1.7	142	24.0			
						3	35—90	灰褐色	中壤土	粒状	7.6	7.2	0.33	1.12		16	2.7	128				
						4	90—150	黄白色	轻壤土	粒状	7.6											
剖10	淋溶土	棕壤	棕壤性	酸性岩类棕壤性		1	0—18	棕色	中壤土	粒状	6.6	8.9	0.61	0.49		66	7.5	52	21.5	酸性岩类	E 118°58′53.0″ N 36°28′32.9″	83
						2	18—50	棕褐色	中壤土	块状	6.7	6.9	0.48	0.38		37	3.2	108	21.1			
剖11	半淋溶土	褐土	淋溶褐土	坡洪积淋溶褐土	中壤质坡洪积淋溶褐土	1	0—20	黄褐色	中壤土	团块状	6.6	13.6	0.98	1.29		104	15.3	239	20.0	坡积物、洪积物	E 118°50′43.1″ N 36°27′10.1″	81
						2	20—50	黄褐色	重壤土	碎块状	6.9	8.7	0.62			56	2.2	150	18.9			
						3	50—100	褐色	中壤土	棱块状	6.8											
						4	100—150	黑褐色	重壤土	块状												
剖12	半淋溶土	褐土	淋溶褐土	洪积淋溶褐土	中壤表厚黏腰洪积淋溶褐土	1	0—20	褐色	中壤土	团粒状	7.4	11.9	0.86	1.00		66	2.3	98	21.5	洪积物	E 118°50′29.9″ N 36°25′48.2″	82
						2	20—55	褐色	黏土	棱块状	7.2	6.5	0.48	0.76		40	1.5	95	21.1			
						3	55—150	暗褐色	黏土	棱粒状	7.2	9.1	0.61	0.40		45	1.5	144	24.3			
剖13	半水成土	潮土	潮土	石灰性河潮土	中壤表均石灰性河潮土	1	0—20	黄褐色	中壤土	团粒状	7.2	11.9	0.84	2.70		66	4.8	141	17.8	河流冲积物	E 118°51′27.0″ N 36°25′28.9″	71
						2	20—60	黄褐色	中壤土	块状	7.2	8.4	0.60	1.90		48	1.5	138	19.2			
						3	60—150	浅黄色	中壤土	块状	7.0											

青 州 市

主要土类说明

褐土是青州市主要土壤类型，占本市地域面积的 81%，多分布于本市西部。成土母质多为钙质岩类风化物。本市褐土具有黏化与钙质淋移淀积特征，剖面发育良好，呈 A-B-Bk-C 剖面构型。本市褐土处于硅铝风化阶段，有明显黏淀层与假菌丝状钙积层，B 层呈棕褐色，pH 为 7.0—7.5，盐基饱和度在 80% 以上，有时过饱和。

潮土是青州市第二大土壤类型，占本市地域面积的 12%，见于河流冲积平原或低平阶地，地形平坦、开阔，微有起伏，地面坡降很小，一般不超过 1/1000。成土母质为河流冲积物，土层深厚，一般具有鲜明的沉积层理，母质质地为砂土至重壤土。地下水位浅，潜水参与成土过程，底土氧化还原作用交替，形成锈色斑纹层。本市潮土由于长期耕作，表层有机质含量为 10.0—15.0g/kg。

小于本市地域面积 3% 的土壤类型有粗骨土、砂姜黑土和棕壤等。

本区域中心区气候特征

本区域中心区气候特征值
Regional climate characteristics in central area of the region

气候带：暖温带亚湿润气候 Climate region: Warm temperate subhumid climate	
年平均气温 /℃ Annual average temperature /℃	13.1
年平均最高气温 /℃ Annual average maximum temperature /℃	18.9
年平均最低气温 /℃ Annual average minimum temperature /℃	8.2
年降水量 /mm Annual precipitation /mm	618
≥10℃的积温 /℃ Daily temperature accumulated in a year (≥10℃) /℃	4783
年日照时数 /h Annual sunshine /h	2544
年平均相对湿度 /% Annual average relative humidity /%	65
干燥度 Dryness	1.26

续表 Continued

剖面号 Soil profile	土纲 Soil order	土类 Soil great group	亚类 Soil subgroup	土属 Soil genus	土种 Soil species	土层码 Layer code	土层厚度 Depth/cm	颜色 Soil color	质地 Soil texture	土壤结构 Soil structure	pH	有机质 OM/(g/kg)	全氮 TN/(g/kg)	全磷 TP/(g/kg)	全钾 TK/(g/kg)	碱解氮 AN/(mg/kg)	有效磷 AP/(mg/kg)	速效钾 AK/(mg/kg)	阳离子交换量CEC/(cmol/kg)	土壤母质 Parent material	剖面点坐标 Profile coordinate	匹配指数 Matching index/%
剖14	淋溶土	棕壤	潮棕壤	洪冲积潮棕壤	轻壤表均壤质洪冲积潮棕壤	1	0—20	棕黄色	轻壤土	粒状	6.9	9.0	0.61	0.57		58	7.9	96	14.0	洪积物、冲积物	E 118°56′00.2″ N 36°24′28.8″	71
						2	20—90	棕褐色	中壤土	块状	6.6	6.0	0.36	0.42		32	1.6	99	18.7			
						3	90—150	棕黄色	轻壤土	棱块状	6.6											
剖15	半水成土	潮土	潮土	河潮土	中壤表厚黏心河潮土	1	0—20	黄褐色	中壤土	团块状	7.6	8.1	0.57	0.86		46	3.8	106		河流冲积物	E 118°53′00.4″ N 36°24′14.4″	84
						2	20—70	黄褐色	重壤土	块状	7.4	6.7	0.51	0.62		41	0.8	84				
						3	70—150	深褐色	黏土	棱块状	6.9											
剖16	淋溶土	棕壤	棕壤	坡洪积棕壤	轻壤表均壤质坡洪积棕壤	1	0—20	棕黄色	轻壤土	粒状	6.5	8.8	0.66	0.57		66	5.2	76	10.7	坡积物、洪积物	E 119°02′15.0″ N 36°29′59.6″	73
						2	20—50	棕色	中壤土	团块状	6.6	6.3	0.50	0.37		43	2.1	82	15.5			
						3	50—100	棕红色	中壤土	棱块状	6.6	6.0	0.46			38	1.8	130				
						4	100—150	棕红色	中壤土	块状	6.6											
剖17	半淋溶土	褐土	淋溶褐土	洪积淋溶褐土	轻壤表均壤质洪积淋溶褐土	1	0—25	棕黄色	轻壤土	粒状	6.9	8.8	0.55	0.36		51	2.3	93		洪积物	E 119°07′22.0″ N 36°29′58.1″	80
						2	25—90	深褐色	中壤土	棱块状	6.8	7.9	0.51	0.28		42	0.6	99				
						3	90—120	深褐色	重壤土	棱块状	7.1	10.2	0.52									
						4	120—150				8.0											

青州市主要土壤类型与土壤剖面点分布图
1∶240 000

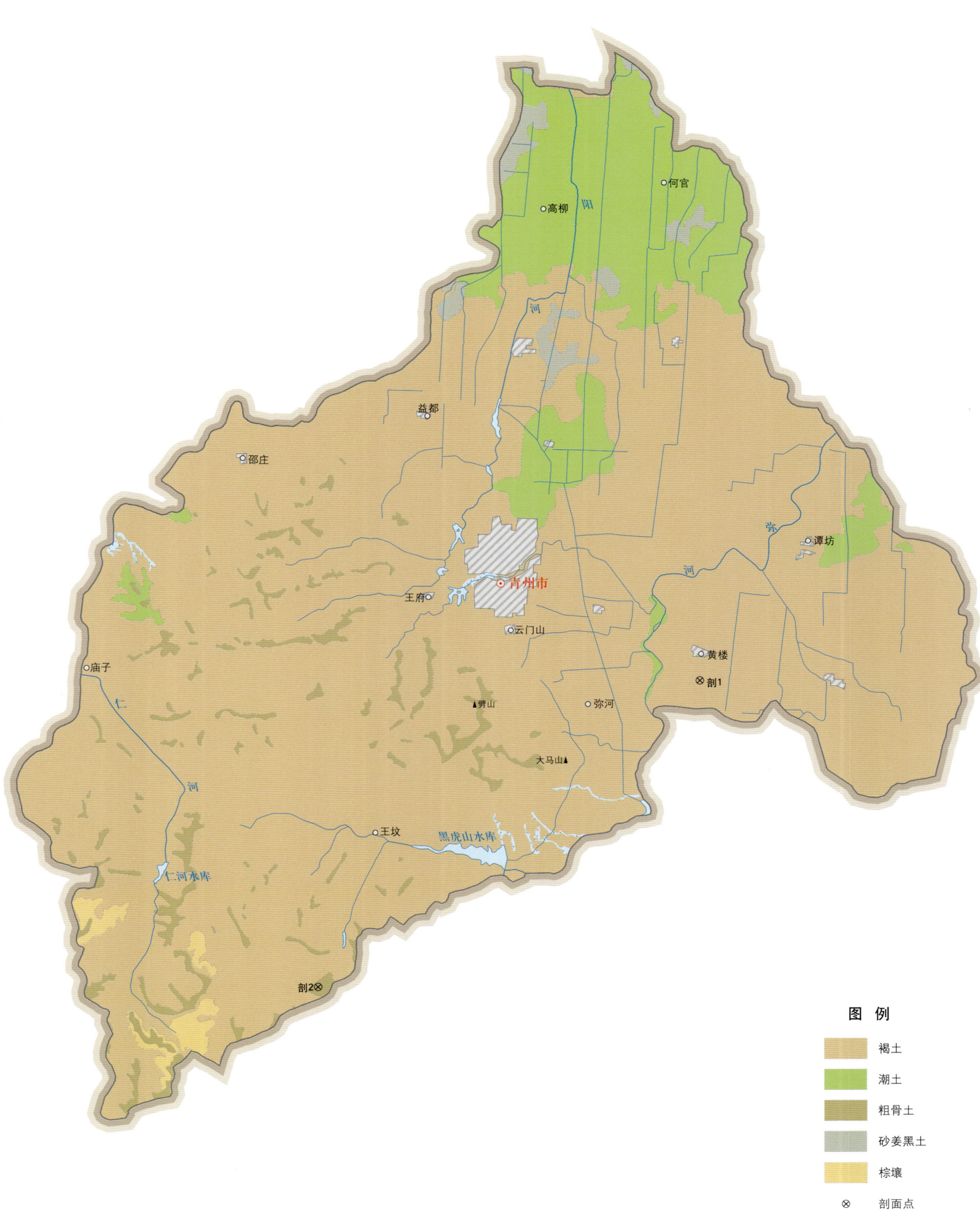

青州市土壤剖面理化性状表

剖面号 Soil profile	土纲 Soil order	土类 Soil great group	亚类 Soil subgroup	土属 Soil genus	土种 Soil species	土层码 Layer code	土层厚度 Depth/cm	质地 Soil texture	pH	有机质 OM/(g/kg)	全氮 TN/(g/kg)	全磷 TP/(g/kg)	碱解氮 AN/(mg/kg)	有效磷 AP/(mg/kg)	速效钾 AK/(mg/kg)	阳离子交换量CEC/(cmol/kg)	土壤母质 Parent material	剖面点坐标 Profile coordinate	匹配指数 Matching index/%
剖1	半淋溶土	褐土	淋溶褐土	洪冲积淋溶褐土	金黄土	Ap	0—23	黏壤土	7.3	11.1	0.64	0.32	67	1.4	84	10.1		E 118°35′48.0″ N 36°37′59.9″	87
						B₁	23—60	黏壤土	7.2	6.0	0.40	0.22	36	0.8	70	8.8			
						B₂	60—100	黏壤土	6.8	6.2	0.40		29	1.4	93	9.4			
剖2	初育土	粗骨土	钙质粗骨土	石灰岩类钙质粗骨土	青石渣土	A	0—20	壤质黏土	7.9	24.7	1.42	0.21	32	4.0	140	17.0	石灰岩	E 118°21′19.5″ N 36°28′36.8″	78
						AC	20—40		7.7	10.6	0.82	0.20	20	2.3	101	15.6			

诸 城 市

主要土类说明

棕壤是诸城市主要土壤类型，占本市地域面积的57%。棕壤在本市各乡镇均有分布，以南部丘陵地区分布比较集中。本市棕壤分为棕壤性土、棕壤、潮棕壤等亚类。其中，棕壤性土亚类面积最大，多分布在本市南部低山丘陵的中上部，剖面发育不完全，无心土层，土层浅薄，土体厚度一般小于60cm，并含有大量的粗砂砾石。棕壤亚类主要分布在低山丘陵的中下部及山前倾斜平地上，通体呈棕色或棕褐色。结构面多覆被铁锰胶膜，呈红褐色或褐色，心土层下端有时有铁子、铁管存在。土壤呈酸性至微酸性。土层较厚，土质较好，熟化程度比较高，表层质地多为轻壤土。潮棕壤亚类多分布在山前平原低平处，地势缓平，剖面下部有锈色斑纹，有明显的附加潮土成土作用。

潮土是诸城市第二大土壤类型，占本市地域面积的19%，主要分布在沿河两岸。本市潮土分为潮土和湿潮土等亚类。其中，潮土亚类面积最大，主要分布在倾斜平地及浅平洼地上。成土母质为河流沉积物，剖面层次明显，中下部土层有明显的锈纹、锈斑或细小的铁锰结核，土壤呈中性至微碱性，pH为6.5—7.5，表层质地多为轻壤土、砂壤土，少数为中壤土，土体构型多为均质，土层深厚，耕性好，熟化程度高，地下水源丰富，供水肥能力强。湿潮土亚类主要分布在辛兴、石桥子、昌城等地的低洼地区，是在较长期或季节性积水和较高潜水条件下形成的土壤。

褐土是诸城市第三大土壤类型，占本市地域面积的16%，主要分布在本市西北部的丘陵及倾斜平地上。本市褐土分为淋溶褐土、褐土性土、褐土、潮褐土等亚类。淋溶褐土亚类面积最大，主要分布在贾悦、石桥子等地，1m土体内无钙积层，底层有游离石灰，剖面中下部也可出现铁锰胶膜、铁子，土壤呈中性或微碱性。褐土性土亚类分布在褐土区内丘陵中上部，土层浅薄，无心土层，土体厚度不超过60cm，含多量粗砂或砾石，土层以下为半风化母岩，水土流失严重，土壤保水保肥能力差，养分含量低，土壤肥力及生产性能都比较差。褐土亚类主要分布在贾悦，剖面通体呈褐色，通常由耕作层、淀积黏化层和钙积层三个基本层段组成。心土层较黏重，底土层中有小型石灰结核，有石灰反应，土壤呈中性至微碱性。该亚类表层质地多为重壤土、中壤土，土层深厚，保水保肥能力强，土壤养分含量及土壤肥力较好。潮褐土亚类主要分布在相州、贾悦、石桥子、百尺河等地，地下水埋深为2—3m，心土层有黏化现象，底层有铁锰结核和锈纹、锈斑，土壤呈微碱性。表层质地为中壤土和轻壤土，保水保肥力强，熟化程度高。

砂姜黑土占诸城市地域面积的5%，主要分布在百尺河、舜王、昌城等地的浅平洼地上。表层一般为后期覆盖的壤土，厚薄不等，其下为灰蓝色黏重干硬的黑土层和含有砂姜的灰黄杂色潜育层。本市砂姜黑土只有砂姜黑土一个亚类。

本区域中心区气候特征

本区域中心区气候特征值
Regional climate characteristics in central area of the region

气候带：暖温带亚湿润气候 Climate region: Warm temperate subhumid climate	
年平均气温 /℃ Annual average temperature /℃	12.9
年平均最高气温 /℃ Annual average maximum temperature /℃	18.5
年平均最低气温 /℃ Annual average minimum temperature /℃	8.3
年降水量 /mm Annual precipitation /mm	698
≥10℃的积温 /℃ Daily temperature accumulated in a year (≥10℃) /℃	4733
年日照时数 /h Annual sunshine /h	2520
年平均相对湿度 /% Annual average relative humidity /%	69
干燥度 Dryness	1.14

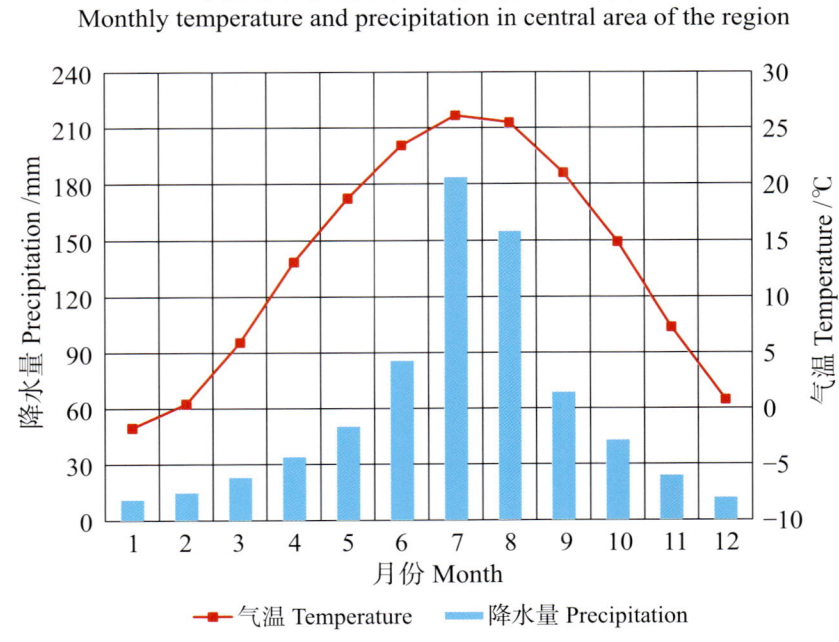

本区域中心区月平均气温与月平均降水量
Monthly temperature and precipitation in central area of the region

诸城市主要土壤类型与土壤剖面点分布图
1:290 000

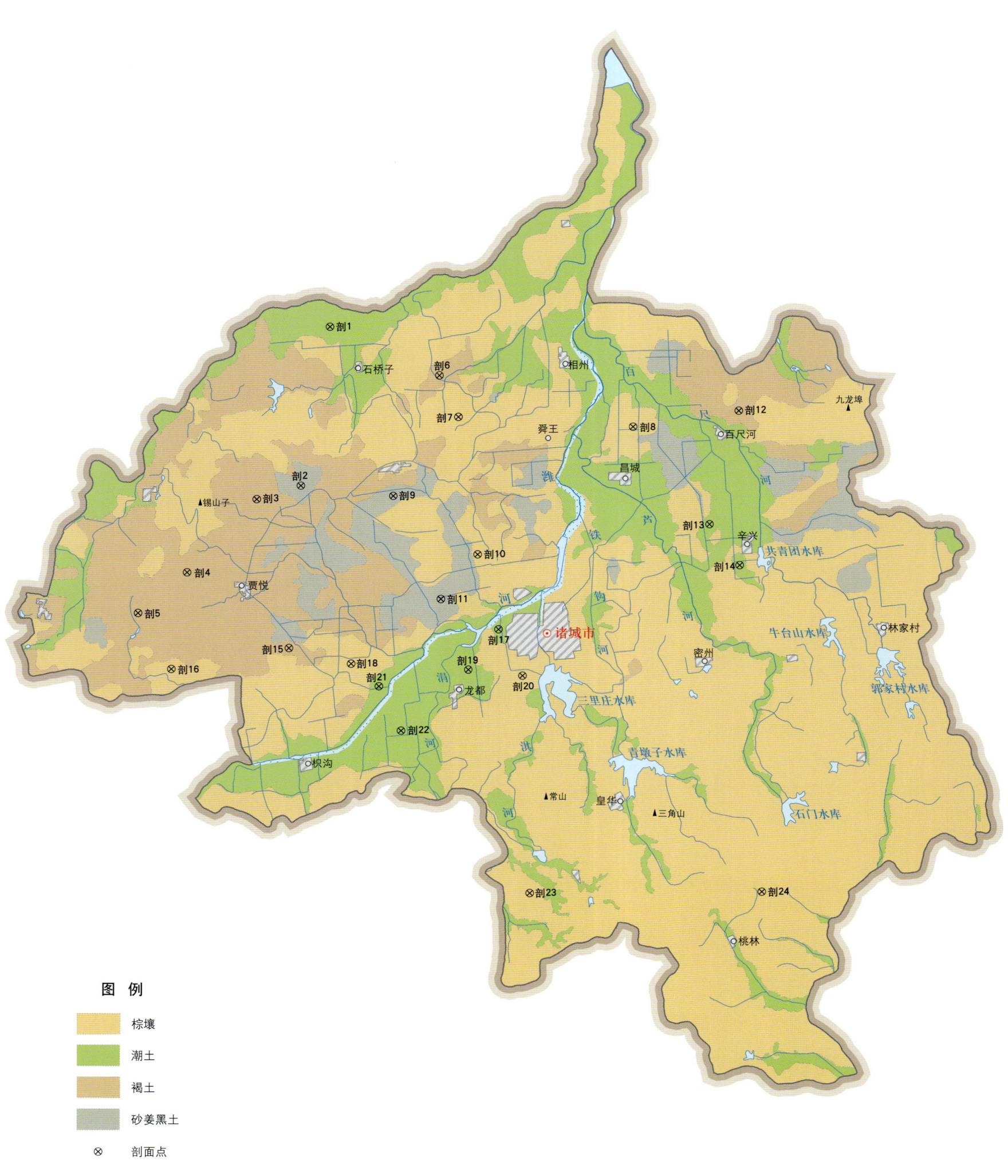

诸城市土壤剖面理化性状表

剖面号 Soil profile	土纲 Soil order	土类 Soil great group	亚类 Soil subgroup	土属 Soil genus	土种 Soil species	土层码 Layer code	土层厚度 Depth/cm	颜色 Soil color	质地 Soil texture	土壤结构 Soil structure	pH	有机质 OM/(g/kg)	全氮 TN/(g/kg)	全磷 TP/(g/kg)	碱解氮 AN/(mg/kg)	有效磷 AP/(mg/kg)	速效钾 AK/(mg/kg)	阳离子交换量 CEC/(cmol/kg)	土壤母质 Parent material	剖面点坐标 Profile coordinate	匹配指数 Matching index/%
剖1	半水成土	潮土	潮土	石灰性河潮土	轻壤表均质灰性河潮土	1	0—20	棕色	轻壤土	粒状	7.5	8.0	0.54	0.61	40	4.7	50		河流冲积物	E 119° 14′ 33.8″ N 36° 11′ 22.6″	70
						2	20—70	棕色	轻壤土	粒状	7.5	4.6	0.37	0.54	36	1.9	42				
						3	70—100	棕色	轻壤土	块状	7.5	3.6	0.27	0.55	21	1.9	32				
						4	100—150	棕色	中壤土	块状	7.5	5.2	0.36	0.38	27	1.1	42				
剖2	半成土	砂姜黑土	砂姜黑土	黑土裸露砂姜黑土	中壤表黑土裸露砂姜黑土	1	0—20	棕色	中壤土	团粒状	7.3	11.0	0.76	0.72	72	1.4	81	19.2		E 119° 13′ 06.0″ N 36° 05′ 29.1″	88
						2	20—70	暗棕色	重壤土		7.3	8.7	0.57	0.56	63	0.4	70				
						3	70—110	暗棕色	中壤土		7.5	4.8	0.35	0.53	42	0.3	70				
						4	110—150	浅棕色	中壤土		7.6	1.8	0.15	0.50	9	微量	68				
剖3	半淋溶土	褐土	潮褐土	洪冲积潮褐土	中壤表厚黏土洪积冲积潮褐土	1	0—20	浅棕色	中壤土	碎块状	7.2	9.4	0.60	0.60	52	1.7	90		洪积物、冲积物	E 119° 11′ 07.4″ N 36° 05′ 00.7″	75
						2	20—35	暗棕色	中壤土	碎块状	7.2	7.9	0.46	0.40	40	1.0	103				
						3	35—90	浅棕色	重壤土	块状	7.2	8.9	0.43	0.38	41	0.7	119				
						4	90—150		中壤土	块状	7.2	5.5	0.32	0.48	17	0.5					
剖4	半淋溶土	褐土	褐土性土	钙质岩类褐土性土	中壤表中层酥石钙质岩类褐土性土	1	0—20	棕色	中壤土	块状	7.0	9.6	0.61	0.75	48	1.3	135	20.5	钙质岩类	E 119° 07′ 57.0″ N 36° 02′ 19.8″	87
						2	20—40	棕色	中壤土	块状	7.2	8.4	0.51	0.76	45	1.2	128				
						3	40—														
剖5	半淋溶土	褐土	褐土	坡洪积褐土	重壤表均质坡积洪积褐土	1	0—20	浅棕色	重壤土	碎块状	7.1	10.4	0.59	0.45	54	1.3	138		坡积物、洪积物	E 119° 05′ 43.1″ N 36° 00′ 52.0″	83
						2	20—55	棕色	重壤土	块状	7.2	11.7	0.71	0.63	78	2.7	148				
						3	55—80	暗棕色	重壤土	块状	7.2	6.6	0.31	0.83	32	0.8	167				
						4	80—150	暗棕色	重壤土	块状	7.2	5.8	0.26	0.93	26	0.9	188				
剖6	半淋溶土	褐土	潮褐土	洪冲积潮褐土	轻壤表均质洪积冲积潮褐土	1	0—21	棕色	轻壤土	碎块状	6.7	11.6	0.81	0.89	97	7.1	93	14.4	洪积物、冲积物	E 119° 19′ 23.9″ N 36° 09′ 29.2″	98
						2	21—39	暗棕色	中壤土	棱块状	6.7	9.1	0.55	0.51	39	1.4	69				
						3	39—102	暗棕色	中壤土	棱块状	6.7	9.9	0.56	0.40	55	1.0	79				
						4	102—150	暗棕色	重壤土	棱块状	7.5	3.6	0.22	0.37	6	0.6	69				
剖7	淋溶土	棕壤	棕壤	坡积棕壤	轻壤表均质坡积棕壤	1	0—25	棕色	轻壤土	小块状	6.0	6.0	0.42	0.42	38	4.0	65	14.1	坡积物、洪积物	E 119° 20′ 12.2″ N 36° 07′ 55.7″	84
						2	25—64	棕色	中壤土	块状	6.0	5.1	0.37	0.36	27	2.8	90				
						3	64—95	暗棕色	中壤土	块状	5.5	3.3	0.23	0.26	21	1.2	113				
						4	95—150														
剖8	淋溶土	棕壤	潮棕壤	洪冲积潮棕壤	中壤表厚黏心洪积冲积潮棕壤	1	0—20	棕色	中壤土	碎块状	6.8	11.0	0.69	0.68	58	1.3	90		洪积物、冲积物	E 119° 27′ 59.2″ N 36° 07′ 24.1″	77
						2	20—53	暗棕色	重壤土	棱块状	6.6	10.9	0.56	0.43	37	0.4	155				
						3	53—85	暗棕色	重壤土	棱块状	6.6	12.9	0.60	0.48	44	0.3	150				
						4	85—150	暗黄棕色	中壤土	大块状	6.6										
剖9	半水成土	砂姜黑土	砂姜黑土	黄黑土		1	0—25	暗棕色	中壤土	碎块状	7.3	11.6	0.76	0.63	59	2.5	100			E 119° 17′ 13.2″ N 36° 05′ 01.7″	81
						2	25—47	暗棕色	重壤土	棱块状	7.0	14.2	0.75	0.44	65	0.6	96				
						3	47—75	暗棕色	重壤土	棱块状	7.5	9.7	0.45	0.36	31	0.5	104				
						4	75—115	褐色	重壤土	块状											
						5	115—150														
剖10	淋溶土	棕壤	潮棕壤	洪冲积潮棕壤	中壤表厚黏腰洪冲积潮棕壤	1	0—20	浅棕色	中壤土	块状	6.9	12.3	0.86	1.22	103	21.5	119		洪积物、冲积物	E 119° 20′ 55.3″ N 36° 02′ 46.0″	88
						2	20—82	浅棕色	中壤土	块状	7.0	7.2	0.53	0.82	60	1.4	59				
						3	82—96	棕色	重壤土	块状	7.0	9.2	0.56	0.50	51	0.6	63				
						4	96—150	暗棕色	黏土	块状	7.0	10.7	0.51	0.52	46	0.9	95				

续表 Continued

剖面号 Soil profile	土纲 Soil order	土类 Soil great group	亚类 Soil subgroup	土属 Soil genus	土种 Soil species	土层码 Layer code	土层厚度 Depth/cm	颜色 Soil color	质地 Soil texture	土壤结构 Soil structure	pH	有机质 OM/(g/kg)	全氮 TN/(g/kg)	全磷 TP/(g/kg)	碱解氮 AN/(mg/kg)	有效磷 AP/(mg/kg)	速效钾 AK/(mg/kg)	阳离子交换量CEC/(cmol/kg)	土壤母质 Parent material	剖面点坐标 Profile coordinate	匹配指数 Matching index/%
剖11	半水成土	砂姜黑土	砂姜黑土	黄土覆盖砂姜土		1	0—20	棕色	中壤土	碎块状	7.3	12.5	0.84	0.80	70	3.7	92			E 119°19′14.0″ N 36°01′08.0″	92
						2	20—35	棕色	重壤土	块状	7.3	12.2	0.82	0.74	62	2.3	118				
						3	35—90	暗棕色	重壤土	块状	7.3	15.6	0.87	0.74	58	1.2	112				
						4	90—150	褐色	中壤土	块状											
剖12	半淋溶土	褐土	淋溶褐土	坡洪积淋溶褐土	轻壤表均质坡洪积淋溶褐土	1	0—27	棕色	轻壤土	碎块状	6.8	10.6	0.65	0.63	60	2.2	81		坡积物、洪积物	E 119°32′43.3″ N 36°07′54.3″	70
						2	27—60	棕色	中壤土	块状	6.5	10.0	0.54	0.50	45	1.2	104				
						3	60—100	棕色	中壤土	块状	7.5	7.7	0.43	0.50	31	1.2	159				
						4	100—150	褐色	中壤土	块状	7.0	2.5	0.13	0.37	15	0.7	61				
剖13	半水成土	潮土	湿潮土	冲积湿潮土	中壤表厚黏心冲积湿潮土	1	0—20	褐棕色	中壤土	团粒状	6.5	11.2	0.74	0.61	60	2.8	70		河流冲积物	E 119°31′17.4″ N 36°03′40.7″	70
						2	20—38	棕色	中壤土	碎块状	6.0	9.2	0.64	0.58	51	1.4	64				
						3	38—85	暗棕色	重壤土	块状	6.0	10.8	0.61	0.39	46	0.6	76				
						4	85—150	浅棕色	中壤土	块状	7.0	2.6	0.18	0.47	14	0.6	60				
剖14	半水成土	潮土	湿潮土	冲积湿潮土	中壤表厚黏腰冲积湿潮土	1	0—22	棕色	中壤土	碎块状	7.3	9.4	0.59	0.70	56	1.7	100		河流冲积物	E 119°32′35.2″ N 36°02′07.1″	93
						2	22—46	棕色	轻壤土	块状	7.2	7.7	0.47	0.63	30	1.0	69				
						3	46—89	暗棕色	重壤土	棱块状	7.4	9.0	0.51	0.68	27	1.3	81				
						4	89—136	暗棕色	重壤土	棱块状	7.3	17.9	0.87	0.88	72	1.2	112				
						5	136—150	棕色	中壤土	棱块状	7.5	9.8	0.54	0.60	26	1.0	128				
剖15	半淋溶土	褐土	淋溶褐土	洪冲积淋溶褐土	中壤表厚黏心洪冲积淋溶褐土	1	0—20	暗棕色	中壤土	块状	7.0	12.9	0.95	1.65	174	13.9	175		洪积物、冲积物	E 119°12′24.8″ N 35°59′26.5″	98
						2	20—40	暗红棕色	中壤土	块状	7.0	10.0	0.64	1.40	49	3.2	120				
						3	40—110	黑棕色	重壤土	块状	7.0	10.2	0.50	0.50	39	1.0	135				
						4	110—150	浅棕色	中壤土	块状											
剖16	淋溶土	棕壤	棕壤	洪冲积棕壤	轻壤表均质洪冲积棕壤	1	0—19	黄褐色	轻壤土	粒状	6.5	9.3	0.61	1.88	55	7.2	118		洪积物、冲积物	E 119°07′09.4″ N 35°58′45.6″	76
						2	19—44	黄褐色	中壤土	粒状	6.5	6.6	0.47	1.65	40	3.7	100				
						3	44—70	灰褐色	中壤土	棱块状	6.5	8.5	0.55	1.15	36	2.7	223	6.3			
						4	70—150	灰褐色	重壤土	棱块状	6.2	8.1	0.43	0.90	26	1.4	283				
剖17	半水成土	潮土	潮土	河潮土	砂壤表均质砂质河潮土	1	0—19	暗棕色	砂壤土	单粒状	7.2	5.2	0.30	0.98	20	7.7	40		河流冲积物	E 119°21′46.0″ N 35°59′57.6″	79
						2	19—42	暗棕色	中壤土	块状	6.9	2.4	0.14	0.75	18	6.1	40				
						3	42—104	棕色	松壤土	单粒状	6.6	2.6	0.20	0.74	12	4.8	30				
						4	104—150	暗红棕色	中壤土	块状											
剖18	淋溶土	棕壤	棕壤	洪冲积棕壤	中壤表厚黏心洪冲积棕壤	1	0—20	浅棕色	中壤土	碎块状	5.8	10.5	0.65	0.80	67	9.4	128		洪积物、冲积物	E 119°15′10.0″ N 35°58′48.8″	84
						2	20—35	棕色	中壤土	棱块状	6.0	7.9	0.51	0.52	50	2.6	114				
						3	35—70	暗棕色	重壤土	棱块状	6.0	6.1	0.38	0.72	30	9.2	170	19.5			
						4	70—110	棕色	重壤土	碎块状	5.8	9.2	0.46	0.54		3.4					
						5	110—150	棕色	中壤土	块状							188				
剖19	半水成土	潮土	潮土	洪冲积潮棕壤	轻壤表均质洪冲积潮棕壤	1	0—15	浅棕色	轻壤土	粒状	5.7	11.2	0.71	0.79	48	4.7	188		洪积物、冲积物	E 119°20′22.9″ N 35°58′29.6″	70
						2	15—31	棕色	中壤土	块状	6.7	8.6	0.51	0.40	31	2.4	312				
						3	31—89	暗棕色	重壤土	棱块状	6.7	9.2	0.46	0.54	30	3.4	462	11.7			
						4	89—150	浅棕色	中壤土	碎块状	6.7										
剖20	淋溶土	棕壤	潮棕壤			1	0—28	浅棕色	中壤土	粒状	6.0	13.5			67	2.1	60		洪积物、冲积物	E 119°22′47.0″ N 35°58′13.0″	99
						2	28—64	浅黄棕色	轻壤土	块状	6.0	5.2	0.42	0.40	40	1.5	60				
						3	64—110	浅棕色	重壤土	块状	6.0	5.2	0.40	0.44	25	2.7	105				
						4	110—150	浅棕色	中壤土	片状		2.8	0.22		10		105				
剖21	半水成土	潮土	潮土	河潮土	轻壤表厚砂心河潮土	1	0—20	浅棕色	轻壤土	块状	6.0	9.3	0.53	0.62	28	4.8	65		河流冲积物	E 119°16′22.4″ N 35°57′56.2″	80
						2	20—27	浅棕色	砂壤土	块状	6.0	6.3	0.42	0.56	22	3.0	55				
						3	27—105	浅棕色	中壤土	块状	6.0	3.0	0.23	0.45	14	4.0	40				
						4	105—150	棕色	轻壤土	块状											

续表 Continued

剖面号 Soil profile	土纲 Soil order	土类 Soil great group	亚类 Soil subgroup	土属 Soil genus	土种 Soil species	土层码 Layer code	土层厚度 Depth/cm	颜色 Soil color	质地 Soil texture	土壤结构 Soil structure	pH	有机质 OM/(g/kg)	全氮 TN/(g/kg)	全磷 TP/(g/kg)	碱解氮 AN/(mg/kg)	有效磷 AP/(mg/kg)	速效钾 AK/(mg/kg)	阳离子交换量CEC/(cmol/kg)	土壤母质 Parent material	剖面点坐标 Profile coordinate	匹配指数 Matching index/%
剖22	半水成土	潮土	潮土	河潮土	轻壤表均壤质河潮土	1	0—32	棕色	轻壤土	碎块状	6.6	9.1	0.64	0.88	57	18.7	52	13.2	河流冲积物	E 119°17′19.7″ N 35°56′15.9″	93
						2	32—57	棕色	轻壤土	块状	6.6	7.0	0.48	0.55	54	2.6	65				
						3	57—82	棕色	中壤土	块状	6.6	6.8	0.42	0.63	43	2.1	80				
						4	82—150	浅棕色	轻壤土	块状	6.6	3.2	0.26	1.05	26	5.7	56				
剖23	淋溶土	棕壤	棕壤性土	砂页岩类棕壤性土	轻壤表中层酥石硼砂页岩棕壤性土	1	0—20	浅棕色	轻壤土	块状	5.5	7.0	0.54	0.56	45	2.8	67		砂页岩	E 119°22′53.2″ N 35°50′05.3″	77
						2	20—45	浅棕色	轻壤土	块状	5.7	5.2	0.42	0.36	32	1.4	138				
						3	45—														
剖24	淋溶土	棕壤	棕壤性土	酸性岩类棕壤性土		1	0—15	浅黄棕色	石渣土	块状	6.2	5.3	0.39	0.37	40	1.9	46		酸性岩类	E 119°33′12.6″ N 35°49′56.3″	77
						2	15—26	暗浅棕色	砂壤土	块状	6.9	4.3	0.34	0.31	33	1.5	43				

寿 光 市

主要土类说明

潮土是寿光市主要土壤类型，占本市地域面积的56%，主要分布在本市中南部、中部河间洼地微斜平地上。潮土是直接发育在河流冲积物上，受潜水作用形成的一类土壤，剖面层次明显，中下部有明显的锈纹、锈斑或铁锰结核。本市潮土分为褐潮土、潮土、湿潮土和盐化潮土等亚类。

滨海盐土是寿光市第二大土壤类型，占本市地域面积的26%，主要分布在滨海浅平洼地和海滩上。成土母质为海相沉积物。地表含有大量可溶性盐类从而形成盐斑，或成大片盐荒地，是缺苗率大于50%的农业土壤。本市滨海盐土属氯化物盐土，盐分组成以氯化钠为主。潜水矿化度为10—50g/L，抑制作物生长，土壤肥力偏低，土壤物理性状不良，结构性差，板结严重。本市滨海盐土只有滨海盐土一个亚类，土壤有机质含量为9.2g/kg，全氮含量为0.5g/kg，全磷含量为0.4g/kg，全盐含量为50.4g/kg。

褐土是寿光市第三大土壤类型，占本市地域面积的9%，分布于南部缓岗地区。剖面通体呈棕色或褐色，层次发育明显，通常由耕作层、淀积黏化层和钙积层三个基本层段组成。剖面中有假菌丝体。因黏粒由表层向下移动，心土层较黏重并且有不甚明显的胶膜淀积。底土层中常有小型石灰结核。通体有石灰反应，上部弱，下部较强烈，土壤呈中性至微碱性。本市褐土分为褐土、潮褐土等亚类。

小于本市地域面积3%的土壤类型有砂姜黑土等。

本区域中心区气候特征

本区域中心区气候特征值
Regional climate characteristics in central area of the region

气候带：暖温带亚湿润气候 Climate region: Warm temperate subhumid climate	
年平均气温 /℃ Annual average temperature /℃	12.4
年平均最高气温 /℃ Annual average maximum temperature /℃	18.4
年平均最低气温 /℃ Annual average minimum temperature /℃	7.4
年降水量 /mm Annual precipitation /mm	581
≥10℃的积温 /℃ Daily temperature accumulated in a year (≥10℃) /℃	4558
年日照时数 /h Annual sunshine /h	2550
年平均相对湿度 /% Annual average relative humidity /%	67
干燥度 Dryness	1.26

本区域中心区月平均气温与月平均降水量
Monthly temperature and precipitation in central area of the region

寿光市主要土壤类型与土壤剖面点分布图
1:240 000

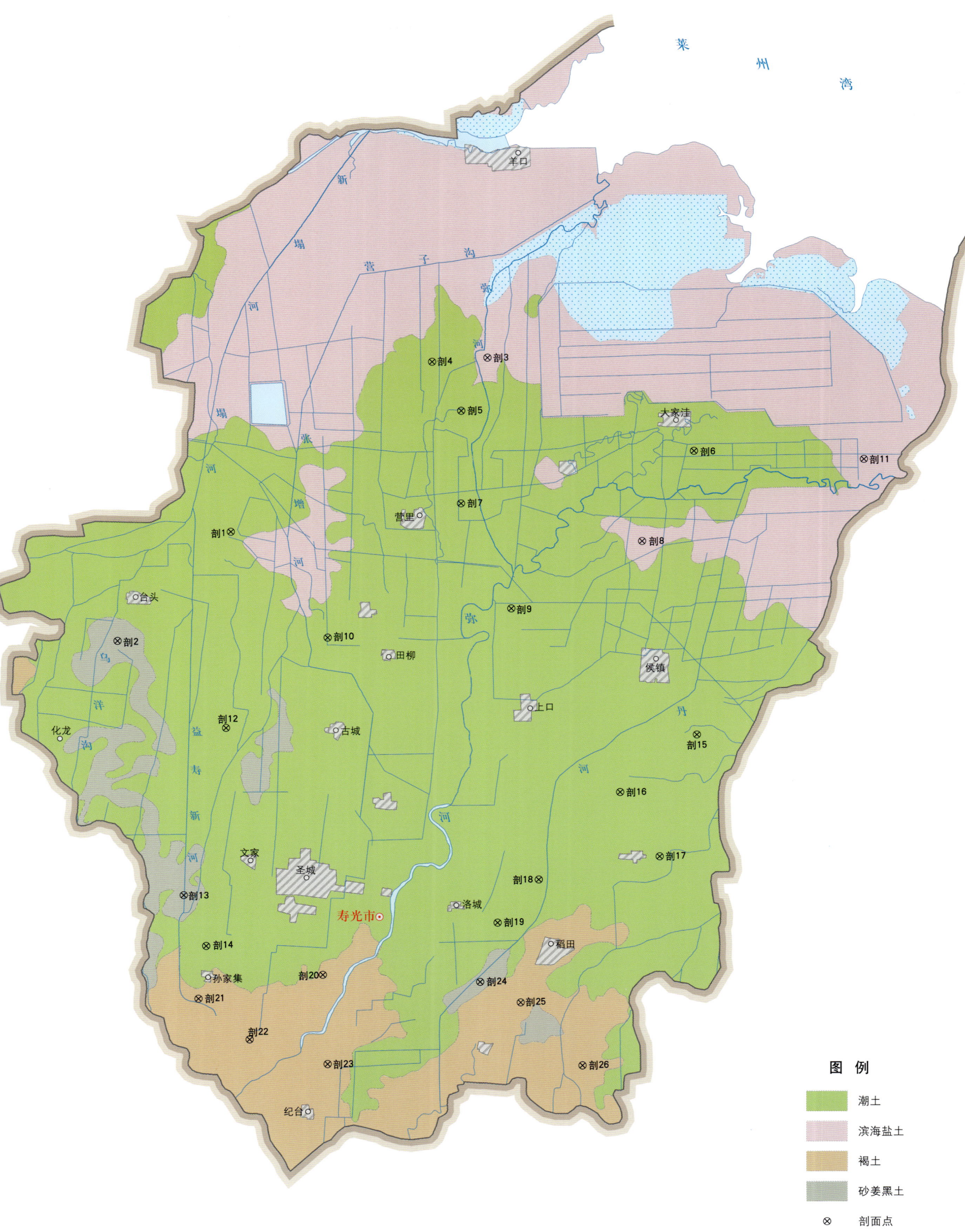

寿光市土壤剖面理化性状表

剖面号 Soil profile	土纲 Soil order	土类 Soil great group	亚类 Soil subgroup	土属 Soil genus	土种 Soil species	土层码 Layer code	土层厚度 Depth/cm	颜色 Soil color	质地 Soil texture	土壤结构 Soil structure	pH	有机质 OM/(g/kg)	全氮 TN/(g/kg)	全磷 TP/(g/kg)	碱解氮 AN/(mg/kg)	有效磷 AP/(mg/kg)	速效钾 AK/(mg/kg)	阳离子交换量CEC/(cmol/kg)	土壤母质 Parent material	剖面点坐标 Profile coordinate	匹配指数 Matching index/%
剖1	半水成土	潮土	湿潮土	湖积黑潮土	重壤均质湖积湿潮土	1	0—20	黄褐色	重壤土	块状	7.2	15.4	0.96		74	7.4	180		河流冲积物	E 118°41′17.9″ N 37°03′54.4″	91
						2	20—40	黄褐色	中壤土	碎块状	7.0	9.7	0.61	0.41	38	5.8	79				
剖2	半水成土	砂姜黑土	砂姜黑土	洼坡砂姜黑土	中壤厚心洼坡砂姜土	1	0—25	灰褐色	重壤土		7.0	8.5	0.61		36	4.3					98
						2	25—86	灰黄色	重壤土	棱块状											
						3	86—150														
剖3	盐碱土	滨海盐土	滨海潮滩盐土	滨海滩地盐土	轻盐渍轻壤厚砂心滨海盐土	1	0—14	棕褐色	轻壤土	无明显结构	7.8	5.2	0.38	0.23	24	6.2	48		海相沉积物	E 118°36′46.8″ N 37°00′26.6″	92
						2	14—31	灰黄色		粒状	7.6	4.6	0.27	0.36	22	3.1	22				
						3	31—150			无明显结构	7.9	2.5	0.07	0.33		3.1	184				
剖4	半水成土	潮土	盐化潮土	滨海盐化潮土	中盐化中壤厚砂心盐化潮土	1	0—20	栗褐色	中壤土	屑粒状		13.0	0.87	0.56	61	5.1	97		河流冲积物	E 118°51′28.4″ N 37°09′24.6″	94
						2	20—80	棕红色	重壤土	粒状		9.6	0.68	0.48		4.5					
						3	80—100	棕红色	黏土	块状											
						4	100—120	灰白色	砂土												
剖5	半水成土	潮土	盐化潮土	滨海盐化潮土	轻盐化轻壤表厚砂心盐化潮土	1	0—22	暗灰色	轻壤土		7.4	4.8	0.44	0.49	49	19.0	280	15.6	河流冲积物	E 118°49′18.1″ N 37°09′18.4″	94
						2	22—72	灰色	粉砂土	粒状											
						3	72—135	红褐色	中壤土	块状											
						4	135—150	灰白色	粉砂土												
剖6	半水成土	潮土	盐化潮土	滨海盐化潮土	轻盐化均质中壤质盐化潮土	1	0—15		中壤土		7.3	15.1			59	5.9	99		河流冲积物	E 118°50′25.1″ N 37°07′42.6″	80
						2	15—45	浅红色	重壤土	粒状	7.3	12.1		0.51	58	4.4	66				
						3	45—100	浅棕色	中壤土	块状	7.4	10.3			41	6.2					
剖7	半水成土	潮土	盐化潮土	滨海盐化潮土	轻盐化轻壤表厚黏心盐化潮土	1	0—20	浅棕色	重壤土	块状	7.5	8.6	0.49	1.09	36	4.2			河流冲积物	E 118°59′31.0″ N 37°06′17.0″	94
						2	20—56	黄棕色	轻壤土	粒状	7.8	8.1	0.69	0.33	34	5.3	58				
						3	56—81	红褐色	中壤土	块状						3.6					
						4	81—150														
剖8	盐碱土	滨海盐土	滨海潮滩盐土	滨海滩地盐土		1	0—20	暗灰色	轻壤土	碎块状	7.4	9.4	0.20	0.40	39	4.7	47		海相沉积物	E 118°50′20.8″ N 37°04′42.2″	76
						2	20—100	灰黄色	轻壤土	块状	8.5	2.3	0.50		5	3.4					
剖9	半水成土	潮土	潮土	潮土	中壤表厚黏质冲积潮土	1	0—20	褐色	中壤土	单粒状	8.1	7.5			51	4.7	116		河流冲积物	E 118°57′24.7″ N 37°03′22.9″	86
						2	20—45	黄褐色	中壤土	粒状	7.8	7.4			54	3.6	85				
						3	45—120	灰白色	黏土	碎块状		3.8				3.2					
剖10	半水成土	潮土	潮土	潮土	轻壤表黏心砂姜潮土	1	0—20	黄棕色	轻壤土	粒状	7.4	11.0	0.65	0.48	64	5.3	58		河流冲积物	E 118°52′14.1″ N 37°01′16.9″	81
						2	20—38	灰褐色	砂壤土	粒状	7.8	7.3			52	4.5	47				
						3	38—150			无明显结构	7.3	7.3			30	3.1					
剖11	盐碱土	滨海盐土	滨海潮滩盐土			1	0—5					9.2			45	3.0	37		海相沉积物	E 118°45′01.4″ N 37°00′26.3″	91
						2	5—20	灰白色	轻壤土	碎块状											
						3	20—47	黑褐色	轻壤土	块状											
						4	47—76	浅黄色	黏土	块状											
						5	76—105	红褐色	中壤土	块状											
						6	105—150	浅黄色	中壤土	无明显结构											
剖12	半水成土	潮土	湿潮土	冲积黑潮土	中壤表厚黏心冲积湿潮土	1	0—17	灰白色	重壤土	粒状		11.4			43	3.1	88		河流冲积物	E 119°06′10.7″ N 37°05′55.0″	83
						2	17—45	黑褐色	重壤土	块状	8.2	11.5			55	6.4					
						3	45—150	灰褐色	重壤土	碎块状	8.5	10.8			38	9.0					
剖13	半水成土	砂姜黑土	砂姜黑土	洼坡砂姜黑土	重壤表厚砂姜连坡砂姜黑土	2	20—55	黑褐色	重壤土	块状	8.5	3.0							河流冲积物	E 118°39′12.6″ N 36°52′10.2″	72
						3	55—180	黄褐色	重壤土	块状	8.3										

续表 Continued

剖面号 Soil profile	土纲 Soil order	土类 Soil great group	亚类 Soil subgroup	土属 Soil genus	土种 Soil species	土层码 Layer code	土层厚度 Depth/cm	颜色 Soil color	质地 Soil texture	土壤结构 Soil structure	pH	有机质 OM/(g/kg)	全氮 TN/(g/kg)	全磷 TP/(g/kg)	碱解氮 AN/(mg/kg)	有效磷 AP/(mg/kg)	速效钾 AK/(mg/kg)	阳离子交换量CEC/(cmol/kg)	土壤母质 Parent material	剖面点坐标 Profile coordinate	匹配指数 Matching index/%
剖14	半水成土	潮土	褐潮土	褐潮土	中壤质厚黏心褐潮土	1	0~20	褐色	中壤土	粒状	7.5	7.1	0.54		44	3.9	62	13.3	河流冲积物	E 118°40′03.0″ N 36°50′31.9″	72
						2	20~100	黄褐色	黏土	棱块状											
						3	100~150	暗灰色	重壤土	块状											
剖15	半水成土	潮土	潮土	潮土	重壤均质潮土	1	0~20	暗灰色	重壤土	块状	8.0	12.3	0.62	0.35	64	3.0	79		河流冲积物	E 118°59′24.4″ N 36°57′04.5″	78
						2	20~45	灰褐色	重壤土	棱块状		9.7	0.50	0.46	50	2.5	91				
						3	45~78	黄褐色	重壤土	棱块状		9.7	0.58	0.72	60	2.4	142				
						4	78~117	黄棕色	黏土												
						5	117~150	灰棕色	黏土	棱块状											
剖16	半水成土	潮土	潮土	潮土	中壤均质潮土	1	0~20	暗褐色	中壤土	小粒状	7.0	5.4	0.40	0.96	24	18.0	32		河流冲积物	E 118°56′21.5″ N 36°55′14.5″	82
						2	20~50	浅褐色	中壤土	小块状	7.1	8.2	0.57		50	2.5	41				
						3	50~90	褐色	中壤土		7.1	7.1				9.1					
						4	90~150	栗色	中壤土		7.2										
剖17	半水成土	潮土	潮土	潮土	中壤表层黏心潮土	1	0~20	棕色	中壤土	块状	7.5	8.8	0.71	0.53	54	4.4	95		河流冲积物	E 118°57′50.8″ N 36°53′08.2″	85
						2	20~35	棕褐色	重壤土	块状	7.7	7.2	0.49	0.54	43	2.5	80				
						3	35~80	棕色	重壤土	块状	7.5	7.6	0.42	0.34	44	2.5	94				
						4	80~150	黄褐色	轻壤土	碎块状											
剖18	半水成土	潮土	褐潮土	冲积潮褐土	轻壤均质潮土	1	0~20	黄褐色	轻壤土	粒状	7.0	11.7	0.75	0.75	77	15.7	104	13.2	河流冲积物	E 118°53′06.4″ N 36°52′28.2″	71
						2	20~40	暗黄褐色	中壤土	碎块状	6.5	6.1	0.44	0.54	40	4.9	66				
						3	40~85	浅黄色	中壤土	块状	7.0	4.8	0.32	0.40	68	3.9	54				
						4	85~150	黄褐色	重壤土		7.7	2.8	0.20	0.43		5.7					
剖19	半水成土	潮土	湿潮土	冲积湿潮土	中壤表厚黏腰冲积潮褐土	1	0~20	黄褐色	中壤土	碎块状	7.0	9.9	0.63	0.53	63	3.0	91		河流冲积物	E 118°51′27.7″ N 36°51′06.0″	89
						2	20~80	暗黄色	中壤土	块状		5.2	0.30	0.44	37	3.4	81				
						3	80~150	暗黑色	重壤土			15.5									
剖20	半淋溶土	褐土	潮褐土	冲积潮褐土	中壤质厚黏心冲积潮褐土	1	0~18	黄褐色	中壤土	粒状	7.0	12.6	0.77	1.19	91	13.9	161	16.0	冲积物	E 118°44′35.3″ N 36°49′31.9″	76
						2	18~70	黄褐色	中壤土	棱块状	7.5	8.7	0.53	0.85	58	4.8	105				
						3	70~150	黄褐色	黏土	块状	7.0	10.6		0.11							
剖21	半淋溶土	褐土	褐土	冲积褐土	中壤全剖面均质冲积褐土	1	0~20	黄褐色	中壤土	粒状		7.6	0.54	0.52	35	5.5	51	15.3	冲积物	E 118°39′42.5″ N 36°48′50.8″	100
						2	20~50	黄褐色	中壤土	粒状		6.8	0.46		34	20.2	109				
						3	50~120	浅黄色	中壤土	片状		4.5	0.26	0.37		13.1					
						4	120~180	黄褐色	轻壤土	粒状						13.6					
剖22	半淋溶土	褐土	潮褐土	冲积潮褐土	中壤质厚黏心冲积潮褐土	1	0~20	黄褐色	中壤土	小粒状	7.0	9.8	0.73		63	11.4	63	17.9	冲积物	E 118°41′41.0″ N 36°47′30.4″	93
						2	20~50	褐色	重壤土	粒状	7.5	7.4	0.49	0.40	37	3.2	32				
						3	50~180	深褐色	黏土	块状		11.8				2.9					
剖23	半淋溶土	褐土	褐土	黄土质褐土	轻壤质厚黄质褐土	1	0~25	黄褐色	轻壤土	粒状		6.3	0.45	0.44	41	12.3	70	15.0	黄土	E 118°44′42.7″ N 36°46′40.4″	98
						2	25~130	灰黄色	中壤土	碎粒状		6.6	0.48	0.41	30	2.8	77				
						3	130~150	灰黄色	黏土	片状											
剖24	半水成土	砂姜黑土	砂姜黑土	洼底砂姜黑土	中壤表厚黏腰连底砂姜黑土	1	0~20	灰色	轻壤土	粒状		9.4	0.56	0.49	56	3.0	103	13.9	冲积物	E 118°50′43.7″ N 36°49′12.0″	98
						2	20~38	灰色	中壤土	粒状		5.9	0.43	0.46	38	2.8	64	17.3			
						3	38~65	褐色	重壤土	块状		7.2	0.47	0.31	41	2.8	92	17.3			
						4	65~95	褐色	黏土	块状		7.7	0.35	0.39	31	3.3	96	13.7			
						5	95~140	深灰色	重壤土	块状		6.1	0.31	0.23	28	2.7	91				
						6	140	黄白色		碎块状											
剖25	半淋溶土	褐土	褐土	冲积褐土	轻壤全剖面均质冲积褐土	1	0~23	褐色	中壤土	小块状	7.0	8.4	0.58	0.45		5.1	131		冲积物	E 118°52′17.8″ N 36°48′31.2″	95
						2	23~90	浅褐色	轻壤土	小块状	7.0	5.5	0.42	0.46		3.4	86				
						3	90~150	黄褐色	轻壤土	小块状	7.5										

续表 Continued

剖面号 Soil profile	土纲 Soil order	土类 Soil great group	亚类 Soil subgroup	土属 Soil genus	土种 Soil species	土层码 Layer code	土层厚度 Depth/cm	颜色 Soil color	质地 Soil texture	土壤结构 Soil structure	pH	有机质 OM/(g/kg)	全氮 TN/(g/kg)	全磷 TP/(g/kg)	碱解氮 AN/(mg/kg)	有效磷 AP/(mg/kg)	速效钾 AK/(mg/kg)	阳离子交换量CEC/(cmol/kg)	土壤母质 Parent material	剖面点坐标 Profile coordinate	匹配指数 Matching index/%
剖26	半淋溶土	褐土	褐土	冲积褐土	轻壤质厚黏腰冲积褐土	1	0—25	灰色	轻壤土	碎粒状		10.2	0.68	0.74	87	6.6	73		冲积物	E 118°54′39.6″ N 36°46′27.8″	100
						2	25—85	黄灰色	轻壤土	碎粒状		5.3	0.37	0.53	61	2.7	90				
						3	85—150	暗棕色	重壤土	碎粒状		9.8		0.46		2.4	57				

安 丘 市

主要土类说明

褐土是安丘市主要土壤类型，占本市地域面积的60%，在本市各地均有分布，多分布在山地丘陵及山前洪积平原上，多发育在富含钙质的坡积和洪积母质上。有黏化与钙质淋移淀积，盐基饱和度在80%以上，处于硅铝风化阶段，有明显的黏淀层与假菌丝状钙积层。B层呈棕褐色，pH为7.0—7.5。本市褐土分为褐土性土、淋溶褐土、潮褐土、褐土等亚类。其中，褐土性土亚类面积最大，褐土亚类面积最小。

潮土是安丘市第二大土壤类型，占本市地域面积的17%，主要分布在景芝的冲积平原及汶河、潍河、渠河流域。地下水位浅，潜水参与成土过程，底土氧化还原作用交替进行，形成锈色斑纹。表层质地为壤土，耕性良好，具有较好的保肥、供肥性能。地下水源丰富，水质好，是本市主要粮食生产基地。本市潮土分为褐潮土、潮土等亚类。

棕壤是安丘市第三大土壤类型，占本市地域面积的14%，主要分布在本市西南部的柘山、郚山、大盛等地的部分地区，东北部也有分布。成土母质主要为酸性岩类，其次是非石灰性砂页岩。土壤处于硅铝风化阶段，是具有黏化特征的棕色土壤，土体见黏粒淀积，盐基充分淋失，pH为6.0—7.0，见少量游离铁。本市棕壤分为棕壤性土、棕壤、潮棕壤等亚类。

砂姜黑土占安丘市地域面积的5%，分布在本市低洼地带。砂姜黑土是因长期滞水或季节性滞水，排水不畅，后经长期的排水和耕作，脱沼泽化形成的一种土壤。表层为后期覆盖物，经耕作熟化，为黄褐色的壤土或重壤土，土层厚薄不等，下层为黑色黏重而坚硬的黑土层，底层为灰黄杂色的砂姜层。本市砂姜黑土只有砂姜黑土一个亚类。

本区域中心区气候特征

本区域中心区气候特征值
Regional climate characteristics in central area of the region

气候带：暖温带亚湿润气候 Climate region: Warm temperate subhumid climate	
年平均气温 /℃ Annual average temperature /℃	12.9
年平均最高气温 /℃ Annual average maximum temperature /℃	18.6
年平均最低气温 /℃ Annual average minimum temperature /℃	8.1
年降水量 /mm Annual precipitation /mm	670
≥10℃的积温 /℃ Daily temperature accumulated in a year（≥10℃）/℃	4722
年日照时数 /h Annual sunshine /h	2524
年平均相对湿度 /% Annual average relative humidity /%	68
干燥度 Dryness	1.18

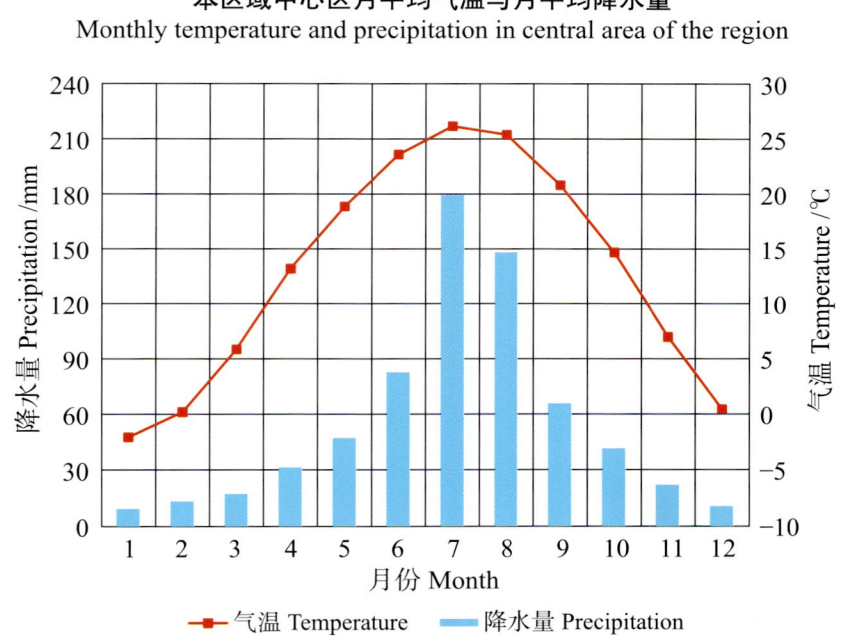

本区域中心区月平均气温与月平均降水量
Monthly temperature and precipitation in central area of the region

安丘县主要土壤类型与土壤剖面点分布图

1∶280 000

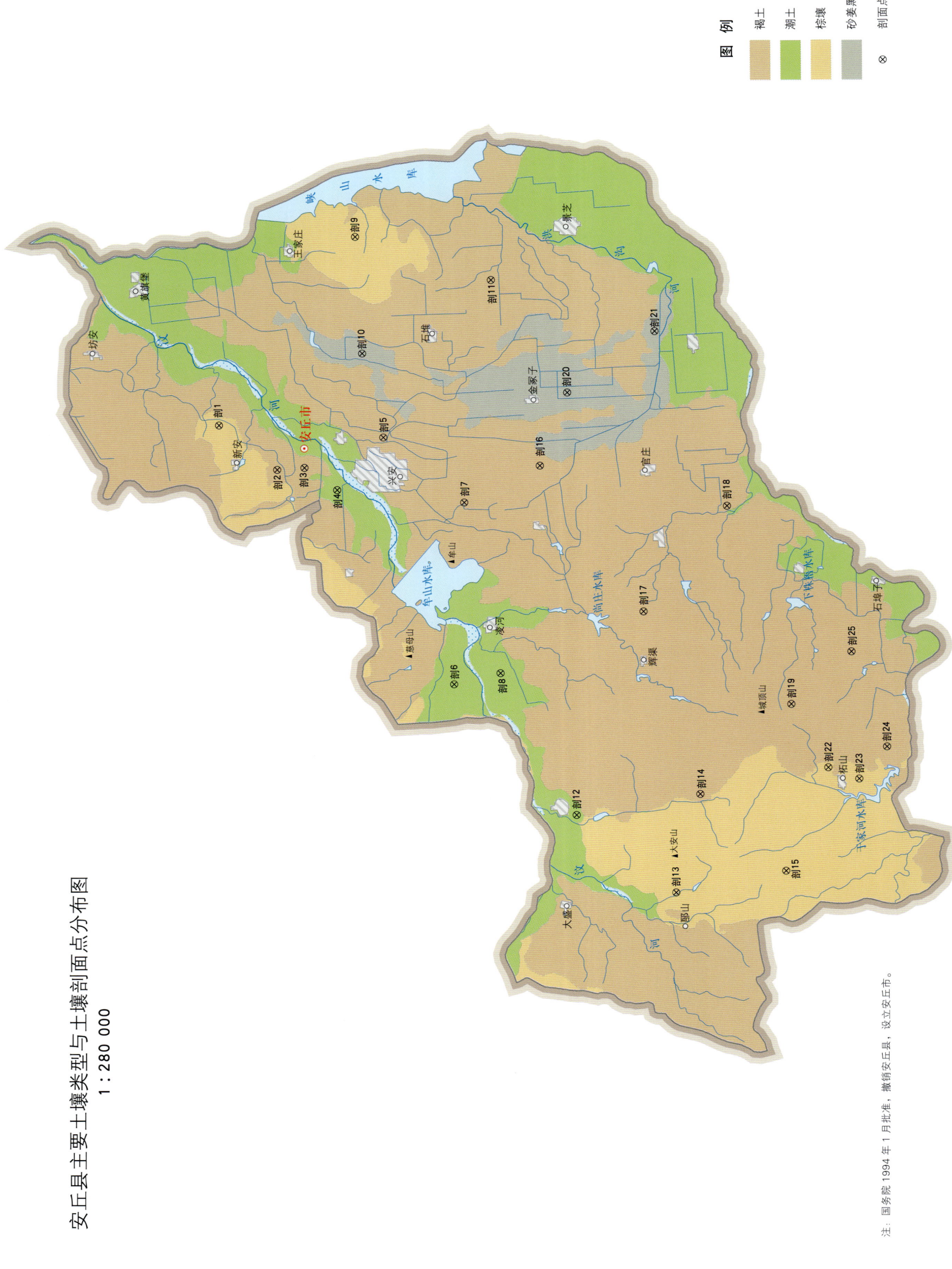

注：国务院1994年1月批准，撤销安丘县，设立安丘市。

安丘市土壤剖面理化性状表

剖面号 Soil profile	土纲 Soil order	土类 Soil great group	亚类 Soil subgroup	土属 Soil genus	土种 Soil species	土层码 Layer code	土层厚度 Depth/cm	颜色 Soil color	质地 Soil texture	土壤结构 Soil structure	pH	有机质 OM/(g/kg)	全氮 TN/(g/kg)	全磷 TP/(g/kg)	碱解氮 AN/(mg/kg)	有效磷 AP/(mg/kg)	速效钾 AK/(mg/kg)	阳离子交换量CEC/(cmol/kg)	土壤母质 Parent material	剖面点坐标 Profile coordinate	匹配指数 Matching index/%
剖1	淋溶土	棕壤	棕壤	洪积棕壤	轻壤表厚黏心洪积棕壤	1	0—29	黄褐色	轻壤土	团粒状	6.9	7.3	0.44		54	4.4	38	9.2	洪积物	E 119°14′18.8″ N 36°31′40.5″	75
						2	29—52	棕褐色	重壤土	棱块状	6.9	5.9	0.41		48	1.1	42	12.4			
						3	52—90	黄褐色	重壤土	块状	6.9	6.3			60	1.7	89				
						4	90—150														
剖2	半淋溶土	褐土	淋溶褐土	洪冲淋溶褐土	轻壤表厚黏心洪积淋溶褐土	1	0—20	棕褐色	轻壤土	粒状	7.0	10.8	0.80	0.25	136	4.9	62		洪积物	E 119°12′08.4″ N 36°29′34.0″	80
						2	20—40	黄褐色	中壤土	块状	6.9	8.3	0.56	0.16	71	1.8	52				
						3	40—85	暗褐色	重壤土	棱状	6.9	7.4			72	0.8	86				
						4	85—150														
剖3	半淋溶土	褐土	潮褐土	洪冲积潮褐土	轻壤表均壤质洪积冲积潮褐土	1	0—20	棕褐色	轻壤土	团粒状	7.4	12.5	0.90		66	10.8	74		洪积物、冲积物	E 119°12′11.9″ N 36°28′33.2″	94
						2	20—59	暗褐色	中壤土	块状	7.5	12.6	0.71		56	0.1	88				
						3	59—106	棕褐色	中壤土	块状	7.6	10.1			48	0.1					
						4	106—150	棕灰色	中壤土	块状	7.6	17.0				1.7					
剖4	半水成土	潮土	褐土性	河潮土	轻壤表均潮质褐潮土	1	0—20	黄褐色	轻壤土	团粒状	7.6	10.6	1.50	0.41	95	4.4	50		河流冲积物	E 119°11′06.4″ N 36°27′22.0″	93
						2	25—80	灰褐色	中壤土	棱状	7.5	4.4	0.97	0.23	72	1.3	37				
						3	80—150	黄褐色	中壤土	块状	7.6	10.8				1.4					
剖5	半淋溶土	褐土	潮褐土	洪积潮褐土	轻壤表均壤质洪积潮褐土	1	0—21	黄褐色	轻壤土	团粒状	7.2	12.0	0.76		67	5.0	156		洪积物	E 119°13′32.5″ N 36°25′36.5″	72
						2	21—58	棕褐色	中壤土	块状	7.0	8.5	0.65		54	1.4	97				
						3	58—150	暗褐色	中壤土	块状	7.2	9.8			48	1.1	117				
剖6	半水成土	潮土	褐土性	河潮土	中壤表厚壤心河潮土	1	0—26	黄褐色	轻壤土	团块状	7.0	10.8	0.67	0.34	61	2.6	69		河流冲积物	E 119°01′48.3″ N 36°23′12.6″	99
						2	26—55	棕褐色	中壤土	团粒状	7.0	6.3		0.27	39	1.3	57				
						3	55—118	黑褐色	重壤土	棱块状	6.8	7.1			35	1.2	157				
						4	118—150	黄褐色	重壤土	块状	7.0	3.4				1.2					
剖7	半淋溶土	褐土	褐土性	钙质岩类褐土性土	轻壤表中层酥石硼钙质岩类褐土性土	1	0—15	棕褐色	轻壤土	团粒状	7.4	7.5	0.57	0.36	52	2.4	90		钙质岩类	E 119°10′22.4″ N 36°22′40.8″	87
						2	15—55	黄褐色	中壤土	粒状	7.5	3.5	0.34	0.36	41	1.1	59				
						3	55—150														
剖8	半淋溶土	褐土	潮褐土	洪积潮褐土	轻壤表均壤质洪积潮褐土	1	0—20	黄褐色	轻壤土	团粒状	7.0	8.6	0.61	0.45	91	8.9	63		河流冲积物	E 119°02′17.0″ N 36°21′29.6″	88
						2	20—50	暗褐色	中壤土	团粒状	7.0	5.3	0.38	0.34	47	9.4	68				
						3	50—110	暗褐色	中壤土	团粒状	7.8	5.6		0.29	44	6.2	58				
						4	110—150	黄褐色	中壤土	团粒状	6.8										
剖9	淋溶土	棕壤	棕壤	洪冲积棕壤	轻壤表厚黏心洪积冲积棕壤	1	0—20	棕褐色	轻壤土	团粒状	6.9	7.7	0.49		43	2.2	86		洪积物	E 119°23′01.1″ N 36°26′26.2″	71
						2	20—85	棕色	中壤土	团粒状	6.6	7.7			26	1.3	58				
						3	85—150														
剖10	半水成土	砂姜黑土	砂姜黑土	黄黑土		1	0—17	黄褐色	中壤土	块状	7.4	15.7	0.92	0.25	83	2.3	121		洪积物、冲积物	E 119°17′32.1″ N 36°26′18.3″	76
						2	17—64	黑褐色	重壤土	棱状	7.1	15.8	0.83	0.20	64	1.5	109				
						3	64—75	灰褐色	重壤土	块状	7.6	6.9		0.24	32		67				
						4	75—150														
剖11	半淋溶土	褐土	潮褐土	洪冲积潮褐土	轻壤表厚黏心	1	0—20	黄褐色	轻壤土	粒状	7.5	11.3	0.63		69	5.4	86		洪积物	E 119°20′48.9″ N 36°21′27.7″	96
						2	20—40	黑褐色	中壤土	块状	7.3	6.5	0.47		42	1.3	58				
						3	40—110	黄褐色	中壤土	棱块状	7.1	8.7			58	1.2	92				
						4	110—150		中壤土		7.0										
剖12	半水成土	潮土	潮土	河潮土	轻壤表厚黏腰河潮土	1	0—37	黄褐色	轻壤土	粒状	6.9	8.5	0.46	0.31	48	0.8	79		洪积物、冲积物	E 118°55′32.0″ N 36°18′48.0″	94
						2	37—85	黄褐色	中壤土	团粒状	6.9	7.8	0.45	0.20	41	2.2	98				
						3	85—150	黄褐色	重壤土	棱块状	7.4	12.8		0.13	30	0.7	143				

续表 Continued

剖面号 Soil profile	土纲 Soil order	土类 Soil great group	亚类 Soil subgroup	土属 Soil genus	土种 Soil species	土层码 Layer code	土层厚度 Depth/cm	颜色 Soil color	质地 Soil texture	土壤结构 Soil structure	pH	有机质 OM/(g/kg)	全氮 TN/(g/kg)	全磷 TP/(g/kg)	碱解氮 AN/(mg/kg)	有效磷 AP/(mg/kg)	速效钾 AK/(mg/kg)	阳离子交换量CEC/(cmol/kg)	土壤母质 Parent material	剖面点坐标 Profile coordinate	匹配指数 Matching index/%
剖13	淋溶土	棕壤	潮棕壤	洪冲积棕褐壤	轻壤表均壤质洪冲积潮棕壤	1	0—25	黄褐色	轻壤土	团粒状	6.7	7.3	0.52	0.49	61	0.4	59		洪积物、冲积物	E 118°51′46.0″ N 36°15′10.5″	98
						2	25—150	黄褐色	中壤土	块状	6.7	3.9		0.57	34	11.2	69				
剖14	半淋溶土	褐土	褐土	黄土质褐土	轻壤表均壤质黄土质褐土	1	0—20	黄褐色	轻壤土	粒状	7.1	9.4	0.67	0.32	53	3.0	114		黄土状母质	E 118°56′24.1″ N 36°14′12.2″	71
						2	20—60	黄褐色	中壤土	碎块状	7.1	4.4	0.34	0.28	22	6.1	11				
						3	60—100	黄褐色	中壤土	碎块状	7.1	6.3	0.50	0.26	39	2.3	95				
						4	100—150	黄褐色	中壤土	碎块状	7.3	5.6	0.35	0.26	31	3.5	100				
剖15	淋溶土	棕壤	棕壤性土	酸性岩类棕壤性土		1	0—20	黄褐色	粗砂土	碎块状	6.6	4.2	0.32		32	4.8	37		酸性岩类	E 118°52′41.0″ N 36°11′05.2″	87
						2	20—150														
剖16	半淋溶土	褐土	褐土	洪积褐土	轻壤表均壤质洪积褐土	1	0—16	棕色	轻壤土	团粒状	7.5	7.1	0.47		41	2.5	120		洪积物	E 119°12′00.9″ N 36°19′50.9″	86
						2	16—40	棕褐色	中壤土	团粒状	7.5	6.2	0.44		38	1.8	109				
						3	40—150	棕褐色	轻壤土	棱块状	7.4	11.0									
剖17	半淋溶土	褐土	淋溶褐土	洪积淋溶褐土	轻壤表淋洪积淋溶褐土	1	0—17	黄褐色	轻壤土	团块状	6.4	13.1	0.89		116	43.0	23		洪积物	E 119°05′02.5″ N 36°16′09.0″	95
						2	17—50	黄褐色	中壤土	团粒状	6.4	9.3	0.65		82	1.1	21				
						3	50—70	黄褐色	中壤土	团粒状	6.9	7.1	0.57		79	1.4					
						4	70—150	黄褐色	中壤土	团粒状	6.9										
剖18	半淋溶土	褐土	潮褐土	洪冲积潮褐土	中壤表厚粘腰洪积冲积褐土	1	0—28	棕褐色	中壤土	团粒状	7.0	8.9	0.61		65	1.5	63		洪积物、冲积物	E 119°09′54.7″ N 36°12′58.3″	73
						2	28—80	暗褐色	中壤土	团块状	6.9	9.3	0.50		47	0.2					
						3	80—150	黑褐色	重壤土	棱块状	6.9					0.2					
剖19	半淋溶土	褐土	褐土性土	基性岩类褐土性土	轻壤表中层石底基性岩类褐土性土	1	0—15	暗褐色	轻壤土	块状	6.8	28.3	1.37	0.41	161	2.5	83		基性岩类	E 119°00′31.0″ N 36°10′45.8″	89
						2	15—50	黑褐色	中壤土	团粒状	7.0	24.4	1.12	0.35	137	2.1	77				
						3	50—150	灰白色	中壤土	粒状				0.34							
剖20	半水成土	砂姜黑土	砂姜黑土	黄土黑土	中壤表厚黑土心黄土薄层覆盖砂姜黑土	1	0—20	黑褐色	中壤土	粒状		13.5	0.93		79	5.2	113			E 119°15′25.7″ N 36°18′45.8″	96
						2	20—40	暗褐色	中壤土	块状		11.3	0.69		62	2.4	62				
						3	40—90	黑褐色	重壤土	棱块状		13.5			48	1.6	73				
						4	90—150	灰白色	中壤土	块状											
剖21	半水成土	砂姜黑土	砂姜黑土	黑石基性岩路砂姜黑土	重壤表黑土裸露砂姜黑土	1	0—17	黑褐色	重壤土	块状		6.0	0.33		26	0.8	98			E 119°18′12.5″ N 36°15′28.3″	92
						2	17—31	黑褐色	重壤土	块状		11.1	0.71		59	1.2	72				
						3	31—150	黑褐色	重壤土	棱块状		13.3			21	0.4	45				
剖22	淋溶土	棕壤	棕壤性土	基性岩类棕壤性土		1	0—23	棕褐色	轻壤土	粒状	6.5	6.7	0.43		38	3.2			基性岩类	E 118°57′31.7″ N 36°09′26.7″	78
						2	23—150														
剖23	淋溶土	棕壤	棕壤性土	酸性岩类棕壤性土	轻壤表中层酥石硼酸性岩类棕壤性土	1	0—15	棕褐色	轻壤土	团粒状	7.0	17.4	1.06	0.25	99	1.6	120		酸性岩类	E 118°56′58.2″ N 36°08′18.7″	72
						2	15—38	黄褐色	轻壤土	团粒状	6.5	7.0	0.46	0.16	51	0.6	57				
						3	38—150														
剖24	半淋溶土	褐土	褐土性土	钙质钙岩类褐土性土	轻壤表中层硬石底钙质钙岩褐土性土	1	0—16	棕褐色	轻壤土	粒状	7.1	12.5	0.79	0.26	70	0.5	150		钙质岩类	E 118°58′26.8″ N 36°07′15.7″	84
						2	16—46	黄褐色	轻壤土	团粒状	7.0	13.2	0.79	0.26	70	0.8	119				
						3	46—150														
剖25	半淋溶土	褐土	褐土性土	基性岩类褐土性土		1	0—24	褐色	轻壤土	粒状	7.0	11.7	0.75	0.50	85	7.7			基性岩类	E 119°02′55.5″ N 36°08′29.4″	71
						2	24—150														

高 密 市

主要土类说明

砂姜黑土是高密市主要土壤类型，占本市地域面积的49%，全市各乡镇均有分布，北部低平部面积最大。成土母质为河湖沉积物。剖面特征：表土层以黑土裸露的轻壤土、中壤土为主，少部分为重壤土。其次为后期覆盖的轻壤土、中壤黄土，厚薄不等。表土层以下的心土层为灰黑色较黏重、较紧实的黑土层，黑土层以下为灰黄色含有大量砂姜（面砂姜或核砂姜）的潜育层（砂姜层），砂姜层出现在土体150cm以上。土壤呈微碱性。

潮土是高密市第二大土壤类型，占本市地域面积的21%，主要分布在本市几条主要河流两岸，经地下水浸渍及旱耕熟化过程而形成。地下水位常年在1.5—3m，地下水矿化度多为0.5—2g/L。底土氧化还原作用交替，形成锈色斑纹和小型铁子。表层有机质含量为10—15g/kg。自然植被一般为杂草类草甸，现已被全部耕垦。

褐土是高密市第三大土壤类型，占本市地域面积的18%，多分布在本市缓丘、地势较高的乡镇。褐土的剖面特征为通体黑褐色，常由耕层、淀积黏化层和钙积层三个基本层段组成。由于黏粒受淋溶作用影响而下移淀积，心土层比较黏重，有不甚明显的胶膜淀积，有比较明显的结构形状。底土层有石灰质淀积，形成石灰结核等，并有石灰反应，上部石灰反应较弱或没有，下部石灰反应由微弱至较强烈。土壤呈中性至微碱性。本市褐土分为淋溶褐土、潮褐土、褐土性土等亚类。

棕壤占高密市地域面积的8%，主要分布在南部缓丘区的缓丘顶部、丘坡及坡脚处。在成土过程中，淋溶作用和淀积作用是主导因素。通体无石灰反应，土壤呈微酸性至酸性，pH在6.8以下。剖面特征与层次随分布地形部位不同而异，一般剖面发育完全，因受洪积、冲积作用的影响，在土体的心位或腰位有厚度大于10cm的砾石隔层。在淋溶淀积作用下，具有较明显的棕红色黏化淀积层，厚度不一，呈柱状结构，结构面多覆有铁锰胶膜，有的有铁子存在。本市棕壤分为棕壤性土、棕壤、潮棕壤等亚类。

本区域中心区气候特征

本区域中心区气候特征值
Regional climate characteristics in central area of the region

气候带：暖温带亚湿润气候 Climate region: Warm temperate subhumid climate	
年平均气温 /℃ Annual average temperature /℃	12.6
年平均最高气温 /℃ Annual average maximum temperature /℃	18.3
年平均最低气温 /℃ Annual average minimum temperature /℃	7.8
年降水量 /mm Annual precipitation /mm	643
≥10℃的积温 /℃ Daily temperature accumulated in a year (≥10℃) /℃	4610
年日照时数 /h Annual sunshine /h	2533
年平均相对湿度 /% Annual average relative humidity /%	68
干燥度 Dryness	1.19

本区域中心区月平均气温与月平均降水量
Monthly temperature and precipitation in central area of the region

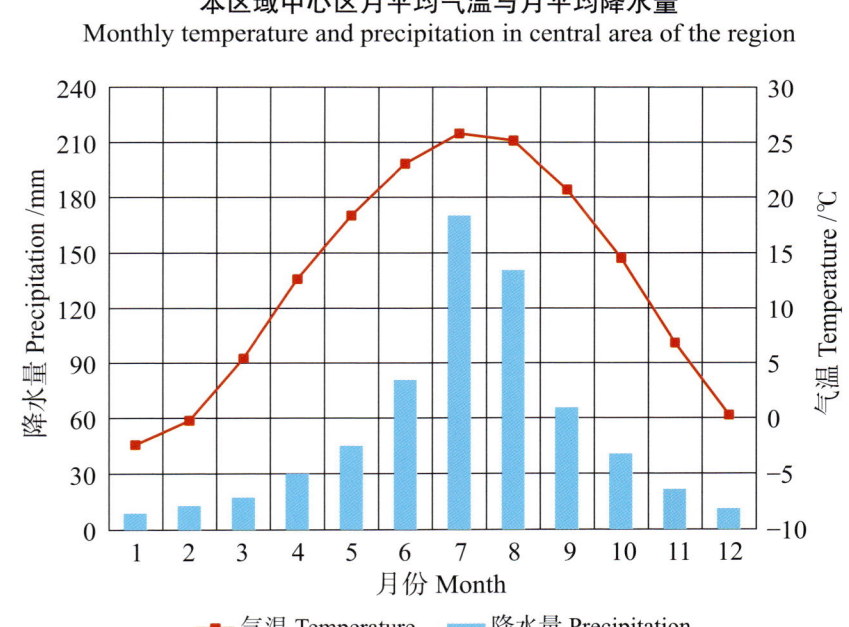

高密县主要土壤类型与土壤剖面点分布图
1∶230 000

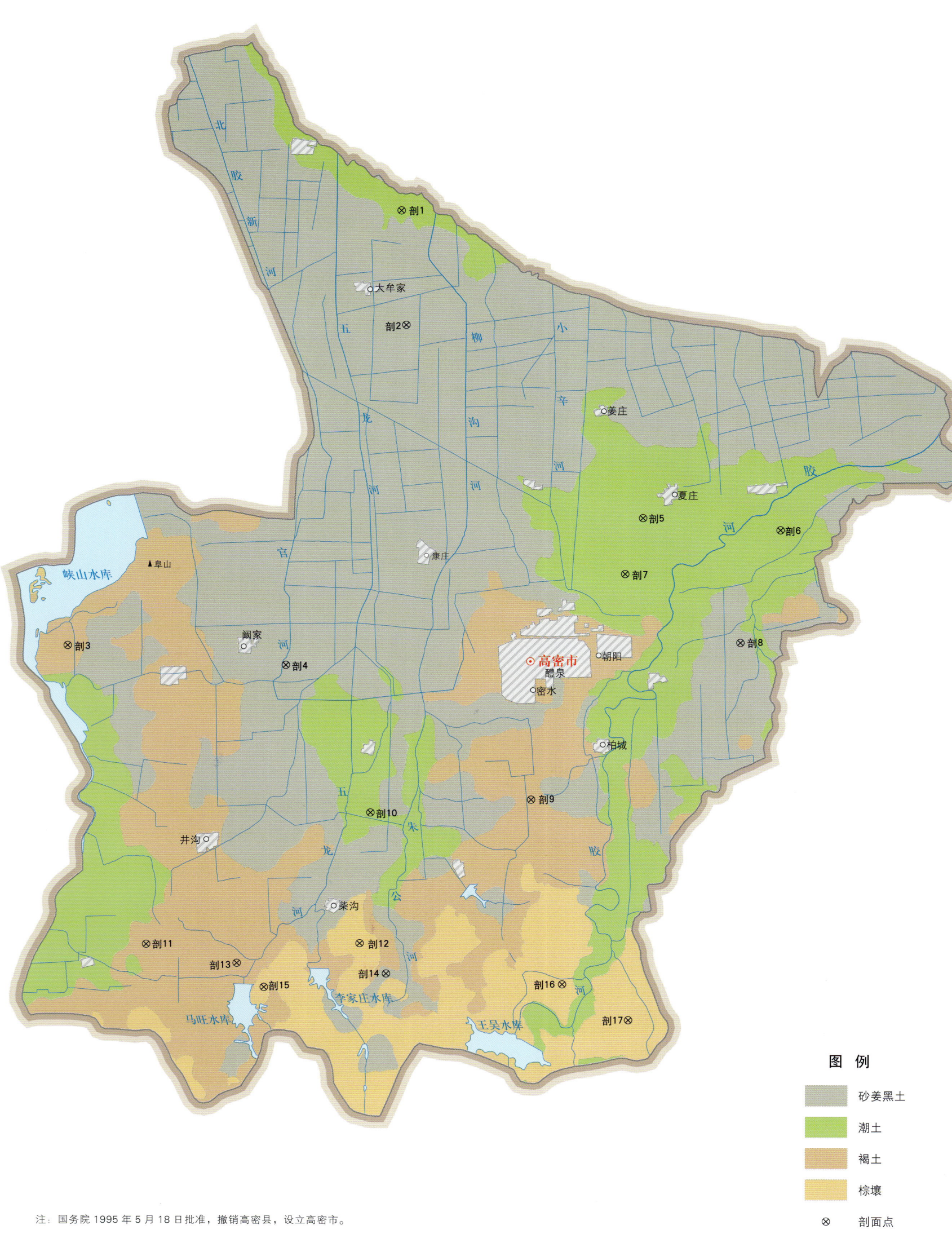

图例
- 砂姜黑土
- 潮土
- 褐土
- 棕壤
- ⊗ 剖面点

注：国务院 1995 年 5 月 18 日批准，撤销高密县，设立高密市。

高密市土壤剖面理化性状表

剖面号 Soil profile	土纲 Soil order	土类 Soil great group	亚类 Soil subgroup	土属 Soil genus	土种 Soil species	土层码 Layer code	土层厚度 Depth/cm	颜色 Soil color	质地 Soil texture	土壤结构 Soil structure	pH	有机质 OM (g/kg)	全氮 TN (g/kg)	全磷 TP (g/kg)	有效磷 AP (mg/kg)	速效钾 AK (mg/kg)	土壤母质 Parent material	剖面点坐标 Profile coordinate	匹配指数 Matching index/%
剖1	半水成土	潮土	潮土	石灰性河潮砂土	轻壤表均壤质石灰性河潮土	1	0—25	灰褐色	轻壤土	小粒状	7.2	7.6	0.53	0.74	6.4	80	河流冲积物	E 119°40′36.8″ N 36°35′52.8″	76
						2	25—95	灰黄色	轻壤土		7.2	5.1	0.43	0.36	0.1	84			
						3	95—150	灰黄色	轻壤土		7.8	1.1				49			
剖2	半水成土	砂姜黑土	砂姜黑土	黑土裸露砂姜黑土	轻壤表厚心黑土裸露砂姜黑土	1	0—18	灰褐色	轻壤土	小粒状	7.6	9.4	0.58	0.38	0.8	68		E 119°40′38.6″ N 36°32′26.2″	75
						2	18—30	黑褐色	轻壤土	小块状	7.6	10.5	0.73	0.31		94			
						3	30—150	灰白色	轻壤土		7.7	3.3	0.21	0.31		64			
剖3	半淋溶土	褐土	淋溶褐土	洪冲积淋溶褐土	中砾质轻壤表厚砾石心洪冲积淋溶褐土	1	0—20	黄色	轻壤土	小粒状	7.0	13.5	0.51		3.3	170	砂页岩洪积物，冲积物	E 119°28′04.0″ N 36°23′08.0″	100
						2	20—40	黄褐色	中壤土	小粒状	7.0	7.3	0.43		0.8	78			
						3	40—78	棕褐色	中壤土	棱块状	7.0	2.6	0.73			74			
						4	78—100	棕绿相间			7.2								
						C	100—150				7.2								
剖4	半水成土	砂姜黑土	砂姜黑土	黑土裸露砂姜黑土	中壤表厚心黑土裸露砂姜黑土	1	0—20	灰黑色	中壤土	小块状	7.2	12.2	0.72	0.73	0.7	132		E 119°35′55.3″ N 36°22′21.4″	89
						2	20—30	灰黄色	重壤土	片状	7.2	11.3	0.56	0.62	0.4	119			
						3	30—90	黑色	紧砂土	碎块状	7.0	12.5	0.53	0.52		118			
						4	90—150	灰黄色			7.6								
剖5	半水成土	潮土	潮土	壤质河潮土	轻壤表厚砂心河潮土	1	0—15	灰黑色	轻壤土	大粒状	7.8	8.3	0.52	0.81	1.4	61	河流冲积物	E 119°48′58.3″ N 36°26′26.2″	91
						2	15—56	灰褐色	轻壤土	小块状	7.6	3.5	0.23	0.55	1.4	64			
						3	56—100	灰黑色	砂壤土	块状	7.8	1.4	0.10	0.50	0.4	34			
						4	100—150				7.6		0.13						
剖6	半水成土	潮土	潮土	壤质河潮土	砂壤表厚壑腰河潮土	1	0—20	黄褐色	中壤土	块状	7.2	8.4	0.53	0.72	0.9	104	河流冲积物	E 119°53′55.3″ N 36°25′56.3″	84
						2	20—85	灰黑色	重壤土	块状	7.2	9.2	0.45	0.54		58			
						3	85—130	重黑色			7.0	5.6	3.00			58			
						4	130—150												
剖7	半水成土	潮土	潮土	厚层黄土盖厚砂土覆黑土	砂壤表厚层黄土盖厚砂土覆黑土	1	0—20	褐黄色	轻壤土	小粒状	7.4	6.4	0.47	0.43	0.9	36	河流冲积物	E 119°48′15.6″ N 36°24′46.2″	77
						2	20—105	褐色	中壤土	小块状	7.0	2.3	0.15	0.32	0.7	44			
						3	105—150				7.2								
剖8	砂姜黑土	砂姜黑土	砂姜黑土	洪冲积淋溶褐土	砂壤表厚砂姜河潮土	1	0—20	黄褐色	砂壤土	小粒状	7.0	13.0	0.63	0.57	5.3	76	河流冲积物	E 119°52′20.7″ N 36°22′36.4″	82
						2	20—35	黄褐色	轻壤土	小块状	7.0	6.6	0.50	0.50	0.8	60			
						3	35—86	黄褐色	重壤土	小块状	7.5	7.2	0.44	0.34	0.4	74			
						4	86—150	黄白相间			7.5								
剖9	半淋溶土	褐土	淋溶褐土	洪冲积淋溶褐土	轻壤表均壤质洪冲积淋溶褐土	1	0—20	褐黄色	轻壤土	小粒状	7.2	7.1	0.49	0.64	2.1	82	洪积物、冲积物	E 119°44′36.6″ N 36°18′05.8″	76
						2	20—40	褐色	中壤土	小块状	7.0	8.9	0.38	0.79	5.5	102			
						3	40—100	黄褐色	重壤土	棱块状	7.0	5.8	0.35		1.0	80			
						4	100—150	黄白相间			7.2								
剖10	半水成土	潮土	潮土	砂质河潮土	砂壤表厚砂心河潮土	1	0—20	浅黄色	砂壤土	小粒状	7.0	7.2	0.47		1.5	104	河流冲积物	E 119°48′48.2″ N 36°17′51.2″	98
						2	20—60	黄色	中壤土		7.4	3.7	0.25	0.53	0.7	128			
						3	60—150	黑灰色	砂壤土	棱块状	7.4	5.0	0.32		1.8	170			
剖11	半淋溶土	褐土	褐土性土	砂页岩褐土性土	小砾质砂壤表厚壤心洪积棕壤	1	0—20	灰黄色	砂壤土		7.6	8.6	0.55		0.7	60	砂页岩	E 119°30′35.6″ N 36°14′03.7″	100
						2	25—												
剖12	淋溶土	棕壤	棕壤	洪冲积棕壤		1	0—20	灰黄色	砂壤土		6.8	5.7	0.37	0.40	5.4	68	洪积物、冲积物	E 119°38′16.9″ N 36°13′54.9″	92
						2	20—30	灰黄色	砂壤土		6.5	5.0	0.35	0.29	0.4	72			
						3	30—110	棕红色	中偏重壤土		6.5	7.3	0.35	0.25	0.2	62			
						4	110—150				6.5								

续表 Continued

剖面号 Soil profile	土纲 Soil order	土类 Soil great group	亚类 Soil subgroup	土属 Soil genus	土种 Soil species	土层码 Layer code	土层厚度 Depth/cm	颜色 Soil color	质地 Soil texture	土壤结构 Soil structure	pH	有机质 OM/(g/kg)	全氮 TN/(g/kg)	全磷 TP/(g/kg)	有效磷 AP/(mg/kg)	速效钾 AK/(mg/kg)	土壤母质 Parent material	剖面点坐标 Profile coordinate	匹配指数 Matching index/%
剖13	半淋溶土	褐土	潮褐土	洪积潮褐土	轻壤表均壤质冲积潮褐土	1	0—20	灰黄色	轻壤土	小粒状	7.0	8.7	0.57	0.58	2.9	83	冲积物	E 119°33′50.0″ N 36°13′24.6″	100
						2	20—28	灰黄色	轻偏中壤土	小块状	6.9	6.7	0.45	0.47	0.3	84			
						3	28—90	浅褐色	中壤土	梭块状	6.9	2.2	0.11	0.31	0.4	103			
						4	90—150	黄褐相间	中壤土	梭块状	7.0	0.8	0.04		0.3	88			
剖14	半水成土	砂姜黑土	砂姜黑土	薄层黄土覆盖砂姜黑土	轻壤表厚砂姜腰薄层黄土覆盖砂姜黑土	1	0—20	灰黄色	轻壤土		7.2	9.7	0.58	0.88	2.2	78		E 119°39′11.9″ N 36°12′58.3″	72
						2	20—27	灰黄色	轻壤土		7.2	7.8	0.56	0.75		68			
						3	27—77	黑褐色	重壤土	小块状	7.2	9.8	0.56	0.84		62			
						4	77—150	灰黄相间			7.2	9.0	0.32						
剖15	淋溶土	棕壤	棕壤	洪冲积棕壤	中砾质砂壤表厚砾石腰洪积棕壤	1	0—20	棕黄色	砂壤土		6.4	5.2	0.36		1.0	74	洪积物、冲积物	E 119°34′47.1″ N 36°12′39.6″	70
						2	20—80	棕黄色	轻壤土	粒状	6.6	4.3	0.28	0.23	0.2	122			
						3	80—105				6.6								
						4	105—150				6.6								
剖16	淋溶土	棕壤	潮棕壤	洪冲积潮棕壤	砂壤表厚壤心洪积潮棕壤	1	0—25	棕棕色	砂壤土	小块状	6.8	7.2	0.47	0.43	1.4	62	洪积物、冲积物	E 119°45′31.5″ N 36°12′30.0″	81
						2	25—55	棕棕色	中壤土	梭块状	6.6	6.1	0.26	0.34	0.5	84			
						3	55—100	灰棕色	中壤土	梭块状	6.6	5.2	0.36	0.36	0.2	78			
						4	100—150	黄棕色	中偏重壤土		6.5								
剖17	淋溶土	棕壤	棕壤性土	砾岩类棕壤性土	多砾质中层砾石棚岩棕壤性土	1	0—20	棕黄色	砂壤土		6.2	5.4	0.29	0.34	0.6	58	砾岩	E 119°47′52.0″ N 36°11′22.5″	73
						2	20—45				6.6								
						3	45—150	红白相间			6.6								

昌 邑 市

主要土类说明

潮土是昌邑市主要土壤类型，占本市地域面积的 46%，主要分布在石埠经济发展区以北各地。潮土分布区地下水位浅，潜水参与成土过程，底土氧化还原作用交替进行，形成锈色斑纹。由于长期耕作，表层有机质含量为 10—15g/kg。剖面为 A_{11}–A_{12}–Cu 或 A_{11}–C–Cu 构型。本市潮土分为潮土、盐化潮土、褐潮土、湿潮土等亚类。其中，潮土亚类面积最大。

褐土是昌邑市第二大土壤类型，占本市地域面积的 19%，主要分布在南部埠岭地区。褐土的剖面特征：通体呈棕色或褐色，由耕层、淀积黏化层和钙积层三个基本层段组成。剖面中分布有假菌丝体，由于黏粒有由表层向下移动的趋势，心土层较黏重，并且有明显的胶膜淀积，底土层中常可发现散布的小型石灰结核（砂姜），土壤呈中性至微碱性，pH 为 7.5 左右。本市褐土分为潮褐土、淋溶褐土、褐土、褐土性土等亚类。其中，潮褐土亚类面积最大。

滨海盐土是昌邑市第三大土壤类型，占本市地域面积的 17%，主要分布在滨海滩地上，一般地表或接近地表的土层含有大量可溶性盐分，潜水矿化度一般为 10—30g/L，局部大于 50g/L。母质为滨海沉积物，全土体含有以氯化物为主的可溶盐，呈 Az–Cz 土体构型。该土类表层质地多为紧砂，中壤和轻壤次之，土体构型为均砂质、厚砂心、均壤质、厚枯心、厚砂腰。速效钾含量很高，其他养分含量低。本市滨海盐土只有滨海潮滩盐土一个亚类。

砂姜黑土占昌邑市地域面积的 10%，分布于沿河洼地上。成土母质为河湖沉积物。砂姜黑土的剖面特征：表层一般为后期覆盖的黄土层，厚薄不等，下为灰黑色的土层和灰黄杂色的砂姜层。土类表层质地多为中壤土，轻壤土次之。耕层质地比较黏重，耕性一般。厚黑土心质地黏重，保肥保水，但影响作物根系下扎。土壤有机质含量较高，磷素含量低，钾不足，怕旱易涝。本市砂姜黑土只有砂姜黑土一个亚类。

水稻土占昌邑市地域面积的 4%。本市水稻土是自 1964 年种植水稻以来发育的一种新的土壤类型，是由潮土和盐土经过水耕熟化演变而来的。成土母质上层为河流冲积物，下层为海相沉积物。剖面特征可出现三层，即耕层、心土层、母质层。耕层全层呈灰蓝色，稻根附近有锈纹、锈斑。心土层有潜育化现象，心土层以下仍保持着海相沉积物的颜色及结构状态。

小于本市地域面积 3% 的土壤类型有棕壤等。

本区域中心区气候特征

本区域中心区气候特征值
Regional climate characteristics in central area of the region

气候带：暖温带亚湿润气候 Climate region: Warm temperate subhumid climate	
年平均气温 /℃ Annual average temperature /℃	12.4
年平均最高气温 /℃ Annual average maximum temperature /℃	18.4
年平均最低气温 /℃ Annual average minimum temperature /℃	7.5
年降水量 /mm Annual precipitation /mm	601
≥ 10℃的积温 /℃ Daily temperature accumulated in a year（≥ 10℃）/℃	4558
年日照时数 /h Annual sunshine /h	2541
年平均相对湿度 /% Annual average relative humidity /%	68
干燥度 Dryness	1.24

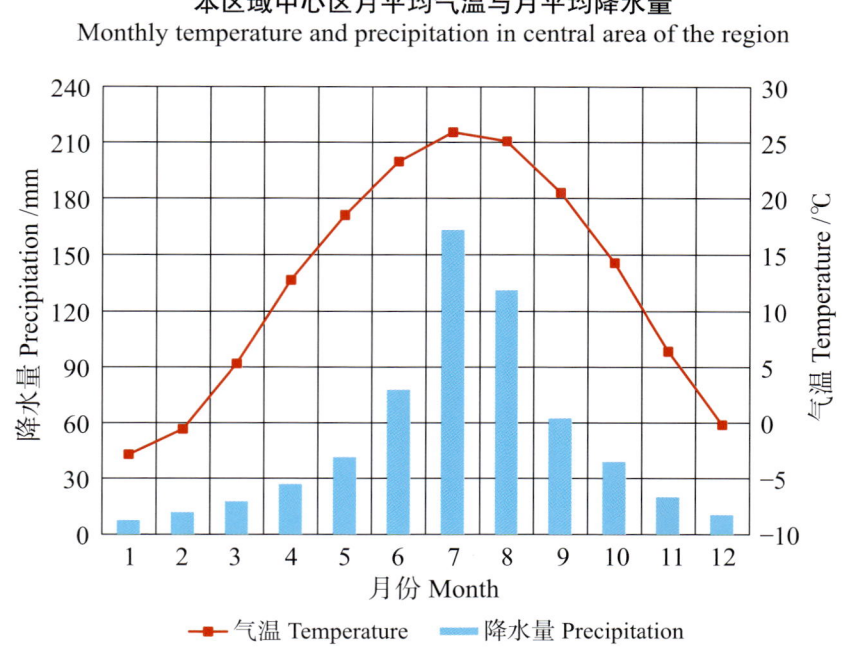

本区域中心区月平均气温与月平均降水量
Monthly temperature and precipitation in central area of the region

昌邑县主要土壤类型与土壤剖面点分布图
1 : 260 000

图 例
- 潮土
- 褐土
- 滨海盐土
- 砂姜黑土
- 水稻土
- 棕壤
- ⊗ 剖面点

注：国务院 1994 年 6 月 10 日批准，撤销昌邑县，设立昌邑市。

昌邑县土壤剖面理化性状表

剖面号 Soil profile	土纲 Soil order	土类 Soil great group	亚类 Soil subgroup	土属 Soil genus	土种 Soil species	土层码 Layer code	土层厚度 Depth/cm	颜色 Soil color	质地 Soil texture	土壤结构 Soil structure	pH	有机质 OM/(g/kg)	全氮 TN/(g/kg)	全磷 TP/(g/kg)	有效磷 AP/(mg/kg)	速效钾 AK/(mg/kg)	阳离子交换量CEC/(cmol/kg)	土壤母质 Parent material	剖面点坐标 Profile coordinate	匹配指数 Matching index/%
剖1	盐碱土	滨海盐土	滨海潮滩盐土	盐碱土	轻壤表厚砂心	1	0—20	黄棕色	轻壤土	碎块状	7.3	8.3	0.57	1.01	1.0	30		海相沉积物	E 119° 26′ 16.4″ N 37° 03′ 06.5″	81
						2	20—40	褐色	砂壤土	粒状	7.5	6.0	0.39	0.83	0.6	303				
						3	40—150	灰黄色	紧砂土	粒状	7.4	1.4	0.17	0.65	0.4	178				
剖2	盐碱土	滨海盐土	滨海潮滩盐土	盐碱土	中度滨海均砂潮盐土	1	0—30	黄褐色	砂壤土	散粒状	7.4	3.0	0.22	1.14	1.2	424		海相沉积物	E 119° 15′ 58.1″ N 37° 01′ 58.8″	84
						2	30—70	黄褐色	砂壤土	单粒状	7.8	2.6	0.15	1.13	0.9	412				
						3	70—150	灰黄色	砂壤土		7.8	3.9	0.22	1.05	0.6	195				
剖3	盐碱土	滨海盐土	滨海潮滩盐土	盐碱土	砂壤表均滨海潮盐土	1	0—20	浅褐色	紧砂土	单粒状	7.5	2.8	0.16		1.6	283		海相沉积物	E 119° 31′ 23.3″ N 37° 05′ 04.7″	98
						2	20—100	灰黄色	紧砂土		7.5	2.4	0.15		1.8	340				
剖4	半水成土	潮土	褐潮土	壤质褐潮土	轻壤表均壤质褐潮土	1	0—20	黄褐色	轻壤土	碎块状	7.0	9.3	0.54	1.05	9.2	109	12.1	冲积物	E 119° 25′ 47.6″ N 36° 54′ 59.0″	71
						2	20—60	黄褐色	轻壤土	碎块状	7.0	5.3	0.39	1.07	2.0	41	13.3			
						3	60—80	黄褐色	轻壤土	块状	7.0	4.4	0.24	0.94	2.8	36	14.2			
						4	80—150	黄褐色	轻壤土	块状	6.5									
剖5	半水成土	潮土	盐化潮土	轻盐土	轻壤表均壤质轻度滨海潮土	1	0—20	黄褐色	中壤土	碎块状	7.7	12.1	0.76		2.1			河流冲积物	E 119° 17′ 26.9″ N 36° 53′ 52.9″	77
						2	20—62	黄褐色	重壤土	块状	7.7	12.8	0.84		1.0					
						3	62—92	黑色	重壤土	块状	7.5									
						4	92—150	黄褐色	重壤土	块状	7.2									
剖6	半水成土	潮土	潮土	河淤土	轻壤表厚粘心滨海潮土	1	0—20	黄褐色	轻壤土	碎块状	7.4	12.1	0.80	1.52	2.2	73		河流冲积物	E 119° 20′ 41.6″ N 36° 53′ 51.4″	78
						2	20—116	灰褐色	中壤土	碎块状	7.3	7.2	0.60	0.75	1.0	62				
						3	116—150	褐褐色	砂壤土	碎块状	7.3	3.3	2.73	0.79	0.6	45				
剖7	半水成土	潮土	湿潮土	洼黑土	重壤表厚粘心冲积黑潮土	1	0—20	黄褐色	中壤土	块状	7.2	8.7	0.63	0.66	2.2	71		河流冲积物	E 119° 17′ 29.8″ N 36° 51′ 00.4″	74
						2	20—80	黑褐色	黏土	块状	7.3	9.6	0.41	0.66	1.5	105	24.1			
						3	80—120	黑褐色	重壤土	块状	7.5	7.0	0.39	0.66	1.3	88	27.7			
						4	120—150	黑褐色	黏土	块状	7.2						13.3			
剖8	半水成土	潮土	盐化潮土	轻盐土	轻壤表厚粘心中度滨海潮土	1	0—20	黄褐色	轻壤土	粒状	7.0	6.0	0.50	0.66	1.5	98		河流冲积物	E 119° 33′ 57.6″ N 36° 58′ 22.8″	84
						2	20—48	黄褐色	砂壤土	单粒状	7.5	6.1	3.36	0.58	1.4	88				
						3	48—150	灰黄色	砂壤土	块状	7.0									
剖9	人为土	水稻土	幼年水稻土	河淤水稻土	重壤表厚粘心冲积幼年水稻土	1	0—20	黄褐色	重壤土	块状	7.3	13.1	0.70	0.95	3.5	81		河流冲积物	E 119° 30′ 34.9″ N 36° 56′ 30.5″	77
						2	20—80	黄褐色	黏土	块状	7.3	13.9	0.53	0.66	2.1	78				
						3	80—150	黄蓝色	中壤土	粒状	7.5	5.4	0.13	0.82	2.1	58				
剖10	半水成土	潮土	潮土	河潮土	中壤表均壤质冲积潮土	1	0—19	黑褐色	中壤土	粒状	7.2	9.9	0.55	0.96	2.9	65		河流冲积物	E 119° 30′ 08.3″ N 36° 52′ 54.1″	87
						2	19—57	棕褐色	重壤土	块状	7.4	4.7	0.36	0.79	1.7	58				
						3	57—114	浅黄褐色	中壤土	碎块状	7.3	5.8	0.39	0.54	2.4	61				
						4	114—150	灰黄色	中壤土	块状	7.2									
剖11	半淋溶土	褐土	褐土性	石渣土	薄层酥石底层灰性砾岩石渣	1	0—20	褐色	轻壤土	碎块状	7.1	7.6	0.50	1.25	2.8	81	7.3	石灰岩	E 119° 33′ 21.4″ N 36° 50′ 28.3″	94
						2	20—32	黄褐色	砂壤土	碎块状	7.2	6.6	0.42	1.05	2.4	73	13.0			
						3	32—													
剖12	半水成土	潮土	潮土	河潮土	轻壤表均壤质河潮土	1	0—20	黄褐色	轻壤土	块状	7.5	5.2	0.48	0.93	2.0	45	11.0	河流冲积物	E 119° 30′ 01.2″ N 36° 48′ 50.0″	91
						2	20—42	浅黄褐色	轻壤土	碎块状	7.5	5.4	0.34	0.89	2.3	34	13.0			
						3	42—122	黄黄色	中壤土	块状	7.0	3.3	0.22	0.66	3.8	51	10.9			
						4	122—150	黑褐色	中壤土	块状										
剖13	半淋溶土	褐土	褐土	土垆土褐土	砂壤表均壤质土垆土褐土	1	0—20	黄褐色	砂壤土	粒状	7.1	3.8	0.19	0.44	2.3	37	7.5	河流冲积物	E 119° 28′ 01.2″ N 36° 47′ 04.2″	90
						2	20—60	黄褐色	紧砂土	粒状	7.1	2.3	0.19	0.44	1.8	44	6.3			
						3	60—150	黄褐色	紧砂土	粒状	7.1									

续表 Continued

剖面号 Soil profile	土纲 Soil order	土类 Soil great group	亚类 Soil subgroup	土属 Soil genus	土种 Soil species	土层码 Layer code	土层厚度 Depth/cm	颜色 Soil color	质地 Soil texture	土壤结构 Soil structure	pH	有机质 OM/(g/kg)	全氮 TN/(g/kg)	全磷 TP/(g/kg)	有效磷 AP/(mg/kg)	速效钾 AK/(mg/kg)	阳离子交换量 CEC/(cmol/kg)	土壤母质 Parent material	剖面点坐标 Profile coordinate	匹配指数 Matching index/%
剖14	半水成土	砂姜黑土	砂姜黑土	洼坡干勺土	中壤表厚黑心洼连坡砂姜黑土	1	0—20	黄褐色	中壤土	块状	7.4	14.6	0.76	0.80	2.8	97	22.9	冲积物、浅湖沼相沉积物	E 119°29′52.4″ N 36°46′17.0″	84
						2	20—80	黑褐色	黏土	块状	7.3	13.2	0.73	0.58	1.3	54	25.2			
						3	80—110	黑黄褐色	黏土	黏土	7.2									
						4	110—150	灰黄色			7.2									
剖15	半淋溶土	褐土	褐土	坡黄褐土	轻壤表均壤质坡积洪积淋褐土	1	0—15	黄褐色	轻壤土	粒状	7.0	7.5	0.48	0.63	1.2	79		坡积物、沉积物	E 119°33′19.8″ N 36°49′43.7″	89
						2	15—59	黄褐色	中壤土	碎块状	7.0	4.7	0.36	0.54	0.8	56				
						3	59—150	暗褐色	中壤土	碎块状	7.1									
剖16	半水成土	砂姜黑土	砂姜黑土	岗坡干勺土	轻壤表厚黑心岗坡砂姜黑土	1	0—20	黄褐色	轻壤土	块状	7.4	10.9	0.68	0.81	1.8	52			E 119°31′53.0″ N 36°42′07.6″	82
						2	20—48	黄褐色	重壤土	块状	7.2	9.3	0.56	0.61	0.9	51				
						3	48—80	黑灰色	黏土	块状	7.2	11.3	0.60		1.0					
						4	80—150	灰黄色			7.6									
剖17	半淋溶土	褐土	潮褐土	潮黄褐土	轻壤表均壤质洪冲积潮褐土	1	0—20	黄褐色	轻壤土	粒状	7.4	9.5	0.57	0.57	2.4	33		洪积物、冲积物	E 119°26′23.2″ N 36°39′27.4″	99
						2	20—50	浅褐色	轻壤土	碎块状	7.3	6.4	0.55	0.55	1.3	35				
						3	50—130	黑色	轻壤土	块状	7.3	6.3	0.34	0.34	1.0	36				
剖18	半淋溶土	褐土	淋溶褐土	坡黄土淋溶褐土	轻壤表均壤质坡洪积淋溶褐土	1	0—20	棕褐色	轻壤土	粒状	7.6	10.2	0.62	0.79	4.7	57	17.1	坡积物、沉积物	E 119°26′01.3″ N 36°35′15.0″	72
						2	20—44	黄棕色	中壤土	块状	7.3	7.7	0.36	0.53	0.9	40	17.3			
						3	44—115	褐色	中壤土	块状	7.3	9.6	0.71	0.41	0.2	74	20.3			
						4	115—150	黄褐色	中壤土	块状	7.0									
剖19	淋溶土	棕壤	棕壤	坡红土	坡红土	1	0—25	棕色	轻壤土	碎块状		8.2	0.51		1.2	62		坡积物、沉积物	E 119°24′49.8″ N 36°30′30.9″	92
						2	25—70	黄褐色	中壤土	碎块状	6.0	5.4	0.28		0.4	74				
剖20	半淋溶土	褐土	潮褐土	潮黄土	中壤表厚泰心洪冲积潮褐土	1	0—25	黄褐色	中壤土	碎块状	7.6	11.2	0.62	0.77	6.1	66		坡积物、沉积物	E 119°26′44.2″ N 36°29′52.2″	77
						2	25—60	黑褐色	重壤土	棱柱状	7.4	13.1	0.53	0.63	0.2	75				
						3	60—110	浅灰色	重壤土	棱柱状	7.5									

济宁市

市辖区

主要土类说明

水稻土是济宁市主要土壤类型，占本市地域面积的29%。水稻土是在长期季节性淹灌、水下翻耕、季节性脱水、氧化还原交替影响下，原来成土母质或母土的特性发生重大改变，形成的新的土壤类型。由于干湿交替，水稻土形成糊状淹育层、较坚实板结的犁底层、渗育层、潴育层与潜育层等多种发生层次。这些不同发生层段是在人为耕作、水浆管理下形成的。

褐土是济宁市第二大土壤类型，占本市地域面积的22%，主要分布在济宁北部和东部的李营、南张、长沟、石桥等地的缓岗、岗坡地上，海拔在38m以上，干燥度为1.13，夏季高温高湿同时出现，黏土矿物发生淋溶转化，并在新土层沉积形成黏化层。本市褐土一般通体呈褐色且较鲜艳，石灰反应弱，pH为7.1，为中性至微碱性，土体构型通常由耕作层、沉积层和钙积层三个基本层次组成，表层质地多为轻壤土、中壤土，呈屑粒状结构，耕性好，通气透水性好，排水条件良好。

砂姜黑土是济宁市第三大土壤类型，占本市地域面积的21%，主要分布在运河以东的原马踏、蜀山两湖及北部和东部的碟形洼地或浅平洼地。砂姜黑土是在古代沼泽草甸土的基础上，经长期的脱沼泽化而旱耕熟化发育的农业土壤。土体中一般有耕作层、黑土层（腐泥状）和潜育砂姜层三个层段。成土母质为湖河相冲积物、沉积物。质地黏重，全剖面pH为7.0—8.0。

潮土占济宁市地域面积的18%。潮土是直接发育在河流沉积物上，在潜水作用下形成的一类土壤。土壤形成过程受地下水影响显著，由于地下水升降频繁，干湿交替，氧化还原交替进行，土层中下部有明显的锈纹、锈斑，无假菌丝体。成土母质颗粒的粗细，不仅在平面分布上有分选差异，同一剖面中也有明显的不同质地层次排列。本市潮土分为潮土、褐土化潮土等亚类。

本区域中心区气候特征

本区域中心区气候特征值
Regional climate characteristics in central area of the region

气候带：暖温带亚湿润气候 Climate region: Warm temperate subhumid climate	
年平均气温 /℃ Annual average temperature /℃	13.7
年平均最高气温 /℃ Annual average maximum temperature /℃	19.5
年平均最低气温 /℃ Annual average minimum temperature /℃	8.7
年降水量 /mm Annual precipitation /mm	675
≥10℃的积温 /℃ Daily temperature accumulated in a year (≥10℃) /℃	5098
年日照时数 /h Annual sunshine /h	2427
年平均相对湿度 /% Annual average relative humidity /%	69
干燥度 Dryness	1.21

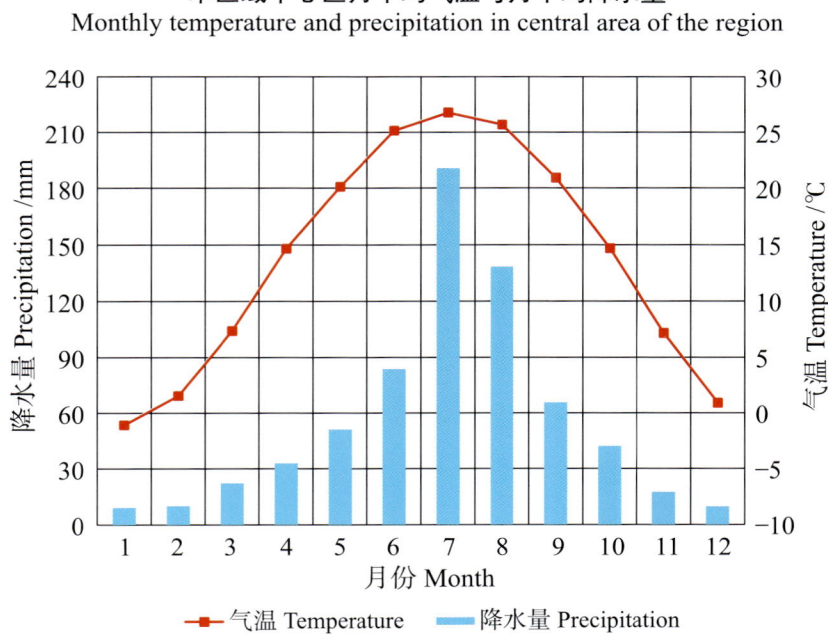

本区域中心区月平均气温与月平均降水量
Monthly temperature and precipitation in central area of the region

济宁市市辖区（部分）主要土壤类型与土壤剖面点分布图
1:160 000

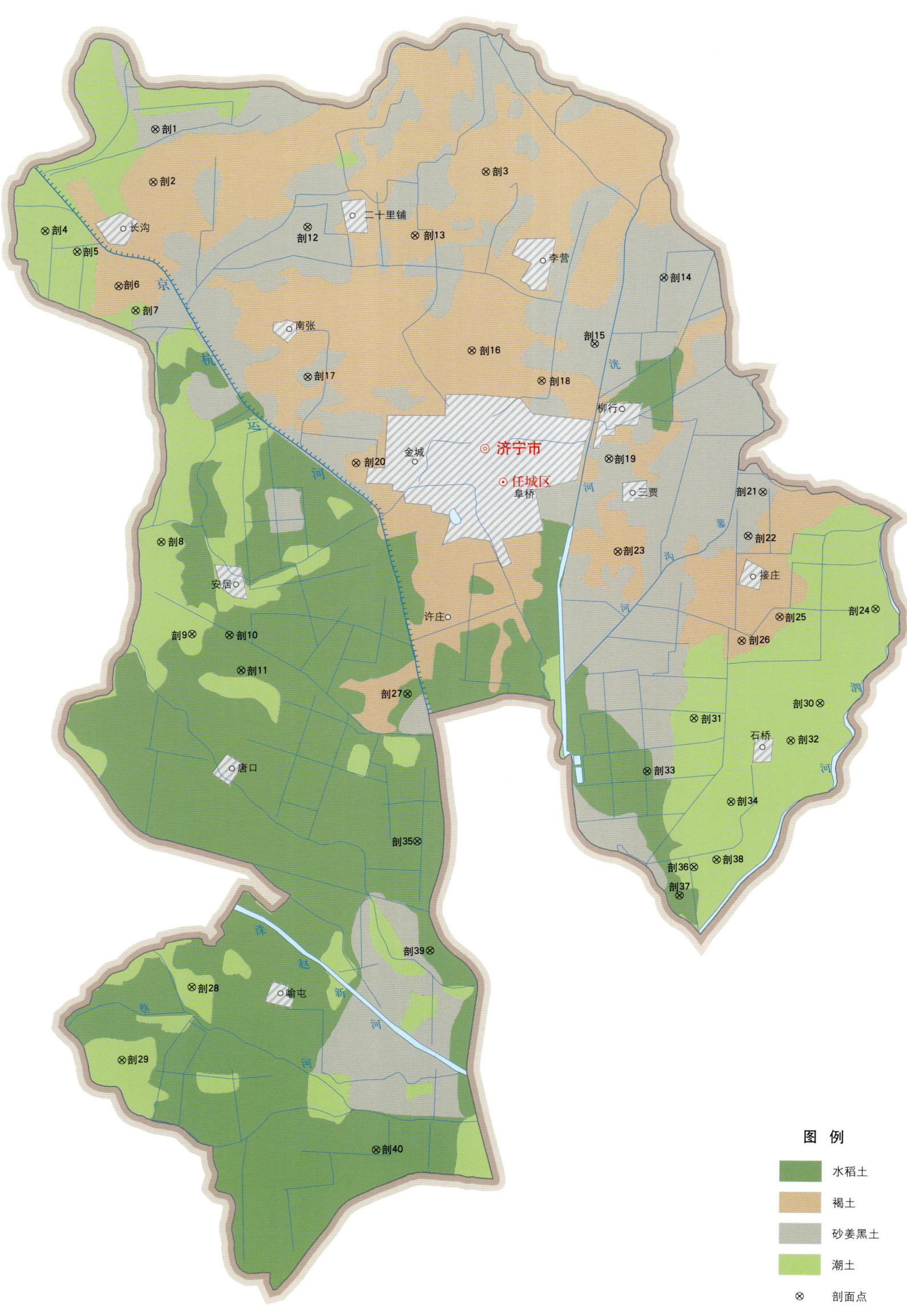

济宁市土壤剖面理化性状表

剖面号 Soil profile	土纲 Soil order	土类 Soil great group	亚类 Soil subgroup	土属 Soil genus	土种 Soil species	土层码 Layer code	土层厚度 Depth/cm	颜色 Soil color	质地 Soil texture	土壤结构 Soil structure	pH	有机质 OM/(g/kg)	全氮 TN/(g/kg)	全磷 TP/(g/kg)	碱解氮 AN/(mg/kg)	有效磷 AP/(mg/kg)	速效钾 AK/(mg/kg)	阳离子交换量CEC/(cmol/kg)	土壤母质 Parent material	剖面点坐标 Profile coordinate	匹配指数 Matching index/%
剖1	半水成土	砂姜黑土	砂姜黑土	淮底砂姜黑土	重壤表厚砂腰洼底砂姜黑土	1	0—25	灰黑色	重壤土	粒状		38.7	2.60	0.44	153	2.2	268			E 116°27′03.3″ N 35°31′40.0″	99
						2	25—63	灰褐色	黏土	块状											
						3	63—110	黑色	黏土	块状											
						4	110—150	灰黑色	黏土	块状											
剖2	半淋溶土	褐土	潮褐土	冲积潮褐土	重壤表厚黏心冲积潮褐土	1	0—30	暗棕色	中壤土	屑粒状	7.4	11.0	0.67	0.47	50	1.1	75		冲积物	E 116°27′01.1″ N 35°30′34.6″	97
						2	30—40	黄棕色	重壤土	棱粒状		4.8				微量					
						3	40—90	暗棕色	重壤土	棱粒状		6.8				微量					
						4	90—150	黄棕色	重壤土	块状		3.4				1.9					
剖3	半淋溶土	褐土	潮褐土	冲积潮褐土	轻壤表厚黏心冲积潮褐土	1	0—30	棕褐色	中壤土	粒状	9.3	7.8	0.60	0.34	36	0.6	50	10.8	冲积物	E 116°35′11.0″ N 35°30′50.8″	99
						2	30—55	灰棕色	中壤土	粒状											
						3	55—80	暗棕褐色	轻壤土	块状											
						4	80—120	棕褐色	中壤土	块状											
						5	120—150	深棕色	重壤土	块状											
剖4	半水成土	潮土	湿潮土	冲积湿潮土	重壤表厚黏心冲积湿潮土	1	0—20	深棕色	重壤土	屑粒、小块状	7.2	14.4	1.00	0.49	57	0.9	160	10.8	河流冲积物	E 116°24′22.6″ N 35°29′33.3″	94
						2	20—35	深灰色	轻壤土	块状											
						3	35—85	浅灰褐色	重壤土	粒状											
						4	85—150	黄棕色	砂壤土	块状											
剖5	半水成土	潮土	湿潮土	湖积湿潮土	重壤均质湖积湿潮土	1	0—20	灰棕色	重壤土	屑粒状		24.3	0.97	0.63	68	10.5	112		河流冲积物	E 116°25′09.8″ N 35°29′08.2″	83
						2	20—35	深棕色	黏土	粒状											
						3	35—53	灰棕色	黏土	粒状											
						4	53—90	灰棕色	黏土	块状											
						5	90—150	浅黄棕色	粉砂土	粉粒状											
剖6	半淋溶土	褐土	褐土	坡洪积褐土	中壤表厚黏心坡积褐土	1	0—18	浅黄棕色	中壤土	屑粒状		9.3	0.65	0.46	44	1.0	120	7.0	坡积物、洪积物	E 116°26′11.8″ N 35°28′26.0″	95
						2	18—35	褐色	中壤土	棱块状											
						3	35—105	黄棕色	重壤土	小块状											
						4	105—150	红褐色	砂壤土	块状											
剖7	半水成土	潮土	盐化潮土	盐化潮土	中度白潮盐化均质轻壤潮土	1	0—24	灰棕色	轻壤土	小块状	7.4	6.2	0.50	0.59	26	10.5	88		河流冲积物	E 116°26′37.2″ N 35°27′55.7″	84
						2	24—50	黄棕色	砂壤土	小块状											
						3	50—115	浅黄棕色	中壤土	小块状											
						4	115—150	棕褐色	紧砂土	单粒状											
剖8	半水成土	潮土	褐土化	褐潮土	中壤厚砂腰褐潮土	1	0—20	棕褐色	中壤土	屑粒状	7.2	9.6	0.69	0.80	41	0.9	90	11.8	河流冲积物	E 116°27′18.4″ N 35°23′09.6″	86
						2	20—42	棕褐色	中壤土	棱块状											
						3	42—67	黄棕色	轻壤土	小块状											
						4	67—94	浅黄棕色	松砂土	小块状											
						5	94—150	棕褐色	中壤土	小块状											
剖9	半水成土	潮土	潮土	潮土	均质中壤潮土	1	0—25	棕褐色	中壤土	屑粒状	7.3	8.3	0.61	0.58	39	0.6	90	14.3	河流冲积物	E 116°28′05.2″ N 35°21′15.1″	90
						2	25—45	棕褐色	中壤土	小块状											
						3	45—90	棕褐色	中壤土	小块状											
						4	90—150	黄棕色	轻壤土	小块状											
剖10	人为土	水稻土	幼年水稻土			1	0—19	棕色	黏土	粒状		13.7	1.09	0.63	58	2.6	228			E 116°28′59.9″ N 35°21′14.4″	82
						2	19—30	棕色	黏土	块状											
						3	30—59	棕色	黏土	块状											
						4	59—100	棕色	黏土	块状											

续表 Continued

剖面号 Soil profile	土纲 Soil order	土类 Soil great group	亚类 Soil subgroup	土属 Soil genus	土种 Soil species	土层码 Layer code	土层厚度 Depth/cm	颜色 Soil color	质地 Soil texture	土壤结构 Soil structure	pH	有机质 OM/(g/kg)	全氮 TN/(g/kg)	全磷 TP/(g/kg)	碱解氮 AN/(mg/kg)	有效磷 AP/(mg/kg)	速效钾 AK/(mg/kg)	阳离子交换量CEC/(cmol/kg)	土壤母质 Parent material	剖面点坐标 Profile coordinate	匹配指数 Matching index/%
剖面11	人为土	水稻土	幼年水稻土	冲积潮土性幼年水稻土	均质黏质冲积幼年水稻土	1	0—20	灰棕色	重黏土	粒状	7.6	14.0	1.17	0.46	56	4.0	220	16.0	冲积物	E 116°29′17.5″ N 35°20′30.8″	75
						2	20—30	棕色	重黏土	粒状											
						3	30—47	浅棕色	黏土	块状											
						4	47—77	红棕色	重黏土	块状											
						5	77—90	浅棕色	重黏土	块状											
						6	90—150	红棕色	重黏土	块状											
剖面12	半水成土	砂姜黑土	砂姜黑土	冲积潮土	轻壤表厚砂心冲积潮土	1	0—17	棕褐色	重壤土	粒状		12.3	1.06	0.44	61	0.2	210			E 116°30′48.9″ N 35°29′41.0″	89
						2	17—34	褐色	中壤土	核状											
						3	34—74	黄棕色	中壤土	核状											
						4	74—114	棕褐色	黏土	块状											
						5	114—150	灰黑色	黏土	块状											
剖面13	半淋溶土	褐土	潮褐土	冲积潮褐土		1	0—20	浅棕色	轻壤土	屑粒状			0.53	0.29	31	0.8	55			E 116°33′27.7″ N 35°29′31.6″	88
						2	20—40	黄褐色	轻壤土	棱粒状											
						3	40—80	棕色	紧砂土	块粒状											
						4	80—98	浅棕色	砂壤土												
						5	98—113	浅黄色	松砂土												
						6	113—150	灰黄色	紧砂土												
剖面14	半水成土	砂姜黑土	砂姜黑土	岗坡砂姜黑土	重壤表厚砂心岗坡砂姜黑土	1	0—20	褐色	重壤土	粒状	6.9	12.2	0.86	0.54	56	1.1	134	20.9		E 116°39′34.3″ N 35°28′41.6″	85
						2	20—42	浅褐色	黏土	块块状											
						3	42—85	棕褐色	中壤土	小块状											
						4	85—150	浅黄色	砂壤土	细粒状											
剖面15	半水成土	砂姜黑土	砂姜黑土	洼坡砂姜黑土	重壤表厚砂姜腰注砂姜黑土	1	0—32	灰黄色	紧砂土	粒状		7.0	0.43	0.28	18	微量	75	23.8		E 116°37′53.2″ N 35°27′18.7″	82
						2	32—61	暗栗色	重壤土	块状											
						3	61—84	灰黑色	黏土	粒状											
						4	84—107	黄黄色	重黏土	块状											
						5	107—120	灰白色	重黏土	黏块状											
剖面16	半淋溶土	褐土	潮褐土	冲积潮褐土	均壤轻壤冲积潮褐土	1	0—30	浅灰棕色	中壤土	屑粒状	7.1	8.4	0.63	0.93	51	9.3	72	10.1	冲积物	E 116°34′52.6″ N 35°27′09.4″	89
						2	30—48	棕褐色	重壤土	棱块状											
						3	48—90	浅褐色	重壤土	块状											
						4	90—138	深黄色	重壤土	块状											
						5	138—150	灰棕色	重壤土	块状											
剖面17	半水成土	砂姜黑土	砂姜黑土	洼底砂姜黑土	中壤表厚砂心注底砂姜黑土	1	0—20	黑褐色	中壤土	粒状		11.7	0.86	0.63	39	2.0	120	18.6		E 116°30′51.5″ N 35°26′35.2″	97
						2	20—40	灰褐色	重壤土	块状											
						3	40—75	灰黄色	重壤土	块状											
						4	75—100	黑褐色	重壤土	块状											
						5	100—150	灰棕色	重壤土	块状											
剖面18	半淋溶土	褐土	潮褐土	冲积潮褐土	中壤表厚黏化心厚砂姜腰冲积潮土	1	0—20	浅灰棕色	中壤土	屑粒状		10.2	0.83	0.48	58	13.3	110		冲积物	E 116°36′35.6″ N 35°26′32.3″	79
						2	20—35	浅灰棕色	重壤土	棱块状											
						3	35—60	灰黄色	黏土	块状											
						4	60—112	灰棕色中壤土	砂姜中壤土	块状											
						5	112—150	棕灰色	轻壤土	块状											
剖面19	半水成土	砂姜黑土	盐化砂姜黑土	洼底砂姜黑土	黏表厚黑土心洼底盐化黑土	1	0—32	深黄色	黏土	粒状		14.9	1.06	0.45	57	1.6	164	26.4		E 116°38′15.7″ N 35°24′56.7″	100
						2	32—65	黑色	黏土	粒状											
						3	65—150	灰色	重壤土	棱状											

续表 Continued

剖面号 Soil profile	土纲 Soil order	土类 Soil great group	亚类 Soil subgroup	土属 Soil genus	土种 Soil species	土层码 Layer code	土层厚度 Depth/cm	颜色 Soil color	质地 Soil texture	土壤结构 Soil structure	pH	有机质 OM/(g/kg)	全氮 TN/(g/kg)	全磷 TP/(g/kg)	碱解氮 AN/(mg/kg)	有效磷 AP/(mg/kg)	速效钾 AK/(mg/kg)	阳离子交换量CEC/(cmol/kg)	土壤母质 Parent material	剖面点坐标 Profile coordinate	匹配指数 Matching index/%
剖面20	半淋溶土	褐土	潮褐土	冲积潮褐土	均质中壤冲积潮褐土	1	0—25	浅灰棕色	中壤土	屑粒状		10.4	0.70		55	0.9	90		冲积物	E 116°32′03.8″ N 35°24′49.4″	74
						2	25—62	棕褐色	中壤土	棱块状											
						3	62—85	黄褐色	中壤土	块状											
						4	85—150	浅棕色	轻壤土	块状											
剖面21	半水成土	砂姜黑土	盐化砂姜黑土	洼坡砂姜黑土	中壤表厚砂腰洼坡盐化砂姜黑土	1	0—25	褐色	中壤土	粒状		10.2	0.75	0.66	47	1.3	62	12.1		E 116°42′02.4″ N 35°24′16.9″	82
						2	25—70	灰黄褐色	轻壤土	块状											
						3	70—100	灰黑褐色	黏土	块状											
						4	100—150	灰色	重壤土	块状											
剖面22	半水成土	砂姜黑土	盐化砂姜黑土			1	0—27	棕褐色	中壤土	粒状		12.1	0.92	0.47	52	0.5	140	23.5		E 116°41′41.4″ N 35°23′22.3″	92
						2	27—60	深褐色	重壤土	块状											
						3	60—71	棕黄色	重壤土	块状											
						4	71—120	黑色	黏土	块状											
剖面23	半淋溶土	褐土	潮褐土	冲积潮褐土	轻壤表厚黏化心冲积潮褐土	1	0—25	灰黄色	轻壤土	屑粒状	7.0	8.9	0.60	0.65	40	5.2	100	9.8	冲积物	E 116°38′29.8″ N 35°23′01.7″	95
						2	25—50	浅棕色	中壤土	小棱块状											
						3	50—95	棕褐色	中壤土	棱块状											
						4	95—127	浅棕色	中壤土	块状											
						5	127—150	棕褐色	中壤土	块状											
剖面24	半水成土	潮土	盐化潮土	盐化潮土	轻壤化均质砂壤潮土	1	0—30	黄褐色	砂壤土										河流冲积物	E 116°44′49.4″ N 35°21′52.5″	77
						2	30—84	浅黄褐色	砂壤土												
						3	84—100	黄褐色	紧砂土												
						4	100—114	浅黄色	砂壤土												
						5	114—150	黄褐色	轻壤土												
剖面25	半淋溶土	褐土	潮褐土	冲积潮褐土	轻壤表厚砂腰冲积潮褐土	1	0—25	浅灰棕色	中壤土	屑粒状		15.9		0.79	62	5.6	125		冲积物	E 116°42′28.5″ N 35°21′41.8″	95
						2	25—75	浅棕色	轻壤土	棱块状		4.7				微量					
						3	75—104		紧砂土			3.7			2						
						4	104—112		砂壤土	块状		2.1			2						
						5	112—150		轻壤土			1.2			1						
剖面26	半淋溶土	褐土	潮褐土	冲积潮褐土	中壤表厚黏腰冲积潮褐土	1	0—20	黄褐色	中壤土	块状		9.2	0.63	0.53		1.3			冲积物	E 116°41′33.0″ N 35°21′11.9″	80
						2	20—85	棕褐色	中壤土	棱块状											
						3	85—120	棕褐色	重壤土	粒状											
						4	120—150	暗棕色	中壤土	粒状											
剖面27	人为土	水稻土	幼年水稻土	冲积潮褐土性幼年水稻土	均质化均质幼年水稻土	1	0—17	暗棕色	中壤土	粒状		11.6	0.75	0.41	55	4.1	122	14.3	冲积物	E 116°42′22.5″ N 35°20′03.8″	88
						2	17—23	暗棕色	重壤土	块状											
						3	23—41	棕色	中壤土	块状											
						4	41—65	暗棕色	中壤土	屑粒状											
						5	65—150	浅灰棕色	黏土	碎块状											
剖面28	半水成土	潮土	潮土	潮土	均黏质潮土	1	0—25	浅棕色	黏土	板状	7.6	12.8	0.94	0.50	41	1.4	225	21.7	河流冲积物	E 116°33′22.5″ N 35°10′56.6″	72
						2	25—46	浅棕色	黏土	碎块状											
						3	46—61	褐色	重壤土	块状											
						4	61—75	浅棕色	重壤土	屑粒状											
						5	75—150	浅灰棕色	黏土	小块状											
剖面29	半水成土	潮土	潮土	潮土	重壤表厚砂腰潮土	1	0—20	棕色	黏土	屑粒状			0.84	0.54	46	微量	145		河流冲积物	E 116°26′28.9″ N 35°12′24.7″	81
						2	20—35	红棕色	黏土	大块状											
						3	35—70	灰棕色	紧砂土												
						4	70—85	灰灰色	砂壤土												
						5	85—150	灰棕色	中壤土												

续表 Continued

剖面号 Soil profile	土纲 Soil order	土类 Soil great group	亚类 Soil subgroup	土属 Soil genus	土种 Soil species	土层码 Layer code	土层厚度 Depth/cm	颜色 Soil color	质地 Soil texture	土壤结构 Soil structure	pH	有机质 OM/(g/kg)	全氮 TN/(g/kg)	全磷 TP/(g/kg)	碱解氮 AN/(mg/kg)	有效磷 AP/(mg/kg)	速效钾 AK/(mg/kg)	阳离子交换量 CEC/(cmol/kg)	土壤母质 Parent material	剖面点坐标 Profile coordinate	匹配指数 Matching index/%
剖30	半水成土	潮土	潮土	河潮土	砂壤表潮河潮土	1	0–27	浅棕色	砂壤土	屑粒状	7.0	3.0	0.26	0.72	24	2.6	55		河流冲积物	E 116°43′28.8″ N 35°19′55.9″	100
						2	27–44	黄褐色	砂壤土	块状											
						3	44–70	黄褐色	砂壤土	块状											
						4	70–86	黄褐色	砂壤土	块状											
						5	86–150	黄褐色	砂壤土												
剖31	半水成土	潮土	潮土	河潮土	砂壤表潮壤心河潮土	1	0–20	浅褐色	砂壤土	屑粒状		5.0	0.41	0.54	37	21.0	55		河流冲积物	E 116°40′23.7″ N 35°19′36.0″	72
						2	20–48	黄褐色	砂壤土	小块状		5.6				微量					
						3	48–82	褐色	中壤土	小块状		6.6				1.8					
						4	82–97	褐色	砂壤土	小块状		2.6				2.6					
						5	97–115	黄褐色	轻壤土	小块状						2.3					
						6	115–150	黄褐色	砂土	单粒状		2.1				2.1					
剖32	半水成土	潮土	盐化潮土	盐化潮土	轻白潮盐化均质轻壤潮土	1	0–5				6.9								河流冲积物	E 116°42′46.1″ N 35°19′09.3″	93
						2	5–20				7.2										
						3	20–40				7.3										
						4	40–60				7.3										
						5	60–100				7.5										
						6	100–150														
剖33	人为土	水稻土	幼年水稻土	湖积砂姜黑土性幼年幼水稻土	重壤表厚腰砂腰湖积积型幼水稻土	1	0–15	浅褐色	重壤土	粒状	6.9	10.7	0.79	0.37	54	0.6	94	14.8	湖积物	E 116°39′15.5″ N 35°18′30.2″	100
						2	15–40	褐色	黏土	块状											
						3	40–85	黑色	重壤土	块状											
						4	85–115	黄棕色	重壤土	块状											
剖34	半水成土	潮土	潮土	河潮土	轻壤均质河河潮土	1	0–20	浅灰棕色	轻壤土	团粒状		11.7	0.84	0.62	7	1.4	12		河流冲积物	E 116°41′19.2″ N 35°17′52.9″	72
						2	20–45	黄棕色	砂壤土	小块状											
						3	45–125	棕色	轻壤土	片状											
						4	125–150	棕色	轻壤土	片状											
剖35	人为土	水稻土	侧渗水稻土	冲积湿潮土性侧渗型幼年水稻土	黏表厚黏腰湖积渗型幼年水稻土	1	0–20	浅褐色	黏土	小块状		18.2	1.24	0.38	70	5.2	198	18.0	冲积物	E 116°33′39.2″ N 35°17′00.8″	82
						2	20–40	红褐色	黏土	块状											
						3	40–60	暗棕色	砂壤土	散颗状											
						4	60–100	紫棕色	紫砂土	碎块状											
剖36	半水成土	潮土	潮土	冲积河潮土	轻壤表厚黏腰冲积河潮土	1	0–27	浅灰棕色	轻壤土	小棱块状		12.0	0.82	0.54	59	2.5	140		河流冲积物	E 116°40′25.5″ N 35°16′31.4″	79
						2	27–93	黑棕色	中壤土	核块状											
						3	93–150	黑棕色	黏土	粒状											
剖37	人为土	水稻土	幼年水稻土	冲积河潮土性幼年水稻土	黏壤表厚黏腰冲积型幼年水稻土	1	0–16	黑棕色	轻壤土	粒状		24.9	0.88	0.92	71	6.8	105		冲积物	E 116°40′04.7″ N 35°15′56.2″	100
						2	16–60	黄棕色	中壤土	块状											
						3	60–81	棕色	黏土	块状											
						4	81–150	黑棕色	黏土	屑粒状											
剖38	半水成土	潮土	潮土	河潮土	轻壤表厚砂心河潮土	1	0–20	浅黄色	轻壤土			0.52		0.57	36	1.4	75		河流冲积物	E 116°40′51.7″ N 35°16′36.1″	84
						2	20–50	棕色	中壤土	块状											
						3	50–85	黄棕色	中壤土	片状											
						4	85–150	浅灰棕色	紧砂土												
剖39	人为土	水稻土	侧渗水稻土	冲积河潮土性侧渗型幼年水稻土	中壤均质冲积侧渗型幼年水稻土	1	0–20	棕色	中壤土	块状									冲积物	E 116°33′59.5″ N 35°14′45.2″	80
						2	20–35	黄棕色	中壤土	片状											
						3	35–52	暗棕色	中壤土	粒状											
						4	52–90	浅灰色	中壤土	块状											
						5	90–150	浅棕色	中壤土	块状											

续表 Continued

剖面号 Soil profile	土纲 Soil order	土类 Soil great group	亚类 Soil subgroup	土属 Soil genus	土种 Soil species	土层码 Layer code	土层厚度 Depth/cm	颜色 Soil color	质地 Soil texture	土壤结构 Soil structure	pH	有机质 OM/(g/kg)	全氮 TN/(g/kg)	全磷 TP/(g/kg)	碱解氮 AN/(mg/kg)	有效磷 AP/(mg/kg)	速效钾 AK/(mg/kg)	阳离子交换量CEC/(cmol/kg)	土壤母质 Parent material	剖面点坐标 Profile coordinate	匹配指数 Matching index/%
剖40	人为土	水稻土	侧渗水稻土			1	0—20	棕褐色	黏土	粒状		16.0	1.13	0.71	61	2.7	226			E 116°32′43.5″ N 35°10′38.6″	97
						2	20—30	棕褐色	黏土	粒状											
						3	30—75	棕色	黏土	块状											
						4	75—90	浅棕色	黏土	块状											
						5	90—100	棕色	黏土	块状											

兖 州 区

主要土类说明

褐土是兖州区主要土壤类型,占本区地域面积的74%,主要分布在本区缓岗、岗坡和微斜平地上。土壤形成除受黏化、钙化和生物积累作用外,潮化作用明显,土体构型多为A–B–C型。表层为淋溶层,心土层为黏化层,下层为碳酸钙淀积层。本区褐土适种作物广泛。本区褐土分为潮褐土、褐土等亚类。其中潮褐土亚类面积最大。

砂姜黑土是兖州区第二大土壤类型,占本区地域面积的17%,主要分布在泗河以西、洸府河两侧以及寨子洼、泗庄洼、鸟儿洼、吴寺洼等一些较大的碟形洼地。主要剖面特征是有埋藏的黑土层,厚度为25—69cm,其下部呈舌状,向深层延伸,在32—66cm处出现砂姜层(也有耕层即散见小砂姜),越往下砂姜越密集,受水渍影响,底层有不同程度的潜育现象。全剖面土质都较为黏重,呈中性至微碱性,pH为7.1,地下水埋深为3—4m,土壤有机质含量为10.6g/kg。本区砂姜黑土主要生产问题是黏、湿、凉,砂姜多,结构差,潜在肥力高,但有效肥力低。

潮土是兖州区第三大土壤类型,占本区地域面积的5%。本区潮土直接发育在泗河、汉马河沉积物上。由于地下水升降频繁,干湿交替,氧化还原作用明显,土壤中有明显的锈纹、锈斑。成土母质颗粒粗细不仅在平面上有分选差异,而且同一剖面中各层次排列分明。土层4m以下有坚实的砂姜,全剖面均有石灰反应,pH为7.5,呈中性至微碱性。本区潮土主要分为潮土、盐化潮土等亚类。

本区域中心区气候特征

本区域中心区气候特征值
Regional climate characteristics in central area of the region

气候带:暖温带亚湿润气候 Climate region: Warm temperate subhumid climate	
年平均气温 /℃ Annual average temperature /℃	13.7
年平均最高气温 /℃ Annual average maximum temperature /℃	19.5
年平均最低气温 /℃ Annual average minimum temperature /℃	8.7
年降水量 /mm Annual precipitation /mm	654
≥10℃的积温 /℃ Daily temperature accumulated in a year (≥10℃) /℃	5073
年日照时数 /h Annual sunshine /h	2460
年平均相对湿度 /% Annual average relative humidity /%	68
干燥度 Dryness	1.24

兖州市主要土壤类型与土壤剖面点分布图
1∶130 000

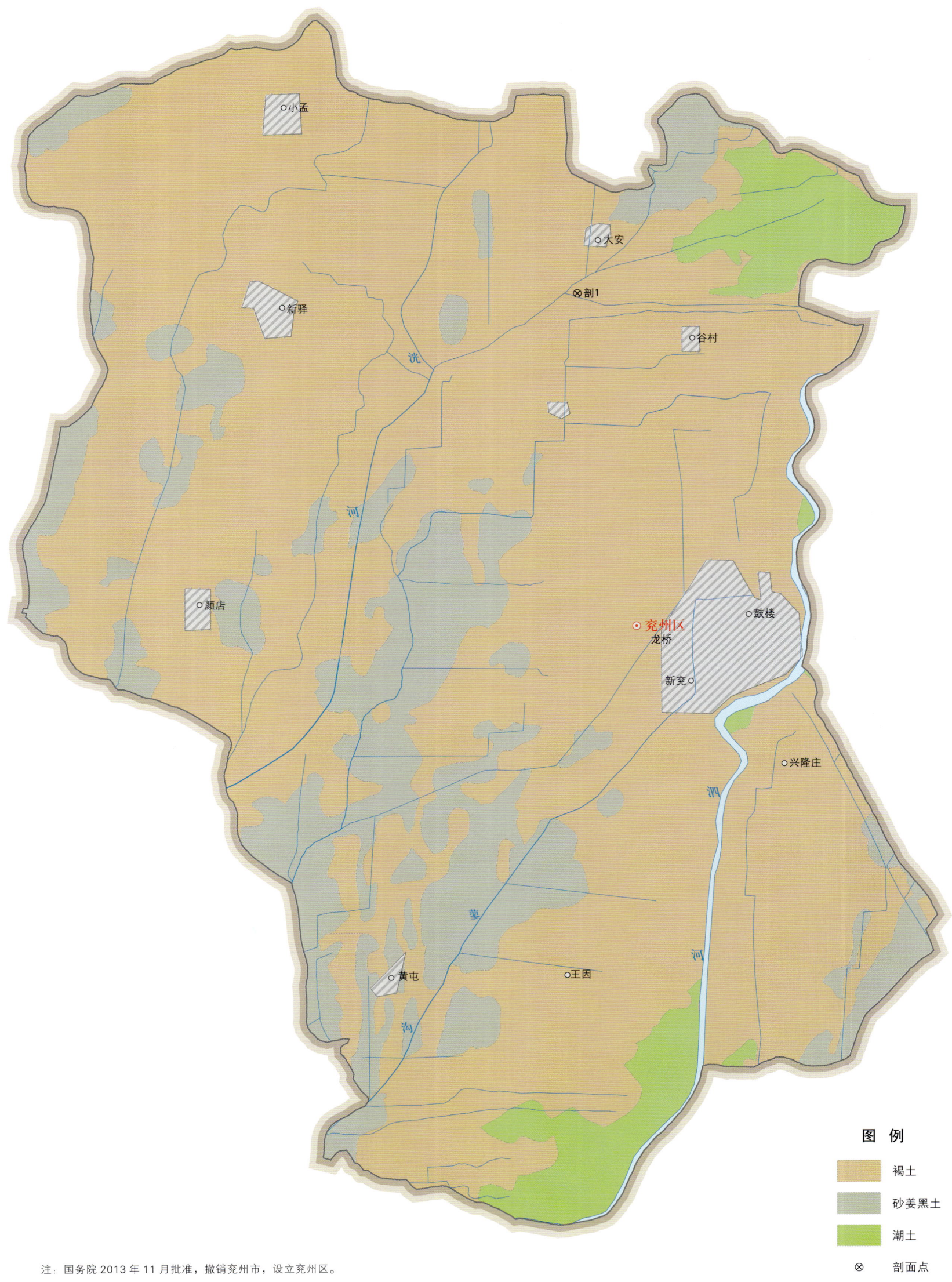

注：国务院 2013 年 11 月批准，撤销兖州市，设立兖州区。

图 例
- 褐土
- 砂姜黑土
- 潮土
- ⊗ 剖面点

兖州区土壤剖面理化性状表

剖面号 Soil profile	土纲 Soil order	土类 Soil great group	亚类 Soil subgroup	土属 Soil genus	土种 Soil species	土层码 Layer code	土层厚度 Depth/cm	质地 Soil texture	pH	有机质 OM/(g/kg)	全氮 TN/(g/kg)	全磷 TP/(g/kg)	全钾 TK/(g/kg)	碱解氮 AN/(mg/kg)	有效磷 AP/(mg/kg)	速效钾 AK/(mg/kg)	剖面点坐标 Profile coordinate	匹配指数 Matching index/%
剖1	半淋溶土	褐土	潮褐土	潮褐土	黏底黄金土	Ap	0—15	黏壤土	7.3	11.9	0.74	0.52	21.2	53	1.1	100	E 116°46′21.9″ N 35°39′01.4″	74
						A₁	15—40	黏壤土	7.3	8.4	0.58	0.42	20.3	38	1.1	83		
						A₂	40—75	黏壤土	7.4	4.9	0.62	0.40	19.0	25	1.1	61		
						B	75—100	壤质黏土	7.6	7.3	0.49	0.32	20.7	31	1.1	99		

微 山 县

主要土类说明

潮土是微山县主要土壤类型，占本县地域面积的17%，广泛分布于本县北部、中部和湖西各地。湖西各乡镇的潮土是由近代黄泛冲积物发育而成。湖东的北部、中部平原的潮土是由老运河、古薛河、老泗河等古河道冲积物发育而成。由于历史上河流多次泛滥，受"紧砂慢淤"沉积规律的支配，近河处分布着砂土，水流缓慢的远河处分布着淤土，两者之间分布两合土。土体上下变化大，或砂或黏，厚度不等。土壤质地变化较大，具有明显的分选性，冲积层次明显。土体中下部有明显的锈纹、锈斑。土壤呈微碱性，pH 为 7.4—8.0。本县潮土分为褐潮土、潮土、盐化潮土和湿潮土等亚类。

褐土是微山县第二大土壤类型，占本县地域面积的7%。本县褐土是发育在石灰岩风化物上的地带性土壤。褐土剖面中部具有黏化层、假菌丝体、胶膜等新生体。耕层质地为轻壤土至中壤土，轻壤面积较大，结构多呈粒状、块状。本县褐土分为褐土性土、淋溶褐土、褐土和潮褐土等亚类。

砂姜黑土是微山县第三大土壤类型，占本县地域面积的4%，分布在沿湖洼地。成土母质为第四纪以来的浅湖相沉积物。一般具有耕作层、犁底层、残余黑土层、脱潜育化层和砂姜层，沿湖洼地耕作层即为黑土层。土壤质地黏重。

水稻土占微山县地域面积的3%。本县水稻土多为淹育水稻土，起源于湿潮土或砂姜黑土，是经过长期淹水栽培和水耕熟化，以及氧化还原和淋溶淀积作用发育而成的。该土所处地势低洼，土壤质地黏重。

小于本县地域面积3%的土壤类型有棕壤等。

本区域中心区气候特征

本区域中心区气候特征值
Regional climate characteristics in central area of the region

气候带：暖温带亚湿润气候 Climate region: Warm temperate subhumid climate	
年平均气温 /℃ Annual average temperature /℃	13.9
年平均最高气温 /℃ Annual average maximum temperature /℃	19.5
年平均最低气温 /℃ Annual average minimum temperature /℃	9.0
年降水量 /mm Annual precipitation /mm	727
≥10℃的积温 /℃ Daily temperature accumulated in a year (≥10℃) /℃	5131
年日照时数 /h Annual sunshine /h	2384
年平均相对湿度 /% Annual average relative humidity /%	70
干燥度 Dryness	1.14

本区域中心区月平均气温与月平均降水量
Monthly temperature and precipitation in central area of the region

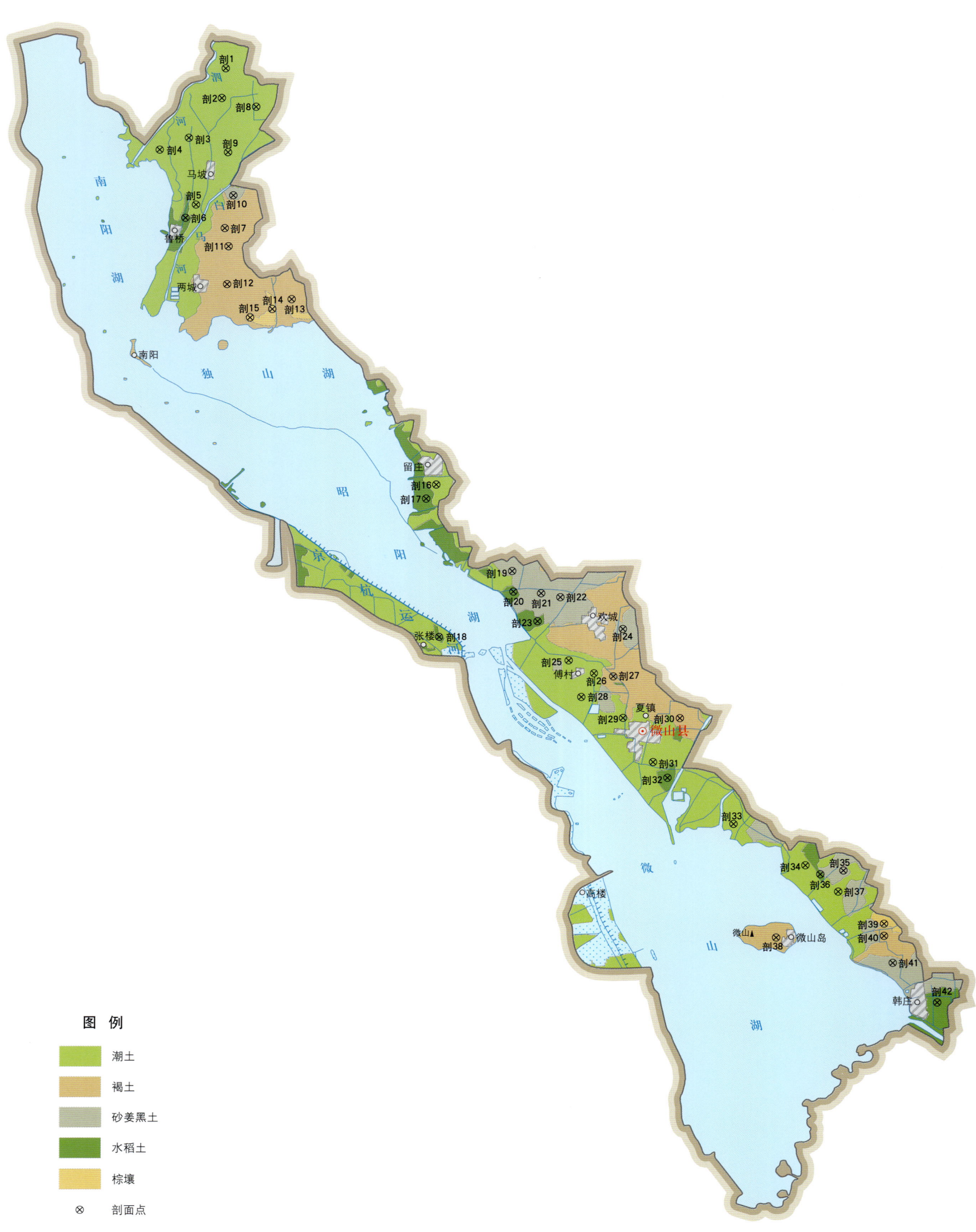

微山县土壤剖面理化性状表

剖面号 Soil profile	土纲 Soil order	土类 Soil great group	亚类 Soil subgroup	土属 Soil genus	土种 Soil species	土层码 Layer code	土层厚度 Depth/cm	颜色 Soil color	质地 Soil texture	土壤结构 Soil structure	pH	有机质 OM/(g/kg)	全氮 TN/(g/kg)	全磷 TP/(g/kg)	碱解氮 AN/(mg/kg)	有效磷 AP/(mg/kg)	速效钾 AK/(mg/kg)	土壤母质 Parent material	剖面点坐标 Profile coordinate	匹配指数 Matching index/%
剖1	半水成土	潮土	潮土	石灰性河潮土	轻壤均质石灰性河潮土	1	0—16	黄褐色	轻壤土	团粒状		9.9	0.52	1.41	37	5.6	120	河流冲积物	E 116°44′57.5″ N 35°18′38.7″	90
						2	16—31	黄褐色	轻壤土	小块状		9.3	0.54	1.59	22	5.5	120			
						3	31—66	浅黄色	轻壤土	小块状		3.8	0.75	1.21	13	1.9	55			
						4	66—150	棕黄色	轻壤土	小块状		5.6	0.28	0.96	20	0.8	100			
剖2	半水成土	潮土	潮土	石灰性河潮土	轻壤表高厚黏心石灰性河潮土	1	0—13		轻壤土		7.4	10.9	0.61	1.20	43	4.2	140	河流冲积物	E 116°44′45.1″ N 35°17′18.7″	84
						2	13—30		中壤土			9.0	0.59	1.16	30	3.5	100			
						3	30—62		重壤土			8.5	0.53	0.67	38	0.2	150			
						4	62—109		中壤土			4.9	0.27	0.98	13	0.8	60			
						5	109—150		重壤土			7.1	0.43	0.89	20	4.4	110			
剖3	半水成土	潮土	潮土	石灰性河潮土	轻壤表厚砂底石灰性河潮土	1	0—20		轻壤土		7.3	11.2	0.56	1.24	43	3.9	95	河流冲积物	E 116°42′59.4″ N 35°15′31.0″	76
						2	20—29		轻壤土		7.3	9.1	0.48	1.01	38	6.0	21			
						3	29—61		轻壤土		7.3	4.4	0.29	1.08	15	2.7	60			
						4	61—110		砂壤土		7.0	0.3	0.02	0.32	3	1.6				
						5	110—147		砂壤土		7.2	1.7	0.18	0.11	5	7.2	60			
						6	147—150		重壤土		7.1	0.6	0.02	0.25	2	15.7	45			
剖4	半水成土	潮土	潮土	石灰性河潮土	砂壤均质石灰性河潮土	1	0—19	浅黄色	砂壤土	单粒状	7.5	6.9	0.36	1.21	33	12.3	80	河流冲积物	E 116°41′26.2″ N 35°14′59.1″	70
						2	19—26	浅黄色	砂壤土	单粒状	7.5	3.3	0.12	1.39	17	2.0	45			
						3	26—61	黄色	砂壤土	单粒状		3.5	0.24	1.48	13	1.1	50			
						4	61—118	黄褐色	紧砂土	碎块状		2.0	0.10	0.77	13	2.6	35			
						5	118—150	黄褐色	砂壤土			1.5	0.07	1.18	8	1.2	40			
剖5	半水成土	潮土	潮土	石灰性河潮土	轻壤表厚砂心石灰性河潮土	1	0—25	深褐色	轻壤土	团粒状	7.5	10.6	0.51	1.42	43	4.1	105	河流冲积物	E 116°43′22.8″ N 35°12′29.9″	78
						2	25—43	黄褐色	中壤土	小块状		7.7	0.40	1.30	23	3.3	85			
						3	43—75	黄褐色	砂壤土	粒状		3.6	0.24	1.49	13	1.7	50			
						4	75—95	黄褐色	轻壤土	碎块状		4.6	0.31	1.20	16	2.0	88			
						5	95—117		中偏黏壤土	块状		6.4	0.42	0.88	23	1.5	140			
						6	117—150		砂壤土	粒状		3.2	0.25	1.46	13	3.4	63			
剖6	人为土	水稻土	幼年水稻土	河潮土性水稻土	重壤均质水稻土水稻土	1	0—12	灰褐色	重壤土	小块状		17.9	0.98	1.34	45	11.9	235	河流冲积物	E 116°42′49.9″ N 35°11′53.7″	71
						2	12—22	灰褐色	中壤土	小块状	7.5	12.7	0.77	1.13	32	7.0	205			
						3	22—100	棕色	重壤土	小块状	7.5	10.2	0.66	1.01	30	7.6	200			
剖7	半淋溶土	褐土	褐土	洪积土性褐土	轻壤表高厚黏心洪冲积褐土	1	0—16		轻壤土			13.7	0.71	0.63	40	9.1	90	洪积物、冲积物	E 116°44′55.9″ N 35°11′26.0″	90
						2	16—25		中壤土			7.7	0.78	0.49	30	1.8	90			
						3	25—125		重壤土			4.3	0.27	0.22	16	0.9	120			
						4	125—150		黏土			2.0	0.14	0.93	11	0.8	97			
剖8	半水成土	潮土	潮土	石灰性河潮土	中壤均质石灰性河潮土	1	0—21		中壤土			13.0	0.68	1.39	65	5.0	180	河流冲积物	E 116°46′35.3″ N 35°16′55.5″	72
						2	21—32		中壤土			10.6	0.56	1.29	37	1.6	125			
						3	32—150		中壤土			7.7	0.41	0.93	23	2.4	115			
剖9	半水成土	潮土	潮土	石灰性河潮土	黏壤质石灰性河潮土	1	0—15	灰白色	中壤土	屑粒状	7.9	26.0	1.24	1.64	233	5.8	40	河流冲积物	E 116°45′05.5″ N 35°14′52.8″	81
						2	15—65	灰色	中壤土	块状		31.0	1.03	1.23	47	0.2				
						3	65—75	黑色	重壤土	块状		39.3	0.77	1.21	37	1.1	18			
						4	75—85	深黑色	重壤土	块状		微量	2.45	2.75	76	1.0	35			
						5	85—125	暗黑色	重壤土	块状		25.0	0.61		23	1.7	140			
						6	125—150	灰白色	中偏重壤土	块状		10.3	0.22	0.72	10	2.8	9			

续表 Continued

剖面号 Soil profile	土纲 Soil order	土类 Soil great group	亚类 Soil subgroup	土属 Soil genus	土种 Soil species	土层码 Layer code	土层厚度 Depth/cm	颜色 Soil color	质地 Soil texture	土壤结构 Soil structure	pH	有机质 OM/(g/kg)	全氮 TN/(g/kg)	全磷 TP/(g/kg)	碱解氮 AN/(mg/kg)	有效磷 AP/(mg/kg)	速效钾 AK/(mg/kg)	土壤母质 Parent material	剖面点坐标 Profile coordinate	匹配指数 Matching index/%
剖10	半水成土	砂姜黑土	砂姜黑土	薄黄土覆盖砂姜黑土	重壤表厚砂姜心覆黄土覆盖砂姜黑土	1	0–15	黄褐色	重壤土	碎块状	7.5	15.3	0.61	0.51	37	1.9	170		E 116°45′23.3″ N 35°12′55.3″	95
						2	15–22	黑褐色	黏土	块状	7.5	11.7	0.53	0.42	23	0.5	170			
						3	22–51	灰褐色	黏土	块状	7.5	8.8	0.41	0.33	13	0.2	145			
						4	51–150	黑色	黏土	块状	7.5	14.2	0.50	0.36	17	0.5	175			
剖11	半淋溶土	褐土	褐土性	钙质岩类褐土性土	中壤表中层酥石质钙质岩类褐土性土	1	0–17	褐色	中壤土	屑粒状	7.5	26.0	1.32	0.90	68	3.6	83	钙质岩类	E 116°45′07.8″ N 35°10′36.5″	96
						2	17–32	褐红色	中壤土	块状	7.5	8.1	0.39	0.37	17	0.1				
						C	32–													
剖12	半淋溶土	褐土	淋溶褐土	洪冲积淋溶褐土	轻壤表厚黏化心洪冲积淋溶褐土	1	0–19	黄色	轻壤土	小块状	7.2	9.1	0.55	1.18	40	8.4	118	洪积物、冲积物	E 116°45′03.6″ N 35°08′53.9″	84
						2	19–30	黄褐色	中壤土	棱柱状	6.7	4.9	0.40	0.82	23	8.3	153			
						3	30–115	黄褐色	中壤土	棱柱状	6.8	3.9	0.30	0.91	10	5.6	145			
						4	115–150		中壤土			5.1	0.32	0.83	10	11.7	128				
剖13	半淋溶土	褐土	褐土性	钙质岩类褐土性土	轻壤表中层酥石底钙质岩褐土性土	1	0–37		轻壤土			14.1	0.77	0.51	86	1.5	41	钙质岩类	E 116°48′31.2″ N 35°08′13.7″	81
						2	37–54		轻壤土			8.2	0.47	0.77	22	5.2	58			
						3	54–													
剖14	淋溶土	棕壤	棕壤	洪冲积棕壤	中均质中层洪积淋溶棕壤	1	0–20	棕黄色	中壤土	粒状	6.2	10.5	0.55	0.90	43	6.3	140	洪积物、冲积物	E 116°47′28.3″ N 35°07′47.3″	76
						2	20–36	棕黄色	中壤土	块状	6.7	6.0	0.34	0.40	27	4.8	110			
						3	36–92	棕黄色	中偏黏壤土	棱块状	6.8	3.8	0.36	0.41	13	1.6	125			
						4	92–150	黄褐色	中偏黏壤土	棱块状	6.5	4.2	0.31	0.57	13	17.7	153			
剖15	淋溶土	棕壤	棕壤性土	酸性岩类棕壤性土	砂均质中层硬石底棕壤性土	1	0–14	黄色	砂壤土	核状	6.7	4.4	0.19	0.17	24	15.4	38	酸性岩类	E 116°46′17.4″ N 35°07′24.2″	77
						2	14–40	黄色	砂壤土	核状	6.6	1.9	0.16	0.60	8	1.6	40			
						R	40–													
剖16	半水成土	潮土	潮土	石灰性河潮土	中壤表厚黏心石灰性河潮土	1	0–16	暗黄色	中壤土	屑粒状	7.4	12.8	0.63	0.10	53	6.6	135	河流冲积物	E 116°56′14.6″ N 34°59′51.3″	72
						2	16–27	暗黄色	重壤土	柱状		12.7	0.50	1.03	40	6.5	125			
						3	27–40	黄褐色	中壤土	块状		5.1	0.37	0.88	32	1.4	100			
						4	40–53	暗褐色	重壤土	柱状		8.3	0.57	0.45	33	4.1	115			
						5	53–86	暗褐色	中壤土	柱状		7.7	0.45	0.84	30	1.3	100			
						6	86–150	灰褐色	轻壤土	块状		7.5	0.41	0.91	32	5.4	90			
剖17	人为土	幼年水稻土	湖积湿潮土性水稻土	中壤表高黏心湖积湿潮土性水稻土	1	0–11	灰褐色	中壤土	块状	7.6	17.6	1.20	0.66	100	12.0	115	湖积物	E 116°55′42.5″ N 34°59′13.6″	75
						2	11–20	灰褐色	重壤土	块状	7.7	9.1	0.80	0.93	91	8.1	90			
						3	20–42	灰褐色	重壤土	块状	7.6	10.5	0.85	1.10	86	8.9	110			
						4	42–70	黄褐色	黏土	块状	7.6	6.7	0.84	0.95	83	5.8	125			
						5	70–100	黄褐色	重壤土	块状	7.5	9.8	1.00	0.62	85	6.0	100			
剖18	人为土	水稻土	幼年水稻土	河潮土性水稻土	轻壤表薄砂心河潮土性水稻土	1	0–13	灰褐色	轻壤土	小块状	7.6	13.2	0.59	1.31	40	4.7	115	河流冲积物	E 116°56′24.7″ N 34°52′59.5″	89
						2	13–19	灰褐色	轻壤土	小块状	7.7	3.9	0.15	1.34	13	2.9	90			
						3	19–29	黄褐色	砂壤土	小块状	7.6	8.2	0.47	1.14	23	2.9	110			
						4	29–51	黄褐色	中壤土	小块状	7.6	10.3	0.57	1.15	33	4.3	125			
						5	51–85	黄褐色	轻壤土	小块状	7.5	7.9	0.50	1.10	13	9.9	155			
						6	85–100	黄褐色	黏土	小块状	7.5	7.8	0.53	1.19	31	10.7	100			
剖19	半水成土	砂姜黑土	砂姜黑土	黑土粒露砂姜黑土	重壤均质砂姜黑土	1	0–25		重壤土	小块状		12.5	0.67	0.77	45	6.3	145		E 117°00′17.9″ N 34°55′58.1″	72
						2	25–57		黏土	大块状		11.3	0.58	0.61	40	5.8	135			
						3	57–90		黏土			7.3	0.39	0.42	17	0.3	165			
						4	90–150		黏土		7.9	7.1	0.45	0.59	17	0.2	90			
剖20	人为土	水稻土	幼年水稻土	冲积潮土性水稻土	黏均质冲积潮土性水稻土	1	0–18	灰黄色	黏土	小块状		11.8	0.67	0.53	33	5.9	235	冲积物	E 117°00′21.4″ N 34°55′02.6″	83
						2	18–43	浅黄色	黏土	大块状		18.7	0.37	0.69	17	10.3	235			
						3	43–53	黄色	黏土	小块状		8.6	0.52	0.65	23	15.9	250			
						4	53–104	浅黄色	黏土	大块状		7.9	0.47	0.63	20	10.7	235			

续表 Continued

剖面号 Soil profile	土纲 Soil order	土类 Soil great group	亚类 Soil subgroup	土属 Soil genus	土种 Soil species	土层码 Layer code	土层厚度 Depth/cm	颜色 Soil color	质地 Soil texture	土壤结构 Soil structure	pH	有机质 OM/(g/kg)	全氮 TN/(g/kg)	全磷 TP/(g/kg)	碱解氮 AN/(mg/kg)	有效磷 AP/(mg/kg)	速效钾 AK/(mg/kg)	土壤母质 Parent material	剖面点坐标 Profile coordinate	匹配指数 Matching index/%
剖21	半水成土	砂姜黑土	砂姜黑土	黑土裸露砂姜黑土	重壤表厚砂心黑土裸露砂姜黑土	1	0—18	褐灰色	重壤土	褐块状	7.2	12.7	0.70	0.45	43	1.9	155		E 117°01′50.9″ N 34°54′57.6″	84
						2	18—46	黑褐色	黏土	小块状		13.1	0.61	0.28	30	3.7	160			
						3	46—72	灰褐色	黏土	棱块状		14.4	0.64	0.35	25	1.9	185			
						4	72—100	浅黑色	黏土	棱柱状		8.9	0.37	0.25	17	2.9	115			
						5	100—150	黄灰色	黏土	块状		2.8	0.17	0.43	10	4.6	60			
剖22	半水成土	砂姜黑土	砂姜黑土	厚黄土覆盖砂姜黑土	重壤表厚心厚黄土覆盖砂姜黑土	1	0—20		重壤土		7.5	11.5	0.53	0.84	30	4.5	175		E 117°02′51.7″ N 34°54′46.8″	73
						2	20—40		重壤土		7.5	10.6	0.39	0.85	40	2.3	170			
						3	40—114		黏土		7.5	13.6	0.54	0.30	32	0.9	200			
						4	114—150		黏土	粉柱状	7.9	4.2	0.25	0.59	10	0.2	115			
剖23	人为土	水稻土	幼年水稻土	冲积潮土性水稻土	轻壤表厚砂心冲积潮土性水稻土	1	0—15	褐色	轻壤土	块状	7.8	13.4	0.63	0.82	46	2.3	205	冲积物	E 117°01′39.5″ N 34°53′41.9″	74
						2	15—20	褐色	轻壤土	块状		12.5	0.62	0.88	40	2.7	165			
						3	20—27	黄褐色	中壤土	块状		8.9	0.53	0.88	30	0.9	160			
						4	27—150	黄色	砂壤土	粉状		1.3	0.15	0.13	10	2.8	150			
剖24	半水成土	砂姜黑土	砂姜黑土	厚黄土覆盖砂姜黑土	重壤表厚心厚黄土覆盖砂姜黑土	1	0—22	黄褐色	重壤土	碎块状	6.8	13.7	0.68	0.66	63	6.7	140		E 117°06′12.0″ N 34°53′20.4″	84
						2	22—45	黄褐色	重壤土	碎块状	7.3	10.8	0.57	0.35	30	0.2	170			
						3	45—90	褐褐色	黏土	块状	7.4	16.9	0.70	0.46	23	0.2	180			
						4	90—146	灰褐色	黏土	粒状	7.5	10.8	0.61	0.51	11	0.2	155			
						5	146—150	灰黑色	黏土	棱柱状	7.3	16.5	0.64	0.55	27	0.2	150			
剖25	半水成土	潮土	潮土	黄泛冲积潮土	中壤表厚心潮土	1	0—20		中壤土			11.9	0.80	1.57	63	18.1	235	河流冲积物	E 117°03′18.7″ N 34°51′54.9″	81
						2	20—26		重壤土			12.9	0.64	1.09	35	5.0	150			
						3	26—36		胶泥土			13.4	0.59	0.73	32	1.8	168			
						4	36—150		砂壤土			3.1	0.09							
剖26	半水成土	褐土	褐潮土	褐潮土	轻壤均质褐潮土	1	0—20	黄褐色	轻壤土	粒状	7.4	8.3	0.41	1.11	37	6.4	105	河流冲积物	E 117°04′39.6″ N 34°51′20.1″	81
						2	20—35	褐褐色	轻壤土	粒状	7.3	4.2	0.26	1.38	22	8.3	125			
						3	35—97	褐黄色	轻壤土	块状	7.3	5.5	0.26	1.00	28	12.3	125			
						4	97—130	黄褐色	轻壤土	块状	7.1	3.4	0.14	1.09	22	5.8	55			
剖27	半水成土	潮土	潮土	冲积潮褐土	轻壤表厚粘化心冲积潮褐土	1	0—18	黄褐色	轻壤土	粒状	7.5	8.5	0.41	0.87	30	3.2	80	冲积物	E 117°05′41.0″ N 34°51′11.4″	91
						2	18—29	黄褐色	中壤土	小块状	7.4	8.4	0.32	0.92	26	4.6	75			
						3	29—59	暗褐色	黏土	块状	7.5	5.5	0.29	0.69	16	5.4	90			
						4	59—98	暗褐色	黏土	块状	7.4	5.7	0.29	0.80	19	0.6	98			
						5	98—150	黄褐色	砂壤土	粒状	7.3	2.9	0.11	0.82	13	10.6	68			
剖28	半水成土	潮土	湿潮土	喷淤湿潮土	中壤表高位厚黏心喷淤湿潮土	1	0—18	浅褐色	中壤土	碎块状	7.4	8.2	0.40	0.95	31	5.4	130	河流冲积物	E 117°03′58.9″ N 34°50′15.4″	92
						2	18—68	黑褐色	重壤土	块状	7.5	10.4	0.64	0.92	23	2.8	250			
						3	68—88	浅褐色	轻壤土	碎块状	7.5	5.6	0.33	1.23	23	0.4	95			
						4	88—150	深褐色	重壤土	碎块状	7.4	2.6	0.19	0.75	13	0.8	65			
剖29	半水成土	潮土	潮土	石灰性河潮土	重壤表厚高位厚黏心冲积潮褐性河潮土	1	0—14	黄褐色	重壤土	团粒状	7.4	13.2	0.75	0.40	56	2.9	140	河流冲积物	E 117°06′12.4″ N 34°49′18.4″	94
						2	14—21	黄褐色	重壤土	块状		9.1	0.53	0.34	38	0.3	120			
						3	21—46	灰褐色	重壤土	块状		10.3	0.49	0.45	37	3.2	125			
						4	46—105	黄褐色	重壤土	粒状		6.4	0.27	1.29	23	1.8	172			
						5	105—150	黄褐色	中壤土	团粒状	7.2	2.5	0.14	0.25	12	0.5	120			
剖30	半淋溶土	褐土	潮褐土	冲积潮褐土	中壤表高位厚黏心冲积潮褐土	1	0—15	黄褐色	中壤土	小块状		13.0	0.65	1.11	52	7.0	150	冲积物	E 117°09′13.9″ N 34°49′17.7″	83
						2	15—27	黄褐色	中偏黏壤土	块状		12.5	0.60	1.16	28	2.0	125			
						3	27—68	黄棕色	重壤土	块状		19.7	0.51	4.81	28	1.9	135			
						4	68—87	黄褐色	中偏黏壤土	块状		7.7	0.41	0.60	27	4.5	105			
						5	87—150	黄褐色	中偏黏壤土	块状		8.7	0.37	0.59	20	3.9	118			

续表 Continued

剖面号 Soil profile	土纲 Soil order	土类 Soil great group	亚类 Soil subgroup	土属 Soil genus	土种 Soil species	土层码 Layer code	土层厚度 Depth/cm	颜色 Soil color	质地 Soil texture	土壤结构 Soil structure	pH	有机质 OM/(g/kg)	全氮 TN/(g/kg)	全磷 TP/(g/kg)	碱解氮 AN/(mg/kg)	有效磷 AP/(mg/kg)	速效钾 AK/(mg/kg)	土壤母质 Parent material	剖面点坐标 Profile coordinate	匹配指数 Matching index/%
剖31	半水成土	潮土	湿潮土	喷淤湿潮土	重壤均质喷淤潮湿土	1	0—23		重壤土			11.4	0.58	0.49	27	3.6	250	河流冲积物	E 117°07′48.0″ N 34°47′18.6″	84
						2	23—56		重壤土			13.6	0.74	0.81	43	5.6	170			
						3	56—89		重壤土			4.6	0.31	0.40	13	0.8	120			
						4	89—120		重壤土			3.5	0.19	0.42	10	0.8	97			
剖32	人为土	水稻土	幼年水稻土	湖积湿潮土性水稻土	黏积质湖积湿潮土性水稻土	1	0—19	灰褐色	黏土	小块状	7.6	11.6	0.62	1.16	45	11.9	250	湖积物	E 117°08′33.7″ N 34°46′36.5″	95
						2	19—31	灰褐色	黏土	小块状	7.5	8.1	0.50	0.97	47	4.0	205			
						3	31—59	灰褐色	黏土	小块状	7.3	8.1	0.44	0.58	33	0.5	140			
						4	59—83	灰褐色	黏土	块状	7.5	6.6	0.33	0.46	28	0.1	110			
						5	83—102	黑褐色	黏土			19.0	0.77	0.70	35	2.6	200			
剖33	半水成土	潮土	湿潮土	冲积湿潮土	轻壤均质冲积湿潮土	1	0—15	黄褐色	重壤土	小块状	7.5	12.3	0.76	0.98	52	6.9	180	河流冲积物	E 117°12′04.7″ N 34°44′31.7″	70
						2	15—25	黄褐色	重壤土	块状		10.2	0.75	0.86	37	2.0	210			
						3	25—47	灰褐色	重壤土	块状		10.6	0.58	1.18	32	4.5	140			
						4	47—150	黄色	重壤土			6.8	0.69	0.80	27	4.1	135			
剖34	半水成土	潮土	湿潮土	河积湿潮土	重壤均质湖积湿潮土	1	0—16	灰褐色	重壤土	碎块状	7.4	16.0	0.82	0.54	50	9.6	270	河流冲积物	E 117°15′53.7″ N 34°42′38.0″	86
						2	16—35	黄褐色	重壤土	块状	7.4	10.9	0.64	0.51	37	7.0	235			
						3	35—50	灰褐色	重壤土	块状	7.4	8.9	0.50	0.49	28	2.9	190			
						4	50—100	灰褐色	重壤土	棱块状	7.2	12.2	0.31	0.26	28	2.8	205			
剖35	砂姜黑土	砂姜黑土	砂姜黑土	薄黄土覆盖砂姜黑土	中壤夹厚砂姜心薄黄土覆盖砂姜黑土	1	0—15		中壤土		7.5	13.3	0.62	0.39	40	3.1	106	河流冲积物	E 117°15′55.7″ N 34°42′23.9″	100
						2	15—41		重壤土	块状	7.0	12.9	0.60	0.22	33	0.3	110			
						3	41—56		重壤土		7.4	1.9	0.13	0.14	9	3.8	50			
						4	56—132		重壤土		7.4	0.4	0.02	0.03	2	0.6	18			
剖36	人为土	水稻土	幼年水稻土	砂姜黑土性水稻土	中壤夹厚砂姜心砂姜黑土性水稻土	1	0—25	暗灰色	中壤土	块状		19.6	1.01	0.94	75	0.1		洪积物、冲积物	E 117°16′41.6″ N 34°42′13.8″	88
						2	25—90	浅黄色	重壤土	棱块状		5.3	0.40	0.10	38					
						3	90—150	黄色	重壤土			2.8	0.32	0.38	15					
剖37	半水成土	潮土	潮土	黄泛冲积潮土	黏均质冲积潮土	1	0—16	褐色	中壤土	碎块状	7.9	13.2	0.77	0.36	43	3.3	185	河流冲积物	E 117°17′38.7″ N 34°41′26.4″	71
						2	16—25	深褐色	黏土	块状	7.7	15.5	0.73	0.76	43	1.4	150			
						3	25—130	黄褐色	胶泥土	块状	8.2	0.4	0.43	0.72	20	1.9	165			
剖38	半淋溶土	褐土	褐土	洪冲积褐土	轻壤表厚黏心洪冲积褐土	1	0—24	黄色	轻壤土	小块状	7.2	7.0	0.39	0.50	20	0.8	105	洪积物、冲积物	E 117°14′20.5″ N 34°39′21.3″	70
						2	24—36	红黄色	中壤土	块状		5.9	0.36	1.05	17	0.4	93			
						3	36—61	红色	中壤土	块状		4.5	0.28	1.02	17	0.2	93			
						4	61—79	黄褐色	重壤土	块状		5.0	0.31	0.32	17	1.0	70			
						5	79—104	灰黄色	重壤土	块状		6.6	0.25	0.38	23	1.3	95			
						6	104—150	红黄色	轻壤土	粒状		3.8	0.22	0.34	13	4.9	85			
剖39	淋溶土	棕壤	潮棕壤	冲积潮棕壤	轻壤表厚黏心冲积潮棕壤	1	0—22	褐黄色	中壤土	块状		8.3	0.60	0.29	41	2.1		冲积物	E 117°20′04.5″ N 34°39′58.9″	73
						2	22—45	褐黄色	重壤土	块状		5.4	0.48	0.44	17	1.3				
						3	45—60	黑黄色	重壤土	块状	7.4	4.1	0.27	0.45	16	7.3				
						4	60—86	黑黑色	重壤土	块状	7.4	11.8	0.76	0.44	57	3.2				
						5	86—119	褐褐色	中壤土	粒状	7.5	8.6	0.52	0.21	26	1.7				
						6	119—150	浅黄色	中壤土			7.7	0.47	0.17	31	1.2				
剖40	半淋溶土	褐土	潮褐土	冲积潮褐土	中壤表厚砂姜底冲积潮褐土	1	0—18	黄黄色	中壤土	小块状		13.5		1.00	47	2.8	130	冲积物	E 117°20′04.4″ N 34°39′25.5″	82
						2	18—32	黄褐色	重壤土	块状		10.0	0.93	0.29	27	0.8	125			
						3	32—76	暗褐色	重壤土			7.2	0.51	0.58	17	0.3	75			
剖41	半水成土	砂姜黑土	砂姜黑土	黑土粿露砂姜黑土	重壤表厚砂姜底砂姜粿露砂姜黑土	1	0—15		中壤土				0.36						E 117°20′31.6″ N 34°38′12.3″	72
						2	15—44		重壤土			3.2	0.15	0.47	20	2.5	105			
						3	44—66		重偏黏壤土											
						4	66—150													

续表 Continued

剖面号 Soil profile	土纲 Soil order	土类 Soil great group	亚类 Soil subgroup	土属 Soil genus	土种 Soil species	土层码 Layer code	土层厚度 Depth/cm	颜色 Soil color	质地 Soil texture	土壤结构 Soil structure	pH	有机质 OM/(g/kg)	全氮 TN/(g/kg)	全磷 TP/(g/kg)	碱解氮 AN/(mg/kg)	有效磷 AP/(mg/kg)	速效钾 AK/(mg/kg)	土壤母质 Parent material	剖面点坐标 Profile coordinate	匹配指数 Matching index/%
剖42	人为土	水稻土	幼年水稻土	砂姜黑土性水稻土	黏土表厚砂姜底砂姜黑土性水稻土	1	0—13	褐色	黏土	粒状		26.4	1.34	0.80	47	12.0	95		E 117°22′53.4″ N 34°36′26.4″	87
						2	13—21	黑褐色	黏土	粒状		23.2	0.81	0.73	33	4.9	105			
						3	21—65	黑色	黏土	块状		12.5	0.65	0.64	27	3.3	100			
						4	65—82	黑褐色	黏土			5.5	0.30	0.51	13	3.0	85			
						5	82—105	褐色	黏土			4.5	0.17	0.41	13	2.7	78			

鱼 台 县

主要土类说明

　　水稻土是鱼台县主要土壤类型，占本县地域面积的 83%。本县水稻土来源于近代黄河泛滥沉积物，多为淹育水稻土，起源于湿潮土或潮土。水稻土是经过长期淹水栽培和水耕熟化，以及氧化还原和淋溶淀积作用发育而成的土壤。该土所处地势低洼，土壤质地黏重。

　　潮土是鱼台县第二大土壤类型，占本县地域面积的 11%。成土母质主要为近代黄河泛滥沉积物，质地均匀，呈强石灰反应，pH 为 7.5—8.5。成土过程主要包括潮化过程和旱耕熟化过程，部分地区还有盐化过程。

本区域中心区气候特征

本区域中心区气候特征值
Regional climate characteristics in central area of the region

气候带：暖温带亚湿润气候 Climate region: Warm temperate subhumid climate	
年平均气温 /℃ Annual average temperature /℃	13.9
年平均最高气温 /℃ Annual average maximum temperature /℃	19.6
年平均最低气温 /℃ Annual average minimum temperature /℃	9.0
年降水量 /mm Annual precipitation /mm	701
≥10℃的积温 /℃ Daily temperature accumulated in a year（≥10℃）/℃	5147
年日照时数 /h Annual sunshine /h	2389
年平均相对湿度 /% Annual average relative humidity /%	70
干燥度 Dryness	1.18

本区域中心区月平均气温与月平均降水量
Monthly temperature and precipitation in central area of the region

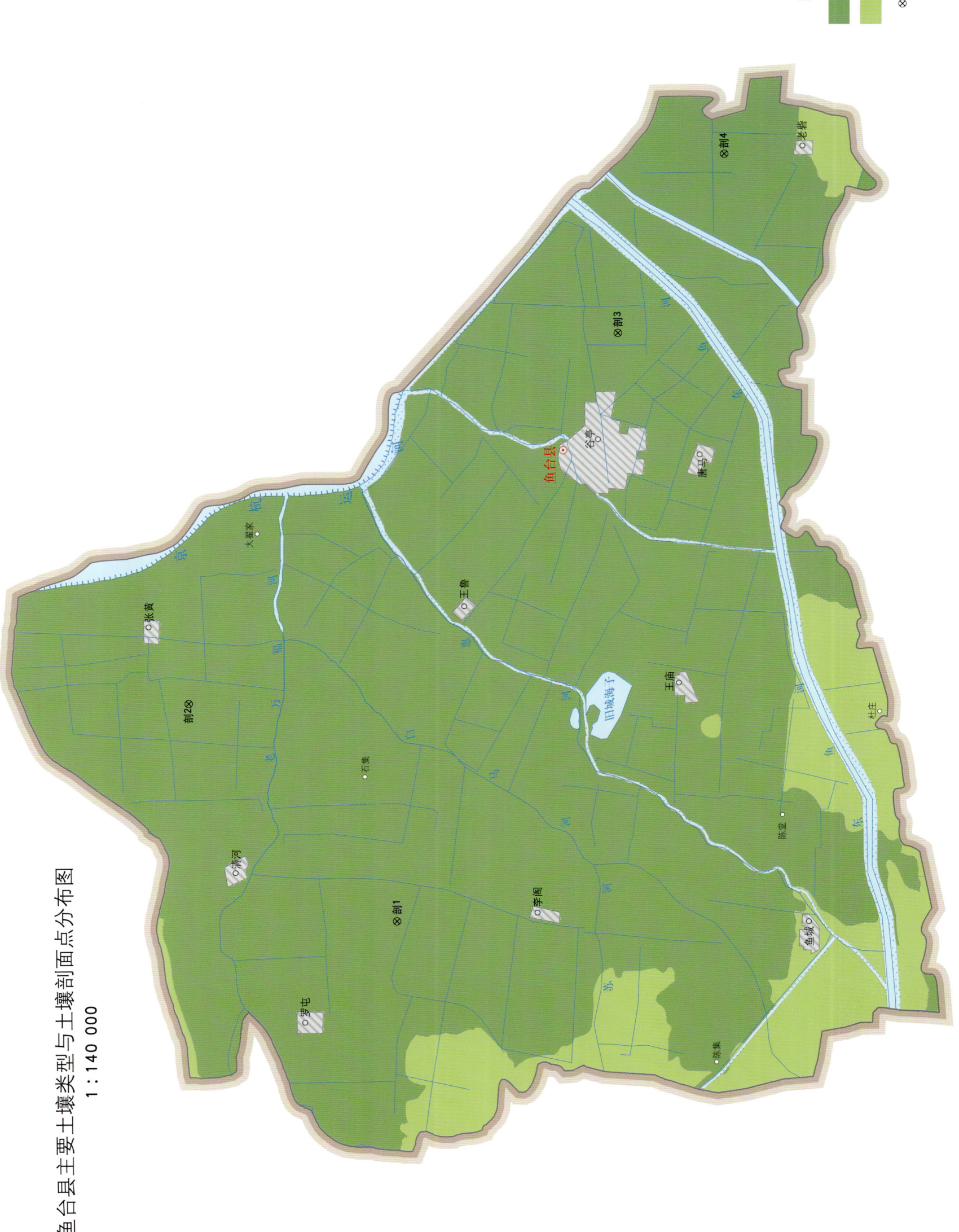

鱼台县土壤剖面理化性状表

剖面号 Soil profile	土纲 Soil order	土类 Soil great group	亚类 Soil subgroup	土属 Soil genus	土种 Soil species	土层码 Layer code	土层厚度 Depth/cm	质地 Soil texture	pH	有机质 OM/(g/kg)	全氮 TN/(g/kg)	全磷 TP/(g/kg)	全钾 TK/(g/kg)	碱解氮 AN/(mg/kg)	有效磷 AP/(mg/kg)	速效钾 AK/(mg/kg)	阳离子交换量CEC/(cmol/kg)	剖面点坐标 Profile coordinate	匹配指数 Matching index/%
剖1	人为土	水稻土	淹育水稻土	湿潮土性淹育水稻土	黏湿幼年水稻土	1	0—7	黏土	7.9	18.9	1.32	1.53	26.1	70	4.2	244		E 116°28′17.1″ N 35°03′20.6″	92
						2	7—15	黏土	7.9	19.8	1.29	0.21	26.1	87	4.7	241			
						3	15—35	黏土	7.7	10.2	0.73	0.41	27.0	48	3.4	228			
						4	35—65	粉质黏土	7.6	6.7	0.49	0.46	21.1	31	6.2	136			
						5	65—	黏土	7.6	8.7	0.69	0.49	27.0	39	6.1	208			
剖2	人为土	水稻土	淹育水稻土	浅潮黏田	浅潮黏田	1	0—10	粉质黏土	8.1	11.7	1.52	0.56	25.1	95	6.3	214	23.4	E 116°33′07.6″ N 35°07′03.1″	87
						2	10—21	黏土	8.1	9.3	1.40	0.59	24.3	91	5.7	222	22.1		
						3	21—44	重黏土	8.0	3.6	0.61	0.35	26.1	39	4.6	198	23.5		
						4	44—66	重黏土	7.8	9.2	0.66	0.40	26.8	43	5.0	256	23.4		
						5	66—95	壤质黏土	7.8	7.6	0.65	0.50	27.1	39	4.9	214	19.9		
剖3	人为土	水稻土	淹育水稻土	湿潮土性淹育水稻土	倒蒙金黏湿幼年水稻土	1	0—8	壤质黏土	7.5	14.5	1.54	0.67	26.1	99	12.4	287		E 116°41′22.5″ N 34°59′26.3″	89
						2	8—15	壤质黏土	7.5	10.3	0.57	0.62	25.1	88	10.3	258			
						3	15—37	壤质黏土	7.6	8.1	0.66	0.58	25.8	41	4.0	206			
						4	37—55	壤质黏土	7.8	7.0	0.45	0.57	22.2	31	4.0	134			
						5	55—65	砂壤土	7.8	2.8	0.28	0.43	21.0	20	2.7	59			
						6	65—	砂壤土	8.0	1.3	0.22	0.52	19.7	17	2.3	44			
剖4	人为土	水稻土	淹育水稻土	潮土型淹育水稻土	潮土性淹育水稻土	1	0—16	壤质黏土	7.8	8.8	0.70	0.83		43	5.1	138		E 116°45′26.0″ N 34°57′30.8″	99
						2	16—35	壤质黏土	8.2	7.7	0.62	0.75		42	4.3	121			
						3	35—66	粉质黏壤土	8.1	7.7	0.66	0.74		42	16.2	155			
						4	66—75	壤质黏土	8.1	3.7	0.37	0.82		38	3.3	97			
						5	75—100	砂壤土	7.9	2.1	0.17			24	3.5	56			

金 乡 县

主要土类说明

潮土是金乡县主要土壤类型，占本县地域面积的88%。本县属黄河历次泛滥地区，因受"紧砂慢淤"沉积规律支配，成土母质颗粒粗细不一。近河床处分布着砂壤土，水流缓慢的远河床处分布着淤土，两者之间分布着两合土。本县潮土质地变化较大，具有明显的分选性。沉积层次明显，色泽均一，中下部土层有明显的锈纹、锈斑。地下水位较高，矿化度为0.8—8.0g/L，若耕种灌溉不当，土壤易盐碱化。全剖面富含石灰质，呈碱性至强碱性，pH为7.2—8.5，少数大于8.5。自然肥力相差较大，土壤微生物积累较弱。质地越重，养分含量越高。一般淤黏土有机质含量大于10g/kg，砂壤土、轻壤土有机质含量小于10g/kg。

水稻土是金乡县第二大土壤类型，占本县地域面积的10%。水稻土是在改造涝洼、实行作物改制、扩种水稻等影响下，在原潮土上逐步发育而成的一种新的土壤类型。由于种稻历史不长，土层可明显分出耕层、犁底层、母质层三个层次。耕层有少部分呈灰蓝色，稻根附近有锈纹、锈斑，犁底层以下仍保持原母质层的颜色及结构状态。与原土类不同的是物理性状的改变，容重提高，总孔隙度降低。实行稻改以来，因积水使地下水位上升，加之稻麦两熟时间紧，耕作粗放，有时只耙不耕，甚至不耙不耕，使土壤黏、湿、板、凉的不良性状程度加重。因此，耕层变浅，犁底层加厚，通透性差。稻、麦根返田增加，夏秋土壤处于水分饱和状态，嫌气微生物增加，有利于土壤有机质的积累和氮素增加。土壤有机质含量为13.7g/kg，全氮含量为1.07g/kg，全磷含量为1.49g/kg。

小于本县地域面积3%的土壤类型有褐土等。

本区域中心区气候特征

本区域中心区气候特征值
Regional climate characteristics in central area of the region

气候带：暖温带亚湿润气候 Climate region: Warm temperate subhumid climate	
年平均气温/℃ Annual average temperature /℃	13.9
年平均最高气温/℃ Annual average maximum temperature /℃	19.6
年平均最低气温/℃ Annual average minimum temperature /℃	9.0
年降水量/mm Annual precipitation /mm	690
≥10℃的积温/℃ Daily temperature accumulated in a year (≥10℃) /℃	5158
年日照时数/h Annual sunshine /h	2392
年平均相对湿度/% Annual average relative humidity /%	70
干燥度 Dryness	1.20

本区域中心区月平均气温与月平均降水量
Monthly temperature and precipitation in central area of the region

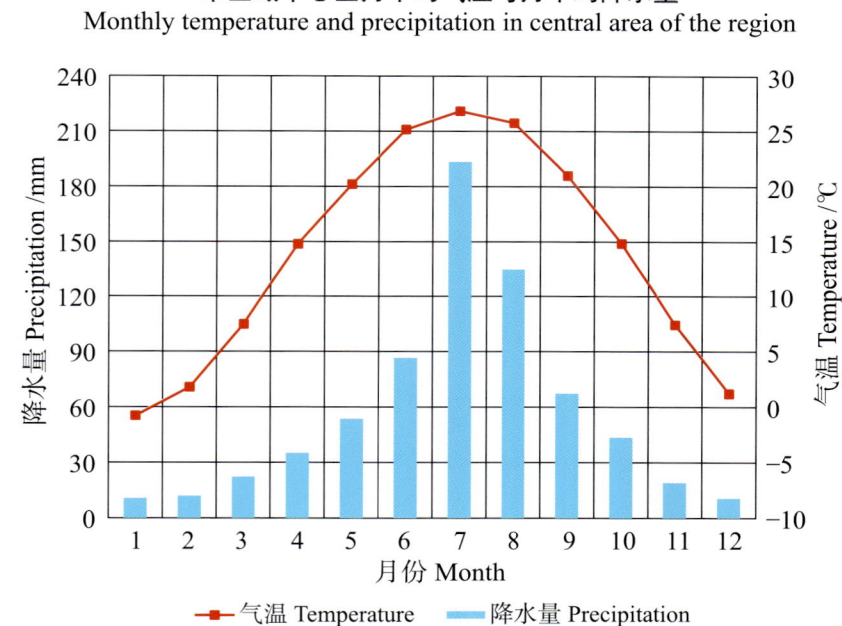

金乡县主要土壤类型与土壤剖面点分布图
1:160 000

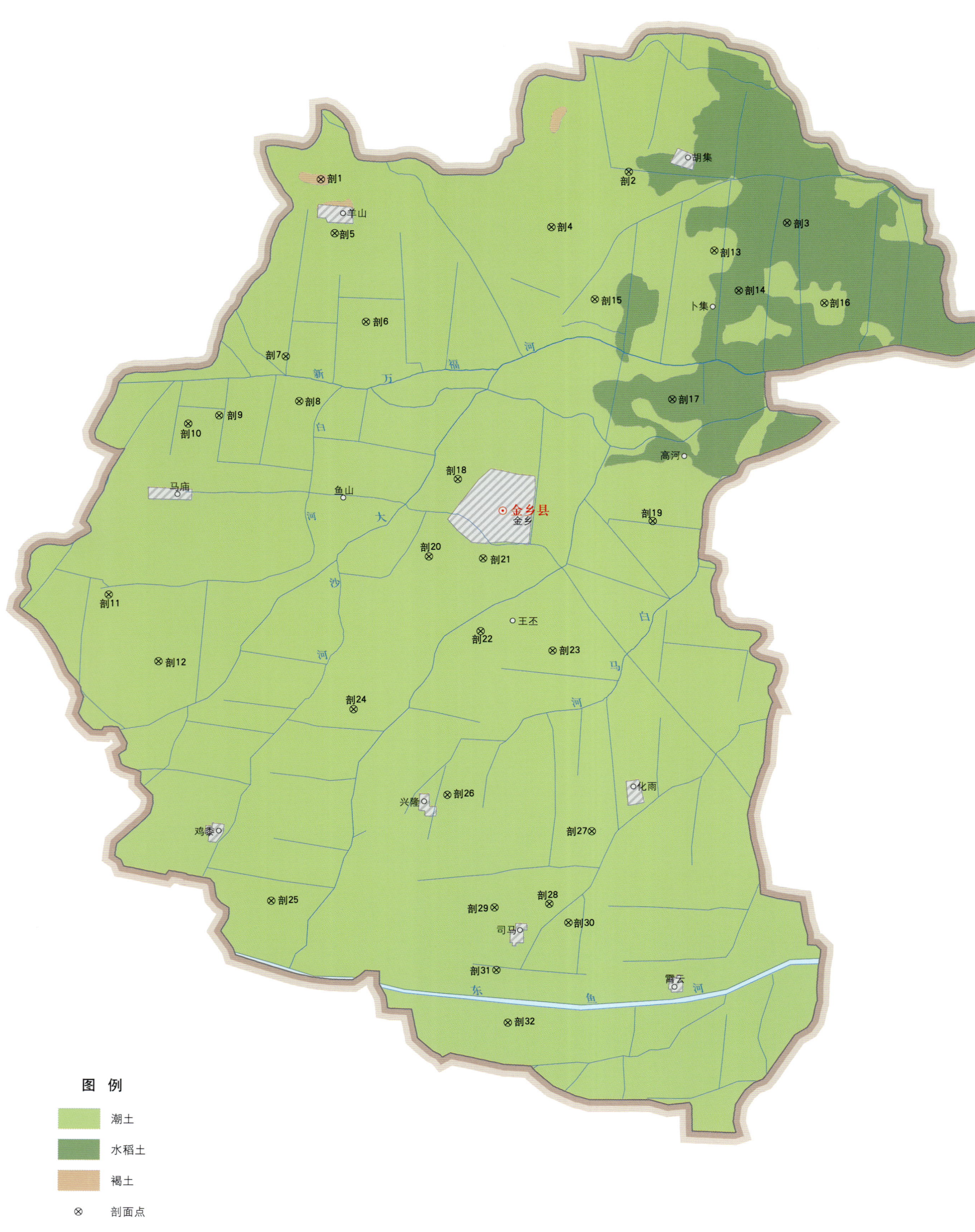

图 例

- 潮土
- 水稻土
- 褐土
- ⊗ 剖面点

金乡县土壤剖面理化性状表

剖面号 Soil profile	土纲 Soil order	土类 Soil great group	亚类 Soil subgroup	土属 Soil genus	土种 Soil species	土层码 Layer code	土层厚度 Depth/cm	颜色 Soil color	质地 Soil texture	土壤结构 Soil structure	pH	有机质 OM/(g/kg)	全氮 TN/(g/kg)	全磷 TP/(g/kg)	全钾 TK/(g/kg)	碱解氮 AN/(mg/kg)	有效磷 AP/(mg/kg)	速效钾 AK/(mg/kg)	阳离子交换量 CEC/(cmol/kg)	土壤母质 Parent material	剖面点坐标 Profile coordinate	匹配指数 Matching index/%
剖1	半淋溶土	褐土	褐土性土	钙质岩类褐土性土		1	0-14	黄褐色	轻壤土	粒状		12.0	1.10	1.83		78	14.5	125		钙质岩类	E 116°13′40.8″ N 35°11′00.6″	96
						2	14—															
剖2	半水成土	潮土	潮土	壤质潮土	中壤表厚砂体潮土	1	0-20	暗褐色	中壤土	状状		12.2	0.91	1.45		98	2.3	240		河流冲积物	E 116°21′23.6″ N 35°11′13.5″	99
						2	20-35	暗黄色	中壤土	屑粒状		8.4	0.69	1.33		81	2.1	165				
						3	35-70	浅黄色	砂壤土	粒状		4.3	0.32	1.28		33	2.1	255				
						4	70-105	浅黄色	砂壤土	粒状		3.0	0.25	1.19		29	1.9	115				
						5	105-150	浅黄色	砂壤土	粒状		1.5	0.14	1.18			1.0	115				
剖3	人为土	水稻土	幼年水稻土	黏质潮土水稻土	黏表薄胶泥心潮土性幼年水稻土	1	0-18	浅褐色	黏土	小块状		9.7	0.97	1.05		85	1.6	203			E 116°25′22.4″ N 35°10′10.6″	99
						2	18-44	浅黄色	黏土	块状		9.8	0.71	1.11		62	0.5	160				
						3	44-66	红棕色	胶泥土	棱块状		9.3	0.71	0.85		62	1.2	215				
						4	66-100	褐色	黏土	块状		8.9		1.10		59	2.6	185				
剖4	半水成土	潮土	盐化潮土	壤质盐化潮土	轻壤表厚砂体轻度硫酸盐化潮土	1	0-16	灰褐色	轻壤土	屑粒状		8.4	0.59	1.94		43	28.8	110		河流冲积物	E 116°19′28.1″ N 35°10′02.7″	78
						2	16-25	浅黄色	轻壤土	粒状		6.4	0.50	1.20		39	1.5	100				
						3	25-92	褐黄色	砂壤土	块状		2.5	0.22	1.35		15	0.8	40				
						4	92-150	浅灰棕色	砂壤土	粒状		4.0	0.29	1.20		19	2.4	70				
剖5	半水成土	潮土	褐潮土	壤质褐潮土	轻壤表厚砂体褐潮土性心	1	0-23	浅灰棕色	中壤土	屑粒状		9.6	0.71	1.46		80	4.9	115		河流冲积物	E 116°14′02.4″ N 35°09′52.7″	77
						2	23-49	灰黄色	轻壤土	粒状		5.9	0.47	1.25		52	1.7	70				
						3	49-53	褐黄色	轻壤土	块状		8.6	0.68	1.18		74	2.1	160				
						4	53-72	灰黄色	砂偏轻壤土	屑粒状		3.1	0.26	1.23		34	1.7	45				
						5	72-150	灰黄色	砂壤土	粒状		7.1		1.23			3.7					
剖6	半水成土	潮土	盐化潮土	砂质盐化潮土	砂壤均质轻度硫酸盐化潮土	1	0-22	灰黄色	砂壤土	屑粒状		5.8	0.40	1.44		32	14.1	290		河流冲积物	E 116°14′50.7″ N 35°08′00.9″	72
						2	22-45	暗黄色	砂壤土	粒状		5.3	0.25	1.36		31	7.9	175				
						3	45-75	褐黄色	砂壤土	粒状		3.3	0.26	1.30		15	1.5	225				
						4	75-100	浅黄色	砂壤土	粒状		4.3	0.30	1.14		24	1.3	230				
						5	100-117	黄褐色	砂壤土	粒状		2.3	0.25	1.19		25	2.3					
						6	117-150	浅黄色	砂壤土	粒状		1.9	0.13	1.03		20	1.5	250				
剖7	半水成土	潮土	潮土	黏质潮土	重壤表厚胶泥心潮土	1	0-19	暗褐色	重壤土	屑粒状		13.0	0.60	1.42		63	7.9	205		河流冲积物	E 116°12′50.8″ N 35°07′16.0″	95
						2	19-35	棕灰色	重壤土	粒状		9.9	0.79	1.20		73	1.6	85				
						3	35-51	褐黄色	重壤土	块状		9.4	0.72	1.08		46	0.4	200				
						4	51-94	浅黄色	重壤土	块状		8.8	0.67	1.00		50	1.0	198				
						5	94-129	棕灰色	重壤土	块状		7.7	0.70	1.25		95	4.9	200				
						6	129-150	暗红色	重壤土	屑粒状		7.0	0.66	1.26		74	5.5	170				
剖8	半水成土	潮土	潮土	黏质潮土	重壤表厚黏心厚胶泥泥底潮土	1	0-22	暗灰色	重壤土	屑粒状		12.2	0.83	1.30		89	4.9	150		河流冲积物	E 116°13′11.8″ N 35°06′19.2″	72
						2	22-46	浅灰色	轻壤土	块状		10.5	0.79	1.23		64	3.3	65				
						3	46-60	灰黄色	轻壤土	块状		4.7	0.38	1.09		49	2.0	75				
						4	60-77	浅黄色	胶泥土	块状		4.7	0.43	1.05		38	6.4	225				
						5	77-138	红棕色	黏土	块状		8.8	0.75	1.26		69	11.1	215				
						6	138-150	灰褐色		块状		7.1	0.60	1.33		63	11.4					

续表 Continued

剖面号 Soil profile	土纲 Soil order	土类 Soil great group	亚类 Soil subgroup	土属 Soil genus	土种 Soil species	土层码 Layer code	土层厚度 Depth/cm	颜色 Soil color	质地 Soil texture	土壤结构 Soil structure	pH	有机质 OM/(g/kg)	全氮 TN/(g/kg)	全磷 TP/(g/kg)	全钾 TK/(g/kg)	碱解氮 AN/(mg/kg)	有效磷 AP/(mg/kg)	速效钾 AK/(mg/kg)	阳离子交换量 CEC/(cmol/kg)	土壤母质 Parent material	剖面点坐标 Profile coordinate	匹配指数 Matching index/%
剖9	半水成土	潮土	潮土	壤质潮土	中壤表高厚黏心潮土	1	0–20	褐黄色	中壤土	块状		10.0	0.81	1.41		73	4.6	230		河流冲积物	E 116° 11′ 11.8″ N 35° 06′ 00.0″	99
						2	20–31	黄褐色	重壤土	块状		9.8	0.79	0.95		57	5.3	230				
						3	31–58	黄褐色	重壤土	块状		8.9	0.75	1.28		52	5.0	215				
						4	58–89	黄灰色	中壤土	小块状		6.7	0.54	1.40		42	3.1	160				
						5	89–124	黄灰色	胶泥土	块状		7.2		1.30								
						6	124–150	红棕色	胶泥土	块状		7.0		1.10								
剖10	半水成土	潮土	盐化潮土	壤质盐化潮土	轻壤厚胶泥底轻度硫酸盐化潮土	1	0–18	浅黄色	轻壤土	粒状		9.5	0.63	1.63		73	6.5	265		河流冲积物	E 116° 10′ 25.2″ N 35° 05′ 49.2″	89
						2	18–31	浅黄色	砂壤土	粒状		7.5	0.49	1.44		50	5.8	130				
						3	31–64	褐黄色	砂壤土	粒状		6.9	0.49	1.39		47	2.0	90				
						4	64–150	红棕色	胶泥土	块状		5.1	0.35	1.30		48	2.0	75				
剖11	半水成土	潮土	盐化潮土	盐化潮土	砂均质物重度氯化物盐化潮土	1	0–5	浅黄色	砂壤土	屑粒状		8.5	0.59	1.55		90	7.6	110		河流冲积物	E 116° 08′ 28.7″ N 35° 02′ 11.4″	73
						2	5–20	浅黄色	砂壤土	屑粒状		8.2	0.64	1.54		73	3.5	120				
						3	20–47	灰黄色	砂壤土	屑粒状		5.6	0.45	1.33		64	1.4	70				
						4	47–100	浅黄色	砂壤土	粒状		2.6	0.26	1.28		52	1.0	45				
						5	100–130	褐黄色	砂壤土	粒状		4.8	0.31	1.18		47	3.8	65				
						6	130–150	浅黄色	砂壤土	粒状		6.7	0.55	1.28		75	4.5	135				
剖12	半水成土	潮土	潮土	壤质潮土	轻壤均质潮土	1	0–5	褐黄色	轻壤土	屑粒状		8.2	0.55	1.48		48	6.6	275		河流冲积物	E 116° 09′ 44.6″ N 35° 00′ 46.8″	74
						2	5–20	褐黄色	砂壤土	屑粒状		9.4	0.59	1.50		50	10.3	180				
						3	20–40	褐黄色	砂壤土	屑粒状		7.3	0.48	1.33		48	3.2	135				
						4	40–60	褐黄色	砂壤土	粒状		5.2	0.34	1.33		35	3.8	135				
						5	60–100	浅黄色	轻壤土			4.8	0.31	1.41		34		175				
						6	100–150	浅黄色	轻壤土	粒状		4.1	0.28	1.29		34		180				
剖13	半水成土	潮土	潮土	黏质潮土	黏均质潮土	1	0–18	褐黄色	黏土	小块状		13.8	1.02	1.39		65	3.4	250		河流冲积物	E 116° 23′ 33.0″ N 35° 09′ 34.9″	73
						2	18–36	褐棕色	黏土	块状		9.3	0.70	1.21		38	6.9	225				
						3	36–77	褐棕色	黏土	块状		7.5	0.57	1.26		33	5.5	165				
						4	77–104	棕色	黏土	块状		8.7		1.18		35	1.0	210				
						5	104–150	黄灰色	黏土	块状		8.1		1.28		25	3.1	185				
剖14	人为土	水稻土	幼年水稻土	黏质潮土水稻土	黏表厚胶泥体潮土性幼年水稻土	1	0–20	浅褐色	黏土	块状		13.8	1.02	1.55		69	6.6	205		河流冲积物	E 116° 24′ 10.5″ N 35° 08′ 44.5″	75
						2	20–64	红棕色	胶泥土	棱块状		8.1	0.66	1.26		47	3.7	175				
						3	64–82	红棕色	胶泥土	棱块状		9.5	0.68	1.19		53	6.7	180				
						4	82–100	红棕色	胶泥土	棱块状		9.8	0.72	1.35		73	8.0	190				
剖15	半水成土	潮土	潮土	潮土	重壤厚砂体潮土	1	0–20	红棕色	重壤土	棱块状		11.7	0.94	1.41		82	2.9	230		河流冲积物	E 116° 20′ 34.1″ N 35° 08′ 31.9″	80
						2	20–38	浅黄色	砂壤土	屑粒状		9.7	0.75	1.30		59	1.9	135				
						3	38–109	红棕色	砂壤土	屑粒状		2.5	0.19	1.09		23	1.9	20				
						4	109–150	红棕色	砂壤土	粒状		2.8	0.21	1.25		18	1.2	40				
剖16	半水成土	潮土	湿潮土	黏质冲积湿潮土	黏表厚胶泥心湿潮土型潮土	1	0–18	红棕色	胶泥土	小块状		13.4	1.00	1.14		60	2.3	230		河流冲积物	E 116° 26′ 19.3″ N 35° 08′ 29.4″	92
						2	18–39	棕色	黏土	大块状		10.8	0.81	1.14		40	1.5	210				
						3	39–82	红棕色	胶泥土	块状		8.2	0.59	1.00		29	2.0	155				
						4	82–97	红棕色	砂壤土	块状		9.9		1.14		39	6.6	205				
						5	97–150	红棕色	胶泥土	粒状		10.5		1.04		37	9.5	245				
剖17	人为土	水稻土	幼年水稻土	黏质潮土水稻土	黏表厚砂体潮土性幼年水稻土	1	0–17	浅褐色	黏土	块状		17.9	1.12	1.60		77	9.3	215		河流冲积物	E 116° 22′ 31.8″ N 35° 06′ 25.6″	84
						2	17–42	红棕色	黏土	块状		8.9	0.75	1.28		51	3.1	190				
						3	42–64	浅黄色	砂壤土	粒状		3.6	2.70	1.41		23	2.2	50				
						4	64–100	浅黄色	砂壤土	粒状		3.0	1.40	0.95		10	2.3	30				

续表 Continued

剖面号 Soil profile	土纲 Soil order	土类 Soil great group	亚类 Soil subgroup	土属 Soil genus	土种 Soil species	土层码 Layer code	土层厚度 Depth/cm	颜色 Soil color	质地 Soil texture	土壤结构 Soil structure	pH	有机质 OM/(g/kg)	全氮 TN/(g/kg)	全磷 TP/(g/kg)	全钾 TK/(g/kg)	碱解氮 AN/(mg/kg)	有效磷 AP/(mg/kg)	速效钾 AK/(mg/kg)	阳离子交换量CEC/(cmol/kg)	土壤母质 Parent material	剖面点坐标 Profile coordinate	匹配指数 Matching index/%
剖18	半水成土	潮土	潮土	潮土	砂壤表厚胶泥底潮土	1	0–19	浅黄色	砂壤土	屑粒状		7.6	0.51	1.34		48	2.5	95		河流冲积物	E 116°17′11.2″ N 35°04′42.2″	92
						2	19–40	浅黄色	轻壤土	块状		3.1	0.25	1.21		26	2.1	55				
						3	40–79	浅黄色	轻壤土			3.2		1.31		25	2.1	75				
						4	79–112	棕红色	胶泥土	块状		4.0	0.59	1.35		73						
						5	112–150	棕色	黏土	块状		6.7	0.51			67						
剖19	半水成土	潮土	潮土	潮土	重壤表薄砂心厚胶泥底潮土	1	0–20	黄褐色	重壤土	块状		12.7	0.93	1.50		115	11.4	188		河流冲积物	E 116°22′04.1″ N 35°03′51.1″	89
						2	20–35	黄褐色	重壤土	块状		9.4	0.75	1.35		89	5.1					
						3	35–56	浅黄色	砂壤土	粒状		3.5	0.30	1.40		48	1.5	55				
						4	56–150	红棕色	胶泥土	块状		8.6	0.67	1.14		72	1.0	220				
剖20	半水成土	潮土	潮土	潮土	轻壤表厚砂体	1	0–24	浅棕色	轻壤土	屑粒状		7.8	0.65	1.35		59	8.9	195		河流冲积物	E 116°16′28.9″ N 35°03′03.6″	74
						2	24–34	浅棕色	轻壤土	屑粒状		5.2	0.47	1.25		42	1.4	90				
						3	34–72	棕色	砂壤土	粒状		1.9	0.23	1.13		17	0.8	30				
						4	72–150	浅黄色	砂壤土	粒状		1.4	0.17	1.36		12	4.2	30				
剖21	半水成土	潮土	潮土	壤质潮土	中壤表薄砂心厚胶泥底潮土	1	0–16	黄褐色	中壤土	粒状		12.8	0.91	1.59		15	25.1	145		河流冲积物	E 116°17′50.3″ N 35°03′01.8″	86
						2	16–31	深褐色	重壤土	小块状		10.7	0.82	1.43		71	6.4	140				
						3	31–47	灰黄色	砂壤土	小块状		3.4	0.30	1.48		18	1.7	55				
						4	47–67	灰黄色	砂壤土	小块状		5.2	0.39	1.14		30	2.4	90				
						5	67–113	红棕色	胶泥土	块状		6.7		1.08		37		130				
						6	113–150	红棕色	胶泥土	块状		7.2		1.10		48		180				
剖22	半水成土	潮土	潮土	壤质潮土	蒙金砂轻白土	1	0–20		砂壤土		7.5	8.1	0.60	0.61	16.2	38	12.2	141	8.2	河流冲积物	E 116°17′47.8″ N 35°01′28.9″	83
						2	20–29		砂壤土		7.6	7.9	0.58	0.53	17.7	31	5.9	98	7.9			
						3	29–46		砂壤土		7.9	4.8	0.30	0.52	17.0	24	6.2	76	6.5			
						4	46–68		砂壤土		7.6	2.7	0.29	0.50	17.2	24	4.1	74	6.9			
						5	68–100		粉质黏土		7.7	5.2	0.35	0.48	17.8	21	4.9	154	13.3			
剖23	半水成土	潮土	潮土	壤质潮土	中壤均质潮土	1	0–26	褐黄色	中壤土	屑粒状		9.3	0.62	1.35		46	3.0	118		河流冲积物	E 116°19′35.9″ N 35°01′04.9″	91
						2	26–37	黄褐色	中壤土	片状		7.6	0.60	1.41		48	1.0	110				
						3	37–52	褐黄色	中壤土	小块状		6.1	0.50	1.18		41	0.7	100				
						4	52–80	棕黄色	中壤土	小块状		4.5	0.35	1.14		28	0.8	80				
						5	80–150	棕红色	中壤土	小块状		6.7	0.53	1.04		34	0.6					
剖24	半水成土	潮土	潮土	壤质潮土	砂壤均质潮土	1	0–19	浅黄色	砂壤土	粒状		7.7	0.57	1.35		65	4.9	105		河流冲积物	E 116°14′38.2″ N 34°59′48.4″	95
						2	19–36	浅黄色	砂壤土	粒状		6.7	0.46	1.29		55	1.9	65				
						3	36–150	浅灰棕色	砂壤土	屑粒状		2.9	0.61	1.19		25	1.7	45				
剖25	半水成土	潮土	褐潮土	砂质褐潮土	砂壤均质褐潮土	1	0–22	浅灰棕色	砂壤土	屑粒状		7.8	0.49	1.18		39	26.3	80		河流冲积物	E 116°12′38.1″ N 34°55′42.7″	99
						2	22–35	浅灰棕色	砂壤土	屑粒状		6.2	0.44	1.13		41	2.0	70				
						3	35–58	浅灰黄色	砂偏轻壤土	棱粒状		4.5	0.34	1.40		29	1.8	55				
						4	58–83	浅灰黄色	砂壤土	粒状		3.8	0.28	1.39		17	1.1	40				
						5	83–150	浅黄色	砂壤土	屑粒状		3.1	0.25	1.19		11						
剖26	半水成土	潮土	潮土	壤质潮土	轻壤表厚砂底潮土	1	0–20	褐黄色	轻壤土	屑粒状		9.5	0.67	1.53		62	4.9	150		河流冲积物	E 116°17′00.2″ N 34°58′00.8″	74
						2	20–33	红棕色	中壤土	块状		5.3	0.44	1.48		37	1.0	80				
						3	33–67	灰红色	中壤土			4.3	0.34	1.33		41	3.5	85				
						4	67–150	灰黄色	砂壤土			4.2	0.31	1.38			1.4	55				

续表 Continued

剖面号 Soil profile	土纲 Soil order	土类 Soil great group	亚类 Soil subgroup	土属 Soil genus	土种 Soil species	土层码 Layer code	土层厚度 Depth/cm	颜色 Soil color	质地 Soil texture	土壤结构 Soil structure	pH	有机质 OM/(g/kg)	全氮 TN/(g/kg)	全磷 TP/(g/kg)	全钾 TK/(g/kg)	碱解氮 AN/(mg/kg)	有效磷 AP/(mg/kg)	速效钾 AK/(mg/kg)	阳离子交换量CEC/(cmol/kg)	土壤母质 Parent material	剖面点坐标 Profile coordinate	匹配指数 Matching index/%
剖27	半水成土	潮土	盐化潮土	壤质盐化潮土	轻壤表厚黏心轻度硫酸盐化潮土	1	0—5	浅黄色	轻壤土	粒状		7.9	0.57	1.41		42	10.8	185		河流冲积物	E 116°20′37.3″ N 34°57′15.8″	78
						2	5—20	浅黄色	轻壤土	粒状		7.0	0.49	1.34		40	5.3	90				
						3	20—40	灰黄色	砂壤土	粒状		4.4	0.36	1.34		30	7.5	80				
						4	40—68	褐黄色	重壤土	块状		6.8	0.58	1.10		46	4.1	155				
						5	68—95	棕黄色	重壤土	块状		8.1	0.66	1.25		42	6.5	185				
						6	95—120	暗黄色	胶泥土	片状		5.4	0.43	1.20		51	4.1	105				
						7	120—150	浅黄色	砂壤土	粒状		3.7	0.26	1.06		30	2.4	50				
剖28	半水成土	潮土	潮土	壤质潮土	轻壤表高厚胶泥心潮土	1	0—20	浅黄色	轻壤土	小块状		8.2	0.58	1.55		51	12.6	158		河流冲积物	E 116°19′35.0″ N 34°55′42.6″	80
						2	20—32	褐黄色	中壤土	块状		6.1	0.49	1.34		46	4.3	95				
						3	32—63	红棕色	胶泥土	块状		7.7	0.68	1.11		68	2.1	175				
						4	63—91	浅褐色	重壤土	块状		6.9	0.44	1.06		45	2.5	145				
						5	91—116	褐黄色	中壤土	块状		6.1		1.10		48	3.5	115				
						6	116—150	浅黄色	砂壤土	小块状		3.1	0.26	1.18		27	2.6	40				
剖29	半水成土	潮土	潮土	壤质潮土	轻壤表厚胶泥心厚垫底潮土	1	0—20	褐黄色	轻壤土	屑粒状		11.6	0.78	1.69		67	7.2	255		河流冲积物	E 116°19′13.0″ N 34°55′37.2″	79
						2	20—35	浅黄色	砂壤土	屑粒状		7.8	0.61	1.21		97	1.3	155				
						3	35—60	红褐色	砂壤土	粒状		3.8	0.41	1.19		42	0.8	155				
						4	60—103	浅褐色	黏土	块状		6.1	0.51	1.13		47	0.7	180				
						5	103—150	浅黄色	砂壤土	屑粒状		1.7	0.15	1.10		21	0.7	85				
剖30	半水成土	潮土	盐化潮土	砂质盐化潮土	砂壤表深厚黏底轻度硫酸盐化潮土	1	0—22	褐黄色	砂壤土	屑粒状		8.0	0.53	1.19		44	1.7	100		河流冲积物	E 116°18′03.8″ N 34°55′18.8″	73
						2	22—35	棕黄色	砂壤土	粒状		7.0	0.53	1.35		39	1.3	95				
						3	35—59	浅黄色	砂壤土	粒状		4.5	0.32	1.35		28	0.4	80				
						4	59—107	浅黄色	砂壤土	块状		3.6	0.29	1.49		18	2.2	70				
						5	107—150	褐棕色	黏土			7.0	0.59	1.46		39	4.5	140				
剖31	半水成土	潮土	盐化潮土	砂质盐化潮土	砂壤均质中度硫酸盐化潮土	1	0—17	浅黄色	砂壤土	屑粒状		7.9	0.61	1.55		60	10.6	140		河流冲积物	E 116°18′16.7″ N 34°54′17.9″	95
						2	17—28	浅黄色	砂壤土	粒状		4.1	0.54	1.35		52	1.9	70				
						3	28—94	灰黄色	砂壤土	粒状		3.0	0.34	1.30		49	3.3	75				
						4	94—124	浅黄色	砂壤土	粒状		8.3	0.30	1.21								
						5	124—150	浅黄色	砂壤土	粒状		3.9		1.41				35				
剖32	半水成土	潮土	潮土	壤质潮土	轻壤表薄胶泥心厚砂底潮土	1	0—24	灰黄色	轻壤土	屑粒状		8.4	0.60	1.60		72	3.9			河流冲积物	E 116°18′34.7″ N 34°53′11.3″	100
						2	24—48	灰黄色	砂壤土	粒状		2.6	0.22	1.30		39	1.5	195				
						3	48—63	红棕色	胶泥土	片状		7.5	0.58	1.26		66	2.0	135				
						4	63—150	浅黄色	砂壤土	粒状		2.4	0.17	1.35		19	1.7					

嘉 祥 县

主要土类说明

潮土是嘉祥县主要土壤类型，占本县地域面积的86%。本县潮土由历代黄泛沉积物所发育。土壤质地变化较大，具有明显的分选性，土体中沉积层次分明。地下水位较浅，地下水埋深为1—3m。土壤矿化度较高，一般为1—3g/L，高的可超过5g/L。若耕种管理不当，土壤易产生次生盐渍化。全剖面具有强石灰反应，土壤多数呈微碱性，pH为7.5—8.5，少数高于8.5，显碱性。自然肥力相差较大，土壤质地越重，养分含量越高。淤土地有机质含量一般高于10g/kg，砂质土壤有机质含量只有4—7g/kg。淤土的速效磷含量也比砂土丰富，但含量都不高，一般小于5mg/kg。根据受地下水作用的强弱程度和盐碱化情况，本县潮土分为褐潮土、潮土、湿潮土和盐化潮土等亚类。

褐土是嘉祥县第二大土壤类型，占本县地域面积的9%，主要分布在中心街道以南的低山残丘区。表层质地多为石渣土、轻壤土或中壤土。物理性状好，但有水土流失和受旱的威胁。褐土表层的平均养分含量为有机质12.9g/kg、全氮0.97g/kg、全磷1.21g/kg。根据地形部位、土层厚薄、新生体的类型、地下水作用等影响土壤发育的因素和农业利用状况，本县褐土分为褐土、潮褐土和褐土性土等亚类。

水稻土是嘉祥县第三大土壤类型，占本县地域面积的5%。水稻土就是在改造涝洼、作物改制、种植水稻等影响下在原潮土上初步发育形成的一个新的土壤类型。因种稻时间较短，土壤的耕层和犁底层的性质有些改变，但尚未形成水稻土的全部特征，仍有潮土的特征。

本区域中心区气候特征

本区域中心区气候特征值
Regional climate characteristics in central area of the region

气候带：暖温带亚湿润气候 Climate region: Warm temperate subhumid climate	
年平均气温 /℃ Annual average temperature /℃	13.8
年平均最高气温 /℃ Annual average maximum temperature /℃	19.5
年平均最低气温 /℃ Annual average minimum temperature /℃	8.8
年降水量 /mm Annual precipitation /mm	666
≥10℃的积温 /℃ Daily temperature accumulated in a year (≥10℃) /℃	5118
年日照时数 /h Annual sunshine /h	2426
年平均相对湿度 /% Annual average relative humidity /%	69
干燥度 Dryness	1.23

本区域中心区月平均气温与月平均降水量
Monthly temperature and precipitation in central area of the region

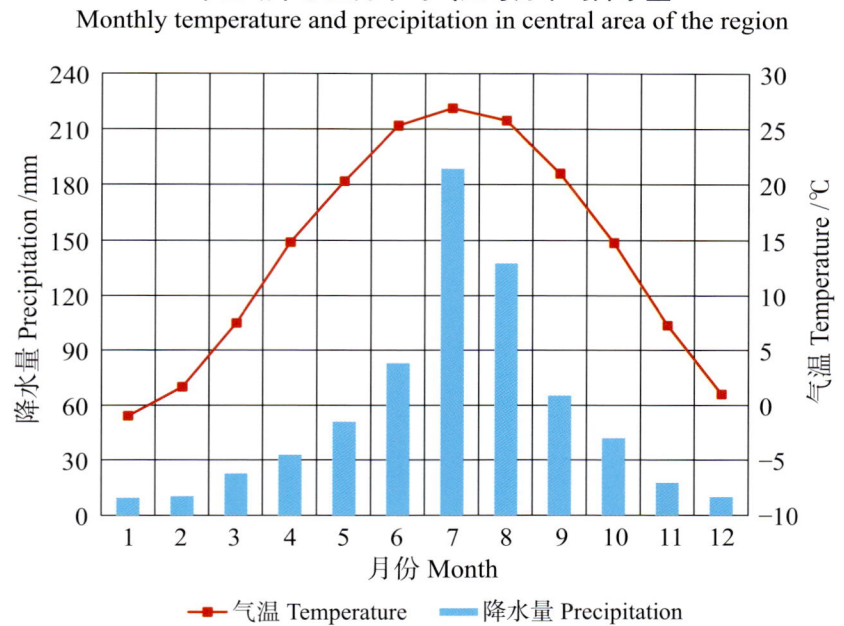

嘉祥县主要土壤类型与土壤剖面点分布图
1∶170 000

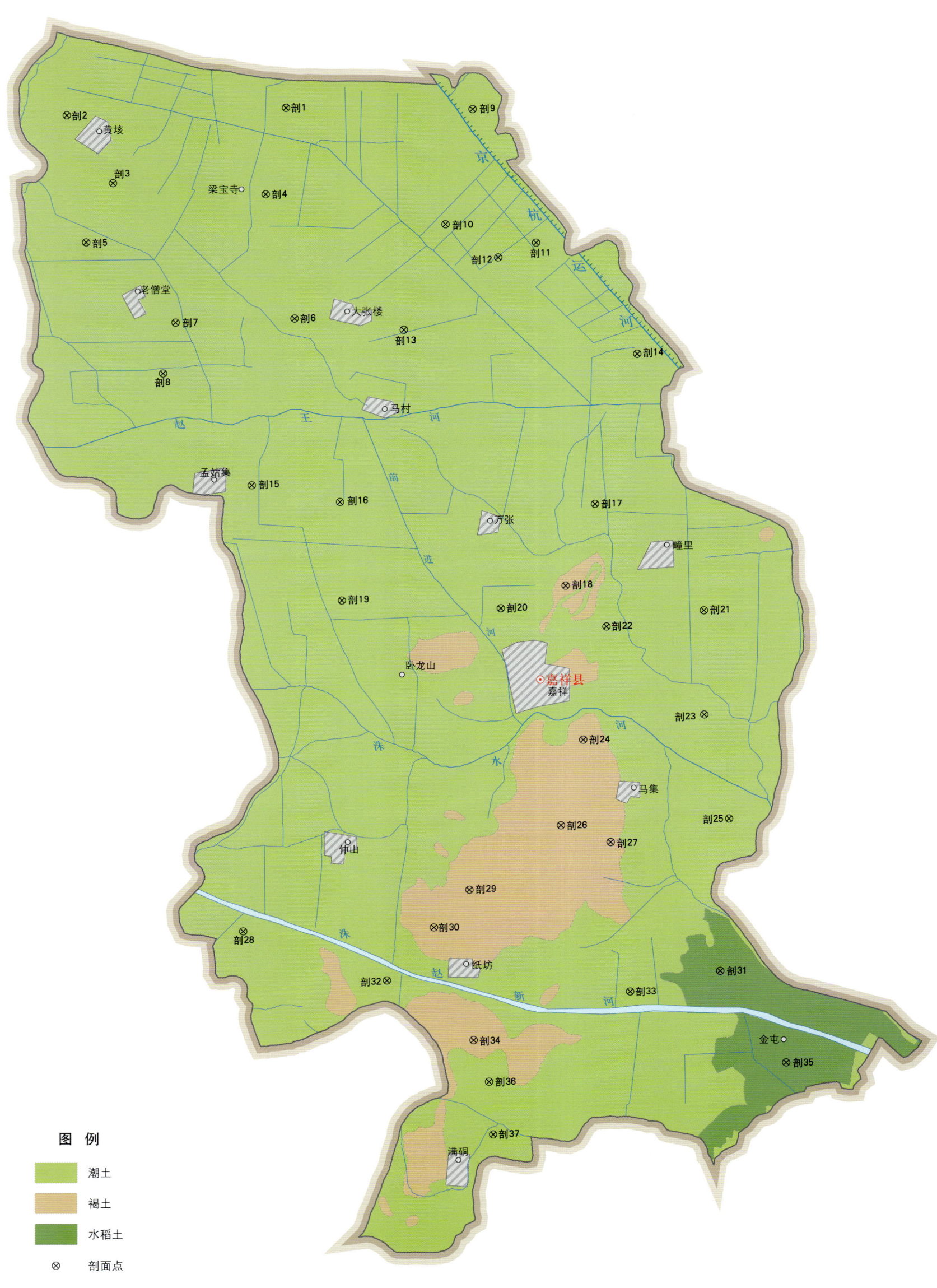

嘉祥县土壤剖面理化性状表

剖面号 Soil profile	土纲 Soil order	土类 Soil great group	亚类 Soil subgroup	土属 Soil genus	土种 Soil species	土层码 Layer code	土层厚度 Depth/cm	颜色 Soil color	质地 Soil texture	土壤结构 Soil structure	pH	有机质 OM/(g/kg)	全氮 TN/(g/kg)	全磷 TP/(g/kg)	碱解氮 AN/(mg/kg)	有效磷 AP/(mg/kg)	速效钾 AK/(mg/kg)	阳离子交换量CEC/(cmol/kg)	土壤母质 Parent material	剖面点坐标 Profile coordinate	匹配指数 Matching index/%
剖1	半水成土	潮土	潮土	潮土	重壤表厚胶泥板心潮土	1	0~20	棕褐色	重壤土	屑粒状		16.3	1.11	1.13	83	26.4	338	16.7	河流冲积物	E 116°13′37.9″ N 35°36′41.4″	99
						2	20~30	棕褐色	重壤夹胶泥土	小块状		11.3	0.73	0.48	63	3.1	195				
						3	30~46	棕褐色	重偏轻壤土	小块状		10.3	0.58	0.45	53	1.6	143				
						4	46~69	红棕色	胶泥土	大楞块状		10.0	0.44	0.39	45	1.6	243				
						5	69~105	灰褐色	中壤土			9.6	0.58	0.40	48	1.3	140				
						6	105~150	浅灰褐色	胶泥土			9.1	0.65	0.53	40	0.9					
剖2	半水成土	潮土	褐潮土	褐潮土	砂壤均质褐潮土	1	0~24	灰褐色	砂壤土	小粒状		12.4	0.61	0.68	50	5.9	120	6.3	河流冲积物	E 116°07′47.9″ N 35°36′31.2″	94
						2	24~35	黄褐色	砂偏重壤土			7.7	0.41	0.60	42	2.3	68				
						3	35~70	黄褐色	砂壤土			5.3	0.33	0.53	27		43				
						4	70~113	浅黄色	砂壤土			4.7	0.23	0.43	20		33				
						5	113~150	黄白色	砂壤土			1.7	0.17	0.40	18		30				
剖3	半水成土	潮土	潮土	潮土	轻壤表厚胶泥板心潮土	1	0~18	灰褐色	轻壤土	屑粒状		5.9	0.49	1.43	43	0.5	118		河流冲积物	E 116°09′02.2″ N 35°35′00.2″	98
						2	18~50	棕红色	胶泥土	大块状		6.4	0.57	1.00	23	0.8	130				
						3	50~78	深褐色	中壤土	小块状		5.7	0.51	0.92	24		115				
						4	78~110	黄褐色	轻壤土	小块状		3.2	0.24	0.83	18	0.6					
						5	110~150	黄白色	砂壤土			2.5		0.89		0.6					
剖4	半水成土	潮土	盐化潮土	盐化潮土	轻壤表厚胶泥板心重盐化潮土	1	0~20	灰褐色	轻壤土	屑粒状	7.8	6.3	0.37	1.32	37	3.8	100		河流冲积物	E 116°13′05.9″ N 35°34′45.5″	90
						2	20~30	黄褐色	胶泥土	屑粒状	8.7	3.1	0.19	1.32	25	1.9	100				
						3	30~80	红棕色	胶泥土	块状	8.1	2.3	0.17	1.26	15	3.6	82				
						4	80~150	黄白色	粉砂土		8.7	2.0	0.15	1.32	17	2.8	158				
剖5	半水成土	潮土	盐化潮土	盐化潮土	轻壤均质重盐化潮土	1	0~20	浅灰褐色	轻壤土	屑粒状	7.8	8.2	0.52	1.44	53	1.9	175		河流冲积物	E 116°08′19.3″ N 35°33′40.3″	75
						2	20~26	灰褐色	中壤土	粒状	7.4	6.0	0.48	1.33	43	0.8	128				
						3	26~94	黄褐色	砂壤土	块状	8.8	3.9	0.21	0.34	39	1.2	70				
						4	94~108	红棕色	胶泥土	片状	8.8	2.1		0.39	33	1.5					
						5	108~141	黄白色	胶泥土	片状	9.0	3.9		0.54	32	1.4					
						6	141~150	红棕色	砂壤土		8.0	5.9		0.19	47	2.5					
剖6	半水成土	潮土	褐潮土	褐潮土	轻壤均质褐潮土	1	0~20	灰褐色	重壤土	小棱块状	8.2	6.3	0.45	1.40	76	2.0	150	20.8	河流冲积物	E 116°13′52.0″ N 35°31′58.4″	81
						2	20~32	黄褐色	胶泥土	屑粒状	8.2	5.4	0.42	1.26	55	1.5	142				
						3	32~60	褐灰色	轻壤土	小块状	7.8	5.2	0.41	1.36	40	1.5	145				
						4	37~70	棕灰色	中壤土	大块状	7.7	4.5	0.32	0.66	52	0.4	154				
						5	110~150	黄白色	砂壤土	大块状	7.8	5.9		0.66	55	1.6	148				
剖7	半水成土	潮土	潮土	潮土	重壤表厚心潮土	1	0~27	棕褐色	轻壤偏重壤土	小块状	7.0	11.3	0.70	0.75	57	1.3	228		河流冲积物	E 116°10′42.0″ N 35°31′52.8″	93
						2	27~37	红棕色	胶泥土	大块状		9.4	0.69	0.65	42		220				
						3	37~70	褐灰色	中壤土	小块状		7.4	0.63	0.65	53	5.5	118				
						4	70~110	黄褐色	粉砂土			2.3	0.16	0.65	17	2.8	28				
						5	110~150	棕褐色	中壤土			2.6	0.16	0.75	55	2.1	43				
剖8	半水成土	潮土	潮土	潮土	中壤表厚胶泥板心潮土	1	0~21	黄褐色	中壤土	屑粒状		8.5	0.71	1.34	56		268		河流冲积物	E 116°10′22.4″ N 35°30′44.6″	99
						2	21~47	黄褐色	中壤土	屑粒状		7.4	0.62	1.31	23		203				
						3	47~86	红棕色	胶泥土	大块状		8.6	0.65	1.05	27		210				
						4	86~118	褐色	中壤土												
						5	118~150	黄白色	砂壤土	小块状											

续表 Continued

剖面号 Soil profile	土纲 Soil order	土类 Soil great group	亚类 Soil subgroup	土属 Soil genus	土种 Soil species	土层码 Layer code	土层厚度 Depth/cm	颜色 Soil color	质地 Soil texture	土壤结构 Soil structure	pH	有机质 OM/(g/kg)	全氮 TN/(g/kg)	全磷 TP/(g/kg)	碱解氮 AN/(mg/kg)	有效磷 AP/(mg/kg)	速效钾 AK/(mg/kg)	阳离子交换量 CEC/(cmol/kg)	土壤母质 Parent material	剖面点坐标 Profile coordinate	匹配指数 Matching index/%
剖9	半水成土	潮土	湿潮土	湖积黑潮土	黏土均质湖积湿潮土	1	0~18	灰黑色	黏土	屑粒状		14.5	1.16	0.69	67	1.0	254		河流冲积物	E 116°18′35.4″ N 35°36′39.5″	99
						2	18~25	灰褐色	黏土	小块状		12.6	0.96	1.01	43	1.0					
						3	25~69	棕褐色	胶泥土	大块状		7.5	0.53	1.13	23	1.0					
						4	69~150	黄白色	砂壤土												
剖10	半水成土	潮土	盐化潮土		轻壤表厚胶泥板腰轻盐化潮土	1	0~20	浅褐色	轻壤土	屑粒状	7.6	7.2	0.58	1.24	30	0.9	125		河流冲积物	E 116°17′52.8″ N 35°34′05.2″	86
						2	20~35	浅黄色	轻壤土	屑粒状	7.5	5.2	0.47	1.21	30	1.0	120				
						3	35~65	黄白色	砂壤土		7.4	5.2	0.47	1.11	23	1.0	73				
						4	65~105	红棕色	胶泥土		7.5										
						5	105~150	黄白色	粉砂土		7.5										
剖11	半水成土	潮土	湿潮土	湖积黑潮土	重壤表厚砂心湖积湿潮土	1	0~17	灰黑色	重壤土	屑粒状		12.0	0.92	1.10	57	1.0	175		河流冲积物	E 116°20′16.9″ N 35°33′40.7″	89
						2	17~30	浅黄色	重壤土	小粒状		12.5	0.87	1.08	43	1.0	208				
						3	30~82	黄白色	砂壤土			6.8	0.52	1.11	30	0.9	138				
						4	82~150	黄白色	粉砂土			4.5	0.44	1.15	27	0.9	80				
剖12	半水成土	潮土	盐化潮土		轻壤表厚砂心轻盐化潮土	1	0~20	浅褐色	轻壤土	小粒状		4.0	0.35	1.29	33	3.5	160		河流冲积物	E 116°19′16.7″ N 35°33′20.5″	72
						2	20~58	黄白色	砂壤土			3.6	0.25	1.21	7	0.4	65				
						3	58~90	黄白色	砂壤土			3.9	0.23	1.12	29						
						4	90~150	黄白色	粉砂土			5.2	0.41	0.28	38	0.9					
剖13	半水成土	潮土	盐化潮土		轻壤表厚砂腰湖积盐化潮土	1	0~17	灰褐色	重壤土	小粒状	7.5	9.9	0.65	1.57	50	5.0	150		河流冲积物	E 116°16′46.2″ N 35°31′43.7″	94
						2	17~29	浅褐色	轻壤土	小块状	7.5	8.4	0.61	1.37	52	5.0	150				
						3	29~61	黄白色	轻壤土	小粒状	8.1	6.2	0.43	1.32	48	2.0	143				
						4	61~93	黄白色	中壤土		7.6	4.7	0.32	1.19	31	1.0	112				
						5	93~150	黄白色	砂壤土		7.6	2.8	0.21	0.97	18		75				
剖14	半水成土	潮土	湿潮土	湖积黑潮土	重壤表厚砂腰湖积湿潮土	1	0~18	灰黑色	重壤土	屑粒状	7.4	13.4	1.40	1.10	63	1.0	208	17.6	河流冲积物	E 116°22′58.5″ N 35°31′11.9″	82
						2	18~35	浅褐色	中壤土	小块状	7.4	7.9	0.71	1.05	30	1.0	150				
						3	35~71	黄白色	中壤土	块状	7.5	7.0	0.54	0.40	33	1.6	115				
						4	71~150	黄白色	中壤土		7.5	5.3	0.48	1.11	27	1.0	85				
剖15	半水成土	潮土	褐潮土		轻壤表厚砂土心褐潮土	1	0~20	灰褐色	轻壤土	小粒状		7.4	0.57	1.64	63	3.0	100	8.9	河流冲积物	E 116°12′44.5″ N 35°28′14.7″	91
						2	20~52	黄白色	砂壤土			5.0	0.40	1.60	60	2.0	73				
						3	52~64	黄褐色	中壤土	屑粒状		7.7	0.46	1.48	47	1.0	130				
						4	64~92	黄白色	重壤土	屑粒状		4.6	0.28	1.23	23	1.0	64				
						5	92~150	黄白色	粉砂土												
剖16	半水成土	潮土	潮土		中壤表厚砂土心潮土	1	0~19	褐色	中壤土	屑粒状		8.4	0.72	1.38	56	3.5	168	12.3	河流冲积物	E 116°15′05.4″ N 35°27′52.5″	88
						2	19~30	浅褐色	中壤土	屑粒状		8.4	0.64	1.53	40	1.2	128				
						3	30~54	黄褐色	砂偏轻壤土			4.1	0.31	1.24	27	1.2	40				
						4	54~150	灰白色	粉砂土			3.5	0.07	1.00	13	0.8	25				
剖17	半水成土	潮土	潮土		轻壤表厚黏土心潮土	1	0~20	灰褐色	轻壤土	屑粒状		9.5	0.76	1.43	60	1.2	160	13.4	河流冲积物	E 116°21′51.8″ N 35°27′50.3″	90
						2	20~30	褐色	中壤土	屑粒状		7.2	0.67	1.40	57	1.0	110				
						3	30~90	棕褐色	重壤土	小块状		6.1	0.43	1.23	53	1.0	110				
						4	90~150	黄白色	砂壤土			2.7	0.17	0.42	18		30				
剖18	半淋溶土	褐土	潮褐土	冲积潮褐土	中壤均质冲积潮褐土	1	0~23	灰褐色	中壤土	粒状		13.7	1.15	1.60	63	3.7	180	12.9	冲积物	E 116°21′05.0″ N 35°26′01.3″	70
						2	23~46	褐色	中壤土	屑粒状		5.2	0.43	1.48	33	1.9	95				
						3	46~96	褐色	中壤土	小粒状		4.1	0.35	0.83	17	0.2	70				
						4	96~102	黄白色	轻壤土			1.2		0.96	18	0.6					
						5	102~105	黄色	砂壤土												

续表 Continued

剖面号 Soil profile	土纲 Soil order	土类 Soil great group	亚类 Soil subgroup	土属 Soil genus	土种 Soil species	土层码 Layer code	土层厚度 Depth/cm	颜色 Soil color	质地 Soil texture	土壤结构 Soil structure	pH	有机质 OM/(g/kg)	全氮 TN/(g/kg)	全磷 TP/(g/kg)	碱解氮 AN/(mg/kg)	有效磷 AP/(mg/kg)	速效钾 AK/(mg/kg)	阳离子交换量CEC/(cmol/kg)	土壤母质 Parent material	剖面点坐标 Profile coordinate	匹配指数 Matching index/%
剖19	半水成土	潮土	潮土	潮土	重壤表厚砂心潮土	1	0—26	棕褐色	重壤土	屑粒状		10.0	0.73	1.38	49	1.2	190		河流冲积物	E 116°15′09.0″ N 35°25′40.8″	81
						2	26—43	棕褐色	重壤土	小块状		7.4	0.50	1.53	27	1.0	105				
						3	43—80	灰白色	砂壤土			2.4	0.14	1.22	13	0.6	28				
						4	80—150	灰白色	粉砂土			2.1	0.07	1.00	13	0.5	25				
剖20	半水成土	潮土	潮土	潮土	重壤均质潮土	1	0—18	暗褐色	重壤土	屑粒状		15.0	1.17	1.24	63	6.9	278	16.4	河流冲积物	E 116°19′22.1″ N 35°25′30.7″	88
						2	18—30	褐色	重壤土	小块状		10.8	0.78	1.36	43	1.6	168				
						3	30—41	棕褐色	重壤土	小块状		9.0	0.57	1.02	33	2.8	170				
						4	41—55	浅褐色	重壤土	小块状		9.1	0.52	0.92	47	2.5	170				
						5	55—72	红棕色	胶泥土	大块状		7.4	0.49	0.73	35	0.3	210				
						6	72—150	褐色	重壤土	屑粒状		8.8	0.56	0.51	46	1.3	185				
剖21	半水成土	潮土	潮土	潮土	砂壤均质潮土	1	0—15	灰褐色	砂壤土	小块状	7.4	8.9	0.57	1.45	43	3.2	58	8.3	河流冲积物	E 116°24′45.4″ N 35°25′28.6″	78
						2	15—25	褐色	砂壤土		7.4	5.9	0.35	1.40	37	2.6	88	7.0			
						3	25—38	浅褐色	砂壤土		7.4	5.4	0.31	1.28	30	1.5	43	7.5			
						4	38—80	黄白色	粉砂土		7.6	4.5	0.28	1.15	17	0.8	35				
						5	80—150	黄白色	紧砂土		7.4	2.0	0.05	1.10	13	0.7	18	3.9			
剖22	半水成土	潮土	潮土	潮土	轻壤表厚砂心潮土	1	0—16	浅灰褐色	轻壤土	屑粒状	7.6	8.6	0.55	0.95	43	8.6	68	9.7	河流冲积物	E 116°22′10.3″ N 35°25′06.6″	81
						2	16—30	浅褐色	轻壤土	小块状	7.6	5.6	0.28	0.85	33		50	7.8			
						3	30—55	浅褐色	砂偏轻壤土	小块状	7.6	5.8	0.34	0.90	30	1.5	53	8.0			
						4	55—110		粉砂土		7.6	6.1	0.49	0.65	43		125				
						5	110—150		粉砂土		7.8	2.1	0.14	1.09	17		23				
剖23	半水成土	潮土	潮土	潮土	轻壤表厚砂心潮土	1	0—19	灰褐色				7.1	0.66	1.48	30	1.6	95		河流冲积物	E 116°24′46.4″ N 35°23′08.9″	98
						2	19—59					5.7	0.40	1.24	28	0.5	80				
						3	59—106					5.0	0.42		26						
剖24	半淋溶土	褐土	褐土性土	钙质岩类褐土性土	中层硬石底钙质岩类黑石渣土	1	0—46	黑色											钙质岩类	E 116°21′33.8″ N 35°22′34.3″	72
						2	46—59	灰白色	石渣土												
						3	59—														
剖25	半水成土	潮土	潮土	潮土	中壤均质潮土	1	0—32	棕褐色	中壤土	屑粒状	7.6	10.5	0.87	1.03	78	7.1	240	12.3	河流冲积物	E 116°25′26.4″ N 35°20′49.6″	89
						2	32—46	浅褐色	中壤土	小块状	8.0	8.3	0.70	0.95	47	8.2	170				
						3	46—73	浅棕色	中壤土	大块状	8.0	8.7	0.71	1.18	62	2.6	178				
						4	73—87	红棕色	胶泥夹砂土	片状	8.0	7.1	0.69	1.15	43	2.4	210				
						5	87—100	灰褐色	中壤土	大块状	8.2	6.3	0.57	1.23	42	2.3	188				
						6	100—120	棕褐色	重壤土	大棱块状	8.2	7.5	0.53	1.00	43	1.0	218				
剖26	半淋溶土	褐土	褐土	洪冲积褐土	中壤均质洪冲积褐土	1	0—20	棕褐色	中壤土	小块状	7.8	8.5	0.55	0.71	50	0.6	93	14.2	洪积物、冲积物	E 116°20′58.6″ N 35°20′39.8″	79
						2	20—64	棕褐色	中壤土	小块状	7.8	5.7	0.48	0.71	30	0.5	80	15.3			
						3	64—92	黄褐色	中偏重壤土	块状	7.8	4.6	0.41	0.93	30	1.6	12	16.1			
						4	92—120	深褐色	中偏重壤土	棱块状	7.8	4.0	0.33	0.48	30	1.1	120	19.8			
剖27	半淋溶土	褐土	潮褐土	冲积潮褐土	中壤表厚黏土心冲积潮褐土	1	0—16	灰褐色	中壤土	屑粒状	7.8	12.6	0.72	0.85	83	2.8	105	10.3	冲积物	E 116°22′18.1″ N 35°20′17.9″	87
						2	16—27	灰褐色	中壤土	小块状	7.8	8.4	0.65	0.85	57	0.8	153	7.1			
						3	27—46	黄褐色	重壤土	小块状	7.8	7.8	0.52	0.70	40						
						4	46—73	深褐色	重壤土	棱块状	8.0	10.0	0.59	1.18	57						
						5	73—88	灰色	轻壤土		8.0	5.7	0.37	1.28	50						
						6	88—120	浅灰色	砂壤土		8.0	5.1	0.20	1.28	30	0.6					

续表 Continued

剖面号 Soil profile	土纲 Soil order	亚类 Soil subgroup	土属 Soil genus	土种 Soil species	土层码 Layer code	土层厚度/cm Depth/cm	颜色 Soil color	质地 Soil texture	土壤结构 Soil structure	pH	有机质 OM/(g/kg)	全氮 TN/(g/kg)	全磷 TP/(g/kg)	碱解氮 AN/(mg/kg)	有效磷 AP/(mg/kg)	速效钾 AK/(mg/kg)	阳离子交换量 CEC/(cmol/kg)	土壤母质 Parent material	剖面点坐标 Profile coordinate	匹配指数 Matching index/%
剖28	半水成土	潮土	盐化潮土	砂壤均质轻盐化潮土	1	0—18	灰褐色	砂壤土	屑粒状	8.6	5.9	0.53	1.50	33	2.5	118		河流冲积物	E 116°12′34.5″ N 35°18′14.7″	97
					2	18—26	黄褐色	砂壤土	屑粒状	8.4	6.0	0.55	1.60	33	2.5	100				
					3	26—57	黄褐色	砂壤土		8.4	4.1	0.38	1.31	28	1.6	100				
					4	57—150	灰白色	粉砂土		8.6	1.9	0.16	1.22	21	1.2	52				
					5	150—				8.2	1.5	0.10	1.04	14	0.8	48				
剖29	半淋溶土	褐土	洪冲积褐土性土	轻壤表厚薄化心洪冲积褐土	1	0—16	灰褐色	轻壤土	小粒状	7.5	9.4	0.62	1.18	43	2.6	75		洪积物、冲积物	E 116°18′33.8″ N 35°19′12.4″	85
					2	16—27	灰褐色	轻壤土	小块状	7.5	7.5	0.59	0.81	47	2.8	70				
					3	27—46	黄褐色	中壤土	小块状	7.5	5.9	0.55	0.58	37	0.6	83	14.8			
					4	46—105	黄褐色	中壤土	小块状	7.5	4.9	0.46	0.58	50	0.9	98				
					5	105—125	棕褐色	轻壤土	块状	7.6	5.8	0.53	0.55	50	1.9					
剖30	半淋溶土	褐土	褐土性土	钙质岩类褐土性土	1	0—7		砾质轻壤土	粒状	8.2								钙质岩坡积物、残积物	E 116°17′37.8″ N 35°18′21.4″	84
					2	7—30	暗褐色	砾质轻壤土	粒状	7.4										
					3	30—														
剖31	人为土	水稻土	幼年水稻土	冲积潮土性水稻土	重壤表厚砂土腰潮土性幼年水稻土	1	0—26	灰褐色	重壤土	屑粒状	8.2	12.3	0.86	1.38	47	6.1	213		冲积物	E 116°25′13.1″ N 35°17′24.4″	96
					2	26—55	褐色	黏土	块状	8.2	9.1	0.88	1.38	33	3.1	235	21.9			
					3	55—75	棕褐色	黏土	大块状	8.0	7.8	0.61	1.19	27		238				
					4	75—100	灰白色	砂壤土												
剖32	半水成土	潮土	盐化潮土	盐化潮土	砂壤均质中度氯化物盐化潮土	1	0—5	灰褐色	砂壤土	屑粒状	8.7	6.3	0.54	0.56	38	2.0	138		河流冲积物	E 116°16′23.4″ N 35°17′09.3″	83
					2	5—20	黄褐色	砂壤土	屑粒状	8.5	6.3	0.45	0.57	39	0.6	138				
					3	20—40	黄褐色	砂壤土	片状	8.6	3.1	0.31	0.50	23	0.2	130				
					4	40—60	黄褐色	粉砂壤土		8.6	2.3	0.20	0.39	19	1.2	126				
					5	60—100	灰白色	砂壤土		8.0	3.4	0.32	1.58	28	0.2	85				
剖33	半水成土	潮土	盐化潮土	砂壤均质中盐化潮土	1	0—13	灰褐色	砂壤土	小块状	8.2	5.5	0.41	1.30	37	7.1	148	9.5	河流冲积物	E 116°22′50.2″ N 35°16′55.9″	97
					2	13—22	黄褐色	砂壤土	块状	8.2	4.9	0.40	1.33	43	7.4	165	7.8			
					3	22—54	黄褐色	砂壤土	小块状	8.0	5.3	0.43	1.28	33	2.0	110	2.3			
					4	54—71	黄色	砂壤土	块状	8.0	3.2	0.33	1.25	23	1.4	83	9.1			
					5	71—115	灰白色	粉砂壤土		7.8	3.1	0.24	1.20	17	1.6	73	5.8			
剖34	半淋溶土	褐土	褐土性土	钙质岩类褐土性土	薄土层厚质岩类褐缝土	1	0—9	灰白色	多砾质轻壤土		7.5	6.8							钙质岩类	E 116°18′41.5″ N 35°15′50.6″	75
					2	9—20	暗褐色	少砾质轻壤土		7.5										
					3	20—														
剖35	人为土	水稻土	幼年水稻土	冲积潮土性水稻土	黏土均质潮土性幼年水稻土	1	0—13	黄褐色	黏土	小块状	7.8	13.4	9.50	1.20	68	3.5	270		冲积物	E 116°26′58.9″ N 35°15′23.4″	73
					2	13—24	黄褐色	黏土	块状	8.0	10.9	7.50	1.18	58	3.4	275				
					3	24—40	黄褐色	黏土	小块状	8.1	7.8	6.70	1.10	47	4.1	215				
					4	40—60	棕褐色	黏土	块状	8.2	8.3	7.10	1.10	50	4.1	233				
					5	60—88	棕褐色	胶泥土	大棱块状	8.2	7.5	5.60	1.00	47	4.2	253				
					6	88—120	棕褐色	黏土	大棱块状	8.2	8.0	7.10	1.00	47	5.9	225				
					7	120—														
剖36	半水成土	潮土	盐化潮土	盐化潮土	轻壤表厚砂心中盐化潮土	1	0—5	灰白色	轻壤土	屑粒状	9.1	6.8	0.50	1.58	46	6.5	153		河流冲积物	E 116°19′06.6″ N 35°14′55.7″	93
					2	5—20	黄褐色	轻壤土	屑粒状	9.3	7.0	0.52	1.46	30	8.4	173				
					3	20—45	黄白色	砂壤土		8.1	2.8	0.22	1.29	20	2.6	50				
					4	45—59	黄白色	砂壤土		8.3	2.6	0.17	0.72	16		48				
					5	59—98	黄白色	砂壤土		8.9	2.5			13						
					6	98—150	黄色	砂壤土		9.0										

续表 Continued

剖面号 Soil profile	土纲 Soil order	土类 Soil great group	亚类 Soil subgroup	土属 Soil genus	土种 Soil species	土层码 Layer code	土层厚度 Depth/cm	颜色 Soil color	质地 Soil texture	土壤结构 Soil structure	pH	有机质 OM/(g/kg)	全氮 TN/(g/kg)	全磷 TP/(g/kg)	碱解氮 AN/(mg/kg)	有效磷 AP/(mg/kg)	速效钾 AK/(mg/kg)	阳离子交换量CEC/(cmol/kg)	土壤母质 Parent material	剖面点坐标 Profile coordinate	匹配指数 Matching index/%
剖37	半水成土	潮土	盐化潮土	盐化潮土	轻壤表薄黏土心轻盐化潮土	1	0—12	浅褐色	轻壤土	屑粒状	7.4	6.4	0.33	1.36	30	2.0	120		河流冲积物	E 116°19′13.9″ N 35°13′45.8″	73
						2	12—28	浅褐色	轻壤土	屑粒状	7.4	4.2	0.27	1.40	40	2.4	90				
						3	28—53	黄褐色	轻壤土	小块状	7.5	5.1	0.43	1.22	33	1.8	148				
						4	53—67	棕褐色	胶泥土	大块状	7.4	2.3	0.12	0.97	23	1.8					
						5	67—150	黄白色	粉砂质砂壤土			7.5	0.52	0.97	40	4.2					
						6	150—				7.5	2.8	0.30	1.50	27	2.4					

汶 上 县

主要土类说明

褐土是汶上县主要土壤类型，占本县地域面积的49%，主要分布在东北部石灰岩丘陵区及东部、中部波状平原地带的缓岗、岗坡微斜平地。土壤的形成受黏化、钙化和生物积累作用影响，表层为淋溶层，心土层为黏化层，心土层以下为碳酸钙淀积层。本县褐土主要分为潮褐土、褐土和褐土性土等亚类。其中，潮褐土亚类面积最大，主要分布在丘陵之下、汶河以东平原区。由于地势平缓，地下水丰富，埋深一般为3—4m，土壤黏化和淋溶作用由东至西变弱，不同层次均有轻度石灰反应出现，底土受季节性地下水升降影响，形成氧化还原（铁锈斑纹）层，土壤发生潮化过程发育成潮褐土亚类。褐土亚类主要分布在丘陵阶地，在1.5m深度的土体中，自上而下黏粒明显增加，一般表层质地为轻壤土至中壤土，心土层质地为中壤土至重壤土。在黏化层之下有砂姜或白色假菌丝体，呈中性至微碱性，保水保肥性能好。由于地势较高，土壤存在轻度侵蚀，黏化层有趋向地表现象。褐土性土亚类分布在丘陵坡地带，地面坡度大（大于25°），土壤侵蚀严重，表层土多含石渣，有效土层薄。

潮土是汶上县第二大土壤类型，占本县地域面积的33%，分布在大汶河和小汶河沿岸及其西部微斜平原一带，是河流冲积物和西部边缘带黄泛冲积物，在地下水作用和耕作活动影响下形成的一类旱耕土壤。本县潮土分为潮土、褐潮土和湿潮土等亚类。

砂姜黑土是汶上县第三大土壤类型，占本县地域面积的9%，主要分布在小汶河以东的局部洼地、泉河旁的洼地等，是古老的耕作土壤，由湖河沉积物发育而成，土壤质地黏重。成土过程经历草甸潜育化和脱潜旱耕熟化两个阶段。因排水不畅，草甸植物在干湿交替的气候条件下，土壤产生潜育化和钙质淋溶淀积作用，土体内形成上部的黑土层和下部的砂姜层。砂姜层一般出现在30—50cm处，除后期黄土覆盖大于60cm的以外，黑土层均出现在地表。本县砂姜黑土中的碳酸钙一般已被淋溶，但由于长期施用石灰性土肥或受近代河流淤积石灰性黄土覆盖的影响，耕作层有石灰性。

棕壤占汶上县地域面积的6%，主要分布在东北部的昙山、卧佛山等砂石丘陵一带。成土母质多为酸性岩洪积物、冲积物、河流冲积物。棕壤剖面通体呈棕色，B层较发育，紧实、黏化，多为重壤土或黏土，呈棱块状或棱柱状结构。上有明显铁锰胶膜，在土缝间有铁锰结核，母质层多系半风化母岩或含一定量的砾石，通体无石灰反应，呈微酸性至中性。本县棕壤分为潮棕壤、棕壤性土、棕壤等亚类。

本区域中心区气候特征

本区域中心区气候特征值
Regional climate characteristics in central area of the region

气候带：暖温带亚湿润气候 Climate region: Warm temperate subhumid climate	
年平均气温 /℃ Annual average temperature /℃	13.9
年平均最高气温 /℃ Annual average maximum temperature /℃	19.5
年平均最低气温 /℃ Annual average minimum temperature /℃	9.1
年降水量 /mm Annual precipitation /mm	640
≥10℃的积温 /℃ Daily temperature accumulated in a year（≥10℃）/℃	5131
年日照时数 /h Annual sunshine /h	2457
年平均相对湿度 /% Annual average relative humidity /%	66
干燥度 Dryness	1.29

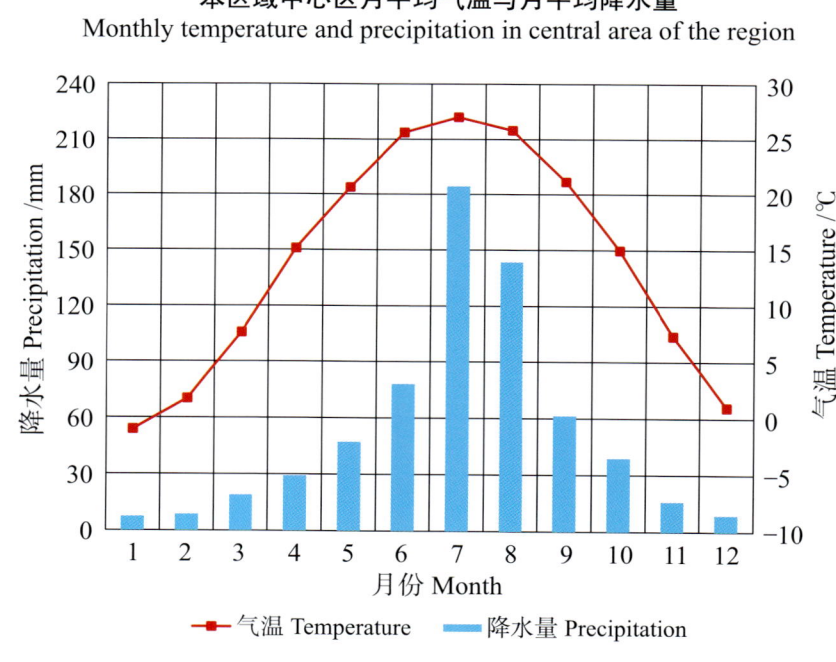

本区域中心区月平均气温与月平均降水量
Monthly temperature and precipitation in central area of the region

汶上县主要土壤类型与土壤剖面点分布图
1∶160 000

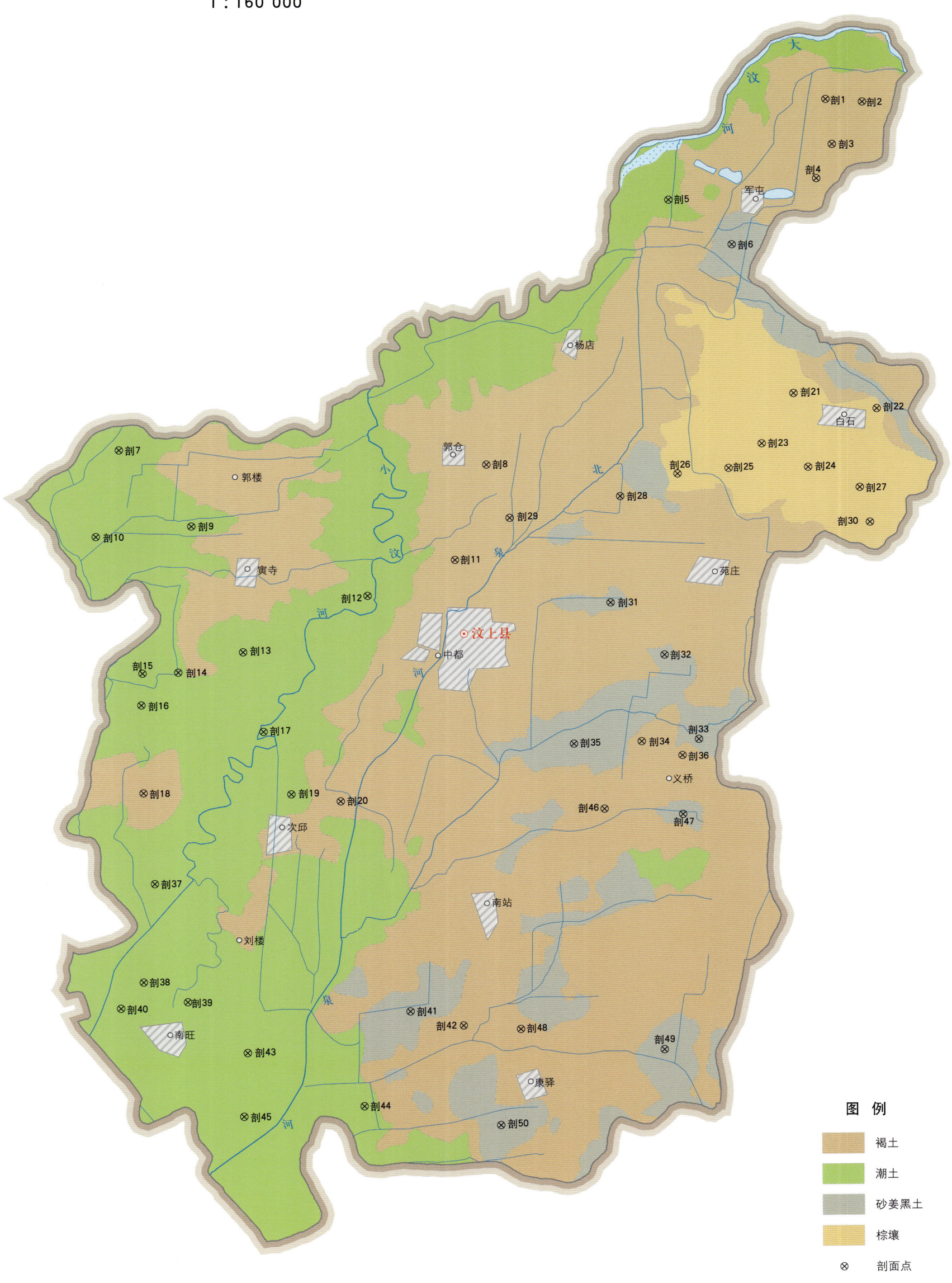

汶上县土壤剖面理化性状表

剖面号 Soil profile	土纲 Soil order	土类 Soil great group	亚类 Soil subgroup	土属 Soil genus	土种 Soil species	土层码 Layer code	土层厚度 Depth/cm	颜色 Soil color	质地 Soil texture	土壤结构 Soil structure	有机质 OM/(g/kg)	全氮 TN/(g/kg)	全磷 TP/(g/kg)	碱解氮 AN/(mg/kg)	有效磷 AP/(mg/kg)	速效钾 AK/(mg/kg)	阳离子交换量CEC/(cmol/kg)	土壤母质 Parent material	剖面点坐标 Profile coordinate	匹配指数 Matching index/%
剖1	半淋溶土	褐土	褐土	洪冲积类褐土	轻壤表高厚黏心洪冲积褐土	1	0–17	褐色	轻壤土	屑粒状	7.5	0.57	0.80	35	4.2			洪积物、冲积物	E 116°38′12.5″ N 35°54′58.5″	86
						2	17–30	棕褐色	重壤土	块状	8.3	0.60	0.65	35	1.5					
						3	30–80	红棕色	重壤土	小块状	7.9	0.55	0.59	30	1.2					
						4	80–150	红棕色	中壤土	小块状	3.9	0.34	0.58	16	0.9					
剖2	半淋溶土	褐土	褐土性	钙质岩类褐土性土		1	0–15	棕褐色	中壤土	块状	4.0	0.38	0.43	21	1.2			钙质岩类	E 116°39′07.8″ N 35°54′55.4″	94
						2	15–45	灰白色	中壤土	块状		0.81	0.40	30	2.3					
剖3	半淋溶土	褐土	褐土	洪冲积类褐土	中壤表厚黏心洪冲积褐土	1	0–15	浅灰褐色	中壤土	小块状	6.2	0.45	0.80	26	4.3	60		洪积物、冲积物	E 116°38′22.7″ N 35°54′01.7″	82
						2	15–45	浅棕褐色	重壤土	小块状	5.6	0.44	0.80	25	1.1	75				
						3	45–83	暗棕褐色	中壤土	棱块状	5.8	0.38	0.75	14	0.3	115				
						4	83–150	浅棕褐色	重壤土	小块状	3.5	0.35	0.78	28	3.1					
剖4	半淋溶土	褐土	褐土性	钙质岩类褐土性土		1	0–23	棕褐色	中壤土	块状	14.4	1.02	0.80	61	3.9			钙质岩类	E 116°37′59.4″ N 35°53′18.3″	100
剖5	半水成土	潮土	褐潮土	褐潮土	砂壤均质褐土质潮土	1	0–15	黄褐色		块状	6.0	0.47	0.27	36	7.5	73		河流冲积物	E 116°34′16.1″ N 35°52′50.8″	74
						2	15–38	棕褐色	砂壤土		4.3	0.42	0.22	30	2.2	55				
						3	38–50	黄棕褐色	砂壤土		4.3	0.41	0.20	29	2.2	40				
						4	50–65	黄褐色	中壤土		3.8	0.39	0.18	24	2.2	43				
						5	65–150	棕黄色	轻壤土	块状	4.3	0.37	0.70	31	5.5					
剖6	半水成土	砂姜黑土	砂姜黑土	黄黑土	重壤表厚黑心冲积湖积姜黑土	1	0–15	褐色	重壤土	屑粒状	12.0	1.07	0.53	61	10.0			河流冲积物	E 116°35′52.1″ N 35°51′54.4″	75
						2	15–32	褐色	重壤土	小块状	8.6	0.75	0.43	43	7.0					
						3	32–82	浅灰褐色	重壤土	大块状	11.0	0.93	0.52	40	7.0					
						4	82–106	黄褐色	重壤土	小块状	7.3	0.93	0.80	19	1.1					
						5	106–150	黄白色	中壤土	小块状	4.6	0.40	0.79	18	5.0					
剖7	半水成土	潮土	盐化潮土	壤质盐化潮土	轻壤表厚砂心轻度硫酸盐化潮土	1	0–17	浅褐色	轻壤土	屑粒状	7.7	0.47	0.86	42	4.8	235		河流冲积物	E 116°20′28.5″ N 35°47′31.7″	74
						2	17–46	黄褐色	轻壤土	小块状	2.5	0.14	0.80	15	6.0	275				
						3	46–57	浅黄色	砂壤土		2.2	0.16	0.93	20	5.5	275				
						4	57–69	浅黄色	砂壤土		2.5	0.18	0.91	10	10.9					
						5	69–105	灰黄色	轻壤土		2.6	0.18	0.61	14	5.0					
						6	105–150	灰白色	轻壤土	小块状	3.5	0.25	0.80	22	11.0					
剖8	半淋溶土	褐土	潮褐土	冲积潮褐土	轻壤表厚均质冲积潮褐土	1	0–15	黄褐色	轻壤土	屑粒状	5.9	0.52	0.77	46	20.5			冲积物	E 116°29′42.7″ N 35°47′14.9″	98
						2	15–24	黄褐色	轻壤土	小块状	4.6	0.35	0.72	34	9.5					
						3	24–55	浅棕褐色	砂壤土	小块状	2.2	0.24	0.58	27	9.7					
						4	55–84	黄褐色	砂壤土	小块状	2.9	0.25	0.80	22	3.3					
						5	84–112	黄褐色	轻壤土	小块状	2.1		0.95	23	3.7					
						6	112–150	黄褐色	中壤土	小块状	3.1	0.28	0.80	31	7.1					
剖9	半水成土	潮土	潮土	石灰性河潮土	中壤表厚砂心石灰性河潮土	1	0–15	浅褐色	中壤土	屑粒状	9.1	0.79	0.72	38	9.5			河流冲积物	E 116°22′18.6″ N 35°45′55.5″	79
						2	15–40	棕褐色	中壤土	小块状	6.2	0.46	0.58	30	9.0					
						3	40–90	黄褐色	重壤土	棱块状	8.4	0.31	0.56	20	7.3					
						4	90–117	红棕褐色	重壤土	棱块状	2.1	0.27	0.66	15	0.5					
						5	117–150	棕褐色	黏土		5.1	0.27	0.89	26	7.5					
剖10	半水成土	潮土	潮土	石灰性河潮土	中壤表厚砂腰石灰性河潮土	1	0–22		中壤土		2.4	0.52	0.89	78	6.6			河流冲积物	E 116°19′54.6″ N 35°45′41.7″	82
						2	22–40		中壤土		2.1	0.67	1.36	46	4.5					
						3	40–80		重壤土		3.5	0.68	1.23	51	3.2					
						4	80–150		砂壤土		1.1	0.23	1.13	9	1.1					

续表 Continued

剖面号 Soil profile	土纲 Soil order	土类 Soil great group	亚类 Soil subgroup	土属 Soil genus	土种 Soil species	土层码 Layer code	土层厚度 Depth/cm	颜色 Soil color	质地 Soil texture	土壤结构 Soil structure	有机质 OM/(g/kg)	全氮 TN/(g/kg)	全磷 TP/(g/kg)	碱解氮 AN/(mg/kg)	有效磷 AP/(mg/kg)	速效钾 AK/(mg/kg)	阳离子交换量CEC/(cmol/kg)	土壤母质 Parent material	剖面点坐标 Profile coordinate	匹配指数 Matching index/%
剖11	半淋溶土	褐土	潮褐土	冲积潮褐土	中壤均质冲积潮褐土	1	0—15	灰褐色	中壤土	小块状	11.9	0.81	1.54	43	8.0	165	17.6	冲积物	E 116°28′56.2″ N 35°45′13.7″	86
						2	15—25	棕褐色	中壤土	小块状	10.7	0.73	1.46	42	3.7					
						3	25—37	棕褐色	中壤土	小棱块状	8.7	0.52	1.30	33	2.3					
						4	37—60	棕褐色	中壤土	小棱块状	6.7	0.50	0.87	32	2.8					
						5	60—110	浅棕褐色	轻偏中壤土	块状	4.2	0.39	0.71	39	6.7					
						6	110—150	浅棕褐色		块状	5.4	0.49	0.72		6.1					
剖12	半水成土	潮土	褐潮土	褐潮土	轻壤表厚砂腰褐潮土	1	0—15		中壤土		9.0	0.80	0.88	54	14.5	145		河流冲积物	E 116°26′44.5″ N 35°44′28.0″	75
						2	15—42		中壤土		8.7	0.80	0.74	47	6.0	163				
						3	42—84		中偏重壤土		5.5	0.56	0.75	35	5.7	156				
						4	84—150		砂壤土		2.8	0.21	0.45	12	2.5					
剖13	半水成土	潮土	褐潮土	褐潮土	轻壤表厚砂腰褐潮土	1	0—15	浅褐色	轻壤土	屑粒状	8.1	0.54	0.96	44	5.5	70	7.9	河流冲积物	E 116°23′37.3″ N 35°43′17.0″	85
						2	15—29	暗褐色	轻壤土	小块状	8.5	0.62	1.00	45	9.4	113	7.8			
						3	29—58	棕褐色	轻壤土	小块状	3.8	0.26	0.76	69	3.3	35	7.7			
						4	58—88	棕褐色	砂壤土		1.7	0.16	0.61	19	1.5					
						5	88—117	暗褐色	中壤土	片状										
						6	117—150	棕褐色	重壤土	棱块状										
剖14	半水成土	潮土	潮土	石灰性河潮土	中壤表厚黏心石灰性河潮土	1	0—18	棕褐色	中偏黏壤土	屑粒状	4.7	0.51	0.51	100	6.1	130	18.0	河流冲积物	E 116°21′59.8″ N 35°42′51.1″	88
						2	18—65	黄褐色	重壤土		4.2	0.47	0.40	25	3.8	135				
						3	65—90	黄棕褐色	轻壤土		4.6	0.59	0.92	19	1.2					
						4	90—115	黄褐色	轻壤土		4.4	0.16	1.28	15	3.2					
						5	115—150	浅黄褐色	砂壤土		5.3	0.37	1.18	22	2.8					
剖15	半水成土	潮土	潮土	石灰性河潮土	轻壤表厚黏心石灰性河潮土	1	0—14	灰褐色	中壤土	屑粒状	8.0	0.64	1.18	81	4.5	85		河流冲积物	E 116°21′05.6″ N 35°42′49.7″	73
						2	14—28	黄褐色	轻壤土	小块状	4.5	0.74	1.18	76	4.2	55				
						3	28—57	灰白色	轻壤土	屑粒状	3.6	0.31	1.68	23	2.5	33				
						4	57—150	灰白色	紧砂土		2.2	0.35	1.21	31	3.6					
剖16	半水成土	潮土	潮土	石灰性河潮土	轻壤表厚砂心石灰性河潮土	1	0—28		轻壤土		5.7	0.61	1.23	39	5.7			河流冲积物	E 116°21′04.1″ N 35°42′09.6″	100
						2	28—48		轻壤土	屑粒状	12.3	0.51	1.09	23	4.6	150				
						3	48—76		重壤土	块状	11.4	0.57	0.80	30	5.5	128				
						4	76—93		轻壤土		6.9	0.58	0.55	28	4.8	63				
						5	93—113		砂壤土		2.5	0.35	1.20	12	4.5					
						6	113—150		砂壤土		1.5	0.19	1.20	6	4.2					
剖17	半水成土	潮土	褐潮土	褐潮土	中壤均质冲积潮褐土	1	0—20	灰褐色	轻壤土	屑粒状	10.7	0.73	1.32	52	4.2	125		河流冲积物	E 116°24′08.3″ N 35°41′36.2″	87
						2	20—40	棕褐色	重壤土	块状	6.1	0.46	1.13	30	2.5	110				
						3	40—72	浅黄褐色	黏土	块状	4.7	0.33	0.95	21	3.0					
						4	72—132	褐色	黏土	柱状	4.5	0.42	0.78	29	7.1					
						5	132—150	浅黑褐色	轻壤土	小块状	2.3	0.26	0.66	16	6.6					
剖18	半淋溶土	褐土	褐潮土	冲积潮褐土	中壤表厚黏心冲积褐潮土	1	0—20	棕褐色	中壤土	屑粒状	10.6	0.53	0.80	49	35.5			冲积物	E 116°21′07.6″ N 35°40′18.1″	91
						2	20—53	浅棕褐色	中偏重壤土	块状	7.3	0.64	0.69	29	35.2					
						3	53—80	灰褐色	重壤土	柱状	7.7	0.66	0.73	75	3.1					
						4	80—115	黑褐色	黏土	柱状	7.8	0.73	0.78	32	3.1					
						5	115—150	浅黑褐色	黏土	小块状	6.6	0.51	0.51	23	1.3					
剖19	半水成土	潮土	褐潮土	褐潮土	轻壤表厚砂心褐潮土	1	0—15	浅黄褐色	轻壤土	屑粒状	9.6	0.55	1.48	49	4.3	68		河流冲积物	E 116°24′50.5″ N 35°40′16.9″	99
						2	15—29	浅黄色	砂壤土	块状	7.1	0.41	1.38	57	4.8	45				
						3	29—42	浅黄色	砂壤土	块状	1.4	0.16	0.96	28	5.3					
						4	42—90	棕褐色	重壤土	块状	2.4	0.16	0.62	21	6.6					
						5	90—150			小块状	5.8	0.42	0.73	30	9.6					

续表 Continued

剖面号 Soil profile	土纲 Soil order	土类 Soil great group	亚类 Soil subgroup	土属 Soil genus	土种 Soil species	土层码 Layer code	土层厚度 Depth/cm	颜色 Soil color	质地 Soil texture	土壤结构 Soil structure	有机质 OM/(g/kg)	全氮 TN/(g/kg)	全磷 TP/(g/kg)	碱解氮 AN/(mg/kg)	有效磷 AP/(mg/kg)	速效钾 AK/(mg/kg)	阳离子交换量CEC/(cmol/kg)	土壤母质 Parent material	剖面点坐标 Profile coordinate	匹配指数 Matching index/%
剖20	半淋溶土	褐土	潮褐土	冲积潮褐土	轻壤表厚砂心冲积潮褐土	1	0—24		轻壤土		8.7	0.86	0.71	74	13.0		22.9	冲积物	E 116°26′04.9″ N 35°40′08.0″	75
						2	24—35		轻壤土		7.5	0.74	0.57	44	8.0					
						3	35—75		砂壤土		2.0	0.38	0.39	20	7.3					
						4	75—150		紧砂土		1.0	0.26	1.10	17	3.8					
剖21	淋溶土	棕壤	潮棕壤	冲积潮棕壤	轻壤表厚黏心冲积潮棕壤	1	0—27	浅黄色	轻壤土	屑粒状	10.0	0.77	0.70	31	3.2			酸性岩类风化冲积物	E 116°37′26.1″ N 35°48′45.7″	82
						2	27—45	棕色	中偏重壤土	小块状	8.7	0.68	0.56	26	2.3					
						3	45—70	褐棕色	重壤土	块状	5.8	0.62	0.45	23	1.2					
						4	70—90	褐棕色	重壤土	棱块状	5.4	0.51	0.44	20	1.2					
						5	90—135	棕褐色	重偏黏壤土	棱块状	5.1	0.43	0.42	19	1.1					
						6	135—150	黄褐色	黏土	棱块状	4.5	0.33	0.28	12	0.5					
剖22	淋溶土	棕壤	潮棕壤	冲积潮棕壤	轻壤表厚黏腰冲积潮棕壤	1	0—20	暗褐色	轻壤土	屑粒状	10.4	0.70	0.68	38	2.4	95		酸性岩类风化冲积物、沉积物	E 116°39′31.4″ N 35°48′26.9″	89
						2	20—50	黄褐色	中壤土	小块状	6.3	0.42	0.52	24	2.3	85				
						3	50—68	棕褐色	中壤土	块状	6.2	0.68	0.45	27	2.1	115				
						4	68—112	棕褐色	黏土	块状	5.3	0.46	0.38	18	1.5					
						5	112—150	黄褐色	重壤土	块状	3.7	0.21	0.61	17	2.1					
剖23	淋溶土	棕壤	棕壤性土	酸性岩类棕壤性土		1	0—17	棕色	轻壤土	粒状	10.3	0.46	0.50	23	5.0	20	13.1	酸性岩类	E 116°36′38.0″ N 35°47′42.2″	81
						2	17—40	棕色	砾质重壤土	棱块状	6.1	0.46	0.29	26	3.0	85				
剖24	淋溶土	棕壤	棕壤	洪冲积棕壤	轻壤表厚黏心洪冲积棕壤	1	0—18	浅黄色	轻壤土	粒状	8.8	0.61	0.48	44	8.6		13.6	酸性岩类洪积物、冲积物	E 116°37′48.4″ N 35°47′12.8″	95
						2	18—40	棕褐色	轻壤土	棱块状	5.6	0.43	0.28	28	5.9					
						3	40—54	鲜褐色	重壤土	棱块状	5.6	0.43	0.22	28	6.5					
						4	54—95	褐色	重壤土	棱块状	4.5	0.38	0.37	20	0.9					
						5	95—150	褐棕色	重壤土	棱块状	3.5	0.31	0.55	15	1.4					
剖25	淋溶土	棕壤	棕壤	洪冲积棕壤	轻壤表高位厚黏心洪冲积棕壤	1	0—20	暗棕色	轻壤土	屑粒状	6.6	0.67	0.41	35	6.4			酸性岩类风化洪积物、冲积物	E 116°35′48.3″ N 35°47′11.2″	87
						2	20—37	棕色	重壤土	棱块状	4.7	0.53	0.39	29	8.0	100				
						3	37—51	褐棕色	重壤土	棱块状	7.4	0.73	0.29	37	6.0	110				
						4	51—95	褐棕色	重壤土	棱块状	4.9	0.44	0.55	19	2.1					
						5	95—150	棕色	中壤土	块状	3.4	0.37	0.57	15	1.2					
剖26	淋溶土	棕壤	潮棕壤	冲积潮棕壤	中壤表高位厚黏心冲积潮棕壤	1	0—27	暗棕色	重壤土	小块状	8.5	0.67	0.76	41	3.8			酸性岩类风化洪积物、冲积物	E 116°34′31.1″ N 35°47′04.2″	71
						2	27—53	灰棕色	重壤土	棱柱状	7.3	0.41	0.37	21	3.6					
						3	53—120	灰棕色	黏土	棱块状	7.6	0.27	0.42	24	1.7					
						4	120—150	灰棕色	重壤土	棱块状	10.5	0.44	0.55	19	2.1					
剖27	淋溶土	棕壤	棕壤性土	酸性岩类棕壤性土	轻壤表高位厚	1	0—15	浅黄色	砾质砂壤土	单粒状	7.7	0.63	0.40	40	7.3	60	13.1	酸性岩残积物、坡积物	E 116°39′06.1″ N 35°46′47.0″	76
						2	15—29	棕褐色	砾质砂壤土	粒状	5.0	0.42		22	6.5	50				
剖28	半淋溶土	褐土	潮褐土	冲积潮褐土	中壤均质冲积潮褐土	1	0—23	褐色	中壤土	屑粒状	9.0	0.78	0.86	57	5.8	105	25.0	冲积物	E 116°33′05.0″ N 35°46′35.0″	74
						2	23—32	褐色	重壤土	小块状	4.9	0.41	0.38	39	4.2					
						3	32—57	灰棕色	重壤土	块状	5.1	0.39	0.33	51	2.5					
						4	57—94	棕褐色	重壤土	块状			0.73	33	3.3					
						5	94—150	黄褐色	中偏重壤土		2.5	0.32								
剖29	半淋溶土	褐土	潮褐土	冲积潮褐土	重壤均质冲积潮褐土	1	0—15		重壤土		15.0	1.03	1.55	99	15.0	283		冲积物	E 116°30′18.4″ N 35°46′07.3″	78
						2	15—33		重壤土		8.9	0.73	0.91	52	3.2	268				
						3	33—68		重壤土		7.7	0.54	0.78	24	2.2	175				
						4	68—150		黏土		5.5	0.51	0.63	25	2.1					

续表 Continued

剖面号 Soil profile	土纲 Soil order	土类 Soil great group	亚类 Soil subgroup	土属 Soil genus	土种 Soil species	土层码 Layer code	土层厚度 Depth/cm	颜色 Soil color	质地 Soil texture	土壤结构 Soil structure	有机质 OM/(g/kg)	全氮 TN/(g/kg)	全磷 TP/(g/kg)	碱解氮 AN/(mg/kg)	有效磷 AP/(mg/kg)	速效钾 AK/(mg/kg)	阳离子交换量 CEC/(cmol/kg)	土壤母质 Parent material	剖面点坐标 Profile coordinate	匹配指数 Matching index/%
剖面30	淋溶土	棕壤	潮棕壤	冲积潮棕壤	中壤表厚黏心冲积潮棕壤	1	0–11	黄色	中壤土	粒状	11.3	0.80	0.68	56	7.5			酸性岩类风化冲积物	E 116°39′21.6″ N 35°46′02.7″	84
						2	11–30	黄棕色	中偏重壤土	小块状	8.9	0.57	0.63	44	4.4					
						3	30–55	黄褐色	黏壤土	棱粒状	7.7	0.62	0.50	42	2.6					
						4	55–95	灰褐色	重壤土	块状	8.1	0.65	0.44	32	3.8					
						5	95–150	黄褐色	重壤土		6.5	0.62	0.23	19	1.9					
剖面31	半水成土	砂姜黑土	砂姜黑土	黄黑土	中壤表厚心冲积湖积砂姜黑土	1	0–30		重壤土		10.7	0.83	0.80						E 116°32′50.6″ N 35°44′20.0″	86
						2	30–53		重壤土		9.7	0.88	0.43							
						3	53–78		黏壤土		9.1	0.72	0.45							
						4	78–110		黏壤土		7.7	0.58	0.43							
						5	110–135		黏壤土		6.7	0.57	0.47							
						6	135–150		黏壤土		6.9	0.59	0.89							
剖面32	半水成土	砂姜黑土	砂姜黑土	黄黑土	轻壤表厚黑土心冲积湖积砂姜黑土	1	0–19		轻壤土		6.5	0.69	0.63						E 116°34′12.2″ N 35°43′14.3″	83
						2	19–35		轻壤土		8.3	0.81	0.57							
						3	35–68		黏壤土		6.9	0.65	0.61							
						4	68–125		重壤土		5.9	0.42								
						5	125–150		重壤土		6.7	0.61								
剖面33	半水成土	砂姜黑土	砂姜黑土	黄黑土	重壤表厚砂姜心浅湖积砂姜黑土	1	0–15	灰褐色	重壤土	屑粒状	16.7	0.97	0.69	44	4.8					80
						2	15–27	浅褐色	轻壤土	小块状	11.7	0.91	0.69	48	3.3					
						3	27–65	黄褐色	重壤土	块状	7.9	0.56	0.72	25	2.2					
						4	65–95	棕褐色	重壤土	棱块状	6.1	0.48	1.10	29	4.2					
						5	95–150	灰褐色	黏壤土	块状	7.1	0.45	1.03	26	6.1					
剖面34	半淋溶土	褐土	潮褐土	冲积潮褐土	轻壤表厚高位砂心冲积潮褐土	1	0–15		中壤土		11.5	0.81	0.68	59	9.4				E 116°35′04.2″ N 35°41′27.4″	80
						2	15–28		重壤土		8.3	0.66	0.59	39	5.5	110				
						3	28–40		重壤土		8.9	0.62	0.40	38	4.4	130				
						4	40–57		重壤土		8.5	0.52	0.35	25	3.4	158	15.3			
						5	57–97		重壤土		6.5	0.40	0.39	25	2.2					
						6	97–150		砂土		4.4	0.38	0.39	13	2.4					
剖面35	半水成土	砂姜黑土	砂姜黑土	黑土裸露砂姜黑土	黏均质砂姜裸露砂姜黑土	1	0–20	浅灰褐色	黏土	屑粒状	17.8	1.30	0.83	68	8.8				E 116°33′37.9″ N 35°41′24.4″	85
						2	20–80	黑灰褐色	黏土	小块状	19.0	1.16	1.08	47	6.0					
						3	80–100	黄灰褐色	黏土	块状	8.9	0.76	0.39	23	4.9					
						4	100–125	棕褐色	黏土	棱块状	9.8	0.56	0.65	23	2.1					
						5	125–150	灰褐色	重壤土	块状	6.1	0.45	0.86	18	5.0					
剖面36	半淋溶土	褐土	潮褐土	冲积潮褐土	轻壤表厚砂心冲积潮褐土	1	0–20	浅褐色	轻壤土	屑粒状	9.9	0.83	1.01	44	9.8	82		冲积物	E 116°31′56.0″ N 35°41′21.4″	96
						2	20–80	暗褐色	重壤土	小块状	8.8	0.73	0.96	42	20.0	175				
						3	80–150	棕褐色	砂土	棱粒状	1.9	0.22	0.86	22	6.2	225				
剖面37	半水成土	潮土	潮土	石灰性河潮土	重壤均质石灰性河潮土	1	0–20	浅褐色	重壤土	屑粒状	11.2	0.73	1.06	48	2.0	175		河流冲积物	E 116°34′39.3″ N 35°41′06.8″	79
						2	20–31	暗褐色	中壤土	小块状	10.0	0.70	1.02	55	2.1	160				
						3	31–73	棕褐色	黏土	棱块状	9.3	0.56	0.40	31	1.0					
						4	73–110	黄褐色	黏土	棱块状	10.1	0.79	0.72	38	1.0					
						5	110–150	灰褐色	黏土	屑粒状	10.1	0.54	0.72	38	1.0					
剖面38	半水成土	潮土	潮土	石灰性河潮土	中壤均质石灰性河潮土	1	0–21	浅褐色	中壤土	小块状	7.5	0.42	1.30	70	19.3			河流冲积物	E 116°21′08.4″ N 35°36′19.2″	73
						2	21–67	暗褐色	中壤土	小块状	3.2	0.29	0.33	34	10.0					
						3	67–102	黄褐色	中壤土				0.81	12	15.0					
						4	102–150	棕褐色	轻壤土	小块状	8.8	0.69	1.31	53	3.0					

续表 Continued

剖面号 Soil profile	土纲 Soil order	土类 Soil great group	亚类 Soil subgroup	土属 Soil genus	土种 Soil species	土层码 Layer code	土层厚度 Depth/cm	颜色 color	质地 Soil texture	土壤结构 Soil structure	有机质 OM/(g/kg)	全氮 TN/(g/kg)	全磷 TP/(g/kg)	碱解氮 AN/(mg/kg)	有效磷 AP/(mg/kg)	速效钾 AK/(mg/kg)	阳离子交换量CEC/(cmol/kg)	土壤母质 Parent material	剖面点坐标 Profile coordinate	匹配指数 Matching index/%
剖39	半水成土	潮土	褐潮土	褐潮土	中壤表厚高位黏心褐潮土	1	0–15		中壤土		8.1	0.88	0.89	44	18.6	135		河流冲积物	E 116° 22′ 15.2″ N 35° 35′ 54.2″	80
						2	15–38		重壤土		4.7	0.45	0.85	29	19.3	123				
						3	38–80		重壤土		3.6	0.45	0.86	21	21.8	90				
						4	80–100		轻壤土		3.3	0.31	0.82	25	9.5					
						5	100–150		砂壤土		2.7	0.29	0.85	21	11.4					
剖40	半水成土	潮土	湿潮土	湖积黑潮土	重壤均质湖积黑潮土	1	0–17	暗褐色	重壤土	小块状	15.3	1.27	0.99	85	7.5	263	23.0	河流冲积物	E 116° 20′ 34.5″ N 35° 35′ 46.3″	100
						2	17–27	暗褐色	重壤土	小块状	14.7	0.64	0.75	93	7.6	265				
						3	27–85	暗褐色	重偏黏壤土	棱块状	10.4	0.92	0.79	74	13.0	305				
						4	85–112	暗褐色	重壤土	棱块状	9.5	0.75	1.16	39	16.9					
						5	112–150	灰蓝色	轻壤土	棱块状	7.7	0.58	1.09	26	7.0					
剖41	半水成土	砂姜黑土	砂姜黑土	黑土粒露砂姜黑土	重壤表厚砂心砂姜黑土	1	0–15	灰褐色	黏土	屑粒状	14.7	0.79		53	3.6	208	20.5	冲积物	E 116° 27′ 50.0″ N 35° 35′ 42.4″	90
						2	15–21	灰褐色	黏土	小块状	11.5	0.70		32	0.5	170				
						3	21–49	黑褐色	重壤土	棱块状	14.6	0.97		54	2.2	215				
						4	49–96	棕褐色	黏土	块块状	8.3	0.48		17	0.3	258				
						5	96–150	深褐色	重壤土	棱块状										
剖42	半水成土	褐土	褐潮土	冲积潮褐土	轻壤表厚黏化心冲积潮褐土	1	0–21	浅褐色	轻壤土	屑粒状	8.1	0.62	0.84	44	7.7	75		河流冲积物	E 116° 29′ 10.0″ N 35° 35′ 24.7″	78
						2	21–32	棕褐色	轻壤土	屑粒状	5.6	0.41	0.52	40	3.6	85				
						3	32–60	深褐色	中壤土	块状	5.8	0.52	0.40	10	4.9	128				
						4	60–83	棕色	中偏黏壤土	小块状	4.7	0.35	0.58	55	2.2					
						5	83–150	黄褐色	中壤土	棱块状	4.0	0.43	0.77	19	11.4					
剖43	半水成土	潮土	湿潮土	湖积黑潮土	黏均质湖积黑潮土	1	0–17		中壤土		10.6	0.79	0.96	77	4.0	110		河流冲积物	E 116° 23′ 45.2″ N 35° 34′ 50.5″	85
						2	17–29		中壤土		6.0	0.41	0.96	28	2.7	80				
						3	29–68		中壤土		8.6	0.56	0.93	35	3.1	113				
						4	68–100		中壤土		5.1	0.37	0.89	34	4.0					
						5	100–150	灰褐色	轻壤土	屑粒状	3.7	0.34	0.80	26	2.2					
剖44	半水成土	潮土	潮褐土	石灰性河潮土	轻壤表厚石灰性河潮土	1	0–20	褐色	黏土	小块状	9.2	1.25	0.52	76	6.0	195		河流冲积物	E 116° 26′ 40.8″ N 35° 33′ 44.1″	87
						2	20–57	棕褐色	黏土	块状	5.3	0.48	0.54	17	7.0	130				
						3	57–85	灰蓝色	中壤土		4.7	0.24	0.85	16	4.0					
						4	85–150		中偏黏壤土		5.0	0.43	1.08	13	9.6					
剖45	半淋溶土	褐土	潮褐土	冲积潮褐土	轻壤表厚黏腰冲积潮褐土	1	0–20	黄褐色	黏土	屑粒状	10.0	0.75	1.23	54	26.7			河流冲积物	E 116° 23′ 39.8″ N 35° 33′ 31.7″	78
						2	20–48	黄黄褐色	中壤土	小块状	2.5	0.16	0.97	19	3.2					
						3	48–62	灰黄褐色	黏土	棱块状	7.1	0.56	1.38	33	2.9					
						4	62–92	棕褐色	黏土	棱块状		0.38	0.75	18	6.7					
						5	92–125	浅黄褐色	黏土	块状	6.4	0.70	0.83	39	15.5	115				
剖46	半水成土	潮土	潮褐土	冲积潮褐土		1	0–18	浅黄褐色	中壤土	屑粒状	10.6	0.74	0.54	52	4.0			冲积物	E 116° 32′ 42.0″ N 35° 39′ 58.7″	76
						2	18–40	灰黄褐色	中壤土	小块状	5.9	0.48	0.40	30	3.1					
						3	40–70	灰黄褐色	中偏黏壤土	棱块状	6.8	0.48	0.35	34	2.6					
						4	70–119	棕褐色	黏土	棱块状	6.2	0.60	0.70	22	1.0					
						5	119–150	浅黄褐色	黏土	棱块状	6.7	5.21	0.91	10	7.9					
剖47	半水成土	砂姜黑土	砂姜黑土	黄黑土	中壤表厚砂心浅黏相砂姜黑土	1	0–11	黄灰色	中壤土	屑粒状	11.2	0.83	1.30	62	5.2				E 116° 34′ 40.1″ N 35° 39′ 51.8″	89
						2	11–26	灰黄褐色	中偏黏壤土	小块状	8.6	0.65	0.80	62	1.2					
						3	26–60	棕灰色	黏土	棱块状	8.5	0.65	0.61	30	2.4					
						4	60–109	棕灰色	黏土	棱块状	7.4	0.54	0.62	24	1.2					
						5	109–130	灰色	黏土	棱块状	7.8	0.50	0.63	18	2.2					
						6	130–150	棕黄色	重壤土	小块状	4.2	0.38	0.71	27	4.7					

续表 Continued

剖面号 Soil profile	土纲 Soil order	土类 Soil great group	亚类 Soil subgroup	土属 Soil genus	土种 Soil species	土层码 Layer code	土层厚度 Depth/cm	颜色 Soil color	质地 Soil texture	土壤结构 Soil structure	有机质 OM/ (g/kg)	全氮 TN/ (g/kg)	全磷 TP/ (g/kg)	碱解氮 AN/ (mg/kg)	有效磷 AP/ (mg/kg)	速效钾 AK/ (mg/kg)	阳离子交换量CEC/ (cmol/kg)	土壤母质 Parent material	剖面点坐标 Profile coordinate	匹配指数 Matching index/%
剖48	半淋溶土	褐土	潮褐土	冲积潮褐土	轻壤表厚黏心冲积潮褐土	1	0—20	浅褐色	轻壤土	屑粒状	10.0	0.59	0.81	26	8.0	100		冲积物	E 116°30′36.1″ N 35°35′20.2″	83
						2	20—40	浅褐色	轻壤土	小块状	8.1	0.52	0.72	32	13.3	135				
						3	40—120	棕褐色	重壤土	棱块状	4.8	0.38	0.36	31	1.5					
						4	120—150	黄褐色	中壤土	小块状	2.1	0.39	0.48	14	2.7					
剖49	半水成土	砂姜黑土	砂姜黑土	黄土	重壤表厚黑心薄层黄土覆盖砂姜黑土	1	0—16	浅灰褐色	重壤土	屑粒状	14.7	1.03	1.33	71	14.6	160			E 116°34′12.2″ N 35°34′54.1″	74
						2	16—27	灰黑色	重壤土	小块状	15.1	0.94	0.63	54	4.9	158				
						3	27—46	深灰色	黏土	棱块状	12.5	0.87	0.77	57	7.1	130				
						4	46—91	深黄色	黏土	棱块状	7.2	0.36	0.54	18	4.1	130				
						5	91—135	灰黄色	重壤土	棱块状										
						6	135—150	黄棕色	重壤土	屑粒状	3.1	0.24	0.88	2	3.4		17.2			
剖50	半水成土	砂姜黑土	砂姜黑土	黑土裸露砂姜黑土	重壤表黑土裸露砂姜黑土	1	0—20	浅灰褐色	重壤土	屑粒状	14.1	0.92	1.30	46	7.2	150			E 116°30′06.0″ N 35°33′20.4″	83
						2	20—55	黑褐色	重壤土	块状	12.2	0.95	0.54	56	1.3	190				
						3	55—110	黄褐色	重壤土	块状	6.8	0.56	0.61	26	2.2					
						4	110—135	黑褐色	黏土	块状	10.5	0.56	0.97	14	4.9					
						5	135—150	浅黄褐色	黏土	块状	7.9	0.56	1.23	17	8.4					

泗 水 县

主要土类说明

褐土是泗水县主要土壤类型，占本县地域面积的 36%。褐土一般具有耕作层、淀积黏化层和钙积层三个基本发生层次。剖面中分布有假菌丝体及砂姜或铁锰红色胶膜等新生体，心土层较黏重，有明显或不甚明显的胶膜淀积。耕层质地多为马牙砂土、砂壤土或轻壤土，中壤较少。耕层土壤多为屑粒状结构，并含一定量的砾石。耕性、透气性良好，保肥性能较差。根据地形和剖面发育特征，本县褐土分为褐土性土、淋溶褐土、褐土、潮褐土等亚类。

粗骨土是泗水县第二大土壤类型，占本县地域面积的 31%。粗骨土属于 A-C 型，甚至（A）-C 型土壤。A 层发育不明显，与母质土层性状相似，略显有机质累积。有时母质层富含砾石，甚少出现剖面分异与发育特征。

棕壤是泗水县第三大土壤类型，占本县地域面积的 24%。棕壤发育在暖温带半湿润季风气候条件下，大部分已被垦殖，以旱作为主。成土母质多为酸性岩洪积物、冲积物、河流冲积物。剖面发育完整，具 A-B-C 或 A-B-G 剖面结构。成土过程中旱作垦殖、潮化过程和淋溶淀积作用明显。本县棕壤 pH 为 6.0—7.0，大部分为农用或农林兼用。

潮土占泗水县地域面积的 5%，分布于泗河及其支流河漫滩上。本县潮土多为潮土亚类，剖面发育层次明显，表层质地为砂土、砂壤土。耕层养分含量状况为有机质 3.5g/kg，全氮 0.33g/kg。

小于本县地域面积 3% 的土壤类型有红黏土等。

本区域中心区气候特征

本区域中心区气候特征值
Regional climate characteristics in central area of the region

气候带：暖温带亚湿润气候 Climate region: Warm temperate subhumid climate	
年平均气温 /℃ Annual average temperature /℃	13.7
年平均最高气温 /℃ Annual average maximum temperature /℃	19.3
年平均最低气温 /℃ Annual average minimum temperature /℃	8.8
年降水量 /mm Annual precipitation /mm	703
≥10℃的积温 /℃ Daily temperature accumulated in a year (≥10℃) /℃	5041
年日照时数 /h Annual sunshine /h	2465
年平均相对湿度 /% Annual average relative humidity /%	68
干燥度 Dryness	1.17

泗水县主要土壤类型与土壤剖面点分布图

1:170 000

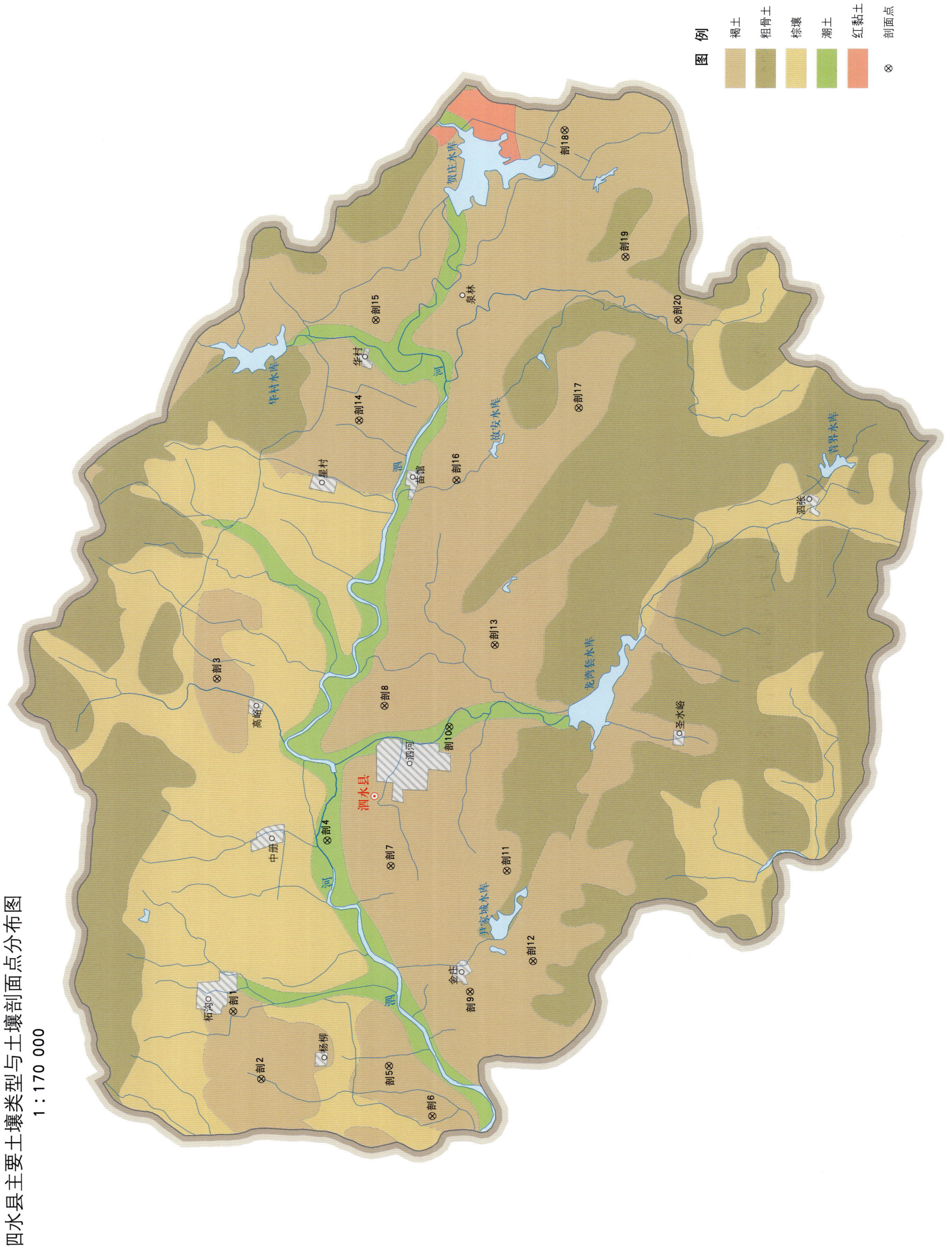

图 例

褐土　粗骨土　棕壤　潮土　红黏土

⊗ 剖面点

泗水县土壤剖面理化性状表

剖面号 Soil profile	土纲 Soil order	土类 Soil great group	亚类 Soil subgroup	土属 Soil genus	土种 Soil species	土层码 Layer code	土层厚度 Depth/cm	颜色 Soil color	质地 Soil texture	土壤结构 Soil structure	pH	有机质 OM/(g/kg)	全氮 TN/(g/kg)	全磷 TP/(g/kg)	全钾 TK/(g/kg)	碱解氮 AN/(mg/kg)	有效磷 AP/(mg/kg)	速效钾 AK/(mg/kg)	阳离子交换量 CEC/(cmol/kg)	土壤母质 Parent material	剖面点坐标 Profile coordinate	匹配指数 Matching index/%
剖1	半淋溶土	褐土	潮褐土	洪积潮褐土	轻壤表浅位厚砂姜心冲积潮褐土	1	0—18	浅褐色	多砾质轻壤土	屑粒状	7.1	6.0	0.55	0.39		36	0.9	90	16.6	冲积物	E 117°09′14.9″ N 35°43′16.0″	84
						2	18—35	褐色	中壤土	块状		2.2	0.21	0.12		12	0.9	48	21.6			
						3	35—50	褐色	中壤土	块状		4.2	0.26	0.19		15	1.2	66				
						4	50—150	鲜褐色	中壤土	块状		2.0	0.23	0.17		15	1.2	58				
剖2	半淋溶土	褐土	淋溶褐土	洪冲积淋溶褐土		1	0—16	褐色	轻壤土	粒状		7.0	0.76	0.37		23	1.3	93	14.0	洪积物、冲积物	E 117°07′21.4″ N 35°42′38.6″	90
						2	16—32	浅褐色	轻壤土	粒状		5.8	0.76	0.27		26	1.7	128				
						3	32—55		轻壤土	粒状		0.4	0.15	0.03		30	2.5	17				
						4	55—75		砂壤土	块状		2.1	0.23	0.08		13	1.0	55				
剖3	半淋溶土	褐土	褐土	洪冲积褐土	中壤表浅位厚黏心洪冲积褐土	1	75—					1.6	0.19	0.06		10	1.7	78		洪积物、冲积物	E 117°18′40.9″ N 35°43′35.4″	73
						1	0—20	褐色	砾质轻壤土	屑粒状		5.9	0.97	0.21		28	3.1	125	13.5			
						2	20—32	褐色	中偏黏壤土	块状		7.6	0.15	0.17		26	2.0	143				
						3	32—47	灰褐色	重壤土	棱块状		3.0	0.80	0.20		32	2.0	168				
						4	47—80	灰褐色	重壤土	棱块状		6.7	0.80	0.20		24	0.8	175				
剖4	半水成土	潮土	潮土	河潮土	砂壤均质河潮土	5	80—150	黄褐色	砂壤土	粒状		6.3	0.54	0.17		34	2.3	77	7.1	河流冲积物	E 117°14′03.4″ N 35°41′07.5″	86
						1	0—35	浅褐色	砂壤土	粒状		2.8	0.38	0.59		21	1.4	43				
						2	35—105	黄白色	砂壤土	块状												
						3	105—115		松砂土	块状												
剖5	半淋溶土	褐土	淋溶褐土	洪冲积淋溶褐土	轻度片蚀多砾质砂壤洪冲积淋溶褐土	4	115—150	褐色	砂壤土	粒状		4.8	0.46	0.24		25	2.4	51	15.3	酸性岩洪积物、冲积物	E 117°07′41.5″ N 35°39′46.1″	77
						1	0—15	褐色	砂壤土	粒状		2.6	0.35	0.24		20	3.1	35				
						2	15—36	浅褐色	砂壤土	片状				0.40		16						
						3	36—55		砂壤土	片状				0.15		14						
						4	55—80		砂壤土	棱块状				0.13		15						
剖6	半淋溶土	褐土	潮褐土	洪冲积潮褐土	中壤均质潮褐土	5	80—180	暗褐色	砾质中壤土	粒状		6.7	0.54	0.17		35	1.4	133		石灰岩洪积物、冲积物	E 117°06′16.8″ N 35°38′48.2″	70
						1	0—23	褐色	中壤土	块状		3.9	0.61	0.17		21	1.1	84				
						2	23—33	褐色	中壤土	粒状		6.9	0.48	0.41		19	1.8	120				
						3	33—150	褐色	轻壤土	粒状		7.7	0.70	0.64		49	2.0	80				
剖7	半淋溶土	褐土	潮褐土	洪冲积潮褐土	砂壤表浅心黏化心冲积潮褐土	1	0—23	鲜褐色	中偏黏壤土	小块状		6.2	0.62	0.58		36	1.9	108	19.7	冲积物	E 117°13′19.5″ N 35°39′41.9″	88
						2	23—65	鲜褐色	中壤土	棱块状		4.9	0.40	0.55		31	1.6	93				
						3	65—97	褐色	中壤土	块状		4.4	0.37	0.17		20	1.9	128				
剖8	半淋溶土	褐土	潮褐土	洪冲积潮褐土	轻壤表浅位厚砾石心冲积潮褐土	4	97—150	褐色	中壤土	块状		9.5	1.09	0.24		41	1.6	108		冲积物	E 117°17′52.6″ N 35°39′49.2″	80
						1	0—25	褐色	轻壤土	屑粒状		3.0	0.26	0.07		29	1.2	29				
						2	25—60	褐色	中壤土	块状		3.7	0.82	0.08		12	3.0	57				
剖9	半淋溶土	褐土	褐土	洪冲积褐土	轻壤表浅心砂姜心蚀冲积褐土	3	60—150	黄褐色	多砾质中壤土	块状		12.5	0.64	0.36		35	4.3	127	19.0	钙质母岩洪积物、冲积物	E 117°09′44.6″ N 35°37′56.1″	81
						1	0—17	红褐色	重壤土	块状		9.3	0.52	0.37		31	4.0	120				
						2	17—47	红褐色	中砾质壤土	块状		8.9	0.96	0.56		29	8.5	193				
						3	47—110	红褐色	重砾质土	块状		2.4	0.15	0.08		42	0.7	48				
剖10	半水成土	潮土	潮土	河潮土	松砂均质河潮土	4	110—150	黄色	松砂土	粒状	6.5	0.1	0.06	0.24		6	1.3			河流冲沉积物	E 117°17′15.7″ N 35°38′21.9″	86
						1	0—30	黄色	紧砂土	粒状												
						2	30—65	黄色	松砂土	粒状												
						3	65—87		松砂土													
						4	87—150															

续表 Continued

剖面号 Soil profile	土纲 Soil order	土类 Soil great group	亚类 Soil subgroup	土属 Soil genus	土种 Soil species	土层码 Layer code	土层厚度 Depth/cm	颜色 Soil color	质地 Soil texture	土壤结构 Soil structure	pH	有机质 OM/(g/kg)	全氮 TN/(g/kg)	全磷 TP/(g/kg)	全钾 TK/(g/kg)	碱解氮 AN/(mg/kg)	有效磷 AP/(mg/kg)	速效钾 AK/(mg/kg)	阳离子交换量 CEC/(cmol/kg)	土壤母质 Parent material	剖面点坐标 Profile coordinate	匹配指数 Matching index/%
剖11	半淋溶土	褐土	褐土性土	钙质岩类褐土性土		1	0~20	褐色	中壤土	屑粒状	6.7	11.2	0.88	0.29		61	0.8	95		钙质岩坡积物、洪积物	E 117°13′09.8″ N 35°37′05.5″	84
						2	20~59	棕褐色	重壤土	小块状												
剖12	半淋溶土	褐土	褐土性土	钙质岩类褐土性土		1	0~13	鲜褐色	中壤土	屑粒状	6.7	11.2	0.88	0.29		61	0.8	95	15.3	石灰岩风化坡积物	E 117°10′35.5″ N 35°36′30.9″	95
						3	59~															
剖13	半淋溶土	褐土	淋溶褐土	洪积褐淋溶褐土		1	0~15	褐色	砾质砂壤土	粒状	6.5	4.3	0.36	0.17		25	2.6	22		洪积物、冲积物	E 117°19′35.3″ N 35°37′19.9″	76
						2	15~32	浅褐色	松砂土	粒状												
						3	32~80	黄褐色	松砂土	块状												
						4	80~150	灰褐色	轻壤土													
剖14	半淋溶土	褐土	褐土	洪积褐淋溶褐土	轻壤表浅位厚砾石心夹黏质洪冲积褐土	1	0~17	暗褐色	轻壤土	砾石状		8.5	1.00	0.38		33	3.0	137	22.0	洪积物、冲积物	E 117°25′58.6″ N 35°40′21.5″	76
						2	17~29	暗褐色	重壤土	棱块状		6.9	0.63	0.29		26	2.6	163				
						3	29~53	暗褐色	重壤土			4.7	0.14	0.05		23	0.5	75				
						4	53~88	暗褐色	重壤土	块状		2.1	0.23	0.15		16	1.1	59				
						5	88~150	暗褐色	重壤土	块状		2.0	0.17	0.10		14	1.6	47				
剖15	半淋溶土	褐土	淋溶褐土	洪冲积淋溶褐土	轻度片蚀中壤均质砾质洪积淋溶褐土	1	0~14	褐色	中壤土	屑粒状	6.9	14.9	1.11	0.54		60	1.0	173	16.9	石灰岩洪积物、冲积物	E 117°28′48.1″ N 35°39′57.9″	87
						2	14~21	棕褐色	中壤土	块状		6.8	0.52	0.38		37	1.6	180				
						3	21~53	棕褐色	中壤土	小棱块状		4.4	0.50	0.34		21	1.8	110				
						4	53~150	棕褐色	中壤土	小棱块状		3.4	0.29	0.35		19	1.6	118				
剖16	半淋溶土	褐土	淋溶褐土	洪冲积淋溶褐土		1	0~20	褐色	中壤土	屑粒状	6.5	5.8	0.55	0.37		38	1.4	80	14.5	洪积物、冲积物	E 117°24′15.8″ N 35°38′10.3″	74
						2	20~43	深褐色	中壤土	棱块状		4.6	0.44	0.31		29	5.2	123				
						3	43~85	棕褐色	重壤土	块状		4.4	0.44	0.32		28	2.0	143				
						4	85~100	红褐色	重壤土	块状		3.9		0.30		23	5.4	153				
						5	100~															
剖17	半淋溶土	褐土	淋溶褐土	灰质淋溶褐土	黏心灰质金黄土	Ap	0~15		黏壤土		7.0	8.1	0.64	0.29	19.1	47	10.1	116	17.1		E 117°26′17.4″ N 35°35′24.8″	86
						AB	15~30		壤质黏土	屑粒状	6.8	7.3	0.58	0.32	19.1	43	2.6	112	18.2			
						B₁	30~70		壤质黏土	块状	6.8	5.4	0.26	0.37	19.5	28	2.8	110	19.5			
						B₂	70~100		壤质黏土	块状	7.0	4.9	0.37	0.37	19.7	26	3.4	141				
剖18	半淋溶土	褐土	潮褐土	洪积潮褐土	轻壤均质洪积潮褐土	1	0~20	浅黄色	轻壤土	屑粒状		7.4	0.68	0.58		42	5.0	98		冲积物	E 117°34′09.2″ N 35°35′41.9″	88
						2	20~80	黄褐色	轻壤土	块状			0.35	0.26		27	2.5	60				
						3	80~105	浅褐色	轻壤土	块状												
						4	105~150	深褐色	中壤土	块状												
剖19	半淋溶土	褐土	褐土性土	钙质岩类褐土性土		1	0~15	褐色	重壤土	屑粒状	7.1	8.6	0.80	0.40		65	1.9	99		石灰岩风化坡积物、洪积物	E 117°30′33.5″ N 35°34′20.5″	90
						2	15~20	褐色	轻壤土	块状												
						3	20~															
剖20	半淋溶土	褐土	淋溶褐土	洪积淋溶褐土	轻壤表浅位厚黏心冲积淋溶褐土	1	0~15	褐色	轻壤土	粒状		9.4	0.64	0.29		19	3.5	70		洪积物、冲积物	E 117°28′45.2″ N 35°33′09.8″	82
						2	15~33	褐色	轻壤土	粒状		9.1	0.97	0.25		21	3.0	77				
						3	33~55	褐色	轻壤土	粒状		7.8	0.70	0.23		26	2.3	70				
						4	55~97	灰褐色	重壤土	棱块状		8.7	0.97	0.22		41	2.8	113				
						5	97~150	黑褐色	重壤土	棱块状		8.8	0.84	0.31		41	5.2	117				

梁 山 县

主要土类说明

潮土是梁山县主要土壤类型，占本县地域面积的96%。本县潮土直接发育在历代黄泛沉积物上，潮化过程和盐化过程是该土壤的主导成土过程。本县潮土的土壤质地变化较大，地面具有明显的分选性，土体中的沉积层次分明。地下水埋深较浅，潮土常年地下水位为0.6—3.0m，矿化度一般为1.0—2.5g/L，最高达5g/L。由于地下水位和矿化度较高，故有次生盐渍化的威胁。土壤全剖面具有强石灰反应，碳酸钙含量一般为6%—14%。土壤多呈中性，pH为7.0—7.5，少数高于7.5。土壤养分含量不高，且比例失调，耕层平均养分含量为有机质7.6g/kg、全氮0.6g/kg、全磷1.2g/kg。土壤中氮素不足，严重缺磷。本县潮土分为潮土、褐潮土、湿潮土和盐化潮土等亚类。其中，潮土亚类面积最大。

小于本县地域面积3%的土壤类型有新积土和褐土等。

本区域中心区气候特征

本区域中心区气候特征值
Regional climate characteristics in central area of the region

气候带：暖温带亚湿润气候 Climate region: Warm temperate subhumid climate	
年平均气温 /℃ Annual average temperature /℃	13.9
年平均最高气温 /℃ Annual average maximum temperature /℃	19.5
年平均最低气温 /℃ Annual average minimum temperature /℃	9.1
年降水量 /mm Annual precipitation /mm	636
≥10℃的积温 /℃ Daily temperature accumulated in a year (≥10℃) /℃	5143
年日照时数 /h Annual sunshine /h	2440
年平均相对湿度 /% Annual average relative humidity /%	67
干燥度 Dryness	1.29

梁山县主要土壤类型与土壤剖面点分布图
1:180 000

图例
- 潮土
- 新积土
- 褐土
- ⊗ 剖面点

梁山县土壤剖面理化性状表

剖面号 Soil profile	土纲 Soil order	土类 Soil great group	亚类 Soil subgroup	土属 Soil genus	土种 Soil species	土层码 Layer code	土层厚度 Depth/cm	颜色 Soil color	质地 Soil texture	土壤结构 Soil structure	pH	有机质 OM/(g/kg)	全氮 TN/(g/kg)	全磷 TP/(g/kg)	碱解氮 AN/(mg/kg)	有效磷 AP/(mg/kg)	速效钾 AK/(mg/kg)	阳离子交换量CEC/(cmol/kg)	土壤母质 Parent material	剖面点坐标 Profile coordinate	匹配指数 Matching index/%
剖1	半水成土	潮土	盐化潮土	砂质氯化潮土	砂壤表厚黏腰重度氯化潮土	1	0~5	浅褐色	砂壤土	小团粒状	7.4	7.8	0.53	1.49	34	11.0	304	7.1	河流冲积物	E 115°56′44.9″ N 35°55′25.1″	72
						2	5~19	浅褐色	砂壤土	小团粒状	7.3	6.0	0.49	1.44	76	9.0	120	7.1			
						3	19~48	浅褐色	砂壤土	小团粒状	7.2	2.1	0.18	1.13		2.0	55				
						4	48~85	红褐色	轻黏土		7.6	4.5	0.43								
						5	85~150	灰白色	紧黏土	碎粒状	7.5	0.8	0.15								
剖2	半水成土	潮土	潮土	黏质潮土	黏土表厚砂心潮土	1	0~30		紧黏土										河流冲积物	E 115°59′16.4″ N 35°54′41.8″	74
						2	30~150														
剖3	半水成土	潮土	潮土	壤质潮土	轻壤表厚砂腰潮土	1	0~19	浅褐色	轻壤土	团粒状	7.2	7.3	0.56	1.47	63	4.0	90	14.9	河流冲积物	E 115°56′46.0″ N 35°52′33.2″	96
						2	19~36	黄褐色	轻壤土	团粒状	7.5	4.2	0.36	1.33		1.0	110	7.8			
						3	36~150	浅灰色	紧黏土	碎粒状	7.5	0.8	0.12			0.5	58				
剖4	半水成土	潮土	潮土	砂质潮土	砂壤表厚黏心潮土	1	0~30		砂壤土	碎粒状	7.4								河流冲积物	E 115°57′59.8″ N 35°51′37.4″	90
						2	30~65	棕红色	黏土	块状	7.3	10.3	0.77	1.21	49	2.0	280	17.7			
						3	65~77	棕红色	紧黏土	碎粒状	7.3	8.7	0.70	1.10		1.0	195	17.1			
						4	77~150	灰白色	浅灰土	块状	7.0	1.0	0.11			1.0	48				
剖5	半水成土	潮土	潮土	黏质潮土	重壤表厚砂腰潮土	1	0~15	红褐色	重壤土	小块状	7.3	6.7	0.56	1.35	47	1.0	290	16.6	河流冲积物	E 115°54′23.4″ N 35°50′24.7″	90
						2	15~50	红褐色	重壤土	块状	7.4	10.8	0.81	1.19	42	11.0	370	4.4			
						3	50~90	灰白色	紧黏土	块状	7.3	2.6	0.25			1.0	80				
						4	90~150	棕红色	砂黏土	块状	7.4	2.4	0.25			1.0	62				
剖6	半水成土	潮土	盐化潮土	黏质盐化潮土	盐土表厚砂心轻度氯化潮土	1	0~20	红褐色	黏土	块状	7.5	12.1	0.94	0.75	89	3.0	310	22.1	河流冲积物	E 116°00′35.6″ N 35°55′53.4″	90
						2	20~40	红褐色	黏土	块状	7.5	6.6	4.60	0.71		2.0	210	19.2			
						3	40~85	浅灰色	砂壤土	小块状	7.3						70				
						4	85~125	红褐色	黏土	小块状											
						5	125~150	灰白色	砂壤土	碎粒状											
剖7	半水成土	潮土	湿潮土	黏质冲积湿潮土	黏土表黏均质冲积湿潮土	1	0~20	红褐色	黏土	块状	7.6	9.4	0.78	1.31	59	3.0	180	14.2	河流冲积物	E 116°01′28.4″ N 35°54′38.5″	70
						2	20~110	棕红色	黏土	块状	7.5	7.3	0.63	1.10		1.0	188	18.4			
						3	110~150	灰白色	砂壤土	小块状	7.3	1.3	0.15			2.0	50				
剖8	半水成土	潮土	湿潮土	黏质冲积黑潮土	重壤表厚黑冲积黑潮土	1	0~20	棕红色	重壤土	块状	7.5	6.1	0.49	1.42	52	9.0	90	7.6	河流冲积物	E 116°10′31.4″ N 35°52′14.9″	79
						2	20~65	浅褐色	黏土	团粒状	7.2	6.0	0.46	1.39	74	10.0	100	7.7			
						3	65~100	灰白色	砂壤土	小团粒状	7.2	4.4	0.40	1.29		2.0	62				
剖9	半水成土	潮土	盐化潮土	砂质氯化潮土	砂壤表砂均质轻度氯化潮土	1	0~16	浅褐色	松砂土		7.3	1.0	0.12	1.22		1.0	40		河流冲积物	E 116°12′47.9″ N 35°52′12.4″	96
						2	16~40	棕红色	夹砂黏土	小碎块状	7.2	5.0	0.45	1.23		6.0	230				
						3	40~93	灰黄色	砂壤土	块状	7.4	15.4	1.09	1.06	103	8.0	260	19.1			
						4	93~116	红棕色	黏土	块状	7.5	7.6	0.62	1.14		1.0	220	20.4			
						5	116~150	褐色	重壤土	块状	7.4	3.1	0.27			1.0	60				
剖10	半水成土	潮土	湿潮土	黏质冲积湿潮土	黏土表黏均质冲积湿潮土	1	0~30	棕褐色	重壤土	块状	7.4	5.0					50		河流冲积物	E 116°11′45.6″ N 35°51′36.7″	87
						2	30~53	棕红色	黏土	块状											
						3	53~95		重壤土	块状											
						4	95~120		夹砂黏土	块状											
						5	120~150	灰白色	砂壤土	碎粒状											
剖11	半水成土	潮土	湿潮土	黏质冲积潮土	黏土表黏均质冲积黑潮土	1	0~20	浅褐色	黏土										河流冲积物	E 116°10′28.9″ N 35°50′52.1″	71
						2	20~90		中壤土	团粒状											
剖12	半水成土	潮土	湿潮土	壤质冲积黑潮土	中壤表砂体冲积黑潮土	1	0~29	浅灰色	紧砂土	碎粒状									河流冲积物	E 116°04′43.0″ N 35°50′25.8″	92
						2	29~81														

续表 Continued

剖面号 Soil profile	土纲 Soil order	土类 Soil great group	亚类 Soil subgroup	土属 Soil genus	土种 Soil species	土层码 Layer code	土层厚度 Depth/cm	颜色 Soil color	质地 Soil texture	土壤结构 Soil structure	pH	有机质 OM/(g/kg)	全氮 TN/(g/kg)	全磷 TP/(g/kg)	碱解氮 AN/(mg/kg)	有效磷 AP/(mg/kg)	速效钾 AK/(mg/kg)	阳离子交换量CEC/(cmol/kg)	土壤母质 Parent material	剖面点坐标 Profile coordinate	匹配指数 Matching index/%
剖13	半水成土	潮土	潮土	黏质潮土	重壤表厚砂心	1	0~30	红棕色	重壤土	小块状	7.3	8.6	0.60	1.21	48	3.0	190	13.9	河流冲积物	E 116°10′25.0″ N 35°50′17.5″	79
						2	30~70	浅灰色	砂壤土	碎粒状	7.5	2.3	0.18	1.32		2.0	55	6.3			
						3	70~95	棕红色	黏壤土	块状	7.6	3.5	0.44	0.73		1.0	172				
						4	95~130		轻壤土	块状	7.4	1.9	0.16								
剖14	半水成土	潮土	潮土	黏质潮土	黏土表厚砂腰	1	0~27	红棕色	黏土	小块状	7.5	9.6	0.70	0.93	42	13.0	228	20.7	河流冲积物	E 115°57′18.5″ N 35°48′59.8″	99
						2	27~41	棕红色	重壤土	块状	7.5	7.8	0.70	1.17		2.0	180	11.2			
						3	41~56	灰白色	黏土	块状	7.5	3.5	0.35	1.17		1.0	135				
						4	56~150		紧砂土	碎粒状	7.8	2.8	0.22			2.0	121				
剖15	半水成土	潮土	潮土	壤质潮土	中壤表厚砂腰土	1	0~25	褐色	中壤土	团粒状	7.4	8.8	0.69	1.30	54	3.0	230	10.6	河流冲积物	E 115°58′36.4″ N 35°48′11.5″	84
						2	25~70		砂壤土	团粒状	7.5	3.1	0.23			2.0	63	6.0			
						3	70~150		砂壤土	碎粒状	7.3										
剖16	半水成土	潮土	潮土	壤质潮土	中壤表厚砂腰土	1	0~20		中壤土										河流冲积物	E 115°58′00.2″ N 35°47′48.1″	84
						2	20~43		中壤土												
						3	43~150		松砂土												
剖17	半水成土	盐化潮土	盐化潮土	黏质盐化潮土	重壤表黏素均质轻度氯化物盐化潮土	1	0~20		紧砂土										河流冲积物	E 116°11′44.2″ N 35°49′46.2″	100
						2	20~47		重壤土												
						3	47~75		轻壤土												
						4	75~100		砂壤土												
剖18	半水成土	潮土	潮土	黏质潮土	重壤表黏素均质潮土	1	0~15	褐色	黏土	小块状	7.4	11.7	0.90	1.35	97	6.0	289	17.2	河流冲积物	E 116°10′44.8″ N 35°49′08.0″	75
						2	15~75	红棕色	黏土	小块状	7.5	6.0	0.57	1.01		4.0	190	16.2			
						3	75~100	棕红色	黏土	块状	7.5	7.4	0.59			6.0	290				
剖19	半水成土	盐化潮土	盐化潮土	壤质氯化物盐化潮土	中壤表厚黏腰轻度氯化物盐化潮土	1	0~25	褐色	中壤土	团粒状	7.6	6.5	0.52	1.16	56	2.0	105	12.2	河流冲积物	E 116°10′42.6″ N 35°48′33.1″	83
						2	25~37	浅褐色	轻壤土	团粒状	7.8	5.7	0.54	1.05		2.0	102	17.0			
						3	37~85	灰白色	紧砂土	碎粒状	7.5	2.5	0.22			2.0	60				
						4	85~115	棕红色	黏土	块状	7.5	6.3	0.50			8.0	250				
						5	115~150	浅灰色	松砂土	小团粒状	7.4						186				
剖20	半水成土	潮土	潮土	砂质潮土	砂壤表薄黏腰潮土	1	0~5	浅灰色	砂壤土	小团粒状	7.6	7.5	0.58	1.38	73	5.0	128	9.4	河流冲积物	E 116°00′37.4″ N 35°47′43.1″	71
						2	5~21	浅灰色	砂壤土	碎粒状	7.2	6.9	0.56	1.41		4.0	120	8.7			
						3	21~46	灰白色	紧砂土	碎粒状	7.1	1.4	0.23	1.29		1.0	45				
						4	46~85	浅灰色	中壤土	小碎块状	7.2	2.0	0.20			1.0	50				
						5	85~126	棕红色	夹砂黏土	块状	7.5	4.5	0.43			4.0	200				
						6	126~150	灰黄色	砂壤土	碎粒状	7.4						51				
剖21	半水成土	盐化潮土	砂质氯化物盐化潮土	砂壤表均质中度氯化物盐化潮土		1	0~5	浅灰色	砂壤土	小团粒状	7.6	3.8	0.21	1.22	32	1.0	40	16.7	河流冲积物	E 116°00′06.4″ N 35°47′43.1″	70
						2	5~20	浅灰色	砂壤土	小柱状	7.3	3.3	0.31	1.23	32	2.0	65	5.3			
						3	20~40	灰白色	紧砂土	碎块状	7.2	1.1	0.13	1.07		1.0	32				
						4	40~60	灰黄色	紧砂土	小柱状	7.3	1.2	0.13	1.06		1.0	31				
						5	60~100	灰白色	紧砂土	小柱状	7.3	1.2	0.10			1.0	30				
						6	100~150	灰黄色	紧砂土	碎块状	7.4				24		30				
剖22	半淋溶土	褐土	褐土	坡洪积褐土	中壤表壤中度坡积洪积褐土	1	0~20	暗褐色	中壤土	碎块状	7.3	5.0	0.40	0.70		3.0	100	7.7	坡积物、洪积物	E 116°05′44.5″ N 35°47′37.8″	75
						2	20~45	暗褐色	中壤土	小柱状	7.3	3.3	0.30	0.50		2.0	89	11.5			
						3	45~53	褐色	轻壤土	碎块状	7.2	3.0	0.20	0.40		2.0	80	10.0			
						4	53~80	灰黄色	轻壤土	小柱状	7.3	3.0	0.20	0.50		1.0	86				
						5	80~150	棕黄色	轻壤土	小柱状	7.3	2.5	0.30	0.40		3.0	79				
剖23	半淋溶土	褐土	褐土性	钙质岩类褐土性土	薄层硬石质中砾石底壤质中砾石灰岩质褐土性土	1	0~5	灰褐色	中砾质壤土	粒状	7.3	28.2	1.70	1.10	84	2.0	197	12.5	石灰岩残积物、坡积物	E 116°05′53.5″ N 35°47′12.5″	73
						2	5~25	暗褐色	中砾质壤土	粒状	7.3	28.2	1.70	1.10	84	2.0	197	12.5			
						3	25—														

续表 Continued

剖面号 Soil profile	土纲 Soil order	土类 Soil great group	亚类 Soil subgroup	土属 Soil genus	土种 Soil species	土层码 Layer code	土层厚度 Depth/cm	颜色 Soil color	质地 Soil texture	土壤结构 Soil structure	pH	有机质 OM/(g/kg)	全氮 TN/(g/kg)	全磷 TP/(g/kg)	碱解氮 AN/(mg/kg)	有效磷 AP/(mg/kg)	速效钾 AK/(mg/kg)	阳离子交换量CEC/(cmol/kg)	土壤母质 Parent material	剖面点坐标 Profile coordinate	匹配指数 Matching index/%
剖24	半水成土	潮土	潮土	砂质潮土	砂壤表砂均质潮土	1	0—20	浅褐色	砂壤土	小团粒状	7.3	4.9	0.43	1.23	33	3.0	57	6.1	河流冲积物	E 116°02′39.5″ N 35°46′58.8″	80
						2	20—107	灰白色	松砂土	碎粒状	7.1	3.0	0.29	1.09		1.0	62	3.5			
						3	107—150	灰白色	中壤土	硬块状	7.2	1.4	0.18				60				
剖25	半水成土	潮土	潮土	壤质潮土	轻壤表砂体潮土	1	0—15	浅褐色	轻壤土	团粒状	7.4	6.4	0.46	1.20	32	4.0	103	7.0	河流冲积物	E 116°12′07.9″ N 35°46′28.2″	85
						2	15—30	浅褐色	轻壤土	团粒状	7.4	6.4	0.46	1.20	32	4.0	103	7.0			
						3	30—60	灰白色	紧砂土	碎粒状	7.4	1.6	0.16	1.50		1.0	35	3.4			
						4	60—80	灰白色	砂壤土	碎粒状	7.5	2.5	0.22			1.0	41				
						5	80—135	灰白色	紧砂土	碎粒状	7.3										
						6	135—150	棕色	黏土	块状	7.2										
剖26	半水成土	潮土	潮土	壤质潮土	中壤表厚黏心褐潮土	1	0—20	褐色	中壤土	团粒状	7.3	7.7	0.60	1.32	41	2.0	210	13.8	河流冲积物	E 116°13′36.8″ N 35°45′13.3″	89
						2	20—41	红褐色	重壤土	小块状	7.4	5.2	0.48	1.08		1.0	149	14.6			
						3	41—66	棕褐色	黏土	块状	7.4	4.5	0.42			1.0	150				
						4	66—94	灰白色	紧砂土	碎粒状	7.0	1.2	0.18								
						5	94—137	棕色	黏土	块状	7.2										
剖27	半水成土	潮土	褐潮土	壤质褐潮土	中壤表厚黏心褐潮土	1	0—20	褐色	中壤土	团粒状	7.3	6.2	0.55	1.50	41	6.0	120	9.1	河流冲积物	E 116°14′35.0″ N 35°44′13.2″	98
						2	20—46	红褐色	重壤土	小块状	7.4	4.3	0.53	0.82		1.0	200	15.9			
						3	46—75	灰白色	紧砂土	块状	7.5	5.6	0.56			1.0	190				
						4	75—124	灰白色	紧砂土	碎粒状	7.0	1.2	0.18				30				
						5	124—150	棕色	黏土	块状	7.2										
剖28	半水成土	潮土	褐潮土	砂质褐潮土	砂壤表砂均质潮土	1	0—20	浅褐色	砂壤土	团粒状	7.4	3.9	0.38	1.10	31	1.0	102	9.2	河流冲积物	E 116°05′37.3″ N 35°43′00.8″	97
						2	20—45	棕红色	黏土	碎粒状	7.5	4.1	0.36	1.10		1.0	100	16.9			
						3	45—150	棕色	紧砂土	块状	7.3										
剖29	半水成土	潮土	褐潮土	壤质褐潮土	轻壤表砂体褐潮土	1	0—20	浅褐色	轻壤土	团粒状	7.3	6.8	0.34	1.44	75	3.0	100	9.0	河流冲积物	E 116°08′48.5″ N 35°42′27.7″	93
						2	20—60	浅褐色	砂壤土	小团粒状	7.4	3.1	0.39	1.17		1.0	65	8.4			
						3	60—150	灰白色	紧砂土	碎粒状	7.4	1.4	0.21			0.2	35				
剖30	半水成土	潮土	盐化潮土	壤质氯化物盐化潮土	中壤表厚黏心轻积氯化物盐化潮土	1	0—21	浅褐色	砂壤土	团粒状	7.4	6.9	0.46	2.95	32	3.0	96	8.3	河流冲积物	E 116°14′36.6″ N 35°42′19.4″	71
						2	21—56	褐色	黏土	块状	7.7	5.5	0.49	1.09		2.0	175	16.9			
						3	56—120	灰白色	砂壤土	小团粒状	7.8	2.1	0.23			3.0	53				
						4	120—150	浅灰色	中壤土	碎粒状	7.6	1.5	0.18								
剖31	半水成土	潮土	褐潮土	砂质褐潮土	砂壤表厚壤心褐潮土	1	0—20	浅褐色	轻壤土	小团粒状	7.4	6.2	0.60	1.50	43	6.0	120	8.6	河流冲积物	E 116°10′30.4″ N 35°42′16.6″	82
						2	20—60	棕红色	中壤土	块状	7.3	4.1	0.36	1.17		1.0	100	9.2			
						3	60—85	棕色	砂壤土	小块状	7.3	6.6	0.47			3.0	159				
						4	85—150	灰白色	砂壤土	碎粒状	7.3						41				
剖32	半水成土	潮土	湿潮土	壤质冲积湿潮土	中壤表厚黏土冲积湿潮土	1	0—20	褐色	中壤土	小块状	7.4	10.3	0.81	0.88	69	13.0	200	11.8	河流冲积物	E 116°13′53.0″ N 35°42′12.2″	82
						2	20—45	浅褐色	黏土	块状	7.4	5.1	0.52	0.80		3.0	148	15.9			
						3	45—55	棕色	重壤土	团粒状	7.5	7.0	0.63	0.73		3.0	172				
						4	55—80	褐色	中壤土	团粒状	7.5	6.1	0.53			2.0	140				
剖33	半水成土	潮土	褐潮土	壤质褐潮土	轻壤表厚黏心褐潮土	1	0—19	浅褐色	轻壤土	小块状	7.3	7.5	0.60	1.40	41	3.0	110	7.6	河流冲积物	E 116°07′53.4″ N 35°41′58.7″	96
						2	19—65	红棕色	重壤土	团粒状	7.4	5.9	0.60	1.20		1.0	125	13.5			
						3	65—150	灰白色	紧砂土	小块状	7.4	0.9	0.10			0.4	30				
剖34	半水成土	潮土	潮土	壤质潮土	轻壤表厚黏心潮土	1	0—30	褐色	轻壤土	小团粒状	7.3	5.2	0.37	1.50	26	3.0	70	7.9	河流冲积物	E 116°05′58.2″ N 35°41′50.6″	96
						2	30—36	红棕色	重壤土	块状	7.2	6.3	0.46	1.18		2.0	105	12.9			
						3	36—60	红棕色	黏土	团粒状	7.3	4.7	0.37			1.0	100				
						4	60—150	浅灰色	紧砂土	碎粒状	7.2	1.6	0.21			1.0	31				

续表 Continued

剖面号 Soil profile	土纲 Soil order	土类 Soil great group	亚类 Soil subgroup	土属 Soil genus	土种 Soil species	土层码 Layer code	土层厚度 Depth/cm	颜色 Soil color	质地 Soil texture	土壤结构 Soil structure	pH	有机质 OM/(g/kg)	全氮 TN/(g/kg)	全磷 TP/(g/kg)	碱解氮 AN/(mg/kg)	有效磷 AP/(mg/kg)	速效钾 AK/(mg/kg)	阳离子交换量CEC/(cmol/kg)	土壤母质 Parent material	剖面点坐标 Profile coordinate	匹配指数 Matching index/%
剖35	半水成土	潮土	潮土	壤质潮土	轻壤表厚黏腰潮土	1	0—24	浅褐色	轻壤土	团粒状	7.5	4.5	0.40	1.38	23	6.0	80	8.2	河流冲积物	E 116°11′37.3″ N 35°40′44.4″	93
						2	24—55	灰黄色	紧砂土	碎粒状	7.6	4.0	0.30	1.17		1.0	41	7.8			
						3	55—150	棕红色	黏土	块状	7.7	6.0	0.50			1.0	150				
剖36	半水成土	潮土	潮土	黏质潮土	重黏表黏均质潮土	1	0—20	红棕色	重壤土	小块状	7.3	8.0	0.64	0.94	51	7.0	171	16.9	河流冲积物	E 116°16′24.6″ N 35°47′09.6″	87
						2	20—82	棕红色	黏土	块状	7.6	5.4	0.44	0.92		2.0	140	13.4			
						3	82—100	棕红色	黏土	块状	7.5	6.7	0.50			2.0	171				
剖37	半水成土	潮土	褐潮土	壤质褐潮土	轻壤表厚黏腰潮土	1	0—20	浅褐色	轻壤土	团粒状	7.3	6.7	0.60	1.60	66	11.0	150	7.3	河流冲积物	E 116°17′40.6″ N 35°44′16.8″	82
						2	20—65	褐色	中壤土	团粒状	7.4	3.3	0.40	1.30		0.4	78	7.9			
						3	65—150	灰白色	紧砂土	碎粒状	7.2						80				
剖38	半水成土	潮土	盐化潮土	壤质氯化物盐化潮土	轻壤表厚砂腰中度氯化物盐化潮土	1	0—20		轻壤土										河流冲积物	E 116°16′03.0″ N 35°40′26.0″	86
						2	20—45		紧砂土												
						3	45—125														
剖39	半水成土	潮土	湿潮土	黏质冲积湿潮土	黏土表厚砂腰冲积黑潮土	1	0—18	棕红色	黏土	团粒状	7.5	6.9	0.64	1.15	54	3.0	215	17.4	河流冲积物	E 116°14′24.2″ N 35°38′01.5″	98
						2	18—45	棕红色	黏土	块状	7.8	5.0	0.64	0.59		1.0	190	17.4			
						3	45—150	灰白色	紧砂土	碎粒状	8.2	1.4	0.20			1.0	42				
剖40	半水成土	潮土	湿潮土	黏质湖积黑潮土	黏壤表黏均质湖积黑潮土	1	0—20	深褐色	黏土	小块状	7.3	11.0	0.90	0.43	78	6.0	169	21.7	河流冲积物	E 116°18′17.6″ N 35°37′45.9″	97
						2	20—45	深褐色	重壤土	块状	8.0	8.6	0.70	0.34		3.0	130	22.6			
						3	45—110	棕红色	黏土	块状	8.2	9.0	0.80			5.0	160				
						4	110—150	灰白色	砂壤土	碎粒状	8.0										

曲 阜 市

主要土类说明

褐土是曲阜市主要土壤类型，占本市地域面积的78%。褐土通常由表土层（淋溶层）、心土层（黏化层）、淀积层三个基本层次组成，褐土的剖面中通常有假菌丝体。由于黏化过程的作用，心土层较黏重，并且有胶膜出现，底土层中常可发现散生的石灰结构（砂姜）。褐土表层质地多为轻壤土、中壤土，呈屑粒状结构，耕作通气透水性较好，保水保肥性能良好。耕层土壤容重一般在$1.41g/cm^3$，总孔隙度为46.4%，平均养分含量为有机质7.25g/kg、全氮0.51g/kg、全磷0.31g/kg。地下水埋深一般为4—10m，水质较好，没有盐渍化现象。根据地形和土壤剖面发育特征，本市褐土分为褐土性土、淋溶褐土、褐土和潮褐土等亚类。

潮土是曲阜市第二大土壤类型，占本市地域面积的8%，主要分布在泗河、沂河、蓼河、险河两岸的河漫滩及背河洼地。地下水位在1.5m左右，100cm左右出现明显的锈纹、锈斑和铁子，土壤全剖面有弱石灰反应，pH为7.1。本市潮土质地一般为砂壤土至轻壤土，耕性好，蒸发强烈，排水条件差，地下水位高，有盐碱威胁。漏砂是潮土的主要障碍和限制因素，其次是养分缺乏。耕层有机质含量一般为7g/kg，全氮含量为0.48g/kg，全磷含量为0.43g/kg，耕层容重为$1.41g/cm^3$，总孔隙度为46.8%，田间持水量为26.4%。本市潮土分为潮土等亚类。

棕壤是曲阜市第三大土壤类型，占本市地域面积的7%，分布于石门山镇、吴村镇北部低山丘陵上部。通体剖面以棕褐色为主，有明显的淋溶淀积作用，无石灰反应，pH为5.5—6.5。剖面发育不完全，无心土层，表层或中层以下为半风化酸性母岩，腐殖质层不存在，土层浅薄并含有大量粗砂或砾石，水土流失严重。本市棕壤分为棕壤性土等亚类。

砂姜黑土占曲阜市地域面积的4%，主要分布在陵城、小雪、石门山、姚村等地的碟形洼地和浅平洼地中。成土母质为第四纪浅湖相沉积物，地表水和地下水排泄不畅，一般具有耕作层、犁底层、残余黑土层、脱潜育化层和砂姜层，沿湖洼地耕作层即为黑土层。土壤全剖面质地黏重，pH为7.2，黑土层一般埋藏深度为40—100cm，耕作层颜色浅淡，砂姜层出现部位一般在60cm左右。土壤湿、凉、板、结构差，有效养分低，缺磷，大部分表层耕性不良，土层中有砂姜，影响作物根系生长发育，是低产土壤。本市砂姜黑土只有砂姜黑土一个亚类。

小于本市地域面积3%的土壤类型有水稻土等。

本区域中心区气候特征

本区域中心区气候特征值
Regional climate characteristics in central area of the region

气候带：暖温带亚湿润气候 Climate region: Warm temperate subhumid climate	
年平均气温 /℃ Annual average temperature /℃	13.7
年平均最高气温 /℃ Annual average maximum temperature /℃	19.4
年平均最低气温 /℃ Annual average minimum temperature /℃	8.7
年降水量 /mm Annual precipitation /mm	689
≥10℃的积温 /℃ Daily temperature accumulated in a year (≥10℃) /℃	5044
年日照时数 /h Annual sunshine /h	2465
年平均相对湿度 /% Annual average relative humidity /%	68
干燥度 Dryness	1.19

本区域中心区月平均气温与月平均降水量
Monthly temperature and precipitation in central area of the region

曲阜市主要土壤类型与土壤剖面点分布图
1:170 000

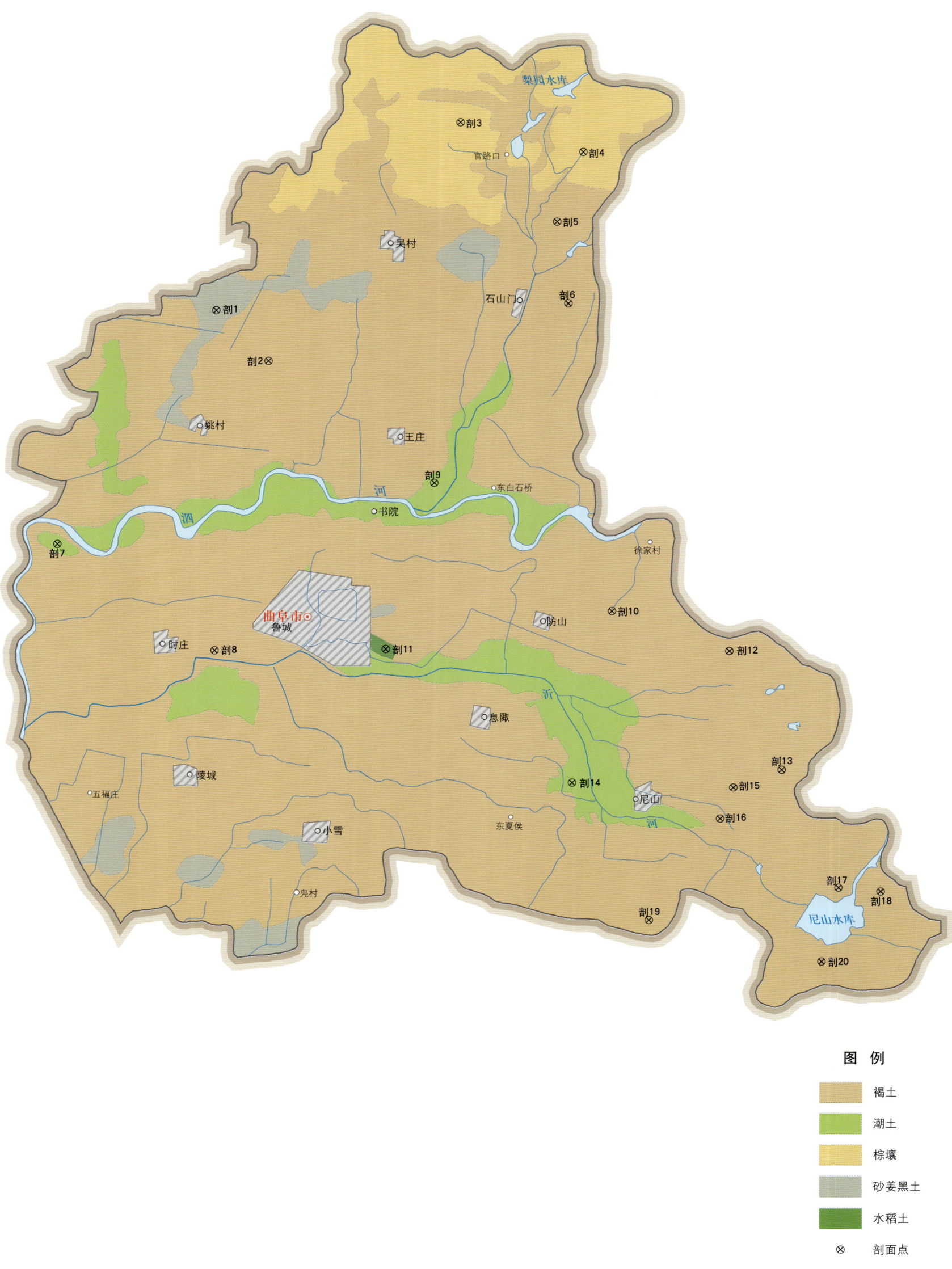

曲阜市土壤剖面理化性状表

剖面号 Soil profile	土纲 Soil order	土类 Soil great group	亚类 Soil subgroup	土属 Soil genus	土种 Soil species	土层码 Layer code	土层厚度 Depth/cm	颜色 Soil color	质地 Soil texture	土壤结构 Soil structure	pH	有机质 OM/(g/kg)	全氮 TN/(g/kg)	全磷 TP/(g/kg)	全钾 TK/(g/kg)	碱解氮 AN/(mg/kg)	有效磷 AP/(mg/kg)	速效钾 AK/(mg/kg)	土壤母质 Parent material	剖面点坐标 Profile coordinate	匹配指数 Matching index/%
剖1	半水成土	砂姜黑土	砂姜黑土	洼坡砂姜黑土	重壤表厚黑心连坡砂姜黑土	1	0—18	褐色	重壤土	屑粒状		12.0	0.56	0.32		39	5.7	143		E 116° 55′ 54.3″ N 35° 42′ 18.5″	70
						2	18—48	黑色	黏土	块状											
						3	48—81	灰黑色	黏土	块状											
						4	81—97	浅黄色	重壤土	块状											
						5	97—150	灰褐色	重壤土	块状											
剖2	半淋溶土	褐土	潮褐土	洪积潮褐土	轻壤表厚黏心冲积潮褐土	1	0—20	灰褐色	轻壤土	屑粒状	6.8	10.3	0.66	0.32		84	6.2	48	冲积物	E 116° 57′ 16.9″ N 35° 41′ 11.4″	87
						2	20—28	深褐色	黏土	棱块状											
						3	28—88	灰褐色	中壤土	棱块状											
						4	88—108		轻壤土	块状											
						5	108—150														
剖3	淋溶土	棕壤	棕壤性土	酸性岩类棕壤性土		1	0—15	浅褐色	砾质砂壤土		6.0	5.4	0.12	0.21		31	2.0	43	花岗片麻岩	E 117° 02′ 18.2″ N 35° 46′ 28.2″	94
						2	15—														
剖4	淋溶土	棕壤	棕壤性土	酸性岩类棕壤性土		1	0—20	灰褐色	砾质砂壤土		6.5	5.1	0.30	0.13		31	微量	36	花岗片麻岩	E 117° 05′ 32.2″ N 35° 45′ 49.7″	77
						2	20—36	棕色	中壤土	夹粗砂状											
						3	36—														
剖5	半淋溶土	褐土	淋溶褐土	洪积淋溶褐土	砂壤均质洪冲积淋溶褐土	1	0—15	浅褐色	砂壤土	屑粒状		4.7	0.36	0.34		31	1.2	66	洪积物、冲积物	E 117° 04′ 51.6″ N 35° 44′ 17.2″	71
						2	15—150		砂壤土	块状											
剖6	半淋溶土	褐土	褐土	洪冲积褐土	轻壤表厚砂腰洪积冲积褐土	1	0—20	褐色	轻壤土	屑粒状									洪积物、冲积物	E 117° 05′ 09.6″ N 35° 42′ 29.9″	74
						2	20—52	棕褐色	中壤土	碎块状											
						3	52—72		重壤土	块状											
						4	72—150														
剖7	半水成土	潮土	潮土	河潮土	紧砂表厚黏心冲积河潮土	1	0—20	浅灰色	砂壤土	小块状	6.5	1.4	0.65	0.48		95	0.2	18	河流冲积物	E 116° 51′ 46.1″ N 35° 37′ 08.0″	76
						2	20—40	灰白色	轻壤土												
						3	40—90	灰褐色	砂壤土												
						4	90—150														
剖8	半淋溶土	褐土	潮褐土	洪冲积潮褐土	轻壤表厚砂腰洪积潮褐土	1	0—21	褐灰色	轻壤土	屑粒状	7.3	8.5	0.52	0.44		66	4.0	88	冲积物	E 116° 55′ 54.5″ N 35° 34′ 48.4″	84
						2	21—35	浅褐色	中壤土	块状											
						3	35—60	深褐色	重壤土	棱块状											
						4	60—116	褐色	中壤土	块状											
						5	116—150														
剖9	半水成土	潮土	潮土	河潮土		1	0—18	灰褐色	砂壤土	屑粒状	7.3	4.6	0.30	0.34		24	1.5	48	河流冲积物	E 117° 01′ 39.4″ N 35° 38′ 31.2″	87
						2	18—38	灰白色	紧砂土	小块状											
						3	38—94	褐色	砂壤土												
						4	94—120	灰褐色	砂壤土												
						5	120—150														
剖10	半淋溶土	褐土	褐土性土	酸性岩类褐土性土		1	0—12	暗褐色	黏壤土	粒状	6.9	3.4	0.27	0.19		28	2.5	45	酸性岩类	E 117° 06′ 20.5″ N 35° 35′ 42.7″	78
						2	12—														
剖11	人为土	水稻土	潴育水稻土	潴育水稻土	曲阜香稻土	1	0—20		壤质黏土		7.8	8.6	0.56	0.38	16.8	45	2.0	68		E 117° 00′ 24.5″ N 35° 34′ 51.0″	98
						2	20—54		壤质黏土		7.6	9.2	0.45	0.48	16.2	31	1.1	82			
						3	54—77		壤质黏土		7.4	13.1	0.79	0.37	15.9	41	1.5	101			
						4	77—100		壤质黏土		7.4	10.2	0.59	0.35	14.4	31	4.5	110			

续表 Continued

剖面号 Soil profile	土纲 Soil order	土类 Soil great group	亚类 Soil subgroup	土属 Soil genus	土种 Soil species	土层码 Layer code	土层厚度 Depth/cm	颜色 Soil color	质地 Soil texture	土壤结构 Soil structure	pH	有机质 OM/(g/kg)	全氮 TN/(g/kg)	全磷 TP/(g/kg)	全钾 TK/(g/kg)	碱解氮 AN/(mg/kg)	有效磷 AP/(mg/kg)	速效钾 AK/(mg/kg)	土壤母质 Parent material	剖面点坐标 Profile coordinate	匹配指数 Matching index/%
剖12	半淋溶土	褐土	褐土性土	酸性岩类褐土性土		1	0—20	浅褐色	砂壤土			2.4	0.49	0.15		24	微量	40	酸性岩类	E 117°09′25.6″ N 35°34′50.2″	80
						2	20—40	褐色	砂壤土	小块状											
						3	40—														
剖13	半淋溶土	褐土	褐土性土	酸性岩类褐土性土		1	0—18	浅褐色	砂壤土			4.1	0.47	0.15		33	6.2	88	酸性岩类	E 117°10′48.7″ N 35°32′12.8″	87
						2	18—30	浅褐色	砂壤土												
						3	30—														
剖14	半水成土	潮土	潮土	河潮土	轻壤均质冲积河潮土	1	0—18	灰褐色	轻壤土	团粒状	7.4	5.5	4.40	0.42		1	微量	68	河流冲积物	E 117°05′18.5″ N 35°31′55.5″	91
						2	18—39	深褐色	轻壤土	碎块状											
						3	39—70	浅褐色	轻壤土	碎块状											
						4	70—150	浅褐色	轻壤土	碎块状											
剖15	半淋溶土	褐土	褐土	洪冲积褐土	轻壤表厚黏心洪冲积褐土	1	0—21	黄褐色	轻壤土	屑粒状	7.3	8.6	5.30	0.32		39	2.2	110	洪积物、冲积物	E 117°09′32.4″ N 35°31′49.4″	80
						2	21—100	灰褐色	重壤土	片状											
						3	100—150	红褐色	重壤土	棱块状											
剖16	半淋溶土	褐土	潮褐土	洪积潮褐土	中壤均质洪冲积潮褐土	1	0—20	灰褐色	中壤土	屑粒状	7.2	6.6	0.55	0.30		28	微量	125	冲积物	E 117°09′11.8″ N 35°31′07.2″	92
						2	20—80	褐色	中壤土	片状											
						3	80—150	褐色	中壤土	棱块状											
剖17	半淋溶土	褐土	褐土	洪积潮褐土	轻壤表厚砾石心洪冲积褐土	1	0—15	浅褐色	轻壤土	屑粒状		12.0	0.81	0.37		46	1.5	100	洪积物、冲积物	E 117°12′18.3″ N 35°29′34.8″	70
						2	15—31	浅褐色	中壤土	块状											
						3	31—46	黄白色	轻壤土												
						4	46—150														
剖18	半淋溶土	褐土	褐土性土	钙质岩类褐土性土		1	0—15	灰白色	轻壤土		7.5	9.4	0.74	0.24		53	微量	85	钙质岩类	E 117°13′24.5″ N 35°29′29.8″	89
						2	15—														
剖19	半淋溶土	褐土	褐土性土	钙质岩类褐土性土		1	0—25	棕褐色	轻壤土		7.1	6.3	0.56	0.25		24	1.4	85	钙质岩类	E 117°07′19.8″ N 35°28′51.5″	84
						2	25—														
剖20	半淋溶土	褐土	淋溶褐土	洪积淋溶褐土	轻壤表厚黏心洪积淋溶褐土	1	0—16	浅褐色	轻壤土	屑粒状	6.8	16.2	0.45	0.30		24	5.0	74	洪积物、冲积物	E 117°11′51.4″ N 35°27′57.5″	93
						2	16—36	浅褐色	中壤土	块状											
						3	36—150	褐色	重壤土	棱块状											

邹 城 市

主要土类说明

棕壤是邹城市主要土壤类型，占本市地域面积的 41%，主要分布在本市东部低山丘陵区，并与部分褐土成复区交错分布，其地形部位较褐土高。在东部低山丘陵区，中心店、大束、田黄三镇北部的棕壤成土母质为钙质灰岩，其余各乡镇山丘的棕壤成土母质均为花岗片麻岩。表土呈黄棕色，心土层呈鲜棕色，剖面有明显的淋溶淀积作用，心土层比较黏重，一般在 100cm 以上，比褐土黏化层出现部位高，厚度大而质地黏。土壤剖面常见暗褐色的铁锰胶膜以及黑褐色铁锰结核。表层 pH 为 6.5 左右，心土层和底土层 pH 则较低，剖面构型多为 A-B-C 或 A-B-G。棕壤大部分为农用或农林兼用。本市棕壤分为棕壤性土、棕壤、潮棕壤等亚类。棕壤性土亚类分布在地形较高、坡度较陡的山丘上部荒岭坡，土壤侵蚀剧烈，成土母质为残积物、坡积物。棕壤亚类分布在地形较低的山丘中下部山坡或近山阶地，多垦为农田，表层土壤质地较粗，多为砾质轻壤土至中壤土。潮棕壤亚类分布在山丘最下部的倾斜平地和山间洼平地，土层较深厚，水浇条件较好。

粗骨土是邹城市第二大土壤类型，占本市地域面积的 25%，广泛分布在河谷阶地、丘陵、低山和中山等多种地貌单元和地形部位。该土属于 A-C 型，甚至（A）-C 型土壤。A 层发育不明显，与母质土层性状相似，略显有机质累积。有时母质层富含砾石，甚少出现剖面分异与发育特征。

褐土是邹城市第三大土壤类型，占本市地域面积的 22%，分布在本市西南部青石山区。成土母质为石灰岩风化物，土壤形成受黏化、钙化和生物积累作用，剖面构型多为 A-B-C。表层为淋溶层，心土层为黏化层，心土层下层为碳酸钙淀积层。褐土适种作物广泛。本市褐土分为褐土、淋溶褐土、潮褐土和褐土性土等亚类，潮褐土亚类面积较大。山丘上部荒岭坡的钙质岩残积物上发育褐土性土亚类，山丘中上部的山坡梯田、近山阶地钙质岩的坡积物和洪积物上发育褐土性土亚类、淋溶褐土亚类和褐土亚类，山丘之下的山前倾斜平地的洪积物、冲积物上发育淋溶褐土亚类、褐土亚类，倾斜缓平地、微斜平地和沿河平地的冲积物上发育潮褐土亚类。

潮土占邹城市地域面积的 6%，主要分布在本市西部冲积平原，东部低山丘陵区的沿河两岸也有分布。西部潮土与潮褐土、潮棕壤相邻，东部的潮土与潮棕壤交错分布。成土母质为河流冲积物，一般砂黏相间，层次明显。地下水升降频繁，氧化还原过程交替进行，使土体中下部具有大量的锈纹、锈斑。本市潮土分为潮土和盐化潮土等亚类。

小于本市地域面积 3% 的土壤类型有砂姜黑土等。

本区域中心区气候特征

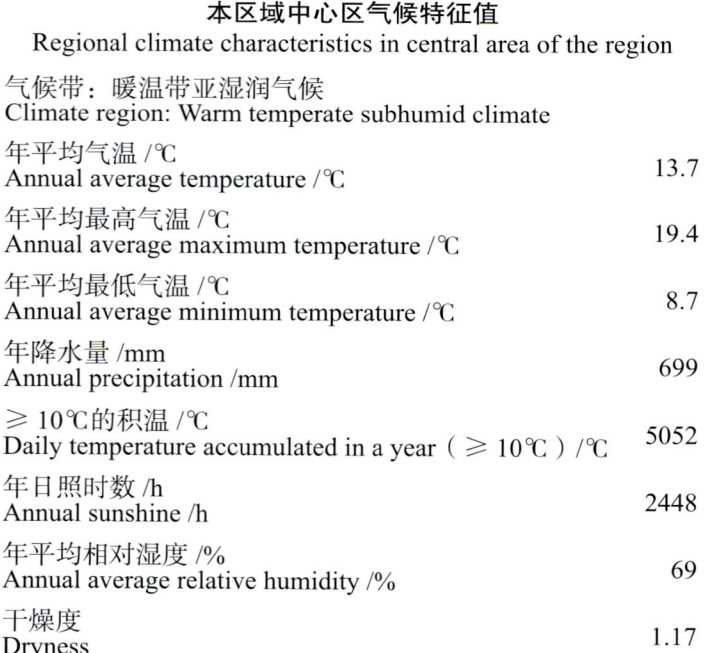

本区域中心区气候特征值
Regional climate characteristics in central area of the region

气候带：暖温带亚湿润气候 Climate region: Warm temperate subhumid climate	
年平均气温 /℃ Annual average temperature /℃	13.7
年平均最高气温 /℃ Annual average maximum temperature /℃	19.4
年平均最低气温 /℃ Annual average minimum temperature /℃	8.7
年降水量 /mm Annual precipitation /mm	699
≥10℃的积温 /℃ Daily temperature accumulated in a year (≥10℃) /℃	5052
年日照时数 /h Annual sunshine /h	2448
年平均相对湿度 /% Annual average relative humidity /%	69
干燥度 Dryness	1.17

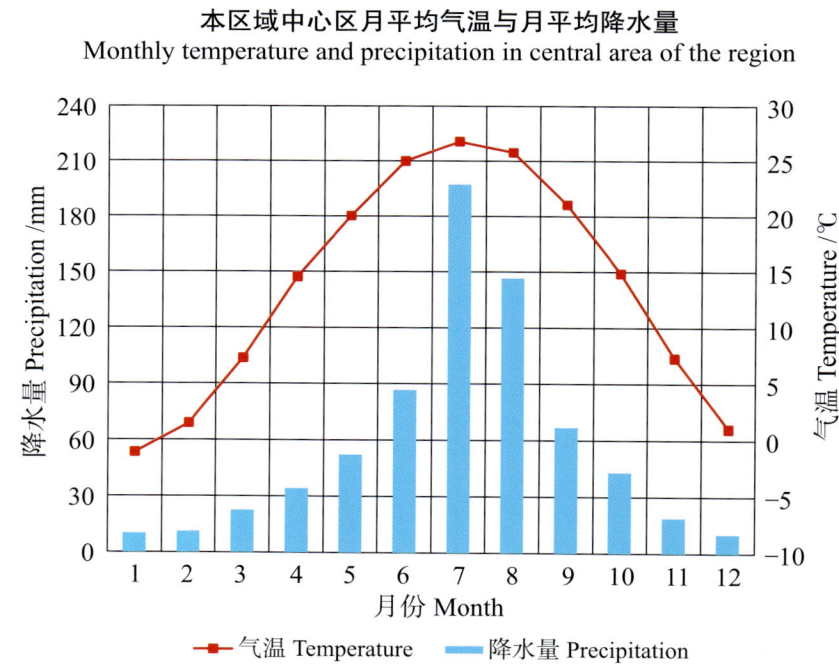

本区域中心区月平均气温与月平均降水量
Monthly temperature and precipitation in central area of the region

邹城市主要土壤类型与土壤剖面点分布图

1:220 000

图 例
- 棕壤
- 粗骨土
- 褐土
- 潮土
- 砂姜黑土
- ⊗ 剖面点

第二编 分县土壤图与土壤剖面数据 | 273

邹城市土壤剖面理化性状表

剖面号 Soil profile	土纲 Soil order	土类 Soil great group	亚类 Soil subgroup	土属 Soil genus	土种 Soil species	土层码 Layer code	土层厚度 Depth/cm	颜色 Soil color	质地 Soil texture	土壤结构 Soil structure	pH	有机质 OM/(g/kg)	全氮 TN/(g/kg)	全磷 TP/(g/kg)	全钾 TK/(g/kg)	碱解氮 AN/(mg/kg)	有效磷 AP/(mg/kg)	速效钾 AK/(mg/kg)	阳离子交换量 CEC/(cmol/kg)	土壤母质 Parent material	剖面点坐标 Profile coordinate	匹配指数 Matching index/%
剖1	半淋溶土	褐土	潮褐土	冲积潮褐土	中壤均质潮褐土	1	0~15	黄褐色	中壤土	屑粒状	7.2	8.7	0.55	0.45			3.4	140	17.3	冲积物	E 116° 58′ 13.0″ N 35° 27′ 20.5″	92
						2	15~35	棕褐色	中壤土	蜂窝块状		5.6	0.48	0.34				135	14.6			
						3	35~95	棕褐色	中壤土	块状		3.3	0.27	0.22				103	16.1			
						4	95~130	深褐色	中壤土	小棱块状		3.6	0.30	0.25				98				
						5	130~150	灰褐色	中壤土	小棱块状		5.0	0.42	0.23				163				
剖2	半水成土	砂姜黑土	砂姜黑土	黄土覆盖砂姜黑土	中壤夹厚砂姜心砂姜黑土	1	0~20	褐色	中壤土			9.4	0.74	0.47			1.9	133		古湖河相沉积物	E 116° 52′ 33.3″ N 35° 25′ 51.9″	95
						2	20~37	灰褐色	中壤土	棱块状	7.5	8.4	0.51				0.1	128				
						3	37~58	黑褐色	重壤土	棱块状	7.8	8.7	0.54					129				
						4	58~85	黑色	黏土	棱块状	7.7	9.6	0.51					163				
						5	85~130	黑色	黏土	块状	7.7	10.3	0.53					135				
						6	130~150	黄褐色	中壤土	块状	7.7	3.3	0.21				0.4	168				
剖3	半水成土	潮土	盐化潮土	盐化潮土	砂壤表厚壤心轻盐化潮土	1	0~5	浅褐色	砂壤土	粉粒状	6.6	3.5	0.24	1.06			1.0	33		河流冲积物	E 116° 48′ 30.7″ N 35° 23′ 20.3″	87
						2	5~20	浅褐色	砂壤土	粉粒状							1.0					
						3	20~40	黄褐色	轻壤土	片状							1.5					
						4	40~60	黄褐色	轻壤土	屑块状							2.0					
						5	60~100	灰褐色	轻壤土	屑粒状							1.0					
						6	100~150	暗褐色	中偏黏壤土													
剖4	淋溶土	棕壤	潮棕壤	冲积潮棕壤	轻壤表厚黏心潮棕壤	1	0~5	灰褐色	砂壤土	屑粒状	7.8	8.7	0.67	0.47			3.9	128	17.3	冲积物	E 116° 55′ 07.7″ N 35° 21′ 45.0″	100
						2	5~38	浅褐色	中壤土	棱块状	7.5	6.0	0.49	0.30			1.6	185	26.7			
						3	38~76	深褐色	重壤土	核块状	7.5	7.0	0.39	0.25			0.1	190	32.0			
						4	76~106	深褐色	重壤土	棱块状	7.4	10.9	0.55	0.36			4.0	185				
						5	106~150	深褐色	轻壤土	屑粒状	7.5	3.9	0.26	0.39			3.0	160				
剖5	半水成土	潮土	盐化潮土	盐化潮土	轻壤均质心盐化潮土	1	0~45	浅褐色	重壤土	块块状	7.6	3.9	0.31	0.55			4.0	65	11.7	河流冲积物	E 116° 47′ 34.8″ N 35° 21′ 27.7″	79
						2	45~75	灰褐色	重壤土	屑粒状	7.5	6.0	0.23	0.56			3.5	115	15.2			
						3	75~120	棕褐色	重壤土	块状	7.5	2.5	0.49	0.43			1.6	87	14.7			
						4	120~150	棕褐色	中偏黏壤土	块状	7.4	5.2	0.21	0.34			1.8	90	20.6			
剖6	半淋溶土	褐土	褐土	洪冲积褐土	轻壤均质洪冲积褐土	1	0~30	黑褐色	黏土	屑粒状	7.6	3.2	0.23				4.3	141		冲积物	E 117° 04′ 54.7″ N 35° 27′ 50.8″	90
						2	30~60	黄褐色	轻壤土	块状	6.9	11.5	0.63				2.2	133				
						3	60~150	褐色	中偏黏壤土	棱块状							5.0					
剖7	淋溶土	棕壤	潮棕壤	冲积潮棕壤	轻壤表厚黏心潮棕壤	1	0~15	暗褐色	中壤土			2.7	0.21				0.5	33		冲积物	E 117° 04′ 14.7″ N 35° 25′ 18.1″	91
						2	15~25	浅褐色	砂土			2.7	0.21				0.5	33				
剖8	淋溶土	棕壤	棕壤性土	酸性岩类棕壤性土	酸性岩酥石屑底薄层轻砾质棕壤性土	3	25~	浅褐色	粗砂土											花岗片麻岩残积物、坡积物	E 117° 12′ 19.1″ N 35° 24′ 11.5″	75
剖9	淋溶土	棕壤	潮棕壤	洪冲积潮棕壤	僵心板棕沾土	Ap	0~19		黏壤土		6.7	9.3	0.59	1.05	15.4	94	12.0	119	15.1	钙质岩风化洪积物	E 117° 06′ 05.0″ N 35° 22′ 53.8″	95
						AB	19~27		黏壤土		6.5	7.8	0.62	0.79	19.7	43	11.0	123	22.1			
						B_1	27~63		黏壤土		6.0	3.2	0.26	0.59	16.3	18	4.4	106	20.1			
						B_2	63~79		黏壤土		6.0	6.5	0.45	0.51	16.7	32	5.2	132	23.6			
						BC	79~120		壤质黏土		6.4	0.8	0.07	0.40	12.7	5	0.2	124	21.1			

续表 Continued

剖面号 Soil profile	土纲 Soil order	土类 Soil great group	亚类 Soil subgroup	土属 Soil genus	土种 Soil species	土层码 Layer code	土层厚度 Depth/cm	颜色 Soil color	质地 Soil texture	土壤结构 Soil structure	pH	有机质 OM/(g/kg)	全氮 TN/(g/kg)	全磷 TP/(g/kg)	全钾 TK/(g/kg)	碱解氮 AN/(mg/kg)	有效磷 AP/(mg/kg)	速效钾 AK/(mg/kg)	阳离子交换量 CEC/(cmol/kg)	土壤母质 Parent material	剖面点坐标 Profile coordinate	匹配指数 Matching index/%
剖10	淋溶土	棕壤	棕壤性土	酸性岩类棕壤性土	中砾石薄层裂隙棕壤性土	1	0—17		砂土												酸性岩残积物	E 117° 02′ 50.3″ N 35° 21′ 25.9″	82
						2	17—															
剖11	半水成土	潮土	潮土	河潮土	轻壤厚砂心河潮土	1	0—20	灰褐色	轻壤土	粒状	6.8	7.2	0.51	0.68			1.6	68	13.2	河流冲积物	E 117° 15′ 32.0″ N 35° 26′ 25.3″	85
						2	20—40	灰褐色	轻偏黏土	块状	6.7	4.7	0.34				0.8	53	12.1			
						3	40—92	棕褐色	粉砂土	粒状	6.4	0.9	0.10				3.9	15	3.1			
						4	92—110	棕褐色	重壤土	块状	7.7	7.4	0.49				5.4	215				
						5	110—150	黑褐色	重壤土	棱块状	7.8	9.8	0.50				3.0	143				
剖12	淋溶土	棕壤	棕壤性土	酸性岩类棕壤性土	中层轻壤表酥石底棕壤性土	1	0—20	灰褐色	轻壤土	屑粒状	7.8	4.3	0.36	0.31			6.7	56		花岗片麻岩风化残积物	E 117° 22′ 36.5″ N 35° 24′ 37.4″	88
						2	20—58	黄褐色	轻壤土	块状	7.8	2.7	0.20				3.5	63				
						3	58—150															
剖13	淋溶土	棕壤	潮棕壤	冲积潮棕壤	中壤均质潮棕壤	1	0—27	浅褐色	中壤土	屑粒状		7.8	0.53				1.8	189			E 117° 25′ 49.9″ N 35° 23′ 46.3″	83
						2	27—67	褐色	中壤土	块状												
						3	67—114	棕褐色	中偏黏壤土	棱块状												
						4	114—150	褐色	重壤土	粒状												
剖14	半淋溶土	褐土	褐土性土	钙质岩类淋溶褐土性土	钙质岩裂隙层多砾质褐土性土	1	0—10	浅褐色	轻壤土	粒状	7.5	12.0	0.54	0.34		35	1.1	125	13.2	钙质岩类	E 117° 19′ 43.3″ N 35° 23′ 20.0″	100
						2	10—23	褐色	轻壤土			10.4	0.71			25		128	12.2			
						3	23—									21			16.8			
剖15	半淋溶土	褐土	淋溶褐土	洪积冲积淋溶褐土	黏底金黄土	Ap	0—24	黄褐色	黏壤土	块状	6.8	6.6	0.50	0.61	16.7	39	3.4	80	14.6		E 117° 19′ 50.9″ N 35° 21′ 05.0″	95
						A₂	24—80	暗黄褐色	黏壤土	棱块状	6.7	4.1	0.34	0.61	21.7	32	1.8	54	15.4			
						B	80—100	暗黄褐色	壤质黏土	棱块状	6.4	4.0	0.36	0.57		28	1.2	109	15.0			
剖16	半水成土	潮土	潮土	河潮土	壤土冲淤土	A₁₁	0—18	灰褐色	中壤土	块状	7.7	7.5	0.55	0.59		32	1.7	76	23.2		E 116° 47′ 19.0″ N 35° 19′ 55.2″	83
						A₁₂	18—30	棕褐色	重壤土	棱块状	7.8	6.2	0.57	0.60		28	1.3	79	10.9			
						C	46—72	褐色	重壤土	粒状	7.8	5.6	0.41	0.51		21	2.2	47	9.5			
						Cu₁	46—72	黄褐色	壤土	块状	7.8	5.7	0.45	0.51		23	3.8	38				
						5	72—100	黄褐色	砂壤土	棱柱状	7.6	3.3	0.31	0.71			5.7	50				
						6	100—150				7.6	3.4	0.26	0.61			5.7					
剖17	半淋溶土	褐土	潮褐土	冲积潮褐土	中壤表厚黏心潮褐土	1	0—25	浅灰褐色	中壤土	屑粒状	7.5	6.3	0.67	0.56			2.8	115	13.9	冲积物	E 116° 49′ 10.2″ N 35° 17′ 49.6″	91
						2	25—58	浅灰褐色	重壤土	棱块状		8.3	0.57				0.5	145	14.9			
						3	58—90	暗褐色	黏土	棱块状		11.1	0.63					168	16.0			
						4	90—150	暗褐色	黏土	棱块状		8.2	0.46					153				
剖18	半淋溶土	褐土	潮褐土	冲积潮褐土	轻壤表厚黏化心潮褐土	1	0—25	灰褐色	轻壤土	屑粒状	7.3	10.8	0.70	1.16			17.3	120		冲积物	E 116° 57′ 09.0″ N 35° 16′ 43.7″	74
						2	25—57	褐色	中壤土	蜂窝状		5.5	0.34	0.85			3.9	108				
						3	57—90	黄褐色	中壤土	块状		5.2	0.31	0.41			4.0	105				
						4	90—117	黄褐色	中重壤土	棱块状		3.6	0.25	0.45			24.1	100				
						5	117—150	黄褐色	重壤土	屑粒状		4.9	0.27	0.49			10.7	111				
剖19	半水成土	砂姜黑土	砂姜黑土	黄土覆盖砂姜黑土	重壤表黄土覆盖厚黑土心砂姜黑土	1	0—15	灰褐色	重壤土	屑粒状	7.1	12.1	0.81	1.10			6.8	147	21.0		E 116° 48′ 08.0″ N 35° 16′ 40.3″	84
						2	15—45	暗褐色	黏土	块状	7.1	12.4	0.84	1.04			4.7	137	32.0			
						3	45—80	暗褐色	黏土	块状												
						4	80—115		黏土	块状												
						5	115—150															
剖20	半水成土	砂姜黑土	砂姜黑土	裸露砂姜黑土	重壤表砂姜心砂姜黑土	1	0—9	灰褐色	重壤土	块状	7.1	11.9	0.66	0.61			2.8	154	13.0	古湖河相沉积物	E 116° 46′ 47.4″ N 35° 13′ 43.1″	96
						2	9—31	黑褐色	轻壤土	棱块状		6.2	0.42	0.54			6.5	122	28.0			
						3	31—57	黄褐色	重壤土	棱块状		3.6	0.26	0.46			3.9		12.0			
						4	57—80	灰褐色	重壤土	块状												
						5	80—150															

续表 Continued

剖面号 Soil profile	土纲 Soil order	土类 Soil great group	亚类 Soil subgroup	土属 Soil genus	土种 Soil species	土层码 Layer code	土层厚度 Depth/cm	颜色 Soil color	质地 Soil texture	土壤结构 Soil structure	pH	有机质 OM/(g/kg)	全氮 TN/(g/kg)	全磷 TP/(g/kg)	全钾 TK/(g/kg)	碱解氮 AN/(mg/kg)	有效磷 AP/(mg/kg)	速效钾 AK/(mg/kg)	阳离子交换量CEC/(cmol/kg)	土壤母质 Parent material	剖面点坐标 Profile coordinate	匹配指数 Matching index/%
剖21	半淋溶土	褐土	淋溶褐土	洪冲积淋溶褐土	厚黏心轻壤表淋溶褐土	1	0—20	黄褐色	轻壤土	屑粒状	7.4	7.4	0.40	0.33			4.3	80		石灰岩洪积物、冲积物	E 116°55′34.0″ N 35°13′26.0″	73
						2	20—75	浅褐色	重偏轻壤土	块状		3.4	0.30	0.17			0.1	120				
						3	75—115	暗褐色	重壤土	块状		7.8	0.36	0.22			5.0	188				
						4	115—150	棕褐色	中偏重壤土	块状		3.6	0.29	0.34			3.9	135				
剖22	半淋溶土	褐土	褐土	洪冲积褐土	中壤表厚黏心褐土	1	0—25	灰褐色	中壤土	棱块状	7.7	5.7	0.46	0.42			1.7	95		洪积物、冲积物	E 116°48′10.8″ N 35°12′07.2″	70
						2	25—50	棕褐色	重壤土	棱块状		5.3	0.48					113				
						3	50—70	浅褐色	中壤土	块状		4.9	0.42					129				
						4	70—125	灰褐色	中壤土	块状		3.6	0.34					104				
						5	125—150		中壤土	块状		2.7	0.12					39				
剖23	半淋溶土	褐土	褐土	洪冲积褐土	中壤均质褐土	1	0—24	黄褐色	中壤土	块状	7.3	7.4	0.59	0.94			1.4	103		钙质岩风化洪积物、冲积物	E 116°55′39.0″ N 35°11′57.5″	89
						2	24—79	灰褐色	中壤土	棱块状		5.2	0.45					105				
						3	79—110	黄褐色	中壤土	棱块状		4.4	0.43					115				
						4	110—150	灰褐色	中壤土	块状		4.6	0.40					138				
剖24	半淋溶土	褐土	淋溶褐土	洪冲积淋溶褐土	中壤表厚黏心褐土	1	0—20	浅褐色	中壤土	屑粒状	7.4	6.5	0.57	0.37			2.5	185	20.6	石灰岩洪积物、冲积物	E 116°47′09.0″ N 35°10′46.6″	100
						2	20—38	棕褐色	重壤土	块状		4.6	0.40	0.30			0.5	143	18.7			
						3	38—76	暗褐色	黏土	棱块状		3.5	0.33	0.32			8.4	165	23.4			
						4	76—150	黄褐色	重壤土	棱块状		2.4	0.26	0.21			2.6	168				
剖25	半淋溶土	褐土	褐土性土	钙质岩类褐土性土	钙质岩硬石底板薄层多砾褐土性土	1	0—5	浅褐色	轻偏重壤土	屑粒状	7.7	24.3	1.27	0.46			2.2	173		钙质岩类	E 116°46′23.7″ N 35°10′28.4″	89
						2	5—13	暗褐色	轻偏黏壤土													
						3	13—															
剖26	淋溶土	棕壤	棕壤	麻砂棕壤	僵心棕壤土	Ap	0—15		砂质砂壤土	屑粒状	6.1	6.0	0.44	0.17	14.1	44	1.9	54	12.1		E 117°02′23.1″ N 35°18′07.3″	97
						AB	15—33		砂质黏壤土	小块状	6.4	4.1	0.26	0.18	19.8	28	3.2	57	12.3			
						B1	33—45		壤质黏土	块状	6.7	5.6	0.44	0.17	20.4	33	微量	134	21.1			
						B2	45—80		壤质黏土	块状	6.7	4.2	0.35	0.15	18.6	29	2.9	119	23.3			
						BC	80—100		壤土	粒状	6.7	1.6	0.24	0.14	21.9	17	1.1	74	17.9			
						C	100—120		轻壤土	块状	6.8	1.6	0.09	0.22	21.1	12	2.2	30	14.4			
剖27	半水成土	潮土	潮土	河潮土	轻壤均质河潮土	1	0—25	浅褐色	轻偏砂壤土	屑粒状	6.9	8.1	0.57	0.82			6.4	73		河流冲积物	E 117°07′27.1″ N 35°16′46.6″	82
						2	25—73	灰褐色	轻壤土	块状												
						3	73—107	棕褐色	轻偏黏壤土	块状												
						4	107—150	暗褐色	中壤土	块状												
剖28	淋溶土	棕壤	潮棕壤	冲积潮棕壤	中壤表厚黏心潮棕壤	1	0—20	灰色	壤土	粒状	7.2	6.7	0.46				1.6			酸性岩冲积物	E 117°00′21.7″ N 35°15′31.8″	96
						2	20—35	灰褐色	中壤土	块状												
						3	35—90	棕褐色	重壤土	块状												
						4	90—150	暗褐色	重壤土	块状												

泰 安 市

市 辖 区

主要土类说明

棕壤是泰安市主要土壤类型，占本市地域面积的 58%，广泛分布在泰山、徂徕山山区及中南部丘陵。本市棕壤通体以棕色或暗褐色为主，有明显的淋溶和淀积过程，土体深厚，心土层质地黏重，呈柱状结构，垂直裂隙明显，结构面多覆盖明显的红褐色或褐色铁锰胶膜，心土层下有粒状铁锰新生体，耕种的棕壤表面腐殖质层已不存在。由于淋溶作用较强烈，可溶性盐被淋洗，通体无石灰反应，土壤呈微酸性至酸性，pH 为 5.5—6.5。本市棕壤分为棕壤性土、棕壤、潮棕壤等亚类。棕壤性土亚类受侵蚀影响最重，无发生层次。潮棕壤亚类受浅层地下水影响，有潮土化过程，受耕作影响最深。

粗骨土是泰安市第二大土壤类型，占本市地域面积的 17%，广泛分布在河谷阶地、丘陵、低山和中山等多种地貌单元和地形部位。粗骨土属于 A–C 型，甚至（A）–C 型土壤。A 层发育不明显，与母质土层性状相似，略显有机质累积。有时母质层富含砾石，剖面分异与发育特征不显著。

褐土是泰安市第三大土壤类型，占本市地域面积的 10%。在本市较湿润的气候特点影响下，成土过程中矿物有一定淋溶作用，次生黏化作用也较明显，土壤结构面上常可见到黏粒胶膜、铁锰胶膜，但程度明显不如棕壤，钙积层中的石灰淀积多呈菌丝状。淋溶层厚度一般为 30—40cm，淋溶不彻底，仍遗留大量碳酸钙，呈中性至微碱性，淋溶和淀积强度明显小于棕壤。褐土长期受耕作、侵蚀、堆积等影响，一般缺乏腐殖质。本市褐土分为褐土性土、褐土、淋溶褐土、潮褐土等亚类。其中，褐土亚类面积最大。

潮土占泰安市地域面积的 5%，主要分布在河流两岸，地下水位浅，一般在 3m 以上，底土氧化还原作用交替进行，形成锈色斑纹。土壤呈微碱性，pH 为 7.4—8.5。

小于本市地域面积 5% 的土壤类型有砂姜黑土和山地草甸土等。

本区域中心区气候特征

本区域中心区气候特征值
Regional climate characteristics in central area of the region

气候带：暖温带亚湿润气候 Climate region: Warm temperate subhumid climate	
年平均气温 /℃ Annual average temperature /℃	13.97
年平均最高气温 /℃ Annual average maximum temperature /℃	19.42
年平均最低气温 /℃ Annual average minimum temperature /℃	9.23
年降水量 /mm Annual precipitation /mm	668
≥10℃的积温 /℃ Daily temperature accumulated in a year（≥10℃）/℃	5100
年日照时数 /h Annual sunshine /h	2500
年平均相对湿度 /% Annual average relative humidity /%	64
干燥度 Dryness	1.24

本区域中心区月平均气温与月平均降水量
Monthly temperature and precipitation in central area of the region

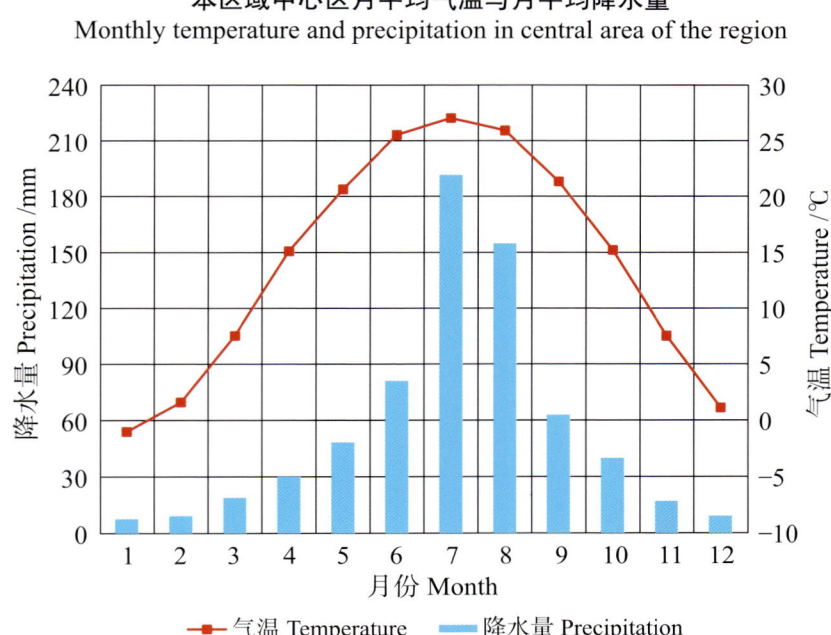

泰安市市辖区主要土壤类型与土壤剖面点分布图
1:240 000

泰安市土壤剖面理化性状表

剖面号 Soil profile	土纲 Soil order	土类 Soil great group	亚类 Soil subgroup	土属 Soil genus	土种 Soil species	土层码 Layer code	土层厚度 Depth/cm	质地 Soil texture	pH	有机质 OM/(g/kg)	全氮 TN/(g/kg)	全磷 TP/(g/kg)	全钾 TK/(g/kg)	碱解氮 AN/(mg/kg)	有效磷 AP/(mg/kg)	速效钾 AK/(mg/kg)	阳离子交换量CEC/(cmol/kg)	土壤母质 Parent material	剖面点坐标 Profile coordinate	匹配指数 Matching index/%
剖1	半水成土	山地草甸土	山地灌丛草甸土	酸性岩类山地灌丛草甸土	麻砂山地灌丛草甸土	1	0—14	砂壤土	6.2	80.7	3.70	0.98	19.3	308	7.0	192	21.2	酸性岩类	E 117°06′00.1″ N 36°15′50.4″	90
						2	14—35	砂壤土	6.0	59.5	2.91	0.94	19.3	255	4.0	72	16.8			
						3	35—64	砂壤土	6.1	58.4	2.91	0.93	19.3	271	4.0	48	16.4			
						4	64—100	砂壤土	6.3	28.0	1.39	1.06	19.0	142	2.0	48	9.1			
剖2	淋溶土	棕壤	潮棕壤	洪冲积潮棕壤	棕泊土	Ap	0—25	砂质黏壤土	7.0	11.5	0.75	0.51	21.9	65	5.8	50	14.5	洪积物、冲积物	E 117°03′02.5″ N 36°10′46.8″	92
						B₁	25—70	黏质壤土	6.9	5.5	0.39	0.56	21.9	37	4.8	40	16.0			
						B₂	70—120	黏壤土	6.7	3.6	0.31	0.37	21.3	22	11.2	75	14.9			
剖3	淋溶土	棕壤	棕壤	洪积棕壤	板栗黄土	Ap	0—20	黏壤土	7.0	8.4	0.64	0.34	20.4	50	7.4	81	14.3		E 117°20′15.6″ N 36°14′35.3″	78
						B₁	20—65	黏壤土	6.9	4.9	0.39	0.27	20.1	32	1.9	87	13.7			
						B₂	65—95	黏壤土	6.9	4.0	0.34	0.26	19.3	29	2.0	80	14.7			
						B₃	95—150	壤质黏土	6.9	6.1	0.42	0.27	19.4	31	1.9	91	15.2			
剖4	淋溶土	棕壤	棕壤	麻砂棕壤	僵心板棕壤	Ap	0—12	黏壤土	6.7	7.5	0.49	0.33	16.3	51	3.0	99	18.2		E 116°58′22.5″ N 36°07′39.4″	78
						AB	12—30	黏壤土	6.7	5.3	0.43	0.30	15.3	41	6.9	79	17.0			
						B₁	30—80	黏壤土	6.6	4.4	0.30	0.44	16.8	30	6.9	89	22.0			
						B₂	80—170	黏壤土	6.7	3.2	0.23	0.35	15.9	30	7.9	89	23.1			
						B₃	170—210	黏壤土	6.8	3.0	0.23	0.34	15.3	24	4.0	79	23.9			
剖5	半淋溶土	褐土	淋溶褐土	灰质淋溶褐土	黏底灰质金黄土	Ap	0—25	黏壤土	6.9	10.0	0.80	0.40	19.4	100	5.2	83	20.6		E 117°05′10.0″ N 36°02′02.1″	71
						A₂	25—65	黏壤土	7.0	7.7	0.40	0.30	19.4	48	4.6	68	20.4			
						B₁	65—105	壤质黏土	6.9	7.1	0.50	0.29	14.8	53	1.7	65	20.8			
						B₂	105—150	黏土	6.9	5.9	0.32	0.29	15.5	45	1.7	103	26.5			
剖6	半水成土	砂姜黑土	砂姜黑土	砂姜黑土	黏鸭土	1	0—15	壤质黏土	6.8	17.3	0.98	0.82	26.1	67	4.0	125			E 117°01′17.8″ N 36°01′24.6″	99
						2	15—50	黏土	7.4	14.1	0.78	0.43	23.4	52	0.6	132				
						3	50—110	黏土	7.2	4.9	0.32	0.36	23.1	22	0.4	125				
						4	110—150	砂黏土	5.3	2.1	0.15	0.45	21.5	10	0.4	90				
剖7	淋溶土	棕壤	潮棕壤	洪积潮棕壤	砂棕泊土	Ap	0—19	砂壤土	6.6	10.6	0.66	0.44	13.8	85	9.2	50			E 117°11′56.8″ N 35°58′09.8″	84
						AB	19—48	砂壤土	6.6	8.6	0.46	0.43	14.3	65	6.9	50				
						B₁	48—106	砂壤土	7.0	4.7	0.36	0.54	14.9	34		80				
						B₂	106—130	砂壤土		3.1	0.20		15.9	24		50				
						BC	130—191	砂壤土	7.1		0.20	0.58	17.4	20		80				

宁 阳 县

主要土类说明

褐土是宁阳县主要土壤类型，占本县地域面积的43%，主要分布在本县西部平原和东部汶河的南岸。剖面颜色比棕壤土类暗淡，通体呈褐色或棕褐色。因长期耕种，形成了明显的耕作层、黏化淀积层和钙积层三个层段。由于黏粒由表层向下移动，心土层较黏重，黏化淀积层一般出现在30cm以下，厚度一般为30cm以上。由于心土层质地较黏重，多呈柱状结构，有利于黏粒随水下移，附着在裂隙或孔隙壁上，形成了明显的淀积黏粒胶膜。土壤多呈中性至微碱性，pH为7.0—7.5。根据剖面发育程度、石灰反应强弱、淋溶作用强弱以及地下水的影响等，本县褐土分为潮褐土、淋溶褐土、褐土、褐土性土等亚类。其中，潮褐土亚类面积最大，占本县褐土面积的77%。山的中上部为褐土性土亚类，中下部分布着褐土亚类和潮褐土亚类，在与棕壤交界处分布着淋溶褐土亚类。

棕壤是宁阳县第二大土壤类型，占本县地域面积的38%，主要分布在东庄、华丰两镇的南部，爵山、簸箕山、皮匠山等以南，磁窑、蒋集等沿宁磁公路以南，西至张阁老山，均为棕壤区。成土母质主要是花岗岩和片麻岩风化物。棕壤具有明显的黏化作用和强烈淋溶作用，长期耕种使得表土多呈灰棕色或浅棕色，矿物黏粒被淋溶，在心土层形成了明显的矿物黏粒淋溶淀积层，淀积黏粒胶膜明显，心土层呈红棕色。易溶盐和碳酸盐已被淋失，上部土层的黏粒与活性铁、锰亦被淋溶到下部聚积，形成铁锰胶膜或铁锰结核。土壤呈微酸性至酸性，全剖面均无石灰反应。本县棕壤分为棕壤性土、棕壤、潮棕壤等亚类。其中，棕壤亚类面积最大，占本土类面积的66%。

砂姜黑土是宁阳县第三大土壤类型，占本县地域面积的9%。成土母质为浅湖沼相沉积物。本县砂姜黑土质地黏重，质地多为中壤土到重壤土，以黑土层质地最为黏重，湿时滞水渍涝，干时开裂漏水，因此形成了砂姜黑土易涝易旱的特点。土壤呈中性至微碱性，pH为7.0—8.0。土体上部（除表层土）多无石灰反应，底部有砂姜层，在黑土层与砂姜层的过渡层有石灰反应。

潮土占宁阳县地域面积的7%，主要分布在本县大汶河的南侧河漫滩上，河床决口泛滥处以及山间洼地、交接洼地的低洼处。地下水位浅，地下水参与成土过程。成土母质颗粒的粗细不仅在平面分布中有差异，在同一剖面中也有不同的质地层次排列。潮土各发生层的质地和色泽均一，中下层土层中有明显的锈纹、锈斑。土壤呈中性至碱性，pH为7.0—8.0。本县潮土分为潮土和湿潮土等亚类。

本区域中心区气候特征

本区域中心区气候特征值
Regional climate characteristics in central area of the region

气候带：暖温带亚湿润气候 Climate region: Warm temperate subhumid climate	
年平均气温 /℃ Annual average temperature /℃	13.8
年平均最高气温 /℃ Annual average maximum temperature /℃	19.5
年平均最低气温 /℃ Annual average minimum temperature /℃	8.8
年降水量 /mm Annual precipitation /mm	659
≥10℃的积温 /℃ Daily temperature accumulated in a year (≥10℃) /℃	5067
年日照时数 /h Annual sunshine /h	2476
年平均相对湿度 /% Annual average relative humidity /%	67
干燥度 Dryness	1.24

本区域中心区月平均气温与月平均降水量
Monthly temperature and precipitation in central area of the region

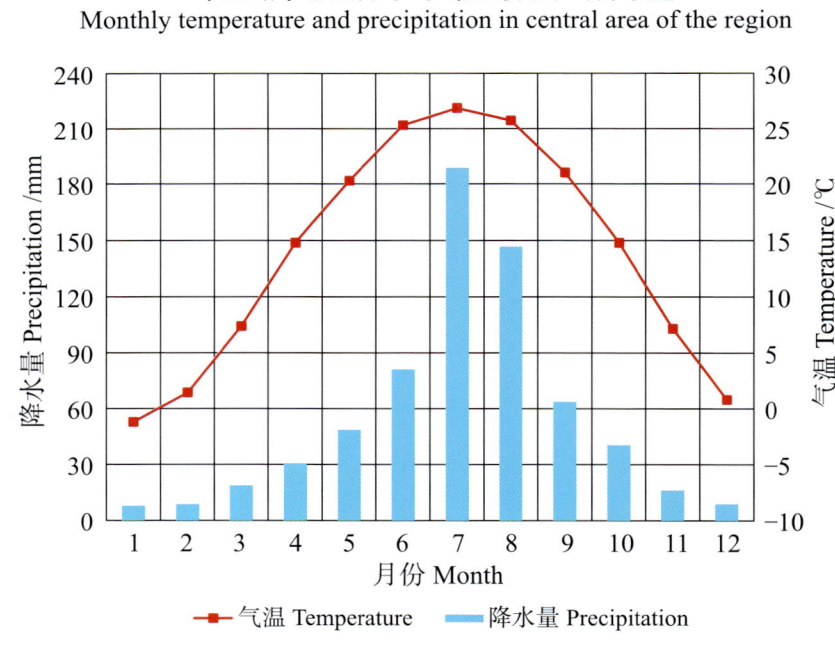

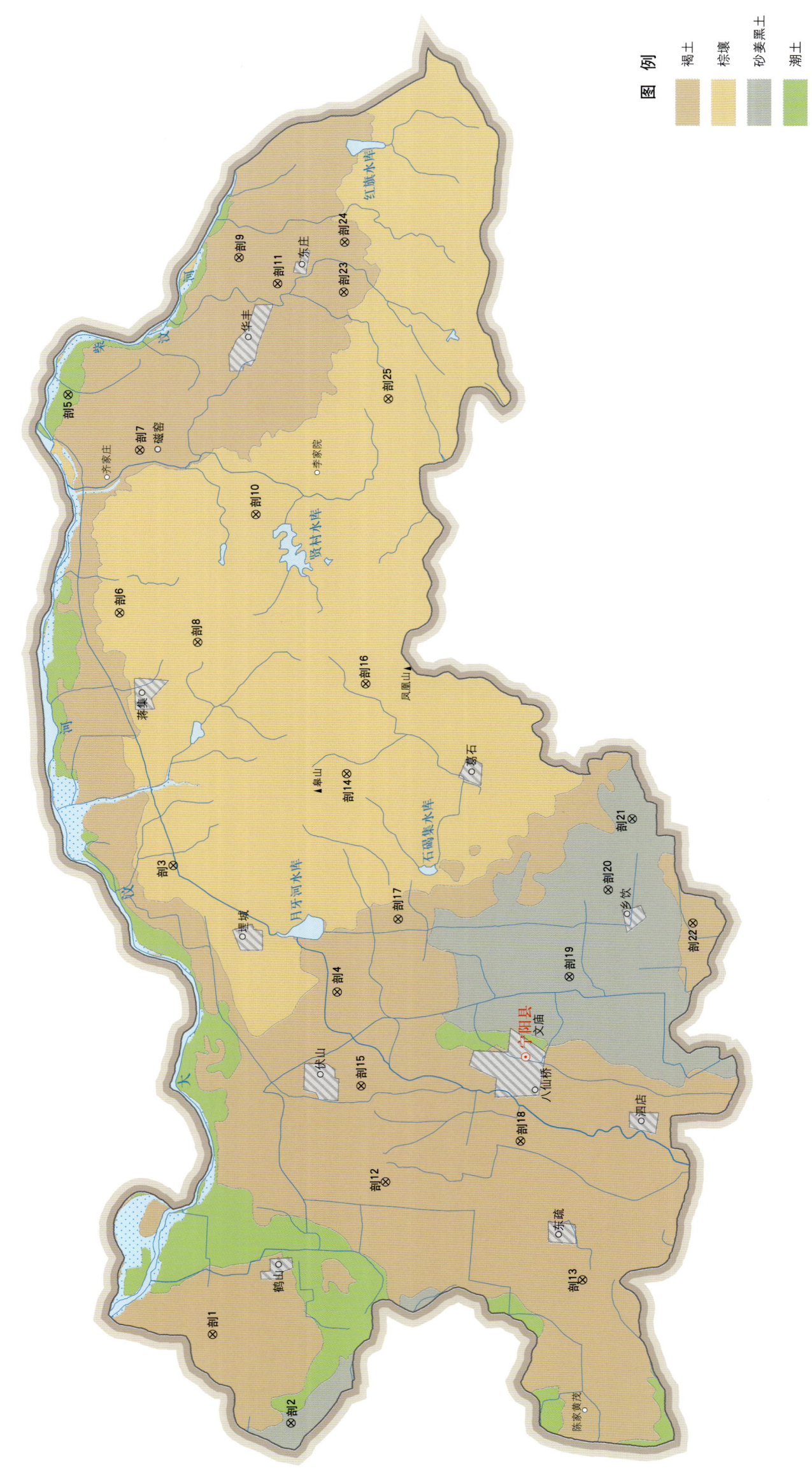

宁阳县土壤剖面理化性状表

剖面号 Soil profile	土纲 Soil order	土类 Soil great group	亚类 Soil subgroup	土属 Soil genus	土种 Soil species	土层码 Layer code	土层厚度 Depth/cm	颜色 Soil color	质地 Soil texture	土壤结构 Soil structure	pH	有机质 OM/(g/kg)	全氮 TN/(g/kg)	全磷 TP/(g/kg)	全钾 TK/(g/kg)	碱解氮 AN/(mg/kg)	有效磷 AP/(mg/kg)	速效钾 AK/(mg/kg)	阳离子交换量CEC/(cmol/kg)	土壤母质 Parent material	剖面点坐标 Profile coordinate	匹配指数 Matching index/%
剖1	半淋溶土	褐土	褐土			1	0—30	灰褐色	轻壤土	块状	7.4	9.7	0.64	1.04			2.3			浅湖沼相沉积物	E 116°39′40.8″ N 35°53′07.3″	83
						2	30—74	棕褐色	中壤土	块状	7.5	2.0	0.23	0.92			1.5					
						3	74—150	棕褐色	重壤土	柱状	7.5											
剖2	半水成土	砂姜黑土	砂姜黑土	黄土覆盖砂姜黑土		1	0—30	褐色	中壤土	碎块状	7.2											95
						2	30—75	黑色	重壤土	柱状	7.3										E 116°37′04.5″ N 35°51′16.7″	
						3	75—150	灰黄色	重壤土	块状	7.1											
剖3	淋溶土	棕壤	潮棕壤	洪积冲积潮棕壤		1	0—25	浅褐色	轻壤土	碎块状	6.0	8.4	0.56				3.9				E 116°53′38.3″ N 35°54′01.0″	83
						2	25—55	浅褐色	轻壤土	碎块状	6.8	4.7	0.34				5.8					
						3	55—110	黄褐色	中壤土	碎块状	7.0	4.6	0.33				7.4					
						4	110—150	灰褐色	重壤土	块状	7.0	4.2	0.33				6.5					
剖4	半淋溶土	褐土	潮褐土	洪积潮褐土	砂壤质厚黏心冲积河潮土	1	0—20	浅灰色	轻壤土	碎块状	7.3	9.6	0.59	0.76			6.7			洪积物、冲积物	E 116°49′49.4″ N 35°50′09.5″	77
						2	20—60	浅褐色	中壤土	块状	7.2	6.2	0.44	0.57			1.6					
						3	60—150	褐色	重壤土	棱柱状	7.2	5.3	0.33	0.38			1.5					
剖5	半水成土	潮土	潮土	河潮土	砂壤质厚黏心洪积河潮土	1	0—20	灰褐色	轻壤土	团粒状	6.7	8.1	0.53				3.8			河流冲积物	E 117°07′41.2″ N 35°56′28.6″	85
						2	20—50	黄褐色	砂壤土	碎块状	6.7	4.5	0.35				1.8					
						3	50—65	褐色	轻壤土	碎块状	6.8	3.2	0.23				1.3					
						4	65—150	浅褐色	中壤土	粒状	7.0	2.5	0.20				1.3					
剖6	淋溶土	棕壤	棕壤	洪积棕壤	轻壤质厚黏心洪积棕壤	1	0—25	褐色	中壤土	块状	6.4									洪积物	E 117°01′10.5″ N 35°55′16.4″	73
						2	25—48	褐色	轻壤土	棱块状	6.7											
						3	48—110	黄褐色	中壤土	棱柱状	6.8											
						4	110—150	浅褐色	重壤土	块状	6.6											
剖7	半淋溶土	褐土	潮褐土	洪积潮褐土	轻壤质均质洪积潮褐土	1	0—20	灰褐色	砂壤土	碎块状	7.0	3.6					1.8			洪积物	E 117°06′01.4″ N 35°54′47.5″	71
						2	20—70	黄褐色		柱状	6.9	8.1					1.3					
						3	70—150				6.9											
剖8	淋溶土	棕壤	棕壤性土			1	0—15													洪积物	E 117°00′17.7″ N 35°53′25.8″	74
						2	15—30															
						3	30—															
剖9	淋溶土	棕壤	棕壤	洪积棕壤	轻壤质厚黏心洪积棕壤	1	0—20	浅褐色	砂壤土	粒状	7.0	6.5	0.40	0.68			4.5			洪积物	E 117°11′44.9″ N 35°52′26.4″	96
						2	20—25	浅褐色	重壤土	块状	7.0	7.5	0.50	0.52			0.8					
剖10	淋溶土	棕壤	淋溶棕壤	洪积淋溶棕壤	轻壤质均质洪积淋溶棕壤	1	0—19		轻壤土		7.3	8.3	0.65				0.8			洪积物	E 117°04′04.8″ N 35°52′03.0″	88
						2	19—32					6.1	0.48									
						3	32—56					6.0	0.41									
剖11	淋溶土	褐土	淋溶棕壤	洪积淋溶棕壤		1	0—20	棕褐色	轻壤土	碎块状	7.3	11.3	0.63	0.65			4.5			洪积物	E 117°10′58.3″ N 35°51′31.7″	100
						2	20—55	褐色	中壤土	块状	6.9	4.2	0.31	0.46			0.5					
						3	55—100	褐色	重壤土	柱状	6.9	5.9	0.39	0.70			0.5					
剖12	半淋溶土	褐土	潮褐土	冲积潮褐土	轻壤质均质冲积潮褐土	1	0—30	深褐色	轻壤土	块状	6.9	6.3	0.40	0.72			3.5			冲积物	E 116°44′10.3″ N 35°49′01.9″	92
						2	30—40	浅褐色	中壤土	块状	7.1	8.3	0.54	0.88			2.3					
						3	40—150	浅褐色	轻黏土	棱块状	7.2											
剖13	半淋溶土	褐土	潮褐土	冲积潮褐土	中壤厚黏心冲积潮褐土	1	0—30	褐色	中壤土	块状	7.1	12.5	0.81	1.06			5.7			冲积物	E 116°41′14.6″ N 35°44′23.3″	74
						2	30—60	浅褐色	轻黏土	柱状	7.0	7.4	0.51	0.60			1.3					
						3	60—100	浅褐色	轻黏土	柱状	7.3											
						4	100—150	灰棕色	重壤土	块状	7.0											

续表 Continued

剖面号 Soil profile	土纲 Soil order	土类 Soil great group	亚类 Soil subgroup	土属 Soil genus	土种 Soil species	土层码 Layer code	土层厚度 Depth/cm	颜色 Soil color	质地 Soil texture	土壤结构 Soil structure	pH	有机质 OM/(g/kg)	全氮 TN/(g/kg)	全磷 TP/(g/kg)	全钾 TK/(g/kg)	碱解氮 AN/(mg/kg)	有效磷 AP/(mg/kg)	速效钾 AK/(mg/kg)	阳离子交换量CEC/(cmol/kg)	土壤母质 Parent material	剖面点坐标 Profile coordinate	匹配指数 Matching index/%
剖14	淋溶土	棕壤	棕壤	坡洪积棕壤	砂壤质中层坡洪积棕壤	1	0—15	浅灰色	砂壤土	粒状	5.5	4.9	0.30				0.8			坡积物、洪积物	E 116°56′20.7″ N 35°49′55.4″	82
						2	15—50	浅棕色	砂壤土	粒状	6.0	5.2	0.29				0.5					
剖15	半淋溶土	褐土	潮褐土	冲积潮褐土	轻壤质厚黏腰冲积潮褐土	1	0—24	褐色	轻壤土	碎块状	7.0	9.0	0.63				3.4			冲积物	E 116°47′00.4″ N 35°49′36.1″	76
						2	24—57	褐色	轻壤土	块状	7.0	6.0	0.66				0.8					
						3	57—105	黑褐色	重壤土	棱块状	6.9											
						4	105—150	褐色	紧砂土	块状	6.9											
剖16	淋溶土	棕壤	棕壤	坡积棕壤	砂壤质厚黏心坡洪积棕壤	1	0—17					5.6	0.38				1.8			坡积物、洪积物	E 116°59′02.4″ N 35°49′28.2″	83
						2	17—70					2.2	0.15				0.8					
剖17	半淋溶土	褐土	潮褐土	洪积潮褐土		1	0—23					10.0	0.55	0.78			4.0			洪积物	E 116°52′00.9″ N 35°48′43.1″	74
						2	23—43					4.0	0.31	0.65			1.4					
						3	43—70					4.0	0.45	0.40			0.6					
剖18	半淋溶土	褐土	潮褐土	潮褐土	黏底砂黄金土	Ap	0—20		砂质黏壤土		7.3	8.4	0.87	0.41	14.8	44	2.6	45	11.6		E 116°45′21.8″ N 35°45′50.5″	94
						A2	20—50		砂质黏壤土		7.3	5.8	0.48	0.27	20.3	35	1.0	40	10.7			
						B1	50—85		壤质黏土		7.2	6.0	0.48	0.42	20.4	32	1.0	60	16.0			
						B2	85—150		壤质黏土		7.3	3.4	0.34	0.30	20.3	26	3.3	50	11.4			
剖19	半水成土	砂姜黑土	砂姜黑土	黑粒黯砂姜黑土		1	0—15	灰褐色	中壤土	块状	7.4										E 116°50′15.2″ N 35°44′40.8″	99
						2	15—60	黑色	重壤土	柱状	7.1											
						3	60—90	灰白色	中壤土	块状	7.6											
						4	90—150	灰白色	中壤土	块状	7.6											
剖20	半水成土	砂姜黑土	砂姜黑土	黄土覆盖砂姜黑土		1	0—24	黄褐色	中壤土	块状	7.2									浅湖沼相沉积物	E 116°52′51.6″ N 35°43′45.5″	82
						2	24—80	黑色	轻黏土	柱状	7.3											
						3	80—150	灰黄色	重壤土	块状	7.2											
剖21	半水成土	砂姜黑土	砂姜黑土	砂姜黑土	鸭屎土	1	0—20		黏壤土	粒状	7.3	8.0	0.63	0.32	25.8	42	1.7	64		浅湖沼相沉积物	E 116°54′58.0″ N 35°43′11.1″	79
						2	20—45		壤质黏土	块状	7.1	7.6	0.55	0.25	25.4	32	0.9	65				
						3	45—85		壤质黏土	块状	7.2	8.1	0.56	0.25	24.5	29	0.9	70				
						4	85—105		壤质黏土		7.1	9.4	0.54	0.25	25.5	31	0.8	90				
						5	105—150				7.4	4.9	0.33	0.20	24.3	29	0.9	70				
剖22	半淋溶土	褐土	潮褐土	洪冲积潮褐土	轻壤质厚黏腰洪冲积潮褐土	1	0—20	灰色	轻壤土	粒状	7.4	8.5	0.53	0.80			1.4			洪积物、冲积物	E 117°10′51.3″ N 35°49′45.4″	80
						2	20—80	浅褐色	重壤土	块状	7.4	4.9	0.33	0.60			0.5					
						3	80—150	灰白色	中壤土	棱柱状	7.3	8.3	0.47	0.52			0.5					
剖23	半淋溶土	褐土	褐土性	褐土性	壤质薄层硬石底褐土性土	1	0—10	黄褐色	轻砾质土	粒状	7.4	10.2	0.66	0.90			1.4			钙质岩	E 117°10′42.5″ N 35°49′58.1″	80
						2	10—40	褐色	轻砾质土	棱柱状	7.4	21.0	1.30	1.18			1.5					
						3	40—															
剖24	半淋溶土	褐土	褐土性			1	0—20	浅棕红色	轻砾质土		7.4	8.0	2.40	1.92			1.5				E 117°12′11.9″ N 35°49′56.9″	95
						R	20—															
剖25	淋溶土	棕壤	棕壤			1	0—20	浅棕红色	砂壤土	粒状	5.7										E 117°07′32.5″ N 35°48′55.4″	93
						2	20—60	红棕色	重壤土	棱柱状	6.5											
						3	60—150	红棕色	重壤土	棱柱状	6.3											

东 平 县

主要土类说明

褐土是东平县主要土壤类型，占本县地域面积的 47%，广泛分布于大清河北丘陵区，成土母质为石灰岩风化残积物、坡积物、洪积物和黄土。本县褐土区的平原和低缓残丘已被开垦为农田千年以上。本县处于暖温带亚湿润区，褐土具 A–B–Bk–C 剖面构型，盐基饱和，处于硅铝风化阶段。成土过程主要有黏化过程和钙的淋溶淀积过程，有明显黏淀层与假菌丝状钙积层。黏粒在心土层或以下部位聚积，形成紧实的核状和块状结构，呈棕褐色，pH 为 7.5—7.8，盐基饱和度在 80% 以上，有时过饱和。本县褐土分为褐土性土、褐土、潮褐土等亚类。

潮土是东平县第二大土壤类型，占本县地域面积的 39%，主要分布在大清河沿岸冲积平原区，包括湖区南侧、州城、彭集、沙河站等地和部分东平街道。成土母质均为河流冲积物，根据来源和性质不同，分为黄河沉积物、大汶河沉积物和湖积物。本县河流较多，并多次决口沉积，表层土壤质地复杂，在同一剖面中不同质地层次排列。本县潮土区地势平坦，土体深厚，土质轻松，通气透水，肥沃度高，表土返潮明显。地下水位浅，地下水参与成土过程，底土氧化还原作用交替发生，形成锈色斑纹。土壤具 A_{11}–A_{12}–Cu 或 A_{11}–C–Cu 剖面构型。本县潮土分为褐潮土、潮土等亚类。其中，潮土亚类面积最大。

小于本县地域面积 3% 的土壤类型有沼泽土等。

本区域中心区气候特征

本区域中心区气候特征值
Regional climate characteristics in central area of the region

气候带：暖温带亚湿润气候 Climate region: Warm temperate subhumid climate	
年平均气温 /℃ Annual average temperature /℃	14.0
年平均最高气温 /℃ Annual average maximum temperature /℃	19.5
年平均最低气温 /℃ Annual average minimum temperature /℃	9.2
年降水量 /mm Annual precipitation /mm	638
≥10℃的积温 /℃ Daily temperature accumulated in a year (≥10℃) /℃	5142
年日照时数 /h Annual sunshine /h	2466
年平均相对湿度 /% Annual average relative humidity /%	65
干燥度 Dryness	1.30

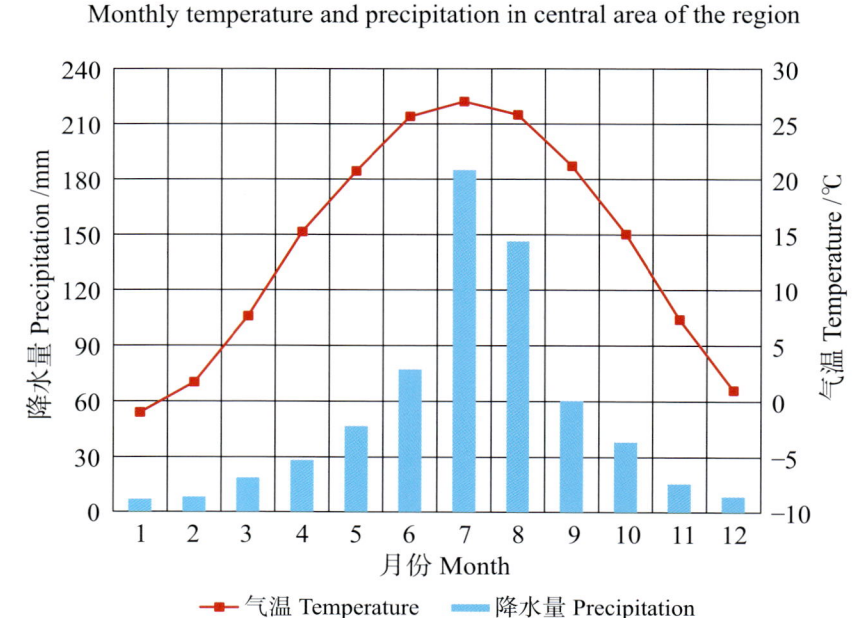

本区域中心区月平均气温与月平均降水量
Monthly temperature and precipitation in central area of the region

东平县主要土壤类型与土壤剖面点分布图

1∶200 000

图 例
- 褐土
- 潮土
- 沼泽土
- ⊗ 剖面点

第二编 分县土壤图与土壤剖面数据 | 285

东平县土壤剖面理化性状表

剖面号 Soil profile	土纲 Soil order	土类 Soil great group	亚类 Soil subgroup	土属 Soil genus	土种 Soil species	土层码 Layer code	土层厚度 Depth/cm	颜色 Soil color	质地 Soil texture	土壤结构 Soil structure	pH	土壤母质 Parent material	剖面点坐标 Profile coordinate	匹配指数 Matching index/%
剖1	半淋溶土	褐土	褐土性土	钙质岩类褐土性土		1	0—20	棕色	中壤土	碎块状	7.5	灰岩残积物	E 116°11′16.0″ N 36°06′20.7″	88
						2	20—30		砾质中壤土		7.5			
剖2	半淋溶土	褐土	褐土	坡洪积褐土	中壤均质坡洪积褐土	1	0—23	暗棕色	中壤土	小块状	7.5	坡积物、洪积物	E 116°08′11.0″ N 36°04′22.8″	93
						2	23—78	棕色	中壤土	块状	7.5			
						3	78—150	棕色	中壤土	块状				
剖3	半淋溶土	褐土	潮褐土	洪积潮土	中壤均质洪积潮褐土	1	0—20	黄棕色	中壤土	块状	7.2	洪积物	E 116°21′11.9″ N 36°01′04.1″	74
						2	20—35	浅棕色	中壤土	碎块状	7.0			
						3	35—65	浅棕色	中壤土	碎块状	7.2			
						4	65—90	浅棕色	中壤土	块状	7.0			
						5	90—150	棕色	中壤土	块状	7.0			
剖4	半淋溶土	褐土	潮褐土	洪积潮土	重壤表厚黏腰洪积潮褐土	1	0—15	棕色	重壤土	粒状	7.0	洪积物	E 116°26′54.2″ N 36°00′52.2″	71
						2	15—35	棕色	中壤土	块状	7.3			
						3	35—62	暗棕色	重壤土	块状	7.3			
						4	62—92	深棕色	中壤土	块状	7.3			
剖5	半淋溶土	褐土	潮褐土	洪积潮土	中壤表厚黏腰洪积潮褐土	1	0—20	红棕色	中壤土	块状	7.2	洪积物	E 116°20′42.2″ N 36°00′09.5″	99
						2	20—65	红棕色	重壤土	柱状	7.3			
						3	65—115	暗红棕色	重壤土	柱状	7.4			
						4	115—150	棕灰色	黏土	块状	7.4			
剖6	半淋溶土	褐土	褐土	洪积褐土	中壤表厚黏心洪积褐土	1	0—17	暗棕色	重壤土	碎块状	7.0	洪积物	E 116°30′52.8″ N 36°02′11.1″	89
						2	17—150	红棕色	中壤土	块状	7.0			
剖7	半淋溶土	潮土	湿潮土	湖积湿潮土	黏均质湖积潮土	1	0—18	黑棕色	重壤土	小块状	7.6	静水淀积物	E 116°34′46.9″ N 36°00′46.1″	71
						2	18—60	暗棕色	黏土	棱块状	7.7			
剖8	半淋溶土	褐土	褐土	洪积褐土	中壤表砂中层坡洪积褐土	1	0—20	棕色	中壤土	块状	7.0	洪积物	E 116°32′28.0″ N 36°00′24.8″	81
						2	20—57	暗棕色		块状				
						3	57—70	暗棕色	重壤土	块状	7.0			
						4	70—150	浅黄棕色	重壤土	块状	7.0			
剖9	潮土	潮土	湿潮土	湖积湿潮土	黏均质湖积潮土	1	0—15	暗棕色	重壤土	碎块状	7.3	河流冲积物	E 116°11′30.8″ N 35°54′10.4″	82
						2	15—32	棕色	黏土	块状	7.0			
						3	32—100	棕色	黏土	碎块状	7.1			
剖10	潮土	潮土	湿潮土	湖积湿潮土	重壤表厚黏心湖积湿潮土	1	0—15	暗棕色	重壤土	块状	7.0	黄河冲积物	E 116°14′40.9″ N 35°51′15.1″	87
						2	15—45	浅棕色	中壤土	碎块状	7.0			
						3	45—80	浅棕色	中壤土	碎块状	7.0			
						4	80—120	棕色	中壤土	碎块状	7.5			
剖11	半淋溶土	褐土	褐土	坡积褐土	轻壤表中层坡积褐土	1	0—20	棕色	中壤土	块状	7.5	坡积物、洪积物	E 116°17′40.9″ N 35°59′22.4″	92
						2	20—50	棕色	中壤土	碎块状	7.4			
剖12	半淋溶土	褐土	褐土	洪积褐土	中壤均质洪积褐土	1	0—18	暗棕色	中壤土	块状	7.2	洪积物	E 116°23′52.8″ N 35°59′22.2″	87
						2	18—68	红棕色	中壤土	块状	7.2			
						3	68—101	红棕色	中壤土	块状	7.0			
						4	101—150	暗棕色	中壤土	块状	7.2			
剖13	半淋溶土	褐土	褐土	坡洪积褐土	中壤表厚黏心坡洪积褐土	1	0—15	红棕色	中壤土	碎块状	7.2	坡积物、洪积物	E 116°26′23.3″ N 35°57′47.2″	80
						2	15—30	暗红棕色	中壤土	块状	7.1			
						3	30—150	浅棕色	重壤土	块状				

续表 Continued

剖面号 Soil profile	土纲 Soil order	土类 Soil great group	亚类 Soil subgroup	土属 Soil genus	土种 Soil species	土层码 Layer code	土层厚度 Depth/cm	颜色 Soil color	质地 Soil texture	土壤结构 Soil structure	pH	土壤母质 Parent material	剖面点坐标 Profile coordinate	匹配指数 Matching index/%
剖14	半淋溶土	褐土	潮褐土	洪冲积潮褐土	轻壤均质洪冲积潮褐土	1	0—20	褐色	轻壤土	碎块状	7.2	洪积物、冲积物	E 116°25′35.8″ N 35°55′40.8″	74
						2	20—27	褐色	中壤土	碎块状	7.2			
						3	27—43	黄褐色	中壤土	碎块状	7.2			
						4	43—70	暗棕色	中壤土	块状	7.3			
						5	70—87	黄棕色	中壤土	块状	7.3			
						6	87—150	黄棕色	中壤土	碎块状	7.2			
剖15	半水成土	潮土	湿潮土	冲积湿潮土	中壤均质湿潮土	1	0—20	暗棕色	中壤土	块状		河流淀积物	E 116°23′18.6″ N 35°55′37.9″	85
						2	20—30	暗棕色	中壤土	块状	7.2			
						3	30—45	暗棕色	中壤土	块状	7.5			
						4	45—95	浅棕色	中壤土	小块状	7.6			
剖16	半水成土	潮土	湿潮土	湖积湿潮土	中壤表厚黏心湖积湿潮土	1	0—17	暗棕色	重壤土	块状	7.7	湖积物	E 116°17′25.1″ N 35°52′29.6″	87
						2	17—32	暗棕色	重壤土	块状	8.1			
						3	32—53	暗棕色	中壤土	小块状	7.1			
						4	53—100	暗棕色	轻壤土	粒状	7.3			
剖17	半水成土	潮土	褐潮土	褐潮土	轻壤表厚砂腰褐潮土	1	0—20	棕色	砂壤土	碎粒状	7.0	河流冲积物	E 116°22′42.6″ N 35°52′18.8″	94
						2	20—62	浅黄色	松砂土	碎块状	7.1			
						3	62—105	暗黄色	中壤土	碎块状	7.3			
						4	105—150	暗棕色	轻壤土	碎块状	7.2			
剖18	半水成土	潮土	褐潮土	褐潮土	轻壤均质褐潮土	1	0—25	暗棕色	轻壤土	碎块状	7.3	河流冲积物	E 116°23′23.6″ N 35°51′13.7″	83
						2	25—60	红棕色	砂壤土	块状	7.1			
						3	60—130	浅红棕色	轻壤土	碎块状	7.2			
						4	130—150	暗红棕色	轻壤土	碎块状	7.0			
剖19	半水成土	潮土	褐潮土	褐潮土	砂壤表厚壤心褐潮土	1	0—25	浅棕色	砂壤土	块状	7.2	河流沉积物	E 116°21′36.4″ N 35°51′12.2″	93
						2	25—50	红棕色	中壤土	碎块状	7.2			
						3	50—75	红棕色	重壤土	块状	7.3			
						4	75—100	暗红棕色	中壤土	块状	7.2			
						5	100—130	浅棕色	中壤土	块状	7.0			
						6	130—150	红棕色	轻壤土	块状	7.5			
剖20	半淋溶土	褐土	褐土	黄土质褐土	中壤表厚砂腰黄土质褐土	1	0—20	棕色	中壤土	块状	7.1	黄土	E 116°32′28.7″ N 35°58′41.9″	93
						2	20—60	红棕色	中壤土	块状	7.2			
						3	60—150	棕色	重壤土	块状	7.2			
剖21	半淋溶土	褐土	褐土	黄土质褐土	中壤均质黄土质褐土	1	0—20	暗棕色	中壤土	块状	7.0	黄土	E 116°30′02.7″ N 35°57′50.0″	71
						2	20—40	暗棕色	中壤土	块状	7.0			
						3	40—150	红棕色	中壤土	块状	7.5			
剖22	半淋溶土	褐土	潮褐土	洪冲积潮褐土	中壤表厚黏腰洪积冲积潮褐土	1	0—20	棕色	中壤土	块状	7.1	洪积物、冲积物	E 116°36′28.8″ N 35°57′10.1″	77
						2	20—70	红棕色	重壤土	块状	7.3			
						3	70—110	棕色	重壤土	棱柱状	7.3			
						4	110—150	紫棕色	黏土	棱柱状	7.1			
剖23	半淋溶土	褐土	潮褐土	洪积潮褐土	中壤表厚黏心洪积潮褐土	1	0—20	暗红棕色	中壤土	块状	7.3	洪积物	E 116°34′17.8″ N 35°55′12.5″	72
						2	20—80	暗红棕色	重壤土	块状	7.1			
						3	80—150	暗红棕色	中壤土	粒状	7.0			
剖24	半水成土	潮土	褐潮土	褐潮土	中壤表厚黏腰褐潮土	1	0—20	浅棕色	轻壤土	碎块状	7.1	冲积物	E 116°20′49.2″ N 35°49′55.9″	75
						2	20—60	暗棕色	重壤土	块状	7.0			
						3	60—115	暗棕色	重壤土	碎块状	7.0			
						4	115—150	棕色	轻壤土	碎块状	7.0			

续表 Continued

剖面号 Soil profile	土纲 Soil order	土类 Soil great group	亚类 Soil subgroup	土属 Soil genus	土种 Soil species	土层码 Layer code	土层厚度 Depth/cm	颜色 Soil color	质地 Soil texture	土壤结构 Soil structure	pH	土壤母质 Parent material	剖面点坐标 Profile coordinate	匹配指数 Matching index/%
剖25	半水成土	潮土	褐潮土	褐潮土	中壤表厚黏心褐潮土	1	0—25	暗红色	中壤土	粒状	7.3	河流冲积物	E 116°20′11.4″ N 35°49′31.8″	89
						2	25—40	暗红棕色	中壤土	块状	7.3			
						3	40—80	暗棕色	重壤土	块状	7.1			
						4	80—150	黑棕色	中壤土	团块状	7.0			
剖26	半水成土	潮土	褐潮土	褐潮土	轻壤表厚壤腰褐潮土	1	0—30	暗棕色	轻壤土	粒状	7.0	河流冲积物	E 116°23′08.9″ N 35°48′48.6″	76
						2	30—85	红棕色	中壤土	块状	7.2			
						3	85—150	暗红棕色	重壤土	块状	7.0			

新 泰 市

主要土类说明

棕壤是新泰市主要土壤类型，占本市地域面积的52%，主要分布于本市徂徕山、莲花山、金斗山、太平山及刘杜镇、石莱镇。成土母质为岩浆岩风化残积物、坡积物、洪积物。棕壤通体以棕色或棕褐色为主，有明显的淋溶和淀积作用。淀积层质地黏重，有明显的黏化现象，富含铁锰胶体及黏粒胶体，呈坚实的棱柱状结构，垂直裂隙明显，构造面有明显的二氧化硅粉末及胶膜，心土层有铁锰结核存在。表土层一般厚度为15—20cm，呈粒状结构。可溶性盐类被淋洗，通体无石灰反应，呈微酸性，pH为6.0—6.5。土壤盐基饱和度为54%—85%。大部分棕壤早已开垦为农田，有机质含量为4—10g/kg，全氮含量为0.26—0.56g/kg。本市棕壤分为棕壤性土、棕壤、潮棕壤等亚类。棕壤性土亚类有大量的砾石夹杂在表层，质地粗糙，大都为砾质砂土。棕壤亚类、潮棕壤亚类质地偏轻，以砂壤土为多，而潮棕壤亚类又以通体均质为多。

褐土是新泰市第二大土壤类型，占本市地域面积的43%，主要分布于柴汶河两岸、新汶街道全部、翟镇东北部、楼德镇南半部、刘杜镇北部、放城镇周围、汶南镇中部、龙廷镇北部等地的石灰岩山丘。褐土具有黏化与钙质淋移淀积特征，剖面通常由耕作层、淀积黏化层和假菌丝状钙积层组成，具A–B–Bk–C剖面构型。土壤处于硅铝风化阶段，B层呈棕褐色，pH为7.0—7.5，盐基饱和度在80%以上，有时过饱和。本市褐土分为褐土性土、淋溶褐土、褐土、潮褐土等亚类。其中，淋溶褐土亚类和潮褐土亚类面积较大，两者面积均占本土类面积的33%。

小于本市地域面积3%的土壤类型有砂姜黑土等。

本区域中心区气候特征

本区域中心区气候特征值
Regional climate characteristics in central area of the region

气候带：暖温带亚湿润气候 Climate region: Warm temperate subhumid climate	
年平均气温 /℃ Annual average temperature /℃	13.7
年平均最高气温 /℃ Annual average maximum temperature /℃	19.2
年平均最低气温 /℃ Annual average minimum temperature /℃	9.0
年降水量 /mm Annual precipitation /mm	688
≥10℃的积温 /℃ Daily temperature accumulated in a year (≥10℃) /℃	5023
年日照时数 /h Annual sunshine /h	2508
年平均相对湿度 /% Annual average relative humidity /%	66
干燥度 Dryness	1.20

本区域中心区月平均气温与月平均降水量
Monthly temperature and precipitation in central area of the region

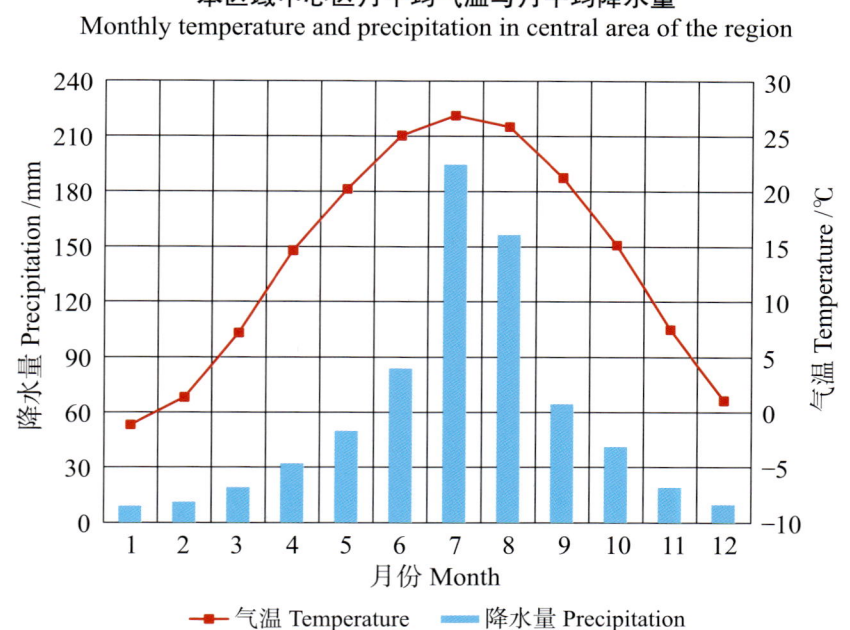

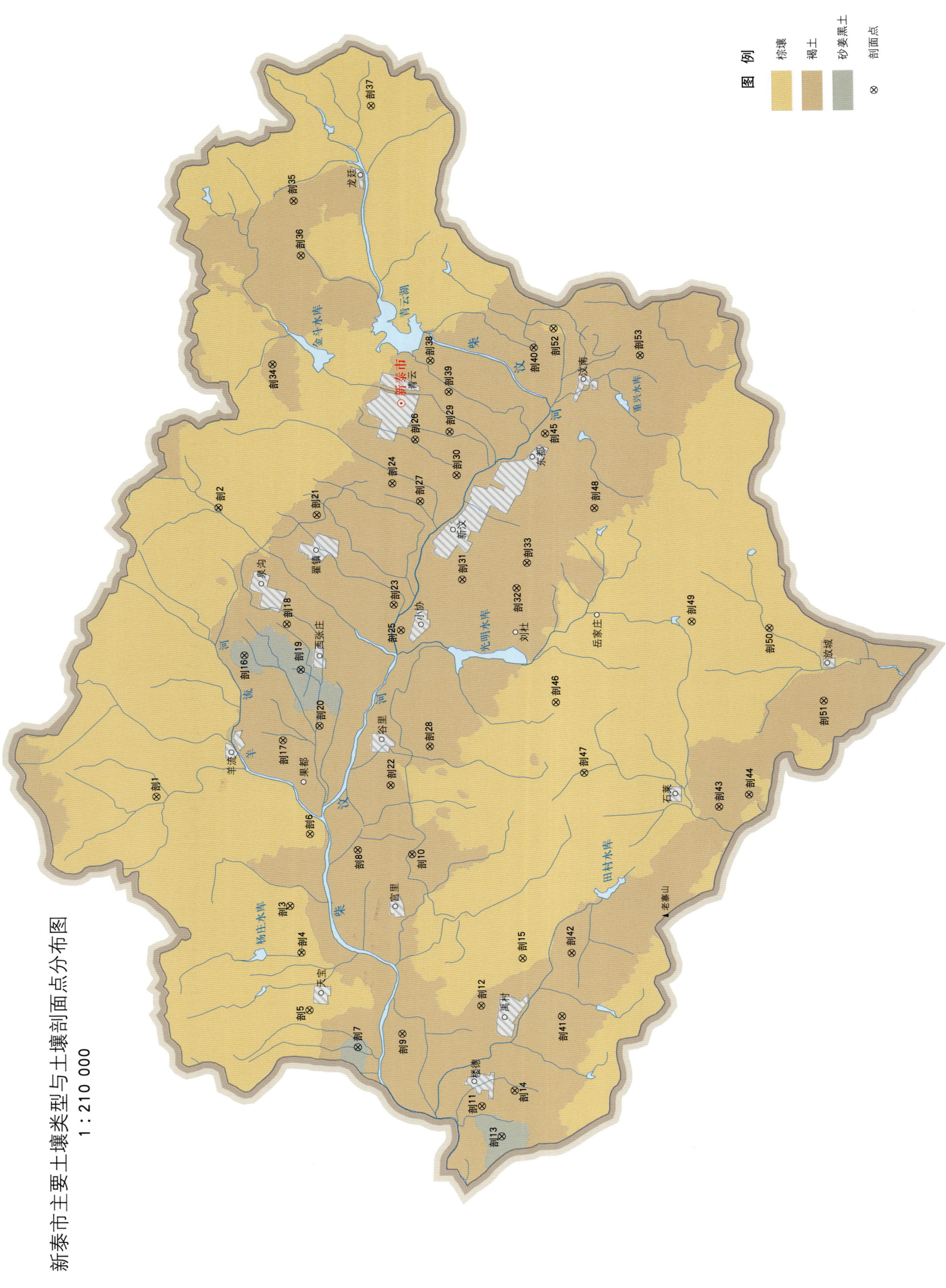

新泰市土壤剖面理化性状表

剖面号 Soil profile	土纲 Soil order	土类 Soil great group	亚类 Soil subgroup	土属 Soil genus	土种 Soil species	土层码 Layer code	土层厚度 Depth/cm	颜色 Soil color	质地 Soil texture	土壤结构 Soil structure	pH	有机质 OM/(g/kg)	全氮 TN/(g/kg)	全磷 TP/(g/kg)	碱解氮 AN/(mg/kg)	有效磷 AP/(mg/kg)	速效钾 AK/(mg/kg)	阳离子交换量 CEC/(cmol/kg)	土壤母质 Parent material	剖面点坐标 Profile coordinate	匹配指数 Matching index/%
剖1	淋溶土	棕壤	潮棕壤	坡洪积潮棕壤	轻壤表均质坡洪积棕壤	1	0–25	暗棕色	中砾质轻壤	粒状	6.9	9.9	0.63	0.61	60	4.0	75	13.6	坡积物、洪积物	E 117°29′55.4″ N 36°02′13.3″	74
						2	25–40	暗黄灰色	中壤	碎块状	6.8	6.2	0.44	0.61	35	2.1	63	12.0			
						3	40–70	褐色	少砾质轻壤	块状	6.8	5.6	0.34	0.60	30	2.0	80				
						4	70—														
剖2	淋溶土	棕壤	潮棕壤	坡洪积潮棕壤		1	0–25	棕色	砂壤土	粒状	7.0	7.0	0.51	0.60	42	1.7	110		坡积物、洪积物	E 117°41′27.4″ N 36°00′08.5″	99
						2	25–50	棕色	轻壤土	粒状	7.0	3.5	0.24	0.39	19	4.0	106				
						3	50–100	浅棕色	砂壤土	粒状	6.8	8.5	0.52			4.4	110				
剖3	淋溶土	棕壤	潮棕壤	洪积潮棕壤	砂壤表厚砂腰洪积潮棕壤	1	0–20	浅棕色	砂壤土	粒状									洪积物	E 117°25′29.3″ N 35°58′02.6″	100
						2	20–45	浅棕色	紧砂土	粒状											
						3	45–60	棕色	松砂土	粒状											
						4	60–80	浅棕色	中壤土	块状											
						5	80–110	棕色	松砂土	粒状											
						6	110–130			粒状											
						7	130–150			块状											
剖4	淋溶土	棕壤	潮棕壤	洪积潮棕壤	轻壤表厚黏心洪积潮棕壤	1	0–35		少砾质轻壤土	粒状									洪积物	E 117°23′37.3″ N 35°57′41.8″	72
						2	35–55	黄棕色	重壤土	块状											
						3	55–90	暗黄棕色	黏土	块状											
						4	90–110	暗棕色	少砾质中壤	块状											
						5	110–150	暗棕色	黏土	块状											
剖5	淋溶土	棕壤	潮棕壤	洪积潮棕壤		1	0–35	棕色	少砾质轻壤	砾谷状	6.9	8.2	0.51	0.41	48	1.7	57	11.1	洪积物	E 117°21′18.0″ N 35°57′27.7″	90
						2	35–55	暗棕色	少砾质砂壤	片状	7.0	6.1	0.43	0.27	36	1.0	76	17.1			
						3	55–90	浅棕色	轻壤土	碎块状	7.0	5.6	0.38				114				
						4	90–110	暗棕色	砂壤土	块状	7.0	3.6	0.24			1.1	103				
剖6	淋溶土	棕壤	潮棕壤	洪积潮棕壤		1	0–17	棕色	少砾质轻壤	粒状	6.7	9.4	0.62	0.54	57	1.4	61	11.4	酸性岩风化物	E 117°28′22.2″ N 35°57′23.7″	95
						2	17–25	暗棕色	少砾质砂壤	粒状	6.9	6.1	0.37	0.53	33		60	11.3			
						3	25–48	浅棕色	轻壤土	碎块状	6.9	4.4	0.29	0.49	24		50	10.2			
						4	48–105	暗棕色	砂壤土	块状	7.0	5.9	0.34	0.45			33	17.7			
						5	105—														
剖7	半水成土	砂姜黑土				1	0–30		少砾质轻壤土											E 117°19′48.8″ N 35°55′56.7″	93
						2	30–40														
						3	40–95														
						4	95–150		多砾质轻壤												
剖8	半淋溶土	褐土	潮褐土	洪冲积潮褐土	松砂表通体均质洪冲积潮褐土	1	0–6	棕色	松砂土	单粒状	6.8				49	3.0	63		洪积物、冲积物	E 117°27′42.9″ N 35°55′53.7″	88
						2	6–10	浅棕色	松砂土	单粒状	6.7			0.89			48				
						3	10–150	浅棕色	松砂土	单粒状	6.5						59				
剖9	半淋溶土	褐土	潮褐土	洪冲积潮褐土	砂壤表均质洪冲积潮褐土	1	0–33	黄棕色	少砾质砂壤	粒状	6.8	12.6	0.57	0.62		4.0			洪积物、冲积物	E 117°20′20.8″ N 35°54′32.4″	85
						2	33–46	棕色	少砾质砂壤	碎块状	6.8	3.7	0.36	0.59	41	2.0					
						3	46–150	浅棕色	轻壤土	粒状	7.0	3.8	0.36								
剖10	半淋溶土	褐土	淋溶褐土	坡洪积淋溶褐土	砂壤表中层坡洪积淋溶褐土	1	0–15	浅棕色	砂壤土	粒状	7.0	7.7	0.50	0.62	52	2.0	102		坡积物、洪积物	E 117°27′31.0″ N 35°54′10.8″	70
						2	15–25	红棕色	砂壤土	粒状	7.0	7.4	0.48	0.73	50	1.5	100				
						3	25–75		轻壤土	碎块状	7.1	4.4	0.31	0.43	38	1.3	87				

续表 Continued

剖面号 Soil profile	土纲 Soil order	土类 Soil great group	亚类 Soil subgroup	土属 Soil genus	土种 Soil species	土层码 Layer code	土层厚度 Depth/cm	颜色 Soil color	质地 Soil texture	土壤结构 Soil structure	pH	有机质 OM/(g/kg)	全氮 TN/(g/kg)	全磷 TP/(g/kg)	碱解氮 AN/(mg/kg)	有效磷 AP/(mg/kg)	速效钾 AK/(mg/kg)	阳离子交换量CEC/(cmol/kg)	土壤母质 Parent material	剖面点坐标 Profile coordinate	匹配指数 Matching index/%
剖11	半淋溶土	褐土	潮褐土	洪冲积潮褐土	轻壤表厚黏腰洪冲积潮褐土	1	0—25	暗棕色	轻壤土	块状	7.3	11.5	0.71	0.87	80	2.7	103		洪积物、冲积物	E 117°17′27.7″ N 35°52′02.8″	100
						2	25—55	栗色	轻壤土	小块状	7.3	8.0	0.49	0.50	53		100				
						3	55—100	暗褐色	黏土	柱状	7.3	6.6	0.45								
						4	100—150	棕黄色	黏土	柱状											
剖12	半淋溶土	褐土	褐土	洪积褐土	砂壤表均质洪积冲积褐土	1	0—25	浅棕色	多砾质砂壤土	粒状	7.4	9.4	0.52	1.07	53	3.0	125		石灰岩洪积物	E 117°21′25.9″ N 35°52′02.6″	84
						2	25—70	暗棕色	多砾质砂壤土	块状	7.5	5.5	0.30	0.96	31	1.5	85				
剖13	半水成土	砂姜黑土	砂姜黑土	黑土心砂姜黑土	轻壤黄土表厚黑土心砂姜黑土	1	0—20	灰黑色	轻壤土	碎块状	7.3	12.8	0.72	1.30	58	2.2	80			E 117°16′16.3″ N 35°51′25.6″	92
						2	20—28	灰黑色	重壤土	块状	7.4	11.3	0.68	1.80	47		88				
						3	28—60	灰黑色	重壤土	片状	7.3	11.4	0.70	0.77	44		81				
						4	60—80	灰黑色	中壤土	块状											
						5	80—110	灰褐色	中壤土	块状											
						6	110—150	灰黑色	中壤土	块状											
剖14	半淋溶土	褐土	潮褐土	洪冲积潮褐土	轻壤表厚黏心洪积冲积潮褐土	1	0—28	浅棕色	轻壤土	碎块状	6.9	17.6	0.83	0.62	97	5.6	111		洪积物、冲积物	E 117°18′03.8″ N 35°51′00.7″	79
						2	28—40	棕色	中壤土	小块状	6.9	9.4	0.58	0.60	68	1.5	110				
						3	40—80	暗棕色	重壤土	棱柱状	7.1	10.5	0.70				140				
						4	80—110	黄褐色	中壤土	块状	7.1	4.3	0.35				160				
						5	110—150	黄黄色	中壤土	块状											
剖15	淋溶土	棕壤	潮棕壤	洪积潮棕壤	紧砂表均质洪积冲积潮棕壤	1	0—18		紧砂土	粒状									洪积物	E 117°23′19.6″ N 35°50′43.7″	90
						2	18—47	浅黄棕色	松砂土	粒状											
						3	47—78	浅黄棕色	黏土	块状											
						4	78—95	暗黄棕色	松砂土	粒状											
						5	95—111	灰白色	黏土	块状											
						6	111—150	暗棕色													
剖16	半水成土	砂姜黑土				1	0—25		中砾质砂壤土	碎块状	7.3	9.0	0.57	0.71	42	2.8	65			E 117°35′32.0″ N 35°59′23.7″	80
						2	25—60		中砾质砂壤土	块状	7.3	7.2	0.43	0.57	31	1.6	52				
						3	60—150		多砾质砂壤土	块状	7.3	2.4	0.17			1.3	49				
剖17	半淋溶土	褐土	淋溶褐土	洪积淋溶褐土	轻壤表厚黏腰洪积淋溶褐土	1	0—15	深棕色	轻壤土	粒状									洪积物	E 117°32′08.2″ N 35°58′12.4″	91
						2	15—28	暗棕色	轻壤土	碎块状											
						3	28—50	棕色	中壤土	块状											
						4	50—90	深棕色	重壤土	块状											
						5	90—														
剖18	半淋溶土	褐土	淋溶褐土	坡洪积淋溶褐土	砂壤表长淋积淋溶褐土	1	0—20	棕色	砂壤土	粒状	7.1	10.3	0.66	0.56	60	2.4	85		坡积物、洪积物	E 117°36′45.7″ N 35°58′02.3″	96
						2	20—45	暗棕色	轻壤土	粒状	7.3	9.8	0.59	0.62	45		95				
						3	45—87	暗红棕色	中壤土	碎块状	7.3	7.7	0.55	0.40	33		106				
						4	87—125	暗红棕色	重壤土	碎块状	7.3	4.2	0.35	0.24			105				
						5	125—150	暗棕色	中壤土	块状											
剖19	半水成土	砂姜黑土	砂姜黑土	黑土心砂姜黑土	轻壤黄土心砂姜黑土	1	0—20	暗棕色	轻壤土	粒状										E 117°34′56.6″ N 35°57′37.1″	72
						2	20—35	暗棕色	中壤土	碎块状											
						3	35—55	灰棕色	重壤土	棱块状											
						4	55—130	黄棕色	中壤土	柱状											
						5	130—150	褐色	中壤土	柱状											

续表 Continued

剖面号 Soil profile	土纲 Soil order	土类 Soil great group	亚类 Soil subgroup	土属 Soil genus	土种 Soil species	土层码 Layer code	土层厚度 Depth/cm	颜色 Soil color	质地 Soil texture	土壤结构 Soil structure	pH	有机质 OM/(g/kg)	全氮 TN/(g/kg)	全磷 TP/(g/kg)	碱解氮 AN/(mg/kg)	有效磷 AP/(mg/kg)	速效钾 AK/(mg/kg)	阳离子交换量CEC/(cmol/kg)	土壤母质 Parent material	剖面点坐标 Profile coordinate	匹配指数 Matching index/%
剖20	半淋溶土	褐土	潮褐土	洪积潮褐土	轻壤表厚黏心洪积潮褐土	1	0—20	栗色	轻壤土	粒状	7.0	12.4	0.77	0.54	63	3.6	95		石灰岩洪积物	E 117°32′41.9″ N 35°57′03.2″	92
						2	20—35	暗棕色	重壤土	块状	6.9	3.5	0.63	0.56	53	1.7	90				
						3	35—65	暗棕色	重壤土	块状	7.1	8.8	0.56	0.42	46		110				
						4	65—90	栗色	重壤土	柱状	7.1	6.0	0.38				135				
						5	90—125	暗棕色	重壤土	柱状	7.0	3.9	0.39				140				
						6	125—150	暗棕色	重壤土	柱状	6.8	4.1	0.27				120				
剖21	半淋溶土	褐土	褐土	坡积褐土	轻壤表厚均质坡洪积褐土	1	0—25	暗棕色	多砾质轻壤土	粒状	7.5	10.8	0.74	1.02	47	2.3	145		洪积物	E 117°41′06.7″ N 35°57′03.0″	81
						2	25—105	灰棕色	多砾质中壤土	碎块状	7.4	6.9	0.58	1.10			125				
剖22	半淋溶土	褐土	淋溶褐土	洪积淋溶褐土	轻壤表均质中洪积淋溶褐土	1	0—20	棕色	轻壤土	粒状	7.1	14.6	0.81	1.03	80	12.6	90		洪积物	E 117°30′17.3″ N 35°54′50.0″	72
						2	20—40	棕色	轻壤土	片状	7.1	14.1	0.75	1.03	67	7.4	102				
						3	40—80	浅棕色	中壤土	块状	7.3	7.0	0.43	0.69	39	3.1	80				
						4	80—100	棕色	重壤土	块状	7.3	8.3	0.51			1.9	100				
						5	100—150	暗棕色	重壤土	块状											
剖23	半淋溶土	褐土	潮褐土	洪积潮褐土	轻壤表长均质洪积潮褐土	1	0—25	棕色	轻壤土	粒状	7.1	14.2	0.67	1.25	73	6.6	115	14.2	石灰岩洪积物	E 117°37′29.3″ N 35°54′39.6″	84
						2	25—70	浅棕色	少砾质轻壤土	碎块状	7.1	4.4	0.30	1.20	25	4.5	68	7.9			
						3	70—150	棕色	中壤土	块状	7.0	5.8	0.35				120	15.6			
剖24	半淋溶土	褐土	褐土	洪积褐土	轻壤表厚黏心洪积褐土	1	0—20	棕色	少砾质轻壤土	粒状	7.6	9.6	0.49	0.56	52	2.7	91		石灰岩风化洪积物	E 117°42′19.8″ N 35°54′38.9″	88
						2	20—40	暗黄棕色	中壤土	小块状	7.4	4.8	0.31	0.45	33		100				
						3	40—150	灰黄棕色	重壤土	块状	7.5	3.1	0.22				100				
剖25	半淋溶土	褐土	潮褐土	洪积潮褐土	砂壤表均质洪积潮褐土	1	0—22	浅棕色	少砾质砂壤土	粒状	6.8	10.0	0.39	0.68	40	2.3	75		洪积物	E 117°36′27.7″ N 35°54′26.8″	89
						2	22—87	红黄色		粒状	6.9	2.4	0.12	0.49	18	1.5	51				
						3	87—150	棕色	少砾质砂壤土	粒状	7.1	2.9	0.14			4.4	50				
剖26	半淋溶土	褐土	淋溶褐土	洪积淋溶褐土		1	0—25			粒状	7.1	8.3	0.54	0.41	44	1.6	81	13.4	洪积物	E 117°44′02.6″ N 35°53′54.4″	82
						2	25—40				7.0	4.9	0.32	0.29	25		61	14.1			
						3	40—85				7.1	3.3	0.29	0.18			135	26.1			
						4	85—95				7.0	1.9	0.13				86				
剖27	半淋溶土	褐土	淋溶褐土	洪积淋溶褐土	砂壤表中层坡洪积淋溶褐土	1	0—20	暗黄棕色	砂壤土	粒状	7.0	11.0	0.64	0.54	49	1.5	70		石灰岩洪积物	E 117°41′36.0″ N 35°53′46.5″	72
						2	20—30	暗黄棕色	砂壤土	块状	6.7	7.7	0.49	0.50	37		65				
						3	30—60	棕色	轻壤土	块状	6.7	5.7	0.36	0.30	29		80				
						4	60—100	棕色	轻壤土	块状	6.8	5.0	0.33				108				
						5	100—150	棕色													
剖28	半淋溶土	褐土	淋溶褐土	坡洪积淋溶褐土	中壤表中层坡洪积淋溶褐土	1	0—25	浅棕色	中壤土	块状	7.0	17.0	0.83	1.20	48	4.0	134		洪积物	E 117°31′49.4″ N 35°53′34.8″	100
						2	25—60	暗红棕色	重壤土	块状	7.2	7.5	0.58	0.67	34	2.0	179				
剖29	半淋溶土	褐土	潮褐土	洪积潮褐土	轻壤表厚黏腰洪积潮褐土	1	0—20		中壤土	块状	7.2	10.5	0.79	0.68	73	3.6	94		洪积物	E 117°44′20.4″ N 35°52′48.7″	78
						2	20—60	棕色	中壤土	块状	7.3	7.2	0.57	0.50	53		92				
						3	60—100	棕色	中壤土		7.2	4.6	0.38				155				
						4	100—150				7.2	3.2	0.27				125				
剖30	半淋溶土	褐土	淋溶褐土	洪积淋溶褐土	中壤表厚黏腰洪积淋溶褐土	1	0—25	棕色	中壤土	块状	7.2	15.2	0.77	0.44	72	2.2	124		洪积物	E 117°42′37.0″ N 35°52′36.8″	82
						2	25—65	棕色	重壤土	块状	7.2	4.5	0.38	0.27	34		115				
						3	65—150														

续表 Continued

剖面号 Soil profile	土纲 Soil order	土类 Soil great group	亚类 Soil subgroup	土属 Soil genus	土种 Soil species	土层码 Layer code	土层厚度 Depth/cm	颜色 Soil color	质地 Soil texture	土壤结构 Soil structure	pH	有机质 OM/(g/kg)	全氮 TN/(g/kg)	全磷 TP/(g/kg)	碱解氮 AN/(mg/kg)	有效磷 AP/(mg/kg)	速效钾 AK/(mg/kg)	阳离子交换量CEC/(cmol/kg)	土壤母质 Parent material	剖面点坐标 Profile coordinate	匹配指数 Matching index/%
剖31	半淋溶土	褐土	淋溶褐土	坡洪积淋溶褐土	中壤表厚黏腰坡洪积淋溶褐土	1	0–25	棕色	中壤土	粒状	6.9	13.9	0.88	0.88	96	1.5	100		坡积物、洪积物	E 117°38′27.2″ N 35°52′29.4″	78
						2	25–60	红棕色	中壤土	粒状	6.9	9.3	0.67	0.78	45		93				
						3	60–120	暗棕色	重壤土	块状	6.9	6.4	0.45				81				
						4	120–150	棕色	重壤土	块状	7.3										
剖32	半淋溶土	褐土	褐土		轻壤表厚黏心坡洪积淋溶褐土	1	0–25	浅棕色	轻壤土	粒状	7.3								石灰岩坡积物、洪积物	E 117°38′05.1″ N 35°50′46.8″	80
						2	25–45	暗红棕色	轻壤土	块状	7.3										
						3	45–75	暗红棕色	重壤土	块状	7.0										
						4	75–150	暗红棕色	重壤土	块状	7.0										
剖33	半淋溶土	褐土	褐土性土	钙质岩类褐土性土		1	0–15	灰棕色	少砾质砂壤土	粒状	7.4	11.1	0.64	0.78	49	1.8	54		钙质岩类	E 117°39′05.3″ N 35°50′26.5″	78
剖34	半淋溶土	褐土	褐土	坡洪积褐土	中壤表厚黏腰坡洪积褐土	1	0–20	棕褐色	多砾质中壤土	碎块状	7.3	6.8	0.50	0.76	47	4.2	108		石灰岩风化坡积物、洪积物	E 117°47′07.0″ N 35°58′21.8″	92
						2	20–60	红棕色	中壤土	碎块状	7.6	5.1	0.37	0.71	28	2.1	120				
						3	60–150	红棕色	重壤土	块状	7.3	4.0	0.24				120				
剖35	半淋溶土	褐土	褐土性土	钙质岩类褐土		1	0–20	暗棕色	中壤土	粒状	7.4	7.4	0.45	0.55	40	1.7	81	12.6	钙质岩类	E 117°53′36.7″ N 35°57′35.8″	73
						2	20–50	暗棕色	中壤土	片状	7.4	5.8	0.48	0.54	32		135	22.5			
剖36	半淋溶土	褐土	褐土	坡洪积褐土	中壤表厚黏腰坡洪积褐土	1	0–20	暗棕色	中砾质中壤土	粒状	7.4	7.9	0.62	1.90	38	1.7	115		石灰岩坡积物、洪积物	E 117°51′27.0″ N 35°57′24.1″	90
						2	20–35	暗棕色	中壤土	片状	7.5	8.1	0.59	0.94	35	2.5	123				
						3	35–65	暗棕色	多砾质中壤土	碎块状	7.4	9.5	0.67	0.94	46	9.1	143				
						4	65–120	暗红棕色	多砾质中壤土	团块状	7.5	6.8	0.52			2.7	112				
						5	120–150			块状											
剖37	淋溶土	棕壤	棕壤性土	酸性岩类棕壤性土		1	0–15	暗红棕色	多砾质粗砂土	粒状									酸性岩坡残积物	E 117°57′20.9″ N 35°55′05.7″	90
剖38	半淋溶土	褐土	褐土	坡洪积褐土	轻壤表厚黏腰坡洪积褐土	1	0–20	暗棕色	轻壤土	粒状	7.0	9.5	0.52	0.49	38	1.7	98		石灰岩风化坡积物、洪积物	E 117°47′10.1″ N 35°53′23.0″	78
						2	20–55	棕色	中壤土	块状	7.0	11.4	0.60	0.52	43		98				
						3	55–70	棕色	重壤土	块状	7.0	8.4	0.59				105				
						4	70–150	棕色	中壤土	块状	7.4										
剖39	半淋溶土	褐土	淋溶褐土	坡洪积淋溶褐土	中壤表均质坡洪积淋溶褐土	1	0–20	暗棕色	中壤土	块状	7.0								石灰岩坡积物、洪积物	E 117°45′54.9″ N 35°52′49.3″	82
						2	20–40	棕色	中壤土	块状	7.0										
						3	40–80	棕红色	中壤土	块状	6.8										
						4	80–150	红棕色	中壤土	块状	6.8										
剖40	半淋溶土	褐土	淋溶褐土	洪积淋溶褐土	中壤表厚黏心洪积淋溶褐土	1	0–20	浅棕色	中壤土	粒状	7.4								洪积物	E 117°47′37.3″ N 35°50′07.1″	75
						2	20–40	暗黄棕色	重壤土	碎块状	7.0	9.1	0.59	0.56	42	3.0	129				
						3	40–65	灰黄棕色	重壤土	块状	7.0										
						4	65–150	棕色	重壤土	块状	7.4										
剖41	半淋溶土	褐土	淋溶褐土	坡洪积淋溶褐土	轻壤表中层坡洪积淋溶褐土	1	0–25	浅棕色	轻壤土	粒状	7.0	5.7	0.34	0.53	28	1.2	143		石灰岩坡积物、洪积物	E 117°20′59.5″ N 35°49′29.9″	72
						2	25–50	红棕色	中壤土	块状	6.4	10.5	0.68	0.90	76	5.4	100				
剖42	半淋溶土	褐土	淋溶褐土	坡洪积淋溶褐土	轻壤表均质坡洪积淋溶褐土	1	0–20	棕色	中壤土	粒状	6.7	9.5	0.56	0.90	55	2.5	100		石灰岩坡积物、洪积物	E 117°23′31.3″ N 35°49′10.4″	91
						2	20–35	棕色	中壤土	块状	6.8	6.4	0.43	0.84		2.3	120				
						3	35–100	棕色	重壤土	块状											
						4	100–150	浅棕色													
剖43	半淋溶土	褐土	褐土性土	钙质岩类褐土性土		1	0–20	暗棕色	多砾质壤土	粒状	7.2	24.9	1.51	1.15	82	1.0	175	微量	洪积物、洪积物	E 117°29′17.9″ N 35°44′28.3″	92

续表 Continued

剖面号 Soil profile	土纲 Soil order	土类 Soil great group	亚类 Soil subgroup	土属 Soil genus	土种 Soil species	土层码 Layer code	土层厚度 Depth/cm	颜色 Soil color	质地 Soil texture	土壤结构 Soil structure	pH	有机质 OM/(g/kg)	全氮 TN/(g/kg)	全磷 TP/(g/kg)	碱解氮 AN/(mg/kg)	有效磷 AP/(mg/kg)	速效钾 AK/(mg/kg)	阳离子交换量 CEC/(cmol/kg)	土壤母质 Parent material	剖面点坐标 Profile coordinate	匹配指数 Matching index/%
剖44	半淋溶土	褐土	褐土	坡洪积褐土	中壤表厚黏心坡洪积褐土	1	0–25	浅棕色	中壤土	块状	7.3	5.4	0.38	0.50	38	1.5	63		坡积物、洪积物	E 117°29′46.2″ N 35°43′31.7″	90
						2	25–60	棕色	重壤土	块状	6.9	5.1	0.36	0.50	39	3.0	70	9.3			
						3	60–90	暗红棕色	重壤土	核状	6.8	4.5	0.32	0.63		4.5	73	10.0			
						4	90–150	轻红棕色	轻黏土	块状											
剖45	半淋溶土	褐土	潮褐土	洪冲积潮褐土	轻壤表均质洪冲积潮褐土	1	0–20	暗棕色	轻壤土	粒状	6.5	4.6	0.29	0.29	26	3.2	41		洪积物、冲积物	E 117°44′12.4″ N 35°49′48.5″	95
						2	20–40	棕色	轻壤土	块状											
						3	40–110	棕色	轻壤土	核状											
						4	110–150	棕色	中壤土	块状											
剖46	淋溶土	棕壤	棕壤性土	酸性岩类棕壤性土		1	0–20	暗棕色	多砾质砂壤	粒状	6.5	8.5	0.52	1.74	53	6.2	61		酸性岩残积物、坡积物	E 117°33′31.6″ N 35°49′35.4″	88
						2	20–60	浅棕色	砂壤土	粒状	6.5	3.5	0.20	1.43	23	1.2	39				
剖47	淋溶土	棕壤	潮棕壤	坡洪积潮棕壤	多砾质砂壤表厚砂心坡洪积潮棕壤	1	0–20	棕色	多砾质砂壤	粒状	6.8	4.3	0.23	1.16	24	4.3	40		坡积物、洪积物	E 117°30′41.9″ N 35°48′43.1″	90
						2	20–40	暗棕色	多砾质紧砂土	粒状	6.8	1.6	0.08			4.9	27				
						3	40–75	浅棕色	中砾质砂壤	碎块状	6.9	1.6	0.08				49				
						4	75–85	浅棕色	轻砾质紧砂土	粒状											
						5	85–100	黑棕色	中砾质中壤土	粒状											
						6	100–150			核块状											
剖48	半淋溶土	褐土	褐土	坡洪积褐土	中壤表土层坡洪积褐土	1	0–20	浅棕色	中壤土	碎块状	7.0								石灰岩坡积物、洪积物	E 117°41′13.7″ N 35°48′17.3″	70
						2	20–40	棕色	中壤土	块状	7.0										
						3	40–60	棕色	中壤土	块状	7.0										
剖49	淋溶土	棕壤	棕壤性土	酸性岩类棕壤性土		1	0–15	浅棕色	多砾质砂壤	粒状	6.0	5.5	0.31	0.27	40	1.1	62	7.9	坡积物、洪积物	E 117°36′39.7″ N 35°45′16.3″	77
						2	15–25	浅棕色	少砾质砂壤	粒状	6.2	5.1	0.25	0.28	35	1.0	58	9.0			
剖50	淋溶土	棕壤	潮棕壤	坡洪积潮棕壤	中砾质砂壤表均质坡洪积潮棕壤	1	0–20	浅棕色	中砾质砂壤	粒状	6.7	5.5	0.34	0.63	36	1.5	45		坡积物、洪积物	E 117°36′22.3″ N 35°42′49.3″	94
						2	20–40	棕色	中砾质砂壤	粒状	6.9	4.7	0.28	0.54	34	1.3	51				
						3	40–79	暗红棕色	中砾质砂壤	碎块状	6.9	4.6	0.26	0.50		1.3	52				
						4	79–150	棕色	多砾质中壤土	碎块状	6.9	2.2	0.24			1.2	79				
剖51	半淋溶土	褐土	褐土	坡洪积淋溶褐土		1	0–20				6.8	7.5	0.40	0.27	48	1.7	100	13.8	坡积物、洪积物	E 117°33′28.4″ N 35°41′07.9″	85
						2	20–80		轻砾质松砂土		6.7	4.2	0.28	0.27	35		82	13.2			
						3	80–150		轻砾质松砂土		6.7	3.6	0.23				75				
剖52	淋溶土	棕壤				1	0–19		重黏土										坡积物、洪积物	E 117°48′22.7″ N 35°49′29.3″	70
						2	19–35		轻黏土												
						3	35–53		中壤土												
						4	53–72		重壤土												
剖53	半淋溶土	褐土	淋溶褐土	坡洪积淋溶褐土	中壤表厚黏心坡洪积淋溶褐土	1	0–20	浅棕色	中壤土	粒状	6.8	9.9	0.66	0.53	42	2.0	125		石灰岩坡积物、洪积物	E 117°47′14.8″ N 35°46′46.1″	96
						2	20–45	棕色	重壤土	核状	6.9	5.6	0.38	0.39	22		135				
						3	45–80	棕色	重壤土	核状	6.9	5.4	0.33	0.44	23	1.4	140				
						4	80–110	棕红色	重壤土	块状	6.8	4.5	0.34			3.0					
						5	110–150	棕色	重壤土	块状											

肥 城 市

主要土类说明

褐土是肥城市主要土壤类型，占本市地域面积的68%，广泛分布在本市各地。成土母质多为石灰岩、黄土状母质及其沉积物。剖面通体呈棕色或褐色，通常由耕作层、淀积黏化层和钙积层三个基本层段组成，具A–B–Bk–C剖面构型。剖面中分布有假菌丝体，由于黏粒向下淋溶，底土层常较黏重。土壤呈中性或微碱性，pH在7.0左右。本市褐土容重为1.2g/cm³，总孔隙度为49.6%，田间持水量为26.3%，有机质含量为9.2g/kg，全氮含量为0.63g/kg，全磷含量为1.97g/kg，盐基饱和度为80%—90%。本市褐土阳离子交换量较高，保水保肥性能良好，盐基成分丰富，容易熟化培肥，呈中性，适种性广。

棕壤是肥城市第二大土壤类型，占本市地域面积的27%，主要分布在老城街道倾斜平地和北部山区一带，以及王瓜店、湖屯北部，关王殿村以东和安庄镇北部山区、边院镇等地也有零星分布。棕壤具有明显的黏化作用、淋溶作用和较强的黏化淀积作用，在人为耕作影响下，还有旱耕熟化作用。棕壤通体呈棕色，上部土层中黏粒有向心土层聚积的趋势，心土层呈鲜棕色，厚30—40cm，质地黏重，棱块状结构明显，结构面多有铁锰胶膜，土壤呈微酸性，pH为5.5—7.0。坡麓梯田以上的土壤保肥保水性能差；坡麓梯田以下的土壤质地多数为轻壤土，容易熟化培肥，呈微酸性至中性，适种性广。

小于本市地域面积3%的土壤类型有砂姜黑土等。

本区域中心区气候特征

本区域中心区气候特征值
Regional climate characteristics in central area of the region

气候带：暖温带亚湿润气候 Climate region: Warm temperate subhumid climate	
年平均气温 /℃ Annual average temperature /℃	14.1
年平均最高气温 /℃ Annual average maximum temperature /℃	19.5
年平均最低气温 /℃ Annual average minimum temperature /℃	9.4
年降水量 /mm Annual precipitation /mm	646
≥10℃的积温 /℃ Daily temperature accumulated in a year（≥10℃）/℃	5149
年日照时数 /h Annual sunshine /h	2484
年平均相对湿度 /% Annual average relative humidity /%	64
干燥度 Dryness	1.29

本区域中心区月平均气温与月平均降水量
Monthly temperature and precipitation in central area of the region

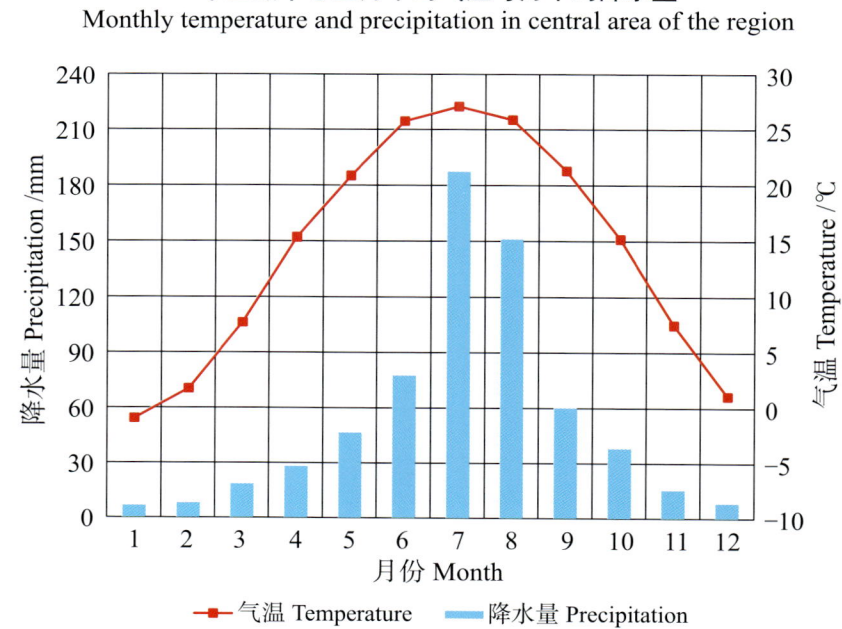

肥城市主要土壤类型与土壤剖面点分布图
1∶210 000

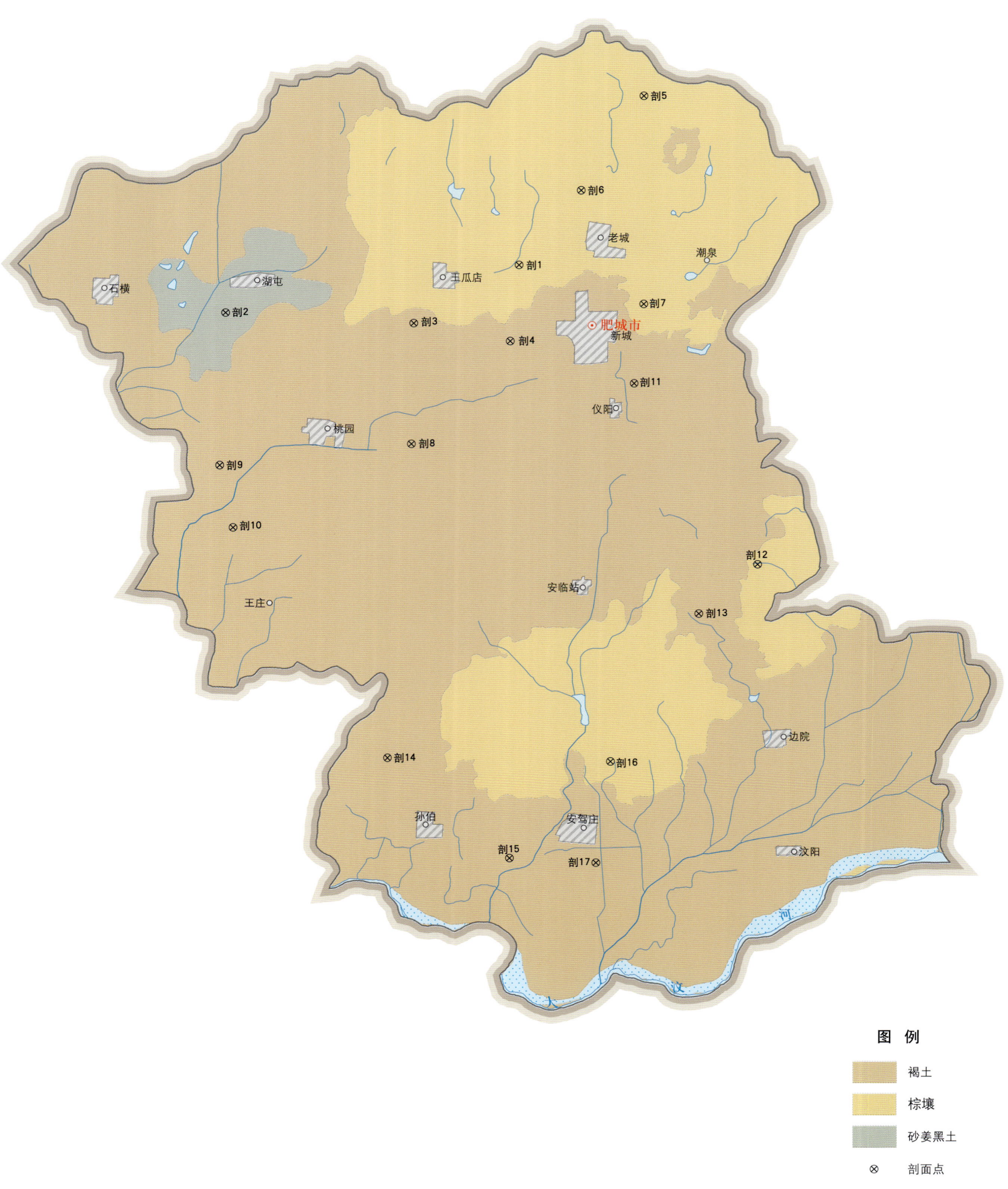

肥城市土壤剖面理化性状表

剖面号 Soil profile	土纲 Soil order	土类 Soil great group	亚类 Soil subgroup	土属 Soil genus	土种 Soil species	土层码 Layer code	土层厚度 Depth/cm	颜色 Soil color	质地 Soil texture	土壤结构 Soil structure	pH	有机质 OM/(g/kg)	全氮 TN/(g/kg)	全磷 TP/(g/kg)	碱解氮 AN/(mg/kg)	有效磷 AP/(mg/kg)	速效钾 AK/(mg/kg)	阳离子交换量CEC/(cmol/kg)	土壤母质 Parent material	剖面点坐标 Profile coordinate	匹配指数 Matching index/%
剖1	淋溶土	棕壤	潮棕壤	洪冲积潮棕壤	轻壤表厚均质洪冲积潮棕壤	1	0-25	灰褐色	中壤土	碎块状	6.3	9.1	0.48	5.70		7.3			洪积物、冲积物	E 116°43'50.2" N 36°12'52.6"	90
						2	25-50	棕褐色	中壤土	棱柱状	6.0	3.3		7.08		6.7					
						3	50-150	棕柱状	中壤土	块状	6.5										
剖2	半水成土	砂姜黑土	砂姜黑土	洼坡砂姜黑土	中壤表厚黑土心洼坡砂姜黑土	1	0-40	浅褐色	中壤土	粒状	7.0	5.6	0.74	1.70	55	1.0				E 116°34'32.0" N 36°11'32.3"	80
						2	40-70	黑色	重壤土	块状	7.0	3.3	0.71	1.34	43	0.7					
						3	70-150	灰白色	黏土	块状	7.0										
剖3	半淋溶土	褐土	潮褐土	冲积潮褐土	砂壤表厚黏腰冲积潮褐土	1	0-20	暗褐色	砂壤土	粒状	6.5	7.0	0.49	1.60		5.1	43		冲积物	E 116°40'31.1" N 36°11'18.3"	74
						2	20-55	黄棕色	重壤土	块状	6.5	4.0	0.35	1.44		1.7	42				
						3	55-150	黄色	砂壤土	粒状	6.5										
剖4	半淋溶土	褐土	淋溶褐土	坡积淋溶褐土	砂壤表厚黏腰坡积洪积淋溶褐土	1	0-25	浅褐色	砂壤土	粒状	6.5	7.4	0.54	1.34		1.2		12.0	坡积物、洪积物	E 116°43'34.8" N 36°10'51.1"	70
						2	25-50	浅褐色	砂壤土	粒状	6.5	6.3	0.49	0.64		0.6		12.3			
						3	50-90	黄褐色	砂壤土	块状	6.5										
						4	90-125		重壤土	块状	6.5										
						5	125-150		重壤土	块状	6.5										
剖5	淋溶土	棕壤	棕壤性土	酸性岩土棕壤性土	中壤酥石硼粗砂土酸性岩土棕壤性土	1	0-20	褐色	粗砂土	粒状	6.4	7.7	0.43	0.73		6.4			酸性岩岩残积物、坡积物	E 116°47'45.8" N 36°17'22.6"	85
						2	20-40	褐色	粗砂土	团粒状	6.4	6.9	0.90			7.6					
						3	40-														
剖6	淋溶土	棕壤	潮棕壤	洪积潮棕壤	轻壤表厚均质洪积潮棕壤	1	0-40	灰褐色	轻壤土	碎块状	6.5	9.8	0.48			4.3			洪积物	E 116°45'47.9" N 36°14'52.1"	87
						2	40-90	浅褐色	中壤土	碎块状	6.5	8.3				6.3					
						3	90-150	浅棕褐色	中壤土	块状	6.5										
剖7	淋溶土	棕壤	棕壤	洪冲积棕壤	轻壤表均质洪冲积棕壤	1	0-30	黄褐色	轻壤土	碎块状	6.7	7.9	5.10			5.1	60		冲积物、洪积物	E 116°47'48.8" N 36°11'52.1"	85
						2	30-50	棕褐色	轻壤土	粒状	6.8										
剖8	半淋溶土	褐土	褐土	黄土质褐土	轻壤表厚均质黄土质褐土	1	0-35	黄褐色	中壤土	棱状	7.2	4.7		0.93		4.8			黄土状物质	E 116°40'28.6" N 36°08'07.2"	92
						2	35-65	黄褐色	中壤土	棱状	7.5	3.2	0.15	0.62		3.6	57				
						3	65-90	黄褐色	中壤土	片状	7.0	2.1	0.13	0.79		2.0	72				
						4	90-150	黄棕色	重壤土	片状	7.5	1.3		0.90		1.7					
剖9	半淋溶土	褐土	潮褐土	洪积潮褐土	轻壤表厚黏腰洪积潮褐土	1	0-30	黄褐色	轻壤土	团块状	6.9	8.8	0.50	0.72	41	0.2			石灰岩洪积物、冲积物	E 116°34'23.5" N 36°07'31.1"	83
						2	30-60		重壤土	小块状	7.0	2.9	0.33	0.73	41	0.2					
						3	60-90	灰褐色	黏土	粒状	7.4										
						4	90-150	灰褐色	轻壤土	棱状	6.0										
剖10	半淋溶土	褐土	褐土	洪积淋溶褐土	轻壤表厚黏心洪积淋溶褐土	1	0-30	灰褐色	轻壤土	块状	7.4	12.1	0.81	2.20	41	10.0			石灰岩洪积物、冲积物	E 116°34'50.5" N 36°05'52.1"	75
						2	30-75	红褐色	重壤土	棱块状	7.4	8.0	0.62	1.80	38	1.5					
						3	75-110	棕褐色	中壤土	片状	7.3	1.6	0.17	1.50	8	6.4					
						4	110-150	黄褐色	中壤土	片状	7.2	0.9	0.06	1.47							
剖11	半淋溶土	褐土	淋溶褐土	洪积淋溶褐土	轻壤表厚黏心洪积淋溶褐土	1	0-20	浅黄褐色	壤土	团块状	7.0	4.5	0.40			3.7			钙质岩洪积物	E 116°47'32.1" N 36°09'45.4"	76
						2	20-60	浅黄褐色	壤土	团块状	7.0	3.1	0.21			1.1					
剖12	淋溶土	棕壤	棕壤	洪积棕壤	轻壤表厚均质洪积棕壤	1	0-25	褐色	重壤土	块状	6.5	7.2	0.35			11.2			酸性岩洪积物	E 116°51'29.4" N 36°04'58.9"	100
						2	25-90	浅黄褐色	重壤土	块状	6.5	4.0									
						3	90-140	红棕色	重壤土	块状	6.5										
剖13	半淋溶土	褐土	褐土	坡洪积褐土	轻壤表均质坡积洪积褐土	1	0-20	浅黄褐色	轻壤土	团块状	7.0	4.6	0.45			4.2			石灰岩坡积物、洪积物	E 116°49'37.9" N 36°03'40.0"	83
						2	20-57	棕黄色	轻壤土	块状	7.0	3.0	0.32			1.2					
						3	57-127	黄棕色	轻壤土	块状	7.0										
						4	127-150	棕黄色	轻壤土	团块状	7.0										

续表 Continued

剖面号 Soil profile	土纲 Soil order	土类 Soil great group	亚类 Soil subgroup	土属 Soil genus	土种 Soil species	土层码 Layer code	土层厚度 Depth/cm	颜色 Soil color	质地 Soil texture	土壤结构 Soil structure	pH	有机质 OM/(g/kg)	全氮 TN/(g/kg)	全磷 TP/(g/kg)	碱解氮 AN/(mg/kg)	有效磷 AP/(mg/kg)	速效钾 AK/(mg/kg)	阳离子交换量CEC/(cmol/kg)	土壤母质 Parent material	剖面点坐标 Profile coordinate	匹配指数 Matching index/%
剖14	半淋溶土	褐土	褐土性土	钙质岩类褐土性土		1	0—20	黄褐色	石渣土	团块状	7.0	23.6	1.50	2.30		1.9	46		钙质岩类	E 116°39′47.9″ N 35°59′48.5″	71
						2	20—50	浅褐色	石渣土	团块状	7.0	10.6	0.74	1.60	6	9.2	18				
剖15	半淋溶土	褐土	褐土	洪积褐土	轻壤表厚黏心洪积褐土	1	0—16	灰褐色	轻壤土	团粒状	7.0	8.3	0.62	2.00		2.4			石灰岩洪积物	E 116°43′40.4″ N 35°57′08.3″	84
						2	16—50	黄褐色	轻壤土	团块状	7.0	3.8	0.31	2.20		1.3					
						3	50—80	黄褐色	重壤土	块状	7.4	2.8	0.26	2.10		1.5					
						4	80—128	深灰色	重壤土	片状	7.0										
						5	128—150	浅灰色	重壤土	粒状	7.0										
剖16	淋溶土	棕壤	棕壤	坡洪积棕壤	砂壤表厚黏心坡洪积棕壤	1	0—20	黄棕色	轻壤土	碎块状	6.3	6.1	0.33	1.02		2.0			酸性岩坡积物、洪积物	E 116°46′51.6″ N 35°59′44.5″	97
						2	20—80	栗色	重壤土	团块状	6.2	3.6	0.56	0.77		0.3					
						3	80—100	浅灰色	砾质中壤土		6.0	1.5	0.14	0.44		6.9					
						4	100—130	黄色	砾质重壤土		6.0										
剖17	半淋溶土	褐土	潮褐土	洪积潮褐土	中壤表厚黏心洪积潮褐土	1	0—20	棕色	中壤土	团块状	7.5	10.1	0.82	1.30	68	7.0	70		洪积物	E 116°46′25.0″ N 35°57′01.4″	91
						2	20—80	暗棕色	重壤土	块状	7.0	8.4	0.60	9.90	41	1.2	74				
						3	80—150	黄棕色	黏土	棱状	7.0										

威 海 市

市 辖 区

主要土类说明

棕壤是威海市主要土壤类型，占本市地域面积的64%。成土母质主要为含石英较多的花岗岩、花岗片麻岩等酸性岩风化物，基性岩风化物次之。经过长期的淋溶作用，可溶性盐和碳酸盐被淋失，细粒沉积，形成紧实的黏化淀积层，富集铁锰结核和铁铝胶膜。铁、锰等变价物质多呈氧化态，使土体呈红棕色至褐棕色。全剖面可分成淋溶层、淀积层和母质层。表土受人类生产活动和施肥的影响，多呈暗棕色，质地偏轻，一般为砂壤土至轻壤土。淀积层质地较重，富含铁锰结核及铁铝胶膜，呈黄棕色至褐棕色。土壤通体无石灰反应，pH为5.5—7.0，呈中性至微酸性。本市棕壤分为棕壤性土、棕壤、潮棕壤、白浆化棕壤等亚类。

粗骨土是威海市第二大土壤类型，占本市地域面积的16%。成土母质为基岩风化残积物、坡积物。粗骨土属于A-C型，甚至（A）-C型土壤。A层发育不明显，与母质土层性状相似，略显有机质累积。有时母质层富含砾石，剖面分异与发育特征不显著。

潮土是威海市第三大土壤类型，占本市地域面积的13%。成土母质分选性好，层次明显，全层次之间质地色泽差异明显，同层次内质地、色泽均匀一致，中下部土体内均有明显的锈色斑纹，土壤呈微酸性至中性。因其母质主要源于酸性岩风化物，再加上河流源短流急，故本市潮土多为砂土。本市潮土分为潮土和盐化潮土等亚类。

石质土占威海市地域面积的4%，分布于本市南部和东南部，位于侵蚀严重岩石裸露的石质山地、侵蚀残丘，以及在丘顶、山脊、山坡等坡度陡峻的地形部位。表层岩石裸露，风化层浅薄，一般小于10cm，风化度低，富含砾石，多碎屑岩粒，属A-R型土。

小于本市地域面积3%的土壤类型有风沙土和滨海盐土等。

本区域中心区气候特征

本区域中心区气候特征值
Regional climate characteristics in central area of the region

气候带：暖温带亚湿润气候 Climate region: Warm temperate subhumid climate	
年平均气温 /℃ Annual average temperature /℃	11.5
年平均最高气温 /℃ Annual average maximum temperature /℃	14.5
年平均最低气温 /℃ Annual average minimum temperature /℃	8.9
年降水量 /mm Annual precipitation /mm	655
≥10℃的积温 /℃ Daily temperature accumulated in a year (≥10℃) /℃	4204
年日照时数 /h Annual sunshine /h	2540
年平均相对湿度 /% Annual average relative humidity /%	73
干燥度 Dryness	1.05

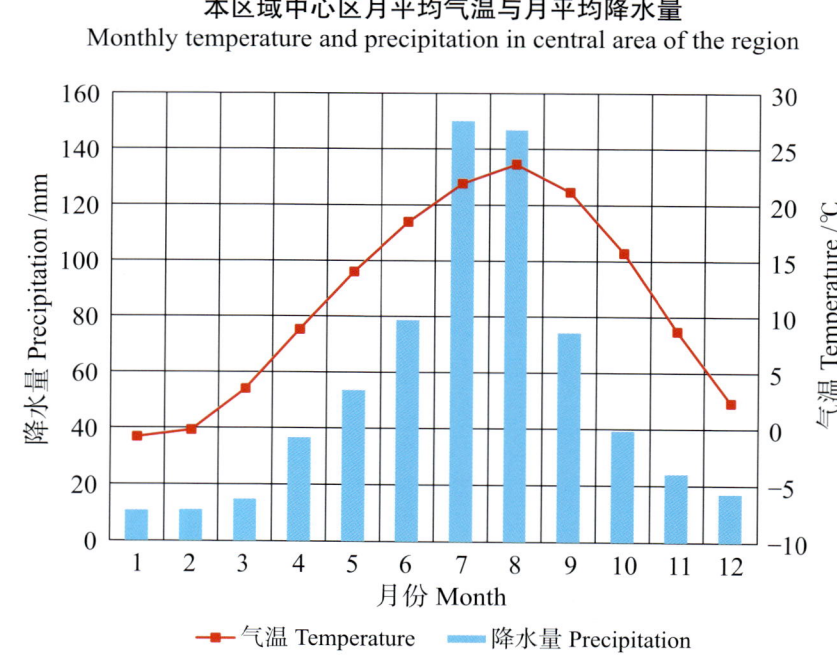

本区域中心区月平均气温与月平均降水量
Monthly temperature and precipitation in central area of the region

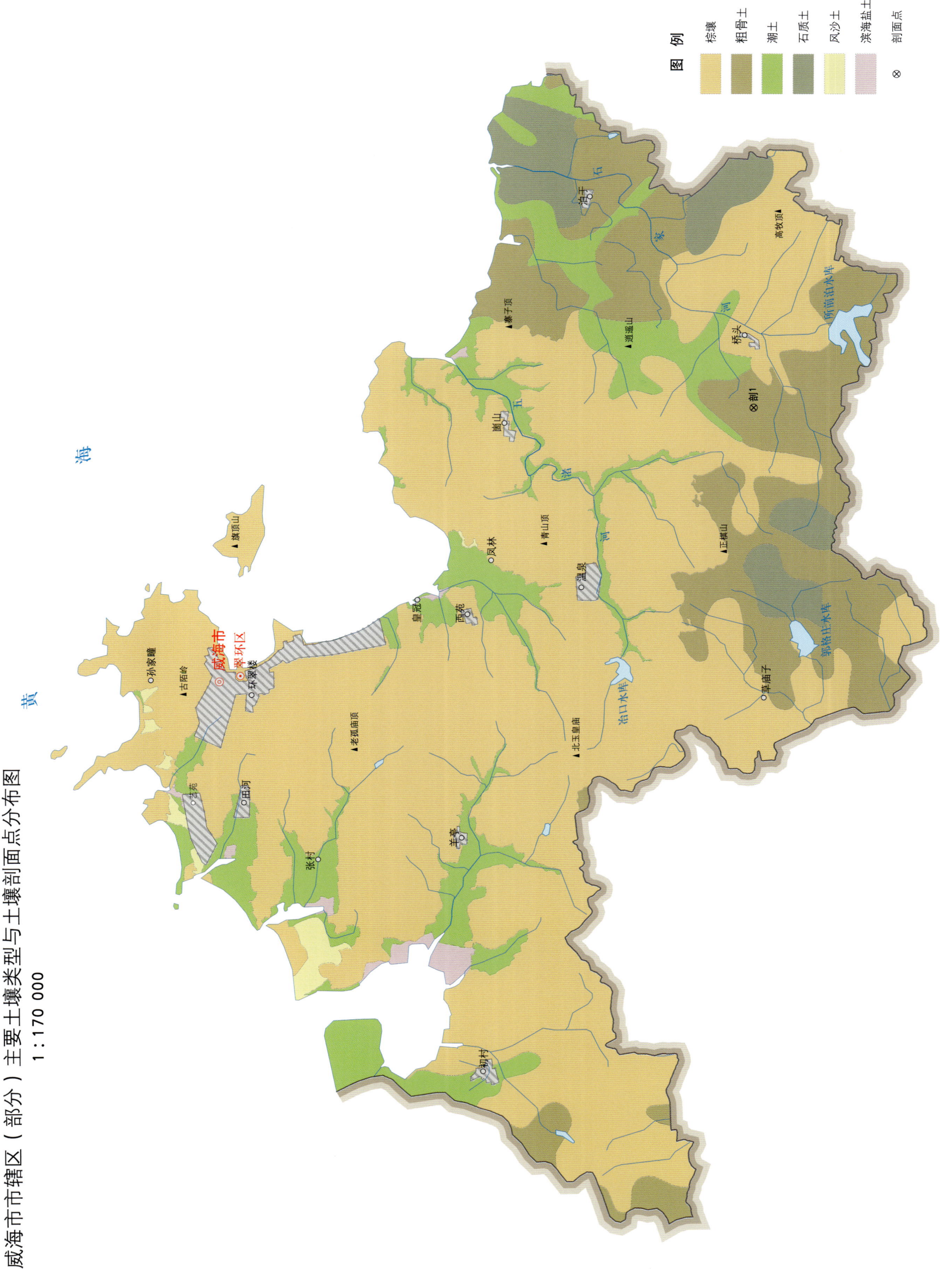

威海市土壤剖面理化性状表

剖面号 Soil profile	土纲 Soil order	土类 Soil great group	亚类 Soil subgroup	土属 Soil genus	土种 Soil species	土层码 Layer code	土层厚度 Depth/cm	质地 Soil texture	pH	有机质 OM/(g/kg)	全氮 TN/(g/kg)	全磷 TP/(g/kg)	碱解氮 AN/(mg/kg)	有效磷 AP/(mg/kg)	速效钾 AK/(mg/kg)	阳离子交换量CEC/(cmol/kg)	土壤母质 Parent material	剖面点坐标 Profile coordinate	匹配指数 Matching index/%
剖1	初育土	粗骨土	酸性粗骨土	酸性岩类酸性粗骨土	麻砂土	Ap	0—30	砂壤土	6.3	7.5	0.39	0.30	36	3.0	22	7.7	酸性岩类	E 122°14′42.6″ N 37°18′57.8″	75
						AC	30—45	砂壤土	6.3	4.6	0.27	0.23	28	2.2	31	7.0			

文 登 区

主要土类说明

棕壤是文登区主要土壤类型，占本区地域面积的 80%。成土母岩为花岗岩及片麻岩。棕壤通体以棕色或棕褐色为主，淋溶、淀积作用明显，心土层较黏重，在自然剖面上"剥离"结构呈柱状至扁柱状，垂直裂隙明显，"破碎"结构呈棱块状。结构面多覆被红褐色或褐色铁锰胶膜，心土层以下多有铁锰结核，由于淋溶作用强烈，可溶性盐类被淋洗，通体无石灰反应，土壤呈微酸性至酸性，pH 约为 6.0。根据土体发育程度及淋溶、地下水状况差异，本区棕壤分为棕壤性土、棕壤、白浆化棕壤和潮棕壤等亚类。

潮土是文登区第二大土壤类型，占本区地域面积的 15%，分布于文登区的沿河两岸及近沿海地带。成土母质颗粒的粗细不仅在水平分布上有分选差异，同一剖面中也可能有不同的质地层次排列。地下水位浅，由于受地下水参与成土过程的影响，底土氧化还原作用交替，剖面中下部土层有明显的锈色斑纹或较小的铁锰结核，土壤呈微酸性至中性。由于长期耕作，表层有机质含量为 10—15g/kg。剖面构型为 A_{11}-A_{12}-Cu 或 A_{11}-C-Cu。根据地下水作用的程度和盐化情况，本区潮土分为潮土和盐化潮土等亚类。

小于本区地域面积 3% 的土壤类型有滨海盐土、水稻土、山地草甸土和风沙土等。

本区域中心区气候特征

本区域中心区气候特征值
Regional climate characteristics in central area of the region

气候带：暖温带亚湿润气候 Climate region: Warm temperate subhumid climate	
年平均气温 /℃ Annual average temperature /℃	11.7
年平均最高气温 /℃ Annual average maximum temperature /℃	15.2
年平均最低气温 /℃ Annual average minimum temperature /℃	8.8
年降水量 /mm Annual precipitation /mm	662
≥ 10℃的积温 /℃ Daily temperature accumulated in a year（≥ 10℃）/℃	4301
年日照时数 /h Annual sunshine /h	2538
年平均相对湿度 /% Annual average relative humidity /%	72
干燥度 Dryness	1.06

本区域中心区月平均气温与月平均降水量
Monthly temperature and precipitation in central area of the region

文登市主要土壤类型与土壤剖面点分布图
1∶230 000

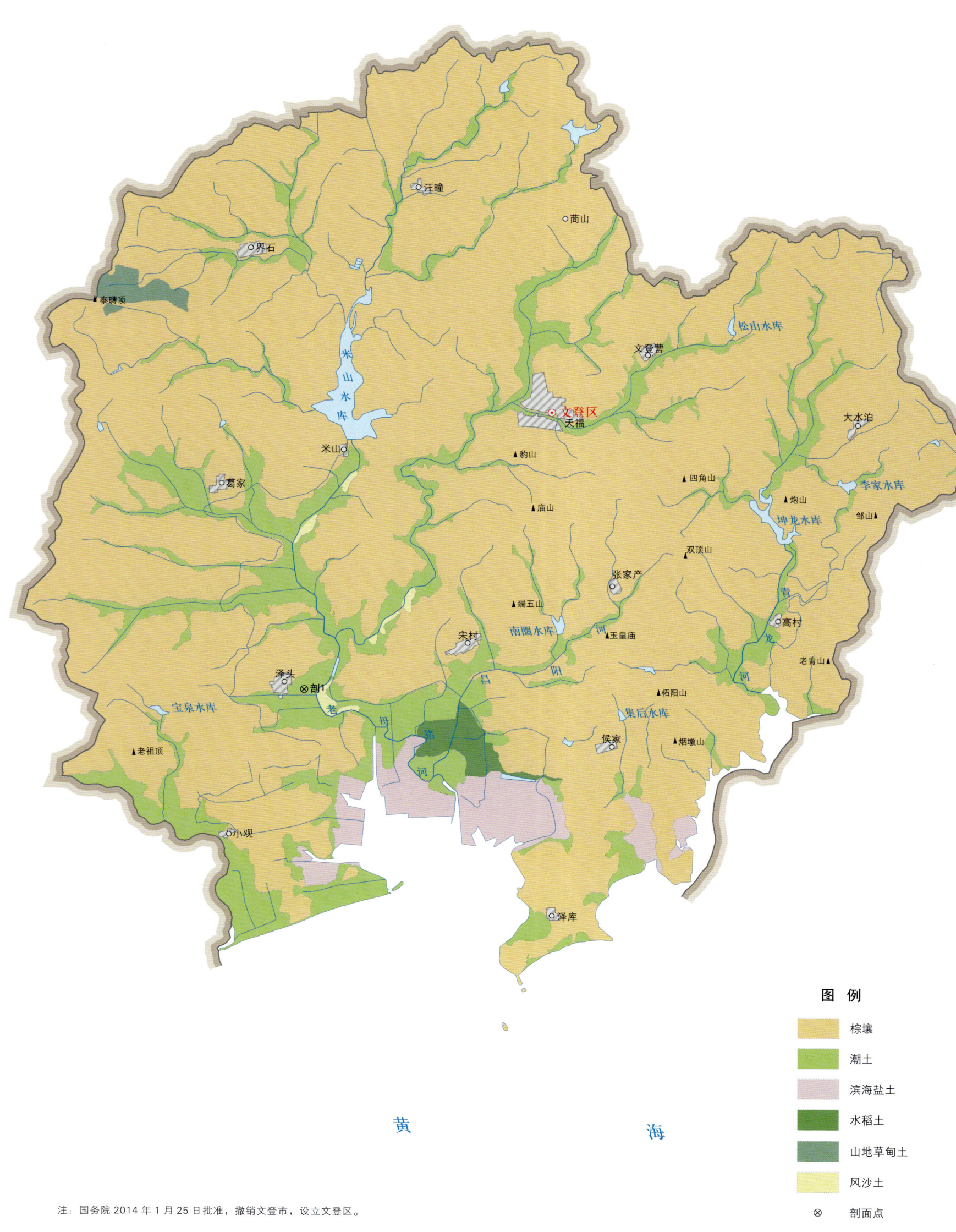

注：国务院 2014 年 1 月 25 日批准，撤销文登市，设立文登区。

文登区土壤剖面理化性状表

剖面号 Soil profile	土纲 Soil order	土类 Soil great group	亚类 Soil subgroup	土属 Soil genus	土种 Soil species	土层码 Layer code	土层厚度 Depth/cm	质地 Soil texture	pH	有机质 OM/(g/kg)	全氮 TN/(g/kg)	全磷 TP/(g/kg)	碱解氮 AN/(mg/kg)	有效磷 AP/(mg/kg)	速效钾 AK/(mg/kg)	阳离子交换量CEC/(cmol/kg)	剖面点坐标 Profile coordinate	匹配指数 Matching index/%
剖1	半水成土	潮土	潮土	河潮土	蒙银砂冲淤土	1	0—23	砂壤土	6.8	9.0	0.60	0.38	58	3.0	32	9.7	E 121°54′04.6″ N 37°02′56.7″	99
						2	23—80	砂质黏壤土	6.7	4.7	0.35	0.36	63	3.0	70	10.2		
						3	80—100	砂质黏壤土	6.6	3.6	0.28	0.41	46	2.0	66	13.6		

荣 成 市

主要土类说明

棕壤是荣成市主要土壤类型，占本市地域面积的 47%，广泛分布于本市各乡镇的低山丘陵、近山阶地、山间泊地、倾斜平地。受季风性降水影响，该土壤呈明显的鲜棕色或棕褐色，有黏重的心土层，且厚薄不一，呈棱柱状或棱块状结构。垂直裂隙明显，结构面上多覆盖铁锰胶膜。心土层下段有铁子、铁管存在。心土层以上，经过人类生产活动及侵蚀等，腐殖质已不存在。表土多呈灰棕色至浅棕色，与心土层分异明显。棕壤淋溶作用强烈，可溶性盐类被淋洗，通体无石灰反应，土壤呈微酸性至酸性，pH 在 6.0 左右。根据附加成土过程的作用和母质母岩及土体发育特点不同，本市棕壤分为棕壤性土、棕壤、白浆化棕壤和潮棕壤等亚类。

粗骨土是荣成市第二大土壤类型，占本市地域面积的 18%。成土母质为基岩风化残积物、坡积物，属于 A–C 型，甚至（A）–C 型土壤。A 层发育不明显，与母质土层性状相似，略显有机质累积。有时母质层富含砾石，剖面分异与发育特征不显著。

石质土是荣成市第三大土壤类型，占本市地域面积的 15%，分布于侵蚀严重岩石裸露的石质山地、侵蚀残丘，以及丘顶、山脊、山坡等坡度陡峻的地形部位。表层岩石裸露，风化层浅薄，一般小于 10cm，风化度低，富含砾石，多碎屑岩粒，属 A–R 型土。

滨海盐土占荣成市地域面积的 10%，主要分布于海拔在 13m 以下的滨海地区，由海相沉积物母质发育而成。地表聚盐明显，作物缺苗率大于五成，该土常分布于大片盐荒地、光板地。

潮土占荣成市地域面积的 8%，分布于本市河流两岸的山间泊地及东部沿海地带，主要发育在河流冲积物母质上。由于地势低洼，地下水位较高，土壤受地下水的季节性变化影响，底土氧化还原作用交替发生，形成锈色斑纹和细小铁锰结核。土体深厚，砂性较大，地下水位浅，土壤呈中性至碱性，pH 为 7.0—8.5。根据受地下水作用的程度、盐碱化情况，本市潮土分为潮土和盐化潮土等亚类。

本区域中心区气候特征

本区域中心区气候特征值
Regional climate characteristics in central area of the region

气候带：暖温带亚湿润气候 Climate region: Warm temperate subhumid climate	
年平均气温 /℃ Annual average temperature /℃	11.7
年平均最高气温 /℃ Annual average maximum temperature /℃	14.8
年平均最低气温 /℃ Annual average minimum temperature /℃	9.1
年降水量 /mm Annual precipitation /mm	686
≥10℃的积温 /℃ Daily temperature accumulated in a year（≥10℃）/℃	4294
年日照时数 /h Annual sunshine /h	2503
年平均相对湿度 /% Annual average relative humidity /%	74
干燥度 Dryness	1.03

本区域中心区月平均气温与月平均降水量
Monthly temperature and precipitation in central area of the region

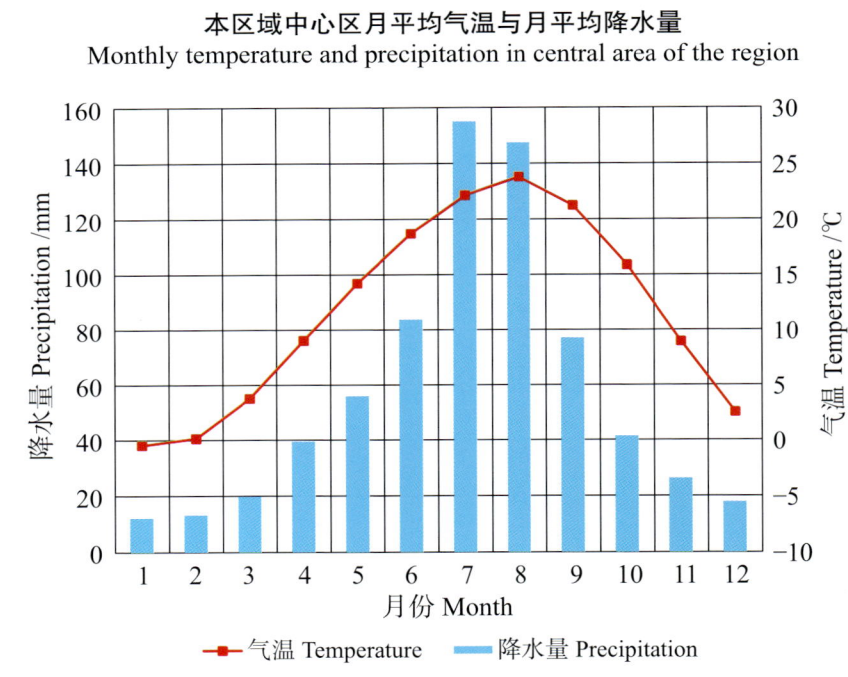

荣成市主要土壤类型与土壤剖面点分布图
1:260 000

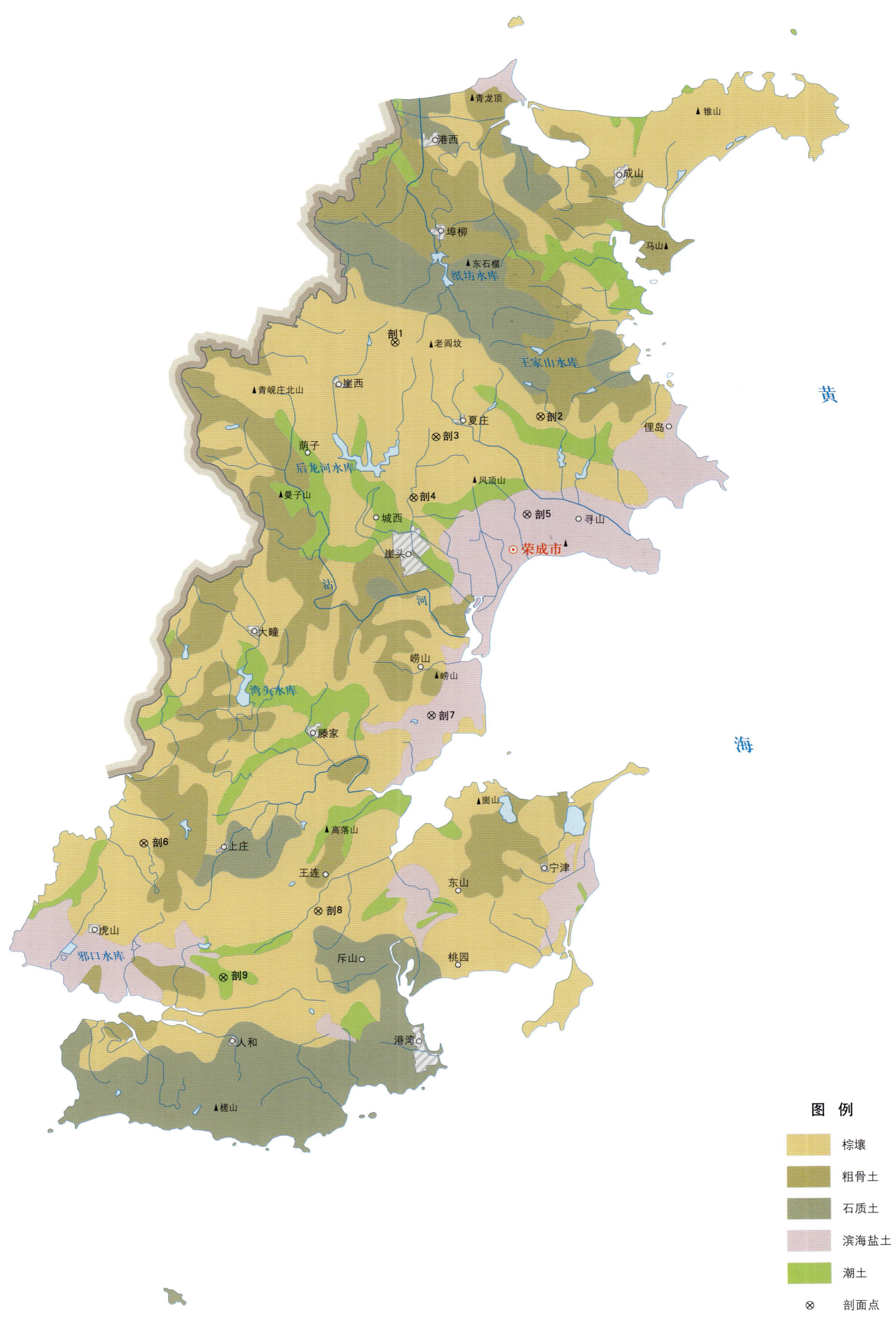

图例
- 棕壤
- 粗骨土
- 石质土
- 滨海盐土
- 潮土
- ⊗ 剖面点

荣成市土壤剖面理化性状表

剖面号 Soil profile	土纲 Soil order	土类 Soil great group	亚类 Soil subgroup	土属 Soil genus	土种 Soil species	土层码 Layer code	土层厚度 Depth/cm	颜色 Soil color	质地 Soil texture	土壤结构 Soil structure	pH	有机质 OM/(g/kg)	全氮 TN/(g/kg)	全磷 TP/(g/kg)	碱解氮 AN/(mg/kg)	有效磷 AP/(mg/kg)	速效钾 AK/(mg/kg)	阳离子交换量CEC/(cmol/kg)	土壤母质 Parent material	剖面点坐标 Profile coordinate	匹配指数 Matching index/%
剖1	淋溶土	棕壤	棕壤	坡洪积棕壤	厚黏腰轻壤土	1	0—35	棕色	轻壤土	屑粒状	6.2	8.6	0.56	0.66	59	5.0	29	7.8	坡积物、洪积物	E 122°24′02.2″ N 37°16′32.5″	92
						2	35—82	棕红色	中壤土	块状	6.8	4.7	0.34	0.31	34	1.0	20	6.0			
						3	82—152	棕红色	重壤土	块状											
剖2	淋溶土	棕壤	棕壤	残积棕壤	中层砂壤土	1	0—24	浅棕色	砂壤土	屑粒状	6.7	6.4	0.44	0.66	65	3.0	48	5.5	残积物	E 122°29′52.6″ N 37°14′07.4″	94
						2	24—44	红棕色	轻壤土	块粒状	7.2	3.1	0.24	0.25	24	1.0	40	8.4			
						3	44—														
剖3	淋溶土	棕壤	棕壤性土	坡洪积棕壤性土	中层酥底壤质土	1	0—38	浅褐色	壤土	屑粒状	6.5	9.4	0.49	5.71	46	9.0	36	7.4	坡积物、洪积物	E 122°25′42.0″ N 37°13′26.5″	86
						2	38—														
剖4	淋溶土	棕壤	潮棕壤	洪积潮棕壤	厚黏腰轻壤土	1	0—33	棕褐色	轻壤土	屑粒状	7.8	10.8	0.67	0.64	57	3.0	54	9.6	洪积物、冲积物	E 122°24′48.7″ N 37°11′25.8″	84
						2	33—66	暗棕色	中壤土	块状	7.8	7.8	0.51	0.61	45	1.0	41	8.0			
						3	66—105	暗棕色	重壤土	块粒状	7.7	6.1	0.44	0.38	39	1.0	73	15.2			
						4	105—150	暗灰色	中壤土	块状											
剖5	盐碱土	滨海盐土	滨海潮滩盐土	滨海滩地盐壤土	均质轻壤土	1	0—46	褐色	轻壤土	屑粒状	8.0	7.1	0.41	1.05	20	16.0	613	12.1	海相沉积物	E 122°29′21.5″ N 37°10′52.8″	74
						2	46—78	灰褐色	中壤土	碎粒状	7.9	5.4	0.29	1.05	12	12.0	542	9.1			
						3	78—														
剖6	淋溶土	棕壤	棕壤性土	酸性岩类棕壤性土	中层酥底粗砂土	1	0—40	棕色	粗砂土	无明显结构	6.6	8.3	0.52	0.52	57	2.4	33	6.8	酸性岩类	E 122°14′04.8″ N 37°00′00.5″	81
						2	40—														
剖7	盐碱土	滨海盐土	滨海潮滩盐土	滨海滩地盐渍松砂土	均质中盐渍松砂土	1	0—12	棕色	松砂土	单粒状	6.6	2.6	0.16	0.23	14	2.0	37	3.2	海相沉积物	E 122°25′33.7″ N 37°04′14.7″	70
						2	12—														
剖8	淋溶土	棕壤	棕壤	洪冲积棕壤	厚黏腰砂壤土	1	0—23	浅棕色	砂壤土	屑粒状	6.5	10.6	0.59	0.64	53	4.0	55	7.4	洪积物、冲积物	E 122°21′03.5″ N 36°57′47.0″	81
						2	23—52	棕色	中壤土	碎粒状	6.6	4.6	0.35	0.45	32	1.0	50	10.1			
						3	52—150	棕黄色	重壤土	块状											
剖9	半水成土	潮土	潮土	河潮土	均质轻砂土	1	0—32	浅棕色	砂壤土	单粒状	6.6	9.0	0.50	0.97	51	8.0	38	6.6	河流冲积物	E 122°17′16.7″ N 36°55′34.7″	88
						2	32—52	浅棕色	砂壤土	单粒状	7.5	5.1	0.30	1.02	28	1.0	20	6.8			
						3	52—84	浅棕色	粉砂土	单粒状											
						4	84—107	浅棕色	紧砂土	单粒状											

乳 山 市

主要土类说明

棕壤是乳山市主要土壤类型，占本市地域面积的 39%，分布遍及本市各乡镇。棕壤是在温暖湿润气候条件下形成的地带性土壤，淋溶作用较强，富铁过程明显，层次发育分明，通体呈棕色至棕褐色。剖面一般分淋溶层（在耕地上为耕作层）、淀积层和母质层。表层受耕作影响，呈浅棕色，质地偏轻。淀积层为黏粒聚积层，由于铁锰氧化物的存在，呈红棕色至棕褐色，质地黏重，厚度不等，呈棱柱状或块状结构，结构面上有铁锰胶膜。底土层保持着成土母质的形态，土体中部一般有铁锰结核，下部有时有铁管，土壤中性偏酸，pH 为 5.3—7.5。本市棕壤分为棕壤性土、棕壤、白浆化棕壤、潮棕壤等亚类。

粗骨土是乳山市第二大土壤类型，占本市地域面积的 35%，广泛分布在河谷阶地、丘陵、低山和中山等多种地貌单元和地形部位。粗骨土发育于基岩风化残积物、坡积物上，属于 A–C 型，甚至（A）–C 型土壤。A 层发育不明显，与母质土层性状相似。有时母质层富含砾石，较少出现剖面分异与发育特征。

潮土是乳山市第三大土壤类型，占本市地域面积的 11%，分布在河流两岸和近海处，直接发育在河流沉积物和海积物上。成土母质分选性好，剖面层次明显，同一层的质地和色泽均匀，中下部土体有明显的锈色斑纹，土壤呈微酸性至微碱性，pH 为 5.5—7.5。本市潮土分为潮土、盐化潮土等亚类。

石质土占乳山市地域面积的 8%，广泛分布在侵蚀严重、岩石裸露的石质山地、侵蚀残丘，以及丘顶、山脊、山坡等坡度陡峻的地形部位。表层岩石裸露，风化层浅薄，一般小于 10cm，风化度低，富含砾石，多碎屑岩粒，属 A–R 型土。

滨海盐土占乳山市地域面积的 5%，分布在海阳所和乳山口的盐田和废盐田上。其海拔位置在盐化潮土以下，地下水矿化度进一步增高，为 44.0—51.5g/L，地表聚盐明显，作物缺苗率在五成以上。本市滨海盐土只有滨海潮滩盐土一个亚类。

本区域中心区气候特征

本区域中心区气候特征值
Regional climate characteristics in central area of the region

气候带：暖温带亚湿润气候 Climate region: Warm temperate subhumid climate	
年平均气温 /℃ Annual average temperature /℃	11.8
年平均最高气温 /℃ Annual average maximum temperature /℃	15.5
年平均最低气温 /℃ Annual average minimum temperature /℃	8.8
年降水量 /mm Annual precipitation /mm	663
≥10℃的积温 /℃ Daily temperature accumulated in a year（≥10℃）/℃	4337
年日照时数 /h Annual sunshine /h	2538
年平均相对湿度 /% Annual average relative humidity /%	72
干燥度 Dryness	1.07

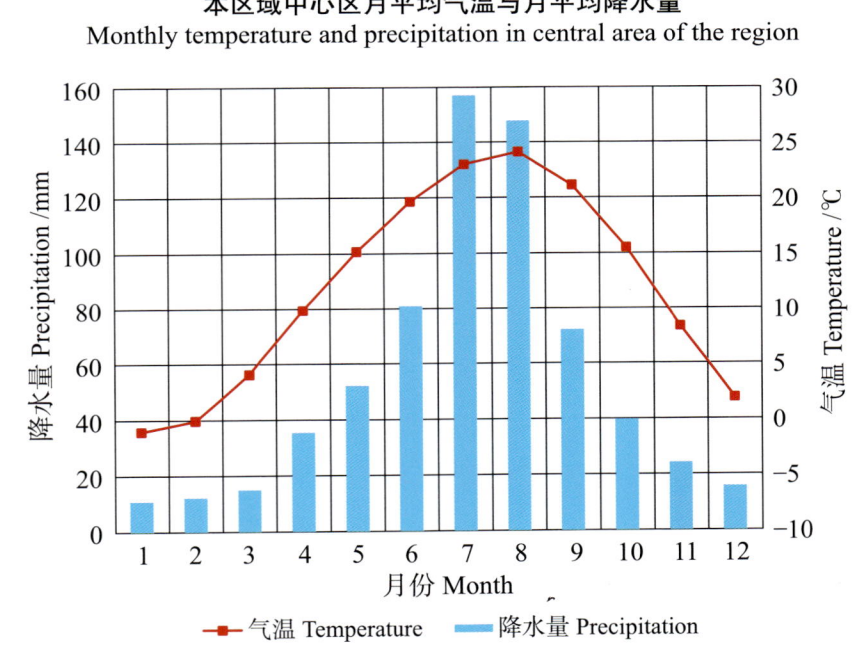

本区域中心区月平均气温与月平均降水量
Monthly temperature and precipitation in central area of the region

乳山市主要土壤类型与土壤剖面点分布图

1∶230 000

图 例

- 棕壤
- 粗骨土
- 潮土
- 石质土
- 滨海盐土
- ⊗ 剖面点

乳山市土壤剖面理化性状表

剖面号 Soil profile	土纲 Soil order	土类 Soil great group	亚类 Soil subgroup	土属 Soil genus	土种 Soil species	土层码 Layer code	土层厚度 Depth/cm	颜色 Soil color	质地 Soil texture	土壤结构 Soil structure	pH	有机质 OM/(g/kg)	全氮 TN/(g/kg)	全磷 TP/(g/kg)	碱解氮 AN/(mg/kg)	有效磷 AP/(mg/kg)	速效钾 AK/(mg/kg)	阳离子交换量CEC/(cmol/kg)	土壤母质 Parent material	剖面点坐标 Profile coordinate	匹配指数 Matching index/%
剖1	半水成土	潮土	潮土	近海淤土	厚砂心近海淤土	1	0—25	棕褐色	轻壤土	屑粒状	6.5	6.7	0.50	0.12	61	5.0	48	6.3	河流冲积物	E 121°19′17.3″ N 37°04′34.5″	82
						2	25—55	浅棕色	砂壤土	碎块状	7.0	4.2	0.27	0.13	37	1.0	28	5.2			
						3	55—150	灰棕色	松砂土		6.8	2.1	0.14	0.14	38	3.0	34	3.0			
剖2	淋溶土	棕壤	棕壤	丘岭土	厚黏心泥岭土	1	0—25	棕褐色	轻壤土	屑粒状	5.5	7.3	0.44	0.17	49	2.0	44	6.4		E 121°28′33.1″ N 37°04′33.7″	85
						2	25—39	棕褐色	轻壤土	碎块状	6.0	4.9	0.34	0.17	37	1.5	37	6.3			
						3	39—150	暗棕色	重壤土	块状	6.0	4.1	0.27	0.07	27	0.1	78	6.2			
剖3	半水成土	潮土	潮土	河淤土	河淤土	1	0—25	浅棕色	轻壤土	团粒状	6.5	10.0	0.62	0.25	69	5.0	50	8.2	河流冲积物	E 121°40′31.0″ N 37°03′09.6″	88
						2	25—40	暗棕色	中壤土	片状	7.0	8.7	0.54	0.17	62	2.0	53	8.2			
						3	40—75	浅棕色	中壤土	碎块状	7.0	8.7	0.60	0.21	71	3.0	76	14.8			
						4	75—115	黄棕色	轻壤土	碎块状	7.0										
						5	115—150	暗棕色	紧砂土	单粒状	6.0										
剖4	淋溶土	棕壤	潮棕壤	泊地黄壤土	厚黏腰泊地黄壤土	1	0—25	浅棕色	轻壤土	屑粒状	5.6	7.8	0.60	0.21	71	3.0	52	7.7	洪积物、冲积物	E 121°32′16.4″ N 36°57′16.2″	72
						2	25—55	浅棕色	中壤土	碎块状	6.0	6.7	0.41	0.17	50	0.9	43	8.6			
						3	55—150		重壤土	块状	6.0										
剖5	淋溶土	棕壤	棕壤性土	酸性岩类棕壤性土	中层酥底壤质土	1	0—20	浅棕色	壤土	单粒状	6.4	6.1	0.29	0.11	33	0.9	18	4.5	酸性岩类	E 121°43′53.0″ N 36°53′29.8″	97
						2	20—32	深褐色	轻壤土	碎块状	6.1	5.9	0.29	0.14	29	4.0	50	7.5			
						3	32—														
剖6	淋溶土	棕壤	白浆化棕壤	丘岭白汤土	白汤土	1	0—30	棕褐色	轻壤土	屑粒状	6.3	6.3	0.46	0.14	47	3.0	35	6.5		E 121°31′26.5″ N 36°52′59.9″	75
						2	30—36	灰白色	轻壤土		6.7	5.2	0.36	0.13	40	1.0	34	6.2			
						3	36—50	黄棕色	中壤土		6.7	2.6	0.17	0.10	24	0.7	49	8.5			
						4	50—150	暗棕色	重壤土		6.8										

日 照 市

五 莲 县

主要土类说明

粗骨土是五莲县主要土壤类型，占本县地域面积的 52%，主要分布在本县山坡丘陵地区。成土母岩多为片麻岩、花岗岩及非石灰性砂页岩风化物。粗骨土属于 A-C 型，甚至（A）-C 型土壤。土层浅薄，土体厚度一般为 30cm 左右。A 层发育不明显，与母质土层性状相似，富含砾石，剖面分异与发育特征不显著。

棕壤是五莲县第二大土壤类型，占本县地域面积的 30%。棕壤剖面具有较黏重的呈鲜棕色或棕色的心土层。其厚度不一，随分布地形部位而异，一般大于 100cm。质地较黏重，在中下部呈柱状、棱块状结构，垂直裂隙明显。结构面多覆被铁锰胶膜，呈红褐色或褐色。耕层或心土层下段有时有铁子、铁管存在。棕壤淋溶作用较强，可溶性盐类（特别是碳酸盐）被淋洗，通体无石灰反应，pH 为 5.3—6.5。

潮土是五莲县第三大土壤类型，占本县地域面积的 6%，主要分布在潍河、沭河、付疃河及潮白河水系的两岸。成土母质为河流沉积物。土壤剖面层次明显。地下水位浅，地下水参与成土过程，底土氧化还原作用交替，中下部土层有锈色斑纹和小型铁子。

褐土占五莲县地域面积的 6%，分布在汪湖、于里的丘陵地区和倾斜平地上。剖面通体呈褐色或砖红色，层次发育明显，通常由耕作层、淀积黏化层与钙积层三个基本层段组成。剖面中假菌丝体不明显。黏粒由表层上下移动，心土层较黏重，并且有不甚明显的胶膜淀积。底土层中常有小型石灰结核。本县褐土通体有石灰反应，上部弱，下部较强烈，土壤呈中性至微碱性。

小于本县地域面积 3% 的土壤类型有石质土等。

本区域中心区气候特征

本区域中心区气候特征值
Regional climate characteristics in central area of the region

气候带：暖温带亚湿润气候 Climate region: Warm temperate subhumid climate	
年平均气温 /℃ Annual average temperature /℃	13.1
年平均最高气温 /℃ Annual average maximum temperature /℃	18.5
年平均最低气温 /℃ Annual average minimum temperature /℃	8.6
年降水量 /mm Annual precipitation /mm	736
≥10℃的积温 /℃ Daily temperature accumulated in a year（≥10℃）/℃	4817
年日照时数 /h Annual sunshine /h	2517
年平均相对湿度 /% Annual average relative humidity /%	69
干燥度 Dryness	1.10

本区域中心区月平均气温与月平均降水量
Monthly temperature and precipitation in central area of the region

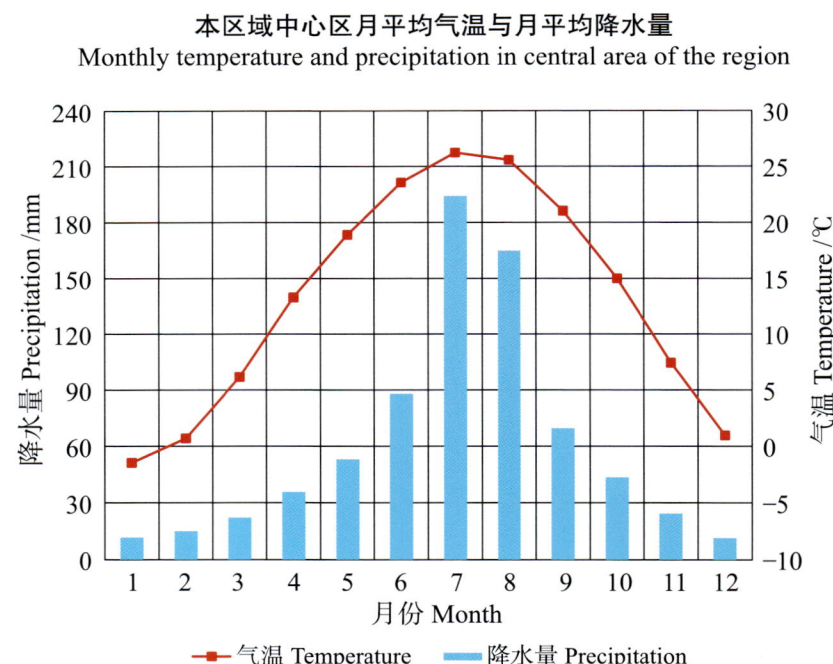

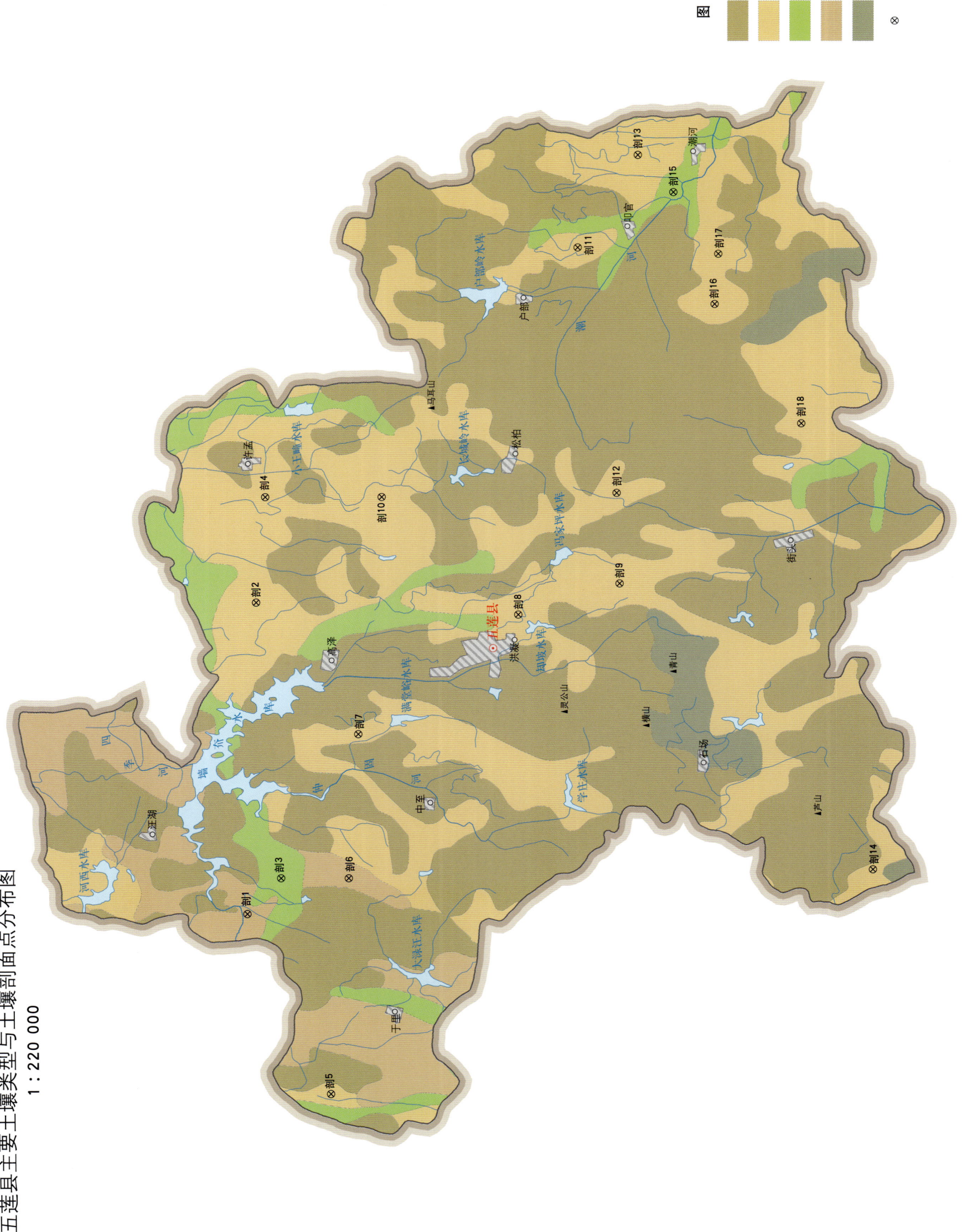

五莲县主要土壤类型与土壤剖面点分布图
1∶220 000

五莲县土壤剖面理化性状表

剖面号 Soil profile	土纲 Soil order	土类 Soil great group	亚类 Soil subgroup	土属 Soil genus	土种 Soil species	土层码 Layer code	土层厚度 Depth/cm	颜色 Soil color	质地 Soil texture	土壤结构 Soil structure	pH	有机质 OM/(g/kg)	全氮 TN/(g/kg)	全磷 TP/(g/kg)	全钾 TK/(g/kg)	碱解氮 AN/(mg/kg)	有效磷 AP/(mg/kg)	速效钾 AK/(mg/kg)	阳离子交换量CEC/(cmol/kg)	土壤母质 Parent material	剖面点坐标 Profile coordinate	匹配指数 Matching index/%
剖1	半淋溶土	褐土	褐土	红黏质褐土	壤质表厚黏腰红黏质褐土	1	0~25	褐棕色	中壤土	粒状	7.4	13.6	0.80	0.61			1.0	88			E 119°02′48.5″ N 35°52′07.0″	99
						2	25~65	褐红色	中壤土	块状	7.4	15.3	0.98	0.87			1.0	148				
						3	65~75	褐色	重壤土	块状	7.5	11.4	0.55	0.59			1.0	68				
						4	75~150	褐色	中壤土	块状	7.4	4.1	0.25	0.47			1.0	71				
剖2	淋溶土	棕壤	棕壤性土	硅泥棕壤性土	僵心硅泥坡腰土	Ap	0~18		砂壤土		7.0	5.7	0.37	0.34	14.2	32	2.6	27			E 119°13′58.1″ N 35°51′37.8″	85
						B	18~55		黏土		6.8	6.2	0.46	0.18	13.5	15	0.6	97				
剖3	半水成土	潮土	潮土	河潮土	砂壤表厚砂心河潮土	1	0~25	黄褐色	砂壤土	粒状	6.4	9.6	0.58	0.77			3.0	53	9.1	河流冲积物	E 119°04′02.6″ N 35°51′07.9″	83
						2	25~50	棕色	砂壤土	粒状	6.4	8.6	0.52	0.72			1.0	53	10.8			
						3	50~150	黄褐色	粗砂土		6.0	1.7	0.11	0.43			2.0	19				
剖4	淋溶土	棕壤	棕壤	硅泥棕壤	僵心板硅泥腰土	Ap	0~24		黏土		6.4	9.1	0.73	0.39	17.1	31	1.7	67	15.7		E 119°17′45.2″ N 35°51′17.5″	89
						B₁	24~35		壤质黏土		6.2	7.8	0.62	0.27	13.0	40	1.6	101	21.9			
						B₂	35~60		壤质黏土		6.5	3.9	0.42	0.30	17.0	29	0.9	99	20.4			
						BC	60~97		壤质黏土		6.7	4.1	0.41	0.41	17.3	31	1.1	105	23.8			
						C₁	97~105															
						C₂	105—															
剖5	淋溶土	棕壤	棕壤性土	酸性岩类棕壤性土		1	0~12	暗棕色	石渣土		5.5	6.1	0.32	0.20			0.4	25		酸性岩类	E 118°56′19.5″ N 35°49′53.0″	71
						2	12—															
剖6	半淋溶土	褐土	淋溶褐土	坡洪积淋溶褐土	轻壤表厚黏心坡洪积黏溶褐土	1	0~20	褐色	轻壤土	粒状	7.1	9.9	0.69	0.68			2.0	87	12.6	坡积物、洪积物	E 119°03′58.7″ N 35°49′12.7″	72
						2	20~50	褐色	中壤土	块状	7.1	6.1	0.47	0.39			1.0	68	13.5			
						3	50~150	黑褐色	重壤土		7.0	6.1	0.41	0.39			1.0	103				
剖7	淋溶土	棕壤	棕壤	坡洪积棕壤	轻壤均质坡洪积棕壤	1	0~25	棕色	轻壤土	粒状	6.8	6.8	0.45	0.79			5.0	104	16.9	坡积物、洪积物	E 119°09′08.8″ N 35°48′50.0″	83
						2	25~35	棕色	中壤土	块状	6.6	7.5	0.47	0.74			5.0	102	14.7			
						3	35~150	灰棕色	中壤土	块状	6.7	1.8	0.31	0.76			5.0	112				
剖8	淋溶土	棕壤	棕壤	坡积棕壤	轻壤表厚坡积棕壤	1	0~20	棕色	轻壤土	粒状	6.5	8.9	0.68	0.55			3.0	131	21.3	坡积物、洪积物	E 119°13′17.6″ N 35°44′11.6″	71
						2	20~30	棕色	轻壤土	块状	6.4	8.1	0.52	0.65			2.0	101	18.7			
						3	30~45	棕色	中壤土	块状	6.4	9.7	0.65	0.61			2.0	114	15.4			
						4	45~150	红棕色	重壤土	块状	6.4	2.6	0.22	0.30			1.0	115				
剖9	淋溶土	棕壤	棕壤性土	酸性岩类棕壤性土		1	0~20	棕色	石渣土	粒状	6.2	4.9	0.30	0.45			1.0	26	4.2	酸性岩类	E 119°14′18.0″ N 35°41′17.5″	74
						2	20—															
剖10	淋溶土	棕壤	棕壤性土	酸性岩类棕壤性土	马牙砂土表中层酥石硼酸性岩类棕壤性土	1	0~27	棕色	砂壤土		6.1	6.1	0.37	0.43			2.0	33		酸性岩类	E 119°17′38.8″ N 35°47′58.9″	87
						2	27—															
剖11	淋溶土	棕壤	棕壤性土	酸性岩类棕壤性土		1	0~20	浅棕色	砂土		5.9	5.2	0.30	1.18			3.0	75	5.7	酸性岩类	E 119°26′25.1″ N 35°42′13.7″	73
						2	20~39	浅棕色	砂土		6.3	3.4	0.23	1.00			2.0	48	3.1			
						3	39—															
剖12	淋溶土	棕壤	棕壤性土	酸性岩类棕壤性土		1	0~25	棕色	壤土	粒状	6.0	2.5	0.17	0.47			1.0	22		酸性岩类	E 119°17′34.3″ N 35°41′18.2″	90
						2	25—															
剖13	淋溶土	棕壤	棕壤性土	酸性岩类棕壤性土		1	0~45	棕色	壤土		6.7	5.4	0.36	0.70			3.0	69		酸性岩类	E 119°29′40.6″ N 35°40′27.1″	94
						2	45—															
剖14	淋溶土	棕壤	棕壤性土	酸性岩类棕壤性土		1	0~20	棕色	砂壤土	粒状	5.2	27.1	1.38	1.20			4.0	83		酸性岩类	E 119°03′46.4″ N 35°34′18.9″	75
						2	20—															

续表 Continued

剖面号 Soil profile	土纲 Soil order	土类 Soil great group	亚类 Soil subgroup	土属 Soil genus	土种 Soil species	土层码 Layer code	土层厚度 Depth/cm	颜色 Soil color	质地 Soil texture	土壤结构 Soil structure	pH	有机质 OM/(g/kg)	全氮 TN/(g/kg)	全磷 TP/(g/kg)	全钾 TK/(g/kg)	碱解氮 AN/(mg/kg)	有效磷 AP/(mg/kg)	速效钾 AK/(mg/kg)	阳离子交换量CEC/(cmol/kg)	土壤母质 Parent material	剖面点坐标 Profile coordinate	匹配指数 Matching index/%
剖15	半水成土	潮土	潮土	河潮土	砂壤均质河潮土	1	0—25	棕色	砂壤土	粒状	6.4	10.3	0.65	1.37			24.0	104	9.3	河流冲积物	E 119°28′18.8″ N 35°39′28.1″	81
						2	25—35	灰棕色	砂壤土	粒状	6.4	9.0	0.54	1.27			21.0	88	9.0			
						3	35—75	灰棕色	砂壤土	粒状	6.4	6.4	0.39	1.17			15.0	68				
						4	75—150	暗棕色	轻壤土	块状	6.3	5.6	0.35	1.02			1.0	63				
剖16	淋溶土	棕壤	棕壤性土	酸性岩类棕壤性土	壤质土表中层硬石底酸性岩类棕壤性土	1	0—20	棕色	壤土	粒状	6.5	3.5	0.21	0.24			1.0	29	3.5	酸性岩类	E 119°24′15.3″ N 35°38′22.8″	96
						2	20—38	棕色	壤土	粒状	6.5	5.7	0.38	0.38			2.0	68	8.9			
						3	38—															
剖17	淋溶土	棕壤	棕壤	坡洪积棕壤	中壤表厚黏心坡洪积棕壤	1	0—25	棕色	中壤土	粒状	6.6	6.4	0.48	0.44			7.0	66	10.3	坡积物、洪积物	E 119°26′03.5″ N 35°38′14.1″	76
						2	25—40		中壤土	粒状	6.3	5.1	0.41	0.50			2.0	76	13.5			
						3	40—150	红棕色	重壤土	块状	6.4	3.9	0.31	0.36			2.0	79	14.0			
剖18	淋溶土	棕壤	棕壤性土	酸性岩类棕壤性土		1	0—25	棕色	砂壤土	粒状	6.5	8.5	0.47	0.69			1.0	56	16.0	酸性岩类	E 119°19′53.9″ N 35°36′00.4″	85
						2	25—															

莒 县

主要土类说明

粗骨土是莒县主要土壤类型，占本县地域面积的31%，分布于本县坡度较大的低山丘陵的中上部。成土母质为基岩风化残积物、坡积物，土层厚度一般为30cm，属于A-C型，甚至（A）-C型土壤。A层发育不明显，与母质土层性状相似，略显有机质累积，剖面分异与发育特征不显著。

棕壤是莒县第二大土壤类型，占本县地域面积的27%。成土母质一般为花岗岩、片麻岩等酸性岩石或非石灰性砂页岩残积物、坡积物、洪积物、冲积物。棕壤处于湿润暖温带落叶阔叶林地区，处于硅铝风化阶段，是具有黏化特征的棕色土壤，土体见黏粒淀积，盐基充分淋失，pH为6.0—7.0，见少量游离铁，具O-A-Bt-C剖面构型。

潮土是莒县第三大土壤类型，占本县地域面积的14%，主要分布在沿沭河、柳青河、袁公河两岸的倾斜平地或交接洼地上。剖面质地有明显的分选差异。在同剖面中，常有不同厚度的砂黏间层，有明显的冲积层次，中下部土层有明显的锈纹、锈斑或细小的铁锰结核。表土多为壤土，土层深厚，土壤各种养分较丰富，适种作物广。

褐土占莒县地域面积的12%，分布在本县东莞、库山、小店、夏庄、刘官庄、浮来山的丘陵地区。具有A-B-Bk-C剖面构型，为黏化与钙质淋移淀积土壤，盐基饱和度在80%以上，有明显黏淀层与假菌丝状钙积层。B层呈棕褐色。土壤呈中性至微碱性。

石质土占莒县地域面积的6%，广泛分布于侵蚀严重岩石裸露的石质山地、侵蚀残丘，以及丘顶、山脊、山坡等坡度陡峻的地形部位。表层岩石裸露，风化层浅薄，小于10cm，风化度低，富含砾石，多碎屑岩粒，属A-R型土。

砂姜黑土占莒县地域面积的4%，主要分布在浮来山、刘官庄、夏庄等地石灰岩区的交接洼地上。成土母质为湖泊沉积物，地势低洼，地下水位较高，表土质地一般较黏重，土层100cm以内有黑土，150cm以内有砂姜。通常排水不良，容重为1.4g/cm³左右，土壤总孔隙度在50%以下，耕作困难，一般产量较低。

水稻土占地面积与砂姜黑土相近，分布在部分倾斜平地或交接洼地上。

本区域中心区气候特征

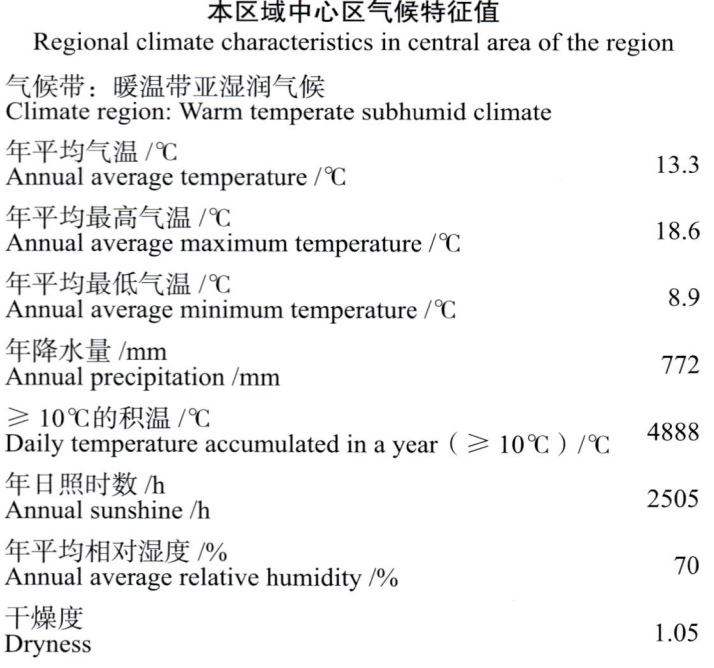

本区域中心区气候特征值
Regional climate characteristics in central area of the region

气候带：暖温带亚湿润气候 Climate region: Warm temperate subhumid climate	
年平均气温 /℃ Annual average temperature /℃	13.3
年平均最高气温 /℃ Annual average maximum temperature /℃	18.6
年平均最低气温 /℃ Annual average minimum temperature /℃	8.9
年降水量 /mm Annual precipitation /mm	772
≥10℃的积温 /℃ Daily temperature accumulated in a year (≥10℃) /℃	4888
年日照时数 /h Annual sunshine /h	2505
年平均相对湿度 /% Annual average relative humidity /%	70
干燥度 Dryness	1.05

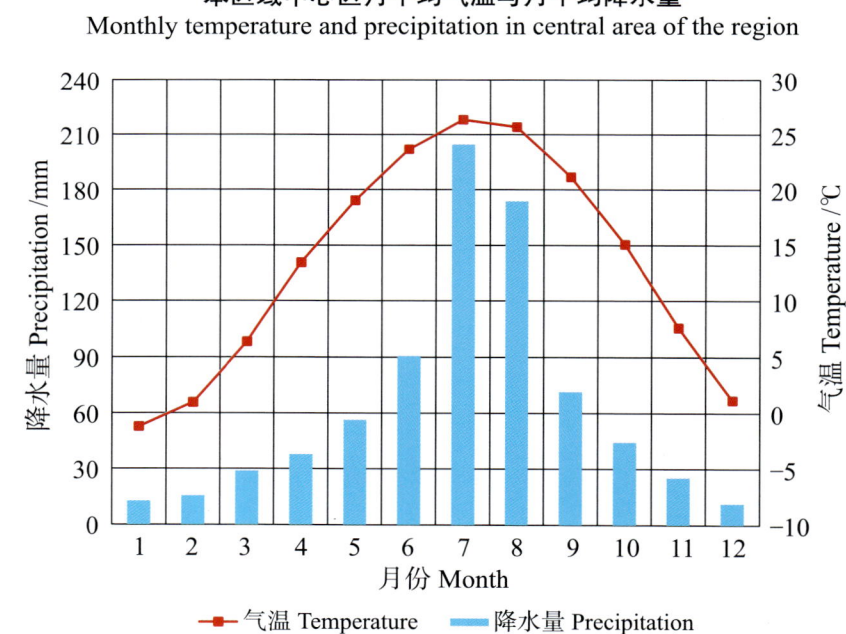

本区域中心区月平均气温与月平均降水量
Monthly temperature and precipitation in central area of the region

莒县主要土壤类型与土壤剖面点分布图
1:260 000

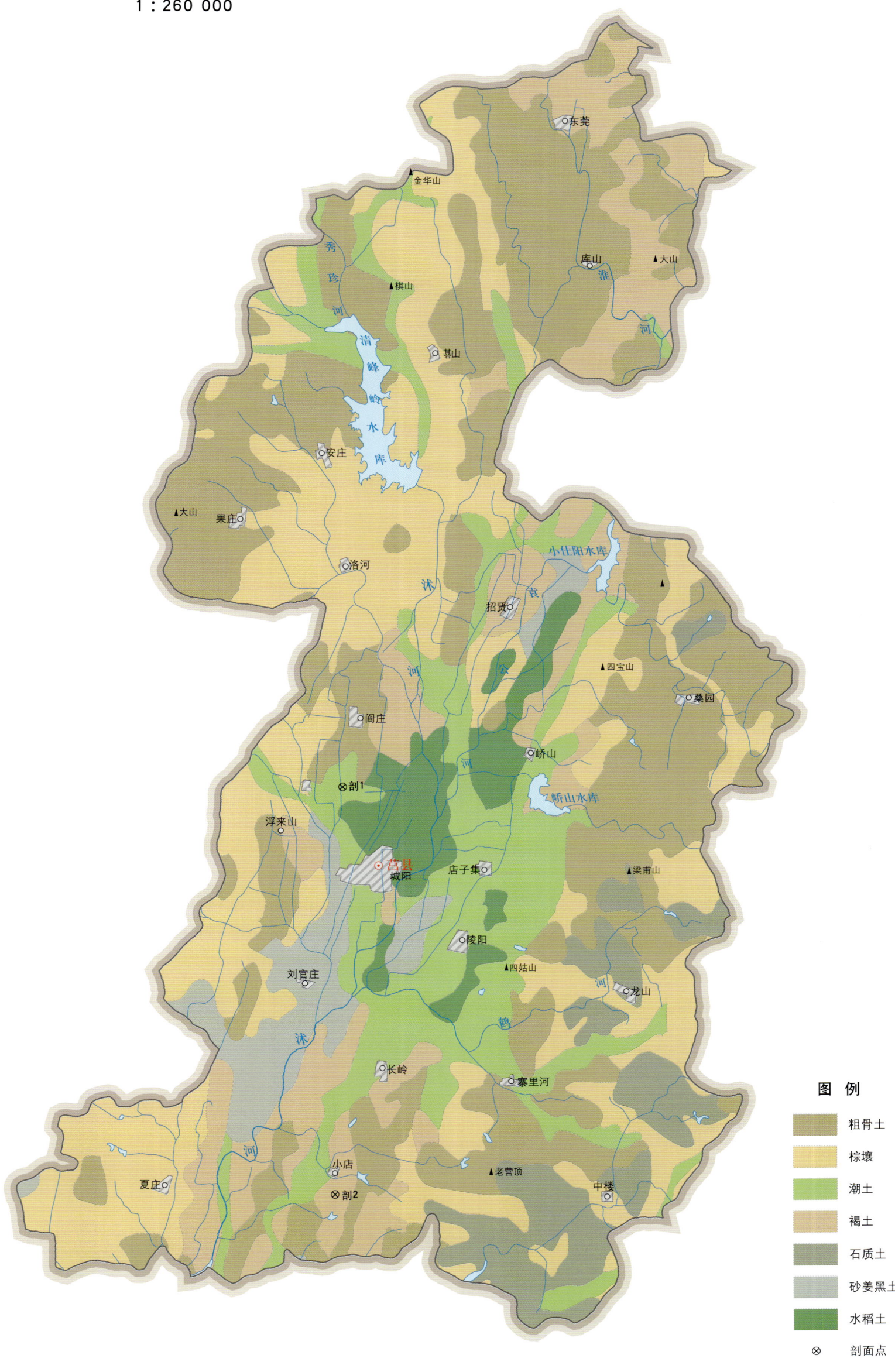

图例
- 粗骨土
- 棕壤
- 潮土
- 褐土
- 石质土
- 砂姜黑土
- 水稻土
- ⊗ 剖面点

莒县土壤剖面理化性状表

剖面号 Soil profile	土纲 Soil order	土类 Soil great group	亚类 Soil subgroup	土属 Soil genus	土种 Soil species	土层码 Layer code	土层厚度 Depth/cm	质地 Soil texture	pH	有机质 OM/(g/kg)	全氮 TN/(g/kg)	全磷 TP/(g/kg)	全钾 TK/(g/kg)	碱解氮 AN/(mg/kg)	有效磷 AP/(mg/kg)	速效钾 AK/(mg/kg)	阳离子交换量CEC/(cmol/kg)	剖面点坐标 Profile coordinate	匹配指数 Matching index/%
剖1	半水成土	潮土	湿潮土	黏质湿潮土	涝淤泥土	1	0—25	壤质黏土	7.3	19.6	1.22	0.42	19.9	96	5.0	101	30.3	E 118°48′40.7″ N 35°37′39.7″	83
						2	25—50	黏土	7.0	20.0	1.02	0.31	17.8	54	2.0	121	44.7		
						3	50—90	壤质黏土	7.0	11.9	0.73	0.33	16.6	26	2.0	73	34.5		
						4	90—150	壤质黏土	7.0	2.9	0.24	0.23	14.1	15	2.0	49	19.2		
剖2	半淋溶土	褐土	褐土	灰质褐土	灰质黄钙土	Ap	0—20	黏壤土	7.3	9.1	0.66	0.54	21.0	50	4.0	80	15.3	E 118°48′01.9″ N 35°24′22.5″	89
						B₁	20—60	黏壤土	7.4	5.4	0.50	0.43	22.8	33	2.0	78	20.3		
						B₂	60—95	黏壤土	7.5	3.7	0.39	0.48	22.9	23	2.0	70	18.8		
						B₃	95—150	黏壤土	7.2	5.6	0.37	0.49	23.4	31	3.0	100	18.6		

临 沂 市

市 辖 区

主要土类说明

潮土是临沂市主要土壤类型，占本市地域面积的34%，主要分布在沂河两岸以及祊河、涑河、汤河等附近的冲积平原上。母质为河流沉积物。由于地下水位浅，地下水参与成土过程，底土氧化还原作用交替发生，土体下部形成锈色斑纹和小型铁子。

褐土是临沂市第二大土壤类型，占本市地域面积的23%，主要分布在西南丘陵地区以及李官中部的狭长地带。成土母质为钙质岩类或非石灰性砂页岩的残积物、坡积物、洪积物。具有黏化与钙质淋移淀积特征，盐基饱和，处于硅铝风化阶段，土壤呈中性至微碱性。发育完全的土体构型通常由耕作层、淀积黏化层和假菌丝状钙积层三部分组成。

水稻土是临沂市第三大土壤类型，占本市地域面积的14%。本市自1963年后开始较大面积种植水稻，一般实行水旱轮作，即稻麦轮作方式，种稻时间较短，水稻土的发育时间短。表土有明显的氧化还原层，从剖面可见铁锰斑纹。土层深厚条件下发育的水稻土，在氧化还原作用下有明显氧化淀积现象。

棕壤占临沂市地域面积的11%，分布在本市北部丘陵地区，包括李官西部、半程北部。土体有明显的淋溶、淀积作用，通体无石灰反应，并有大量铁锰结核。土壤一般呈微酸性。

砂姜黑土占临沂市地域面积的6%。成土母质为河湖沉积物。底土中见砂姜聚积，上层见面砂姜，底层可见砂姜瘤与砂姜盘，系早期形成物残存。土壤质地相对黏重。

本区域中心区气候特征

本区域中心区气候特征值
Regional climate characteristics in central area of the region

气候带：暖温带亚湿润气候 Climate region: Warm temperate subhumid climate	
年平均气温 /℃ Annual average temperature /℃	13.7
年平均最高气温 /℃ Annual average maximum temperature /℃	18.8
年平均最低气温 /℃ Annual average minimum temperature /℃	9.3
年降水量 /mm Annual precipitation /mm	826
≥10℃的积温 /℃ Daily temperature accumulated in a year (≥10℃) /℃	5028
年日照时数 /h Annual sunshine /h	2448
年平均相对湿度 /% Annual average relative humidity /%	71
干燥度 Dryness	1.00

本区域中心区月平均气温与月平均降水量
Monthly temperature and precipitation in central area of the region

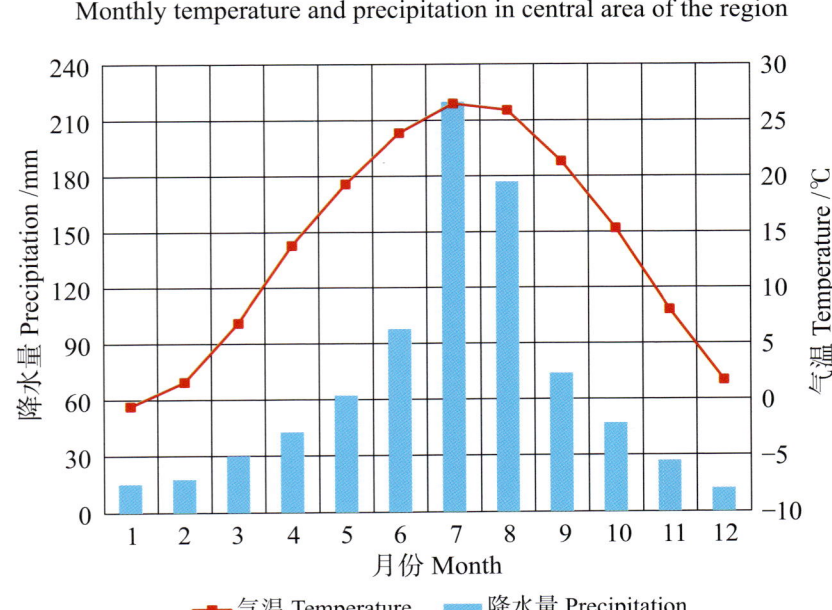

临沂市市辖区（部分）主要土壤类型与土壤剖面点分布图
1∶150 000

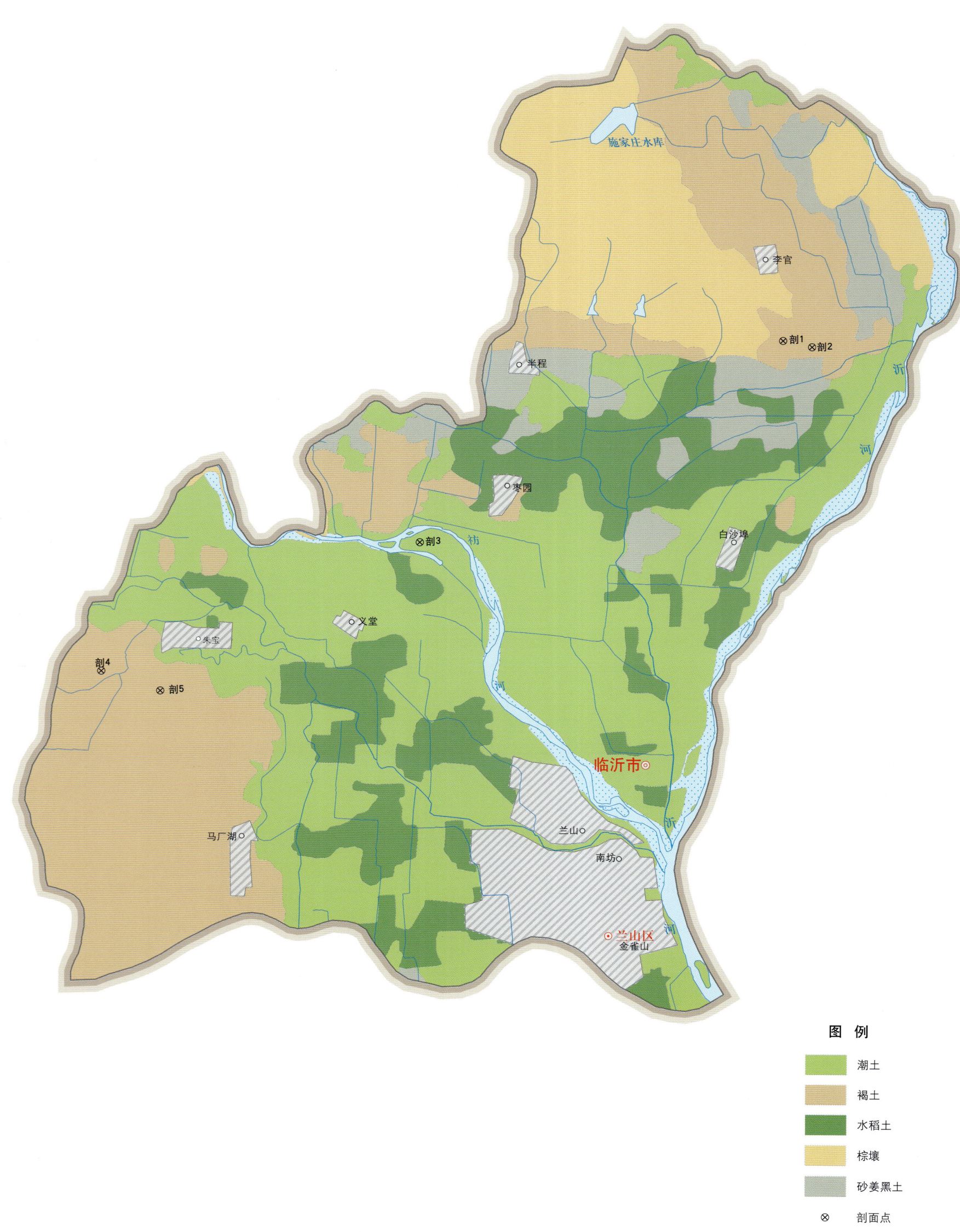

临沂市土壤剖面理化性状表

剖面号 Soil profile	土纲 Soil order	土类 Soil great group	亚类 Soil subgroup	土属 Soil genus	土层码 Layer code	土层厚度 Depth/cm	颜色 Soil color	质地 Soil texture	土壤结构 Soil structure	pH	有机质 OM/(g/kg)	全氮 TN/(g/kg)	全磷 TP/(g/kg)	碱解氮 AN/(mg/kg)	有效磷 AP/(mg/kg)	速效钾 AK/(mg/kg)	阳离子交换量CEC/(cmol/kg)	土壤母质 Parent material	剖面点坐标 Profile coordinate	匹配指数 Matching index/%
剖1	半淋溶土	褐土	褐土	洪冲积褐土	1	0—15	浅褐色	中壤土	粒状	8.0	11.1	0.37	0.31	48	2.4	27	14.0	石灰岩洪积物、冲积物	E 118°24′32.7″ N 35°14′40.0″	73
					2	15—36	棕褐色	中壤土	小块状	7.5	10.0	0.66	0.10		微量	36	15.0			
					3	36—60	灰褐色	松砂土	碎块状	7.5	13.2	0.75	0.25		微量	34	22.5			
					4	60—150	黑褐色	中黏壤土	棱状	7.0	18.2	1.01	0.25		微量	36	32.7			
剖2	半淋溶土	褐土	褐土	坡洪积褐土	1	0—20	黄褐色	轻壤土	粒状	7.0	10.7	0.69	0.27	57	1.7	44		石灰岩坡积物、洪积物	E 118°25′14.2″ N 35°14′31.9″	90
					2	20—38	黄褐色	中壤土	小块状	7.5	13.1	0.75	0.06	49		49				
					3	38—102					12.2	0.63	0.06	57		57				
					4	102—150	暗褐色	重壤土	块状	7.5										
剖3	半水成土	潮土	湿潮土	冲积黑潮土	1	0—26	浅黄色	中壤土	块状	7.0	9.7	0.66		77	6.2	26		河流冲积物	E 118°15′48.2″ N 35°10′42.6″	73
					2	26—60	灰褐色	重壤土	块状	7.0	5.6	0.35			0.1	45				
					3	60—150	褐黄色	黏土	棱块状	7.7										
剖4	半淋溶土	褐土	潮褐土	冲积潮褐土	1	0—20	褐色	重壤土	粒状	7.0	16.4	0.73	0.27	77	3.2	19		冲积物	E 118°08′10.0″ N 35°08′10.7″	76
					2	20—35	棕褐色	轻黏土	块状	7.0	8.5	0.56	0.08		微量	36				
					3	35—85	棕褐色	重黏土	块状	7.0	9.9	0.57	0.08		微量	42				
					4	85—150	灰黑色	中黏土	块状	7.0	9.6	0.62	0.08		微量	58				
剖5	半淋溶土	褐土	淋溶褐土	坡洪积淋溶褐土	1	0—17	浅褐色	中壤土	粒状		7.7	0.40	0.18	38	3.4	19	10.0	石灰岩坡积物、洪积物	E 118°09′34.2″ N 35°07′45.8″	93
					2	17—42	棕褐色	中壤土	碎块状	7.0	4.5	0.23	0.17	21	2.4	22	9.0			
					3	42—95	棕褐色	重壤土	粒状	7.0	3.0	0.25			0.1	30				
					4	95—150	暗褐色	重壤土	块状	7.0										

罗 庄 区

主要土类说明

潮土是罗庄区主要土壤类型，占本区地域面积的 33%，见于近代河流冲积平原或低平阶地。地下水位浅，地下水参与成土过程，底土氧化还原作用交替发生，形成锈色斑纹和小型铁子。

褐土是罗庄区第二大土壤类型，占本区地域面积的 25%。本区处于棕壤与褐土的过渡地带，褐土、棕壤常呈复区分布。褐土是具有黏化与钙质淋移淀积特征的土壤，具 A–B–Bk–C 剖面构型。有明显黏淀层与假菌丝状钙积层。B 层呈棕褐色，pH 为 7.0—7.5，盐基饱和度在 80% 以上，有时过饱和。

水稻土是罗庄区第三大土壤类型，占本区地域面积的 18%。本区自 1963 年后开始大面积种植水稻，实行水旱轮作，即稻麦轮作方式，种稻时间较短，水稻土的发育时间不长。表土有明显的氧化还原层，从剖面可见铁锰斑纹。土层深厚条件下发育的水稻土，在氧化还原作用下有明显氧化淀积现象。

砂姜黑土占罗庄区地域面积的 12%。成土母质为河湖沉积物，经脱沼与长期耕作形成。底土中见砂姜聚积，上层见面砂姜，下层见硬砂姜。土壤质地相对黏重。

小于本区地域面积 3% 的土壤类型有粗骨土等。

本区域中心区气候特征

本区域中心区气候特征值
Regional climate characteristics in central area of the region

气候带：暖温带亚湿润气候 Climate region: Warm temperate subhumid climate	
年平均气温 /℃ Annual average temperature /℃	13.8
年平均最高气温 /℃ Annual average maximum temperature /℃	18.8
年平均最低气温 /℃ Annual average minimum temperature /℃	9.5
年降水量 /mm Annual precipitation /mm	841
≥ 10℃的积温 /℃ Daily temperature accumulated in a year（≥ 10℃）/℃	5059
年日照时数 /h Annual sunshine /h	2428
年平均相对湿度 /% Annual average relative humidity /%	71
干燥度 Dryness	0.98

本区域中心区月平均气温与月平均降水量
Monthly temperature and precipitation in central area of the region

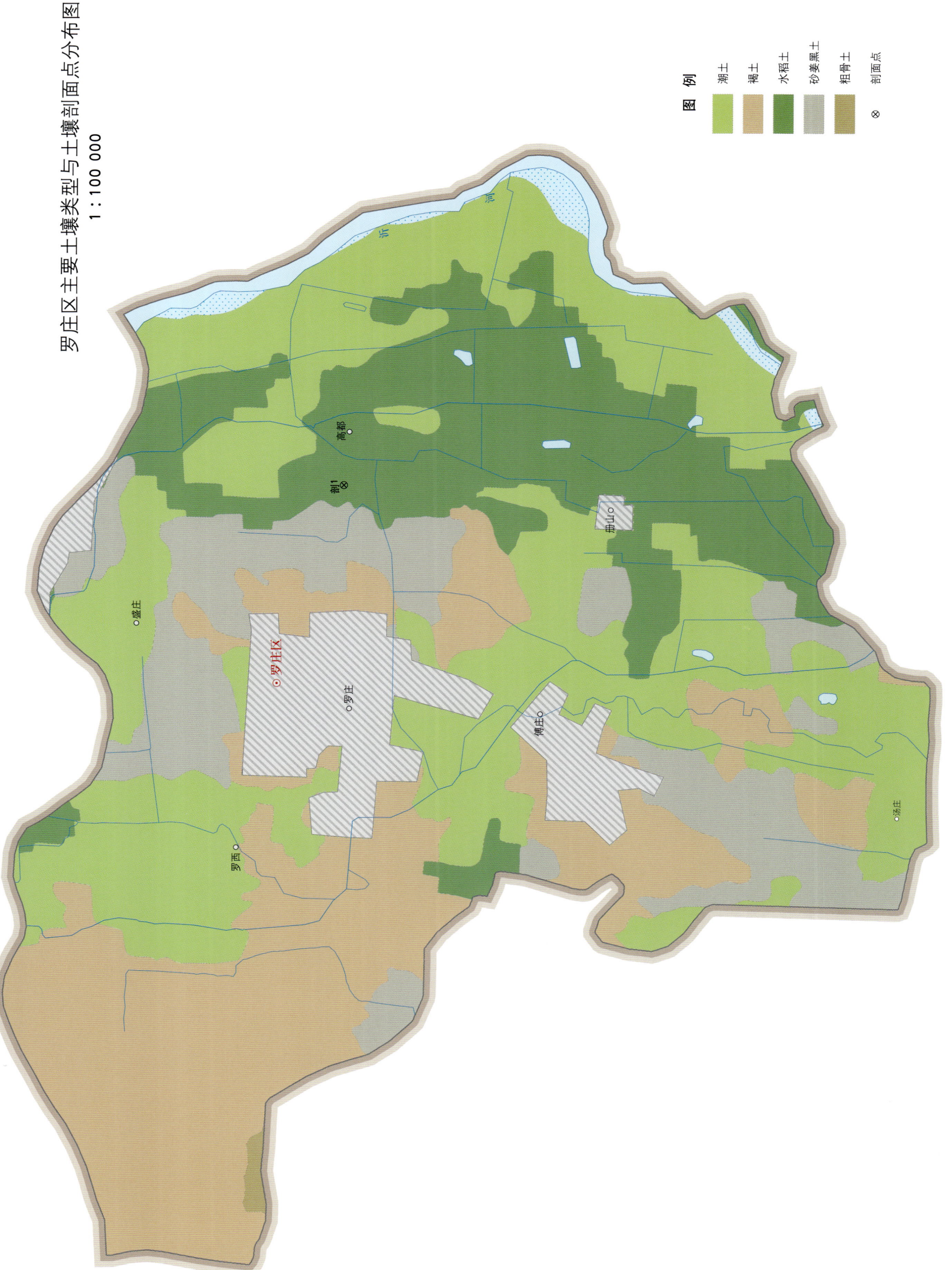

罗庄区土壤剖面理化性状表

剖面号 Soil profile	土纲 Soil order	土类 Soil great group	亚类 Soil subgroup	土属 Soil genus	土层码 Layer code	土层厚度 Depth/cm	颜色 Soil color	质地 Soil texture	土壤结构 Soil structure	pH	土壤母质 Parent material	剖面点坐标 Profile coordinate	匹配指数 Matching index/%
剖1	人为土	水稻土	幼年水稻土	冲积幼年水稻土	1	0—20	棕色	重壤土	粒状	7.5	冲积物	E 118°20′02.9″ N 34°58′36.6″	74
					2	20—60	暗灰色	黏土	块状	7.5			
					3	60—150	黑色	重黏土	块状	7.5			

河 东 区

主要土类说明

潮土是河东区主要土壤类型，占本区地域面积的32%。母质为河流沉积物，质地有明显的分选性，在同一处常有不同厚度的砂黏间层。由于地下水参与成土作用，土壤干湿交替，土体下部有铁锰斑纹。

砂姜黑土是河东区第二大土壤类型，占本区地域面积的30%。成土母质为河湖沉积物，经脱沼与长期耕作形成。100cm土层内有腐泥黑土层，无石灰反应或石灰反应微弱；100cm以下底土中见砂姜聚积，石灰反应强。土壤质地黏重，表土多数为黏土。

水稻土是河东区第三大土壤类型，占本区地域面积的20%。本区自1963年后开始大面积种植水稻，实行稻麦轮作方式，水稻土的发育时间不长。表土有明显的氧化还原层，从剖面可见铁锰斑纹。

棕壤占河东区地域面积的10%，主要分布在汤头的东南部和西部及八湖。棕壤是发生于湿润暖温带落叶阔叶林下，具有黏化特征的棕色土壤。土体见黏粒淀积，盐基充分淋失，见少量游离铁，通体无石灰反应，pH为6.0—7.0，具O-A-Bt-C剖面构型。

小于本区地域面积3%的土壤类型有褐土等。

本区域中心区气候特征

本区域中心区气候特征值
Regional climate characteristics in central area of the region

气候带：暖温带亚湿润气候 Climate region: Warm temperate subhumid climate	
年平均气温 /℃ Annual average temperature /℃	13.6
年平均最高气温 /℃ Annual average maximum temperature /℃	18.7
年平均最低气温 /℃ Annual average minimum temperature /℃	9.3
年降水量 /mm Annual precipitation /mm	824
≥10℃的积温 /℃ Daily temperature accumulated in a year (≥10℃) /℃	4985
年日照时数 /h Annual sunshine /h	2479
年平均相对湿度 /% Annual average relative humidity /%	71
干燥度 Dryness	1.00

本区域中心区月平均气温与月平均降水量
Monthly temperature and precipitation in central area of the region

河东区主要土壤类型与土壤剖面点分布图
1∶170 000

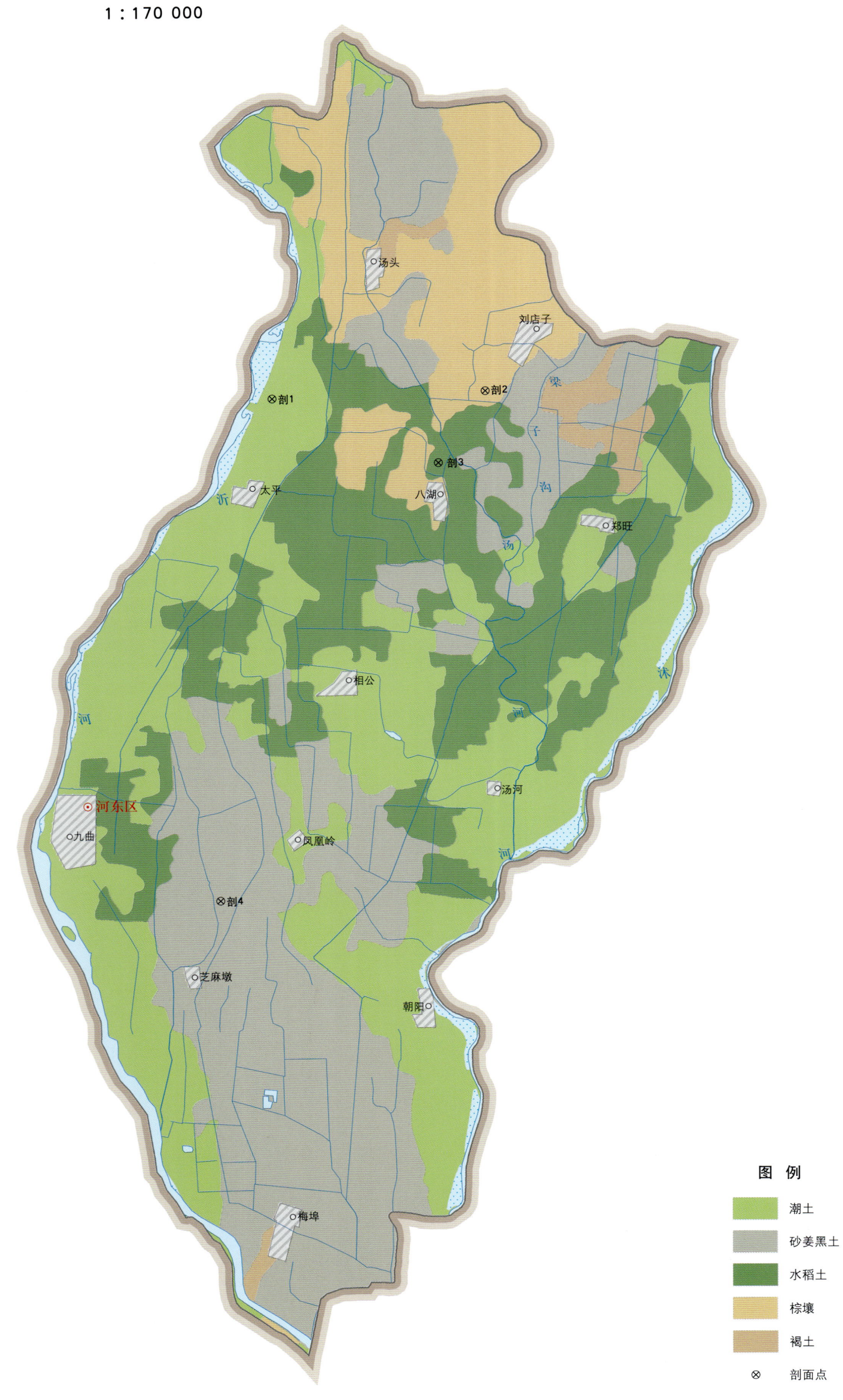

河东区土壤剖面理化性状表

剖面号 Soil profile	土纲 Soil order	土类 Soil great group	亚类 Soil subgroup	土属 Soil genus	土层码 Layer code	土层厚度 Depth/cm	颜色 Soil color	质地 Soil texture	土壤结构 Soil structure	pH	有机质 OM/(g/kg)	全氮 TN/(g/kg)	全磷 TP/(g/kg)	碱解氮 AN/(mg/kg)	有效磷 AP/(mg/kg)	速效钾 AK/(mg/kg)	阳离子交换量 CEC/(cmol/kg)	土壤母质 Parent material	剖面点坐标 Profile coordinate	匹配指数 Matching index/%
剖1	半水成土	潮土	潮土	河潮土	1	0—20	灰褐色	轻壤土	粒状	6.5	9.0	0.51	0.32	59	3.8	26		河流冲积物	E 118°28′01.5″ N 35°13′22.0″	78
					2	20—60	黄褐色	轻壤土	粒状	7.0	3.0	0.17	0.45	43	4.6	23				
					3	60—115	黄褐色	中壤土	块状	7.0										
					4	115—150	黄褐色	中壤土	块状	7.0										
剖2	淋溶土	棕壤	潮棕壤		1	0—13	暗棕色	砂壤土	粒状	6.5	5.0	0.27	0.14	29	4.4	23			E 118°33′20.7″ N 35°13′26.5″	84
					2	13—33	暗棕色	砂壤土	粒状	6.5	2.3	0.17	0.06		1.7	38				
					3	33—95	灰白色	砂壤土	小块状	6.5	3.6	0.10	0.06		2.5	27				
					4	95—150	浅棕色	砂壤土	小块状		2.3	0.07	0.06		4.2	31				
剖3	人为土	水稻土	幼年水稻土	冲积幼年水稻土	1	0—15	灰褐色	中壤土	块状	6.5							16.5	冲积物	E 118°32′08.2″ N 35°11′56.7″	84
					2	15—25	褐色	中壤土	棱块状	7.0										
剖4	半水成土	砂姜黑土	砂姜黑土	洼底砂姜黑土	1	0—18	浅灰色	重壤土	块状	6.5	11.8	0.75	0.04		2.5	30		冲积物	E 118°26′29.4″ N 35°02′48.1″	74
					2	18—36	深灰色	重壤土	块状	7.5	10.7	0.62	0.04		2.5	45	20.8			
					3	36—70	黑色	重壤土		6.5	6.3	0.38	0.04		2.5	36	17.6			
					4	70—92	黄褐色	重壤土		7.0	3.6	0.26	0.06		2.5	25	19.4			
					5	92—150														

沂 南 县

主要土类说明

粗骨土是沂南县主要土壤类型，占本县地域面积的 23%。成土母质为基岩风化残积物、坡积物，属于 A-C 型，甚至（A）-C 型土壤。A 层发育不明显，与母质土层性状相似，略显有机质累积。有时母质层富含砾石，剖面分异与发育特征不显著。

褐土是沂南县第二大土壤类型，占本县地域面积的 22%。本县褐土与棕壤呈复区存在，主要分布在双堠、岸堤、马牧池、依汶、孙祖、张庄、界湖、大庄、砖埠、青驼等西部山区。母质多为钙质岩、非石灰性砂页岩、基性岩坡积物、洪积物和冲积物。土壤多呈中性至微碱性，除褐土性土亚类外，其他亚类由于淋溶作用较强，多数无石灰反应。褐土有明显的黏化淀积层，铁子比棕壤的大而软。本县褐土分为褐土性土、淋溶褐土、潮褐土等亚类。

棕壤是沂南县第三大土壤类型，占本县地域面积的 21%，主要分布在本县西部山区的西侧，沂河以东、北至沂水南，以及纵穿本县东部南北的长虹岭，属酸性岩风化物与基性岩交错发生的丘陵地带。土壤具黏化特征，见黏粒淀积，盐基充分淋失，pH 为 6.0—7.0，见少量游离铁，具 O-A-Bt-C 剖面构型。本县棕壤分为棕壤性土、棕壤、潮棕壤等亚类。

潮土占沂南县地域面积的 15%，主要分布在三河（沂河、汶河、蒙河）六岸的较平坦地带和交接洼地上。潮土具有明显的成层性和分选性。成土颗粒的粗细不仅在平面上有明显的分选差异，而且同一剖面中也有不同的质地排列层次，砂黏间层较明显。地下水位浅，常年埋深为 1—5m，地下水参与成土过程，土体中下部有明显的锈纹、锈斑，或有细小的铁锰结核，有的剖面下部由于碳酸钙淋溶淀积而形成了细小砂姜。本县潮土分为潮土、湿潮土等亚类。

石质土占沂南县地域面积的 8%。表层岩石裸露，风化层浅薄，一般小于 10cm，风化度低，富含砾石，多碎屑岩粒，属 A-R 型土。

砂姜黑土占沂南县地域面积的 6%。成土母质为湖泊沉积物。分布区地势较潮土更低，地下水位较高，在旱季地下水埋深为 1—2m，雨季上升到 1m 之内，往往造成"明涝内渍"的现象。150cm 厚的土层内同时有黑土层和砂姜层（石灰结核），且黑土层距地表不超过 60cm。表土质地通常较黏重，排水不良，耕作困难，属冷性土，一般产量水平较低。本县砂姜黑土只有砂姜黑土一个亚类。

小于本县地域面积 3% 的土壤类型有水稻土和红黏土等。

本区域中心区气候特征

本区域中心区气候特征值
Regional climate characteristics in central area of the region

气候带：暖温带亚湿润气候 Climate region: Warm temperate subhumid climate	
年平均气温 /℃ Annual average temperature /℃	13.5
年平均最高气温 /℃ Annual average maximum temperature /℃	18.9
年平均最低气温 /℃ Annual average minimum temperature /℃	8.9
年降水量 /mm Annual precipitation /mm	744
≥ 10℃的积温 /℃ Daily temperature accumulated in a year（≥ 10℃）/℃	4949
年日照时数 /h Annual sunshine /h	2496
年平均相对湿度 /% Annual average relative humidity /%	69
干燥度 Dryness	1.10

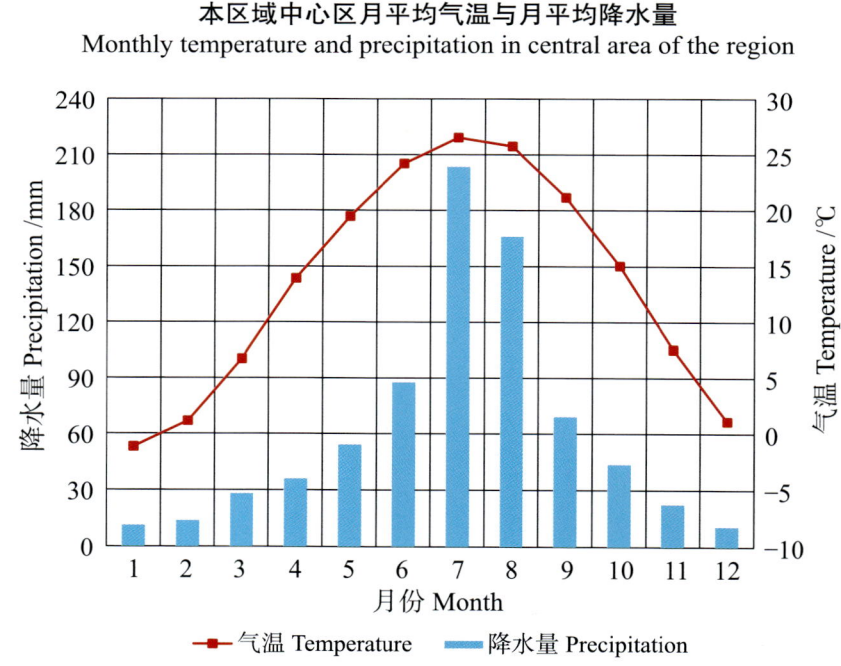

本区域中心区月平均气温与月平均降水量
Monthly temperature and precipitation in central area of the region

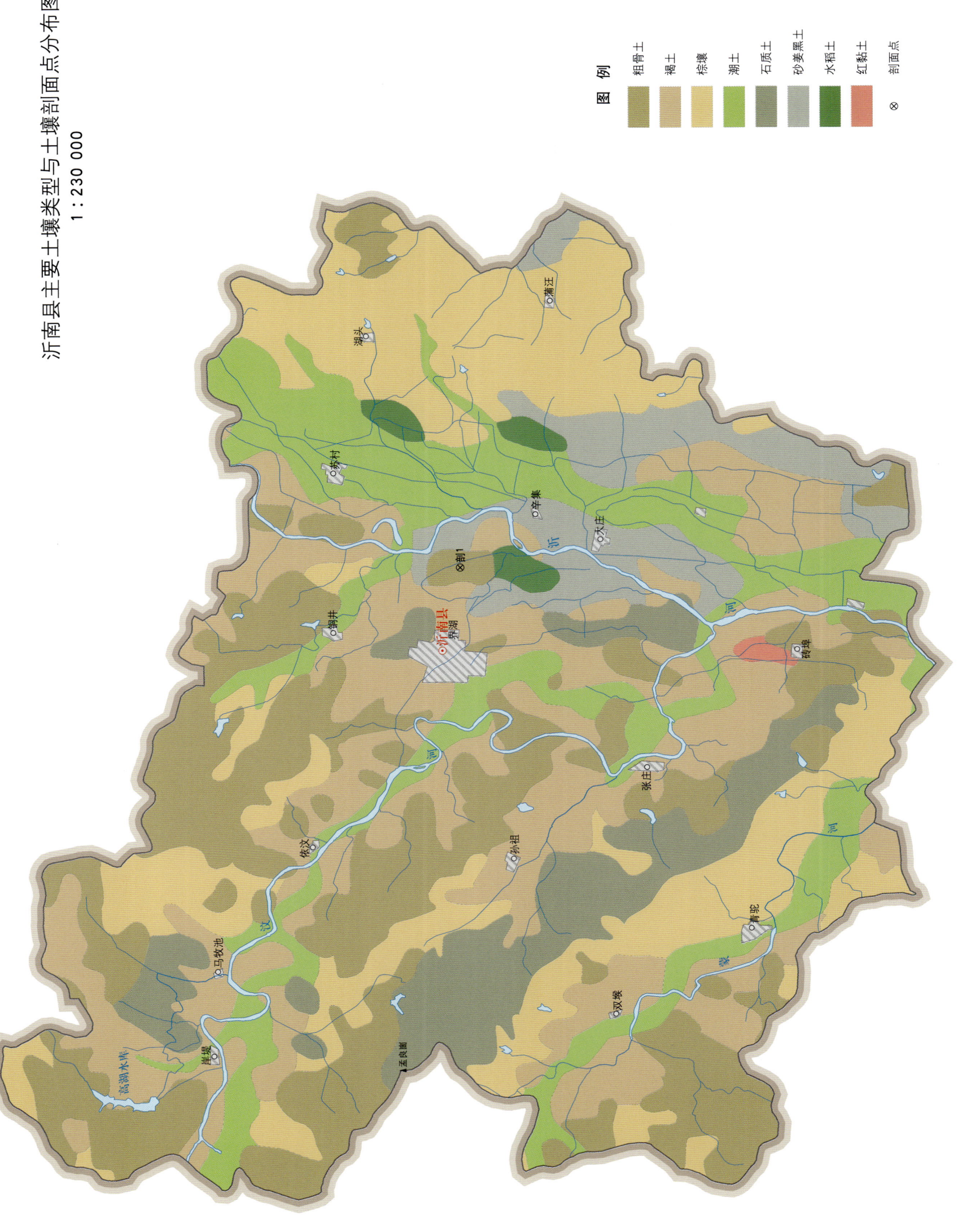

沂南县土壤剖面理化性状表

剖面号 Soil profile	土纲 Soil order	土类 Soil great group	亚类 Soil subgroup	土属 Soil genus	土种 Soil species	土层码 Layer code	土层厚度 Depth/cm	质地 Soil texture	土壤母质 Parent material	剖面点坐标 Profile coordinate	匹配指数 Matching index/%
剖1	初育土	粗骨土	中性粗骨土	基性岩类中性粗骨土	暗石渣土	Ap	0—28	砂壤土	基性岩类	E 118°30′36.0″ N 35°32′31.6″	86

沂 水 县

主要土类说明

粗骨土是沂水县主要土壤类型，占本县地域面积的 48%，分布在丘陵、低山等中上部。粗骨土发育于基岩风化残积物、坡积物，属于 A–C 型，甚至（A）–C 型土壤。A 层发育不明显，与母质土层性状相似，略显有机质累积。有时母质层富含砾石，剖面分异与发育特征不显著。

褐土是沂水县第二大土壤类型，占本县地域面积的 22%，主要分布在钙质岩低山丘陵区。褐土具有黏化与钙质淋移淀积特征，具 A–B–Bk–C 剖面构型。褐土的剖面通体呈棕色或褐色，通常由表土层、黏化层和钙积层三个基本层段组成。农业土壤的耕作层一般在 0—20cm，由于常年耕作、施肥，颜色比较暗，结构疏松，有机质含量较高。黏化层由于黏粒由表层向下移动，因而土层较黏重，并且有明显或不甚明显的胶膜淀积。本县钙积层一般有少量假菌丝体。由于淋溶作用强，土壤中没有石灰结核，土壤呈中性，pH 为 7.0 左右。本县褐土分为褐土性土、淋溶褐土、褐土、潮褐土等亚类。

棕壤是沂水县第三大土壤类型，占本县地域面积的 21%。成土母质为花岗岩、片麻岩等酸性岩或非石灰性砂页岩风化物。棕壤是落叶阔叶林下发育的土壤，处于硅铝风化阶段，具有明显的黏化作用、较强的淋溶作用、一定的生物积累作用，在人为因素影响下，也有较强的旱耕熟化作用。土体见黏粒淀积，盐基充分淋失，呈酸性至微酸性，见少量游离铁，具 O–A–Bt–C 剖面构型。本县棕壤分为棕壤性土、棕壤、潮棕壤、白浆化棕壤等亚类。

潮土占沂水县地域面积的 7%，主要分布在沂河、沭河等大小河流两岸。地下水位一般为 1—3m，地下水参与成土过程，底土氧化还原作用交替发生，形成锈色斑纹和小型铁子。本县潮土多位于河流两岸，分布有规律，一是呈带形，即近河潮土质地粗，远河处质地细；二是呈层形，因多次沉积，潮土剖面质地层次明显；三是成分多源，河流支流或来自酸性岩地区，或来自钙质岩地区，成分复杂。本县潮土分为褐潮土、潮土、湿潮土等亚类。

小于本县地域面积 3% 的土壤类型有石质土等。

本区域中心区气候特征

本区域中心区气候特征值
Regional climate characteristics in central area of the region

气候带：暖温带亚湿润气候 Climate region: Warm temperate subhumid climate	
年平均气温 /℃ Annual average temperature /℃	13.3
年平均最高气温 /℃ Annual average maximum temperature /℃	18.7
年平均最低气温 /℃ Annual average minimum temperature /℃	8.6
年降水量 /mm Annual precipitation /mm	723
≥ 10℃的积温 /℃ Daily temperature accumulated in a year (≥ 10℃) /℃	4858
年日照时数 /h Annual sunshine /h	2518
年平均相对湿度 /% Annual average relative humidity /%	68
干燥度 Dryness	1.12

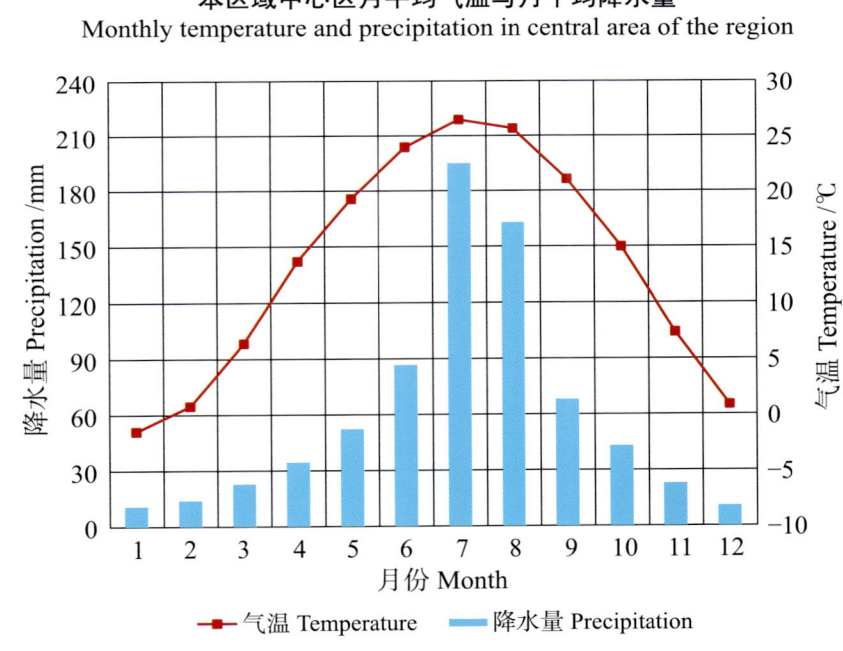

本区域中心区月平均气温与月平均降水量
Monthly temperature and precipitation in central area of the region

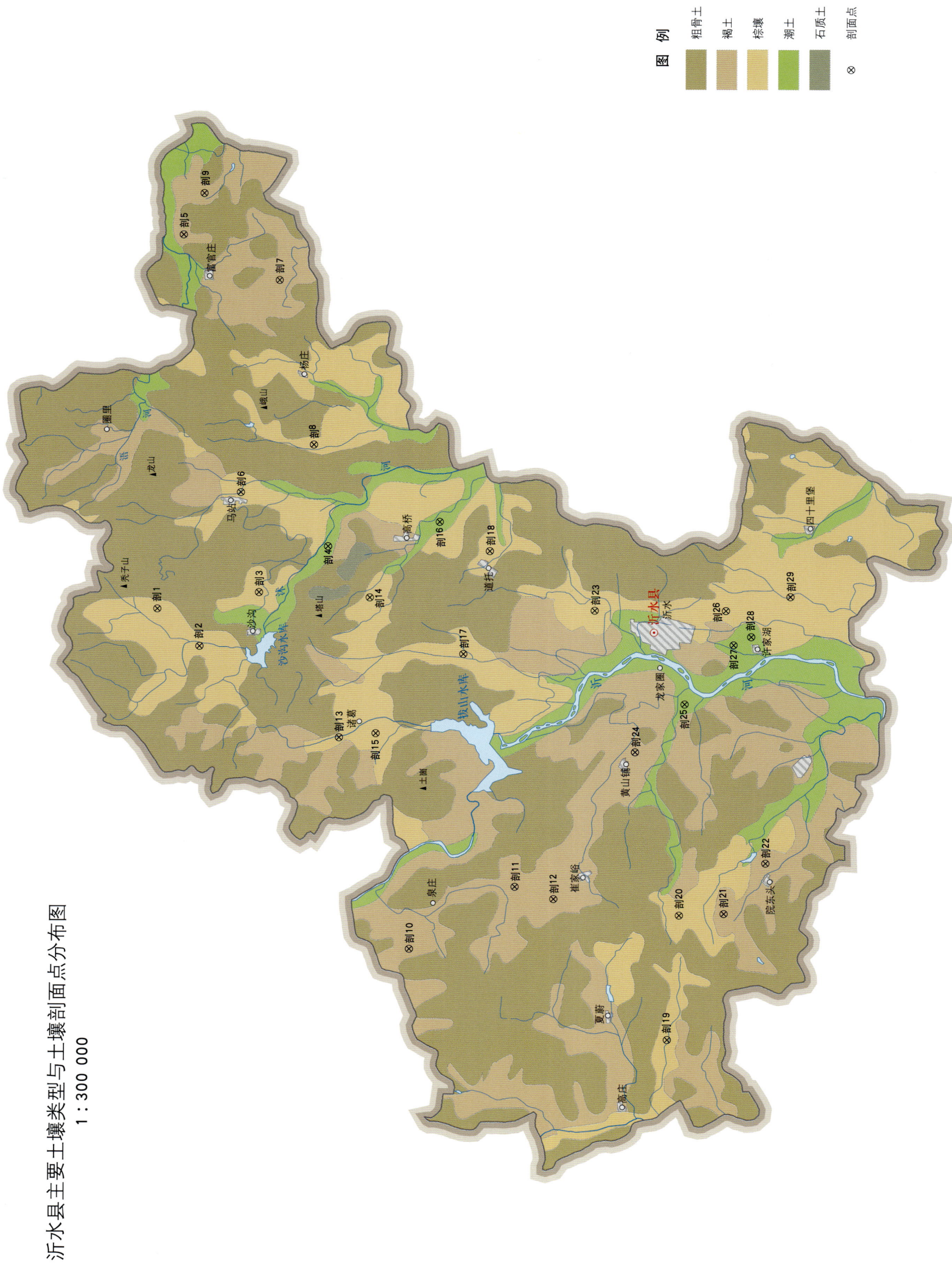

沂水县主要土壤类型与土壤剖面点分布图
1∶300 000

沂水县土壤剖面理化性状表

剖面号 Soil profile	土纲 Soil order	土类 Soil great group	亚类 Soil subgroup	土属 Soil genus	土种 Soil species	土层码 Layer code	土层厚度 Depth/cm	颜色 Soil color	质地 Soil texture	土壤结构 Soil structure	pH	有机质 OM/(g/kg)	全氮 TN/(g/kg)	全磷 TP/(g/kg)	碱解氮 AN/(mg/kg)	有效磷 AP/(mg/kg)	速效钾 AK/(mg/kg)	阳离子交换量CEC/(cmol/kg)	土壤母质 Parent material	剖面点坐标 Profile coordinate	匹配指数 Matching index/%
剖1	淋溶土	棕壤	棕壤	坡洪积棕壤	厚砾石砂质人工堆积棕壤	1	0—19	棕褐色	砂壤土	粒状、碎屑状		6.9	0.50	0.67	59	4.0	70	9.0	人工堆积物	E 118°39′22.6″ N 36°06′55.5″	94
						2	19—45	棕褐色	砂壤土	粒状、小块状		6.9	0.50	0.67	59	4.0	70	9.0			
						3	45—														
剖2	淋溶土	棕壤	潮棕壤	洪冲积潮棕壤	厚黏心轻砂质洪冲积潮棕壤	1	0—25	黄褐色	轻壤土	粒状、小块状		10.3	0.69	0.77	104	4.0	80	22.8	洪积物、冲积物	E 118°37′28.6″ N 36°05′17.8″	75
						2	25—28	灰棕色	黏土	块状		9.0	0.51	0.48	69	1.0	122	29.3			
						3	83—152	灰棕色	黏土	块状		9.0	0.51	0.48	69	1.0	122	29.3			
剖3	淋溶土	棕壤	棕壤	坡洪积棕壤	厚黏心轻砂质坡洪积棕壤	1	0—20	暗棕色	轻壤土	粒状、小块状		3.7	0.61	0.61	67	4.0	129	17.5	花岗片麻岩风化坡积物、洪积物	E 118°40′06.9″ N 36°02′55.2″	95
						2	20—57	红棕色	黏土	核块状			0.36	0.77	38	2.0	110	17.2			
						3	57—77	红棕色	多砾质黏土	团块状			0.27	0.98	28	5.0	115	16.1			
剖4	半水成土	潮土	潮土	河潮土	厚黏腰轻壤土	1	0—20	红棕色	黏土	棱块状									河流沉积物	E 118°42′20.4″ N 36°00′11.2″	97
						2	20—70	黄褐色	轻壤土	粒状		7.9	0.50	0.44	57	1.0	24	8.4			
						3	70—90	黄褐色	中壤土	粒状		3.7	0.22	0.36	40	1.0	46	11.9			
						4	90—150	黑褐色	重壤土	块状		2.2	0.35		26	1.0	68	16.1			
剖5	半淋溶土	褐土	淋溶褐土	坡洪积淋溶褐土	中壤厚黏腰坡洪积淋溶褐土	1	0—20					2.2			26	2.0	68	16.1	坡积物、洪积物	E 118°57′58.7″ N 36°05′38.9″	70
						2	20—65	黄褐色	轻壤土	粒状、碎屑状		12.5	0.86	0.72	78	1.0	95	16.3			
						3	65—					9.7	0.70	0.67	89	0.1	92	15.2			
												7.1	0.38	0.42	37		106	19.6			
剖6	淋溶土	棕壤	潮棕壤	洪冲积潮棕壤	厚黏腰轻壤洪冲积潮棕壤	1	0—18	暗棕色	轻壤土	小块状		5.4	0.40	3.53	45	1.0	53	13.7	坡积物、洪积物、冲积物	E 118°45′06.0″ N 36°03′34.5″	79
						2	18—36	暗棕色	黏土	块状		3.5	0.35	0.20	41	1.0	32	7.1			
						3	36—80	黄褐色	黏土	粒状		4.1	0.31	0.83	41	4.0	38	8.6			
剖7	半淋溶土	褐土	淋溶褐土	坡洪积淋溶褐土	中壤厚黏底坡洪积淋溶褐土	1	0—20	黄褐色	中壤土	粒状、碎屑状		12.2	0.76	1.41	80	2.0	140	17.7	钙质岩坡积物、洪积物	E 118°55′37.4″ N 36°01′54.7″	86
						2	20—46	暗棕色	重壤土	团块状、核块状		6.2	0.44	0.62	49	1.0	140	17.1			
						3	46—75	暗棕色	重壤土	核块状		6.2	0.44	0.62	49	1.0	140	17.1			
						4	75—150	暗棕色	黏土	棱块状		3.9	0.37	0.80	29	3.0	145	15.3			
剖8	淋溶土	棕壤	棕壤	坡洪积棕壤	厚砂心砂质坡洪积棕壤	1	0—20	暗棕色	轻壤土	粒状									花岗片麻岩风化坡洪积物	E 118°47′24.8″ N 36°00′40.6″	87
						2	24—59	暗棕色	砂壤土	粒状											
						3	59—150	暗棕色	粗骨结土	无明显结构											
剖9	半淋溶土	褐土	淋溶褐土	钙质岩淋溶褐土	中壤厚黏腰钙质岩淋溶褐土	1	0—25	浅褐色	中壤土	粒状、碎屑状		0.6	0.68	0.52	126	3.0	120	17.4	钙质岩坡积物、洪积物	E 119°00′01.5″ N 36°04′48.4″	91
						2	25—60	黄褐色	黏土	小块状		5.0	0.50	0.41	45	1.0	105	18.5			
						3	60—100	红棕色	黏土	块状			0.34	0.53	36	2.0	148	19.6			
剖10	半淋溶土	褐土	褐土性土	钙质岩褐土性土	中层厚硬石底褐土性土	1	0—18		中壤土	粒状、碎屑状		24.2	1.39	1.23	97	2.0	150	18.7	钙质岩坡积物	E 118°22′11.9″ N 35°57′12.3″	93
						2	18—50		重壤土	粒状、碎屑状		26.4	1.52	0.47	95	1.0	87	19.0			
剖11	半淋溶土	褐土	淋溶褐土	坡洪积淋溶褐土	均质中壤坡洪积淋溶褐土	1	0—23	黄棕色	中壤土	粒状、小块状		9.7	0.61	1.55	52	1.0	120	20.5	钙质岩坡积物	E 118°25′14.9″ N 35°53′01.6″	74
						2	23—95	暗棕色	中壤土	核块状		9.8	0.68	1.56	80	1.0	110	21.7			
						3	95—150	暗棕色	中壤土	小块状		3.8	0.32	0.97	46	3.0	140	15.3			
剖12	半淋溶土	褐土	褐土性土	钙质岩褐土性土	薄层石硬底褐土性土	1	0—25	暗棕色	轻壤土	粒状		8.9	0.71	0.79	89	2.0	121	15.1	钙质岩坡积物	E 118°24′36.9″ N 35°51′30.7″	73
剖13	淋溶土	棕壤	棕壤	坡洪积棕壤	厚砂积中壤质坡洪积棕壤	1	0—20	暗棕色	砂壤土	粒状									花岗片麻岩风化坡积物	E 118°32′48.1″ N 35°59′51.6″	96
						2	24—59	暗棕色	粗砂结土	无明显结构											
						3	59—150														
剖14	淋溶土	棕壤	棕壤	坡洪积棕壤	厚黏心中壤质坡洪积棕壤	1	0—20	暗棕色	轻壤土	粒状、小块状		3.7		0.61	67	4.0	129	17.5	花岗片麻岩风化坡积物、洪积物	E 118°39′46.6″ N 35°58′34.3″	84
						2	20—57	红棕色	黏土	核块状			0.36	0.77	38	2.0	110	17.2			
						3	57—77	红棕色	多砾质黏土	团块状			0.27	0.98	28	5.0	115	16.1			
						4	77—117	红棕色	黏土	棱块状											

续表 Continued

剖面号 Soil profile	土纲 Soil order	土类 Soil great group	亚类 Soil subgroup	土属 Soil genus	土种 Soil species	土层码 Layer code	土层厚度 Depth/cm	颜色 Soil color	质地 Soil texture	土壤结构 Soil structure	pH	有机质 OM (g/kg)	全氮 TN (g/kg)	全磷 TP (g/kg)	碱解氮 AN (mg/kg)	有效磷 AP (mg/kg)	速效钾 AK (mg/kg)	阳离子交换量CEC/(cmol/kg)	土壤母质 Parent material	剖面点坐标 Profile coordinate	匹配指数 Matching index/%
剖15	淋溶土	棕壤	白浆化棕壤	坡洪积白浆化棕壤	厚白浆心轻壤质白浆化棕壤	1	0—20	浅棕色	轻壤土	粒状、碎屑状		4.5	0.34	0.37	39	0.4	29	6.9	坡积物、洪积物	E 118°32′58.8″ N 35°58′24.9″	95
						2	20—45	浅棕色	轻壤土	粒状		4.3	0.38	0.40	37	0.4	29	7.6			
						3	45—90	浅棕色	轻壤土	小块状		1.7	1.90	0.20	23	1.0	19	5.4			
剖16	半水成土	潮土	潮土	河潮土	厚砂腰轻壤质河潮土	1	0—16	黄色	轻壤土	粒状		3.4	0.26	0.89	42	1.0	36	8.0	河流沉积物	E 118°43′27.5″ N 35°55′47.0″	95
						2	16—50	黄色	轻壤土	小团块状		4.4	0.35	0.11	46	3.0	35	8.8			
						3	50—110	黄色	粗砂土												
						4	110—														
剖17	淋溶土	棕壤	棕壤	坡洪积棕壤	厚黏腰轻壤质坡洪积棕壤	1	0—23	黄棕色	轻壤土	粒状、小块状		5.0	0.36	0.56	39	3.0	69	17.4	坡积物、洪积物	E 118°36′53.0″ N 35°54′55.8″	96
						2	23—53	灰棕色	轻壤土	粒状、小块状		5.3	0.46	0.76	44	1.0	52	26.3			
						3	53—105	暗棕色	黏土	块状、棱状		5.8	0.39	0.74	35	1.0	75	22.0			
剖18	淋溶土	棕壤	棕壤	历史沉积棕壤	厚黏心中壤质历史沉积棕壤	1	0—18	黄棕色	中壤土	粒状、碎屑状		9.5	0.67	0.52	62	1.0	165	15.0		E 118°41′58.3″ N 35°53′50.2″	78
						2	18—33	黄棕色	中壤土	碎屑、小块状		5.0	0.43	0.39	48	0.1	120	20.0			
						3	33—49	紫棕色	重壤土	小块状		5.0	0.43	0.39	48	0.1	120	20.0			
						4	49—100	红棕色	黏土	棱块状		5.0	0.43	0.39	48	0.1	120	20.0			
						5	100—						0.31	0.99		1.0					
剖19	淋溶土	棕壤	棕壤	坡洪积棕壤	均质壤质坡洪积棕壤	1	0—19	暗棕色	轻壤土	粒状		5.9	0.44	0.53	50	5.0	57	8.0	坡积物、洪积物	E 118°17′35.3″ N 35°47′06.3″	90
						2	19—45	棕色	轻壤土	粒状、碎屑状		5.0		0.36	41	2.0	41	10.0			
						3	45—120	褐棕色	轻壤土	碎屑、小块状											
剖20	淋溶土	棕壤	棕壤性土	酸性岩类棕壤性土		1	0—30	浅暗棕色	砂土	无明显结构	6.8										77
剖21	半淋溶土	褐土	褐土性土	砂页岩褐土性土	薄层硬底石渣质褐土性土	1	0—25					7.5	0.52	0.81	42	5.0	104	13.8	砂页岩	E 118°23′43.5″ N 35°46′35.4″	75
剖22	半淋溶土	褐土	褐土性土	砂页岩褐土性土	中层硬底石渣质褐土性土	1	0—25		轻壤土	粒状		5.6	0.42	0.66	43	2.0	83	12.1	砂页岩	E 118°23′46.6″ N 35°44′50.2″	100
						2	25—50		中壤土	粒状、小块状		3.0	0.29	0.58	18	1.0	56	9.4			
剖23	淋溶土	棕壤	棕壤	坡洪积棕壤	厚砂壤质坡洪积棕壤	1	0—19	暗棕色	轻壤土	粒状		5.9	0.44	0.53	50	5.0	57	8.0	坡积物、洪积物	E 118°26′17.1″ N 35°43′10.9″	84
						2	19—45	棕褐色	中壤土	碎屑、小块状		5.0		0.36	41	2.0	41	10.0			
						3	45—120	暗棕色	重壤土	棱块状											
剖24	半淋溶土	褐土	潮褐土	坡洪积潮褐土		1	0—17	深褐色	中壤土	团块状		9.9	0.64	0.29	81	5.0	95	16.4	钙质岩坡积物、洪积物	E 118°38′56.7″ N 35°49′45.0″	78
						2	17—43	浅褐色	重壤土	棱块状		9.7	0.66	0.76	82	4.0	90	16.1			
						3	43—80	浅褐色	重壤土	棱块状		6.8	0.50	0.35	75	1.0	75	15.9			
						4	80—150	棕色	中壤土	粒状		8.5	0.54	0.97	80	5.0	66	19.2			
剖25	半淋溶土	潮土	潮土	河潮土	均质轻壤土	1	0—18	暗棕色	轻壤土	小团块状		8.5	0.54	0.97	80	5.0	66	19.2	河流沉积物	E 118°31′51.7″ N 35°48′14.6″	78
						2	18—40	浅棕色	轻壤土	团块状		4.7	0.39	0.61	65	1.0	65	20.8			
						3	40—90	浅棕色	轻壤土	粒状		4.7	0.39	0.61	65	1.0	65	20.8			
						4	90—150	棕色	中壤土	粒状											
剖26	淋溶土	棕壤	棕壤性土	酸性岩类棕壤性土		1	0—25	暗棕色	砂土	无明显结构	5.5	14.2	1.04	0.62	170	6.0	95	28.9		E 118°34′12.7″ N 35°46′16.2″	95
						2	25—42	棕色	砂土	无明显结构	5.5	11.3	0.63	0.35	94	0.1	70	21.0			
剖27	半水成土	潮土	湿潮土	冲积湿潮土	厚黏底轻壤土	1	0—20	褐棕色	轻壤土	粒状		11.3	0.63	0.35	94	0.1	70	21.0	河流沉积物	E 118°38′50.5″ N 35°44′36.2″	81
						2	20—44	黑褐色	轻壤土	粒状、碎屑状		2.1	0.23	0.21	48	0.4	78	20.4			
						3	44—74	黑褐色	中壤土	团块状		2.1	0.23	0.21	48	0.4	78	20.4			
						4	74—100	黄褐色	黏土	棱块状		2.1	0.23	0.21	48	0.4	78	20.4			
						5	100—130		黏土	棱块状											
						6	130—150	黄褐色	黏土	棱块状											

续表 Continued

剖面号 Soil profile	土纲 Soil order	土类 Soil great group	亚类 Soil subgroup	土属 Soil genus	土种 Soil species	土层码 Layer code	土层厚度 Depth/cm	颜色 Soil color	质地 Soil texture	土壤结构 Soil structure	pH	有机质 OM/(g/kg)	全氮 TN/(g/kg)	全磷 TP/(g/kg)	碱解氮 AN/(mg/kg)	有效磷 AP/(mg/kg)	速效钾 AK/(mg/kg)	阳离子交换量 CEC/(cmol/kg)	土壤母质 Parent material	剖面点坐标 Profile coordinate	匹配指数 Matching index/%
剖28	半水成土	潮土	湿潮土	冲积湿潮土	厚黏腰轻壤土	1	0—19	棕色	轻壤土	粒状		8.4	0.59	0.51	64	3.0	68	13.6	河流沉积物	E 118°37′31.0″ N 35°43′37.2″	85
						2	19—49	褐色	中壤土	小块状		6.8	0.44	0.35	57	1.0	100	20.3			
						3	49—150	暗褐色	重壤土	块状		2.7	0.26	0.32	32	1.0	50	23.4			
剖29	淋溶土	棕壤	棕壤	坡洪积棕壤	厚黏腰中壤质坡洪积棕壤	1	0—23	黄棕色	轻壤土	粒状、小块状		5.0	0.36	0.56	39	3.0	69	17.4	坡积物、洪积物	E 118°39′29.2″ N 35°42′03.6″	89
						2	23—53	灰棕色	轻壤土	粒状、小块状		5.3	0.46	0.76	44	1.0	52	26.3			
						3	53—105	暗棕色	黏土	块状、棱状		5.8	0.39	0.74	35	1.0	75	22.0			

兰 陵 县

主要土类说明

褐土是兰陵县主要土壤类型，占本县地域面积的 47%，广泛分布于临枣公路以北各乡镇的山丘中上部，本县西部也有零星分布，与棕壤呈复区存在。成土母质是不同地质时期的石灰岩和砂页岩残积物、坡积物、冲积物。褐土是具有黏化与钙质淋移淀积特征的土壤，具 A–B–Bk–C 剖面构型。褐土盐基饱和，处于硅铝风化阶段，土体中有明显的黏淀层与假菌丝状钙积层。B 层呈棕褐色，pH 为 7.0—7.5，盐基饱和度在 80% 以上，有时过饱和。本县褐土分为褐土性土、褐土、潮褐土等亚类。

砂姜黑土是兰陵县第二大土壤类型，占本县地域面积的 22%。成土母质为浅湖沼相沉积物，有黑土层和砂姜层，是暗黑色土层经脱沼与长期耕作形成的。黑土层一般厚 20—30cm，常出现在地表以下 20cm 左右。底土中见砂姜聚积，砂姜层一般在地表以下 60—70cm 处出现，但有黄土覆盖者，分布较浅甚至露出地表。土壤质地相对黏重，一般无石灰反应，呈中性至微碱性。本县砂姜黑土只有砂姜黑土一个亚类。

潮土是兰陵县第三大土壤类型，占本县地域面积的 18%，见于近代河流冲积平原或低平阶地。地形平坦，地下水位浅，地下水参与成土过程，底土氧化还原作用交替发生，影响着土壤中物质的溶解、移动和沉淀，形成锈色斑纹和小型铁子。土壤质地受沉积的影响，有明显的分选差异，存在"紧砂慢淤"的分布规律，同时，在同一剖面中，常有不同程度的砂黏间层。本县潮土分为潮土、湿潮土等亚类。

棕壤占兰陵县地域面积的 13%。成土母质以石英石、长石、花岗岩及非钙质砂岩、页岩风化物为主，在山地丘陵处多为残积物，在倾斜平原多为洪积物、冲积物。棕壤是在湿润暖温带落叶阔叶林下形成的，处于硅铝风化阶段，是具有黏化特征的棕色土壤，土体见黏粒淀积，通体无石灰反应，并有大量铁锰胶膜和铁锰结核。盐基充分淋失，pH 为 6.0—7.0，具 O–A–Bt–C 剖面构型。本县棕壤分为棕壤性土、棕壤、潮棕壤等亚类。

本区域中心区气候特征

本区域中心区气候特征值
Regional climate characteristics in central area of the region

气候带：暖温带亚湿润气候 Climate region: Warm temperate subhumid climate	
年平均气温 /℃ Annual average temperature /℃	13.9
年平均最高气温 /℃ Annual average maximum temperature /℃	19.1
年平均最低气温 /℃ Annual average minimum temperature /℃	9.3
年降水量 /mm Annual precipitation /mm	799
≥10℃的积温 /℃ Daily temperature accumulated in a year（≥10℃）/℃	5096
年日照时数 /h Annual sunshine /h	2400
年平均相对湿度 /% Annual average relative humidity /%	70
干燥度 Dryness	1.04

本区域中心区月平均气温与月平均降水量
Monthly temperature and precipitation in central area of the region

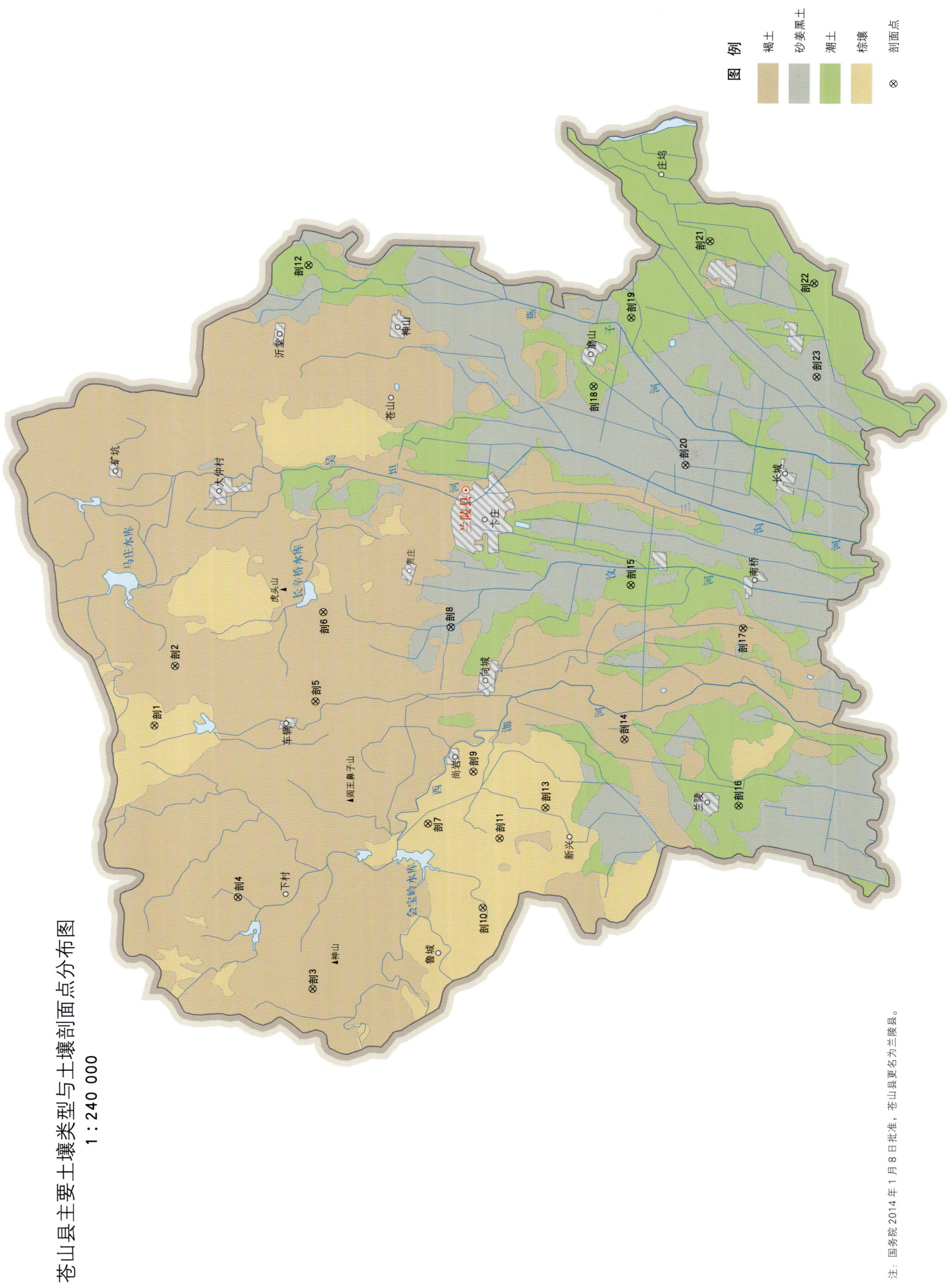

兰陵县土壤剖面理化性状表

剖面号 Soil profile	土纲 Soil order	土类 Soil great group	亚类 Soil subgroup	土属 Soil genus	土种 Soil species	土层码 Layer code	土层厚度 Depth/cm	颜色 Soil color	质地 Soil texture	土壤结构 Soil structure	pH	有机质 OM/(g/kg)	全氮 TN/(g/kg)	全磷 TP/(g/kg)	全钾 TK/(g/kg)	碱解氮 AN/(mg/kg)	有效磷 AP/(mg/kg)	速效钾 AK/(mg/kg)	阳离子交换量CEC/(cmol/kg)	土壤母质 Parent material	剖面点坐标 Profile coordinate	匹配指数 Matching index/%
剖1	淋溶土	棕壤	棕壤性土	砂页岩棕壤性土	酥石硼薄层多砾石粗砂质棕壤性土	1	0—15	浅棕色	多砾质砂土	粒状	6.1									砂页岩残积物	E 117°54′26.0″ N 35°01′24.4″	73
						2	15—28	深黄褐色	粗砂土	无明显结构	6.5											
						3	28—															
剖2	半淋溶土	褐土	褐土性土	褐土性土	酥石硼薄层粗砂质褐土性土	1	0—25		砂壤土		7.1	2.7	0.22	0.75		16	0.4	68	5.2		E 117°56′43.3″ N 35°00′44.7″	81
剖3	半淋溶土	褐土	褐土性土	褐土性土		1	0—30	黄棕色	砂壤土	粒状										半风化残积物	E 117°44′08.1″ N 34°56′33.4″	88
						2	30—															
剖4	半淋溶土	褐土	褐土性土	钙质岩类褐土性土	硬石底厚层褐心坡	1	0—20				8.9	15.5	1.00	1.00		72	0.8	164	20.0	钙质岩类	E 117°47′41.4″ N 34°58′51.1″	76
						2	20—45				9.1	8.3	0.53	0.42		46	2.0	128	21.5			
剖5	半淋溶土	褐土	淋溶褐土	坡洪积淋溶褐土	中壤厚层褐心坡洪积淋溶褐土	1	0—30	浅棕色	中壤土	团粒状	6.6	9.9	0.59	0.37		56	2.5	150	9.9	钙质岩类、坡积物、洪积物	E 117°55′17.9″ N 34°56′23.3″	87
						2	30—70	暗棕色	重壤土	块状	6.9	8.3	0.49	0.58		32	7.8	186	7.3			
						3	70—150	棕色	重壤土	棱块状	6.8	4.8	0.39	0.55		25	10.8	121	5.7			
剖6	半淋溶土	褐土	褐土性土	钙质岩类褐土性土	硬石底薄层少砾石壤质褐土	1	0—20	暗棕红色	壤土	碎块状	7.3	11.6	0.83	0.71		58	2.6	149	16.1	凝灰质石灰岩风化残积物	E 117°58′45.3″ N 34°56′07.5″	97
						2	20—28	暗紅色	壤土	小块状	7.3	12.6	0.98	0.90		71	1.2	161	17.7			
						3	28—															
剖7	淋溶土	棕壤	白浆化棕壤	洪积白浆化棕壤	洪冲积厚白浆心中壤质白浆化棕壤	1	0—30	黄棕色	中壤土	粒状	6.5	8.8	0.59	0.59		50	3.5	112	17.4	酸性岩类、坡积物、洪积物	E 117°50′29.0″ N 34°52′55.2″	84
						2	30—80	灰黄棕色	重壤土	碎块状	6.3	3.4	0.31	0.31		22	3.3	91	13.5			
						3	80—150	灰棕色	壤土	块状	6.2	4.0	0.33	0.33		24	0.9	191	27.0			
剖8	半水成土	砂姜黑土	砂姜黑土	薄层黄黏土覆盖砂姜黑土	中壤厚黑土心薄层黄黏土覆盖砂姜黑土	1	0—25	暗黑色	中壤土	团粒状		13.6	1.00	0.82		71	2.7	145		浅湖沼相沉积物	E 117°58′07.0″ N 34°52′09.8″	84
						2	25—60	黑色	黏土	块状	6.5	11.5	0.79	0.48		33	1.1	200				
						3	60—130	暗灰黑色	重壤土	块状		7.5	0.48	0.68		25	0.9	159				
						4	130—150	灰黄棕色	重壤土	块状		2.4	0.17	0.75		13	3.0	93				
剖9	淋溶土	棕壤	潮棕壤	洪冲积潮棕壤	洪冲积黏心轻壤质潮棕壤	1	0—30		重壤土	无明显结构	9.1	7.7	0.49	0.41		50	3.2	52	8.7	洪积物、冲积物	E 117°52′30.5″ N 34°51′29.7″	87
						2	30—80				7.5	2.2	0.17	0.23		14	3.5	37	5.7			
						3	80—150				9.6	3.3	0.20	0.27		15	1.9	61	9.9			
剖10	淋溶土	棕壤	棕壤	坡洪积棕壤	厚黏心中壤质坡洪积棕壤	1	0—25	浅黄棕色	中壤土	粒状	6.4	9.9	0.60	0.46		61	1.9	91	9.6	酸性岩类厚层坡积物、洪积物	E 117°47′11.0″ N 34°51′14.4″	100
						2	25—65		重壤土	棱柱状	6.5	4.9	0.38	0.32		33	1.1	80	13.0			
						3	65—150		重壤土	块状	6.8	2.9	0.28	0.41		16	3.1	83				
剖11	淋溶土	棕壤	棕壤性土	酸性岩类棕壤性土		1	0—27	浅黄色	砾质砂土		6.5									花岗变质岩残积物	E 117°49′52.9″ N 34°50′42.0″	100
						2	27—															
剖12	半水成土	潮土	湿潮土	冲积湿潮土	均重壤冲积湿潮土	1	0—30	褐色	重壤土	团粒状	6.5	12.0	0.75	0.36		66	0.8	155	26.2	冲积物	E 118°12′15.0″ N 34°56′29.1″	77
						2	30—70	暗棕色	重壤土	块状	6.8	10.5	0.75	0.25		43	1.3	230	37.5			
						3	70—110	红黄色	重壤土	块状	6.7	8.4	0.55	0.41		30	0.5	206	34.2			
						4	110—150	灰黄色	重壤土	块状	6.7	1.5	0.12	0.32		8	1.6	74	12.6			
剖13	淋溶土	棕壤	潮棕壤	洪冲积潮棕壤	洪冲积中壤心中壤质潮棕壤	1	0—20	浅黄色	中壤土	团粒状	7.5	11.2	0.75	0.75		58	1.4	103		石英风化厚层洪积物、冲积物	E 117°51′04.3″ N 34°49′16.0″	73
						2	20—50	黄色	重壤土	块状	7.5	7.9	5.40	0.64		37	1.8	71				
						3	50—150		重壤土	块状	7.4	8.6	0.66	0.75		41	4.0	91				
剖14	半淋溶土	褐土	潮褐土	洪冲积潮褐土	洪冲积轻壤顶潮褐土	1	0—20		重壤土	块状	7.9	13.7	1.00	1.16		67	5.6	109		洪积物、冲积物	E 117°53′42.4″ N 34°46′47.6″	99
						2	20—110		重壤土	块状	7.4	9.6	0.75	1.07		46	5.4	92				
						3	110—150		重壤土	块状	6.9	9.0	0.95	0.90		47	4.6	104				

续表 Continued

剖面号 Soil profile	土纲 Soil order	土类 Soil great group	亚类 Soil subgroup	土属 Soil genus	土种 Soil species	土层码 Layer code	土层厚度 Depth/cm	颜色 Soil color	质地 Soil texture	土壤结构 Soil structure	pH	有机质 OM/(g/kg)	全氮 TN/(g/kg)	全磷 TP/(g/kg)	全钾 TK/(g/kg)	碱解氮 AN/(mg/kg)	有效磷 AP/(mg/kg)	速效钾 AK/(mg/kg)	阳离子交换量 CEC/(cmol/kg)	土壤母质 Parent material	剖面点坐标 Profile coordinate	匹配指数 Matching index/%
剖15	半水成土	潮土	潮土	河潮土	壤质冲淤土	1	0—20		黏壤土		7.2	12.7	0.86	0.54	21.0	75	9.0	97	12.9		E 117°59′41.3″ N 34°46′33.3″	92
						2	20—45		黏壤土		7.0	10.4	0.60	4.90	19.5	47	4.0	88	12.7			
						3	45—60		黏壤土		7.0	7.8	0.50	0.49	19.5	40	4.0	84	13.6			
						4	60—95		黏壤土		7.0	10.7	0.76	0.50	19.1	54	5.0	94	15.4			
						5	95—150		黏壤土		7.0	10.6	0.62	0.47	17.5	46	7.0	95	14.7			
剖16	半水成土	潮土	湿潮土	冲积黑潮土	厚黏心中壤冲积黑潮土	1	0—20	黄褐色	中壤土	团粒状	6.8	14.5	0.95	0.46		76	2.5	153	25.3	河流冲积物	E 117°51′03.7″ N 34°43′15.9″	100
						2	20—55	黑褐色	重黏土	块状	6.9	8.6	0.57	0.50		40	1.2	117	21.5			
						3	55—95	暗黑褐色	黏土	块状	6.9	6.0	0.39	0.44		31	1.3	123	17.7			
						4	95—150	浅黄褐色	黏土	块状	7.0	4.5	0.31			24	5.7	121	16.8			
剖17	半淋溶土	褐土	潮褐土	洪冲积潮褐土		1	0—25	黄褐色	中壤土	小块状	7.2	12.9	0.93	0.59		113	1.7	120	18.2	石灰岩洪积物、冲积物	E 117°57′57.2″ N 34°43′04.8″	78
						2	25—150	灰褐色	重壤土	棱柱状	7.1	9.0	0.52	0.23		27	5.2	141	27.9			
剖18	半水成土	潮土	潮土	河潮土	厚黏心轻壤河潮土	1	0—20					13.4	0.86	1.01		57	2.8			河流冲积物	E 118°07′25.0″ N 34°47′39.5″	79
						2	20—90					9.4	0.67	0.53		37	6.9					
						3	90—150					8.2	0.19	0.50		30	3.9					
剖19	半水成土	潮土	潮土	河潮土	薄砂心轻壤河潮土	1	0—30					9.9	0.69	1.17		57	2.3	104	14.9	河流冲积物	E 118°10′04.1″ N 34°46′28.1″	84
						2	30—50				8.3	2.8	0.14	1.30		13	3.6	27	5.1			
						3	50—120				7.4	5.8	0.46	1.00		36	6.8	95				
						4	120—150					12.6	0.76	0.46		42	0.9	222				
剖20	半水成土	砂姜黑土	砂姜黑土	黑土裸露砂姜黑土	重壤质黑土裸露砂姜黑土	1	0—20	黑色	重壤土	小块状		18.2	1.12	0.98		62	1.8	176	18.0	浅湖沼相沉积物	E 118°04′19.9″ N 34°44′49.6″	71
						2	20—50	黑色	黏土	块状		6.0	0.37	0.56		15	1.4	114				
						3	50—150	黄棕色	黏土	块状		2.1	0.13	0.32		7	1.3	61				
剖21	半水成土	潮土	潮土	河潮土	厚黏腰轻壤河潮土	1	0—25	黄褐色	砂壤土	团粒状	7.3	12.2	0.84	1.10		68	1.0	122		河流冲积物	E 118°13′00.7″ N 34°44′00.1″	99
						2	25—35	浅黄色	中壤土	小块状	7.4	7.7	0.60	0.76		42	0.2	111	11.0			
						3	35—75	褐黄色	重壤土	块状	7.3	10.3	0.76	5.60		47	0.2	167				
						4	75—100	灰黑色	重黏土	块状	7.4	15.0	0.97	0.52		49	0.4	153				
						5	100—150	浅灰黄色	黏土	棱柱状	7.4											
剖22	半水成土	潮土	潮土	河潮土	均质轻壤河潮土	1	0—25	灰黄色	轻壤土	团粒状	6.6	7.9	0.58	1.12		73	2.3	77	10.6	河湖冲积物	E 118°11′20.1″ N 34°40′46.6″	76
						2	25—150	灰黄色	中壤土	小碎块状	7.8	7.5	0.43	0.56		36	2.7	147	23.0			
剖23	半水成土	砂姜黑土	砂姜黑土	厚层黄土覆盖砂姜黑土	中壤厚土心厚黄土覆盖砂姜黑土	1	0—20	浅棕色	中壤土	块状		16.0	1.13	0.64		73	2.6	175		浅湖沼相、近代河流冲积物	E 118°07′41.2″ N 34°40′43.3″	74
						2	20—40	棕色	黏土	块状	7.4	11.9	0.80	0.54		58	1.9	147				
						3	40—80	暗灰黄色	重壤土	棱柱状	7.1	14.2	0.85	0.65		35	0.5	168				
						4	80—110	暗灰黄色	重壤土	棱柱状	7.1	6.4	0.38	0.55		17	0.9	123				
						5	110—150	浅棕色	重壤土	棱柱状	7.6	4.4	0.24	0.47		12	0.8	101				

费 县

主要土类说明

粗骨土是费县主要土壤类型,占本县地域面积的 39%,广泛分布在本县河谷阶地、丘陵、低山和中山等多种地貌单元和地形部位。粗骨土发育于基岩风化残积物、坡积物,属于 A–C 型,甚至(A)–C 型土壤。A 层发育不明显,与母质土层性状相似,略显有机质累积。有时母质层富含砾石,剖面分异与发育特征不显著。

棕壤是费县第二大土壤类型,占本县地域面积的 29%,主要分布在本县北部蒙山山地丘陵地区及南部老虎山一带。成土母质以花岗岩、片麻岩风化物为主,其次是砂页岩、片岩、正长岩等母岩风化物。本县棕壤与发育于富钙石灰岩的褐土相间分布。棕壤发生于湿润暖温带落叶阔叶林下,处于硅铝风化阶段,是具有黏化特征的棕色土壤,土体见黏粒淀积,盐基充分淋失,pH 为 6.0—7.0,见少量游离铁,具 O–A–Bt–C 剖面构型。

褐土是费县第三大土壤类型,占本县地域面积的 21%,主要分布在费城、探沂、马庄、石井等地以及许家崖景区。本县褐土与棕壤成复区分布,发育在富钙母质上,剖面中有不同的石灰含量,呈中性至微碱性,具有黏化与钙质淋移淀积过程,具 A–B–Bk–C 剖面构型。土壤盐基饱和,处于硅铝风化阶段,有明显黏淀层与假菌丝状钙积层。B 层呈棕褐色,pH 为 7.0—7.5,盐基饱和度在 80% 以上。

潮土占费县地域面积的 6%,分布在祊河、涑河、浚河、温凉河两岸的河流冲积物上,以及薛庄、上冶、梁邱、探沂等乡镇的地势低洼处。地下水位浅,地下水参与成土过程,底土氧化还原作用交替,形成锈色斑纹和小型铁子。潮土分布地形平坦,地下水位较高,土层深厚,沉积层较为明显,是本县主要耕作土壤。

小于本县地域面积 3% 的土壤类型有砂姜黑土和石质土等。

本区域中心区气候特征

本区域中心区气候特征值
Regional climate characteristics in central area of the region

气候带:暖温带亚湿润气候 Climate region: Warm temperate subhumid climate	
年平均气温 /℃ Annual average temperature /℃	13.7
年平均最高气温 /℃ Annual average maximum temperature /℃	19.1
年平均最低气温 /℃ Annual average minimum temperature /℃	9.1
年降水量 /mm Annual precipitation /mm	768
≥10℃的积温 /℃ Daily temperature accumulated in a year(≥10℃)/℃	5043
年日照时数 /h Annual sunshine /h	2441
年平均相对湿度 /% Annual average relative humidity /%	69
干燥度 Dryness	1.08

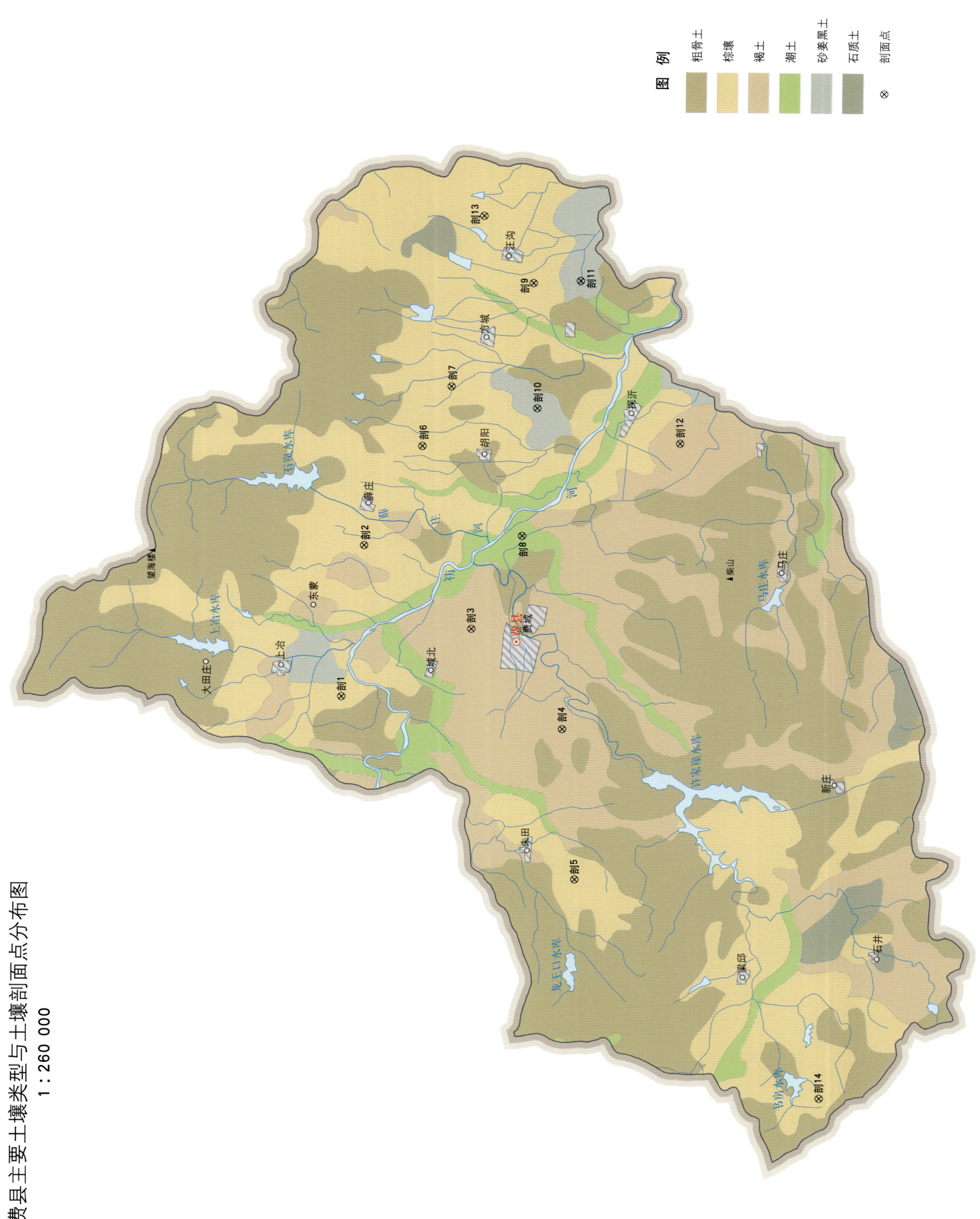

费县土壤剖面理化性状表

剖面号 Soil profile	土纲 Soil order	土类 Soil great group	亚类 Soil subgroup	土属 Soil genus	土种 Soil species	土层码 Layer code	土层厚度 Depth/cm	颜色 Soil color	质地 Soil texture	土壤结构 Soil structure	pH	有机质 OM/(g/kg)	全氮 TN/(g/kg)	全磷 TP/(g/kg)	碱解氮 AN/(mg/kg)	有效磷 AP/(mg/kg)	速效钾 AK/(mg/kg)	阳离子交换量CEC/(cmol/kg)	土壤母质 Parent material	剖面点坐标 Profile coordinate	匹配指数 Matching index/%
剖1	淋溶土	棕壤	棕壤	酸性岩林地棕壤	砂壤表土中层酸性岩林地棕壤	1	0~3					79.4							酸性岩类	E 117°55′55.2″ N 35°22′11.6″	80
						2	3~16					32.8									
						3	16~45					19.0									
						4	45~85					11.5									
剖2	淋溶土	棕壤	棕壤	酸性岩坡洪积棕壤		1	0~22	棕褐色	砂壤土	粒状	6.3	5.6	0.35		24	1.6	77		酸性岩坡积物、洪积物	E 118°02′18.6″ N 35°21′24.5″	92
						2	22~50	浅褐色	砂壤土	碎块状	6.5	3.8	0.24		19	0.9	47				
						3	50~58	红棕色	轻黏土	柱状	6.2	4.1	0.30		19	0.7	31				
						4	58~95	红棕色	砂质轻黏土	柱状	6.2	1.5	0.18		24	0.6	54				
						5	95~110	灰褐色	砂质轻黏土	柱状	6.1										
剖3	半淋溶土	褐土	淋溶褐土	钙质坡洪积淋溶褐土	轻壤表土厚黏化钙质坡洪积淋溶褐土	1	0~17	黄褐色	轻壤土	碎块状	6.8	9.2	0.59	0.59	41	1.8	59		钙质岩坡洪积物、洪积物	E 117°58′43.6″ N 35°17′48.2″	90
						2	17~26	棕褐色	轻黏土	块状	6.5	8.5	0.59	0.50	36	1.0	50				
						3	26~76	棕褐色	轻黏土	块状	6.8	6.8	0.47	0.41	25	1.0	50				
						4	76~150	红黄褐色	轻黏土	块状	7.0	5.8	0.40	0.55	20	2.0	53				
剖4	半淋溶土	褐土	褐土性土	钙质岩冲积褐土性土		1	0~20		石渣土		7.5	9.4	0.58	0.81	66	2.3	58		钙质岩冲积物	E 117°54′29.1″ N 35°14′45.3″	85
剖5	淋溶土	棕壤	棕壤	酸性岩冲积棕壤	轻壤表土壤均质酸性岩冲积棕壤	1	0~20	黄棕褐色	轻壤土	碎块状	6.6	8.9	0.43	0.63	38	5.7	66		洪积物、冲积物	E 117°48′04.6″ N 35°14′21.8″	84
						2	20~60	黄棕褐色	轻壤土	块状	6.6	6.6	0.40		13	2.0	55				
						3	60~150	暗黄褐色	轻壤土	块状	6.8	4.8	0.81		20	2.5	33				
剖6	淋溶土	棕壤	潮棕壤	酸性岩冲积潮棕壤	轻壤表土壤均质酸性岩冲积潮棕壤	1	0~20	黄褐色	轻壤土	碎块状	6.6	8.0	0.55	0.98	41	6.2	61		酸性岩类	E 118°06′28.8″ N 35°19′25.7″	72
						2	20~50	黄褐色	轻壤土	碎块状	6.7	4.1	0.28	0.72	21	8.2	44				
						3	50~150	棕褐色	轻壤土	碎块状	6.6	4.0	0.24	1.02	24	21.8	40				
剖7	淋溶土	棕壤	白浆化棕壤	酸性岩冲积白浆化棕壤		1	0~15	浅黄褐色	轻壤土	碎块状	6.8	4.8	0.27	0.27	20	1.1	50	6.6	酸性岩冲积物、冲积物	E 118°08′59.6″ N 35°18′25.9″	96
						2	15~24	暗黄褐色	轻壤土	碎块状	6.8	5.0	0.30	0.23	22	0.8	39	6.9			
						3	24~34	黄棕褐色	轻壤土	块状	6.8	3.6	0.24	0.18	22	0.7	31				
						4	34~55	灰白色	砂壤土	块状	6.4	2.2	0.13	0.17	9	0.9	44				
						5	55~150	红棕色	轻壤土	棱柱状	6.6	2.6	0.20	0.72	16	0.2	68				
剖8	半淋溶土	潮土	潮土	冲积河潮土		1	0~20	灰褐色	中壤土	块状	7.2	5.7	0.33	0.70	32	3.5	39		冲积物	E 118°02′40.2″ N 35°16′05.1″	75
						2	20~45	黄褐色	砂壤土	块状	6.6	8.2	0.51	0.69	40	2.5	53				
						3	45~110	暗褐色	砂壤土	块状	6.6	7.5	0.41	0.79	24	2.3	64				
						4	110~150	暗黄褐色	砂质重壤土	粒状	6.4	15.3	0.86	0.24	46	1.4	42				
剖9	淋溶土	棕壤	潮棕壤	酸性岩冲积潮棕壤	砂壤表土厚黏化酸性岩冲积潮棕壤	1	0~20	棕褐色	砂壤土	碎块状	6.4	4.6	0.34	0.27	20	1.1	42		洪积物、冲积物	E 118°13′21.8″ N 35°15′39.1″	76
						2	20~30	暗褐色	砂壤土	碎块状	6.0	3.2	0.26	0.20	21	0.8	33				
						3	30~50	暗褐色	轻黏土	柱状	6.1	2.7	0.23	0.15	18	0.3	34				
						4	50~65	灰黄色	轻黏土	柱状	6.5	2.3	0.22	0.12	14	0.3	44				
						5	65~150	灰黄色	砂质重壤土	碎块状	7.4	1.5	0.14	0.85	9	微量	35				
剖10	半水成土	砂姜黑土	砂姜黑土	黑土裸露砂姜黑土	重壤表土黑土裸露砂姜黑土	1	0~25	浅黑色	重壤土	块状	7.4	19.5	1.00	1.32	42	0.9	27	41.5	冲积物	E 118°08′03.1″ N 35°15′32.8″	92
						2	25~63	暗黑色	轻壤土	块状	7.4	6.8	0.43	1.63	17	0.3	26	28.3			
						3	63~85	浅黄褐色	轻黏土	柱状	7.4	2.9	0.23	0.73	10	1.1	24				
						4	85~150	浅黄褐色	轻黏土	柱状	7.5	8.3	0.50	0.59	32	1.2	39				
剖11	半水成土	砂姜黑土	砂姜黑土	黄土覆盖砂姜黑土	轻壤表土厚黑土砂黄覆盖砂姜黑土	1	0~19	暗黄棕色	轻壤土	块状	7.1	9.2	0.52	1.32	36	2.0	39		洪积物、冲积物	E 118°13′26.4″ N 35°14′03.8″	78
						2	19~40	暗黄棕色	轻壤土	大块状	7.2	8.4	0.51	1.63	32	1.5	42				
						3	40~65	灰黄色	砾质中壤土		7.0	12.7	0.72	0.73	37	1.0	34				
						4	65~104	浅黄棕色	中壤土	棱块状	7.3	5.9	0.34	0.24	19	0.5	19				
						5	104~150	灰黑色	重壤土		7.4	2.3	0.13	0.45	9	0.8	38				

续表 Continued

剖面号 Soil profile	土纲 Soil order	土类 Soil great group	亚类 Soil subgroup	土属 Soil genus	土种 Soil species	土层码 Layer code	土层厚度 Depth/cm	颜色 Soil color	质地 Soil texture	土壤结构 Soil structure	pH	有机质 OM/(g/kg)	全氮 TN/(g/kg)	全磷 TP/(g/kg)	碱解氮 AN/(mg/kg)	有效磷 AP/(mg/kg)	速效钾 AK/(mg/kg)	阳离子交换量 CEC/(cmol/kg)	土壤母质 Parent material	剖面点坐标 Profile coordinate	匹配指数 Matching index/%
剖12	半淋溶土	褐土	潮褐土	钙质岩洪冲积潮褐土	轻壤表土壤均质钙质岩洪冲积潮褐土	1	0—20	灰褐色	砂质轻壤土	碎块状	7.4	15.8	0.79	1.13	85	13.0	40		钙质岩洪积物、冲积物	E 118°06′30.5″ N 35°10′44.8″	83
						2	20—30	暗褐色	轻壤土	块状	7.2	5.0	0.35	0.74	31	3.9	69				
						3	30—50	黄棕褐色	轻壤土	块状	7.2	3.4	0.29	0.85	22	6.3	35				
						4	50—150	黄棕褐色	轻壤土	块状	7.2	5.0	0.32	0.94	36	8.2	45				
剖13	淋溶土	棕壤	棕壤性土	酸性岩类棕壤性土		1	0—30	黄褐色	砂土	粒状	6.1	3.5	0.20	1.26	29	1.2	29		酸性岩类	E 118°16′12.7″ N 35°17′18.2″	94
剖14	淋溶土	棕壤	棕壤性土	棕壤性土		1	0—20	棕褐色	砂质中壤土	块状	6.4	11.6	0.66	0.79	48	1.2	29			E 117°38′49.3″ N 35°06′09.8″	86
						2	20—45	灰棕色	砂质黏土	柱状	6.6	6.2	0.36	0.42	23	0.5	25				

平 邑 县

主要土类说明

粗骨土是平邑县主要土壤类型，占本县地域面积的 46%，广泛分布在河谷阶地、丘陵、低山和中山等多种地貌单元和地形部位。粗骨土发育于基岩风化残积物、坡积物上，属于 A–C 型，甚至（A）–C 型土壤。A 层发育不明显，与母质土层性状相似，略显有机质累积。有时母质层富含砾石，剖面分异与发育特征不显著。

棕壤是平邑县第二大土壤类型，占本县地域面积的 21%，全县各乡镇均有分布，尤以武台、保太、卞桥、郑城、临涧、丰阳、流峪、白彦等地分布最广。成土母质为酸性岩类残积物、坡积物、洪积物、冲积物。本县棕壤分布区夏季温暖多雨，冬季寒冷干旱。土壤季节性冻融明显，物质的淋溶淀积作用强烈，土壤具有明显的黏化作用，生物小循环的速度和强度都比较大。土体见黏粒淀积，盐基充分淋失，心土层下段有时有铁子，pH 为 6.0—7.0，具 O–A–Bt–C 剖面构型。

褐土是平邑县第三大土壤类型，占本县地域面积的 20%，主要分布在浚河两侧仲村、丰阳、保太、卞桥、铜石、地方等镇的石灰岩低山丘陵地带。该土壤具有黏化与钙质淋移淀积特征，具 A–B–Bk–C 剖面构型。盐基饱和，处于硅铝风化阶段，有明显黏淀层与假菌丝状钙积层。B 层呈棕褐色，土壤呈中性到微碱性，pH 为 6.8—7.6，盐基饱和度在 80% 以上。

潮土占平邑县地域面积的 8%，主要分布在浚河、温凉河两岸的剥蚀冲积平原上。潮土是直接发育在河流沉积物上，受地下水作用形成的一类土壤。底土氧化还原作用交替发生，中下部土层有明显的锈色斑纹，或有细小的铁锰结核，或有石灰结核。成土物质颗粒的粗细不仅在平面分布上有分选差异，即近河粗、远河细，同一剖面中也有不同的质地层次排列。土壤呈微酸性至微碱性，pH 为 6.5—7.5。

小于本县地域面积 3% 的土壤类型有红黏土和砂姜黑土等。

本区域中心区气候特征

本区域中心区气候特征值
Regional climate characteristics in central area of the region

气候带：暖温带亚湿润气候 Climate region: Warm temperate subhumid climate	
年平均气温 /℃ Annual average temperature /℃	13.7
年平均最高气温 /℃ Annual average maximum temperature /℃	19.3
年平均最低气温 /℃ Annual average minimum temperature /℃	8.9
年降水量 /mm Annual precipitation /mm	729
≥10℃的积温 /℃ Daily temperature accumulated in a year (≥10℃) /℃	5041
年日照时数 /h Annual sunshine /h	2450
年平均相对湿度 /% Annual average relative humidity /%	69
干燥度 Dryness	1.13

本区域中心区月平均气温与月平均降水量
Monthly temperature and precipitation in central area of the region

平邑县主要土壤类型与土壤剖面点分布图
1 : 220 000

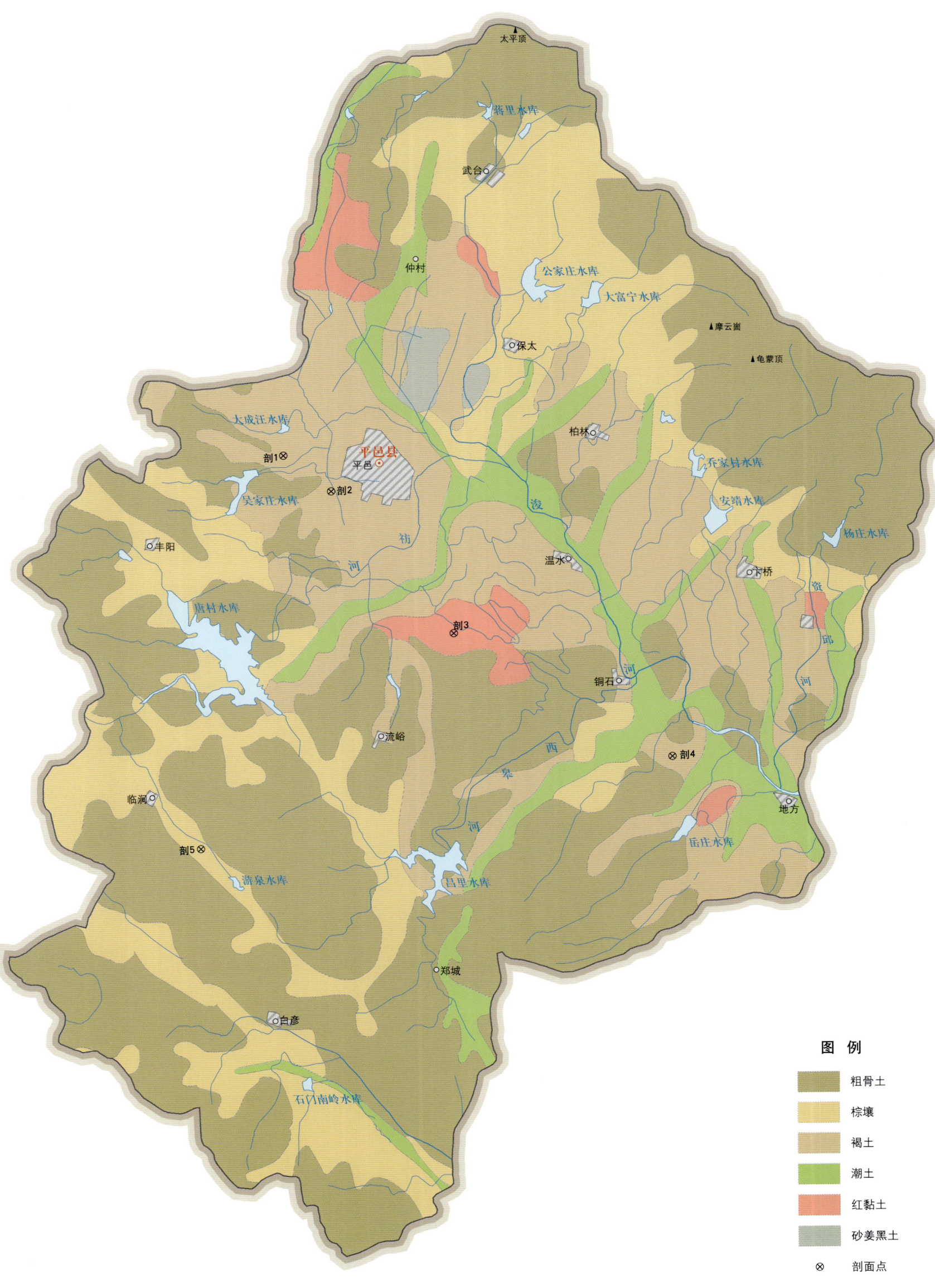

平邑县土壤剖面理化性状表

剖面号 Soil profile	土纲 Soil order	土类 Soil great group	亚类 Soil subgroup	土属 Soil genus	土种 Soil species	土层码 Layer code	土层厚度 Depth/cm	质地 Soil texture	pH	有机质 OM/(g/kg)	全氮 TN/(g/kg)	全磷 TP/(g/kg)	碱解氮 AN/(mg/kg)	有效磷 AP/(mg/kg)	速效钾 AK/(mg/kg)	阳离子交换量CEC/(cmol/kg)	土壤母质 Parent material	剖面点坐标 Profile coordinate	匹配指数 Matching index/%
剖1	半淋溶土	褐土	褐土性土	灰质褐土性土	黏坡黄土	Ap	0—19	壤质黏土	7.6	11.6	0.72	0.28	73	5.0	165	20.6		E 117°34′18.7″ N 35°30′56.4″	99
						B	19—58	壤质黏土	7.6	8.9	0.80	0.24	50	0.8	122	17.6			
剖2	半淋溶土	褐土	淋溶褐土	灰质淋溶褐土	灰质金黄土	Ap	0—18	黏壤土	7.0	10.8	0.65	0.28	59	1.5	96	16.1		E 117°35′57.0″ N 35°29′53.0″	90
						AB	18—45	黏壤土	7.4	6.6	0.41	0.22	28	0.5	90	16.2			
						B₁	45—80	黏壤土	7.4	5.4	0.29	0.18	33	1.3	81	13.1			
						B₂	80—150	黏壤土	7.5	3.2	0.16	0.18	25	1.3	83	13.4			
剖3	初育土	红黏土	红黏土	灰岩蚀余红黏土	板红土	1	0—18	壤质黏土	6.5	7.8	0.55		49	3.0	88	18.1	灰岩	E 117°40′08.4″ N 35°25′44.7″	99
						2	18—40	壤质黏土	6.3	6.0	0.51		36	1.8	89	18.3			
						3	40—72	壤质黏土	5.8	4.5	0.47		30	3.5	112	23.1			
						4	72—109	壤质黏土	6.1	4.3	0.41					24.3			
						5	109—121	壤质黏土	5.7	4.0	0.38					23.5			
剖4	半淋溶土	褐土	淋溶褐土	硅泥淋溶褐土	黏心硅泥土	Ap	0—27	砂质黏壤土	7.0	8.0	0.55	0.31	57	2.8	70	22.0		E 117°47′38.0″ N 35°22′04.8″	74
						B₁	27—80	壤质黏土	7.2	8.0	0.27	0.26	26	1.3	118	26.6			
						B₂	80—150	壤质黏土	7.2	3.3	0.29	0.27	20	1.1	113	25.7			
剖5	淋溶土	棕壤	棕壤	洪积棕壤	僵心板棕黄土	Ap	0—15	黏壤土	6.0	9.0	0.70	0.53	118	5.9	84	13.5		E 117°31′21.0″ N 35°19′32.5″	79
						B₁	15—65	壤质黏土	6.6	6.6	0.42	0.45	47	2.0	70	19.5			
						B₂	65—125	壤质黏土	6.5	4.0	0.34	0.17	19	0.7	131	23.0			
						B₃	125—150	壤质黏土	6.6	3.3	0.24	0.24	18	3.3	130	23.6			

莒 南 县

主要土类说明

棕壤是莒南县主要土壤类型，占本县地域面积的75%，在全县各乡镇均有分布，主要集中在山丘地区。成土母质为花岗岩、片麻岩等酸性岩类风化物。剖面通体无石灰反应，呈微酸性至中性，棕壤具有黏粒淀积层，并有铁子、胶膜等新生体。本县棕壤主要分为棕壤性土、棕壤、白浆化棕壤和潮棕壤等亚类。从垂直分布看，由上而下出现棕壤性土、棕壤或白浆化棕壤、潮棕壤亚类。一般规律是随着垂直向下，表土质地由粗到细，地下水位由低到高，养分含量由少到多，土体厚度由薄到厚。

潮土是莒南县第二大土壤类型，占本县地域面积的11%，主要分布在境内河流两岸及沿河阶地的低洼地区。地下水参与成土过程，同一剖面中砂黏间层较明显，剖面下部有明显的铁锈斑纹。本县西部潮土主要受沭河水系的影响，岩性复杂，一般质地较细。东部潮土主要受绣针河、龙王河水系的影响，发源于本县酸性岩地区，源短，冲积物质地较粗。所以，当地潮土与黄泛平原的潮土在质地和酸碱度上有不同之处。本县潮土分为潮土和湿潮土等亚类。

褐土是莒南县第三大土壤类型，占本县地域面积的5%，主要分布在石莲子、大店等地。成土母质为钙质岩母质或非石灰性砂页岩。褐土具有黏化与钙质淋移淀积特征，有明显的黏淀层与假菌丝状钙积层，有石灰反应。B层呈棕褐色，土壤呈中性至微碱性，盐基饱和度在80%以上。本县褐土分为褐土性土、褐土和淋溶褐土等亚类。

水稻土占莒南县地域面积的4%。本县1963年试验推行大面积种植水稻，多在潮土上种植，种植水稻的历史不长，多实行水旱轮作，水稻土的发育特征尚不够典型。表土有明显的氧化还原层，可见锈色斑纹。土层深厚的水稻土，在氧化还原层以下有明显的氧化淀积现象。本县水稻土所处地势低洼，地下水位较高，质地细，表土质地为轻壤土至黏土，心腰黏，通透性较差，适耕期短，养分含量较高。

小于本县地域面积3%的土壤类型有砂姜黑土、石质土和粗骨土等。

本区域中心区气候特征

本区域中心区气候特征值
Regional climate characteristics in central area of the region

气候带：暖温带亚湿润气候 Climate region: Warm temperate subhumid climate	
年平均气温 /℃ Annual average temperature /℃	13.4
年平均最高气温 /℃ Annual average maximum temperature /℃	18.5
年平均最低气温 /℃ Annual average minimum temperature /℃	9.1
年降水量 /mm Annual precipitation /mm	826
≥10℃的积温 /℃ Daily temperature accumulated in a year（≥10℃）/℃	4922
年日照时数 /h Annual sunshine /h	2500
年平均相对湿度 /% Annual average relative humidity /%	71
干燥度 Dryness	0.99

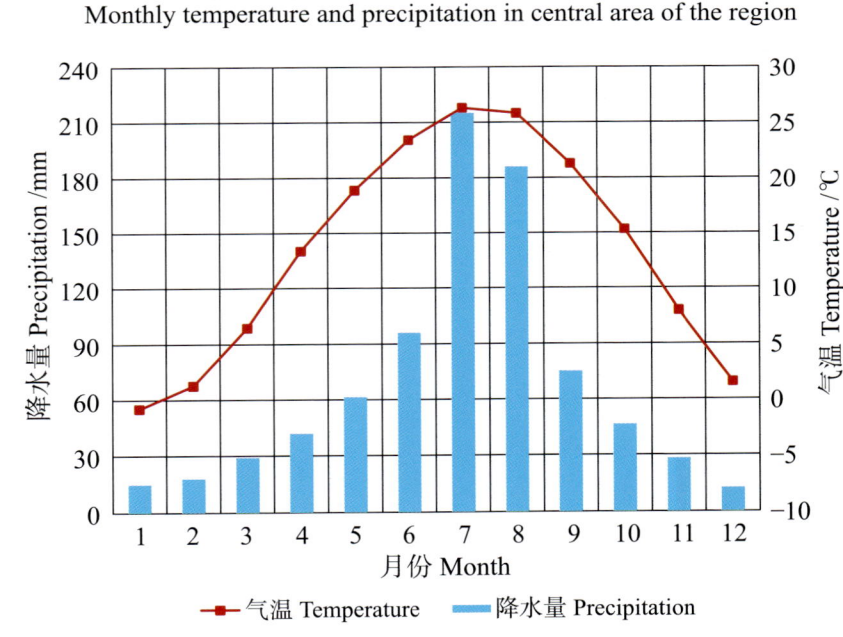

本区域中心区月平均气温与月平均降水量
Monthly temperature and precipitation in central area of the region

莒南县主要土壤类型与土壤剖面点分布图

1:200 000

图例：棕壤 | 潮土 | 褐土 | 水稻土 | 砂姜黑土 | 石质土 | 粗骨土 | ⊗ 剖面点

莒南县土壤剖面理化性状表

剖面号 Soil profile	土纲 Soil order	土类 Soil great group	亚类 Soil subgroup	土属 Soil genus	土种 Soil species	土层码 Layer code	土层厚度 Depth/cm	颜色 Soil color	质地 Soil texture	土壤结构 Soil structure	pH	有机质 OM/(g/kg)	全氮 TN/(g/kg)	全磷 TP/(g/kg)	全钾 TK/(g/kg)	碱解氮 AN/(mg/kg)	有效磷 AP/(mg/kg)	速效钾 AK/(mg/kg)	阳离子交换量 CEC/(cmol/kg)	土壤母质 Parent material	剖面点坐标 Profile coordinate	匹配指数 Matching index/%
剖1	半淋溶土	褐土	淋溶褐土	洪冲积淋溶褐土	厚黏腰砂壤土	1	0—20	红褐色	砂壤土	粒状	7.1	5.2	3.60	0.77		37	3.0	16	11.2	洪积物、冲积物	E 118°39′51.0″ N 35°20′49.1″	77
						2	20—50	红褐色	轻壤土	粒状	7.3	3.7	0.29	0.56		32	2.0	18				
						3	50—150	红棕色	重壤土	块状	7.1	5.0	0.31	0.39		38	1.0	19				
剖2	淋溶土	棕壤	棕壤	坡洪积棕壤	砂壤薄黏心棕壤	1	0—20	棕色	砂壤土		6.1	3.1	0.25	0.27		21	2.0	25		片麻岩坡积物、洪积物	E 118°36′30.5″ N 35°20′16.3″	73
						2	20—40	红棕色		块状	6.1	2.3	0.21	0.27		39	0.2	35				
						3	40—60				6.5	0.9	0.08	0.41		17	3.0	35				
剖3	半水成土	潮土	潮土	河潮土	厚砂心轻壤河潮土	1	0—15	灰黄色	中壤土		6.5	5.3		6.10		15	15.0	79		河流冲积物	E 118°44′57.2″ N 35°20′04.6″	81
						2	15—30	灰黄色	砂壤土		6.7	3.8	0.26	0.60		24	3.0	105				
						3	30—150	黄褐色	粗砂土				0.25	0.19		6		40				
剖4	人为土	水稻土	幼年水稻土	冲积幼年水稻土	轻壤厚黏腰水稻土	1	0—20	灰黄色	轻壤土		6.1	9.1	0.59	0.91		56	11.0	41	9.5	冲积物	E 118°42′08.8″ N 35°18′58.7″	70
						2	20—60	棕色	砂壤土		6.7	4.9	0.39	0.77		25	6.0	35				
						3	60—150	棕色	重壤土			5.6	0.41	0.91		27	12.0	56				
剖5	砂姜黑土	砂姜黑土	砂姜黑土	黄土粒露砂姜黑土	黄黏黑心中壤砂姜土	1	0—20	浅棕色	中壤土		6.0	9.1	0.56	0.70		39	2.0	39	17.9	冲积物	E 118°41′39.1″ N 35°16′30.4″	99
						2	20—50	浅棕色	中壤土		6.9	5.4	0.42	0.60		28	1.0	41				
						3	50—120	灰黑色	重黏土		7.3	5.9	0.36	0.50		15	1.0	34				
						4	120—150	黄褐色	黏土	棱块状	7.1	2.7	0.24	0.46		11	1.0	37				
剖6	人为土	水稻土	幼年水稻土	冲积幼年水稻土	中壤厚黏心水稻土	1	0—38	灰棕色	中壤土	粒状	6.8	13.2	0.81	0.76		53	6.0		28.5	冲积物	E 118°44′46.0″ N 35°16′27.5″	73
						2	38—75	黑色	黏土	块状	7.3	11.7	0.77	0.85		38		51				
						3	75—150	红棕色	黏土	块状	7.3	3.9	0.31	0.74		12	1.0	44				
剖7	半水成土	砂姜黑土	砂姜黑土	黑土粒露砂姜黑土	黑黏心中壤砂姜土	1	0—20	灰黑色	重壤土		7.3	12.4	0.78	0.79		41	3.0			沉积物	E 118°42′42.1″ N 35°15′51.1″	74
						2	20—55	灰黑色	重黏土		7.3	13.0	0.77			44	2.0	32				
						3	55—90	黑色	黏土		7.5	14.3	0.67			24	2.0	36				
						4	90—130	灰黄色	黏土		7.5	12.5	0.20			11	4.0					
剖8	半淋溶土	褐土	褐土	洪冲积褐土	厚黏腰壤土	1	0—20		砂壤土	粒状	6.9	4.0	0.78	1.33		15	4.0	52	13.6	洪积物、冲积物	E 118°42′33.0″ N 35°14′57.9″	86
						2	20—60	黑色	轻壤土	块状	7.3	1.7	0.16	1.34		10	3.0	42				
						3	60—150	黑色	重壤土	块状		3.0	0.31	0.83		17	3.0	53				
剖9	半淋溶土	褐土	褐土	洪冲积褐土	厚黏心中壤土	1	0—20	浅棕色	中壤土	粒状	6.6	11.8	0.78	0.78		54	4.0	43	19.9	洪积物、冲积物	E 118°42′02.8″ N 35°15′28.2″	90
						2	20—50	棕灰色	重壤土	块状	6.9	10.5	0.60	0.48		30	2.0	37				
						3	50—80	棕灰色	黏土	块状	7.3	7.7	0.46	0.35		21	2.0	36				
						4	80—120	灰黄色	黏土	块状	7.3	5.4	0.33	0.29		15	1.0	26				
						5	120—150		黏土		7.5	6.5	0.16	0.19		20	1.0					
剖10	人为土	水稻土	幼年水稻土	冲积幼年水稻土	重黏均质水稻土	1	0—20	棕红色	重黏土	块状	6.9	14.1	0.92	0.69		76	4.0	50	26.7	洪积物、冲积物	E 118°45′01.7″ N 35°19′30.7″	71
						2	20—90	黑色	黏土	块状	7.3	13.2	0.78	0.64		64	2.0	16				
						3	60—150	灰黄色	中壤土	粒状	7.1	5.7	0.39	0.47		21	1.0	27				
剖11	半水成土	潮土	湿潮土	冲积潮土	厚黏心中壤潮土	1	0—20	灰黄色	黏土	块状	7.3	10.5	0.32	0.50		19	微量	35	23.1	河流冲积物	E 118°46′04.4″ N 35°17′12.5″	94
						2	20—60	灰黄色	黏土	粒状	7.1	11.0	0.57	0.57		23	1.0	37				
						3	60—150		黏土													
剖12	淋溶土	棕壤	棕壤性土	酸性岩类棕壤性土	酥底中薄粗砂土	1	0—20	棕红色	粗砂土	粒状	6.7	3.0	0.19	4.52		20	4.0	18		酸性岩风化物	E 118°50′17.0″ N 35°16′41.6″	98
						2	20—	红黄色		无明显结构	6.7											
剖13	半水成土	潮土	潮土	河潮土	均质砂壤河潮土	1	0—30	黄色	砂壤土		6.1	6.3	0.34	0.82		36	8.0	27		河流冲积物	E 118°59′27.7″ N 35°16′33.6″	89
						2	30—80	黄色	砂壤土		7.1	3.0	0.18	0.27		25	2.0	14				
						3	80—110		粗砂土	粒状	7.1	3.1	0.21	0.25		7	1.0	12				

续表 Continued

剖面号 Soil profile	土纲 Soil order	土类 Soil great group	亚类 Soil subgroup	土属 Soil genus	土种 Soil species	土层码 Layer code	土层厚度 Depth/cm	颜色 Soil color	质地 Soil texture	土壤结构 Soil structure	pH	有机质 OM/(g/kg)	全氮 TN/(g/kg)	全磷 TP/(g/kg)	全钾 TK/(g/kg)	碱解氮 AN/(mg/kg)	有效磷 AP/(mg/kg)	速效钾 AK/(mg/kg)	阳离子交换量CEC/(cmol/kg)	土壤母质 Parent material	剖面点坐标 Profile coordinate	匹配指数 Matching index/%
剖14	人为土	水稻土	幼年水稻土	冲积幼年水稻土	轻壤厚黏心水稻土	1	0—25	灰黄色	轻壤土	粒状	6.7	9.5	0.60			44	6.0			冲积物	E 118°47′47.0″ N 35°12′05.4″	83
						2	25—50	暗棕色	重壤土	块状	6.7	6.7	0.47			32	3.0					
						3	50—100	浅棕色	黏土	块状	6.7	5.3	0.42			24	2.0					
						4	100—150	红棕色	重壤土		6.7	2.5	0.21			15	6.0					
剖15	人为土	水稻土	幼年水稻土	冲积幼年水稻土	中壤均质水稻土	1	0—20	黄棕色	中壤土	块状	6.9	9.2	0.66	0.85		75	9.0	64		冲积物	E 118°48′02.5″ N 35°11′15.7″	84
						2	20—70	蓝灰色	中壤土		7.1	4.6	0.52	0.71		43	5.0	33				
剖16	淋溶土	棕壤	棕壤性土	酸性岩类淋溶棕壤性土	石底薄黏层粗砂土	1	0—20	黄棕色	粗砂土	粒状	6.7	4.6	0.23	0.24		16	1.0	26		酸性岩类坡积物	E 118°58′46.6″ N 35°11′13.6″	97
						2	20—															
剖17	半淋溶土	褐土	淋溶褐土	洪积淋溶褐土	厚黏腰中壤中壤土	1	0—30	浅褐色	中壤土	粒状	7.3	4.3	0.30	0.45		18	1.0	19	18.3	洪积物、冲积物	E 118°45′44.4″ N 35°11′10.6″	92
						2	30—60	浅褐色	中壤土	粒状	7.3	4.2	0.32	0.46		18	1.0	31				
						3	60—150	灰褐色	重壤土	块状	7.5	5.8	0.36	0.46		15	1.0	41				
剖18	半水成土	潮土	潮土	河潮土	厚黏腰轻壤河潮土	1	0—20	棕黄色	轻壤土	粒状	6.9	7.0	0.50	0.69		39	2.0	36	9.5	河流冲积物	E 118°46′59.2″ N 35°10′44.4″	90
						2	20—60	棕黄色	中壤土	粒状	6.9	6.1	0.43	0.60		30	1.0	32				
						3	60—120	灰黄色	重壤土		7.1	6.6	0.49	0.44		32	1.0	36				
						4	120—150	灰黑色	黏土	块状	6.9	6.1	0.39	0.31		16	0.2	37				
剖19	半水成土	潮土	潮土	河潮土	均质中壤河潮土	1	0—20	黄褐色	中壤土	粒状	6.9	4.5	0.25	0.98		22	1.0	36	12.1	河流冲积物	E 119°05′01.3″ N 35°10′35.0″	95
						2	20—150	黄褐色	中壤土		6.7	6.8	0.69	0.85		27	5.0	48				
剖20	淋溶土	棕壤	白浆化棕壤	坡洪积白浆化棕壤	砂壤质白浆棕壤	1	0—20	黄色	砂壤土	粒状	6.5	6.5	0.38	0.74		44	9.0	26	7.0	洪积物	E 118°43′12.1″ N 35°05′26.8″	95
						2	20—45	黄棕色		块状	6.0	1.0	0.14	0.23		20	4.0	24				
						3	45—150	棕黄色	黏土	粒状	6.0	1.6	0.32	0.21		19	2.0	30				
剖21	淋溶土	棕壤	棕壤	坡洪积棕壤	砂壤厚黏腰棕壤	1	0—20	棕黄色	砂壤土	粒状	6.5	6.4	0.55			80	9.0	38			E 118°52′45.1″ N 35°09′10.4″	86
						2	20—64	棕黄色	黏土	块状	6.5	5.8	0.40			35	2.0					
						3	64—100	棕色	砂壤土		6.9	0.7	0.08			9	3.0					
剖22	淋溶土	棕壤	棕壤性土	酸性岩类棕壤性土	酸底厚黏中层粗砂土	1	0—44	棕色	粗砂土	粒状	6.5	1.9	0.18	0.28		14	1.0	38		酸性岩类坡积物	E 118°48′29.4″ N 35°07′06.2″	79
						2	44—	黄褐色	砂壤土	粒状	6.5	1.3	0.10	0.28		7	1.0	23				
剖23	淋溶土	棕壤	棕壤	坡洪积棕壤	砂壤厚黏心砂壤	1	0—30	浅棕色	砂壤土	粒状	6.5	6.4	0.47	0.94		48	7.0	60	13.0	坡积物、洪积物	E 119°02′60.0″ N 35°09′23.4″	80
						2	30—80	棕色	重壤土	块状	6.9	2.2	0.26	0.54		29	1.0	45				
						3	80—150	棕色	重壤土	块状	7.1	0.9	0.15	0.77		8	5.0	27				
剖24	淋溶土	棕壤	白浆化棕壤	滞水白浆化棕壤	铁子白浆土	Ap	0—14	棕色	砂壤土	粒状	6.0	6.0	0.40	0.21	26.2	42	2.8	69	7.2		E 119°00′43.8″ N 35°04′12.1″	98
						Aw	14—31	砂壤土	砂壤土	块状	6.1	2.3	0.18	0.13	23.5	21	1.2	96	6.3			
						B₁	31—58		壤质黏土		6.3	3.3	0.28	0.41	22.2	26	0.7	120	20.4			
						B₂	58—110		壤质黏土		6.0	3.7	0.18	0.15	22.3	20	2.4	28	21.9			
						BC	110—130		砂质黏壤土		5.9	1.6	0.10	0.50	19.4	13	4.7	28				

蒙 阴 县

主要土类说明

棕壤是蒙阴县主要土壤类型，占本县地域面积的54%，主要分布在联城、高都、野店，蒙阴、旧寨、坦埠、岱崮、桃墟等地也有分布。棕壤成土过程包括黏化过程、淋溶过程和生物积累过程，在人为的耕作影响下，还会经历旱耕熟化过程。易溶性盐和碳酸钙均已被淋失，上部土层的黏粒与活性铁、锰自上向下有所增加，并在中下部形成铁锰结核。土壤剖面呈棕色至红棕色，通体无石灰反应，呈中性至微酸性，pH 在 6.5 左右。本县棕壤分为棕壤性土、棕壤、潮棕壤等亚类。其中，棕壤性土亚类面积最大。

褐土是蒙阴县第二大土壤类型，占本县地域面积的40%。成土母质主要为石灰岩、页岩、砂页岩、砾岩残积物、坡积物、洪积物、冲积物。褐土成土条件的气候因素较棕壤略为干旱，土壤淋溶作用较弱，具有黏化与钙质淋移淀积特征，有明显黏淀层，剖面中部或下部有假菌丝状钙积层。具 A–B–Bk–C 剖面构型，B 层呈棕褐色。该土壤盐基饱和度在 80% 以上，多数有石灰反应，呈中性至微碱性，pH 大于 7.7。有机质含量较低，但在人为耕作影响下，熟化程度高的潮褐土，有机质含量可达 10g/kg，甚至更高。本县褐土分为褐土、淋溶褐土、潮褐土、褐土性土等亚类。其中，褐土性土亚类面积最大。

潮土是蒙阴县第三大土壤类型，占本县地域面积的 4%，主要分布在梓河、东汶河等沿河地势平坦处，是直接发育在河流沉积物上受地下水作用形成的一类土壤。地下水位浅，地下水参与成土过程，底土氧化还原作用交替发生，在中下部土层形成明显的锈纹、锈斑或细小的铁锰结核。本县潮土只有潮土一个亚类。

本区域中心区气候特征

本区域中心区气候特征值
Regional climate characteristics in central area of the region

气候带：暖温带亚湿润气候 Climate region: Warm temperate subhumid climate	
年平均气温 /℃ Annual average temperature /℃	13.6
年平均最高气温 /℃ Annual average maximum temperature /℃	19.1
年平均最低气温 /℃ Annual average minimum temperature /℃	8.9
年降水量 /mm Annual precipitation /mm	714
≥ 10℃的积温 /℃ Daily temperature accumulated in a year (≥ 10℃) /℃	4976
年日照时数 /h Annual sunshine /h	2500
年平均相对湿度 /% Annual average relative humidity /%	67
干燥度 Dryness	1.15

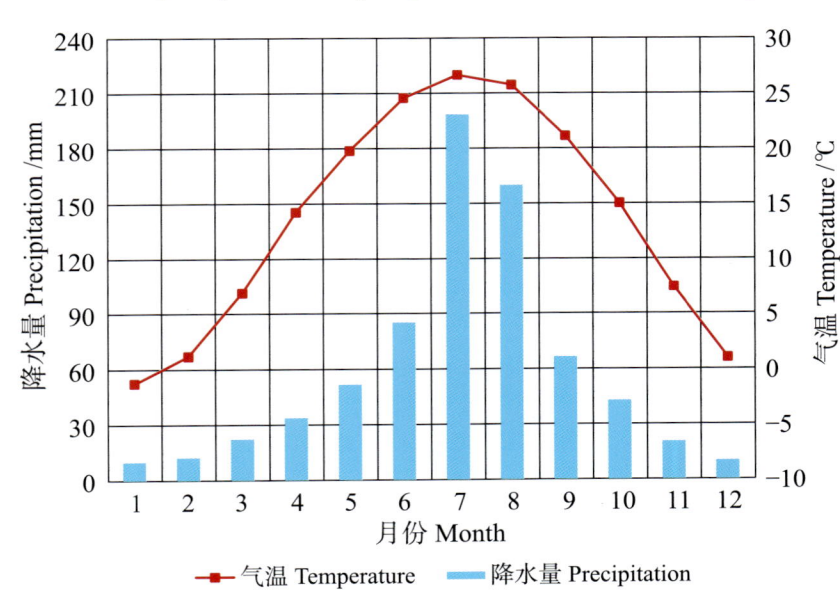

本区域中心区月平均气温与月平均降水量
Monthly temperature and precipitation in central area of the region

蒙阴县主要土壤类型与土壤剖面点分布图
1∶220 000

蒙阴县土壤剖面理化性状表

剖面号 Soil profile	土纲 Soil order	土类 Soil great group	亚类 Soil subgroup	土属 Soil genus	土种 Soil species	土层码 Layer code	土层厚度 Depth/cm	颜色 Soil color	质地 Soil texture	土壤结构 Soil structure	有机质 OM/(g/kg)	全氮 TN/(g/kg)	全磷 TP/(g/kg)	碱解氮 AN/(mg/kg)	有效磷 AP/(mg/kg)	速效钾 AK/(mg/kg)	阴离子交换量 CEC/(cmol/kg)	土壤母质 Parent material	剖面点坐标 Profile coordinate	匹配指数 Matching index/%
剖1	淋溶土	棕壤	棕壤	酸性岩坡洪积棕壤	轻壤表厚黏腰	1	0~22	棕黄色	中砾质轻壤土	屑粒状	10.5	0.71	0.66	61	1.8	131		酸性岩类坡积物、洪积物	E 117°58′24.4″ N 35°51′59.5″	88
剖2	半淋溶土	褐土	褐土	钙质岩坡洪积褐土	中壤表薄砂姜酸性岩坡洪积褐棕壤	1	0~19	黄褐色	少砾质中壤土	块状	4.7	0.39	0.41	45	0.4	100		钙质岩类坡积物、洪积物	E 117°50′19.0″ N 35°50′00.6″	83
						2	19~55	棕褐色	重壤土	块状	1.5	0.24		67	3.5	124				
						3	55~150	棕褐色	重壤土	块状	9.7	0.62	0.65	57	3.7	165				
剖3	半淋溶土	褐土	潮褐土	钙质岩洪冲积潮褐土		1	0~12	褐棕色	多砾质砂壤土	块状	5.4	0.39	0.62	41	0.3	173				82
						2	12~110	浅褐色	中砾质粗砂土	单粒状	6.2	0.54	0.71	41	1.0	244				
剖4	半淋溶土	褐土	褐土性土	钙质岩类褐土性土	轻壤表厚黏心钙质岩坡积洪积褐土	1	0~8	浅褐色	重砾质石渣	单粒状	9.4	0.50	0.94	36	0.7	79		钙质岩类坡积物、冲积物	E 118°10′26.4″ N 35°58′29.0″	80
											1.9	0.14	0.69	11	1.6	56				
剖5	半淋溶土	褐土	褐土	钙质岩坡积褐土		1	0~24	浅褐色	少砾质轻壤土	屑粒状	10.6	0.59	0.46	34	0.5	87	8.9	钙质岩类	E 118°05′33.9″ N 35°57′01.0″	94
						2	24~75	黄褐色	重壤土	块状	11.6	0.76	1.20	71	1.9	167				
						3	75~150	棕褐色	重壤土	块状	8.8	0.58	1.32	91	1.1	148				
剖6	半淋溶土	褐土	褐土性土	钙质岩类褐土性土		1	0~24		轻砾质石渣土	屑粒状	6.3	0.50		89	1.0	142		钙质岩类	E 118°09′01.8″ N 35°56′54.2″	73
						2	24—				15.9	0.92	0.70	71	2.4	127				
剖7	半水成土	潮土	潮土	人工堆积石灰积河潮土		1	0~34	褐色	少砾质砂壤土	屑粒状	7.6	0.45	1.03	38	2.3	85	13.8	钙质岩类	E 118°04′47.1″ N 35°53′25.2″	86
						2	34~90	浅褐色	单粒状	单粒状	7.2	0.36	0.95		0.9	47				
剖8	半淋溶土	褐土	褐土性土	钙质岩类褐土性土		1	0~40	褐色	松砂土	屑粒状	4.8	0.30	0.49	21	3.1	64		钙质岩类	E 118°09′07.6″ N 35°53′17.9″	93
						2	40—													
剖9	半水成土	潮土	潮土	人工堆积河潮土	砂壤表体人工堆积河潮土	1	0~27	黄棕色	中砾质中壤土	屑粒状	5.1	0.31	1.04	31	1.0	67	7.4	河流冲积物	E 118°02′32.6″ N 35°52′15.2″	100
						2	27~100	黄棕色	松砂土	单粒状	0.4	0.05	1.80	6	1.0	30				
						3	100~150				0.4	0.05	1.80	6	1.0	56				
剖10	半淋溶土	褐土	淋溶褐土	钙质岩坡洪积淋溶褐土	中壤均质钙质岩坡洪积淋溶褐土	1	0~25	褐棕色	少砾质中壤土	屑粒状	10.0	0.68	0.80	58	1.8	116	15.8	河流冲积物	E 118°09′30.6″ N 35°52′04.4″	82
						2	25~94	暗褐色	中壤土	棱柱状	6.5	0.51	0.89	72	1.0	129	16.6			
						3	94~120	褐棕色	黏土	棱柱状	4.1	0.41	0.41	38	2.1	174	18.4			
剖11	淋溶土	棕壤	潮棕壤	酸性岩洪冲积潮棕壤	砂壤表厚砂心	1	0~20	浅褐色	多砾质砂壤土	屑粒状	7.9	0.50	1.01	39	15.3	57	6.1	钙质岩类坡积物、洪积物	E 117°54′34.6″ N 35°48′45.0″	97
						2	20~35	浅褐色	多砾质砂壤土	小块状	4.8	0.30	0.60	40	2.5	36	4.3			
						3	35~150	暗棕色	重砾质粗砂土	单粒状	2.5	0.17	0.71	40	3.2	55				
剖12	淋溶土	棕壤	潮棕壤	酸性岩洪冲积潮棕壤	轻壤均质酸性岩洪冲积棕壤	1	0~20	棕黄	少砾质轻壤土	屑粒状	9.3	0.61	0.93	71	8.3	63	10.7	洪积物、冲积物	E 117°53′36.5″ N 35°47′51.1″	75
						2	20~58	暗棕色	中壤土	小块状	6.8	0.43	1.62	45	7.0	91	9.8			
						3	58~110	黄棕色	中壤土	块状	5.3	0.38	0.84	33	1.8	62	12.0			
剖13	淋溶土	棕壤	棕壤性土	酸性岩类棕壤性土		1	0~18	黄棕色	重砾质粗砂土	单粒状	6.8	0.36	0.62	34	0.7	55	9.8	酸性岩类	E 117°59′07.1″ N 35°47′03.9″	89
						2	18—													
剖14	半淋溶土	褐土	褐土性土	基性岩类褐土性土		1	0~36	灰褐色	多砾质轻壤土	屑粒状	8.2	0.47	0.77	52	2.0	102	21.6	基性岩类	E 117°51′40.1″ N 35°46′03.3″	89
						2	36—													
剖15	半淋溶土	褐土	褐土性土	基性岩类褐土性土		1	0~10	灰褐色	重砾质石渣土	屑粒状	1.8	0.11	0.58	12	1.0	54		基性岩类	E 117°52′43.3″ N 35°45′19.4″	81
						2	10—													
剖16	淋溶土	棕壤	淋溶褐土	基性岩坡洪积淋溶褐土	轻壤均质基性岩坡洪积淋溶褐土	1	0~25	灰褐色	少砾质轻壤土	屑粒状	15.0	0.76	1.57	127	13.4	97		基性岩类坡积物、洪积物	E 117°53′42.4″ N 35°44′44.5″	93
						2	25~75	灰褐色	轻壤土	块状	4.3	0.33	1.12	88	0.6	96				
						3	75~150	灰黄色	轻壤土	块状	2.8	0.25		49	1.9	98				
剖17	半淋溶土	褐土	褐土性土	基性岩类褐土性土		1	0~27	灰色	少砾质轻壤土	屑粒状	3.3	0.14	2.93	21	1.2	38		基性岩类	E 117°55′32.2″ N 35°44′25.5″	74
						2	27—													
剖18	半淋溶土	褐土	褐土性土	基性岩类褐土性土		1	0~27	棕褐色	中砾质砂土	屑粒状	5.7	0.35	0.83	31	0.7	52	20.6	基性岩类	E 117°57′18.1″ N 35°42′56.6″	100
						2	27—													

续表 Continued

剖面号 Soil profile	土纲 Soil order	土类 Soil great group	亚类 Soil subgroup	土属 Soil genus	土种 Soil species	土层码 Layer code	土层厚度 Depth/cm	颜色 Soil color	质地 Soil texture	土壤结构 Soil structure	有机质 OM/(g/kg)	全氮 TN/(g/kg)	全磷 TP/(g/kg)	碱解氮 AN/(mg/kg)	有效磷 AP/(mg/kg)	速效钾 AK/(mg/kg)	阳离子交换量CEC/(cmol/kg)	土壤母质 Parent material	剖面点坐标 Profile coordinate	匹配指数 Matching index/%
剖19	半淋溶土	褐土	褐土性	基性岩类褐土性土	中壤表厚黏心	1	0—23	黄褐色	中砾质壤土	屑粒状	9.6	0.50	0.77	41	3.3	69		基性岩类	E 117°58′54.9″ N 35°42′22.1″	94
						2	23—													
剖20	半淋溶土	褐土	淋溶褐土	基性岩坡洪积淋溶褐土	基性岩坡洪积	1	0—21	灰黄褐色	少砾质中壤土	屑粒状	5.3	0.60	0.72	49	6.6	169		基性岩类坡积物、洪积物	E 117°59′02.0″ N 35°41′47.8″	89
						2	21—55	浅褐色	重壤土	块状	4.0	0.31	0.59	23	0.7	181				
						3	55—150	褐黄色	黏土	柱状	3.7	0.30	0.64	23	0.5	179				
剖21	淋溶土	棕壤	棕壤	酸性岩坡洪积棕壤	轻壤表厚黏心	1	0—22	黄褐色	少砾质轻壤土	屑粒状	4.5	0.34	0.67	23	4.3	177	19.1	酸性岩类坡积物、洪积物	E 117°46′52.3″ N 35°41′18.2″	80
						2	22—56	棕褐色	重壤土	块状	4.3	0.35	0.73	21	1.9	164	20.5			
						3	56—150	黄褐色	重壤土	棱柱状	3.7	0.24	0.77	12	6.4	144				
剖22	淋溶土	棕壤	潮棕壤	酸性岩坡洪积潮棕壤	砂壤表厚砂积	1	0—27	红棕色	少砾质中壤土	屑粒状	8.4	0.59	1.20	65	27.2	99		洪积物、冲积物	E 117°51′20.2″ N 35°41′17.5″	85
						2	27—70	灰棕色	多砾质砂壤土	块状	7.2	0.58	1.00	61	2.4	56				
						3	70—150	黄褐色	重砾质松砂土	单粒状	0.4	0.04		4	0.6	27				
剖23	潮土	潮土	潮土	石灰性河潮土	轻壤均质河潮土	1	0—47	灰褐色	中砾质砂壤土	屑粒状	7.7	0.46	1.13	36	2.3	78	18.4	河流冲积物	E 117°57′25.9″ N 35°41′14.7″	78
						2	47—77	棕褐色	轻壤土	块状	4.9	0.37	1.16	48	0.8	77	21.4			
						3	77—105	蓝灰色	轻壤土	单粒状	2.9	0.24		23	0.8	58	21.4			
剖24	半水成土	潮土	潮土	河潮土	轻壤均质河潮土	1	0—34	灰黄色	少砾质轻壤土	屑粒状	8.4	0.61	0.69	55	2.5	75		河流冲积物	E 117°48′01.0″ N 35°40′11.6″	81
						2	34—65	灰黄褐色	轻壤土	小块状	4.0	0.30	0.53	33	1.9	49				
						3	65—100	蓝灰色	轻壤土	块状	10.6	0.54		75	1.2	50				
剖25	半淋溶土	褐土	褐土	钙质岩坡洪积褐土	轻壤表厚黏心	1	0—34	多砾褐色	多砾质壤土	屑粒状	13.8	0.96	1.18	110	19.1	180	17.3	钙质岩类坡积物、洪积物	E 118°11′56.7″ N 35°48′56.6″	95
						2	34—60	棕褐色	松砂土	单粒状	2.0	0.25	0.71	28	2.1	83	17.8			
						3	60—150		松砂土											
剖26	淋溶土	褐土	淋溶褐土	酸性岩坡洪积淋溶褐土	轻壤表厚黏腰	1	0—19	黄褐色	轻壤土	屑粒状	9.4	0.67	1.40	65	3.6	197		酸性岩类	E 118°09′25.6″ N 35°47′03.2″	79
						2	19—72	棕褐色	中壤土	小块状	5.6	0.44	0.69	52	1.0	169				
						3	72—150		重壤土	块状	1.4	0.40		56	8.2	210	24.0			
剖27	半淋溶土	褐土	淋溶褐土	钙质岩坡洪积淋溶褐土	中壤表厚黏心	1	0—19	黄褐色	黏土	屑粒状	4.4	0.33	0.88	35	1.0	53		钙质岩类	E 118°09′10.1″ N 35°46′19.4″	73
						2	19—56	棕褐色	黏土	单粒状	7.9	0.50	0.87	49	4.2	63				
						3	56—150	黄棕色	重壤土	单粒状	0.8	0.11	0.95	5	0.8	43				
剖28	淋溶土	棕壤	棕壤性	酸性岩坡洪积棕壤性土		1	0—10	棕褐色	中砾质粗骨土	屑粒状	8.7	0.49	0.65	50	1.1	86	6.8	酸性岩类	E 117°53′40.3″ N 35°37′57.0″	90
						R	10—													
剖29	棕壤	棕壤	棕壤	钙质岩坡洪积棕壤	中壤表厚黏腰	1	0—22	棕黄色	多砾质壤土	屑粒状	13.7	0.84	0.77	41	0.9	108	11.4	钙质岩类	E 117°59′27.2″ N 35°34′01.9″	100
						2	22—61	单粒色	中壤质壤土	小块状	0.5	0.04	0.63	28	0.5	78	11.7			
						3	61—150	黄褐色	块状		3.6			13	0.4	114				
剖30	淋溶土	褐土	淋溶褐土	钙质岩洪积淋溶褐土	中壤表厚黏心	1	0—22	褐色	少砾质中壤土	屑粒状	15.4	1.00	0.95	89	2.6	163	16.4	钙质岩类	E 118°03′24.1″ N 35°37′18.5″	77
						2	22—100	棕褐色	黏土	棱柱状	6.3	0.34	0.61	21	0.5	172	31.3			
						3	100—150	红棕色	黏土	棱柱状	7.1	0.48		38	0.5	102				
剖31	半淋溶土	褐土	褐土性	钙质岩类褐土性土	砂壤表砂体冲	1	0—22	紫棕色	重壤土	屑粒状	5.7	0.35	0.33	24	1.3	80	4.4	钙质岩类	E 118°03′05.8″ N 35°33′51.5″	77
						2	22—	紫棕色													
剖32	半水成土	潮土	潮土	河潮土		1	0—20	棕黄色	中砾质中壤土	屑粒状	13.7		1.45	78	2.1	110	9.0	河流冲积物	E 118°08′27.3″ N 35°33′05.9″	73
						2	20—100	灰白色	松砂土	单粒状	0.5		0.81	39	1.6	39				
剖33	半淋溶土	褐土	淋溶褐土	钙质岩坡洪积淋溶褐土	中壤表厚黏腰	1	0—18	黄褐色	中壤土	小块状	9.5	0.61	0.56	46	0.5	62		钙质岩类	E 118°06′49.0″ N 35°32′24.4″	89
						2	18—60	褐色	重壤土	棱柱状	6.2	0.44	0.47	50	0.1	184				
						3	60—150	红棕色			6.0	0.43		49	0.1	197				
剖34	淋溶土	棕壤	潮棕壤	酸性岩冲积潮棕壤	轻壤表厚黏腰	1	0—20	浅棕色	中砾质壤土	屑粒状	9.1	0.59	0.97	62	4.6	106		洪积物、冲积物	E 118°07′25.0″ N 35°29′16.8″	71
						2	20—60	褐黄色	重砾质壤土	小块状	7.3	0.50	0.92	55	1.3	93				
						3	60—150	浅黄色	重砾质松砂土	单粒状	1.4	0.07		8	1.0	37				

临 沭 县

主要土类说明

棕壤是临沭县主要土壤类型，占本县地域面积的76%，主要分布在本县东部、南部和东北部丘陵区，西部分布较少。成土母质以花岗岩、片麻岩为主，其次是非钙质砂砾页岩风化残积物、坡积物、洪积物、冲积物。本县棕壤具有明显的黏化作用。由于残积黏化和淀积黏化的作用，土体内有明显的较黏重的心土层，呈棱柱状结构，有铁锰胶膜，其下部有铁锰结核及铁子，又因淋溶作用较强，通体无石灰反应，呈微酸性，以棕色为主。本县棕壤分为棕壤性土、棕壤、白浆化棕壤、潮棕壤等亚类。其中，棕壤性土亚类、棕壤亚类面积较大。

砂姜黑土是临沭县第二大土壤类型，占本县地域面积的8%，主要分布在牛腿沟两侧地势低洼地带。砂姜黑土是第四纪浅湖沼泽沉积物经脱沼与长期耕作形成的，是具有腐泥状黑土层和潜育砂姜层的暗黑色土壤。地下水的游离碳酸钙在干湿交替的气候条件下，经淋溶淀积作用，在底土层以下聚积成砂姜层。因黄土覆盖的厚薄和地形高低不同，砂姜层出现的部位亦有差异，地形高的砂姜层埋藏深，反之则浅。土体内近砂姜处有石灰反应，土壤呈中性至微碱性，土壤质地较黏重，黏粒含量在35%以上，耕作困难，土壤凉湿，发老苗。有机质含量在10g/kg以上，稍高于其他土壤类型，全氮和速效钾的含量中等，全磷和速效磷的含量低，是一种缺磷的土壤。本县砂姜黑土只有砂姜黑土一个亚类。

潮土是临沭县第三大土壤类型，占本县地域面积的7%，主要分布在沭河沿岸较平坦地带。成土母质多为花岗岩、片麻岩等酸性岩类沉积物。剖面通体无石灰反应，土壤呈微酸性至中性。土壤沿沭河多呈带状分布，近河床的土壤质地为砂土，较远的为壤土，再远的土壤质地较黏，土体中也有不同的质地层次排列。潮土地下水位浅，地下水参与成土过程，底土氧化还原作用交替发生，形成锈纹、锈斑或细小的铁锰结核。本县潮土分为潮土和湿潮土等亚类。

褐土占临沭县地域面积的4%，主要分布在本县西部。成土母质是钙质砂岩、页岩、泥岩风化残积物、坡积物，这些母质富含钙质，淋溶作用较弱，土体中有不同程度的石灰反应。褐土一般由耕作层、钙积层、黏化层三个基本层段组成。土壤呈中性至微碱性，土体发育完全，以褐色为主，假菌丝体不明显，而黏化层较深厚。本县褐土分为褐土性土、淋溶褐土、褐土和潮褐土等亚类。其中，淋溶褐土亚类面积最大。

本区域中心区气候特征

本区域中心区气候特征值
Regional climate characteristics in central area of the region

气候带：暖温带亚湿润气候 Climate region: Warm temperate subhumid climate	
年平均气温 /℃ Annual average temperature /℃	13.8
年平均最高气温 /℃ Annual average maximum temperature /℃	18.7
年平均最低气温 /℃ Annual average minimum temperature /℃	9.5
年降水量 /mm Annual precipitation /mm	856
≥10℃的积温 /℃ Daily temperature accumulated in a year (≥10℃) /℃	5044
年日照时数 /h Annual sunshine /h	2441
年平均相对湿度 /% Annual average relative humidity /%	71
干燥度 Dryness	0.96

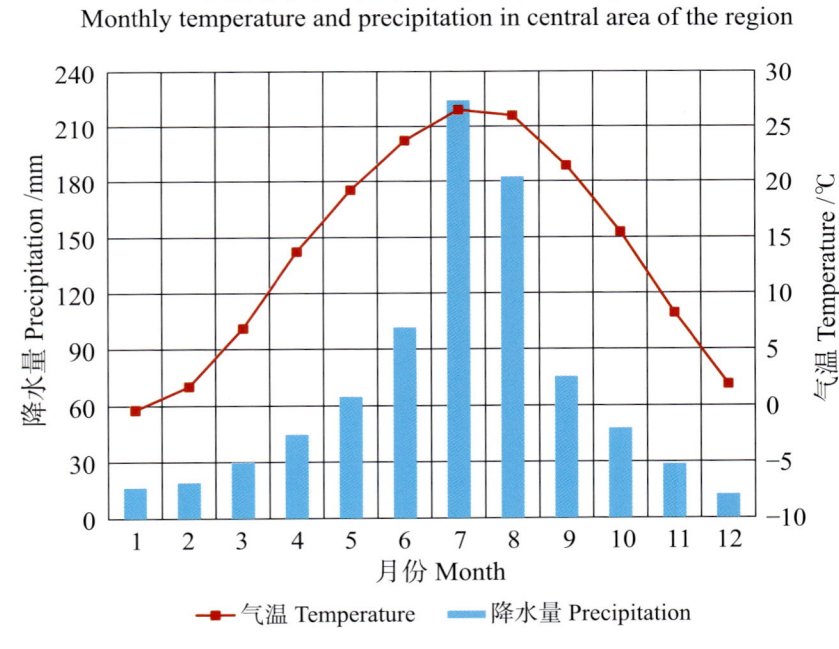

本区域中心区月平均气温与月平均降水量
Monthly temperature and precipitation in central area of the region

临沭县主要土壤类型与土壤剖面点分布图
1 : 180 000

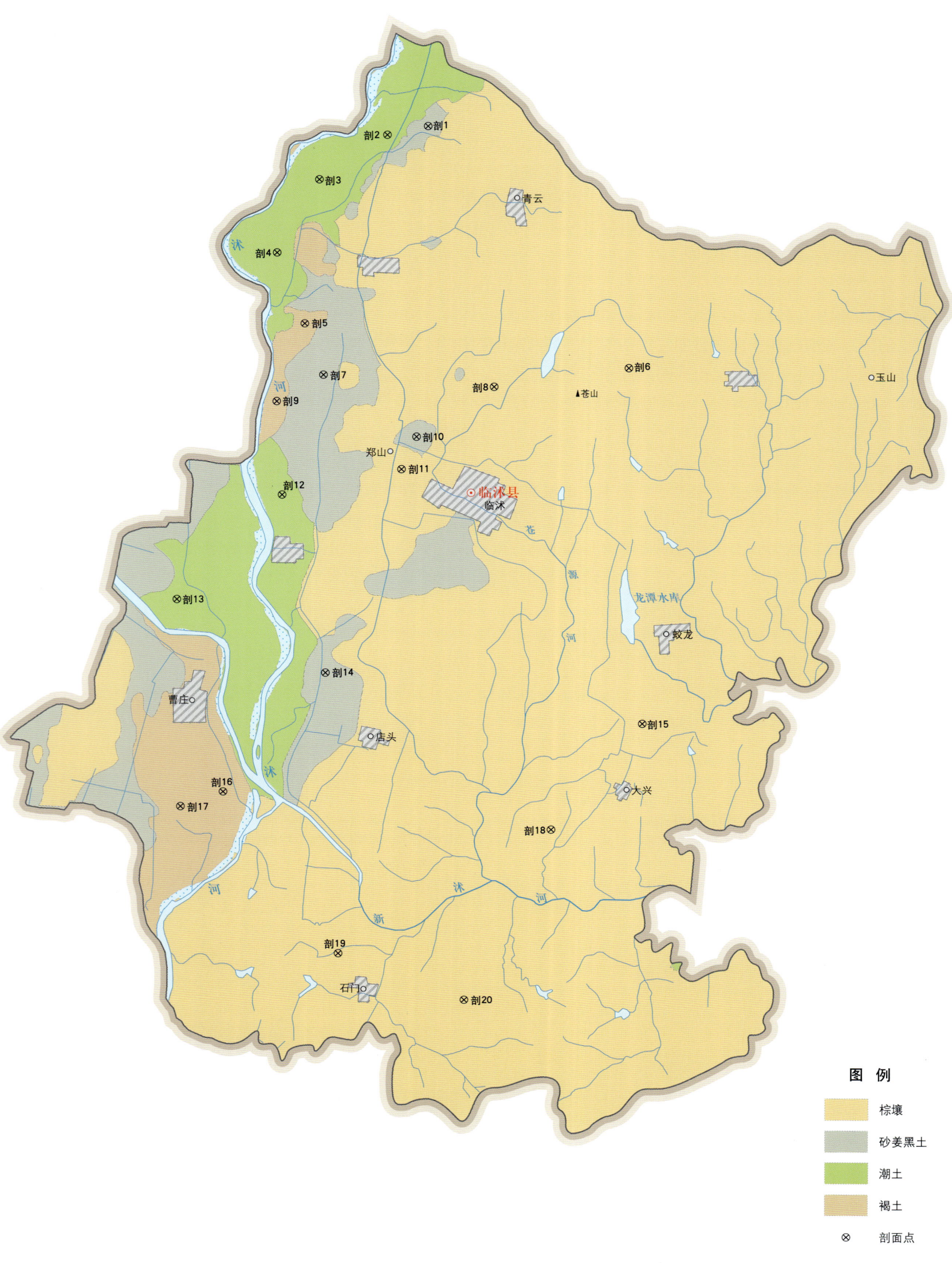

图 例
- 棕壤
- 砂姜黑土
- 潮土
- 褐土
- ⊗ 剖面点

临沭县土壤剖面理化性状表

剖面号 Soil profile	土纲 Soil order	土类 Soil great group	亚类 Soil subgroup	土属 Soil genus	土种 Soil species	土层码 Layer code	土层厚度 Depth/cm	颜色 Soil color	质地 Soil texture	土壤结构 Soil structure	pH	有机质 OM/(g/kg)	全氮 TN/(g/kg)	全磷 TP/(g/kg)	碱解氮 AN/(mg/kg)	有效磷 AP/(mg/kg)	速效钾 AK/(mg/kg)	阳离子交换量 CEC/(cmol/kg)	土壤母质 Parent material	剖面点坐标 Profile coordinate	匹配指数 Matching index/%
剖1	半水成土	砂姜黑土	砂姜黑土	黄土覆盖砂姜黑土	厚黏腰重砂土	1	0—20	棕色	中壤土	粒块状	7.0	9.6	0.65	0.44	61	3.1	62	13.7		E 118°37′18.7″ N 35°03′49.4″	75
						2	20—58	黄土棕色	轻壤土	块状	7.3	9.6	0.61	0.36	38	1.6	95	26.0			
						3	58—130	黑色	重壤土	棱柱状	7.3	14.0	0.65	0.28	34	1.4	105	23.7			
						4	130—	棕黄褐相间			7.3	5.6	0.41	0.22	22	1.5	93				
剖2	半水成土	潮土	湿潮土	冲积黑潮土	厚黏腰中壤土	1	0—23	棕黄色	中壤土	块状	6.7	9.4	0.63	0.34	49	1.7	68	13.1	河流冲积物	E 118°36′11.9″ N 35°03′38.2″	70
						2	23—60	棕黄色	中壤土	块状	6.9	8.3	0.59	0.29	32	微量	69				
						3	60—100	黑黄色	重壤土	柱状	7.2	14.3	0.60	0.26	40	微量	112				
						4	100—150	灰黑色	中壤土	柱状	7.2	6.1	0.41	0.21	22		72				
剖3	半水成土	潮土	潮土	潮土	厚蜩腰紫砂土	1	0—16	黄色	紧砂土	单粒状	6.5								河流沉积物	E 118°34′18.8″ N 35°02′38.3″	76
						2	16—60	黄棕色	松砂土	单粒状	6.5										
						3	60—150	灰黄色	砂壤土	粒状	6.5										
剖4	半水成土	潮土	潮土	潮土	均质轻壤土	1	0—18	褐色	轻壤土	粒状	6.8	5.9	0.49	0.55	45	37.9	108	9.2	河流冲积物	E 118°33′07.2″ N 35°00′57.6″	75
						2	18—86	褐黄色	轻壤土	粒状	6.8	6.6	0.34	0.63	29	40.7	122	7.8			
						3	86—150	褐黄色	轻壤土	块状	6.7	4.5	0.37	0.50	18	39.3	127	11.2			
剖5	半淋溶土	褐土	淋溶褐土	坡积淋溶褐土	中层中壤土	1	0—27		轻壤土		6.6	8.5	0.54	0.28	39	3.0	56	10.6	坡积物、花岗片麻岩	E 118°33′50.7″ N 34°59′18.0″	82
						2	27—69		重壤土		6.6	6.5	0.36	0.11	29	0.6	71	18.1			
剖6	淋溶土	棕壤	棕壤	坡洪积棕壤	厚黏心重壤土	1	0—18	灰棕色	中壤土	块状	6.3	5.1	0.39	0.43	27	6.4	119	19.9	坡积物、洪积物	E 118°42′40.5″ N 34°58′08.3″	70
						2	18—36	棕色	重壤土	棱柱状	6.5	3.6	0.27	0.34	13	5.9	63	22.8			
						3	36—150	棕色	重壤土	块状	6.4	3.5	0.27	0.37	9	10.5	114	13.4			
剖7	半水成土	砂姜黑土	砂姜黑土	黑土裸露砂姜黑土	黑土裸露重壤土	1	0—20	灰棕色	重壤土	块柱状	8.2	1.9	0.05	0.10	4	0.1	69			E 118°34′19.6″ N 34°58′06.2″	82
						2	20—45	黑黄棕相间			8.2										
						3	45—	黄褐色													
剖8	淋溶土	棕壤	棕壤	坡洪积棕壤	厚黏心砂壤土	1	0—21	黄棕色	砂壤土	粒状	6.7	8.4	0.60	0.29	56	1.8	82	15.2	坡积物、洪积物	E 118°38′58.9″ N 34°57′45.7″	80
						2	21—80	棕灰色	重壤土	棱柱状	6.9	5.6	0.38	0.17	35	微量	115				
						3	80—150	棕色	重壤土	块柱状	6.9	2.9	0.24	0.14	13	微量	113				
剖9	半淋溶土	褐土	淋溶褐土	坡洪积淋溶褐土	厚黏腰轻壤土	1	0—20	棕红色	轻壤土	粒块状	7.5	4.2	0.32	0.39	42	1.1	65	10.6	钙质砂页岩风化坡积物、洪积物	E 118°33′02.1″ N 34°57′30.9″	95
						2	20—45	棕红色	中壤土	块状	7.5	5.4	0.37	0.31	26	0.7	83	13.1			
						3	45—110	棕色	重壤土	棱柱状	7.5	4.6	0.21	0.31	22	0.3	88	17.8			
						C	110—														
剖10	半水成土	砂姜黑土	砂姜黑土	黄土覆盖砂姜黑土	厚黏心中壤土	1	0—28	黄棕色			6.8	9.7	0.70	0.31	56	2.5	65	1.3		E 118°34′19.6″ N 34°58′38.8″	99
						2	28—67			小块状	7.0	10.6	0.78	0.19	51	微量	95				
						3	67—105			棱柱状	6.3	11.0	0.58	0.23	39	微量	178				
						4	105—			粒状	6.9	7.4	0.41	0.18			163				
剖11	淋溶土	棕壤	棕壤	坡洪积棕壤	厚黏腰轻壤土	1	0—20	棕红色	轻壤土	粒状	6.9	7.4	0.55	0.17	49	4.4	87	10.4	坡积物、洪积物	E 118°36′24.8″ N 34°55′54.1″	73
						2	20—38	棕红色	中壤土	块状	6.3	4.9	0.32	0.12	23	微量	82				
						3	38—83	棕红色	重壤土	粒状	6.6	3.2	0.28	0.12	22	微量	89				
剖12	半水成土	潮土	潮土	潮土	厚黏腰重壤土	1	0—20	黄褐色	轻壤土	棱柱状	6.1	6.7	0.48	0.38	43	6.0	50	9.3	河流冲积物	E 118°33′08.7″ N 34°55′21.0″	90
						2	20—53	褐棕色	重壤土	块状	6.5	5.4	0.41	0.29	30	3.4	48	16.3			
						3	53—150		重壤土	块状	6.5	7.3	0.52	0.29	38	2.9	70				
剖13	半水成土	潮土	湿潮土	冲积黑潮土	厚黏腰中壤土	1	0—25	黄褐色	中壤土	块状	6.3	8.3	0.55	0.41	52	16.3	58	12.5	河流冲积物	E 118°30′13.7″ N 34°52′57.4″	98
						2	25—65	黑褐色	轻黏土	棱柱状	6.7	10.7	0.71	0.29	54	0.3	102	22.0			
						3	65—150	灰黑色	黏土	柱状	6.5	9.2	0.61	0.31	38	微量	113	25.5			

续表 Continued

剖面号 Soil profile	土纲 Soil order	土类 Soil great group	亚类 Soil subgroup	土属 Soil genus	土种 Soil species	土层码 Layer code	土层厚度 Depth/cm	颜色 Soil color	质地 Soil texture	土壤结构 Soil structure	pH	有机质 OM/(g/kg)	全氮 TN/(g/kg)	全磷 TP/(g/kg)	碱解氮 AN/(mg/kg)	有效磷 AP/(mg/kg)	速效钾 AK/(mg/kg)	阳离子交换量 CEC/(cmol/kg)	土壤母质 Parent material	剖面点坐标 Profile coordinate	匹配指数 Matching index/%
剖14	半水成土	砂姜黑土	砂姜黑土	黄土覆盖砂姜黑土	厚土心中壤土	1	0–23	黄褐色	重壤土	块状	6.5	10.7	0.77	0.15	59	1.7	90	2.2		E 118°34′14.9″ N 34°51′12.6″	93
						2	23–80	黑褐色	轻黏土	棱柱状	6.8	11.9	0.64	0.24	40	微量	130	2.8			
						3	80—	橙黄色	重壤土		7.0	7.1	0.52	0.24	23	微量	113	2.5			
剖15	淋溶土	棕壤	白浆化棕壤	坡积白浆化棕壤	厚白浆心砂壤土	1	0–28	黄灰色	砂壤土	粒状	6.7	4.5	0.40	0.16	32	1.3	45	5.2	片麻岩坡积物,洪积物	E 118°42′52.2″ N 34°49′55.0″	88
						2	28–60	灰白色	轻壤土	块状	6.6	3.6	0.31	0.15	23	0.6	34				
						3	60–130	棕黄色	中壤土	棱柱状	6.7	2.4	0.22	0.06	15	微量	79				
						C	130—														
剖16	半淋溶土	褐土	潮褐土	洪积潮褐土	厚黏心中壤土	1	0–20	棕褐色	中壤土	粒状	7.4	12.0	0.64	0.49	35	2.3	68	12.5	洪积物、冲积物	E 118°31′24.6″ N 34°48′28.8″	75
						2	20–70	灰褐色	重黏土	棱柱状	7.5	10.9	0.55	0.28	31	1.1	103	20.1			
						3	70–150	暗棕色	黏土	棱柱状	7.5	10.6	0.42	0.50	37	1.4	133	26.5			
剖17	半淋溶土	褐土	淋溶褐土	坡积淋溶褐土	厚黏心轻壤土	1	0–20	褐棕土	轻壤土	粒状	7.3	6.3	0.46	0.23	32	2.9	65	11.9	钙质砂页泥岩风化坡积物、洪积物	E 118°30′14.4″ N 34°48′09.2″	91
						2	20–35	棕褐色	中壤土	块状	7.3	7.3	0.49	0.18	29	1.0	88	21.4			
						3	35–90	灰棕色	重壤土	棱柱状	7.5	6.2	0.45	0.17	32	0.7	119	16.4			
剖18	淋溶土	棕壤	潮棕壤	洪冲积潮棕壤	厚黏心中壤土	1	0–20	棕黄色	中壤土	块状	6.1	7.9	0.58	0.19	50	4.3	68	12.6		E 118°40′20.1″ N 34°47′29.5″	94
						2	20–55	黑棕色	重壤土	棱柱状	6.2	10.4	0.56	0.15	42	微量	123				
						3	55–150	灰棕色	中壤土	棱柱状	6.4	4.1	0.31	0.12	17	微量	103				
剖19	淋溶土	棕壤	潮棕壤	洪积潮棕壤	厚黏腰砂壤土	1	0–25	黄棕色	少砾质砂壤土	粒状	5.7	5.9	0.47	0.46	44	4.7	40	7.4	洪积物、冲积物	E 118°34′28.9″ N 34°44′41.6″	78
						2	25–85	褐棕色	中壤土	棱柱状	6.2	4.2	0.32	0.27	26	1.4	33	10.7			
						3	85–150	黑棕色	重壤土	棱柱状	6.2	4.9	0.28	0.30	19	8.9	48	20.4			
剖20	淋溶土	棕壤	白浆化棕壤	坡积白浆化棕壤	薄白浆心砂壤土	1	0–20	黄棕色	少砾质砂壤土	粒状	6.0	4.7	6.36	0.14	31	3.4	43	4.6		E 118°37′53.7″ N 34°43′34.1″	87
						2	20–35	浅灰色	中砾质砂壤土	块状	6.2	1.1	0.06	0.02	6	0.5	35	1.5			
						3	35–65	棕色	重壤土	棱柱状	6.4	2.0	0.17	0.03	15	微量	124	12.7			
						4	65–120		中壤土		6.6	1.4	0.13	0.02	9	微量	117	12.7			

德 州 市

市 辖 区

主要土类说明

潮土是德州市主要土壤类型，占本市地域面积的85%，广泛分布于本市各地。潮土是直接发育在河流沉积物上，受地下水作用和人类耕作活动影响而形成的一类土壤。成土物质颗粒的粗细不仅在平面分布上有分选差异，同一剖面中也往往有不同的质地层次排列。地下水位季节性升降，底土氧化还原作用交替发生，形成锈纹、锈斑及细小的铁锰结核。本市潮土全剖面有石灰反应，土壤呈中性或微碱性，pH为7.1—8.5。本市潮土的养分含量较高：有机质含量为9.3g/kg，全氮含量为0.61g/kg，全磷含量为1.39g/kg。物理性状：容重为1.36g/cm³，总孔隙度为48.7%，毛管孔隙度为39.5%，通气孔隙度为9.2%。根据分布在不同地形部位和受地下水作用程度的不同而产生的差异，本市潮土分为潮土、褐潮土、盐化潮土、湿潮土等亚类。其中，褐潮土亚类面积最大。

草甸盐土是德州市第二大土壤类型，占本市地域面积的2%。其地表或接近地表的土层含有大量可溶性盐类，当高矿化地下水经毛细管作用上升至地表，盐分累积大于6g/kg时，草甸盐土属盐土范畴。本市草甸盐土具Az-C构型，其易溶盐组成中所含的氯化物与硫酸盐比例有差异。

本区域中心区气候特征

本区域中心区气候特征值
Regional climate characteristics in central area of the region

气候带：暖温带亚湿润气候 Climate region: Warm temperate subhumid climate	
年平均气温 /℃ Annual average temperature /℃	13.9
年平均最高气温 /℃ Annual average maximum temperature /℃	19.2
年平均最低气温 /℃ Annual average minimum temperature /℃	9.3
年降水量 /mm Annual precipitation /mm	610
≥10℃的积温 /℃ Daily temperature accumulated in a year (≥10℃) /℃	5037
年日照时数 /h Annual sunshine /h	2537
年平均相对湿度 /% Annual average relative humidity /%	61
干燥度 Dryness	1.39

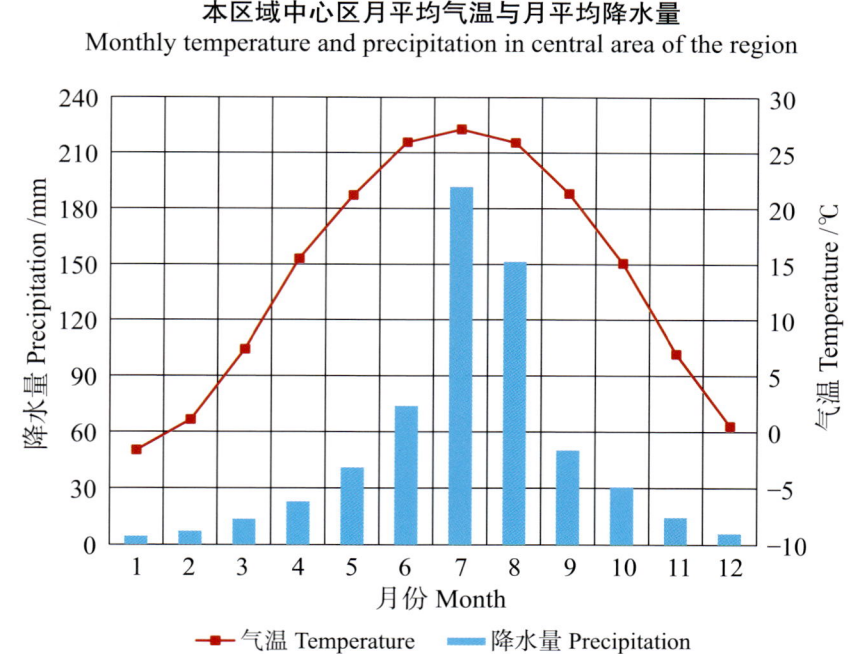

本区域中心区月平均气温与月平均降水量
Monthly temperature and precipitation in central area of the region

德州市市辖区（部分）主要土壤类型与土壤剖面点分布图
1∶100 000

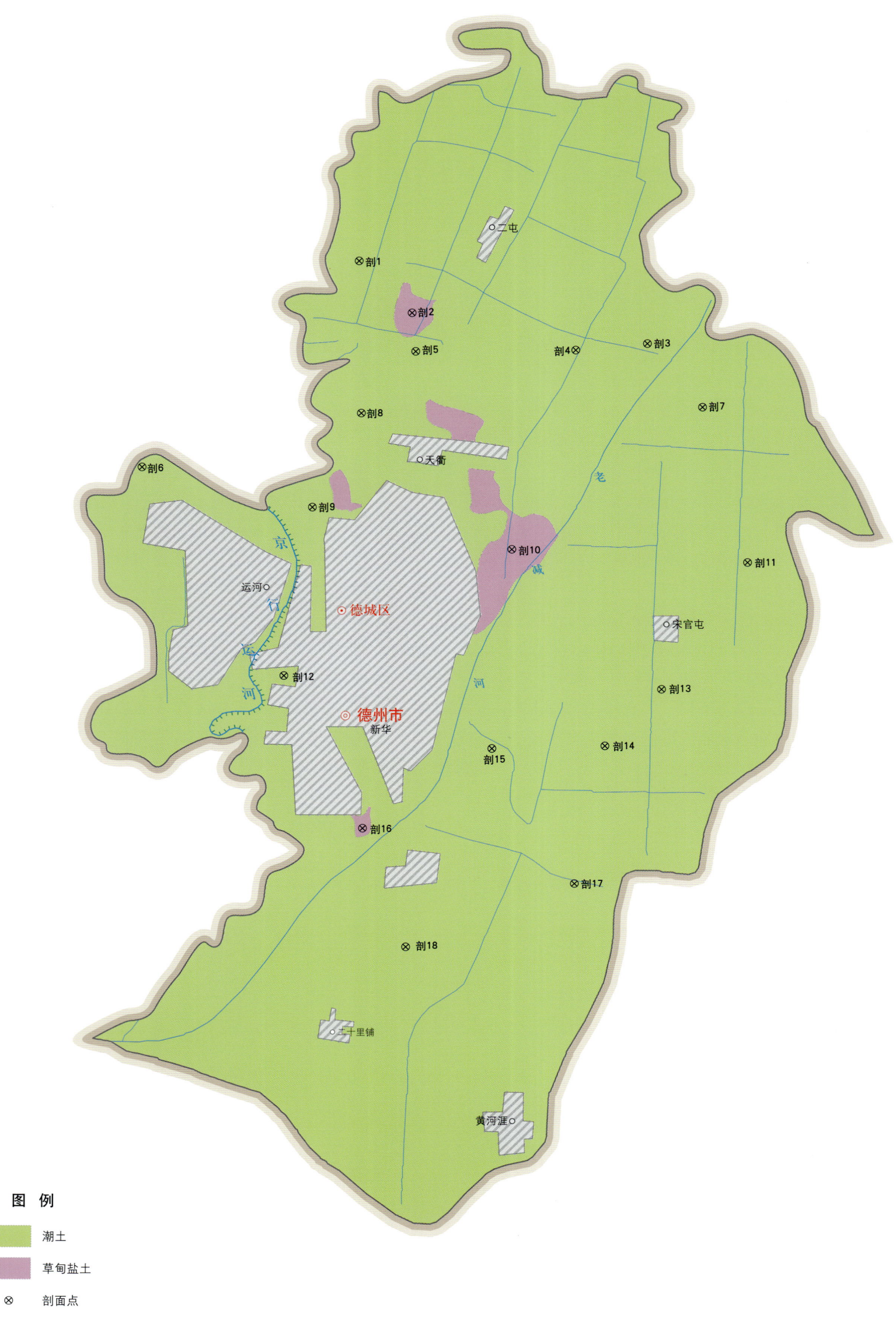

德州市土壤剖面理化性状表

剖面号 Soil profile	土纲 Soil order	土类 Soil great group	亚类 Soil subgroup	土属 Soil genus	土种 Soil species	土层码 Layer code	土层厚度 Depth/cm	颜色 Soil color	质地 Soil texture	土壤结构 Soil structure	pH	有机质 OM/(g/kg)	全氮 TN/(g/kg)	全磷 TP/(g/kg)	碱解氮 AN/(mg/kg)	有效磷 AP/(mg/kg)	速效钾 AK/(mg/kg)	阳离子交换量CEC/(cmol/kg)	土壤母质 Parent material	剖面点坐标 Profile coordinate	匹配指数 Matching index/%
剖1	半水成土	潮土	潮土			1	0—25	深褐色	中壤土	团块状		12.3	0.70	1.73	40	5.0	105	7.1	河流冲积物	E 116°17′26.6″ N 37°31′36.0″	79
						2	25—42	灰褐色	中壤土	碎块状											
						3	42—65	棕黄色	中壤土	碎屑状											
						4	65—85	棕色	黏土	片状											
剖2	盐碱土	草甸盐土	草甸盐土	壤质白潮盐土	壤质白潮厚砂腰白盐土	1	0—25	浅灰棕色	轻壤土	碎屑状		3.8	0.36	1.33	20	6.6	51			E 116°18′15.8″ N 37°30′56.9″	74
						2	25—50	棕褐色	中壤土	碎屑状											
						3	50—70	浅棕色	砂壤土	碎屑状											
						4	70—100	灰棕色	砂壤土	碎屑状											
						5	100—138	灰棕色	砂壤土	碎屑状											
						6	138—156	浅棕色	砂壤土	小块状											
						7	156—	棕灰色	重壤土	粗粒状											
剖3	半水成土	潮土	湿潮土			1	0—30	灰白色	砂壤土	粒状	8.0	7.9	0.46	1.20	41	4.8	88	10.8	河流冲积物	E 116°21′53.3″ N 37°30′34.3″	82
						2	30—50	浅棕色	中壤土	粒状											
						3	50—100	暗灰色	重壤土	颗粒状											
						4	100—150	红棕色	黏土	片状											
剖4	半水成土	潮土	盐化潮土	砂质盐化潮土	轻盐化砂质厚腰心白砂土	1	0—25	灰黄色	砂壤土			5.0	0.39	1.54	30	9.7	7		河流冲积物	E 116°20′47.0″ N 37°30′29.2″	94
						2	25—65	浅灰色	轻壤土												
						3	65—101	灰黄色	砂壤土												
						4	101—138	灰黄色	中壤土												
						5	138—164	红棕色	黏土	块状											
剖5	半水成土	潮土	盐化潮土	壤质盐化潮土	中壤厚砂腰白砂土	1	0—30	黄褐色	轻壤土	碎屑状		7.0	0.46	1.54	24	5.7	38	7.5	河流冲积物	E 116°18′19.4″ N 37°30′27.7″	94
						2	30—75	棕黄色	轻壤土	块状											
						3	75—	浅灰色	紧砂土	粉状											
剖6	半水成土	潮土	褐潮土	砂质褐潮土	岗砂质厚黏腰白砂土	1	0—25	浅褐色	砂壤土	小团粒状		10.7	0.63	0.81	56	6.6	55	6.9	河流冲积物	E 116°14′00.1″ N 37°29′00.4″	99
						2	25—55	浅棕色	轻壤土	小团粒状											
						3	55—90	暗棕色	重壤土	小团块状											
						4	90—130	浅棕色	紧砂土	小块状											
						5	130—150	黄棕色	重壤土	片状											
剖7	半水成土	潮土	盐化潮土	壤质盐化潮土	轻盐壤质厚砂底白土	1	0—20	褐色	轻壤土	块状		10.3	0.56	1.67	46	5.7	68	6.2	河流冲积物	E 116°22′44.4″ N 37°29′46.3″	90
						2	20—45	暗褐色	中壤土	块状											
						3	45—110	红褐色	砂壤土	粒状											
						4	110—130	浅褐色	紧砂土	粒状											
						5	130—160	黄棕色	砂壤土	小粒状											
						6	160—215	红棕色	黏土	小粒状											
剖8	半水成土	潮土	褐潮土			1	0—16	浅褐色	中壤土	粒状		14.1	0.67	1.74	46	6.0	95		河流冲积物	E 116°17′29.5″ N 37°29′40.5″	78
						2	16—32	褐色	轻壤土	粒状											
						3	32—62	暗褐色	中壤土	小粒状											
						4	62—88	红褐色	中壤土	粒状											
						5	88—100	浅褐色	紧砂土	小粒状											
						6	100—124	灰白色	砂壤土	片状											
						7	124—139	红棕色	黏土	柱状											

续表 Continued

剖面号 Soil profile	土纲 Soil order	土类 Soil great group	亚类 Soil subgroup	土属 Soil genus	土种 Soil species	土层码 Layer code	土层厚度 Depth/cm	颜色 color	质地 Soil texture	土壤结构 Soil structure	pH	有机质 OM/(g/kg)	全氮 TN/(g/kg)	全磷 TP/(g/kg)	碱解氮 AN/(mg/kg)	有效磷 AP/(mg/kg)	速效钾 AK/(mg/kg)	阳离子交换量CEC/(cmol/kg)	土壤母质 Parent material	剖面点坐标 Profile coordinate	匹配指数 Matching index/%
剖9	半水成土	潮土	盐化潮土	壤质盐化潮土	重度壤质白潮土	1	0—20	黄粒色	轻壤土	屑粒状		10.8	0.54	1.31	49	18.5	116		河流冲积物	E 116°16′45.0″ N 37°28′29.4″	79
						2	20—40	褐棕色	轻壤土	屑粒状											
						3	40—70	暗棕色	轻壤土	屑粒状											
						4	70—120	黄棕色	轻壤土	屑粒状											
						5	120—180	黄棕色	中壤土	屑粒状											
剖10	盐碱土	草甸盐土		壤质油潮盐土	壤质油潮厚底白盐土	1	0—20	灰色	轻壤土	粒状		6.2	0.40	1.32	56	6.0	106	5.4		E 116°19′49.1″ N 37°27′58.3″	92
						2	20—40	褐色	中壤土	粒状											
						3	40—60	棕褐色	中壤土	小块状											
						4	60—125	褐色	中壤土	粒状											
						5	125—195	褐色	黏土	粒状											
剖11	半水成土	潮土	褐潮土	壤质褐潮土	岗壤质厚黏腰两合土	1	0—25	暗棕色	中壤土	粒状		14.7	0.68	1.67	42	7.5	108	9.2	河流冲积物	E 116°23′26.9″ N 37°27′49.3″	97
						2	25—63	棕色	中壤土	粒状											
						3	63—95	棕色	重壤土	团粒状											
						4	95—101	红棕色	黏土	片状											
						5	101—150	灰白色	中壤土	片状											
剖12	半水成土	潮土	褐潮土	黏质褐潮土	岗黏质厚黏心小红土	1	0—26	暗褐色	重壤土	块状		16.5	0.56	1.65	53	15.0	95		河流冲积物	E 116°16′19.8″ N 37°26′21.4″	88
						2	26—92	褐色	重壤土	块状											
						3	92—115	栗色	轻壤土	粒状											
						4	115—145	黄褐色	重壤土	块状											
						5	145—202	黄褐色	轻壤土	粒状											
						6	202—252	浅黄色	轻壤土	鱼鳞状											
剖13	半水成土	潮土	褐潮土	砂质褐潮土	岗砂均质白砂土	1	0—20	浅灰色	砂壤土	粒状		6.8	0.50	1.32	40	22.0	39	8.3	河流冲积物	E 116°22′08.2″ N 37°26′12.9″	98
						2	20—150	浅灰色	紧砂土	粒状											
剖14	半水成土	潮土	褐潮土	壤质厚黏心白土	岗壤质厚黏心白土	1	0—30	浅灰色	轻壤土	颗粒状		8.7	0.64	1.74		8.4	62	7.4	河流冲积物	E 116°21′16.2″ N 37°25′30.0″	91
						2	30—75	棕色	重壤土	团块状											
						3	75—135	灰白棕色	黏土	片状											
						4	135—150	红棕色	黏土	块状											
剖15	半水成土	潮土	湿潮土	壤质湿潮厚底白土	壤质湿潮厚底盐土	1	0—19	灰黄色	轻壤土	粒状		8.9	0.24	1.30	9	4.0	30	5.1	河流冲积物	E 116°19′32.2″ N 37°25′27.5″	85
						2	19—39	黄红棕色	中壤土	核状											
						3	39—90	棕褐色	中壤土	片状											
						4	90—160	黄红棕色	重壤土	片状											
						5	160—190	红棕色	黏土	板状											
剖16	盐碱土	草甸盐土		砂质白潮盐土	砂质白潮薄腰白砂盐土	1	0—18	黄褐色	砂壤土	碎屑状	8.1	2.7							河流冲积物	E 116°17′33.4″ N 37°24′26.3″	92
						2	18—36	褐色	轻壤土	碎屑状											
						3	36—64	黄褐色	紧砂土	片状											
						4	64—77	黄红棕色	重壤土	块状											
						5	77—83	红棕色	黏土	块状											
						6	83—93	黄红棕色	中壤土	棱块状											
						7	93—112	红棕色	砂壤土	块状											
						8	112—182	暗灰色	砂壤土	粒状		6.7	0.43								
剖17	半水成土	潮土	湿潮土	砂质冲积湿潮土	砂质湿潮均质白砂土	1	0—20	灰色	砂壤土	粒状		6.6				8.4			河流冲积物	E 116°20′49.0″ N 37°23′45.3″	82
						2	20—40	棕黄色	砂壤土	粒状											
						3	40—150		砂壤土	粒状											

续表 Continued

剖面号 Soil profile	土纲 Soil order	土类 Soil great group	亚类 Soil subgroup	土属 Soil genus	土种 Soil species	土层码 Layer code	土层厚度 Depth/cm	颜色 Soil color	质地 Soil texture	土壤结构 Soil structure	pH	有机质 OM/(g/kg)	全氮 TN/(g/kg)	全磷 TP/(g/kg)	碱解氮 AN/(mg/kg)	有效磷 AP/(mg/kg)	速效钾 AK/(mg/kg)	阳离子交换量CEC/(cmol/kg)	土壤母质 Parent material	剖面点坐标 Profile coordinate	匹配指数 Matching index/%
剖18	半水成土	潮土	盐化潮土			1	0—5	浅棕色	轻壤土	小粒状	7.1	7.3	0.56	1.46		11.8			河流冲积物	E 116°18′14.1″ N 37°22′56.1″	81
						2	5—20	棕色	轻壤土	小粒状											
						3	20—45	浅红棕色	中壤土	小粒状											
						4	45—65	浅棕色	重壤土	小粒状											
						5	65—85	浅黄色	砂壤土	无明显结构											
						6	85—140	浅黄色	砂壤土	小块状											
						7	140—														

陵 城 区

主要土类说明

潮土是陵城区主要土壤类型，占本区地域面积的 93%。本区潮土分为潮土、褐潮土、湿潮土、盐化潮土等亚类。其中，潮土亚类面积最大，占本土类面积的 50%；褐潮土亚类次之，约占 25%；盐化潮土亚类也有较大分布面积，约占 20%；湿潮土亚类面积最小。潮土亚类主要分布在马北缓平坡地和陵东扇形高地，地下水源丰富，肥力状况与褐潮土亚类基本相同，土壤有机质含量和养分储藏量较丰富。土壤有机质含量平均为 9.2g/kg，全氮含量为 0.58g/kg，全磷含量为 0.50—0.70g/kg，耕层容重为 1.22—1.44g/cm^3，总孔隙度在 50% 以上，毛管孔隙度为 40%—42%，田间持水量为 24.0%—29.5%。褐潮土亚类分布在章卫河和马颊河故道之间的河滩上，以及马颊河两岸的决口扇形高地上。盐化潮土亚类主要分布在陵西大洼，陵东决口冲积扇形高地和缓平坡地的故河道、低洼地带。土体及表层含有过多的可溶性盐类，对作物产生盐害，需注意灌溉水量，避免蓄水过高、地下水位上升引起次生盐碱化。湿潮土亚类主要分布在故河道槽状洼地，是故河道的"座洼子地"，是在较长期或季节性积水和较高地下水条件下附加沼泽化成土作用的一种潮土。湿潮土亚类因地下水位逐渐下降，正处于脱沼泽化的过渡阶段。

草甸盐土是陵城区第二大土壤类型，占本区地域面积的 5%，一般以斑状分布于中盐化潮土区内，或以成片盐荒地分布，多分布在地面海拔 13m 左右的地形低洼的河间洼地、背河槽状洼地、碟形洼地的边缘和缓平坡地上，主要分布在丁庄、宋家、滋镇、于集等乡镇。草甸盐土是高矿化地下水经毛细管作用上升至地表，易溶盐在地表大量累积而形成的土壤。本区草甸盐土的盐结皮含盐量约为 10.0g/kg，高者达 17.3g/kg，100cm 深土体含盐量为 7.0g/kg 以上。土壤具 Az–C 剖面构型，其易溶盐组成中所含的氯化物与硫酸盐比例有差异。

小于本区地域面积 3% 的土壤类型有风沙土等。

本区域中心区气候特征

本区域中心区气候特征值
Regional climate characteristics in central area of the region

气候带：暖温带亚湿润气候 Climate region: Warm temperate subhumid climate	
年平均气温 /℃ Annual average temperature /℃	13.7
年平均最高气温 /℃ Annual average maximum temperature /℃	19.1
年平均最低气温 /℃ Annual average minimum temperature /℃	9.1
年降水量 /mm Annual precipitation /mm	607
≥10℃的积温 /℃ Daily temperature accumulated in a year (≥10℃) /℃	5009
年日照时数 /h Annual sunshine /h	2555
年平均相对湿度 /% Annual average relative humidity /%	61
干燥度 Dryness	1.37

本区域中心区月平均气温与月平均降水量
Monthly temperature and precipitation in central area of the region

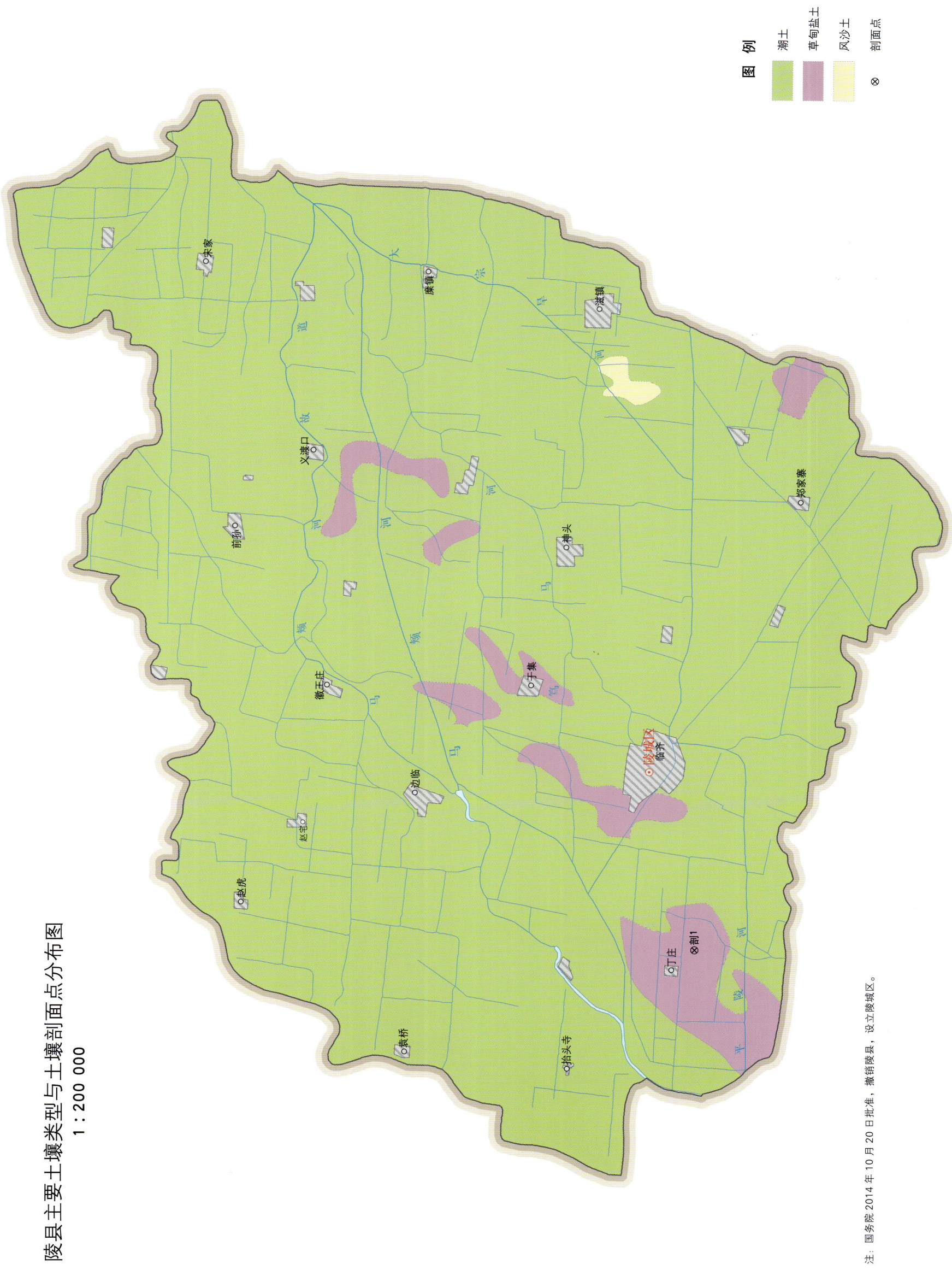

陵城区土壤剖面理化性状表

剖面号 Soil profile	土纲 Soil order	土类 Soil great group	亚类 Soil subgroup	土属 Soil genus	土种 Soil species	土层码 Layer code	土层厚度 Depth/cm	质地 Soil texture	pH	有机质 OM/(g/kg)	全氮 TN/(g/kg)	全磷 TP/(g/kg)	全钾 TK/(g/kg)	碱解氮 AN/(mg/kg)	有效磷 AP/(mg/kg)	速效钾 AK/(mg/kg)	阳离子交换量CEC/(cmol/kg)	剖面点坐标 Profile coordinate	匹配指数 Matching index/%
剖1	盐碱土	草甸盐土	草甸盐土	氯化物草甸盐土	油盐土	1	0—20	砂壤土	8.2	7.0	0.40	0.55	19.0	23	2.2	103	5.8	E 116° 27′ 58.2″ N 37° 18′ 54.0″	73
						5	20—40	砂壤土	8.1	5.0	0.37	0.51	19.8	13	1.3	57	5.8		
						6	40—60	砂壤土	8.1	4.3	0.36	0.52	19.6	11	1.1	47	5.2		
						7	60—80	砂壤土	8.1	2.8	0.31	0.54	18.3	21	1.4	42	4.8		
						8	80—100	砂壤土	8.1	2.4	0.15	0.49	18.0	15	1.5	36	4.1		

宁 津 县

主要土类说明

潮土是宁津县主要土壤类型，占本县地域面积的97%。本县潮土分为潮土、褐潮土、盐化潮土、湿潮土等亚类。其中，潮土亚类面积最大，占本土类面积的70%左右；其次为褐潮土亚类，占本土类面积的20%左右。潮土亚类多分布于缓平坡地上，地下水埋深为3—4m，部分大于4m，是受地下水作用而形成的一种土壤，剖面中下部有锈纹、锈斑。褐潮土亚类是受地下水作用、附加褐土化过程而形成的一种潮土，主要分布于沿漳卫新河右侧及沿胡苏河古道的河滩高地上，其他高地上也有零星分布。该亚类的地下水埋深为4—5m，沿漳卫新河的部分地区大于5m。土壤无盐渍，淋溶作用强，心土层有明显的假菌丝体和不明显的黏粒胶膜，底土有锈纹、锈斑。盐化潮土亚类多分布于大型洼地边缘、缓平坡地的中下端和洼坡地带以及水位较高的河流两侧或小型洼地上，分布较零星。地下水埋深为1.5—2.5m，土壤含有可溶性的盐分较多，地表有盐斑，表层多为轻壤土。湿潮土亚类在本县面积很小，多分布于交接洼地、滨湖洼地和砂质河槽地，是在较长期或季节性积水和较高地下水条件下，附加沼泽化成土作用而形成的一种潮土。土壤剖面上部色泽较深暗，土质黏重，底土可出现潜育层，呈灰色或蓝灰色。

小于本县地域面积3%的土壤类型有草甸盐土和风沙土等。

本区域中心区气候特征

本区域中心区气候特征值
Regional climate characteristics in central area of the region

气候带：暖温带亚湿润气候 Climate region: Warm temperate subhumid climate	
年平均气温 /℃ Annual average temperature /℃	13.2
年平均最高气温 /℃ Annual average maximum temperature /℃	18.9
年平均最低气温 /℃ Annual average minimum temperature /℃	8.4
年降水量 /mm Annual precipitation /mm	597
≥10℃的积温 /℃ Daily temperature accumulated in a year（≥10℃）/℃	4842
年日照时数 /h Annual sunshine /h	2590
年平均相对湿度 /% Annual average relative humidity /%	62
干燥度 Dryness	1.37

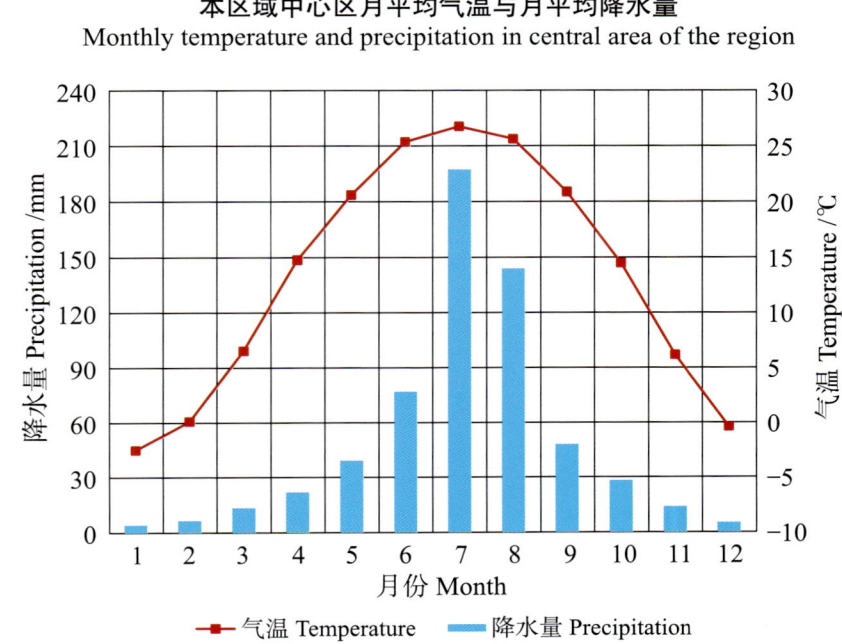

本区域中心区月平均气温与月平均降水量
Monthly temperature and precipitation in central area of the region

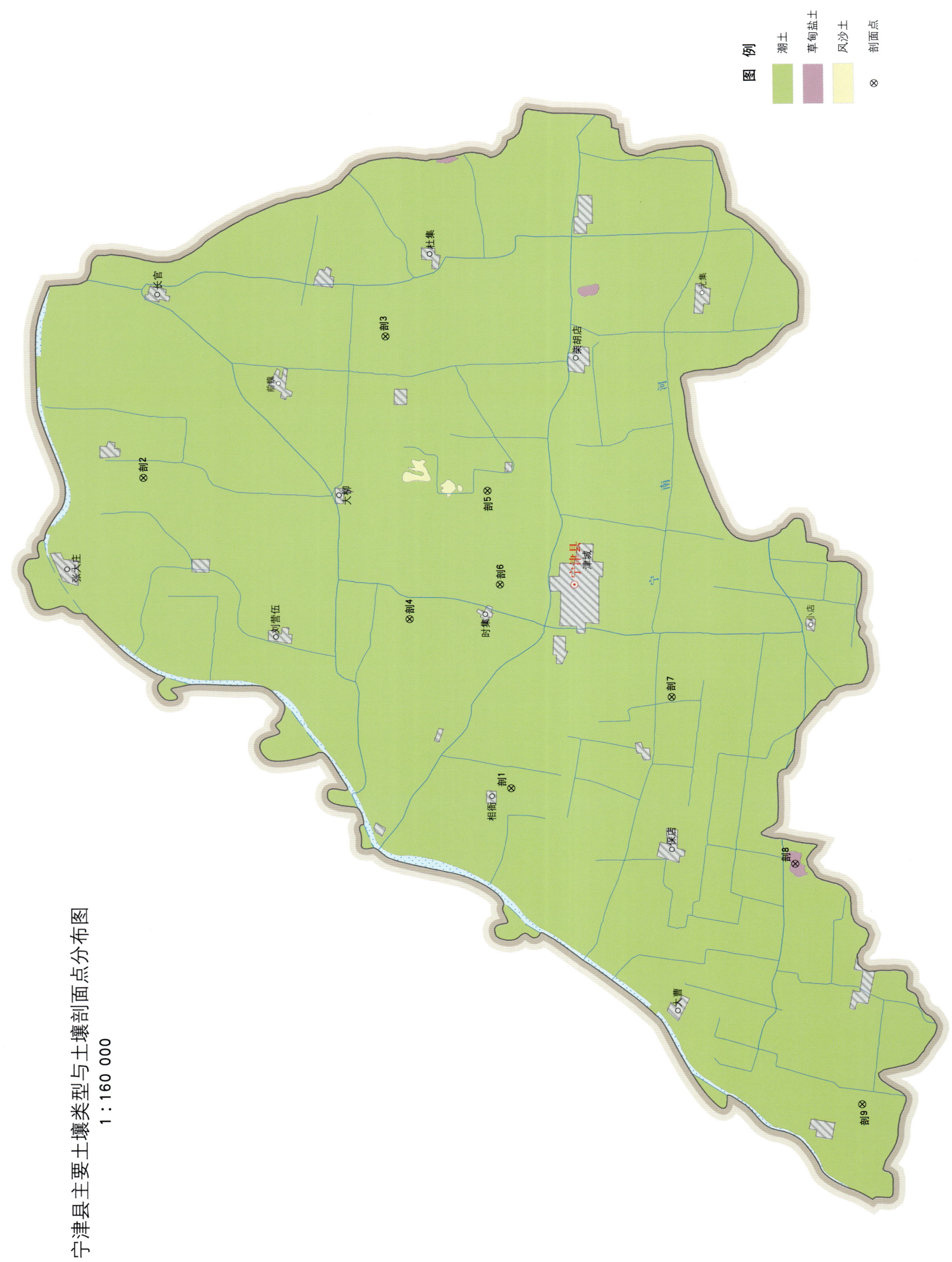

宁津县主要土壤类型与土壤剖面点分布图
1∶160 000

宁津县土壤剖面理化性状表

剖面号 Soil profile	土纲 Soil order	土类 Soil great group	亚类 Soil subgroup	土属 Soil genus	土种 Soil species	土层码 Layer code	土层厚度 Depth/cm	颜色 Soil color	质地 Soil texture	土壤结构 Soil structure	pH	有机质 OM/(g/kg)	全氮 TN/(g/kg)	全磷 TP/(g/kg)	碱解氮 AN/(mg/kg)	有效磷 AP/(mg/kg)	速效钾 AK/(mg/kg)	土壤母质 Parent material	剖面点坐标 Profile coordinate	匹配指数 Matching index/%
剖1	半水成土	潮土	盐化潮土	盐化潮土	重盐化厚砂心白土	1	0–5	棕色	轻壤土	粒状								河流冲积物	E 116°42′04.6″ N 37°40′34.0″	74
						2	5–17	红棕色	中壤土	粒状										
						3	17–30	浅黄色	紧砂土	单粒状										
						4	30–61	红褐色	黏土	块状										
						5	61–70	浅黄色	紧砂土	粒状										
						6	70–150													
剖2	半水成土	潮土	潮土	潮土	厚黏腰厚白土	1	0–20	浅棕色	轻壤土	粒状	7.6	8.8	0.72	0.74	40	10.0	30	河流冲积物	E 116°50′40.7″ N 37°48′22.1″	76
						2	20–70	浅棕色	轻壤土	粒状	7.5	7.2	0.55	0.61	40	4.0	30			
						3	70–100	红棕色	重壤土	块状										
						4	100–150	灰白色	紧砂土	单粒状										
剖3	半水成土	盐化潮土	盐化潮土	盐化潮土	轻度盐化均质砂白土	1	0–5	暗棕色	轻壤土	粒状	7.7	7.0	0.50					河流冲积物	E 116°54′33.5″ N 37°43′12.0″	84
						2	5–20				7.3	7.5	0.45							
						3	20–40	浅黄色	砂壤土	粒状	7.9	4.7	0.38			6.0				
						4	40–60				8.3	3.1	0.26			7.0				
						5	60–130	浅黄色	紧砂土	粒状	8.2	2.4	0.21			7.0				
						6	130–150	浅灰色	轻壤土	粒状	8.1	2.2	0.11			7.0				
剖4	半水成土	潮土	褐潮土	褐潮土	岗厚黏心白土	1	0–20	灰白色	砂壤土	粒状	7.4	9.3	0.71	0.66	54	4.0	43	河流冲积物	E 116°46′45.1″ N 37°42′43.2″	88
						2	20–75	褐色	重壤土	块状	7.7	8.9	0.69	0.57	41	2.0	24			
						3	75–150	灰白色	砂壤土	粒状	7.9	4.4	0.32	0.55	22	3.0	31			
剖5	半水成土	潮土	潮土	潮土	厚砂心白砂土	1	0–20	灰白色	砂壤土	粒状	7.5	5.4	0.49	0.60	63	11.0	31	河流冲积物	E 116°50′16.4″ N 37°41′03.1″	80
						2	20–70	红灰色	黏土	粒状	7.2	4.3	0.49	0.53	74	6.0	33			
						3	70–150	灰白色	重壤土	块状	7.6	6.1	0.56	0.53	31	4.0	24			
剖6	半水成土	潮土	褐潮土	褐潮土	岗厚砂腰白土	1	0–20	灰灰色	轻壤土	粒状	7.6	6.8	0.45			6.0		河流冲积物	E 116°47′41.9″ N 37°40′47.7″	94
						2	20–60	灰白色	砂壤土	粒状	7.5	4.6	0.48							
						3	60–95	红褐色	黏土	块状										
						4	95–110													
						5	110–150	灰白色	紧砂土	粒状										
剖7	半水成土	潮土	盐化潮土	盐化潮土	中盐化厚黏腰白土	1	0–5	浅灰色	轻壤土	粒状	8.2	6.0	0.50			10.0		河流冲积物	E 116°44′34.3″ N 37°37′09.0″	96
						2	5–20	灰白色	砂壤土	粒状	8.1	5.7	0.42			10.0				
						3	20–80	褐色	黏土	块状	8.3	3.1	0.32			6.0				
						4	80–150				8.0	5.4	0.27			7.0				
剖8	盐碱土	草甸盐土	草甸盐土	白潮盐土	厚砂腰轻壤白潮土	1	0–20	棕色	轻壤土	粒状								河流冲积物	E 116°39′58.5″ N 37°34′31.7″	70
						2	20–65	浅灰色	重壤土	粒状										
						3	65–150	灰白色	松砂土	单粒状										
剖9	半水成土	潮土	潮土	潮土	厚黏心两合土	1	0–19	暗棕色	中壤土	粒状	7.4	10.6	0.90	0.74	54	4.0	160	河流冲积物	E 116°33′22.6″ N 37°33′06.1″	72
						2	19–50	红棕色	重壤土	块状	7.5	10.4	0.74	0.72	64	4.0	65			
						3	50–95	红褐色	中壤土	粒状										
						4	95–150	浅灰色	紧砂土	粒状										

临 邑 县

主要土类说明

潮土是临邑县最主要的土壤类型,占本县地域面积的94%。潮土土类是直接发育在河流沉积物上,受地下水作用形成的一类土壤。成土物质颗粒的粗细不仅在平面上有分选差异,同一剖面中也有不同的层次排列。潮土各发生土层的质地和色泽均一,中下部土层中有明显的锈纹、锈斑或石灰结核,土壤呈中性至碱性,pH为7.3—8.5。依照受地下水作用的强弱和盐碱化情况,本县潮土分为潮土、褐潮土、湿潮土、盐化潮土等亚类。潮土亚类面积最大,主要分布在本县的高坡地、平坡地、浅平洼地上。地下水埋深为2.0—2.5m,水质稍差,主要为弱矿化水与矿化水,受地下水影响较大,易发生次生盐渍化,表层质地多为轻壤土、中壤土。褐潮土亚类主要分布在徒骇河左侧河滩高地,以及土马河和大沙河沿岸,地下水埋深为2.5—3.5m或更深,受地下水作用较潮土亚类弱,无盐渍,心土层有假菌丝体和不甚明显的黏粒胶膜,底土有锈纹、锈斑。盐化潮土亚类主要分布在大型洼地的边缘或平缓地的中下端、背河槽状洼地与砂质河槽地带,地下水埋深为1.5—2.0m,水质为弱矿化水与矿化水,表层质地多为砂壤土、轻壤土。湿潮土亚类主要分布在本县浅平洼地、背河槽状洼地、砂质河槽等的洼地底部,地下水埋深为1.0m左右,水质较好,主要为淡水与弱矿化水,表层质地比较复杂,有紧砂土、砂壤土、轻壤土、中壤土等。

草甸盐土是临邑县第二大土壤类型,占本县地域面积的3%。当高矿化地下水经毛细管作用上升至地表,盐分累积大于6g/kg时,草甸盐土属盐土范畴。该土壤具Az-C剖面构型。本县草甸盐土和地下水中的可溶性盐类组成复杂,有以氯化钙、氯化镁为主的硫酸盐氯化物盐土,有以硫酸钠为主要组成成分的氯化物–硫酸盐盐土或重碳酸盐–硫酸盐盐土。盐分在剖面中的分布特点是上重下轻,呈漏斗状。

小于本县地域面积3%的土壤类型有风沙土等。

本区域中心区气候特征

本区域中心区气候特征值
Regional climate characteristics in central area of the region

气候带:暖温带亚湿润气候 Climate region: Warm temperate subhumid climate	
年平均气温 /℃ Annual average temperature /℃	13.8
年平均最高气温 /℃ Annual average maximum temperature /℃	19.1
年平均最低气温 /℃ Annual average minimum temperature /℃	9.2
年降水量 /mm Annual precipitation /mm	618
≥10℃的积温 /℃ Daily temperature accumulated in a year(≥10℃)/℃	5015
年日照时数 /h Annual sunshine /h	2557
年平均相对湿度 /% Annual average relative humidity /%	61
干燥度 Dryness	1.34

本区域中心区月平均气温与月平均降水量
Monthly temperature and precipitation in central area of the region

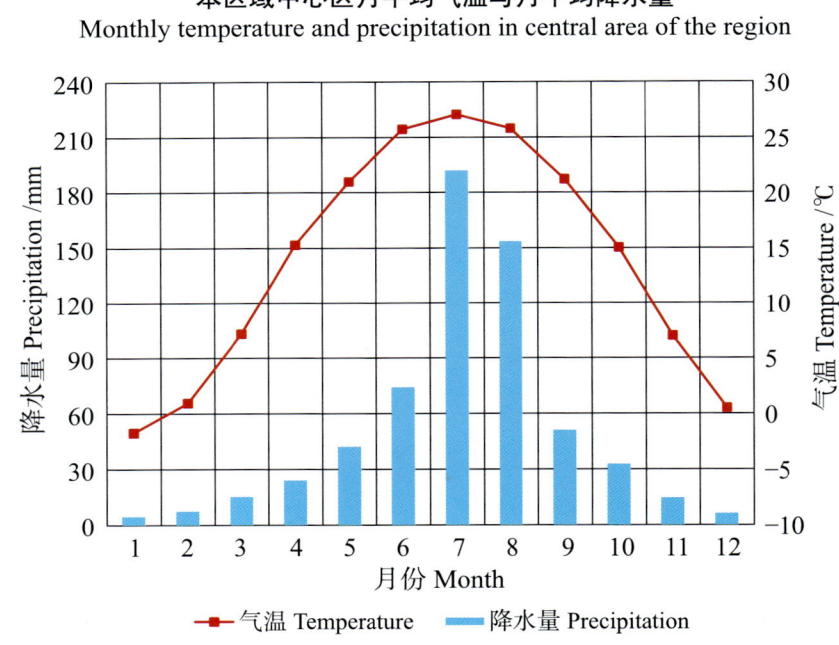

临邑县主要土壤类型与土壤剖面点分布图
1∶200 000

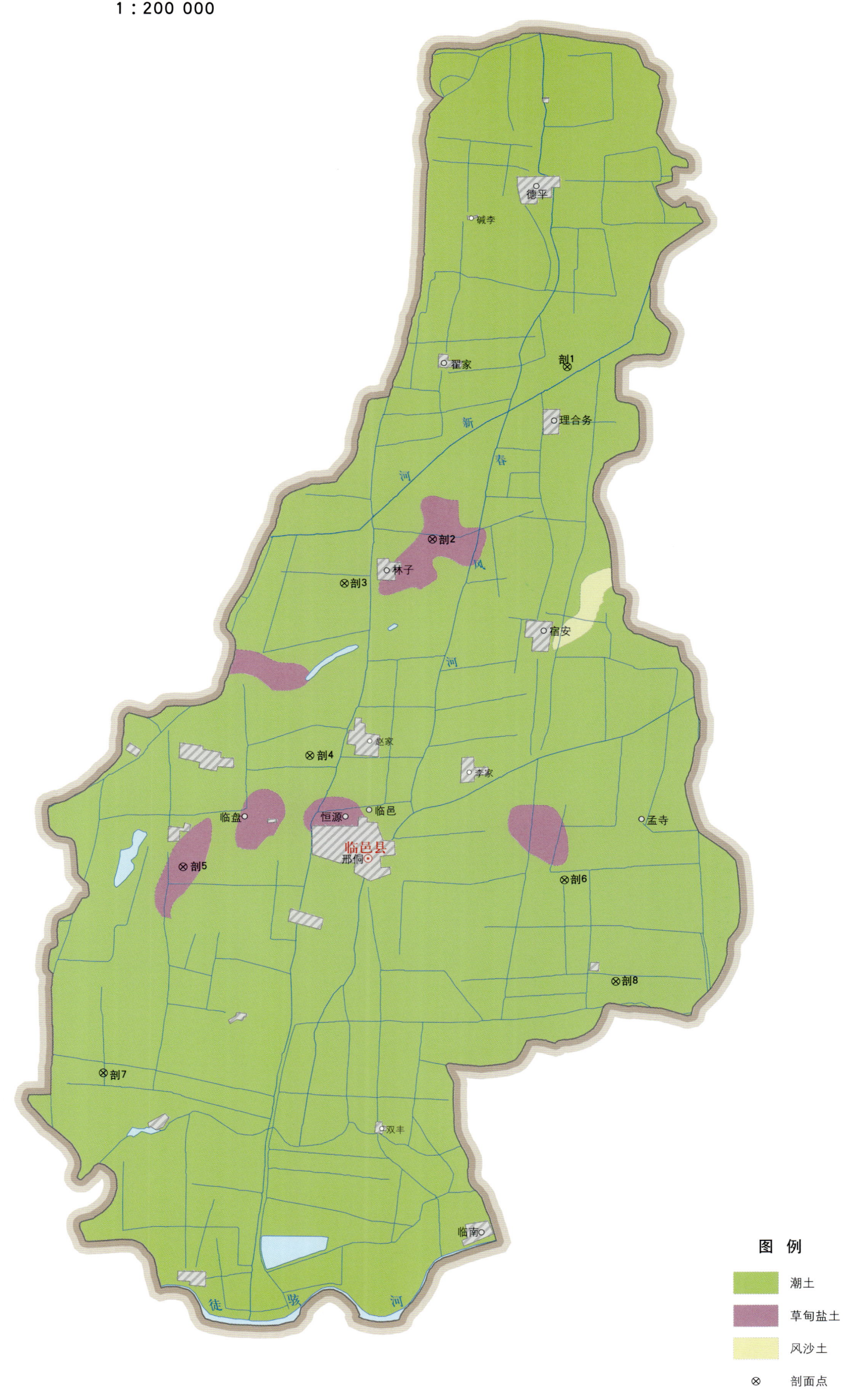

临邑县土壤剖面理化性状表

剖面号 Soil profile	土纲 Soil order	土类 Soil great group	亚类 Soil subgroup	土属 Soil genus	土种 Soil species	土层码 Layer code	土层厚度 Depth/cm	颜色 Soil color	质地 Soil texture	土壤结构 Soil structure	pH	有机质 OM/(g/kg)	全氮 TN/(g/kg)	全磷 TP/(g/kg)	碱解氮 AN/(mg/kg)	有效磷 AP/(mg/kg)	速效钾 AK/(mg/kg)	阳离子交换量 CEC/(cmol/kg)	土壤母质 Parent material	剖面点坐标 Profile coordinate	匹配指数 Matching index/%
剖1	半水成土	潮土	潮土	壤质潮土	厚黏腰两合土	1	0—21	褐色	轻壤土	小块状	7.9	8.4	0.64	0.59	85	5.9	144	11.7	河流冲积物	E 116°57′58.9″ N 37°23′22.5″	72
						2	21—29	褐色	轻壤土	片状	8.0	6.2	0.48	0.59	59	1.6	110	9.8			
						3	29—47	棕黄色	中壤土	团粒状	7.9	3.8	0.27	0.22	51	1.3	102				
						4	47—80	棕色	重壤土	团块状											
						5	80—150	棕色	黏土	大块状											
剖2	盐碱土	草甸盐土	草甸盐土	壤质白潮盐土	厚黏底白碱两合土	1	0—25	浅灰色	轻壤土	小块状	7.7	10.6	0.81	0.59	56		169	11.9		E 116°53′57.1″ N 37°19′07.3″	75
						2	25—61	浅灰色	中壤土	团粒状	8.2	7.3	0.57	0.52	43		110	11.4			
						3	61—100	浅灰色	轻壤土	屑粒状	7.8	9.6	0.49	0.57	39		101	9.9			
						4	100—150	棕色	黏土	块状											
剖3	半水成土	潮土	盐化潮土	砂质盐化潮土	轻盐化厚砂底白土	1	0—21	浅黄色	砂壤土	片状	8.3	7.3	0.47	0.51	41	7.5	109	6.8	河流冲积物	E 116°51′19.1″ N 37°18′01.4″	76
						2	21—100	浅黄色	轻壤土	小块状	8.2	4.9	0.21	0.53	26	5.3	63	4.6			
						3	100—150	浅黄色	紧砂土	单粒状	8.3	4.4	0.40		21	1.0	60				
剖4	半水成土	潮土	潮土	砂质潮土	均砂质均土	1	0—15	浅黄色	砂壤土	片状		7.6	0.53	0.20		8.9	138	13.5	河流冲积物	E 116°50′17.9″ N 37°13′46.2″	92
						2	15—43	浅黄色	松砂土	粒状		7.4	0.48	0.16		5.6	42	5.3			
						3	43—53	棕色	重壤土	核状		5.7	0.41	0.14		9.3	135	4.1			
						4	53—150	浅黄色	松砂土	粒状											
剖5	盐碱土	草甸盐土	草甸盐土	壤质白潮盐土	厚砂黏两合土	1	0—20	褐色	轻壤土	小块状	7.6	4.2	0.27	0.34	19	5.1	56	7.0	河流冲积物	E 116°46′30.4″ N 37°11′01.0″	83
						2	20—40	褐色	轻壤土	小块状	7.9	4.2	0.21	0.49	20	2.4	54	7.0			
						3	40—60	棕色	中壤土	块状	8.2	4.0	0.23	0.49	26	1.6	51	3.7			
						4	60—95	橙色	中壤土	粒状	8.3	2.9	0.23		10		46				
						5	95—150	灰白色	砂壤土		7.9	2.2	0.19		35		34				
剖6	半水成土	潮土	盐化潮土	壤质盐化潮土	轻度盐化均质壤两合土	1	0—17	浅褐色	轻壤土	小块状		9.6	0.47	0.54		11.6	106	1.5		E 116°57′56.2″ N 37°10′42.2″	78
						2	17—47	褐色	轻壤土	小块状		5.1	0.41	0.28		4.4	74	1.1			
						3	47—80	浅棕色	中壤土	块状		4.6	0.25	0.20		3.9	54				
						4	80—150	浅棕色	中壤土	粒状		3.6	0.24			6.0	53				
剖7	盐碱土	盐化潮土	盐化潮土	砂质盐化潮土	重度盐化均质砂白土	1	0—20	灰白色	砂壤土	粒状		6.6	0.48	0.66		10.3	98	3.5	河流冲积物	E 116°44′08.2″ N 37°05′56.4″	85
						2	20—60	浅黄色	砂壤土	粒状		6.0	0.21	0.54		6.2	55	3.6			
						3	60—100	黄色	砂壤土	粒状		1.5	0.22			6.1	57				
						4	100—150	浅黄色	紧砂土	粒状											
剖8	半水成土	潮土	潮土	黏质潮土	均质黏面淤土	1	0—15	深灰色	重壤土	小块状	8.0	12.4	0.68	0.64	69	14.7	215	18.1	河流冲积物	E 116°59′28.7″ N 37°08′11.0″	87
						2	15—20	深灰色	重壤土	片状	8.3	9.3	0.70	0.36	38	6.3	164	17.4			
						3	20—30	棕色	黏土	团块状	7.9	8.1	0.70	0.46	37	5.0	153	11.5			
						4	30—103			大块状											
						5	103—105	浅棕色	中壤土	团粒状											

平 原 县

主要土类说明

潮土是平原县主要土壤类型，占本县地域面积的96%。潮土是直接发育在河流沉积物上，受地下水作用和耕作活动影响形成的一类土壤，pH为7.0—8.5。本县潮土分为褐潮土、潮土、盐化潮土等亚类。褐潮土亚类和潮土亚类面积相近，合计占本土类面积的70%左右。褐潮土亚类主要分布于河滩高地，沿两河岸呈带状分布。土体构型多是均质壤型和均质黏型，排水性能良好，地下水位较深，一般大于3.2m，淋溶作用较强，上部黏粒有下移趋势，在42—92cm的心土层有黏粒淀积现象。碳酸盐在下层孔隙淀积形成明显假菌丝体，锈纹、锈斑出现部位较潮土低，无盐化。潮土亚类分布于海拔21—24m的缓平坡地上，地下水埋深为2.0—3.6m，剖面中下部（70—137cm）有锈纹、锈斑，无盐化威胁，养分含量较高。盐化潮土亚类多分布于大型洼地的边缘、缓平坡地的中下端、洼坡地带、水位较高的灌渠两侧及背河槽状洼地上，海拔为18—21m，地下水埋深一般为1.0—2.0m，地下水矿化度大于2g/L。地表有盐斑，表层多为轻壤土。

草甸盐土是平原县第二大土壤类型，占本县地域面积不足4%，主要分布于海拔18—19m的背河槽状洼地和洼坡地的下端。当高矿化地下水经毛细管作用上升至地表，盐分累积大于6g/kg时，草甸盐土属盐土范畴。该土壤具Az-C剖面构型，其易溶盐组成中所含的氯化物与硫酸盐比例有差异。

本区域中心区气候特征

本区域中心区气候特征值
Regional climate characteristics in central area of the region

气候带：暖温带亚湿润气候 Climate region: Warm temperate subhumid climate	
年平均气温 /℃ Annual average temperature /℃	14.1
年平均最高气温 /℃ Annual average maximum temperature /℃	19.3
年平均最低气温 /℃ Annual average minimum temperature /℃	9.6
年降水量 /mm Annual precipitation /mm	619
≥10℃的积温 /℃ Daily temperature accumulated in a year (≥10℃) /℃	5110
年日照时数 /h Annual sunshine /h	2522
年平均相对湿度 /% Annual average relative humidity /%	60
干燥度 Dryness	1.39

本区域中心区月平均气温与月平均降水量
Monthly temperature and precipitation in central area of the region

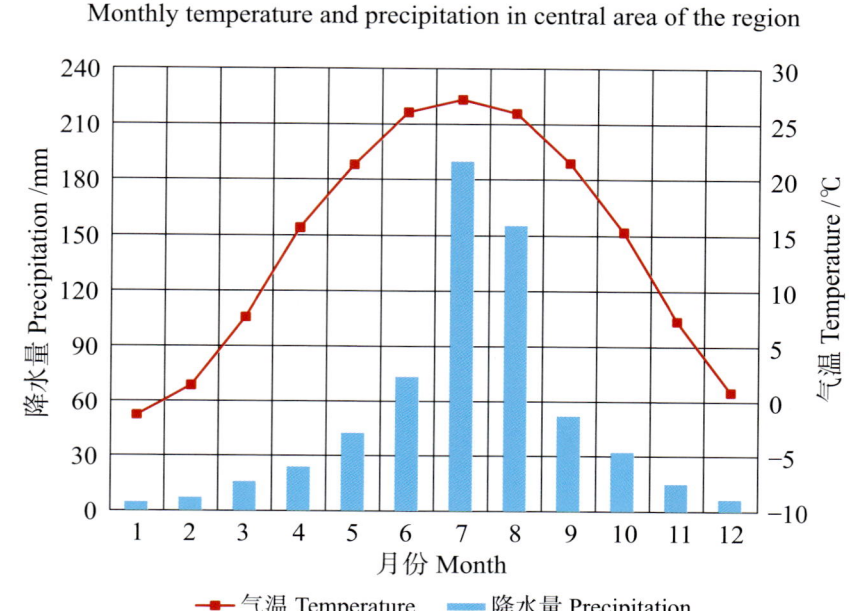

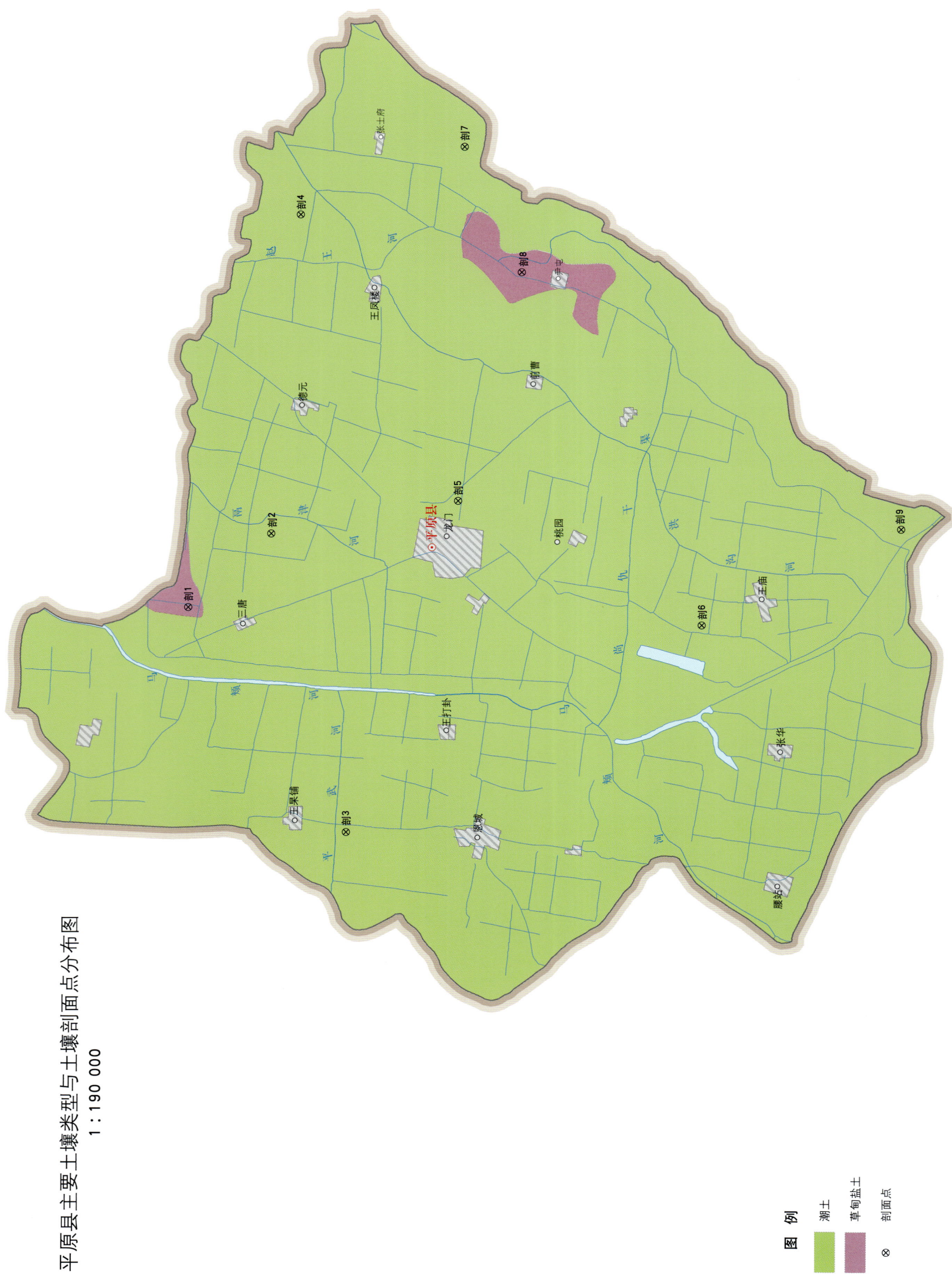

平原县主要土壤类型与土壤剖面点分布图
1∶190 000

平原县土壤剖面理化性状表

剖面号 Soil profile	土纲 Soil order	土类 Soil great group	亚类 Soil subgroup	土属 Soil genus	土种 Soil species	土层码 Layer code	土层厚度 Depth/cm	颜色 Soil color	质地 Soil texture	土壤结构 Soil structure	pH	有机质 OM/(g/kg)	全氮 TN/(g/kg)	全磷 TP/(g/kg)	全钾 TK/(g/kg)	碱解氮 AN/(mg/kg)	有效磷 AP/(mg/kg)	速效钾 AK/(mg/kg)	阳离子交换量CEC/(cmol/kg)	土壤母质 Parent material	剖面点坐标 Profile coordinate	匹配指数 Matching index/%
剖1	盐碱土	草甸盐土	草甸盐土	壤质油潮盐土	厚砂腰轻壤油潮盐土	1	0—5	暗灰色	轻壤土	粒状											E 116°23′43.2″ N 37°16′32.2″	80
						2	5—20	暗灰色	轻壤土	粒状												
						3	20—40	灰白色	轻壤土	粒状												
						4	40—60	灰白色	轻壤土	粒状												
						5	60—100	灰白色	砂壤土	单粒状												
						6	100—150	灰白色	紧砂土	无明显结构												
剖2	半水成土	潮土	盐化潮土	壤质盐化潮土	中盐化厚砂底白土	1	0—5	灰白色	轻壤土	粒状		10.5	0.76	1.41		27	3.0	113	10.8		E 116°26′05.5″ N 37°14′28.3″	97
						2	5—24	灰白色	轻壤土	粒状		10.5	0.76	1.41		27	3.0	113	10.8			
						3	24—31	灰白色	轻壤土	片状		9.2	0.54	1.39		22	2.0	115	11.2			
						4	31—40	灰黄色	轻壤土	粒状		6.9	0.47	1.28		11	4.0	90	10.5			
						5	40—60	灰黄色	中壤土	粒状		7.0	0.36	1.20		8	2.0	85	12.9			
						6	60—100	灰黄色	中壤土	粒状		7.0	0.36	1.20		8	2.0	85	12.9			
						7	100—150	浅黄色	紧砂土	单粒状												
剖3	半水成土	潮土	褐潮土	黏质褐潮土	蒙淤肉两合土	1	0—16		黏壤土		8.0	12.8	0.90	0.73	20.5	71	23.7	243	10.7	河流冲积物	E 116°16′30.9″ N 37°12′33.2″	87
						2	16—30		黏壤土		8.0	6.2	0.59	0.65	21.2	68	5.2	81	11.5			
						3	30—70		黏土		7.8	10.5	0.98	0.57	23.6	80	2.7	127	26.8			
						4	70—95		粉质黏土		7.8	6.6	0.47	0.51	20.4	55	2.2	62	14.1			
						5	95—107		砂壤土		7.7	3.9	0.29	0.51	19.2	36	1.6	34	5.8			
						6	107—120		砂壤土		7.8											
剖4	半水成土	潮土	盐化潮土	壤质盐化潮土	中盐化均质白土	1	0—25	灰黄色	轻壤土	粒状	8.3	7.5	0.50	1.58		34	13.0	127	7.0	河流冲积物	E 116°36′20.4″ N 37°13′45.5″	81
						2	25—45	灰黄色	轻壤土	粒状	8.5	7.1	0.47	1.33		14	3.0	85	7.0			
						3	45—60	灰黄色	轻壤土	粒状	8.6	8.7	0.49	1.30		3	3.0	130	7.6			
						4	60—100	浅黄色	轻壤土	粒状		5.4	0.31			6	4.0	97	7.4			
						5	100—150	灰黄色	轻壤土	粒状												
剖5	半水成土	潮土	盐化潮土	壤质盐化潮土	中盐化厚黏腰白土	1	0—5	灰黄色	轻壤土	粒状	8.5	7.0	0.53	1.16		22	2.0			河流冲积物	E 116°27′09.3″ N 37°09′48.5″	71
						2	5—20	棕褐色	轻壤土	块状	8.5	7.0	0.53	1.16		22	2.0	90				
						3	20—37	棕褐色	轻壤土	块状	8.1	8.0	0.47	1.14		17	2.0	100				
						4	37—70	棕褐色	轻壤土	粒状	8.0	6.1	0.37	1.08		14	1.0	50				
						5	70—110	棕褐色	黏土	块状	8.0	3.9	0.26			10	1.0	60				
						6	110—150	灰黄色	黏土	无明显结构	8.1	3.8	0.27			9	1.0					
剖6	半水成土	潮土	盐化潮土	壤质盐化潮土	轻度盐化厚底白土	1	0—20	灰黄色	重壤土	散粒状	8.0	7.9	0.44	1.40		40	3.0	115	7.8	河流冲积物	E 116°23′12.9″ N 37°03′42.1″	99
						2	20—30	灰黄色	紧砂土	散粒状	8.1	7.0	0.29	1.40		11	4.0	88	8.1			
						3	30—87	灰黄色	黏土	粒状	7.9	6.8	0.37	1.32		9	2.0	90	7.8			
						4	87—130	棕褐色	黏土	块状	7.9	7.4	0.17			17	1.0	105	11.9			
						5	130—150	黄灰色	轻壤土	粒状	8.0	6.2	0.39			15	2.0	115	11.0			
剖7	半水成土	潮土	潮土	黏质潮土	厚砂心小红土	1	0—20	灰褐色	重壤土	碎块状	8.1	10.9	0.49	1.27		43	10.0	120		河流冲积物	E 116°38′31.4″ N 37°09′40.1″	98
						2	20—34	棕褐色	紧砂土	无明显结构	7.9	8.1	0.43	1.05		24	4.0	68				
						3	34—110	棕褐色	紧砂土	无明显结构		7.1	0.38	1.11		31	3.0	70				
						4	110—150	棕灰色	中壤土													
剖8	盐碱土	草甸盐土	草甸盐土	砂质白潮盐土	厚砂腰轻壤白潮盐土	1	0—20	灰黄色	轻壤土	粒状											E 116°34′29.9″ N 37°08′14.1″	82
						2	20—37	灰白色	轻壤土	粒状												
						3	37—83	灰白色	轻壤土	粒状												
						4	83—150	灰白色	砂壤土	无明显结构												

续表 Continued

剖面号 Soil profile	土纲 Soil order	土类 Soil great group	亚类 Soil subgroup	土属 Soil genus	土种 Soil species	土层码 Layer code	土层厚度 Depth/cm	颜色 Soil color	质地 Soil texture	土壤结构 Soil structure	pH	有机质 OM/(g/kg)	全氮 TN/(g/kg)	全磷 TP/(g/kg)	全钾 TK/(g/kg)	碱解氮 AN/(mg/kg)	有效磷 AP/(mg/kg)	速效钾 AK/(mg/kg)	阳离子交换量 CEC/(cmol/kg)	土壤母质 Parent material	剖面点坐标 Profile coordinate	匹配指数 Matching index/%
剖9	半水成土	潮土	潮土	砂质潮土	均质砂白砂土	1	0—20	灰黄色	砂壤土	粒状	7.8	7.2	0.54	1.28		42	2.0	110		河流冲积物	E 116°26′18.6″ N 36°58′43.7″	86
						2	20—50	灰白色	砂壤土	粒状	7.8	4.6	0.44	1.17		41	2.0	104				
						3	50—150	灰白色	砂壤土	无明显结构	7.8	4.6	0.39	1.19		40	4.0	30				

夏 津 县

主要土类说明

潮土是夏津县主要土壤类型，占本县地域面积的90%。成土母质为黄河冲积物。本县潮土主要分为潮土、褐潮土、盐化潮土、湿潮土等亚类。其中，潮土亚类面积最大，约占本土类面积的45%，主要分布在陈公堤上，地形部位较低的雷集镇、苏留庄镇和堤下的田庄乡、双庙镇等的大部分地区。地下水埋深为3—5m，土壤受地下水作用较强，受季节性降雨影响，地下水位上下变动，土壤氧化还原反应交替进行，底土层产生明显的锈纹、锈斑。耕层有机质含量为6.9g/kg，全氮含量为0.51g/kg，总孔隙度为51.8%。褐潮土亚类主要分布在陈公堤上的宋楼、香赵庄、东李官屯、雷集、苏留庄等地。地下水埋深大于5m，土壤受地下水作用较弱，水分状况以下渗为主，心土层形成明显的假菌丝体（碳酸钙的针状结晶），底土层有锈纹、锈斑，并有黏粒下移的现象。土壤有机质含量为7.0g/kg，全氮含量为0.52g/kg，总孔隙度为50.4%。盐化潮土亚类主要分布在洼坡地、浅平洼地和背河槽状洼地上。所处地形较低，地下水埋深为2—3m，矿化度高，为2—5g/L，盐分表聚。土壤肥力较差，并且有盐碱危害。耕层有机质含量为6.7g/kg，全氮含量为0.51g/kg，总孔隙度为53.0%，田间持水量为33.0%。湿潮土亚类面积最小，主要分布在莲花池洼和砂质河槽一带地形较低洼的地方。由于地形较低，地下水埋深较浅或有季节性积水，底土层常处于积水状态，呈浅灰色，形成色泽较暗的潜育层。

风沙土是夏津县第二大土壤类型，占本县地域面积的6%，主要分布在沙河内及决口扇形地的沙丘地带上。质地多为砂壤土，表土为砂土，地下水埋深在7m以下，不受地下水作用。风沙土水、气、热状况不协调，漏水、漏肥，致使全剖面养分含量极低，并常受风的危害。

小于本县地域面积3%的土壤类型有草甸盐土等。

本区域中心区气候特征

本区域中心区气候特征值
Regional climate characteristics in central area of the region

气候带：暖温带亚湿润气候 Climate region: Warm temperate subhumid climate	
年平均气温 /℃ Annual average temperature /℃	14.1
年平均最高气温 /℃ Annual average maximum temperature /℃	19.4
年平均最低气温 /℃ Annual average minimum temperature /℃	9.6
年降水量 /mm Annual precipitation /mm	612
≥10℃的积温 /℃ Daily temperature accumulated in a year（≥10℃）/℃	5098
年日照时数 /h Annual sunshine /h	2509
年平均相对湿度 /% Annual average relative humidity /%	61
干燥度 Dryness	1.40

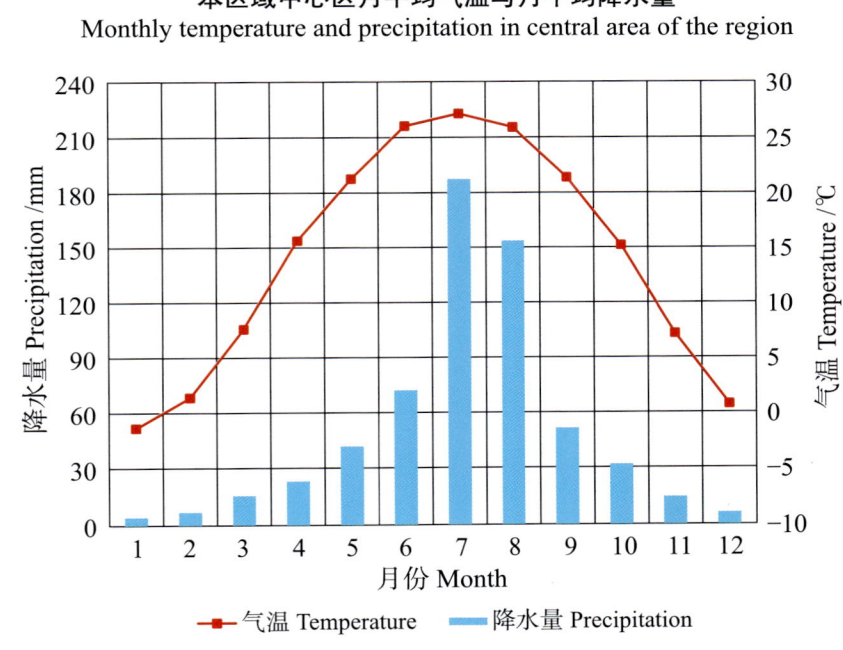

本区域中心区月平均气温与月平均降水量
Monthly temperature and precipitation in central area of the region

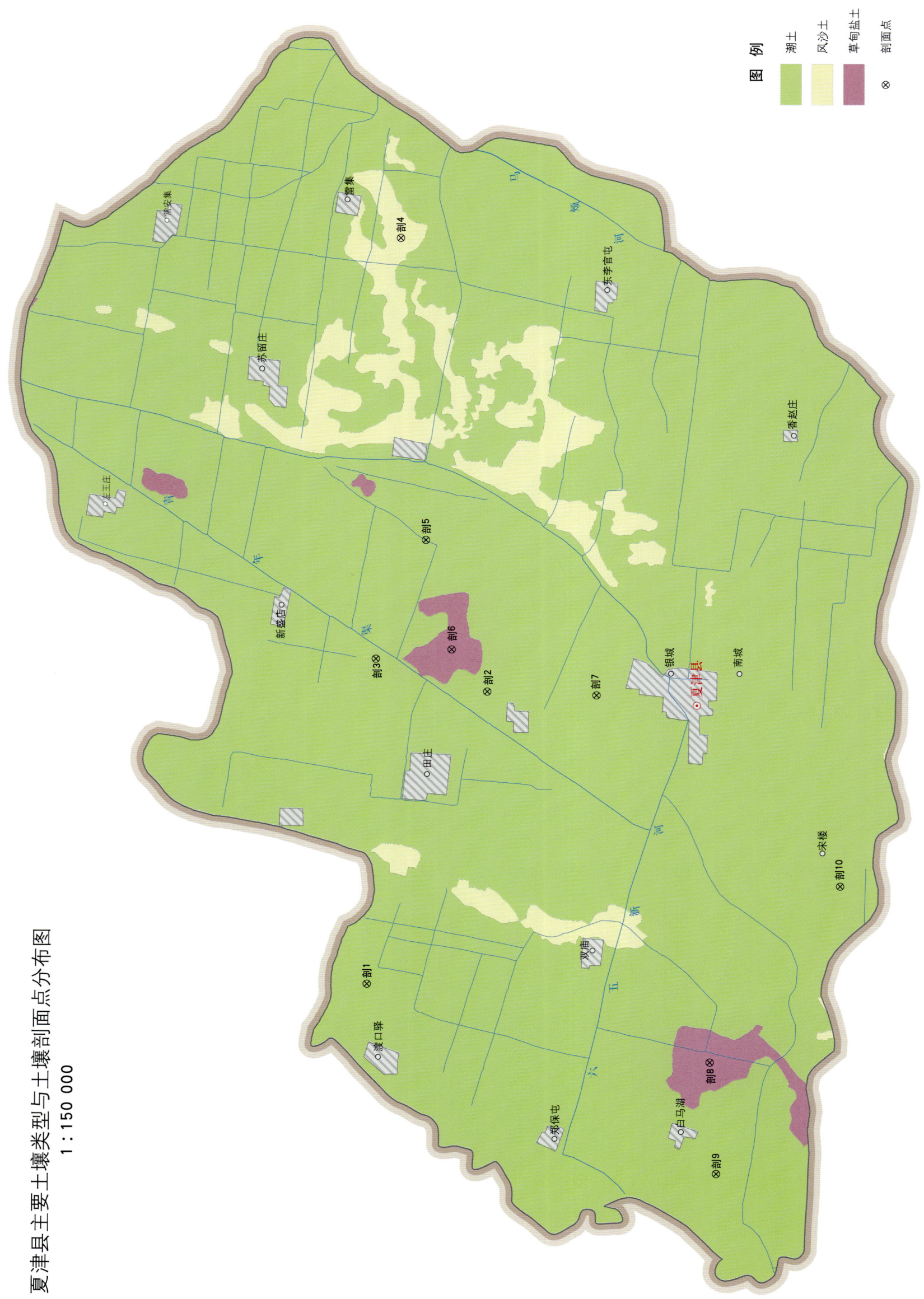

夏津县土壤剖面理化性状表

剖面号 Soil profile	土纲 Soil order	土类 Soil great group	亚类 Soil subgroup	土属 Soil genus	土种 Soil species	土层码 Layer code	土层厚度 Depth/cm	颜色 Soil color	质地 Soil texture	土壤结构 Soil structure	有机质 OM/(g/kg)	全氮 TN/(g/kg)	全磷 TP/(g/kg)	碱解氮 AN/(mg/kg)	有效磷 AP/(mg/kg)	速效钾 AK/(mg/kg)	土壤母质 Parent material	剖面点坐标 Profile coordinate	匹配指数 Matching index/%
剖1	半水成土	潮土	湿潮土	冲积黑潮土	湿厚黏心白土	1	0—20	浅灰色	轻壤土	块状	7.4	0.43		21	2.0	85	河流冲积物	E 115° 52′ 32.5″ N 37° 03′ 14.1″	75
						2	20—26	浅灰色	轻壤土	片状									
						3	26—80	红棕色	重壤土	块状									
						4	80—150	浅黄色	砂壤土	粒状									
剖2	半水成土	潮土	潮土	潮土	均质壤白土	1	0—18				8.0	0.58			4.0		河流冲积物	E 115° 59′ 47.8″ N 37° 01′ 01.2″	92
						2	18—60				7.9	0.37			4.0				
剖3	半水成土	潮土	潮土	潮土	均质砂白砂土	1	0—20	浅黄色	砂壤土	粒状	5.8	0.44	1.73	45	2.6	99	河流冲积物	E 116° 00′ 34.6″ N 37° 03′ 09.7″	88
						2	20—40	浅黄色	砂壤土	粒状	4.0	0.36	1.61	41	3.6	61			
						3	40—150	浅黄色	紧砂土	粒状	2.7	0.09	1.36	36	2.0	56			
剖4	初育土	风沙土	风沙土	风沙土	均砂质风沙土	1	0—20											E 116° 10′ 55.2″ N 37° 02′ 47.1″	86
						2	20—150	浅黄色	轻壤土	粒状	4.0	0.32	1.20	49	2.0	79			
剖5	半水成土	潮土	盐化潮土	盐化潮土	中盐化厚黏底白土	1	0—20	黄棕色	中壤土	块状	5.4	0.43		35	3.6	148	河流冲积物	E 116° 03′ 30.2″ N 37° 02′ 13.9″	90
						2	20—40	浅黄色	轻壤土	块状									
						3	40—95	红棕色	重壤土	块状									
						4	95—150	浅黄色	轻壤土	粒状									
剖6	盐碱土	草甸盐土	草甸盐土	白潮盐土	厚黏底白土质白潮盐土	1	0—16	黄棕色	中壤土	块状	4.5	0.35		28	3.6	122	河流冲积物	E 116° 00′ 49.6″ N 37° 01′ 42.8″	91
						2	16—50	浅黄色	中壤土	块状									
						3	50—80	红棕色	黏土	块状									
						4	80—150	浅黄色	中壤土	粒状									
剖7	半水成土	潮土	盐化潮土	盐化潮土	中盐化厚砂腰白土	1	0—16	黄棕色	轻壤土	块状	5.1	0.39			3.6		河流冲积物	E 115° 59′ 44.2″ N 36° 58′ 55.6″	97
						2	16—74	浅黄色	中壤土	粒状									
						3	74—150		砂壤土	块状									
剖8	盐碱土	草甸盐土	油潮盐土	油潮盐土	厚黏腰白土质油潮盐土	1	0—15			轻壤土	3.9	0.22	1.52	19	2.6	67	河流冲积物	E 115° 50′ 45.6″ N 36° 56′ 38.4″	91
						2	15—64	浅黄色	中壤土	块状	4.2	0.44	1.36	27	2.0	77			
						3	64—105	黄褐色	重壤土	块状	3.2	0.23	1.42	35	3.6	56			
						4	105—150	红棕色	黏土	块状	3.5	0.29	1.20	39	2.6	48			
剖9	半水成土	潮土	褐潮土	褐潮土	岗厚黏腰白土	1	0—20	红棕色	轻壤土	粒状	7.6	0.55	1.17	45	4.0	156	河流冲积物	E 115° 48′ 02.6″ N 36° 56′ 28.8″	77
						2	20—57	棕黄色	中壤土	块状									
						3	57—103	棕黄色	紧砂土	粒状	6.8	0.51	1.24	49	6.4				
						4	103—150	红棕色	黏土	块状									
剖10	半水成土	潮土	褐潮土	褐潮土	岗厚砂腰白土	1	0—20	浅黄色	中壤土	块状							河流冲积物	E 115° 55′ 07.6″ N 36° 54′ 12.1″	86
						2	20—60	浅黄色	紧砂土	粒状									
						3	60—110	红棕色	黏土	块状									
						4	110—135	浅黄色	紧砂土	粒状									
						5	135—150												

武 城 县

主要土类说明

潮土是武城县主要土壤类型，占本县地域面积的 90%。本土类所处的地形部位较为复杂，地下水埋深为 2—5m，成土过程受地下水的制约，剖面中下部有明显的锈纹、锈斑，或细小的铁锰结核，pH 一般为 7.0—8.5。本县潮土分为潮土、褐潮土、盐化潮土等亚类。其中，潮土亚类面积最大，占本土类面积的 50%，多分布在高坡地、平坡地和浅平洼地上。地下水埋深为 3—4m，部分深于 4m，地下水作用较强，但大面积为弱矿化水，矿化度为 0.5—2.0g/L。剖面中下部有明显的锈纹、锈斑。土壤质地多为轻壤土和中壤土，个别低洼地带为重壤土，土体构型多为均质壤、厚黏腰，次为厚砂腰、厚黏心。褐潮土亚类占本土类面积的 30% 左右，主要分布在卫运河以东、新县城以南和陈公堤以东的河滩高地上，受地下水的影响较小，地下水埋深为 4—5m，部分深于 5m，淋溶作用较强，无盐渍化，排水畅通，有轻度水土流失。心土层有明显的黏粒淀积物（黏化层）和假菌丝体（碳酸钙沉淀物），底土层有锈纹、锈斑，表土质地较轻。盐化潮土亚类多分布在洼坡地和背河槽状洼地。地面海拔在 22m，地下水埋深较浅，在 2m 左右，矿化度为 5g/L，土壤中含可溶性盐分较多，地表有不同程度的盐斑出现，表层多为轻壤土。

草甸盐土是武城县第二大土壤类型，占本县地域面积不足 2%，多分布在地势低洼的洼坡地和背河槽状洼地上。地下水埋深较深，矿化度为 5—10g/L，个别的超过 10g/L。表层含盐量为 8g/kg 左右，个别的在 10g/kg 以上。盐分组成以硫酸盐和氯化物为主，阴离子以氯离子为主。

小于本县地域面积 3% 的土壤类型有风沙土等。

本区域中心区气候特征

本区域中心区气候特征值
Regional climate characteristics in central area of the region

气候带：暖温带亚湿润气候 Climate region: Warm temperate subhumid climate	
年平均气温 /℃ Annual average temperature /℃	14.0
年平均最高气温 /℃ Annual average maximum temperature /℃	19.3
年平均最低气温 /℃ Annual average minimum temperature /℃	9.5
年降水量 /mm Annual precipitation /mm	611
≥10℃的积温 /℃ Daily temperature accumulated in a year（≥10℃）/℃	5075
年日照时数 /h Annual sunshine /h	2513
年平均相对湿度 /% Annual average relative humidity /%	61
干燥度 Dryness	1.41

本区域中心区月平均气温与月平均降水量
Monthly temperature and precipitation in central area of the region

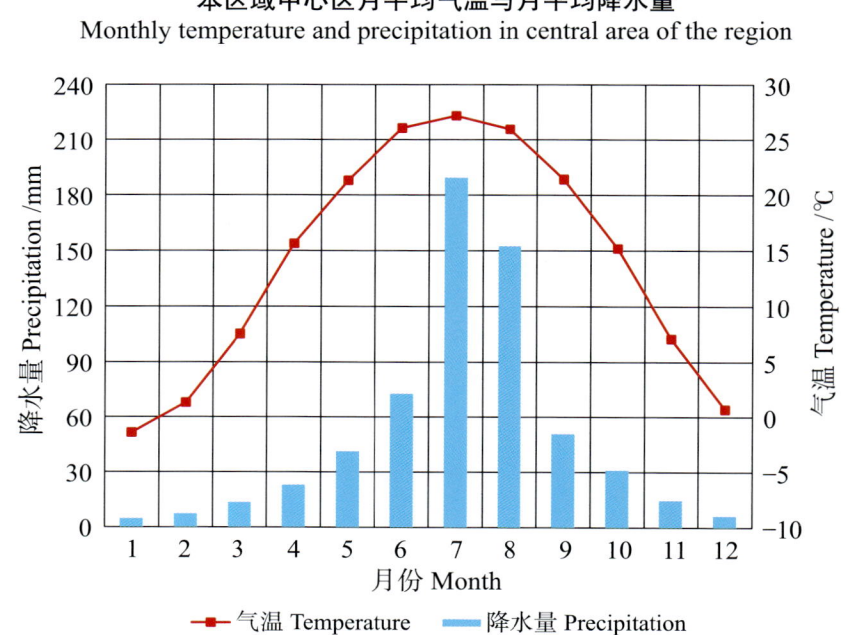

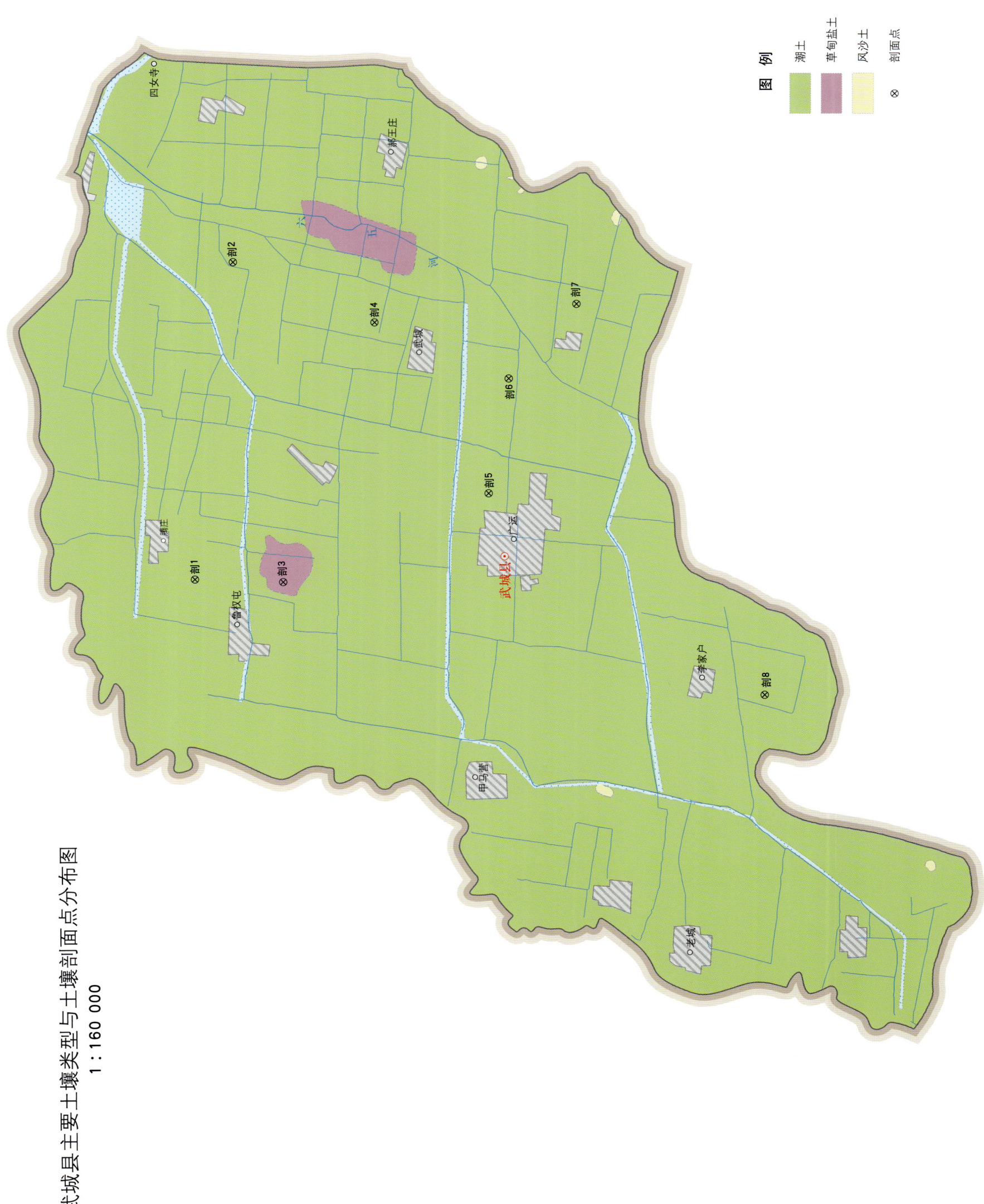

武城县土壤剖面理化性状表

剖面号 Soil profile	土纲 Soil order	土类 Soil great group	亚类 Soil subgroup	土属 Soil genus	土种 Soil species	土层码 Layer code	土层厚度 Depth/cm	颜色 Soil color	质地 Soil texture	土壤结构 Soil structure	pH	有机质 OM/(g/kg)	全氮 TN/(g/kg)	全磷 TP/(g/kg)	碱解氮 AN/(mg/kg)	有效磷 AP/(mg/kg)	土壤母质 Parent material	剖面点坐标 Profile coordinate	匹配指数 Matching index/%
剖1	半水成土	潮土	盐化潮土	盐化潮土	中盐化厚砂腰白土	1	0—20	黄色	轻壤土	粒状	7.9	5.0	0.49			4.0	河流冲积物	E 116°03′03.6″ N 37°19′07.7″	73
						2	20—63	黄色	轻壤土	粒状	7.9	3.3	0.26			2.0			
						3	63—150	浅黄色	砂壤土	粒状									
剖2	半水成土	潮土	潮土	潮土	厚黏心白土	1	0—20	棕黄色	轻壤土	粒状	7.8	8.7	0.55		26	4.8	河流冲积物	E 116°11′27.6″ N 37°18′23.8″	90
						2	20—40	棕黄色	中壤土	粒状	7.9	7.9	0.46		36	1.2			
						3	40—120	黄棕色	黏土	块状									
						4	120—150	浅黄色	砂壤土	粒状									
剖3	盐碱土	草甸盐土	草甸盐土	白潮盐土	白潮盐土厚砂腰白土	1	0—5	浅黄色	轻壤土									E 116°03′00.4″ N 37°17′19.0″	97
						2	5—18	黑红色	中壤土	粒状									
						3	18—45	浅黄色	紧砂土	粒状									
						4	45—150	浅黄色	中壤土	粒状	7.9	7.8	0.68		43	2.0			
剖4	半水成土	潮土	潮土	潮土	厚黏腰两合土	1	0—20	浅灰色	中壤土	粒状	7.9	4.0	0.26		34	0.6	河流冲积物	E 116°09′53.3″ N 37°15′28.8″	79
						2	20—65	棕色	黏土	粒状									
						3	65—150	棕色	轻壤土	粒状	8.0	7.0	0.54	2.78	24	6.0			
剖5	半水成土	潮土	潮土	潮土	厚砂腰白土	1	0—20	棕色	轻壤土	粒状	8.0	5.0	0.41	1.81	20	2.0	河流冲积物	E 116°05′23.5″ N 37°13′06.6″	99
						2	20—65	黄棕色	砂壤土	粒状									
						3	65—120	浅棕色	紧砂土	粒状									
						4	120—150	浅黄色	轻壤土	粒状									
剖6	半水成土	潮土	盐化潮土	盐化潮土	轻度盐化厚黏腰白土	1	0—20	黄色	轻壤土	粒状	7.8	5.9	0.46			2.2	河流冲积物	E 116°08′25.4″ N 37°12′42.8″	93
						2	20—80	褐色	重壤土	粒状	8.1	5.3	0.44			2.6			
						3	80—140	红褐色	黏土	碎块状									
						4	140—150	浅黄色	轻壤土	块状									
剖7	半水成土	潮土	褐潮土	褐潮土	岗厚黏腰白土	1	0—20	黄棕色	中壤土	粒状	7.4	7.4	0.52			2.0	河流冲积物	E 116°10′25.0″ N 37°11′20.0″	89
						2	20—70	浅棕色	黏土	粒状	8.0	6.5	0.45			1.5			
						3	70—150	浅灰色	轻壤土	粒状									
剖8	半水成土	潮土	褐潮土	褐潮土	岗均质壤白土	1	0—20	浅灰色	轻壤土	粒状	7.6	6.4	0.48			4.8	河流冲积物	E 116°00′05.4″ N 37°07′24.6″	84
						2	20—90	黄褐色	中壤土	粒状	7.6	5.4	0.44			2.6			
						3	90—107	黄白色	砂壤土	粒状									
						4	107—150												

乐 陵 市

主要土类说明

潮土是乐陵市主要土壤类型，约占本市地域面积的95%。本市潮土分为潮土、盐化潮土、褐潮土等亚类。其中，潮土亚类面积最大，占本土类面积的70%以上，全市各乡镇均有分布，分布面积较大的有西段、孔镇、郑店等乡镇，地形上处于三河之间的大面积缓平坡地。地下水埋深平均为2.7m，矿化度平均为1.8g/L。因地形部位较高，地下水位已在临界深度以下，毛管水难以到达地表，故返盐较轻。耕层质地较黏重，土体构型多为厚黏心或均质黏，隔盐作用强。养分含量属中等偏下水平，容重偏大，孔隙状况较好。盐化潮土亚类面积占本土类面积的20%左右，主要分布在大型洼地边缘、缓平坡地的中下端和洼坡地带。土壤中含有过量可溶性盐分，土地瘠薄，养分含量缺乏，物理性状不良。褐潮土亚类处于河滩高地上，地下水埋藏较深，平均为3.3m，矿化度平均为1.7g/L。表土和心土层受地下水影响较小，淋溶作用强，黏粒下移，故剖面中有较明显的黏化层和假菌丝体出现，同时还保留了潮土的特征，土体下部有锈纹、锈斑，层次比较明显。

草甸盐土是乐陵市第二大土壤类型，约占本市地域面积的4%，主要分布在本市洼坡地、平坡地、浅平洼地或槽状洼地上。高矿化地下水经毛细管作用上升至地表，盐分累积大于6g/kg。具Az–C剖面构型。本市草甸盐土盐分组成以氯化物硫酸盐或硫酸盐氯化物为主。

小于本市地域面积3%的土壤类型有风沙土等。

本区域中心区气候特征

本区域中心区气候特征值
Regional climate characteristics in central area of the region

气候带：暖温带亚湿润气候 Climate region: Warm temperate subhumid climate	
年平均气温 /℃ Annual average temperature /℃	12.9
年平均最高气温 /℃ Annual average maximum temperature /℃	18.7
年平均最低气温 /℃ Annual average minimum temperature /℃	8.0
年降水量 /mm Annual precipitation /mm	587
≥10℃的积温 /℃ Daily temperature accumulated in a year（≥10℃）/℃	4745
年日照时数 /h Annual sunshine /h	2587
年平均相对湿度 /% Annual average relative humidity /%	64
干燥度 Dryness	1.34

本区域中心区月平均气温与月平均降水量
Monthly temperature and precipitation in central area of the region

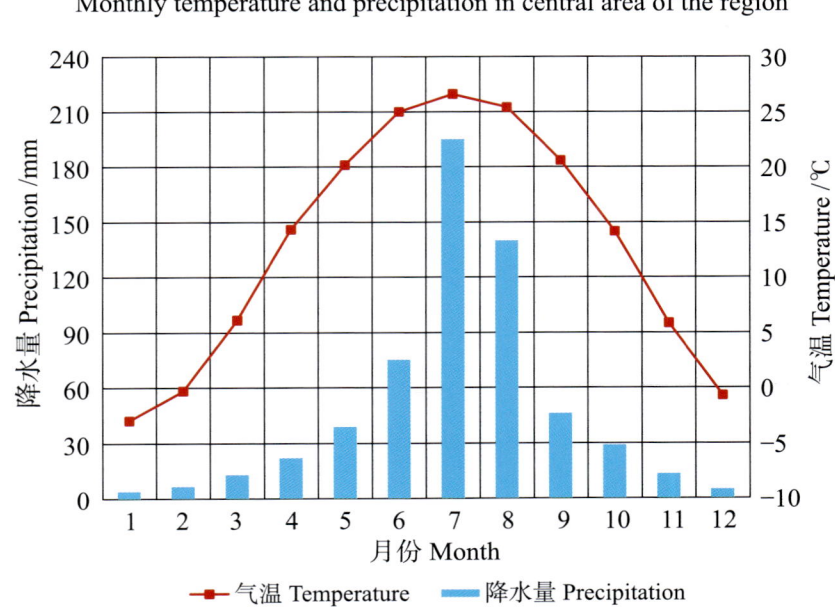

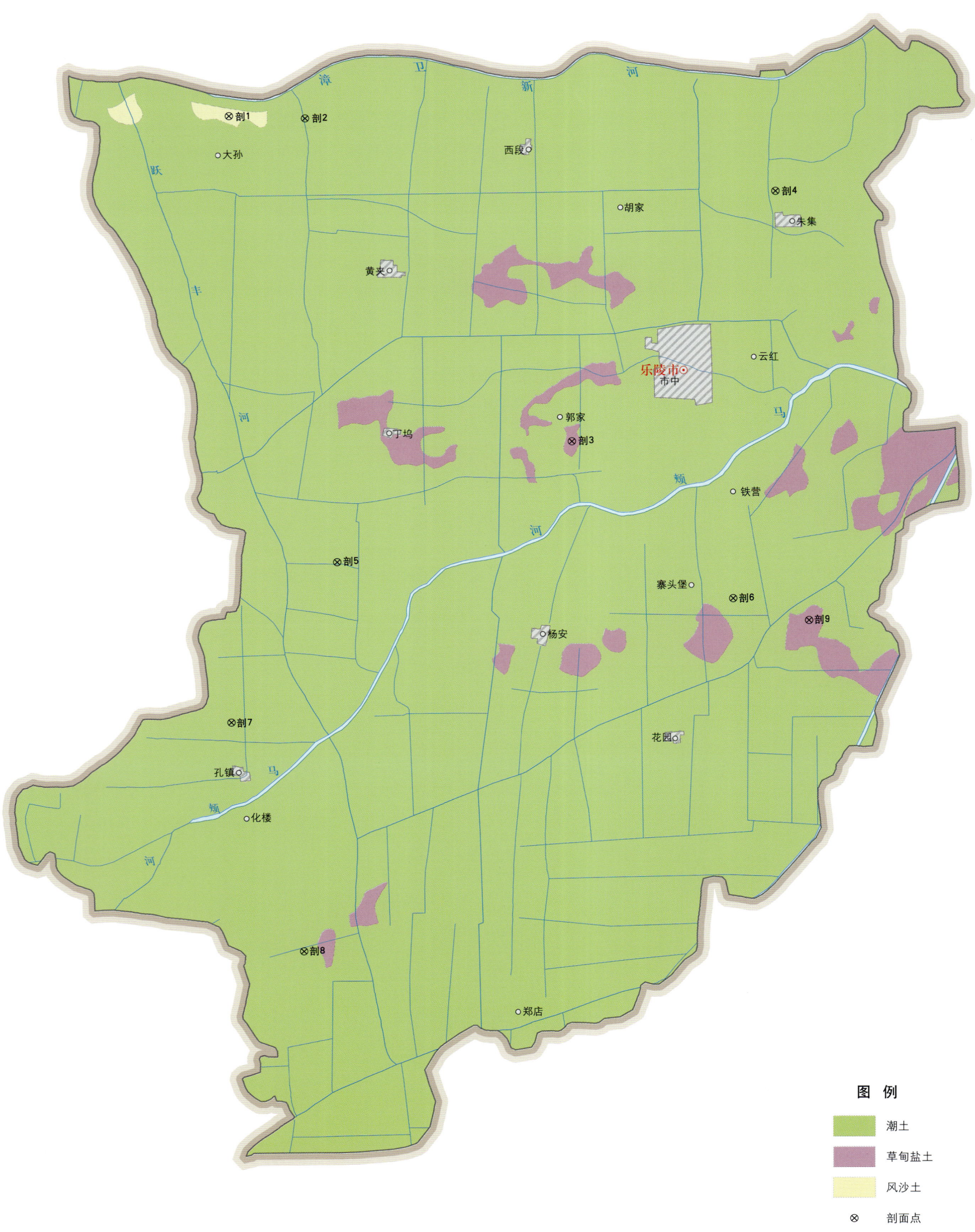

乐陵市土壤剖面理化性状表

剖面号 Soil profile	土纲 Soil order	土类 Soil great group	亚类 Soil subgroup	土属 Soil genus	土种 Soil species	土层码 Layer code	土层厚度 Depth/cm	质地 Soil texture	土壤结构 Soil structure	有机质 OM/(g/kg)	全氮 TN/(g/kg)	有效磷 AP/(mg/kg)	土壤母质 Parent material	剖面点坐标 Profile coordinate	匹配指数 Matching index/%
剖1	初育土	风沙土	风沙土	风沙土	均质均质紧沙质风沙土	1	0—20	紧砂土	粒状	3.3	0.53	11.6		E 117°00′24.8″ N 37°49′31.9″	100
						2	20—75	松砂土	粒状	2.4	0.37	6.3			
						3	75—150	松砂土	粒状						
剖2	半水成土	潮土	潮土	潮土	均质砂白砂土	1	0—22	砂壤土	粒状	4.2	0.35	4.5	河流冲积物	E 117°02′30.8″ N 37°49′27.8″	78
						2	22—64	砂壤土	粒状	3.0	0.36	5.5			
						3	64—105	紧砂土	粒状						
						4	105—150	紧砂土	粒状						
剖3	盐碱土	草甸盐土	草甸盐土	油潮盐土	油潮均质白砂土	1	0—20	砂壤土	粒状					E 117°09′46.7″ N 37°42′09.1″	98
						2	20—150	紧砂土	粒状						
剖4	半水成土	潮土	褐潮土	褐潮土	岗厚黏心两合土	1	0—20	中壤土	粒状	9.1	0.72	6.0	河流冲积物	E 117°15′27.4″ N 37°47′44.1″	71
						2	20—75	重壤土	块状	8.5	0.57	5.4			
						3	75—100	砂壤土	块状						
						4	100—120	黏土	粒状						
						5	120—150	砂壤土	粒状						
剖5	半水成土	潮土	潮土	潮土	均质黏小红土	1	0—20	重壤土	粒状	10.1	0.85	6.1	河流冲积物	E 117°03′17.6″ N 37°39′27.4″	80
						2	20—150	黏土	块状	7.9	0.61	5.0			
剖6	半水成土	潮土	盐化潮土	盐化潮土	轻盐化厚黏心两合土	1	0—20	中壤土	粒状	7.6	0.56	5.9	河流冲积物	E 117°14′10.7″ N 37°38′34.8″	78
						2	20—73	重壤土	块状	7.3	0.48	3.8			
						3	73—150	砂壤土	粒状						
剖7	半水成土	潮土	潮土	潮土	厚黏心两合土	1	0—21	中壤土	粒状	7.9	0.70	7.4	河流冲积物	E 117°00′22.0″ N 37°35′51.4″	86
						2	21—76	重壤土	块状	7.2	0.46	5.7			
						3	76—140	轻壤土	粒状						
						4	140—150	黏土	块状						
剖8	半水成土	潮土	盐化潮土	盐化潮土	中盐化厚砂底白土	1	0—21	轻壤土	粒状	5.4	0.40	5.0	河流冲积物	E 117°02′20.0″ N 37°30′40.0″	87
						2	21—105	中壤土	粒状	3.7	3.44	5.7			
						3	105—150	砂壤土	粒状						
剖9	盐碱土	草甸盐土	草甸盐土	白潮盐土	白潮厚黏底两合土	1	0—20	中壤土	粒状					E 117°16′15.6″ N 37°38′04.9″	76
						2	20—60	轻壤土	粒状						
						3	60—80	中壤土	粒状						
						4	80—150	黏土	粒状						

禹 城 市

主要土类说明

潮土是禹城市主要土壤类型，占本市地域面积的96%。潮土见于近代河流冲积平原或低平阶地，地下水位高，潜水参与成土过程。在潮土成土过程中，底土氧化还原作用交替，形成锈色斑纹和小型铁子。在长期耕作条件下，表层有机质含量为10—15g/kg。本市潮土分为潮土、褐土化潮土、盐化潮土、湿潮土等亚类。其中，潮土亚类面积最大。该亚类分布面积最大的一片在土马河两岸的洼坡地和背河槽状洼地里，这一带地下水埋深一般为1—2m，矿化度为0.5g/L左右，但土体构型偏黏，析盐作用很强；另一片为东大洼的浅平洼地，潜水条件和土体构型属于宜盐范围，但地下水埋深多在临界深度以下，一般为2.5m，故返盐很轻。

小于本市地域面积3%的土壤类型有草甸盐土和风沙土等。

本区域中心区气候特征

本区域中心区气候特征值
Regional climate characteristics in central area of the region

气候带：暖温带亚湿润气候 Climate region: Warm temperate subhumid climate	
年平均气温 /℃ Annual average temperature /℃	14.3
年平均最高气温 /℃ Annual average maximum temperature /℃	19.4
年平均最低气温 /℃ Annual average minimum temperature /℃	9.9
年降水量 /mm Annual precipitation /mm	638
≥10℃的积温 /℃ Daily temperature accumulated in a year (≥10℃) /℃	5154
年日照时数 /h Annual sunshine /h	2537
年平均相对湿度 /% Annual average relative humidity /%	59
干燥度 Dryness	1.34

本区域中心区月平均气温与月平均降水量
Monthly temperature and precipitation in central area of the region

禹城市主要土壤类型与土壤剖面点分布图
1∶190 000

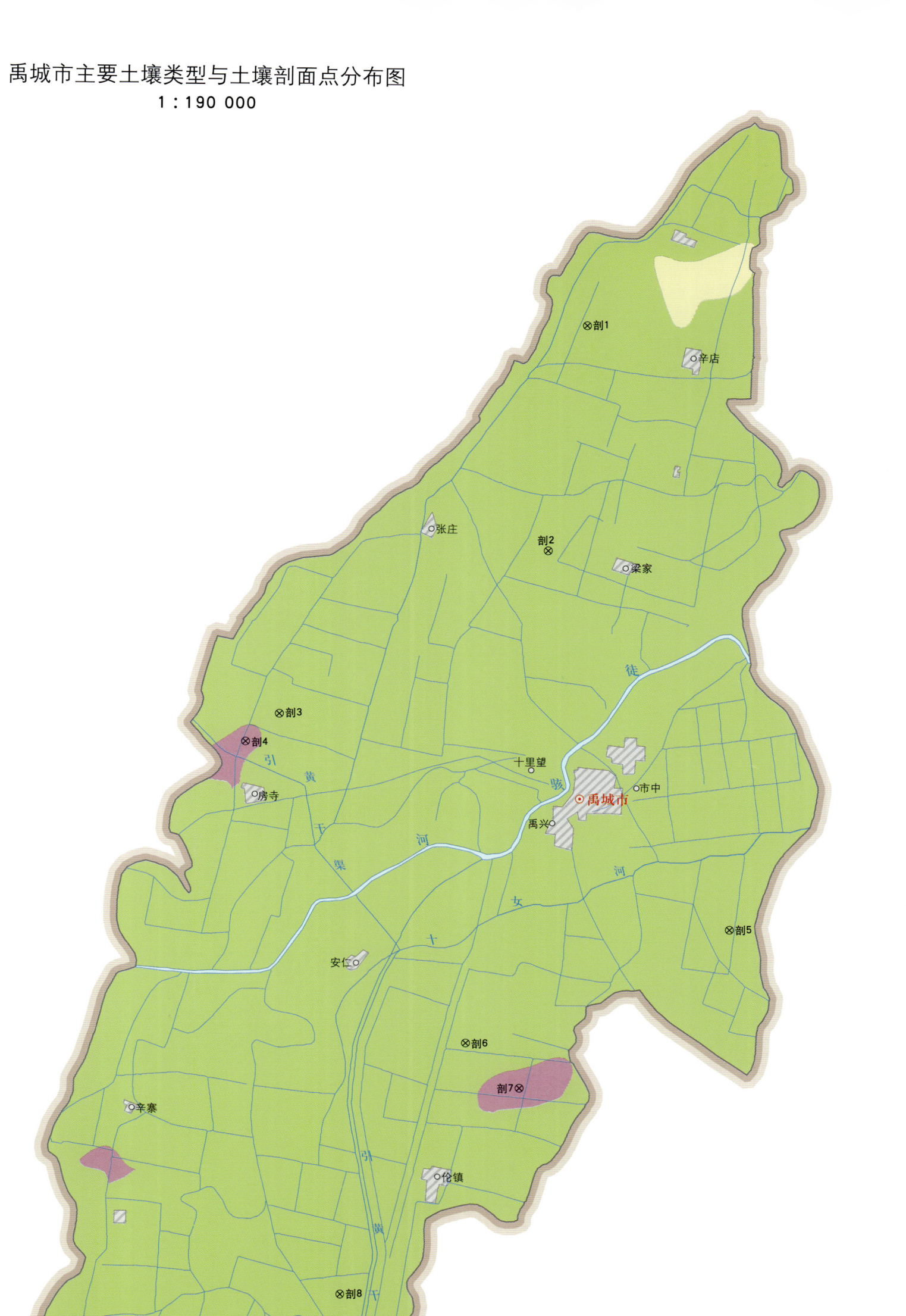

禹城市土壤剖面理化性状表

剖面号 Soil profile	土纲 Soil order	土类 Soil great group	亚类 Soil subgroup	土属 Soil genus	土种 Soil species	土层码 Layer code	土层厚度 Depth/cm	颜色 Soil color	质地 Soil texture	土壤结构 Soil structure	pH	有机质 OM/(g/kg)	全氮 TN/(g/kg)	有效磷 AP/(mg/kg)	阳离子交换量 CEC/(cmol/kg)	土壤母质 Parent material	剖面点坐标 Profile coordinate	匹配指数 Matching index/%
剖1	半水成土	潮土	盐化潮土	盐化潮土	厚砂底中壤重盐化潮土	1	0—20		轻壤土	粒状		5.8	0.49	1.6		河流冲积物	E 116°37′52.3″ N 37°07′04.8″	84
						2	20—60		砂壤土	单粒状		3.6	0.42	1.4				
						3	60—135		轻砂土	粒状		5.3	0.55	0.4				
						4	135—150		黏土	块状								
剖2	半水成土	潮土	潮土	潮土	厚砂腰白土潮土	1	0—19		轻壤土			4.4	0.22	7.0	8.0	河流冲积物	E 116°36′50.8″ N 37°01′46.2″	97
						2	19—71		中壤土			6.1		2.5				
						3	71—115		轻壤土									
						4	115—150		轻壤土									
剖3	半水成土	潮土	潮土	潮土	厚黏心小红土潮土	1	0—17	暗灰色	重壤土	团粒状	7.3	11.2	0.25	5.2	10.0	河流冲积物	E 116°29′14.6″ N 36°57′52.6″	98
						2	17—97	红褐色	重壤土	块状								
						3	97—120	浅棕色	重壤土	团粒状								
						4	120—150	黄白色	紧砂土	单粒状								
剖4	盐碱土	草甸盐土	草甸盐土	油潮盐土	厚砂腰重壤土油潮盐土	1	0—20		轻壤土	粒状		9.0	0.25	6.6			E 116°28′17.1″ N 36°57′12.7″	88
						2	20—70		砂壤土	粒状		4.0	0.20	6.5				
						3	70—150		紧砂土									
剖5	半水成土	潮土	潮土	潮土	厚黏心中壤土潮土	1	0—20	暗灰色	中壤土	粒状		8.7		2.0	11.0	河流冲积物	E 116°42′07.8″ N 36°52′52.9″	70
						2	20—35	红褐色	重壤土	块状		8.2		1.2				
						3	35—50	棕色	中壤土	无明显结构								
						4	50—62	褐色	中壤土	粒状								
						5	62—80	灰白色	轻壤土	粒状								
						6	80—95	浅灰色	中壤土	单粒状								
						7	95—150	棕色	黏土									
剖6	半水成土	潮土	盐化潮土	盐化潮土	中度厚砂底中壤盐化潮土	1	0—20		砂壤土	粒状		6.4	0.37	8.4		河流冲积物	E 116°34′40.1″ N 36°50′09.6″	74
						2	20—65		中壤土	块状		6.8	0.23	7.3				
						3	65—150		紧砂土	无明显结构								
剖7	盐碱土	草甸盐土	草甸盐土	白潮盐土	厚砂腰白土白潮盐土	1	0—20		轻壤土	粒状						河流冲积物	E 116°36′12.4″ N 36°49′06.4″	96
						2	20—52		中壤土	粒状								
						3	52—94		砂壤土	粒状								
						4	94—150		紧砂土	单粒状								
剖8	半水成土	潮土	盐化潮土	盐化潮土	轻盐化厚砂底中壤盐化潮土	1	0—25		中壤土	层状	7.3	4.6	0.43	1.5		河流冲积物	E 116°31′10.1″ N 36°44′15.8″	78
						2	25—150		紧砂土	粒状	7.6	4.9	0.50	6.4				
						3	150—				7.9	5.8	0.43	2.5				

聊 城 市

市 辖 区

主要土类说明

潮土是聊城市主要土壤类型，占本市地域面积的94%。潮土主要发育在河流冲积物上，地下水位浅，地下水参与成土过程，底土氧化还原作用交替发生，形成锈色斑纹和小型铁子。本市潮土主要分为褐潮土、潮土、盐化潮土、碱化潮土等亚类。面积超过本市地域面积10%的土属有壤质潮土（30%）、壤质褐潮土（16%）、砂质潮土（14%）。壤质潮土的成土母质是决口泛滥缓流沉积物，所处地形部位较低。地下水埋深为2.5—3.5m，地下水矿化度为1.0—1.35g/L，pH为7.5—8.3，土壤表层多为轻壤土，土壤剖面中锈纹、锈斑较明显。壤质褐潮土所处地形部位较高，海拔为32.2—47.5m，地下水埋深大于3m，地下水矿化度小于1.0g/L。在土体50cm处有较多假菌丝体。心土与底土碳酸钙含量明显大于表层，并有黏化现象。表层多为轻壤土，砂黏适中，保水保肥性好。砂质潮土耕层质地均为砂壤土，土壤疏松。地下水埋深为3.0—5.0m，地下水矿化度一般为1.0g/L，地表无盐碱危害，排水条件较好。土壤有机质含量低，矿质养分贫瘠，保水保肥性能差。土温上升快，昼夜变幅大。

小于本市地域面积3%的土壤类型有草甸盐土等。

本区域中心区气候特征

本区域中心区气候特征值
Regional climate characteristics in central area of the region

气候带：暖温带亚湿润气候 Climate region: Warm temperate subhumid climate	
年平均气温 /℃ Annual average temperature /℃	14.1
年平均最高气温 /℃ Annual average maximum temperature /℃	19.5
年平均最低气温 /℃ Annual average minimum temperature /℃	9.5
年降水量 /mm Annual precipitation /mm	615
≥10℃的积温 /℃ Daily temperature accumulated in a year (≥10℃) /℃	5186
年日照时数 /h Annual sunshine /h	2454
年平均相对湿度 /% Annual average relative humidity /%	63
干燥度 Dryness	1.38

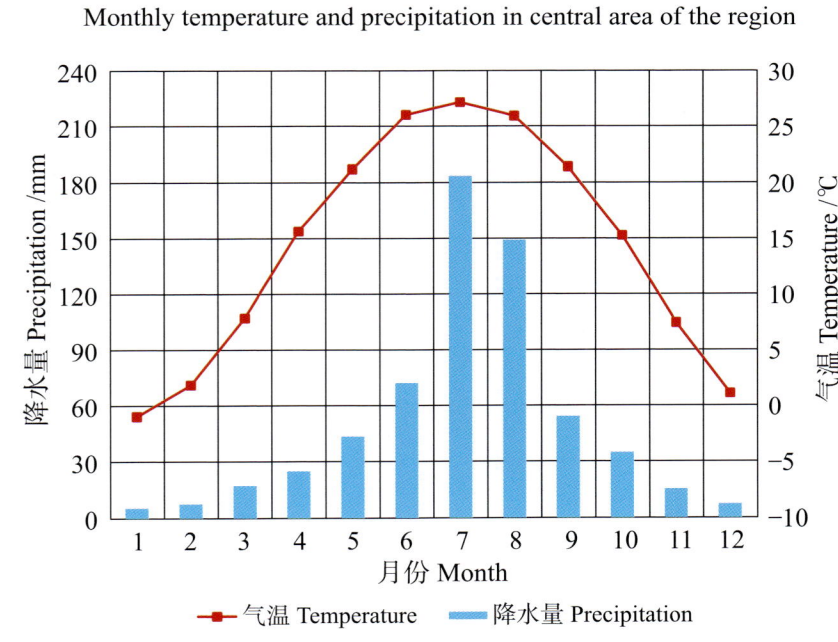

本区域中心区月平均气温与月平均降水量
Monthly temperature and precipitation in central area of the region

聊城市市辖区主要土壤类型与土壤剖面点分布图
1∶190 000

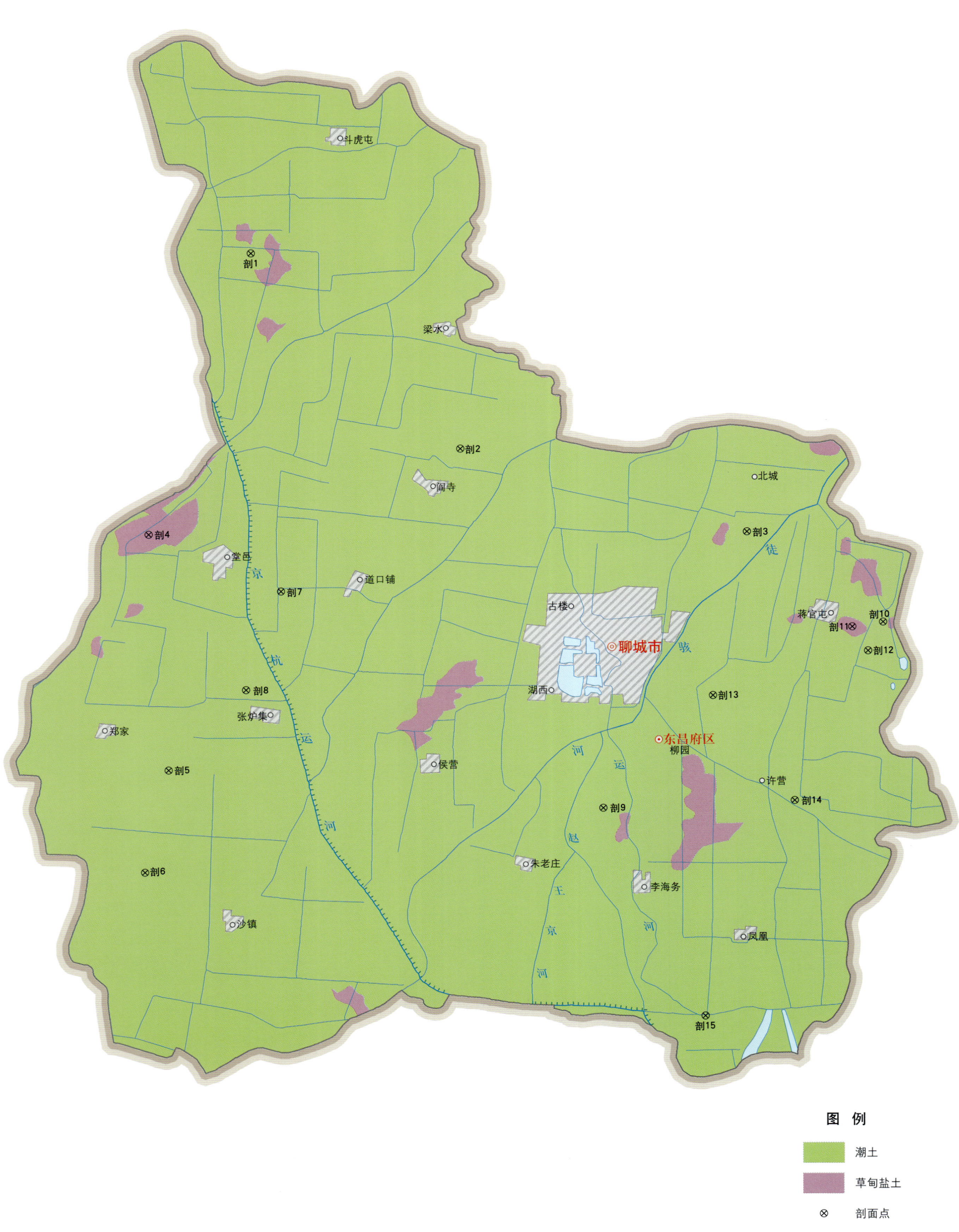

图 例
- 潮土
- 草甸盐土
- ⊗ 剖面点

聊城市土壤剖面理化性状表

剖面号 Soil profile	土纲 Soil order	土类 Soil great group	亚类 Soil subgroup	土属 Soil genus	土种 Soil species	土层码 Layer code	土层厚度 Depth/cm	颜色 Soil color	质地 Soil texture	土壤结构 Soil structure	pH	有机质 OM/(g/kg)	全氮 TN/(g/kg)	全磷 TP/(g/kg)	碱解氮 AN/(mg/kg)	有效磷 AP/(mg/kg)	速效钾 AK/(mg/kg)	阳离子交换量 CEC/(cmol/kg)	土壤母质 Parent material	剖面点坐标 Profile coordinate	匹配指数 Matching index/%
剖1	半水成土	潮土	盐化潮土	盐化潮土	轻盐化薄黏腰白土	1	0–20	暗棕色	砂壤土	屑粒状		9.4	0.73	1.43	23	3.0	35		河流冲积物	E 115°47′20.4″ N 36°37′09.8″	70
						2	20–40	棕黄色	轻壤土	屑粒状											
						3	40–60	暗棕色	中壤土	屑粒状											
						4	60–85	红褐色	黏土	块状											
						5	85–150	灰白色	砂壤土	屑粒状											
剖2	半水成土	潮土	褐潮土	褐潮土	岗壤均质两合土	1	0–18	浅黄色	中壤土	团粒状	8.4	11.2	0.74		45	7.7	147		河流冲积物	E 115°53′48.8″ N 36°32′11.8″	83
						2	18–35	浅黄色	中壤土	粒状											
						3	35–80	褐色	中壤土	团粒状											
						4	80–127	浅褐色	轻壤土	粒状											
						5	127–150	褐褐色	中壤土	团粒状											
剖3	半水成土	潮土	潮土	潮土	厚黏心小红土	1	0–27	浅黄色	中壤土	粒状	8.4	6.9	0.50		40	2.0	47	8.7	河流冲积物	E 116°02′38.7″ N 36°30′07.3″	95
						2	27–55	橙黄色	重壤土	粒状											
						3	55–105	红棕色	黏土	块状											
						4	105–150	浅黄色	中壤土	屑粒状											
剖4	盐碱土	草甸盐土	草甸盐土	白潮盐土	白盐厚黏心两合土	1	0–28	灰白色	重壤土	屑粒状											89
						2	28–73	红棕色	黏土	颗粒状											
						3	73–140	浅黄色	砂土	屑粒状											
剖5	半水成土	潮土	褐潮土	褐潮土	岗壤均质两合土	1	0–20	橙黄色	轻壤土	颗粒状		7.2	0.44	1.20		1.0	46	10.0	河流冲积物	E 115°44′55.3″ N 36°23′56.0″	79
						2	20–150	橙黄色	中壤土	颗粒状											
剖6	半水成土	潮土	褐潮土	褐潮土	岗砂均质白土	1	0–27	浅黄色	砂壤土	粒状		5.1	0.33			2.0	20		河流冲积物	E 115°44′13.7″ N 36°21′17.2″	94
						2	27–63	灰白色	紧砂土	粒状											
						3	63–150	浅褐色	轻壤土	屑粒状											
剖7	半水成土	潮土	褐潮土	褐潮土	岗厚黏腰两合土	1	0–20	棕褐色	轻壤土	屑粒状	8.0	10.8	0.51		40	3.0	48		河流冲积物	E 115°48′19.8″ N 36°28′31.8″	75
						2	20–45	黄褐色	轻壤土	粉状											
						3	45–90	棕红色	黏土	块状											
						4	90–123	黄褐色	轻壤土	块状											
						5	123–150	灰白色	轻壤土	屑粒状											
剖8	半水成土	潮土	褐潮土	褐潮土	厚砂均质小红土	1	0–20	黄褐色	中壤土	块状		11.2	0.74	1.00	46	7.7	147	8.5	河流冲积物	E 115°47′16.7″ N 36°25′59.6″	71
						2	20–65	红棕色	重壤土	块状											
						3	65–95	浅灰色	砂壤土	粒状											
						4	95–150	褐色	轻壤土	屑粒状											
剖9	半水成土	潮土	潮土	潮土	薄黏腰小红土	1	0–23	黄褐色	轻壤土	团粒状	7.5	10.5	0.70		43	3.1	35		河流冲积物	E 115°58′16.0″ N 36°23′02.8″	90
						2	23–81	红棕色	重壤土	块状											
						3	81–150	浅灰色	砂壤土	粒状											
剖10	半水成土	潮土	潮土	潮土		1	0–22	浅黄色	中壤土	团粒状		7.3	0.44		40	3.0	41		河流冲积物	E 116°06′50.1″ N 36°27′49.6″	71
						2	22–62	浅灰色	黏土	块状											
						3	62–82	棕红色	紧砂土	碎粒状											
						4	82–150	灰灰色	轻壤土	粒状											
剖11	盐碱土	草甸盐土	草甸盐土	油盐潮土	油盐厚砂心两合土	1	0–20	浅褐色	轻壤土	粒状		6.9	0.32	1.30	22	2.0	23			E 116°05′53.2″ N 36°27′42.1″	84
						2	20–40	浅褐色	松砂土	无明显结构											
						3	40–60	灰白色	松砂土	无明显结构											
						4	60–150														

续表 Continued

剖面号 Soil profile	土纲 Soil order	土类 Soil great group	亚类 Soil subgroup	土属 Soil genus	土种 Soil species	土层码 Layer code	土层厚度 Depth/cm	颜色 Soil color	质地 Soil texture	土壤结构 Soil structure	pH	有机质 OM/(g/kg)	全氮 TN/(g/kg)	全磷 TP/(g/kg)	碱解氮 AN/(mg/kg)	有效磷 AP/(mg/kg)	速效钾 AK/(mg/kg)	阳离子交换量CEC/(cmol/kg)	土壤母质 Parent material	剖面点坐标 Profile coordinate	匹配指数 Matching index/%
剖12	半水成土	潮土	盐化潮土	盐化潮土	轻盐化厚砂底两合土	1	0—25	浅褐色	轻壤土	小粒状		9.8	0.51	1.46	44	3.0	36		河流冲积物	E 116° 06′ 22.7″ N 36° 27′ 05.4″	96
						2	25—110	褐色	中壤土	小粒状											
						3	110—150	灰白色	松砂土	无明显结构											
剖13	半水成土	潮土	潮土	潮土	厚黏心两合土	1	0—25	黄褐色	轻壤土	团粒状		9.3	0.64		56	3.0	62		河流冲积物	E 116° 01′ 37.2″ N 36° 25′ 55.9″	92
						2	25—130	浅棕色	重壤土	片状											
						3	130—150	灰白色	紧砂土	粒状											
剖14	半水成土	潮土	潮土	潮土	厚壤心白土	1	0—25	浅黄色	砂壤土	粒状		8.2	0.45		50	3.5	23		河流冲积物	E 116° 04′ 08.8″ N 36° 23′ 16.4″	97
						2	25—58	棕红色	轻壤土	粒状											
						3	58—150	灰白色	松砂土	小粒状											
剖15	半水成土	潮土	盐化潮土	盐化潮土	轻盐化均砂质白土	1	0—25	棕灰色	砂壤土	小粒状		7.6	0.51	1.63	23	2.2	69		河流冲积物	E 116° 01′ 27.1″ N 36° 17′ 46.0″	80
						2	25—48	棕灰色	砂壤土	小粒状											
						3	48—67	灰白色	砂壤土	小粒状											
						4	67—126	浅棕色	砂壤土	无明显结构											
						5	126—150	浅灰色	砂壤土	无明显结构											

茌平区

主要土类说明

潮土是茌平区主要土壤类型，占本区地域面积的90%。本区潮土分为潮土、盐化潮土、褐潮土、湿潮土等亚类。其中，潮土亚类面积最大，占本区地域面积的58%左右，各乡镇均有分布。耕层质地以轻壤土为主，中壤土次之，砂壤土较少。超过本区地域面积10%的土属有壤质潮土（41%）和砂质潮土（11%）。壤质潮土土壤表层多为轻壤土，占66%，其余为中壤土，土壤剖面中锈纹、锈斑较明显。砂质潮土耕层质地均为砂壤土，地下水埋深约为3m，地下水矿化度一般为1.2g/L，70cm左右有锈纹、锈斑，漏水漏肥，土壤养分贫瘠。盐化潮土亚类面积次之，耕层质地以轻壤土为主，占本亚类面积的62%，其次为砂质，占19%，中壤土和重壤土较少。壤质硫酸盐盐化潮土占本亚类面积的90%左右。地下水埋深为1—3m，矿化度平均为1.8g/L，pH约为7.8，地表有明显盐斑，作物缺苗率为10%—40%，盐斑处呈泡沫状，含盐量为3.02—7.59g/kg，氯离子浓度与硫酸根离子浓度之比小于1。

风沙土是茌平区第二大土壤类型，占本区地域面积的5%，主要分布在决口扇形坡地和砂质河槽附近的砂岗地。成土母质系黄河冲积物经风力搬运堆积而成。本区均为固定风沙土，表层植被生长较多，不易流动。土壤表层为松砂土或紧砂土，全剖面为砂土，层次发育不明显，地表有0—5cm厚的腐殖质。地下水埋深一般大于5m。

草甸盐土是茌平区第三大土壤类型，约占本区地域面积的4%，以氯化物盐土面积最大，占本区草甸盐土面积的80%，苏打盐土次之。

本区域中心区气候特征

本区域中心区气候特征值
Regional climate characteristics in central area of the region

气候带：暖温带亚湿润气候 Climate region: Warm temperate subhumid climate	
年平均气温 /℃ Annual average temperature /℃	14.2
年平均最高气温 /℃ Annual average maximum temperature /℃	19.5
年平均最低气温 /℃ Annual average minimum temperature /℃	9.7
年降水量 /mm Annual precipitation /mm	623
≥10℃的积温 /℃ Daily temperature accumulated in a year（≥10℃）/℃	5188
年日照时数 /h Annual sunshine /h	2479
年平均相对湿度 /% Annual average relative humidity /%	62
干燥度 Dryness	1.37

本区域中心区月平均气温与月平均降水量
Monthly temperature and precipitation in central area of the region

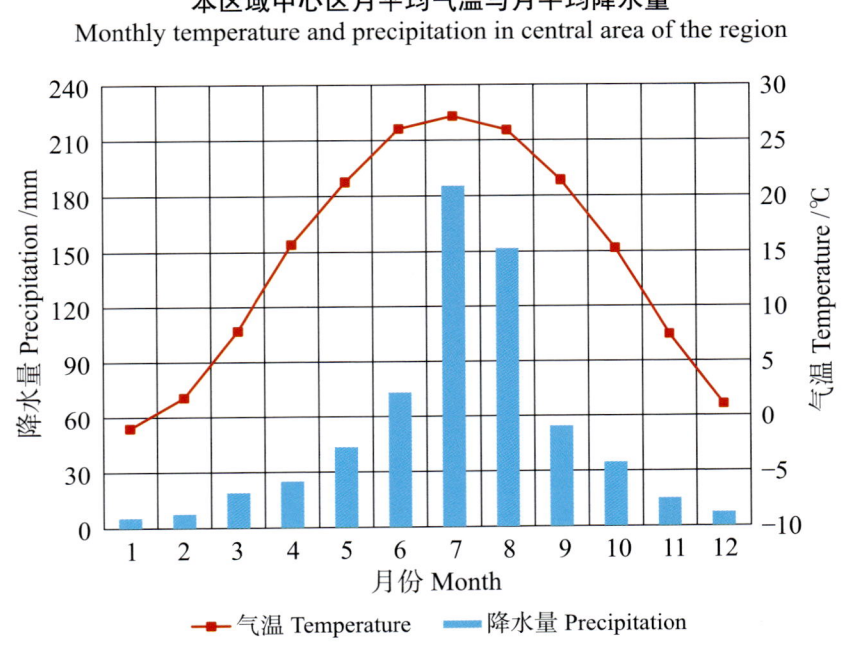

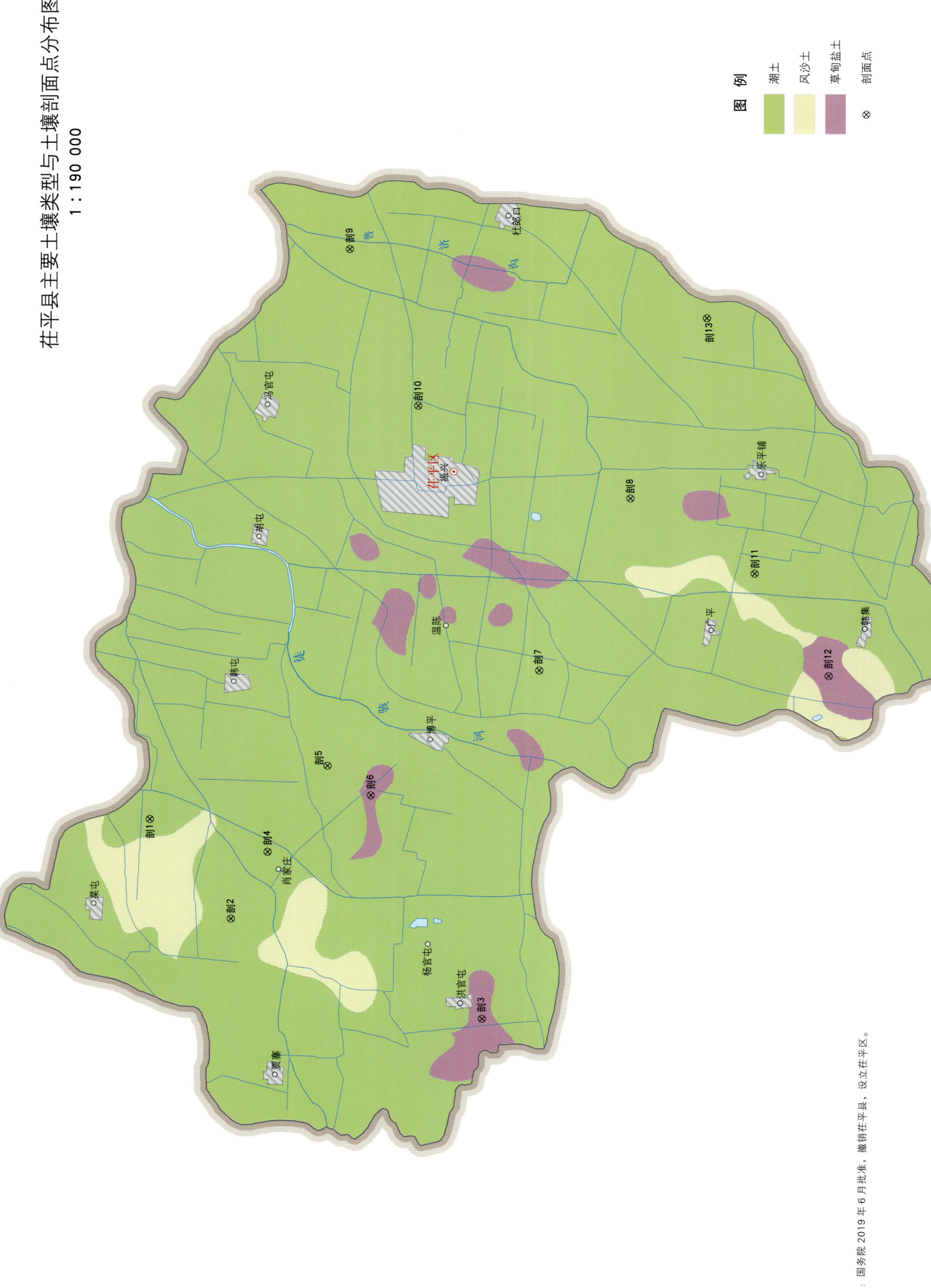

茌平区土壤剖面理化性状表

剖面号 Soil profile	土纲 Soil order	土类 Soil great group	亚类 Soil subgroup	土属 Soil genus	土种 Soil species	土层码 Layer code	土层厚度 Depth/cm	颜色 Soil color	质地 Soil texture	土壤结构 Soil structure	pH	有机质 OM/(g/kg)	全氮 TN/(g/kg)	全磷 TP/(g/kg)	全钾 TK/(g/kg)	碱解氮 AN/(mg/kg)	有效磷 AP/(mg/kg)	速效钾 AK/(mg/kg)	阳离子交换量 CEC/(cmol/kg)	土壤母质 Parent material	剖面点坐标 Profile coordinate	匹配指数 Matching index/%
剖1	半水成土	潮土	潮土	潮土	轻壤厚砂腰土	1	0~20	灰黄色	轻壤土	粒状	7.8	8.9	0.68	1.59		45	36.5	100	5.1	河流冲积物	E 116°03′53.6″ N 36°42′22.1″	83
						2	20~70	灰黄色	轻壤土	粒状	7.7	9.3	0.68	1.65		44	36.0	110	4.5			
						3	70~100		紧砂土	无明显结构	7.7	2.3	0.12			11	0.1	24	2.6			
						4	100~150		砂土	块状												
剖2	半水成土	潮土	盐化潮土	氯化物盐化潮土	轻油盐夹砂两合土	1	0~5		黏壤土		7.9	7.2	0.54	0.40		55	4.2	98	13.5		E 116°00′45.4″ N 36°40′18.5″	71
						2	5~20		黏壤土		7.8	7.4	0.57	0.53		51	0.5	108	13.6			
						3	20~40		黏壤土		7.6	4.9	0.38	0.51		21	0.8	95	12.7			
						4	40~60		黏壤土		7.6	4.2	0.34	0.46		30	0.5	90	12.5			
						5	60~100		砂壤土		7.6	3.0	0.23	0.48		23	0.5	50	5.7			
						6	100~140				7.6		0.23			18	0.5					
剖3	盐碱土	草甸盐土	草甸盐土	硫酸盐氯化物草甸盐土	两合青盐土	1	0~5		黏壤土		7.6	6.6	0.49	0.58		28	10.1	190	6.3		E 115°57′40.7″ N 36°34′00.2″	100
						2	5~20		黏壤土		7.6	5.0	0.32	0.62		16	1.1	132	6.6			
						3	20~40		黏壤土		7.8	4.9	0.36	0.64		16	0.8	186	8.0			
						4	40~60		黏壤土		8.3	6.1	0.36	0.62		14	1.3	208	8.6			
						5	60~100		黏壤土		8.3	5.8	0.39			12	3.0	170	8.6			
						6	100~120		壤质黏土		7.8	8.1	0.68			26	3.8	343	8.6			
剖4	半水成土	潮土	盐化潮土	氯化物盐化潮土	重油盐轻白土	1	0~5		砂壤土	团粒状	7.7	8.8	0.51	0.55		52	3.6	167	11.4		E 116°02′55.0″ N 36°39′24.8″	97
						2	5~20		砂壤土	粒状	7.4	7.1	0.41	0.61		32	3.3	82	9.0			
						3	20~60		砂壤土	碎状	7.4	4.3	0.32	0.31		31	0.8	45	8.6			
						4	60~90		砂壤土	粒状	7.6	3.5	0.25	0.56		22	0.6	42	5.3			
						5	90~117		壤质黏土		7.6	4.0	0.25	0.46		21	1.0	147	10.3			
剖5	半水成土	潮土	潮土	潮土	中壤厚黏心潮土	1	0~20	浅褐色	中壤土	团粒状	7.6	6.5	0.53	1.44	19.8	44	1.3	91	17.1	河流冲积物	E 116°05′41.1″ N 36°37′57.6″	71
						Az_1	20~90	褐色	黏土	粒状	7.9	7.1	0.58	1.26	19.8	46	0.9	127	16.9			
						Az_2	90~150	灰黄色	轻壤土	无明显结构	7.8	2.8	0.20		18.9	20	0.8	85	7.8			
剖6	盐碱土	草甸盐土	草甸盐土	硫酸盐氯化物草甸盐土	茌平灰咸土	Cz	0~5	浊黄橙色	砂壤土	碎状	7.6	7.0	0.51	0.63		40	5.0	110	8.5		E 116°04′45.9″ N 36°36′52.0″	86
						Az_1	5~20	浊黄橙色	砂壤土	碎状	7.6	7.5	0.54	0.64		46	6.0	103	8.0			
						Az_2	20~40	浊黄橙色	砂壤土	单粒状	7.8	4.4	0.35	0.55		28	3.0	89	8.0			
						Czu_1	40~60	浊黄橙色	壤土	小块状	7.8	4.9	0.38	0.63	20.1	30	2.0	96	8.0			
						Czu_2	60~100	浊黄橙色	砂壤土	单粒状	7.7	3.0	0.25	0.50	18.6	22	2.0	80	8.0			
剖7	半水成土	潮土	潮土	氯化物盐化潮土	轻壤质厚砂腰硫酸盐轻黏土	1	0~20	灰黄色	轻壤土	粒状	7.6	6.5									E 116°08′49.9″ N 36°32′43.1″	70
						2	20~60	灰黄色	轻壤土	粒状												
						3	60~150		紧砂土	无明显结构												
剖8	半水成土	潮土	潮土	氯化物盐化潮土	轻壤质薄黏腰化潮土	1	0~20		轻壤土	粒状										河流冲积物	E 116°14′20.0″ N 36°30′30.2″	91
						2	20~90		黏土	块状												
						3	90~115		紧砂土	无明显结构												
						4	115~150		砂土	无明显结构												
剖9	半水成土	潮土	潮土	黏质潮土	黏均质潮土	1	0~24	红棕色	中壤土	块状	7.7	9.8	0.76	1.19		62	2.1	156	24.3	河流冲积物	E 116°22′11.3″ N 36°37′33.2″	93
						2	24~120	红棕色	中壤土	块状	7.6	8.5	0.61	1.06		43	1.1	148	24.0			
						3	120~150	黄白色	黏土	团粒状	7.6	9.6	0.74	1.02		48	0.9	157				
剖10	半水成土	潮土	潮土	壤质潮土	砂壤均质潮土	1	0~20	灰白色	砂壤土	单粒状	7.3	8.0	0.47	1.46		31	4.1	87	8.6	河流冲积物	E 116°17′12.7″ N 36°35′48.5″	95
						2	20~100	灰白色	紧砂土	单粒状												
						3	100~150		紧砂土													

续表 Continued

剖面号 Soil profile	土纲 Soil order	土类 Soil great group	亚类 Soil subgroup	土属 Soil genus	土种 Soil species	土层码 Layer code	土层厚度 Depth/cm	颜色 Soil color	质地 Soil texture	土壤结构 Soil structure	pH	有机质 OM/(g/kg)	全氮 TN/(g/kg)	全磷 TP/(g/kg)	全钾 TK/(g/kg)	碱解氮 AN/(mg/kg)	有效磷 AP/(mg/kg)	速效钾 AK/(mg/kg)	阳离子交换量CEC/(cmol/kg)	土壤母质 Parent material	剖面点坐标 Profile coordinate	匹配指数 Matching index/%
剖11	半水成土	潮土	湿潮土	冲积湿潮土	紧砂均质湿潮土	1	0—20	灰褐色	紧砂土	粒状	7.3	7.5	0.39	0.94		35	1.4			河流冲积物	E 116°11′58.8″ N 36°27′22.9″	98
						2	20—150	黑灰色	紧砂土			2.4	0.15	0.96		14	0.5					
剖12	盐碱土	草甸盐土	草甸盐土	氯化物草甸盐土	轻壤厚砂腰氯化物盐土	1	0—20	灰黄色	轻壤土	粒状	7.7	9.2	0.58	1.25		56	4.1	103	8.1		E 116°08′46.3″ N 36°25′29.9″	88
						2	20—65		轻壤土	无明显结构		5.3	0.49	1.26		39	2.4	99	7.2			
						3	65—150		紧砂土	无明显结构		4.5	0.34	1.25		19	1.2	63	9.0			
剖13	半水成土	潮土	盐化潮土	氯化物盐化潮土	轻壤质厚砂腰重度氯化物盐化潮土	1	0—20	灰黄色	轻壤土	粒状										河流冲积物	E 116°20′04.3″ N 36°28′38.4″	73
						2	20—70	灰黄色	轻壤土	无明显结构												
						3	70—150	灰白色	紧砂土	无明显结构												

阳 谷 县

主要土类说明

潮土是阳谷县主要土壤类型，占本县地域面积的96%。成土母质为黄河冲积物。因黄河多次泛滥沉积，土壤剖面质地复杂。除表层以轻壤土为主外，土体不同部位夹有不同厚度的黏土。全剖面有石灰反应。该土类主要分为潮土、褐潮土、盐化潮土等亚类。其中，潮土亚类面积最大，占本土类面积的46%左右，全县各乡镇均有分布。地下水位一般为2—3m。本县潮土亚类典型特征为土体有锈纹、锈斑及细小的铁锰结核，主要分布在90cm左右的结构面或孔隙壁，表层质地以轻壤土和中壤土为主。其中，壤质潮土土属占本县地域面积的38%。褐潮土亚类面积次之，主要分布在河滩高地上，地下水埋深为3—5m，剖面60cm左右的土层有假菌丝体和黏粒沉积，其下部土层具有明显的锈色斑纹。质地偏轻，通气透水，宜耕作，无盐化威胁，养分含量较高，其壤质褐潮土土属占本县地域面积的28%。盐化潮土亚类面积最小，分布在相对地形部位较低、以轻壤土为主的地带，地下水位通常为2m左右，毛管水强烈上升，高度可达耕作层，土壤耕层（0—20cm）含盐量多为3—5g/kg。多呈斑状分布于耕地中。盐分组成主要为氯化物和硫酸盐。

小于本县地域面积3%的土壤类型有草甸盐土等。

本区域中心区气候特征

本区域中心区气候特征值
Regional climate characteristics in central area of the region

气候带：暖温带亚湿润气候 Climate region: Warm temperate subhumid climate	
年平均气温 /℃ Annual average temperature /℃	14.0
年平均最高气温 /℃ Annual average maximum temperature /℃	19.5
年平均最低气温 /℃ Annual average minimum temperature /℃	9.4
年降水量 /mm Annual precipitation /mm	613
≥10℃的积温 /℃ Daily temperature accumulated in a year（≥10℃）/℃	5195
年日照时数 /h Annual sunshine /h	2434
年平均相对湿度 /% Annual average relative humidity /%	64
干燥度 Dryness	1.37

本区域中心区月平均气温与月平均降水量
Monthly temperature and precipitation in central area of the region

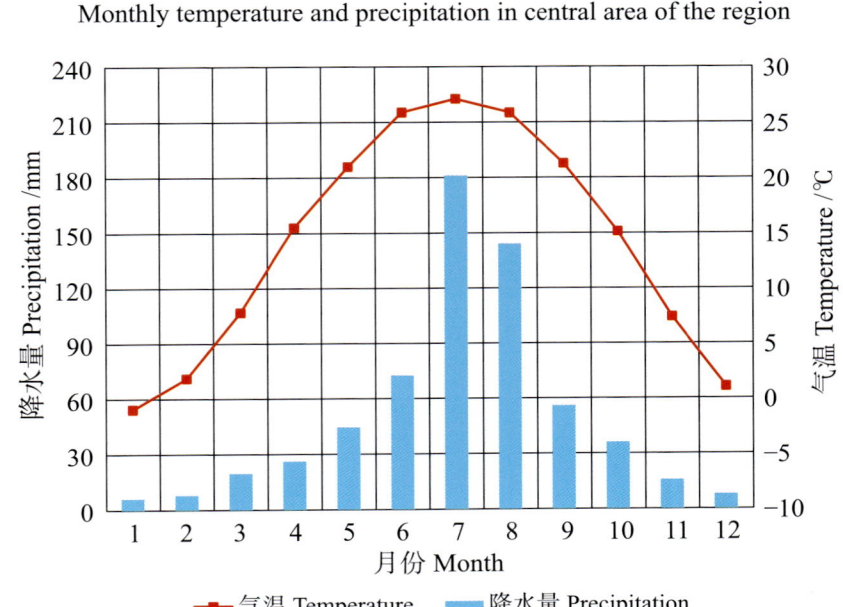

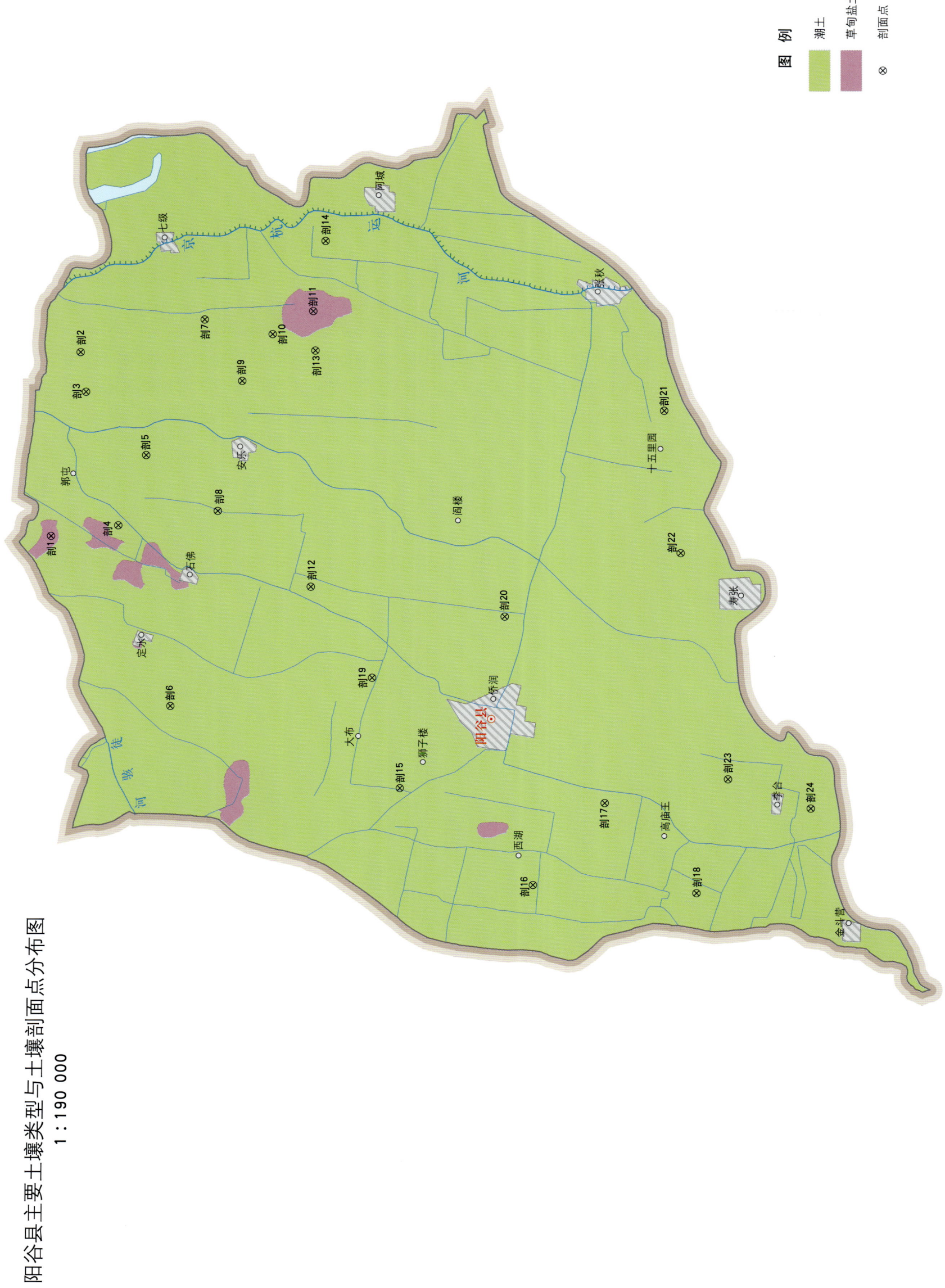

阳谷县土壤剖面理化性状表

剖面号 Soil profile	土纲 Soil order	土类 Soil great group	亚类 Soil subgroup	土属 Soil genus	土种 Soil species	土层码 Layer code	土层厚度 Depth/cm	颜色 Soil color	质地 Soil texture	土壤结构 Soil structure	pH	有机质 OM/(g/kg)	全氮 TN/(g/kg)	全磷 TP/(g/kg)	碱解氮 AN/(mg/kg)	有效磷 AP/(mg/kg)	速效钾 AK/(mg/kg)	阳离子交换量CEC/(cmol/kg)	土壤母质 Parent material	剖面点坐标 Profile coordinate	匹配指数 Matching index/%
剖1	盐碱土	草甸盐土	草甸盐土	白潮盐土		1	0-5	灰白色	轻壤土	粒状											83
						2	5-20	灰白色	轻壤土	粒状											
						3	20-75	浅褐色	砂壤土	粒状											
						4	75-105	浅褐色	轻壤土	粒状											
						5	105-150	浅褐色	轻壤土	粒状											
剖2	半水成土	潮土	褐潮土	褐潮土	岗厚黏两合土	1	0-20	灰褐色	轻壤土	团粒状		12.3	0.74	1.70	59	11.0	63		河流冲积物	E 115°52′19.1″ N 36°17′34.9″	75
						2	20-40	黄色	轻壤土	团粒状											
						3	40-90	红棕色	黏土	块状											
						4	90-150	棕色	中壤土	粒状											
剖3	半水成土	潮土	褐潮土	褐潮土	岗厚黏心小红土	1	0-25		中壤土			9.3	0.65	1.33	43	3.0	105		河流冲积物	E 115°57′59.4″ N 36°16′55.9″	99
						2	25-40	灰褐色	重壤土		7.6	8.1	0.74	1.20	38	1.0	97				
						3															
剖4	半水成土	潮土	盐化潮土	盐化潮土	中盐化厚砂心两合土	1	0-5	灰褐色	轻壤土	粒状	7.6	6.3	0.31	1.36	37	2.0	47	8.6	河流冲积物	E 115°56′45.8″ N 36°16′47.3″	80
						2	5-20	灰褐色	轻壤土	粒状	7.5	6.3	0.31	1.36	37	2.0	47	8.6			
						3	20-60	棕褐色	砂壤土	粒状	7.6	5.5					29	7.3			
						4	60-110	黄褐色	中壤土	粒状											
剖5	半水成土	潮土	褐潮土	褐潮土	岗厚黏腰两合土	1	0-20	灰褐色	轻壤土	粒状		7.1	0.70	1.60	96	17.0	30	7.4	河流冲积物	E 115°52′40.4″ N 36°15′57.6″	73
						2	20-40	灰褐色	轻壤土	粒状	7.8	6.6	0.68	1.56	52	4.0	24	5.7			
						3			中壤土	粒状											
						4															
						5	110-150					6.3	0.43	1.26	26	1.8	59				
剖6	半水成土	潮土	盐化潮土	盐化潮土	轻盐化厚黏心两合土	1	0-20	灰褐色	轻壤土	粒状	7.7	6.3	0.43	1.26	26	1.8	59		河流冲积物	E 115°54′51.1″ N 36°15′18.7″	89
						2	20-40	暗棕色	砂壤土	块状	7.9										
						3	40-60	黄棕色	中壤土	块状	7.7										
						4	60-150	灰黄色	重壤土		8.2										
剖7	半水成土	潮土	盐化潮土	盐化潮土	中盐化厚腰两合土	1	0-5		轻壤土	粒状		6.0	0.41	1.51	41	9.0	41	7.9	河流冲积物	E 115°47′07.8″ N 36°14′38.0″	95
						2	5-20		轻壤土	粒状		5.8	0.38	1.59	39	7.0	42	8.1			
						3	20-70		轻壤土			4.7	0.36	1.48	18	2.0	56	5.4			
剖8	半水成土	潮土	潮土	潮土	厚砂底两合土	1	0-20	灰褐色	轻壤土	粒状		9.6	0.67	1.73	97	7.0	73	8.0	河流冲积物	E 115°53′09.6″ N 36°13′34.0″	87
						2	20-60	灰褐色	中壤土	块状		8.9	0.62	1.82	71	2.0	68	8.0			
剖9	半水成土	潮土	潮土	潮土	厚黏心两合土	1	0-20	红棕色	黏土	粒状		9.8	0.63	1.47	38	6.0	34	8.2	河流冲积物	E 115°57′09.7″ N 36°13′00.8″	79
						2	20-80	灰白色	砂壤土	粒状		7.6	0.41	1.06	47	2.0	47	19.5			
						3	80-111	黄棕色	黏土	块状											
						4	111-150														
剖10	盐碱土	草甸盐土	草甸盐土	白潮盐土	中盐化厚砂腰两合土	1	0-20	灰白色	中壤土	细粒状		7.3	0.51	1.56	51	10.0	44	8.5	河流冲积物	E 115°58′37.1″ N 36°12′17.2″	100
						2	20-75	灰白色	轻壤土	细粒状		4.2	0.26	1.66	29	2.0	34	8.8			
剖11	半水成土	潮土	盐化潮土	盐化潮土		1	0-5	灰褐色	轻壤土	粒状									河流冲积物	E 115°59′20.4″ N 36°11′19.0″	96
						2	5-20	棕色	中壤土	粒状											
						3	20-40	黄褐色	砂壤土	粒状											
						4	40-60	棕黄色	砂壤土	粒状											
						5	60-100														
剖12	半水成土	潮土	盐化潮土	盐化潮土	轻盐化厚黏心两合土	1	0-20		轻壤土	粒状									河流冲积物	E 115°50′51.7″ N 36°11′17.2″	74
						2	20-80		重壤土												

续表 Continued

剖面号 Soil profile	土纲 Soil order	土类 Soil great group	亚类 Soil subgroup	土属 Soil genus	土种 Soil species	土层码 Layer code	土层厚度 Depth/cm	颜色 Soil color	质地 Soil texture	土壤结构 Soil structure	pH	有机质 OM/(g/kg)	全氮 TN/(g/kg)	全磷 TP/(g/kg)	碱解氮 AN/(mg/kg)	有效磷 AP/(mg/kg)	速效钾 AK/(mg/kg)	阳离子交换量CEC/(cmol/kg)	土壤母质 Parent material	剖面点坐标 Profile coordinate	匹配指数 Matching index/%
剖13	半水成土	潮土	潮土	潮土	厚砂腰两合土	1	0—20	灰黄色	轻壤土	粒状		5.0	0.42	1.70	46	3.0	57	6.2	河流冲积物	E 115°58′07.8″ N 36°11′15.0″	91
						2	20—65	灰白色	轻壤土	粒状		4.4	0.34	1.63	38	1.0	51	10.1			
						3	65—150	浅灰色	砂壤土	粉状											
剖14	半水成土	潮土	褐潮土	褐潮土	岗厚黏心两合土	1	0—20		轻壤土			10.0	0.68	1.58	56	6.0	135		河流冲积物	E 116°01′30.4″ N 36°11′02.1″	100
						2	20—40		轻壤土			6.3	0.52	1.47	76	6.0	96				
剖15	半水成土	潮土	褐潮土	褐潮土	岗厚砂腰两合土	1	0—20		轻壤土			7.3	0.34	1.49	65	6.0	47	7.0	河流冲积物	E 115°44′43.1″ N 36°09′02.9″	89
						2	20—60		中壤土			5.4		1.38	67	4.0		10.4			
剖16	半水成土	潮土	潮土	潮土	厚黏心小红土	1	0—20		中壤土			9.6	0.80	1.98	49	6.0	60	6.0	河流冲积物	E 115°41′48.5″ N 36°05′47.4″	100
						2	20—60		黏土			6.4	0.55	1.63	32	1.0	63	5.4			
剖17	半水成土	潮土	盐化潮土	盐化潮土	中盐化厚黏腰两合土	1	0—25		轻壤土			4.5	0.39	1.48	50	3.0	90		河流冲积物	E 115°44′21.8″ N 36°04′05.5″	85
						2	25—85		砂壤土			6.2	0.35	1.33	29	1.0	88				
剖18	半水成土	潮土	褐潮土	褐潮土	岗厚黏心小红土	1	0—30		中壤土			8.9	0.68	1.54	62	3.0	63	5.4	河流冲积物	E 115°41′38.8″ N 36°01′49.8″	98
						2	30—50		中壤土			7.2	0.57	1.41	57	3.0	61	8.9			
剖19	半水成土	潮土	褐潮土	褐潮土	岗砂顶质白土	1	0—20		砂壤土			6.6	0.46	1.49	27	6.0	32	6.2	河流冲积物	E 115°48′06.1″ N 36°09′46.1″	90
						2	20—40		砂壤土			4.4	0.42	1.49	18	4.0	24	7.8			
剖20	半水成土	潮土	褐潮土	褐潮土	岗厚黏心小红土	1	0—30		中壤土			8.2	0.32	1.38	44	12.0	43	10.1	河流冲积物	E 115°50′02.0″ N 36°06′34.9″	85
						2	30—50		重壤土			6.2	0.45	1.37	35	4.0	55	12.4			
剖21	半水成土	潮土	褐潮土	褐潮土	岗砂顶质白土	1	0—25	灰白色	砂壤土	粒状		6.6	0.46	1.49	27	6.0	32		河流冲积物	E 115°56′25.0″ N 36°02′47.9″	72
						2	25—60	浅灰色	紧砂土	粒状											
						3	60—150	灰灰色	松砂土	粒状											
剖22	半水成土	潮土	褐潮土	褐潮土	岗厚黏心小红土	1	0—20		轻壤土	粒状		12.2	0.74	1.70	59	11.0	63	6.4	河流冲积物	E 115°52′03.7″ N 36°02′21.1″	98
						2	20—40	灰褐色	重壤土	块状		9.8	0.74	1.01	28	3.0	35	25.0			
剖23	半水成土	潮土	潮土	潮土	黏均顶面淤土	1	0—20	灰褐色	重壤土	粒状		8.1	0.61	1.49	53	2.0	50	13.2	河流冲积物	E 115°45′09.7″ N 36°01′07.0″	91
						2	20—50	棕褐色	黏土	块状		8.7	0.64	1.62	38	1.0	68	8.8			
						3	50—150														
剖24	半水成土	潮土	潮土	潮土	砂均顶质白土	1	0—25	灰白色	砂壤土	粒状		4.5	0.42	1.47	98	6.0	90		河流冲积物	E 115°44′18.5″ N 35°59′06.1″	81
						2	25—60	灰白色	砂壤土	粒状		4.1	0.37	1.26	61	2.0	95				
						3	60—115	浅灰色	紧砂土	粒状											
						4	115—150	褐色	砂壤土	粒状											

莘 县

主要土类说明

潮土是莘县主要土壤类型，占本县地域面积的 90%。本县土壤属黄河冲积物，地势相对低平，地下水位较高，受地下水作用和耕作活动的影响，形成潮土。本县潮土分为褐潮土、潮土、盐化潮土和碱化潮土等亚类。其中，褐潮土亚类面积最大，主要分布在地势较高的河滩高地上，海拔 38m 以上，表层质地较轻，地下水埋深大于 3m，矿化度为 0.5—1.0g/L。411 个农化样中，0—20cm 有机质含量为 7.3g/kg，全氮含量为 0.62g/kg，全磷含量为 1.38g/kg。潮土亚类主要分布在微缓平坡地中下部，常与盐化潮土亚类呈复区分布，海拔在 36m 以上，地下水埋深为 2—3m，矿化度为 1.0—2.0g/L。表层质地多为轻壤土、中壤土，351 个农化样中，0—20cm 有机质含量为 8.1g/kg，全氮含量为 0.67g/kg，全磷含量为 1.43g/kg。盐化潮土亚类发育在浅洼地和河槽地上，海拔 35m，地下水埋深为 1.5—2.0m。耕层盐化含量较高，多为 3.0—8.0g/kg，其盐分组成中，重碳酸盐、氯化物以及硫酸盐成分较多。113 个农化样中，0—20cm 有机质含量为 8.2g/kg，全氮含量为 0.64g/kg，全磷含量为 1.35g/kg。碱化潮土亚类面积最小，盐分组成以重碳酸盐为主，土壤理化性质差，各种养分含量均不高。

风沙土是莘县第二大土壤类型，占本县地域面积的 7%。本县风沙土均为固定风沙土，土壤表层都是松砂土或紧砂土，全剖面为砂土，层次发育不明显，地表有 0—5cm 厚的腐殖质层。地下水埋深一般大于 5m，植被较好，表层根系多，不易被风吹动。

小于本县地域面积 3% 的土壤类型有草甸盐土等。

本区域中心区气候特征

本区域中心区气候特征值
Regional climate characteristics in central area of the region

气候带：暖温带亚湿润气候 Climate region: Warm temperate subhumid climate	
年平均气温 /℃ Annual average temperature /℃	14.1
年平均最高气温 /℃ Annual average maximum temperature /℃	19.5
年平均最低气温 /℃ Annual average minimum temperature /℃	9.5
年降水量 /mm Annual precipitation /mm	609
≥10℃的积温 /℃ Daily temperature accumulated in a year (≥10℃) /℃	5197
年日照时数 /h Annual sunshine /h	2414
年平均相对湿度 /% Annual average relative humidity /%	65
干燥度 Dryness	1.38

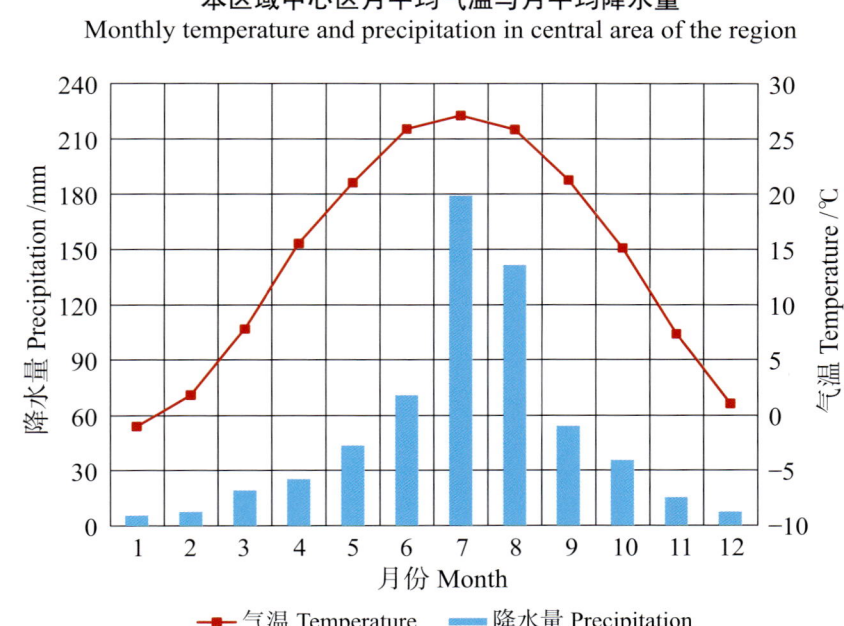

本区域中心区月平均气温与月平均降水量
Monthly temperature and precipitation in central area of the region

莘县主要土壤类型与土壤剖面点分布图
1 : 230 000

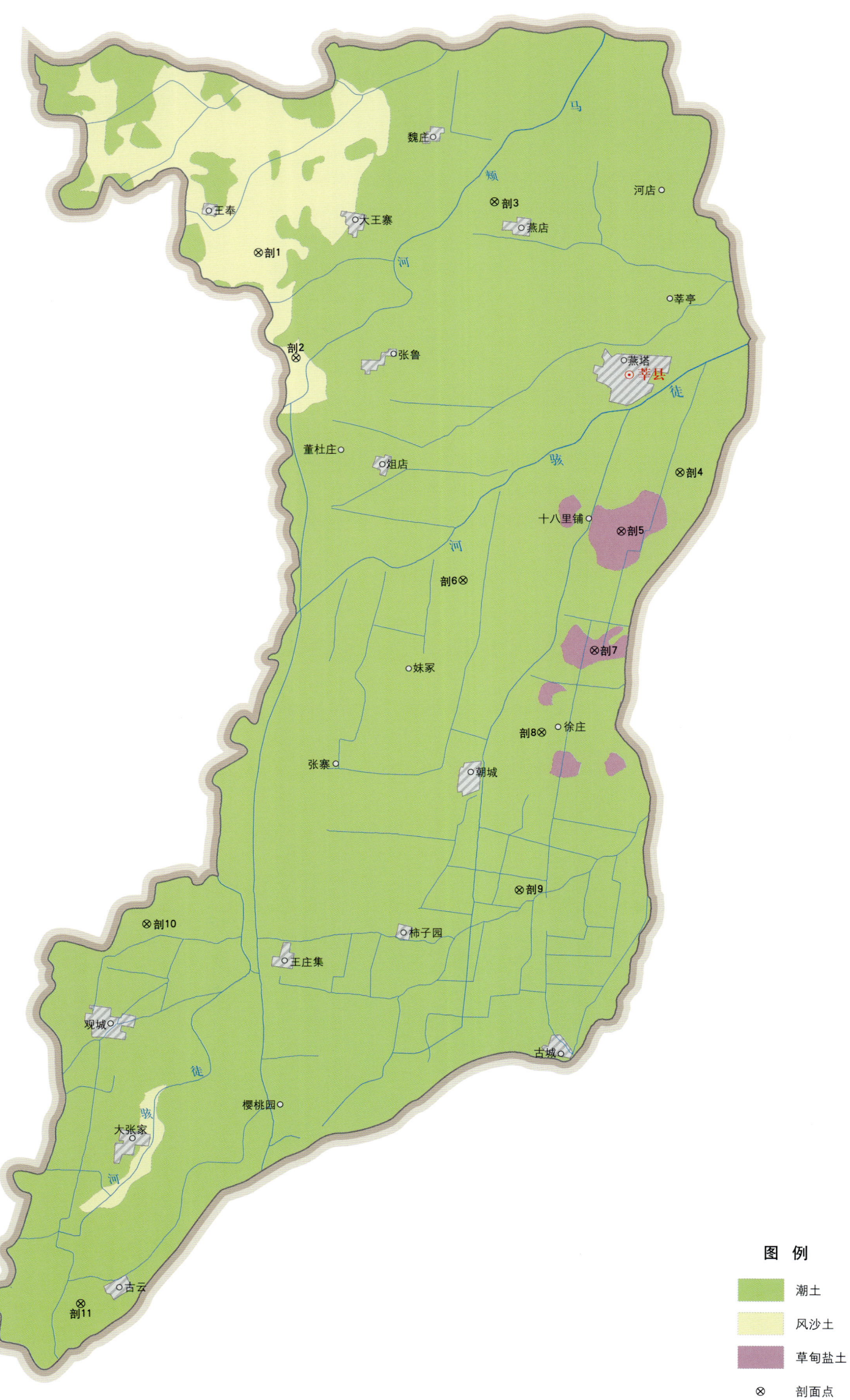

图 例

潮土
风沙土
草甸盐土
⊗ 剖面点

莘县土壤剖面理化性状表

剖面号 Soil profile	土纲 Soil order	土类 Soil great group	亚类 Soil subgroup	土属 Soil genus	土种 Soil species	土层码 Layer code	土层厚度 Depth/cm	颜色 Soil color	质地 Soil texture	土壤结构 Soil structure	pH	有机质 OM/(g/kg)	全氮 TN/(g/kg)	全磷 TP/(g/kg)	碱解氮 AN/(mg/kg)	有效磷 AP/(mg/kg)	速效钾 AK/(mg/kg)	阳离子交换量 CEC/(cmol/kg)	土壤母质 Parent material	剖面点坐标 Profile coordinate	匹配指数 Matching index/%
剖1	初育土	风沙土	半固定风沙土	半固定风沙土	半固定风沙土	1	0—20				7.8	5.9	0.48	1.17	34	4.7	103	6.9		E 115°27′25.7″ N 36°17′49.4″	71
						2	20—150				7.8	3.3		1.33	13	2.5	85	7.1			
剖2	初育土	风沙土	半固定风沙土	半固定风沙土	半固定风沙土	1	0—20				7.8	5.6	0.59	1.33	24	0.7	88	6.8		E 115°28′43.5″ N 36°14′55.1″	73
						2	20—80				8.0	4.4	0.42	1.43	21	0.6	88	6.6			
剖3	半水成土	潮土	褐潮土		岗厚黏心小两合土	1	0—20	灰白色	轻壤土	团粒状	8.0	6.7	0.71	1.28	29	4.1	111	10.3	河流冲积物	E 115°35′16.3″ N 36°19′17.4″	91
						2	20—125	红褐色	重壤土	块状		6.8	0.67	1.32	29	4.3	150				
						3	125—150	灰白色	砂壤土	粒状											
剖4	半水成土	潮土	潮土		厚黏心小红土	1	0—20	灰褐色	中壤土	粒状	7.8	9.1	0.71	1.48	39	5.5	210	12.8	河流冲积物	E 115°41′33.0″ N 36°11′51.8″	80
						2	20—80	棕褐色	重壤土	块状	7.8	9.0	0.71	1.28	15	1.5	186	23.1			
						3	80—150	棕褐色	砂壤土	粒状		9.0	0.71	1.37	21	2.5	192				
剖5	盐碱土	草甸盐土	草甸盐土	白潮盐土	厚砂心盐土	1	0—20	灰白色	轻壤土	粒状	8.2	9.3	0.71	1.43	37	4.0	191	11.3		E 115°39′37.4″ N 36°10′13.8″	72
						2	20—110	灰白色	砂壤土	粒状	8.2	9.4	0.73	1.38	40	2.5	184	11.2			
						3	110—150	灰白色	砂壤土	粒状	8.2	6.8		1.28	33	2.2	128				
剖6	半水成土	潮土	盐化潮土	盐化潮土	轻盐化厚砂腰两合土	1	0—20	灰白色	轻壤土	粒状		4.7	0.60	1.21	33	3.2	132	14.4	河流冲积物	E 115°34′22.8″ N 36°08′48.8″	87
						2	20—60		中壤土	粒状		5.5	0.49	1.38	30	0.4	136				
						3	60—150		轻壤土	粒状											
剖7	盐碱土	草甸盐土	草甸盐土	白潮盐土	厚黏心厚砂底白潮盐土	1	0—20	灰褐色	轻壤土	粒状	7.8	11.5	8.73	1.38	34	4.0	216	14.4	河流冲积物	E 115°38′47.4″ N 36°06′54.5″	100
						2	20—70	棕褐色	重壤土	块状	8.1	9.3	0.68		36	1.4	164	19.1			
						3	70—105	灰白色	砂壤土	块状		10.5									
						4	105—150	棕褐色	重壤土	块状											
剖8	半水成土	潮土	盐化潮土	盐化潮土	轻盐化厚砂腰两合土	1	0—23	灰黄色	中壤土	粒状		7.8	0.58	1.53	23	3.7	155		河流冲积物	E 115°37′03.5″ N 36°04′37.8″	77
						2	23—70	浅棕色	砂壤土	块状		6.3	0.59	1.53	29	5.1	210				
						3	70—150	灰白色	砂壤土	粒状		6.4		1.48	26	4.2	146				
剖9	半水成土	潮土	潮土	潮土	厚黏心厚砂底两合土	1	0—20	灰黄色	轻壤土	粒状	7.4	7.9	0.69	1.28	35	3.6	123	11.0	河流冲积物	E 115°36′23.4″ N 36°00′14.8″	91
						2	20—70	红褐色	重壤土	块状	7.8	7.0	0.70	1.55	28	5.1	121	12.7			
						3	70—150	灰白色	松砂土	粒状											
剖10	半水成土	潮土	碱化潮土	碱化潮土	轻碱化厚黏心两合土	1	0—20	灰黄色	中壤土	粒状	7.8	5.7	0.52	1.41	35	5.1	129	8.0	河流冲积物	E 115°24′03.2″ N 35°59′09.6″	91
						2	20—79	棕褐色	重壤土	块状	7.8	6.7	0.63	1.26	37	4.7	138				
						3	79—150	灰白色	轻壤土	团粒状											
剖11	半水成土	潮土	褐潮土	褐潮土	岗均质两合土	1	0—20	浅黄色	轻壤土	团粒状	7.8	6.7	0.71	1.33	22	6.1	141	8.3	河流冲积物	E 115°22′05.7″ N 35°48′38.3″	87
						2	20—45	浅黄色	中壤土	块状	8.0	4.5	0.59	1.36	14	0.8	83	7.5			
						3	45—	灰褐色				5.5	0.64		17	3.2	108				

东 阿 县

主要土类说明

潮土是东阿县主要土壤类型，占本县地域面积的95%，主要分布在缓平坡地、浅平洼地和砂质河槽地上。地下水埋深一般为2m，由于地下水的升降，在心土层或底土层有不同程度的锈纹、锈斑出现，出现部位一般在60cm左右，全剖面具有强石灰反应。本县潮土分为潮土、盐化潮土、湿潮土、褐潮土等亚类。其中，潮土亚类面积最大。超过本县地域面积10%的土属有壤质潮土（38%）、黏质潮土（22%）。壤质潮土的成土母质是决口泛滥缓流沉积物，所处地形部位较低。地下水埋深为2.5—3.5m，地下水矿化度为1—1.35g/L，地表无盐斑，pH为7.5—8.3。土壤表层多为轻壤土，占66%，其余为中壤土。小于0.01mm的土粒占比为24%—41%，砂黏适中。土壤剖面中锈纹、锈斑较明显。黏质潮土是静水沉积母质上形成的一种土壤，地下水埋深为1.5—2.0m，矿化度为0.49—1.51g/L。在土体50cm处有较多的锈纹、锈斑，表层土壤质地均为重壤土，表层以下多为黏土。耕层颜色较暗，多呈小块状结构。小于0.01mm的土粒在耕层中约占78%，在心土层中约占85%。该土结构紧密，透水性差，易旱易涝，耕层较浅，犁底层紧实。盐化潮土亚类面积次之，占本土类面积近20%，表层质地主要为壤质，所处地形部位较高，海拔为32.2—47.5m，地下水埋深大于3m，地下水矿化度小于1.0g/L，在土体50cm处有较多假菌丝体。心土与底土碳酸钙含量明显大于表层，并有黏化现象。表层多为轻壤土，砂黏适中，保水保肥性好。

小于本县地域面积1%的土壤类型有草甸盐土、风沙土和褐土等。

本区域中心区气候特征

本区域中心区气候特征值
Regional climate characteristics in central area of the region

气候带：暖温带亚湿润气候 Climate region: Warm temperate subhumid climate	
年平均气温 /℃ Annual average temperature /℃	14.2
年平均最高气温 /℃ Annual average maximum temperature /℃	19.5
年平均最低气温 /℃ Annual average minimum temperature /℃	9.6
年降水量 /mm Annual precipitation /mm	639
≥10℃的积温 /℃ Daily temperature accumulated in a year (≥10℃) /℃	5196
年日照时数 /h Annual sunshine /h	2483
年平均相对湿度 /% Annual average relative humidity /%	63
干燥度 Dryness	1.32

本区域中心区月平均气温与月平均降水量
Monthly temperature and precipitation in central area of the region

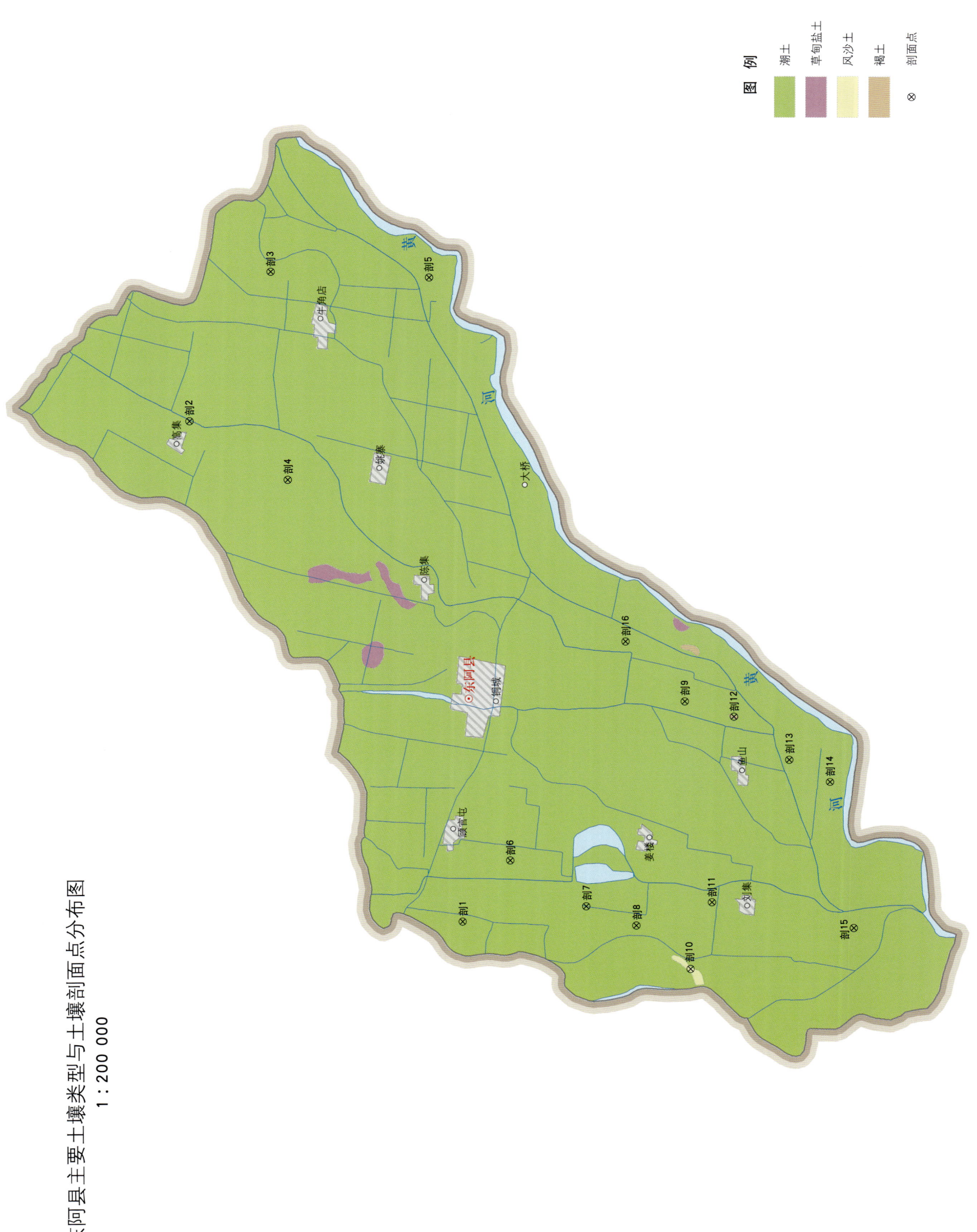

东阿县土壤剖面理化性状表

剖面号 Soil profile	土纲 Soil order	土类 Soil great group	亚类 Soil subgroup	土属 Soil genus	土种 Soil species	土层码 Layer code	土层厚度 Depth/cm	颜色 Soil color	质地 Soil texture	土壤结构 Soil structure	pH	有机质 OM/(g/kg)	全氮 TN/(g/kg)	全磷 TP/(g/kg)	碱解氮 AN/(mg/kg)	有效磷 AP/(mg/kg)	速效钾 AK/(mg/kg)	阳离子交换量CEC/(cmol/kg)	土壤母质 Parent material	剖面点坐标 Profile coordinate	匹配指数 Matching index/%
剖1	半水成土	潮土	潮土	壤质潮土	重壤均质潮土	1	0—20	灰褐色	重壤土	碎块状	7.2	10.9	0.81	1.52	58	4.7		16.4	河流冲积物	E 116°06′50.6″ N 36°20′15.1″	77
						2	20—43	灰褐色	重壤土	块状	8.0	10.3	0.72	1.53	48	5.1		20.6			
						3	43—63	棕褐色	黏土	块状	8.0	5.1	0.48	1.35	21	0.5					
						4	63—103	棕褐色	黏土	块状	8.0	7.8	0.59	1.28	26	0.2					
						5	103—133	棕褐色	黏土	块状											
						6	133—150	灰白色	砂壤土	粒状											
剖2	半水成土	潮土	褐潮土	砂质褐潮土	轻壤均质褐潮土	1	0—23	灰色	轻壤土	碎块状	7.9	11.1	8.30	1.83	71	5.1	78	9.2	河流冲积物	E 116°23′06.0″ N 36°27′19.4″	80
						2	23—80	浅褐色	中壤土	小块状	7.8	7.0	0.50	1.54	53	0.6	83	9.5			
						3	80—150	灰白色	轻壤土	粒状		7.0	0.66	1.54	55	0.4	93				
剖3	半水成土	潮土	潮土	砂质潮土	轻壤厚黏心潮土	1	0—20	灰褐色	轻壤土	团粒状	7.8	13.5	0.81	1.74	67	14.8	250	8.1	河流冲积物	E 116°27′58.3″ N 36°25′16.1″	99
						2	20—70	棕褐色	重壤土	块状	7.9	7.5	0.48	1.32	38	1.5	103	4.7			
						3	70—150	浅褐色	紧砂土	单粒状	7.8	2.7	0.22	1.33	25	0.7	33				
剖4	半水成土	潮土	潮土	壤质潮土	砂壤均质潮土	1	0—26	灰白色	砂壤土	粒状	7.8	6.0	0.48	1.28	46	1.5	58	6.8	河流冲积物	E 116°21′12.3″ N 36°24′48.1″	84
						2	26—75	灰白色	砂壤土	粒状	8.0	2.0	0.17	1.24	22	0.5	37	4.0			
						3	75—135	灰白色	砂壤土	粒状	8.0	2.0	0.16	1.20	21	0.5	34				
						4	135—150	灰褐色	轻壤土	粒状		3.7	0.30	1.23	33	0.9	46				
剖5	半水成土	盐化潮土		砂质盐化潮土	砂壤均质盐化潮土	1	0—20	浅褐色	砂壤土	碎块状	7.8	5.3	0.39	1.51	53	1.5	62	4.6	河流冲积物	E 116°27′49.0″ N 36°21′12.7″	89
						2	20—40	灰黄色	砂壤土	粒状	8.1	4.8	0.43	1.42	42	0.7	40	4.8			
						3	40—60	灰黄色	砂壤土		8.2	2.4	0.23	1.28	27	0.3	32				
						4	60—100	黄白色	紧砂土	单粒状	8.4	1.9	0.17	1.54	17	0.3	30				
						5	100—140	黄白色	松砂土	粒状	8.7										
						6	140—195	黄白色	松砂土	粒状	7.6										
						7	195—200														
剖6	半水成土	潮土	褐潮土	砂质褐潮土	中壤厚黏心褐潮土	1	0—30	灰褐色	中壤土	碎块状	7.2	9.6	0.69	1.53	59	1.2	128	10.0	河流冲积物	E 116°08′50.6″ N 36°19′02.6″	86
						2	30—140	棕褐色	重壤土	块状	7.3	10.0	0.79	1.16	69	0.5	186	22.8			
						3	140—150	灰黄色	紧砂土	粒状		9.8	0.74	1.35	64	0.9	157				
剖7	半水成土	潮土	潮土	壤质潮土	重壤厚壤腰潮土	1	0—15	棕褐色	重壤土	碎块状	7.5	13.9	1.00	1.52	81	14.8	273	12.1	河流冲积物	E 116°07′21.6″ N 36°17′05.3″	71
						2	15—57	褐黄色	黏土	块状	7.6	8.4	0.77	1.38	61	1.8	219	11.8			
						3	57—150	灰色	轻壤土	粒状	7.7	3.3	0.40	1.20	19	0.7	60				
剖8	半水成土	潮土	褐潮土	砂质褐潮土	轻壤厚黏心褐潮土	1	0—20	浅灰色	轻壤土	团粒状	8.2	8.3	0.65	1.52	50	1.8	83	7.5	河流冲积物	E 116°06′44.6″ N 36°15′48.2″	85
						2	20—35	浅灰色	重壤土	粒状	8.1	4.8	0.47	1.46	41	0.7	71	9.1			
						3	35—85	棕褐色	重壤土	块状	8.0	5.8	0.52	1.50	34	0.7	82				
						4	85—150	灰白色	砂壤土	粒状	8.1	1.7	0.24	1.26	33	0.3	57				
剖9	半水成土	潮土	潮土	壤质潮土	轻壤厚黏腰潮土	1	0—25	灰黄色	轻壤土	碎块状	8.0	9.2	0.69	1.70	22	25.1	165	7.5	河流冲积物	E 116°14′04.5″ N 36°14′36.2″	83
						2	25—70	红棕色	重壤土	块状	8.2	4.9	0.44	1.40	39	0.7	78	9.1			
						3	70—150	褐色	轻壤土	粒状	8.5	2.5	0.29	1.35	29	0.3	43				
剖10	初育土	风沙土	半固定风沙土	冲积半固定风沙土	冲积半固定风沙土	1	0—4	灰白色	紧砂土	单粒状	7.6	5.5	0.34	1.12	46	0.7	93	3.8	冲积物	E 116°05′20.9″ N 36°14′24.5″	86
						2	4—13	灰白色	紧砂土	单粒状	7.6	2.7	0.19	1.03	35	微量	56	3.2			
						3	13—35	紫砂色	紧砂土	单粒状	7.8	2.1	0.13	1.05	37	微量	57				
						4	35—65	灰白色	紧砂土	单粒状	7.8	1.8	0.14	1.05	15	微量	80				
						5	65—100	灰白色	紧砂土	单粒状	7.9	1.9	0.37	0.92	15	微量	37				

续表 Continued

剖面号 Soil profile	土纲 Soil order	土类 Soil great group	亚类 Soil subgroup	土属 Soil genus	土种 Soil species	土层码 Layer code	土层厚度 Depth/cm	颜色 Soil color	质地 Soil texture	土壤结构 Soil structure	pH	有机质 OM/(g/kg)	全氮 TN/(g/kg)	全磷 TP/(g/kg)	碱解氮 AN/(mg/kg)	有效磷 AP/(mg/kg)	速效钾 AK/(mg/kg)	阳离子交换量CEC/(cmol/kg)	土壤母质 Parent material	剖面点坐标 Profile coordinate	匹配指数 Matching index/%
剖11	半水成土	潮土	潮土	壤质潮土	轻壤均质潮土	1	0—17	灰褐色	轻壤土	团粒状	7.8	8.5	0.57	1.72	49	4.0	100	7.8	河流冲积物	E 116°07′30.7″ N 36°13′52.3″	99
						2	17—49	浅棕色	中壤土	块状	7.8	5.5	0.53	1.46	32	0.5	66	9.2			
						3	49—91	浅褐色	轻壤土	块状	8.1	2.5	0.20	1.44	20	0.3	28				
						4	91—150	灰色	轻壤土	碎块状	7.9	10.8	0.73	1.90	56	7.0					
剖12	半淋溶土	褐土	褐土	坡洪积褐土	砂壤质薄壤腰坡积洪积褐土	1	0—18	浅褐色	砂壤土	小块状	7.7	7.8	0.53	1.20	32	0.7	66	6.8	坡积物、洪积物	E 116°13′35.0″ N 36°13′20.6″	76
						2	18—55	棕褐色	轻壤土	柱状	8.0	2.8	0.25	0.81	23	0.7	48	6.4			
						3	55—88	红褐色	中壤土	柱状	8.0	3.2	0.53	0.81	25	0.7	48				
						4	88—150	棕褐色	轻壤土	柱状	7.9	2.0	0.24	0.62	15	0.5	47				
剖13	半水成土	潮土	潮土	壤质潮土	中壤厚黏心潮土	1	0—19	灰褐色	中壤土	碎块状	7.7	9.2	0.67	1.51	88	5.7	110	9.6	河流冲积物	E 116°12′10.7″ N 36°11′55.3″	77
						2	19—106	棕褐色	黏土	块状	7.7	7.7	0.72	1.22	62	1.2	144	18.6			
						3	106—145	棕褐色	重壤土	碎块状	8.0	4.1	0.47	1.31	65	0.3	59				
						4	145—150	灰色	轻壤土	粒块状	7.8	6.2	0.55	1.30	47	5.0	123				
剖14	半水成土	潮土	盐化潮土	壤质盐化潮土	轻壤厚砂心中盐化潮土	1	0—5	深灰色	轻壤土	团粒状	7.6	8.4	0.66	1.46	49	3.5	116	8.7	河流冲积物	E 116°11′27.7″ N 36°10′52.4″	77
						2	5—20	深灰色	轻壤土	碎块状	7.6	8.4	0.66	1.46	49	3.5	116	9.6			
						3	20—40	浅灰色	轻壤土	碎块状	7.9	7.1	0.55	0.83	39	1.2	106				
						4	40—70	灰白色	紧砂土	碎块状	7.9	0.4	0.35	1.45	19	0.5	40				
						5	70—100	灰白色	紧砂土	单粒状	8.2	0.2	0.16	1.10	19	微量	30				
						6	100—170	灰白色	紧砂土												
剖15	半水成土	潮土	盐化潮土	壤质盐化潮土	轻壤厚砂心盐化潮土	1	0—5	黄褐色	轻壤土	碎块状	7.1	4.1	0.35	1.51	31	16.9	78	6.0	河流冲积物	E 116°06′42.1″ N 36°10′14.2″	98
						2	5—20	灰褐色	轻壤土	块状		4.1	0.35	1.51	31	16.9	78	6.0			
						3	20—40	褐色	中壤土	块状	8.1	4.5	0.33	1.73	22	4.7	76	6.2			
						4	40—60	浅褐色	轻壤土	碎块状	8.1	3.6	0.74	4.60	17	3.5	72				
						5	60—110	浅褐色	轻壤土	粒状		3.5	0.22	1.43	18	3.2					
						6	110—150	灰白色	砂壤土	粒状											
剖16	半水成土	潮土	盐化潮土	壤质盐化潮土	轻壤厚黏腰轻盐化潮土	1	0—5	褐色	轻壤土	碎块状	7.0	9.7	0.71	1.47	71	8.8		8.4	河流冲积物	E 116°16′00.8″ N 36°16′07.6″	92
						2	5—25	灰褐色	轻壤土	碎块状	7.5	6.9	0.52	1.14	42	3.2	85	10.2			
						3	25—50	灰白色	砂壤土	粒状	7.5	1.8	0.38	1.18	25	0.5	29				
						4	50—125	红棕色	黏土	块状	7.7	6.3	0.49	0.47	41	1.5	142				

冠 县

主要土类说明

潮土是冠县主要土壤类型,占本县地域面积的94%。潮土受地下水升降影响,中下部土层中有明显的锈纹、锈斑或细小的铁锰结核,土壤pH为7.0—8.5。本县潮土分为褐潮土、盐化潮土、潮土等亚类。其中,褐潮土亚类面积最大,占本土类面积的70%左右,地下水矿化度平均为1.24g/L,所处地势一般较高,无盐碱威胁。褐潮土亚类土体构型主要是壤均质、厚壤心、砂均质、厚砂腰,耕层质地多为轻壤土或砂壤土。面积超过本县地域面积10%的土属有壤质褐潮土(38%)、砂质褐潮土(32%)。耕层理化性状:土壤有机质含量为6.5g/kg,全氮含量为0.40g/kg,全磷含量为1.27g/kg。总孔隙度在表层为51.7%,在底层为48.0%。毛管孔隙度在表层为41.6%,在底层为40.3%。通气孔隙度在表层为10.1%,在底层为7.7%。盐化潮土亚类面积次之,分布于大型洼地的边缘、缓平坡地的中下部,地下水埋深为3m左右,地下水矿化度为2—5g/L。整个土体质地较轻,无隔水黏质夹层,盐分组成以氯化物硫酸盐为主,面积超过本县地域面积10%的土属有壤质硫酸盐盐化潮土(14%)。可溶性盐在0—5cm土层内聚积较多,盐分在土体中呈"T"形分布。潮土亚类面积最小,多分布在缓平坡地和浅平洼地,地下水埋深较浅,矿化度为1—3g/L。耕层土壤有机质含量为7.0g/kg,全氮含量为0.49g/kg,全磷含量为1.31g/kg,pH为7.5,容重为1.35g/cm³,底层容重为1.39g/cm³。总孔隙度在耕层为49.3%,在底层为44.9%。毛管孔隙度在耕层为39.3%,在底层为38.0%。通气孔隙度在耕层为10.0%,在底层为6.9%。

风沙土是冠县第二大土壤类型,占本县地域面积的6%,基本为固定风沙土。本类土壤全剖面以砂土为主,没有发育层次,处在决口扇或古河道洼地的地貌类型上。地下水位低,地下水埋深大,不易受盐渍化威胁。土壤昼夜温差大,易发小苗。土壤容重为1.32g/cm³,总孔隙度为49.3%,毛管孔隙度为36.8%,非毛管孔隙度为12.5%。

本区域中心区气候特征

本区域中心区气候特征值
Regional climate characteristics in central area of the region

气候带:暖温带亚湿润气候 Climate region: Warm temperate subhumid climate	
年平均气温 /℃ Annual average temperature /℃	14.1
年平均最高气温 /℃ Annual average maximum temperature /℃	19.5
年平均最低气温 /℃ Annual average minimum temperature /℃	9.5
年降水量 /mm Annual precipitation /mm	604
≥10℃的积温 /℃ Daily temperature accumulated in a year (≥10℃) /℃	5165
年日照时数 /h Annual sunshine /h	2445
年平均相对湿度 /% Annual average relative humidity /%	62
干燥度 Dryness	1.40

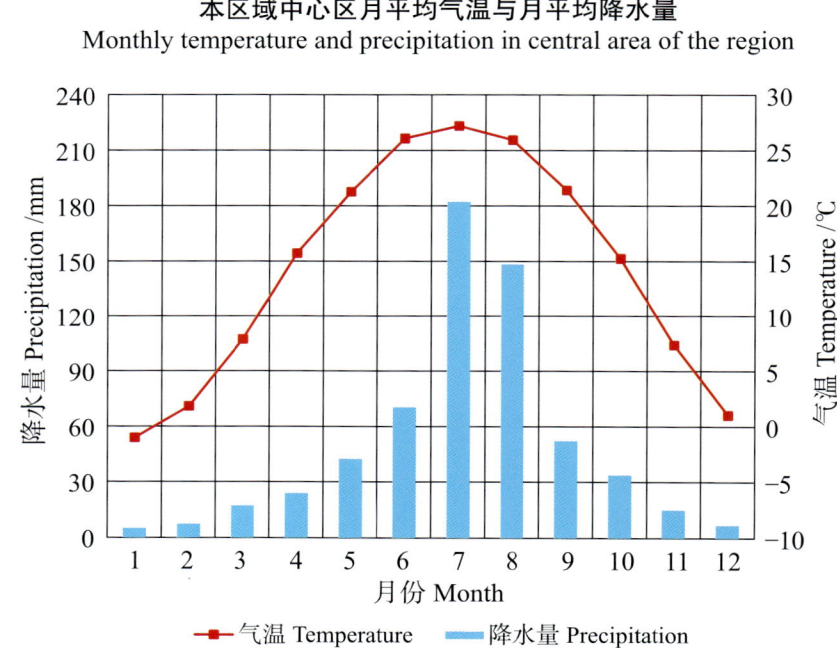

本区域中心区月平均气温与月平均降水量
Monthly temperature and precipitation in central area of the region

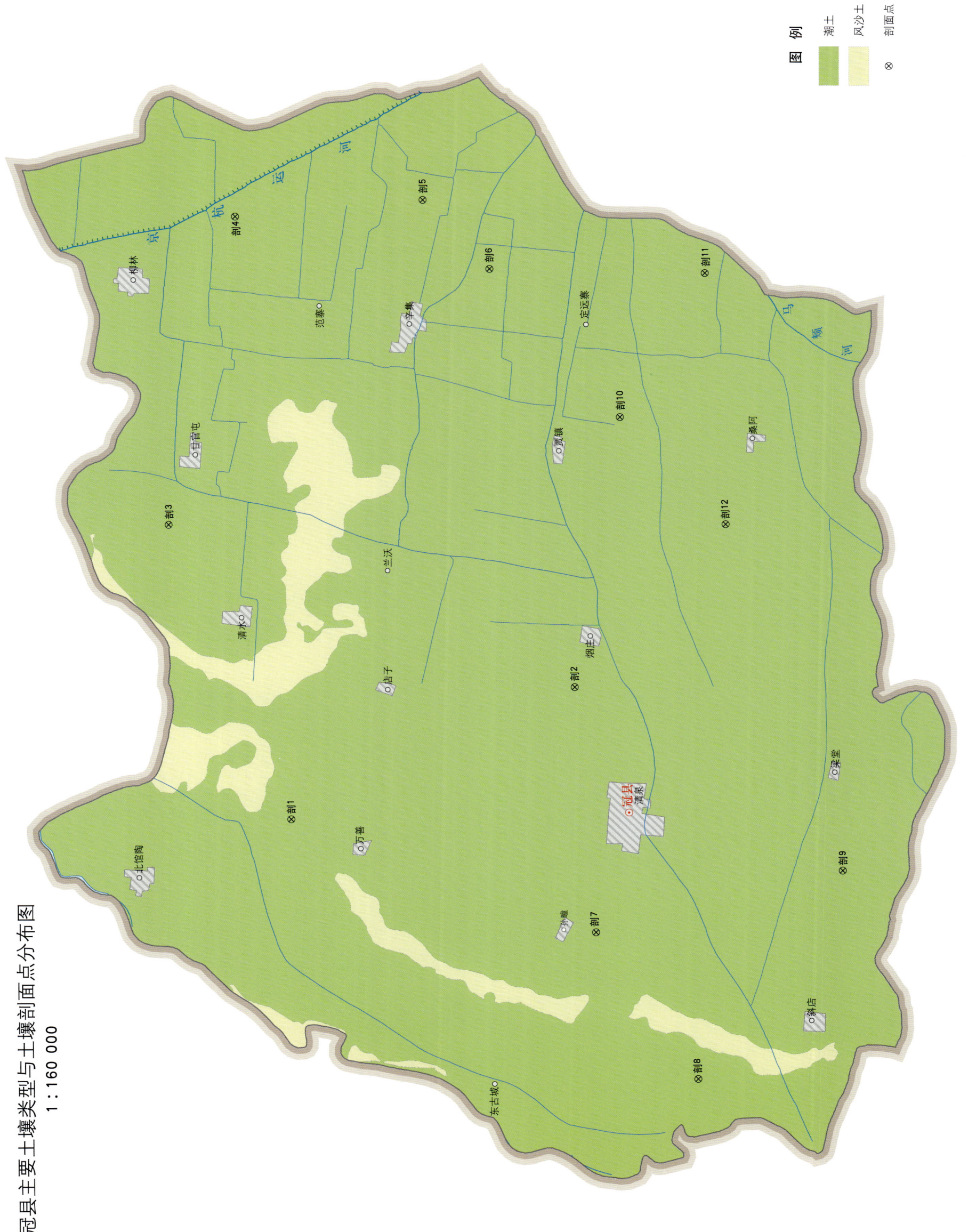

冠县土壤剖面理化性状表

剖面号 Soil profile	土纲 Soil order	土类 Soil great group	亚类 Soil subgroup	土属 Soil genus	土种 Soil species	土层码 Layer code	土层厚度 Depth/cm	颜色 Soil color	质地 Soil texture	土壤结构 Soil structure	pH	有机质 OM/(g/kg)	全氮 TN/(g/kg)	全磷 TP/(g/kg)	碱解氮 AN/(mg/kg)	有效磷 AP/(mg/kg)	速效钾 AK/(mg/kg)	阳离子交换量CEC/(cmol/kg)	土壤母质 Parent material	剖面点坐标 Profile coordinate	匹配指数 Matching index/%
剖1	半水成土	潮土	褐潮土	褐潮土	岗厚黏心两合土	1	0–20	浅黄色	轻壤土	屑粒状	7.4	9.6	0.74	1.26	35	2.0	127	6.3	河流冲积物	E 115°26′12.5″ N 36°36′05.9″	77
						2	20–60	红棕色	黏土	粒状		7.4	0.47		21	1.0	131	11.8			
						3	60–80	浅褐色	中壤土	粒状											
						4	80–116	红棕色	重壤土	屑粒状											
						5	116–124	灰黄色	轻壤土	块状											
						6	124–150	红棕色	黏土	块状											
剖2	半水成土	潮土	褐潮土	褐潮土	岗壤均质两合土	1	0–20	灰黄色	轻壤土	屑粒状		5.3	0.24	1.23	22	4.0	82	8.4	河流冲积物	E 115°29′55.7″ N 36°30′02.9″	74
						2	20–80	红棕色	中壤土	块状		5.2	0.38	1.15	36	1.0	78	5.7			
						3	80–100	红棕色	中壤土	块状											
						4	100–130	红棕色	重壤土	块状											
剖3	半水成土	潮土	褐潮土	褐潮土	岗砂均质白土	1	0–20	棕红色	黏土	板状		6.2	0.32	1.18	41	2.0	63	6.4	河流冲积物	E 115°34′15.1″ N 36°38′48.7″	90
						2	20–41	灰白色	砂壤土	屑粒状		6.2	0.35	1.05	27	1.0	62	5.7			
						3	41–127	灰白色	砂壤土	屑粒状		5.5	0.19	1.15	19	1.0	176	6.2			
						4	127–150	红棕色	重壤土	块状											
剖4	半水成土	潮土	盐化潮土	盐化潮土	中盐化厚心白土	1	0–5	灰白色	砂壤土			5.7	0.36	1.16	41	2.0	85	6.6	河流冲积物	E 115°42′42.1″ N 36°37′28.6″	88
						2	5–20	黄褐色	轻壤土			7.8	0.44	0.72	40	1.0	26	5.5			
						3	20–40	浅棕色	中壤土			7.0	0.19	0.61	31	1.0	23	5.2			
						4	40–80	红棕色	黏土			6.3	0.14	0.31	21	1.0	24	6.1			
						5	80–120	黄褐色	轻壤土			5.8	0.15	0.24	15	1.0	27	6.8			
						6	120–150							0.02	23			8.9			
剖5	半水成土	潮土	盐化潮土	硫酸盐盐化潮土	重白盐重体轻白土	1	0–5				7.9	6.2	0.39	0.53	73	6.5	97	5.0	河流冲积物	E 115°43′13.1″ N 36°33′27.0″	70
						2	5–24				7.9	6.6	0.47	0.55	44	8.1	110	5.9			
						3	24–75		粉质黏土		7.6	6.9	0.43	0.39	30	1.0	138	19.3			
						4	75–150		砂壤土		7.6	3.0	0.22	0.33	14	1.0	43	5.2			
剖6	半水成土	潮土	盐化潮土	硫酸盐盐化潮土	轻白盐两合土	1	0–5		黏壤土		8.1	11.6	0.72	0.73	76	19.0	109	13.2	河流冲积物	E 115°41′21.5″ N 36°31′59.5″	75
						2	5–20		黏壤土		8.0	11.5	0.80	0.71	68	18.8	92	13.7			
						3	20–40		黏壤土		7.9	6.0	0.50	0.60	27	3.2	64	13.2			
						4	40–60		黏壤土		7.9	4.2	0.39	0.57	23	0.7	54	14.6			
						5	60–110		黏壤土		7.8	4.8	0.34		24	0.7	119	15.9			
						6	110–150		壤土		7.9	2.4	0.15		12	0.5	42	5.0			
剖7	半水成土	潮土	褐潮土	褐潮土	岗厚壤心白土	1	0–20	灰黄色	轻壤土	屑粒状		7.7	0.48	1.31	44	5.0	70	6.9	河流冲积物	E 115°23′12.7″ N 36°29′31.7″	97
						2	20–50	黄褐色	中壤土	屑粒状		4.0	0.29	1.21	28	1.0	16	6.9			
						3	50–65	深绿色	中壤土	颗粒状		3.8	0.28	1.32	22	1.0	22	6.6			
						4	65–95	深绿色	中壤土	颗粒状											
						5	95–150	黄褐色	轻壤土	屑粒状											
剖8	半水成土	潮土	褐潮土	褐潮土	岗厚黏腰两合土	1	0–16	浅黄色	轻壤土	碎块状		6.2	0.31	1.70	32	1.0	91	7.7	河流冲积物	E 115°19′15.2″ N 36°27′17.6″	90
						2	16–52	浅黄色	轻壤土	碎块状		4.9	0.26	1.15	24	1.0	59	5.0			
						3	52–86	棕色	轻壤土	碎块状		4.6	0.35	0.73	16	1.0	55	7.1			
						4	86–150		重壤土	块状											

续表 Continued

剖面号 Soil profile	土纲 Soil order	土类 Soil great group	亚类 Soil subgroup	土属 Soil genus	土种 Soil species	土层码 Layer code	土层厚度 Depth/cm	颜色 Soil color	质地 Soil texture	土壤结构 Soil structure	pH	有机质 OM/(g/kg)	全氮 TN/(g/kg)	全磷 TP/(g/kg)	碱解氮 AN/(mg/kg)	有效磷 AP/(mg/kg)	速效钾 AK/(mg/kg)	阳离子交换量CEC/(cmol/kg)	土壤母质 Parent material	剖面点坐标 Profile coordinate	匹配指数 Matching index/%
剖9	半水成土	潮土	盐化潮土	氯化物盐化潮土	轻油盐两合土	1	0—5		黏壤土		8.1	11.6	0.72	0.73	76	19.0	109			E 115°24′57.2″ N 36°24′14.8″	74
						2	5—20		黏壤土		7.9	11.5	0.78	0.71	68	18.8	92				
						3	20—40		黏壤土		7.9	6.0	0.50	0.60	27	3.2	64				
						4	40—60		黏壤土		8.0	5.1	0.39	0.57	23	0.7	54				
						5	60—110		壤土		8.0	4.8	0.34		24	0.7	59				
						6	110—150		壤土		7.8	2.4	0.15		12	0.5	42				
剖10	半水成土	潮土	盐化潮土	盐化潮土	轻盐化壤均质两合土	1	0—5	浅黄色	轻壤土	碎块状		6.4	0.49	0.95	61	1.0	110	7.8	河流冲积物	E 115°37′19.9″ N 36°29′09.2″	78
						2	5—16	浅黄色	轻壤土	碎块状		6.0	0.49	0.87	44	2.0	74	8.7			
						3	16—72	浅褐色	中壤土	碎块状		5.6	0.23	0.76	34	1.0	68	8.7			
						4	72—77	红棕色	黏土	块状							20	9.4			
						5	77—150	灰白色	轻壤土	屑粒状		2.5	0.17	0.76	13	0.3	20	5.8			
剖11	半水成土	潮土	盐化潮土	盐化潮土	轻盐化厚黏腰两合土	1	0—5	浅黄色	轻壤土		7.6	6.6	0.46	1.27	42	2.0	91	7.5	河流冲积物	E 115°41′18.7″ N 36°27′22.3″	100
						2	5—20	浅黄色	轻壤土		7.8	5.5	0.21	1.18	28		75	7.8			
						3	20—52	浅黄色	中壤土												
						4	52—90	红棕色	黏土												
						5	90—122	红棕色	重黏土												
						6	122—150	红棕色	黏土												
剖12	半水成土	潮土	褐潮土	褐潮土	岗壤均质两合土	1	0—20		轻壤土	屑粒状		9.0	0.63	1.53	57	2.0	45	7.7	河流冲积物	E 115°34′26.8″ N 36°26′51.4″	96
						2	20—49		轻壤土	屑粒状		9.3	0.08	0.61	43	6.0		7.4			
						3	49—93		中壤土	粒状		5.5	0.06	0.92	7	0.5		8.7			
						4	93—150		松砂土	单粒状											

高 唐 县

主要土类说明

潮土是高唐县主要土壤类型，占本县地域面积的85%。成土母质为黄河冲积物，以粉砂为主，粗砂与黏粒较少，因沉积水流速度不同，在表层质地上有差异，同一剖面中也有不同质地层次排列。受地下水影响，下部土层中有明显的锈纹、锈斑，全剖面有石灰反应。本县潮土分为褐潮土、潮土和盐化潮土等亚类。其中，潮土亚类面积最大，表层质地以轻壤土为主，砂壤土次之，中壤土较少。超过本县地域面积10%的土属有壤质潮土（43%）和砂质潮土（23%）。壤质潮土的母质是决口泛滥缓流沉积物，所处地形部位较低。地下水埋深为2.5—3.5m，地下水矿化度为1—1.35g/L，地表无盐斑，pH为7.5—8.3。土壤表层多为轻壤土，占66%，其余为中壤土，土壤剖面中锈纹、锈斑较明显。砂质潮土耕层均为砂壤土，地下水埋深为3—5m，地下水矿化度约为1g/L，地表无盐碱危害。土壤养分含量低，保水保肥性能差。易出苗，后期易脱肥，易发生干旱。

草甸盐土是高唐县第二大土壤类型，占本县地域面积的10%，一般分布在背河槽状洼地、河间浅平洼地和缓平坡地中下端。盐分组成主要为氯化物和硫酸盐。质地偏轻，表层质地以轻壤土为主，砂壤土次之，土体构型以均砂质和夹砂层为主，夹黏层次之。地下水位为1.5—2.5m，水质差，pH为7.8—8.4，0—20cm土层含盐量为9.1—26.5g/kg。

风沙土是高唐县第二大土壤类型，占本县地域面积的3%，均为固定风沙土亚类，分布在古河床高地上。土壤表层都是松砂土或紧砂土，全剖面为砂土，层次发育不明显，地表有0—5cm厚的腐殖质层，地下水埋深为1.7—4.0m。

本区域中心区气候特征

本区域中心区气候特征值
Regional climate characteristics in central area of the region

气候带：暖温带亚湿润气候 Climate region: Warm temperate subhumid climate	
年平均气温 /℃ Annual average temperature /℃	14.2
年平均最高气温 /℃ Annual average maximum temperature /℃	19.4
年平均最低气温 /℃ Annual average minimum temperature /℃	9.7
年降水量 /mm Annual precipitation /mm	617
≥10℃的积温 /℃ Daily temperature accumulated in a year (≥10℃) /℃	5124
年日照时数 /h Annual sunshine /h	2498
年平均相对湿度 /% Annual average relative humidity /%	61
干燥度 Dryness	1.39

本区域中心区月平均气温与月平均降水量
Monthly temperature and precipitation in central area of the region

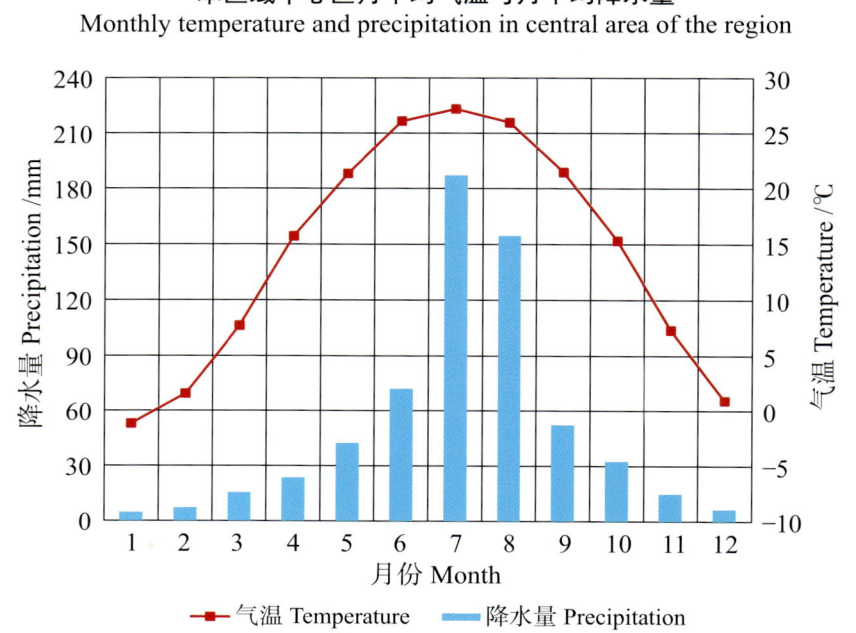

高唐县主要土壤类型与土壤剖面点分布图
1∶180 000

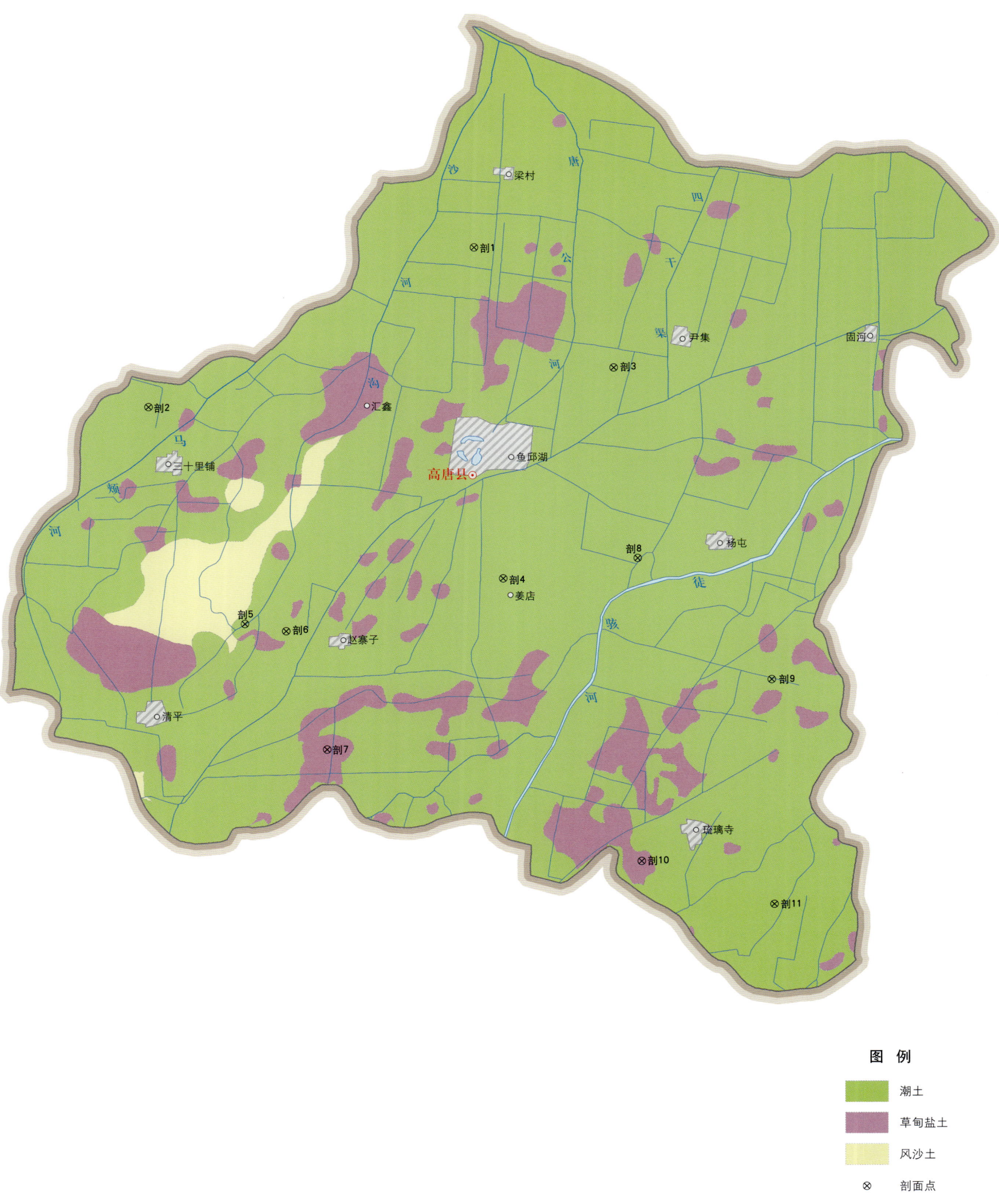

高唐县土壤剖面理化性状表

剖面号 Soil profile	土纲 Soil order	土类 Soil great group	亚类 Soil subgroup	土属 Soil genus	土种 Soil species	土层码 Layer code	土层厚度 Depth/cm	颜色 Soil color	质地 Soil texture	土壤结构 Soil structure	pH	有机质 OM/(g/kg)	全氮 TN/(g/kg)	全磷 TP/(g/kg)	全钾 TK/(g/kg)	碱解氮 AN/(mg/kg)	有效磷 AP/(mg/kg)	速效钾 AK/(mg/kg)	阳离子交换量CEC/(cmol/kg)	土壤母质 Parent material	剖面点坐标 Profile coordinate	匹配指数 Matching index/%
剖1	半水成土	潮土	潮土	壤质潮土	轻壤厚砂腰潮土	1	0—20	褐色	轻壤土	粒状	7.9	5.5	0.33	1.60		34	8.5	112	7.6	河流冲积物	E 116° 13′ 12.4″ N 36° 56′ 16.1″	100
						2	20—54	褐色	中壤土	粒状		4.3		1.46		22	4.3	78				
						3	54—84	黄白色	轻壤土	粒状		3.2				22	3.3	37				
						4	84—150	黄白色	砂壤土	粒状								47				
剖2	半水成土	潮土	褐潮土	壤质褐潮土	轻壤质厚黏腰褐潮土	1	0—20	浅褐色	轻壤土	团粒状	7.8	7.3	0.56	1.54		49	8.0	112	9.2	河流冲积物	E 116° 04′ 08.0″ N 36° 52′ 29.4″	78
						2	20—65	浅褐色	轻壤土	团粒状		5.0	0.40	1.47		42	1.0	63				
						3	65—110	棕色	重壤土	碎块状		5.4				47	3.0	100				
						4	110—150	浅黄色	轻壤土	屑粒状												
剖3	半水成土	潮土	潮土	砂质潮土	砂均质潮土	1	0—20	浅褐色	砂壤土	粒状	7.9	7.8	0.36	1.46		39	13.5	78	6.0	河流冲积物	E 116° 17′ 09.2″ N 36° 53′ 31.4″	97
						2	20—65	浅褐色	砂壤土	粒状		6.4	0.30	1.31		31	3.8	32				
						3	65—110	浅黄色	砂壤土	粒状		2.7					3.3	40				
						4	110—150	灰白色	砂壤土	粒状												
剖4	半水成土	潮土	褐潮土	砂质褐潮土	砂均质褐潮土	1	0—20	浅褐色	砂壤土	单粒状	7.7	6.8	0.62	1.79		39	7.0	98	7.4	河流冲积物	E 116° 14′ 06.9″ N 36° 48′ 36.5″	93
						2	20—49	浅黄色	砂壤土	单粒状	7.7	5.3	0.45	1.56		26	4.0	64				
						3	49—150	浅黄色	紧砂土	单粒状	7.8					11	3.3	37				
剖5	半水成土	潮土	盐化潮土	壤质盐化潮土	轻壤厚黏心中盐化潮土	1	0—5	褐色	轻壤土	粒状	7.4	6.1	0.46	1.21		25	4.8	129	6.8	河流冲积物	E 116° 06′ 54.3″ N 36° 47′ 29.7″	81
						2	5—20	褐色	轻壤土	块状	7.5	6.0	0.43	1.35		21	4.3	97				
						3	20—80	棕色	黏土	粒状	7.9	3.0				11	3.0	50				
						4	80—150	浅黄色	砂壤土	粒状	7.9											
剖6	半水成土	潮土	盐化潮土	壤质盐化潮土	轻壤厚砂腰中盐化潮土	1	0—23	灰黄色	轻壤土	碎块状		7.0	0.54	1.34		56	5.0	104	8.3	河流冲积物	E 116° 08′ 03.7″ N 36° 47′ 20.1″	89
						2	23—68	褐色	中壤土	粒状		6.0	0.53	1.29		38	3.8	84	8.3			
						3	68—107	黄褐色	紧砂土	粒状		1.2				12	3.8	32				
						4	107—150	黄褐色	紧砂土	粒状												
剖7	盐碱土	草甸盐土	草甸盐土	砂质油潮盐土	砂均质油潮盐土	1	0—25	灰白色	砂壤土	粒状	8.1	4.8	0.32	1.51		22	4.0	102	5.3	河流冲积物	E 116° 09′ 14.4″ N 36° 44′ 36.2″	79
						2	25—70	灰黄色	砂壤土	粒状		3.6	0.31	1.46		20	1.0	55				
						3	70—150	浅黄色	砂壤土	粒状		2.0				15	1.0	50				
剖8	半水成土	潮土	潮土	壤质潮土	轻壤厚黏心潮土	1	0—20	灰黄色	轻壤土	团粒状		7.7	0.54	1.53		49	6.5	139	8.6	河流冲积物	E 116° 17′ 52.4″ N 36° 49′ 06.6″	72
						2	20—90	棕色	重壤土	碎块状	7.9	6.2	0.56	0.98		36	4.3	108				
						3	90—120	浅黄色	轻壤土	碎块状		4.8				27	3.8	84				
						4	120—150	棕色	黏土	块状												
剖9	半水成土	潮土	盐化潮土	氯化物盐化潮土	重油盐重体轻白土	1	0—19	灰黄色	砂壤土	粒状	8.3	6.7	0.47	0.60		73	3.8	108	12.2	河流冲积物	E 116° 21′ 38.9″ N 36° 46′ 18.5″	84
						2	19—69	黄褐色	粉质黏土	粒状	8.3	6.6	0.46	0.51		32	1.3	303	25.6			
						3	69—106	黄褐色	粉质黏土	块状	8.2	5.1	0.39	0.49		30	2.2	286	23.8			
						4	106—150	浅黄色	砂壤土	粒状	7.9	3.6	0.20	0.31		26	1.5	80	9.3			
剖10	盐碱土	草甸盐土	草甸盐土	壤质白潮盐土	轻壤厚黏心白潮盐土	1	0—5	黄褐色	轻壤土	粒状	7.9	6.5	0.49	1.40		28	5.5	153	8.7	河流冲积物	E 116° 18′ 03.2″ N 36° 42′ 03.6″	94
						2	5—20	黄褐色	轻壤土	粒状	7.9	6.1	0.45	1.27		27	2.0	110				
						3	20—90	棕色	黏土	块状	7.9	1.7				10	2.5	30				
						4	90—150	黄色	紧砂土	粒状	7.9											

续表 Continued

剖面号 Soil profile	土纲 Soil order	土类 Soil great group	亚类 Soil subgroup	土属 Soil genus	土种 Soil species	土层码 Layer code	土层厚度 Depth/ cm	颜色 Soil color	质地 Soil texture	土壤结构 Soil structure	pH	有机质 OM/ (g/kg)	全氮 TN/ (g/kg)	全磷 TP/ (g/kg)	全钾 TK/ (g/kg)	碱解氮 AN/ (mg/kg)	有效磷 AP/ (mg/kg)	速效钾 AK/ (mg/kg)	阳离子 交换量CEC/ (cmol/kg)	土壤母质 Parent material	剖面点坐标 Profile coordinate	匹配指数 Matching index/%
剖11	半水成土	潮土	潮土	壤质潮土	砂质轻白土	1	0—17		砂壤土		7.9	6.8	0.47	0.57	18.9	47	8.8	53	6.7		E 116°21′45.7″ N 36°41′04.4″	100
						2	17—45		砂质黏壤土		8.0	5.2	0.42	0.58	18.8	61	0.2	50	8.2			
						3	45—66		壤质砂土		7.9	2.6	0.19	0.50	15.9	52	0.3	24	4.0			
						4	66—89		壤质砂土		7.9	2.2	0.14	0.49	17.6	15	0.9	24	4.3			
						5	89—110		砂壤土		7.9	3.0	0.22	0.44	17.0	26	0.6	48	6.4			
						6	110—130		砂壤土		8.0	3.5	0.23	0.45	16.8	21	1.4	46	7.8			

临 清 市

主要土类说明

潮土是临清市主要土壤类型，占本市地域面积的94%。本市潮土分为褐潮土、潮土、盐化潮土等亚类。其中，褐潮土亚类面积最大，占本土类面积的55%左右。超过本市地域面积10%的土属有砂质褐潮土（31.2%）、壤质褐潮土（20.1%）。砂质褐潮土的地下水埋深常年在临界水位以下，在心土与底土交接处有碳酸盐结晶体和假菌丝体，无盐化威胁。表层质地为砂壤土，通气好，升温快。壤质褐潮土所处地形海拔为32.2—47.5m，地下水埋深大于3m，地下水矿化度小于1g/L。在土体50cm处有较多假菌丝体。表层多为轻壤土，砂黏适中。潮土亚类占本土类面积的30%左右。其中，超过本市地域面积10%的土属有壤质潮土（18.7%）、砂质潮土（11.5%）。壤质潮土地下水埋深为2.5—3.5m，地下水矿化度为1—1.35g/L，地表无盐斑，pH为7.5—8.3。土壤表层多为轻壤土，其余为中壤土，土壤剖面中锈纹、锈斑较明显。砂质潮土耕层质地均为砂壤土，地下水埋深为3—5m，地下水矿化度为1g/L，地表无盐碱危害。盐化潮土亚类面积最小，其中壤质硫酸盐盐化潮土占本市地域面积的10.8%。该土属的地下水埋深多为1—3m，地下水矿化度为2—20g/L，pH约为7.8，含盐量为3.02—7.59g/kg，土壤中氯离子与硫酸根离子的比值小于1。

风沙土是临清市第二大土壤类型，占本市地域面积的3%，分布在黄河故道泛滥时主流所经之处的急流沉积物上，均为固定风沙土。土壤表层都是松砂土或紧砂土，全剖面为砂土，层次发育不明显，地表有0—5cm厚的腐殖质。海拔为35—37m，地下水埋深为7—9m。

本区域中心区气候特征

本区域中心区气候特征值
Regional climate characteristics in central area of the region

气候带：暖温带亚湿润气候 Climate region: Warm temperate subhumid climate	
年平均气温 /℃ Annual average temperature /℃	14.2
年平均最高气温 /℃ Annual average maximum temperature /℃	19.5
年平均最低气温 /℃ Annual average minimum temperature /℃	9.7
年降水量 /mm Annual precipitation /mm	614
≥10℃的积温 /℃ Daily temperature accumulated in a year (≥10℃) /℃	5163
年日照时数 /h Annual sunshine /h	2468
年平均相对湿度 /% Annual average relative humidity /%	62
干燥度 Dryness	1.39

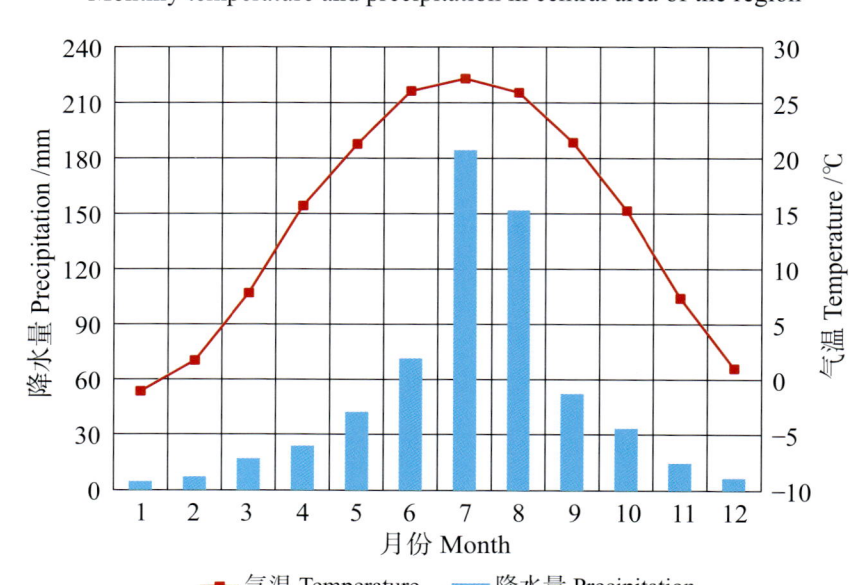

本区域中心区月平均气温与月平均降水量
Monthly temperature and precipitation in central area of the region

临清市主要土壤类型与土壤剖面点分布图
1∶190 000

图 例
- 潮土
- 风沙土
- ⊗ 剖面点

第二编　分县土壤图与土壤剖面数据 | 417

临清市土壤剖面理化性状表

剖面号	土纲	土类	亚类	土属	土种	土层码	土层厚度/cm	颜色	质地	土壤结构	pH	有机质 OM/(g/kg)	全氮 TN/(g/kg)	全磷 TP/(g/kg)	碱解氮 AN/(mg/kg)	有效磷 AP/(mg/kg)	速效钾 AK/(mg/kg)	土壤母质	剖面点坐标	匹配指数 Matching index/%
剖1	半水成土	潮土	潮土	潮土	壤均质两合土	1	0—28	浅黄色	轻壤土	粒状	8.0	4.2	0.39	1.55	42		118	河流冲积物	E 115°29′15.4″ N 36°43′32.2″	97
						2	28—107	浅黄色	轻壤土	粒状										
						3	107—150	橙红色	重壤土	块状										
剖2	半水成土	潮土	褐潮土	褐潮土	岗厚黏腰两合土	1	0—25	浅褐色	轻壤土	团粒状	7.5	8.8	0.57		49	10.7	121	河流冲积物	E 115°27′36.5″ N 36°41′58.6″	87
						2	25—70	棕褐色	中壤土	粒状										
						3	70—150	棕红色	黏土	块状										
剖3	半水成土	潮土	褐潮土	褐潮土	岗壤均质两合土	1	0—20	浅褐色	轻壤土	团粒状	7.5	8.5	0.57		49	8.7	118	河流冲积物	E 115°42′38.6″ N 36°44′33.4″	89
						2	20—100	浅黄色	轻壤土	粒状										
						3	100—130	褐色	轻壤土	粒状										
						4	130—150	浅棕色	盐土	块状										
剖4	初育土	风沙土				1	0—20		松砂土	屑粒状	7.6	2.3	0.11	0.62	36	1.0	70	河流冲积物	E 115°36′49.3″ N 36°43′29.6″	88
						2	20—150		紧砂土	屑粒状										
剖5	半水成土	潮土	盐化潮土	盐化潮土	轻盐化砂均质白土	1	0—20	浅褐色	砂壤土	粒状		6.7	0.53	1.31	43	9.0	76	河流冲积物	E 115°47′13.6″ N 36°47′45.6″	92
						2	20—60	灰棕色	砂壤土	粒状										
						3	60—100	灰褐色	砂壤土	粒状										
						4	100—150	灰白色	紧砂土	无明显结构										
剖6	半水成土	潮土	潮土	潮土	厚心两合土	1	0—20	灰褐色	重壤土	团粒状	7.5	9.5	0.49		86	12.0	142	河流冲积物	E 115°48′53.6″ N 36°43′30.7″	87
						2	20—70	深棕色	重壤土	颗粒状										
						3	70—100	红棕色	黏土	块状										
						4	100—150	灰白色	紧砂土	片状										
剖7	半水成土	潮土	盐化潮土	盐化潮土	中盐化壤均质两合土	1	0—20	浅红色	轻壤土	屑粒状		7.1	0.55		50	10.0	100	河流冲积物	E 115°57′01.8″ N 36°41′31.0″	78
						2	20—103													
						3	103—150													

滨 州 市

沾 化 区

主要土类说明

潮土是沾化区主要土壤类型，占本区地域面积的64%，主要分布在富国街道以西的乡镇，地貌类型多为微斜平地、缓岗等。本区土壤系黄河冲积平原，又位于下游，所以土层厚达几百米。由于黄河泛滥频繁，土体出现夹砂型或夹黏型等比较复杂的构型。本区土壤均属退海之地，成土较晚，基本仍处幼年阶段。本区地势平坦，排水不畅，地下水埋深多为1.5—3.0m，地下水可借毛管作用达到地表。潮土是直接发育在河流沉积物上，受地下水作用和控制形成的一类土壤。由于海拔均在10m以下，地下水位浅，多为1.5—3.0m，地下水频繁升降，氧化还原过程交替进行。在土壤中，下层形成了锈纹、锈斑和铁锰结核等。由于还原作用占优势，底土较灰暗。本区潮土呈中性至微碱性，pH为7.2—8.5。本区潮土分为潮土和盐化潮土等亚类。本区临海，盐化潮土亚类面积最大，占本土类面积的65%以上。

滨海盐土是沾化区第二大土壤类型，占本区地域面积的34%，主要分布在本区东部。由于东部土壤海拔较低，多在4m以下，地下水矿化度高，常年受海水顶托或潮水的渍没，土壤盐碱化尤为严重。成土母质为滨海沉积物，全土体含有以氯化物为主的可溶盐，呈Az-Cz剖面构型。滨海盐土的土壤和地下水的盐分组成与海水基本一致，氯盐占绝对优势，其次为硫酸盐和重碳酸盐。盐分中以钠、钾离子为主，钙、镁次之。含盐的成分主要是氯化钠，与同盐量的内陆盐碱地相比，对作物的危害更大。表层土壤含盐量可达15g/kg，甚至更高，地下水矿化度大于10g/L。

本区域中心区气候特征

本区域中心区气候特征值
Regional climate characteristics in central area of the region

气候带：暖温带亚湿润气候 Climate region: Warm temperate subhumid climate	
年平均气温 /℃ Annual average temperature /℃	12.3
年平均最高气温 /℃ Annual average maximum temperature /℃	18.2
年平均最低气温 /℃ Annual average minimum temperature /℃	7.3
年降水量 /mm Annual precipitation /mm	574
≥10℃的积温 /℃ Daily temperature accumulated in a year（≥10℃）/℃	4550
年日照时数 /h Annual sunshine /h	2573
年平均相对湿度 /% Annual average relative humidity /%	66
干燥度 Dryness	1.28

本区域中心区月平均气温与月平均降水量
Monthly temperature and precipitation in central area of the region

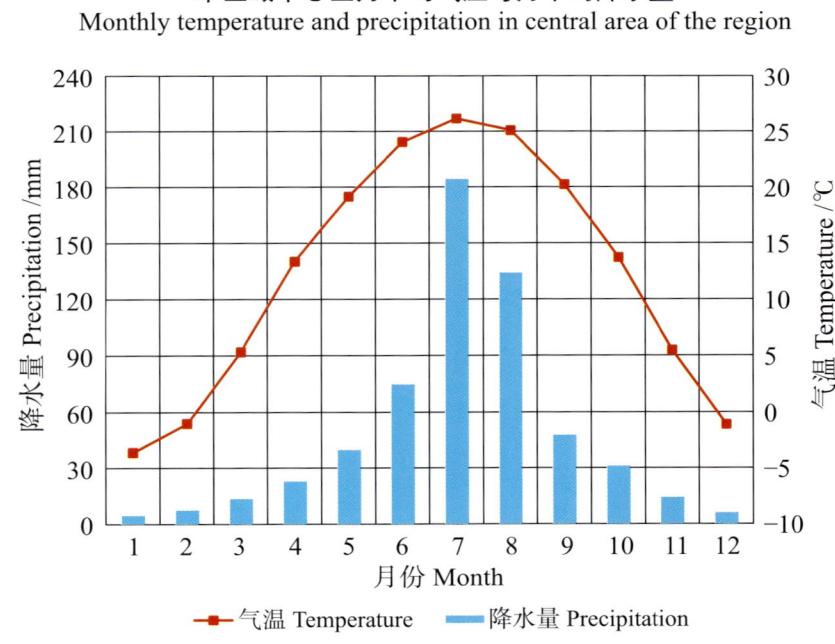

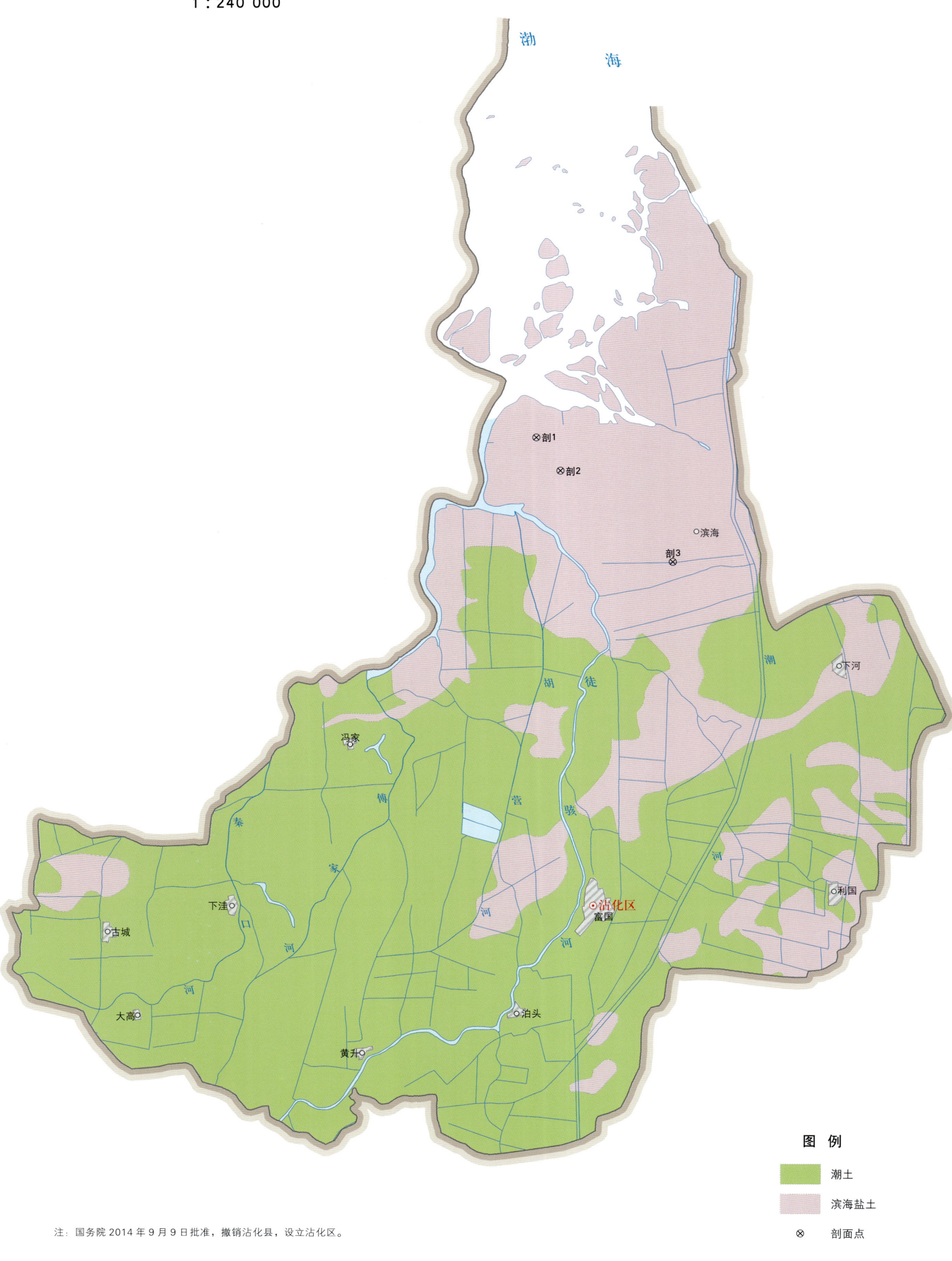

沾化区土壤剖面理化性状表

剖面号 Soil profile	土纲 Soil order	土类 Soil great group	亚类 Soil subgroup	土属 Soil genus	土种 Soil species	土层码 Layer code	土层厚度 Depth/cm	质地 Soil texture	pH	有机质 OM/(g/kg)	全氮 TN/(g/kg)	全磷 TP/(g/kg)	全钾 TK/(g/kg)	碱解氮 AN/(mg/kg)	有效磷 AP/(mg/kg)	速效钾 AK/(mg/kg)	阳离子交换量 CEC/(cmol/kg)	剖面点坐标 Profile coordinate	匹配指数 Matching index/%
剖1	盐碱土	滨海盐土	滨海潮滩盐土	滨海潮滩盐土	黏盐滩土	1	0—20	壤质黏土	8.3	14.5	0.85	0.69		45	5.1	390		E 118°05′07.7″ N 37°57′14.6″	82
						2	20—40	壤质黏土	8.4	9.7	0.62	0.61		32	7.0	440			
						3	40—50	粉质黏土	8.4	7.2	0.40	0.63		25	4.8	401			
						4	50—110	壤土	8.4	3.7	0.21	0.47		13	2.0	335			
						5	110—125	壤土	8.4	3.7	0.20	0.40		12	2.0	303			
剖2	盐碱土	滨海盐土	滨海盐土	滨海盐土	黏壤园盐土	1	0—5	黏壤土	8.1	8.7	0.62	0.64		32	13.2	370	8.3	E 118°06′05.0″ N 37°56′08.2″	78
						2	5—20	黏壤土	8.1	8.7	0.62	0.64		32	13.2	370	8.3		
						3	20—40	黏壤土	8.0	5.8	0.43	0.52		18	8.4	347	8.0		
						4	40—60	黏壤土	7.9	4.5	0.28	0.56		16	3.8	270	8.0		
						5	60—95	黏壤土	7.8	4.7	0.26	0.46		22	4.6	385	9.5		
						6	95—150	黏壤土	7.9	2.4	0.13	0.28		19	2.1	220	8.1		
剖3	盐碱土	滨海盐土	滨海盐土	滨海盐土	黏卤盐土	1	0—7	壤质黏土	8.1	6.8	0.34	0.70	19.0	27	7.4	385		E 118°10′34.7″ N 37°53′05.6″	83
						2	7—30	壤质黏土	8.2	5.8	0.30	0.68	19.2	23	3.4	385			
						3	30—48	黏壤土	8.2	5.5	0.28	0.65	19.2	22	3.3	353			
						4	48—100	壤质黏土	8.1	5.7	0.28	0.68	19.8	18	7.1	488			
						5	100—120	黏土	8.3	5.4	0.31	0.64	19.5	23	10.5	624			
						6	120—150	壤质黏土	8.2	4.1	0.20	0.69	18.3	15	8.9	500			
						7	150—190		8.1	3.0	0.09	0.57	17.0	9	5.0	369			
						8	190—		8.1	2.4	0.09	0.64	16.3	8	5.8	378			

惠 民 县

主要土类说明

潮土是惠民县主要土壤类型，占本县地域面积的93%，分布广泛，遍及本县所有乡镇。由于本县出现黄河近代决口，主流多次摆动，使沉积体随之多次变动，形成了决口主流两侧偏砂、泛区边缘偏黏、缓流摆动区砂黏套叠相间的状况。成土母质的沉淀颗粒粗细在水平分布上有分选差异，在同一剖面的不同部位也有不同的质地层次排列，但各发生层次的质地和色泽均一，中下部土层有明显的锈纹、锈斑。全剖面有石灰反应，呈中性至微碱性，pH 为7.0—8.0。该土类土层深厚，肥沃度高。本县潮土主要分为潮土、盐化潮土、褐潮土等亚类。其中，潮土亚类面积最大，占本土类面积的65%以上，表层质地以壤土为主，其次是砂土和黏土。盐化潮土亚类面积约占本土类面积的30%，表层质地以轻壤土为主，中壤土次之。褐潮土亚类面积最小，表层质地多为壤土。

草甸盐土是惠民县第二大土壤类型，占本县地域面积的4%，主要分布在本县中北部的微斜平地与浅平洼地的交接地带，呈零星状分布。地下水埋深为2.1m，表层质地主要是轻壤土，中壤土甚少。盐分组成以氯化物－硫酸盐或硫酸盐－氯化物为主。表土层较板结，通透性差，土壤的潮化特征明显，在土体的中部开始出现锈纹、锈斑，且越向下锈纹、锈斑越多。通体有强石灰反应，pH 为7.5—8.5。

风沙土是惠民县第三大土壤类型，占本县地域面积不足3%，分布范围狭窄，仅大年陈镇西南部尚存。该土壤主要是近代黄河决口最初沉积的结果，物理性状极差，容重大，孔隙少，无团粒结构，养分含量属极缺状态。

本区域中心区气候特征

本区域中心区气候特征值
Regional climate characteristics in central area of the region

气候带：暖温带亚湿润气候 Climate region: Warm temperate subhumid climate	
年平均气温 /℃ Annual average temperature /℃	12.7
年平均最高气温 /℃ Annual average maximum temperature /℃	18.7
年平均最低气温 /℃ Annual average minimum temperature /℃	7.7
年降水量 /mm Annual precipitation /mm	579
≥10℃的积温 /℃ Daily temperature accumulated in a year（≥10℃）/℃	4695
年日照时数 /h Annual sunshine /h	2561
年平均相对湿度 /% Annual average relative humidity /%	65
干燥度 Dryness	1.30

本区域中心区月平均气温与月平均降水量
Monthly temperature and precipitation in central area of the region

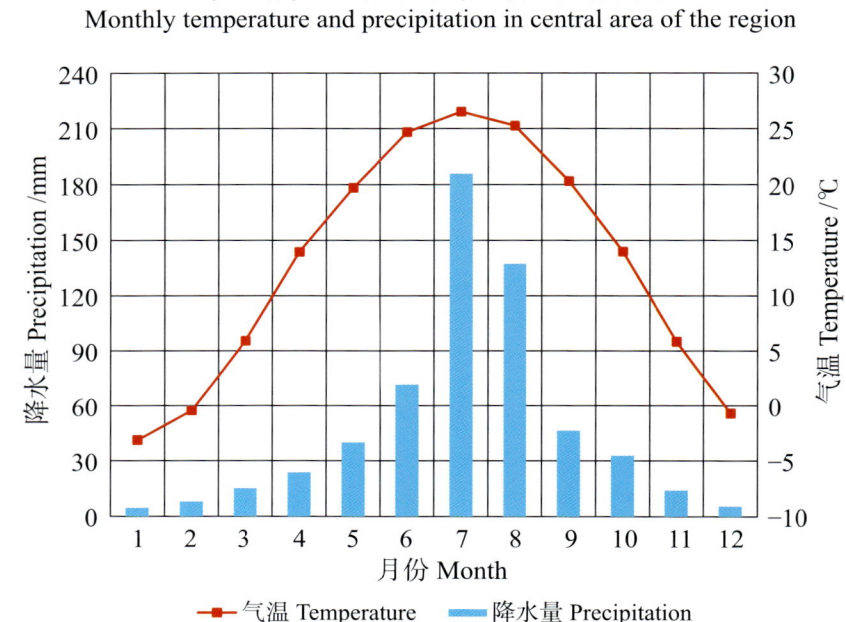

惠民县主要土壤类型与土壤剖面点分布图
1∶220 000

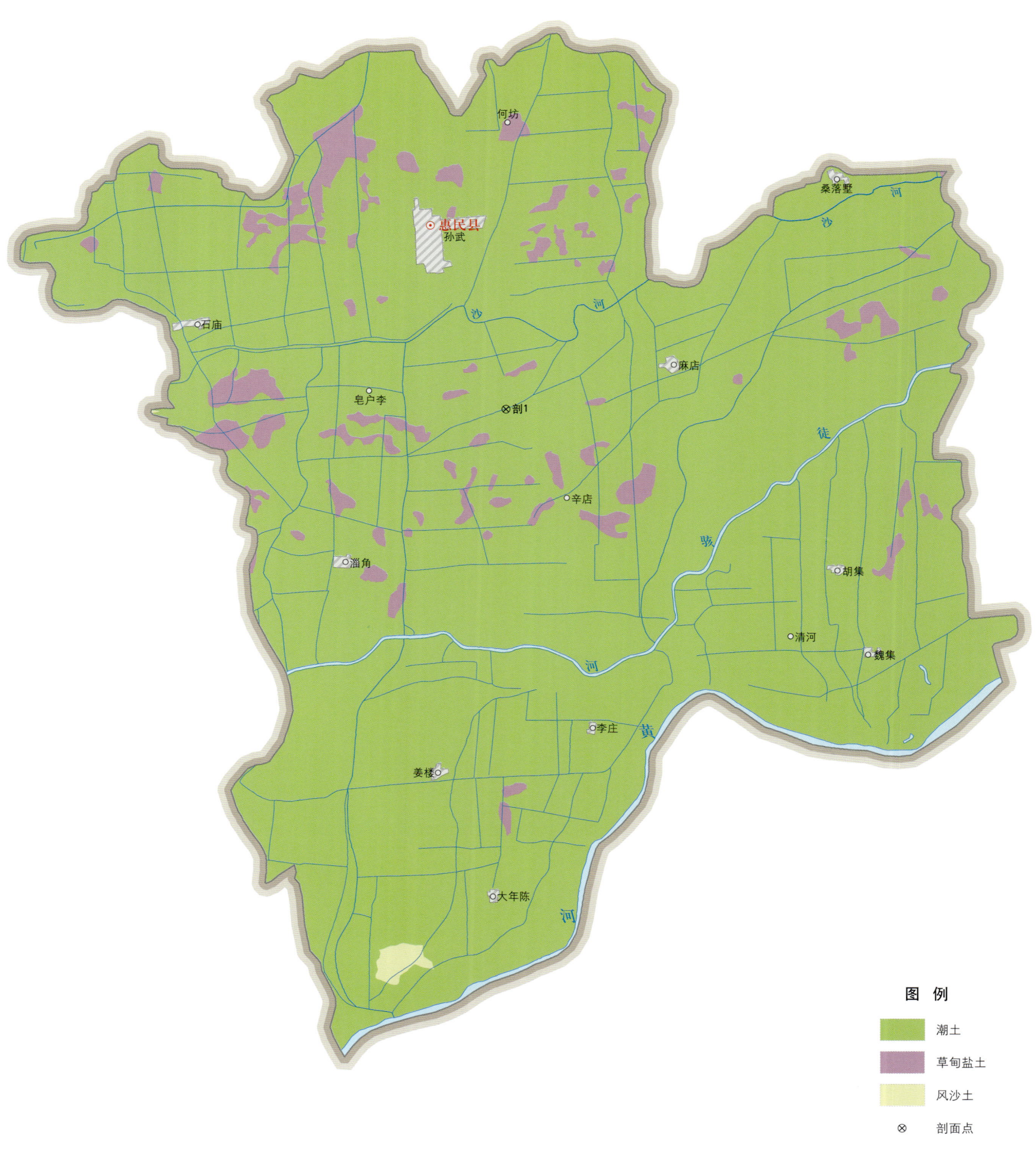

惠民县土壤剖面理化性状表

剖面号 Soil profile	土纲 Soil order	土类 Soil great group	亚类 Soil subgroup	土属 Soil genus	土种 Soil species	土层码 Layer code	土层厚度 Depth/cm	质地 Soil texture	pH	有机质 OM/(g/kg)	全氮 TN/(g/kg)	全磷 TP/(g/kg)	全钾 TK/(g/kg)	有效磷 AP/(mg/kg)	速效钾 AK/(mg/kg)	剖面点坐标 Profile coordinate	匹配指数 Matching index/%
剖1	半水成土	潮土	潮土	壤质潮土	轻白土	1	0—20	壤土	7.9	8.9	0.60	0.75	16.3	3.8	81	E 117°32′39.1″ N 37°24′15.2″	73
						2	20—60	黏壤土	7.7	6.4	0.44	0.71	16.1	2.7	86		
						3	60—102	黏壤土	7.6	6.2	0.54		16.9		95		

阳 信 县

主要土类说明

潮土是阳信县主要土壤类型，占本县地域面积的92%，分布广泛，遍及全县所有乡镇。潮土是直接发育在河流沉积物上，受地下水作用形成的一类土壤。成土母质颗粒的粗细，不仅在平面分布上有分选性，同剖面中也往往有不同质地的排列。中下部有明显的锈纹、锈斑，或有细小的铁锰结核。全剖面有石灰反应，土壤呈中性至微碱性，pH为7.0—8.5。耕层质地多为轻壤土、中壤土，少量砂壤土、重壤土。根据其受地下水作用的强弱不同和盐碱化情况，本县潮土分为褐潮土、潮土、盐化潮土等亚类。其中，潮土亚类面积最大，占本土类面积的55%左右。

草甸盐土是阳信县第二大土壤类型，占本县地域面积的7%，主要分布在本县北部的微斜平地与浅平洼地的交接地带，呈零星状分布。所处地势低洼，海拔为7m左右。地下水位高，矿化度高，平均为3.55g/L。表层质地多为轻壤土到砂壤土，地面缺乏覆盖，毛管作用强烈。表土层较板结，通透性差，土壤的潮化特征明显，在土体的中部开始出现锈纹、锈斑，且越向下锈纹、锈斑越多。本县草甸盐土只有草甸盐土一个亚类。

本区域中心区气候特征

本区域中心区气候特征值
Regional climate characteristics in central area of the region

气候带：暖温带亚湿润气候 Climate region: Warm temperate subhumid climate	
年平均气温 /℃ Annual average temperature /℃	12.5
年平均最高气温 /℃ Annual average maximum temperature /℃	18.5
年平均最低气温 /℃ Annual average minimum temperature /℃	7.5
年降水量 /mm Annual precipitation /mm	572
≥10℃的积温 /℃ Daily temperature accumulated in a year（≥10℃）/℃	4639
年日照时数 /h Annual sunshine /h	2566
年平均相对湿度 /% Annual average relative humidity /%	66
干燥度 Dryness	1.30

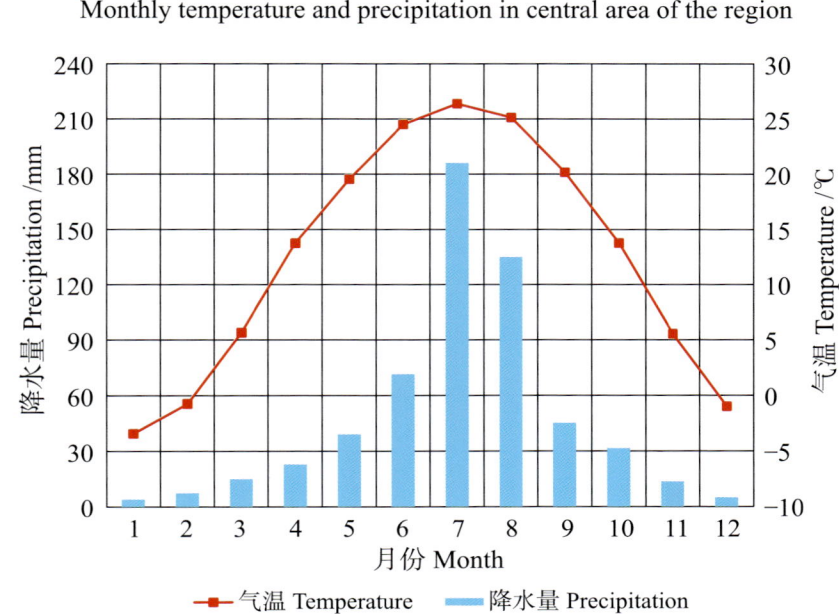

本区域中心区月平均气温与月平均降水量
Monthly temperature and precipitation in central area of the region

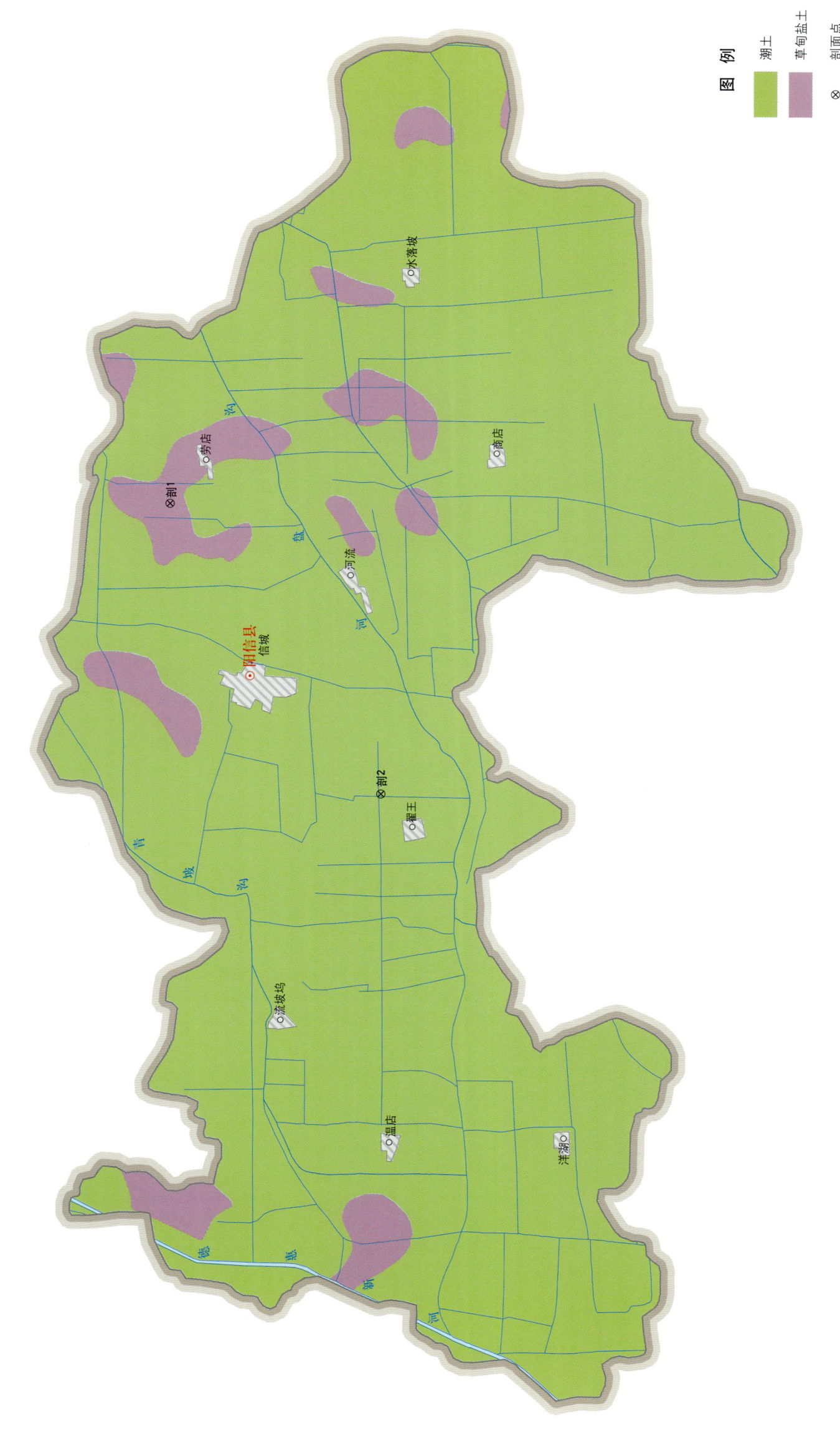

阳信县土壤剖面理化性状表

剖面号 Soil profile	土纲 Soil order	土类 Soil great group	亚类 Soil subgroup	土属 Soil genus	土种 Soil species	土层码 Layer code	土层厚度 Depth/cm	质地 Soil texture	pH	有机质 OM/(g/kg)	全氮 TN/(g/kg)	全磷 TP/(g/kg)	全钾 TK/(g/kg)	碱解氮 AN/(mg/kg)	有效磷 AP/(mg/kg)	速效钾 AK/(mg/kg)	阳离子交换量CEC/(cmol/kg)	剖面点坐标 Profile coordinate	匹配指数 Matching index/%
剖1	盐碱土	草甸盐土	草甸盐土	氯化物草甸盐土	两合油盐土	1	0—20	黏壤土	8.5	5.8	0.32	0.70	14.3	52	7.5	100	6.0	E 117°39′25.4″ N 37°40′20.8″	81
						2	20—50	黏壤土	8.3	4.5	0.31	0.66	16.0	38	2.5	86	8.1		
						3	50—100	砂壤土	8.2	2.4	0.19		15.7	26	2.7	37	4.5		
剖2	半水成土	潮土	褐潮土	壤质褐潮土	岗轻白土	1	0—20	壤土	8.1	9.0	0.62	0.75	19.7		2.2	115	8.7	E 117°31′37.5″ N 37°36′00.0″	84
						2	20—40	黏壤土	8.1	6.5	0.53	0.72	21.8		1.8	81	9.8		
						3	40—60	黏壤土	7.9	5.4	0.51	0.68	20.8		1.3	92	10.5		
						4	60—90	黏壤土	7.7	4.4	0.38		20.3		0.5	76			

无 棣 县

主要土类说明

潮土是无棣县主要土壤类型，占本县地域面积的64%，分布较广，以西部各乡镇比较集中，为当地主要耕作土壤、高产田土壤。本县潮土的形成，经历了脱盐过程、潮土化过程及耕作熟化过程。成土母质为黄泛冲积物，且受海洋的影响，因此，均含有一定的可溶性盐类，即是未显盐化潮土，含盐量也在0.5—1.0g/kg。全剖面有石灰反应，呈中性至微碱性，pH为7.4—8.4。表层质地中，黏土占48%，壤土占51%，砂土占1%。土体构型以通体黏质和体黏型为主，两种构型约占本土类面积60%。

滨海盐土是无棣县第二大土壤类型，占本县地域面积的31%。成土母质为滨海沉积物，全土体含有以氯化物为主的可溶盐，呈Az-Cz土体构型。滨海盐土的土壤和地下水的盐分组成与海水基本一致。平均地下水埋深1.42m，矿化度为4.47g/L。分布在受海潮影响的沿海一带，土壤质地以黏土为主；该土也分布在内地呈斑状或条带状的荒碱洼地中，土壤质地多为壤土，或夹砂构型，土壤毛管性能强烈。

本区域中心区气候特征

本区域中心区气候特征值
Regional climate characteristics in central area of the region

气候带：暖温带亚湿润气候 Climate region: Warm temperate subhumid climate	
年平均气温 /℃ Annual average temperature /℃	12.3
年平均最高气温 /℃ Annual average maximum temperature /℃	18.2
年平均最低气温 /℃ Annual average minimum temperature /℃	7.4
年降水量 /mm Annual precipitation /mm	580
≥10℃的积温 /℃ Daily temperature accumulated in a year (≥10℃) /℃	4546
年日照时数 /h Annual sunshine /h	2577
年平均相对湿度 /% Annual average relative humidity /%	66
干燥度 Dryness	1.28

本区域中心区月平均气温与月平均降水量
Monthly temperature and precipitation in central area of the region

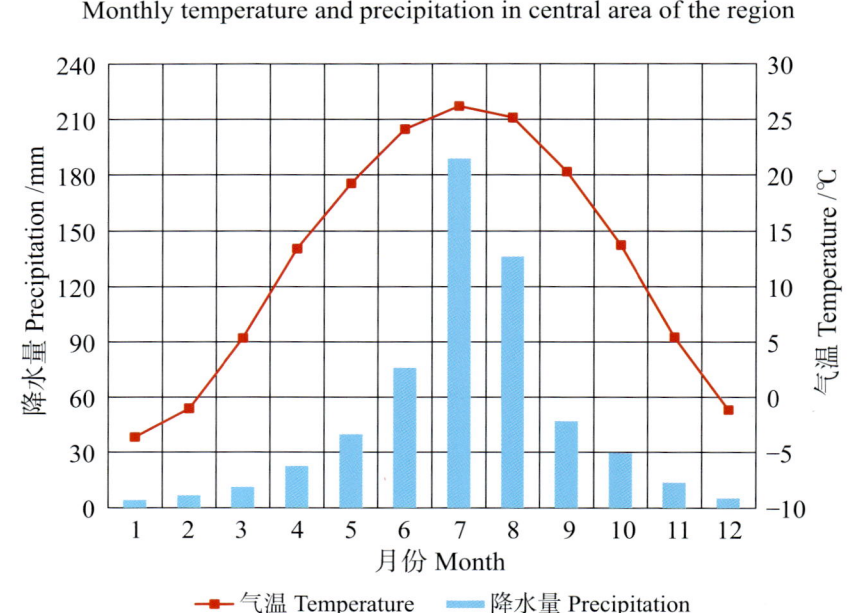

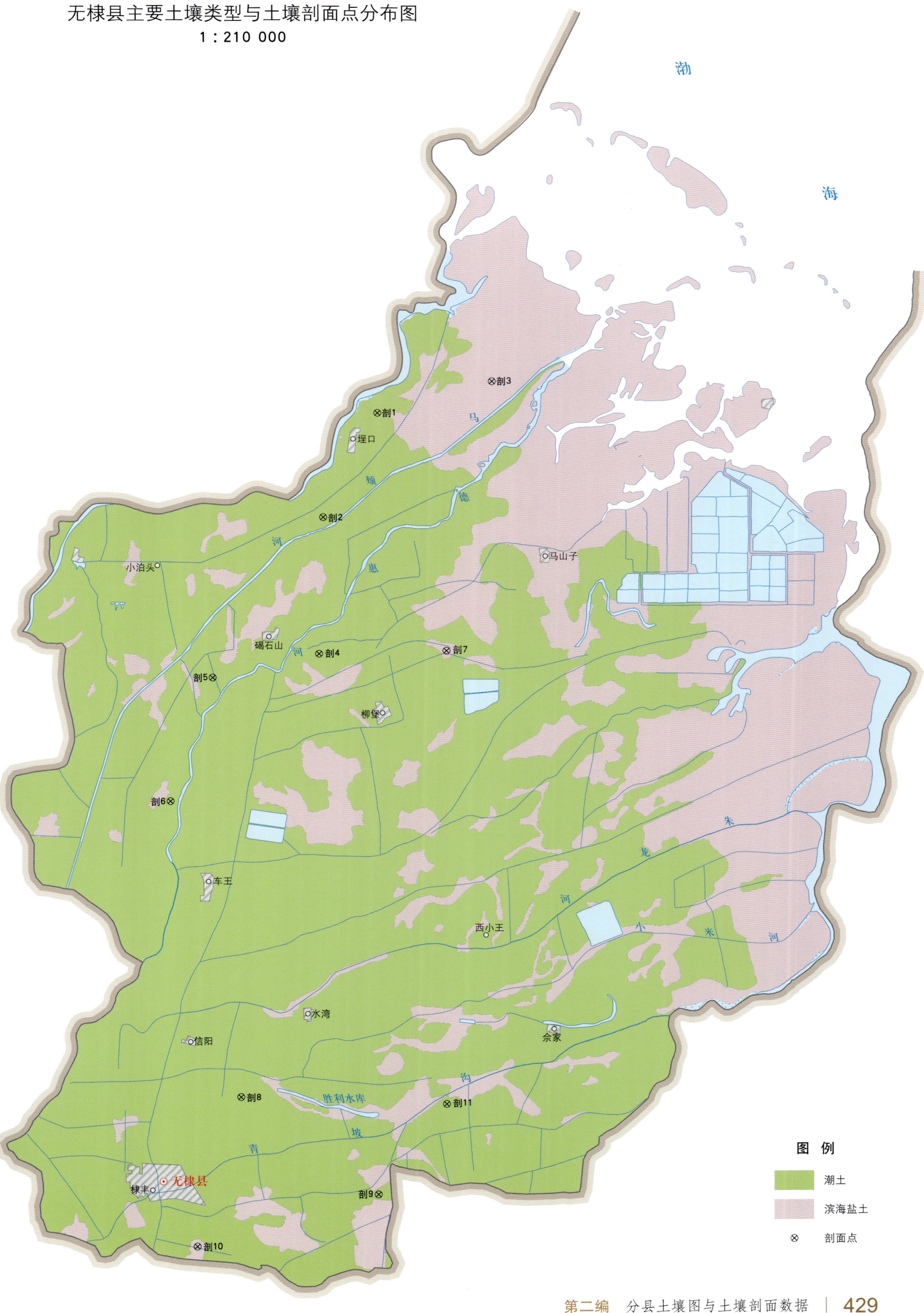

无棣县土壤剖面理化性状表

剖面号 Soil profile	土纲 Soil order	土类 Soil great group	亚类 Soil subgroup	土属 Soil genus	土种 Soil species	土层码 Layer code	土层厚度 Depth/cm	颜色 Soil color	质地 Soil texture	土壤结构 Soil structure	pH	有机质 OM/(g/kg)	全氮 TN/(g/kg)	全磷 TP/(g/kg)	碱解氮 AN/(mg/kg)	有效磷 AP/(mg/kg)	速效钾 AK/(mg/kg)	阳离子交换量CEC/(cmol/kg)	土壤母质 Parent material	剖面点坐标 Profile coordinate	匹配指数 Matching index/%
剖1	半水成土	潮土	潮土	壤质滨海潮土	黏体壤质滨海潮土	1	0—19	灰黄色	中壤土	粒状	8.0	13.5	0.93	2.29	57	14.8	130	12.1	河流冲积物	E 117°44′42.6″ N 38°06′59.2″	76
						2	19—45	浅黄色	中壤土	粒状	8.0	9.4	0.62	2.19	35	2.8	115	11.0			
						3	45—77	棕色	黏土	块状	8.2	10.5	0.64	2.00	52	2.4	166				
						4	77—100	黄棕色	黏土	块状	8.2	9.8	0.78		26	2.3	136				
						5	100—150	黄棕色	黏土	大块状											
剖2	半水成土	潮土	潮土	黏质滨海潮土	通体黏质滨海潮土	1	0—17	暗褐色	重偏轻黏土	块状	7.4	13.2	0.87	1.82	60	3.5	190	13.2	河流冲积物	E 117°42′42.6″ N 38°03′54.4″	90
						2	17—40	褐色	重偏黏土	块状	7.4	11.1	0.71	1.60	42	1.0	172	15.9			
						3	40—60	棕色	黏土	大块状	7.7	11.4	0.74	1.15	39	0.7	166	19.5			
						4	60—100	红褐色	黏土	棱块状	7.7	9.3	0.68	1.21	36	0.9	133				
						5	100—150	红棕色	黏土												
剖3	盐碱土	滨海盐土	滨海潮滩盐土	黏质滨海盐土		1	0—20	暗褐色	重黏土	粒状	7.4	15.0	1.02	1.25	56	4.0	483	21.2	海相沉积物	E 117°48′51.9″ N 38°07′53.3″	87
						2	20—40	棕褐色	重黏土	粒状		8.3	0.62	1.19		6.0	494	24.2			
						3	40—60	暗褐色	黏土	块状		7.7	0.72			6.0	592	23.6			
						4	60—91	红褐色	黏土	棱块状		8.0	0.62			1.0	292				
						5	91—105	灰黑色	轻壤土	屑粒状		7.1	0.48								
						6	105—150	浅黄色	砂壤土												
剖4	半水成土	潮土	潮土	壤质滨海潮土	黏心壤质滨海潮土	1	0—23	暗黄色	中壤土	粒状	7.4	8.3	0.68	1.88	109	2.0	128	7.9	河流冲积物	E 117°42′31.0″ N 37°59′53.4″	100
						2	23—60	浅黄色	重黏土	块状		8.9	0.63				130	8.0			
						3	60—95	黄色	轻壤土												
剖5	半水成土	潮土	潮土	黏质滨海潮土	均壤质滨海潮土	1	0—17	浅黄色	轻壤土	粒状	7.5	12.5	0.82	1.62	60	3.4	100	7.9	河流冲积物	E 117°38′38.9″ N 37°59′12.2″	84
						2	17—60	黄褐色	轻偏黏土	团块状	7.6	8.3	0.54	1.4	37	1.4	55	8.0			
						3	60—120	棕褐色	中偏黏土	块状	7.6	7.6	0.50	1.0	37						
剖6	半水成土	潮土	潮土	黏砂质滨海潮土	黏砂壤质滨海潮土	1	0—18	灰褐色	中壤土	粒状	8.2	15.0	0.95	1.59	62	5.1	170	12.1	河流冲积物	E 117°37′05.2″ N 37°55′34.3″	90
						2	18—60	棕色	重黏土	小块状	8.2	10.5	0.75	1.12	37	0.4	128	18.5			
						3	60—150	浅黄色	砂壤土	碎屑状	8.2	4.2	0.26		27	0.5	30				
剖7	盐碱土	滨海盐土	滨海潮滩盐土	砂质滨海潮盐土		1	0—17	灰黄色	重黏土	块状	8.4	11.8	0.79	1.37	29	0.6	532	8.0	海相沉积物	E 117°47′07.9″ N 37°59′56.7″	78
						2	17—45	棕黄色	重黏土	块状	8.4	7.9	0.54	1.25	52	0.3	678	9.5			
						3	45—130	灰黄色	中壤土	大块状	8.4	10.0	0.72				422				
剖8	半水成土	潮土	潮土	黏质滨海潮土	通体黏质滨海潮土	1	0—15	黄褐色	重偏轻壤土	粒状	7.8	12.2	0.86	1.68	43	6.4	185	21.8	河流冲积物	E 117°39′32.4″ N 37°46′52.0″	72
						2	15—31	红褐色	重黏土	粒状	8.2	10.5	0.70	1.48	49	1.0	152	21.7			
						3	31—66	浅黄色	中壤土	块状	8.2	10.3	0.75	1.15	32	0.9	144				
						4	66—105	灰黄色	砂土	粒状		3.8	0.28			0.8					
						5	105—120	红棕色	黏土												
剖9	半水成土	潮土	盐化潮土	中盐黏心砂腰壤质滨海盐化潮土		1	0—18	浅黄色	重黏土	块状	8.2	7.7	0.51	1.52	40	7.9	90	7.5	河流冲积物	E 117°44′28.0″ N 37°43′58.2″	72
						2	18—54	黄白色	砂土	粒状	8.4	6.5	0.59	1.27	28	3.0	138	11.9			
						3	54—150	灰黄色	轻壤土		8.4	1.9	0.26		7	0.9	120				
剖10	盐碱土	滨海盐土	滨海潮滩盐土	砂质滨海潮盐土		1	0—20	灰黄色	重黏土	碎屑状	7.6	8.0	0.48	1.25	44	2.2		7.5	海相沉积物	E 117°44′54.1″ N 37°42′30.7″	75
						2	20—67	灰黄色	砂壤土	小块状	8.0	3.6	0.48	1.20	28	0.1	286	11.7			
						3	67—120	灰黄色	重黏土				0.25		28	0.1	243				
剖11	半水成土	潮土	盐化潮土	黏质滨海盐化潮土	中盐化壤腰黏质滨海盐化潮土	1	0—20	灰黑色	黏土	粒状	8.0	15.8	1.05		56				河流冲积物	E 117°46′58.2″ N 37°46′35.9″	99
						2	20—50	红棕色	黏土	块状		8.4	0.68								
						3	50—70	黑灰色	重黏土	粒状											
						4	70—150	浅黄色	轻壤土	粒状											

博 兴 县

主要土类说明

潮土是博兴县主要土壤类型，占本县地域面积的68%，主要分布在小清河沿岸及以北各地。潮土直接发育在河流沉积物上，成土物质颗粒的粗细在平面上有分选差异，同一剖面中也有不同的层次排列，各发生层次的质地和色泽均一，中下部土层有明显的锈纹、锈斑。全剖面有石灰反应，pH为7.0—7.8。本县潮土分为潮土、盐化潮土、湿潮土等亚类。其中，潮土亚类面积最大，盐化潮土亚类面积次之，湿潮土亚类面积最小。

褐土是博兴县第二大土壤类型，占本县地域面积的17%，主要分布在小清河以南的湖滨镇南部、曹王镇、兴福镇北部及店子镇。褐土主要发育在山区冲积物上，通体呈棕色或褐色，剖面中有假菌丝体分布，且黏粒由表面向下移动，在心土层发育为沉淀层，底土层中常可发现小型铁锰结核。本县褐土分为褐土、潮褐土等亚类，褐土亚类面积略大于潮褐土亚类。

砂姜黑土是博兴县第三大土壤类型，占本县地域面积的8%，主要分布在店子、曹王、兴福及湖滨等地的南部。砂姜黑土主要发育在地形平坦、低洼的黄土性湖积物上，表层多为后期覆盖的黄土，表层以下为灰黑色黑土层，质地为轻壤土至重壤土，黏重坚硬，呈块状或粒状结构。30cm以下有面砂姜或块砂姜，全剖面有石灰反应。本县砂姜黑土只有砂姜黑土一个亚类。

滨海盐土占博兴县地域面积的5%，主要分布在乔庄、纯化、陈户等地。滨海盐土的形成大多是由于灌溉不合理，地势不平，排水不畅，使地下水上升；春秋两季气候干燥少雨，地面蒸发量大，使盐分残存在地表。盐分组成以氯、钾、钠等离子占绝对优势。本县滨海盐土只有滨海盐土一个亚类。

小于本县地域面积3%的土壤类型有新积土等。

本区域中心区气候特征

本区域中心区气候特征值
Regional climate characteristics in central area of the region

气候带：暖温带亚湿润气候 Climate region: Warm temperate subhumid climate	
年平均气温 /℃ Annual average temperature /℃	12.7
年平均最高气温 /℃ Annual average maximum temperature /℃	18.7
年平均最低气温 /℃ Annual average minimum temperature /℃	7.7
年降水量 /mm Annual precipitation /mm	589
≥10℃的积温 /℃ Daily temperature accumulated in a year (≥10℃) /℃	4675
年日照时数 /h Annual sunshine /h	2554
年平均相对湿度 /% Annual average relative humidity /%	65
干燥度 Dryness	1.28

本区域中心区月平均气温与月平均降水量
Monthly temperature and precipitation in central area of the region

博兴县主要土壤类型与土壤剖面点分布图
1 : 160 000

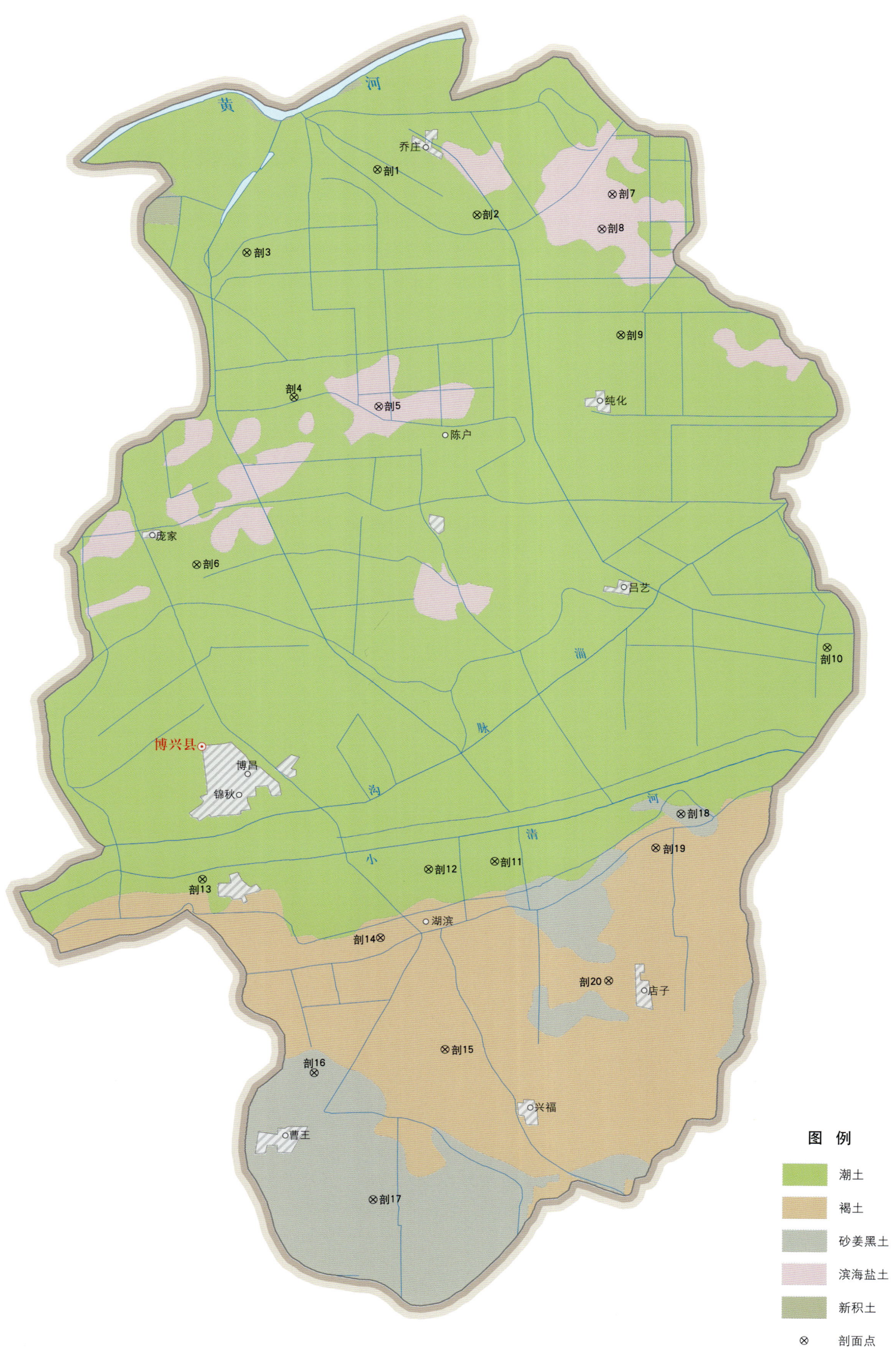

博兴县土壤剖面理化性状表

剖面号 Soil profile	土纲 Soil order	土类 Soil great group	亚类 Soil subgroup	土属 Soil genus	土种 Soil species	土层码 Layer code	土层厚度 Depth/cm	颜色 Soil color	质地 Soil texture	土壤结构 Soil structure	pH	有机质 OM/(g/kg)	全氮 TN/(g/kg)	全磷 TP/(g/kg)	碱解氮 AN/(mg/kg)	有效磷 AP/(mg/kg)	速效钾 AK/(mg/kg)	阴离子交换量 CEC/(cmol/kg)	土壤母质 Parent material	剖面点坐标 Profile coordinate	匹配指数 Matching index/%
剖1	半水成土	潮土	盐化潮土	滨海盐化潮土		1	0—20	灰黄色	砂壤土	粒状	7.5	4.0	0.35	1.30	8	1.2	17		河流冲积物	E 118°11′07.8″ N 37°20′32.3″	80
						2	20—40	灰黄色	砂壤土	粒状		2.4			7	0.9	7				
						3	40—120	黄白色	紧砂土	粒状											
						4	120—150	灰黄色	砂壤土	粒状											
剖2	半水成土	潮土	盐化潮土	滨海盐化潮土		1	0—20	棕褐色	重壤土	小块状	7.1	9.7	0.70	1.26	25	2.2	19		河流冲积物	E 118°13′30.7″ N 37°19′37.6″	70
						2	20—100	棕红色	中壤土	块状		10.4			28		17				
						3	100—150	黄褐色	紧砂土	粒状											
剖3	半水成土	潮土	潮土	滨海潮土		1	0—20	黄褐色	轻壤土	团粒状	7.5	9.2	0.55	1.41	33	2.8	41		河流冲积物	E 118°07′58.4″ N 37°18′56.5″	84
						2	20—70	暗红色	中壤土	粒状		7.0			19	2.8	2				
						3	70—150	灰黄色	紧砂土	粒状											
剖4	半水成土	潮土	潮土	滨海潮土		1	0—20	黄褐色	中壤土	团粒状	7.3	9.1	1.08	1.23	24	0.8	10		河流冲积物	E 118°09′04.0″ N 37°16′03.7″	93
						2	20—42	灰棕色	重壤土	块状		10.8			32		20				
						3	42—100	栗色	黏土	块状											
						4	100—150	灰棕色	重壤土	块状											
剖5	盐碱土	滨海盐土	滨海潮滩盐土	滨海潮盐土	中盐渍轻壤表厚黏心滨海潮盐土	1	0—20	黄褐色	轻壤土	碎块状	7.7	8.1	0.83	1.32	29		7	11.4	海相沉积物	E 118°11′05.8″ N 37°15′51.5″	71
						2	20—102	红褐色	重壤土	块状	7.1	9.8	0.89	1.13							
						3	102—150	黄褐色	砂土	粒状											
剖6	半水成土	潮土	潮土	滨海潮土		1	0—20	浅黄色	砂壤土	团粒状	7.7	6.0	0.69	1.37	15	35.0	39	7.3	河流冲积物	E 118°06′41.8″ N 37°12′46.8″	88
						2	20—150	浅黄色	砂壤土	粒状		6.8			19	2.2	45				
剖7	盐碱土	滨海盐土	滨海潮滩盐土	滨海潮盐土		1	0—20	黄色	砂壤土	粒状	7.7	6.2	0.41	1.29	15	2.3	23	6.1	海相沉积物	E 118°16′45.5″ N 37°19′59.5″	96
						2	20—150	黄色	砂壤土	粒状	7.6	7.1	0.35	1.10	12	1.3	29				
剖8	盐碱土	滨海盐土	滨海潮滩盐土	滨海潮盐土	轻盐渍砂壤表厚砂心滨海潮盐土	1	0—20	黄色	砂土	粒状	7.5	3.1	0.24	1.03	7		11	4.8	海相沉积物	E 118°16′30.0″ N 37°19′18.8″	86
						2	20—60	黄色	砂土	粒状	7.5	2.3	0.17	1.29	9	3.5	17	7.1			
						3	60—130	黄色	轻壤土	碎块状											
						4	130—150	黄色	轻壤土	粒状											
剖9	半水成土	潮土	盐化潮土	滨海潮盐土		1	0—20	黄色	轻壤土	团粒状	7.5	6.0	0.19	1.37	15		9	19.0	河流冲积物	E 118°16′55.2″ N 37°17′13.2″	93
						2	20—150	黄色	重壤土	碎块状		4.1			8	2.4	6				
剖10	半水成土	潮土	潮土	滨海潮土		1	0—20	浅褐色	重壤土	碎块状	7.5	13.0	0.87	1.30	40		30	16.2	河流冲积物	E 118°21′47.2″ N 37°10′59.9″	74
						2	20—150	红褐色	轻壤土	粒状		9.3			29		22				
剖11	半水成土	潮土	潮土	潮土		1	0—20	浅褐色	砂壤土	团粒状	7.0	11.8	0.83	1.25	41	5.0	7		河流冲积物	E 118°16′45.5″ N 37°19′59.5″	96
						2	20—65	灰棕色	重壤土	块状	7.2	10.5	0.82	1.22	39	3.4	21				
						3	65—100	砂褐色	砂壤土	粒状											
						4	100—150	棕色	轻壤土	碎块状											
剖12	半水成土	潮土	盐化潮土	盐化潮土		1	0—20	棕色	重壤土	碎块状	7.5	9.5	0.57	1.28	46	1.5	89	10.3	河流冲积物	E 118°12′11.2″ N 37°06′42.5″	82
						2	20—30	棕色	轻壤土	块状		7.4			34	0.7	51				
						3	30—90	灰色	轻壤土	粒状											
						4	90—150	浅黄色	砂壤土	粒状											
剖13	半水成土	潮土	湿潮土	冲积湿潮土		1	0—20	褐色	中壤土	团粒状	7.5	21.3	1.32	1.57	91	10.1	17	13.7	河流冲积物	E 118°13′46.2″ N 37°06′51.1″	81
						2	20—70	褐色	重壤土	块状		12.3			40	2.2	65				
						3	70—150	灰黄色	重壤土	块状											
剖14	半淋溶土	褐土	潮褐土	冲积潮褐土		1	0—20	浅黄色	轻壤土	块状	7.4	10.4	0.65	1.59	48	19.0	98		冲积物	E 118°11′01.0″ N 37°05′21.5″	78
						2	20—85	黄褐色	中壤土	柱状		7.7			21	2.2	72				
						3	85—150	浅黄色	中壤土	块状											

续表 Continued

剖面号 Soil profile	土纲 Soil order	土类 Soil great group	亚类 Soil subgroup	土属 Soil genus	土种 Soil species	土层码 Layer code	土层厚度 Depth/cm	颜色 Soil color	质地 Soil texture	土壤结构 Soil structure	pH	有机质 OM/(g/kg)	全氮 TN/(g/kg)	全磷 TP/(g/kg)	碱解氮 AN/(mg/kg)	有效磷 AP/(mg/kg)	速效钾 AK/(mg/kg)	阳离子交换量CEC/(cmol/kg)	土壤母质 Parent material	剖面点坐标 Profile coordinate	匹配指数 Matching index/%
剖15	半淋溶土	褐土	褐土	冲积褐土		1	0–20	棕黄色	轻壤土	团块状	7.3	8.2	0.55	1.22	32	4.4	20	11.0	冲积物	E 118°12′32.4″ N 37°03′08.3″	76
						2	20–150	棕黄色	中壤土	块状	7.1	4.7		0.92	16	1.3	8	11.7			
剖16	半水成土	砂姜黑土	砂姜黑土	黑土覆盖露砂姜黑土		1	0–20	褐黄色	重壤土	团粒状	7.5	8.6	0.55	0.96	25	3.7	28			E 118°09′24.8″ N 37°02′41.6″	94
						2	20–80	褐黄色	黏土	块状	7.1	8.6			22	1.1	14	32.6			
						3	80–150	棕色	重壤土	粒状											
剖17	半水成土	砂姜黑土	砂姜黑土	薄覆盖砂姜黑土		1	0–20	灰褐色	轻壤土	团粒状	7.3	10.5	0.52	1.24	40	6.2	10	14.1		E 118°10′47.6″ N 37°00′12.6″	70
						2	20–90	黑褐色	重壤土	块状		7.3	0.55	0.90	24	2.2	8				
						3	90–150	棕黄色	重壤土	柱状											
剖18	半水成土	砂姜黑土	砂姜黑土	厚覆盖砂姜黑土		1	0–20	棕红色	重壤土	团粒状	8.0	13.3	0.53	1.07	47	6.5	5			E 118°18′14.2″ N 37°07′45.2″	77
						2	20–40	棕红色	重壤土	块状		9.5			30	2.8	26				
						3	40–150	黑色	重壤土	块状											
剖19	半淋溶土	褐土	潮褐土	冲积潮褐土		1	0–20	浅灰色	中壤土	团粒状	7.1	12.9	0.75	1.16	48	21.6	23		冲积物	E 118°17′37.7″ N 37°07′05.2″	81
						2	20–60	棕褐色	重壤土	团块状		5.9	0.48		18	1.1	8				
						3	60–90	棕褐色	重壤土	团块状											
						4	90–150	浅黄色	轻壤土	碎粒状											
剖20	半淋溶土	褐土	褐土	冲积褐土		1	0–20	黄灰色	砂壤土	团粒状	7.7	8.0	0.48	1.09	22	2.2	11	9.0	冲积物	E 118°16′28.0″ N 37°04′28.4″	92
						2	20–50	灰色	轻壤土	片状		4.9	0.31		14		9	12.3			
						3	50–111	灰黄色	重壤土	团块状											
						4	111–150	黄棕色	砂壤土	粒状											

菏泽市

市辖区

主要土类说明

潮土是菏泽市主要土壤类型，占本市地域面积的95%。潮土常见于近代河流冲积平原或低平阶地，地下水位浅，地下水参与成土过程，底土氧化还原作用交替发生，形成锈色斑纹。本市潮土分为褐潮土、潮土、盐化潮土等亚类。其中，潮土亚类面积最大，占本土类面积接近70%，分布于本市各地。表层质地以砂壤土、轻壤土居多，其次为中壤土，而重壤土面积最少，pH为7.4左右。本亚类土壤通透性较好，土壤一般较湿润，水、气、热状况较协调，植物根系较多，养分含量也较丰富。褐潮土亚类主要分布在赵王河两岸垄岗式河滩高地上，海拔为49—51m。因地势较高，地下水平均埋深为3.4m，锈纹、锈斑出现部位较深，地下水作用减弱，淋溶作用加强，一般在剖面中有假菌丝体出现，地下水属淡水或弱矿化水。耕层质地多为轻壤土、中壤土，土壤速效氮、有效磷含量较高，全氮、全磷贮量低。盐化潮土亚类面积最小，地下水埋深平均为2.9m。耕层质地以砂壤土、轻壤土为主，土体构型复杂。盐化潮土亚类容重较大，通气孔隙少，毛管作用强烈。其氮磷比失调，有效磷含量低。

小于本市地域面积3%的土壤类型有草甸盐土、新积土和风沙土等。

本区域中心区气候特征

本区域中心区气候特征值
Regional climate characteristics in central area of the region

气候带：暖温带亚湿润气候 Climate region: Warm temperate subhumid climate	
年平均气温 /℃ Annual average temperature /℃	13.8
年平均最高气温 /℃ Annual average maximum temperature /℃	19.4
年平均最低气温 /℃ Annual average minimum temperature /℃	9.2
年降水量 /mm Annual precipitation /mm	619
≥10℃的积温 /℃ Daily temperature accumulated in a year (≥10℃) /℃	5227
年日照时数 /h Annual sunshine /h	2399
年平均相对湿度 /% Annual average relative humidity /%	69
干燥度 Dryness	1.33

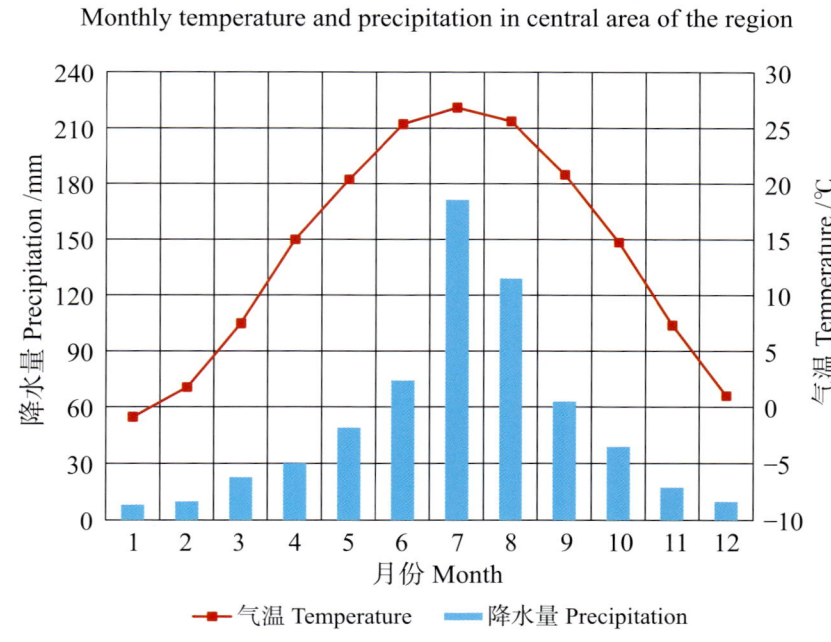

本区域中心区月平均气温与月平均降水量
Monthly temperature and precipitation in central area of the region

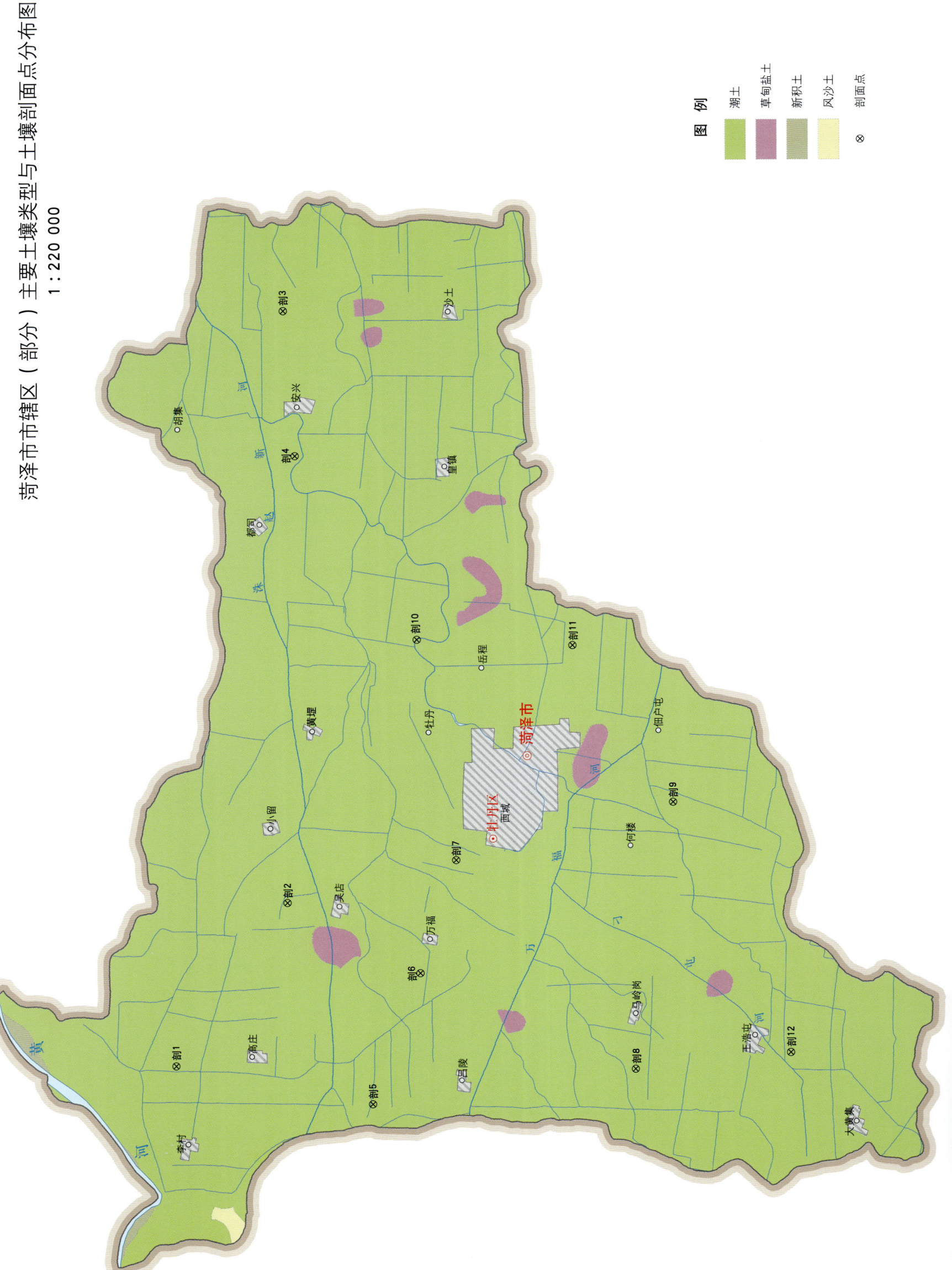

菏泽市土壤剖面理化性状表

剖面号 Soil profile	土纲 Soil order	土类 Soil great group	亚类 Soil subgroup	土属 Soil genus	土种 Soil species	土层码 Layer code	土层厚度 Depth/cm	颜色 Soil color	质地 Soil texture	土壤结构 Soil structure	pH	有机质 OM/(g/kg)	全氮 TN/(g/kg)	全磷 TP/(g/kg)	全钾 TK/(g/kg)	碱解氮 AN/(mg/kg)	有效磷 AP/(mg/kg)	速效钾 AK/(mg/kg)	阳离子交换量 CEC/(cmol/kg)	土壤母质 Parent material	剖面点坐标 Profile coordinate	匹配指数 Matching index/%
剖1	半水成土	潮土	潮土	壤质潮土	砂壤均质潮土	1	0—20	黄白色	砂壤土	团粒状		9.6	0.64	1.00			4.0			河流冲积物	E 115°17′10.3″ N 35°24′02.5″	88
						2	20—30	黄白色	砂壤土	团粒状												
						3	30—150	灰白色	松砂土	单粒状												
剖2	半水成土	潮土	潮土	淤灌潮土	重壤厚砂心淤灌潮土	1	0—20	棕红色	重壤土	粒状	7.4	7.5	0.41	1.00			4.0			河流冲积物	E 115°23′05.3″ N 35°20′57.5″	88
						2	20—150	灰白色	砂壤土	块状		6.0					2.0					
剖3	半水成土	潮土	盐化潮土	盐化潮土	砂壤均质轻盐化潮土	1	0—20	灰白色	砂壤土	块状	7.3	4.6	0.31				2.0			河流冲积物	E 115°44′19.0″ N 35°21′19.1″	77
						2	20—45	灰白色	砂壤土	块状												
						3	45—150	灰白色	紧砂土	块状												
剖4	半水成土	潮土	盐化潮土	盐化潮土	中壤厚黏心轻度盐化潮土	1	0—40	黄褐色	中壤土	粒状	7.5	5.1	0.39				2.0			河流冲积物	E 115°39′08.0″ N 35°20′56.0″	83
						2	40—80	棕红色	黏土	块状		4.8	0.23				2.0					
						3	80—150		砂壤土	块状		4.4	0.25				1.0					
剖5	半水成土	潮土	盐化潮土	盐化潮土	轻壤厚砂腰轻盐化潮土	1	0—45	灰白色	轻壤土	粒状	7.4	5.6	0.52			37	2.0			河流冲积物	E 115°15′56.6″ N 35°18′25.2″	91
						2	45—150		紧砂土	粒状												
剖6	半水成土	潮土	潮土	壤质潮土	轻壤厚砂心潮土	1	0—20	黄褐色	轻壤土	团粒状	7.3	6.0	0.47	0.54			2.0			河流冲积物	E 115°20′38.0″ N 35°17′08.2″	97
						2	20—28	褐色	轻壤土	块状												
						3	28—150	灰黄色	紧砂土	单粒状												
剖7	半水成土	潮土	潮土	淤灌潮土	重壤厚砂腰淤灌潮土	1	0—60	红褐色	重壤土	块状										河流冲积物	E 115°24′44.0″ N 35°16′10.6″	100
						2	60—80	褐黄色	中壤土	块状												
						3	80—150	红褐色	砂壤土	块状												
剖8	半水成土	潮土	潮土	潮土	重壤厚黏腰潮土	1	0—58	红褐色	重壤土	块状	7.7	11.0	0.59	1.20			4.0			河流冲积物	E 115°17′22.3″ N 35°10′57.1″	83
						2	58—94	棕红色	黏土	片状												
						3	94—150	红褐色	重壤土	块状												
剖9	半水成土	潮土	褐潮土	壤质褐潮土	中壤厚黏心潮土	1	0—25	浅褐色	中壤土	团粒状										河流冲积物	E 115°26′55.5″ N 35°10′01.1″	95
						2	25—60	褐色	黏土	块状												
						3	60—90	棕色	黏土	片状												
						4	90—120	棕色	黏土	片状												
						5	120—150	黄色	砂壤土	块状												
剖10	半水成土	潮土	褐潮土	壤质褐潮土	岗砂轻白土	1	0—18	灰白色	砂壤土	块状	7.6	7.7	0.62	0.74	22.7	44	3.3	40	6.3	河流冲积物	E 115°32′36.2″ N 35°17′23.3″	75
						2	18—33	浅灰色	轻壤土	粉状	7.6	3.2	0.34	0.54	17.6	30	0.8	34	6.1			
						3	33—67	棕红色	壤质砂土	块状	7.8	1.7	0.27	0.49	16.7	17	1.2	28	3.7			
						4	67—101	红褐色	壤质砂土	块状	7.9	1.3	0.25	0.51	18.7	25	1.4	34	2.8			
						5	101—130	浅褐色	壤质砂土	块状	7.6	2.4	0.24	0.54	17.4	18	1.6	39	4.1			
剖11	半水成土	潮土	盐化潮土	盐化潮土	轻壤质黏腰中盐化潮土	1	0—20	灰白色	轻壤土	块状		7.0	0.52			41	4.0	160		河流冲积物	E 115°32′28.3″ N 35°12′56.9″	83
						2	20—60	浅灰色	轻壤土	团粒状												
						3	60—130	棕红色	紧砂土	粉状												
						4	130—150	灰红色	轻壤土	块状												
剖12	半水成土	潮土	潮土	壤质潮土	轻壤厚砂腰潮土	1	0—30	黑灰色	轻壤土	块状	7.1	8.0	0.78	1.30			6.0			河流冲积物	E 115°18′03.8″ N 35°06′31.9″	88
						2	30—60	黑灰色	松砂土	块状		8.8					3.0					
						3	60—110	灰白色	紧砂土	块状												
						4	110—150															

定 陶 区

主要土类说明

潮土是定陶区唯一土壤类型。成土母质主要为黄河沉积物。地下水位浅，地下水参与成土过程，底土氧化还原作用交替发生，在中下部土层中形成锈色斑纹或小的铁锰结核。成土物质颗粒的粗细在平面分布上有分选差异，剖面中也有不同的质地层次排列，各发生土层的质地和色泽均一，全剖面有石灰反应。本区潮土分为潮土和盐化潮土等亚类。潮土亚类占本土类面积的87%左右，分布在海拔13m以上的地区，地下水矿化度多在1—3g/L。盐化潮土亚类主要分布在缓平坡地和浅平洼地上，这种地貌类型使降水重新分布，产生地表径流，低洼积水，地下水位为1.5—2.5m，地下水矿化度为2—5g/L。蒸发量大于降水量，尤其是春季，地下水以毛管水形态大量上升，使地表积盐。土壤质地以砂土、壤土居多，毛管作用强烈。母质中有可溶性盐类存在。人为因素造成沟内长期蓄水，抬高了地下水水位，引起地表积盐。

本区域中心区气候特征

本区域中心区气候特征值
Regional climate characteristics in central area of the region

气候带：暖温带亚湿润气候 Climate region: Warm temperate subhumid climate	
年平均气温 /℃ Annual average temperature /℃	13.9
年平均最高气温 /℃ Annual average maximum temperature /℃	19.6
年平均最低气温 /℃ Annual average minimum temperature /℃	9.3
年降水量 /mm Annual precipitation /mm	659
≥10℃的积温 /℃ Daily temperature accumulated in a year (≥10℃) /℃	5214
年日照时数 /h Annual sunshine /h	2382
年平均相对湿度 /% Annual average relative humidity /%	70
干燥度 Dryness	1.26

本区域中心区月平均气温与月平均降水量
Monthly temperature and precipitation in central area of the region

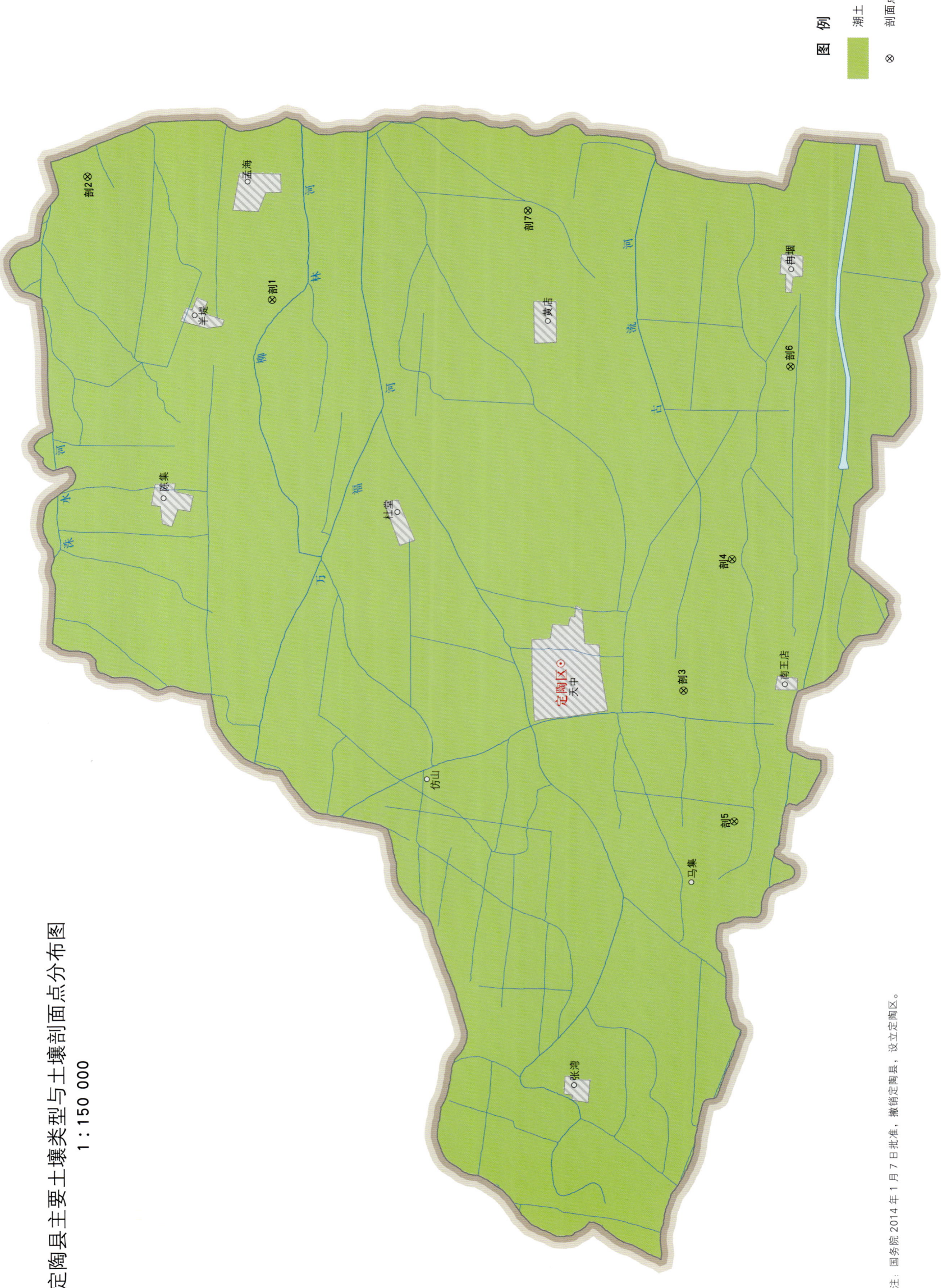

定陶县主要土壤类型与土壤剖面点分布图
1∶150 000

图例
潮土
⊗ 剖面点

注：国务院2014年1月7日批准，撤销定陶县，设立定陶区。

定陶区土壤剖面理化性状表

剖面号 Soil profile	土纲 Soil order	土类 Soil great group	亚类 Soil subgroup	土属 Soil genus	土种 Soil species	土层码 Layer code	土层厚度 Depth/cm	颜色 Soil color	质地 Soil texture	pH	有机质 OM/(g/kg)	全氮 TN/(g/kg)	碱解氮 AN/(mg/kg)	有效磷 AP/(mg/kg)	速效钾 AK/(mg/kg)	阳离子交换量CEC/(cmol/kg)	土壤母质 Parent material	剖面点坐标 Profile coordinate	匹配指数 Matching index/%
剖1	半水成土	潮土	潮土	潮土	中壤厚黏心厚砂腰潮土	1	0—20		中壤土	7.2	7.5		32	2.0	30		河流冲积物	E 115° 42′ 56.4″ N 35° 10′ 10.3″	87
						2	20—68		重壤土										
						3	68—112		松砂土										
						4	112—130		砂壤土										
						5	130—150		松砂土										
剖2	半水成土	潮土	盐化潮土	盐化潮土	重盐化轻壤质厚黏心厚黏底潮土	1	0—30		轻壤土	7.5							河流冲积物	E 115° 45′ 49.8″ N 35° 13′ 44.0″	88
						2	30—120		砂壤土	7.5									
						3	120—150		黏土	7.5									
剖3	半水成土	潮土	潮土	壤质潮土	重壤厚砂底潮土	1	0—30		重壤土		10.2	0.78	57	17.0	112		河流冲积物	E 115° 33′ 39.6″ N 35° 02′ 12.8″	90
						2	30—85		黏土										
						3	85—150		砂土										
剖4	半水成土	潮土	盐化潮土	盐化潮土	轻盐化全剖面砂质潮土	1	0—20		砂壤土	7.1							河流冲积物	E 115° 36′ 50.0″ N 35° 01′ 19.0″	71
						2	20—150		砂壤土	7.1									
剖5	半水成土	潮土	潮土	潮土	中壤厚黏腰潮土	1	0—18		中壤土	7.4	7.3	0.44	48	3.0	42	11.5	河流冲积物	E 115° 30′ 32.2″ N 35° 01′ 13.0″	99
						2	18—80		中壤土										
						3	80—105		黏土										
						4	105—122		重壤土										
剖6	半水成土	潮土	潮土	潮土	轻壤厚砂腰潮土	1	0—20	浅灰色	轻壤土		6.2	0.24	31	1.0		15.0	河流冲积物	E 115° 41′ 28.3″ N 35° 00′ 14.5″	96
						2	20—50	浅棕色	中壤土										
						3	50—110	浅灰色	砂壤土										
						4	110—150	浅棕色	轻壤土										
剖7	半水成土	潮土	盐化潮土	盐化潮土	轻盐化轻壤质厚砂心腰潮土	1	0—20		轻壤土	7.2							河流冲积物	E 115° 45′ 08.1″ N 35° 05′ 17.9″	70
						2	20—110		砂壤土	7.2									
						3	110—150		中壤土	7.2									

曹 县

主要土类说明

潮土是曹县主要土壤类型，占本县地域面积的95%，在本县各种地貌类型上均有分布。地下水埋深一般为1—5m，地下水参与成土过程，底土氧化还原作用交替发生，形成锈色斑纹。剖面为 A_{11}-A_{12}-Cu 或 A_{11}-C-Cu 构型。0—20cm 土壤容重约为 $1.3g/cm^3$，总孔隙度为40%，pH 为7.5左右，石灰反应中等。本县潮土分为潮土、褐潮土、盐化潮土、碱化潮土等亚类。其中，潮土亚类面积最大，占本土类面积的65%以上。其地下水位高于褐潮土亚类，地下水矿化度平均为1.01g/L，为弱矿化水。表层为砂土、砂壤土的占本亚类的70%以上。褐潮土亚类主要分布在河滩高地上，地下水作用减弱，淋溶作用加强，一般在剖面心土层有假菌丝体和不甚明显的黏粒胶膜出现。底土层有锈色斑纹，出现部位较潮土亚类深，无盐渍化威胁。盐化潮土亚类主要分布在浅平洼地的边缘或缓平坡地的中下端和洼坡地带，地下水埋深平均为2.71m，地下水矿化度平均为1.53g/L，属弱矿化水。盐分组成以重碳酸盐氯化物为主，有部分硫酸盐，平均 pH 为7.7。土壤含盐量为1—8g/kg。本亚类容重较大，土层紧实，通气孔隙少，毛管作用强烈。碱化潮土亚类主要分布在仵楼、郑庄、邵庄的洼坡地上。地下水埋深平均为2.05m，地下水矿化度平均为1.32g/L。土壤碱化度为5%—45%，但阳离子交换量小，有效磷含量低，碳氮比失调，碱化潮土的物理性状较差。

小于本县地域面积3%的土壤类型有风沙土、碱土和草甸盐土等。

本区域中心区气候特征

本区域中心区气候特征值
Regional climate characteristics in central area of the region

气候带：暖温带亚湿润气候 Climate region: Warm temperate subhumid climate	
年平均气温 /℃ Annual average temperature /℃	14.1
年平均最高气温 /℃ Annual average maximum temperature /℃	19.7
年平均最低气温 /℃ Annual average minimum temperature /℃	9.4
年降水量 /mm Annual precipitation /mm	688
≥10℃的积温 /℃ Daily temperature accumulated in a year (≥10℃) /℃	5247
年日照时数 /h Annual sunshine /h	2340
年平均相对湿度 /% Annual average relative humidity /%	70
干燥度 Dryness	1.22

本区域中心区月平均气温与月平均降水量
Monthly temperature and precipitation in central area of the region

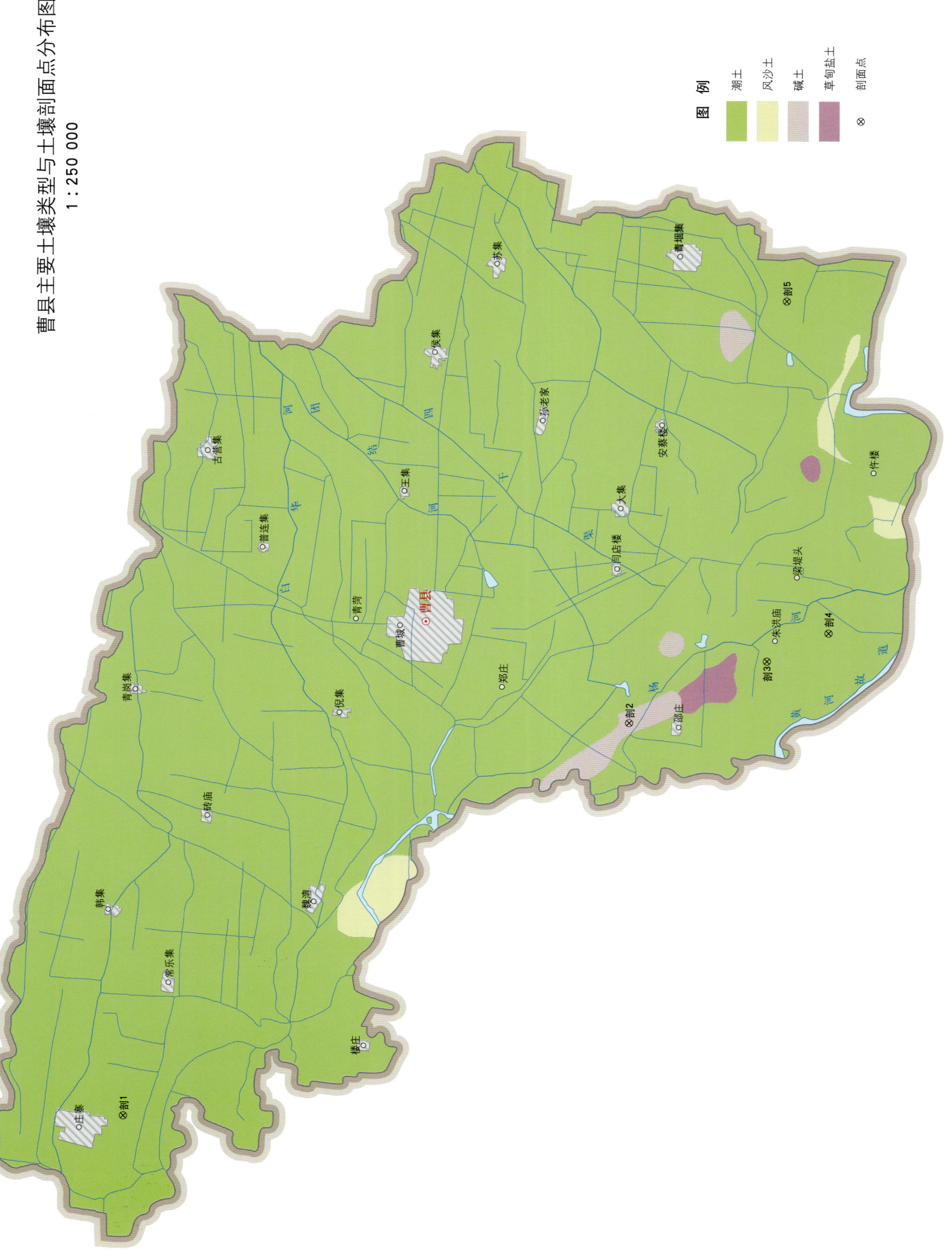

曹县土壤剖面理化性状表

剖面号 Soil profile	土纲 Soil order	土类 Soil great group	亚类 Soil subgroup	土属 Soil genus	土种 Soil species	土层码 Layer code	土层厚度 Depth/cm	质地 Soil texture	pH	有机质 OM/(g/kg)	全氮 TN/(g/kg)	全磷 TP/(g/kg)	碱解氮 AN/(mg/kg)	有效磷 AP/(mg/kg)	速效钾 AK/(mg/kg)	阳离子交换量CEC/(cmol/kg)	剖面点坐标 Profile coordinate	匹配指数 Matching index/%
剖1	半水成土	潮土	盐化潮土	硫酸盐盐化潮土	轻白盐轻白土	1	0—5	砂壤土	8.4	4.8	0.39	0.58	36	2.0	85	7.1	E 115°12′12.8″ N 34°59′10.7″	72
						2	5—18	砂壤土	8.4	4.8	0.39	0.58	36	2.0	85	7.1		
						3	18—56	砂壤土	8.2	3.0	0.25	0.55	28	1.0	59	5.3		
						4	56—88	砂壤土	8.2	2.2	0.18	0.54		1.0	84	5.9		
						5	88—120	砂壤土	8.0	2.1	0.16	0.59		1.0	67	6.1		
剖2	盐碱土	碱土	草甸碱土	草甸碱土	瓦碱土	1	0—5	砂壤土	9.0	3.1	0.39	0.62	31	2.0	63		E 115°28′41.8″ N 34°42′58.6″	99
						2	5—18	砂壤土	9.0	3.1	0.39	0.62	31	2.0	63			
						3	18—25	砂壤土	9.3	2.7	0.21	0.59	27	1.0	58			
						4	25—78	砂壤土	8.4	2.6	0.22	0.59		1.0	54			
						5	78—124	砂壤土	8.2	2.1	0.20	0.57		1.0	57			
剖3	半水成土	潮土	褐潮土	黏质褐潮土	岗小红土	1	0—20	壤质黏土	7.6	9.9	0.72	0.59	56	3.4	240	20.0	E 115°31′17.5″ N 34°38′31.4″	73
						2	20—37	黏土	7.6	7.6	0.55	0.54	34	2.1	234	18.5		
						3	37—84	粉质黏土	7.6	6.6	0.47	0.57		1.9	220			
						4	84—104	黏土	7.6	5.6	0.38	0.56		1.0	223			
剖4	半水成土	潮土	褐潮土	黏壤质褐潮土	夹砂岗两合土	1	0—20	黏质黏土	7.9	7.5	0.44	0.57	59	3.4	165	9.4	E 115°32′28.7″ N 34°36′31.7″	89
						2	20—45	壤土	7.6	5.1	0.37	0.53	45	2.5	116	7.5		
						3	45—80	砂壤土	7.8	3.1	0.22	0.40	18	2.0	43	3.6		
						4	80—120	砂壤土	7.6	4.2	0.29	0.44	20	1.5	56	4.9		
剖5	半水成土	潮土	褐潮土	黏质褐潮土	夹砂岗小红土	1	0—20	壤质黏土	7.9	9.4	0.67	0.77	64	4.3	177	20.3	E 115°45′56.2″ N 34°38′05.3″	95
						2	20—55	壤质黏土	7.7	7.6	0.55	0.64	37	2.7	163	18.8		
						3	55—108	砂质黏土	7.7	3.5	0.20	0.47	15	1.0	45	4.8		
						4	108—150	壤质黏土	7.8	4.2	0.35	0.50	18	1.8	107	13.7		

单 县

主要土类说明

潮土是单县主要土壤类型，占本县地域面积的95%。潮土常见于近代河流冲积平原或低平阶地，地下水位浅，地下水参与成土过程，底土氧化还原作用交替发生，中下部土层中有明显的锈纹、锈斑或细小的铁锰结核。由于长期耕作，表层有机质含量为10—15g/kg，具 A_{11}-A_{12}-Cu 或 A_{11}-C-Cu 剖面构型。本县潮土分为潮土、盐化潮土和褐潮土等亚类。其中，潮土亚类面积最大，占本土类面积的90%以上，耕层质地多为砂壤土、轻壤土、中壤土和重壤土，构型复杂，比较肥沃，生产性能较好。盐化潮土亚类面积次之，耕层土质以砂壤土、轻壤土为主，其次是中壤土和重壤土。盐化潮土亚类土体中的盐分含量较高，是影响植物正常生长的主要障碍因素，难出苗，产量低，需采用排灌和其他农业措施相结合的方法进行综合治理。褐潮土亚类占本土类面积最小，主要分布在黄河故道以北、人工堤以南的河滩高地上，海拔为53.7—59.4m，地势较高，灌溉条件较差，地下水位较深，一般为7—10m。地下水作用减弱，淋溶作用微弱，一般剖面中没有假菌丝体出现，锈纹、锈斑出现位置较深。

小于本县地域面积3%的土壤类型有草甸盐土和风沙土等。

本区域中心区气候特征

本区域中心区气候特征值
Regional climate characteristics in central area of the region

气候带：暖温带亚湿润气候 Climate region: Warm temperate subhumid climate	
年平均气温 /℃ Annual average temperature /℃	14.1
年平均最高气温 /℃ Annual average maximum temperature /℃	19.7
年平均最低气温 /℃ Annual average minimum temperature /℃	9.4
年降水量 /mm Annual precipitation /mm	720
≥10℃的积温 /℃ Daily temperature accumulated in a year (≥10℃) /℃	5238
年日照时数 /h Annual sunshine /h	2335
年平均相对湿度 /% Annual average relative humidity /%	70
干燥度 Dryness	1.17

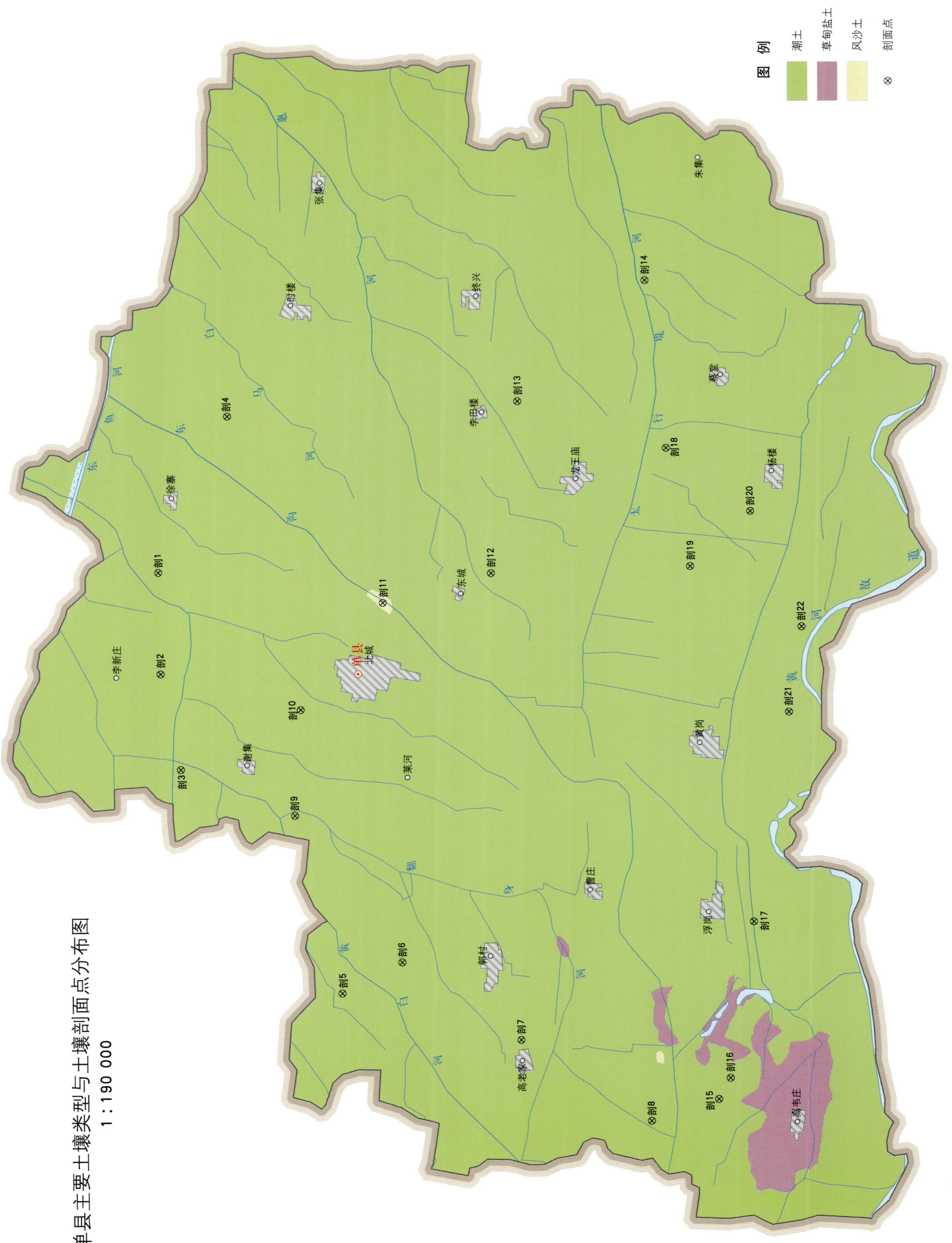

单县土壤剖面理化性状表

剖面号 Soil profile	土纲 Soil order	土类 Soil great group	亚类 Soil subgroup	土属 Soil genus	土种 Soil species	土层码 Layer code	土层厚度 Depth/cm	颜色 Soil color	质地 Soil texture	土壤结构 Soil structure	pH	有机质 OM/(g/kg)	全氮 TN/(g/kg)	全磷 TP/(g/kg)	碱解氮 AN/(mg/kg)	有效磷 AP/(mg/kg)	速效钾 AK/(mg/kg)	阳离子交换量 CEC/(cmol/kg)	土壤母质 Parent material	剖面点坐标 Profile coordinate	匹配指数 Matching index/%
剖1	半水成土	潮土	潮土	壤质潮土	蒙银砂轻白土	1	0—20		砂壤土		7.7	6.5	0.46	0.64	41	5.2	68	6.7		E 116°07′53.7″ N 34°52′46.7″	85
						2	20—35		砂壤土		7.7	3.7	0.28	0.63	32	3.2	53	6.1			
						3	35—78		黏壤土		7.9	4.1	0.40	0.68	35	2.5	148	9.5			
						4	78—100		黏壤土		7.7	3.8	0.32	0.67	30	2.6	99	8.6			
剖2	半水成土	潮土	潮土	壤质潮土	蒙淤砂轻白土	1	0—20		砂壤土		7.9	5.8	0.40	0.45	40	4.5	78			E 116°04′40.4″ N 34°52′42.2″	89
						2	20—35		砂壤土		8.0	3.2	0.33	0.58	31	2.1	65				
						3	35—75		壤质黏土		7.5	4.3	0.35	0.50	32	2.1	143				
						4	75—100		砂质黏土		7.5	2.1	0.15	0.48	23	2.2	63				
剖3	半水成土	潮土	潮土	壤质潮土	中壤厚黏腰潮土	1	0—20	灰黑色	中壤土	粒状									河流冲积物	E 116°01′39.0″ N 34°52′10.6″	86
						2	20—33	灰黑色	重壤土	块状											
						3	33—62	灰黄色	中壤土												
						4	62—100	灰黄色	重壤土												
剖4	半水成土	潮土	潮土	壤质潮土	轻壤厚砂心潮土	1	0—20	灰黄色	轻壤土	小粒状									河流冲积物	E 116°12′51.1″ N 34°51′03.6″	72
						2	20—37	灰黄色	轻壤土	小粒状											
						3	37—81	黄白色	砂壤土	粒状											
						4	81—110	黄白色	轻壤土	碎块状											
剖5	半水成土	潮土	潮土	黏质潮土	均黏质砂潮土	1	0—16	灰黑色	重壤土	粒状									河流冲积物	E 115°54′36.4″ N 34°48′03.2″	99
						2	16—62	灰黑色	重壤土	块状											
						3	62—75	红棕色	黏土												
剖6	半水成土	潮土	潮土	壤质潮土	轻壤砂质潮土	1	0—20	灰黄色	轻壤土	粒状									河流冲积物	E 115°55′35.0″ N 34°46′32.2″	86
						2	20—150	黄白色	轻壤土												
剖7	半水成土	潮土	潮土	壤质潮土	轻壤厚砂黏腰潮土	1	0—20	灰黄色	重壤土	小粒状									河流冲积物	E 115°53′11.4″ N 34°43′30.7″	76
						2	20—68	黄黄色	重壤土	小粒状											
						3	68—85	灰黑色	黏土	块状											
						4	85—108	棕红色	砂土	单粒状											
剖8	半水成土	盐化潮土	砂质盐化潮土	砂壤质薄黏中盐化潮土	1	0—20	灰黄色	砂壤土	单粒状										河流冲积物	E 115°50′39.8″ N 34°40′11.6″	96
						2	20—69	黄黄色	砂壤土	块状											
						3	69—96	红棕色	黏土	单粒状											
						4	96—150	黄白色	砂壤土	块状											
剖9	半水成土	潮土	潮土	壤质潮土	中壤厚砂腰潮土	1	0—18	黄黄色	中壤土	单粒状									河流冲积物	E 116°00′12.8″ N 34°49′16.7″	95
						2	18—52	灰黄色	紧砂土	单粒状											
						3	52—99	黄白色	砂壤土	粒状											
剖10	半水成土	潮土	潮土	砂质潮土	均砂质潮土	1	0—20	黄白色	砂壤土	单粒状									河流冲积物	E 116°03′33.3″ N 34°49′08.8″	76
						2	20—30	黄白色	紧砂土	单粒状											
						3	30—150	黄白色	松砂土	单粒状											
剖11	初育土	风沙土	固定风沙土	砂质冲积风沙土	均砂质固定风沙土	1	0—20	黄白色	松砂土	单粒状									冲积物	E 116°06′58.6″ N 34°47′04.7″	80
						2	20—150	浅黄色	紧砂土	单粒状											
剖12	半水成土	潮土	潮土	砂质潮土	均砂质潮土	1	0—20	黄白色	紧砂土	单粒状									河流冲积物	E 116°07′55.9″ N 34°44′20.4″	75
						2	20—70	黄黄色	松砂土	单粒状											
						3	70—150			粒状											

续表 Continued

剖面号 Soil profile	土纲 Soil order	土类 Soil great group	亚类 Soil subgroup	土属 Soil genus	土种 Soil species	土层码 Layer code	土层厚度 Depth/cm	颜色 Soil color	质地 Soil texture	土壤结构 Soil structure	pH	有机质 OM/(g/kg)	全氮 TN/(g/kg)	全磷 TP/(g/kg)	碱解氮 AN/(mg/kg)	有效磷 AP/(mg/kg)	速效钾 AK/(mg/kg)	阳离子交换量CEC/(cmol/kg)	土壤母质 Parent material	剖面点坐标 Profile coordinate	匹配指数 Matching index/%
剖13	半水成土	潮土	盐化潮土	硫酸盐盐化潮土	轻白盐小红心土	1	0—5		粉质黏土		8.2	9.8	0.69	0.68	54	6.2	169	21.3		E 116°13′23.2″ N 34°43′41.9″	84
						2	5—18		粉质黏土		8.2	9.8	0.69	0.68	54	6.2	169	21.3			
						3	18—46		粉质黏土		8.1	7.0	0.51	0.59	47	3.7	150	19.6			
						4	46—64		砂壤土		7.9	3.2	0.25	0.50	36	2.0	160	5.7			
						5	64—120		壤质黏土		7.9	4.8	0.30	0.57	40	2.1	147	18.7			
剖14	半水成土	潮土	潮土	壤质潮土	中壤厚黏心潮土	1	0—20	黑灰色	中壤土	粒状									河流冲积物	E 116°17′13.2″ N 34°40′28.9″	86
						2	20—56	灰白色	重壤土	块粒状											
						3	56—146	黄白色	紧砂土												
剖15	半水成土	潮土	褐潮土	黏质褐潮土	均黏质褐潮土	1	0—20	灰褐色	重壤土	块状									河流冲积物	E 116°51′21.2″ N 34°38′29.4″	71
						2	20—33	黄褐色	重壤土	块状											
						3	33—43	灰黄色	中壤土	粒状											
						4	43—150		重质黏土	块状、片状											
剖16	半水成土	潮土	褐潮土	黏质褐潮土	重壤厚黏腰褐潮土	1	0—20	浅黑色	重壤土	块状									河流冲积物	E 115°52′01.2″ N 34°38′12.1″	98
						2	20—50	灰黑色	中壤土	块状											
						3	50—85		黏土	块状											
						4	85—150		中壤土	单粒状											
剖17	半水成土	潮土	盐化潮土	壤质盐化潮土	中壤厚黏心盐化潮土	1	0—17	黄红色	中壤土	块状	7.8	9.6	0.82	0.55	69	4.5	135	14.1		E 115°56′54.6″ N 34°37′37.6″	95
						2	17—27	黄红色	中壤土	块状	7.5	1.3	0.12	0.62	28	1.0	23	6.3			
						3	27—60	红棕色	重壤土	块状	7.5	0.9	0.17	0.46	20	1.0	30	4.0			
						4	60—90	黄白色	松砂土	单粒状											
剖18	半水成土	潮土	潮土	黏壤质潮土	夹砂两合土	1	0—20		黏壤土											E 116°11′55.5″ N 34°39′55.2″	81
						2	20—65		砂壤土	团粒状											
						3	65—150		砂壤土	团粒状											
剖19	半水成土	潮土	潮土	壤质潮土	轻壤厚砂腰潮土	1	0—20	黄褐色	轻壤土	块状									河流冲积物	E 116°08′11.0″ N 34°39′17.3″	88
						2	20—45	黄褐色	松砂土	粒状											
						3	45—100	灰白色	中壤土	粒状											
剖20	半水成土	潮土	潮土	壤质潮土	中壤质厚心潮土	1	0—20	灰褐色	中壤土	粒状									河流冲积物	E 116°09′55.8″ N 34°37′46.6″	93
						2	20—30	黄白色	紧砂土	单粒状											
						3	30—150	灰黄色	黏壤土	小粒状											
剖21	半水成土	潮土	褐潮土	壤质褐潮土	轻壤质厚砂心褐潮土	1	0—20	棕红色	砂壤土	块状									河流冲积物	E 116°03′34.7″ N 34°36′45.8″	87
						2	20—60	黄黄色	紧砂土												
						3	60—66	灰白色	轻壤土	小粒状											
						4	66—110	灰黄色	轻壤土												
剖22	半水成土	潮土	褐潮土	壤质褐潮土	轻壤质厚黏腰褐潮土	1	0—20	棕红色	黏土	粒状									河流冲积物	E 116°06′18.1″ N 34°36′27.5″	72
						2	20—45		轻壤土	块状											
						3	45—80		重壤土												
						4	80—150		黏土												

成 武 县

主要土类说明

潮土是成武县唯一土壤类型。成土母质主要为黄河冲积物。潮土地区地下水位浅，地下水参与成土过程，底土氧化还原作用交替发生，形成锈色斑纹和小型铁子。由于长期耕作，表层有机质含量为 10—15g/kg，具 A_{11}-A_{12}-Cu 或 A_{11}-C-Cu 剖面构型。耕层养分平均含量：有机质为 8.9g/kg，全氮为 0.57g/kg。本县潮土分为潮土和盐化潮土等亚类。其中，潮土亚类占本土类面积的 85% 以上，分布于本县缓平坡地和浅平洼地，常与盐化潮土亚类呈复区存在，表层质地及土体构型都比较复杂。盐化潮土亚类主要分布在洼地的边缘或缓平坡地的中下端和洼坡地带，以及大闸附近、沿河一带。地下水埋深较浅，为 1.5—2.5m，地下水水质较差，矿化度为 2—3g/L，地表有盐斑，表层多为轻壤土。

本区域中心区气候特征

本区域中心区气候特征值
Regional climate characteristics in central area of the region

气候带：暖温带亚湿润气候 Climate region: Warm temperate subhumid climate	
年平均气温 /℃ Annual average temperature /℃	14.0
年平均最高气温 /℃ Annual average maximum temperature /℃	19.6
年平均最低气温 /℃ Annual average minimum temperature /℃	9.3
年降水量 /mm Annual precipitation /mm	683
≥10℃的积温 /℃ Daily temperature accumulated in a year (≥10℃) /℃	5223
年日照时数 /h Annual sunshine /h	2361
年平均相对湿度 /% Annual average relative humidity /%	70
干燥度 Dryness	1.23

本区域中心区月平均气温与月平均降水量
Monthly temperature and precipitation in central area of the region

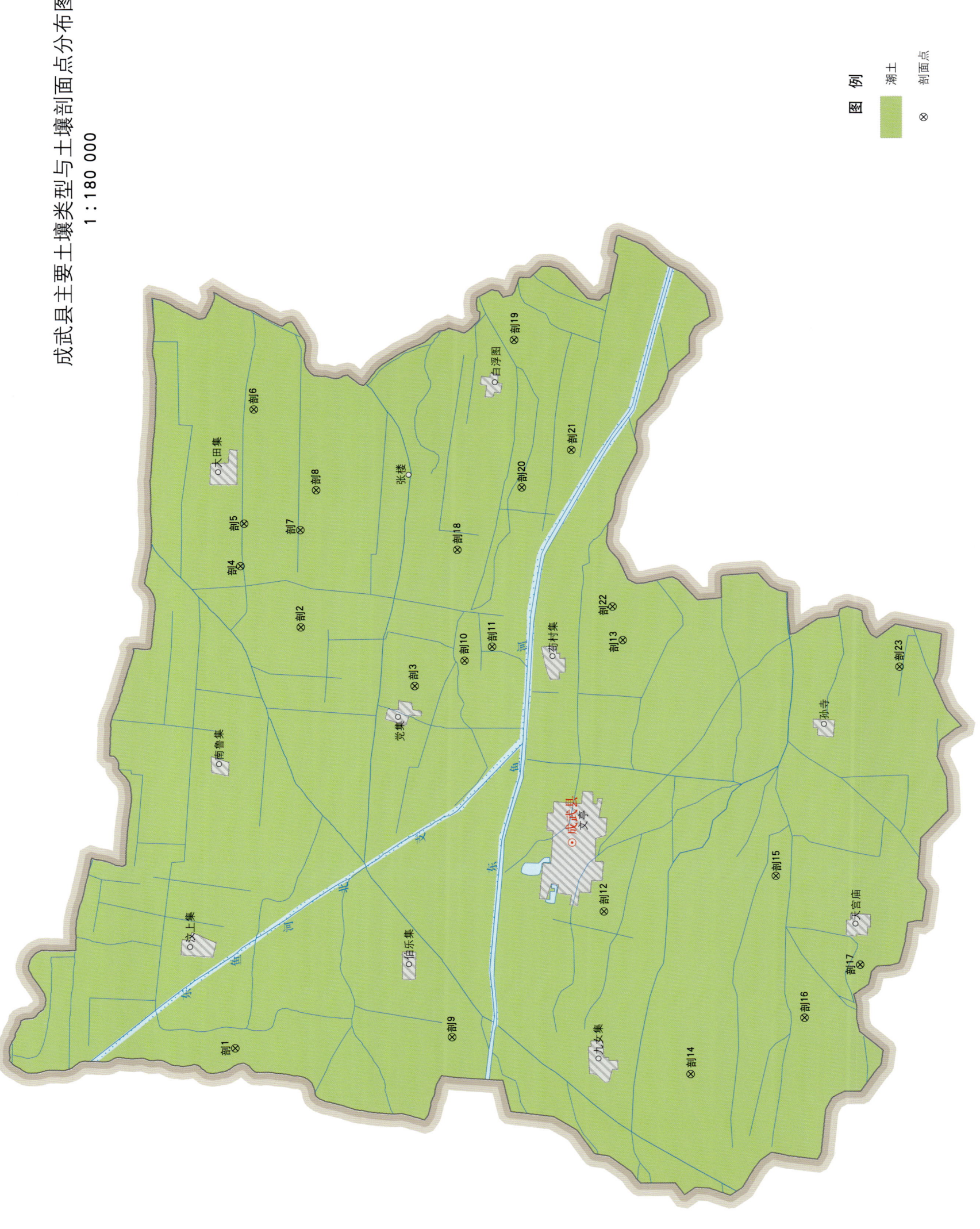

成武县土壤剖面理化性状表

剖面号 Soil profile	土纲 Soil order	土类 Soil great group	亚类 Soil subgroup	土属 Soil genus	土种 Soil species	土层码 Layer code	土层厚度 Depth/cm	质地 Soil texture	pH	有机质 OM/(g/kg)	全氮 TN/(g/kg)	全磷 TP/(g/kg)	碱解氮 AN/(mg/kg)	有效磷 AP/(mg/kg)	速效钾 AK/(mg/kg)	土壤母质 Parent material	剖面点坐标 Profile coordinate	匹配指数 Matching index/%
剖1	半水成土	潮土	盐化潮土	盐化潮土	重盐化薄黏心砂壤土	1	0–16	砂壤土								河流冲积物	E 115° 47′ 38.5″ N 35° 04′ 39.4″	88
						2	16–52	轻壤土										
						3	52–66	黏土										
						4	66–119	松砂土										
						5	119–150	砂壤土										
剖2	半水成土	潮土	潮土	潮土	均质砂壤土	1	0–20	砂壤土		5.3	0.39			5.0		河流冲积物	E 115° 59′ 27.6″ N 35° 03′ 16.6″	96
						2	20–60	砂壤土		3.4	0.20			2.0				
						3	60–150	紧砂土										
剖3	半水成土	潮土	潮土	潮土	厚黏心中壤土	1	0–20	中壤土		11.6	0.98	1.15	67	10.0	208	河流冲积物	E 115° 57′ 51.1″ N 35° 00′ 42.5″	83
						2	20–37	轻壤土		6.4	0.45	1.21	18	2.0	71			
						3	37–80	黏土		7.0	0.61	0.72	18	3.0	165			
						4	80–150	中壤土		6.2	0.92	1.37	18	2.0	159			
剖4	半水成土	潮土	盐化潮土	盐化潮土	中盐化均质轻壤土	1	0–20	轻壤土		6.3	0.36			4.0		河流冲积物	E 116° 01′ 10.2″ N 35° 04′ 38.3″	78
						2	20–90	砂壤土		6.6	0.47			8.0				
						3	90–130	中壤土										
						4	130–150	砂壤土										
剖5	半水成土	潮土	潮土	潮土	均质轻壤土	1	0–20	轻壤土		8.2	0.30			17.0		河流冲积物	E 116° 02′ 21.8″ N 35° 04′ 34.0″	91
						2	20–100	轻壤土										
剖6	半水成土	潮土	潮土	潮土	厚砂腰轻壤土	1	0–20	轻壤土		6.8	0.53			7.0		河流冲积物	E 116° 05′ 33.8″ N 35° 04′ 22.2″	80
						2	20–50	中壤土		8.3	0.50			5.0				
						3	50–150	砂壤土						5.8				
剖7	半水成土	潮土	盐化潮土	盐化潮土	中盐化厚壤心砂壤土	1	0–5	砂壤土		10.1	0.39			6.0		河流冲积物	E 116° 02′ 11.8″ N 35° 03′ 18.4″	94
						2	5–20	砂壤土		8.9	0.36			6.0				
						3	20–55	轻壤土		7.2	0.53			3.0				
						4	55–135	轻壤土										
剖8	半水成土	潮土	潮土	潮土	均质轻壤土	1	0–20	砂壤土	7.7	7.0	0.47	1.19	13	7.0	91	河流冲积物	E 116° 03′ 19.1″ N 35° 02′ 57.5″	86
						2	20–115	砂壤土	7.6	2.7	0.14	1.12	10	3.0	32			
						3	115–150	黏土	7.9	3.7	0.65	1.04	11	9.0	224			
剖9	半水成土	潮土	潮土	潮土	厚砂心轻壤土	1	0–35	轻壤土		6.2	0.31			2.0		河流冲积物	E 115° 47′ 60.0″ N 34° 59′ 48.1″	94
						2	35–150	紧砂土		3.3	0.72			2.0				
剖10	半水成土	潮土	盐化潮土	盐化潮土	轻盐化厚砂腰中壤土	1	0–20	中壤土		7.3	0.55			5.0		河流冲积物	E 115° 58′ 34.0″ N 34° 59′ 35.9″	91
						2	20–40	砂壤土		4.0	0.31			3.0				
						3	40–105	轻壤土										
						4	105–150	轻壤土										
剖11	半水成土	潮土	盐化潮土	盐化潮土	轻盐化厚黏腰轻壤土	1	0–30	轻壤土		9.4	0.56			4.0		河流冲积物	E 115° 58′ 58.1″ N 34° 58′ 58.8″	99
						2	30–55	紧砂土		3.5	0.28			2.0				
							55–											
剖12	半水成土	潮土	潮土	潮土	厚砂心轻壤土	1	0–20	轻壤土	7.7	8.0	5.80		29	3.0	133	河流冲积物	E 115° 51′ 33.3″ N 34° 56′ 25.3″	84
						2	20–105	紧砂土	7.8	3.5	0.17		17	2.0	35			
						3	105–150	重壤土	7.7	6.6	0.77		30	18.0	105			

续表 Continued

剖面号 Soil profile	土纲 Soil order	土类 Soil great group	亚类 Soil subgroup	土属 Soil genus	土种 Soil species	土层码 Layer code	土层厚度 Depth/cm	质地 Soil texture	pH	有机质 OM/(g/kg)	全氮 TN/(g/kg)	全磷 TP/(g/kg)	碱解氮 AN/(mg/kg)	有效磷 AP/(mg/kg)	速效钾 AK/(mg/kg)	土壤母质 Parent material	剖面点坐标 Profile coordinate	匹配指数 Matching index/%
剖13	半水成土	潮土	潮土	潮土	厚黏腰中壤土	1	0~20	中壤土	7.9	10.3	0.57			8.0		河流冲积物	E 115°59′11.0″ N 34°56′03.5″	80
						2	20~38	中壤土										
						3	38~50	轻壤土										
						4	50~66	重壤土										
						5	66~89	黏土										
剖14	半水成土	潮土	潮土	潮土	厚砂腰轻壤土	1	0~17	轻壤土	7.9	8.9	0.59	1.14	18	4.0	168	河流冲积物	E 115°47′01.0″ N 34°54′27.0″	79
						2	17~45	轻壤土	7.9	5.2	0.29	1.46	15	1.0	71			
						3	45~150	砂壤土	8.0	2.4	0.12	1.21	4	1.0	42			
剖15	半水成土	潮土	盐化潮土	盐化潮土	重盐化薄黏腰轻壤土	1	0~20	轻壤土								河流冲积物	E 115°52′35.5″ N 34°52′34.8″	80
						2	20~40	轻壤土										
						3	40~80	砂壤土										
						4	80~100	轻壤土										
						5	100~150	紧砂土										
剖16	半水成土	潮土	盐化潮土	盐化潮土	轻盐化均质轻壤土	1	0~5	轻壤土		10.1	0.48			3.0		河流冲积物	E 115°48′36.5″ N 34°51′54.4″	97
						2	5~10	轻壤土		6.2	0.42			5.0				
						3	10~20	轻壤土		5.4	0.36			5.0				
						4	20~60	轻壤土		6.1	0.45			3.0				
剖17	半水成土	潮土	盐化潮土	盐化潮土	重盐化厚砂腰轻壤土	1	0~5	轻壤土		5.3	0.36					河流冲积物	E 115°50′07.4″ N 34°50′40.2″	88
						2	5~20	轻壤土		5.0	0.31							
						3	20~60	中壤土		5.2	0.42			3.0				
						4	60~98	砂壤土										
						5	98~120	轻壤土										
						6	120~150	紧砂土										
剖18	半水成土	潮土	潮土	潮土	厚黏心中壤土	1	0~20	中壤土		11.7	0.80	1.21		8.0		河流冲积物	E 116°01′40.8″ N 34°59′47.0″	74
						2	20~105	重壤土		11.2	0.76	1.12		3.0	156			
						3	105~150	轻壤土										
剖19	半水成土	潮土	潮土	潮土	均质中壤土	1	0~20	中壤土	8.2	8.9	0.60	1.21	29	2.0	95	河流冲积物	E 116°07′35.1″ N 34°58′33.0″	84
						2	20~90	轻壤土	8.2	6.9	0.40	1.12	13	2.0	53			
						3	90~130	砂壤土	8.4	2.8	0.18	0.95	13	1.0	36			
						4	130~150	轻壤土	7.8	2.7	0.15	0.95	7	2.0				
剖20	半水成土	潮土	潮土	潮土	均质轻壤土	1	0~5	轻壤土		6.7	0.48			5.0		河流冲积物	E 116°03′27.0″ N 34°58′21.0″	97
						2	5~20	中壤土		5.2	0.34			6.0				
						3	20~52	中壤土										
剖21	半水成土	潮土	潮土	潮土	均质中壤土	1	0~20	中壤土	7.5	10.3	0.78	1.85	20	12.0	248	河流冲积物	E 116°04′30.5″ N 34°57′14.8″	82
						2	20~60	中壤土	7.6	6.6	0.36	1.61	22	3.0	129			
						3	60~104	轻壤土	7.7	7.8	0.50	1.04	10	6.0	50			
剖22	半水成土	潮土	潮土	潮土	厚黏腰轻壤土	1	0~20	轻壤土	7.6	10.4	0.72	1.29	14	17.0	114	河流冲积物	E 116°00′07.2″ N 34°56′17.9″	96
						2	20~36	轻壤土	7.8	9.3	0.61	1.29	10	12.0	103			
						3	36~57	紧砂土		2.5	0.25			4.0				
						4	57~87	重壤土		6.0	0.36			11.0				
						5	87~150	重壤土		5.2	0.36			6.0				
剖23	半水成土	潮土	潮土	潮土	厚黏腰中壤土	1	0~22	中壤土		13.3	0.91			10.0		河流冲积物	E 115°58′30.0″ N 34°49′50.9″	93
						2	22~55	黏土		9.4	0.71			12.0				
						3	55~80	重壤土		10.0	0.64							
						4	80~110	重壤土										

巨 野 县

主要土类说明

潮土是巨野县主要土壤类型，占本县地域面积的96%。本县潮土是在黄河冲积母质的基础上，经过地下水作用及耕种熟化而形成的土壤。地下水位冬春下降、夏秋上升，土壤氧化还原作用交替发生，土壤中可溶物质溶解、移动和积聚，在土体中下部沿根孔及结构面形成锈纹、锈斑。耕种熟化过程不断被沉积过程所打断，故熟化过程主要限于耕层，即0—20cm的深度。耕层有机质及其他养分有轻微累积，但亚表层以下则陡降。尚不能完全抵消母质质地分选因素带来的差异，如在黏质土夹层的有机质、全磷、全氮、速效钾含量及阳离子交换量，常略比壤质土表层高。速效磷等速效养分的释放及在耕层的富集较明显。本县潮土分为潮土和盐化潮土等亚类。其中，潮土亚类面积最大，占本土类面积的75%以上，在全县各地和各种地貌类型上都有分布。土壤质地变化较大，地面存在明显的分选性，土体中沉积层次分明。表层质地以中壤土和轻壤土为主，两者面积相近，合计占潮土亚类面积的65%，重壤土约占20%，砂壤质占比最少。地下水埋深平均为2.93m，矿化度较高，平均为1.55g/L。盐化潮土亚类主要分布在浅平洼地的边缘或缓平坡地的中下端和洼坡地带，地下水埋深为2.7m，矿化度平均为1.78g/L。表层质地以轻壤土为主，约占本亚类面积的70%，中壤土约占20%。土壤含盐量为1—4g/kg，少数在4—6g/kg，盐分组成以硫酸盐氯化物为主，有部分重碳酸盐。土壤pH以7.5—8.1为主，少数大于8.5。

小于本县地域面积3%的土壤类型有褐土、粗骨土和草甸盐土等。

本区域中心区气候特征

本区域中心区气候特征值
Regional climate characteristics in central area of the region

气候带：暖温带亚湿润气候 Climate region: Warm temperate subhumid climate	
年平均气温 /℃ Annual average temperature /℃	13.9
年平均最高气温 /℃ Annual average maximum temperature /℃	19.5
年平均最低气温 /℃ Annual average minimum temperature /℃	9.1
年降水量 /mm Annual precipitation /mm	657
≥10℃的积温 /℃ Daily temperature accumulated in a year（≥10℃）/℃	5169
年日照时数 /h Annual sunshine /h	2413
年平均相对湿度 /% Annual average relative humidity /%	69
干燥度 Dryness	1.25

本区域中心区月平均气温与月平均降水量
Monthly temperature and precipitation in central area of the region

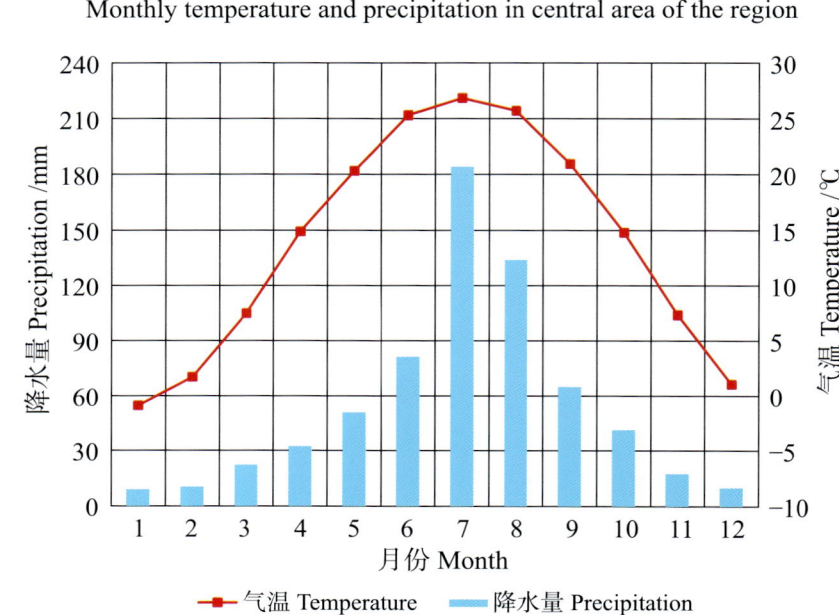

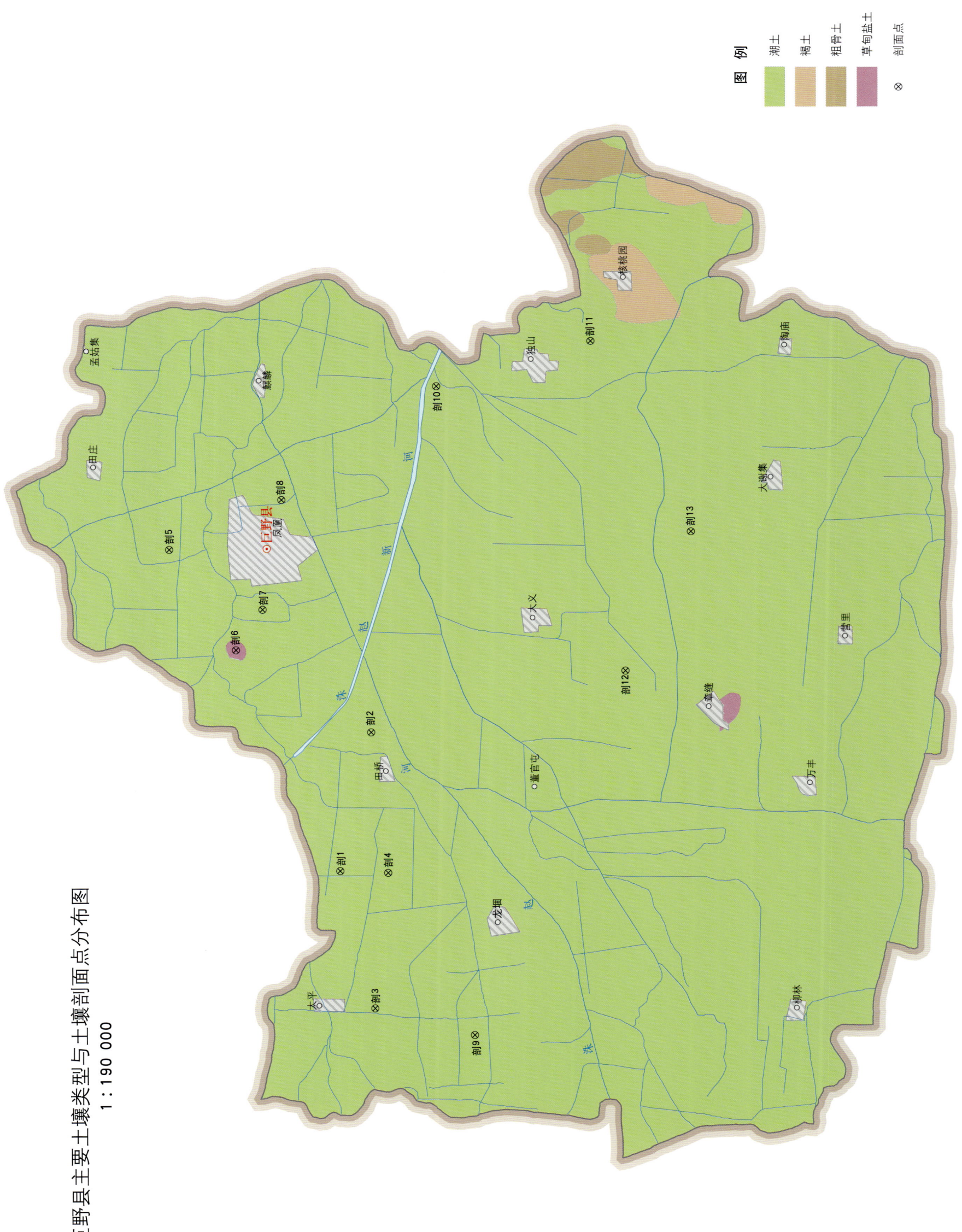

巨野县土壤剖面理化性状表

剖面号 Soil profile	土纲 Soil order	土类 Soil great group	亚类 Soil subgroup	土属 Soil genus	土种 Soil species	土层码 Layer code	土层厚度 Depth/cm	颜色 Soil color	质地 Soil texture	土壤结构 Soil structure	pH	有机质 OM/(g/kg)	全氮 TN/(g/kg)	全磷 TP/(g/kg)	全钾 TK/(g/kg)	碱解氮 AN/(mg/kg)	有效磷 AP/(mg/kg)	速效钾 AK/(mg/kg)	阴离子交换量 CEC/(cmol/kg)	土壤母质 Parent material	剖面点坐标 Profile coordinate	匹配指数 Matching index/%
剖1	半水成土	潮土	盐化潮土	盐化潮土	轻壤质厚砂底重盐化潮土	1	0—20	浅褐色	轻壤土	屑粒状		4.5	0.36	1.56		35	2.0	117	7.6	河流冲积物	E 115°54′58.0″ N 35°21′32.3″	84
						2	20—50	灰褐色	轻壤土	小块状		5.9	0.37	1.37		32	1.0	128	7.1			
						3	50—105	黄褐色	砂壤土			2.5	0.20				0.5	104				
						4	105—150	红棕色	黏壤土	大块状												
						5	150—250		砂壤土													
剖2	半水成土	潮土	盐化潮土	盐化潮土	轻壤质厚心轻盐化潮土	1	0—17	浅褐色	轻壤土	屑粒状		5.4	0.49	1.51		45	2.0	118	7.0	河流冲积物	E 115°59′20.3″ N 35°20′48.0″	87
						2	17—27	褐色	轻壤土	小块状		6.7	0.58	1.56		46	1.1	167	5.5			
						3	27—60	灰白色	砂壤土			1.4	0.14				0.4	43				
						4	60—90	黄白色	砂壤土													
						5	90—150	灰白色	砂壤土													
剖3	半水成土	潮土	盐化潮土	盐化潮土	轻壤质厚砂腰中盐化潮土	1	0—18	浅褐色	轻壤土	屑粒状		5.2	0.35	1.43		21	5.0	75	7.5	河流冲积物	E 115°50′43.3″ N 35°20′38.3″	77
						2	18—55	灰褐色	轻壤土	小块状		2.2	0.18	1.48		29	2.0	50	7.4			
						3	55—115	黄褐色	砂壤土			1.7	0.11				0.6	38				
						4	115—150	灰白色	砂壤土													
剖4	半水成土	潮土	盐化潮土	盐化潮土	轻壤质厚砂腰轻盐化潮土	1	0—20	灰褐色	轻壤土	屑粒状		6.6	0.49	1.32		51	3.5	72	6.6	河流冲积物	E 115°54′55.4″ N 35°20′20.4″	89
						2	20—69	褐色	轻壤土	小块状		4.0	0.30	1.15		53	2.0	55	5.5			
						3	69—100	黄白色	砂壤土			1.7	0.12				0.4	47				
						4	100—150	灰白色	砂壤土													
						5	150—200	黄白色	紧砂土													
剖5	半水成土	潮土	潮土	潮土	重壤厚壤心潮土	1	0—21	棕褐色	重壤土	块状	7.3	10.1	1.09	1.46		77	3.4	195	10.0	河流冲积物	E 116°04′59.9″ N 35°25′52.0″	84
						2	21—38	红棕色	黏土	大块状	7.4	8.4	0.77	1.03		52	2.5	220	12.2			
						3	38—95	褐灰色	中壤土	碎块状	7.3	5.2	0.38				1.0	84				
						4	95—150	红棕色	黏土	大块状												
剖6	盐碱土	草甸盐土	草甸盐土	硫酸盐旱盐土	巨野白合成土	Az	0—20	浊黄橙色	砂壤土	屑粒状	7.8	4.5	0.40	0.71	19.8	32	4.0	85	6.0	河流冲积物	E 116°01′52.0″ N 35°24′10.8″	95
						Cz	20—46	浊黄橙色	砂壤土	块状	7.7	3.5	0.30	0.70	18.8	20	3.0	64	5.1			
						Czu₁	46—60	浊黄橙色	壤土	小块状	7.6	4.0	0.36	0.66	20.2	23	2.0	80	7.5			
						Czu₂	60—116	浊黄橙色	砂壤土	单粒状	7.7	3.2	0.29	0.60	18.0	18	1.0	58	4.6			
						Czu₃	116—150	浊黄橙色	砂壤土	单粒状	7.7	2.8	0.26	0.58	18.3	19	1.0	62	4.8			
剖7	半水成土	潮土	盐化潮土	盐化潮土	中壤质厚心轻盐化潮土	1	0—16	灰褐色	中壤土	屑粒状		6.9	0.52	1.78		44	2.9	143	12.5	河流冲积物	E 116°03′08.3″ N 35°23′31.9″	74
						2	16—55	棕褐色	黏土	大块状		6.7	0.55	1.50		43	2.0	140	14.0			
						3	55—90	灰褐色	砂壤土	屑粒状		2.2	0.19				0.3	143				
						4	90—180	棕褐色	中壤土	粒状												
剖8	半水成土	潮土	潮土	潮土	重壤厚砂腰潮土	1	0—18	棕褐色	重壤土	小块状		8.7	0.55	1.38		52	5.6	171	12.8	河流冲积物	E 116°06′35.3″ N 35°23′05.3″	72
						2	18—58	棕褐色	重壤土	粒状		5.5	0.44	1.36		40	3.5	133	10.5			
						3	58—100	黄白色	砂壤土			1.6	0.15				1.0	32				
						4	100—150	浅黄色	紧砂土													
剖9	半水成土	潮土	潮土	潮土	轻壤厚黏心潮土	1	0—27	灰褐色	重壤土	粒状	7.5	5.4	0.52	1.40		26	3.4	83	6.0	河流冲积物	E 115°49′55.2″ N 35°18′09.0″	75
						2	27—56	棕褐色	黏土	小块状	7.5	8.6	0.46	1.61		44	2.6	259	12.2			
						3	56—68	黄白色	砂壤土	粒状	7.5	1.4	0.12	1.09		14	0.8	29				
						4	68—88	浅黄色	中壤土	小块状	7.2	6.2	0.55				0.2	127				
						5	88—150	灰白色	轻壤土	小块状												

续表 Continued

剖面号 Soil profile	土纲 Soil order	土类 Soil great group	亚类 Soil subgroup	土属 Soil genus	土种 Soil species	土层码 Layer code	土层厚度 Depth/cm	颜色 Soil color	质地 Soil texture	土壤结构 Soil structure	pH	有机质 OM/(g/kg)	全氮 TN/(g/kg)	全磷 TP/(g/kg)	全钾 TK/(g/kg)	碱解氮 AN/(mg/kg)	有效磷 AP/(mg/kg)	速效钾 AK/(mg/kg)	阳离子交换量 CEC/(cmol/kg)	土壤母质 Parent material	剖面点坐标 Profile coordinate	匹配指数 Matching index/%
剖10	半水成土	潮土	潮土	潮土	重壤均质潮土	1	0—19	暗褐色	重壤土	小块状	7.5	8.7	0.69	1.21		50	4.5	284	19.6	河流冲积物	E 116°10′10.6″ N 35°19′15.3″	94
						2	19—60	褐色	重壤土	大块状	7.7	8.5	0.68	1.06		45	3.1	263	19.0			
						3	60—80	棕褐色	黏土	大块状	7.6	6.3	0.59			35	0.8	255				
						4	80—130	褐色	重壤土	小块状	7.4	7.2	0.52			26	1.5	278				
						5	130—150	黄褐色	砂壤土	粒状												
剖11	半水成土	潮土	潮土	潮土	轻壤厚黏腰潮土	1	0—20	浅灰褐色	轻壤土	粒状	7.4	6.6	0.54	1.78		58	1.5	103	8.3	河流冲积物	E 116°11′38.2″ N 35°15′25.5″	96
						2	20—60	褐色	轻壤土	大块状	7.7	4.7	0.42	1.83		44	1.0	69	7.1			
						3	60—110	棕褐色	黏土	小块状	7.3	4.5	0.35									
						4	110—130	灰褐色	重壤土	块状												
						5	130—150	棕褐色	黏土	粒状												
剖12	半水成土	潮土	盐化潮土	盐化潮土	轻壤厚质黏腰轻盐化潮土	1	0—17	灰褐色	轻壤土	小块状	5.9	0.48	1.60		39	5.5	70	7.5	河流冲积物	E 116°01′19.9″ N 35°14′29.0″	89
						2	17—58	黄白色	砂壤土	小块状		2.3	0.20	0.75		60	2.4	48	6.5			
						3	58—97	棕褐色	黏土			3.8	0.34	1.40			1.0	81				
						4	97—112	灰白色	轻壤土													
						5	112—150	灰褐色	砂壤土													
						6	150—200	黄白色	砂壤土													
剖13	半水成土	潮土	潮土	壤质潮土	中壤厚砂心潮土	1	0—15	灰褐色	中壤土	粒状	7.3	7.1	0.66	1.21		32	5.7	117	10.9	河流冲积物	E 116°05′42.8″ N 35°12′53.1″	77
						2	15—45	红棕色	黏土	大块状	7.2	7.9	0.79	1.04		41	3.5	133	14.1			
						3	45—62	浅褐色	重壤土	小块状	7.3	5.3	0.49	1.13		22	2.8	55				
						4	62—107	黄褐色	砂壤土	小块状	7.4	2.4	0.20			18	0.7	35				
						5	107—150	褐色	轻壤土	块状												

鄄 城 县

主要土类说明

潮土是鄄城县主要土壤类型，占本县地域面积的 95%。本县土壤是在黄河沉积物上经过长期耕作、熟化发育而成的一类土壤。河水泥沙沉积时流速不同，成土母质颗粒粗细不一，不仅在表层质地上有明显差异，而且土体构型也有很大差别，但每个发生层次的质地和颜色均一，中下部土层大都有明显的锈纹、锈斑。土壤呈中性或微碱性，pH 为 7.0—7.5。本县潮土分为潮土和盐化潮土等亚类。其中，潮土亚类面积最大，占本土类面积的 85% 以上，土体构型有多种，耕层有机质含量为 6.6g/kg，全氮含量为 0.52g/kg，有石灰反应，pH 为 7.0—7.5。盐化潮土亚类主要分布在背河槽和河槽洼地与缓岗地之间的地带，平坡地、河渠两岸也有分布，多为花斑盐碱地。土壤质地多为砂壤土、轻壤土或中壤土。紧砂土、重壤土也发生盐化，但面积很少。耕层土壤有机质含量为 6.7g/kg，全氮含量为 0.54g/kg。土壤有石灰反应，pH 在 7.5 左右。

小于本县地域面积 3% 的土壤类型有新积土等。

本区域中心区气候特征

本区域中心区气候特征值
Regional climate characteristics in central area of the region

气候带：暖温带亚湿润气候 Climate region: Warm temperate subhumid climate	
年平均气温 /℃ Annual average temperature /℃	13.9
年平均最高气温 /℃ Annual average maximum temperature /℃	19.5
年平均最低气温 /℃ Annual average minimum temperature /℃	9.2
年降水量 /mm Annual precipitation /mm	613
≥10℃的积温 /℃ Daily temperature accumulated in a year（≥10℃）/℃	5180
年日照时数 /h Annual sunshine /h	2410
年平均相对湿度 /% Annual average relative humidity /%	68
干燥度 Dryness	1.34

本区域中心区月平均气温与月平均降水量
Monthly temperature and precipitation in central area of the region

鄄城县主要土壤类型与土壤剖面点分布图
1:170 000

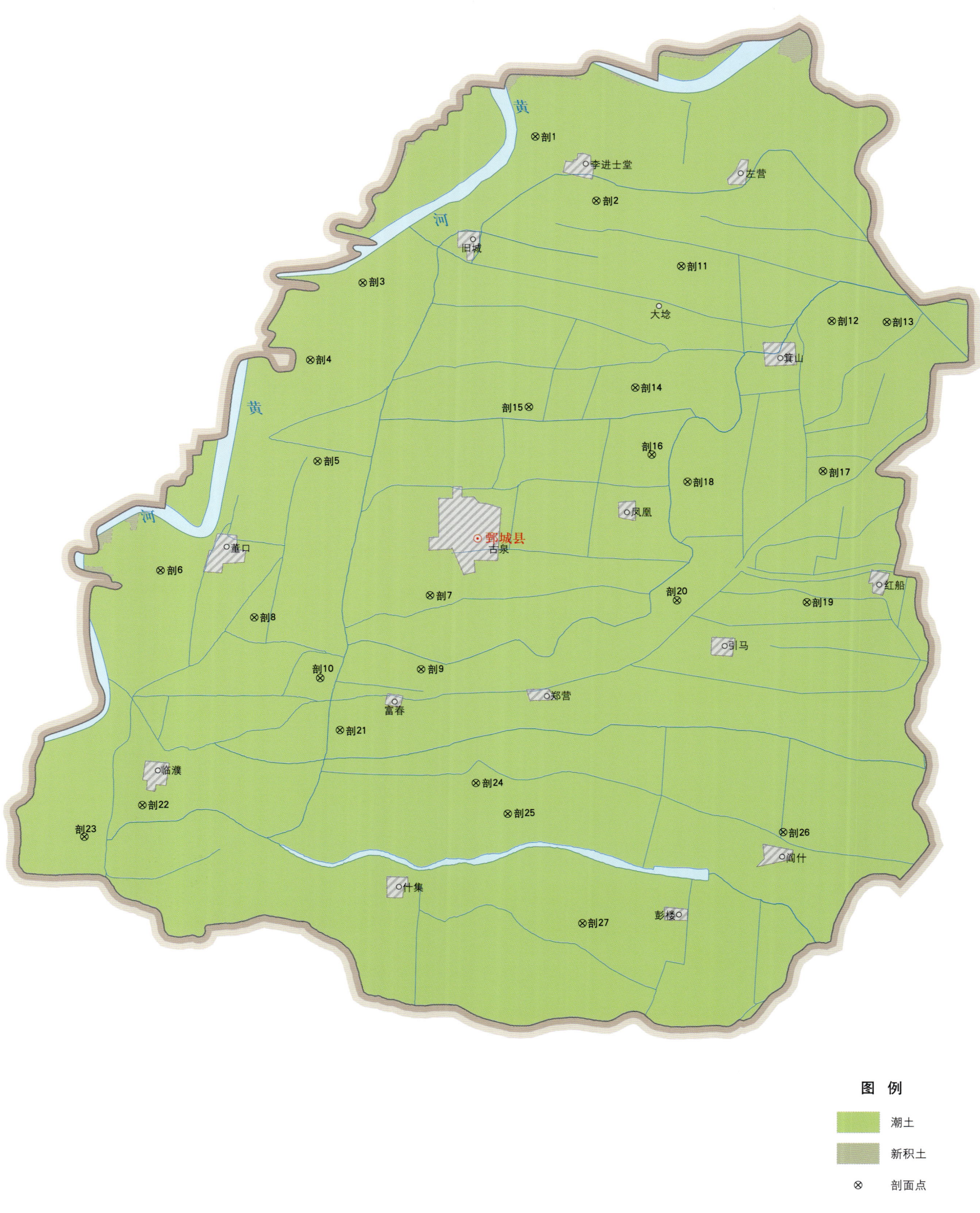

鄄城县土壤剖面理化性状表

剖面号 Soil profile	土纲 Soil order	土类 Soil great group	亚类 Soil subgroup	土属 Soil genus	土种 Soil species	土层码 Layer code	土层厚度 Depth/cm	颜色 Soil color	质地 Soil texture	土壤结构 Soil structure	pH	有机质 OM/(g/kg)	全氮 TN/(g/kg)	全磷 TP/(g/kg)	碱解氮 AN/(mg/kg)	有效磷 AP/(mg/kg)	速效钾 AK/(mg/kg)	阳离子交换量 CEC/(cmol/kg)	土壤母质 Parent material	剖面点坐标 Profile coordinate	匹配指数 Matching index/%
剖1	半水成土	潮土	潮土	潮土	紧砂均质潮土	1	0—40	灰白色	紧砂土	单粒状									河流冲积物	E 115°31′58.1″ N 35°42′27.7″	92
						2	40—150	灰黄色	松砂土	粒状											
剖2	半水成土	潮土	潮土	淤灌潮土	中壤厚砂心淤灌潮土	1	0—20	浅棕色	中壤土	团块状	7.1	8.4	0.70	1.62	67	4.0	220	12.6	河流冲积物	E 115°33′36.4″ N 35°41′03.8″	95
						2	20—60	浅黄色	砂壤土	粒状											
						3	60—150	灰白色	紧砂土	单粒状											
剖3	半水成土	潮土	潮土	潮土	紧砂厚黏腰潮土	1	0—20	灰白色	紧砂土	单粒状									河流冲积物	E 115°27′31.0″ N 35°39′09.9″	82
						2	20—50	红棕色	紧砂土	单粒状											
						3	50—80	浅棕色	紧砂土	块状											
						4	80—100	红棕色	黏土	块状											
						5	100—150	灰白色	重壤土	块状											
剖4	半水成土	潮土	潮土	潮土	黏质厚砂腰潮土	1	0—20	红棕色	黏土										河流冲积物	E 115°26′11.0″ N 35°37′26.6″	100
						2	20—50	浅棕色	紧砂土	团块状											
						3	50—150	灰白色	轻壤土	粒状											
剖5	半水成土	潮土	盐化潮土	盐化潮土	轻度轻壤质厚砂心薄黏腰盐化潮土	1	0—20	灰褐色	紧砂壤土	团粒状									河流冲积物	E 115°26′25.8″ N 35°35′12.5″	73
						2	20—100	浅棕色	紧砂土	团块状											
						3	100—150	灰白色	重壤土	粒状											
剖6	半水成土	潮土	潮土	潮土	重壤厚砂心潮土	1	0—20	灰黄色	松砂土	块状									河流冲积物	E 115°22′22.1″ N 35°32′44.2″	82
						2	20—67	浅棕色	中壤土	粒状											
						3	67—80	灰白色	紧砂土	块状											
						4	80—150	灰黄色	砂壤土	粒状											
剖7	半水成土	潮土	潮土	潮土	砂壤薄黏心潮土	1	0—20	浅黄色	砂壤土	块状									河流冲积物	E 115°29′26.5″ N 35°32′17.9″	85
						2	20—80	红棕色	黏土	块状											
						3	80—100	灰白色	中壤土	粒状											
剖8	半水成土	潮土	潮土	淤灌潮土	砂壤薄黏心淤灌潮土	1	0—20	灰黄色	砂壤土	粒状	7.1	6.6	0.34	1.43	38	5.0	116	10.8	河流冲积物	E 115°24′51.1″ N 35°31′44.0″	97
						2	20—50	黄色	砂壤土	粒状											
						3	50—69	红棕色	黏土	块状											
						4	69—150	灰白色	紧砂土	粒状											
剖9	半水成土	潮土	潮土	淤灌潮土	黏土质厚砂心淤灌潮土	1	0—20	棕红色	黏土	块状	7.1	9.2	0.45	1.50	44	7.0	205	7.1	河流冲积物	E 115°29′14.6″ N 35°30′39.2″	98
						2	20—60	浅黄色	砂壤土	团粒状											
						3	60—150	灰白色	松砂土	粒状											
剖10	半水成土	潮土	潮土	淤灌潮土	轻壤薄黏心淤灌潮土	1	0—20	灰色	轻壤土	团粒状	7.5	4.5	0.43		22	3.0	96	7.5	河流冲积物	E 115°26′36.6″ N 35°30′25.2″	92
						2	20—32	红棕色	黏土	块状											
						3	32—60	灰白色	重壤土	团粒状											
						4	60—90	褐色	中壤土	团块状											
剖11	半水成土	潮土	潮土	潮土	重壤厚壤心潮土	1	20—63	浅褐色	轻砂壤土	团粒状									河流冲积物	E 115°35′52.1″ N 35°39′40.0″	70
						2															
						3	63—88	灰白色	紧砂土	团粒状											
						4	88—150														

续表 Continued

剖面号 Soil profile	土纲 Soil order	土类 Soil great group	亚类 Soil subgroup	土属 Soil genus	土种 Soil species	土层码 Layer code	土层厚度 Depth/cm	颜色 Soil color	质地 Soil texture	土壤结构 Soil structure	pH	有机质 OM/(g/kg)	全氮 TN/(g/kg)	全磷 TP/(g/kg)	碱解氮 AN/(mg/kg)	有效磷 AP/(mg/kg)	速效钾 AK/(mg/kg)	阳离子交换量CEC/(cmol/kg)	土壤母质 Parent material	剖面点坐标 Profile coordinate	匹配指数 Matching index/%
剖12	半水成土	潮土	潮土	潮土	轻壤厚黏心潮土	1	0—20	灰褐色	轻壤土	团粒状									河流冲积物	E 115°39′50.8″ N 35°38′31.2″	89
						2	20—40	灰白色	紧砂土	块状											
						3	40—80	浅棕色	重壤土	块状											
						4	80—110	灰白色	紧砂土	块状											
						5	110—115	浅棕色	重壤土												
						6	115—150	灰白色	紧砂土												
剖13	半水成土	潮土	潮土	潮土	轻壤厚砂腰潮土	1	0—20	褐色	轻壤土	团粒状									河流冲积物	E 115°41′17.5″ N 35°38′31.2″	85
						2	20—50	黄色	松砂土	团粒状											
						3	50—100	灰白色	砂壤土	粒状											
						4	100—150	灰白色	砂壤土	粒状											
剖14	半水成土	潮土	潮土	潮土	中壤厚黏心潮土	1	0—20	灰白色	中壤土	团粒状									河流冲积物	E 115°34′43.3″ N 35°36′58.0″	98
						2	20—50	红棕色	黏土	块状											
						3	50—150	灰白色	紧砂土	粒状											
剖15	半水成土	盐化潮土	盐化潮土	盐化潮土	轻度砂壤均质盐化潮土	1	0—20	灰白色	砂壤土	粒状									河流冲积物	E 115°31′56.3″ N 35°36′29.5″	83
						2	20—80	灰黄色	砂壤土	粒状											
						3	80—117	浅黄色	砂壤土	粒状											
						4	117—130	灰白色	轻壤土	粒状											
						5	130—145	灰黄色	中壤土	团粒状											
剖16	半水成土	潮土	潮土	潮土	中壤厚砂薄黏心潮土	1	0—20	浅黄色	中壤土	块状									河流冲积物	E 115°35′11.2″ N 35°35′29.2″	74
						2	20—60	灰白色	中壤土	块状											
						3	60—150	黄褐色	紧砂土	粒状											
剖17	半水成土	盐化潮土	盐化潮土	盐化潮土	中度中壤黏心盐化潮土	1	0—20	灰白色	重壤土	块状									河流冲积物	E 115°39′41.2″ N 35°35′11.4″	75
						2	20—40	浅褐色	紧砂土	块状											
						3	40—60	灰白色													
						4	60—100	黄褐色													
						5	100—150	灰白色	中壤土	团粒状											
剖18	半水成土	潮土	潮土	潮土	中壤薄砂心潮土	1	0—20	浅褐色	重壤土	块状									河流冲积物	E 115°36′08.3″ N 35°34′54.1″	70
						2	20—47	灰白色	砂壤土	粒状											
						3	47—86	灰白色	砂壤土	块状											
						4	86—130	灰白色	砂夹黏土	粒状											
						5	130—150	灰白色	紧砂土	块状											
剖19	半水成土	盐化潮土	盐化潮土	盐化潮土	轻壤轻壤厚砂心盐化潮土	1	0—20	灰白色	紧砂土	团粒状									河流冲积物	E 115°39′19.4″ N 35°32′17.2″	92
						2	20—110	红棕色	紧砂土	单粒状											
						3	110—150	灰白色	紧砂土	粒状											
剖20	半水成土	潮土	潮土	潮土	中壤厚砂心潮土	1	0—20	灰白色	砂壤土	团粒状									河流冲积物	E 115°35′55.0″ N 35°32′16.8″	78
						2	20—150	灰黄色	黏土	块状											
剖21	半水成土	潮土	潮土	潮土	黏均质潮土	1	0—20	灰褐色	黏土	粒状									河流冲积物	E 115°27′09.0″ N 35°29′17.2″	81
						2	20—110	红棕色	紧砂土	粒状											
						3	110—150	灰白色	砂壤土	粒状	7.1	5.3	0.27		20	2.0	77	8.4			
剖22	半水成土	潮土	淤灌潮土	淤灌潮土	砂壤均质淤灌潮土	1	0—20	浅褐色	砂壤土	粒状									河流冲积物	E 115°22′00.4″ N 35°27′32.9″	74
						2	20—70	灰黄色	松砂土	团块状											
						3	70—150	灰黄色	砂壤土			8.3	0.66	1.42	67	6.0	250	8.1			
剖23	半水成土	潮土	淤灌潮土	淤灌潮土	重壤厚砂心淤灌潮土	1	0—30	灰褐色	重壤土										河流冲积物	E 115°20′30.5″ N 35°26′49.6″	85
						2	30—60	浅黄色	砂壤土												
						3	60—80	浅棕色	轻壤土												
						4	80—150	棕色	砂壤土												

续表 Continued

剖面号 Soil profile	土纲 Soil order	土类 Soil great group	亚类 Soil subgroup	土属 Soil genus	土种 Soil species	土层码 Layer code	土层厚度 Depth/cm	颜色 Soil color	质地 Soil texture	土壤结构 Soil structure	pH	有机质 OM/(g/kg)	全氮 TN/(g/kg)	全磷 TP/(g/kg)	碱解氮 AN/(mg/kg)	有效磷 AP/(mg/kg)	速效钾 AK/(mg/kg)	阳离子交换量CEC/(cmol/kg)	土壤母质 Parent material	剖面点坐标 Profile coordinate	匹配指数 Matching index/%
剖24	半水成土	潮土	潮土	潮土	砂壤薄薄壤腰潮土	1	0—20	灰黄色	砂壤土	粒状									河流冲积物	E 115° 30′ 44.1″ N 35° 28′ 10.4″	89
						2	20—78	灰白色	紧砂土												
						3	78—100	浅棕色	中壤土												
						4	100—150	灰白色	紧砂土												
剖25	半水成土	潮土	潮土	潮土	轻壤厚砂心潮土	1	0—20	灰褐色	轻壤土	团粒状									河流冲积物	E 115° 31′ 34.7″ N 35° 27′ 29.9″	75
						2	20—40	浅褐色	轻壤土	团粒状											
						3	40—60	黄色	砂壤土	粒状											
						4	60—150	灰白色	松砂土	粒状											
剖26	半水成土	潮土	潮土	潮土	砂壤薄壤心潮土	1	0—35	灰黄色	砂壤土	粒状									河流冲积物	E 115° 38′ 48.1″ N 35° 27′ 10.8″	84
						2	35—45	灰白色	紧砂土												
						3	45—69	灰褐色	轻壤土												
						4	69—150	紫褐色	紧砂土	单粒状											
剖27	半水成土	潮土	潮土	潮土	砂壤均质潮土	1	0—20	灰黄色	砂壤土	单粒状									河流冲积物	E 115° 33′ 34.9″ N 35° 25′ 05.5″	88
						2	20—150	灰白色	紧壤土												

东 明 县

主要土类说明

潮土是东明县主要土壤类型，占本县地域面积的85%。潮土是发育于河流冲积物上，地下水参与成土过程，长期耕作熟化而发育形成的一类土壤。本县潮土地下水位浅，底土氧化还原作用交替发生，形成锈纹、锈斑及铁锰结核。本县潮土分为潮土、盐化潮土、碱化潮土等亚类。其中，潮土亚类占本土类面积的85%。潮土亚类受地下水作用较弱，无次生盐渍化。耕层有机质含量为6.1g/kg、全氮含量为0.47g/kg、全磷含量为0.90g/kg，pH约为7.5。盐化潮土亚类占本土类面积的12%左右，所处地貌类型为背洼槽状洼地、洼坡地、平坡地，主要分布在渔沃、沙窝、刘楼、三春集等地。盐分组成以氯化物为主，0—20cm土层含盐量为1—8g/kg。表层质地以壤土为主，占70%左右，耕层有机质含量为6.1g/kg，全氮含量为0.41g/kg，全磷含量为0.87g/kg，pH约为7.4。碱化潮土亚类pH大于8.0，0—20cm碱化度为18%—45%。耕层有机质含量为5.6g/kg，全氮含量为0.34g/kg，全磷含量为0.84g/kg。该亚类表层质地及构型较好，但养分含量偏低，有中度碱害，影响作物生长。

风沙土是本县第二大土壤类型，占本县地域面积的4%。本县风沙土系分布在决口扇形地貌类型上的一种土壤类型，表层以及表层以下构型为松砂土或紧砂土，因风力搬迁作用，形成大小不一的沙丘。本县风沙土主要为风成半固定风沙土，由于成土时间短暂，无剖面发育，属C型、（A）–C型或A–C型土。土壤发育程度差，土壤养分含量极低。

小于本县地域面积3%的土壤类型有新积土和草甸盐土等。

本区域中心区气候特征

本区域中心区气候特征值
Regional climate characteristics in central area of the region

气候带：暖温带亚湿润气候 Climate region: Warm temperate subhumid climate	
年平均气温 /℃ Annual average temperature /℃	13.9
年平均最高气温 /℃ Annual average maximum temperature /℃	19.6
年平均最低气温 /℃ Annual average minimum temperature /℃	9.3
年降水量 /mm Annual precipitation /mm	626
≥10℃的积温 /℃ Daily temperature accumulated in a year (≥10℃) /℃	5241
年日照时数 /h Annual sunshine /h	2363
年平均相对湿度 /% Annual average relative humidity /%	69
干燥度 Dryness	1.33

本区域中心区月平均气温与月平均降水量
Monthly temperature and precipitation in central area of the region

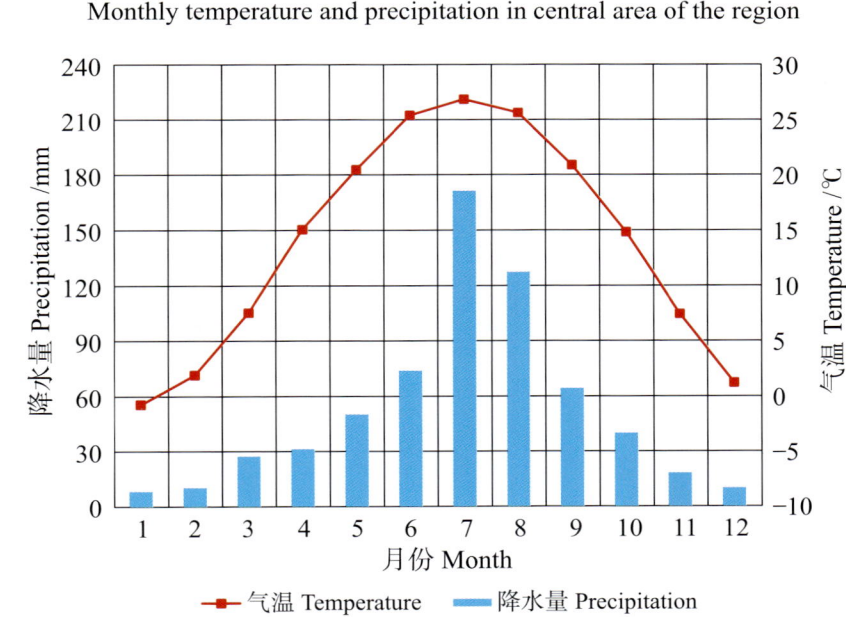

东明县主要土壤类型与土壤剖面点分布图
1 : 180 000

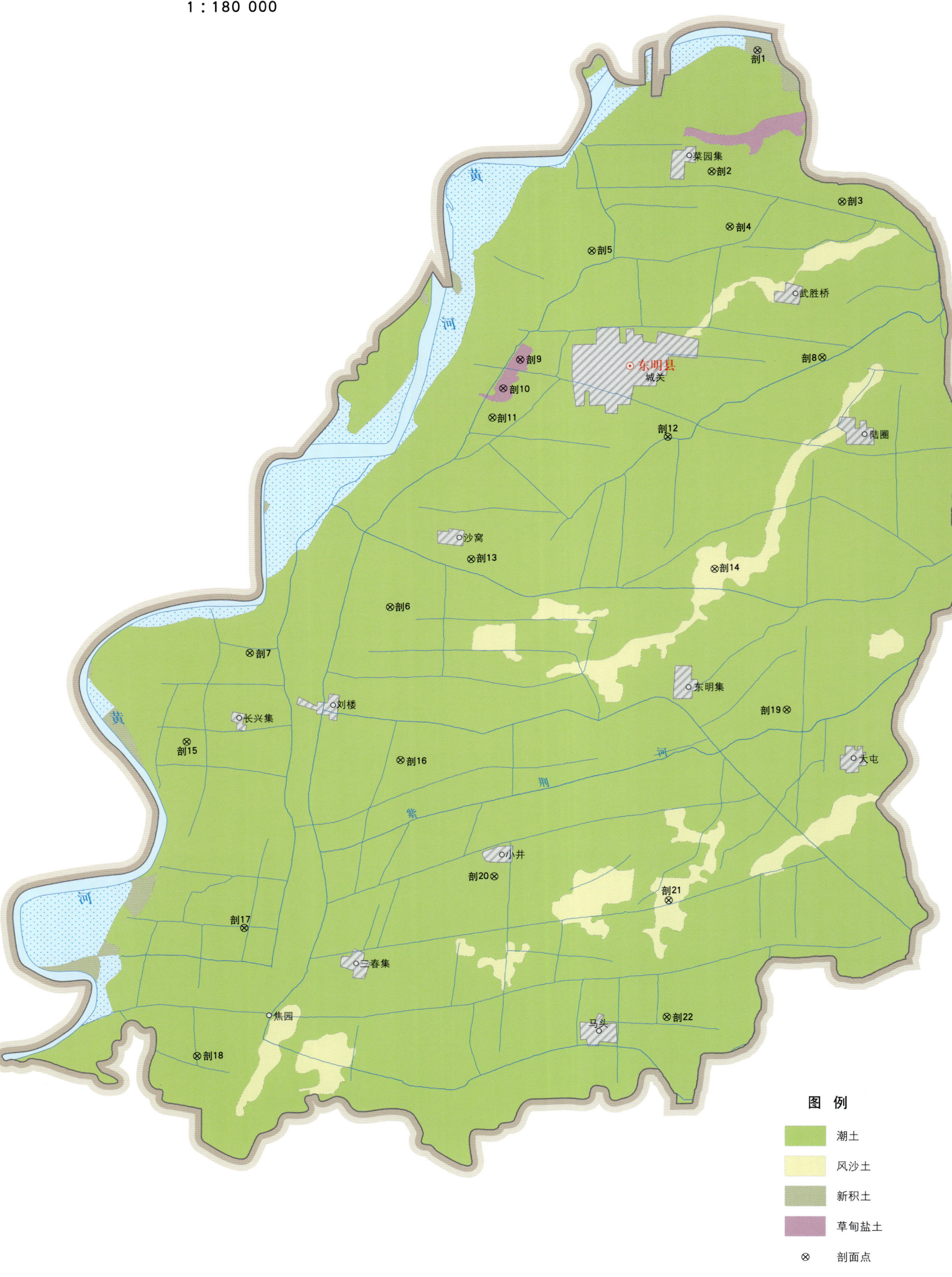

东明县土壤剖面理化性状表

剖面号 Soil profile	土纲 Soil order	土类 Soil great group	亚类 Soil subgroup	土属 Soil genus	土种 Soil species	土层码 Layer code	土层厚度 Depth/cm	颜色 Soil color	质地 Soil texture	土壤结构 Soil structure	pH	有机质 OM/(g/kg)	全氮 TN/(g/kg)	全磷 TP/(g/kg)	全钾 TK/(g/kg)	碱解氮 AN/(mg/kg)	有效磷 AP/(mg/kg)	速效钾 AK/(mg/kg)	阳离子交换量 CEC/(cmol/kg)	土壤母质 Parent material	剖面点坐标 Profile coordinate	匹配指数 Matching index/%
剖1	初育土	新积土	冲积土	黄河滩冲积土	黄河滩涂土	1	0—23		砂壤土		7.9	4.3	0.23	0.52	16.8	50	6.5	96	7.8		E 115° 09′ 36.4″ N 35° 25′ 11.2″	77
						2	23—47		砂壤土		7.8	3.7	0.20	0.52	16.7	49	4.7	89	6.7			
						3	47—75		砂壤土		7.7	4.4	0.24	0.56	17.0	52	5.9	98	8.1			
						4	75—130		砂壤土		7.7	3.1	0.21	0.51	16.5	30	3.9	77	5.6			
剖2	半水成土	潮土	潮土	河滩潮土	重壤均质河滩潮土	1	0—20	浅褐色	重壤土	块状	7.5	7.8	0.64	0.97		48	6.0	204		河流冲积物	E 115° 08′ 19.3″ N 35° 22′ 13.1″	85
						2	20—150	红棕色	黏土	块状	7.5	7.7	0.57	1.49			6.0	192				
剖3	半水成土	潮土	潮土	河滩潮土	中壤表砂均质河滩潮土	1	0—20	浅褐色	中壤土	团粒状	7.4	6.1	0.54	0.87		45	1.0	112		河流冲积物	E 115° 12′ 05.6″ N 35° 21′ 32.3″	79
						2	20—55	浅灰色	砂壤土	屑状	7.4	2.4	0.13	0.98			1.0	31				
						3	55—150	灰白色	紧砂土	粒状	7.4	1.3	0.15				1.0	31				
剖4	半水成土	潮土	潮土	河滩潮土	砂壤均质河滩潮土	1	0—20	灰棕色	砂壤土	屑状	7.3	1.5	0.15	1.44		17	1.0	59		河流冲积物	E 115° 08′ 52.4″ N 35° 20′ 53.9″	84
						2	20—105	浅棕色	紧砂土	粒状	7.4	1.4	0.14				1.0	59				
						3	105—150	灰白色	重壤土	块状	7.4	1.4	0.14	1.44		17	1.0	59				
剖5	半水成土	潮土	盐化潮土	氯化物盐化潮土	重壤表厚砂腰重度氯化潮土	1	0—20	灰白色	重壤土	块状	7.3	5.2								河流冲积物	E 115° 04′ 54.5″ N 35° 20′ 15.7″	71
						2	20—70		紧砂土	粒状	7.4	1.7										
						3	70—100		紧砂土	粒状	7.4	1.2										
						4	100—150															
剖6	半水成土	潮土	潮土	潮土	中壤表厚砂腰砂壤均质潮土	1	0—20	浅褐色	中壤土	碎块状	7.2	5.7	0.43	1.09		72	9.0	100		河流冲积物	E 114° 59′ 17.5″ N 35° 11′ 32.6″	96
						2	20—45	浅黄色	中壤土	碎块状	7.3	6.0	0.37	1.12			4.0	91				
						3	45—60	浅黄色	松砂土	屑状	7.4	3.5	0.32	1.45			1.7	30				
						4	60—95	灰白色	砂壤土	屑状	7.1	3.9	0.37				14.0	28				
						5	95—150	灰白色		粒状	7.3	2.2	0.21				3.0	70				
剖7	半水成土	潮土	潮土	潮土	重壤表砂均质潮土	1	0—20	浅淡色	重壤土	块状	7.6	6.0	0.60	0.54		41	3.0	91		河流冲积物	E 114° 55′ 17.4″ N 35° 10′ 22.4″	70
						2	20—60	浅淡色	砂壤土	屑状	7.6	4.7	0.47	0.56			1.0	57				
						3	60—100	灰白色	砂壤土	粒状	7.7	2.5	0.19				1.0	42				
						4	100—130	红棕色	黏土	粒状												
						5	130—150	灰白色	紧砂土	粒状												
剖8	盐碱土	草甸盐土	草甸盐土	壤质氯化物盐土	砂壤表厚砂腰氯化物盐化潮土	1	0—20	浅褐色	砂壤土	屑状	7.9	4.9	0.31	0.59		44	1.0	85		河流冲积物	E 115° 11′ 35.7″ N 35° 17′ 45.4″	89
						2	20—68	浅黄色	松砂土		7.5	2.1	0.14	0.59			1.0	41				
						3	68—150	浅灰色	紧砂土		7.4	0.7	0.06				1.0	35				
剖9	盐碱土	草甸盐土	草甸盐土	壤质氯化物盐土	轻壤表厚砂腰氯化物盐土	1	0—20	浅黄色	轻壤土	屑状	7.5	5.1	0.42	0.94		44	6.0	91		河流冲积物	E 115° 02′ 54.2″ N 35° 17′ 35.5″	74
						2	20—70	浅褐色	中壤土	粒状	7.4	4.1	0.40	1.03			2.0	70				
						3	70—150	浅灰色	紧砂土	粒状	7.4	0.9	0.07				2.0	47				
剖10	半水成土	潮土	潮土	氯化物盐化潮土	轻壤表厚砂腰氯化物潮土	1	0—20	浅褐色	轻壤土	团粒状	7.4	3.6	0.27	0.94		26	1.0	99		河流冲积物	E 115° 02′ 25.8″ N 35° 16′ 53.4″	94
						2	20—60	红棕色	砂壤土	团粒状	7.5	1.3	0.08	0.79			1.0	44				
						3	60—150	灰白色	紧砂土	粒状	7.3	2.6	0.14				1.0	48				
剖11	半水成土	潮土	碱化潮土	苏打氯化物碱化潮土	轻壤表厚砂腰中度苏打氯化物碱化潮土	1	0—20	浅褐色	砂壤土	团粒状	8.4	2.4	0.21	1.06		18	4.0	67		河流冲积物	E 115° 02′ 07.4″ N 35° 16′ 10.9″	100
						2	20—40	浅棕色	中壤土	块状	8.6	2.3	0.29	1.06			1.0	44				
						3	40—55	浅灰色	紧砂土	单粒状	7.5	6.4	0.45	0.80			6.0	91				
						4	55—100	浅灰色	紧砂土	单粒状	7.4	1.3	0.16				1.0	42				
						5	100—150															

续表 Continued

剖面号 Soil profile	土纲 Soil order	土类 Soil great group	亚类 Soil subgroup	土属 Soil genus	土种 Soil species	土层码 Layer code	土层厚度 Depth/ cm	颜色 Soil color	质地 Soil texture	土壤结构 Soil structure	pH	有机质 OM/ (g/kg)	全氮 TN/ (g/kg)	全磷 TP/ (g/kg)	全钾 TK/ (g/kg)	碱解氮 AN/ (mg/kg)	有效磷 AP/ (mg/kg)	速效钾 AK/ (mg/kg)	阳离子 交换量CEC/ (cmol/kg)	土壤母质 Parent material	剖面点坐标 Profile coordinate	匹配指数 Matching index/%
剖12	半水成土	潮土	盐化潮土	氯化物盐化潮土	中壤表厚砂化盐化潮土	1	0—20	浅褐色	中壤土		7.3	6.1	0.45	0.66		47	3.0	48		河流冲积物	E 115° 07′ 11.7″ N 35° 15′ 47.0″	100
						2	20—45	浅褐色	轻壤土		7.8	3.7	0.25	0.61			1.0	54				
						3	45—95	灰白色	紧砂土		7.7	1.1	0.12				1.0	37				
						4	95—110		夹砂黏土													
						5	110—150	灰白色	紧砂土													
剖13	半水成土	潮土	潮土	潮土	轻壤表厚紧黏潮土	1	0—18	浅褐色	轻壤土	团粒状	7.4	8.8	0.63	1.53		50	5.0	143		河流冲积物	E 115° 01′ 35.8″ N 35° 12′ 44.6″	80
						2	18—79	灰白色	紧砂土	粒状	7.3	1.1	0.10				1.0	44				
						3	79—96	浅棕色	重壤土	块状	7.5	4.2	0.36	1.20			1.0	94				
						4	96—150	红棕色	黏土	块状												
剖14	初育土	风沙土	半固定风沙土	冲积半固定风沙土	紧砂均质冲积半固定风沙土	1	0—20	浅褐色	松砂土	粒状	7.4	2.1	0.12	0.77		21	1.0	31		冲积物	E 115° 08′ 36.2″ N 35° 12′ 35.6″	75
						2	20—42	灰白色	松砂土	粒状	7.4	0.7	0.06	0.86			1.0	24				
						3	42—76	灰黄色	松砂土	粒状	7.3	1.9	0.23				1.0	38				
						4	76—150	浅黄色	重壤土	粒状	7.3	0.7	0.11				1.0	22				
剖15	半水成土	潮土	潮土	潮土	重壤均质潮土	1	0—25	浅棕色	重壤土	碎块状	7.8	8.4	0.68	0.60		49	9.0	126		河流冲积物	E 114° 53′ 31.6″ N 35° 08′ 11.4″	97
						2	25—50	红棕色	黏土	块状	7.3	4.6	0.38	0.55			1.0	79				
						3	50—70	红棕色	重壤土	碎块状	7.5	4.9	0.45	0.68			1.0	88				
						4	70—150	红棕色	黏土	块状	7.5	5.4	0.48				1.0	104				
剖16	半水成土	潮土	潮土	潮土	轻壤表厚均质潮土	1	0—20	浅褐色	轻壤土	团粒状	7.6	5.5	0.45	0.87		63	1.0	72		河流冲积物	E 114° 59′ 40.6″ N 35° 07′ 50.2″	97
						2	20—60	浅黄色	砂壤土	屑状		2.8	0.24	0.87			1.0	49				
						3	60—150	灰白色	紧砂土	粒状		1.8	0.15				1.0	51				
剖17	半水成土	潮土	潮土	潮土	砂壤均质潮土	1	0—20	浅黄色	砂壤土	屑状	7.6	2.7	0.31	0.96		36	2.0	84		河流冲积物	E 114° 55′ 17.4″ N 35° 03′ 41.0″	95
						2	20—95	灰白色	紧砂土	屑状	7.2	4.9	0.47	1.11			4.0	77				
						3	95—150	灰白色	紧砂土	粒状	8.0	1.0	0.15				1.0	48				
剖18	半水成土	潮土	潮土	灌淤潮土	重壤表厚灌淤潮土	1	0—26	灰棕色	重壤土	碎块状	7.5	8.7	0.66	5.60		66	6.0	188		河流冲积物	E 114° 54′ 01.1″ N 35° 00′ 32.4″	72
						2	26—150	灰棕色	壤质砂土	粒状	7.5	1.9	0.13	0.40			1.0	35				
剖19	半水成土	潮土	潮土	砂质潮土	均砂质潮土	1	0—20		壤质砂土		7.6	4.1	0.32	0.35			3.2	47	5.7	河流冲积物	E 115° 10′ 44.8″ N 35° 09′ 12.9″	77
						2	20—75		壤质砂土		7.6	3.1	0.20	0.34			3.1	40	3.8			
						3	75—115		砂质砂土		7.6	2.5	0.17				2.4	30	3.0			
剖20	半水成土	潮土	潮土	潮土	重壤表厚潮土	1	0—20	浅棕色	重壤土	碎块状	7.6	8.3	0.70	1.03		49	3.0	118		河流冲积物	E 115° 02′ 25.4″ N 35° 05′ 02.8″	89
						2	20—66	红棕色	黏土	块状	7.6	5.6	0.51	0.68			1.0	116				
						3	66—150	灰白色	紧砂土	粒状	7.3	1.9	0.17				1.0	34				
剖21	初育土	风沙土	半固定风沙土	冲积半固定风沙土	紧砂均质冲积半固定风沙土	1	0—20	灰黄色	砂壤土	单粒状	7.4	1.0	0.08	1.27		11	1.0	38		冲积物	E 115° 07′ 27.2″ N 35° 04′ 32.1″	97
						2	20—75	灰色	砂壤土	屑状	7.9	1.8	0.16	1.05			1.0	32				
						3	75—90	浅褐色	紧砂土	单粒状	7.7	1.1	0.09				1.0	30				
						4	90—150	浅灰色	紧砂土	屑状	7.4	2.3	0.12				1.0	59				
剖22	半水成土	潮土	潮土	潮土	砂壤均质潮土	1	0—20	浅灰色	砂壤土	屑状	7.6	5.0	0.42	1.24		38	1.0	63		河流冲积物	E 115° 07′ 28.0″ N 35° 01′ 41.8″	72
						2	20—60	浅褐色	砂黏土	屑状	7.7	2.9	0.22	0.88			1.0	59				
						3	60—75	浅褐色	砂壤土	片状、粒状	7.0	3.6	0.32				1.0	56				
						4	75—150	灰白色	紧砂土	粒状	8.4	1.0	0.11				1.0	34				

附 录

附录 1 山东省县级行政区及分县主要土壤类型与土壤剖面点分布图地域名对照表

地级行政区划	县级行政区划[1]	分县主要土壤类型与土壤剖面点分布图地域名[2]	地级行政区划	县级行政区划[1]	分县主要土壤类型与土壤剖面点分布图地域名[2]
济南市	历下区	市辖区*	青岛市	莱西市	莱西市
	市中区		淄博市	张店区	市辖区*
	槐荫区			淄川区	淄川区
	天桥区			博山区	博山区
	历城区			临淄区	临淄区
	长清区	长清县		周村区	周村区
	章丘区	章丘市		桓台县	桓台县
	济阳区	济阳县		高青县	高青县
	莱芜区	莱芜区、钢城区		沂源县	沂源县
	钢城区		枣庄市	市中区	市辖区*
	平阴县	平阴县		薛城区	
	商河县	商河县		峄城区	峄城区
青岛市	市南区	崂山区、李沧区、城阳区		台儿庄区	台儿庄区
	市北区			山亭区	山亭区
	崂山区			滕州市	滕州市
	李沧区		东营市	东营区	
	城阳区			河口区	河口区
	黄岛区	黄岛区		垦利区	垦利县
	即墨区	即墨市		利津县	利津县
	胶州市	胶州市		广饶县	广饶县
	平度市	平度市	烟台市	芝罘区	芝罘区

续表

地级行政区划	县级行政区划[1]	分县主要土壤类型与土壤剖面点分布图地域名[2]	地级行政区划	县级行政区划[1]	分县主要土壤类型与土壤剖面点分布图地域名[2]
烟台市	福山区		泰安市	岱岳区	
	牟平区	牟平区		宁阳县	宁阳县
	莱山区			东平县	东平县
	蓬莱区	蓬莱区		新泰市	新泰市
	龙口市	龙口市		肥城市	肥城市
	莱阳市	莱阳市	威海市	环翠区	市辖区*
	莱州市	莱州市		文登区	文登市
	招远市	招远市		荣成市	荣成市
	栖霞市	栖霞县		乳山市	乳山市
	海阳市	海阳市	日照市	东港区	
潍坊市	潍城区			岚山区	
	寒亭区	市辖区*		五莲县	五莲县
	坊子区			莒县	莒县
	奎文区		临沂市	兰山区	市辖区*
	临朐县	临朐县		罗庄区	罗庄区
	昌乐县	昌乐县		河东区	河东区
	青州市	青州市		沂南县	沂南县
	诸城市	诸城市		郯城县	
	寿光市	寿光市		沂水县	沂水县
	安丘市	安丘县		兰陵县	苍山县
	高密市	高密县		费县	费县
	昌邑市	昌邑县		平邑县	平邑县
济宁市	任城区	市辖区*		莒南县	莒南县
	兖州区	兖州市		蒙阴县	蒙阴县
	微山县	微山县		临沭县	临沭县
	鱼台县	鱼台县	德州市	德城区	市辖区*
	金乡县	金乡县		陵城区	陵县
	嘉祥县	嘉祥县		宁津县	宁津县
	汶上县	汶上县		庆云县	
	泗水县	泗水县		临邑县	临邑县
	梁山县	梁山县		齐河县	
	曲阜市	曲阜市		平原县	平原县
	邹城市	邹城市		夏津县	夏津县
泰安市	泰山区	市辖区*		武城县	武城县

续表

地级行政区划	县级行政区划[1]	分县主要土壤类型与土壤剖面点分布图地域名[2]	地级行政区划	县级行政区划[1]	分县主要土壤类型与土壤剖面点分布图地域名[2]
德州市	乐陵市	乐陵市	滨州市	阳信县	阳信县
	禹城市	禹城市		无棣县	无棣县
聊城市	东昌府区	市辖区*		博兴县	博兴县
	茌平区	茌平县		邹平市	
	阳谷县	阳谷县	菏泽市	牡丹区	市辖区*
	莘县	莘县		定陶区	定陶县
	东阿县	东阿县		曹县	曹县
	冠县	冠县		单县	单县
	高唐县	高唐县		成武县	成武县
	临清市	临清市		巨野县	巨野县
滨州市	滨城区			郓城县	
	沾化区	沾化县		鄄城县	鄄城县
	惠民县	惠民县		东明县	东明县

注：1）为民政部于2022年3月发布的《2021年中华人民共和国行政区划代码》中的县级行政区名称。该名称也作为本数据集分县目录。分县排序按《2021年中华人民共和国行政区划代码》中的地级、县级行政区排列。

2）分县主要土壤类型与土壤剖面点分布图地域名是全国第二次土壤普查中分县采样调查、制图的县级行政区名称。分县主要土壤类型与土壤剖面点分布图采用的县级行政区域是从国家测绘局获取的1∶25万DLG（公众版）数据（使用许可协议编号：非2011—1011）。附录1显示了全国第二次土壤普查时的县级行政区域名与《2021年中华人民共和国行政区划代码》中的县级行政区名称之间的关联。附录1中仅有《2021年中华人民共和国行政区划代码》中的县级行政区名称，而没有对应的分县主要土壤类型与土壤剖面点分布图地域名的分县，表示该县级行政区无土壤剖面数据，未纳入分县目录。

*在附录1中，凡分县主要土壤类型与土壤剖面点分布图地域名表示为"市辖区"的地域，均指在全国第二次土壤普查中，在城市中心区及近郊区完成的采样调查和制图。此时，县级行政区名称与分县主要土壤类型与土壤剖面点分布图地域名不是完全的对应关系。如济南市市辖区主要土壤类型与土壤剖面点分布图代表土壤调查中济南市城区及近郊区的土壤分布状况。此时将"市辖区"作为这一节的标题。

附录2　专题图基础地理要素图例

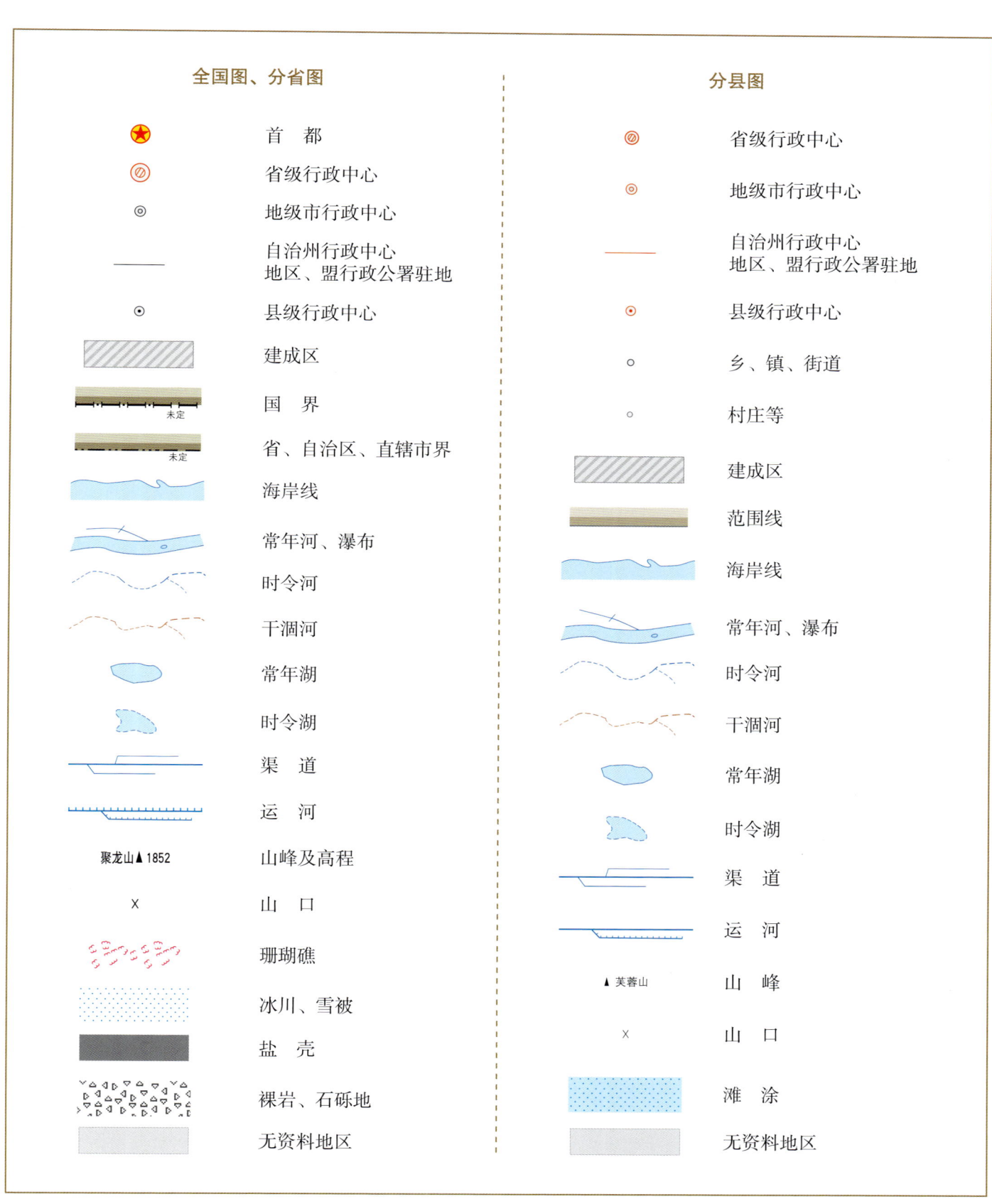

附录3　土壤图土类图例

图例	土类名	色码（RGB）	色码（CMYK）	图例	土类名	色码（RGB）	色码（CMYK）
	砖红壤	253, 139, 149	0, 56, 26, 0		棕钙土	250, 221, 212	2, 17, 13, 0
	赤红壤	253, 160, 170	0, 47, 17, 0		灰钙土	230, 214, 165	11, 15, 40, 1
	红　壤	252, 199, 209	1, 29, 6, 0		灰漠土	246, 237, 182	4, 6, 36, 0
	黄　壤	250, 238, 14	2, 5, 92, 0		灰棕漠土	232, 207, 118	8, 19, 62, 1
	黄棕壤	247, 231, 171	3, 9, 40, 0		棕漠土	238, 220, 86	5, 12, 76, 1
	黄褐土	249, 236, 121	2, 5, 64, 0		黄绵土	249, 223, 2	1, 13, 93, 0
	棕　壤	238, 218, 147	6, 14, 50, 1		红黏土	247, 149, 143	1, 52, 33, 0
	暗棕壤	226, 181, 98	9, 33, 68, 2		新积土	184, 199, 156	30, 11, 44, 2
	白浆土	223, 226, 205	15, 7, 22, 0		龟裂土	254, 252, 55	0, 7, 86, 0
	棕色针叶林土	206, 169, 142	18, 35, 40, 4		风沙土	242, 242, 180	6, 2, 39, 0
	灰化土	183, 169, 182	31, 31, 16, 4		石灰（岩）土	176, 175, 85	28, 21, 75, 9
	漂灰土*	220, 219, 162	15, 9, 44, 1		火山灰土	223, 167, 170	11, 41, 19, 2
	燥红土	250, 161, 9	0, 46, 95, 0		紫色土	199, 177, 221	28, 31, 0, 0
	褐　土	225, 201, 153	12, 21, 43, 1		磷质石灰土	240, 250, 156	7, 1, 51, 0
	灰褐土	228, 219, 186	12, 12, 30, 0		石质土	171, 181, 150	35, 18, 43, 5
	黑　土	142, 164, 151	46, 21, 38, 8		粗骨土	196, 187, 132	23, 21, 53, 4
	灰色森林土	162, 178, 175	40, 19, 27, 4		草甸土	128, 171, 117	51, 14, 63, 7

续表

图例	土类名	色码（RGB）	色码（CMYK）	图例	土类名	色码（RGB）	色码（CMYK）
	黑钙土	230，188，50	6，30，88，1		潮 土	169，219，118	34，1，68，0
	栗钙土	214，195，161	17，22，37，2		砂姜黑土	191，202，188	29，13，26，1
	栗褐土	240，213，157	5，18，43，1		林灌草甸土	171，191，44	31，12，93，5
	黑垆土	201，204，125	22，12，60，3		山地草甸土	132，184，161	52，9，42，3
	沼泽土	144，183，212	49，14，8，2		灌漠土	158，184，110	39，12，67，6
	泥炭土	150，140，173	46，41，10，6		草毡土	150，172，169	45，20，29，6
	草甸盐土	222，145，201	21，49，0，0		黑毡土	129，157，106	48，19，63，14
	滨海盐土	232，206，217	10，22，5，0		寒钙土	198，214，203	26，8，21，1
	酸性硫酸盐土	187，159，184	29，38，9，3		冷钙土	194，194，96	23，15，72，5
	漠境盐土	209，130，159	16，58，11，3		冷棕钙土	183，186，169	31，20，32，3
	寒原盐土	187，159，184	29，38，9，3		寒漠土	235，223，181	9，12，33，0
	碱 土	227，211，211	13，18，11，0		冷漠土	223，197，102	11，22，68，2
	水稻土	107，176，107	59，9，72，3		寒冻土	196，171，79	19，29，77，8
	灌淤土	136，146，47	38，24，90，21				

注：*漂灰土，《中国土壤分类与代码》（GB/T 17296—2009）中无此土类，在全国第二次土壤普查中完成的中国1∶100万土壤图和分县土壤图中含漂灰土，主要分布于西藏自治区南部，总面积约为112 km²。

附录4 中国主要土壤类型简表

土纲名[1]	土类名[2]	主要成土条件及特征[3]	分布区域	WRB 土组名[4]	MR[5]/%	百分比[6]/%
铁铝土纲 Ferrallisols	砖红壤 Latosols	热带雨林或季雨林下，强烈脱硅富铝化，游离铁占全铁的80%，土壤呈砖红色，具A–Bs–Bv–C剖面构型	海南、广东等	Acrisols	29	0.46
	赤红壤 Latosolic red soils	南亚热带季雨林下，脱硅富铝化程度次于砖红壤、强于红壤，铁的游离度介于二者之间，土壤呈赤红色，具A–Bs–C剖面构型	广东、云南、广西、福建等	Acrisols	40	2.23
	红壤 Red soils	中亚热带常绿阔叶林下，中度脱硅富铝化，具有深厚红色土层，具A–Bs–Bv或A–Bs–C剖面构型	南部的江西、福建、湖南等	Cambisols	35	6.79
	黄壤 Yellow soils	亚热带湿润气候条件下，多见于海拔700—1200m的山区，中度富铝化，土壤有机质累积较多，土壤呈黄色，具O–A–AB–B–C剖面构型	贵州、四川、云南、西藏、台湾等	Cambisols	45	2.65
淋溶土纲 Alfisols	黄棕壤 Yellow-brown soils	北亚热带暖湿落叶阔叶林下，弱度富铝化，母质多为砂页岩及花岗岩风化物，黏化特征明显，土壤呈黄棕色，具A–B–C或A–(B)–C剖面构型	长江中下游沿江低山丘陵区，以及云南、贵州、四川、陕西、西藏等	Cambisols	39	2.37
	黄褐土 Yellow-cinnamon soils	北亚热带地区，黄土状母质，无游离碳酸钙，黏化淀积明显，土壤呈灰黄棕色，具A–B–C或A–Bt–C剖面构型	河南、安徽面积最大，陕南、鄂北、江苏、川东北、江西等地也有分布	Luvisols	58	0.59
	棕壤 Brown soils	湿润暖温带地区，处于硅铝风化阶段，盐基已淋失，土体见黏粒淀积，土壤呈棕色，具O–A–Bt–C剖面构型	辽东至苏北低山丘陵，以及内蒙古、河南、西藏、云南、湖北等地的山地垂直带	Luvisols	51	2.73
	暗棕壤 Dark brown soils	湿润温带地区，针阔叶混交林下，弱酸性淋溶，有机质富集明显，土体B层呈棕色，具O–A–B–C剖面构型	黑龙江、吉林、内蒙古等	Cambisols	48	4.12

续表

土纲名[1]	土类名[2]	主要成土条件及特征[3]	分布区域	WRB 土组名[4]	MR[5]/%	百分比[6]/%
淋溶土纲 Alfisols	白浆土 Bleached baijiang soils	湿润温带平缓岗地森林草原下，上层土壤周期性滞水，还原铁、锰，漂洗形成灰黄色至灰白色白浆土层 E，具 Ah-E-Bt-C 剖面构型	黑龙江、吉林等	Luvisols	46	0.49
	棕色针叶林土 Brown coniferous forest soils	寒温带针叶林下，酸性淋溶，表层盐基饱和度降低，B 层呈棕色，具 O-A-AB-B-C 剖面构型	内蒙古、黑龙江、四川、云南、吉林、新疆等	Cambisols	47	1.15
	灰化土 Podzolic soils	寒冷湿润针叶林下，表层有机质层深厚，强烈淋溶和 SiO_2 淀积形成灰化层 A_2，具 A_1-A_2-B-BC 剖面构型	西藏	Podzols	100	<0.01
半淋溶土纲 Semi-alfisols	燥红土 Torrid red soils	热带、亚热带干旱河谷与雨区稀树草原下形成的盐基饱和的红色土壤，具 A-B-C（D）剖面构型	海南、贵州、云南、四川等	Luvisols	100	0.08
	褐土 Cinnamon soils	暖温带半湿润，黏化与钙质淋移淀积，盐基饱和，B 层呈棕褐色，具 A-B-Bk-C 剖面构型	河北、山西、北京等	Cambisols	48	2.88
	灰褐土 Gray-cinnamon soils	温带干旱、半干旱山地云冷杉下，腐殖质累积与钙积作用明显，弱黏淀特征，具 Ao-A-B-C 剖面构型	甘肃、内蒙古、新疆、西藏、青海、宁夏等地的山地垂直带	Cambisols	43	0.65
	黑土 Black soils	温带半湿润草甸草原下，具深厚的腐殖质层，无石灰性的黑色土壤，底层轻度淋溶，具 A-ABh-BhC-C 剖面构型	东北平原	Phaeozems	31	0.68
	灰色森林土 Gray forest soils	温带森林植被下，腐殖质层深厚，弱度淋溶，剖面下部见硅粉，具 O-A-AB 或（B）-BC-C 剖面构型	内蒙古、新疆、河北	Phaeozems	77	0.34
钙层土 Pedocals	黑钙土 Chernozems	温带半湿润草甸草原下，具深厚的腐殖质层、碳酸钙淋溶淀积层	内蒙古、新疆、吉林、黑龙江、青海、甘肃	Chernozems	50	1.51
	栗钙土 Castanozems	温带半干旱草原下，具有栗色腐殖质层和灰白色钙积层	内蒙古、新疆、河北、山西、吉林等	Kastanozems	61	4.18
	栗褐土 Castano-cinnamon soils	暖温带半干旱草原及灌木下，弱度黏化和弱度淋溶，通体有石灰反应	山西、内蒙古、河北	Cambisols	40	0.47
	黑垆土 Dark loessial soils	黄土高原上，由黄土母质发育，有机质含量低，腐殖质层深厚，无明显黏化层	甘肃面积最大，其次为陕北和宁南地区	Cambisols	59	0.21
干旱土 Aridisols	棕钙土 Brown caliche soils	温带干旱草原向荒漠过渡区，具浅棕色薄腐殖质层、灰白色薄钙积层，钙积层接近地表	内蒙古、甘肃、青海、新疆	Cambisols	36	2.81
	灰钙土 Sierozems	暖温带干旱草原下，母质多为黄土，低腐殖质、弱淋溶，具腐殖质层和钙积层	甘肃、宁夏、新疆、青海、内蒙古、陕西	Cambisols	63	0.50

续表

土纲名[1]	土类名[2]	主要成土条件及特征[3]	分布区域	WRB 土组名[4]	MR[5]/%	百分比[6]/%
漠土 Desert soils	灰漠土 Gray desert soils	温带干旱漠境边缘区	宁夏、内蒙古、甘肃、新疆等	Cambisols	44	0.72
	灰棕漠土 Gray-brown desert soils	温带干旱中心	新疆、内蒙古等	Cambisols	78	3.11
	棕漠土 Brown desert soils	暖温带极干旱漠境中心	新疆、甘肃等	Cambisols	65	2.69
初育土 Amorphic soils	黄绵土 Loessial soils	黄土高原上，由黄土母质直接翻耕形成，具 A-C 剖面构型	陕西、甘肃、山西、宁夏等	Cambisols	33	1.97
	红黏土 Red primitive soils	由第三纪红色黏土及部分第四纪老黄土发育	陕西、甘肃、河南、山西、辽宁等	Regosols	48	0.07
	新积土 Neo-alluvial soils	新近冲积、洪积、坡积、塌积或人工堆垫，具 A-C 或（A）-C 剖面构型	全国各地，以吉林、陕西面积最大，其次为黑龙江、宁夏、四川等	Fluvisols	51	0.57
	龟裂土 Takyr	干旱、漠境地区山前细土洪积微弱发育，表层为不规则龟裂结皮	新疆、甘肃、内蒙古、宁夏	Cambisols	72	0.06
	风沙土 Aeolian soils	半干旱、干旱及滨海地区，由风成沙性母质发育	新疆、内蒙古、甘肃、青海等	Arenosols	75	7.03
	石灰（岩）土 Limestone soils	由热带、亚热带石灰岩母质发育	贵州、广西、四川、湖南等	Cambisols	80	1.73
	火山灰土 Volcanic ash soils	由火山喷发碎屑、粉尘状堆积物发育，具 A-C 剖面构型	黑龙江、江苏、海南等	Andosols	53	0.04
	紫色土 Purplish soils	由热带、亚热带紫红色岩层侵蚀发育，土层浅薄，具 A-C 剖面构型	四川、云南、湖南、贵州、广西等	Cambisols	68	2.44
	磷质石灰土 Phospho-calcic soils	热带珊瑚岛礁上，由海鸟粪与珊瑚礁风化物形成	南海的西沙、南沙、东沙、中沙诸岛	Arenosols	81	<0.01
	石质土 Lithosols	石质山地岩石风化残积物，风化层厚度一般小于 10cm，具 A-R 剖面构型	西北和华北山地	Leptosols	100	1.87
	粗骨土 Skeletal soils	基岩风化残积物、坡积物，属于 A-C 或（A）-C 剖面构型	辽宁、内蒙古、山东、浙江等地的河谷阶地、丘陵、低山和中山	Regosols	93	1.76
水成土 Aqueous soils	沼泽土 Bog soils	所处地势低洼，长期地表积水，还原作用下形成潜育层 G，泥炭层或腐泥层厚度小于 50cm，具 H-G 剖面构型	黑龙江、青海、内蒙古等地的沟谷、平原河湖滨低洼地区均有分布，主要分布于东北	Gleysols	53	1.53
	泥炭土 Peat soils	泥炭层 H 厚度大于 50cm，其下为潜育层 G，具 H-G 剖面构型	青海、四川、黑龙江、吉林等	Histosols	48	0.06

续表

土纲名[1]	土类名[2]	主要成土条件及特征[3]	分布区域	WRB 土组名[4]	MR[5]/%	百分比[6]/%
半水成土 Semi-aqueous soils	草甸土 Meadow soils	冷湿条件下受地下水浸润并在草甸植被下发育，有明显腐殖质累积，铁、锰氧化还原形成锈纹层 Cu，具 A-Cu 或 A-C-Cu 剖面构型	黑龙江、内蒙古、新疆、四川等	Cambisols	92	3.54
	潮土 Fluvo-aquic soils	河流冲积平原或低平阶地耕作土壤，地下水位高，底土氧化还原交替形成锈纹层 Cu，具 A_{11}-A_{12}-Cu 或 A_{11}-C-Cu 剖面构型	主要分布于黄淮海平原，内蒙古、辽宁、湖北等地的河谷平原，滨湖低地与山间谷地也有分布	Cambisols	85	3.71
	砂姜黑土 Lime concretion black soils	河湖沉积物经脱沼与长期耕作形成，底土见砂姜	主要分布于安徽、河南、山东、江苏等，河北、湖北、广西等地也有分布	Cambisols	79	0.54
	林灌草甸土 Shrubby meadow soils	漠境河谷平原沿河一带的胡杨林下发育，有交替氧化还原作用，具 Ao-AC-C 剖面构型	新疆、内蒙古、甘肃等	Cambisols	87	0.24
	山地草甸土 Mountain meadow soils	中海拔山顶平台草甸植被下发育的薄层土壤，草皮层 As 下见铁锰锈纹、胶膜，具 As-A-C-D 剖面构型	除青藏高原及西北高山区以外，各省、自治区、直辖市均有分布，以西部为多，西南部次之	Cambisols	60	0.04
盐碱土 Alkali-saline soils	草甸盐土 Meadow solonchaks	草甸土、潮土、沼泽土地区，盐分累积量大于 6g/kg，有盐化表土层 Az，具 Az-C 剖面构型	从长江口到松辽平原均有分布	Solonchaks	55	1.21
	滨海盐土 Coastal solonchaks	母质为滨海沉积物，盐分来自海水和高矿化潜水，通常含盐量为 10g/kg，具 Az-Cz 剖面构型	山东、浙江、福建等沿海地区	Solonchaks	47	0.31
	酸性硫酸盐土 Acid sulphate soils	热带、南亚热带滨海低平原的海潮可及处，红树林残体形成的硫化物经氧化形成硫酸，土壤呈强酸性	海南、广东、广西、福建、台湾等	Solonchaks	36	<0.01
	漠境盐土 Desert solonchaks	极端干旱的漠境条件，含盐量通常在 100g/kg 以上	新疆、青海、甘肃等	Solonchaks	50	0.31
	寒原盐土 Frigid plateau solonchaks	青藏高寒地区退缩内陆湖盆、河间洼地	西藏	Solonchaks	88	0.10
	碱土 Solonetzes	碱化度（交换性钠占阳离子交换量百分比）大于 20%	零星分布于东北、华北、西北的内陆地区	Solonetz	50	0.06
人为土 Anthrosols	水稻土 Paddy soils	长期季节性淹灌、排水，水下翻耕，氧化还原交替，形成多种发生层分异：淹育层 Aa、犁底层 Ap、渗育层 P、潴育层 W 与潜育层 G	全国各地，以四川、江西、湖南等地面积为大	Anthrosols	83	4.93
	灌淤土 Irrigated warped soils	引用高泥沙含量灌溉水淤灌，加厚土层大于 50cm	新疆、宁夏、甘肃、河北、青海、西藏等	Anthrosols	70	0.22

续表

土纲名[1]	土类名[2]	主要成土条件及特征[3]	分布区域	WRB 土组名[4]	MR[5]/%	百分比[6]/%
人为土 Anthrosols	灌漠土 Irrigated desert soils	干旱荒漠地区，坎儿井水长期耕灌	新疆、甘肃、宁夏、青海等地的荒漠绿洲地带	Anthrosols	68	0.12
高山土 Alpine soils	草毡土 Felty soils	高寒区平缓高原面上，强度生草腐殖质累积与弱度氧化还原形成草毡层	青海、西藏、四川、新疆等	Cambisols	69	5.46
	黑毡土 Dark felty soils	高寒区略较温湿的原面上，草毡层初步分解，色泽较暗，有机质含量较高	西藏、四川、新疆、甘肃等	Cambisols	61	2.73
	寒钙土 Frigid calcic soils	高寒半干旱区，弱度腐殖质累积，底层积钙	西藏、青海、新疆、甘肃等	Calcisols	70	7.88
	冷钙土 Cold calcic soils	高寒区冷凉半干旱原面下，具弱腐殖质累积与钙积特征	新疆、西藏、甘肃等	Cambisols	45	1.43
	冷棕钙土 Cold brown calcic soils	高寒区温凉的半干旱河谷处，土壤弱腐殖质累积，弱度淋溶与积钙	西藏	Cambisols	67	0.09
	寒漠土 Frigid desert soils	高寒干旱条件下成土	青藏高原西北部海拔4000m 以上地区，涉及新疆、四川、西藏、青海等	Cryosols	87	0.29
	冷漠土 Cold desert soils	亚高山冷凉干旱条件下成土	西藏海拔4500m 以下的湖盆、河谷及山地中下部	Cambisols	42	0.03
	寒冻土 Frigid frozen soils	高山冰川冰缘地带条件下，以物理风化为主	青藏高原冰缘地区，涉及新疆、西藏、甘肃等	Leptosols	100	3.23

注：1）中国土壤分类系统中土纲名及土纲英译名。
2）中国土壤分类系统中土类名及土类英译名。
3）本栏所用土层及后缀代码释义。
　　自然土壤：A 表土层，As 草根层、草毡层，A_2 灰化层，B 母质特征消失的表下层，C 受成土作用影响小的母质层，D 未受成土作用影响的碎屑层，R 坚硬岩石层，E 漂白层、白浆层，H 泥炭状有机质层，Hi 纤维状泥炭层，He 半分解泥炭层，O 凋落物有机质层。
　　旱地土壤：A_{11} 早耕层，A_{12} 亚耕层，C_1 心土层，C_2 底土层。
　　水田土壤：Aa 耕作层（淹育层），Ap 犁底层（淹育层），P 渗育层，W 潴育层，G 潜育层，Gw 脱潜层，M 腐泥层。
　　土层后缀代码：d 漂灰特征，c 铁结核或硬结核，f 冰冻特征，h 有机物淀积，k 石灰聚积，n 碱化特征，q 硅聚积，t 黏粒淀积，v 网纹特征，x 脆盘，z 易溶盐聚积，su 硫化物聚积，b 埋藏或重叠，e 漂洗特征，g 潜育特征，i 弱分解有机质，m 胶结或固结，p 人工扰动，s 三氧化二物聚积，u 锈色斑纹，w 色泽或结构发育，y 石膏聚积，mo 铁锰胶膜。
4）世界土壤资源参比基础（world reference base for soil resources，WRB）工作组发布土组名，WRB 土组划分原则与中国土壤分类系统中土纲接近。
5）WRB 土组对中国土壤分类系统中各土类的最大可参比性（maximum referencibility，MR）。
6）该土类面积占各土类总面积的百分比。

附录 5　山东省主要土壤类型表

土纲名[1]	土类名[2]	WRB 土组名[3]	MR[4]/%	百分比[5]/%
淋溶土纲 Alfisols	棕壤 Brown soils	Luvisols	51	17.5
半淋溶土纲 Semi-alfisols	褐土 Cinnamon soils	Cambisols	48	14.4
初育土 Amorphic soils	红黏土 Red primitive soils	Regosols	48	0.1
	新积土 Neo-alluvial soils	Fluvisols	51	1.1
	风沙土 Aeolian soils	Arenosols	75	0.5
	石质土 Lithosols	Leptosols	100	1.3
	粗骨土 Skeletal soils	Regosols	93	15.0
半水成土 Semi-aqueous soils	潮土 Fluvo-aquic soils	Cambisols	85	38.0
	砂姜黑土 Lime concretion black soils	Cambisols	79	4.8
盐碱土 Alkali-saline soils	草甸盐土 Meadow solonchaks	Solonchaks	55	0.5
	滨海盐土 Coastal solonchaks	Solonchaks	47	4.5
人为土 Anthrosols	水稻土 Paddy soils	Anthrosols	83	0.9

注：1）中国土壤分类系统中土纲名及土纲英译名。
　　2）中国土壤分类系统中土类名及土类英译名。
　　3）世界土壤资源参比基础（world reference base for soil resources, WRB）工作组发布土组名，WRB 土组划分原则与中国土壤分类系统中土纲接近。
　　4）WRB 土组对中国土壤和分类系统中各土类的最大可参比性（maximum referencibility, MR）。
　　5）该土类占山东省域面积百分比，土类面积不足本省域面积 0.05% 的土类未列入本表。

附录6 分省土壤有机质含量图有机质含量分级图例

图例	分级序号	色码（CMYK）	色码（RGB）	图例	分级序号	色码（CMYK）	色码（RGB）
	1	2, 2, 17, 0	255, 255, 220		8	38, 0, 74, 0	157, 218, 104
	2	4, 1, 35, 0	248, 255, 190		9	42, 0, 80, 0	146, 210, 90
	3	8, 0, 47, 0	238, 255, 165		10	48, 1, 85, 0	132, 200, 80
	4	17, 0, 53, 0	220, 249, 150		11	52, 4, 89, 1	123, 190, 70
	5	23, 0, 60, 0	203, 242, 135		12	54, 11, 94, 3	115, 175, 55
	6	28, 0, 62, 0	185, 235, 130		13	61, 18, 98, 7	92, 158, 37
	7	34, 0, 68, 0	169, 225, 118		14	64, 24, 100, 15	70, 138, 20

附录7　山东省典型剖面 0—20cm 土层土壤理化性状中位数与平均数

土壤理化性状[1]	山东省[2]			华北地区[3]			全国[4]		
	中位数	平均数	样本量*	中位数	平均数	样本量*	中位数	平均数	样本量*
有机质 /（g/kg）	8.7	9.2	1470	10.8	16.9	12113	18.6	25.4	53243
pH	7.2	7.2	1051	8.1	7.9	11290	6.8	6.8	54014
全氮 /（g/kg）	0.59	0.66	1441	0.70	0.99	11933	1.06	1.37	49409
全磷 /（g/kg）	0.75	0.88	1294	0.62	0.79	11529	0.60	0.78	50185
全钾 /（g/kg）	19.3	19.4	74	22.2	23.2	2998	18.0	17.5	29736
碱解氮 /（mg/kg）	48	51	1127	50	65	3453	90	114	19316
有效磷 /（mg/kg）	4.0	4.7	94	3.9	6.1	3783	4.4	7.5	23100
速效钾 /（mg/kg）	90	103	1251	103	124	4841	90	110	23841
阳离子交换量 /（cmol/kg）	11.3	12.4	692	12.8	14.2	7432	13.1	14.8	22361

注：1）土壤全氮、全磷、全钾、碱解氮、有效磷、速效钾含量均以 N、P、K 纯养分量计。
2）本卷收录的山东省典型土壤剖面共计 1724 个。通过对剖面数据的土层厚度转换，附录7给出了这些典型剖面 0—20cm 土层土壤理化性状中位数与平均数。全国第二次土壤普查剖面采样为典型土类采样，而非网格化采样。0—20cm 土层土壤理化性状中位数与平均数不代表本省土壤理化性状平均状况。但全国第二次土壤普查是我国最早的大样本量调查，附录7所示的 0—20cm 土层土壤理化性状中位数与平均数对了解山东省 20 世纪 80 年代土壤肥力性状量化指标具有一定参考价值。
3）华北地区包括北京、天津、河北、河南、山东、山西和内蒙古 7 个省（区、市），本数据集收录该地区的剖面共计 13828 个。
4）本数据集全集收录的剖面共计 63792 个。
＊ 样本量的单位为"个"。

附录 8　山东省主要土地利用类型 0—30cm 土层土壤有机质含量[1]

土地利用类型	山东省		华北地区[2]		全国	
	占省域面积百分比 /%[3]	有机质 /(g/kg)	占地域面积百分比 /%	有机质 /(g/kg)	占地域面积百分比 /%	有机质 /(g/kg)
耕地	41.52	10.02	19.51	14.14	13.52	18.65
园地	8.11	9.52	1.93	11.05	2.13	16.68
林地	16.74	10.23	24.52	29.75	30.04	26.96
草地	1.51	9.23	32.56	16.48	27.97	19.18
湿地	1.58	8.98	2.36	20.15	2.48	17.56

注：1）各土地利用类型 0—30cm 土层土壤有机质含量由本卷编制的山东省土壤有机质含量图和自然资源部土地科学数据中心编制的 2019 年 1∶100 万比例尺全国土地利用缩编图通过叠加、计算生成。其中，耕地包括水田、水浇地和旱地；园地包括果园、茶园和其他园地；林地包括有林地、灌木林地和其他林地；草地包括天然牧草地、人工牧草地和其他草地；湿地包括沼泽地、沿海滩涂和内陆滩涂。
2）华北地区包括北京、天津、河北、河南、山东、山西和内蒙古 7 个省（区、市）。
3）土地利用类型占省域面积百分比根据第三次全国国土调查发布的 2019 年土地利用现状分类面积汇总数据计算生成。

附录 9 山东省耕地、园地、林地和草地中主要土壤类型占比[1]

山东省								华北地区[2]								全国							
耕地		园地		林地		草地		耕地		园地		林地		草地		耕地		园地		林地		草地	
土类名	占比/%	土类名	占比/%	土类名	占比/%	土类名	占比/%	土类名	占比/%	土类名	占比/%	土类名	占比/%	土类名	占比/%	土类名	占比/%	土类名	占比/%	土类名	占比/%	土类名	占比/%
潮土	49.2	粗骨土	36.6	粗骨土	44.3	滨海盐土	56.7	潮土	33.5	褐土	42.1	褐土	17.2	栗钙土	28.6	水稻土	14.3	水稻土	14.9	红壤	16.7	寒钙土	21.8
棕壤	16.8	棕壤	30.9	褐土	15.5	潮土	13.8	褐土	16.7	粗骨土	19.7	棕色针叶林土	12.5	棕钙土	15.5	潮土	13.1	潮土	14.3	暗棕壤	10.3	草毡土	14.4
褐土	13.4	褐土	15.8	棕壤	14.8	粗骨土	12.6	栗钙土	8.5	棕壤	15.3	暗棕壤	10.8	风沙土	12.8	砖红壤	11.5	草甸土	9.1	黄壤	7.0	栗钙土	9.7
粗骨土	8.2	潮土	12.5	潮土	14.2	新积土	9.4	草甸土	4.9	潮土	13.8	粗骨土	9.0	黑钙土	6.1	褐土	10.5	褐土	6.1	黄棕壤	6.3	棕钙土	7.4
砂姜黑土	6.4	石质土	2.1	石质土	5.2	褐土	4.5	砂姜黑土	4.8	栗褐土	1.6	棕壤	8.5	灰棕漠土	6.1	赤红壤	9.6	紫色土	4.8	棕壤	5.8	寒冻土	5.3
滨海盐土	1.5	砂姜黑土	0.6	滨海盐土	1.7	棕壤	1.6	栗钙土	4.3	石质土	1.6	风沙土	7.1	草甸土	5.3	紫色土	5.6	红壤	4.7	赤红壤	5.1	风沙土	4.8
新积土	1.2	红粘土	0.4	砂姜黑土	1.4	水稻土	0.6	棕壤	3.9	黄绵土	1.5	栗钙土	4.9	灰漠土	4.3	粗骨土	5.0	黑土	3.4	褐土	4.6	灰棕漠土	4.4
水稻土	1.0	风沙土	0.3	新积土	0.9			黄褐土	3.7	黄褐土	0.6	灰色森林土	4.0	褐土	3.3	潮土	4.8	黑钙土	3.2	紫色土	4.5	黑土	4.0
合计	97.7	合计	99.2	合计	98.0	合计	99.2	合计	80.3	合计	96.2	合计	74.0	合计	82.0	合计	74.4	合计	60.5	合计	60.3	合计	71.8

注：1）耕地、园地、林地和草地中主要土壤类型占比由本表编制土壤类型面积和自然资源部土壤科学数据中心编制的 2019 年 1：100 万比例尺全国土地利用缩编图通过叠加、计算生成。其中，耕地包括水田、水浇地和旱地；园地包括果园、茶园和其他园地；林地包括有林地、灌木林地和其他林地，草地包括天然牧草地、人工牧草地和其他草地。当某省、某区中某土地利用类型所含土壤类型较多时，本表仅列出占比较大的土壤类型。

2）华北地区包括北京、天津、河北、河南、山东、山西和内蒙古 7 个省（区、市）。

附录10 《中国土壤剖面数据集》参编单位

国家科技基础性工作专项重点项目"我国1∶5万土壤图籍编撰及高精度数字土壤构建"主持与参加单位	
中国农业科学院农业资源与农业区划研究所	湖南农业大学
中国科学院南京土壤研究所	西北农林科技大学
中国农业科学院农业环境与可持续发展研究所	沈阳大学
中国科学院地理科学与资源研究所	山东省国土测绘院
国家基础地理信息中心	辽宁省基础测绘院
全国农业技术推广服务中心	黑龙江省农业科学院土壤肥料与环境资源研究所
中国农业大学	海南省农业科学院
华中农业大学	上海市农业科学院生态环境保护研究所
中国地质大学（北京）	城信迪赛（北京）科技有限公司
参加数据集各分卷审核和修订工作的单位	
北京市农林科学院植物营养与资源研究所	广西农业科学院农业资源与环境研究所
河北省农林科学院农业资源环境研究所	重庆市农业技术推广总站
山西省农业科学院农业环境与资源研究所	贵州省农业科学院土壤肥料研究所
辽宁省农业科学院植物营养与环境资源研究所	云南省农业科学院农业环境资源研究所
吉林省农业科学院农业资源与环境研究所	甘肃省农业科学院土壤肥料与节水农业研究所
江苏省农业科学院农业资源与环境研究所	青海省农林科学院土壤肥料研究所
福建省农业科学院	宁夏农林科学院农业资源与环境研究所
江西省土壤肥料技术推广站	新疆农业科学院土壤肥料与农业节水研究所
山东省农业科学院农业资源与环境研究所	西藏自治区农牧科学院
湖南省土壤肥料研究所	

续表

参加分县大比例尺纸质土壤图与土种志收集的单位	
北京市耕地建设保护中心	福建省农田建设与土壤肥料技术总站
天津市农田建设管理处	山东省土壤肥料总站
河北省土壤肥料总站	河南省土壤肥料站
山西省耕地质量监测保护中心	湖北省耕地质量与肥料工作总站（湖北省土壤肥料调查测试中心）
内蒙古自治区土壤肥料和节水农业工作站	湖南省土壤肥料工作站
辽宁省土壤肥料总站	广东省农业科学院农业资源与环境研究所
吉林省土壤肥料总站	河池市土壤肥料工作站
黑龙江八一农垦大学	成都土壤肥料测试中心
上海市农业技术推广服务中心	云南省土壤肥料工作站
江苏省农业科学院	陕西省耕地质量与农业环境保护工作站
扬州市土壤肥料站	甘肃省耕地质量建设保护总站
安徽省土壤肥料总站	

注：表中各参编单位仅出现一次，参与多项工作的单位不重复列出。

参考文献

[1] 张维理，徐爱国，张认连，等.土壤分类研究回顾与中国土壤分类系统的修编[J].中国农业科学，2014，47（16）：3214-3230.

[2] 张维理，KOLBE H，张认连，等.世界主要国家土壤调查工作回顾[J].中国农业科学，2022，55（18）：3565-3583.

[3] MCBRATNEY A B，MENDONÇA SANTOS M L，MINASNY B. On digital soil mapping[J]. Geoderma，2003（117）：3-52.

[4] USDA. Natural Resources Conservation Service[EB/OL]. Soils National Soil Information System（NASIS）[2021-12-01]. http://www.nrcs.usda.gov/wps/portal/nrcs/detail/soils/survey/cid=nrcs142p2_053552.

[5] CSIRO Land and Water. Australian Soil Resource Information System（ASRIS）[EB/OL].[2021-12-01]. http://www.asris.csiro.au/asris.

[6] European Soil Data Centre[EB/OL].[2021-12-01]. http://eusoils.jrc.ec.europa.eu/.

[7] 全国土壤普查办公室.全国第二次土壤普查暂行技术规程[M].北京：农业出版社，1979.

[8] 张维理，张认连，徐爱国，等.中国1∶5万比例尺数字土壤的构建[J].中国农业科学，2014，47（16）：3195-3213.

[9] 张维理，傅伯杰，徐爱国，等.中国土壤调查结果的地统计特征[J].中国农业科学，2022，55（13）：2572-2583.

[10] 张维理.海量空间数据提取、整合与制图表达方法概要[J].中国农业科学，2014，47（16）：3231-3249.

[11] 张维理.智能化海量空间信息分析与地图制图软件包IMAT设计及构建[J].中国农业科学，2014，47（16）：3250-3263.

[12]《第一次全国地理国情普查地图集》编纂委员会.第一次全国地理国情普查地图集[M].北京：中国地图出版社，2019.

[13] 中国地图出版社.中国地图集[M].3版.北京：中国地图出版社，2022.

[14] 全国土壤质量标准化技术委员会.土壤制图 1∶25 000　1∶50 000　1∶100 000 中国土壤图用色和图例规范：GB/T 36501—2018[S].北京：中国标准出版社，2018.

[15] 张维理，KOLBE H，张认连.土壤有机碳作用及转化机制研究进展[J].中国农业科学，2020，53（2）：317-331.

[16] 周北燕，石家星.中国地形图[M].北京：中国地图出版社，2009.

[17]《中华人民共和国气候图集》编委会.中华人民共和国气候图集[M].北京：气象出版社，2002.

[18] 中国标准化与信息分类编码研究所，全国农业技术推广服务中心.中国土壤分类与代码：GB/T 17296—1998[S].

[19] 中国标准研究中心.中国土壤分类与代码：GB/T 17296—2000[S].

[20] 全国信息分类编码标准化技术委员会.中国土壤分类与代码：GB/T 17296—2009[S].北京：中国标准出版社，2009.

[21] ISSS，ISRIC，FAO. World Reference Base for Soil Resources. Wageningen/Rome，1998.

[22] SHI X Z，YU D S，XU S X，et al. Cross-reference for relating Genetic Soil Classification of China with WRB at different scales[J]. Geoderma，2010（155）：344-350.

[23] 全国土壤普查办公室.中国土种志　第一卷[M].北京：中国农业出版社，1993.

[24] 全国土壤普查办公室.中国土种志　第二卷[M].北京：中国农业出版社，1994.

[25] 全国土壤普查办公室.中国土种志　第三卷[M].北京：中国农业出版社，1994.

[26] 全国土壤普查办公室.中国土种志　第四卷[M].北京：中国农业出版社，1995.

[27] 全国土壤普查办公室.中国土种志　第五卷[M].北京：中国农业出版社，1995.

[28] 全国土壤普查办公室.中国土种志　第六卷[M].北京：中国农业出版社，1996.

[29] 全国土壤普查办公室.中国土壤[M].北京：中国农业出版社，1998.